PRAKTISCHER EISENBETONBAU

UNTER BESONDERER BERÜCKSICHTIGUNG DES HOCHBAUES

VON

Dr.-Ing. LUZ DAVID

MAG.-OBERBAURAT IN BERLIN

UNTER MITARBEIT VON

Dipl.-Ing. H. PERL

INGENIEUR DER „HUTA“ BRESLAU

ALS BEARBEITER DES ABSCHNITTES IV

327 ABBILDUNGEN IM TEXT, 4 TAFELN

MÜNCHEN UND BERLIN 1929

VERLAG VON R. OLDENBOURG

Druck von R. Oldenbourg, München.

Vorwort.

Das deutsche Schrifttum verfügt über eine große Reihe von ausführlichen Lehrbüchern aus dem Fachgebiete des Eisenbetonbaues. Das vorliegende Buch soll nun hierzu eine Ergänzung darstellen insbesondere für Baustelle und Konstruktionstisch; es soll Fragen behandeln wie sie im praktischen Eisenbetonbau oft auftreten, nämlich hinsichtlich Baustoff, Baustelle, Kostenberechnung und schließlich auch den Entwurf betreffend. Es ist eine bekannte Tatsache, daß die Ingenieure des Eisenbaufaches den Werdegang von Eisen und Stahl ziemlich genau, ja fast bis in alle technologischen Einzelheiten beherrschen, während nicht vielen namentlich von den auf der Baustelle tätigen Eisenbetoningenieuren der Werdegang der Zemente immer gegenwärtig ist. Deshalb ist hier versucht worden im Hauptabschnitt: Der Baustoff, in einem kurzen Gange Zusammensetzung und Werden der Bindemittel zu überschauen und auch auf Sand, Kies und die Splitte mit all ihren Eigenheiten einzugehen. Der zweite Hauptabschnitt: Die Baustelle fand ein reiches Feld, nämlich angefangen von Vorarbeiten und Anlage der Schienen- und Bohlenwege bis zum großen Gebiet der Baumaschinen und der neuzeitlichen Durchführung des Einschalwerks. Im dritten Abschnitt: Kostenberechnung sind unter anderem Gestehungskosten der Schalung, von neuzeitlichen Baustelleneinrichtungen und Angaben für die Fertigung von Ausschreibungen und Kostenanschlägen gebracht. Gerade dieser Abschnitt aber wendet sich nicht allein an die Ingenieure der Praxis und Ämter sondern auch an den Studierenden des Faches, um ihm durch eine systematische Behandlung der Kostenfrage im Eisenbeton, die Umsetzung des Konstruktionsgedankens eines Tragwerks gleichzeitig mit wirtschaftlichem Abwägen zu vermitteln. Freilich mußte zu diesem Zwecke in der Form von bisher üblichen Darstellungen etwas abgewichen werden, indem bei den meisten Baumaschinen und Geräten auch die z. Zt. (Frühjahr 1928) gültigen Preise mit aufgeführt wurden. Obgleich nun in der Preisbildung der Baugeräte ein gewisser Beharrungszustand noch immer nicht eingetreten ist, und im Laufe der Jahre die Preise gewiß sich noch wandeln werden, so dienen die augenblicklich in Frage kommenden Anschaffungskosten immerhin als ein nützlicher Maßstab.

Die vom Verfasser gebrachten Zahlenwerte über Kosten der Löhne entstammen zahlreichen Ergebnissen von Nachkalkulationen sowie z. T. eigenen Zeitmessungen und Berechnungen.

Für die Bearbeitung des vierten Abschnittes: Zum Entwurf, hat der Unterzeichnete als Mitarbeiter Herrn Dipl.-Ing. H. Perl, ersten Ingenieur der Huta, Breslau, gewonnen. Trotz mancher unumgänglicher theoretischer Betrachtung ist auch dieser Abschnitt als gleichsam „aus der Praxis, für die Praxis" gedacht und bietet nicht nur dem entwerfenden, sondern auch kostenberechnenden Ingenieur viele Arbeitsersparnis, insbesondere aber auch durch die Tafeln fertig ausgerechneter Industriebaugrundrisse für 500, 1000 und 1500 kg/m² Nutzlast, bei Säulenabständen von 5½, 6½ und 7½ m im Geviert.

Wenn auch zwar der Buchuntertitel besagt, daß sich die Schrift vorwiegend mit dem Eisenbeton im Hochbau befaßt, so soll jedoch nicht verkannt werden, daß alle jene Fragen der Bindemittel, Zuschlagstoffe, der Schalung und der Kostenberechnungsgrundlagen naturgemäß auch dem Eisenbetonbau des Tiefbaugebiets und Brükkenbaues gemeinsam sind.

Das Buch möchte sich nun an alle bauleitenden, entwerfenden und kostenberechnenden Ingenieure und Unternehmer sowie auch an die dem Eisenbetonbau zustrebenden Studierenden wenden, denen allen der Verfasser für Anregungen und Verbesserungen sehr dankbar wäre.

Berlin im Herbst 1928.

Luz David.

Inhaltsverzeichnis.

Auf der Buchinnenseite: Karte der Kies- und Splittvorkommen Deutschlands.

I. Abschnitt: **Der Baustoff.**

A. Die Bindemittel.

Kap. B. Die Zuschlagstoffe. Seite

C. Der Beton.

D. Das Eisen.

II. Abschnitt: **Die Baustelle.**

A. Über Vorarbeiten.

B. Über Baustelleneinrichtung.

C. Über Einschalung.

III. Abschnitt: **Über Kostenberechnung.**

Zu verbessern:

S. 5, Z. 8 v. o., lies: Es empfiehlt statt: Empfiehlt.
S. 25, Z. 6, 5 u. 2 v. u., lies: und, statt: in.
S. 29, Z. 17 v. u., lies: abtransportiert, statt: abtransport.
S. 32, Z. 22 v. o., lies: Verhältnis von Druck zu Zug, statt: Zugfestigkeiten.
S. 33, Z. 10 v. o., lies: 500, statt: 50.
S. 37, Z. 4 v. u., lies: Kalkgehalt, statt: Kalk.
S. 41, Z. 7 v. o., lies: Silikatmodul = 1,24, statt: = 1,23.
S. 51, Z. 7 v. u., lies: 40—66 %, statt 28—40 %.
S. 57, Z. 15 v. u., lies: Zumischstoff, statt: Zutauschstoff.
S. 57, Z. 7 v. u., lies: Kayser, statt: Kaiser.
S. 58, Z. 9 v. u., lies: festhalten, statt: festhaften.
S. 75, Z. 10 v. o., lies: 2000 bis 4000, statt 2000 = 4000.
S. 81, Z. 14 v. u., lies: daß, statt: das.
S. 90, Z. 12 v. o., streiche: auf der Buchinnenseite.
S. 111, Z. 5 v. o., muß es nach „um so größer" lauten: je kleiner 1 und 3 und je größer 2.
S. 115, Z. 9 v. u., lies: Höchstfestigkeiten, statt: Höhenfestigkeiten.
S. 121, Z. 7 u. 8 v. u., lies: 216 : 3,05 = 227, statt: 160 : 305 = 212.
S. 124, Z. 9 v. o., füge ein Komma ein hinter: Gewichtes.
S. 127, in der Abb. 39a muß es von links angefangen heißen: 1 : 11, 1 : 9, 1 : 7, 1 : 5, 1 : 3, 1 : 2 statt: 1 : 6, 1 : 5, 1 : 4, 1 : 3, 1 : 2, 1 : 1,5.
S. 132, Z. 3 bis 8 v. o., lies: 11, 9, 7, 5, 3 u. 2 statt 6, 5, 4, 3, 2, u. 1; Z. 15 v. o., lies: 1 : 1, statt 1 : 12.
S. 141, Z. 17 v. o., lies: $\frac{1205}{250}$ statt $\frac{1200}{250}$.
S. 149, Z. 3 v. u., lies: 620 statt: 621.
S. 153, Z. 3, Spalte 2, lies: 1200, statt: 1205.
S. 155, Z. 6 v. o., lies: 267 · 1,2, statt 267 : 1,2.
S. 159, Z. 17 v. u., setze Klammer: vor Weisgerber, streiche Klammer: vor die.
S. 162, Z. 13 v. o., lies: $1^3/_4$, statt $2^1/_4$.
S. 172, Z. 5 v. o., lies: Abb. 47, statt 48.
S. 186, Z. 29 v. u., lies: Bäume, statt: Räume.
S. 195, Z. 5 v. o., lies: Beschaffenheit, statt: Beschaffung.
S. 199, Z. 10 v. o., lies: Tage, statt Stde.
S. 219, Z. 20 v. u., lies: Abb. 59, statt: 69.
S. 223, Z. 15 v. o., lies: 60 kg, statt: 600 kg.
S. 258, Z. 2 v. o., lies: auf, statt: aud.
S. 259, Z. 7 v. o., lies: Trum, statt: Turm.
S. 278, Z. 2 v. o., lies: Stunde, statt: Minute.
S. 320, Z. 9 v. u., lies: 14, statt: 7.
S. 321, Z. 5 v. o., lies: 0,40, statt: 0,43.
S. 329, Z. 6 v. u., lies: Baustoffen, statt: Baukosten.
S. 338, Z. 4 v. o., lies: 2,28, statt: 2,38.
S. 342, Z. 10 v. u., lies: 0,127, statt 0,054 und $l/_{678}$ statt $l/_{1130}$.
S. 343, Z. 2 v. u., lies: 883, statt: 893.
S. 344, Z. 5 v. o., lies: $l/_{565}$, statt $l/_{868}$; Z. 24 v. u., lies: $^8/_8$, statt: $^8/_{12}$.
S. 346, Z. 7 v. o., schalte ein vor wobei: berechnet werden.
S. 350, Z. 11 u. 10 v. u., lies: 1,0 · 0,5 · 0,68 · 445 = 150, statt: 1,0 · 0,5 · 445 = 220.
S. 350, Z. 9 v. u., lies: 700 · 2 = 1400, statt 770 · 2 = 1540.
S. 358, Z. 22 v. u., lies: Dachlatten, statt: Dachplatten.
S. 396, Z. 5 v. u., lies: dann, statt: jedoch; Z. 4 v. u. füge ein nach nötig: (Erforderl. 2 + 3 · 2 + 2 = 10 Mann).
S. 404, Z. 7 v. o., lies 5 bis 30 cm, statt: 5,30 cm.
S. 405, Z. 10 v. o., einzuklammern: je Stück 0,33 Std.
S. 416, Z. 8 v. o., lies: 3, statt: $3^1/_2$; Z. 10 v. o. lies: 5, 8, 10 u. 12, statt: 5, 7, 9 u. 11.
S. 427, Z. 13 v. o., lies: abgefast, statt: abgefaßt.
S. 429, Z. 10 v. u., lies: Festbeton, statt: lose Zuschlagstoffe.
S. 453, Z. 5 v. u., lies: $\tau_B = \frac{F}{EJ}$, statt $\tau_B - \frac{F}{EJ}$.
S. 473, Nr. 22, Spalte 3, lies: $M_{max} = 0{,}0641\, pl^2$, statt $M_{max} = 0{,}00641\, pl^2$.
Tab. 2 (nach S. 574) setze unter die Überschrift: vgl. auch S. 564.
S. 593—599 streiche überall die Textüberschriften: Über bzw. Unter o—p, ferner: Über bzw. unter o—λ.

I. Abschnitt.

Der Baustoff.

A. Die Bindemittel.

Kapitel 1. Allgemeines.

Die Bindemittel — (Mörtelbindestoffe) zum baumäßigen festen Verkitten von Baustoffen — können:

a) luftbeständig,
b) wasserbeständig,
c) luft- und wasserbeständig

sein. Zu a) gehört u. a. der Gips und der gewöhnliche Weißkalk, letzterer erhärtet im Mörtel verarbeitet durch Aufnahme von Kohlensäure aus der Luft. Mörtelmindestfestigkeit in gut erhärtetem Zustande: Druck: 35—55 kg/cm², Zug: 4—6 kg/m².

Der Weißkalk wird bei etwa 1000° im Ringofen oder Schachtofen aus Kalkstein erbrannt; bei zu hoher Brenntemperatur wird der Kalk totgebrannt, d. h. er löscht nicht mehr ab, weil die im Rohstoff enthaltene Kieselsäure bzw. Tonerde sich mit dem Kalk zu Silikaten und Aluminaten verbindet.

Die genannten beiden Bindemittel sind deshalb nicht wasserbeständig, weil sie sich nach einer gewissen Zeit im Wasser auflösen.

Zu b) gehört der hydraulische Kalk oder Wasserkalk und der Romankalk (die Bezeichnung: Romanzement soll grundsätzlich vermieden werden, weil sie leicht zu Verwechslungen Anlaß geben kann); der Wasserkalk weist Druckfestigkeiten von 80—160 kg je cm² auf und wird zu Wasserbauten leichterer Art verwendet, wobei zu beachten ist, daß der Mörtel unter allen Umständen vor Zutritt des Wassers gut erhärtet sein muß. Die Mindestfestigkeit guten Romankalkes beträgt nach 28 Tagen:

In Mischung 1 : 3: Druck 60 kg/cm², Zug: 12 kg/cm².

Ausführliche Angaben siehe „Leitsätze" (später angeführt).

Die vorstehenden beiden wasserbeständigen Bindemittel werden durch Brennen (unterhalb der Sintergrenze[1]) tonhaltiger Kalke

[1]) Unter Sintergrenze versteht man jenen Punkt des Brennvorganges, bei dem das Brenngut kurz vor dem Schmelzzustand steht.

gewonnen; als Rohmaterial dient für Hydraulischen Kalk ein Kalk mit ungefähr 10—15% Tongehalt, für Romankalk, mit 20—30% Tongehalt. Romankalk hat meist folgende Zusammensetzung:

Kalk CaO	44—60%
Kieselsäure SiO_2	22—40%
Tonerde Al_2O_3	9—17%

Er löscht nicht wie hydraulischer Kalk in Stücken und wird deshalb zu Pulver vermahlen (Farbe gelb bis braun). Zu beachten ist, daß Romankalk nicht lange lagern darf, weil er rasch Kohlensäure und Feuchtigkeit aufnimmt und dadurch bald nicht unerheblich an Bindekraft einbüßt.

Die beiden unter b) genannten Bindemittel verdanken im übrigen ihre zementähnliche Eigenschaft den durch den Brennvorgang aufgeschlossenen Silikaten, weil beim Brennen alle Kohlensäure ausgetrieben wird. (Der Kalkstein gibt seine Kohlensäure bei etwa 900° ab, vgl. Kapitel 6 e).

Begriffserklärungen, Mindestfestigkeiten u. dgl. über die Kalke finden sich in den nachstehenden, gekürzten „Leitsätzen" des Vereins Deutscher Kalkwerke E. V.

Zu c) gehören die Zemente als wichtigste Gruppe, die sich allein schon durch ihre bedeutend höhere Festigkeit von allen vorgenannten Bindemitteln auszeichnen. Diese Festigkeit und auch die starke hydraulische Bindekraft liegt z. T. auch in der höheren Brenntemperatur, die an der Sintergrenze liegt und beispielsweise bei Portlandzement 1300—1450° beträgt (beim Tonerdezement wird die Brenntemperatur sogar bis zum Schmelzpunkt des Brenngutes gesteigert, nämlich 1800°, vgl. Kapitel 13).

Leitsätze für einheitliche Lieferung und Prüfung von Baukalk vom 25. Mai 1927. (Gekürzt.)

I. Allgemeine Begriffserklärung für Kalk.

Kalke sind Mörtelbildner, die entstehen, wenn kohlensaurer Kalk in seinen verschiedenen Abarten unterhalb der Sintergrenze gebrannt wird. Je nach dem Grade des Zerfalles, den sie beim Benetzen mit Wasser erfahren, gliedert man die Kalke unter Berücksichtigung ihrer Zusammensetzung und ihrer Fähigkeit, unter Wasser zu erhärten, in

1. Weißkalke,
2. Graukalke,
3. Wasserkalke,
4. Zementkalke (Naturzementkalke und künstliche Zementkalke),
5. Romankalke (Romanzemente).

II. Begriffserklärung im besonderen.

Zu 1. Weißkalke: Durch Brennen unterhalb der Sintergrenze gewonnene Erzeugnisse, die kräftig löschend nach Löschen (zu Teig) weiße Farbe zeigen.

Weißkalke bestehen in der Hauptsache aus Kalziumoxyd, können insgesamt bis zu 10% Magnesiumoxyd und Silikatbildner[1]) (bezogen auf das gebrannte Erzeugnis) enthalten.

Zu 2. Graukalke: Durch Brennen unterhalb Sintergrenze gewonnene Erzeugnisse, gegenüber frischen Weißkalken im allgemeinen etwas träger löschend, nach dem Löschen grauweiße oder auch dunklere Farbe.

Graukalke bestehen in Hauptsache aus Kalziumoxyd und Magnesiumoxyd; können bis zu 10% Silikatbildner (bezogen auf das gebrannte Erzeugnis) enthalten.

Zu 3. Wasserkalke (einschl. Magnesiawasserkalke): Durch Brennen unterhalb Sintergrenze gewonnene Erzeugnisse, träge löschend, bei sachgemäßer Behandlung wasserbeständig.

Wasserkalke bestehen im wesentlichen aus Kalziumoxyd oder aus Kalziumoxyd und Magnesiumoxyd, enthalten mindestens 10% Silikatbildner (bezogen auf das gebrannte Erzeugnis).

Zu 4. Zementkalke: Durch Brennen unterhalb Sintergrenze gewonnen, zerfallen bei Zusatz von Wasser nur teilweise. Werden gemahlen (ungelöscht und gelöscht) geliefert, sollen unter Wasser erhärten und höhere Festigkeiten als Wasserkalke aufweisen (= Naturzementkalke). Außerdem können als Zementkalke auch Erzeugnisse anderer Entstehung bezeichnet werden, sofern sie die entsprechenden Festigkeitsbedingungen erfüllen und ebenfalls unter Wasser erhärten (= künstliche Zementkalke).

Zu 5. Romankalke (Romanzemente): Durch Brennen silikatreicher Kalkgesteine unterhalb der Sintergrenze gewonnen, bei Zusatz von Wasser nicht zerfallend und werden daher gemahlen geliefert.

III. Lieferung und Eigenschaften.

Die Kalke kommen in den Handel:

a) als ungelöschter Stückkalk (gebrannter Kalk, Branntkalk),
b) als ungelöschter gemahlener Kalk (gemahlener gebrannter Kalk, gemahlener Branntkalk),
c) als gelöschter Kalk,
d) als gemahlener gelöschter Kalk.

Soweit bei gemahlenem Kalk noch Löschfähigkeit, muß das bei der Lieferung ausdrücklich vermerkt werden.

IV. Prüfung.

1, Ergiebigkeit.

Nur bei Kalkerzeugnissen zu ermitteln, die ungelöscht (in Stücken oder Pulverform) geliefert werden und für die eine bestimmte Ergiebigkeit seitens des liefernden Werkes gewährleistet wird.

Weißkalk: 5 kg Weißstückkalk zu Teig gelöscht, sollen durchschnittlich mindestens 12 l Kalkteig ergeben.

Graukalk: 5 kg Graustückkalk zu Pulver gelöscht, sollen durchschnittlich mindestens 12 l Kalkpulver (in eingelaufenem Zustande) ergeben.

Wasserkalk: 5 kg Wasserstückkalk zu Pulver gelöscht, sollen durchschnittlich mindestens 10 l Kalkpulver (in eingelaufenem Zustande) ergeben.

2. Feinheit der Mahlung.

Die gemahlenen Erzeugnisse sollen auf dem Normprüfsieb Nr. 30 (900 Maschen/cm², 0,20 mm lichte Maschenweite) nicht mehr als 10% Rückstand hinterlassen. Dieser Rückstand muß so fein sein, daß er durch das Normprüfsieb Nr. 10 (100 Maschen/cm², 0,60 mm lichte Maschenweite) noch hindurchgeht.

---

[1]) Unter Silikatbildner sind Kieselsäure, Tonerde und Eisenoxyd verstanden.

3. Raumbeständigkeit.

Jeder sachkundig und vollständig gelöschte Kalk ist raumbeständig.

Nicht gelöschte oder unvollständig gelöschte Kalke vor Prüfung auf Raumbeständigkeit ablöschen. Dieses geschieht folgendermaßen:

Wasserwiderstandsfähigkeit: Täglich eine Platte nach verschieden langer Lufterhärtung unter Wasser bringen und beobachten, ob nach 24-stündiger Wasserlagerung Risse oder sonstige Zerstörungserscheinungen (Quellen, Aufweichen usw.). Solange solche Erscheinungen noch auftreten, ist Wasserwiderstandsfähigkeit noch nicht erreicht.

4. Bindekraft (Festigkeit).

Die Ermittlung der Festigkeit erfolgt an Mörteln aus:

1 Gewichtsteil Kalk, bezogen auf wasserfreien, also ungelöschten Zustand, und

3 Gewichtsteilen Kalknormensand.

Die Festigkeiten sollen nachstehenden Mindestzahlen entsprechen (in kg/cm²):

Lagerung:	Luftlagerung				Wasserlagerung			
Festigkeit:	Zug		Druck		Zug		Druck	
nach Tagen:	28	56	28	56	28	56	28	56
Weißkalk (ausschließlich Luftlagerung)	2	3	6	8	—	—	—	—
Graukalk (bei Wasserlagerung, Unterwasserbringen nach 21 Tagen)	2	3	6	8	2	3	6	8
Wasserkalk (bei Wasserlagerung, Unterwasserbringen nach 7 Tagen)	4	6	15	25	4	6	15	25
Zementkalk (ausschließlich Wasserlagerung, Unterwasserbringen nach 7 Tagen)								
a) Naturzementkalk	—	—	—	—	4	6	20	30
b) (künst.) Zementkalk	—	—	—	—	5	8	30	40
Romankalk (ausschließlich Wasserlagerung, Unterwasserbringen nach 1 Tage)	—	—	—	—	12	—	60	—

Begründung und Erläuterung.

Für Festigkeitsprüfungen muß Kalknormensand benutzt werden. Kalknormensand wird erhalten, wenn man reinen Freienwalder Quarzsand wäscht, trocknet, durch das Normprüfsieb Nr. 10 (100 Maschen/cm², 0,60 mm lichte Maschenweite) die größten Teile ausscheidet und aus dem so gewonnenen Sande mit dem Normprüfsieb Nr. 24 (576 Maschen/cm², 0,16 mm lichte Maschenweite) die feinsten Teile entfernt. (Überwachung der Kalknormensanderzeugung durch das Staatliche Material-Prüfungsamt in Berlin-Dahlem.)

Lagerung der Probekörper geschieht in Luft bzw. Wasser von Zimmerwärme (+ 15 bis 20° C). Durch die Wasserlagerung bei Graukalk und Wasserkalk soll erkannt werden, ob Bindemittel wasserbindende Eigenschaften. Dürfen in der Festigkeit bei Wasserlagerung nicht hinter den Werten für die Luftlagerung zurückbleiben. Bei Graukalk kann auch versucht werden, ob Unterwasserbringen schon in einem früheren Alter als 21 Tage möglich ist. Zur Erzielung zuverlässiger Durchschnittszahlen sind für jede Prüfung mindestens 5 Zug- und 5 Druckkörper zu fertigen, und zwar für die Zugfestigkeitsprüfung Achterformlinge von 5 cm^2 kleinstem Querschnitt und für die Druckfestigkeitsprüfung Würfel von 7,07 cm Kantenlänge gleich 50 cm^2 Fläche.

Um übereinstimmende Ergebnisse zu erhalten, ist auf Einhaltung nachstehender Regeln zu achten. Empfiehlt sich da, wo besondere Vorschriften nicht bestehen, die gleichen Apparate, Formen und Geräte zu benutzen, wie sie beim Staatlichen Material-Prüfungsamt in Berlin-Dahlem in Gebrauch sind.

Herstellung des Normenmörtels.

An der Prüfstelle gelöschte bzw. eingesumpfte Kalke.

Unter Berücksichtigung der Wasseraufnahme beim Löschen wird berechnet, wieviel Gewichtsteile gelöschten Kalkes einem Gewichtsteil ungelöschten entsprechen. Alsdann wird die einem Gewichtsteil unge-

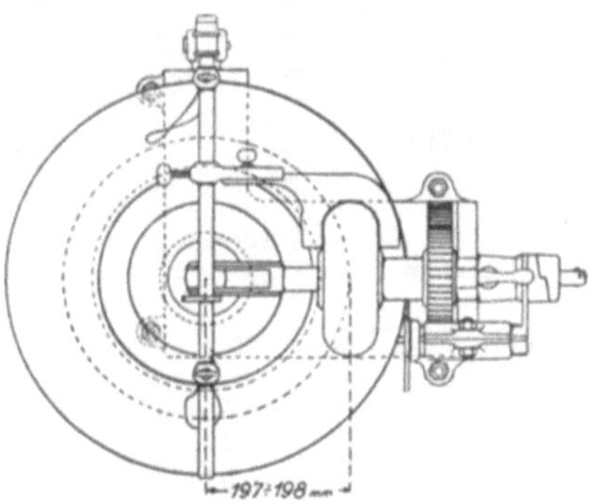

Abb. A. Mörtelmischer nach Steinbrück-Schmelzer (Aufsicht und Schnitt).

Abb. C. Mörtelmischer nach Steinbrück-Schmelzer (Seitenansicht).

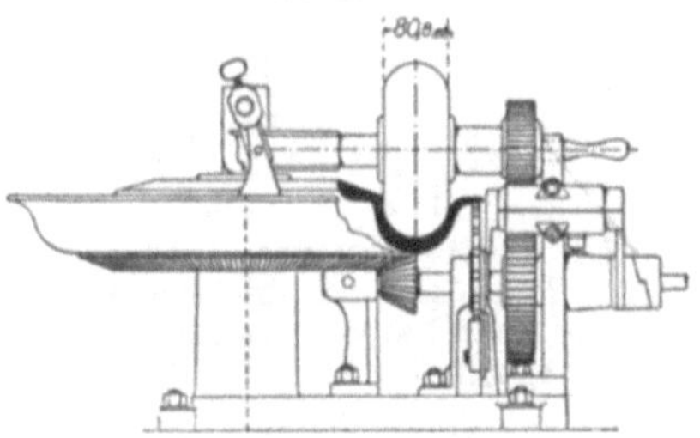

Abb. A.

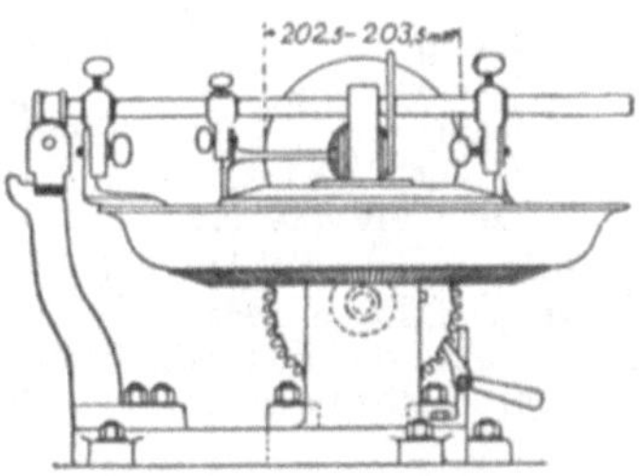

Abb. C.

löschten Kalkes entsprechende Menge gelöschten Kalkes mit 3 Gewichtsteilen Kalknormensand in einer Schüssel von Hand mit dem Spatel etwa eine Minute lang und dann in der Mörtelmaschine Bauart Steinbrück-Schmelzer (Abb. A und C) unter Anwendung von 20 Schüsselumdrehungen gemischt.

Ist Masse zum Einschlagen in die Form zu feucht, so muß auf Gipsplatten so lange abgesaugt werden, bis zum Einschlagen geeignet.

Anfertigung der Probekörper.

180 g (für Zugproben) bzw. 820 g (für Druckproben) des vorschriftsmäßig gemischten Mörtels werden in die Normenzug- bzw. -würfelform gebracht und im Böhmeschen Hammerapparat mit Martensscher Einspann-

vorrichtung unter Anwendung von 150 Schlägen eingeschlagen. Überstehende Mörtelmasse der nach der gegebenen Anleitung hergestellten Körper wird abgestrichen und Oberfläche geglättet und gezeichnet.

Zugkörper: (Abb. B)

kleinste Breite (Bruchfläche)	a = 22,5	mm
Dicke	b = 22,5	,,
Breite	c = 52,0	,,
Länge (= Durchmesser des Umkreises)	d = 78,0	,,
Durchmesser	e = 26,0	,,
,,	f = 10,0	,,

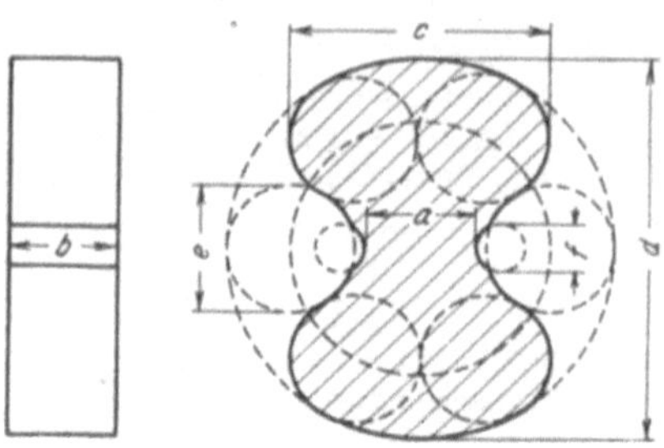

Abb. B. Abmessungen der Zugkörper.

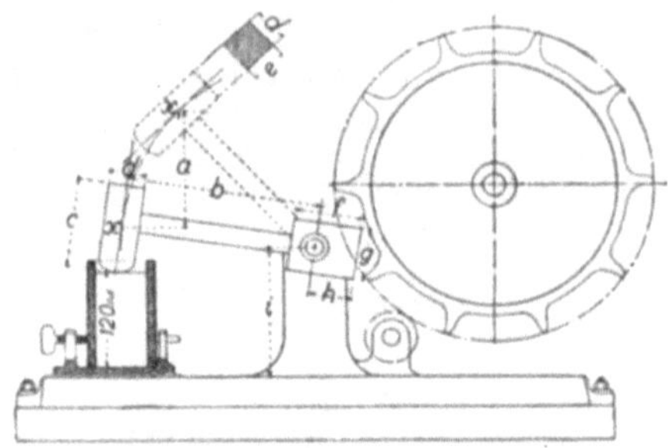

Abb. D. Böhmescher Hammerapparat mit Martensscher Einspannvorrichtung.

Abmessungen des Hammerapparates: (Abb. D)

Hubhöhe	a	des	Hammers	168 mm
Länge	b	,,	Hammerhebels	250 ,,
Höhe	c	,,	Hammerkopfes	112 ,,
Breite	d	,,	,,	51 ,,
Dicke	e	,,	,,	51 ,,
Länge	f	,,	Schwanzstückes	85 ,,
Höhe	g	,,	,,	70 ,,
Länge	h	,,	kurzen Hebels	61 ,,
Lagerhöhe	i	,,		170 ,,
Gewicht des Hammers				2 kg

Die Körper werden mit der Form auf nicht absaugender Unterlage in feucht gehaltene, bedeckte Kästen (mit Zinkblech ausgeschlagen) gebracht, und die Zugprobekörper nach etwa einer halben Stunde und die Druckprobekörper nach etwa 20 Stunden entformt.

Kapitel 2. Die Zemente im allgemeinen.

Wie auch in Kapitel 6 angedeutet, ist einige Bekanntschaft mit dem Werdegang des Zements für den praktisch tätigen Ingenieur überaus notwendig, weil sie in vielen Fällen vor falschen Schlüssen und den damit verknüpften Schäden bewahrt, ferner weil die Baustoffkenntnis schon an sich unerläßlich ist. In der Tat ist bisweilen eine auffallende Unsicherheit in der Kenntnis der hydraul. Bindemittel in der Bauingenieurliteratur festzustellen. Beispielsweise berichtet eine Fachzeitschrift von einem Bauvorhaben, bei dem bei 2—3° über Null betoniert wurde und, wobei die Würfelproben etwa nur die Hälfte der zu erwartenden Festigkeit ergaben, „obgleich Rheinkies verwendet wurde“, „Bauherrin und Baufirma waren beide sehr überrascht“. Charakteristischerweise stürzte man sich sogleich auf das Bindemittel, das sich aber als einwandfrei erwies. (Hochwertiger Zement mit 566 kg/cm² Normenfestigkeit nach 28 Tagen). Nun wurde die Schuld im Rheinkies vermutet, der aber trotz der verhältnismäßig nicht günstigen Körnung ebenfalls nicht die Hauptursache der geringen Betonfestigkeit (84 bzw. 115 kg/cm² nach 28 Tagen) sein konnte. Vielmehr wird, wie jedem erfahrenen Betoningenieur auffallen dürfte, die erwähnte „schlappe“ Abbindetemperatur schuld gewesen sein. Wenn nämlich die Temperatur beim Betonieren am Tage 2—3° über Null war, so war aller Wahrscheinlichkeit nach die Nachttemperatur nicht unerheblich u n t e r Null. Wir haben also Erhärtungsbedingungen, die deshalb gemeinhin unter der Bezeichnung „schlapp“ bekannt sind, weil hierbei das Abbinden nur sehr langsam fortschreitet (vgl. Kapitel 6e und Kapitel 29, Z. 4.). Man erkennt, daß der der Bindemitteleigenschaften Unkundige zu leicht geneigt ist unter allen Umständen einen Mißerfolg dem Zement zuschieben zu wollen, während in Wirklichkeit die Ursache auf mannigfachen Gebieten liegen kann. Derjenige Bauleiter aber, der einigermaßen die Baustoffe in ihrer Entstehung verfolgt hat, wird von einem Bindemittel nie mehr verlangen als es „hergeben“ kann; er wird aber dafür auch wissen was er an Eigenschaften rechtens davon erwarten und f o r d e r n kann.

Die nachfolgenden Kapitel können, was das Bindemittel betrifft, naturgemäß nur das allernötigste vermitteln. Ich verweise hierbei auf das ganz ausgezeichnete Werk „Chemie der Hydr. Bindemittel“ von Kühl-Knothe, Leipzig, Hirzel, ferner Schoch: Die Mörtelbindestoffe, Berlin 1928, (Tonindustriezeitung.) Dagegen sind von mir die Zuschlagstoffe in einer für die Baustelle (und auch für den Eisenbetonfachmann überhaupt) ausreichenden und erschöpfenden Art behandelt.

Die Zahl der Zementarten ist sehr groß, namentlich wenn man alle die Zemente für Sonderzwecke mit berücksichtigen würde. Im wesentlichen kann man unterscheiden:

a) Portlandzement PZ,
b) Naturzement NZ,
c) hochwertiger Portlandzement hwZ,
d) Erzzement EZ
e) Kühlzement KZ,
f) Weißer Zement WZ.

g) Eisenportlandzement EPZ,
h) Hochofenzement HOZ,
i) Tonerdezement TZ.

Bevor wir uns mit den Zementarten im besonderen befassen, ist es von Wert sich mit den Grundlagen der Bindemittel hinsichtlich ihres Aufbaues zu befassen, da nicht allein dadurch der organische Zusammenhang aller Bindemittel klar zutage tritt, sondern weil auch die Kenntnis des Aufbaues der Bindemittel — insbesondere der Zementgattungen — dazu beiträgt dem Eisenbetoningenieur manche Erscheinung im Verhalten des Baustellenbetons erklärbar zu machen.

Kapitel 3. Die Grundstoffe,

die für die Zementherstellung in Frage kommen, sind:

1. Kalk, CaO (Kalziumoxyd). Als Rohstoff dient hierfür Kalziumkarbonat $CaCO_3$ in der Natur als Kalkstein, Dolomit, Kreide, Aragonit vorkommend (vgl. Kapitel 18, Z. 8 und 9).
2. Kieselsäure, SiO_2 (Siliziumdioxyd). Rohstoff: Kieselreiche Tone (ev. unter Sandzusatz), die ebenfalls den dritten Grundstoff liefern, nämlich die
3. Tonerde, Al_2O_3[1]) + Eisenoxyd Fe_2O_3[2]).

Im allgemeinen nennt man als dritten Bestandteil kürzehalber nur die Tonerde allein, obwohl wir später sehen werden, daß der Gehalt an Fe_2O_3 (insbesondere beim Erzzement, Weißen Zement und Kühlzement) von großer Bedeutung ist. Auch ist zu beachten, daß das Eisenoxyd beim Brennvorgang als Flußmittel wirkt und auf diese Weise die Sintertemperatur verringert. Außer Kalkstein und Kreide und den übrigen obengenannten Rohstoffen sind als solche noch weiterhin geeignet: Kalkmergel, Tonmergel (unter Mergel versteht man eine Zwischenstufe zwischen Kalk und Ton), Schiefer und Sand. Ton ist für die Portlandzementerzeugung dann am geeignetsten, wenn er etwa nachstehende Zusammensetzung aufweist:

Kieselsäure SiO_2	60—70%
Tonerde Al_2O_3	15—25%
Eisenoxyd Fe_2O_3	5—12%

Über die Rohstoffe vgl. außerdem „Schoch", S. 13—40.

Kieselsäure, Tonerde und Eisenoxyd werden die Hydraulefaktoren genannt, bisweilen auch Silikatbildner.

---

[1]) Chem. Aluminiumoxyd.
[2]) Auch Eisensesquioxyd genannt; beide Oxyde werden häufig ganz allgemein als die Sesquioxyde bezeichnet.

Kapitel 4. Zeichnerische Darstellung der Bindemittelzusammensetzung.

Die obenerwähnten drei Grundstoffe Kalk, Kieselsäure und Tonerde stehen bei allen hydraulischen Bindemitteln in einem bestimmten Zusammenhange. Am bleibendsten vermittelt ihr Verhältnis zueinander das nachstehend beschriebene zeichnerische Verfahren[1]). In dem in Abb. 1 dargestellten gleichseitigen Dreieck sind die Seiten in zehn gleiche Teile eingeteilt. Wir nennen die obere Ecke die „Kieselecke", die linke die „Kalkecke" und die rechte die „Ton-

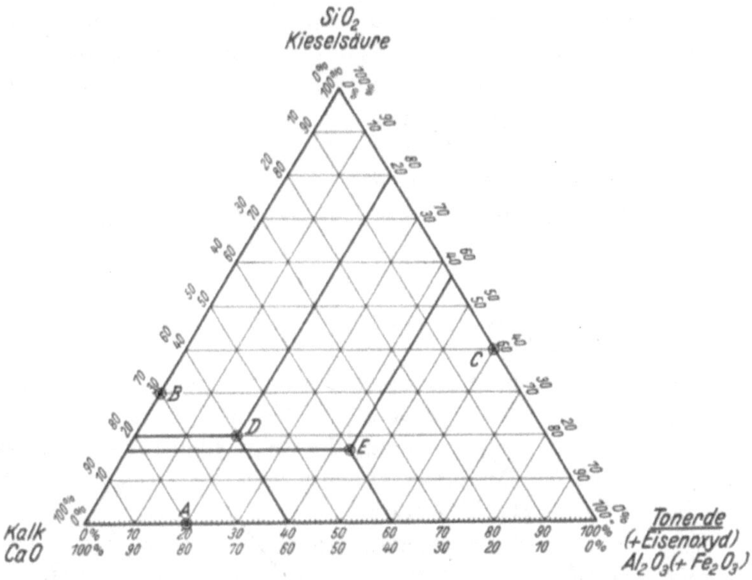

Abb. 1. Das Dreistoffsystem: Kalk, Kieselsäure, Tonerde.

ecke". Die 10-Teilung ist so getroffen, daß jede Ecke mit Null anfängt und die Teilstriche immer um je 10% zunehmen. Die Dreieckbasis zeigt zwei Skalen; die obere Skala beginnt in der Kalkecke mit Null-% und endet in der Tonecke mit 100%. Die zweite untere Skala beginnt rechts in der Tonecke mit Null-% und endet links in der Kalkecke mit 100%. Beispielsweise sagt also der Punkt *A*, daß er aus zwei Grundstoffen besteht, nämlich 80% Kalk und 20% Ton-

[1]) Vgl. hierzu das dankenswerte Referat von Mathesius in „Stahl u. Eisen" 1904 über Arbeiten von O. Boudouard. In diesem Referat „Untersuchung über die Schmelzbarkeit von Hochofenschlacken" ist bereits der Gebrauch des Dreistoffsystems zu erkennen. Ebenfalls von Mathesius stammt eine Arbeit in St. u. E. 1908: Die Zusammensetzung der Hochofenschlacke; auch hier findet sich eine Beschreibung des Dreistoffsystems.

erde[1]); Punkt *B* besteht beispielsweise wiederum aus 70% Kalk und 30% Kieselsäure und schließlich Punkt *C* aus 60% Tonerde und 40% Kieselsäure. Man erkennt, solange sich also die Punkte auf den Dreieckseiten selbst bewegen, bestehen sie nur aus zwei Grundstoffen. Demnach heißen die betreffenden Geraden ein Zweistoffsystem oder binäres System; somit würde die Dreieckbasis das Zweistoffsystem Kalk—Tonerde darstellen, oder wie es auch in der Fachliteratur öfters heißt: Das binäre System CaO, Al_2O_3.

Tritt dagegen ein Punkt in das Innere des Dreiecks über, so kommt er dadurch in das Bereich eines dritten Grundstoffes. Wenn wir bei Punkt *D* die in Abb. 1 stark ausgezogenen Linien parallel dem Netzwerk ziehen so erkennen wir, daß zu Punkt *D* auf diese Weise:

60% CaO (Kalk),
20% SiO_2 (Kieselsäure),
20% Al_2O_3 (Tonerde),

gehören. Als letztes Beispiel nehmen wir Punkt *E* und sehen, daß er eine Zusammensetzung von

40% CaO,
17% SiO_2,
43% Al_2O_3

darstellt, wobei wohl nicht erst darauf hingewiesen zu werden braucht, daß die Summe stets gleich 100 sein muß. Dieser vorstehend angegebene Zusammenhang der drei Grundstoffe zeichnerisch dargestellt heißt das Dreistoffsystem oder das Ternäre System Kalk, Kieselsäure, Tonerde.

Kennt man nun die Zusammensetzung einer größeren Anzahl Zementfabrikate z. B. Portlandzemente, dann trägt man für jede einzelne Zementprobe den betreffenden Analysenpunkt in unser Dreiecknetz ein, wodurch man einen Punkthaufen erhält, dessen äußerste Konturen man durch einen Linienzug verbindet. Auf diese Weise erhält man eine zeichnerische Darstellung der betreffenden Zementfabrikate hinsichtlich ihrer Zusammensetzung. In den Abb. 2 bis 9 ist zwar nicht der genaue geometrische Ort der einzelnen Bindemittel durch Einzeichnen der Analysenpunkte sondern es sind lediglich die Grenzen eingezeichnet zwischen denen sich die einzelnen Grundstoffe ungefähr zu bewegen pflegen. Würde man nicht so verfahren, sondern die vorhin erwähnte den einzelnen Analysen-

[1]) Um sich nicht zu irren, so achte man mechanisch darauf, daß Punkt *A* näher zur Kalkecke als zur Tonecke liegt; demnach muß auch die größere Prozentzahl stets von jenem Grundstoff genommen werden zu dem der betreffende Punkt am nächsten liegt.

punkten entsprechende Kurve einzeichnen, so wäre für sie unser gezeichnetes Polygon sozusagen ein Tangentenpolygon.

Unter Kapitel 3 haben wir festgestellt, daß bisher vorwiegend die Zemente aus drei Hauptgrundstoffen (Komponenten) bestehend im Dreistoffsystem dargestellt wurden, weil die Komponente Al_2O_3 samt dem Fe_2O_3 als eine einzige Komponente bisher angesehen wurde. Wie indessen schon früher erwähnt, hat sich bei der Erzeugung des Erzzementes (vgl. Kapitel 9) und neuerdings auch des Kühlzementes (Kapitel 10a) das gegenseitige Verhältnis zwischen Tonerde und Eisenoxyd[1]) als von großer Bedeutung erwiesen (vgl. auch: Spindel, B. u. E. 1927, S. 12). Infolgedessen erwächst damit das Bedürfnis nach der Darstellung eines Vierstoffsystems. Dies kann entweder zeichnerisch so dargestellt werden, daß zwei Dreiecke nach früherer Art zu einem Parallelogramm zusammengesetzt werden, dergestalt, daß das erste Dreieck wie früher Kalk, Kieselsäure und Tonerde enthält, das zweite Kieselsäure, Tonerde und Eisenoxyd. In jedem der beiden Dreiecke ist dadurch für einen bestimmten Zement ein Punkt gegeben; die beiden Punkte werden sodann durch eine gerade Linie verbunden und diese Linie ist das gesuchte Symbol für den gegebenen Zement im Vierstoffsystem CaO, SiO_2, Al_2O_3 und Fe_2O_3. Kühl gibt eine andere Darstellung, die vom gleichseitigen Tetraeder ausgeht und dabei den Analysenpunkt nach den vier Tetraederkanten orientiert (Tonindustrie-Ztg. 1927, S. 344). Ein näheres Eingehen auf das Vierstoffsystem verbietet Umfang und Zweck des Buches. Es sei auf die angeführten Quellen verwiesen. Zum Schlusse sei noch einiger charakteristischer Quotienten für die Zemente gedacht:

1. Der hydraulische Modul HM:

$$\frac{\text{Kalk}}{\text{Hydraulefaktoren}} = \frac{CaO}{SiO_2 + Al_2O_3 + Fe_2O_3}$$

2. Der Silikatmodul SM:

$$\frac{\text{Kieselsäure}}{\text{Tonerde} + \text{Eisenoxyd}} = \frac{SiO_2}{Al_2O_3 + Fe_2O_3}$$

3. Der Eisenmodul EM:

$$\frac{\text{Tonerde}}{\text{Eisenoxyd}} = \frac{Al_2O_3}{Fe_2O_3}$$

[1]) Nicht allein, daß die Rohstoffe bei geringem Tonerdegehalt und bei Überwiegen des Eisenoxyds leichter, d. h. bei niedrigerer Temperatur sintern (Brennstoffersparnis), so verleiht auch das Eisenoxyd dem Zement eine chem. Widerstandskraft (vgl. Erzzement, Kapitel 9).

Als Beispiel ist folgende Tabelle gebracht (aus dem obenerwähnten Kühlschen Aufsatz angeführt), aus der klar zu erkennen ist, wie sich bei den einzelnen Bindemitteln die Moduln verhalten:

Bestandteile	Portlandzement %	Erzzement %	Hochofenschlacke %	Tonerdezement %
CaO Kalk	68,92	66,97	50,38	41,72
SiO_2 Kieselsäure . . .	21,10	24,56	34,54	7,14
Al_2O_3 Tonerde	7,17	1,84	13,99	44,21
Fe_2O_3 Eisenoxyd . . .	2,81	6,63	1,09	6,93
Summe:	100,00	100,00	100,00	100,00
Hydraul. Modul . . .	2,22	2,03	1,02	0,72
Silikatmodul	2,11	2,90	2,29	0,14
Eisenmodul.	2,55	0,28	12,83	6,38

Kapitel 5. Der Portlandzement. PZ.

1. Zusammensetzung.

Normale Portlandzemente sind ein grüngraues[1]) Pulver von etwa 1,14—1,3 kg Litergewicht, 3,0—3,1 spez. Gewicht und haben eine Zusammensetzung der Grundstoffe, die sich etwa in folgenden Grenzen hält:

CaO	63—68%
SiO_2	19—26%
Al_2O_3	6—14%

An dieser Stelle soll darauf hingewiesen werden, daß in der einschlägigen Literatur bisweilen erheblich weiter gesteckte Grenzen angegeben sind. Dies gibt aber leicht zu Irrtümern Anlaß.

In Abb. 2 ist die unter Kapitel 4 beschriebene zeichnerische Dasrstellung auf die vorstehenden Anteilgrenzen für Portlandzement angewandt. Die schwarze kleine Fläche stellt gleichsam das Symbol für Portlandzement dar. Eine Nachprüfung des hydraul. Moduls in a, b, c, d ergibt, daß alle 4 Grenzpunkte der Bedingung des PZ genügen, nämlich HM $\geqq$ 1,7.

Nach den Deutschen Normen für einheitliche Lieferung und Prüfung von Portlandzement vom Dezember 1909 ist die Zusammensetzung und Herstellung des PZ geregelt, indem Portlandzement begrifflich ausdrücklich festgelegt ist als „ein hydraulisches Bindemittel mit nicht weniger als 1,7 Gewichtsteilen Kalk (CaO) auf ein Gewichtsteil lösliche Kieselsäure (SiO_2) + Tonerde (Al_2O_3) + Eisenoxyd (Fe_2O_3) hergestellt durch feine Zer-

[1]) Über Farbton des Zements vgl. Kapitel 9.

kleinerung und innige Mischung der Rohstoffe, Brennen bis mindestens zur Sinterung und Feinmahlen[1])". Bezüglich der Zusammensetzung besagt dies, daß der hydraulische Modul stets gleich oder größer als 1,7 sein muß, somit

$$\frac{CaO}{SiO_2 + Al_2O_3 + Fe_2O_3} \geq 1{,}7$$

(In der am Schluß von Kapitel 4 gegebenen Tabelle ist beispielsweise der hydraulische Modul des PZ = 2,22.)

Ferner heißt es in den Normen: „Dem Portlandzement dürfen nicht mehr als 3% Zusätze zu besonderen Zwecken zugegeben werden.

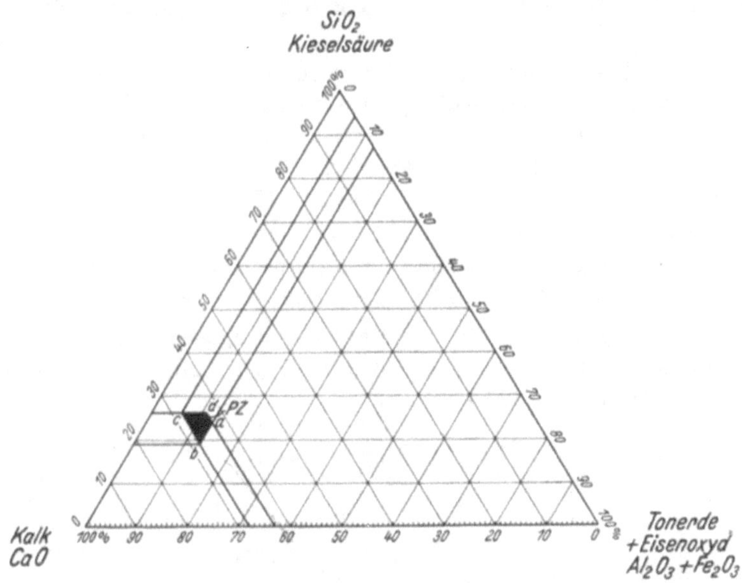

Abb. 2. Portlandzement (PZ).

Der **Magnesiagehalt**[2]) darf höchstens 5%, der Gehalt an **Schwefelsäurehydrid**[3]) nicht mehr als 2½% im geglühten Portlandzement betragen." Die Normen begründen die Frage der Begrenzung der Zusätze folgendermaßen: „Zusätze zu besonderen Zwecken namentlich zur Regelung der Bindezeit sind nicht zu entbehren, jedoch in

[1]) Man beachte hier diese Definition genau, weil sie dadurch bestimmend auf die sog. Naturzemente wirkt. Vgl. hierzu Kapitel 7.

[2]) Magnesia = MgO = Magnesiumoxyd; die allerneuesten amerikanischen Versuche (Eng. Rec. 1927, S. 1072), die sich auf die Dauer von 10 Jahren erstreckten, ergaben, daß 6½ bis 7½% Magnesiagehalt keinen schädlichen Einfluß hat.

[3]) Schwefelsäureanhydrid = SO_3 = Schwefelsäuretrioxyd.

Höhe von 3% begrenzt, um die Möglichkeit von Zusätzen lediglicl zur Gewichtsvermehrung auszuschließen. Ein Gehalt bis zu 2½% Schwefelsäureanhydrid hat sich als unschädlich erwiesen." Hinsichtlich der innerhalb der 3% gestatteten Zusätze ist zu bemerken, daß zur Verlängerung der Abbindezeit Gips ($CaSO_4$ = Kalziumsulfat) zugesetzt wird, dagegen zur Beschleunigung des Abbindens Natriumkarbonat ($NaCO_3$) zugesetzt werden kann.

2. Verpackung und Gewicht.

Die Verpackung erfolgt in der Regel

a) in Fässern 180 kg brutto und 170 kg netto,

b) in Säcken 57,5 kg brutto und 57 kg netto, oder zu 50,5 kg brutto und 50 kg netto.

Auf das Vorhandensein der Bezeichnung Portlandzement, der Fabrikmarke und des Bruttogewichts ist zu achten. Für Umrechnen amerikanischer Versuche auf deutsche Verhältnisse ist es nützlich zu wissen, daß ein amerikanischer Sack = 94 Pfd. = 42,6375 kg und ein Faß = 3 Sack wiegt, nämlich 127,9125 kg.

Das Raumgewicht des PZ schwankt

eingelaufen von 1000—1300 kg/m³, im Mittel 1150 kg/m³,
eingerüttelt von 1600—2200 kg/m³, im Mittel 1900 kg/m³.

Haegermann gibt für „im 100-l-Gefäß eingestreut" in „Zement" 1928, S. 383 in Tafel I die Werte 1194—1320 kg/m³, im Mittel 1266 kg/m³ bzw. 1850—2010 kg/m³, im Mittel 1910 kg/m³.

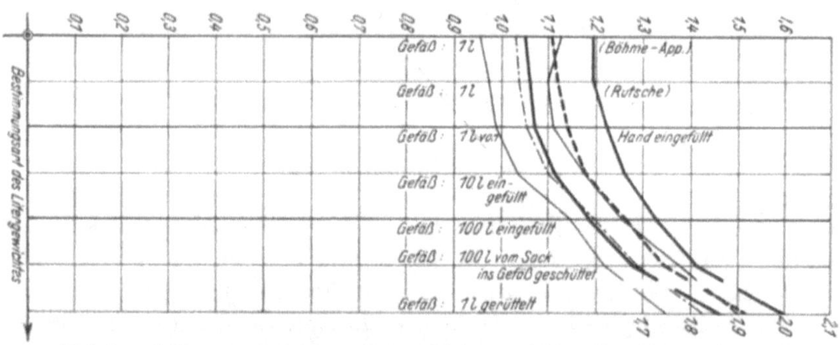

Abb. 2a. Litergewicht von Zement je nach der Bestimmungsart. (Nach Haegermann). Hochw. Zement: dünne Linien; gew. Portland: dicke Linien; gestrichelt: die Mittelwerte.

Es kommt aber hierbei sehr auf die Art und Weise des Einlaufens und auf die benützte Gefäßform an. Allgemein gilt: je größer die Mahlfeinheit und je kleiner das Meßgefäß desto kleiner das Litergewicht. Vgl. hierzu Abb. 2a, die dem oben angeführten interessanten

Aufsatz entnommen ist. Im übrigen verringert sich das Gewicht mit der Länge der Lagerdauer wegen der zunehmenden Hydratisierung[1]).

Das spezifische Gewicht beträgt 3,00—3,10, im Mittel = 3,05.

3. Abbinden.

Bevor auf die Abbindeverhältnisse selbst eingegangen wird, sollen zunächst die diesbezüglichen Sätze der „Normen“ wiedergegeben werden:

„Der Erhärtungsbeginn von normal bindendem Portlandzement soll nicht früher als eine Stunde nach dem Anmachen eintreten. Für besondere Zwecke kann rascher bindenderPortlandzement verlangt werden, welcher als solcher gekennzeichnet sein muß.

Begründung und Erläuterung.

Der Erhärtungsbeginn von normal bindendem Portlandzement wurde auf mindestens eine Stunde festgesetzt, weil der Beginn des Abbindens von Wichtigkeit ist; dagegen ist von der Festsetzung einer bestimmten Bindezeit Abstand genommen, weil es bei der Verwendung von Portlandzement von geringer Bedeutung ist, ob der Abbindeprozeß in kürzerer oder längerer Zeit beendet wird. Etwaige Vorschriften über die Bindezeit sollten daher nicht zu eng begrenzt werden.

Um ein Urteil über das Abbinden eines Portlandzements zu gewinnen, rühre man 100 g des reinen, langsam bindenden Portlandzements 3 min, des rasch bindenden 1 min lang mit Wasser zu einem steifen Brei an und bilde auf einer Glasplatte einen etwa 1,5 cm dicken, nach dem Rande hin dünn auslaufenden Kuchen. Die zur Herstellung dieses Kuchens erforderliche Dickflüssigkeit des Portlandzementbreies soll so beschaffen sein, daß der mit einem Spatel auf die Glasplatte gebrachte Brei erst durch mehrmaliges Aufstoßen der Glasplatte nach dem Rande hin ausläuft, wozu in den meisten Fällen 27 bis 30% Anmachwasser genügen. Man beobachte die beginnende Erstarrung.

Zur Feststellung des Erhärtungsbeginnes und zur Ermittlung der Bindezeit bedient man sich der zylindrischen Normalnadel von 1 mm² Querschnitt und 300 g Gewicht, die senkrecht zur Achse abgeschnitten ist. Man füllt einen auf eine Glasplatte gesetzten konischen Hartgummiring von 4 cm Höhe und 7 cm mittlerem lichten Durchmesser mit dem Portlandzementbrei (aus etwa 300 g Portlandzement) von der oben angegebenen Dickflüssigkeit und bringt

[1]) Nämlich Aufnahme von Wasserdampf und Kohlensäure, somit Hydratation = Wasserbindung des Zements.

ihn unter die Nadel. Der Zeitpunkt, in welchem die Normalnadel den Portlandzementkuchen nicht mehr gänzlich zu durchdringen vermag, gilt als der ‚Beginn des Abbindens'. Die Zeit, welche verfließt[1]), bis die Normalnadel auf dem erstarrten Kuchen keinen merklichen Eindruck mehr hinterläßt, ist die ‚Bindezeit'.

Da das Abbinden von Portlandzement durch die Wärme der Luft und des zur Verwendung gelangenden Wassers beeinflußt wird, insofern hohe Temperatur das Abbinden beschleunigt, niedrige Temperatur es dagegen verzögert, so ist es nötig, die Versuche, um zu übereinstimmenden Ergebnissen zu gelangen, bei 14—18° C mittlerer Zement-, Wasser- und Luftwärme vorzunehmen und auch Geräte und Sand vorher auf diese Temperatur zu bringen.

Die Meinung, daß Portlandzement bei längerem Lagern an Güte verliere, ist irrig, sofern der Portlandzement trocken und zugfrei gelagert wird. Vertragsbestimmungen, welche nur frische Ware vorschreiben, sollten deshalb in Wegfall kommen."

Auf diese Weise ist der Begriff Abbindebeginn und Abbindezeit festgelegt[2]).

Bei den normalbindenden Handelsmarken des Portlandzements setzt der Abbindebeginn etwa nach 2½—5½ Stdn. ein. Die Zeitdauer zwischen Anfang und Ende des Abbindens schwankt zwischen 2—3 Stdn. Bei Langsambindern: Abbindebeginn nach etwa 5½ bis 8 und die Zeitdauer zwischen Anfang und Ende des Abbindens etwa 3—10 Stdn. Doch können diese Zahlen nur ungefähre Richtlinien sein. Hinsichtlich des Einflusses niedriger Wärmegrade auf den Abbindeprozeß vgl. Kapitel 5, Z. 6 e.

Nach dem Ende des Abbindens nimmt der Zement immer weiter an Härte zu; nach 18—24 Stdn. zeigt sich dann auch schon eine gewisse Festigkeit. Je schneller nun der Zement diese Härte erlangt, desto rascher löst sich, wie man sagt, seine Erhärtungsenergie aus. Bezüglich der beim Abbinden entstehenden Wärmegrade ist zu bemerken, daß von allen Zementarten die größte Abbindewärme der Schmelzzement aufweist (vgl. Kapitel 13 unter Tonerdezement). Seine Wärmegrade steigen nach Hummel (vgl. Bauingenieur 1924, Heft 5) nach 5 Stdn. um den Betrag von 93° C, dagegen beim hoch-

[1]) Eine kritische Besprechung über die in vorstehendem Normenwortlaut nicht genau festgelegten Punkte (nämlich hinsichtlich des dort nicht festgelegten Wasserzusatzes und der Größe der Nadeleindringungstiefe) vgl. Grün: Der Zement, Verl. Springer, 1927, S. 64 u. 65; dort wird ein von Schoch angegebenes Verfahren anempfohlen.

[2]) Also vom Augenblick des Anmachens an gerechnet. Irgendeine Festlegung der Bindezeit ist somit in den „Normen" nicht vorhanden.

wertigen Zement nach 13 Stdn. um 40° C und schließlich beim Portlandzement um 10° C nach 12 Stdn. Der chemische Prozeß des Abbindens geht also unter **Wärmetönung** vor sich, die in nachfolgenden Angaben in Grammkalorien je cm^3 Zement ausgedrückt ist.

Nach 4, 8, 12, 16, 20, 40, 60, 80 und 100 h nach dem Anmachen betrug die Wärmetönung

bei gewöhnl. Portlandzement: 4, 8, 12, 26, 32, 52, 62, 67 und 68 Grammkalorien je cm^3 Zement,

bei hochw. Zement: 12, 36, 55, 66, 72, 83, 85, 87 und 88 Grammkalorien je cm^3 Zement (Referat in „Zement" 1927, S. 1095).

Gemäß Angaben von Huch (vgl. Zentralblatt der Bauverwaltung 1926, S. 399) war bei einem Brückenpfeiler von 2,3 m Dicke aus Weichbeton die Temperaturzunahme in 7 Tagen 16° C, ebenso stieg in einem Eisenbetonbalken 110/40 mit einer Plattendicke von 20 cm die Abbindetemperatur um 8° C bei einer mittleren Außentemperatur von 2° Wärme. Bei obigem Brückenpfeiler betrug die mittlere Außentemperatur 2° Kälte.

Über die beim Erhärten in Frage kommenden Vorgänge chemischer und physikalischer Art besteht in den Kreisen der Fachleute noch Meinungsverschiedenheit, jedoch dürfte es sich wohl in erster Linie um die bei der Klinkerbildung im Ofen entstehenden Verbindungen:

Jäneckeit . . . . $8\,CaO,\ 2\,SiO_2,\ Al_2O_3$,
Dikalziumsilikat . . . . . $2\,CaO,\ SiO_2$, und
Trikalziumsilikat[1]) . . . . $3\,CaO,\ SiO_2$

handeln, die als Träger der hydraulischen Eigenschaften des Zements in Frage kommen (Beckmann im „Zement" 1927, S. 37).

Um die Erkundung dieses Problems sind unausgesetzt unsere Forscher (u. a. Kühl, Dyckerhoff, Jänecke, Nacken u. a. m.) bemüht, ebenso wie auch die Amerikaner, und es ist auch anzunehmen, daß die restlose Klärung der Frage in nicht allzuferner Zeit erfolgen wird.

Über Studien zu den Abbindevorgängen berichtet sehr interessant Biehl in „Zement" 1928, Nr. 12, 21 und 24.

Zum Schluß soll noch auf eine merkwürdige, für den Bauingenieur bedeutsame Erscheinung hinsichtlich des Abbindeprozesses von länger eingelagertem Zement hingewiesen werden. Daß nämlich bei der Zementeinlieferung entnommene Proben z. B. zunächst

[1]) Vgl. hierzu auch „Zement" 1927, S. 659. Hier ist von Kühl die Beständigkeit der ersten beiden Verbindungen in Zweifel gezogen und gesagt, daß vor allem das Dikalziumsilikat unbeständig sei. Dagegen behauptet Jänecke, daß es das Trikalziumsilikat nicht gäbe.

verhältnismäßig langsam binden, hingegen nach einigen Wochen und Monaten auf einmal schnell, um schließlich wieder langsam abzubinden. Einen Versuch zu einer Erklärung hierfür findet man unter Z. 5 „Mahlfeinheit", wobei zu beachten ist, daß die schließlich wieder auftretende langsamere Bindezeit zum Teil der langsamen Hydratation von länger eingelagertem Zement zuzuschreiben ist. Wenn auch diese Hydratation nur langsam vor sich geht, so ist sie namentlich bei Zementen von hoher Mahlfeinheit nicht zu übersehen. Wird Zement durch Lagern schneller bindend, so nennt man dies Umschlagen, und es tritt bisweilen ziemlich heftig in Erscheinung, wenn der Zement beim Lagern großen Wärmegraden ausgesetzt ist. Er wird dann plötzlich zum Schnellbinder, eine Erscheinung, die während der Kriegszeit beim Bau von Feldbefestigungen in heißen Gegenden, namentlich auf dem Balkan beobachtet worden ist.

An nicht sachgemäß eingelagertem Zement sowie bei älterem Zement überhaupt kann man öfters die sog. Knollenbildung feststellen. Wenn man die Knollen aber wieder durch ein Sieb fein zerreibt, so haben diese Zerreibsel geringere Bindekraft, jedoch ist nach Kühl die Werteinbuße nicht bedeutend. Die Knollenbildung ist öfters zu beobachten, wenn bei der Fabrikation des Zements, nämlich bei der Klinkerbehandlung zur Erzielung langsameren Abbindens Chlorkalzium $CaCl_2$, zugesetzt worden ist.

4. Raumbeständigkeit.

(vgl. hierzu auch Kapitel 6 Z. 3c, Kapitel 13.)

In den Normen ist gesagt:

„Portlandzement soll raumbeständig sein. Als entscheidende Probe soll gelten, daß ein auf einer Glasplatte hergestellter und vor Austrocknung geschützter Kuchen aus reinem Portlandzement, nach 24 Stdn. unter Wasser gelegt, auch nach längerer Beobachtungszeit durchaus keine Verkrümmungen oder Kantenrisse zeigen darf.

Erläuterung.

Zur Ausführung der Probe wird der zur Beurteilung des Abbindens angefertigte Kuchen bei langsam bindendem Portlandzement nach 24 Stdn., jedenfalls aber erst nach erfolgtem Abbinden, unter Wasser gelegt. Bei rasch bindendem Portlandzement kann dies schon nach kürzerer Frist geschehen. Die Kuchen, namentlich von langsam bindendem Portlandzement, müssen bis nach erfolgtem Abbinden vor Trocknung geschützt werden, am besten durch Aufbewahren in einem bedeckten Kasten. Es wird hierdurch die Entstehung von Schwindrissen vermieden, welche in der Regel in der Mitte des Kuchens entstehen und von Unkundigen für Treibrisse gehalten werden können.

Zeigen sich bei der Erhärtung unter Wasser Verkrümmungen oder Kantenrisse, so deutet dies unzweifelhaft ‚Treiben' des Portlandzements an, d. h. es findet infolge einer Raumvermehrung Zerklüften des Portlandzements unter allmählicher Lockerung des zuerst gewonnenen Zusammenhanges statt, welches bis zu gänzlichem Zerfallen des Portlandzements führen kann.

Die Erscheinungen des Treibens zeigen sich an den Kuchen in der Regel bereits nach 3 Tagen; jedenfalls genügt eine Beobachtung bis zu 28 Tagen."

Die vorstehenden Normenmaßnahmen sollen vorbeugen, daß der Zement nicht zu Schwindrissen und zu Treibrissen neigt; es handelt sich somit um allerwichtigste Zementeigenschaften. Ursache für starkes Schwinden ist oft ein zu großer Wasserzusatz, dagegen sind die Ursachen für das Treiben mannigfacherer Art, z. B.

1. zu schwacher Brand (bzw. Vorhandensein von zuviel Schwachbrand),
2. zuviel Gipsgehalt,
3. zuviel Magnesiagehalt,
4. zuviel Kalkgehalt,

1., 2. und 4. bewirken alsbald nach dem Erhärten das Treiben, 3. erst nach längerer Zeit, oft nach Monaten und Jahren. 2. kann eintreten selbst bei Verwendung gut aufbereiteten Zements, wenn die Betonzuschlagstoffe selbst, z. B. der Sand oder beispielsweise Kesselschlacke, von Haus aus Gips enthalten.

Wie am Schluß von Z. 3 dieses Kapitels erwähnt, wird zur Verzögerung des Abbindens dem Klinker bisweilen Chlorkalzium $CaCl_2$ zugesetzt, wodurch gleichfalls Treiberscheinungen hergeleitet wurden[1]). Man kann die treibenden Zemente demnach scheiden in:

Schwachbrandtreiber, Gipstreiber, Magnesiatreiber, Kalktreiber und Chlortreiber.

Bei der Kesselschlacke ist die Gefahr eines Gipsgehaltes dann besonders groß, wenn die im Kessel verfeuerte schwefelhaltige Kohle auch nur ganz wenige Kalkteilchen enthält. Die unmittelbare Ursache des Treibens bei Gipsanwesenheit ist die Bildung des sog. Zementbazillus, d. i. ein schwefelsaures Kalkhydroaluminat, Kalziumsulfoaluminat oder auch Kalziumaluminiumsulfat. Im übrigen ist eine gute Probe auf Raumbeständigkeit die Kochprobe. Man läßt hierbei Normenkuchen 24 Stdn. in feuchter Luft erhärten; sodann kocht man 3 Stdn.; die Kuchen dürfen weder Risse erhalten noch sich verkrümmen. Während Schwindrisse ungefähr kreisförmig mehr nach der Mitte zu verlaufen, so sind die Treibrisse mehr radial gerichtet und am Rande zu finden. Vgl. hierzu die „Vorläufigen Leitsätze für die Baukontrolle im Eisenbetonbau" des Deutschen Beton-Vereins, S. 4 und 5.

[1]) Vgl. „Zement" 1920, S. 310 (Guttmann), 1925, Heft 42 (Kühl und Ullrich), Aufsätze, die das Chlortreiben behandeln.

5. Feinheit der Mahlung.

Das bis zur Sinterung gebrannte Material führt, wenn es aus dem Ofen kommt, den Namen Klinker, der wiederum im fein vermahlenen Zustand Portlandzement heißt. Er soll nach den Normen „so fein gemahlen sein, daß er auf dem Siebe von 900 Maschen auf 1 cm², höchstens 5% Rückstand hinterläßt. Die Maschenweite des Siebes soll 0,222 mm betragen.

Die Fortschritte in der Technik der Feinmahlung sind heute, nach 18 Jahren, derart groß, daß die obige Normenforderung gegenwärtig weitaus überschritten wird. Dementsprechend sind beim gewöhnlichen Portlandzement durchschnittlich folgende Siebrückstände zu verzeichnen (vgl. Dr. R. Grün, „Der Zement", Berlin 1927, Verlag J. Springer):

Sieb 900 . . . . . . 0,1— 1,0%
5000 . . . . . . 7 —20%
10000 . . . . . . 15 —23%

und nach Burchartz (Handb. f. Eisenbeton Bd. III, Berlin 1927, W. Ernst & Sohn):

Sieb 900 . . . . . . 0 — 6%
4900 . . . . . . 1,9—29%.

Neuerdings sind die Siebe genormt und man soll zweckmäßig die Siebe nicht nach der Maschenzahl je cm², sondern nach Nummern bezeichnen. Für den Übergang gebrauchen wir jedoch noch die frühere Bezeichnung.

Sieb Nr.	Maschenzahl für 1 cm²	Maschenweite mm	Drahtdurchmesser mm
30	**900**	**0,200**	0,130
40	1600	0,150	0,100
50	2500	0,120	0,080
60	3600	0,100	0,065
70	**4900**	**0,086**	0,055
80	6400	0,075	0,050
100	10000	0,060	0,040

Die Zemente nehmen mit der Länge der Lagerung an Mahlfeinheit zu, eine Erscheinung, die namentlich in der Inflationszeit beobachtet werden konnte, wo die Bauherren öfters schon lange vor Baubeginn die erforderlichen Zementquanten sich sichern und einlagern mußten.

Der Grund dieser sogenannten Nachfeinung mag folgender sein: Das Brennprodukt „Klinker" ist im chemisch-mineralogischen

Sinne als nicht im Gleichgewicht befindlich anzusprechen. Infolgedessen ist es naturgemäß Veränderungen unterworfen und zerfällt daher auch bisweilen in kleinere Teile. Da aber der Portlandzement nichts anderes als feingemahlener Klinker ist, so zerfallen manchmal auch diese kleinsten Klinkerteilchen noch weiter, wodurch die erwähnte Selbstfeinung erklärbar wäre (vgl. auch unter Z. 4).

Eine allzuhoch getriebene Mahlfeinheit hat zwar eine ziemlich festigkeitsteigernde Wirkung, weist aber indessen auch manche Kehrseite auf, z. B.:

1. Höhere Empfindlichkeit bei nicht ganz trockener und zugfreier Lagerung und überhaupt geringere Lagerbeständigkeit.
2. Bei geringem Litergewicht erhöhter Wasseranspruch und damit geringere Betonfestigkeit (vgl. Z. 6b, ferner Kapitel 23).
3. Beim Betonieren mit gießfähiger flüssiger Mischung macht sich ein Abschlemmen der feinsten Zementteilchen bemerkbar; es entstehen dadurch Verluste durch ziemlich stark angereicherte Zementmilch, deren teilweises Abfließen durch die Schalungen unvermeidlich ist.
4. Eben dadurch sind auch unmittelbar an der Schalung zementreichere Schichten, dagegen im Innern des Betonkörpers ein zementärmerer Kern öfters beobachtet worden, wodurch langsames Erhärten des Kernes feststellbar war.

6. Festigkeit des PZ und sie beeinflussende Umstände.

a) Normenforderungen.

Die Probewürfel sollen eine Druckfläche von 50 cm² haben, es sind also Würfel von 7,07 cm Seitenlänge. Die Anfertigung erfolgt gem. den in Abschnitt VII der Normen[1]) gegebenen Anweisungen. Nach dem Erlaß des Herrn Verkehrsministers vom 15. Okt. 1927 sind die erforderlichen Mindestfestigkeiten für gewöhnlichen langsambindenden Portland-, Eisenportland- und Hochofenzement:

	Nach 7 Tagen 1 Tag in feuchter Luft 6 Tage unter Wasser kg/cm²	Nach 28 Tagen 1 Tag in feuchter Luft 27 Tage unter Wasser kg/cm²	Nach 28 Tagen 1 Tag in feuchter Luft 6 Tage unter Wasser 21 Tage in Luft von 15—20° C
Druckfestigkeit	180	275	350
Zugfestigkeit	18	—	30

[1]) Runderlaß des preuß. Ministers der öffentlichen Arbeiten vom 16. März 1910. Diese Deutschen Normen sind im Verlage von Wilhelm Ernst & Sohn, Berlin, erschienen. Die für die Herstellung der Normenwürfel erforderlichen Vorrichtungen sind dieselben wie die in Kapitel 1 bei den Kalknormen angegebenen.

Diese bestimmungsgemäß erforderlichen Festigkeiten werden von guten Zementen nicht unerheblich überschritten und der Durchschnittswert beträgt bei Handelszementen 300 bis 400 kg/cm². Die Festigkeitsproben mit den erwähnten 7-cm-Würfeln werden derart hergestellt, daß ein Teil Zement mit drei Teilen Normensand gemischt werden. Der Normensand ist ein unter Aufsicht des Materialprüfungsamtes ausgesiebter Quarzsand, der einem tertiären Sandlager in Freienwalde entstammt.

b) Einfluß des Wasserzusatzes auf die Zementfestigkeit.

Nach Goslich wird beim Abbindeprozeß vom Zement an Wasser nur 12 bis 15% seines Gewichtes chemisch gebunden, der Rest des Wassers bleibt ungebunden in den Feinporen (wobei noch zu beachten ist, daß der Zement zum Abbindeprozeß etwa 25 bis 30% seines Gewichts an Wasser beansprucht). Hieraus geht schon ohne weiteres hervor, daß die Größe des Wasserzusatzes einen bedeutenden Einfluß auf die Festigkeit haben muß, weil mit 13 bis 18% chemisch nicht gebundenen Wassers gerechnet werden muß. Die Abb. 3 gibt nach Weisgerber („Zement" 1927, S. 595) den Verlauf der reinen Zementfestigkeit als Funktion vom Wasserzementfaktor[1]) (abgekürzt WZF), wobei

$$\mathrm{WZF} = \frac{\text{Wassergewicht}}{\text{Zementgewicht}}.$$

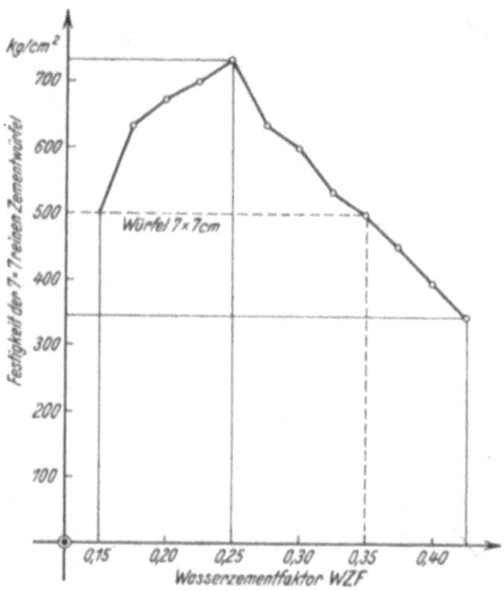

Abb. 3. 28 Tage Festigkeit der 7×7 reinen Zementwürfel (also ohne jeden Sandzusatz) als Funktion des Wasserzementfaktors nach Weisgerber („Zement" 1927, S. 595).

Man erkennt aus der Kurve in Abb. 3, daß bei einem WZF von etwa 0,25 die günstigste Zementfestigkeit liegt; unterhalb und oberhalb von 0,25 sind die Zementfestigkeiten kleiner, und zwar ist die Festigkeit bei WZF = 0,15 und 0,35 gleich groß, nämlich 500 kg/cm². Weißgerber nennt den WZF, der die höchste Festigkeit ergibt (in unserem Falle WZF = 0,25) den Normal-WZF,

[1]) Erstmalig ist der Begriff des WZF von dem amerikanischen Forscher Duff A Abrams eingeführt; allerdings mit der gegen jetzt abweichenden Bedeutung, daß das Wassergewicht auf das Zementvolumen bezogen war.

und die zugehörige Festigkeit die Normalfestigkeit. Wir werden auf die Weißgerberschen Ergebnisse noch späterhin gelegentlich der Besprechung der verschiedenen Einflüsse auf die Festigkeit des Betons zurückkommen. Die Abb. 4 gibt ebenfalls ein Bild der reinen Zementfestigkeiten nach Jung (Bautechnik 1927, S. 629), und zwar bei einem Alter der Proben von 7, 28 und 90 Tagen. Dort allerdings liegt die Höchstfestigkeit etwa bei einem WZF von 0,18. Es kommt eben auch sehr auf die Zementgattung an.

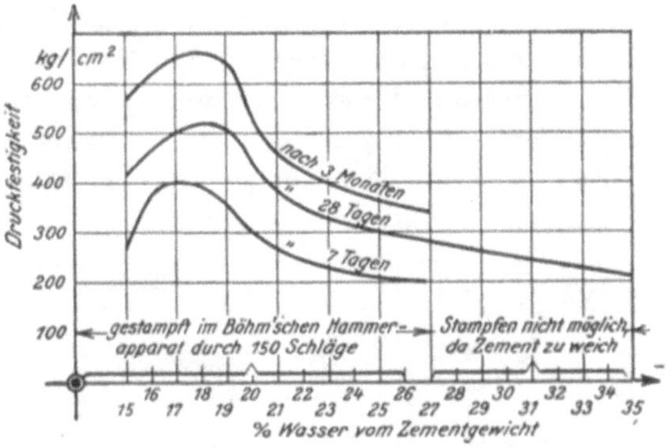

Abb. 4. Festigkeiten reiner Zementwürfel (also ohne Sandzusatz) von 7 cm Kantenlänge bei verschiedenem Wasserzusatz nach Jung („Bautechnik" 1927, S. 629).

c) Einfluß der Mahlfeinheit.

Je feiner die Mahlung, desto größer die Festigkeit. In der Abb. 5 ist nach den Versuchen von Killig („Zement" 1922, S. 162) eine Schaulinie aufgetragen, wobei der günstige Einfluß der Mahlfeinheit erkennbar ist. Es handelt sich hier um die Normenfestigkeit des Zements, also mit Sandzusatz. Allerdings ist zu beachten, daß es sich im Bereich von a) bis b) nicht mehr um normengerechte Mahlungsgrade handelt, weil 5 % Rückstand auf dem 900-Maschensieb die Grenze des Zulässigen, Normengemäßen bedeutet, somit ist nur das Bereich 0 bis *a* in Frage kommend. Wie bereits in Kap. 5, Z. 5 unter „Feinheit der Mahlung" bemerkt, sind heutigen Tages die Feinheitsgrade um ein Vielfaches vollkommener und es würde, wenn die Killigsche Versuchsreihe fortgesetzt wäre, ein noch weiterer Zuwachs an Festigkeit in der Abb. 5 zu verzeichnen sein.

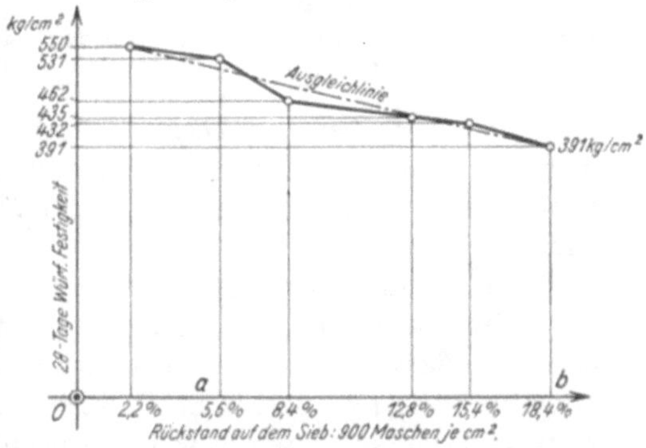

Abb. 5. Verlauf der Zunahme der 28 Tage Normen-Würfelfestigkeit bei wachsendem Feinheitsgrad der Mahlung des Zements. (Versuche von Killig, „Zement" 1922, S. 162.)

d) Einfluß der Lagerdauer.

Im allgemeinen ist eine längere Lagerung stets von ungünstigem Einfluß, jedoch ist dieser bei den verschiedenen Portlandzementmarken auch von verschieden großer Wirkung auf die Festigkeit. Es kommt zunächst sehr auf die Örtlichkeit der Lagerung an, ob im Laboratorium oder im Zementschuppen der Baustelle. Bei trockener, zugfreier Lagerung nimmt die Festigkeit mit der Mahlfeinheit ab, ferner auch mit dem Kalkgehalt. Letzteres weil sich der Kalk durch Luftzutritt zu kohlensaurem Kalk verbindet, der demzufolge für den Abbindevorgang in Wegfall kommt. Die nachfolgende Abb. 6 (entlehnt aus Kleinlogel usw. Einflüsse[1]) S. 204) enthält eine Zusammenstellung der Ergebnisse mehrerer Forscher und zeigt den nicht unerheblichen Festigkeitsausfall, der sich nach halbjähriger Lagerdauer zwischen 15 und 30%, bei einjähriger zwischen 20 und 40%, und schließlich bei zweijähriger Lagerdauer zwischen 25 und 50% bewegt. Grün[2]) findet nicht ganz so große Festigkeitseinbußen, nämlich nur 21% bei einjähriger und 14% bei halbjähriger Lagerdauer.

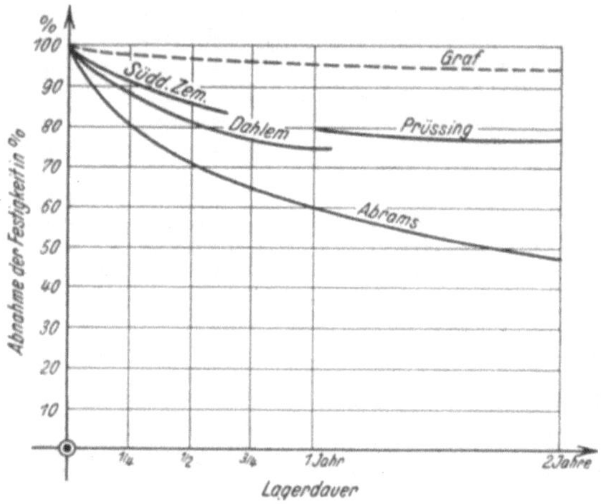

Abb. 6. Abnahme der Zementfestigkeit mit der Lagerdauer. (Entlehnt aus Kleinlogel „Einflüsse" S. 204).

Bei Klumpenbildung im Zement ist folgendes zu beachten. Bisweilen stellt man fest, daß in feuchter Luft bei den zu oberst liegenden Säcken die außen befindliche Zementschicht steinhart und öfters mehr oder weniger klumpig wird. In diesem Falle zerschlage und zerstoße man die harten Stücke, die nachher überdies noch durch ein Sieb gerieben werden; eine Festigkeitsprobe ergibt dann gewöhnlich nur eine mehr oder minder geringe Festigkeitsabnahme, die um so kleiner wird, je älter die Probewürfel sind. Bei 7-Tagen-Würfeln ist der Einfluß mitunter bedeutender, weil eben der klumpige Zement auch langsamer abbindet. Jedenfalls ist eine Klumpenbildung, bei

[1]) Verlag von Wilh. Ernst & Sohn, Berlin, 1925.

[2]) Dr. R. Grün, Der Zement, S. 106, Berlin 1927, Verlag Jul. Springer.

der die Stücke leicht zerreibbar sind i. d. R. von untergeordneter Bedeutung.

e) Einfluß niedriger Temperaturen.

Dieser ist ganz bedeutend und es ist schon die Temperatur von $+6^0$ abwärts stark verzögernd für das Abbinden, ja sogar nach einigen Erfahrungen von $+10^0$ abwärts. Ein Beitrag hierzu vgl. Zentralblatt der Bauverwaltung 1926, Heft 2: Zur Kenntnis vom Abbinden bei niedriger Temperatur von David, von Geßner in „Zement" 1928, S. 10: Über den Einfluß von niedrigen Temperaturen und Frost usw.

1. Einfluß niedriger Temperaturen auf das Abbinden.

Die nachstehende Zusammenstellung, die aus B. u. E. 1927, S. 245, einer Arbeit von O. Graf, entnommen ist, zeigt die Unterschiede in den Abbindeverhältnissen verschiedener Zemente einmal bei $+18^0$ und einmal bei $+1^0$.

Zement	Druckfestigkeit des Normenmörtels im Alter von 7 Tagen (1 Tag in feucht. Luft, 6 Tage unter Wasser) kg/cm²	Druckfestigkeit des Normenmörtels im Alter von 28 Tagen (kombinierte Lagerung) kg/cm²	Temperatur der Luft, des Zementmehls, des Wassers sowie der Geräte			
			$+18^0$		$+1^0$	
			Erhärtungsbeginn nach	Bindezeit	Erhärtungsbeginn	Bindezeit
			vom Augenblick des Anmachens an gerechnet		vom Augenblick des Anmachens an gerechnet	
Tonerde s . .	579	784	4½ Std.	6½ Std.	4¼ Std.	6¾ Std.
Portland (f) l .	437	585	—	5¼ „	—	15 „
Portland n (h)	405	558	5 Std.	8½ „	13 Std.	29 „
Portland g . .	220	381	3¼ „	12 „	27 „	80 „
Portland n . .	230	377	5¾ „	10 „	14 „	34 „
Eisenportl. s .	174	361	12 Min.	8¾ „	30 „	36 „
Hochofenz. n .	173	352	5¾ Std.	11 „	24 „	56 „
			$+18^0$		$+3^0$	
Portland f (l) .	437	585	2 Std.	6 Std.	3½ Std.	10 „
Portland z . .	120	226	6¼ „	11 „	—	48 „

Ähnliche Verhältnisse veröffentlicht O. Werken im Zentralbl. d. B. 1926, S. 396, nämlich:

Zement I bei 18° C zeigt einen Erhärtungsbeginn nach 4½ Stdn. in eine Bindezeit von 8 Stdn.; bei 1° C zeigt er einen Erhärtungsbeginn nach 15 Stdn. in eine Bindezeit von 32 Stdn.

Zement II bei 18° C zeigt einen Erhärtungsbeginn nach 4 Stdn. 10 min in eine Bindezeit von 7 Stdn. 50 min; bei 1° C zeigt einen Erhärtungsbeginn nach 14 Stdn. 30 min in eine Bindezeit von 31 Stdn.

2. Einfluß niedriger Temperaturen auf die Festigkeit des Zements.

O. Graf hat in B. u. E. 1927, S. 245, Versuche mit 7 × 7-Würfeln aus Mörtel (1 Zem. : 3 Reinsand) bei niedriger Temperatur veröffentlicht und man kann demnach etwa zu folgenden Schlüssen kommen:

a) Die einzelnen Zementmarken zeigen beim Erhärten unter niedriger Temperatur sehr verschiedenes Verhalten.

b) Es ergab sich keine Bestätigung für die weitverbreitete Annahme, daß die hochwertigen Zemente bei niedriger Temperatur weniger leisten als die gewöhnlichen Zemente.

c) Die infolge niedriger Temperatur verzögerte Erhärtung macht es notwendig, die Ausschalungsfristen nicht nur um die reinen Frosttage zu verlängern, sondern um eine unter Umständen bedeutend längere Frist. Beispielsweise erlangte Mörtel, 7 Tage bei 0°, dann bei 15 bis 20° C erhärtend, nicht einmal nach 6 Monaten die 7-Tage-Festigkeit des Mörtels, der dauernd auf 15 bis 20° C gehalten wurde (Ergebnis von Versuchen mit 6 Zementmarken).

d) Zementmörtel, die kurz nach dem Einbringen, also kurz vor dem Erhärten einfrieren, verlieren bei Portland- und Eisenportlandzement 22 bis 60% an Festigkeit, bei Tonerdezement (Alca) 18 bis 20%.

e) Mörtel, die 4 Stdn. bei 15 bis 20° C gehalten wurden und nachher in den Gefrierraum kamen, wurden beim Auftauen zerstört.

Einen weiteren bemerkenswerten Beitrag zu dieser Frage liefert auch O. Werken im Zentralbl. der Bauverwaltung 1926, S. 396. Danach betrug die Festigkeit von 7-cm-Normenwürfeln und Anfertigung bei + 9° C, 1 Tag Erhärtung in feuchter Luft von + 11°,7 Tage in Eis von — 5° C bis Wasser von + 2°, der Rest in Wasser von + 6 bis + 10° in % der 28-Tage-Festigkeit bei normalen Temperaturen:

Zementgattung	Festigkeit nach 7 Tagen	Festigkeit nach 28 Tagen
Tonerdezement	49 %	93 %
Hüttenzement I . . .	23 %	71 %
Hüttenzement II . . .	11 %	54 %

Die Werkenschen Versuche sind für die Erkenntnis der Frostfrage deshalb besonders wertvoll, weil — mit Ausnahme der Ermittlung der normengemäßen Festigkeiten — die Versuche auch außerhalb des Laboratoriums vorgenommen worden sind. Hierbei erfolgte Anfertigung und Erhärtung der Versuchskörper bei solchen Temperaturen und ihren Schwankungen, wie sie in der Praxis aus der Baustelle wirklich vorkommen.

Ferner stellte A. Geßner fest, daß bei Erhärtung von Beton bei 0° bis +5° die Festigkeiten betrugen:

bei hochwertigem Zement, weniger als die Hälfte,
bei gew. Portland nur ein Drittel derjenigen Festigkeit, die bei 15—20° C erreicht wurde.

f) Einfluß der verschiedenen Art der Lagerung der Probekörper.

In der Tonindustriezeitung 1928, Nr. 43, gibt Kühl einen überaus interessanten Beitrag über die Wechselerhärtung der Portlandzemente. Der Buchumfang verbietet leider näher hierauf einzugehen, jedoch kann gesagt werden, daß das abwechselnde Erhärten an Luft und unter Wasser die Festigkeit sehr beeinflußt. Vielleicht ergeben spätere Versuche irgendeine Gesetzmäßigkeit.

Kapitel 6. Kurzer Gang der Zementfabrikation[1]).

1. Allgemeines.

Genau wie der Eisenkonstrukteur an dem Werdegang und der Entwicklung seines Baustoffes regen Anteil nimmt, so ist es für jeden praktisch tätigen Eisenbetoningenieur, aber auch für die beamteten Aufsichtsorgane, unerläßlich, sich über das Werden des Baustoffes wenigstens in den Grundzügen zu unterrichten. Dies ist grundsätzlich sogar in noch höherem Maße wie beim Eisenbau der Fall, weil der Eisenbeton nicht wie das Eisen als Fertigprodukt in die Werkstatt bzw. auf die Baustelle wandert.

Im Eisenbau haben die letzten Jahre verschiedene hochwertigere Baustoffarten gebracht, so z. B. den festeren Kohlenstoffstahl St 47 und die hochwertigen legierten Stähle. Infolgedessen mußte sich auch hier der Betriebsingenieur der Eisenbauwerkstätte, nicht zuletzt aber auch der Eisenkonstrukteur selbst, umstellen, weil naturgemäß die neuen Stahlarten auch neue Stoffeigenschaften mitbrachten, die sowohl bei der Eisenbearbeitung selbst als auch bei der Konstruktion berücksichtigt sein wollten. Aber auch im Eisenbetonbau haben uns die letzten Jahre manch Neues gebracht, haben wir doch Zemente erhalten, die die 28-Tagefestigkeit des Portlandzements

[1]) Unter stellenweiser Benutzung des vorzüglichen Werkes: Kühl-Knothe, Chemie der hydraul. Bindemittel, Leipzig 1915, Verl. Hirzel. Das Werk ist leider vergriffen. Vgl. auch das ausführliche Werk, Schoch, Die Aufbereitung der Mörtelmaterialien, Berlin 1928, Verlag der Tonindustrie-Zeitung.

schon in wenigen Tagen erreichten (Hw. Portland) oder sogar schon in 24 Stdn. und weniger bei den Tonerdezementen u. a. Der durch seine Pionierarbeit um den hwZ bekannte österreichische Ingenieur Spindel hat sogar bei normengemäß hergestelltem Mörtel in nur 6 Stdn. eine Druckfestigkeit von 368 kg/cm² und eine Zugfestigkeit von 20 kg/cm² erzielt (B. u. E. 1927, S. 112). Es handelt sich hier jedoch zunächst um Laboratoriumsversuche unter Zusatz von — die Erhärtungsenergie rasch auslösenden — Flüssigkeiten, die indessen nach Angabe Spindels nur in äußerst schwacher Lösung beigegeben werden.

2. Die Rohstoffe.

In Kapitel 3 sind die Rohstoffe bereits aufgeführt, ferner sind in Abb. 2 die ungefähren Grenzen für den Gehalt an Grundstoffen eingezeichnet; es waren dies an

Kalk	63—68%
Kieselsäure	19—26%
Tonerde + Eisenoxyd	6—14%

Die Rohstoffe werden nun mehlfein zerkleinert und innerhalb obiger Grenzen zusammengesetzt. Naturgemäß ist besonders darauf zu achten, daß die Rohstoffe nicht schädliche Bestandteile enthalten, nämlich insbesondere bei Ton die Schwefelsäure und Magnesia. Hinsichtlich der Aufbereitung der Rohstoffe unterscheidet man das Trockenverfahren, das Naßverfahren und eine Art gemischtes Verfahren.

3. Die Aufbereitung der Rohstoffe.

a) Das Trockenverfahren.

Die mittels Seilbahn ankommenden Rohstoffe gelangen der Reihe nach in den Vorbrecher (über Brecher vgl. Kapitel 18c), in den Rohstofftrockner, in die Rohstoffmühle und von da in den Rohmehlsilo, wobei hier so verfahren werden kann, daß entweder die von vornhinein mengenmäßig zusammengebrachten Rohstoffe gleichzeitig vermahlen werden, oder daß Einzelvermahlung erfolgt und die gefeinten Einzelstoffe gegeneinander abgemessen und dann innig miteinander vermischt werden.

b) Das Naßverfahren.

Hierbei werden die Rohstoffe unter Wasserbeigabe zu einem Schlamm vermahlen, ähnlich wie beim gemischten Verfahren, wo dann nur der Ton naß vermahlen wird und der Kalk als trockenes Pulver zugegeben ist; beide werden schließlich zu einem dickflüssigen Schlamm vermengt.

Ob nun nach dem einen oder anderen Verfahren gearbeitet wird, hängt natürlich von der Beschaffenheit der Rohstoffe ab, und zwar wird das Naßverfahren insbesondere dort angewendet werden, wo die Rohstoffe von größeren fremden Einlagerungen wie Quarz, Feuerstein u. dgl. durchsetzt sind. Im Schlamm des Naßverfahrens setzen sich diese Fremdkörper in besonderen Behältern ab.

c) Das Brennen.

Beim Trockenverfahren, wobei also als Ergebnis dieser Aufbereitung schon das Rohmehl vorliegt, kann man dieses in Ringöfen, Schachtöfen und schließlich in Drehöfen brennen. Bei den beiden erstgenannten muß das Rohmehl allerdings vorerst in Ziegelform (die sog. Formlinge) gebracht werden. Beim Drehofen dagegen wird das Rohmehl unmittelbar eingeführt, nachdem es durch eine Anfeuchtschnecke etwas befeuchtet wird. Letzteres zu dem Zwecke, um die feinen Rohmehlteilchen nicht als Flugstaub zu verlieren.

Während nun im Ringofen und Schachtofen das Einbringen des Brenngutes in Ziegelform sehr zeitraubend ist, so dauert dementsprechend der Brennvorgang in diesen beiden Ofenarten fast einige Tage, im Drehofen dagegen nur einige Stunden. Beim Schachtofen bringt man das Brenngut von obenher ein; man setzt dabei etwa 10% Anthrazitstaub zu ehe man die Ziegel fertigt. Das Brenngut wird unter Einwirkung von Preßluft gebrannt und sintert, um alsdann langsam nach unten zu sinken, wo es als Klinker nach entsprechender Abkühlung herausgeschlagen und abtransport wird. Dabei wird in den Schachtofen dauernd von oben Material nachgefüllt, wodurch ein sog. automatischer Betrieb, gleichsam wie beim Hochofen, entsteht. Anders beim Drehofen, der 40 bis 80 m lang ist und einen Durchmesser von 2 bis 3½ m besitzt. An einem Ende befindet sich die Feuerung (Kohlenstaub- oder Rohölfeuerung) und am andern Ende wird das Rohmehl eingeführt. Wie geht nun die Klinkerbildung vor sich? Nach Kühl[1]) verläuft der Prozeß der Klinkerbildung so, daß bei etwa 500° der Ton sein Hydratwasser (chemisch gebundenes Wasser) verliert und bei 700—800° der Ton in seine Komponenten Tonerde und Kieselsäure zerfällt. Bei 900° gibt der Kalk seine Kohlensäure ab. Über 900° erfolgen gegenseitige Reaktionen zwischen Kalk und Kieselsäure einerseits und Tonerde und Eisenoxyd anderseits. Diese Reaktionen kommen etwa bei 1350° zum Abschluß, diejenigen Verbindungen zurücklassend, die als Träger der hydraulischen Eigenschaften des Zements in Frage kommen (vgl. auch Kapitel 3 Z. 3 am Schlusse).

[1]) „Zement" 1927, S. 93, von E. Ullrich.

Dieser Vorgang erfolgt natürlich ebenfalls sowohl im Schacht- als auch im Ringofen. In bezug auf die äußere Form sind die Drehofenklinker rundlich, etwa wie kleine Kieselsteinchen und verhältnismäßig glatt, dagegen die Schachtofenklinker eckig und gleichsam schlackenartig rauh. Die Klinker lagern vor ihrer Vermahlung zu Zement meist einige Wochen, um raumbeständig zu werden. Beim Naßverfahren werden vorwiegend nur Drehöfen verwendet und der Schlamm wird dann annalog dem Rohmehl auf dem einen Ende des Drehofens eingeführt. Beim Brennvorgang in den erwähnten Ofenarten versteht man unter oxydierendem Brand einen solchen, bei dem stets ein geringer Überschuß an Verbrennungsluft an allen Stellen des Ofens vorhanden ist. Beim Drehofen ist eine derartige Regelung der Verbrennungsluft leicht zu bewerkstelligen, nicht ganz so einfach ist dies dagegen beim Schachtofen. Ist im Gegensatz zum oxydierenden Brand die erforderliche Menge an Verbrennungsluft nicht ausreichend, dann entsteht Kohlensäure, die die höheren Oxyde in niedere (z. B. das Eisensesquioxyd Fe_2O_3 in Eisenoxydul FeO) zurückführt, nämlich reduziert; man spricht dann von reduzierendem Brand (vgl. hierzu auch Kap. 9). Diese Bemerkungen über den Brand werden die an späterer Stelle erwähnten Wirkungen des sog. Schwachbrands oder Leichtbrands auf einen Zement verständlich machen.

Vorstehend ist das Allernötigste über den Brennvorgang angeführt, und es soll nur noch etwas über den Einfluß des Brandes auf die Zementfestigkeit erwähnt werden. Nach „Zement" 1927, S. 72, heißt es sehr instruktiv in dem genannten Aufsatz von Ullrich: „In der modernen Zementfabrikation steht bekanntlich der wirtschaftlichere automatische Schachtofen mit seinem im Durchschnitt wohl immer noch geringwertigeren Produkt dem wenig wirtschaftlichen aber einwandfreien, hochwertigen Klinker liefernden Drehofen gegenüber. Die in beiden Ofengattungen erreichten nutzbaren Temperaturen sind zwar annähernd die gleichen, denn das Material kann im Schachtofen ebenso gesintert werden wie im Drehofen. Äußerst verschieden dagegen ist in beiden Öfen die Brenndauer; einer langsamen Erhitzung, langen Brenndauer und langsamen Abkühlung des Materials steht die immerhin schnellere Erhitzung, kurze Brenndauer und schnelle Abkühlung im Drehofen gegenüber." Hieraus erkennt man den offenbaren Einfluß der Brenndauer. Ullrich führte seine Laboratoriumsversuche dergestalt durch, daß seine Brenndauern beiden Ofengattungen nahe kamen, nämlich für den Drehofen:

3stündige Erhitzungsdauer, 20 min Brennzeit,
1½ Stdn. Dauer der Abkühlung der Klinker bis auf 500°.

Für den Schachtofen wie oben, jedoch Dauer der Abkühlung der Klinker 5 Stdn. Das Versuchsergebnis zeitigte die wertvolle Erkenntnis, daß die größte Zementfestigkeit bei 96 min Abkühldauer der Klinker eintrat. Wenn jedoch das Rohmehl reich an Eisenoxyd war, dann ergaben sich in diesem besonderen Falle größere Festigkeiten durch Abschrecken der Klinker.

Nach dem Brennen muß sorgfältig das nicht ganz gesinterte Material (der sog. Schwachbrand, Leichtbrand oder Halbbrand) ausgelesen werden, andernfalls Treiberscheinungen des Zements zu befürchten sind (Schwachbrandtreiber). Vgl. hierzu Kapitel 5, Z. 4.

Die weitere Verarbeitung der Klinker zum Zementpulver erfolgt in den verschiedenartigsten Mühlen. Wesentlich ist der Grundsatz, ob man das ausreichend gefeinte Mahlgut sogleich absondert oder mitbeläßt. Meist wird durch entgegen geblasene Preßluft (sog. Windsichtung) das Feinste abgesondert. Daß zur Regulierung der Bindezeit etwas Gipsmehl zugemischt wird, ist bereits in Kapitel 5 Z. 1 am Schlusse gesagt.

Kapitel 6a. Zementerzeugung in der chem. Industrie und Ausblick.

Aus dem später folgenden Kapitel 12 erkennen wir, daß der Hochofenzement ein Erzeugnis darstellt, das bereits aus der Verknüpfung zweier Industrien, nämlich der Eisenindustrie mit der Portlandzementerzeugung hervorgeht.

Ebenfalls einen Portlandzement liefert die Schwefelsäureindustrie bei der Schwefelsäureherstellung aus dem Anhydrit (Gipsgestein = Kalziumsulfat). Nach dem außerordentlich bemerkenswerten Vortrage von Kühl gelegentlich der Tagung des Vereins Deutscher Portlandzementfabrikanten (abgedruckt in „Zement" 1928, S. 686) sind es auch andere chemische Industrien, die noch einen weiten Ausblick auf die künftige Erweiterung der Zementfabrikation eröffnen. Danach sind es z. B. die großen Kalkmengen (in Schlammform), die bei der Verarbeitung des Kalkstickstoffs zu Stickstoffverbindungen anfallen, Kalkmengen, die förmlich nach Verwertung schreien. Ferner stehen wir (gem. „Chemiker-Zeitung" 1927, Heft 100 und 102) möglicherweise vor einer Umwälzung in der Phosphatindustrie, wobei man neuerdings die Phosphate zusammen mit Bauxit und Kohle (bezügl. Bauxit vgl. Kap. 13) zu Schmelzzement (Kap. 13) verarbeiten will. Den hierbei freiwerdenden Phosphor will man auffangen und weiter verwerten. Nach Kühl würde dies einer Schmelzzementerzeugung im großen gleichkommen, und zwar sogar als Nebenprodukt der Phosphatindustrie. Der Vortragende wies aber mit Recht darauf hin, daß der Durchführung immerhin noch große Schwierigkeiten bevorstehen, weil unter anderem die schädlichen Beimengungen (Anwesenheit von Phosphiden entwerten einen Zement) restlos entfernt werden müssen, was auf ziemliche Schwierigkeiten stoßen dürfte.

Kapitel 7. Der Naturzement (NZ).

Bisweilen finden sich die erforderlichen Rohstoffe (Kapitel 6 Z. 2) als Mergel schon in der für den Portlandzement erforderlichen Zusammensetzung. Es ist dann also möglich einfach (ohne Rohmehlherstellung), diese Rohstoffe zu Klinkern zu brennen. Gemäß den „Normen" entspricht dieser „Naturzement" jedoch nicht der Definition für Portlandzement, weil die Feinmahlung fehlt. Chemisch genommen ist also solcher Naturzement dasselbe wie Portlandzement. Nach Kühl[1]) hält die von den „Deutschen Normen" vorgeschriebene Unterscheidung zwischen dem künstlichen Portlandzement und dem Naturzement einer wissenschaftlichen Kritik allerdings nicht stand. Grün gibt auch auf S. 18 seines Buches[2]) eine kurze Tabelle der Eigenschaften von Naturzementen, die in der Tat in jeder Beziehung als einwandfrei anzusprechen sind. Nicht nur, daß sie einen guten Feinheitsgrad haben (Rückstände auf dem 5000-Maschensieb 3,8—14,6%), so sind sie überdies raumbeständig, haben gute Abbindezeiten und schließlich vorzügliche Festigkeiten (28 Tagesfestigkeit bei komb. Lagerung 394—459 kg/cm² und Zugfestigkeiten von 10,5 bis 12,7 kg je cm²). Es sind aber öfters schon Naturzemente minderwertiger Art auf den Markt gebracht worden. Auch darf Naturzement nicht im Eisenbeton verarbeitet werden gemäß § 5 Z. 1 der Bestimmungen des Deutschen Ausschusses f. E., eingeführt durch Ministerial-Erlaß vom 9. Sept. 1925, der den Wortlaut hat:

> „Verwendet werden darf nur langsam bindender Zement, der den jeweils gültigen, vom Reichsverkehrsminister anerkannten Deutschen Normen für Lieferung und Prüfung von Zement entspricht."

Kapitel 8. Hochwertiger Zement (hwZ).

Der hwZ ist ein Portlandzement mit größerer Festigkeit und hat auch meist eine größere Feinmahlung. Chemisch genommen ist er dasselbe wie der gewöhnliche Portland, nur liegt der hwZ etwas höher im Kalk, jedoch ist seine Lage im 3-Stoffsystem dieselbe wie beim Portland. Sein Litergewicht ist im allgemeinen geringer wie

[1]) Kühl und Knothe, Chemie der hydraul. Bindemittel, Leipzig 1915, Verlag Hirzel.

[2]) Grün: „Der Zement", S. 175, Berlin 1927, Verlag von Jul. Springer.

beim Portland, und zwar betragen die Unterschiede eingelaufen gemessen bisweilen 5 bis 9%. Spezifisches Gewicht wie beim Portland 3,05. Besonders wertvoll ist seine Eigenschaft einer früheren Erhärtung und einer hohen Frühfestigkeit. Die Mindestfestigkeiten sind nach dem Erl. d. Herrn Verk.-Min. vom 25. Okt. 1927:

	nach 3 Tagen (1 Tag in feuchter Luft 2 Tage unter Wasser)	nach 28 Tagen (1 Tag in feuchter Luft 6 Tage unter Wasser 21 Tage in Luft)
Druckfestigkeit . . .	250	50
Zugfestigkeit	25	40

Eine lehrreiche tabellarische Zusammenstellung von 10 Handelsmarken findet sich in Grün: „Der Zement", S. 16; während bei gewöhnlichem Portland die 3-, 7- und 28-Tagesfestigkeiten im Mittel 282, 366 und 522 kg/cm² betragen, so waren die Festigkeiten bei hwZ 312, 407 und 567 kg/cm².

Die Mahlfeinheit beträgt nach Grün[1]):

900 Maschen: 0,0—0,5%; 4900 Maschen: 4 —13%;

nach Burchhartz[2]):

900 Maschen: 0,0—0,3%; 4900 Maschen: 0,1—15%.

Im allgemeinen kann gesagt werden, daß erfahrungsgemäß ein Zement ein um so leichteres Litergewicht hat, je feiner die Mahlung ist (vgl. Kapitel 5 Z. 5). Die Firmen, die hwZ erzeugen, erreichen die erwähnte große Frühfestigkeit durch einen besonders sorgsam gebrannten und überdies ziemlich scharf gebrannten Klinker, durch den besonderen Feinheitsgrad und schließlich ab und zu durch gewisse Zusätze, die als sog. Fabrikgeheimnisse gehütet werden. Im übrigen ist bei hwZ entsprechend der größeren Reaktionsfähigkeit auch die Lagerdauer auf die Festigkeit von nachteiligerem Einfluß wie beim gew. Portland, weil die vom Luftzug beim Lagern betroffenen Zementteilchen ebenfalls ein schnelleres Abbinden zeigen. Über die Entwickelung der hochw. Zemente vergleiche den bemerkenswerten Aufsatz von Spindel, B. u. E. 1927, S. 9. In diesem Aufsatz wird mit Recht vor dem Unfug gewarnt, der mit der Bezeichnung hochwertiger Zement getrieben wird, indem manchmal sogar nur ganz dürftig eingerichtete Werke, die kaum einen vorschriftsmäßigen gewöhnlichen Portland zu erzeugen vermögen, es sich nicht nehmen lassen, hochwertigen Zement anzupreisen und zu liefern. Bisweilen wird die „Hochwertigkeit" einfach lediglich durch den größeren

[1]) In seinem mehrfach angeführten Buch.
[2]) „Zement" 1927, S. 539.

Grad an Feinmahlung zu erreichen versucht, indem bei der obenerwähnten Windsichtung einfach der feinste Anteil als hochwertiger, der gröbere als gewöhnlicher Portland auf den Markt gebracht wird, ohne daß hierbei auf eine besonders gute Klinkerqualität geachtet wird; vielmehr sind beide Zemente, sowohl der „hochwertige“ als auch der gewöhnliche Portland, Kinder ein und desselben Klinkers. Bisweilen wird die „Hochwertigkeit“ auch lediglich dadurch erstrebt, daß der Kalkgehalt höchstmöglich getrieben wird. Über hwZ in der praktischen Betonverarbeitung vgl. vom Verf. Beitrag zur Kenntnis der Bedeutung von hochwertigem Zement im Zentralbl. d. Bauverwltg. 1926, S. 288.

So mag es denn auch gekommen sein, daß zum Teil von Fehlschlägen mit den hochwertigen Zementen berichtet wurde. Indessen hat Verfasser im allgemeinen nur gute Erfahrungen zu verzeichnen, und vor allem stets vorzügliche Betone von hoher Frühfestigkeit erzielt. Es soll aber nicht verschwiegen werden, daß in einigen Sonderfällen auch schlechte Erfahrungen gemacht wurden, nämlich bezüglich des Erhärtens von Beton im Innern von Stützen. Es handelte sich hierbei um einen mittelgroßen Gußbetonbau, bei dem durch Anschlagen der etwa 5 Wochen alten Stützen von etwa 45 cm Seitenlänge, der Beton bis auf etwa 3 cm Tiefe sich als förmlich glashart erwies. Beim Anstemmen der Stütze jedoch bis auf 12—15 cm Tiefe wurde der Beton immer weicher und weicher, bis er schließlich in etwa 15 cm Tiefe sogar leicht zwischen den Fingern zerdrückbar war. Nach 4- bis 5stündigem Luftzutritt holte indessen der Zement auch im Innern der Stemmöffnung schnell auf und wurde fest. Kann jedoch Luft durch die dichte Außenschicht nicht hinzutreten, so muß man mit vielwöchigen Erhärtungsverzögerungen im Kern rechnen.

Hinsichtlich der weitverbreiteten Annahme, der hwZ sei gegen kalte Witterung unempfindlich, muß bemerkt werden, daß dies auf einem Irrtum beruht. Der hwZ ist dabei im allgemeinen zwar weniger empfindlich, weil seine Wärmetönung beim Abbinden erheblicher ist (vgl. Kap. 5 Z. 3), wie beim gewöhnlichen PZ, aber Vorsicht ist bei kalter Witterung unter allen Umständen am Platze[1]). Vor allen Dingen ist nicht zu übersehen, daß die Beeinträchtigung der Festigkeit auch beim hwZ namentlich bei den 3-Tage- und 7-Tagefestigkeiten festzustellen ist, was bei den Ausschalfristen bei kalter Witterung beachtet werden muß. Nach 28 Tagen besteht beim hwZ dann kein Unterschied mehr gegenüber der Normenfestigkeit. Die Zeit zwischen Abbindebeginn und Ende bei 3° bis 4° Wärme ist

[1]) Vgl. „Zement“, 1927, S. 660.

für hwZ um 5 Stdn. länger, bei gewöhnlichem PZ um 16½ Stdn. wie bei Zimmertemperatur. Ferner sei auch auf die Arbeit von Skall im Bauingenieur 1925, S. 971, verwiesen, in der zum Ausdruck kommt, daß vor frühzeitiger Belastung mit der vollen rechnungsmäßigen Nutzlast zu warnen ist, nicht allein bezüglich der Bruchfestigkeit, sondern auch hinsichtlich der Rissesicherheit. Zum Schluß noch ein Wort über die Wirtschaftlichkeit des hwZ. Weil infolge seiner hohen Frühfestigkeit viel schneller ausgeschalt und die Schalung also weiter benutzt werden kann, so wird oft das Preisopfer für den hwZ, der etwa 25% teuerer[1]) als der PZ ist, gebracht, zumal man auch mit weniger gut abgestuften, also billigeren Zuschlägen auskommt. Indessen ist manchmal, infolge des öfters geringeren Litergewichts, der Preisunterschied nicht sehr erheblich. Wir müssen dabei zwei Hauptfälle unterscheiden:

1. Fall. Gefordert seien beispielsweise infolge großer Hohlräume eine gewisse Anzahl Liter Zement. In diesem Falle ist bisweilen, wie schon erwähnt, der Preisunterschied gar nicht so groß, wie aus folgendem Zahlenbeispiel hervorgeht: Bei einem Beton seien zur Deckung der Hohlräume 319 l Zement erforderlich. Das Litergewicht des hwZ sei 1,11, das Litergewicht des PZ gleich 1,38, dann ergibt sich, wenn frei Baustelle der hwZ 6,9 M., der PZ 5,50 M. je 100 kg kostet, folgende Preisberechnung:

$$319\,\text{l hwZ} \quad 319\cdot 1{,}11 = 354{,}10\,\text{kg}; \quad \text{Preis } 354{,}10\cdot\frac{6{,}90}{100} = 24{,}43\,\text{RM.}$$

$$319\,\text{l PZ} \quad 319\cdot 1{,}38 = 440{,}22\,\text{kg}; \quad \text{Preis } 440{,}22\cdot\frac{5{,}50}{100} = \underline{24{,}21}$$

$$0{,}22\,\text{RM.}$$

Der sich in diesem Falle ergebende unbedeutende Kostenunterschied von 0,22 RM. für den m^3 ist so geringfügig, daß man in solchem Falle ohne weiteres zum hwZ greifen wird. Meist sind jedoch die Unterschiede größer, dann besteht eben der Vorteil des hwZ im früheren Ausschalen.

2. Fall. Infolge besonders gut abgestufter Zuschlagstoffe seien die Hohlräume im Kies sehr gering, so daß hier mit der bestimmungsgemäßen Mindestzementmenge von 300 bzw. 270 kg zu rechnen ist. Es ist klar, daß mit hwZ hier keine Ersparnis wegen seines geringeren Litergewichts gemacht werden kann, weil eben nach kg gefordert wird.

[1]) Augenblicklich im Sommer 1928: 27%.

Kapitel 9. Der Erzzement (EZ)[1].

Dieser in Deutschland lediglich von der Portlandzementfabrik Hemmoor hergestellte Sonder-Portlandzement ist schnell zu großer Bedeutung im Seebau gelangt. Es ist ein PZ, bei dem die Tonerdeecke (vgl. Abb. 2) eigentlich Eisenecke heißen müßte, weil die Tonerde vorwiegend durch Eisenoxyd ersetzt ist, wie aus der folgenden, ungefähr nach den 4 Grundstoffen orientierten Zusammensetzung hervorgeht:

Kalk CaO	60—63%
Kieselsäure SiO_2	15—25%
Eisenoxyd Fe_2O_3	5— 8%
Tonerde Al_2O_3	1— 3%

Das Raumgewicht (Litergewicht) beträgt:

eingelaufen 1200—1300, im Mittel 1250 kg/m³,
eingerüttelt 2000—2200, im Mittel 2100 kg/m³,

es ist also somit größer als bei den übrigen Zementen.

Michaelis hat die Tonerde als Hauptursache bei der Zerstörung des Betons durch Seewasser erkannt, und daß diese auf die Bildung des sog. „Zementbazillus", eines Kalziumsulfoaluminats (vgl. Kapitel 5, Z. 4) zurückzuführen ist. Es handelt sich hierbei natürlich keineswegs um einen „Bazillus". Es empfiehlt sich deshalb, die Bezeichnung fallenzulassen. Im Erzzement ist nun die Tonerde mit kaum 2% enthalten (gegenüber 8 bis 12% beim gew. PZ), infolgedessen haben die Erzzemente eine ganz vorzügliche Widerstandskraft gegen Meerwasser; dies ist durch Versuche sowohl im Laboratorium als auch am praktischen Bauwerk nachgewiesen, wie auch ganz allgemein eine gute Widerstandskraft gegen chemische Angriffe vorhanden ist. Nach Kühl[2]) ist indessen bei allen eisenoxydreichen Zementen folgendes zu beachten: Wenn infolge fehlerhafter Fabrikationsweise[3]) (namentlich bei dem in Kapitel 6 c erläuterten reduzierenden Brand) das Eisen nicht als Eisenoxyd Fe_2O_3, sondern als Eisenoxydul FeO im Zement vorhanden ist, so führt dies zu verschiedenen Unzuträglichkeiten, indem solche Zemente, trotz normalen Kalkgehaltes unter Umständen Treiben[4]) zeigen und überdies nach dem Erhärten leicht mißfarbig werden. Vielleicht beruht dieses dermaßen verursachte

[1]) Erfinder: Dr. Wilhelm Michaelis.

[2]) Chemie der hydraulischen Bindemittel.

[3]) Reduzierender Brand ist bei Drehöfen seltener, dagegen bei Ringöfen und Schachtöfen häufiger.

[4]) Dies kommt etwa folgendermaßen zustande: Das Fe_2O_3 wird zu FeO reduziert. Weil aber nur Fe_2O_3 Kalk binden kann und nicht das FeO, so bleibt ein Teil des Kalkes ungebunden. Ein weiterer Teil des Kalkes

Treiben noch überdies auf der Tatsache, daß das schon im Klinker infolge mangels an Verbrennungsluft entstandene Eisenoxydul mit großer Begierde Sauerstoff aufnimmt und sich dergestalt wieder höher oxydiert. Es ist dann gar nicht unwahrscheinlich, daß dieser Prozeß beim Abbinden eintritt und eine Volumvergrößerung des ursprünglichen Eisenoxyduls in Gefolge hat (Treibursache).

Burchartz[1]) sagt von der Festigkeit des EZ, daß er in der Anfangsfestigkeit zwar naturgemäß dem hwZ nicht gleichkommt, daß er aber den Vorzug hat, in der Nacherhärtung über vier Wochen ganz außergewöhnlich aufzuholen, gute Zugfestigkeit hat und sehr raumbeständig ist.

An dieser Stelle ist es am Platze, einiges über die Beurteilung eines Zementes aus seiner Farbe mitzuteilen. Zuverlässige, unter allen Umständen gültige Schlüsse von der Farbe auf die Zementeigenschaften zu ziehen, ist natürlich nicht angängig, schon aus dem einfachen Grunde, weil in vielen Werken auf künstliche Weise Färbungen vorgenommen werden. Es kann nur einigermaßen zuverlässige Anhaltspunkte für Schlußfolgerungen von der von „Hause aus" vorhandenen und unverfälschten Farbtönung geben. Grau bis schwarz, beides mit einem grünlichen Stich ist die Farbe jener Zemente, die ordnungsgemäß erbrannt sind. Eisenarme Zemente sind hellgrau bis weißlich, eisenreiche schwärzlich. Manganreiche wiederum sind bräunlich, und schließlich solche, die den erwähnten Schwachbrand in größerer Menge enthalten, von gelblicher Tönung. Eine rötliche Farbtönung entsteht, wenn bei reduzierendem Brand gebrannt wird, d. h. bei mangelndem Überschuß an Verbrennungsluft bildet die hierbei entstehende Kohlensäure das Fe_2O_3 in FeO um, wodurch der rötliche Unterton des Zements bewirkt wird.

Die infolge der geschilderten Brennfehler entstandene gelbliche bzw. rötliche Tönung kann nicht gerade als eine vertrauenerweckende Farbtönung angesehen werden, jedoch kann das Gelblichbräunliche, wie bereits vorhin erwähnt, von dem unschädlichen, mehr oder minder stärkeren Mangangehalt herrühren. Es ist aber auch zu beachten, daß die schwarzgrüne Farbe des Klinkers durch Abschrecken[2]) bräunlich-rötlich wird; das hieraus gemahlene Zementpulver ist gelbbraun.

---

bleibt ferner ungebunden, weil ein Teil der SiO_2 sich mit FeO verbindet, und somit nicht mehr der ganze Betrag von SiO_2 für die Kalkbindung zu Gebote steht. Auf diese Weise entsteht ein Überschuß an freiem Kalk, obwohl von Hause aus das Rohmehl normalen Kalk aufzuweisen hatte.

[1]) Im Handbuch für Eisenbeton, 4. Aufl., Bd. 3, W. Ernst & Sohn, S. 4.

[2]) Nach Kapitel 6 c wird der Klinker, der aus dem Ofen kommt, bekanntlich nicht immer abgeschreckt, sondern nur mehr oder minder rasch

Kapitel 10. Der weiße Zement (WZ).

Der weiße Zement ist sozusagen der Antipode des Erzzementes hinsichtlich des Gehaltes an Eisenoxyd, indem er davon nur fast Spuren, keinesfalls aber über 1% enthalten darf, damit eine einigermaßen weiße Farbe erzielt wird. Seine Zusammensetzung nach den 4 Grundstoffen ist etwa:

CaO	63%
SiO_2	20%
Al_2O_3	16%
F_2O_3 . . . . rd.	1%

Die weißen Zemente haben vorläufig nur ihr Verwendungsgebiet für Mosaikplatten, Zementwaren u. dgl., werden auch ab und zu zum Ausfugen verwendet. Es ist aber nicht ausgeschlossen, daß sich sein Anwendungsgebiet erweitern wird, und zwar für Vorsatzbeton und schließlich für Eisenbetonhochbauten unter Verwendung gehobelter Schalungen.

Der WZ ist für Eisenbeton zulässig, weil er der Herstellung nach einen „Portland“ darstellt.

Der WZ wird in Deutschland hergestellt vom Portlandzementwerk Stern in Finkenwalde b. Stettin. An ausländischen Fabrikaten ist der WZ der Atlas Cement Co. und Medusa Cement Co. (Bruns & Möllendorf, Hamburg), ferner der französische WZ der Soc. An. usw. La Farge in Viviers, Ardèche erwähnenswert.

Kapitel 10a. Der Kühlzement[1]) (KZ).

Der von der Zementfabrik Hatschek in Gmunden, Ob.-Öst., erzeugte und dem Erfinder geschützte Zement stellt ein weiteres hochbedeutsames Glied in der Reihe der Fortschritte bei der Herstellung hochwertiger Zemente dar. Wie bereits in Kap. 8 erwähnt, wurden bisher die hohen Frühfestigkeiten der hochw. Zemente in der Regel durch eine besonders sorgfältige Fabrikation erzielt, die es ermöglicht, den Kalkgehalt der Rohmischung höher zu halten. Während es sich hier also mehr oder minder um rein mechanische Hilfsmittel handelt, so erzielt Kühl seine hohen Frühfestigkeiten und Zementfestigkeiten überhaupt auf Grund von einer nach chemischen Grundsätzen vorgenommenen gegenseitigen Abstimmung der Hydraulefaktoren Kieselsäure, Tonerde und Eisenoxyd, wie dies bereits auch in Kapitel 3 schon angedeutet ist. Es ist auch einzu-

abgekühlt. Das Abschrecken ist nur für eisenoxydreiche Klinker zu empfehlen.

[1]) Erfinder: Prof. Dr. Hans Kühl, Berlin-Lichterfelde.

sehen, daß, wenn ein Zement drei verschiedene Hydraulefaktoren enthält, das Mengenverhältnis in dem diese Hydraulefaktoren zu einander stehen, nicht ohne Wirkung auf die Eigenschaften des Zementes bleiben kann. Dies kommt auch in den ganz ausgezeichneten Festigkeitsergebnissen zum Ausdruck. Es betrug die Normenfestigkeit bei einer Mahlfeinheit von 17,1% auf dem 4900-Maschensieb nach Zeugnissen des staatlichen Materialprüfungsamtes in Dahlem, als Mittel aus 8 Versuchen:

$$W_{28} = 613 \text{ kg/cm}^2, \; Z_{28} = 46 \text{ kg/cm}^2.$$

Ferner als Mittel von 4 Versuchen:

$$W_7 = 495 \text{ kg/cm}^2, \; Z_7 = 42 \text{ kg/cm}^2,$$
$$W_3 = 398 \text{ kg/cm}^2, \; Z_3 = 41 \text{ kg/cm}^2.$$

Die letztgenannten 4 Versuche waren mit einem Zement durchgeführt, der eine Mahlfeinheit von 5,7% auf den 4900-Maschensieb aufwies. Es muß dabei auffallen, daß hier die besseren Festigkeiten gerade der gröber gemahlene Zement (nämlich von 17% bei den ersten Versuchen) zeigte; somit kommt es beim Kühlzement durchaus nicht auf übertriebene Mahlfeinheit an, um große Festigkeiten zu erzielen. Auch ist gezeigt, daß man die festigkeitssteigernde Wirkung eines hohen Tonerdegehaltes dadurch für die Erzeugung besonders hochw. Zemente nutzbar machen kann, daß man durch eine Senkung des Kieselsäuregehaltes und eine Steigerung des Gehaltes an Eisenoxyd dem gefürchteten Raschbinden ferner auch dem Umschlagen der tonerdereichen Zemente vorbeugt.

Die Vorteile des KZ bestehen also darin, daß es einmal nicht mehr nötig ist, den Kalkgehalt der Rohmischung allzusehr in die Höhe zu treiben; bekanntlich ist es auch stets der Kalkgehalt eines Zements, der das Einfallstor für chemische Angriffe darstellt. Im übrigen begünstigt ein übermäßiger Kalkgehalt bekanntlich auch das Treiben. Ein weiterer Vorteil besteht darin, daß vermöge der vorhandenen großen chemischen Reaktionsfähigkeit der KZ nicht besonders fein gemahlen zu werden braucht.

Die Durchschnittsanalyse ist im folgenden angeführt, woraus zu erkennen ist, daß die Zusammensetzung des KZ sich von der des gew. PZ wesentlich nur durch den geringeren Gehalt an SiO_2 und den höheren an Fe_2O_3 unterscheidet, während der erhöhte Gehalt an Tonerde und der verhältnismäßig geringe Kalkgehalt nur dem Spezialfachmann erkennbar sind. Die Durchschnittsanalyse ist:

Glühverlust . . . . . . 0,5— 1,0%
Kieselsäure SiO_2 . . . . 17,5—18,5%, im Mittel 18%

Tonerde Al_2O_3	7,5— 8,5%	im Mittel 8%
Eisenoxyd Fe_2O_3	6,0— 7,0%	„ „ 6,5%
Kalk CaO	61,0—64,0%	
Magnesia MgO	1,0— 3,0%	
Schwefelsäureanhydrit SO_3	2,0— 2,5%	

Somit im Mittel in dieser Analyse:

Silikatmodul . . .	$SiO_2 : (Al_2O_3 + Fe_2O_3) = 18 : (8 + 6{,}5)$	$= 1{,}24$
Eisenmodul . . .	$Al_2O_3 : Fe_2O_3 = 8 : 6{,}5 =$	1,23
rezipr. Eisenmodul	$Fe_2O_3 : Al_2O_3 = 6{,}5 : 8 =$	0,81.

Das Charakteristische ist also: Tonerdegehalt möglichst hoch bei gleichzeitiger Senkung des Kieselsäuregehaltes und der ent-

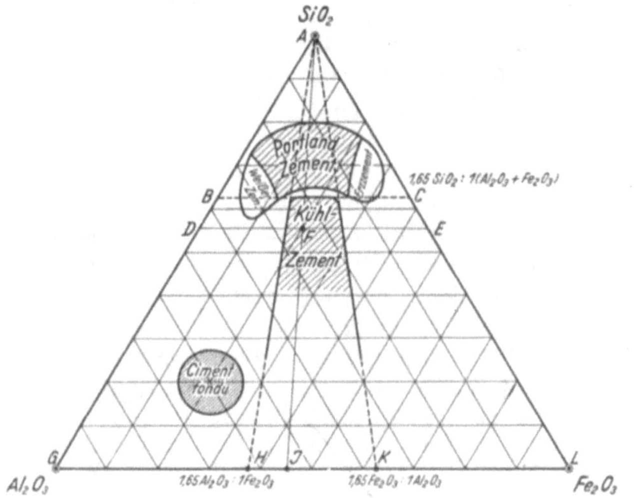

Abb. 6 a.

sprechenden Erhöhung im Eisenoxydgehalt; diese Abstimmung in den Hydraulefaktoren, die einem fraglos genialen Gedankengang entspringt, ist gut in der Abb. 6a[1]) zum Ausdruck gebracht. Die Darstellung weicht insofern von der in diesem Buche bisher gebrachten notwendigerweise ab, weil hier ja nunmehr die gegenseitige Beziehung von Kieselsäure zu Tonerde plus Eisenoxyd zur Aufzeichnung kommt. In der Abbildung ist also das Gebiet des KZ begrenzt einmal: oben durch die Wagerechte *B—C*, die hier durch den Silikatmodul 1,65 bestimmt ist[2]), ferner links durch den Strahl *A—H*, der bestimmt

[1]) Auf meine Bitte hin vom Erfinder freundlichst zur Verfügung gestellt.

[2]) Somit durch 1,65 $Al_2O_3 : Fe_2O_3$, also ist LC : AC = 1,65.

ist durch den Eisenmodul 1,65, somit durch die Beziehung: 1,65 Al_2O_3 : 1 Fe_2O_3, also ist $\overline{LH}:\overline{GH} = 1{,}65$; schließlich ist das Gebiet noch durch Strahl A—K rechts begrenzt; hier ist sinngemäß $\overline{GK}:\overline{KL} = 1{,}65$.

Beispiel.

Mit den obigen mittleren Analysenwerten ergaben sich: Der Silikatmodul = 1,23, der E.M. = 1,23 und der reduz. E.M. = 0,81. Diesen Verhältniswerten entspricht der in der Abb. 6a eingezeichnete Punkt F, der also der vorhin angegebenen Durchschnittsanalyse entsprechen würde. Dieser Punkt F ergibt sich durch den Schnitt des Strahls AJ mit der Wagrechten DE.

Die Punkte ergeben sich, wenn die Seitenlänge des Dreiecks = 100 angenommen wird:

$$\overline{JL} = \frac{100 \cdot 1{,}23}{2{,}23} = 55$$

und

$$\overline{EL} = \frac{100 \cdot 1{,}24}{2{,}24} = 55{,}4.$$

In Abb. 6a ist das oberhalb des Bereiches vom Kühlzement befindliche nierenförmige Gebilde das Gebiet des Portlandzements mit dem linken und rechten Ende für den weißen Zement bzw. für den Erzzement.

Kapitel 10b. Der Novo-Zement[1]) (NZ).

Dieser ist ebenfalls einer der neuen Zemente mit sehr hohen frühen Festigkeiten. Ist bei dem Kühlzement die Festigkeitssteigerung dank der Abstimmung der Hydraulefaktoren ganz plausibel, so sind die Maßnahmen, die dem NZ die große Festigkeit verleihen, verborgen, und ein Fabrikationsgeheimnis; vielleicht beruhen sie auf chemischen Maßnahmen, die erst nach der Klinkererzeugung vorgenommen werden. Eigene Erfahrungen liegen dem Verfasser bezüglich des NZ zwar noch nicht vor, doch sei die nachstehende Tabelle der Festigkeiten (Laboratorium des V. D. P. Z. F. Karlshorst) wegen der ungewöhnlich hohen und dabei früh erreichten Festigkeitswerte wiedergegeben; es ist jedoch zu bemerken, daß der in der Tabelle verzeichnete Höchstwert von 792 kg (mit Normensand) im staatlichen Mat.Pr.A. Dahlem nicht erreicht wurde. Dort betrug die höchste Druckfestigkeit nur 682 kg/cm², wogegen die Zugfestigkeit höhere Ergebnisse wie in Karlshorst zeitigte, nämlich 51,9 kg/cm². Immerhin berechtigt der NZ zu großen Hoffnungen.

[1]) Erzeugt von Thyssen, Rittergut Rüdersdorf G. m. b. H.

Mischungsverhältnis: 1:3 Normensand.
Wasserzusatz: 8%, Mahlfeinheit: 3,9% auf d. 5000 M.-Sieb.

	Zugfestigkeit in kg/cm²					Druckfestigkeit in kg/cm²				
	Wasserlagerung				komb. Lag.	Wasserlagerung				komb. Lag.
	2 Tage	3 Tage	7 Tage	28 Tage	28 Tage	2 Tage	3 Tage	7 Tage	28 Tage	28 Tage
Vers. 1. . . .	25,7	32,3	38,4	34,4	44,0	428	519	618	695	784
„ 2. . . .	32,8	34,0	37,7	34,7	47,9	436	544	644	692	791
„ 3. . . .	31,7	29,8	32,8	35,2	45,4	438	538	616	687	802
„ 4. . . .	27,6	33,6	33,2							
Mittel:	**29,5**	**32,4**	**35,5**	**34,8**	**45,8**	**434**	**534**	**626**	**691**	**792**

Der Novozement ist sehr leicht, sein Litergewicht beträgt eingelaufen nur 0,912 kg. Naturgemäß müßte man gem. Abb. 2a nach Haegermann prüfen, inwieweit sich dieses Litergewicht nach dem Prüfverfahren ändert.

Erhärtungsanfang: 2 Stdn. 40 min, Abbindezeit: 4 Stdn. 30 min.

Kapitel 11. Der Eisenportlandzement (EPZ).

Nach den Deutschen Normen für die einheitliche Lieferung und Prüfung von EPZ vom Dezember 1909 ist die Begriffserklärung des EPZ wie folgt festgelegt:

Begriffserklärung von Eisenportlandzement.

Eisenportlandzement ist ein hydraulisches Bindemittel, das aus mindestens 70% Portlandzement und höchstens 30% gekörnter Hochofenschlacke besteht. Der Portlandzement wird gemäß der Begriffserklärung der Normen des Vereins deutscher Portlandzementfabrikanten hergestellt. Die Hochofenschlacken sind Kalk-Tonerde-Silikate, die beim Eisen-Hochofenbetrieb gewonnen werden. Sie sollen auf 1 Gewichtsteil lösliche Kieselsäure (SiO_2) + Tonerde (Al_2O_3) mindestens 1 Gewichtsteil Kalk und Magnesia enthalten. Der Portlandzement und die Hochofenschlacke müssen fein vermahlen, im Fabrikbetriebe regelrecht und innig miteinander vermischt werden. Zusätze zu besonderen Zwecken, namentlich zur Regelung der Bindezeit, sind nicht zu entbehren, jedoch in Höhe von 3% der Gesamtmasse begrenzt, um die Möglichkeit von Zusätzen lediglich zur Gewichtsvermehrung auszuschließen.

Begründung und Erläuterung.

Durch langjährige, staatlich ausgeführte Versuche ist festgestellt worden, daß, wenn geeignete, gekörnte Hochofenschlacke bis zu 30% mit Portlandzementklinker fabrikmäßig innig gemischt wird, der so erhaltene Zement („Eisenportlandzement") dem Portlandzement als gleichwertig zu erachten ist und nach dessen Normen beurteilt werden kann.

Der Eisenportlandzement steht unter der regelmäßigen Kontrolle des Vereins deutscher Eisenportlandzementwerke, dessen Mitglieder sich gegenseitig verpflichtet haben, den Eisenportlandzement genau nach der vorstehenden Begriffserklärung herzustellen.

Die übrigen Punkte sind sinngemäß wie beim Portlandzement.

Die Stellung des EPZ im Dreistoffsystem ist aus Abb. 7 ersichtlich. Seine Zusammensetzung bewegt sich etwa in den folgenden Grenzen:

CaO	55—63%
SiO_2	21—32%
$Al_2O_3 + Fe_2O_3$	6—15%
MgO	1—4%.

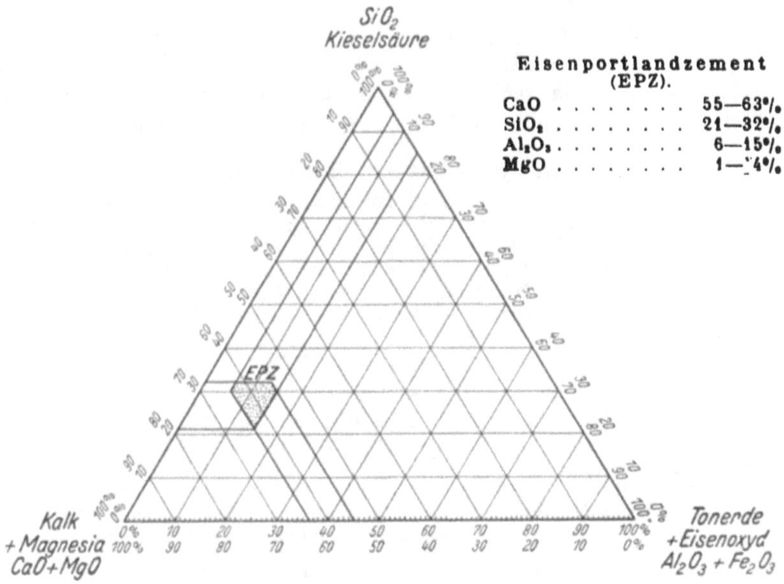

Abb. 7.

Die für die EPZ verwendete Schlacke muß normengemäß der Bedingung genügen:

$$\frac{CaO + MgO}{Al_2O_3 + SiO_2} \geq 1.$$

Das Raumgewicht beträgt

eingelaufen	0,950—1,130, im Mittel **1,04**
eingerüttelt	1,700—1,900, im Mittel **1,80**.

Der EPZ ist hiernach eingelaufen bzw. eingerüttelt im Mittel rd. 8% leichter wie der gew. Portlandzement; auch hier sind die angegebenen Gewichte selbstverständlich keine feststehenden Grenzen, sondern Schwankungen unterworfen. Der EPZ ist etwas feiner gemahlen wie der gew. PZ, die Abbindezeit ist hingegen fast genau wie beim gew. PZ, jedoch sind die Festigkeiten um ein geringes kleiner (vgl. Grün, „Der Zement“[1]), S. 75 u. 74). Eisenportlandzement läßt sich mit dem gew. PZ ohne weiteres mischen. Ähnlich wie beim PZ so gibt es auch beim EPZ einen gewöhnlichen und einen hochwertigen EPZ, der jedoch nicht die ganz hohen Festigkeiten des hwZ erreicht. Im Preise liegt der EPZ etwas niedriger als der PZ. In Berlin beträgt die Ersparnis je 10000 kg etwa 12 RM.

Kapitel 12. Der Hochofenzement (HOZ).

Hierüber bestehen die Deutschen Normen für einheitliche Lieferung und Prüfung von Hochofenzement (November 1917 bzw. 10. Juni 1927). Demnach lautet die Begriffserklärung des Hochofenzements wie folgt unter Berücksichtigung der Abänderung vom 5. IV. 1928:

Begriffserklärung von Hochofenzement.

Hochofenzement ist ein hydraulisches Bindemittel, das bei einem Gehalt von 15—69% G. T. Portlandzement aus basischer Hochofenschlacke besteht, die durch schnelle Abkühlung der feuerflüssigen Masse gekörnt ist. Hochofenschlacke und Portlandzement werden miteinander fein gemahlen und innig gemischt. Zur Herstellung von Hochofenzement dürfen nur beim Eisen-Hochofenbetriebe gewonnene Schlacken von folgender Zusammensetzung verwendet werden:

$$\frac{CaO + MgO + \frac{1}{3} Al_2O_3}{SiO_2 + \frac{2}{3} Al_2O_3} > 1.$$

Die Hochofenschlacke darf nicht mehr als 5% MnO enthalten.

Der beigemischte Portlandzement wird gemäß der Begriffserklärung der Normen hergestellt.

Zusätze zu besonderen Zwecken, namentlich zur Regelung der Abbindezeit, sind in Höhe von 3% des Gesamtgewichts begrenzt, um die Möglichkeit von Zusätzen lediglich zur Gewichtsvermehrung auszuschließen.

Begründung und Erläuterung.

Der Hochofenzement der Vereinswerke steht unter der regelmäßigen Kontrolle des Vereins deutscher Hochofenzementwerke, dessen Mitglieder sich gegenseitig verpflichtet haben, den Hochofenzement genau nach der vorstehenden Begriffserklärung und den folgenden Bedingungen herzustellen.

Alle übrigen Punkte sind ebenfalls sinngemäß denen für Portlandzement. Die Darstellung im Dreistoffsystem findet sich in Abb. 8. Die Grenzen seiner Zusammensetzung sind angenähert etwa:

CaO	48—56%
SiO_2	25—36%
$Al_2O_3 + Fe_2O_3$ . . .	9—25%
MgO	1—4%.

Das Raumgewicht beträgt:

eingelaufen	0,960—1,050,	i. M. **1,000**
eingerüttelt	1,550—1,800,	i. M. **1,670**.

[1]) Verlag von Julius Springer, Berlin, 1927.

Der HOZ ist also eingelaufen bzw. eingerüttelt im Mittel etwa 12% leichter wie der gew. PZ. Die Abbindezeiten sind dagegen etwas länger wie beim PZ (vgl. Handbuch für Eisenbetonbau, 4. Aufl., Bd. III, 1927, S. 23). Grün[1]) gibt indessen in seiner Tabelle, S. 79, Abbindezeiten, die wenig von denen des gew. PZ verschieden sind.

Im allgemeinen werden die Hochofenzemente zu langsameren Abbindezeiten neigen, u. a. auch, weil die Schlacke sich im Wasser

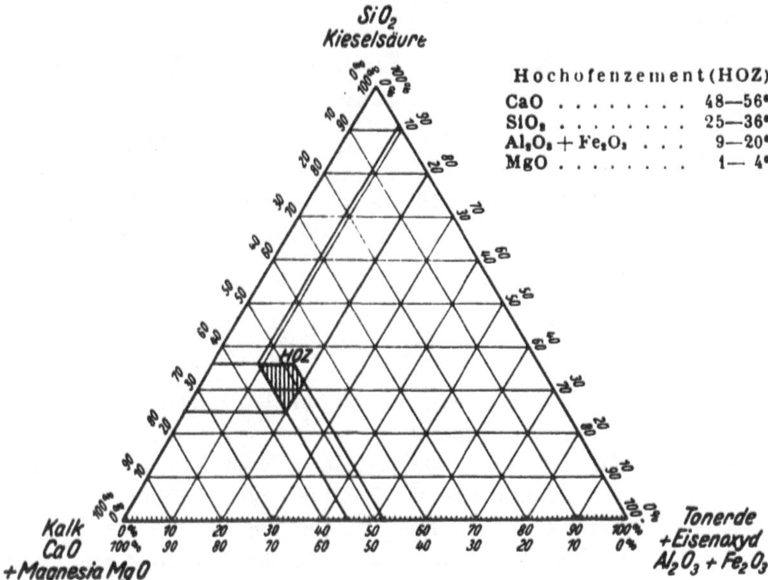

Hochofenzement (HOZ).	
CaO	48—56%
SiO_2	25—36%
$Al_2O_3 + Fe_2O_3$ . . .	9—20%
MgO	1— 4%

Abb. 8.

schwerer lösen dürfte wie ein guter Portlandzementklinker. Die guten Marken der HOZ haben jedoch mancherlei Vorzüge, die recht beachtenswert sind, d. i. eine vorzügliche Zugfestigkeit (die bis zu einem Sechstel größer sein kann wie beim PZ), ferner nach Kühl[2]) ihre Überlegenheit hinsichtlich der Widerstandsfähigkeit gegen chemische Angriffe, namentlich gegen Lösungen schwefelsaurer Salze. Infolgedessen besondere Eignung zu Arbeiten im Meerwasser, bei industriellen Abwässern, in Bergwerken u. dgl.; weniger widerstandsfähig ist der HOZ dagegen hinsichtlich mechanischer Abnutzung, beispielsweise bei Estrichen und Treppenstufen. Die Druckfestigkeit ist wohl um ein weniges kleiner wie beim PZ. Auch ist der HOZ sorg-

[1]) Verlag von Julius Springer, Berlin 1927.

[2]) Kühl und Knothe, Chemie der hydr. Bindemittel, Leipzig 1915, Verlag Hirzel.

sam hinsichtlich des Wasserzementfaktors zu behandeln, der zweckmäßig so zu wählen ist, daß der Beton weder allzu trocken noch zu flüssig ausfällt. Bei größerem WZF ist mit erheblich langsamerem Abbinden zu rechnen. Auf alle Fälle überzeuge man sich alsbald durch Versuch von Abbindezeit und Festigkeit. Die Lieferungen sind bisweilen nicht ganz gleichmäßig, daher ist jeder Waggon genau zu untersuchen. Es sind namentlich bei kühler Witterung, besonders bei Fundamenten bisweilen schlechte Erfahrungen gemacht worden.

Kapitel 13. Der Tonerdezement (TZ).

(Schmelzzement.)

Der Tonerdezement (Ciment fondu, Schmelzzement, Ciment éléctrique — die Amerikaner nennen ihn meist Aluminacement oder Alcement) ist nicht durch Sinterung sondern durch Schmelzung der Rohstoffe entstanden. Die Zusammensetzung schwankt zwischen den Grenzen:

CaO	35—50%
SiO_2	5—16%
$Al_2O_3 + Fe_2O_3$ . . .	40—60%.

Auffallend ist hierbei seine Armut an Kalk und sein Reichtum an Tonerde. Dementsprechend ist seine Lage im Dreistoffsystem in Abb. 9 mehr zur Tonerdeecke hin gelegen als zur Kalkecke. Rohstoffe sind Kalk und Bauxit. Letzterer wird vorwiegend in Südfrankreich gefunden, jedoch auch in den ehemaligen österr. Kronländern Istrien, Krain und Dalmatien; schließlich auch in Südungarn. In Deutschland findet er sich in geringen (leider verunreinigten) Mengen am Vogelsberg. Der Bauxit entsteht durch Verwitterung tonerdehaltiger Gesteine (wie Basalt, Grünstein, Granit u. a.) und ist eine jüngere Stufe der Tonerde.

Diese Bauxite sind wie folgt zusammengesetzt[1]):

Tonerde Al_2O_3	50—73%
Eisenoxyd Fe_2O_3	3—25%
Kieselsäure SiO_2	3—20%
Kalk CaO	0— 0,3%
Titansäure TiO_2	0— 5%.

Als Kalk wird jeder Kalkstein verwendet. Das wesentliche Merkmal in bezug auf die Fabrikation besteht also darin, daß die Roh-

[1]) Nach dem bereits genannten Werk von Kühl und nach Stiny, Gesteinskunde, Wien 1919.

stoffe nicht wie beim PZ bloß gesintert werden, sondern richtig in den Schmelzzustand kommen. Es ist dabei zu beachten, daß indessen der Schmelzpunkt dieser kalk- und kieselsäurearmen Rohstoffe erheblich niederer liegt wie bei den Rohstoffen des gew. PZ. Als Erfinder des PZ gilt der Franzose Bied[1]) 1908. Grün leitet die Erfindung des Tonerdezements auf den Deutschen Winkler (1856) zurück. Die Fabrikation nimmt nach Biehl[2]) folgenden Gang. Als Öfen werden auch hier zwei Grundtypen verwendet. Der eine ist ein etwa 5—7 m hoher Schachtofen, der wegen der hohen Temperatu-

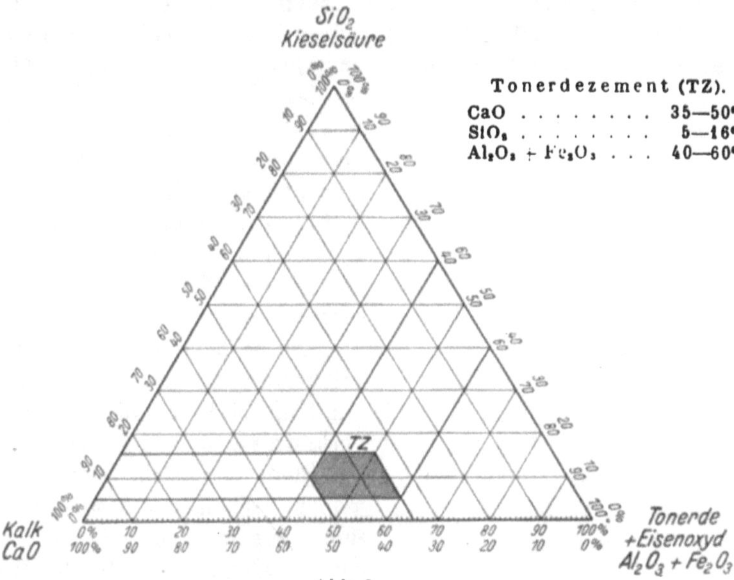

Tonerdezement (TZ).

CaO	35—50%
SiO_2	5—16%
$Al_2O_3 + Fe_2O_3$	40—60%

Abb. 9.

ren mit Wassermantelkühlung versehen ist; ebenso wie beim Erbrennen vom gew. Portlandzementklinker, so ist es auch hier bei diesem Schachtofen nötig, das Rohmaterial zu Ziegeln zu formen; sie werden dann ähnlich wie bei einem Hochofenbetriebe abwechselnd mit Koksschichten eingebracht. Es kann hier der Kalk als Kalkstein selbst (also ohne ihn vorher brennen zu müssen) verwendet werden, weil bei dem langsamen Abschmelzprozeß ohnehin die Kohlensäure rechtzeitig ausgetrieben wird. Das unten sich sammelnde Schmelzgut wird kontinuierlich abgestochen.

[1]) Nach Probst, Vorlesungen über Eisenbeton, II. Auflage, I. Bd., Springer 1923.
[2]) „Zement", 1927, S. 115.

Der andere Ofentyp ist ein elektrischer Ofen mit Kohleelektroden; hierbei ist es jedoch nicht nötig, wie beim Schachtofenbetriebe, das Rohmaterial vorher aufzubereiten und in Ziegel (Formlinge) zu formen. Es darf aber hier lediglich gebrannter Kalk verwendet werden, weil sonst der Kalkstein (bei bereits im Ofen vorhandenem Schmelzbad) die Kohlensäure explosionsartig abgibt. Im Schachtofen können Temperaturen von 1500—1600° erzeugt werden, im Elektroofen jedoch 3000°. In beiden Öfen hat man reduzierendes Schmelzen, des Kokses bzw. der Kohleelektroden halber; dadurch wird ein Teil des Eisenoxydes zu metallischem Eisen reduziert (vgl. hierzu auch Kapitel 6e und Kapitel 9). Diese metallischen Teilchen werden später indessen durch die sog. Magnetabscheider ausgezogen. Ähnlich wie beim Portlandzement ein Qualitätsunterschied zwischen dem Drehofen- und Schachtofenklinker besteht, so ist auch hier der Schachtofenklinker nicht dem aus dem Elektroofen stammenden Klinker ebenbürtig. Im übrigen ist, abgesehen von den vorhin erwähnten Magnetabscheidern, der weitere Fabrikationsgang derselbe wie beim PZ. Die Mahlfeinheit und die Abbindeverhältnisse sind in der Regel ebenfalls dem PZ gleich. Das Erhärten jedoch geht sehr viel schneller vor sich, dementsprechend die Festigkeitszunahme (Abb. 10). Das Raumgewicht ist bisweilen bis 3% größer wie beim PZ. Im Prospekt der Elektrozement-Gesellschaft gibt Dr. Herrmann das Litergewicht mit $R_z = 0{,}875$ und die Mahlfeinheit mit 2,2% auf dem 5000-Maschensieb an. Diese Werte erscheinen jedoch als Spitzenwerte, insbesondere wenn man die Ergebnisse der Haegermannschen Versuche (Abb. 2a) berücksichtigt, nämlich den Einfluß der Meßmethode. Burchartz gibt $R_z = 1{,}100$ und eine Feinmahlung von 5,5% auf dem 4900-Sieb; diese Werte erscheinen plausibler wie die obigen. Über die Raumbeständigkeit widersprechen sich leider noch die verschiedenen Angaben, z. B. nach Graf[1]) sind die Raum-

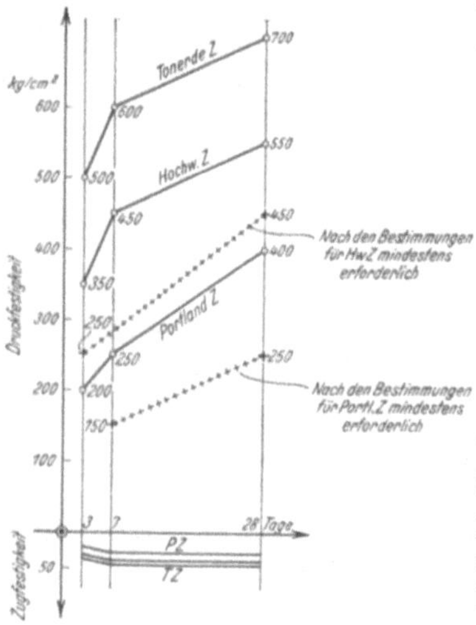

Abb. 10. Durchschnittlich erzielte Normenfestigkeit von Zementen bei Wasserlagerung.

[1]) Deutscher Beton-Verein: Eisenbetonbau, S. 46, Stuttgart. Verlag Konrad Wittwer, 1926.

änderungen des TZ geringer als beim PZ, hingegen ist nach der erwähnten Arbeit von Biehl (Tab. S. 145) bei Luftlagerung das Schwinden von Mörtel 1 : 3 nach 14 Tagen etwa 13mal so groß, nach 28 Tagen gleich groß und nach 3 Monaten etwa 8mal so groß wie beim hochwertigen Zement. Im Gegensatz hierzu steht die bemerkenswerte Arbeit von Hummel im Bauingenieur 1925, Heft 5. Der Wasserzusatz spielt bei diesen Fragen eine große Rolle. Die Festigkeitsverhältnisse gehen aus Abb. 10 hervor. Hinsichtlich des Wasserzusatzes ist noch zu bemerken, daß im Hinblick auf die beim Abbinden freiwerdenden Wärmemengen ein allzugeringer Wasserzusatz sich schon öfters verderblich erwiesen hat. Da beim Abbinden Temperatursteigerungen bis fast auf 100° C (vgl. Kapitel 5, Z. 3) stattfinden, so ist auch der erdfeuchte Beton hinsichtlich des Wasserzusatzes nicht zu trocken zu halten und während des Abbindeprozesses reichlich zu nässen. Aber auch eine allzuflüssige Konsistenz ist außerordentlich schädlich für die Festigkeit. Man wird also Tonerdezementbeton zweckmäßigerweise in der Konsistenz zwischen erdfeucht und weich, höchstenfalls zwischen weich und gießfähig verarbeiten. Bei wichtigen Bauten wird man in erster Linie vor allem die Mahlfeinheit festzustellen haben, hierauf den Einfluß des Wasserzementfaktors. Letzterer scheint nämlich einen besonderen Einfluß auf die Empfindlichkeit des TZ hinsichtlich des Wasserzusatzes auszuüben. Die Schalungen sind sorgfältig zu nässen, auch ist, wie bereits erwähnt, nach dem Abbinden ausgiebiges und sorgsames Feuchthalten durch nasse Säcke unerläßlich.

Vierheller stellt in Zement 1927, S. 604, folgendes fest:

1. Starke Erwärmung des Anmachewassers beschleunigt das Abbinden des TZ.
2. Ebenso bei Verwendung von normal temperiertem Meerwasser als Anmachewasser.
3. Überschuß an Anmachewasser ist peinlichst zu vermeiden.
4. Künstlich herbeigeführte Schnellbindung mindert die Festigkeit des TZ stark herab.

Der TZ widersteht allen organischen und anorganischen Säuren länger als andere Bindemittel, was darauf zurückzuführen ist, daß beim Abbindeprozeß des TZ Kalkhydrat nicht frei wird, wie etwa bei Portlandzement[1]). Gegen sehr reines Wasser ist der TZ sehr

[1]) Wir werden später erkennen, daß auch anderen Zementen eine höhere Widerstandskraft gegen aggressive Wässer und Säuren verliehen werden kann, z. B. dem Portlandzement, wenn man seinen beim Abbinden freiwerdenden Kalk anderweitig bindet, z. B. durch Traßzusatz.

empfindlich (Kleinlogel). Obgleich der Tonerdezement etwa dreimal so teuer ist wie der Portlandzement[1]), so sind es doch gewisse Ingenieuraufgaben, die einen gut hergestellten Tonerdezement als ein sehr wertvolles Hilfsmittel nicht entbehren möchten. Einmal ist er als an und für sich gegen salzhältige Wässer sehr widerstandsfähiges Bindemittel willkommen, das nach Versuchen von Hummel (Bauingenieur 1924, Heft 5) überdies weitaus viel wasserdichter ist wie der PZ, das ferner auch z. B. bei Pfählen oder Gründungskonstruktionen anderer Art in moorigem Grund gut widersteht. Weiterhin ist der TZ hinsichtlich seiner überaus raschen Erhärtung ein guter Helfer bei Proberammungen, da der Probepfahl schon nach 24 Stunden ausgeschalt werden kann und dann schon eine gehörige Rammung verträgt (vgl. hierzu das Referat des Verf. in der Bautechnik 1926, S. 336). Der Tonerdezement ist dann fast gänzlich unentbehrlich, wenn bei Abfangungen und Unterfahrungen einer schnellen und hohen Anfangsfestigkeit nicht entratet werden kann. Will man ferner z. B. die relative Wirkung von mehreren für die Auswahl zu Gebote stehenden Splittgattungen rasch erproben, dann ist auch hier der Tonerdezement von großem Nutzen. Unter der in Annäherung zulässigen Annahme, daß die Splittgattungen auch bei der künftig am Bau verwendeten Zementart ihren Einfluß in gleichem Maße behalten werden, kann man einfach mit Tonerdezement einige Vergleichswürfel anfertigen, die schon nach vier bis acht Stunden gedrückt werden können; man wird dann also mit Hilfe des Tonerdezementes schon nach wenigen Stunden erkennen können, welche von den zu Gebote stehenden Splittgattungen die beste Würfelfestigkeit erzielt. Zum Schluß ist noch ein Vorteil des Tonerdezements, seine Unempfindlichkeit gegen niedrige Temperaturen. Nach englischen Versuchen (vom Verf., Beitrag zur Kenntnis des Schmelzzementes, Deutsche Bauztg. 1925, Heft 2, S. 22) ergab sich hierüber folgendes:

1. Abmindern der Normaltemperatur (18° C) bis auf 0° ist ohne Einfluß.
2. Würfel bei 18° betoniert und sogleich darauf bei 0° aufbewahrt, gaben keinen Festigkeitsabfall, auch nicht bei verschiedenen Altersstufen.
3. Kalziumchlorid, das bei PZ bekanntlich dem Frost entgegenwirkt, wirkt beim TZ schädigend.

Bei allen Vorzügen zu Sonderzwecken kommt jedoch dem Tonerdezement angesichts seines hohen Preises eine allgemeine Bedeutung in Deutschland augenblicklich noch nicht zu.

[1]) Zur Zeit kosten 1000 kg Alcazement = 120 RM.

Kapitel 14. Die Hochofenschlacke (HS).

Grundsätzlich genommen findet die HS im Betonbau eine dreifache Verwendung; einmal ohne vorherige wesentliche Aufbereitung als reiner Zuschlagstoff, etwa wie man Kies oder Splitt gebraucht (vgl. unter Kapitel 19), zweitens als sog. latent[1]) hydraulischer Zumischstoff und schließlich als Mörtelbildner mit einer gewissen selbständigen Hydraulizität, eine Eigenschaft, die aber in hohem Maße

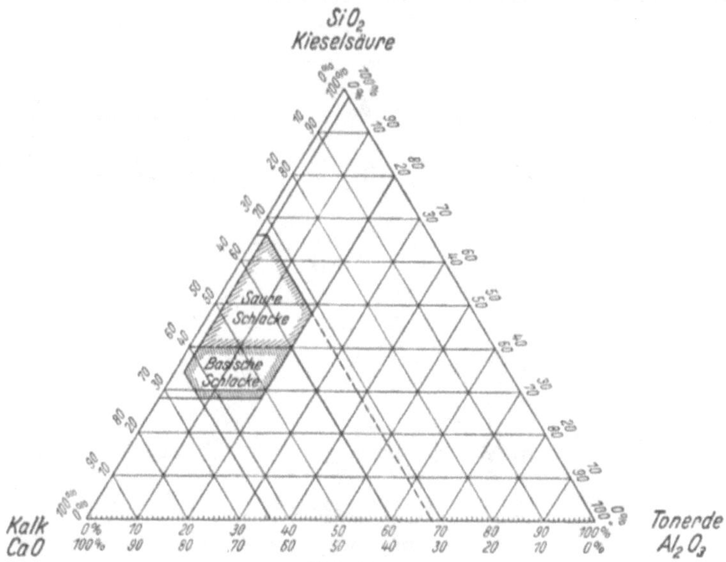

Abb. 11.

von der besonderen Behandlung der HS bei der Gewinnung am Hochofen beim Erkaltungsprozeß abhängt.

Die Lage der Hochofenschlacke im Dreistoffsystem zeigt Abb. 11. Die Zusammensetzung bewegt sich zwischen:

CaO	40—64%	für basische Schlacke
SiO_2	28—40%	
Al_2O_3	2—20%	

und

CaO	32—59%	für saure Schlacke
SiO_2	28—40%	
Al_2O_3	2—20%	

[1]) Das ist ein Mörtelstoff, bei dem die ihm innewohnende Fähigkeit zu erhärten (Hydraulizität) erst durch einen „Erwecker“ zur Auswirkung kommt. Dies erfolgt dadurch, daß die in dem genannten Mörtelstoff vorhandene lösliche Kieselsäure durch den freien Kalk des Bindemittels gebunden wird. Vgl. auch Kapitel 15.

Die obigen Grenzen sind aus einer großen Anzahl von deutschen Schlackenanalysen entnommen (vgl. den lehrreichen Aufsatz von Mathesius in Stahl u. Eisen 1908). In Abb. 11 ist das Gebiet der HS eingezeichnet und in Abb. 12 sind sämtliche bisher besprochenen hydraulischen Bindemittel zugleich eingetragen, wodurch gleichsam ihre gegenseitige Verwandtschaft klar in Erscheinung tritt. Insbesondere erkennt man, daß der untere Teil des Schlackenbildes, nämlich der basischen Schlacke, hart an den PZ heranreicht und den

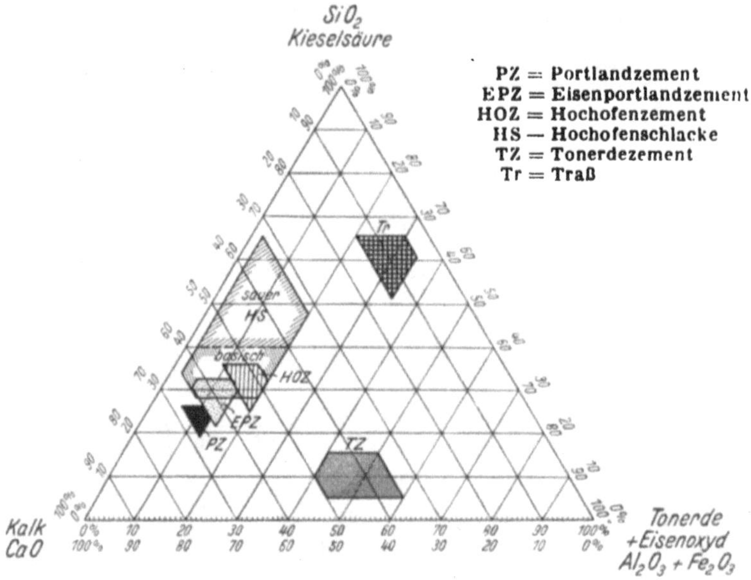

Abb. 12. Darstellung der Verwandtschaft der einzelnen Bindemittel und Schlacken.

EPZ und HOZ zum Teil sogar überdeckt. Die punktierte Linie in Abb. 12 kann etwa als Scheidelinie zwischen der unteren basischen und der oberen sauren Schlacke gelten; als Betonzuschlag kommt nur der obere Teil, nämlich die saure Schlacke, in Frage, weil die basische Schlacke in der Regel Neigung zum Zerfallen zeigt. Im Jahre 1924 sind von einer besonderen Kommission Richtlinien für die Herstellung und Lieferung von Hochofenschlacke als Zuschlagstoff für Beton und Eisenbeton festgelegt und in „Stahl u. Eisen" 1924 veröffentlicht worden, woraus sie nachstehend wiedergegeben sind:

I. Vorbemerkungen.

1. Aus Hochofenschlacke läßt sich nach den bisherigen Erfahrungen ein guter Beton herstellen, unter Umständen sogar ein besserer als aus Kies-

material. Daher kann, wo die örtlichen Verhältnisse es gestatten, aus wirtschaftlichen Gründen Hochofenschlacke als Zuschlagstoff für Beton und Eisenbeton verwendet werden.

2. Ein guter Zuschlagstoff für Beton oder Eisenbeton muß folgende Eigenschaften haben:

a) er muß raum- und wetterbeständig sein,
b) er soll in der Regel die gleiche Festigkeit besitzen, wie der ihn umgebende Mörtel nach seiner Erhärtung,
c) er darf keine schädlichen Beimengungen enthalten.

II. Begriffsbestimmung.

1. Hochofenschlacke ist ein bei der Herstellung des Roheisens in flüssigem Zustande entstehendes Nebenerzeugnis, das alle dem Hochofen zugeführten Stoffe aufnimmt, die nicht in das Roheisen und die Gichtgase übergehen. Sie besteht in der Hauptsache aus Kalktonerde-Silikaten mit wechselnden Beimengungen von Magnesia, Schwefel (an Kalk gebunden), Eisenoxydul usw.

2. Im Sinne dieser Richtlinien ist unter Hochofenschlacke[1]) nur die als Klotz-, Block- oder Stückschlacke gewonnene zu verstehen, dagegen nicht die gekörnte (granulierte) Schlacke (Schlackensand).

3. Für die Verwendung als Zuschlagstoff kommen im allgemeinen nur saure Hochofenschlacken mit größerem Kieselsäure- und geringerem Kalkgehalte in Betracht. Sie entstehen vorzugsweise bei der Herstellung von Thomasroheisen[2]) und Stahleisen. Sie zerfallen im allgemeinen nicht und kommen in ihrer Zusammensetzung manchen natürlichen Gesteinen sehr nahe. Sie sind in zerkleinertem Zustande zu allen Zwecken, zu denen sonst Naturgestein gebraucht wird, um so besser verwendbar, je näher sie solchen auch im Gefüge und in den Festigkeitseigenschaften kommen.

4. Basische Hochofenschlacken[3]) sind zur Herstellung von Zuschlag zum Beton nicht geeignet.

III. Erzeugung der Hochofenschlacke und des daraus hergestellten Kleinschlages.

1. Auswahl der Hochofenschlacke. Bereits bei dem Entfall der Schlacke müssen die Hochofenwerke nach ihren Erfahrungen auf die für einen guten Zuschlagstoff nötigen besonderen Eigenschaften (s. I, 2) Rücksicht nehmen und geeignete von ungeeigneter Schlacke trennen. Rohgangschlacke[4]) ist auszuscheiden.

---

[1]) Schlacken, die bei der Verfeinerung des Roheisens der Bereitung von Fluß- und Schweißeisen entstehen, z. B. die Puddel- und Bessemerschlacken sowie die Thomasschlacke, fallen nicht unter den Begriff „Hochofenschlacke". Ebensowenig sind die bei der Gewinnung von Zinn, Zink und Kupfer fallenden Schlacken als Hochofenschlacken zu bezeichnen. Nicht zu verwechseln ist Hochofenschlacke mit den ebenfalls meist als Schlacke bezeichneten Verbrennungsrückständen der Kohle, den Kessel- und Herdschlacken sowie der Lokomotivlösche.

[2]) Nicht zu verwechseln mit der Thomas-Roheisenschlacke ist die Thomas-Schlacke. Letztere ist eine phosphorreiche Schlacke, die bei der Umwandlung des Thomasroheisens in Stahl anfällt und vorzugsweise als Düngemittel dient.

[3]) Basische Hochofenschlacken werden hauptsächlich bei der Herstellung von Hämatit- und Gießereiroheisen gewonnen; sie haben größeren Kalkgehalt, zerfallen in der Regel und werden in granuliertem Zustand (Schlackensand) zur Herstellung von Eisenportlandzement, Hochofenzement und Schlackensteinen verwandt.

[4]) Rohgangschlacke, eine Schlacke mit höherem Eisengehalt, kommt nur bei Störungen im Hochofenbetriebe vor; sie ist durch dunkel-

2. Weiterbehandlung der Schlacke. Die wärmetechnische (thermitische) Behandlung ist von großer Bedeutung für die Haltbarkeit der Schlacke, ihr ist daher von der Werkleitung besondere Aufmerksamkeit zu schenken. Die Art der Abkühlung frisch gefallener Schlacke, sei es durch Ausgießen in Schichten oder durch Erkalten in Blöcken (Klotz-, Block- oder Stückschlacke) sowie die Dauer der Lagerung vor der Verarbeitung ist vom Werk auf Grund seiner Erfahrungen festzusetzen.

Um die Beobachtungsdauer abzukürzen und durch rasche Kühlung die flüssige Schlacke möglichst rasch aus dem Bereich der Wärmegrade zu entfernen, die für die Bildung unbeständiger Verbindungen in Betracht kommen, hat es sich auf einigen Werken als zweckmäßig erwiesen, die Schlacke in dünnen Lagen in besonderen Gießbetten auszugießen, und zwar in mehreren Lagen übereinander. Jedenfalls soll Schlacke so vorsichtig abgekühlt werden, daß möglichst beständige Schlacke entsteht.

3. Herstellung des Kleinschlages. Es ist anzustreben, daß Hochofenschlacke in folgenden Körnungen als Zuschlag geliefert wird:

	Körnung
a) Schlackensiebgrus Nr. I	0— 5 mm
b) Schlackensiebgrus Nr. II	5—25 mm
c) Schlackenfeinschlag	25—40 mm
d) Schlackenkleinschlag (Schlackenschotter)	30—70 mm

4. Ein Abbau alter Schlackenhalden ist nur zulässig, wenn nach den Erfahrungen der Werkleitung angenommen werden muß, daß aus der Schlacke ein guter, allen Anforderungen entsprechender Zuschlagstoff hergestellt werden kann. Alle nicht völlig einwandfreien Schichten sind hierbei auszusondern.

5. Zerfallende Schlacke oder zerfallene Schlacke (Hüttenmehl) darf nicht geliefert werden[1]).

IV. Gewährleistung.

Die Gewährleistung des Lieferers für die Raumbeständigkeit der Schlacke beginnt mit der Abnahme und erlischt am 31. Dezember des auf die Schlußabnahme folgenden zweiten Jahres.

V. Schlußbemerkung.

Diese Richtlinien sollen zunächst bis zum 31. Dezember 1927 gelten und dann auf Grund der inzwischen gewonnenen Erfahrungen nachgeprüft werden. Anmerkg. d. Verf.: Neuere Abmachungen sind inzwischen nicht bekannt geworden.

Sehr beachtenswert sind die Ausführungen von Guttmann in „Stahl u. Eisen“ 1927, Nr. 25. Die Untersuchung auf Raumbeständigkeit ist nach dieser Abhandlung zweifach. Einmal Prüfung im Quarzlampenlicht, ferner durch Wasserlagerung. Zeigen sich in der Quarzlampe viele größere und kleinere, zumeist zu Nestern vereinigte speisgelb glänzende oder rote oder braune Flecken und

---

braune bis tiefschwarze Färbung ohne weiteres kenntlich. Rohgangschlacke hat auch magnetische Eigenschaft.

[1]) Als Anhalt für die Beständigkeit der Schlacke kann gelten, daß bei achttägiger Lagerung des Kleinschlages an der Luft und im Wasser höchstens je 5% Gewichtsteile zerfallen oder zerrieseln dürfen. Die Weiterverwendung dieser zerfallenen oder zerrieselten Teile zur Betonbereitung ist unbedenklich, wie Versuche ergeben haben. Ein unbedingt zuverlässiges Mittel, von vornherein zu erkennen, ob Hochofenschlacke zerfallen wird, ist bis jetzt noch nicht bekannt.

Punkte auf violettem Grunde, so ist die Schlacke unbeständig (infolge einer unbeständigen Form von Bikalziumsilikat); gelbliche oder braune Punkte in geringer Anzahl und winziger Ausdehnung, die gleichmäßig verteilt sind, und zwar über das ganze Stück, sind nicht von Belang.

Zeigt die Schlacke bei der Wasserlagerung Zerfallerscheinungen, so ist die Schlacke unbrauchbar. Unter 1,5% Gesamteisengehalt tritt der Wasserzerfall niemals ein; gefährlich sind $\geqq$ 3% Eisengehalt.

Um also die Beständigkeit der Schlacke festzustellen sind nur diese beschriebenen beiden Proben anzustellen.

Die sauren Schlacken weisen nach entsprechender Behandlung bestenfalls nur schwach latent hydraulische Eigenschaften auf, etwa vom Grade des Trasses. Die schwach basischen dagegen zeigen schon gut latent hydraulische Eigenschaften und schließlich weisen die hochbasischen Schlacken die Eigenschaften selbstständiger Mörtelbildner auf. Hierbei ist jedoch zu beachten, daß jene HS, die hydraulischen Eigenschaften erhalten soll, keineswegs langsam erkalten darf, sondern im Gegenteil ziemlich schnell abgekühlt werden muß. Dies erfolgt in dem sog. Granulationsverfahren. Bei der Wassergranulation bringt man die ausfließende Schlacke mit einem ausreichenden Quantum fließenden Wassers zusammen, woraufhin die Schlacke in Körnchen zerfällt — granuliert. Die derart wassergranulierte Schlacke wird vermahlen, hat aber dann nur latent hydraulische Eigenschaften. Wenn sie dagegen mit Hilfe eines kalten Luftstromes granuliert, daraufhin zu Pulver vermahlen wird, erlangt sie manchmal selbständig hydraulische Eigenschaften; noch mehr aber, wenn sie in granuliertem Zustand mit Kalk zusammen zu Klinkern gebrannt wird. Die Hydraulizität wird in um so höheren Maße entstehen als sie sich der Schlacke gemäß Abb. 12 in ihrer Lage den Zementen nähert. Als solche ist sie dann wesentlicher Bestandteil des Eisenportlandzements und Hochofenzements.

Kapitel 15. Zumischstoffe (Hydraul. Zuschläge).

Zu den Zumischstoffen, bisweilen auch Puzzolanen genannt, gehören Ziegelmehl, natürliche Puzzolanerde, Si-Stoff und Traß; bisweilen wurde auch Steinmehl, Gichtstaub und Diatomeenerde verwendet. Sie alle haben mehr oder minder latent hydraulische Eigenschaften. Für uns kommt in erster Linie nur der Traß, eine vulkanische Asche, in Frage. Der Traß findet sich in verschiedenen

Gegenden Deutschlands, so in der Eifel (im Nettetal und Brohltal) in Bayern, Württemberg und am Rhein. Er findet sich als Tuffstein, der getrocknet und vermahlen den Traß ergibt.

Seine Zusammensetzung ist etwa:

CaO	4—14 %
SiO_2	51—64 %
Al_2O_3	20—33 %;

dementsprechend ist seine Stellung im Dreistoffsystem in Abb. 12 mit eingetragen.

Der Traß soll in der Regel vorschriftsgemäß[1]) nicht unter 7% an Hydratwasser enthalten und seine Mahlfeinheit soll nicht mehr als 20% Rückstand auf dem 900-Maschensieb aufweisen. Auch müssen die Säcke ausdrücklich die Aufschrift „Traß", das Rohgewicht, den Ursprungsort und die Firma oder Fabrikmarke tragen. Festigkeitserfordernisse: 1 Traß : 1 Normenkalk : 1 Normensand nach 28 Tagen kombinierter Lagerung (3 Tage feuchte Luft, 25 Tage Wasser, beides 15—20° C) mindestens 70 kg/cm² Druckfestigkeit und mindestens 14 kg/cm² Zugfestigkeit. Probenherstellung nach den Vorschriften des Deutschen Verbandes für Materialprüfungen der Technik[2]). Nach Burchartz haben Trasse, die nach diesen Normen geprüft sind, nach 28 Tagen Wasserlagerung Druck- und Zugfestigkeiten von 163 bzw. 19,3 kg/cm². Die Hydraulizität des Trasses im Beton beruht auf der Verbindung seiner löslichen Kieselsäure mit dem freien Kalk des Zements. Dadurch, daß dieser freie Kalk also chemisch gebunden wird, ist ein Beton, der unter Traßbeigabe hergestellt wird, im chemischen Sinne erheblich widerstandsfähiger als gewöhnlicher Beton. In baupolizeilichem Sinne ist dazu zu bemerken, daß das bestimmungsgemäß erforderliche Mindestquantum Zement von 270 bzw. 300 kg/m³ Festbeton in jedem Falle vorhanden sein muß. Dies ist namentlich für den besonderen Fall zu beachten, daß die Hohlräume im Zuschlagstoff verhältnismäßig klein sind; in dem anderen Falle, daß nämlich die Hohlräume ziemlich groß sind, kann selbstverständlich der Betrag an Bindemittel, der über die Mindestzementmenge von 270 bzw. 300 kg /m³ noch hinaus erforderlich ist, ohne weiteres durch Traß ersetzt werden. Der Traßzusatz verzögert das Abbinden, was sich bei verschiedenen Portlandzementmarken ziemlich verschieden auswirkt.

[1]) Hambloch, Der Traß, Verlag Jul. Springer, Berlin 1909, ferner Angaben in der „Stoffhütte", S. 656, Verlag Ernst & Sohn, Berlin 1926.

[2]) Hambloch, Der Traß.

Hochofenzement ist für Traßbeton wenig geeignet, weil er ohnehin andere Puzzolane enthält. Wie erwähnt, beruht die hydraulische Mitwirkung des Trasses auf seinem Gehalt an verbindungsfähiger, nämlich wasserhaltiger Kieselsäure[1]); aus diesem Grunde ist der Hydratwassergehalt normengemäß auf 7% festgelegt. Ist dagegen ausreichendes Hydratwasser nicht vorhanden, so ist ein außerordentlich langsames Erhärten zu erwarten. Ganz allgemein ist bei Traßzusatz mit größeren oder kleineren Erhärtungsverzögerungen zu rechnen, die bei Abbinden unter Normaltemperatur ganz bedeutend sein können, wobei es naturgemäß auch auf die Höhe des Traßzusatzes ankommt. Die Mahlfeinheit des Trasses[2]) hat nach Klehe[3]) Einfluß auf seine Normenfestigkeit, und zwar spielt sie eine Rolle, wenn die Rückstände größer als 25—35% auf dem 4900-Maschensieb sind. Der Traß muß mit dem Zementpulver in einer besonderen Vormischanlage gemischt werden, ehe er in die eigentliche Mischmaschine kommt.

Also alles in allem: Wenn es nicht auf schnelles Ausschalen ankommt, so ist die Verwendung von Traß öfters nützlich, wobei aber streng darauf zu achten ist, daß das behördlich vorgeschriebene Mindestzementquantum vorhanden sein muß.

Die übrigen Zumischstoffe haben durchweg mehr oder minder nur dichtende Wirkung. Über Si-Stoffzusatz (Si-Stoff ist ein Abfallprodukt aus der Alaunfabrikation und ist ein Tonerdesilikat) sind die Versuchsergebnisse auseinandergehend. Nach Burchartz sind besondere Erhöhungen der Festigkeiten nicht feststellbar gewesen (Mitt. aus dem Kgl. Materialprüfungsamt 1900). Nach Kaiser (Bauingenieur 1923, S. 391) jedoch hatte 20% Zusatz von Si-Stoff $1\frac{1}{2}$fache Festigkeiten nach 28 Tagen bewirkt.

Die Amerikaner verwenden öfters als Zutauschstoff die Diatomeenerde (Celite), mit der sie Festigkeitserhöhungen von 10% erreichen bei gleichzeitiger Dichtigkeitsverbesserung; vgl. hierzu das Referat des Verf. in der Deutschen Bauzeitung 1926, Nr. 15, S. 114.

[1]) Die dann den freien Kalk des Zements bindet. Burchartz hat durch Versuche dies bestätigt, indem Traß mehr festigkeitssteigernd auf kalkreiche Zemente wirkt als auf kalkarme. Traß verfestigt auch Beton in weichem Zustande hergestellt. Steinmehl dagegen nicht, im Gegenteil (Burchartz in Zement 1926, S. 357). Vgl. hierzu auch den interessanten Aufsatz von Gaye in B. u. E. 1927, S. 237.

[2]) Vgl. auch „Zement" 1928, Heft 11, 12 u. 13, die Arbeit von Graf: Versuche über den Einfluß von Traßmehl und anderen Steinmehlen auf die Zug- und Druckfestigkeit, auf die Wasserdurchlässigkeit usf. des Betons. Die Arbeit ist sehr lesenswert.

[3]) Zement 1927, S. 542.

B. Die Zuschlagstoffe.

Man nennt Sand den Feinzuschlag, Kies und Splitt den Grobzuschlag.

Kapitel 16. Der Sand.

In § 5, Z. 2, der Eisenbetonbestimmungen vom 9. September 1925 heißt es:

Sand, Kies und andere Zuschläge.

a) Im Sinne dieser Bestimmungen ist zu verstehen: unter Sand: Gruben-, Fluß-, See-, Brech- oder Quetschsand, Schlackensand[1]) (gekörnte Hochofenschlacke geeigneter Zusammensetzung), Bimssand[1]) u. dgl. bis zu höchstens 5 mm Korngröße; unter Kies: natürliche Kiesgraupen, Kiessteine, Kiesel, Bimskies[1]) von 5 mm Korngröße aufwärts; unter Kiessand: das natürliche Gemenge von Sand und Kies; unter Steingrus oder -splitt: zerkleinertes Gestein zwischen etwa 5 und etwa 25 mm Korngröße.

b) Sand, Kies, Steingrus oder -splitt und zerkleinerte Hochofenstückschlacke[2]) sollen möglichst gemischtkörnig zusammengesetzt sein; sie dürfen keine schädlichen Beimengungen enthalten. In Zweifelsfällen ist der Einfluß von Beimengungen durch Versuche festzustellen[3]).

c) Für Bauteile, die laut polizeilicher Vorschrift feuerbeständig sein müssen, dürfen nur solche Zuschlagstoffe verwandt werden, die im Beton dem Feuer widerstehen.

d) Zweckmäßig wird das Korn der Zuschläge so gehalten, daß die Hohlräume des Gemisches möglichst gering werden. Die gröbsten Körner der Zuschläge müssen sich noch zwischen die Eiseneinlagen sowie zwischen Schalung und Eiseneinlagen einbringen lassen, ohne die Eisen zu verschieben.

e) Die als Zuschlag verwendeten Baustoffe sollen in der Regel mindestens die gleiche Festigkeit besitzen wie der erhärtete Mörtel des Betons. Die Steine sollen wetterbeständig sein.

Demnach ist als Sand der Zuschlag von 0—5 mm Korngröße festgelegt. Auch nach den Normen für die Steinindustrie wird als Sand bezeichnet, was durch ein Maschensieb von 0—5 mm gesiebt

---

[1]) Bimssand und Bimskies eignen sich nur zur Herstellung leichter, poriger, gering beanspruchter Bauteile; das gleiche gilt für Schlackensand, der schaumig gefallen ist (Anmerkung des Verf.): In beiden Fällen ist zwecks **Rostschutzes** das Eisen in **dichten, fetten** Zementmörteln zu verlegen.

[2]) Zerkleinerte Hochofenschlacke muß den Richtlinien (vgl. Kapitel 14, I) entsprechen.

[3]) Es läßt sich nicht allgemein und erschöpfend bestimmen, wie die Baustoffe beschaffen sein müssen, aus denen der Beton hergestellt wird. Lehm, Ton und ähnliche Beimischungen wirken schädlich auf seine Festigkeit, wenn sie am Sand und Kies festhalten. Sind sie in geringen Mengen im Sand fein verteilt, ohne an den Körnern zu haften, so schaden sie in der Regel nicht. Braunkohlenteilchen, die in verschiedenen Flußkiessanden vorkommen, können schädlich wirken, wenn sie in größeren Mengen vorhanden sind. Bemerkung des Verf.: Bestenfalls finden an der Betonoberfläche kleinere oder größere Absprengungen, auch Verfärbungen, statt. Es wird in Zukunft eine Aufgabe der Baumaschinenfabriken sein, Vorrichtungen zu bauen, die die Kohleteilchen herausschütteln und wegblasen. Dies könnte gut in Verbindung mit den Siebvorrichtungen kombiniert werden.

wird (das Maschensieb ist quadratisch im Gegensatz zum Rundsieb, das runde Öffnungen aufweist); der Sand wird weiter abgestuft:

von 0 —0,05 mm Staub,
von 0,05—2,00 mm Feinsand,
von 2 —5,00 mm Grobsand,

wobei zu beachten ist, daß hierbei nicht der Durchfall durch diese Siebe, sondern die Maschenweite gemeint ist. Weiterhin:

5—12 mm Feinsplitt,
12—20 mm Mittelsplitt,
20—30 mm Grobsplitt.

Hier ist im Gegensatz zu vorhin für die Definition der Durchfall durch die Rundsiebe gemeint.

Ungesiebtes Material von 0—30 mm heißt Grus.

Im Sprachgebrauch findet sich auch noch die Bezeichnung „Grand" für einen ganz groben Sand, etwa bis Haselnußgröße.

Für die Herstellung der Zementnormenwürfel ist sog. Normensand zu verwenden, über den es bestimmungsgemäß heißt:

Um zu übereinstimmenden Ergebnissen zu gelangen, muß überall Sand von gleicher Korngröße und gleicher Beschaffenheit (Normensand) benutzt werden.

Der deutsche Normensand wird aus einem tertiären Quarzlager der Braunkohlenformation in der Nähe von Freienwalde a. O. gewonnen. Der fast weiße Rohsand wird in einer Waschmaschine gewaschen und künstlich getrocknet. Die Absiebung des trockenen Sandes geschieht auf Schwingsieben, die pendelnd aufgehängt sind. Auf dem einen Siebe wird erst das Grobe abgesiebt und dann auf dem anderen das Feine. Von jeder Tagesfertigung wird eine Probe auf Korngröße und Reinheit im Materialprüfungsamt Berlin-Lichterfelde-West kontrolliert.

Zur Kontrolle der Korngröße dienen Siebe aus 0,25 mm dickem Messingblech mit kreisrunden Löchern von 1,350 und 0,775 mm Dmr.[1]).

Der nach wiederholten Kontrollproben für gut befundene Normensand wird gesackt und jeder Sack mit der Plombe des Materialprüfungsamtes Berlin-Dahlem verschlossen[2]).

Im übrigen unterscheidet man grundsätzlich Flußsand und Grubensand. Letzterer ist meist nicht ganz so rein wie ersterer, doch gibt es auch umgekehrte Fälle, wenn nämlich der Flußsand an Stellen abgebaggert wird, wo sich Schlammschichten befinden. In der Regel ist jedoch der Baggersand sauber. Als einfaches gutes Erkennungsmittel pflegt man zur Feststellung der Sandqualität etwas Sand zwischen die Finger zu nehmen und kräftig zu reiben; es soll dann möglichst überhaupt kein Ton oder Lehm an den Fingern

---

[1]) Die Kontrollsiebe fertigt das Materialprüfungsamt.

[2]) Den Verkauf dieses plombierten „Deutschen Normensandes" hat das Laboratorium des Vereins deutscher Portlandzement-Fabrikanten, Karlshorst, übernommen.

haften bleiben, was sich durch graue bzw. gelbliche Färbung äußert. Den Grad der Verunreinigung kann man auch ungefähr beurteilen, wenn man aus einer Tüte den Sand in ein größeres Glas Wasser ganz langsam in dünnem Strahl einfallen läßt, wobei die oberhalb des Sandes stehende Wassermenge nicht sehr getrübt werden soll. Man achte darauf, daß der Sand bei verschiedenem Feuchtigkeitsgehalt ein bis zu 36% verschieden großes Volumen hat. Vgl. hierzu Abb. 38 und 38a. Das kleinste Volumen nimmt Sand bei etwa 4 Gew.-% Wassergehalt ein.

a) Einfluß von Schlamm.

Zwar könnte man durch einen gründlichen Waschprozeß die schlammhaltigen Sande von den Schlammteilchen größtenteils befreien, jedoch ist dies nicht immer erforderlich, wie dies verschiedene Versuche zeigen. Beispielsweise ist nach dem Bericht von Kleinlogel[1]) über ungarische Versuche die Festigkeit von Mörtel 1 : 3,5

bei Spuren von Schlamm	282 kg/cm²
bei 2% Schlamm	264 ,,
bei ausgewaschenem Sand	263 ,,
bei Normensand	274 ,,
bei 35% Schlamm[2])	93 ,,

Ferner sind nach Grün[3]) für Beton 1 : 5 die 28-Tagefestigkeiten bei einem Schlammgehalt:

6,5%	212 (275)	kg/cm²
9,4%	239 (340)	,,
9,1%	244 (292)	,,
3,7%	248 (275)	,,

Die eingeklammerten Zahlen bedeuten die Festigkeiten bei Verwendung des gewaschenen und scharf getrockneten Sandes, wonach die Festigkeitsabnahmen bei der doch immerhin erheblichen Schlammbeimengung 23%, 32%, 13% und 10% waren, Beträge, die, abgesehen von Reihe 2 mit 32% und von Reihe 1 mit 23%, eigentlich noch verhältnismäßig gering sind.

Immerhin ist es wegen der Verschiedenartigkeit des Schlammes geboten, recht vorsichtig zu sein und stets Würfelproben anzustellen, wobei es sich öfters herausstellen wird, daß geringe Schlammbeimengungen bisweilen verfestigend wirken, dies sogar sehr häufig, wenn der Schlammgehalt nicht mehr als 2% beträgt; auf diese Weise

[1]) Einflüsse auf Beton, Berlin 1925, S. 304, Verlag W. Ernst & Sohn.
[2]) Vom Trockengewicht.
[3]) Der Beton Berlin 1926, S. 35, Verlag Jul. Springer.

wird hier dann das kostspielige Waschen nebst Erhitzen überflüssig. Man muß bei jeglichem Waschprozeß von Sand oder Kies stets im Auge behalten, daß durch das Waschen die feinsten Sandteilchen mit weggeschwemmt werden, eine Tatsache, die bei gewissen Kornzusammensetzungen auf die Festigkeit vermindernd wirkt.

b) Einfluß von Lehm.

Während die „Alte Schule“ ehemals peinlichst jede, selbst auch die allergeringste lehmige Beimengung verurteilte, steht man jetzt neuerdings schon oft auf dem Standpunkt, daß Lehmbestandteile nicht unter allen Umständen schädlich sein müssen, und zwar gilt darüber folgendes: Ist der Lehm in „schmieriger“ Form im Zuschlagstoff enthalten, so daß er die Sand- bzw. Kies- oder Splittkörner gleichsam mit einem Überzug umgibt, dann ist er absolut schädlich. Ist er dagegen im Sand in pulveriger Form fein vermischt, wobei er auch selbst in kleinen Kügelchen verteilt sein kann, so ist meist sogar ein größerer oder kleinerer Festigkeitszuwachs damit verbunden. Dieser ist am bedeutensten, wenn sich der Lehm im Sand in trockener und sehr feiner pulveriger Gestalt zeigt; immerhin soll er zur Sicherheit auch dann nicht mehr als **3—5%** des Trockengewichtes vom Zuschlagstoff betragen. Das Vorstehende gilt auch sinngemäß für Ton[1]).

In allen Fällen mache man wenigstens einige vergleichende 3-Tage-Würfelproben, und zwar gleich in dem geplanten endgültigen Betonmischungsverhältnis; bei größeren Bauwerken lohnt es sich auch, etwa drei verschiedene Zementmarken hierbei auszuprobieren, weil sich diese bei Lehmzusatz oft ziemlich verschieden verhalten. P. May[2]) gibt bei 5% Lehmzusatz (trockener Lehm und trockener Rheinsand) Mischung 1 : 3, bei drei verschiedenen Zementmarken einen Zuwachs für die 28-Tagefestigkeit von 88, 25, 36 und 34 kg/cm², das ist im Mittel $183 : 4 = 46$ kg/cm². Die 28-Tagefestigkeiten ohne Lehm waren 374, 285, 272 und 272 kg/cm², das ist im Mittel 300 kg/cm². Somit erwächst durch **5%** Lehmzusatz — in obig geschilderter Form — eine Festigkeitszunahme im Mittel von $\frac{46 \cdot 100}{300}$ = rd. **15%**. Diesen Mayschen Versuchen kommt eine große Bedeutung zu, weil sie bis zur Dauer von 5 Jahren durchgeführt sind und den Beweis dafür erbracht haben, daß der Lehmzusatz nicht etwa nach mehreren Jahren noch schädigend wirkt.

[1]) Ton und Lehm, vgl. auch Kapitel 6, Z. 2.

[2]) Praktische Winke für Zement und Beton, S. 21, Verlag von W. Ernst & Sohn. Berlin 1925.

Bei Zusatz von feuchtem Lehm zu feuchtem Sand beträgt dieses Mehr nur 8%. May gibt dann noch eine Tabelle über den Einfluß von Lehmzusatz zu lehmhaltigem Sand in natürlichem Vorfinden und stellt dabei Festigkeitsrückgänge fest, die etwa 25% der Festigkeit des Grubensandes in natürlichem Vorfinden[1]) betrugen. Diese Festigkeitsabminderung erscheint jedoch erklärlich, denn der von Haus aus schon etwas lehmhaltige Grubensand erlitt wahrscheinlich durch die nachherige weitere Lehmbeigabe den besprochenen sehr nachteiligen Lehmüberzug der einzelnen Körner. Wenn also Grubensand in natürlichem Vorfinden 5% Lehmgehalt aufweisen sollte, so ist es nicht gesagt, daß dieser Natursand ebenfalls wie vorhin 25% Festigkeitsabfall im Gefolge hat. Somit wird man sich dann auf alle Fälle durch Würfelproben überzeugen müssen. Im allgemeinen wird indessen Baggersand dem Grubensand vorgezogen.

Herrmann[2]) führt Lieferungsbedingungen für die Stadt Berlin an, nach denen nur 1,5% Lehm- bzw. Tongehalt zulässig sei; wenn man keine Zeit hat Würfelproben abzuwarten, so wird man sich zweckmäßigerweise dieser Forderung wohl anschließen müssen. In denselben Vorschriften ist der Gehalt an Kohleteilchen auf 0,2% beschränkt (Höchstgehalt). Bezüglich letzterer Grenze hängt es in der Praxis davon ab, ob es sich um Braunkohle oder Steinkohle handelt. Erstere ist stets unangenehm, weil sie, namentlich in der Oberfläche von Balken und Stützen gelegen, Absprengungen verursachen kann; letztere wirkt nur dann schädlich, wenn es sich um schwefelhaltige Steinkohle handelt. Im übrigen kann für die Beurteilung des Einflusses von Lehm oder Tongehalt auch ein bisher wenig berücksichtigter Umstand ausschlaggebend sein, nämlich die Baustelleneinrichtung. Es handelt sich hier im besonderen um die Frage des Transportes der Zuschlagstoffe zur Mischmaschine, wie aus folgendem Fall zu erkennen ist. Bei einem größeren Eisenbetonbau wurde der Antransport der Zuschlagstoffe auf einem Anschlußgleis durch Eisenbahnwagen bewerkstelligt. Die ersten 50 bis 60 Waggonladungen erwiesen sich als fast vollkommen lehmfreier, sauberer Kies. Die folgenden Wagenladungen dagegen brachten einen Grubenkies, der fast von Tag zu Tag immer mehr Lehmgehalt aufwies. Das äußere Aussehen zeigte schließlich einen Lehmgehalt, der etwas schmierig und auch in Klümpchen verteilt war und der 10—12% betragen haben mochte, so daß er in diesem Zustande nicht mehr

[1]) Also zwar mit dem natürlichen Lehmgehalt aber ohne weitere Lehmbeigabe.

[2]) B. u. E. 1927, S. 221.

verwendungsfähig erschien. Inzwischen wurde zum Transport der Zuschlagstoffe vom Kieslager zur Mischmaschine eine Muldentransportbandanlage von etwa 90 m Gesamtlänge fertiggestellt. Bei Ingangsetzung des Transportbandes zeigte es sich nun, daß sich der anhaftende Lehm während der Transportbewegung zu Pulver fein zerrieb und die nachher angestellten Festigkeitsversuche waren vollkommen befriedigend. So erkennt man, daß wenn längere Muldentransportbänder verwendet werden, bei trockenem Wetter eine Feinmahlung des anhaftenden Lehmes stattfinden und daß dergestalt unter Umständen ein sonst nicht verwendbarer Zuschlagstoff gut geeignet werden kann.

Will man sich bei einem Sand überzeugen, wie groß sein Gehalt an organischen Verunreinigungen ist, so ist das außerordentlich einfache Prüfen[1]) mit 3proz. Ätznatronlösung (NaOH) am Platze. Zu diesem Zwecke bedient man sich einer Flasche von 0,35 l Inhalt; hierauf macht man bei 130 und bei 200 cm^3 je einen Teilstrich. Zur Untersuchung eines Sandes füllt man die Flasche bis zum Teilstrich 130 und gießt hierauf NaOH bis Teilstrich 200 zu. Nachdem man mit einem gut eingeschliffenen Glasstöpsel verschlossen hat, schüttelt man gründlich durch und läßt die Flasche 24 Stdn. stehen. Der hernach sich einstellende Verfärbungsgrad ist der Maßstab für die Beurteilung des Sandes. Diese Verfärbung der NaOH-Lösung tritt bei ganz reinem Sand nicht ein und schwankt bei anderen Sanden zwischen hellgelb, dunkelgelb, gelbrötlich, hellbraun und schließlich dunkelbraun; die letzten beiden Farbtöne sind das Anzeichen für einen gänzlich unverwendbaren Sand. Eine Farbtafel mit den geschilderten Farbtönen findet sich in dem erwähnten Buch von Kleinlogel.

Bei der Herstellung von Gründungen, insbesondere von Pfählen, ist die Frage des Gehaltes an Humussäure von großer Bedeutung. Dänische Versuche[2]) stellten fest, daß schon 0,1 Gewichtsprozent von Humussäure einen Sand für Betonzwecke vollkommen ausschließen können. In Zweifelsfällen empfiehlt es sich den Chemiker zu befragen, wenn man nicht Würfelproben abwarten kann. Diese Würfelproben müssen aber schon mit jener Zementmarke angestellt werden, die man am Bau später verwenden will.

Die Sandfrage ist — namentlich bei größeren Bauvorhaben — von wahrhaft einschneidender wirtschaftlicher Bedeutung, weil der

[1]) Verfahren von D. A. Abrams und O. Harder, unter anderem auch beschrieben und mit Buntdruck versehene Abbildungen in Kleinlogel usw. Einflüsse.

[2]) Suenson, Deutsche Bauzeitung 1923, Zementbeilage S. 30.

Bodenaushub insbesondere in größerer Tiefe bisweilen verwendbar ist, wenn er nicht gerade allerfeinstes Korn oder Humussäure aufzuweisen hat. Manchmal ist aber gesunder Sand zugegen und es entsteht die Frage, entweder die kostspielige Fortschaffung auf sich zu nehmen, oder wenigstens diesen Sand teilweise zur Betonbereitung zu verwenden. Es ergibt sich dann, daß unter Umständen es sich nicht unerheblich billiger stellt einen Teil des Sandes zu verwenden und wegen der damit verbundenen größeren Oberfläche sogar mehr Zement zuzugeben als den gesamten Sand weit fort fahren zu müssen; es bedarf dabei nicht vieler Versuche um festzustellen, ob die Zementanreicherung in dem betreffenden Falle wirtschaftlich ist oder nicht, wobei auch der Zeitgewinn mit in Rechnung zu stellen wäre, der aus dem nicht wegzuschaffenden Aushubsand erwächst. Zu Beginn dieses Kapitels ist die Größenabstufung der Korngrößen bereits angegeben. Es soll nachstehend noch die Unterscheidung der Sandgrößen im Tiefbaugewerbe[1]) angeführt werden:

Feiner Sand . .	von	$^2/_{100}$	bis	$^2/_{10}$	mm	Korndurchmesser
mittelfeiner Sand	,,	$^2/_{10}$	,,	$^5/_{10}$	,,	,,
grober Sand . .	,,	$^5/_{10}$	,,	1	,,	,,
sehr grober Sand	,,	1	,,	2	,,	,,
kiesiger Sand . .	,,	2	,,	5	,,	,,

Die Vereinheitlichung der Sandbezeichnung ist gegenwärtig im Begriffe genormt zu werden.

Die Bezeichnung scharfer Sand gilt überdies für einen Sand, der zwischen den Fingern gerieben knirscht, weil das Korn scharfkantig ist und weil scharfer Sand keine sich weich anfühlende Beimengungen aufweist. Weicher Sand ist solcher, der so feinkörnig ist, daß man die einzelnen Körner ohne wahrnehmbares Geräusch zwischen den Fingern reiben kann; bei nicht ganz so feinem Korn rührt dann das weiche Gefühl von lehmigen, tonigen und erdigen Beimengungen her. Bezüglich des Raumgewichtes von Sand und Kies vgl. Abb. 38 und 38a.

Kapitel 17. Der Kies.

Der Kies ist dadurch entstanden, daß kleine Felsstücke durch Eisbildung abgebröckelt und durch den Wasserstrom oder Gletscher weggetragen und schließlich an irgendeiner Stelle abgesetzt sind.

Gemäß den unter Kapitel 16 angeführten Bestimmungen ist die oberste Korngröße für Sand mit 5 mm begrenzt. Alle darüber

[1]) Brennecke-Lohmayer, Der Grundbau, Verlag W. Ernst & Sohn, Berlin 1927.

hinausgehende Korngrößen fallen unter den Begriff Kies; dabei ist aber zu beachten, daß man für Eisenbeton im allgemeinen ungern Korngrößen von wesentlich größer als 20—25 mm nimmt, damit sich die größten Körner noch zwischen die Eisen und auch zwischen Schalung und Eisen dazwischen packen lassen. Bei schweren Unterzügen und Stützenkonstruktionen können die größten Körnungen häufig bis zu 35—40 mm gewählt werden, nur muß man namentlich bei Beton weicher Konsistenz darauf sein Augenmerk sorgsam richten, daß diese größeren Stücke sich nicht zwischen Bügel und Schalung festklemmen und dann die Bildung von Sandnestern bewirken; dies kann jedoch leicht durch eine gut eingearbeitete Arbeiterkolonne unterbunden werden, wobei die Leute einmal vermittelst langer Stochereisen, ferner durch häufiges Beklopfen der Schalung ihren Zweck erreichen.

Zur Beurteilung eines Kieses.

a) Gütebeurteilung hinsichtlich der Reinheit.

Man unterscheidet Flußkies und Grubenkies. In den weitaus meisten Fällen ist ersterer (vorausgesetzt, daß er nicht etwa schon von vornherein durch Industrieabwässer verunreinigt ist) stets reiner, namentlich wenn aus nicht schiffbaren Flußläufen gebaggert wird[1]). Dieser reine Kies offenbart sich meist schon durch seine hellschimmernden Quarzkörner; beim Zusammenpressen in der Hand krachen die Grobkörner etwas, ganz im Gegensatz zu denen mit Schlamm- oder Lehmüberzug, die nur ein leises „Mahlen" hören lassen. Bei Flüssen mit lebhaftem Dampferverkehr findet man öfters mehr oder minder zahlreich auftretende Kohleteilchen im Kies beigemengt, was dem Beton, wie bereits beim Sand erwähnt, schädlich ist. Besonders unangenehm macht sich diese Erscheinung öfters beim Elbkies bemerkbar, wenn er Teilstücke böhmischer Braunkohle aufweist. Braunkohlestücke wirken treibend und absprengend.

Der Grubenkies ist meist nicht unerheblich lehmhaltig; wie beim Sand bereits angegeben, erkennt man an dem mehr oder minder starken Lehmrückstand in der Hand ungefähr den Grad des Lehmgehaltes. Es empfehlen sich zur Untersuchung die in Kapitel 16 b angegebenen Verfahren. Desgleichen bezüglich des Einflusses eines mehr oder minder starken Lehmgehaltes. Es ist aber selbstverständlich, daß, wenn schon der Sand allein 3—5% an Lehm enthält, der Grobzuschlag, nämlich der Kies lehmfrei und durchaus sauber sein muß. In der Regel ist der Grubenkies so gekörnt, daß der Sand bereits mit enthalten ist. Für Eisenbetonbauten im Freien, die also den Witterungs-

[1]) Raschfließende kleinere Flüsse geben meistens den allerbesten Kies.

einflüssen ausgesetzt sind, ist noch eine weitere Verunreinigung von erheblicher Bedeutung, das ist die Kreide. Dies vornehmlich, weil die mehr an der Oberfläche sitzenden Kreidestücke ein Absprengen der Betonschale bewirken können; die Absprengungen haben ihre Ursache einmal infolge der Volumvergrößerung der Kreide bei Wasseraufnahme, sind aber ferner öfters eine Wirkung der Gipsbildung bei Anwesenheit von Schwefelverbindungen, sei es in der umgebenden Luft oder auch im Lagergut, z. B. bei pyrithaltiger Kohle. Derartige Absprengungen sind öfters an freistehenden Kranbahnen fest-

Abb. 13. Glatter Flachkies.

gestellt worden; der örtliche Befund ergab das Vorhandensein eines etwa hühnereigroßen Kreidebrockens, ferner mehrerer walnußgroßer Kreidestücke. Es ist zu empfehlen, einen Kies mit viel kreidigen und mergeligen Bestandteilen keinesfalls zu verwenden, desgleichen auch nicht solchen mit zahlreichen stark glimmerhaltigen Stücken.

b) Gütebeurteilung hinsichtlich der Korngestalt.

Der mit dem Kieseinkauf bzw. mit der Kiesbeurteilung betraute Ingenieur wird, abgesehen von der unter a) geschilderten Fragen hinsichtlich der Reinheit des Kieses, seine Aufmerksamkeit vor allen Dingen auch der Kornform widmen. Es empfiehlt sich bei größeren Bauvorhaben nicht die Zeit zu scheuen und das Lager des Kieslieferanten, besser aber noch das Vorkommen des Kieses selbst zu besichtigen.

Verhältnismäßig schlechte Korngestaltung haben meist die aus dem Unterlauf und aus dem Gebiet der Flußmündungen gebaggerten Flachkiese[1]), die sich natürlich auch in Kiesgruben vorfinden. Abb. 13 zeigt eine solche vorwiegend noch dazu glatte Flachkiese, die als unbrauchbar zu bezeichnen sind. Ein geringes besser ist der vorwiegend rauhe Flachkies nach Abb. 14. Das Stück links oben entstammt einem schieferigen Muttergestein. Kiese aus solchem oder selbst auch nur aus vorwiegend solchem Gestein, ob Flachkies oder Rundkies sind abzulehnen. Die Flachkiese sind für den Eisenbetonbau auch deshalb ungünstiger wie die Rundkiese, weil sich die Flachsteine beim Betoneinbringen sperren, Nester erzeugen und weil die Flachstücke vor allem die Betonfestigkeit nachteilig beein-

Abb. 14. Rauher Flachkies.

flussen, wie man sich durch Versuch leicht überzeugen kann. Diese Festigkeitseinbuße mag nicht allein von der ungünstigen flachen Kornform herrühren, sondern auch daher, weil das Ursprungsgestein als oft schieferiger Art, selbst eine geringe Eigenfestigkeit besitzt.

Einen guten Kiestyp zeigt Abb. 15, den wir kurz Rundkies nennen wollen, obgleich schon nicht nur ausgesprochen runde Kornformen vorhanden sind. Zur Abbildung selbst sei noch bemerkt, daß die kleineren Zwischenkörnungen fortgelassen sind, weil sich deren Gefüge bei der Kleinheit des zur Verfügung stehenden Maßstabes nicht unterscheiden ließe. Immerhin sind die Stücke in ihren Kanten

[1]) Sie sind wegen der dort vorhandenen geringen Wassergeschwindigkeit zudem oft mit einer Schlammschicht bedeckt; ein derartiger schlammiger Kies kommt ohne Rücksicht auf Korngestalt meist nur im gut gewaschenen und getrockneten Zustand in Frage. Vgl. auch das in Kapitel 16 über den Schlammgehalt des Sandes Gesagte.

durch die Schleifarbeit des Wassers bzw. des Eises abgerundet. Flußkies aus dem Oberlauf von Flüssen ist meist Rundkies. Die Mittelläufe zeigen gemischte Formen, sowohl Rund- wie Flachkies; man

Abb. 15. Guter Rundkies.

wird naturgemäß einen derart gemischt geformten Kies nicht schlechthin verwerfen, jedoch wird das Überwiegen der runden bzw. flachen Stücke für das Hinneigen des Gemisches entweder zur besseren oder weniger geeigneten Gattung sprechen. Es empfiehlt sich jedoch den Gehalt an Flachstücken höchstens mit 15 bis 18 Gewichtsprozent zuzulassen; maßgebend ist natürlich ein Festigkeitsversuch, sofern zu diesem noch Zeit ist. Erhält man keine befriedigende Festigkeitsergebnisse und will man den Kies trotzdem verwenden, dann ist ein hochwertigerer Zuschlag durch Beigabe von Splitt von gutem Erfolg. In einem besonderen Falle ist z. B. dadurch eine 28-Tagefestigkeit von über 200 kg/cm² bei 15½ Raumprozent Wasserzusatz mit hochwertigem Zement erzielt worden (vgl. auch Kapitel 18a). Auf die genauen theoretisch wünschenswerten Korngrößen wird in Kapitel 21 zurückgekommen werden.

Das Raumgewicht von Kies beträgt im losen Zustande 1400 bis 1600 kg/m³. Es ändert sich sehr mit dem Feuchtigkeitsgehalt, vgl. Abb. 38, 38a. Bimskies ist sehr leicht, er wiegt etwa 600 kg/m³ und wirkt sehr vermindernd auf die Festigkeit, ganz besonders jedoch auf die Zugfestigkeit des Betons. Zu Beton verarbeitet wiegt er nach Graf 1090—2060 kg/m³, bei Druckfestigkeiten von 48—232 kg/cm² (erdfeucht).[1])

Bei der Verwendung von Bimskies ist folgendes beachtenswert:

1. Die Verwendung in ungewaschenem Zustande ist unstatthaft.

2. Er saugt im trockenen Zustande ganz ungewöhnlich viel Wasser auf, was bei der Verwendung von Bimskies für Gußbeton zu beherzigen ist; auf diese Weise wird nämlich der für die nötige Steife erforderliche Wasserzuschlag erheblich beeinflußt. Durch einen heftigen Regenfall kann dem Bimskies Wasser in so hohem Maße zugeführt werden, daß hierdurch bei einer nachfolgenden Konsistenzprüfung (z. B. Setzprobe) vollkommen verschiedene und unbrauchbare Ergebnisse zustande kommen. Es ist also nicht zu umgehen, bei größeren Bimsbetonarbeiten von Anfang an nur mit gesättigtem Sand zu arbeiten, sowohl für den als Feinmaterial meist beigegebenen Quarzkiessand als auch für den Bimskies selbst. Dies gilt selbstverständlich auch für die Hohlraumprobe nach Kapitel 21, wobei also vor der Hohlraumprobe der Bimskies ebenfalls mit Wasser zu sättigen ist, worauf man überschüssiges Wasser ablaufen läßt. Über die Berechnung, Versuche und praktische Winke für die Unterkonstruktion von Platten aus Bimsbeton vgl. v. Verf., „Die neuzeitlichen Dacheindeckungen", S. 2 bis 12, Berlin, Springer 1927.

Kapitel 18. Splitt und Schotter.

a) Allgemeines.

Splitt und Schotter sind meist aus Hartgesteinen gebrochen, seltener aus den Weichgesteinen Kalk und Dolomit. Zu Beginn des

[1]) Eisenbetonbau S. 19, Verlag Wittwer, Stuttgart.

Kapitels 16 sind die Bezeichnungen für die Korngrößen des Splittes nach dem gegenwärtigen Stande der Normungsarbeiten für die Steinindustrie angegeben.

Für Eisenbetonarbeiten wird man zweckmäßig nur Feinsplitt und Mittelsplitt von 5 bis 20 mm Korngröße verwenden. Man braucht hierbei jedoch nicht ängstlich zu sein, wenn sich auch hierunter Stücke von 25 mm Größe befinden. Es kommt immer auf die betreffenden in Frage kommenden Abmessungen der Konstruktionsteile an, wobei es selbstverständlicherweise nicht angängig ist, in dünnen, schmalen Konstruktionsteilen die oberste Grenze der Korngrößen zu verwenden. Auf der anderen Seite ist es ebenso natürlich, bei schweren großen Konstruktionsteilen auch Stücke von 35 bis 40 mm ohne weiteres zuzulassen, wenn entsprechend geschulte Arbeiter zur Verfügung stehen. Man beachte stets, daß durch Verwendung großen Kornes außerordentlich an Kittmasse gespart wird.

Bezüglich des Einflusses des Splittzusatzes auf die Betonfestigkeit kann fast ausnahmslos mit erheblichen Zunahmen gerechnet werden. Wenn ab und zu von gegenteiligen Versuchsergebnissen berichtet wird, so ist hierbei zu beachten, daß Vergleiche bezüglich der verfestigenden Wirkung des Splittes nur dann einwandfrei möglich sind, wenn die Hohlraum- und Oberflächenverhältnisse wenigstens annähernd die nämlichen sind wie bei dem zum Vergleich herangezogenen Kiessandgemenge. Verfasser hat bei zahlreichen Baustellenversuchen stets erhebliche Festigkeitszunahmen durch die Splittbeigabe erzielt, und zwar schon bei verhältnismäßig kleinen Splittzugaben (Splitt zu Sand 1 : 4 und 1 : 3).

Ebenso wie beim Kies so soll auch beim Splitt seine Zusammensetzung gewissen Anforderungen in bezug auf die Kornform und Oberflächenbeschaffenheit genügen. Vor allem soll der Splitt keine flachen, plättchenförmigen, auch keine muscheligen Stücke zeigen, sondern unregelmäßige pyramiden- bis würfelförmige Stücke. Minderwertig sind jedoch Splitte, die Haarrisse zeigen, was auf eine mangelhafte Konstruktion und Instandhaltung der Steinbrecher zurückzuführen ist. Auch eine fast glasige Glattheit, wie dies z. B. mancher Basalt zeigt, ist nicht vorteilhaft; wenn man schon preiswert und überdies in der Nähe der Baustelle solchen Splitt bekommen kann und ihn durchaus verwenden will, dann muß er zu überwiegendem Anteil mit einem andern rauhen Splitt vermischt werden, beispielsweise mit Quarzit, Grauwacke, Granit, Porphyr u. ä. Keinesfalls soll aber der erwähnte Glattsplitt nur oder auch fast nur aus plättchenförmigen Stückchen bestehen; diese wirken im Verein mit der großen Glätte an stark beanspruchten Stellen gewisser Bauteile unmittelbar wie ein scharfer Keil, weil überdies durch die oben angeführte glatte Muscheligkeit der Oberfläche eine nennenswerte Haftung mit der Kittmasse sehr fragwürdig ist; Beobachtungen an abgebrochenen Bauteilen solchen Betons haben dies bestätigt. Die Mehrzahl der beständigen Basalte aber gibt ein ganz vorzügliches Splittmaterial, das allen Anforderungen des Betoningenieurs entspricht. Es ist jedoch nicht zu übersehen, daß ein Eisenbeton mit ausschließlichem oder auch nur reichlichem Basaltzuschlag sehr schwer im Eigengewicht ist; man rechne solchen Beton nicht mit einem Gewicht von 2400, sondern mit 2450—2500 kg/m^3; der Beton im gießfähigen Zustand 2400—2550 kg/m^3.

b) Ursprungsgesteine für Splitt.

1. Granit.

Der Granit ist ein Erstarrungsgestein und besteht vorwiegend aus Quarz, Feldspat (Orthoklas) und Glimmer. Der schwächste Punkt für die Zersetzung eines Granites bleibt der Feldspat, der namentlich gegen kohlensäurehaltige Wässer sehr empfindlich ist; man wird also bei der Untersuchung der Bewertung eines Granitsplittes die Stücke daraufhin zu studieren haben, in welchem Stadium der Verwitterung sich der Feldspat befindet. Hierzu ist jedoch zu bemerken, daß selbst bei erwiesenermaßen wetterbeständigen Graniten, der Feldspat schon gewisse Anläufe zur Verwitterung zeigt (pulverige Ausscheidungen). Ferner sind rostfarbene Linien und Flecken ebenfalls Verwitterungsanzeichen und deuten auf die Anwesenheit von etwas Eisenkies hin, der in Zersetzung übergegangen ist; hierbei entsteht dann Schwefelsäure, die alsbald den vorhandenen Glimmer zersetzt, ebenso auch den Feldspat. Man braucht indessen wegen einiger weniger „Rostlinien" den Granit als Zuschlag keineswegs zu verwerfen. Im übrigen ist der Granitsplitt außerordentlich hart und bestgeeignet. Man vermeide auch hier Splitte, die viel plättchenförmige Stücke aufweisen, die darauf schließen lassen, daß der Splitt als Abfall von der Grobschottererzeugung oder auch bei der Pflastersteinerzeugung gewonnen ist und nicht aus den für die Splitterzeugung erforderlichen Feinbrechern, die fast stets gutes Korn liefern, wenn die Brechbacken nicht allzu stumpf geworden sind.

Vorkommen: In Schlesien: Schreiberhau, Strehlen. Im Harz: Wernigerode, Ilsenburg. Sachsen: Bautzen, Dresden, Löbau, Meißen. Sonst noch in Bayern und im Badischen. Die Abb. 16 zeigt Splitt aus sächsischem Granit aus Löbau, Abb. 17 schlesischen Granit aus Striegau; das Stück links unten ist schwedischer Granit.

Abb. 16. Sächsischer Granit aus Löbau.

Abb. 17. Schlesischer Granit (Striegau). Links unten: schwedischer Granit

Spez. Gew. = rd. 2,7,
Wasseraufsaugung = 0,5—1,1% des Trockengewichts,
Festigkeit 1000 = 3000 kg/cm².

Für die Beurteilung der Steinfestigkeiten im Verhältnis zur Festigkeit von Betonwürfeln ist zu beachten, daß die Seitenlänge der Probekörper meist nur 4 cm beträgt, daß also die Festigkeit an diesen kleinen Würfeln im Verhältnis sehr viel höher ausfällt als wenn die Versuche mit 20er Würfeln gemacht wurden.

Schließlich seien als Splittgesteine noch kurz erwähnt:

Syenit = Feldspat und reichlich Hornblende,
Diorit = Feldspat (Plagioklas) nebst Hornblende,
Gneis: Wie Granit, jedoch die Bestandteile geschichtet.

Granit ist durch Wirkung des Gesteinsdruckes in Gneis umgewandelt worden.

Bezüglich des Gesteinbestandteils Feldspat ist noch zu sagen, daß er in mehreren Abarten vorkommt, z. B. als Orthoklas = Kali-

Abb. 18. Dunkler Basalt (Lauban i. Schl.).

feldspat, monoklin kristallisierend, und als Plagioklas = Natronfeldspat, triklin kristallisierend.

2. Basalt.

Dieses Ergußgestein hat eine feinkörnige Grundmasse, die bisweilen die schon erwähnte glasige Form annimmt. Vorwiegende Bestandteile: Plagioklas (oben erwähnte, grau gefärbte Abart der Feldspate) und Augit (schwärzlich). Meist sind daher die Basalte dunkelgrau bis schwarz und öfters von glasiger und splitteriger Beschaffenheit. Charakteristisch sind die nicht selten zu beobachtenden eingesprengten hellgrün gefärbten Olivinkristalle.

Ist der Basalt arm an Augit, dann entstehen die hellfarbenen Basalte. Im allgemeinen kann gesagt werden: je weniger Glassubstanz, desto besser der Basalt für Betonzwecke, weil die Glasgrundmasse oft zum Zerfall neigt. Auch ist der glasige Charakter der Verarbeitung im Beton hinderlich, weil die Kittmasse, wie schon er-

Abb. 19. Hellere Abart eines Basalts (Kasseler Basaltindustrie).

wähnt, an dem glatten Splittkorn nicht nennenswert haftet. Auch ist festzustellen, daß die sog. Sonnenbrenner (nämlich die an der Luft und Sonne zerklüftenden und zu Grus zerfallenden unbrauchbaren Basalte) auffallend oft reichliche Glasmasse zeigten, ein Umstand, der ebenfalls als ungünstiges Zeichen für einen Basalt zu bewerten ist. Die besten Basalte sind somit jene, die ein gleichmäßig kristallinisch körniges Gefüge zeigen ohne oder nur geringe glasige Grundmasse.

Vorkommen: Schlesien: Striegau, Laubau, Sproitz, Görlitz, bei Kassel, ferner in der Rhön und schließlich am Vogelsberg im Westerwald.

Spez. Gewicht = 2,9—3,0,
Festigkeit 2000 = 4000 kg/cm², die feinkörnigen, spröden Basalte sogar bis zu 5500 kg/cm².

Über Wasseraufnahme konnten zuverlässige Unterlagen nicht gewonnen werden. Selbstverständlich hängt der Grad der Wasseraufnahme vom Grad der Glasigkeit der Grundmasse ab. Ein Mittelwert dürfte mit ½% gut bemessen sein. Abb. 18 zeigt einen dunkeln, jedoch sehr guten Basalt aus Lauban i. Schl., Abb. 19 eine hellere Basaltart aus Kassel, gleichfalls ein guter Splitt.

3. Grünstein.

Der Diabas oder Grünstein ist ein dem Basalt sehr verwandtes, bisweilen sehr ähnliches Gestein und besteht vorwiegend aus Plagioklas und Augit; wegen des darin grüngefärbten Chlorites heißt der Diabas in der Eisenbetonpraxis meist nur Grünstein. Das Gefüge ist mehr oder minder körnig und trägt dazu bei, daß der Grünstein ein guter Betonzuschlag zu sein pflegt. Er ist jedoch nicht häufig zu haben.

Vorkommen u. a. Schlesien, in der Lausitz, ferner im Vogtland.

Spez. Gewicht rd. 2,9,
Wasseraufnahme ähnlich wie bei Basalt,
Festigkeit 2000—3000 kg/cm².

4. Porphyr.

Der sog. porphyrische Verband bei einem Gestein ist durch die verhältnismäßig großen Kristalle von Quarz, u. a. in der Grundmasse, gekennzeichnet.

Der Porphyr ist ein Ergußgestein, das außerordentlich vielgestaltig und vielfarbig vorkommt. Mehr oder weniger glasige Grundmasse mit größern Quarzkristallen und Feldspat (Orthoklas). Die Güte hängt auch hier vom Zustande des Feldspates ab, der alle Stadien durchmachen kann, von der vollkommenen Frische bis zur fast vollkommenen Zersetzung in Ton. Der Porphyr ist im ersteren Falle ein guter harter Betonzuschlag. Lassen sich jedoch beispiels-

Abb. 20. Porphyrit aus Süplingen, Kreis Neuhaldensleben (Gewerkschaft Mühbbach).

weise die einzelnen Quarzkristalle leicht abklopfen oder fallen sie gar leicht heraus, dann ist der Porphyr minderwertig. In diesem Zustande heißt er Tonsteinporphyr.

Vorkommen: Im Thüringer Wald, im Harz, im Odenwald, bei Mainz, bei Halle, Meißen, in Flechtingen.

Das spez. Gewicht schwankt sehr, etwa von 2,2—2,8, ebenso die Festigkeit je nach Zustand des Feldspates von 1200—3000 kg/cm².

Die Wasseraufnahme ist sehr verschieden und sollte vor Verwendung ausprobiert werden; man wird dabei feststellen, daß ein Porphyr, der etwas rissig ist, oder mehr oder minder zu Ton zersetzten Feldspat aufweist, eine mehrfach größere Wasseraufnahme zeigt wie ein solcher mit gesundem Feldspat.

Zum Unterschied von den Porphyren, die man auch Quarzporphyre nennt, gibt es auch noch die sog. Porphyrite oder Andesite; sie enthalten statt Orthoklas den Plagioklas und haben eine etwas geringere Festigkeit als der Porphyr. Abb. 20 zeigt einen sehr guten Porphyritsplitt aus Süplingen, Kr. Neuhaldensleben.

5. Grauwacke.

Sie ist nach Art der Sandsteine als Absatzgestein (Sedimentgestein), d. h. durch Ablagerung, entstanden; ihr Aufbau besteht aus Trümmerstücken nämlich Körnern von Quarz, Feldspat, Glimmer u. a. sowie deren Bindemittel. Dieses ist öfters kieselig, bisweilen tonig, manchmal auch kalkig. Zwischenlagerungen von Tonschiefer kommen vor; sie müssen sorgsam abgelöst und als Abraum fortgeschafft werden, weil der Schiefer im Beton treibend wirkt. Auch mehr oder minder starke Lehmschichten kommen an den Abbaustellen vor. Bei Beurteilung des Wertes einer Grauwacke ist der Schiefergehalt als stark mindernd einzuschätzen. Die obenerwähnte Körnigkeit kann auch bis zur „Dichtigkeit“ variieren; dementsprechend wird körnige und dichte Grauwacke unterschieden.

Vorkommen: Schlesien: Langenbrück, Landeshut. Harz: Goslar, Lautental. Bekannt ist auch die Grauwacke von Cunnersdorf i. S. Schließlich am Rhein: Neuwied, Boppard. Die Beständigkeit ist im allgemeinen um so größer je geringer der Tongehalt ist; dies gilt jedoch nicht ausnahmslos. Das Gestein ist, wenn es frei von lehmigem Abraum und von Schiefer ist, wirklich gut zu Betonsplitt geeignet, weil eine vorzügliche Bindung zwischen Kittmasse und Splitt wegen dessen rauher Oberfläche besteht. Abb. 21 zeigt eine Grauwacke aus Cunnersdorf i. S.

Das spez. Gewicht beträgt rd. 2,6,
die Festigkeit wie Basalt.

Die Wasseraufnahme[1]) schwankt außerordentlich, je nach dem Zustand des Feldspates und Glimmers, zwischen 1,0 und 7% des Trockengewichtes.

6. Sandstein.

Die Sandsteine sind, wie erwähnt, Absatzgesteine (Sedimentgesteine). Hierbei sind die einzelnen Sandkörner, Trümmer, in einem Verbande. Sie sind in einer Kittmasse (Bindemittel) eingebettet und wir sehen hier vor uns sozusagen das Urbild unseres heutigen Betongefüges von der Natur selbst angefertigt. Hierbei kommt es vor, daß der Porenkitt schon ganz zu Pulver umgewan-

Abb. 21. Grauwacke aus Cunnersdorf i. S.

delt ist und der Sandstein demnach eine verschieden große Festigkeit aufweisen wird, je nachdem der Umhüllungskitt mehr oder minder stark und fest ist. Die festesten Sandsteine sind jene, bei denen der Umhüllungskitt genügend dick ist und aus Quarz besteht. Die einzelnen Sandkörner sind etwa $^1/_5$ bis 3 mm groß und können nach Art der Abb. 22 zusammengefügt gedacht werden. Demnach ist jedes einzelne Korn zunächst in einer Kittmasse, dem Umhüllungskitt, eingehüllt (in der Abb. 22 mit *a* bezeichnet), ferner sind die Zwischenräume zwischen den Körnern ebenfalls mit einer Masse ausgefüllt, die wir den Porenkitt nennen (in der Abb. 22 mit *b* bezeichnet).

Je nach Art der Kittmasse kann man beim Sandstein alle Abstufungen vom weichen, fast völlig zerfallenden bis zum festen

[1]) Gemeint ist die Wasseraufsaugung des vorher getrockneten Steines beim langsamen Eintauchen.

Bausandstein verfolgen; die vorhin unter Z. 5 aufgeführte Grauwacke ist eigentlich auch nichts anderes als eine Art Sandstein, dessen Körnung aus Quarz, Feldspat und Glimmer besteht, und dessen Kittmasse oder Bindemittel aber in der Regel gut verkieselt ist. Schließlich kann der für Splitt und Schottermaterial vorzüglich geeignete Quarzit in manchen Vorkommen ebenfalls als ein Sandstein angesprochen werden, nur sind dort die mehr oder minder fein gestuften Quarzkörner durch eine Kittmasse gebunden, die aus Quarz selbst oder als Opal besteht. Hirschwald[1]) unterscheidet je nach Art der Kittmasse zehn verschiedene Sandsteine, von denen jedoch nur erwähnt werden soll der:

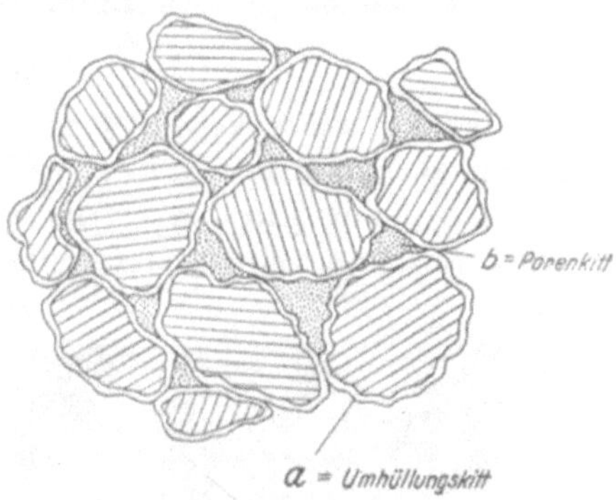

Abb. 22.

Kieselsandstein mit kieseliger Kittmasse.

Tonsandstein, tonige Kittmasse mit mehr oder minder Eisenoxyd (wenn diese Tonkittmasse verkieselt, können diese Sandsteine hart und widerstandsfähig werden).

Kaolinsandstein. Kittmasse weißlich, besteht aus Kaolin.

Mergelsandstein. Kittmasse kalkig tonig.

Kalksandstein. Kittmasse kalkig, dabei von erdiger oder kristallinischer Beschaffenheit.

Aus Vorstehendem erkennt man, daß die Sandsteine teilweise geeignete Splitte abgeben können, daß aber auch außerordentlich minderwertiges Splittmaterial daraus gebrochen werden kann; man hüte sich vor solchem Sandsteinsplitt, dessen Bindemittel offenkundig tonig ist und das sich leicht zerreiben läßt, wobei zu beachten ist, daß Kaolinsandstein unter allen Umständen der Ablehnung verfallen muß; anfänglich oft ziemlich hart erscheinend, erweicht er in der Mischmaschine im Wasser überraschend leicht. Als Mindestfestigkeit für Splittzwecke muß der Sandstein 5—600 kg je cm^2 aufweisen.

Spez. Gewicht 1,6—2,8.

Vorkommen: In ganz Deutschland sehr verbreitet, wovon nur die Fundorte im Harz: Blankenburg, in Sachsen: Pirna, in Schlesien: Kudowa, Bunzlau herausgegriffen seien.

[1]) Prüfung der natürlichen Bausteine auf ihre Wetterbeständigkeit. Berlin, Verlag W. Ernst & Sohn.

Wasseraufnahme je nach Porosität bis 8% beim langsamen Eintauchen des vorher getrockneten Gesteins.

Festigkeit je nach Bindemittel 500—2000 kg/cm².

7. Quarzit.

Wie unter Z. 6 angeführt, gibt es Quarzite sandsteinartiger Natur. Es gibt aber auch die sog. Felsquarzite, die keinen Trümmerverband besitzen, sondern in sich verfließende Körner haben. Quarzit ist ein hervorragendes Splittgestein, das absolut wetterbeständig ist; die

Abb. 23. Quarzit aus See bei Niesky (Gräfl. Lippesche Steinbruchverwaltg.).

gute Eignung als Betonsplitt ist auf seine große Härte und Sauberkeit und auf die ganz ausgezeichnete Oberflächenbeschaffenheit zurückzuführen. Bei einer gewissen Rauhigkeit sind die aus dem Splittbrecher kommenden Stücke gut geformt und haben keine splitterigen Formen; auch sind die Kanten nicht übermäßig scharf, was als ein besonderer Vorteil jeglicher Splittgattung einzuschätzen ist. Quarzitsplitt mit viel bröckeligen Stückchen ist abzulehnen.

Abb. 23 zeigt Quarzit aus See bei Niesky. Die Farbe ist fast rein weiß.

8. Kalkstein.

Ein Gestein, das sich aus Lösungen abgesetzt hat (Absatzgestein, Sedimentgestein) und das im wesentlichen aus Kalziumkarbonat ($CaCO_3$) besteht. Ein guter Kalkstein ist natürlich besser wie ein minderer Sandstein, jedoch ist auf die erforderliche Mindestfestigkeit von etwa 5—600 kg/cm² zu achten, und daß die Splittstücke dichtes Gefüge zeigen, schließlich daß sie nicht viele feine Risse aufweisen. Im übrigen liegen Erfahrungen vor, daß bei Verwendung von Kalksteinsplitt der Beton nicht fester ausgefallen ist wie bei Verwendung von Grobkies, sondern sogar Festigkeitsrückgänge gezeigt hat. Wie bereits schon mehrfach erwähnt, so kann man derartigen Vergleichsversuchen mit irgendeinem Splitt und Kies nicht nähertreten, solange nicht Angaben über die Hohlraumverhältnisse usw. der zu vergleichenden Grobzuschläge vorliegen. Vielleicht hat es sich aber auch wirklich bei jenen Versuchen um einen in der Tat minderwertigen Kalkstein gehandelt. Im übrigen gibt Graf (Eisenbetonbau, herausgegeben vom Deutschen Beton-Verein, Verlag K. Wittwer, S. 19) eine Zusammenstellung, aus der hervorgeht, daß mit wachsendem Zusatz von Kalksteinsplitt zum Mörtel die Festigkeit anstieg, obwohl dabei der Zementverbrauch um rd. 50% abnahm, nämlich:

1 Zement : 2 Rheinsand, zeigte 360 kg/cm² Würfelfestigkeit bei 727 kg Zement je m³ Festbeton.

1 Zement : 2 Rheinsand : 4 Splitt: 405 kg/cm² Würfelfestigkeit bei 340 kg Zement je m³ Festbeton.

Das spez. Gewicht des Kalksteins = 2,0—2,8.

Die Wasseraufnahme muß durch Versuch festgestellt werden, denn sie schwankt in zu weiten Grenzen.

Festigkeit 50—1500 kg/cm² je nach Art des Bindemittels.

Fundorte sehr zahlreich, Rüdersdorf (bei Berlin), im Harz, in der Eifel, Sachsen, Schlesien u. a.

9. Der Dolomit.

Wie Kalkstein, nur das etwa 40—50% Magnesiumkarbonat ($MgCO_3$) überdies vorhanden sind. Alles übrige wie beim Kalkstein. 300—2000 kg/cm² Festigkeit. Zu achten ist darauf auch hier, daß Mindestfestigkeiten von 5—600 kg/cm² erforderlich sind.

Fundorte: In Bayern: Neuburg a. d. D., Ingolstadt. In Sachsen und auch in Schlesien.

c) Über die Splittform und Splittgattungen.

Es liegt auf der Hand, daß es für die Betonwürfelfestigkeit nicht ganz gleichgültig sein kann, welche besondere Gestaltung und Formen die Körner der Zuschlagstoffe aufweisen. Hat man nur Sand als alleinigen Zuschlag, also Korngrößen nur bis 5 mm, so ist die Gestalt des einzelnen Kornes in diesem Falle für die Festigkeit von geringerem Belange als wenn man beispielsweise etwa einen Beton aus reinem Zementmörtel und einer kleinen Anzahl ganz großen Schotterstücken untersucht. Nach einigen wenigen Baustellenversuchen des Verfassers zeigte sich in letzterem Falle eine größere Druckfestigkeit, wenn die Schottersteine etwa halb und halb pyramidenförmige und würfelige Form hatten. Leider sind hierüber Laboratoriumsuntersuchungen bisher nicht angestellt worden, obwohl diesen Fragen immerhin insofern eine größere Bedeutung zukommt, weil sie ja mitbestimmend auf die Konstruktion der Steinbrecher wirken würden. Sollte sich nämlich herausstellen, daß beispielsweise (gleichgroße Hohlräume usw. vorausgesetzt) die Würfelform allein für die Druckfestigkeit die günstigste Korngestalt sei, so würden bald die Steinbrecher in diesem Sinne gebaut werden, wobei es nicht ausgeschlossen wäre, daß dadurch überhaupt ganz neue Brecherkonstruktionen zustande kämen. Aus Vorstehendem kann man erkennen, daß die Gestalt des Splittkornes also ziemlich erheblich von der Art und Weise abhängt wie das Gestein zerkleinert wird.

Man kann bei Splittlieferungen beispielsweise öfters feststellen, daß sie gelegentlich größere Mengen plättchenförmige und splitterige Stücke enthalten, wobei man alsdann mit Sicherheit annehmen kann, daß es sich ganz gewiß um ein Abfallprodukt (vielleicht aus der Pflastersteinherstellung herrührend) handelt; diese plättchenförmigen Kornformen sind dann besonders ungünstig gestaltet, wenn es sich um Abfälle aus Granit, Diorit, Gneis, Syenit und ähnliche Hartgesteine handelt. Dermaßen gestalteter Abfall ist trotz der etwaigen Härte und Güte des Stammgesteines an sich, unvorteilhaft; wenn man schon durchaus solchen Splitt verwenden will, so darf er höchstens etwa mit einem Fünftel bis Viertel verwendet werden, für die restlichen vier Fünftel muß man sich nach einem anderen Splitt oder Kies umsehen. In einem Sonderfalle wurde auf einer größeren Baustelle solcher minderwertiger Splitt auf der Baustelle selbst zu Quetschsand bis 7 mm größtem Korn weiter verarbeitet und als Grobzuschlag oder Kies ein Muldekies verwendet, wobei ausgezeichnete Festigkeiten erzielt wurden. In einem weiteren Bauvorhaben standen sehr billige Abfälle aus der Fabrikation von Mühlsteinen zur Verfügung. Auch hier war die Kornform durchweg plättchenförmig und scharfkantig, somit als Alleinzuschlag völlig unbrauchbar. Auf der Baustelle wurde durch einige für diesen Zweck aufgestellte Walzenbrecher dieser Zuschlag auf höchstens 7 mm zerkleinert und ergab durch Beigabe von Grobkies gleichfalls überraschende hohe Festigkeiten bei gleichzeitiger befriedigender Wirtschaftlichkeit.

Der meiste Splitt stammt indessen aus Abfällen von der Schottererzeugung in Grobbrechern und ist dann nicht immer ganz so ungünstig plattenförmig sondern schon mehr keilförmig. Auch bürgern sich langsam die besonderen Splitterzeuger (Granulatoren) ein, die gutgeformten Splitt liefern; es handelt sich hierbei um die Feinbrecher und für kleineres Korn etwa bis 12 mm auch um die Walzwerke, über die unter d) berichtet werden wird.

Hat also die Art der Zerkleinerungsmaschinen einen großen Einfluß auf die Korngestalt des Splittes, so ist der wichtigste und ursprünglichste Faktor für die Gestalt des Korns die Eigenart des Stammgesteines. Diese Eigenart ist selbstverständlich am besten an den einzelnen Steinstücken in natura beobachtbar, jedoch kann man auch immerhin manche Eigentümlichkeit aus Abbildungen erkennen. Betrachtet man aufmerksam die Abb. 16—21 und Abb. 23, so wird man die Feststellung machen können, daß die Gesteine eine ziemlich ausgeprägte Formencharakteristik, ja sozusagen ein bestimmtes Gesicht, aufzuweisen haben. Faßt man beispielsweise Abb. 16 und 17 vergleichend ins Auge, so wird man (ganz abgesehen von dem verschiedenen Gefüge der beiden Granite) erkennen, daß Abb. 16, der sächsische Granit, in den Umrißlinien der Einzelstücke zackiger und verzahnter ist wie der schlesische Granit (Abb. 17), der mehr gradlinigere Begrenzungslinien aufweist. Noch gradliniger ist in Abb. 17 links unten der schwedische Granit. Ähnliche Beobachtungen lassen sich zwischen Basalt und Grauwacke anstellen. Der schlesische Basalt (Abb. 18), eine ziemlich dunkle Basaltart, zeigt gegenüber der sächsischen Grauwacke (Abb. 21) ebenfalls etwas mehr gebrochene Umrißlinien und ist bei genauerer Beobachtung in der Oberflächenbildung holperiger und narbiger als die Grauwacke mit ihren fast ebenen Flächen. Auffällig ist beim Basalt (Abb. 18) die Neigung zu kleinen Abtreppungen.

Abb. 19 ist Kasseler Basalt, eine etwas hellere Gattung, der zwar auch das Zackige im Bruch zeigt, aber sonst nicht so charakteristische Merkmale aufzuweisen hat, wie der schlesische Basalt.

Der in der Abb. 20 dargestellte Porphyrit aus Süplingen wirkt bildmäßig fast wie Basalt, er hat dabei auch den gewissen zackigen Bruch des Ergußgesteins und die narbige Oberfläche; in der Natur selbst fällt dieser schön hellgrüngefärbte Splitt selbstverständlich sofort gegenüber dem auch im Gewicht erheblich schwereren Basalt auf. Beton aus diesem Porphyrit mit Grauwacke zur Hälfte gemischt, ergab ganz ungewöhnlich große Festigkeiten. Gleichzeitig wurden aus dem Bauwerk vorsichtig herausgearbeitete Würfel von eta 16 cm Seitenlänge untersucht und dabei Druckfestigkeiten von 480 kg/cm² erzielt. Das Alter dieser herausgestemmten Würfel betrug 2 Monate, das Mischungsverhältnis 1 : 1,7 Splitt : 3,4 Kiessand. Der Zement war hochwertiger, der Beton war aus dem Gießturm gegossen.

Schließlich soll noch auf den außerordentlich charakteristischen Quarzit (Abb. 23) hingewiesen werden; vergleicht man auch hier beispielsweise die Formen mit denen der Basalte (Abb. 18 und 19) und der Grauwacke (Abb. 21), so wird man diesen gegenüber die ungewöhnlich regelmäßig begrenzten Quarzstücke mit ihrer sauberen und dabei doch immerhin rauhen Oberfläche als außerordentlich ausgeprägt und verschieden empfinden.

Besondere Eigenheiten in Form und Gefüge, die auch schon leidlich an der Abbildung studiert werden könnten, haben die Porphyre, Diabase und Syenite, auf die jedoch im Hinblick auf den zu Gebote stehenden Umfang nicht eingegangen werden kann.

Kann schon also aus dem rein äußerlichen Bilde eines jeden Splittgesteines immerhin eine gewisse Charakteristik festgestellt werden, so wird man bei dem in natura vorliegenden Splitt noch durch das Auge unterstützt, das die Farbunterschiede wahrnimmt, und weiterhin noch durch den Tastsinn, der meist empfindlich genug ist um die Oberfläche beispielsweise einer Grauwacke ohne weiteres von einem fast gleich getönten Basalt zu unterscheiden. Auch unterstützt schon das natürliche Gefühl für das Gewicht eines Handstückes sehr den Gesamteindruck, so daß man, wenn auch allerdings langsam in die Lage kommt, die Merkmale wesentlichster Art der üblichen Splittgattungen kennen zu lernen. Es bleibt jedoch nicht zu vergessen, daß gewisse Gesteine immerhin nur sehr schwer zu unterscheiden sind, z. B. manche Syenite, Diorite u. a. Hier kann selbstverständlich nur der Fachgeologe erfolgreich bestimmen.

Kapitel 18a. Betontechnische Gesichtspunkte für die Auswahl eines Splittes und Kieses.

Die Gesichtspunkte für die Auswahl können einmal technischer, ferner auch wirtschaftlicher Natur sein.

In der Regel wird bisweilen jener Splitt oder Kies als der beste angesehen mit dem man bei einem Probeversuch die größte Würfelfestigkeit erzielt. Mit der fortschreitenden Erkenntnis, daß der Beton nach der Entwickelung der letzten Jahre ein gleichsam dauernd in der Vervollkommnung und Veredelung begriffener Baustoff ist, muß den Zuschlagstoffen mehr Beachtung bei der Auswahl geschenkt werden.

Bei der Auswahl ist vor allem auf den Zweck des Bauwerks Rücksicht zu nehmen, wobei es vorkommen kann, daß die Größe der Druckfestigkeit nicht einmal so besonders im Vordergrunde steht, weil beispielsweise die Druckbeanspruchungen nicht voll ausgenutzt zu werden brauchen; dagegen ist es häufig der Fall, daß auf eine gute Zugfestigkeit der allergrößte Wert gelegt werden wird, wenn es auf die Rissesicherheit insbesondere ankommt. Dies ist z. B. nicht nur bei Brücken unter Eisenbahngleisen der Fall, sondern auch bei Hochbauten in Hüttenbetrieben, in chemischen Fabriken, wo aggressive Dämpfe entstehen. Abgesehen davon, daß in diesem Falle eine besonders gute und reichliche Überdeckung der Bewehrungseisen vonnöten ist, so muß der Zuschlag so ausgesucht werden, daß sich eine möglichst große Betonzugfestigkeit ergibt. Weiterhin kann es in bestimmten Fällen vorkommen, daß die Bauteile schon aus konstruktiven Gründen überhaupt so bemessen werden, daß weder eine besonders hohe Druckfestigkeit noch Zugfestigkeit vom Beton gefordert wird, daß aber der Beton in erster Linie hohen Hitzegraden widerstehen muß. In solchem Falle muß also der Grobzuschlag wiederum ebenso wie der Feinzuschlag derart ausgesucht werden, daß der Beton den geforderten Hitzegraden erfolgreich widerstehen kann ohne rissig zu werden.

Schließlich kann es bei Kühlhallen, beim Tübbingbau mit dem Gefrierverfahren u. dgl. erforderlich sein, daß der Zuschlag so auszusuchen ist, daß er bei niedrigen Temperaturen seine Schuldigkeit erfüllt. Demnach kann man die Forderungen dahin zusammenfassen, daß die Auswahl eines Splittes oder Kieses mit Rücksicht auf die nachstehenden fünf Bedingungen erfolgen soll:

1. Möglichst hohe Druckfestigkeit des Betons,
2. möglichst hohe Zugfestigkeit des Betons,
3. Beste Widerstandskraft des Betons gegen Hitze,
4. beste Widerstandskraft des Betons gegen Kälte,
5. beste Verarbeitbarkeit.

1. Möglichst hohe Druckfestigkeit des Betons.

Die besten Würfeldruckfestigkeiten werden erzielt, wenn als Feinzuschlag scharfer gemischtkörniger Sand und als Grobzuschlag Splitt aus Hartgesteinen verwendet wird, wobei naturgemäß dann die allergrößten Festigkeiten erreicht werden, wenn der genannte Feinzuschlag und Grobzuschlag sich entsprechend der Fullerkurve ungefähr anpassen. Es wird bisweilen behauptet, der Rundkies müsse mindestens ebenso große Festigkeiten wie Splitt ergeben; diese Behauptung wird dann auf die bekannte Tatsache gestützt, daß für die Betonfestigkeit einmal die Kleinheit der Hohlräume, ferner die

Kleinheit der Kornoberflächensumme sei. Weil nun der mehr oder minder rauhe und holperige Splitt eine größere Oberfläche als der glatte rundliche Kies habe, so müsse der letztere als Zuschlag verwendet größere Festigkeit ergeben als Splitt. Dieser an sich plausiblen Überlegung steht jedoch wie bereits erwähnt die praktische Erfahrung entgegen, die bei Hartsplittverwendung unter obigen Voraussetzungen der Körnung höhere Festigkeit erweist wie bei Kies[1]). Diese Verhältnisse sind eigentlich auch noch völlig unerforscht, und es ist vielleicht nicht ganz ausgeschlossen, daß für die Festigkeitssteigerung bei Splittverwendung irgendwelche chemische oder physikalische Einflüsse mitwirken. Selbstverständlich erhält man eine Festigkeitssteigerung nur bei guten Kornformen des Splittes, keinesfalls soll man den mehrfach erwähnten plättchenförmigen Splitt verwenden. Auch genügt es schon nur jenen Bruchteil an Splitt zu dem Kiessand hinzuzufügen, der der Korngröße nach dem Kiessand fehlt. Dieser Bruchteil beträgt je nach Körnungsverhältnissen des zu vermischenden Kiessandes und Splittes etwa 20—40% des Kieses (in Raum-%).

2. Möglichst hohe Zugfestigkeit des Betons.

Wissenschaftlich durchgeführte erschöpfende Laboratoriumsversuche über den Einfluß der Splittform und Gesteinsgattung auf die Zugfestigkeit sind nicht bekannt geworden und vielleicht auch nicht angestellt. Gemäß einiger allerdings nur weniger und grober Baustellenversuche scheint es so als ob die größte Betonzugfestigkeit bei Verwendung von mehr pyramidenförmigen Splitt zustande käme; vorwiegend würfelige Splittformen oder auch runde Kiesel schienen die Zugfestigkeit ungünstig zu beeinflussen. Gefühlsmäßig könnte man sich dies so erklären, daß die pyramidenförmigen, scharf ineinander verzahnten Stücke mit dem Mörtelverbande ein besser ineinandergreifendes Gerüst abgeben, das bei Inanspruchnahme durch Zugkräfte besser widersteht als die würfeligen oder kugeligen Kornformen. Dies sind aber immerhin mehr oder weniger Hypothesen und es wäre im Interesse der Stofferkenntnis nur zu wünschen, wenn sich die Laboratoriumsingenieure der Frage einmal annehmen würden. Jedoch ist es ziemlich sicher, daß der Plättchensplitt auch hier keine guten Zugfestigkeiten ergeben wird. Ferner ist die im Kapitel 18 c erwähnte Haarrissigkeit von Splitten aus mangelhaftem Erzeugungsgang, der Zugfestigkeit außerordentlich abträglich.

---

[1]) Während der Drucklegung erschien ein interessanter Aufsatz von E. Probst und A. Hummel in „Zement“ 1928, S. 1601.

8. Beste Widerstandskraft des Betons gegen Hitze.

Die Auswahl der Zuschlagstoffe wird hier so erfolgen müssen, daß sie einmal den Festigkeitsanforderungen infolge Wärmewirkung entsprechen (durch die ungleichförmige Erwärmung z. B. einer Schlotwandung entstehen nicht unerhebliche Festigkeitsinanspruchnahmen) ferner, daß die Längen- und räumliche Änderung des Be-

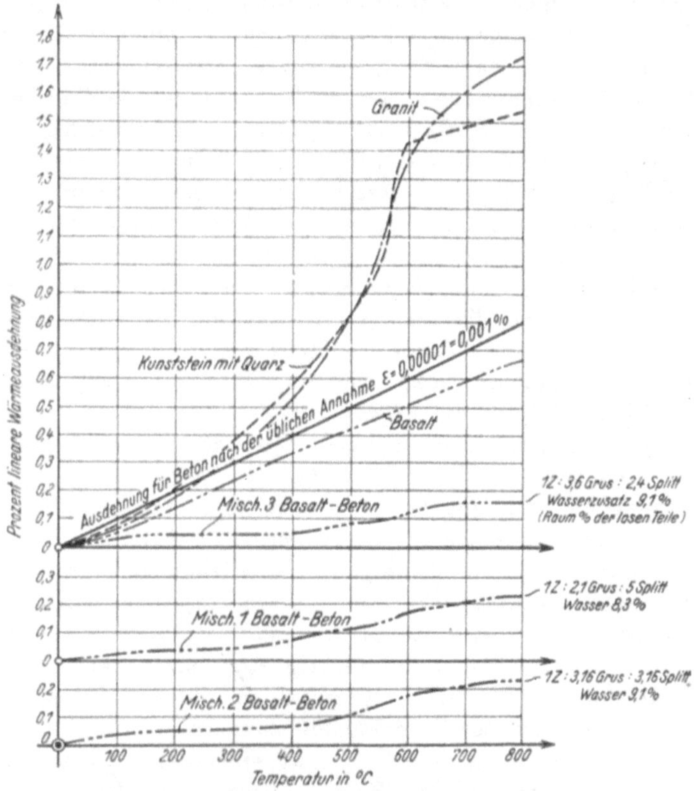

Abb. 24. Wärmeausdehnungsverlauf von Basaltbeton nach Endell und Dücker & Co.

tons unter Einwirkung der Hitze möglichst gering ist, und schließlich, daß die Zuschlagstoffe bei der Hitze sich ungefähr ebenso verhalten wie der Mörtel, daß also deren Wärmedehnung linear und räumlich gegeneinander möglichst einheitlich ist. Beiträge hierzu liefert der Aufsatz, Bauingenieur 1927, S. 401, von E. Mautner, der über Versuche von Endell berichtet, die schon Vorläufer in der Zeitschrift Zement 1926 haben. Danach muß nur ein e i n h e i t l i c h e r Zuschlagstoff verwendet werden, also nicht etwa Basalt und überdies

Quarzsplitt u. dgl. Die erwähnten Versuche über die lineare Wärmedehnung wurden sowohl mit reinem Granitgestein, reinem Basalt, ferner mit Beton aus Grus und Splitt eines und desselben Gesteins angestellt. Die Versuche, die in der aus genannter Abhandlung entlehnten Abb. 24 ihre Ergebnisse zeigen, ergaben, daß Beton aus Basaltgrus und Basaltsplitt am geeignetsten ist. Es ist zu beachten, daß hier dann das Betongewicht 2400 zu übersteigen pflegt. In bezug auf Längenausdehnung haben sich alle drei Basaltmischungen ungefähr gleich günstig verhalten. Die Kurven zeigen, daß die Wärmeausdehnungszahlen bei 800° bedeutend von dem amtlich vorgeschriebenen Wert 0,00001 abweichen, da versuchsgemäß dieser Wert für Basaltbeton nur ein Viertel, für Kunststein mit Quarz das Doppelte dieses Wertes beträgt. Diese Differenzen erscheinen indessen unbedenklich, da gemäß den Versuchen des Deutschen Ausschusses für Eisenbeton die Eindringungstiefen der Hitze verhältnismäßig gering sind. Nach diesen Versuchen hatten Probewürfel aus Basaltbeton, die bis 400° erhitzt wurden, eine Festigkeitszunahme bis 28%, dagegen Würfel mit Beton aus Zuschlägen von Granit, Hochofenschlacke, Kies und Bimskies Festigkeitsabnahmen von 27%, 40%, 23%, 47%.

Nach amerikanischen Versuchen haben sich ebenfalls Quarzkies, Sandstein und Granit schlecht, Ziegelbrocken, Basalt und Trachyt dagegen gut bewährt. Zusammenfassend kann aus vorstehendem einwandfrei gefolgert werden, daß hinsichtlich Erzielung der größten Widerstandsfähigkeit gegen Hitze ein Beton aus Basaltgrus und Basaltsplitt am geeignetsten ist. Hier ist zu erwähnen, daß selbstverständlich nach Kapitel 18, Z. 2 Basalte mit glasiger Grundmasse minderwertig sind, solche ausschließlich mit Plättchenform gänzlich auszuscheiden haben. Selbstverständlich muß nicht allein der Zuschlagstoff sondern auch der Zement so beschaffen sein, daß er dem Feuer gut widersteht. Am besten tun dies kalkarme Zemente. Der Kalk im Zement verkleinert in der Hitze sein Volumen; kommt er dann mit Wasser in Berührung, so zerfällt er; vgl. „Zement“ 1928, S. 279. Man bekämpft dies durch Zumischstoffe zum Zement, wie z. B. gebrannter Ton, gekörnte Schlacke.

4. Beste Widerstandskraft des Betons gegen Kälte.

Versuche hierüber (nämlich über die Rolle der Zuschlagstoffe) sind nicht vorhanden. Man könnte aber annehmen, daß die günstigsten Ergebnisse mit einem Beton aus einheitlichem Zuschlagstoff, und zwar mit einem Hartsplitt erzielt werden, der selbst eine Zugfestigkeit von mindestens **35—40 kg/cm²** besitzt.

5. Beste Verarbeitbarkeit.

Die Verarbeitbarkeit oder Fließbarkeit eines Betons hängt nicht etwa allein vom Wasserzusatz ab, sondern von noch vielen anderen Einflüssen (vgl. Kapitel 24). Zunächst muß in Betracht gezogen werden, daß z. B. die Eigenschaft guter Fortbewegung in einer Gießrinne oder guten Einfließens in einer Schalung zunächst eine Frage der Kohäsion der Betonteilchen ist. Je glatter die Zuschlagstoffe, je geringer deren Böschungswinkel, desto besser gleitet der Mörtel darüber hinweg, was noch durch eine besondere Feinmahlung des Zements unterstützt wird. Man erkennt also, daß die Verarbeitbarkeit abhängig ist einmal vom Wasserzusatz (besser dem Wasserzementfaktor, vgl. Kapitel 5, Z. 6 b), ferner von der Art des Zuschlags, seiner Gestalt und seiner Oberflächenbeschaffenheit, schließlich auch noch vom Grade der Feinmahlung des verwendeten Zements. Auch hierüber bestehen keinerlei systematische Versuche. Weil nun diese Frage bei einem großen Industriebau in den Vordergrund gerückt war, so mußte dem Einfluß der Splittform auf die Verarbeitbarkeit näher getreten werden. Es ergab sich hierbei nach einigen Baustellenversuchen, daß ein Beton aus Basalt-Grauwackensplitt bis zu drei Raumprozent weniger Anmachewasser brauchte als Beton aus Kiessand. (Vgl. hierzu die Abhandlung: Beitrag zur Kenntnis der Bedeutung von hochw. Zement von David im Zentralbl. d. Bauverw. 1926, S. 288.)

Nach anderen Erfahrungen braucht Splittbeton mehr Wasserzusatz wie Kiesbeton. (Vgl. Probst, Erg. Heft zu seinem Lehrbuche, S. 23, Verlag Jul. Springer, 1927.) Wahrscheinlich sind diese verschiedenen Erfahrungsergebnisse auf die verschiedenen Oberflächenbeschaffenheiten der verwendeten Splitte und auf die verschiedene Rauheit der Kiese zurückzuführen. Über einen glatten glasigen Basalt gleitet der Mörtel naturgemäß leichter hinweg wie über einen rauhen Grauwackensplitt. Sollen solche an verschiedenen Orten ausgeführten Fließversuche in Gießrinnen vergleichbar sein, so muß darauf geachtet werden, daß die zu vergleichenden Zuschläge entweder sämtlich nebeneinander im Freien in gleichen Haufwerkverhältnissen gelagert werden, oder daß sie vorher vollkommen getrocknet werden. Sollten dann systematische Versuche im Laboratorium die Richtigkeit der durch den Verfasser auf Baustellen gewonnenen Erfahrungen ergeben, was nicht unwahrscheinlich ist, dann wäre ein solcher Splittbeton einem Kiesbeton in zweifacher Hinsicht überlegen, erstens hinsichtlich der besprochenen Verarbeitbarkeit, zweitens in bezug auf Festigkeit, weil er entsprechend dem weniger erforderlichen Zuschlagwasser einen geringeren Wasserzementfaktor hat und schon deshalb eine größere Festigkeit haben wird.

Kapitel 18b. Wirtschaftliche und technisch-wirtschaftliche Gesichtspunkte für die Splittauswahl.

Leider kann der Ingenieur seinen Betonzuschlag nicht immer nach rein technischen Gesichtspunkten auswählen, vielmehr wird er sich nicht selten mit einem weniger idealen Zuschlagmaterial aus zwingenden wirtschaftlichen Gründen begnügen müssen, wobei es jedoch eine unerschütterliche Grundbedingung bleibt, daß er mit dem ausgewählten Zuschlag die behördlich geforderte Würfelfestigkeit erreicht. Vom Verfasser sind auf den Buchinnenseiten auf einer Karte die Fundstätten von Kies und Splitt verzeichnet. Die Anschriften siehe im Anhang. Dadurch soll das Auffinden eines Zuschlagstoffes erleichtert werden. Die wirtschaftliche Beeinflussung für die Auswahl der Zuschlagstoffe tritt vor allen Dingen dann ganz besonders in den Vordergrund, wenn die in Frage kommende Baustelle eine hinsichtlich der Anfuhr des Splitts nicht günstige Lage hat. Gemeint ist also hier in erster Linie die örtliche Entfernung vom nächsten Bahnhof, ferner die sonstigen der Anfuhr günstigen bzw. ungünstigen Straßenverhältnisse, insbesondere die Steigungsverhältnisse und Zustände in der Pflasterung u. dgl. Weiterhin sind hierbei stark ins Gewicht fallend die besonderen Anfuhrverhältnisse zur Baustelle selbst. Diese letzteren müssen einmal die Möglichkeit einer stets freigehaltenen ungehinderten An- und Abfuhr der Lastfahrzeuge, ferner das reibungslose Abladen des Ladegutes umfassen; hierbei gehört es zur Grundbedingung, daß das abgekippte Ladegut sogleich von den Bautransportanlagen weitergeführt wird. Von allergrößter Bedeutung sind noch die Umstände inwieweit die Lastfuhrwerke nach erfolgtem Entladen ohne Aufenthalt weiterfahren können, eine Forderung, die, trotz ihrer Selbstverständlichkeit, sogar bei größeren Baustellen nicht immer erfüllt wird. Über diese Anfuhrverhältnisse und über Vorschläge zur möglichsten Verbesserung wird in Abschnitt „Die Baustelle“, Kapitel 39, berichtet. Hier soll zunächst angenommen werden, daß die Anfuhrverhältnisse als fest gegeben anzusehen sind. Nun ist die Vorfrage die, ob die in der statischen Berechnung zugrundegelegten zulässigen Betonbeanspruchungen nicht bereits von Hause aus so groß gewählt sind, daß schon aus diesem Grunde allein heraus ein hochwertiges Splittmaterial erforderlich ist. Dies wird in allen jenen Fällen wohl bestimmt zutreffen, in denen bei der Ausschreibung des Bauwerks die Eisenbetonbauweise in scharfem Wettbewerbe mit der Eisenbauweise gestanden hat, weil dann eben aus diesem Grunde die Abmessungen der Stützen und Balken so klein wie irgend möglich gehalten werden müssen, um mit dem Eisenbau den Wettbewerb zu halten. Aber auch in jenen Fällen (in denen die Eisenbetonbauweise allein in Erwägung gezogen ist), wenn der planende Architekt auf geringste Bauhöhe dringt, wird ein hochwertiger Splittzuschlag beinahe stets notwendig sein. Ist in solchen Fällen z. B. beim Stützenmoment der Balken und Unterzüge mit einer zulässigen Beanspruchung von 60 kg/cm² und darüber hinaus gerechnet worden, und soll überdies mit Gußbeton gearbeitet werden, dann besteht darüber gar kein Zweifel, daß eine umsichtige Bauleitung ihre Vorversuche nur mit Proben erstklassigen Splittmaterials anstellen wird, weil erfahrungsgemäß die nach den Vorschriften erforderliche 28-Tagefestigkeit von 150 kg/cm² und darüber, bei einem Gußbeton nicht leicht erzielbar ist, ausgenommen bei hochwertigem Zement als Bindemittel. Eine umsichtige Bauleitung wird sich auch nicht in das große Wagnis einlassen und mit einem nicht erstklassigen Zuschlag arbeiten, weil es sonst geschehen kann, daß, wenn später bei der wirklichen Bauausführung mit Rücksicht auf eine bessere Verarbeitbarkeit 1 oder 2% an Wasser mehr zugesetzt werden müssen, die Würfelproben dann den gehegten Voraussetzungen nicht entsprechen. Ist es doch einmal vorgekommen, daß der Festigkeitsrückgang infolge vergrößerten Wasserzusatzes so bedeutend war, daß die Baufirma es aus eigenem Antriebe vorzog einige Bauteile wieder abzutragen. In anderen Fällen, in denen ein Abbruch nicht mehr möglich war, mußte sich der Bauherr eine mehr oder minder empfindliche Reduktion der Nutzlast von Seiten der Baubehörde gefallen lassen. Diese und noch weitere Umstände sprechen also dafür in den eingangs erwähnten Fällen nur mit einem erstklassigen Zuschlagsmaterial von vornherein zu rechnen. Will man gleichzeitig mit hochw. Zement arbeiten, so genügt es einem guten Feinmaterial ein Grobmaterial zuzugeben, das aus einem Gemisch von gröberem Kies und einem guten Splitt besteht, womit die erwähnten Festigkeiten am ehesten erreicht werden dürften.

Wenn nun zur Auswahl mehrere vorzügliche Splitte zu Gebote stehen, deren Kosten annähernd dieselben sind, also beispielsweise ein Quarzit, ein Granit und eine Grauwacke, so wird man, bezüglich der Auswahl folgendermaßen vorgehen können: Zunächst wird man von diesen drei Splittarten jenen, der vorwiegend plättchenförmige Stücke aufzuweisen hat, vorneweg ausscheiden. Auch wird man zur Sicherheit ebenfalls einen solchen Splitt ausscheiden, der mit einem feinen Gesteinspulver gleichmäßig überzogen ist, weil hierüber ungünstige Erfahrungen vorliegen; die ungünstige Wirkung solcher mit Steinstaub überzogenen Körner kann man, wie ein Versuch überzeugt, möglichst ausschalten, wenn man Gußbeton verwendet und die Mischdauer um 1—1½ min verlängert. Immerhin wird man sich der etwaigen Gefahr der mangelhaften Einbindung der staubüberzogenen Splittkörner nur sehr ungern aussetzen, weil diese Fragen vorerst versuchsmäßig zu klären wären, und hierfür bei einem Bauvorhaben in der Regel leider die Zeit zu fehlen pflegt. Weiterhin wird man ebenfalls jenen Splitt ausscheiden, der haarrissig ist, was man durch eine gute Lupe (3½—4 lin. Vergr.) feststellen kann; eine solche Haarrissigkeit ist die Folge einer unvollkommenen Brecherkonstruktion, wie auch im nächsten Kapitel ausgeführt ist.

Um möglichst wirtschaftlich zu arbeiten beginne man zunächst mit einigen wenigen Vorversuchen. Als erstes Mischungsverhältnis wähle man 1 Z. : 2 Spl. : 4 Kiessd., untersuche nach Kapitel 26 wieviel dieses Gemisch Zement für den m^3 Festbeton gebraucht; Zahl der anzufertigenden Würfelproben mindestens 3, besser 4. Es sei bemerkt, daß die nach Kapitel 26 angegebene Untersuchung der Hohlräume uns meist zwingt von dem geplanten Mischungsverhältnis mehr oder minder abzugehen. Immerhin wird man für die Auswahl der noch weiter zu untersuchenden Mischungsverhältnisse den folgenden Standpunkt einnehmen. Ergab sich bei dem erstgewählten Mischungsverhältnis, daß die Hohlräume sehr klein sind, etwa 15—18% und daß nach der Hohlraumforderung somit weniger als 270 bzw. 300 kg/m^3 Festbeton erforderlich sind, so wird man so lange das Kiessplittgemenge in bezug auf den Splitt abmagern, bis die Hohlräume so groß sind, daß sich nach der Hohlraumforderung (unter Berücksichtigung der nötigen Verkittung) eben genau 270 bzw. 300 kg Zement je m^3 Festbeton ergeben. Beispiel: Für einen besonderen Fall wurde eine Mischung von 1 : 1,7 Spl. : 3,4 Sd. zunächst untersucht. Angenommen es hätte die Hohlraumuntersuchung ergeben, daß der Hohlraumforderung entsprechend nur 208 kg/m^3 erforderlich sind. Da bestimmungsgemäß bei dem Einfluß der Feuchtigkeit entzogenen Bauten 270 kg Zement je m^3 Festbeton ohnehin erforderlich sind, so wurde der ursprünglichen Mischung soviel versuchsweise an Splitt entzogen, daß dadurch gemäß Hohlraumforderung ebenfalls 270 kg/m^3 Festbeton erforderlich wurden; dies ergab sich bei einem Mischungsverhältnis 1 : 1,4 Spl. : 4 Sd. In dem lesenswerten Büchlein von B. Safir, „Beschaffenheit, zweckmäßige Mischungsverhältnisse usw.", Verlag Wilhelm Ernst & Sohn, 1909, gibt der Verfasser an, daß es wirtschaftlich sei an Kies doppelt so viel wie Sand, und bei Splittbeton 1½ mal soviel Raumteile als Sand zu nehmen, womit gemeint ist, daß bei einem Splittbeton mit 1½ Raumteilen Splitt und 1 Teil Sand die günstigsten Hohlraumverhältnisse entstehen; es ist also damit nicht etwa die Wirtschaftlichkeit in unserem Sinne, nämlich im kaufmännischen Sinne, verstanden. Selbstverständlich wird man durch Ausprobieren zu erreichen trachten, daß einerseits möglichst wenig Splitt notwendig ist und daß man anderseits mit dem behördlich vorgeschriebenen Mindestquantum an Zement auskommt.

Um wenigstens eine Richtlinie zu geben, was für Festigkeiten ein Splittbeton von gießfähiger Konsistenz erreicht, sei die nachstehende Tabelle als Auszug und Ausmittelung von 128 Versuchen gegeben. Bemerkt sei, daß der Wasserzusatz etwa 17 Raumprozent Wasser betrug, und daß ein Splitt, etwa von der Güte der Grauwacke, bei leidlich guter Kornform verwendet wurde.

Würfelfestigkeit von Splittbeton aus hw. Zement nach 7 und 28 Tagen

Gußbeton 17 Vol % Wasser	W_7 kg/cm²	W_{28} kg/cm²	Somit beträgt das „Mehr" bei 28 Tagen
1 Z : 2,1 Spl. : 4,2 Sd	120—130	200—230	67—77%
1 : 2,5 „ : 2,5 „	200—210	290—330	45—67%
Stampfbeton 9 Vol % Wasser			
1 : 2,1 : 4,2	260—280	370—400	42—43%
1 : 2,5 : 2,5	340—360	460—500	35—39%

Man erkennt daraus, daß sich von der 7-Tagefestigkeit ganz gut auf die 28-Tagefestigkeit schließen läßt, daß nämlich bei Gußbeton die 28-Tagefestigkeit etwa 70% und bei Stampfbeton etwa 40% größer ist wie die 7-Tagefestigkeit. Die Wasserzusätze müssen dann aber ungefähr den in der Tabelle angegebenen entsprechen.

Kann man die Zeit für 7-Tage-Proben nicht aufbringen, hat man äußerste Eile und handelt es sich also lediglich darum den Unterschied mehrerer Splittsorten in bezug auf die Würfelfestigkeit zu ergründen, dann kann man unter Verwendung von Tonerdezement einfach einige 6—12-Stdn.-Proben anfertigen; hierbei muß man füglich die Voraussetzung mit in Kauf nehmen, daß der Maßstab für die verfestigende Wirkung der einzelnen Splittgattungen, der sich für den Tonerdezement ergibt, auch auf die Verwendung von anderem Zement anwendbar ist. Es empfiehlt sich bei diesem Schnellversuch, der in äußerster Not auch schon mit 4-Stdn.-Würfeln durchführbar ist, nicht mehr als etwa 14 Raum-% Wasserzusatz vorzunehmen; weniger als 12% sind in diesem Falle möglichst nicht zu nehmen.

Hat man sich schon aus irgendwelchen Gründen für eine bestimmte Splittgattung entschieden (gemeint ist, daß dies vor Anstellung des obigen Schnellversuches erfolgt sei), und will man das zu Gebote stehende Feinmaterial mit dem Grobmaterial derart mischen, daß die höchste Druckfestigkeit erhalten wird, so kann man entweder nach Kapitel 21 die Körnungen nach angestellter Siebanalyse möglichst der Fullerkurve anpassen, oder man kann sich des nachstehend beschriebenen einfachen, allerdings etwas summarischen Verfahrens bedienen, das wir kurz „Verfahren des Größtgewichts" nennen können.

Man trockne sorgfältig etwa 10 kg Feinzuschlag (Sand) und etwa 5 kg Grobzuschlag (Splitt oder Kies). Auf einer Kaufmannswage tariere man einen größeren Papiersack aus und wiege hintereinander verschiedene Mischungsverhältnisse zwischen Sand und Splitt (Kies) aus, nachdem vorher selbstverständlich Sand und Splitt in dem jeweiligen Mischungsverhältnis gründlich miteinander vermischt wurden. Das dem Litergewicht nach schwerste Gemisch ist das dichteste und in guter Annäherung somit auch das druckfesteste (vgl. auch Kapitel 22). Man kann auf diese Weise auch das günstigste Mengenverhältnis selbst von drei und vier Körnungen bestimmen. Bei dieser Gelegenheit muß darauf hingewiesen werden, daß die Anstrebung einer möglichst hohen Druckfestigkeit (ganz abgesehen von dem großen Wert einer guten Zug- und Schubfestigkeit) nicht immer zu empfehlen ist, denn je nach Art des Bauwerkes spielt die Verarbeitbarkeit (Fließbarkeit) oft eine entscheidende Rolle. Es ist schon bei Vorarbeiten auf Baustellen vorgekommen, daß mehrere Tage zum Studium der Zuschlagstoffe insbesondere der Kornzusammensetzung verwendet wurden, wobei schließlich ein bestimmtes Mischungsverhältnis als das festeste und angeblich wirtschaftlichste ausgewählt worden war. Es änderte sich aber alles mit einem Schlage, als der Gießturm errichtet war, und praktische Gießversuche ergaben, daß das durch die Laboratoriumsingenieure ausgewählte Mischungsverhältnis zu „rauh", nämlich zu wenig verarbeitungsfähig war. Es empfiehlt sich also unter allen Umständen durch praktische Fließversuche in Versuchsrinnen die Verarbeitbarkeit festzustellen. Es ist indessen schon oft die Erfahrung gemacht worden, daß die nach der Fullerkurve oder ähnlichen Kurven oder auch nach dem vorstehend geschilderten Verfahren des Größtgewichts ermittelten Mischungsverhältnisse in der

Tat meist rauh und sperrig sind. Schon ganz kleine Zugaben von Traß bessern die Verarbeitbarkeit nicht unerheblich, bisweilen nützt schon Beigabe von feinen Sandkörnungen oder auch Steinmehl. Bei Traßzugabe verzögert sich jedoch das Ausschalen, bei Sandzugabe ist darauf zu achten, daß er einwandfrei ist (humussäurefrei). Wird Traß oder Steinmehl zugegeben, so muß unter allen Umständen vorher der Zement mit diesen beiden Zusätzen vorher vermischt werden ehe die Zuschlagstoffe hinzutreten.

Ist im Gegensatz zu der im vorstehenden gemachten Voraussetzung, gemäß den in der statischen Berechnung zugrunde gelegten Beanspruchungen, kein ganz hochwertiger Splitt erforderlich, so wird man sich für einen mittleren Splitt im Gemisch mit einem Kies mittlerer Güte (z. B. einen entsprechenden Kalkstein oder Abfallsplitt, wenn auch z. T. ziemlich plättchenförmig) entscheiden; gegebenenfalls kann man aber auch die gewünschten Festigkeitsergebnisse mit einem gut gekörnten Kies allein erzielen. Dagegen soll man sich nie verleiten lassen einen Splitt als Beigabe zu wählen, der aus Sandstein besteht, dessen Bindemittel mehr oder minder tonig oder lehmig ist.

Steht man nun vor der Wahl ob als Grobzuschlag Splitt oder Kies genommen werden soll, und zwar bei gleich großen Gestehungspreisen der Zuschläge, so empfiehlt es sich die endgültige Entscheidung einem Festigkeitsversuch zu überlassen.

Sind aber die Kosten verschieden groß, dann ist es nicht zu vermeiden, nach Bestimmung der Hohlräume (Kapitel 25 und 26), den den genauen Stoffbedarf für 1 m³ fertigen Betons (nach Kapitel 26) zu berechnen und hierauf auszurechnen, welcher Grobzuschlag den billigsten Beton erzielt. Einen Anhalt hierfür bietet das nachfolgende praktische Beispiel: Gegeben ein Beton 1 in der Mischung 1 Zement : 5 Kies, der hinsichtlich Kornzusammensetzung des Zuschlagstoffes von mittlerer Güte war. Nach der Hohlraumforderung benötigte er 259 l Zement je m³ Festbeton.

Zementpreis	4,90 RM./100 kg
Kiespreis	7,50 RM./m³
Zementlitergewicht . . .	1,22 kg.

Ferner gegeben ein Beton 2 in der Mischung 1 Zement : 1 Splitt : 4 Kies, wobei der Kiessand von ungünstigerer Körnung war wie der vorhergehende. Nach der Hohlraumforderung benötigte dieses Splittsandgemisch 238 l Zement.

Kiespreis	7,10 RM./m³
Splittpreis	12,05 RM./m³.

Kostenberechnung.

Beton 1:

259 l Zement sind $259 \cdot 1{,}22 = 316$ kg,
Kies erforderlich $5 \cdot 0{,}259 = 1{,}295$ m³.

Somit Selbstkosten von 1 m³ Festbeton:

Zement	$3{,}16 \cdot 4{,}90 =$	15,50 RM.
Kies	$1{,}295 \cdot 7{,}50 =$	9,70 „
		25,20 RM.

Beton 2:

238 l Zement sind $238 \cdot 1{,}22 = 290$ kg,
Splitt erforderlich $= 0{,}238$ m³,
Kies erforderlich $4 \cdot 0{,}238 = 0{,}952$ m³.

Somit Kosten von 1 m³ Festbeton:

Zement	$2{,}90 \cdot 4{,}90 =$	14,21 RM.
Splitt	$0{,}238 \cdot 12{,}05 =$	2,87 „
Kies	$0{,}952 \cdot 7{,}10 =$	6,76 „
		23,84 RM.
	Unterschied	**1,36** RM.

In einem anderen Falle ergab sich der Preisunterschied bei einer anderen Mischung zu nur 0,38 RM. Hier entschied man sich wegen dieses relativ kleinen Unterschiedes von der Anwendung eines Splittzusatzes abzusehen und eine Mischung zu verwenden mit einem Kies besserer Körnung, das hatte auch den Vorteil einfacherer Baustoffbewegung am Bauplatz.

Die Ermittelung des zugleich wirtschaftlich und technisch günstigsten Grobzuschlages ist keine einfache Aufgabe, weil eben die auftretenden Möglichkeiten äußerst verschiedenartig sind, wie auch nachfolgendes Beispiel zeigt:

Bei einem Gußbetonbau war gemäß der statischen Berechnung eine Würfelfestigkeit von $W_{28} = 2{,}5 \cdot 60 = 150$ kg/cm² erforderlich gewesen. Zur Verfügung stand ein hinsichtlich Kornzusammensetzung etwas minderer Kiessand, der billig zu haben war, ferner ein hochwertiger Splitt, dessen Preis nicht unbedeutend höher zu stehen kam wie der des Kiessandes. Um nun mit dem in der Vorkalkulation zugrunde gelegten Preise auszukommen griff man zu den beiden verfestigenden Faktoren zugleich, nämlich zur Verwendung von hochwertigem Zement und zum Splittzusatz, aber es stellte sich die Mischung 1 hw. Z. : 1,6 Spl. : 3,2 Kies mit einem $Wb_{28} = 195$ kg/cm² als allzuteuer heraus (25,4 RM./m³ Festbeton), obwohl ja diese Mischung in bezug auf die erreichte Würfelfestigkeit gut gepaßt hätte. Die hinsichtlich der Gestehungskosten passend gewesene Mischung (Kosten: 21,20 RM./m³) 1 : 1,8 : 3,7 (mit gew. Portland) hatte dagegen nur 135 kg/cm² aufzuweisen, war also hinsichtlich der behördlichen Mindestfestigkeit nicht brauchbar. Schließlich entschied man sich nach mehreren Zwischenversuchen für das Mischungsverhältnis 1 : 1,70 : 3,00 mit einer Festigkeit von 144 kg/cm², eine Mischung von gerade noch tragbarem Gestehungspreis (nämlich 23,00 RM./m³ Festbeton), obgleich die Festigkeit, wie gesagt, von 144 nicht ganz ausreichend ist. Die noch fehlenden 6 kg/cm² können unter Umständen durch Verlängerung der Mischzeit (Kapitel 29, Z. 5) um etwa ½ min aufgeholt werden, wozu man namentlich dann greifen wird, wenn die Kraftquelle für die Mischmaschine wohlfeil ist. Ist sie dagegen sehr teuer oder will man nicht länger mischen, so gibt es noch ein weiteres Mittel um die Festigkeit um den Betrag der noch fehlenden 6 kg/cm² zu erhöhen (das eigentlich das wohlfeilste Mittel ist, wenn es sich im Hinblick auf die gute Verarbeitbarkeit noch durchführen läßt), nämlich Verringerung des Wasserzusatzes. Wenn man dabei auch nur 1—2% Wasser einsparen kann steigt oft die Festigkeit sogleich nicht unbedeutend. Fließproben in Probegießrinnen, oder zur Not auch schon die Setzprobe, geben den Maßstab für die Zulässigkeit der Wasserverringerung. Bisweilen ist eine Verringerung des Wasserzusatzes aus Gründen einer guten Fließbarkeit untunlich, dann greift man bisweilen zu dem Mittel der Zementanreicherung, oder auch zu der Verwendung eines hochwertigen Zementes, oder schließlich zu beiden zugleich. Es ist dies nicht immer ein billiges Hilfsmittel, es kann aber in manchen Fällen immerhin auch wirtschaftlich sein wie aus folgendem hervorgeht:

In einem Bauvorhaben mit Gießturmbetrieb war die Baustelle sehr enge. Der Kies kam in Kähnen auf dem Wasserwege an, wurde mit einem Elevator gehoben und auf einem wagrechten Gurtförderer, dem Silo, an der Mischmaschine zugeführt. Die mit dem zu Gebote stehenden Kiessand nach der Hohlraumforderung zulässige Mischung von 1 : 4,8 ergab nicht die bestimmungsgemäß geforderte Würfelfestigkeit, selbst auch nicht bei Verwendung von hochwertigem Zement. Man hätte nun um die nötige Würfelfestigkeit zu erzielen, mit einem Splittzusatz arbeiten können, jedoch wäre dadurch eine ziemliche Komplikation in der Transportfrage eingetreten. Weil nämlich die Kieslieferung und die Splittlieferung in verschiedenen Kähnen erfolgte, so wäre die Anlage eines zweiten Elevators für das Herausheben des Splittes aus dem zweiten Kahn, ferner eine weitere um 90° sich abzweigende Gurtförderanlage notwendig geworden, schließlich an der Mischmaschine noch ein gesonderter Silo für den ankommenden Splitt. Da aber, wie erwähnt, die Baustelle schon an sich viel zu enge war um diese Anlagen unterbringen zu können, und überdies in diesem Falle auch die Anlagekosten zu hoch waren, so entschied man sich die fehlende Festigkeit durch reichliche Zementbeigabe zu bewirken. Dies ergab eine Mischung von 1 : 3,94.

Für die Verfestigung eines Gemisches durch reichlichere Zementbeigabe gilt nachfolgende bekannte Tatsache: Wenn einmal bei einem Beton die Hohlräume der Zuschlagstoffe mit Zementbrei ausgefüllt sind, wenn ferner eine ausreichende Zugabe für Verkittung (10—14%) — vgl. Kapitel 25 und besonders Abb. 39 — erfolgt ist, so ist eine darüber hinausgehende weitere Zementzugabe stets bis zu einem gewissen Grade ungünstig, weil ein Beton um so mehr unter Schwindrissen zu leiden hat je zementreicher er ist. Man erkennt aus vorstehendem, daß die Auswahl des zugleich besten und wohlfeilsten Grobzuschlages sehr häufig zu einer schwierigen Frage wird, der um so mehr Bedeutung zukommen wird, je umfangreicher das geplante Bauvorhaben und je kleiner das Verhältnis Löhne : Gestehungspreis der losen Masse sein wird. Man behalte auch stets im Auge, daß ein Beton mit Splittzusatz auch schon rein äußerlich gefälliger wirkt, namentlich wenn er — mit dem Scharriereisen bearbeitet — auch im Innern von Gebäuden anziehende, flächige Wirkungen aufweist; dies insbesondere, wenn der Splitt dunkles Korn besitzt. Zum Schluß soll noch ein weiteres Beispiel der Kostenberechnung zweier verschiedener Betonmischungen angegeben werden. Die Preise für Kies und Zement verstehen sich frei Kahn an der Baustelle; das Zementlitergewicht beträgt 1,14 kg

Zementpreis je 100 kg . . = RM. 4,90
Kies A, Preis je m³. . . . = „ 4,50
Kies B, Preis je m³. . . . = „ 4,20
Splittpreis je m³ . . . . . = „ 7,20.

Gemäß Hohlraumforderung ist der Zementbedarf (nach Kapitel 26) ausgerechnet bei

Kies A = 273 l = 273 · 1,14 = 312 kg,
Kies B = 242 l = 242 · 1,14 = 275 kg.

Kostenberechnung.

Betonmischung 1: 1 Zement : 4,5 Kiessand A:

Zement 312 kg	3,12 · 4,90 =	15,30 RM.
Kies 4,5 · 0,273 = 1,23 m³. .	1,23 · 4,50 =	5,53 „
		20,83 RM.

Betonmischung 2: 1 Zement : 1 Splitt : 4 Kiessand B:

Zement 276 kg	$2{,}76 \cdot 4{,}9 =$	13,50 RM.
Splitt $0{,}242\ m^3$	$0{,}242 \cdot 7{,}2 =$	1,74 „
Kies B $4 \cdot 0{,}242 = 0{,}968\ m^3$	$0{,}968 \cdot 4{,}2 =$	4,06 „
		19,30 RM.

Preisunterschied 20,83 — 19,30 = **1,53** RM.

Die Splittbeigabe ermöglicht also für die obigen Voraussetzungen eine Ersparnis von rd. 1½ RM./m^3 fertigen Betons. Es ist jedoch für die genaue Berechnung der Preisdifferenz nicht zu vergessen, daß auf der Baustelle, bei der zweiten Mischung mehr Zuschlagstoffmassen aus dem Kahn zur Mischmaschine und von der Mischmaschine zur Verbrauchsstelle befördert werden müssen. Es wird sich also der Preisunterschied von rd. 1½ RM./m^3 Festbeton etwas zuungunsten des Splittbetons verschieben. Die Höhe dieses Unterschiedes richtet sich nach der Größe der Entfernung vom Kahn zur Mischmaschine, und von hier zur Verbrauchsstelle. Auch wird der Unterschied noch weiter etwas verkleinert, weil ja Kies und Splitt nicht gleichzeitig in ein und demselben Kahn anzukommen pflegen, sondern getrennt, wodurch man gezwungen ist besondere Bausilos für die getrennten Zuschläge zu errichten. Immerhin ist auch dann noch der Splittbeton um 1,10 RM./m^3 Festbeton billiger geblieben.

Kapitel 18c. Über Splitterzeugung.

Wenn auch dieses Gebiet etwas seitab vom Eisenbetoningenieur zu liegen scheint, so ist es bei größeren Baustellen immerhin nicht selten der Fall, daß sich beim Vorfinden größerer Steine oder Findlinge die Bauleitung notgedrungen mit der Zerkleinerungsfrage dieser Steine befassen muß. Auch bieten öfters Vorkommen von Findlingen oder auch von Brüchen in der Nähe der Baustelle erwünschte Zuschlagstoffe. Auf diese Weise ist eine Kenntnis der Grundzüge der Zerkleinerungstechnik dann recht erwünscht. Aber, wie bereits früher angedeutet, ist auch für die Beurteilung der Güte eines Splittes nicht allein der übliche mehr oberflächliche Befund ausreichend, sondern man wird auf die Entstehung des Splittmaterials zurückgreifen müssen um sich die verschiedenen diesbezüglichen Fragen beantworten zu können.

1. Allgemeines.

Aus dem vielfach auf den Markt gebrachten Splittmaterial mit splitterförmiger Kornform haben wir bereits früher darauf geschlossen, daß es sich hierbei um ein Abfallprodukt aus der Steinindustrie handelt. Der Eisenbetonbau hat aber an solchem Splitt, ebenso an haarrissigem Splitt kein sehr reges Interesse, sondern er zieht einwandfrei gekörnte und risselose Zuschläge vor; ist es doch selbstverständlich, daß nur mit gut geformtem, gut gebrochenem Splitt besonders hohe Druck- und Zugfestigkeiten erzielbar sind. Man wird deshalb stets lieber von einem mit Spezialmaschinen, sog. Splitterzeugern (Granulatoren), eingerichteten Werk beziehen als von einem Schotterwerk, das den Splitt meist nur als Abfallprodukt gewinnt. Bis jetzt sind allerdings auf dem Baumarkte nur verhältnismäßig geringe Splittmengen zu haben; in einem Bauvorhaben sehr großen Umfanges konnten die ganzen umliegenden Schotter- und Splittwerke nur mit allergrößter Mühe so viel Splitt aufbringen als der Bau beanspruchte. Bei diesen forcierten Splittlieferungen war es eine nachteilige Begleiterscheinung, daß bisweilen größere Mengen an Abraum mit in Kauf genommen werden mußten, und zwar bei der Grauwacke: lehmiger Abraum und beim Basalt sogar etwas schieferiger Abraum. Aus diesem ist zu ersehen, daß bei großen Bauten nicht nur die Kieslieferung sondern auch vor allen Dingen die Splittlieferung genau organisiert werden muß, wobei es sich empfiehlt die Werke keinesfalls bis zur Grenze ihrer Leistungsfähigkeit in Anspruch zu nehmen, um nicht der Gefahr ausgesetzt zu werden bei der Schnelligkeit der Lieferungen auch Abraum in Kauf nehmen zu müssen. In der letzten Zeit jedoch mehrt sich die Erkenntnis in der Steinbruchindustrie, daß nicht nur der Straßenbau mit seinem Bedarf an sog. Teersplitt, sondern auch der Eisenbetonbau für die Zukunft starke Abnehmer für Splitt darstellen, sofern nur der Splitt gut geformt ist. Aus diesem Grunde werden immer mehr speziell für die Splitterzeugung geeignete Brecherkonstruktionen eingestellt, so daß in einigen Jahren ganz gewiß das Angebot der Nachfrage einigermaßen standhalten können wird.

Es sind zwar die Splitterzeuger vielfach so gebaut, daß sie auch größere Steine auf Splittgröße 10—25 mm zusammenbrechen, jedoch erhält man auf diese Weise keinen guten Splitt, weil bei den hier erforderlichen übermäßig großen Kraftwirkungen ziemlich viel Material zerquetscht statt gebrochen wird; auf solche Weise entsteht leicht der erwähnte haarrissige und auch splitterige Splitt. Besser ist es in großen, kräftigen Vorbrechern zuerst die größeren Steine zu Schotter von 50—80 mm zu brechen und dieses Material den Splittbrechern zuzuführen.

Alle Brecherkonstruktionen sind naturgemäß starker Abnutzung ausgesetzt; Brechbacken werden besonders häufig zu ersetzen sein.

Um einigermaßen einen Vergleich ziehen zu können, welche Konstruktion mehr an Ersatzteilen verbraucht, muß man natürlich den jährlichen Verbrauch an Ersatzmaterial stets auf die Leistung beziehen, d. h. auf die Kubikmeteranzahl erzeugten Betonsplittes.

Von den nachstehend aufgeführten Maschinen wird man jene auswählen, die entsprechend den physikalischen und mineralogischen Beschaffenheiten des Stammgesteines bei geringstem Kraftverbrauch den bestgeformten Splitt liefern. Die Entscheidung für den Einkauf kann zuverlässig nur nach einem Brechversuch mit dem zu untersuchenden Gestein gefällt werden.

2. Besondere Brecherkonstruktionen.

a) Der Backenbrecher.

Die Backenbrecher sind in der Schotterindustrie als Grobbrecher seit Jahrzehnten in Gebrauch und werden in größtem Umfange vor allen Dingen in der Zementfabrikation zur Zerkleinerung des Kalksteins angewendet. Freilich haben diese Brecher mit dem verhältnismäßig weichen Kalkstein leichteres Spiel als wenn bei der Splitterzeugung Granit oder Basalt gebrochen werden soll. Diese Brechanlagen der Schotterindustrie können, wenn verschiedene Veränderungen angebracht werden, auch zu Splitterzeugern benutzt werden, worauf noch später eingegangen werden soll.

Die grundsätzliche Wirkung eines sog. Backenbrechers ist in Abb. 25 schematisch dargestellt. Im Gehäuse *h* ist die Welle *a* gelagert von der aus der Antrieb durch die beiden Schwungräder *i* mit Leerlaufscheibe erfolgt. Auf der Welle *a* sitzt das Exzenter *b*, das durch die Kniehebel *c* den um den Zapfen *n* schwingenden Brechbär *d* antreibt, wodurch *d* in eine schwingende Bewegung gerät. Der Brechbär *d* trägt die Brechbacke *e*, während das Gehäuse die feststehende Brechbacke *f* trägt. Die seitliche Begrenzung erfolgt durch die Seitenkeile *g*. Die untere Öffnung bei den Brechbacken *e* und *f* ist mit *o* bezeichnet und heißt die Spaltweite, die durch das Handrad *m* verstellt werden kann. Die Einstellung von *o* richtet sich nach der gewünschten größten Splittgröße. Die obere Einwurföffnung *p* heißt die Maulweite, die Abmessung senkrecht zur Bildebene: Maulbreite; die ganze Öffnung wird Brechmaul genannt. Zu erwähnen ist noch, daß das Handrad *l* den Keil *k* verstellt und dadurch ebenfalls das Schwingungsmaß des Brechbären reguliert werden kann. Das geschilderte System nennt man das Doppelkniehebelsystem. Es ist wie erwähnt, das alte Schotterbrechwerk, und kann durch folgende Abänderungen für Splitterzeugung hergerichtet werden:

Verkleinerung des Hubes durch verstellen oder abändern des Exzenters.

Die Brechbacken erhalten eine feinere Auszahnung.

Die Umdrehungszahl wird gesteigert.

Baut man also die Grobbrecher zu Feinbrechern wie vorstehend um, so kann man zwar Splitt von 10—25 mm erhalten, jedoch ist die Stundenleistung ziemlich gering, weil sich durch die hohe Umdrehungszahl und die somit schnell aufeinander folgenden Hübe

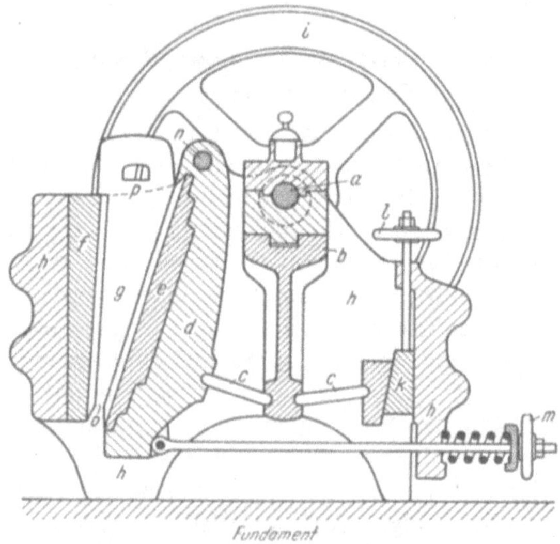

Abb. 25. Schema eines Backenbrechers.

a = Antriebswelle
b = Exzenter
c = Kniehebelplatte
d = Brechbär
e = schwingende Brechbacke
f = feste Brechbacke
g = Seitenkeile
h = Gehäuse
i = Schwungrad
k = Zugkeil
l = Handrad
m = Handrad zur Verstellung der Spaltweite
n = Schwingachse
o = Spaltweite
p = Maulweite

Materialstauungen bilden, und hierdurch reichlich viel Sand gebildet wird. Bei diesen geschilderten Stauungen wird überdies das Brechgut, das nun am Durchgang gehindert ist, in diesem Augenblick auf fast reinen Druck beansprucht und wird hierdurch leicht rissig. Man erkennt ohne weiteres, daß derartig für Splitterzeugung umgebaute Grobbrecher mehr als Aushilfs- oder Ersatzmittel anzusehen sind, zumal die Stundenleistung ziemlich gering ausfällt, und auch die Wartung dieser Maschine vermöge der reichlich erforderlichen Schmierung (dies wegen der hohen Umdrehungszahl) gewisse Ansprüche stellt.

b) Der Einschwingenbrecher (Feinbrecher). (auch Grusbrecher oder Granulator).

Der Einschwingenbrecher ist dem Backenbrecher überlegen; er leistet mehr, ist einfacher in der Bauweise und daher billiger in der Anschaffung und überdies auch im Betriebe, weil er mit einer kleineren Umdrehungszahl auskommt. Er braucht somit weniger Antriebskraft und Wartung. In der Abb. 26 ist als Beispiel schema-

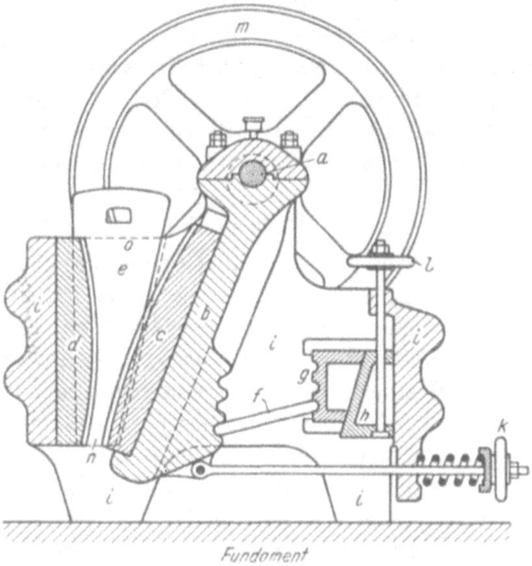

Abb. 26. Schema eines Einschwingenbrechers.

a = Antriebswelle	e = Seitenkeile	k = Stellrad für Spaltweite
b = Brechbär	f = Druckplatte	l = Stellrad
c = Brechbacke (schwingend)	g = Stellkeil	m = Schwungrad
	h = desgl.	n = Spaltweite
d = Brechbacke (fest)	i = Gehäuse	o = Maulweite

tisch ein Veltenscher Einschwingenbrecher dargestellt. Der wesentlichste Unterschied zwischen diesem und dem Backenbrecher besteht darin, daß bei letzterem die Bewegung des Brechbären durch Vermittelung der Kniehebel *c* bewirkt wird, wobei der Brechbär um *n* schwingt (Abb. 25). Hier dagegen beim Einschwingenbrecher sitzt der Brechbär *b* direkt mittels Exzenters auf der Antriebswelle *a*. Die Brechbacken sind *d* und *c*, die Seitenkeile *e*. Das Gehäuse ist *i*, die Spaltweite *n* und *o* die Maulweite. Die Verstellung wird durch die Handräder *k* und *l* bewirkt; die Stellkeile sind *g* und *h*. Der beschriebene von der Ibag Neustadt a. d. Haardt hergestellte Feinbrecher leistet in seinem kleinsten Typ bei 1 PS Antrieb: 0,1—0,2 m^3/Stdn.

und in seinem größten Typ bei 25 PS Antrieb: 6—8 m^3/Stdn. Durch die stark einziehende Kraftwirkung des Brechbären verläßt das Material schnell die Maschine, wodurch nur eine geringe Sandbildung im Gegensatz zu der vorherigen Konstruktion zustande kommt. Der obige Einschwingenbrecher erzeugt, wenn beispielsweise Splitt von 10—30 mm gebrochen wird, ungefähr von der Korngröße:

0— 5 mm	10—15%,
5—16 mm	rd. 80%
16—30 mm	5—10%

Man beachte beim Einschwingenbrecher wie beim Backenbrecher, daß stark abgenutzte Brechbacken die Neigung haben splitteriges Material zu liefern auch wenn das Muttergestein nicht zum Splittern neigt. Dies tritt namentlich dann ein, wenn spärlich Material aufgegeben wird.

c) Walzwerke.

Es gibt hier die verschiedenartigsten Systeme, die alle eigentlich ziemlich gleichgute Erfolge aufzuweisen haben. Die Walzen sind gezahnt, damit Zerkleinerung nicht allein durch reinen quetschenden Druck erfolgen soll, sondern auch durch Biegung. Soll Schotter auf Splittgröße zerkleinert werden, so sind schon sehr große Walzendurchmesser erforderlich um die notwendige Größe an Einzugskraft zu erzielen. Für Splitterzeugung kommen die Walzen am besten nur dann zur Anwendung, wenn das Gestein nicht allzuhart ist; sie haben den Vorteil von kleinem Kraftbedarf, jedoch fällt ziemlich viel Sand an und der Splitt ist oft rissig. Für splitteriges Material sind die Walzen nicht gut geeignet und werden bei normal beschaffenem Muttergestein bis zu Körnungen von etwa 14 mm verwendet.

d) Hammermühlen.

Sie beginnen sich nunmehr langsam auch in der Schotterfabrikation einzubürgern, jedoch liegen dem Unterzeichneten noch keine Erfahrungen vor, die überdies im allgemeinen auch noch spärlich sein dürften. In der übrigen Zerkleinerungstechnik werden der Hammermühle manche Vorzüge nachgerühmt, nämlich geringe Anschaffungskosten und große Leistungsfähigkeit bei einfachstem Mechanismus.

Außer den vorstehend angeführten Splitterzeugern ist namentlich in den Vereinigten Staaten der Kreiselbrecher beliebt und es wäre im Interesse der Baustoffwirtschaft wenn hier alsbald Vergleichsversuche mit dem Kreiselbrecher angestellt würden; wäre es doch nicht ausgeschlossen, daß die Gestehungskosten des Splittes dadurch etwas abgemindert werden könnten. Nach amerikanischen Erfahrungen liefert der Kreiselbrecher gut geformtes, fast kubisches, rissefreies Splittmaterial.

3. Siebvorrichtungen.

Grundsätzlich unterscheidet man Trommelsiebe und Schüttelsiebe. Erstere sind anspruchsloser in der Wartung; Schüttelsiebe dagegen müssen gut bedient werden aber sie leisten mehr und sind infolgedessen bei transportablen Anlagen vorzuziehen, obgleich sie sich etwas schneller abnützen wie Trommelsiebe. Ein Trommelsieb von 1,5 m Dmr. leistet bei 5 m Länge, bei 50 Umdrehungen und 5 PS Kraftverbrauch, stündlich etwa 22—25 m^3, je nach Beschaffenheit des zu brechenden Gesteins.

4. Entstaubungsanlagen.

Wie bereits schon früher erwähnt ist es keineswegs immer erforderlich den Splitt zu waschen, ja sogar öfters von Nachteil, weil dabei die feinsten Körnchen des Zuschlags mit fortgespült werden. Bekanntlich verteuert sich überdies gewaschenes Material nicht unerheblich, abgesehen durch den zufolge des Waschens anfallenden Mehrpreis und weiterhin nicht unbedeutend durch den Eisenbahntransport, weil für gewaschenen Splitt von der Reichsbahn höhere Frachten berechnet werden wie für gewöhnlichen Splitt. Zur Reinigung des Splittes empfiehlt es sich, während er die Klassierungstrommeln passiert, eine Entstaubung vorzunehmen, die fast immer sehr billig bewerkstelligt werden kann. Verwendet werden meist Hochdruckventilatoren, die den abgesogenen Gesteinsstaub in Filtern auffangen.

5. Über komplette Splittanlagen.

Den Eisenbetoningenieur interessieren in erster Linie transportable Anlagen, die sich unter Umständen leicht und rasch auf den Bauplatz fahren lassen. Das Bedürfnis hierzu tritt ein, einmal wenn aus Festigkeitsrücksichten Splitt unbedingt als Zuschlag verwendet werden soll, wenn ferner in der Nähe Eisenbahnschotter oder Straßenschotter zum Weiterzerkleinern zu haben ist oder wenn schließlich im Bodenaushub reichlich Findlinge vorhanden sind. Sind die Findlinge größer als 10 cm, dann kann man sie nicht mit dem Splittbrecher in einem Gange zu Splitt zusammenbrechen, sondern man schaltet einen Grobbrecher vor, dessen Maulweite groß genug sein muß um die größten Findlinge aufzunehmen. In Abb. 27 ist eine fahrbare Steinbrecheranlage der Ibag in Neustadt a. d. Haardt dargestellt, die mit Rohöl-, Benzin- oder Benzolmotor ausgestattet,

Stundenleistungen von 5—6 m³ aufweisen soll, d. i. eine Tagesleistung von 40—50 m³, eine für fahrbare Anlagen immerhin ganz ansehnliche Leistungsfähigkeit, selbst auch dann, wenn die untere Grenze gelten soll. Selbstverständlich ist bei solchen Leistungs-

Abb. 27.

Abb. 28.

angaben die Härte und Sprödigkeit des Gesteins in Betracht zu ziehen, wenn man die Grenzen der Leistungsfähigkeit beurteilt.

Ist dagegen ein Steinbruch in einigermaßen erreichbarer Nähe, wie dies beispielsweise bei manchen Baustellen in der Provinz vorkommt, dann lohnt sich manchmal auch eine Automobilsteinbrech-

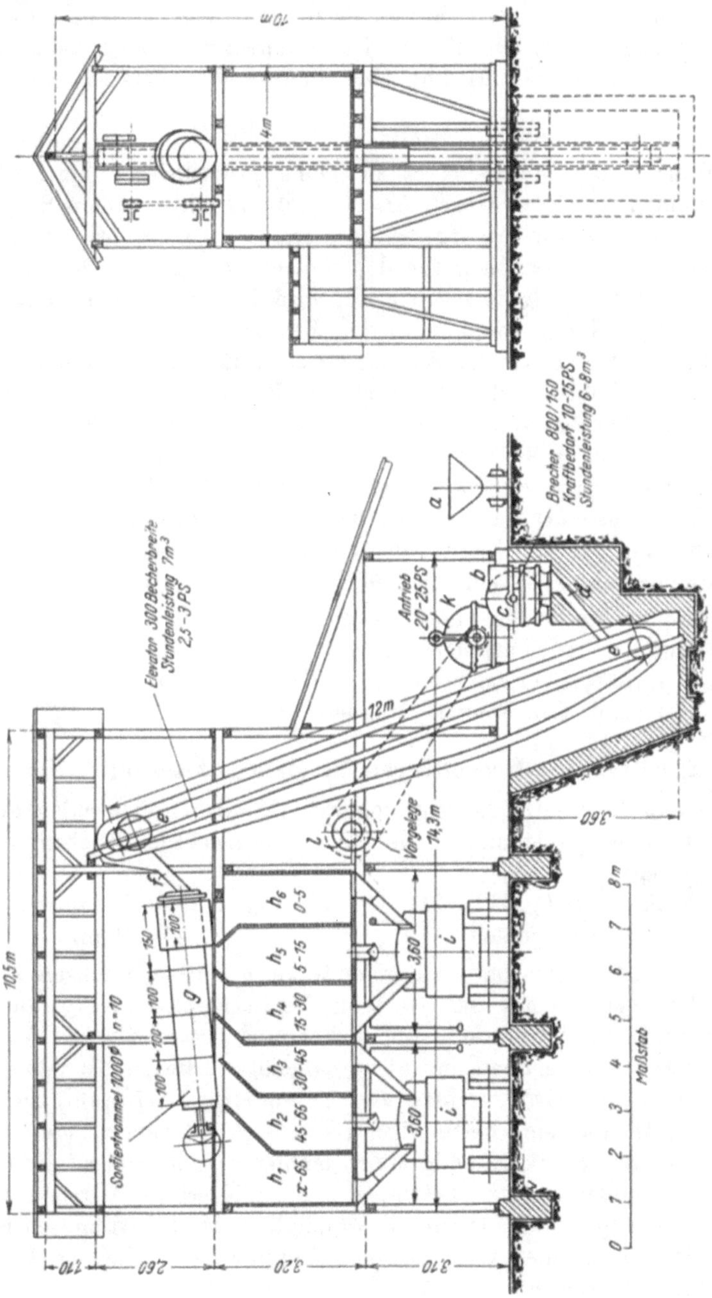

Abb. 29. Wohlfeile Splitterzeugungsanlage für eine Tagesleistung von 50—60 m³.

anlage nach Abb. 28 mit Stundenleistungen von 4—5 m³, somit Tagesleistungen von **30—40** m³. Diese fahrbare Anlage (ebenfalls von vorgenannter Firma) hat eine Fahrgeschwindigkeit von 1,8 bis 4,5 km/h.

Braucht man für den Bau eine Tagesleistung von mehr als 40—50 m³, dann empfiehlt es sich eine provisorische stationäre Anlage einzubauen, etwa nach Art der Abb. 29, die in einem Schuppen von 14½ × 4 m untergebracht werden kann, wobei überdies noch ein kleiner Verschlag für den Antrieb nötig ist. Der Grobschotter kommt in Kippwagen *a* an, wird in den Einwurfkasten *b* gekippt und gelangt von hier in den Feinbrecher *c*, um durch die Rutsche *d* in die Becher des Elevators *e* zu fallen. Von hier wird der Splitt hochgehoben und fällt durch die Rutsche *f* in die Sortiertrommel *g*. Die einzelnen Siebabschnitte werfen in die Silotaschen h_1 bis h_6 ab, von wo sie durch die Siloverschlußklappen in die Kippwagen *i* abgezogen werden können. Leistung **50—60** m³ täglich.

Die Lebensdauer der Steinbrecher ist 6—7 Jahre, bei schlechter Wartung und starker Inanspruchnahme 4—5 Jahre.

Steinbrecher erzeugen noch die folgenden Firmen:

Alpine Maschinen-Fabrik Augsburg,
Hüttenwerk Sonthofen,
C. Kälble, Backnang,
F. Krupp, Grusonwerk, Magdeburg.

Kapitel 19. Die Hochofenschlacke als Zuschlagstoff (HS).

Gemäß Kapitel 14 kommt von der HS als Grobzuschlag entsprechend den Bezeichnungen der dort abgedruckten „Richtlinien" nur in Frage:

Schlackensiebgrus Nr. II . . . . 5—25 mm
Schlackenfeinschlag. . . . . 25—40 mm.

Das Zutrauen zu den im übrigen außerordentlich wechselvollen Qualitäten der HS hat sich — dank des in Kapitel 14 erwähnten Guttmannschen Verfahrens zur Erkennung beständiger HS — neuerdings etwas gehoben und es ist naheliegend im Industriebezirk die Schlacke als Grobzuschlag zu verwenden, wobei wohl gesagt werden kann, daß eine beständige HS ganz gewiß besser ist als ein verschlammter Flußkies oder stark lehmiger Grubenkies. Es ist aber nicht außer acht zu lassen, daß die allergrößte Vorsicht bei der Beurteilung des Grades der Beständigkeit der HS vonnöten ist. Wohl zu unterscheiden von der Hochofenschlacke ist die sog. Kesselschlacke, die häufig für leichtere Eisenbetonkonstruktionen verwendet worden ist. Will man vor schlimmen Fehlschlägen bewahrt bleiben, dann muß die Kesselschlacke viele Monate auf Halden gelagert werden, damit sie möglichst entschwefelt wird; aber trotzdem ist man auch dann nicht sicher, und man muß wohl zum mindesten die Eisen in eine Schicht von fettem Mörtel aus Kiessand verlegen. (Das gilt auch für die Aufbiegungen und Bügel).

Kapitel 20. Das Wasser.

Amerikanische Versuche, insbesondere von D. A. Abrams 1924 (Bulletin Nr. 12 des Lewis Institute Chicago: „Tests of impure waters for mixing concrete") haben überraschenderweise gezeigt, daß selbst erhebliche Wasserverunreinigungen nicht besonders große Festigkeitsrückgänge zeitigten. Schädlich waren stark saure Wässer, dagegen aber nicht sogar erheblich verunreinigte Flußwässer, selbst wenn sie die Abwässer von größeren Städten mit sich führten. Absolut schädlich ist jedoch Wasser, das selbst nur sehr geringe Mengen an Zucker enthält. Meerwasser von 3.5% Salzgehalt hatte Festigkeitsabfälle von etwa ein Zehntel bis ein Achtel der normalen Festigkeit im Gefolge.

Bei Bauten in der Provinz ist man öfters gezwungen das Anmachewasser aus Brunnen zu erbohren; in solchen Fällen, aber auch, wenn das Anmachewasser einem Teich entnommen werden soll, ist Vorsicht am Platze. Solche Wässer muß man insbesondere daraufhin untersuchen lassen ob sich nicht in ihnen ein Gipsgehalt nachweisen läßt. Anmachewasser, das Gips enthält, ist imstande große Verheerungen im Beton anzurichten.

C. Der Beton.

Kapitel 21. Kurzer Rückblick auf frühere und heutige Grundsätze der Betonzusammensetzung.

In der chemischen Technologie gibt es für das Bauwesen kaum ein ähnlich geartetes Massenprodukt von solcher Gleichmäßigkeit wie den Portlandzement. Schon aus diesem Grunde nimmt es nicht Wunder, wenn ursprünglich im Betonbau irgendein Betongemenge einfach derart angegeben wurde, daß der Portlandzement als Konstante, ja sogar als Einheit dastand, also z. B. 1 : 4 oder 1 : 6 usw. Man begnügte sich eben damit lediglich auszudrücken, daß auf 1 Teil PZ soundsoviele Teile Sand oder Kiessand entfallen sollen. Um den Zuschlagstoff bekümmerte man sich nicht weiter, man begnügte sich hierbei in der Regel einfach mit der Forderung: der Sand soll „scharf" sein. Dank der Versuche deutscher und ausländischer Laboratoriumsforscher erkannte man indessen bald, daß die Beigabe von entsprechendem Grobzuschlag die Betonfestigkeit steigerte und man fing an zu fordern, daß z. B. auf 2 Teile Sand 4 Teile Grobzuschlag zu entfallen haben; demzufolge wurde ein derartiges Mischungsverhältnis geschrieben: 1 : 2 : 4, was besagte, daß auf ein Raumteil PZ zwei Raumteile Sand und vier Teile Grobzuschlag zu entfallen haben. Auch erkannte man, daß der Grobzuschlag an sich einen verschiedenen Einfluß auf die Betonfestigkeit hatte, je nachdem er aus Kieselsteinen oder aus Steinschlag bestand, wobei es sich herausstellte, daß Splitt aus Hartgestein eine besonders verfestigende Wirkung zeitigte.

Die mehr als 20 Jahre zurückliegende Veröffentlichung der amerikanischen Forscher Fuller und Thompson (Eng. News 1907) über zahlreiche Versuche betreffs Einflusses der Körnung auf die Betondruckfestigkeit ergab, daß auch das Verhältnis der verschiedenen Korngrößen in einem Zuschlagstoffe große Bedeutung hatte. Die vielfach auch noch heutigen Tags verwendeten Fullerkurven (Abb. 30 bis 35) geben eine Regel, wie die Zuschlagstoffe in bezug auf die Abstufung in den Korngrößen prozentual aufgebaut sein müssen um die größte Druckfestigkeit in Beton zu bewirken. Im übrigen war diese Erkenntnis nichts Neues, da Martens schon zehn Jahre vorher in den „Mitteilungen aus den Kgl. Techn. Versuchsanstalten 1897" auf die Frage der Körnung eingehend hingewiesen hatte.

Die hierauf folgenden amerikanischen und deutschen Arbeiten haben festgestellt, daß die Betondruckfestigkeiten von der Größe der Hohlräume vom Zuschlagstoff sowie von dem Maß seiner Kornoberflächensumme stark beeinflußt werden. Je kleiner die Hohlräume und die Summe der Kornoberflächen, desto weniger Kittmasse also Zement ist erforderlich. Nicht zu vergessen sind die bekannten Versuche über den Einfluß des Wasserzusatzes von D. A. Abrams (Kapitel 23, Z. 1), der sich als erster mit dieser Frage befaßte. Demnach, ebenso nach Versuchen, die von Kortlang im Laboratorium von Prof. Dr. Probst an der Technischen Hochschule zu Karlsruhe durchgeführt wurden (vgl. auch Kapitel 29, Z. 6 und Abb. 44), ist die Druckfestigkeit abhängig: 1. Vom Wasserzementfaktor, 2. vom Zementfaktor und schließlich 3. von der Gesamtoberfläche der Zuschläge, bezogen auf die Gewichtseinheit. Hierin bedeutet:

W.Z.-Faktor = Wasser : Zement in Gewichtsteilen. (Abrams hat allerdings seiner Zeit noch den WZF in Raumteilen ausgedrückt; wenn man also zum Vergleich die Abramschen

Werte heranzieht, so sind die Abramschen WZF mit rd. 1,0 : 1,2 = 0,835 zu multiplizieren.)

Z.-Faktor = Zementgewicht, bezogen auf die Oberflächeneinheit.

Die Betonfestigkeit ist: um so größer 1 und 2 ist, und je kleiner 3.

Auch Graf hat umfangreiche und wertvolle Untersuchungen angestellt, worin ebenfalls der WZF mit seinem großen Einfluß auf die Festigkeit in zahlreichen Kurven dargestellt ist.

Kapitel 22. Die Kornzusammensetzung der Zuschlagstoffe.

Die Art der Kornzusammensetzung ist derart anzustreben, daß

die Festigkeit und Dichtigkeit des entstehenden Betons
und die Wirtschaftlichkeit des Gemenges

einen günstigsten Wert ergibt. Die Erfüllung dieser beiden Forderungen ist nicht einfach, weil jene Faktoren, die von erheblichem Einfluß sind, sehr mannigfach auftreten.

Wie eingangs erwähnt, wurden von den verschiedenen Forschern die vielfältigsten Wege eingeschlagen um diesem Problem näher zu kommen. Ein amerikanischer Betoningenieur hat denn auch scherzhafter Weise gesagt: „Der große Kampf hierüber spaltet die Gesamtheit der Fachleute in vier Lager. Die erste Gruppe vertritt die Anschauung: Die Festigkeit eines Betons hänge von der Festigkeit des Mörtels (also Zementbrei + Sand) ab. Die zweite Gruppe gibt zwar zu, daß dies nicht strikte zutreffe, daß aber in vielen Fällen der Betonpraxis der Grundsatz von der größtmöglichsten Mörtelfestigkeit oft gute Ergebnisse zeitige. Die dritte Gruppe ist der Meinung, daß die Betonfestigkeit keineswegs allein von der Mörtelfestigkeit abhängen könne sondern vielmehr von vielerlei Umständen wie Hohlraumgröße, Größe der Kornoberfläche usw. Die vierte Gruppe steht wiederum auf dem Standpunkt, daß die Betonfestigkeit lediglich von dem Verhältnis Wasser zu Zement abhängt."

Wie dem auch sei, in der Tat werden die verschiedenen Richtungen von namhaften deutschen und ausländischen Forschern vertreten und belegen ihre Auffassung durch manchen Versuch. Der verfügbare Raum verbietet indessen ein genaues Eingehen auf diese Arbeiten, und es sei diesbezüglich auf das bekannte Lehrbuch nebst Ergänzungsheft von Probst verwiesen. Hier sollen zunächst die von Fuller aufgestellten Kurven angeführt werden. (Nach Taylor und Thompson, A treatise on concrete, New York 1919, Verlag Whiley.

Die Fullerkurven selbst sind nach den Angaben von Probst gezeichnet.) Fuller ging bei der Ermittlung seiner Kurven von zahlreichen Versuchen aus und bezweckte durch eine geeignete Körnung ein möglichst dichtes Gemisch, dabei die Auffassung vertretend, daß mit

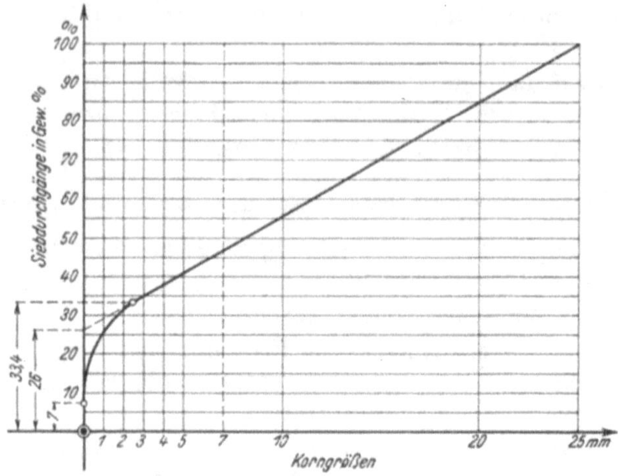

Abb. 30. Fuller-Kurve für Sand + Kies von 25 mm Größtkorn.

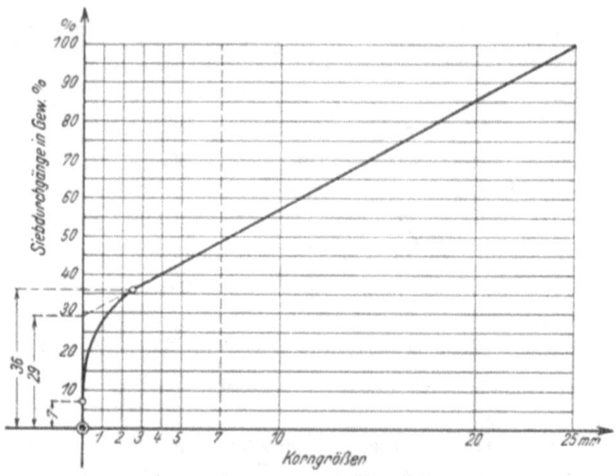

Abb. 31. Fuller-Kurve für Sand + Splitt.

einem dergestalt möglichst dichten Zuschlagstoff der festeste Beton bei Druckbeanspruchung entstehe. Abb. 30 zeigt die Kurve für Sand + Kies bei einem größten Korn von 25 mm, Abb. 31 sinngemäß für Sand + Splitt von 25 mm Größtkorn. Für kleinere Konstruktionsteile, oder solche mit enge verlegten Bewehrungseisen, empfiehlt es sich das Größtkorn nicht über 20 mm zu wählen, für einen derartigen Zuschlag gelten Abb. 32 und 33. Dagegen wird man bei größeren Baugliedern und solchen, die ausreichend weite Abstände zwischen den Eiseneinlagen aufweisen, das Größtkorn mit 30 mm begrenzen können; man hat nur darauf zu achten, daß sich sowohl bei Unterzügen und Stützen nicht etwa ein großes Korn zwischen Bügel und Schalung festkeilt und Anlaß zu Nestbildungen gibt. Bei geschulten Arbeitern kommt dies erfahrungsgemäß kaum vor, und man sollte sich nicht wegen etwaiger ganz seltener derartiger Fälle dazu bewegen lassen aus diesem Grunde für größere Bauglieder Körnungen von 30 mm als zu groß zurückzuweisen. Überdies bedenke man, daß Splitt von 10 bis 30 mm auch im Straßenbau als sog. Teersplitt begehrt ist und daher in der Regel häufiger zu haben sein wird wie solcher von 0—25 mm. Für das vorhin erwähnte Größtkorn von 30 mm gelten die Kurven nach Abb. 34 und 35. Man beachte, daß stets die Ordinaten die durch die Siebe fallenden Mengen in Gewichtsprozenten der untersuchten Menge angeben. Die Abszissen sind die betreffenden Korngrößen. Will man einen Zuschlagstoff untersuchen, so wiegt man eine gewisse Menge davon ab, z. B. 10 kg eines Zuschlags mit 25 mm Größtkorn. Wir wollen vorerst annehmen, der zu untersuchende Zuschlag würde der Fullerkurve genau entsprechen. Also werfen wir die 10 kg Zuschlag

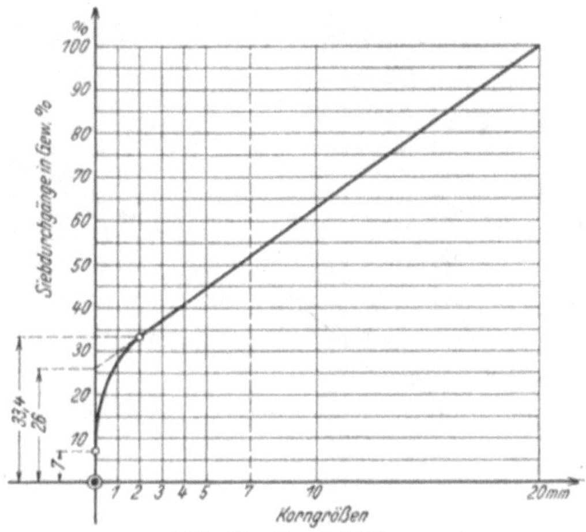

Abb. 32. Sand + Kies.

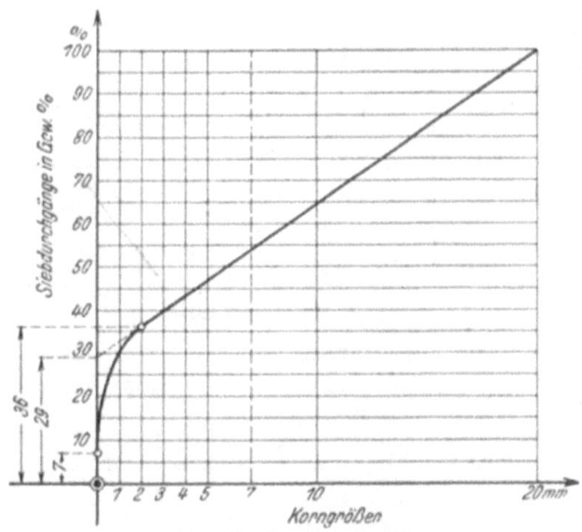

Abb. 33. Sand + Splitt.

durch das 25-mm-Sieb, wodurch ja das gesamte Quantum (also 100 Gewichtsprozent) hindurch fällt, weil angenommen wird, daß das Größtkorn von 25 mm eben noch durch das 25-mm-Sieb fällt. Diesen Siebdurchgang von 100% werfen wir nunmehr durch das nächste, nämlich

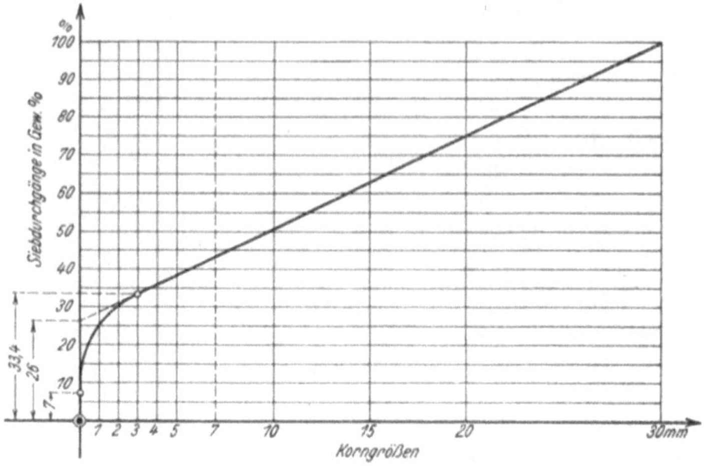

Abb. 34. Sand + Kies.

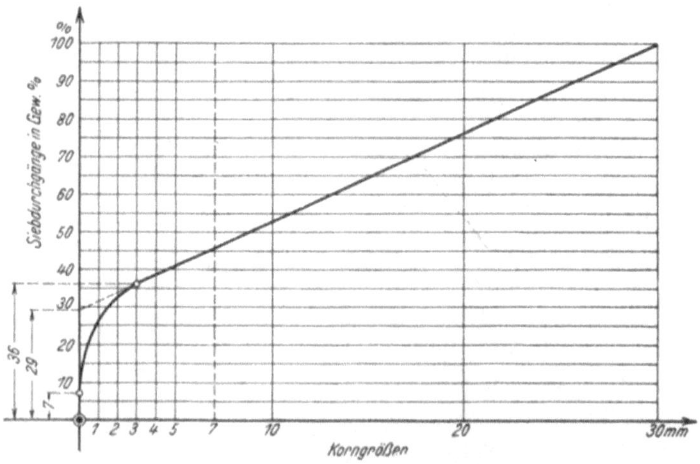

Abb. 35. Sand + Splitt.

das 20-mm-Sieb und stellen z. B. fest, daß durch dieses 85 Gewichtsprozent von der Ursprungsmenge hindurchfallen. Nun wird wiederum dieser Siebdurchgang durch das 10-mm-Sieb geworfen und es fielen 55 Gewichtsprozent des Ursprungsgewichts durch usw. Der Zuschlagstoff würde somit also vollkommen der Fullerschen Idealkurve entsprechen. Dies ist bei einem Naturkies oder bei Splitt nie der Fall (es sei denn aus reinem Zufall) und die Kurve der Kornzusammensetzung der zu Gebote stehenden Zuschlagstoffe wird je nach deren Beschaffenheit manchmal über der Fullerkurve, bisweilen auch unter ihr liegen. Es ergibt sich dann daraus ohne weiteres, ob gewisse Korngrößen weggenommen bzw. hinzugefügt werden müssen, um die Idealsiebkurve wenigstens annäherungsweise zu erreichen. Die prozentual erforderlichen Mengen dieser hinzufügenden oder abzuziehenden Korngrößen sind mit Hilfe der Ordinatendifferenzen ermittelbar. Damit kann man immerhin noch ziemlich genau, und vor allen Dingen ziemlich rasch eine Verbesserung des Zuschlages bewerkstelligen. Will man jedoch genauer arbeiten, was im allgemeinen entbehrlich sein dürfte, so kann man etwa wie folgt vorgehen: man siebt mit einer Anzahl Siebe den zu untersuchenden Zuschlag also das Sandkiesgemenge oder das Sandsplittgemenge aus und trägt die einzelnen, durch die Siebe fallenden Kornanteile „Fraktionen" nach Art der Fullerkurve auf, so wird man, wenn es die Verhältnisse des Bauwerkes zulassen, eine Korrektur, wie vorhin angegeben, vornehmen durch Hinzufügung oder Hinwegnahme der in Frage kommenden Korngrößen. Ein ausführliches Beispiel ist in Grün: der Beton, S. 11—13. Kritische Beispliele vgl. auch die Zeitschrift „Zement" 1927, S. 334, 493 und 666. Die letztgenannten Beispiele gehen sämtlich von unrichtigen Fullerkurven aus, denn der Anteil der 7-mm-Körnung beträgt nicht 50% sondern gemäß Abb. 32 und 33 dieses Buches 54 bzw. 52%. Wenn auch vielleicht die angeführten Unterschiede nicht erheblich erscheinen mögen, so zeigt sich beim einzelnen dieser nicht ganz richtigen Fullerkurve ohne weiteres, daß in vielen Fällen (insbesondere wenn zuviel Feingehalt vorhanden ist) die genauen, in diesem Buche gegebenen Kurven günstiger zu verwenden sind, weil sie mehr Feingehalt zulassen. Es ist aber damit nicht gesagt, daß ein Übereinstimmen mit der Fullerkurve unter allen Umständen und um jeden Preis erkauft werden muß, denn einmal braucht man an sich nicht immer die Höhenfestigkeiten, ferner ist die Fullerkurve keine mathematisch genau gültige Funktion, weil auf empirischem Wege ermittelt; schließlich auch weil die Grundlagen, auf denen die Fullerkurven fußen, nebst der Dichtigkeit nur die Druckfestigkeit allein anstreben, denn hierauf hat Fuller seine Versuche aufgebaut. Auf die große Bedeutung der Zugfestigkeit des Betons ist schon seit längerem von vielen Zement- und Betonfachleuten hingewiesen worden, unter anderen von Kühl, Spindel und Spangenberg. Infolgedessen ist die Forderung nach einer genauen Anpassung eines Zuschlagstoffes an die Fullerkurve durch Zerlegung in die einzelnen Korngrößen und nachmaliger Zusammensetzung als übertrieben anzusehen, weil damit günstigsten Falles nur die größte Druckfestigkeit erreicht wird, jedoch nicht das Optimum einer möglichst großen Druckfestigkeit bei gleichzeitig bester Zugfestigkeit. Die Zuschlagstoffe eines solchen Idealbetons liegen aber aller Wahrscheinlichkeit nach auf Kurven, die mehr oder minder schon von Natur aus von den Fullerkurven abweichen. Auch haben die in Kapitel 21 erwähnten Versuche von Kortlang in der Tat ergeben, daß der Grundsatz von der größten Dichtigkeit nicht immer den druckfestesten Beton ergibt sondern, daß, wie erwähnt, auch die Kornoberfläche eine Rolle spielt. Näheres vgl. unter Kapitel 22, Z. 1. Immerhin ist eine Angleichung an die F-Kurve, wenn damit ein untragbarer Kostenaufwand nicht verbunden ist, empfehlenswert. Man wird dann unter Umständen auch das Zementpulver von der feinsten Körnung teilweise abziehen können; man hat dabei aber noch zu berücksichtigen, daß das Zementpulver überdies zum Auffüllen der stets noch auch in den übrigen Korngrößen genügend vorhandenen Hohlräume dienen muß, weil trotz aller Kunstgriffe noch immer Hohlräume verbleiben.

Das vorstehend beschriebene Verfahren gibt gleichsam auf zeichnerischem Wege die Verbesserung eines gegebenen Zuschlagstoffes an, indem man nach den zu groß oder zu klein erscheinenden Ordinaten korrigiert. Man kann sich aber auch eines empirischen Verfahrens bedienen, indem man verschiedene Mischungsverhältnisse zwischen Feinzuschlag und Grobzuschlag miteinander in bezug auf ihr Raumgewicht vergleicht; das Gemisch mit dem größten Raumgewicht hat die kleinsten Hohlräume (vgl. Kapitel 18b „Verfahren des Größtgewichts"). Wenn nun ein Bauvorhaben genügend Zeit für die Vorbereitung beläßt, dann ist es immerhin von Vorteil, wenn man die verschiedenen in Betracht kommenden Gattungen der Zuschlagstoffe in einem Laboratorium ausführlich durch Zerlegung in die einzelnen Korngrößen usw. untersuchen läßt. Man vergesse dabei nicht, daß mit der Art der Probelieferung (je nach der Art wie sie dem Haufwerk entnommen ist), je nach dem die Feuchtigkeit der im Laboratorium untersuchten Probe von der späteren Baufeuchtigkeit unterschieden ist, und schließlich je nach dem der Kies oder Splittlieferant später beim Bau einen von der Probe mehr oder minder abweichenden Zuschlagstoff liefert, die genauen Laboratoriumsergebnisse stark beeinflußt werden können. Man kann sich jedoch auch des in Kapitel 25 und 26 beschriebenen wirklich raschen

Verfahrens bedienen, das bei einiger Übung außerordentlich bequem durchführbar ist und das den Vorzug hat mit einem Mindestmaß von Geräten auszukommen; es ist nämlich außer einer kleineren Waage nur noch eine Dezimalwage, ein Litermaß und ein Eimer erforderlich. Siebe sind hierzu vollkommen entbehrlich. Selbstverständlich handelt es sich aber auch hier um ein mehr oder minder grobes Annäherungsverfahren, das indessen aber für die Praxis vollkommen ausreicht, denn schon die stoffliche Zusammensetzung und die Kornbeschaffenheit einer einzigen Kahnlieferung Kies schwankt nicht unerheblich; auf diese Weise ist es erforderlich die Kiesuntersuchungen möglichst oft vorzunehmen. Meist hat man dabei leider nicht die Zeit zur Verfügung dies von einem Laboratorium vornehmen zu lassen. Vor allen Dingen schwankt auch die Baufeuchtigkeit der Zuschlagstoffe nicht unerheblich; nach Baustellenversuchen des Verfassers beträgt die Naturfeuchtigkeit zwischen 1,4 und 4,6 Gewichtsprozent, d. i. 2,1—7,3 Raumprozent. Zufolge von starken und anhaltenden Regengüssen können diese Unterschiede noch bedeutender ausfallen. (Vgl. auch die Angaben in Kapitel 23 und 26).

An dieser Stelle soll noch auf ein Verfahren hingewiesen werden, wie auf einem anderen Wege ein möglichst druckfester Beton angestrebt wird.

Siebregel von Graf.

In dieser wird von der grundsätzlichen Anschauung ausgegangen (vgl. Graf, Der Aufbau des Mörtels, Berlin 1927), daß die Druckfestigkeit eines Betons von der Druckfestigkeit des den Grobzuschlag verkittenden Mörtels abhängt, und es daher nur nötig ist die Körnung des Mörtelsandes richtig zusammenzusetzen. Die Kornzusammensetzung des Grobzuschlages ist dagegen hierbei grundsätzlich außer acht gelassen. Die Grafsche Siebregel fordert, daß an Gewichtsprozenten des trockenen Gemisches Zement + Sand folgende Anteile durch die Siebe hindurch fallen:

25%	durch	das	Sieb	mit	0,24	mm	Maschengröße
35%	,,	,,	,,	,,	1,00	,,	,,
65%	,,	,,	,,	,,	3,00	,,	,,
100%	,,	,,	,,	,,	7,00	,,	,,

Trägt man die obige Siebregel auf, so ergibt sich eine annähernd die Fullerkurve einhüllende Linie. Im übrigen ergibt dies von Graf auf empirischem Wege gefundene Regel für die Kornzusammensetzung des Sandes in vielen Versuchen gute Betoneigenschaften. Namhafte Forscher wenden sich aber auch dagegen und führen an, daß einmal die Voraussetzung des trockenen Gemisches am Bau nicht zutreffe, daß die alleinige Berücksichtigung der Mörtelkörnung schon deshalb einseitig sei, weil der Zement nicht allein die Sandhohlräume, sondern auch die Hohlräume des Grobzuschlags ausfüllen müsse. (Vgl. Handbuch für Eisenbeton, Bd. III, IV. Aufl., S. 37, ferner Probst: Beton, Berlin 1927, S. 22). Immerhin muß gesagt werden, daß die Mörtelfestigkeit selbstverständlich ein sehr wesentlicher Faktor für die Betonfestigkeit ist, jedoch spielt für sie auch die Körnung des Grobzuschlages und dessen sonstige Eigenschaften eine nicht unbedeutende Rolle.

Zusammenfassung.

Die in vorstehendem Kapitel aufgeführten Körnungsvorschriften nach Fuller und nach Graf sind fraglos wertvolle Hilfsmittel für die Beurteilung von gegebenen Zuschlagstoffen hinsichtlich einer zweckmäßigen Körnung. Bisweilen wird es sich ergeben, daß der Bauleitende irgendeine fehlende Korngrößengruppe einer Kieslieferung durch irgendeine andere Kiessorte leicht ersetzen kann. Nicht aber soll ein Aussieben gefordert werden. Auch ist es vorläufig ein noch immer unwirtschaftliches Begehren von den Lieferanten Kieslieferungen zu verlangen, die genau nach Korngrößen abgestuft sind; dies wäre zwar technisch ohne weiteres durchführbar, verursacht aber durch die erheblichen anfallenden Mehrkosten eine Vergeudung des Volksvermögens. Das Endziel muß immer bleiben: mit den geringsten Mitteln den besten Erfolg zu erzielen, und das geschieht häufig dann am besten, wenn man den zu Gebote stehenden gut greifbaren Zuschlag verwendet und ihn gegebenenfalls mit mehr oder minder großem Splittzusatz auf die durch die statische Berechnung geforderte Würfelfestigkeit bringt. Hierbei darf nicht außer acht gelassen werden, daß es häufig zweckmäßiger ist durch Splittzusatz zu verbessern als durch Zementanreicherung. Dies im Hinblick auf die Frage des größeren Schwindmaßes von fetteren Betonmischungen, ferner auf den natürlicheren und gesünderen Aufbau eines Splittbetons. Nicht zu vergessen ist noch das nachteiligere Verhalten eines über Gebühr mit Zement angereicherten Betons flüssiger Konsistenz hinsichtlich der Auswaschungen an den Schalwänden.

Kapitel 23. Bestimmung des Stoffbedarfs nach der Wasser-Zement-Lehre.

Wie eingangs in Kapitel 21 bereits gestreift, ist von Abrams eine große Reihe von Versuchen angestellt worden. (D. A. Abrams design of concrete mixtures Bulletin 1 of Structural Materials Research

Laboratory, Lewis Institute, Chicago, 4. Aufl. 1921 und Bulletin 8 „Effect of Hydr. Lime a. o. powdered admixtures in concrete".)

Sie haben unter anderem folgende Ergebnisse gezeitigt. Hierbei wird vorausgesetzt, daß die Zementmarke, die Mischdauer und sonstige Handhabung bei der Betonherstellung konstant, und die Zuschlagstoffe in baulicher Hinsicht gesund sind:

Die Betonfestigkeit ist nach Abrams lediglich vom Wasserzementfaktor, WZF abhängig. Vgl. hierzu Abb. 36 Kurve I. Bei Abrams ist der WZF, wie bereits erwähnt, gleich dem Verhältnis Wasser : Zement in Raumteilen, während man in der neueren Forschung Gewichtsteile annimmt; dementsprechend ist in Abb. 36 von

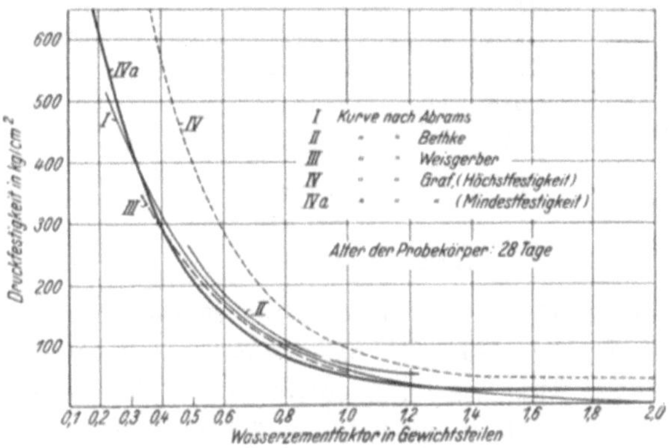

Abb. 36.
Beziehung zwischen WZF und Betondruckfestigkeit bei gew. Portlandzement.

Dr. Eisfelder die Abramskurve auf Gewichtsteile umgerechnet. Die Art, Gestalt und Menge der Zuschlagstoffe sind nach Abrams Theorie belanglos, solange es sich um verarbeitungsfähige Mischungen handelt; dies ist der Fall, wenn die Körnungen von 0—5 mm etwa mit 45% vertreten sind, ferner wenn der Beton nicht zu trocken und auch nicht zu naß ist. Zu vergleichende Zuschläge müssen denselben Feinheitsmodul FM haben. Zur Bestimmung des FM wird der zu untersuchende Zuschlagstoff durch einen Normalsiebsatz von 9 Sieben hindurchgesiebt. Die Maschenweiten betragen abgerundet:

0,15, 0,30, 0,60, 1,18, 2,36, 4,70, 9,40, 18,80, 38,10 mm.

Die Siebrückstände in Gewichtsprozenten des gegebenen Zuschlagquantums werden durch 100 dividiert und dergestalt der FM erhalten.

Beispiel: Die Rückstände würden der Reihe nach betragen:

1. Bei einem Feinzuschlag:

83% auf dem 0,15-mm-Sieb
80% „ „ 0,30- „
76% „ „ 0,60- „
72% „ „ 1,18- „
64% „ „ 2,36- „
58% „ „ 4,70- „

FM = 433 : 100 = **4,33.**

2. Bei einem Grobzuschlag:

100% auf dem 0,15-mm-Sieb
100% „ „ 0,30- „
100% „ „ 0,60- „
100% „ „ 1,18- „
100% „ „ 2,36- „
100% „ „ 4,70- „
95% „ „ 9,40- „
65% „ „ 18,80- „

FM = 760 : 100 = **7,60.**

Nach der Abramsschen Wasserzementlehre könnte demnach der Stoffbedarf, für deutsche Verhältnisse zugeschnitten, etwa folgendermaßen bestimmt werden, wobei wir die Abramssche Kurve in der Abb. 36a benutzen wollen, die sich übrigens mit der von Bethge gut deckt, desgleichen auch mit der Grafschen Kurve. In der Abb. 36a ist aus Abb. 36 die Kurve nach Abrams, Bethge und Graf ausgemittelt. Die obere Kurve gilt für hwZ und ist nach Baustellenversuchen des Verf. ermittelt.

Beispiel: Erforderlich seien nach der statischen Berechnung eines Hochbaues mindestens

$$W_{b28} = 175 \text{ kg/cm}^2.$$

Nach Abb. 36a entspricht dieser Festigkeit (bei Verwendung von gew. Portlandzement) ein WZF = 0,6. Gemäß § 6, Z. 2 der Deutschen Eisenbetonbestimmungen ist aber eine Mindestzementmenge von 270 kg/m³ vorgeschrieben, somit ist

$$\frac{\text{Wassergewicht}}{\text{Zementgewicht}} = \frac{W}{270} = 0{,}6$$

und die für 1 m³ Beton demnach erforderliche Wassermenge:

$$W = 270 \cdot 0{,}6 = \text{rd. } 160 \text{ l}.$$

Vorläufig liegt also ein Zementleim vor, der, wenn das Zementlitergewicht 1,25 beträgt, aus 270 : 1,25 = 216 l Zement und 160 l Wasser besteht. Da der Zement zu seiner Hydratisierung etwa 26—30 Gewichtsprozente an Wasser braucht (das sind rd. 216 · 0,28 = 60 l), so bleiben auf diese Weise noch 160—60 = 100 l Wasser gleichsam frei. Im ganzen entsteht durch Mischung von 216 l Zement und 160 l Wasser an Zementbrei $V = w + Z : \gamma = 160 + 160 : 3{,}05 = 212$ l Zementbrei.

Es muß nunmehr zu diesem Zementleim mit den 100 l an freiem Wasser soviel von den zu Gebote stehenden Zuschlagstoffen (Fein- + Grobzuschlag) zugemischt werden, daß nach Abrams ein ver-

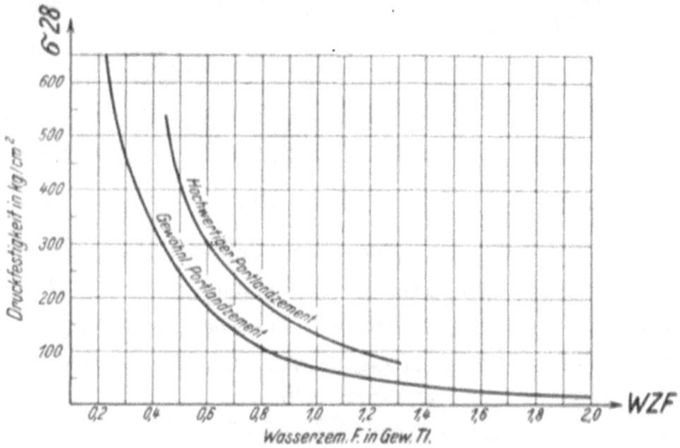

Abb. 36 a. Beziehung zwischen WZF und Betondruckfestigkeit bei gew. Portlandzement und hw. Portlandzement.

arbeitungsfähiger Beton entsteht. Man erkennt, daß hier ein gleichsam wunder Punkt der Abramsschen Wasserzementtheorie liegt. Gibt man nämlich zuviel Zuschlagstoff zum Zementleim hinzu so wird der Beton zu trocken und es kann der Zementleim die Körner nicht mehr umhüllen. Das haben auch spätere deutsche Versuche erwiesen, z. B. die erwähnten Kortlangschen. Gibt man anderseits zu wenig Zuschlagstoffe hinzu, so ist der entstehende Beton zu flüssig, und dies ist ebenso wenig zulässig wie wenn man zuviel Zuschlagstoff beigibt, wodurch, wie erwähnt, der Beton allzu trocken wird. Durch Ausprobieren muß eben nach Abrams die richtige Steife (Konsistenz) gefunden werden. Hat man also auf diese Weise festgestellt, daß man beispielsweise 1300 l Kiessand für einen Kubikmeter Festbeton nötig hat, so muß man jetzt zu einer Korrektur des bisher mit 0,6 zugrunde gelegten WZF schreiten, und zwar mit Rücksicht auf die in den Zuschlägen enthaltene Naturfeuchtigkeit

(Erdfeuchtigkeit und etwaiges Niederschlagswasser). Dieser Wassergehalt der Zuschläge schwankt am Bau zwischen 1,2 und 4,5 Gew.-%, das sind rd. 1,8—5,5 Raum-%. Im übrigen betragen die Naturfeuchtigkeitsgehalte überschläglich in Raum-%:

Sehr nasser Sand	12%
Mäßig nasser Sand.......	8%
Erdfeuchter Sand	4%
Erdfeuchter Kies oder Splitt . .	4%

Durch einen Trocknungsversuch und Bestimmung des Litergewichts vorher und nachher stellt man die in den Zuschlägen enthaltene Naturfeuchtigkeit fest. Sie sei im vorliegenden Beispiel 1,8 R-%; dies ergibt bei 1300 l Zuschlag:

$$1300 \cdot 1{,}8/100 = \text{rd. } 23 \text{ l Wasser.}$$

Diese 23 l Wasser sind aber zu den ursprünglich vorhandenen 160 l hinzuzuzählen und wir haben demnach eine Gesamtwassermenge von

$$160 + 23 = 183 \text{ l};$$

infolgedessen berechnet sich der neue WZF zu 183 : 270 = 0,68.

Sehen wir in Abb. 36a nach, so entspricht diesem WZF von 0,68 eine Festigkeit von nur 150 kg/cm². Da aber, wie eingangs erwähnt, nach der statischen Berechnung mindestens 175 kg/cm² erforderlich sind, so können wir, um unseren früheren WZF = 0,6 zu erhalten, die Zementmenge erhöhen auf 270 · 0,68/0,60 = 306 kg/m³. Jetzt ist man leicht imstande den ersten Probeversuch zu verbessern und dabei festzustellen, wieviel man von den Zuschlägen hinzufügen muß, um ein verarbeitungsfähiges Gemisch zu erhalten. Besitzt die Betonmasse auch dann noch eine zu große Steifigkeit, so kann man schon durch geringe Zusätze von ganz feinem Sand oder Traß das Gemenge beweglicher machen, wobei oft je nach Menge des Zusatzstoffes, ein mehr oder minder bedeutender Festigkeitsabfall in Kauf genommen werden muß. Auch beachte man, daß der Traßzusatz die Ausschalfristen etwas verzögert. Vgl. Kapitel 15.

Im vorliegenden Falle wurde also, wie erwähnt, das durch den Anfall des Wassers aus der Naturfeuchtigkeit bedingte Mehr an Zement hinzugefügt, um wiederum auf den ursprünglichen WZF zu kommen. Man kann natürlich auch den umgekehrten Weg gehen und unter vorheriger Schätzung der Menge der Zuschläge, den aus der Naturfeuchtigkeit anfallenden Wasserbetrag von den ursprünglichen 160 l Wasser abziehen. Auf diese Weise sind also zu den 270 kg Zement (wenn man den letzteren Weg einschlagen will) nicht

160 l, sondern 160 — 23 = 137 l zuzufügen, damit der ursprüngliche in Ansatz gebrachte WZF von 0,6 gewahrt bleibe. Erspart wird hierdurch nichts, weil zu dem nunmehr in geringerer Menge wie im ersten Fall vorhandenen Zementleim jetzt auch weniger Zuschläge zugefügt werden können, um die gleiche Verarbeitbarkeit zu erzielen. Im übrigen sind in Abb. 36 die Kurven der verschiedenen erwähnten Forscher von auffallend guter Übereinstimmung (abgesehen von Kurve IV). Aus diesem Grunde sind die Kurven in der darauffolgenden Abb. 36a ausgemittelt, wobei nicht zu vergessen ist, daß diese Kurve für gew. Portlandzement gilt. Für hochwertigen Zement ist, wie erwähnt, die obere Kurve verwendbar. (Nach einigen Baustellenversuchen des Verf.) Die Abb. 37 gibt Versuche von Weisgerber (Zement 1927, S. 595) wieder, und man erkennt hier deutlich den Einfluß des Mischungsverhältnisses auf die

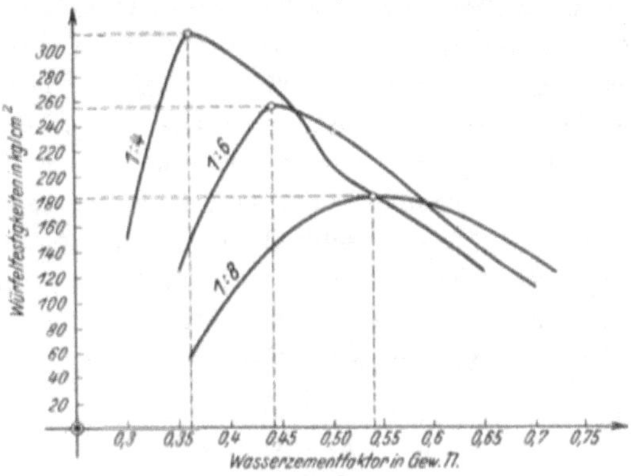

Abb. 37.

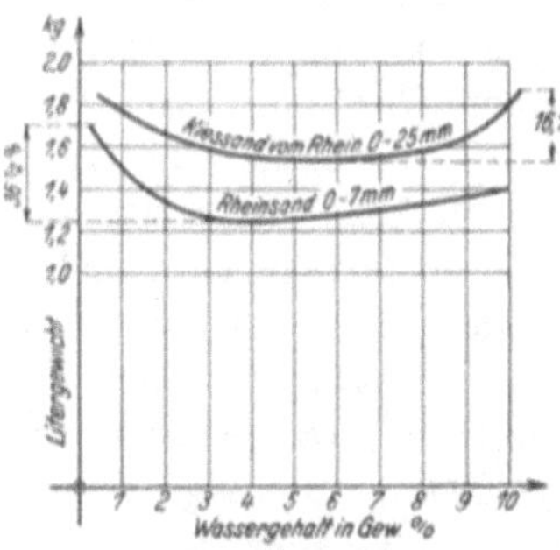

Abb. 38.

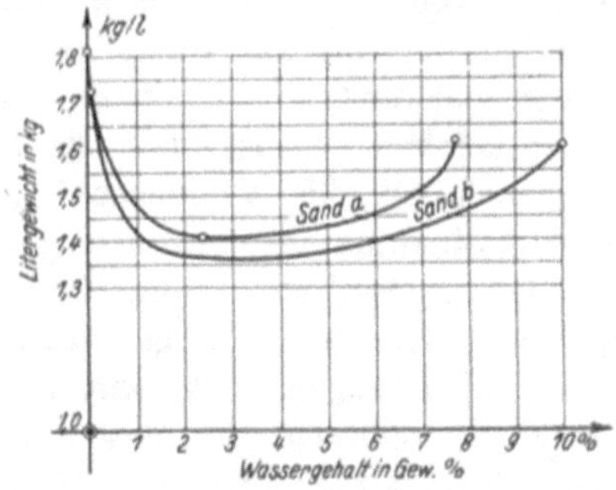

Abb. 38 a.

WZF-Kurve; demnach ist für die Wasserzementfaktoren 0,30—0,55 eine starke Abweichung in den Festigkeiten vorhanden, während sich die absteigenden Kurvenäste ziemlich gut decken. Abb. 38 gibt die bereits angeführte Verschiedenheit des Raumgewichtes von Sand bei verschiedenem Feuchtigkeitsgehalt (aus Graf, „Aufbau des Mörtels"); ferner von zwei Sanden nach Versuchen von Staudt, Abb. 38a, wobei man den Einfluß der Körnung auf das Raumgewicht erkennt. Wie wir in Kapitel 21 gehört haben, ist die Festigkeit des Betons unter anderem auch von der Größe der Oberfläche des Zuschlagstoffes abhängig. Aus diesem Grunde hat man sich oft schon Gedanken über die Art und Weise der Oberflächenbestimmung gemacht. Demgemäß ist auch diese Oberflächenbestimmung schon auf die verschiedenartigste Weise zu ermitteln versucht worden, z. B. von Graf durch Kornabzählung in der Raumeinheit, Bestimmung des spez. Gewichtes des Durchschnittsgewichtes eines Kornes einer jeden Stufe, und schließlich durch die Berechnung der Oberfläche eines Durchschnittskornes jeder Stufe und der Annahme einer bestimmten Korngestalt. Graf fand in einem Falle für Sand folgende Oberflächen von 1 kg Sand:

0—0,24 mm	29,00 m²
0,24—1,0 mm	3,13 „
1—3 mm	1,64 „
3—7 mm	0,56 „

Die Oberflächen der einzelnen Korngrößen verhalten sich hier also wie 52 : 5,6 : 2,9 : 1. Jung gibt in der „Bautechnik“ 1926, S. 613, ein anderes, völlig abweichendes und interessantes Bestimmungsverfahren für die Größe der Kornoberfläche, was schlechterdings ebenso wie das Grafsche Verfahren nur anwendbar ist, wenn Sand bzw. Kies nur aus einem oder zwei Stoffen besteht. Zu diesem Zwecke schleift sich Jung aus einem Weserkies (der vorwiegend plättchenförmig war und aus Kalkstein und Feldspat bestand) zwei Versuchsplättchen heraus, mißt die Wasseraufnahme experimentell je Flächeneinheit der Versuchsplättchen und schließt dann auf die Wasseraufnahme des ganzen übrigen Kieses. Nachstehende Tabelle, die aus der erwähnten Jungschen Abhandlung entlehnt ist, zeigt in der ersten Gruppe die Ergebnisse, wenn ein Siebsatz mit möglichst vielen Abstufungen verwendet wird; die mittlere Gruppe zeigt die Ergebnisse nach der Theorie von Martens (Mitt. aus den Kgl. Techn. Versuchsanstalten zu Berlin 1897, S. 89 usw.) und die unterste Gruppe enthält die Oberflächenverhältnisse, wenn der Siebsatz des Laboratoriums der Stadt Berlin (Dr. Herrmann) verwendet wird.

Man erkennt hieraus, daß die Ergebnisse nach den angeführten drei verschiedenen Bestimmungsverfahren nicht unerheblich voneinander abweichen.

Die Abb. 39 zeigt das Ergebnis von weiteren Versuchen Jungs in Schaulinien, aus denen erkennbar ist, daß die Oberfläche auch

Weserkies, spez. Gewicht = 2,63.

Korngröße in mm	Gewicht[4]) von 500 Körnern in g	Körnerzahl auf 100 g Kies	Unter Annahme der Kugelform: mittl. ϕ berechnet aus (b) und dem spez. Gewicht in mm	Unter Annahme der Kugelform: Oberfläche in cm² von 100 g Kies	Oberfläche durch Anfeuchtung ermittelt für 100 g Kies in cm²
(a)	(b)	(c)	(d)	(e)	(f)
Siebsatz I (möglichst viele Abstufungen).					
K_8 7,5 — 6,3	266,0	188	7,3	314,4	402
K_7 6,3 — 4,0	111,0	450	5,44	418,0	543
K_6 4,0 — 3,0	41,8	1195	3,92	577	744
K_5 3,0 — 2,0	14,9	3353	2,77	810	1072
K_4 2,0 — 1,0	3,79	13187	1,763	1290	1680
K_3 1,0 — 0,63	0,26	192334	0,723	3165	4102[3])
K_2 0,63 — 0,2	0,047[2])	1063334	0,41[1])	5620	7300[3])
K_1 0,2 — 0,0	0,00069[2])	72466667	0,10[1])	22480	29200[3])
Siebsatz II[5]) (entsprechend der Theorie nach Martens).					
K_6 6,0 — 4,0	103	485	5,31	431	561
K_5 4,0 — 1,67	8,45	5921	2,31	909	1187
K_4 1,67 — 0,83	0,930	53780	1,10	1980	2575
K_3 0,83 — 0,57	0,236	212000	0,70	3265	4240
K_2 0,57 — 0,2	0,047	1063000	0,41	5620	7300
K_1 0,2 — 0,0	0,00069	72466667	0,10	22480	29200
Siebsatz III[5]) (Charlottenburger).					
K_4 6,3 — 2,0	41,7	1198	3,92	539	702
K_3 2,0 — 0,63	0,343	145730	0,79	2675	3540
K_2 0,63 — 0,2	0,047	1063334	0,41	5620	7300
K_1 0,2 — 0,0	0,00069	72466667	0,10	22480	29200

vom spez. Gewicht des untersuchten Kieses abhängt. Die unterste Kurve ist nach dem Amerikaner Edwards eingetragen. Wenn man eine ungefähre Vorstellung haben will, was irgendein Sand für eine Kornoberfläche habe, so leisten die Kurven gute Dienste; man muß nur vorher in die einzelnen Korngrößen 0,5, 1, 2, 3, 4, 5, und 6 mm absieben. Man kann dann die mittlere Kurve zugrunde legen, oder man unterzieht sich noch der Mühe, das spezifische Gewicht der Korngattungen zu bestimmen.

Für Baustellenzwecke ist es indessen meist ausreichend, wenn man der Oberflächenfrage dadurch gerecht wird, daß man einen

[1]) geschätzt. [2]) berechnet aus [1]).

[3]) Diese Werte waren durch Versuch nicht mehr zu ermitteln. Die für K_8 bis K_4 durch Versuch gefundenen Werte ergeben im Durchschnitt etwa 130 % der entsprechenden Werte von (e). Aus diesem Grunde sind die Werte für K_3 bis K_1 unter (f) gleich dem 1,3fachen Werte der entsprechenden Größen unter (e) gesetzt.

[4]) Mittelwert aus vier Wägungen.

[5]) Die genaue Ermittlung der Werte für die Siebsätze II und III ist in der ausführlichen Schrift des Verfassers angegeben.

entsprechenden Überschuß an Zement über den Hohlraumbedarf hinaus vorsieht, und zwar mindestens 10% (vgl. Kapitel 25), insbesondere Abb. 39a.

Der Amerikaner Williams empfiehlt, im Hinblick auf die Größe der Kornoberfläche, bestimmte Verhältniszahlen von Fein- zu Grobmaterial, um einen möglichst dichten und festen Beton zu erhalten, und kommt diesbezüglich auf Grund seiner Versuche zu folgendem

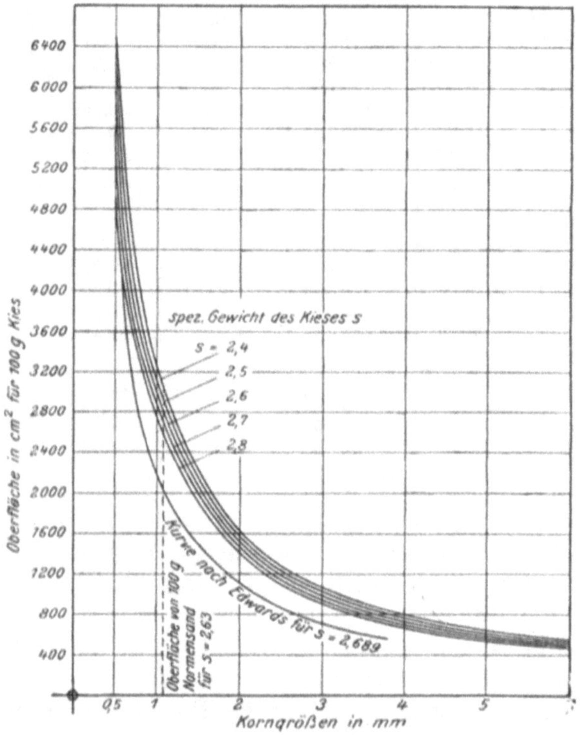

Abb. 39. Oberfläche von 100 g Sand bis 6 mm als Funktion der Korngröße (nach Jung).

Ergebnis: Sande, die eine Oberfläche von weniger als 4500 cm² je 100 g einnehmen, gestatten ein Verhältnis Fein zu Grob von 1 : 1, während solche Sande, die sich der Grenze 7000 cm² nähern, die besten Ergebnisse bei einem Verhältnis 1 : 2 zeitigen. Vorstehende Werte gelten für Flußkies. Für Grubenkies ist zu beachten, daß er häufig 60—90% an feinem Korn enthält; die Oberflächen stellen sich hier zwischen 2300 und 3200 cm², und die besten Betone werden hier bei einem Verhältnis Fein zu Grob von 1 : 1 bis 3 : 2 erzielt (vgl.

hierzu das Referat des Verf. in der Konstr.-Beilage der Deutschen Bauzeitung vom 7. August 1926, S. 114).

Kapitel 24. Steife (Konsistenz) und Verarbeitbarkeit.

Hinsichtlich der Wahl obiger Bezeichnungen kann hier eine Verabredung derart getroffen werden, daß unter Steife (Konsistenz) ein mehr oder weniger flüssiger Zustand des Betons verstanden werden soll, der lediglich als F u n k t i o n des W a s s e r z u s a t z e s gedacht ist. Die Verarbeitbarkeit dagegen ist nicht vom Wasser-

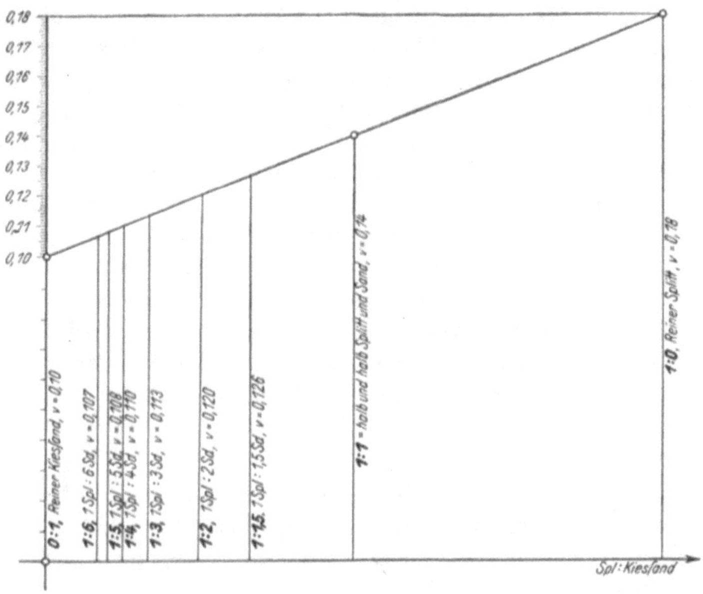

Abb. 39 a. Größe der erforderlichen Verkittungsziffer v bei verschiedenartigen Kies — Splittgemengen.

zusatz allein abhängig, sondern von dem ziemlich umfangreichen Komplex der übrigen Nebenumstände bei der Betonzubereitung; dahin gehören Mahlfeinheit des Zements, Grundstoffart, Gestalt und Korngrößenabstufung der Zuschlagstoffe, die Art und Länge des Mischvorganges und schließlich die Witterungseinflüsse. Hinsichtlich des Einflusses der angeführten Punkte sei bemerkt, daß sie in manchen Fällen von überragendem Einfluß sein können; beispielsweise hat sich gezeigt, daß ein Basaltsplitt mit vorwiegend glasiger Grundmasse eine weitaus bessere Verarbeitungsfähigkeit bewirkte als ein Granitsplitt und selbst als gewöhnlicher Kies.

Als Maß der Verarbeitbarkeit dient meist die sog. Setzprobe (slump), obwohl öfters behauptet wird, daß sie nicht genau genug sei. Dies ist jedoch nicht zutreffend, wenn die Setzprobe stets vom selben Personal vorgenommen wird, das sich stets genau derselben Handhabung befleißigt.

Für die Setzprobe bedient man sich eines kegelstumpfförmigen Trichters, der oben und unten offen ist; Höhe 30 cm, unterer Durchmesser 20 cm und der obere 10 cm. Der Trichter ist aus kräftigem, galvanisch verzinktem Blech gefertigt, hat an den Seiten Handgriffe zum Hochheben und unten zwei abstehende Dorne, auf die man die Füße während des Betoneinbringens setzt, um ein Verschieben zu vermeiden. Als Unterlage dient ein glatt gehobeltes Brett, das, sofern es zum ersten Male benützt wird, etwas einzuölen ist, um zu vermeiden, daß Wasser aufgesaugt wird. Zur Vornahme des Versuches wird der Trichter etwa zu einem Viertel mit dem zu untersuchenden Beton gefüllt, worauf man mit einem halbzölligen, unten etwas angespitzten Eisen 20—30mal längs des Trichterrandes sowie in der Mitte in die Betonmischung stochert, um die Form gut auszufüllen und Luftblasen auszutreiben, was wiederholt wird, so oft ein weiteres Viertel vollgefüllt ist. Zum Schluß wird der Trichter glatt abgestrichen. Drei Minuten nach beendeter Füllung wird der Setztrichter möglichst lotrecht abgehoben, worauf die Setzprobe mehr oder minder zu einem niedrigeren Betonkegel zusammensackt. Ist die Höhe dieses abgesackten Betonkegels z. B. 22 cm, so ist das Setzmaß $s = 30 - 22 = 8$ cm.

Die Setzprobe, die im übrigen in den „Leitsätzen" des Betonvereins gut illustriert ist, zeitigt verhältnismäßig gute und auch ziemlich gleichmäßige Ergebnisse, wenn man folgendes beim Setzversuch beachtet:

Man schalte den unsichersten Faktor, nämlich den Einfüllprozeß hinsichtlich der damit verbundenen Ungenauigkeiten dadurch möglichst aus, daß man durch geeignete Vorbereitungen den Einfüllprozeß bei jeder Setzprobe stets gleich lang hält. Ferner ist nicht zu vergessen, daß der Eimer, aus dem man den Beton in den Setztrichter eingießt, ab und zu mit einer Kelle umgerührt wird, weil sich sonst oben die Zementmilch absetzt und als erste Schicht in den Trichter fällt, was dem Versuch abträglich ist. Schließlich wird man sich noch bestreben müssen, den Trichter möglichst flott und möglichst genau in Viertelteilen zu füllen. Dies geschieht am besten mit einem 2-l-Gefäß, das man jedesmal zu $^2/_3$ vollfüllt; da nun der Trichter etwa $5^1/_3$ l faßt, so stellt die geschilderte knappe

$^2/_3$-Füllung des Schöpfgefäßes ziemlich genau eine Viertelfüllung dar. In dieser angegebenen Weise wird man bei allen Setzproben eine möglichst gleichlange Zeitdauer innehalten können, so daß die Ergebnisse wohl ausreichend verläßlich sind. Über die Größe des je nach Art der beabsichtigten Betoneinbringung erforderlichen Setzmaßes lassen sich genaue Angaben nicht geben, weil beispielsweise allein schon die Witterungsverhältnisse eine durchaus nicht unbedeutende Rolle spielen, indem an sehr heißen, trockenen Tagen für die Gießfähigkeit eines Betons (aus Gießrinnen von bestimmter Neigung), das Setzmaß bis zu 20—30 mm größer sein muß wie an feuchten und kühlen Tagen. Sind hohe Sommertemperaturen überdies mit kräftigem Wind gepaart, so ist bis zu 30% des Anmachewassers mehr mit Rücksicht auf die starke Verdunstung zuzufügen. Im allgemeinen können für die Größe des Setzmaßes als erforderlich angesehen werden bei:

1. erdfeuchtem Beton .	15— 25 mm	Setzmaß.
2. weichem Beton . . .	50—100 mm	
3. Gußbeton	140—180 mm	

Weil also, wie vorhin erwähnt, das Setzmaß als Maßstab des Grades der Verarbeitbarkeit nicht allein vom Wassergehalt abhängig ist, so kann man naturgemäß die erforderlichen Anmachwassermengen für die obigen drei Konsistenzgrade: erdfeucht, weich und schließlich gießfähig nicht genau angeben. In rohen Grenzen betragen sie in Raumprozenten bei:

1. erdfeuchtem Beton .	8—10%[1]	Wasserzusatz in R.-% bei naturfeuchtem Kies.
2. weichem Beton . . .	11—13%	
3. Gußbeton	14—20%	

Beträgt das Setzmaß jedoch über 20—21 cm, dann neigt das Betongemisch schon beträchtlich zu Entmischungen, namentlich bei Zementen mit sehr hoch getriebener Mahlfeinheit; auch sondert sich leicht der Grobzuschlag vom Sand. Die angegebenen Zahlen sind, wie gesagt, nur Annäherungen, denn als weitere Veränderliche steckt darin vor allem auch noch das Anmachealter des Betons und weiterhin noch die Zementgattung. Ist beispielsweise eine Betonprobe an der Verbrauchstelle unterhalb der Schüttrinne entnommen, so verhält sie sich hinsichtlich des Setzmaßes wesentlich anders als wie eine an der Mischmaschine entnommene Probe. Die meisten

[1]) Die in den Erläuterungen zu den Eisenbetonbestimmungen, 4. Aufl., S. 66, angegebenen Grenzwerte 7—13, 13—18 u. 18—23 weichen von den obigen Werten nicht unerheblich ab und haben sich in zahlreichen Baustellenversuchen des Verf. nicht bestätigt.

Bauleiter entnehmen aber mit Vorliebe die Betonprobe an der Verbrauchstelle, um eben ein Urteil über die Verarbeitbarkeit in der Schalung selbst zu gewinnen. Im Interesse der Gleichmäßigkeit der Setzversuche entnehme man den Beton selbstverständlich während des ganzen Baues immer nur an einer Stelle, am besten an der Mischmaschine. Würfelproben dagegen entnehme man der Einbringstelle.

Zum Schluß sei noch auf die Frage eingegangen, auf welche Weise ein geplantes, vorhandenes Betongemenge hinsichtlich seiner Verarbeitbarkeit verbessert werden kann. Angenommen, die Zusammensetzung eines Betons sei derart errechnet worden, daß er in bezug auf Festigkeit und Dichtigkeit nichts zu wünschen übrig ließe. Wie bereits auch an anderer Stelle erwähnt, besitzt gerade die nach der Fullerkurve oder nach dem experimentellen Verfahren ermittelte Kornabstufung die Eigenschaft ziemlich rauh und sperrig zu sein; dementsprechend ist der damit erzeugte Beton ziemlich schlecht in bezug auf Verarbeitungsfähigkeit. Will man letztere nun etwas verbessern (d. h. einen beweglicheren Beton erhalten), so gibt es im allgemeinen hierfür vier Wege, nämlich durch:

1. Zusatz von Feinsand,
2. Zusatz von pulverigen Stoffen, auch Traß,
3. Steigerung des Wasserzusatzes,
4. Verwendung eines feiner gemahlenen Bindemittels.

Mit Ausnahme von Punkt 4 ist durch die angeführten Maßnahmen eine Einbuße an Festigkeit verbunden. Setzt man nach Punkt 2 Traß zu, so holt ein ein solcher Beton nach längerer Zeit wieder die Festigkeit recht gut auf. Steht man vor der Wahl, welche der obigen vier Maßnahmen man ergreifen soll, so muß man in jedem einzelnen Falle durch Versuch ausprobieren inwieweit die dergestalt erzielte Würfelfestigkeit noch den Forderungen der statischen Berechnung genügt. In einem besonderen Falle z. B. betrug bei einem Sand-Kies-Beton 1 : 4,5 unter Verwendung von hochw. Zement die Würfelfestigkeit $W_{28} = 330$ kg/cm². Das Setzmaß betrug hierbei allerdings nur 6½ cm, was nicht im entfernten ausreichte, weil der Beton gegossen werden sollte. Der Beton wurde nach mancherlei Vorversuchen gießfähig gemacht durch Beigabe von etwa 6 Gew.-% Feinsand (Punkt 1), von 4,6% Wasser (Punkt 3), schließlich noch durch Beigabe von 20 kg Traß (je m³ fertigen Betons) gemäß Punkt 2; die dann erzielten Würfelfestigkeiten betrugen im Mittel 150 kg/cm², was nach der statischen Berechnung ausreichend war.

Die Amerikaner benutzen hauptsächlich Punkt 1 und Punkt 2; Punkt 1 nennen sie „Übersanden“ (oversanding), und sonst verwenden sie auch eine Beigabe von Diatomeenerde (Celite), die sie bei einem Beton 1 : 2 : 4 mit 3% (Gew.-% des Zements) bemessen. Vgl. hierzu das angeführte Referat des Verf. in der deutschen Bauzeitung: Die Wirkung von Diatomeenerde auf die Betonfestigkeit nebst Betrachtungen über die sog. übersandeten Betone (vom 7. Aug. 1926, Konstruktionsbeilage).

Kapitel 25. Bestimmung des Stoffbedarfs nach der Hohlraumlehre.

1. Allgemeines[1]).

Es wird hierbei grundsätzlich so verfahren, daß man auf irgendeine Weise die Lufthohlräume in dem fraglichen Zuschlagstoff bestimmt und diesen mit Zementpulver ausfüllt; auf diese Weise füllt man die Hohlräume gleichsam mit einer feinsten Körnung — durch Zement — auf. Demzufolge wird bisweilen hierbei auch die Ansicht vertreten, daß man in der Fullerkurve (vgl. Kapitel 22), dann an Stelle des hinzugefügten Zementpulvers, das entsprechend Feinste vom Sand fortlassen kann, ein Vorgehen, das nicht empfehlenswert ist, weil kein Zuschlagsgemisch so vollkommen ist, daß nicht doch irgendwo noch Hohlräume zu füllen sind und dies soll eben das Zementpulver bewerkstelligen. Weil aber die Zuschlagstoffe in der Mischmaschine erheblich eingerüttelt und durchgemischt werden, so wird für die Bestimmung der erforderlichen Zementmenge das Hohlraummaß der gut eingerüttelten Zuschlagstoffe zugrunde gelegt.

Wenn nun die Hohlräume eines Zuschlagstoffes beispielsweise zu 29%, d. s. 290 l/m³, bestimmt sind (hierbei nennen wir 0,29 die Hohlraumziffer h), so wären also für 1000 l Zuschlagstoff 290 l Zementpulver zur Ausfüllung der Hohlräume erforderlich. Überdies ist aber noch ein Überschuß zur Einkleidung, d. i. Umhüllung, ferner zur Verkittung der einzelnen Steinkörner erforderlich. Die Größe dieses hierzu nötigen Zementüberschusses richtet sich nach der Größe der Oberfläche der Körner (vgl. Kapitel 23 am Schluß) und ist im allgemeinen bei einem Kiessandgemenge mit 10% genügend bemessen. Hat man ein Kiessand-Splittgemenge 1 : 1, so sind 14% ausreichend, für reinen Splitt 18%; für Zwischenwerte interpoliert

[1]) Der Amerikaner Talbot hat auf Grund zahlreicher Versuche festgestellt, daß — bei konstantem Zementgehalt — die Betonfestigkeit mit abnehmenden Hohlräumen zunimmt. Vgl. Eng. News-Rec. 1921, Bd. 87, S. 147.

man entsprechend und erhält die folgenden Werte gemäß Abb. 39a:

Reiner Kiessand	. . . .	10,0%
1 Splitt : 6 Kiessand	. . . .	10,7%
1 „ : 5 „	. . . .	10,8%
1 „ : 4 „	. . . .	11,0%
1 „ : 3 „	. . . .	11,3%
1 „ : 2 „	. . . .	12,0%
1 „ : 1 „	. . . .	14,0%
Reiner Splitt	. . . .	18,0%.

Beträgt beispielsweise der genannte Zementüberschuß für die Verkittung 12%, so nennen wir den hundertsten Teil davon die Verkittungsziffer v; in diesem Falle wäre also $v = 0{,}12$. Ferner kann man das Verhältnis Zementvolumen : Hohlraumvolumen den Dichtigkeitsgrad D der Betonmischung nennen; er beträgt also bei Kiesbeton mindestens 1,1 und bei Splitt 1 : 12 (halb und halb Splitt und Sand) mindestens gleich 1,14. Die obenerwähnte Verkittungsziffer v ist also nichts anderes wie der Überschuß an Zement über das Hohlraumvolumen und beträgt also sinngemäß $v = 0{,}10$ bis 0,18 (vgl. hierzu Abb. 39a).

2. Die Hohlraumlehre im besonderen.

H soll für ein Zuschlagvolumen J den Betrag der Hohlräume bezeichnen; dann ist — wie oben angedeutet — die Hohlraumziffer:

$$h = H : J.$$

Bevor des näheren hierauf eingegangen wird, sollen gleichsam die technisch-physikalischen Voraussetzungen erörtert werden, die hierbei notgedrungen gemacht werden müssen. Sie sind im wesentlichen folgende:

a) Obgleich die Hohlräume durch Wasserzugießen (nämlich bis Oberkante der eingerüttelten Zuschlagstoffe) auf experimentellem Wege ermittelt werden und damit naturgemäß kleinere Differenzen in Kauf genommen werden müssen, so wird trotzdem angenommen, daß der Rauminhalt, den das zugegossene Wasser einnimmt, auch tatsächlich dem Hohlraumbetrage des Zuschlagstoffes entspricht.

b) Durch die erwähnte, für die Einhüllung der Steinkörner erforderliche nachherige Zementzugabe für Kornumkleidung und Verkittung wird das Hohlraumverhältnis wohl um ein Geringes verschoben, worauf aber keine Rücksicht genommen wird.

c) Auf das vom Zuschlag selbst aufgesaugte Wasser wird ebenfalls keine Rücksicht genommen.

d) Es wird angenommen, daß der Zuschlagstoff, wenn er eingerüttelt, gestochert und eingeschlemmt wird, auf ein Volumen zusammenschrumpft — eingeht —, das dem Volumen des fertigen Betons angenähert gleich ist, was sich in der Tat in zahlreichen Versuchen bestätigt hat.

Von diesen gemachten vier Voraussetzungen ist *a* ohne weiteres zulässig, namentlich wenn man die Gegenprobe dergestalt anstellt, daß man in das Gefäß zuerst die unter a) ermittelte Wassermenge eingießt und nachher erst die Steine — weil auf diese Weise Luftblasen leichter entweichen können — vorsichtig einkippt. Indessen sind die auftretenden Unterschiede in der Tat gering.

Die Voraussetzung b) bedingt eine Ungenauigkeit, weil die mit einer gewissen Zementhaut umkleideten Körner hernach einen etwas größeren Hohlraumbetrag aufweisen werden als vorher bei der ersten Messung, wobei diese Umkleidungshaut fehlte. Diese Ungenauigkeit ist jedoch nicht von Belang, da es sich einmal nicht um erhebliche Differenzbeträge handelt, ferner weil doch immerhin das Volumen des Anmachewassers zur Sicherheit ganz und gar vernachlässigt ist.

Die Voraussetzung c) schließlich ist ebenfalls angängig, weil jeder Zuschlagstoff mehr oder minder Naturfeuchtigkeit in sich birgt (1,8—4,5%, vgl. Kapitel 23), somit ist der Differenz-Aufsaugebetrag an Wasser innerhalb der kurzen Mischzeit kaum mit 0,5% bis 1% einzuschätzen und daher vernachlässigt. In einem Sonderfalle betrug die Wasseraufsaugung bei Quarzit 0,9 Gew.-%, bei Porphyr 0,8 Gew.-% (Lagerung von 1 Stde. Dauer).

Die Voraussetzung d) endlich kann aus folgenden Gründen unbedenklich gemacht werden:

1. Der Zement füllt die Hohlräume der Zuschläge aus.
2. Das „Mehr", das durch den hier nicht berücksichtigten Wasserzusatz entsteht, geht in der Schalung durch Abfließen der Zementmilch und durch Aufsaugung z. T. wieder verloren.
3. Durch Verdunstung auf dem ganzen Wege von der Mischmaschine bis zur Verbrauchsstelle wird ebenfalls an Wasser eingebüßt.

Dies gilt in erster Linie für Beton von gießfähiger Konsistenz. Bei Stampfbeton ist für die Stoffbedarfberechnung der Wasserzusatz erst recht vernachlässigbar, weil er von Hause aus gering ist.

Man soll überhaupt bei der Berechnung des Stoffbedarfs nicht in den Fehler verfallen einer jeglichen Methode eine allzu weitgehende

Bedeutung zuzumessen, da schon in der mehr oder minder schwankenden Kornzusammensetzung an sich (selbst innerhalb einer einzigen Kieslieferung), ferner in der Art der Zumessung der Betonbestandteile naturgemäß erheblich mehr Fehlerquellen enthalten sind als in den vorstehend gemachten Voraussetzungen, insbesondere aber auch durch die Art und Weise wie die Proben der Zuschlagstoffe (als Mittelwert aus einem größeren Haufwerk) entnommen werden.

8. Praktische Durchführung der Hohlraummessung auf experimentellem Wege.

An Geräten sind erforderlich außer einem gewöhnlichen Eimer noch eine Kaufmannswage und eine gute Dezimalwage, ein Litermaß, ferner eine mit verzinktem Blech beschlagene Mischpritsche. (Besser als der Eimer ist ein kräftiges zylindrisches Gefäß von 10 l bei 27 cm Durchmesser).

Der Eimer fasse zum Beispiel 17 l und habe ein Eigengewicht von 1,8 kg. Es ist nach dem Hohlraumbetrag gefragt beispielsweise eines Splitt-Sand-Gemisches von einer beabsichtigten Betonmischung 1 : 2 Splitt : 4 Sand (doppelt so viel Sand wie Splitt).

a) Bestimmung der Eingangsziffer der Zuschläge.

Wenn man z. B. 100 l Splitt und 200 l Sand, also zusammen 300 l Zuschlagstoffe, durch die Mischmaschine gehen läßt, dann schieben sich während des Mischvorganges die kleineren Körner zwischen die größeren und nehmen aus diesem Grunde nach dem Mischvorgang nicht mehr 300 l Volumen ein, sondern weniger z. B. 260 l. Dies ist somit das 260 : 300 gleich das 0,87 fache der ursprünglichen losen 300 l. Man nennt die Zahl 0,87 die Eingangsziffer *e* der Zuschlagstoffe, weil eben die 300 l auf 260 l eingegangen sind.

Um also den Eingang unseres obigen Zuschlaggemisches wenigstens annähernd vorauszubestimmen, sollen Splitt und Sand, ohne vorerst vermischt zu werden, getrennt in den Eimer mit dem Litermaß eingefüllt werden, und zwar unten eine Lage Splitt von $\frac{1}{3} \cdot 17$ gleich 5,67 l und obenauf Sand doppelt soviel, nämlich 11,33 l (Probe: $5{,}67 + 11{,}33 = 17$), worauf der Sand mit Eimeroberkante abgestrichen wird. Hierauf kippt man den Eimerinhalt auf die Mischpritsche und mischt mit Steingabeln etwa 3 min gut durch. Der stets gleichmäßigen Mischung halber ist es an Stelle der Handmischung vorzuziehen, lieber 2 min trocken in der Mischmaschine zu mischen. Man kann sich hierzu einer kleinen, von Hand angetriebenen Mischmaschine von 70 l Trommelinhalt bedienen. Aller Sand ist jedoch herauszukratzen. Nun füllt man das Gemisch wieder in den Eimer zurück und gießt mit dem Litermaß 2 l Wasser zu, unter fortwährendem Rütteln und Durchstochern des Inhalts. Während des Stocherns (man bedient sich dabei eines 16 mm, unten zugespitzten Rundeisens) gießt man weiter mit dem Litermaß Wasser zu bis es mit Oberkante der Steine bündig steht. (Das Einfüllen muß langsam geschehen und das Rütteln und Stochern sehr gründlich erfolgen.) Es seien z. B. 2,56 l Wasser dazu nötig gewesen. Angenommen, die Zuschläge sind bisher infolge des Mischens, Stocherns und Einschlemmens um 4,5 cm (von Eimeroberkante gemessen) zusammengesackt. Der Eimerdurchmesser sei, in der Mitte dieser $4\frac{1}{2}$ cm (also 2,25 cm von Eimeroberkante) gemessen, gleich 29 cm = 2,9 dm, dann beträgt der Eingang $\frac{\pi}{4}\ 2{,}9^2 \cdot 0{,}45 = 3{,}0$ l, und die Eingangsziffer beträgt

$$e = \frac{17 - 3{,}00}{17} = \frac{14{,}0}{17} = 0{,}83.$$

Man kann e noch bequemer bestimmen, indem man die Wassermenge mißt, die noch erforderlich ist, um den Eimer von der Steinoberkante ab ganz voll zu füllen. Angenommen, dieser letzte Wasserbetrag W war mit 3 l gemessen, dann findet sich e aus obigem Ansatz. Dieser Wert wird etwas genauer sein, als wenn rechnerisch bestimmt. Statt den Kies, Splitt im Hohlraummaß zuzusetzen, kann man auch die Raumgewichte vorher bestimmen und nachher alles dem Gewicht nach zumessen, ein Verfahren, das nur scheinbar genauer dünkt; die Ungenauigkeitsquelle liegt hier dann in der Probeentnahme.

Der Eingang wird um so kleiner sein, je mehr sich die zusammenzusetzenden Anteile Splitt und Sand gegenseitig im Korn unter Annäherung an die Fullerkurve ergänzen und je vollkommener und länger der Mischprozeß vollzogen wird (vgl. Kapitel 22). Dagegen wird der Eingang um so größer sein, je mehr sich die Kornzusammensetzung von der Fullerkurve entfernt und je länger der Mischprozeß.

b) Bestimmung der Hohlräume.

Die Vorarbeit ist bereits unter a) erfolgt, wobei 2,56 l Wasser zugegossen werden mußten, damit es mit Oberkante der Steine abschnitt; somit betragen die Hohlräume $H = 2{,}56$ l, das gibt für $17 - 3 = 14$ l an Zuschlagstoffen eine Hohlraumziffer:

$$h = \frac{2{,}56}{14} = 0{,}184.$$

Hat man nicht Sand und Splitt als Zuschlag sondern lediglich einen einzigen Zuschlagstoff, z. B. Kiessand, allein zu untersuchen, so füllt man den Kiessand unter Benutzung des Litermaßes in den Eimer und streicht bündig ab. Hierauf gießt man, nachdem man den Kies auf der Pritsche nun gemischt hat, unter Einfüllen des Kieses, ständigem Rütteln und Stochern das zu messende Wasser zu und verfährt bei der Hohlraumbestimmung wie vor. Angenommen, man hätte diese 17 l Kiessand auf 14 l zusammengerüttelt und dann 3,95 l Wasser bis Oberkante Steine zugegossen, dann wäre die Eingangsziffer

$e = 14 : 17 = 0{,}83$ und die Hohlraumziffer:

$h = 3{,}95 : 14 = 0{,}28.$

Ergeben sich, wie z. B. im vorliegenden Falle, Hohlraumziffern von mehr als 0,22, dann ist das Gemisch recht verbesserungsbedürftig (ev. Splittbeigabe, wenn zu wenig größere Körnungen im Kies!).

4. Sonderverfahren der Hohlraumbestimmung, wenn der Zuschlag nur aus einem einzigen Muttergestein besteht.

Es kommt bei Sand oder Kies an sich zwar ziemlich selten aber immerhin doch vor, daß er fast nur aus einem einzigen Stoff, z. B. Quarz, besteht, dann ist das folgende Verfahren am Platze. Auch bei Splitt oder Quetschsand ist dieses Verfahren stets zulässig, wenn es sich um unvermischten Splitt handelt, also nur solchen aus einem einzigen Muttergestein. Zu nachstehendem Verfahren, das wir das physikalische Verfahren nennen wollen, hat man noch ein kleines Meßglas (Mensur) von etwa 7 bis 8 cm Dmr. nötig.

Vorerst bestimmt man:

a) Das spezifische Gewicht des Muttergesteins.

Zu diesem Zweck entnimmt man dem Zuschlag ein 5—6 cm großes Probestück, wiegt es und wirft es nachher in das Meßglas, worin es w cm³ verdränge; demnach ist das Volumen des Probestückes w cm³ und sein festgestelltes Gewicht betrage g Gramm. Dann ergibt sich das spezifische Gewicht unter Vernachlässigung der geringen Wasseraufsaugung:

$$\gamma = g : w.$$

Beispiel 1. Gegeben aus einem Grauwackesplitt ein Stück, das $g = 65{,}2$ g wiegt und eine Wasserverdrängung von $w = 24{,}5$ cm³ aufweist; somit ist

$$\gamma = 65{,}2 : 24{,}5 = 2{,}66.$$

b) Bestimmung des Raumgewichts.

Man füllt wie vorhin den Eimer, diesmal jedoch mit dem gut trocken durchgemischten und trocken gestocherten und gerüttelten Zuschlag bis zum Rande und wiegt ab. Faßt der Eimer J Liter und wiegt er samt den Steinen P kg, bei einem Eimergewicht von G kg, so ist das Raumgewicht R:

$$R = (P - G) : J.$$

Beispiel 2. Gegeben ein Basaltsplitt. $P = 31{,}8$ kg, $G = 1{,}8$ kg und $J = 17$ l, dann ist das Raumgewicht (Litergewicht):

$$R = (31{,}8 - 1{,}8) : 17 = 1{,}77 \text{ kg}.$$

c) Bestimmung des Betrages der Hohlräume H.

Ist von einem einheitlichen Zuschlagstoff Raumgewicht und spezifisches Gewicht gegeben, so kann man hieraus leicht die Hohlräume ermitteln. Diese Beziehung findet sich aus folgender kurzer Überlegung: Füllt man ein Gefäß von J-Litern z. B. mit Sand bündig voll und ist der Hohlraumbetrag $= H$, so nimmt das massive Sandmaterial selbst ein Volumen $(J - H)$ ein. Dann verhält sich

$$J : (J - H) = \gamma : R$$

und hieraus:

$$(J - H) \cdot \gamma = R \cdot J$$

und

$$H = \frac{J \cdot (\gamma - R)}{\gamma} = \left(1 - \frac{R}{\gamma}\right) \cdot J.$$

Nach Ziff. 2 dieses Kapitels fand sich aber die Hohlraumziffer $h = H : J$, somit:

$$\boldsymbol{h = 1 - \frac{R}{\gamma}}.$$

In unserem Falle war $R = 1{,}77$ und $\gamma = 2{,}66$, somit ergibt sich die Hohlraumziffer

$$h = 1 - 1{,}77/2{,}66 = 0{,}33.$$

Faßt der Eimer 17 l, dann ist der Betrag der Hohlräume $H = 0{,}33 \cdot 17 = 5{,}7$ l. Zur Probe kann man jetzt das unter Ziff. 4a errechnete spezifische Gewicht γ kontrollieren:

$$\gamma = \frac{P - G}{J - H} = \frac{31{,}8 - 1{,}8}{17 - 5{,}7} = 2{,}66.$$

Die oben ermittelte Hohlraumziffer $h = 0{,}33$ für reinen Splitt ist ein üblicher Wert, der jedoch bei ungünstigen Korngrößenverhältnissen bis auf 0,45—0,48 ansteigen kann. Wird solcher Splitt dann mit einem entsprechend gut gekörnten[1]) Kiessand im Verhältnis 1 : 2 vermischt, so sinken die Hohlraumziffern bisweilen sogar auf 0,12 bis 0,15 herab und die Eingangziffern steigen bis auf 0,95.

5. Stoffbedarf mit Beispielen.

a) Zement und Zuschlagstoffe.

Zuerst bestimmt man das Litergewicht des Zementes (lose eingelaufen). Man lasse hierbei den Zement in einem ganz dünnen Strahl aus dem Zementsack in das Litergefäß[2]) einlaufen, wobei das so erhaltene Litergewicht je nach dem Grad der Feinmahlung für PZ zwischen 1,08 bis 1,23 zu schwanken pflegt. Bei hw. Z zwischen 0,99 und 1,12 (vgl. Kapitel 5, insbes. Abb. 2a). Hat man also in der Eile kein Hektolitergefäß zur Hand, so genügt es, wenn das im Litergefäß gefundene Raumgewicht (gemäß der Fußnote) um **11** bzw. **14%** erhöht wird (die oben angegebenen Grenzen für das Litergewicht sind die noch nicht erhöhten Zahlen). Für die Bestimmung der erforderlichen Zementmenge sind zwei Bedingungen einzuhalten:

A. Es müssen vor allen Dingen die Hohlräume mit Zementpulver gänzlich ausgefüllt sein; überdies ist ein Überschuß von 10—14—18% (vgl. Ziff. 1, Abb. 39a) zur Umhüllung und Verkittung der Körner erforderlich, d. h. die Verkittungsziffer $v = 0{,}10$ bis 0,14 bis 0,18.

B. Es muß die nach den Eisenbetonbestimmungen gemäß § 6 Ziff. 2 vorgeschriebene Mindestmenge Zement von 300 bzw. 270 kg/m³ fertigen, festen Betons vorhanden sein, wobei wir voraussetzen wollen, daß es sich um Hochbauten handelt, die dem Einfluß von Feuchtigkeit nicht ausgesetzt sind, so daß somit 270 kg/m³ ausreichen.

Beispiel 3. Gegeben sei die unter Ziff. 3 angeführte Mischung, die zunächst im Verhältnis 1 : 2 : 4 geplant ist.

Wie wir später noch sehen werden, kann man ein festes Mischungsverhältnis in dieser Form nicht von vornherein vorschreiben, weil die Hohlraumverhältnisse hierfür bestimmend sind; man kann nur das Verhältnis von Splitt : Sand hier also 1 : 2 vorschreiben (allgemein $1 : k$). Es sei also experimentell festgestellt:

$$h = 0{,}184;\quad e = 0{,}83;\quad R_z = 1{,}07 \text{ (Zementlitergewicht)}.$$

---

[1]) D. h. einem Sande, der der Fullerkurve oder den Grafschen Vorschlägen entspricht (vgl. Kap. 22).

[2]) Nach § 6, Ziff. 1, ist dazu genau genommen ein Hektolitergefäß zu benützen, was auch zu empfehlen ist, weil dadurch das Raumgewicht genauer bestimmt werden kann. In der Regel fällt dann das Raumgewicht höher aus, und zwar bei PZ um rd. 11% und bei hw. Zem. um 14% (vgl. „Zement" 1928, S. 283).

Die Verkittung ist hier mit $v = 0{,}14$ angesetzt (obgleich gemäß Abb. 39a 0,12 ausreichend ist).

1. Wieviel Zement ist für 1 m³ losen Zuschlages erforderlich? Es ist erforderlich für 1000 l lose Zuschläge:

Für Hohlraumdeckung . .	0,184 · 1000 =	184 l Zement
für Verkittung	0,14 · 184 =	26 l ,,
	Zusammen:	210 l Zement.

2. Wieviel kg Zement sind für 1 m Fertigbeton (Festbeton) erforderlich, wenn das Gebäude vor dem Einfluß von Feuchtigkeit geschützt ist? Gemäß Hohlraumforderung waren für 1 m³ losen Zuschlag erforderlich **210** l, d. s. 210 · 1,07 = **225** kg.

Für die Ermittelung der für 1 m³ Festbeton notwendigen Zementmenge bedient man sich der folgenden Überlegung:

Gemäß Kapitel 25, Ziff. 2d, haben wir angenommen, daß der fertige Beton (gut angenähert) dasselbe Volumen einnimmt wie der gut eingerüttelte und eingeschlämmte Zuschlagstoff, weil der beigegebene Zement die Hohlräume des Zuschlags einnimmt. Somit sind für 1 m³ Festbeton an Zuschlagstoffen erforderlich:

$$1000 : 0{,}83 = 1205 \text{ l}$$

und demnach sind die oben für 1 m³ losen Zuschlag ermittelten 225 kg zu vermehren im Verhältnis 1205 : 1000, also ist je m³ Festbeton an Zement erforderlich:

$$Z = 225 \cdot \frac{1205}{1000} = \text{rd. } \mathbf{270} \text{ kg/m}^3 \text{ Festbeton}$$
$$= 270 : 1{,}07 = \mathbf{252} \text{ l}$$

(also erfordern die Hohlräume hier zufällig die behördliche Mindestmenge).

3. Wie lautet nun die Mischvorschrift?

$$252 : 1205 \cdot \frac{1}{3} : 1205 \cdot \frac{2}{3} = 252 : 402 : 804 = \text{rd. } \mathbf{1 : 1{,}6 : 3{,}2.}$$

$$\left(\text{Allgemein, wenn Splitt : Sand wie } 1 : k,\ 252 : 1205 \frac{1}{k+1} : 1205 \frac{k}{k+1}\right).$$

Man sieht also, daß man, wie erwähnt, das ursprünglich geplante Mischverhältnis nicht einhalten kann.

4. Wie groß ist Dichtigkeit und Verkittung?

$$D = 252 : 184 = 1{,}37,$$
$$v = 0{,}37.$$

5. Wie groß ist der Stoffbedarf, wenn das Bauwerk ungeschützt im Freien steht?

Nach § 6 der Bestimmungen sind hier 300 kg Zement je m³ Festbeton mindestens erforderlich, das sind

$$300 : 1{,}07 = 280\ \mathrm{l}$$

und das Mischverhältnis lautet, da die Splitt- und Kiesanteile sich nicht gegen früher ändern:

$$280 : 402 : 804 = \mathbf{1 : 1{,}44 : 2{,}88.}$$

Beispiel 4. Gegeben ist ein Kiessand mit

$$h = 0{,}29;\ v = 0{,}1;\ e = 0{,}94;\ R_z = 1{,}165.$$

Die Hohlräume erfordern . .	0,29 · 1000 =	290
Die Verkittung	0,1 · 290 rd.	30
		320 l Zement.

In kg = 320 · 1,165 = 372 kg/m³ lose Masse.

Hierzu sind für 1 m³ Festbeton erforderlich:

$$1000 : 0{,}94 = 1065\ \mathrm{l\ Kies.}$$

Somit für 1 m³ Festbeton erforderlich:

$$372 \cdot \frac{1065}{1000} = 396\ \mathrm{kg} = 396 : 1{,}165 = \mathbf{340}\ \mathrm{l}.$$

Demnach lautet das Mischverhältnis:

$$340 : 1065 = 1 : 3{,}14.$$

Man erkennt, daß man im vorliegenden Falle bei Verwendung obigen Kiessandes nicht im entfernten sein Auskommen mit der amtlich vorgeschriebenen 270 bzw. 300 kg Mindestzementmenge findet.

Beispiel 5. Bei einer Mischung mit einem Splittsandgemenge als Zuschlag sind experimentell festgestellt:

$$h = 0{,}17;\ e = 0{,}83;\ \text{Zementraumgewicht}\ R_z = 1{,}07,$$

ferner $v = 0{,}12$ gewählt (nach Abb. 39a für Splitt : Sand = 1 : 2).

Ferner soll ein Mischsatz folgender Zusammensetzung verwendet werden:

120 l Zement = 120 · 1,07 = 128 kg,
210 l Splitt,
420 l Sand.

Die Betonbestandteile sind demnach zusammengebracht im Verhältnis:

$$1 : \frac{210}{120} : \frac{420}{120} = 1 : 1{,}75 : 3{,}50.$$

Es ist zu prüfen, ob genügend Zement:

a) Zur Hohlraumdeckung und Einhüllung,
b) nach den Eisenbetonbestimmungen vorhanden ist;
c) wie lautet das tatsächliche Mischverhältnis?

Zu a). Für die Hohlraumdeckung je m³ Festbeton ist erforderlich:

Für Hohlraumdeckung $0{,}170 \cdot 1000 = 170$ l
für Verkittung . . . . $170 \cdot 0{,}12 = 20$ l

$190\ \text{l} = 190 \cdot 1{,}07 = 203\ \text{kg}.$

Zu b). Diese 203 kg reichen aber nicht aus, da bestimmungsgemäß ein Mindestgewicht von

$270\ \text{kg} = 270 : 1{,}07 = 250\ \text{l/m}^3$ somit für 1000 l Festbeton

vorgeschrieben sind.

Zu c). Diese 250 l Zement werden mit $1000 : 0{,}83 = 1205$ l loser Zuschlagsmasse vermischt,

somit $1 : \frac{1200}{250} \cdot \frac{1}{3} : \frac{1205}{250} \cdot \frac{2}{3} = 1 : 1{,}6 : 3{,}2.$

Es ist also (Abb. 40), bezogen auf das 750-l-Mischgefäß (nämlich auf 750 l lose Zuschlagmasse) $x : 750 = 250 : (1205 + 250)$.

$x = 250 \cdot 750/1455 = 130$ l Zement,

demnach Zuschläge: $750 - 130 = 620$ l,
hiervon Splitt: $^1/_3\ 620 = 207$ l
und an Kies: $^2/_3 \cdot 620 = 413$ l.

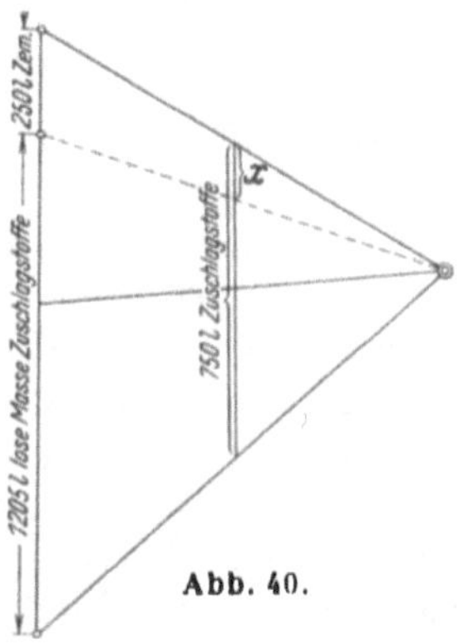

Abb. 40.

Infolgedessen lautet für den 750-l-Mischsatz die Mischvorschrift:

130 l Zement,
207 l Splitt,
413 l Sand,

zusammen: $750 = 1 : 1{,}6 : 3{,}2.$

Zu b). Es sind zwar nach der Hohlraumerfordernis 203 kg/m³ Festbeton ausreichend; jedoch sind bestimmungsgemäß noch $270 - 203 = 67$ kg zuzulegen.

Zu c). Die Mischvorschrift lautet nunmehr, bezogen auf das 750-l-Gefäß:

$130 : 207 : 413 =$ rd. **1 : 1,6 : 3,2.**

Wie man wiederum erkennt, kann das Mischverhältnis in solchen Fällen geringer Hohlräume somit nicht etwa von vornherein, z. B. mit 1 : 2 : 4 festgelegt werden, wenn die Eingangsziffer wie hier z. B. mit 0,83 versuchsmäßig ermittelt ist. Man erkennt auch, daß wegen der durch die behördliche Vorschrift maßgebende Mindestzementmenge von 270 kg gleich 250 l das Mischungsverhältnis von Hause aus hier festliegt, nämlich zu 250 : 1000/0,83 = 250 : 1205 = 1 : 4,8 und in Zement, Splitt und Sand ausgedrückt:

$$1 : 4{,}8/3 : 4{,}8 \cdot 2/3 = 1 : 1{,}6 : 3{,}2$$

und also allgemein:

$$1 : \frac{1000 \cdot R_z}{e \cdot 270}.$$

Für Bauten, die dem Einfluß der Feuchtigkeit ausgesetzt sind, ist statt der 270 kg naturgemäß 300 kg zu setzen.

b) Bedarf an Wasser.

Der Wasserbedarf richtet sich entsprechend der Wasserzementlehre einmal nach der geforderten Betonfestigkeit, ferner nach der notwendigen Verarbeitbarkeit. Er wird wie in Kapitel 23 an Hand der Abb. 36a bestimmt; es ist nur vorher nötig, das Raumgewicht der Zuschlagstoffe (vgl. Ziff. 4b) zu bestimmen, weil man es zur Mitberücksichtigung der Naturfeuchtigkeit braucht. Die Naturfeuchtigkeit wird man nach Kapitel 23 ebenfalls vorher bestimmen. Hat man nur einerlei Zuschlagstoff, dann wiegt man einfach vor und nach dem Austrocknen, ebenso wenn man ein Splitt-Sandgemenge hat; hierbei ist es zweckmäßig die Bestandteile einzeln zu untersuchen sowohl hinsichtlich des Gehaltes an Naturfeuchtigkeit als auch bezüglich des Raumgewichtes. Angenähert beträgt, wie bereits erwähnt, der Feuchtigkeitsgehalt in Raum-%:

für sehr nassen Sand	12%	Feuchtigkeitsgehalt von Zuschlagstoffen.
mäßig nassen Sand.	8%	
erdfeuchten Sand	4%	
erdfeuchten Splitt oder Kies .	4%	

Über Raumgewicht von Sand und Kies bei verschiedenem Feuchtigkeitsgehalt vgl. Abb. 38 und 38a.

Beispiel 6. Es ist bei Verwendung von hochwertigem Zement folgender Mischsatz von 750 l gegeben (in Litern):

120 hw. Zement,
210 Splitt,
420 Sand.

Wie groß ist der größte noch zulässige Wasserzusatz, wenn gemäß statischer Berechnung die erforderliche mindeste Würfelfestigkeit $W_{28} = 180$ kg/cm² betragen muß?

Durch einen Trocknungsversuch ist der Gehalt an Naturfeuchtigkeit bestimmt worden beim:

Splitt = 0,50 Gew.-%,
Sand = 1,34 Gew.-%.

Die Litergewichte betragen beim:

Splitt = 1,32 kg,
Sand = 1,52 kg.

Der geforderten Mindestfestigkeit von 180 kg/cm² entspricht in Abb. 36a (obere Kurve) ein Wasserzementfaktor = 0,82, somit darf hinsichtlich der Festigkeitsforderung der gesamte Wasserzusatz betragen:

$$w = 0{,}82 \cdot 120 = \text{rd. } 100 \text{ l},$$

hiervon ist der Gehalt an Naturfeuchtigkeit, nämlich

$$210 \cdot 1{,}32 \cdot 0{,}5/100 + 420 \cdot 1{,}52 \cdot 1{,}34/100 = 9{,}94 = \text{rd. } 10 \text{ l}$$

in Abzug zu bringen. Somit dürfen dem Mischsatz als Anmachewasser höchstens beigefügt werden:

$$W = 100 - 10 = 90 \text{ l}.$$

Diese 90 l betragen 90 · 100/750 = 12 Raum-% der losen Masse. Ein solcher Beton hat gemäß Kapitel 24 eine „weiche" Konsistenz und seine Mischvorschrift würde, bezogen auf den 750-l-Mischsatz, zu lauten haben in Litern:

120 hw. Zement,
210 Splitt,
420 Sand,
90 Wasser,
= **1 : 1,75 : 3,50.**

Soll jedoch der Beton eine gießfähige Konsistenz (die etwa 14 bis 15 Raum-% Wasserzusatz mindestens braucht) haben (Kapitel 24), so kann man (gemäß Kapitel 24 am Schluß) mehr Anmachewasser zusetzen, naturgemäß unter Wahrung des WZF auch dementsprechend mehr Zement. Um in unserem Falle die Gießfähigkeit zu erreichen, würde es genügen, etwa 3 Raum-%, d. h. 750 · 0,03 = 23 l mehr hinzuzufügen; dann sind zusammen vorhanden:

12 + 3 = 15 Raum-%, also 90 + 23 = 113 l Wasser;
ferner an Zement 23 : 0,82 = 28 l.

Durch letzteren Zementzusatz wird der WZF etwas verschoben, er wird nämlich statt entsprechend der geforderten Würfelfestigkeit etwas kleiner als 0,82, nämlich

$$\text{WZF} = 0{,}77.$$

Diese Differenz kann vernachlässigt werden. Nach Abb. 36a ergibt sich nämlich hierfür eine Festigkeit von etwa 210 kg/cm² (statt der nur geforderten 180 kg/cm²).

Wenn also Beton von gießfähiger Konsistenz verlangt wird, dann würde der angegebene Mischsatz bei einer Naturfeuchtigkeit von 0,5 bzw. 1,34 Gew.-% zu lauten haben in Litern:

$$\begin{aligned} 120 + 28 = 148 &\ \text{hw. Zement,} \\ 210 &\ \text{Splitt,} \\ 420 &\ \text{Sand,} \\ 90 + 23 = 113 &\ \text{Wasser} \\ = 1 : 1{,}42 : 2{,}84 = \text{rd. } &\mathbf{1 : 1{,}4 : 2{,}8.} \end{aligned}$$

Der Wasserzusatz von 113 l entspricht einem Gehalt von

$$113 \cdot 100/778 = 14\tfrac{1}{2} \text{ Raum-}\%.$$

Beispiel 7. Wieviel Anmachewasser ist zulässig, wenn statt hw. Portlandzement ein gewöhnlicher Portlandzement verwendet wird und dieselbe Festigkeit und Mischung wie im Beispiel 6 zugrunde liegt?

Nach der unteren Kurve von Abb. 36a entspricht einer Festigkeit von 180 kg ein

$$\begin{aligned} &\text{WZF} = 0{,}6, \text{ somit } w = 0{,}6 \cdot 120 = 72 \text{ l Wasser} \\ &\text{ab Naturfeuchtigkeit} \ldots\ldots \quad 10 \text{ l} \\ &\hspace{12em}\text{bleiben } 62 \text{ l Wasser} \end{aligned}$$

zuzufügen, das sind $62 \cdot 100/750 = 8{,}3$ Raum-% und im ganzen $72 \cdot 100/750 =$ rd. 10% einschließlich der Naturfeuchtigkeit.

Mit 10% ist der Beton gemäß Kapitel 24 etwa erdfeucht und die Mischvorschrift für den angegebenen Feuchtigkeitsgehalt der Zuschlagstoffe lautet somit in Litern:

120 gew. Portland,
210 Splitt,
420 Sand,
62 Wasser.

Es ist der WZF $= 62 : 120 = 0{,}52$ mit einer Festigkeit gemäß Abb. 36a von $W_{28} = 235$ kg/cm². Soll jedoch gußfähige Konsistenz (Steife) erzielt werden, die etwa 15 Raum-% Wasserzusatz braucht, dann sind noch weitere $15 - 10 = 5$% Wasser zuzusetzen, das sind

$5 \cdot 750/100 = 38$ l. Dies macht wiederum einen Zementzusatz erforderlich von $38 : 0{,}6 = 63$ kg und die Mischvorschrift lautet in Litern:

$$
\begin{aligned}
120 + 63 = 183 &\text{ gew. PZ,}\\
210 &\text{ Splitt,}\\
420 &\text{ Sand,}\\
62 + 38 = 100 &\text{ Wasser.}
\end{aligned}
$$

Dann ist der WZF $= 100 : 183 = 0{,}55$ mit $W_{28} = 205$ kg/cm² (erforderlich 180, man könnte also noch etwas an Zement sparen).

Die angegebene Berechnungsweise stellt naturgemäß nur eine näherungsweise Vorausberechnung des Wasserbedarfs dar, der sich, wie wir gesehen haben, Korrekturen hinsichtlich der Konsistenzregulierung gefallen lassen muß. Maßgebend ist später hinsichtlich der Festigkeitsfrage naturgemäß die Würfelprobe und hinsichtlich der Verarbeitbarkeit die Setzprobe oder ähnliche Proben für die Verarbeitbarkeit. Man muß auch berücksichtigen, daß z. B. bei Gußbetonanlagen an heißen, trockenen und windigen Tagen mehr Wasser zugesetzt werden muß. Dieses Mehr schwankt je nach der Länge des Transportweges und je nach Witterung von 1—4 Raum-%, und kann in ungünstigen Fällen 30—35 Raum-% der Anmachewassermenge betragen.

Kapitel 26. Bestimmung des Zementbedarfes nach Kapitel 25, jedoch in abgekürzter Form mittels fertiger Formeln.

Zunächst sollen folgende Bezeichnungen eingeführt werden:

Z^l = die für 1 m³ Zuschlagstoffe erforderliche Literzahl Zement,

Z = die für 1 m³ Zuschlagstoffe erforderliche Zahl kg Zement,

K^l = die für Z^l nach der Hohlraumforderung[1]) zulässige Zuschlagmenge in Litern,

$1 : m$ = Mischungsverhältnis $Z^l : K^l$,

m = Mischziffer $= K^l : Z^l$,

H = Gesamtbetrag der Hohlräume in Litern, die in K^l Litern Zuschlagstoff enthalten sind,

h $= H : K^l$ = Hohlraumziffer, Kapitel 25,

v = Verkittungsziffer, Kapiel 25 (Abb. 39a),

e = Eingangsziffer, Kapitel 25,

R_z = Raumgewicht (Litergewicht) des Zements, lose eingelaufen.

[1]) Wenn schlechthin zur Abkürzung von „Hohlraumforderung" gesprochen wird, so soll selbstverständlich nicht nur der für die Hohlraumdeckung erforderliche Zement gemeint sein, sondern ebenfalls auch der mit für die Verkittung erforderliche.

a) Gegeben die Hohlraumziffer h nebst Verkittung v, gesucht die gemäß Hohlraumforderung magerst zulässige Mischung.

Gemäß Hohlraumforderung ist für K^1 Zuschlagstoff nötig eine Zementmenge:

$$Z^1 = K^1 h + K^1 \cdot hv,$$

somit

$$Z^1 = K^1 h (1 + v); \quad \ldots\ldots\ldots \quad \text{Gl. (1)}$$

hieraus ergibt sich

$$\frac{K^1}{Z^1} = \frac{1}{h (1 + v)};$$

und da $K^1 : Z^1 = m$, so wird

$$m = \frac{1}{h (1 + v)} \quad \ldots\ldots\ldots \quad \text{Gl. (2)}$$

Dies ist also das größtzulässige m mit Rücksicht auf die Hohlraumforderung, ergibt also mit Rücksicht auf letztere die zulässig magerste Mischung.

Beispiel 1. Gegeben durch Versuch $h = 0{,}29$ und gewählt $v = 0{,}10$; dann ist $m = 1 : h (1 + v) = 1 : 0{,}29 (1 + 0{,}10) =$ **3,14.**

Demnach ist für einen Zuschlagstoff mit einer Mischziffer $h = 0{,}29$ die magerst zulässige Mischung gemäß Hohlraumforderung 1 : 3,14.

b) Gegeben m, e und R_z, gesucht die in 1 m³ Festbeton vorhandene Zementmenge.

Aus der nach Gl. (1) folgenden Gleichung ergibt sich

$$Z^1 = \frac{K^1}{m} \text{ für } K^1 \text{ Liter losen Zuschlagstoff.}$$

Wünschen wir die Zementmenge zu erhalten, die nicht auf den losen sondern auf den eingerüttelten Kies (der voraussetzungsgemäß das Volumen des Festbetons hat) entfällt, dann haben wir die Kiesmenge K^1 noch durch e zu dividieren und wir erhalten die Zementmenge

$$Z^1 = \frac{K^1}{m \cdot e}$$

und für $K^1 = 1000$ l Festbeton = 1 m³:

$$Z^1 = \frac{1000}{m \cdot e} \quad \ldots\ldots\ldots \quad \textbf{Gl. (3)}$$

Für verschiedene Werte von m und e ist die nachfolgende Tabelle errechnet, aus der die nach der Hohlraumforderung erforderlichen Anzahl Liter Zement entnehmbar sind. Will man die Anzahl

Erforderliche Anzahl Liter **Zement** im m³ Festbeton $Z^l = \frac{1000}{m\,e}$ nach der **Hohlraumforderung** bei gegebenem m und e; hierin ist $m \leqq 1 : h(1 + v)$ nach Gl. (2), Kap. 26.

$m =$	Eingangsziffer $e =$																											
	0,68	0,69	0,70	0,71	0,72	0,73	0,74	0,75	0,76	0,77	0,78	0,79	0,80	0,81	0,82	0,83	0,84	0,85	0,86	0,87	0,88	0,89	0,90	0,91	0,92	0,93	0,94	0,95
3,5	420	414	408	402	397	391	386	381	376	371	366	361	357	353	348	344	340	336	332	329	325	321	317	314	311	307	304	301
3,6	408	403	397	391	386	381	375	370	365	361	356	352	347	343	339	335	331	327	323	319	316	312	309	306	302	299	296	292
3,7	397	391	386	381	375	370	365	360	356	351	347	342	338	334	330	326	322	318	314	311	307	304	300	297	294	291	287	284
3,8	387	381	376	371	365	360	356	351	346	342	337	333	329	325	321	317	313	309	306	302	299	296	292	289	286	283	280	277
3,9	377	372	366	361	356	351	346	342	337	333	329	325	321	317	313	309	305	302	298	295	291	288	285	282	279	276	273	270
4,0	368	362	357	352	347	342	338	333	329	325	321	316	313	309	305	301	298	294	291	287	284	281	278	275	272	269	266	263
4,1	359	353	348	344	339	334	330	325	321	317	313	309	305	301	297	294	290	287	284	280	277	274	271	268	265	262	259	257
4,2	350	345	340	335	331	326	322	317	313	309	305	301	298	294	290	287	283	280	277	274	271	268	265	262	259	256	253	251
4,3	342	337	332	328	323	319	314	310	306	302	298	294	291	287	284	280	277	274	270	267	264	261	258	256	253	250	247	245
4,4	334	329	325	320	316	311	307	303	299	295	291	288	284	281	277	274	271	267	264	261	258	255	253	250	247	244	242	239
4,5	327	322	317	313	309	304	300	296	292	289	285	281	278	274	271	268	265	261	258	255	253	250	247	244	242	239	236	234
4,6	320	315	311	306	302	298	294	290	286	282	279	275	272	268	265	262	259	256	253	250	247	244	242	239	236	234	231	229
4,7	313	308	304	300	296	291	288	284	280	276	273	269	266	263	260	256	253	250	247	245	242	239	236	234	231	229	226	224
4,8	306	302	298	293	289	285	282	278	274	271	267	264	260	257	254	251	248	245	242	239	237	234	231	229	226	224	222	219
4,9	300	296	292	287	283	280	276	272	269	265	262	258	255	252	249	246	243	240	237	235	232	229	227	224	222	219	217	215
5,0	294	290	286	282	278	274	270	267	263	260	256	253	250	247	244	241	238	235	233	230	227	225	222	220	217	215	213	211
5,1	288	284	280	276	272	269	265	261	258	255	251	248	245	242	239	236	233	231	228	225	223	220	218	215	213	211	209	206
5,2	283	279	275	271	267	263	260	256	253	250	247	243	240	237	235	232	229	226	224	221	219	216	214	211	209	207	205	202
5,3	277	273	270	266	262	258	255	252	248	245	242	239	236	233	230	227	225	222	219	217	214	212	210	207	205	203	201	199

Beispiel 3: Gegeben ein Kiessand mit $h = 0{,}21$, $e = 0{,}82$; gewählt $v = 0{,}10$, dann ist $m = 1 : 0{,}21\,(1+0{,}1) = 4{,}3$, dann sind lt. Tabelle erforderlich 284 Liter Zement.
Will man jedoch fetter mischen z. B. 1 : 3,5, dann sind lt. Tabelle 348 Liter Zement erforderlich.

Kilogramm erhalten, so ist mit dem Litergewicht R_z zu multiplizieren; also ist die in ein m³ Festbeton enthaltene Zementmenge in kg:

$$Z = \frac{1000 \cdot R_z}{m \cdot e} \quad . \quad . \quad . \quad . \quad . \quad . \quad . \quad . \quad \text{Gl. (3a)}$$

Beispiel 2. Für $e = 0,85$ und $m = 4,5$ ergibt sich aus der Tabelle, $Z^1 = 261$ l. Ist aus einem Einfüllversuch das Litergewicht des lose eingelaufenen Zements mit $R_z = 1,28$ bestimmt, dann ist gemäß Hohlraumforderung für 1 m³ Festbeton erforderlich:

$$Z^1 = 261 \cdot 1,28 = 334 \text{ kg/m}^3.$$

Ist die errechnete Anzahl kg kleiner als die behördlich vorgeschriebene Mindestmenge von 270 bzw. 300 kg, so ist natürlich dieser letztere Wert maßgebend.

Beispiel 3. Gegeben $h = 0,184$, $v = 0,14$, $R_z = 1,165$ und $e = 0,94$.

1. Wieviel Zement ist für 1 m³ losen Kies erforderlich?

Gemäß Gl. (1):

$$Z^1 = 1000 \cdot 0,184\,(1 + 0,14) = 210 \text{ l}.$$

2. Wieviel Kiessand kann ich zufügen?

$$K^1 = 1000/0,94 = 1064 \text{ l Kiessand}.$$

3. Wieviel Zement ist in 1 m³ Festbeton enthalten gemäß Gl. (3a)?

Dazu muß vorerst die nach der Hohlraumforderung zulässig größte Mischziffer bestimmt werden. Es ist nach Gl. (2):

$$m = 1 : 0,184\,(1 + 0,14) = 4,77,$$

Dann ist nach Gl. (3a):

$$Z = 1165 : 0,94 \cdot 4,77 = 260 \text{ kg, in Litern } 260 : 1,165 = 223 \text{ l}$$

(Probe zur Kontrolle der Kiesmenge: $K^1 = 4,77 \cdot 223 = 1064$ l).

Da jedoch nach den Bestimmungen mindestens 270 kg/m³ erforderlich sind, so sind die fehlenden 10 kg zuzulegen. Hierdurch verschiebt sich natürlich das Mischverhältnis.

4. Wie lautet also das tatsächliche Mischverhältnis?

270 kg Zement sind 270 : 1,165 = 232 l.

Somit lautet das gesuchte Mischverhältnis:

$$1 : 1064/232 = 1 : 4,59.$$

Beispiel 4. Es sei an dem 750-Litergefäß einer Mischmaschine folgende Mischung angeschrieben:

Zement: 2½ Sack = 125 kg,
Kiessand: 633 l.

Es sei ferner durch Versuch festgestellt: $h = 0{,}17$; $e = 0{,}83$; $R_z = 1{,}07$ und die Verkittung ist zu $v = 0{,}10$ angenommen (Abb. 39a).

Es ist zu kontrollieren, ob dieses Mischverhältnis zulässig ist!

$$125 \text{ kg Zement sind } 125 : 1{,}07 = 117 \text{ l}.$$

Somit beträgt die gesamte lose Masse $633 + 117 = 750$ l und es ist das Mischverhältnis der losen Stoffe:

$$1 : 633/117 = 1 : 5{,}4$$

(nach Gl. (2) dürfte entsprechend der Hohlraumforderung sogar nur sein $m = 1 : 0{,}17 \cdot 1{,}1 = 5{,}35$).

Nach der Hohlraumforderung sind nach Gl. (1) an Zement für 1 m³ losen Kies nötig:

$$Z^1 = 1000 \cdot 0{,}17\ (1 + 0{,}1) = 187 \text{ l/m}^3 \text{ losen Kiessandes;}$$

vorhanden sind jedoch nur $117 \cdot 1000/633 = 184$ l, somit genügt die an der Mischmaschine angeschriebene Zementmenge nur knapp der Hohlraumforderung dagegen nicht der behördlich vorgeschriebenen Zementmindestmenge, denn es sind je m³ Festbeton nur vorhanden:

$$Z = \frac{1070}{5{,}35 \cdot 0{,}83} = 240 \text{ kg/m}^3.$$

Erforderlich sind jedoch 270 kg/m³ (gleich $270 : 1{,}07 = 250$ l), also fehlen noch

$$270 - 240 = 30 \text{ kg/m}^3.$$

Demnach ist die oben angegebene Mischung unzureichend.

Zur Bestimmung der an der Mischmaschine anzuschlagenden richtigen Mischvorschrift verfahren wir nach Kapitel 25, Beispiel 5, Abb. 40; vorhandene Zuschlagmenge $1000 : 0{,}83 = 1205$ l (sonach endgültige Mischziffer $m = 1205 : 250 = 4{,}8$).

Hiernach sind also für den 750-l-Mischsatz an Zement erforderlich (sinngemäß nach Abb. 40):

$$x = 250 \cdot 750/(1205 + 250) = 130 \text{ kg}.$$

Es lautet also der richtige Mischsatz:

Zement 130 l = 139 kg (statt 125 : 1,07 = 117 l),
Kiessand 750 — 130 = 620 l (statt 633 l)

und das Mischverhältnis:

$$1/621 : 130 = 1 : 4{,}8.$$

Zum Schluß sollen Muster von Vordrucken gebracht werden, womit man bequem Hohlräume und Stoffbedarf ermitteln kann.

Tafel I dient zur allgemeinen Bestimmung der Hohlraumziffer und Eingangsziffer, Tafel II dient zur Ermittelung des Stoffbedarfs je m^3 Festbeton und Tafel III ist zur bequemeren Ermittelung des Stoffbedarfs für eine Anzahl von Probewürfeln angelegt.

Nähere Erläuterungen zum Gebrauch dieser aus den Tafeln I, II und III bestehenden Vordrucke erübrigen sich wohl, weil jeder Wert ohne weiteres aus dem anderen hervorgeht. Für Zeile 5, Tafel II beachte man:

> Das Betongemenge soll so viel Zement, Sand, Kies oder Kiessand, Steingrus oder -splitt enthalten, daß ein dichter Beton entsteht, der rostsichere Umhüllung der Eiseneinlagen gewährleistet. Es muß mindestens **300** kg Zement in 1 m^3 fertigen Betons im Bauwerk enthalten. Bei Brücken und anderen Bauwerken, die wegen besonders ungünstiger Verhältnisse einen erhöhten Rostschutz verlangen, kann eine größere Mindestmenge Zement gefordert, bei Eisenbetonkörpern größerer Abmessungen, deren Beanspruchung wesentlich hinter den zulässigen Werten zurückbleibt, eine entsprechend geringere Menge zugelassen werden, wenn für den Rostschutz der Eiseneinlagen Sorge getragen wird.
>
> Weiter darf bei Hochbauten, die dem Einfluß von Feuchtigkeit nicht ausgesetzt sind, die Mindestmenge an Zement auf **270** kg in 1 m^3 fertig verarbeiteten Betons herabgesetzt werden, wenn die Zusammensetzung der Zuschlagstoffe derart ist, daß ein genügend dichter Beton gewährleistet wird.

Es soll nun bemerkt werden, daß die in den Vordrucken in Kursiv eingetragenen Zahlen als Beispiel angegeben sind, und zwar handelt es sich hier um drei verschiedene Kiesgattungen, was man auch aus Tafel I, Zeile 17 erkennen kann, denn hier ist die Verkittungsziffer v bei Kies A, B und C stets gleich 0,10 gesetzt, was gemäß Abb. 39a nur für reinen Kies gilt. Hat man sich nun auf Grund der Untersuchungen für einen bestimmten Zuschlagstoff entschieden, dann wird man auf der Baustelle die Hohlraumprobe täglich etwa zwei- bis dreimal ausführen um vor Überraschungen sicher zu sein.

Probeentnahme bei Zuschlagstoffen: Sobald eine neue Kieslieferung eintrifft, ist jedoch mit mindestens drei Proben die Hohlraumuntersuchung zu empfehlen. Es muß aber besonders darauf geachtet werden, daß die Art und Weise wie die Probe entnommen wird, einigermaßen dem Durchschnitt des gelieferten Zuschlagstoffes auch wirklich entspricht. Es ist also bei mehreren Waggonladungen aus verschiedenen Stellen des Haufwerkes (oben aus der Mitte und aus der Tiefe) eine größere Anzahl von Eimern zu

Tafel I.

Allgemeine Zuschlagstoffuntersuchung.

1. Baustelle *Garagenbau*
2. Baufirma ....
3. Zuschlagstoffe: A *Baggerkies*
   B *Grubenkies*
   C *Baggerkies ausgesiebt*
   D ....

	Zuschlagstoffe			
	A	*B*	*C*	
4. Inhalt des Meßgefäßes in Litern . . . . . . $J =$	*14,10*	*14,10*	*14,10*	
5. Eigengewicht des Meßgefäßes in kg . . . . $G =$	*2,04*	*2,04*	*2,04*	
6. Gewicht des mit dem ungemischten und ungerüttelten, losen Zuschlagstoff bündig vollgefüllten Gefäßes in kg: P . . . . $=$	*23,50*	*23,75*	*24,60*	
$P - G$ . . . . $=$	*21,46*	*21,71*	*22,56*	
7. Raumgewicht (Litergewicht) obigen Zuschlags $R_K = (P - G) : J$ . . . . $=$	*1,522*	*1,540*	*1,600*	
8. Auskippen des Inhalts, 3 min Mischen[1]) und Wiedereinfüllen unter Rütteln, hernach langsam unter gleichzeitigem Stochern Wasser zumessen, bis es mit dem Zuschlag bündig steht. Menge des zugegossenen Wassers, zugleich Betrag der Hohlräume des gemischten und gerüttelten Zuschlags in Litern . . . . $H =$	*2,64*	*1,95*	*2,00*	
9. Anzahl der noch bis zur Gefäßoberkante fehlenden Litern . . . . $W =$	*2,36*	*2,75*	*1,15*	
10. Volumen des einger. Zuschlags $J_K^r = J - W$ in Litern . . . . $=$	*11,74*	*11,35*	*12,95*	
11. Raumgewicht (Litergewicht) d. einger. usw. Zuschlags $R_K^r = \frac{P - G}{J_K^r}$ . . . . $=$	*1,828*	*1,913*	*1,747*	
12. **Eingangsziffer** $e = J_K^r : J$ . . . . $=$	*0,833*	*0,805*	*0,918*	
13. **Hohlräume** je Raumeinheit $h = H : J_K^r$ . . . $=$	*0,225*	*0,172*	*0,154*	
14. Durchschnitt spez. Gewicht des Zuschlags $\gamma = (P - G) : (J_K^r - H)$ . . . . $=$	*2,358*	*2,309*	*2,060*	
15. Hilfswert $R_K^r : \gamma$ . . . . $=$	*0,775*	*0,828*	*0,846*	
16. Kontrollwert für die Hohlräume des eingerüttelten Zuschlags $h = (1 - R_K^r : \gamma)$ . . . . . $=$	*0,225*	*0,172*	*0,154*	
17. Verkittung . . . . $v =$	*0,100*	*0,100*	*0,100*	
18. Gem. Hohlraumforderung größt zulässige Mischziffer $m = \frac{1}{h(1 + v)}$ . . . . $=$	*4,05*	*5,23*	*5,90*	
19. Infolgedessen nach der Hohlraumfordg. nötige Zementmenge in Litern je m³ fertigen Betons $Zl = \frac{1000}{m \cdot e}$ . . . . $=$	*298*	*238*	*185*	

[1]) Der stets gleichmäßigen Mischung halber ist es an Stelle der Handmischung vorzuziehen, lieber 2 min trocken in der Mischmaschine zu mischen. Es muß nur der gesamte Sand mit etwas Wasser mit herausgespült und dem Zuschlag beigefügt werden. Wasserzufügen und Stochern erfolgt wie früher im Gefäß.

Tafel II.
(Zur Ermittelung des Stoffbedarfs)

Zement hw. Z. Marke T Litergewicht 1,140	Zuschlagstoffgattung gem. Tafel I				
	A	*B*	*C*	—	—
1. Eingangsziffer *e* entnommen aus Tafel I, Z. 12	*0,833*	*0,805*	*0,918*		
2. Nach der Hohlraumforderung größt zuzulässiges *m* entnommen aus Tafel I, Z. 18	*4,05*	*5,23*	*5,90*		
3. Nach der Hohlraumforderung erforderliche Zementmenge in Litern je m³ Festbeton entnommen aus Tafel I, Z. 19	*298*	*238*	*185*		
4. desgl. in kg je m³ Festbeton	*340*	*271*	*211*		
5. Behördlich vorgeschriebene Mindestzementmenge in kg/m³ Festbeton . .	*270*	*270*	*270*		
6. desgl. in Litern je m³ Festbeton	*237*	*237*	*237*		
7. Gegebenenfalls größer gewählte Literzahl	—	—	—		
8. Somit maßgebende Zementmenge in Litern je m³ Festbeton . . . . (Größtwert aus Zeile 3, 6 u. 8)	*298*	*238*	*237*		
9. Dem steht gegenüber eine Zuschlagmenge für 1 m³ Festbeton = 1000 : *e* . . . . . (Liter)	= *1205*	*1242*	*1089*		
10. Infolge der behördl. vorgeschriebenen Mindestzementmenge ist somit die endgültige Mischziffer *m*	$\frac{1205}{298} =$ *4,04*	$\frac{1242}{238} =$ *5,22*	$\frac{1089}{237} =$ *4,59*		

Tafel III.

(Zur Ermittelung des Stoffbedarfs für 3 Stück Würfel)

Zement hw. Z, Marke T	Zuschlagstoff gem. Tafel I				
Litergewicht 1,140	A	B	C	—	—
1. Maßgebende Zementmenge in Litern je m³ Festbeton entnommen aus Tafel II, Z. 8	298	238	237		
2. desgl. für 3 Stück Würfel von zusammen 24 Litern Inhalt	7,15	5,71	5,69		
3. Bedarf an Zuschlagstoff entnommen aus Tafel II, Z. 9	1205	1242	1089		
4. desgl. für 3 Würfel mit 24 Litern Inhalt	28,9	29,8	26,1		
5. Wenn Splittbeton, erforderliche Splittmenge in Litern	—	—	—		
6. desgl. Sandmenge in Litern.	—	—	—		
7. Zugesetztes Wasser in Litern	5,2	5,0	4,4		
8. Setzmaß in cm	—	—	—		

füllen. Hierauf schüttet man diese Eimer auf einen Haufen und schaufelt gründlich durch; aus diesem gut gemischten kleineren Haufwerk sind dann die Proben für die Hohlraumuntersuchungen leicht zu entnehmen. (Bei Kahnladungen verfahre man sinngemäß.) Hat man also das aus den Probeeimern gebildete Haufwerk gut durchgemischt, dann ziehe man es zu einer Kreisfläche auseinander.

Nun zieht man mit einem Stock ein Kreuz durch den Mittelpunkt, wodurch die Kreisfläche in 4 Quadranten zerlegt wird. Jetzt werden zwei gegenüberliegende Quadranten ausgeschieden und der Rest wiederum durchgeschaufelt und zur Kreisfläche geformt. Nun werden abermals zwei Quadranten ausgeschieden usw. bis die Probe soweit zusammengeschrumpft ist, daß sie den Probeeimer füllt.

Kapitel 27. Berechnung des Stoffbedarfs nach Erfahrungswerten.

Bei der Berechnung des Stoffbedarfs nach Kapitel 25 und 26 sind wir durch Feststellung der Hohlräume jeweils auf die dem zu untersuchenden Zuschlag charakteristischen Eigenschaften eingegangen, nämlich auf die Hohlräume, die Eingangsziffer und mittelbar auch auf die Kornoberfläche; selbstverständlich können fertige Formeln aus diesem Grunde nur Annäherungen bedeuten, weil eben die spezifische Anpassung fehlt. Immerhin leisten sie zum Überschlag und zum Vergleich öfters wirklich gute Dienste, weshalb nachstehend das Verfahren von Safir aufgeführt werden soll.

B. Safir sagt in seiner Schrift: Beschaffenheit, zweckmäßige Mischungsverhältnisse usw. (Verlag Ernst & Sohn 1909), daß die Ausbeute, nämlich das Verhältnis vom Volumen des Festbetons zum Volumen der losen Stoffe (letztere einschl. Wasser) durchschnittlich $k = 0{,}6$ beträgt, worin wir k die Ausbeuteziffer nennen wollen. Als weitere Annahme bringt Safir den Wasserzusatz mit 25 Raum-% der losen Masse in Ansatz und leitet die Formel ab:

$$Z = \frac{V}{k(1 + m + n)} \cdot R_z \quad \text{. . . . . . Gl. (1)}$$

Hierin bezeichnet:

Z = für 1 m^3 fertigen Betons (Festbeton) erforderliches Zementgewicht,
V = Volumen des fertigen Betons (Festbeton),
k = Ausbeuteziffer,
m = Verhältnisteile von Kiessand : Zement in R.T.,
n = Verhältnisteile von Splitt : Zement in R.T.,
R_z = wie früher das Zementraumgewicht (Litergewicht).

Safir nimmt also 25 Raum-% Wasserzusatz und $k = 0{,}6$ an, ferner $V = 1000$ l; dann lautet obige Gleichung, wenn man die für 1 m^3 Festbeton erforderliche Zementmenge in Litern haben will:

$$Z^l = \frac{1000}{1{,}25 \cdot 0{,}6\,(1 + m)} = \frac{1000}{0{,}75\,(1 + m)},$$

also

$$Z^l = \frac{1333}{1 + m} \quad \text{. . . . . Gl. (2)}$$

und die für 1 m³ Festbeton erforderliche Kiesmenge:

$$K^l = m \cdot Z^l.$$

Beispiel. Es sei ein Mischverhältnis 1 : 4 vorgeschrieben; das Zementlitergewicht ist mit 1,2 bestimmt. Wie groß ist der Stoffbedarf für 1 m³ Festbeton?

$$Z^l = \frac{1333}{1+4} = \mathbf{267\ l} = 267 : 1{,}2 = 320\ \text{kg}.$$

Man hat nur noch darauf zu achten, daß die behördlich vorgeschriebene Mindestmenge von 270 bzw. 300 kg/m³ Festbeton vorhanden ist, was hier zutrifft.

Die für 1 m³ Festbeton erforderliche Kiesmenge ist:

$$K^l = 267 \cdot 4 = \mathbf{1068\ l}.$$

Wasserbedarf je nach der erforderlichen Steife wie früher gemäß Abb. 36a (Wasserzementfaktor) zu ermitteln. Nach obigen Formeln sind die nachfolgenden Tafeln für Kiesbeton, ferner für Splittbeton vom Verf. errechnet. Es ist dabei zu erwähnen, daß diese Tafeln den knappsten Zementbedarf je m³ Festbeton darstellen, ausgenommen der Zuschlag ist vorzüglich gekörnt. Man tut also gut, die in den Tafeln gegebenen Zementmengen kräftig nach oben abzurunden, handelt es sich doch um Schätzungswerte, bei denen sich der errechnete Stoffbedarf in praxi beim Einfüllen in die Formen öfters als zu gering erwiesen hat; dies ist schon daraus zu vermuten, weil Safir den Wasserzusatz mit 25% allzureichlich angibt und dergestalt der Nenner der Gl. (1) verhältnismäßig als etwas zu groß ausfällt. Nach Baustellenversuchen des Verfassers reicht man aber selbst bei Gußbeton mit 14—17 (im Mittel 15,5) Raum-% an Wasserzusatz fast stets aus. Da die Ausbeuteziffer k mit 0,6 ziemlich gut bemessen ist, so würde mit diesen Werten die Gl. (2) übergehen in:

$$Z^l = \frac{1000}{1{,}155 \cdot 0{,}6\,(1+m)} = \frac{1443}{1+m} \quad \ldots \quad \text{Gl. (2a)}$$

Man sieht, dieser Wert ist somit $\frac{(1443-1333)\cdot 100}{1333}$ = rd. 8% größer als Gl. (2). Will man also einigermaßen nicht mit den allerknappsten Werten arbeiten (die sich, wie erwähnt, nur bei bestgekörntem Zuschlag bisweilen einhalten lassen), so schlage man zu den Werten der folgenden Tafeln noch 8% zu dem Zementquantum hinzu, ohne natürlich die in der Tafel gegebene Menge an Zuschlägen zu erhöhen. Von den Tafelwerten sind für Eisenbeton nur die oberhalb der dicken bzw. dünnen Staffellinie befindlichen Werte brauchbar, wegen der behördlich vorgeschriebenen Mindestmenge von 270 bzw. 300 kg Zement je m³ Festbeton.

Tafel I

zur schätzungsweisen Bestimmung des Stoffbedarfs für 1 m^3 Festbeton bei **Kiesbeton** 1: *m*.

1	2	3						4
Mischverhältnis	Erforderlicher Zement in **Litern** für 1 m^3 Festbeton $Z = \frac{1333}{1+m}$	Je m^3 Festbeton: Erforderlicher Zement in kg bei einem Litergewicht von						Erforderlicher loser Kiessand für 1 m^3 Fertigbeton
1: *m*	Liter	1,10	1,15	1,20	1,25	1,30	1,40	Liter
1:3,0	333	366	383	400	416	433	466	999
1:3,5	296	326	340	355	370	385	414	1036
1:4,0	267	294	307	320	334	347	374	1068
1:4,1	261	287	300	313	326	339	365	1070
1:4,2	256	282	294	307	320	333	358	1075
1:4.3	252	277	290	302	315	328	353	1084
1:4,4	247	272	284	296	309	321	346	1087
1:4,5	242	266	278	290	303	315	339	1089
1:4,6	238	262	274	286	298	309	333	1095
1:4,7	234	257	269	281	293	304	328	1100
1:4,8	230	253	265	276	288	299	322	1104
1:4,9	226	249	260	271	283	294	316	1107
1:5,0	222	244	255	266	278	289	311	1110
1:5,1	210	241	252	263	274	285	307	1117
1:5,2	215	237	247	258	269	280	301	1118
1:5,3	212	233	244	254	265	276	297	1124
1:5,4	208	229	239	250	260	270	291	1123
1:5,5	205	226	236	246	256	267	287	1128
1:5,6	202	222	232	242	253	263	283	1131

Bemerkung: Die dicke und dünne Staffellinie stellt die Grenze für die behördl. erforderlichen Mindest-Zementmengen von 270 bzw. 300 kg Zement je m^3 dar.

Tafel II

zur schätzungsweisen Bestimmung des Stoffbedarfs für **Splittbeton** (1 Zem: *n* Spl: *m* Sd).

1	2	3						4
Mischverhältnis	Erforderliche **Zementmenge** in **Litern** für 1 m^3 Festbeton $\frac{1333}{1+m+n}$	Erforderliche **Zementmenge** in **kg** für 1 m^3 Festbeton bei einem Litergewicht von						Erforderliche Menge **losen Kiessandes** für 1 m^3 Festbeton
1: (*n* + *m*)	Liter	1,10	1,15	1,20	1,25	1,30	1,40	Liter
1:1 :2,0	333	366	383	400	416	433	466	999
1:1,1:2,2	310	341	357	372	388	403	434	1023
1:1,2:2,4	290	319	334	348	363	377	406	1044
1:1,3:2,6	272	299	313	326	340	354	381	1061
1:1,4:2,8	256	282	294	307	320	333	358	1075
1:1,5:3,0	242	266	278	290	303	315	339	1089
1:1,6:3,2	230	253	265	276	288	299	322	1104
1:1,7:3,4	219	241	252	263	274	285	307	1117
1:1,8:3,6	208	229	239	250	260	270	291	1123
1:1,9:3,8	199	219	229	239	249	259	279	1134
1:2,0:4,0	190	209	219	228	238	247	266	1140
1:2,1:4,2	183	201	211	220	229	238	256	1153

Bemerkung: wie bei Tafel I.

Kapitel 28. Über die praktische Auswirkung der Berechnung des Stoffbedarfs.

In der Praxis liegen die Fälle grundsätzlich so, daß das Angebot häufig ohne besonders genaue Kenntnis der Zuschlagstoffe abgegeben werden muß, dann kann man sich der Tafeln des vorigen Kapitels bedienen, wobei man, wie erwähnt, zum Zementbedarf etwa 8% zuschlagen wird, um halbwegs sicher zu gehen, ebenso wird man nicht gerne ein magereres Mischverhältnis als 1 : 4 wählen. Immerhin kann es geschehen, daß man bei ungünstiger Körnung auch dann noch nicht auskommt, z. B. Kapitel 26, Beispiel 2.

Der natürliche Weg ist also derjenige, den wir in Kapitel 25 und 26 eingeschlagen haben, nämlich bei dem Hohlraumziffer und Eingangsziffer rasch bestimmt werden können, worauf mit ziemlicher Genauigkeit der Stoffbedarf ermittelt werden kann. Das angegebene Verfahren ist bei zahlreichen Baustellen auf seine Zuverlässigkeit hin erprobt worden und hat hinsichtlich der Ermittelung des Stoffbedarfes überraschend genaue Ergebnisse gezeitigt. In einem besonderen Falle wurde der Stoffbedarf für Gußbeton 1 : 4 und einegrößere Anzahl von Probewürfeln nach Kapitel 26 bestimmt und es zeigte sich dabei, daß der berechnete Stoffbedarf immer genau stimmte, obwohl der Versuch mit drei gänzlich verschiedenen Kiesgattungen gemacht wurde (1 Baggerkies, roh, 1 Grubenkies, 1 ausgesiebter Baggerkies). In einem zweiten Sonderfalle, bei dem der Stoffbedarf für 16 Probewürfel, also für 16 · 8 = 128 l Festbeton, bestimmt werden sollte, gab das erwähnte Verfahren mit Hohlraum- und Eingangsziffer ebenfalls ein sehr gutes Ergebnis (es blieben nur etwa 0,9 l Stoff übrig), während die Tabelle nach Safir ungefähr 11—12% zu wenig Stoff lieferte. Dies ist deswegen erwähnt worden, weil die berechtigte Frage entsteht, weshalb in unserem Hohlraumverfahren das Wasservolumen vernachlässigt ist.

Wie bereits früher angeführt. geht einmal durch Oberflächenverdunstung von der Mischmaschine an gerechnet bis zur Verbrauchstelle schon ein bedeutender Wasseranteil verloren, noch mehr aber durch Oberflächenverdunstung in der Schalung und Aufsaugung durch das Schalholz. Es wäre immerhin plausibel, wenigstens einen Teil des Wassers in den Stoffbedarf hineinzurechnen, jedoch ergibt die Praxis bezüglich der ermittelten Stoffmengen, daß dies nicht angängig ist, weil man sonst ganz einfach zu wenig Stoffmengen erhält. Unser einfaches Verfahren ohne Berücksichtigung des Wasservolumens ist also in allen Fällen genau genug.

Die Auswirkung einer mangelhaften Stoffbedarfberechnung auf die praktische Bauausführung, infolge etwaiger zu gering veranschlagter Stoffmengen ist immerhin so empfindlich, daß größere Baufirmen bei Angeboten umfangreicherer Bauobjekte nicht die Mühe scheuen, an die nächtgelegene in Frage kommende Kies- oder Splittgewinnungsstelle zu eilen und dort die nötigen Untersuchungen anzustellen. Diese Untersuchungen nehmen um so weniger Zeit in Anspruch, als man in einem Kraftwagen die wenigen erforderlichen Geräte: eine kleine Dezimalwage und die nötigen Gefäße mitführen kann.

In einem praktischen Falle eines 6600-m³-Bauwerks erfolgte auf Grund oberflächlicher Formelrechnungen ein Angebot, in dem eine Mischung 1 : 4,4 einkalkuliert war, dies ergab

an Zement 1874 t,
an Kies 7168 m³,

während nach Erteilung des Zuschlages auf Grund der ermittelten Hohlraumverhältnisse erforderlich waren:

an Zement 2366 t,
an Kies 8500 m³,

was einen Kostenunterschied von über 30480 RM. ergeben hätte. Ein Betonierversuch bestätigte die Richtigkeit dieses letzteren ermittelten Stoffbedarfs. Hierauf wurde der billige zu Gebote stehende Kies durch einen Porphyrsplitt verbessert, und zwar so, daß der Splittzusatz und Zementbedarf gleichzeitig ein Minimum bildeten, worauf sich das ursprünglich vorhandene Minus von über 30480 RM. auf ein einigermaßen tragbares Maß verringerte. Man ersieht ohne weiteres die große Bedeutung der Kenntnis der in Frage kommenden Zuschlagstoffe, und zwar wäre es lediglich nötig die Hohlraumziffer h und die Eingangsziffer e zu kennen, um keine Fehlgriffe bei der Kalkulation des Stoffbedarfes zu machen. Von fast unschätzbarem Werte für den gesamten Eisenbetonbau wäre es in der Tat, wenn durch irgendeine unparteiische Stelle diese beiden Werte für die meisten Kies- und Splittgewinnungsstellen, am besten von einer amtlichen Stelle aus, ermittelt und in einer großen Liste der bauenden Öffentlichkeit zur Verfügung gestellt würden. Die Versuche müßten naturgemäß in gewissen Abständen wiederholt werden, um Ungleichmäßigkeiten möglichst zu begegnen und auch die Liste dauernd auf dem laufenden zu halten. In dem Verzeichnis könnten auch Angaben über Körnung, Lehmgehalt und etwaigen Kohlegehalt bei Kiesen und ferner über Abraumgehalt bei Splitten gemacht werden. Selbstredend ist nicht zu verkennen, daß sowohl Gruben- als auch Baggerkies je nach Abbau in der Körnung einigermaßen schwanken; trotzdem würde man auf Grund regelmäßig wiederkehrender Untersuchungen einen guten Anhalt gewinnen können.

Kapitel 29. Festigkeit des Betons.

1. Einfluß des Wasserzusatzes auf die Druckfestigkeit.

(Vgl. hierzu auch Kapitel 5, b und Kapitel 23.)

Nach Kortlang und Weisgerber ist die größte Betonfestigkeit nicht immer bei erdfeuchter Konsistenz vorhanden. Der Wasserzementfaktor, der die größte Festigkeit ergibt, ist jeweils vom Mischungsverhältnis abhängig und wird von Weisgerber Normal-WZF genannt, dgl. die damit verbundene Würfelfestigkeit = Normalfestigkeit sowie das hierbei vorhandene Raumgewicht = Normalraumgewicht. Die von ihm erzielten Ergebnisse sind in der nachstehenden Tabelle (Zement 1927, S. 595) wiedergegeben; sie sind,

Misch.-Verh. in Gew.-Teilen	Zement-gehalt in kg/m³	Normal-wasser-zusatz Gew. %	Normal-wasser-zement-faktor	Normal-raum-gewicht	Normal-festigkeit kg/cm²
1:0	1690	25,00	0,250	2,108	552,0
1:4	432	7,20	0,360	2,319	312,0
1:6	312	6,36	0.440	2,319	256,0
1:8	242	6,00	0,540	2,304	183,0

abgesehen von den Normalfestigkeiten der beiden mageren Mischungen (die wesentlich zu hoch sind, Weisgerber führt dies auf Wasseraustritt aus der Würfelform zurück), recht interessant, weil man in der Tat den Einfluß des Mischungsverhältnisses auf den Normal-WZF schon gut erkennt. Hat man ein beliebiges Mischungsverhältnis, so kann man aus der Abb. 41 den zugehörigen Normalwasserzementfaktor entnehmen, z. B. ist für das Mischungsverhältnis 1 : 5 der WZF = 0,4 und für 1 : 7 der Wasserzementfaktor = 0,488 ablesbar. Leider kann wegen der Raumfrage nicht näher auf die genannte bemerkenswerte Abhandlung Weisgerbers eingegangen werden, doch soll hieraus zum Schluß nur noch folgendes über die Frage der Wirkung des Verlustes an Wasser bzw. von Zementmilch bei sehr flüssigen Mischungen wiedergegeben werden, wobei Weisgerber unter Mischungsfaktor das Verhältnis Zement : Zement + Zuschlagstoffe, ohne Wasser, versteht (also wohl zu unterscheiden von unserer Mischziffer m!). „Wie durch räumliche Darstellung der Versuchsergebnisse hervorgeht, gehört zu jedem Mischungsverhältnis ein bestimmter Wert des WZF, der volle Ausnutzung der Festigkeitseigenschaften der vorhandenen Zementmenge ermöglicht, also die Normalfestigkeit hervorruft. Geht man jedoch umgekehrt von einem beliebigen WZF aus, so muß diesem ein bestimmtes Mischungsverhältnis zugeordnet sein, dessen Festigkeitseigenschaften bei dem betreffenden Wert des WZF voll zur Entfaltung kommen. Wird dieses Mischungsverhältnis bei gleichbleibenden WZF m a g e r e r, so wird durch die Zementverringerung ein Festigkeitsabfall erzeugt, der zunächst noch dadurch verschärft wird, daß der nach Abb. 41 zur Erreichung der Normalfestigkeit für die magere Mischung erforderliche höhere Wert des WZF unterschritten ist. Wird dagegen bei gleichbleibenden WZF das Mischungsverhältnis f e t t e r, so wird sich zunächst durch die Zementanreicherung eine Festigkeitserhöhung ergeben. Dieser steht jedoch eine Festigkeitsabminderung entgegen, die dadurch hervorgerufen wird, daß der nach Abb. 41 bei der fetteren Mischung zulässige kleinere Normal-WZF überschritten und demnach also ein die Festigkeit herabsetzender Wasserüberschuß vorhanden ist. Beide Wirkungen zusammengefaßt ergeben dadurch zunächst noch eine leichte Steigerung der Festigkeit infolge Erhöhung des Zementgehalts, bis Höchstwert erreicht wird und der festigkeitsermäßigende Einfluß des Wasserzusatzes überwiegt."

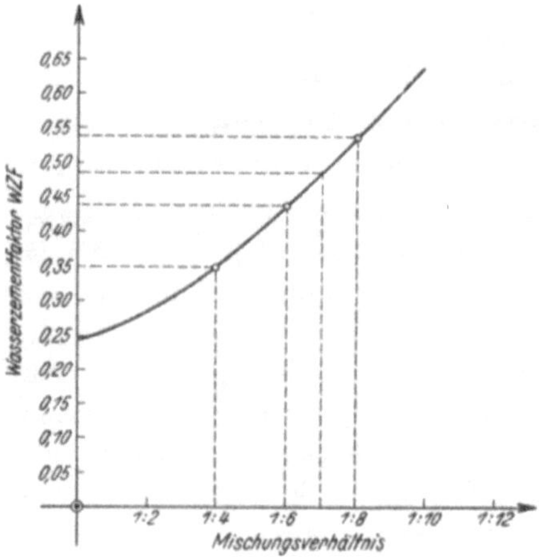

Abb. 41.

Weisgerber stellte fest, daß, wenn einem Beton mit großem WZF (also flüssiger Beton) Zementmilch entzogen wird (wodurch bei gleichbleibendem WZF die Mischung magerer wird), so nimmt die F e s t i g k e i t z u, und zwar bis zu einer Grenze, die bestimmt wird durch den dem betr. Werte des WZF zugeordneten Festigkeitshöchstwert.

Die umfangreichen Versuche von O. Graf sind in ihren Begrenzungskurven der Kleinstwerte und Größtwerte in Abb. 36 (zu Beginn des Kapitels 23) eingetragen.

2. Einfluß des Wasserzusatzes auf die Zugfestigkeit.

Graf bringt auch für die Z u g f e s t i g k e i t Angaben („Der Aufbau des Mörtels", Berlin 1927, Springer) aus einer Reihe von neun

Versuchen mit Mörtel von 0—3 mm Korngröße und von Mischungen von 1 : 4 und 1 : 8. Die Ergebnisse sind in Abb. 42 wiedergegeben und die äußersten Punkte durch Grenzkurven verbunden, so daß hinsichtlich der Zugfestigkeit die untere Kurve der Abb. 42 und hinsichtlich der Druckfestigkeit, Kurve IVa der Abb. 36, korrespondieren.

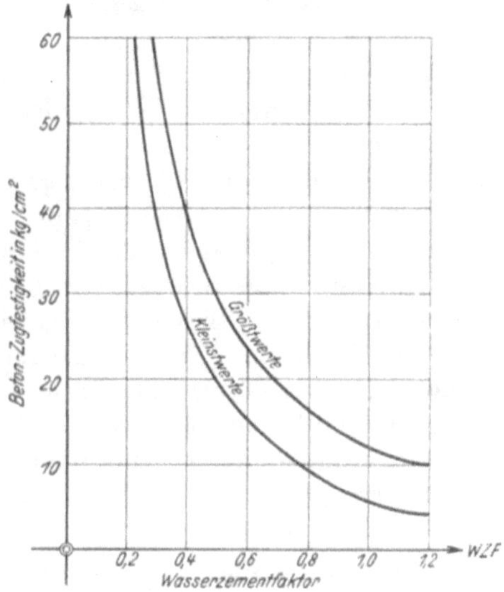

Abb. 42.

Weitere Einflüsse auf die Festigkeit.

3. Einfluß niedriger Wärmegrade; vgl. Kapitel 5, Zi. 6, e.
4. Einfluß hoher Wärmegrade; Kapitel 18a, 3.
5. Einfluß der Kornform auf die Festigkeit; vgl. Kapitel 18, c und Kapitel 18a und Kapitel 22.

8. Einfluß der Mischdauer.

Bei größeren Baustellen wird bisweilen der Dauer und Art des Mischvorganges etwas zu wenig Bedeutung beigemessen.

Grundsätze für die Mischung um die besten Festigkeiten zu erzielen.

a) Sind zweierlei Zuschlagstoffe vorhanden, so z. B. Splitt und Sand oder Grobkies und Sand, so mischt man öfters zuerst trocken den Feinzuschlag mit dem Zement zusammen und nachher fügt man den Grobzuschlag gleichzeitig mit dem allmählich zusetzenden Wasser zu. Die meisten Bauführer mischen indessen Fein- + Grobzuschlag + Zement trocken. Das erstere Verfahren erscheint günstiger.

b) Die Verlängerung der Mischzeit hat allgemein eine nicht unbedeutende Festigkeitszunahme im Gefolge. Infolgedessen kommt es für manche größere Bauwerke wohl in Frage (insbesondere bei ganz billigem Strompreise) länger zu mischen, statt Zement zuzusetzen, wenn man eine bestimmte Festigkeit erzielen will. Man kann dann um den Zeitausfall infolge der längeren Mischzeit auszugleichen, ev. ein weiteres Mischaggregat hinzunehmen, was hinsichtlich der Wirtschaftlichkeit natürlich von den örtlichen Verhältnissen abhängt, insbesondere von dem mehr oder minder beschränkten Raum.

c) Der Festigkeitszuwachs durch die längere Mischdauer ist für Beton aus verhältnismäßig kleinen Korngrößen bedeutender als für solchen aus größeren Körnungen.

d) Die Zunahme ist bei weichem Beton größer als bei erdfeuchter Konsistenz.

e) Der Einfluß einer verlängerten Mischdauer ist bei den verschiedenen Mischmaschinentypen verschieden groß. Man kann sich davon leicht überzeugen, daß, wenn man 1 min länger mischt, der Festigkeitszuwachs bei den verschiedenen Mischertypen in der Tat ungleich groß ist. Dies kommt daher, daß manche Maschinentypen z. B. nach ¾ min Trockenmischung und 2¼ min Naßmischung schon eine verhältnismäßig gute Materialdurchmischung erzielen; demnach wird eine Verlängerung der Mischzeit bei dieser Maschine nicht den ausgeprägten Einfluß aufweisen wie ein Maschinentyp, der nach der genannten Mischzeit eine weniger vollkommene Durchmischung erreicht.

In Abb. 43 sind die Abramsschen Versuche (unter Benutzung der Angaben in Kleinlogel — Graf-Hundeshagen, „Einflüsse", Verlag W. Ernst & Sohn, Berlin 1925) in Kurven übersichtlich aufgetragen. Dort ist erkennbar, daß z. B. für Gußbeton 1 : 4 (Körnung 0—32 mm) der Unterschied zwischen 1 min und 5 min Mischzeit 17% Festigkeitszunahme beträgt und für die Körnung von 0—12 mm, bei weichem Stampfbeton sogar 35%. Für die Betonfestigkeit geradezu von verheerendem Einfluß kann es sein, wenn in die Mischmaschine noch Reste von teilweise erhärtetem Beton eingebracht werden; manche Bauführer sind der Meinung, daß dergestalt Betonreste wieder Erhärtungsvermögen erlangen, was aber einen vollkommenen Irrtum darstellt. Die Wiederverwendung von solchem teilweise erhärtetem Beton ist also strenge zu untersagen. Besonders gefährlich kann solche Wiederverwendung im Sommer werden, vor allem bei sog. „Umschlägern". Ebenfalls ist es sehr nachteilig, bereits gemischtem Beton noch weiteres Wasser zuzusetzen; ohne diesen Beton nochmals 2—3 min durchzumischen ergeben sich gewaltige Festigkeitsabfälle.

4. Einfluß niedriger Temperaturen auf die Betonfestigkeit.

Das Wichtigste ist bereits in Kapitel 5, Ziff. 6e, gesagt, nur ist zu erwähnen, daß Beton, der ja in der Regel erheblich magerer als Normenmörtel ist, sich unter Frosteinwirkung empfindlicher verhält wie Normenmörtel. Beispielsweise ist es bekannt, daß an ungeschützter Stelle bei 2—5° Kälte eingebrachter Portlandzementbeton (namentlich, wenn sogleich die Temperatur noch stark weiter abfällt) zunächst gefriert, hernach, nach dem Auftauen, schließlich beim Erhärten starke Festigkeitseinbußen erleidet. Ein Beton von

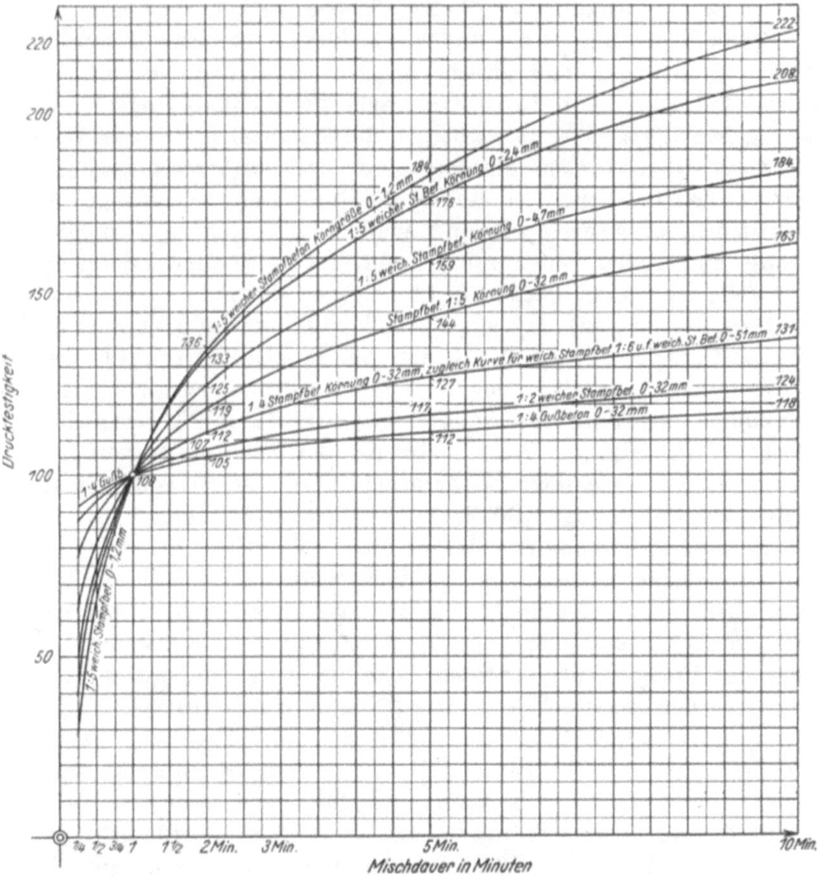

Abb. 43. Einfluß der Mischdauer auf die Betonfestigkeit bei verschiedener Konsistenz und verschiedenem Mischungsverhältnis.

+1° bis —2° betoniert, der dann erst nach etwa 5—6 Stdn. —11° Frost erhielt, hatte nur etwa $1/3$ seiner üblichen Festigkeit. Unter Kapitel 6, e, Ziff. 2, ist erwähnt, daß Mörtel, der 4 Stdn. bei Zimmertemperatur gehalten und nachher in den Gefrierraum kamen, vollkommen beim Auftauen zerstört wurde. Dies läßt sich also dahin zusammenfassen, daß Beton, der schon etwas abgebunden ist, ebenso wie Mörtel von den gefrierenden Wasserteilchen gesprengt, also zerstört wird. Dagegen wird der Beton, der sogleich nach dem Einbringen Frost erhält, zwar nicht zerstört, erleidet aber nach dem Erhärten starke Festigkeitseinbußen. Besondere Vorsicht der Bauleitung ist hinsichtlich des Fugenmörtels der Steineisendecken bei größeren Siedlungsbauten am Platze. Solche Decken, die bei schlapper Temperatur von $+6^0$ und noch kühler hergestellt werden, erhärten erfahrungsgemäß nur sehr langsam. Trotzdem wird oft ohne jegliche Belassung von Notstützen bald gänzlich ausgeschalt; sogleich gehen die Deckenputzarbeiter und Estricharbeiter ans Werk (um derentwillen der Generalunternehmer die Notstützen nicht haben möchte), die Rabitzarbeiter stellen ihre schweren Mörteltröge auf, Gipsdielen werden gestapelt und schließlich schichten womöglich noch die Bautischler Fensterrahmen auf. Es ist zu verwundern, daß die Unfälle mit derlei Decken nicht häufiger eintreten. Man dringe also strengstens darauf, daß alle solche Lasten nur unter Vermittlung von Kanthölzern und Brettern auf die Deckenträger übertragen werden. Handelt es sich um Steineisendecken zwischen Eisenbetonbalken, dann sind unter letzteren unter allen Umständen Notstützen zu belassen. Zum Schlusse sollen noch einige von Burchartz erzielte Ergebnisse wiedergegeben werden (Handbuch für Eisenbeton, IV. Auflage, Bd. 3, S. 75). Einige Stunden Frost beeinflussen die Erhärtung des Betons nicht wesentlich, es scheint als wenn der weiche Beton besser geeignet wäre dem Frosteinfluß zu widerstehen als der erdfeuchte. Ein lange andauernder Frost verzögert erheblich den Erhärtungsfortschritt, und zwar um so mehr, je länger die Frostwirkung andauert. Bei lange andauerndem Frost macht sich der größere Einfluß des höheren Wasserzusatzes stärker geltend als bei kurzer Frostdauer. Mörtel 1 : 3, 3 Tage im Frost gelegen erreichte nach 28 Tagen nur 40%, wenn er erdfeucht angemacht, jedoch 62% der gewöhnlichen Festigkeit, wenn er weich angemacht war. Ferner Beton 1 : 5 hatte 14% wenn erdfeucht und 67 % wenn weich. Hieraus ist zu ersehen, daß bei magerem Beton der günstige Einfluß eines reichlicheren Wasserzusatzes noch bedeutender ist. Die vorstehenden Ergebnisse datieren aus dem Jahre 1910. Neuere Ergebnisse vgl. Kapitel 5, Ziff. 6e.

Das Wichtigste ist, daß Beton, der nach dem Abbinden selbst starken Frost erhält, beim Auftauen vollkommen zerfällt, ferner, daß auch die sog. schlappe Temperatur um 0^0 herum, starke Festigkeitsabfälle erzeugt; vgl. auch den erwähnten Geßnerschen Aufsatz in „Zement“ 1928, S. 10.

5. Einfluß der Körnung auf die Festigkeit.

In den Kapiteln 17, 18, 18a, 18b und 22 ist bereits mehrfach erwähnt, daß die Kornzusammensetzung die Betonfestigkeit wesentlich beeinflußt. Es ist auch auf die Fullerschen und die Grafschen Regeln hingewiesen, wonach die Zuschlagstoffe eine ganz bestimmte Kornzusammensetzung haben müssen, wenn sie eine möglichst hohe Druckfestigkeit erzielen sollen. Wie bereits in Kapitel 22 ausgeführt, wird der Idealbeton der Zukunft sich nicht etwa auf der Linie der höchsten Druckfestigkeit bewegen, sondern es wird ein Beton sein, der einen Bestwert an Festigkeit hinsichtlich Druck- und Zugfestigkeit liefert. Dieser Grundsatz ist also nicht allein für den Zement, sondern für Beton selbst aufrechtzuhalten, und es kann wohl gesagt werden, daß uns schon die nächste Zukunft Versuchsergebnisse bringen wird, wie ein Beton hergestellt werden soll, der gleichzeitig bei möglichst hoher Zugfestigkeit eine gute Druckfestigkeit liefert.

6. Einfluß der Größe der Oberfläche der Zuschlagstoffe.

Während Abrams der Korn-Oberfläche keinen Einfluß auf die Betonfestigkeit beimißt, so sind andere Amerikaner auf Grund reichlicherer Versuche zu dem Schluß gekommen, daß der Oberflächengröße eine nicht unerhebliche Rolle zukomme hinsichtlich der Festigkeit und des Bindemittelverbrauchs; zo z. B. (Eng. News Rec. 1918 und 1920 von Edwards bzw. Young).

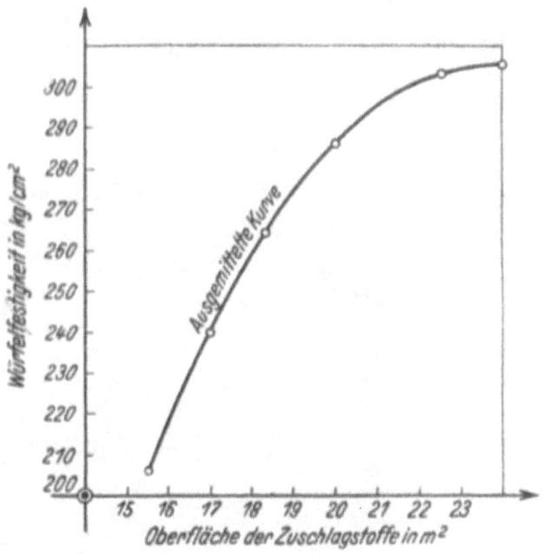

Abb. 44.

Die Abb. 44 (entlehnt aus Probst, Eisenbetonbau, I. Bd., Verlag Julius Springer, 1923) gibt die von Kortlang gefundene Beziehung zwischen Würfelfestigkeit und Zementfaktor (Zementgewicht je m² Oberfläche). Vgl. hierzu auch Kapitel 21.

Zu einer für die Berechnung des Stoffbedarfs greifbaren, einfachen zahlenmäßigen Beziehung ist es indessen noch nicht gekommen und wir können uns mit einem geschätzten Zuschlag begnügen, wie dies in Kapitel 25 erfolgt ist (vgl. auch Abb. 39a).

Gaye hat in B. u. E. 1927 (S. 243) treffend nachgewiesen, daß es lediglich erforderlich ist, daß die Körner nur etwas in Zementpaste eingehüllt sind und daß es ziemlich gleichgültig ist ob diese Umhüllungsstärke 0,05 mm oder 0,5 mm, ja selbst noch stärker sei (Abb. 49). Der Einfluß auf die Betonfestigkeit ist verschwindend klein gegenüber anderen Einflüssen. Über die Bestimmung der Oberfläche von Zuschlagstoffen vgl. Kapitel 23 am Schluß.

7. Einfluß der Würfelabmessungen auf die Höhe der erzielten Druckfestigkeit.

Nach Versuchen von Burchartz verhalten sich die Festigkeiten wie folgt, wenn die Festigkeit der Normenzementwürfel = 100 gesetzt wird: für Beton 1 : 4 Kiessand:

Würfel-Kantenlänge	Weich				Erdfeucht			
	Druckfestigkeit als Verhältniszahlen nach:				Druckfestigkeit als Verhältniszahlen nach:			
cm	7 Tagen	28 Tagen	3 Mon.	6 Mon.	7 Tagen	28 Tagen	3 Mon.	6 Mon.
7,1	100	100	100	100	100	100	100	100
10,0	92	92	87	97	87	89	86	94
20,0	76	77	71	84	66	70	65	76
30,0	68	61	66	83	47	53	48	55

Gehler hat in einer schönen Versuchsreihe dargelegt (Vortr. auf der Tagung des Deutschen Betonvereins 1927), daß die Schmierung der Druckflächen einen erheblichen Abfall der Würfelfestigkeit im Gefolge hat. Auch das Zerstörungsbild der Würfel ändert sich (Abb. 45) (entlehnt aus Bauingenieur 1928, S. 22). Um die Schmierung

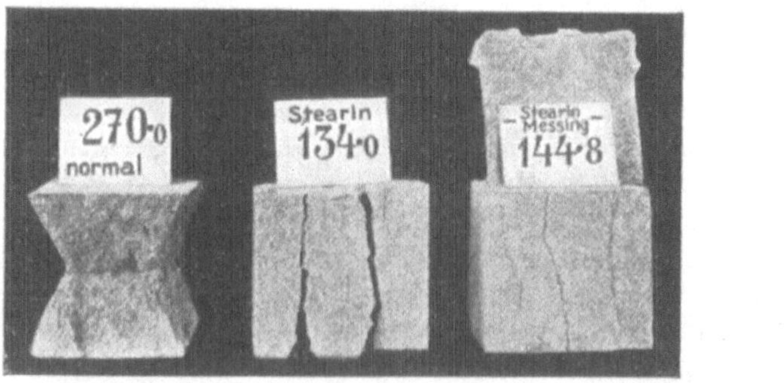

Abb. 45.

zu bewirken, wurde eine 1,5 mm dicke Stearinschicht aufgebracht, ferner zwischen Stearin und Würfel ein 0,1 mm dünnes Messingblech gelegt. Abb. 46 zeigt deutlich den Unterschied in den Festigkeiten. Im übrigen kommt es hierbei nur darauf in erster Linie an, daß die Würfelfestigkeit stets dem Eisenbetoningenieur nur einen

Maßstab der Betonfestigkeit geben soll; es ist also nicht etwa nötig in Zukunft die Endreibung zu beseitigen.

8. Einfluß des Anmachealters des Mischsatzes auf die Betonfestigkeit.

Es kann in der Tat nicht oft genug davor gewarnt werden, einen einmal angemachten Betonmischsatz nicht wieder von neuem in die Mischmaschine einzubringen, wenn der Mischsatz älter als 1—2 Stdn.

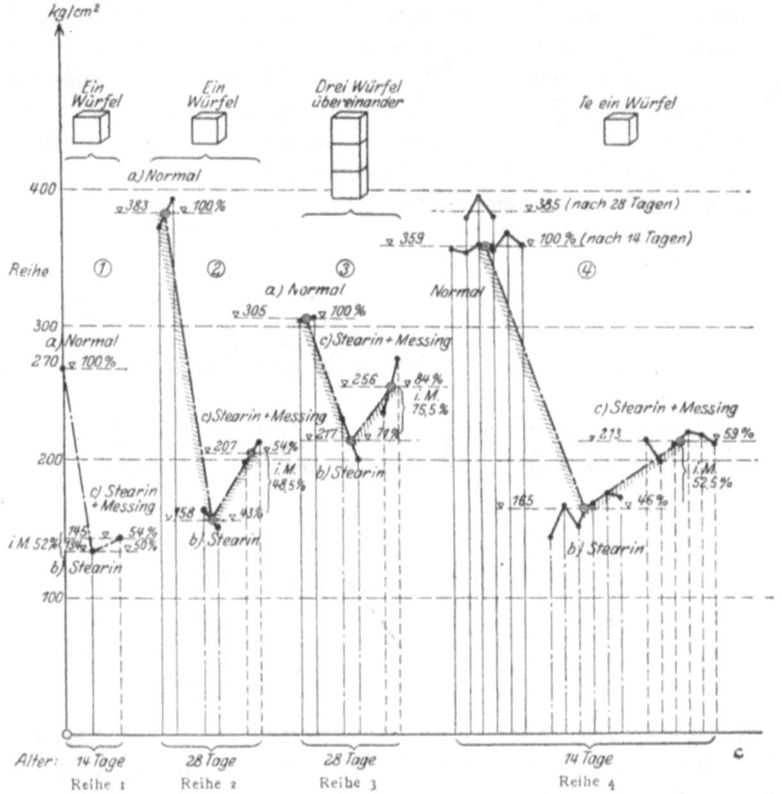

Abb. 46.

ist. Bei manchen Betonen beträgt der Festigkeitsabfall schon bei 2 Stdn. altem Mischsatz etwa ein Sechstel der normalen Festigkeit, je nach Zementgattung noch erheblich mehr; bei Umschlägern kann der Festigkeitsabfall nach 3 Stdn. schon die Hälfte und darüber betragen. Bei kühler Witterung ist die Gefahr nicht so groß, weil kühlere Temperaturen als $+6^0$ C bekanntlich verzögernd auf den Abbindeprozeß wirken; hierbei kann dann die Grenze der Verwendbarkeit im allgemeinen etwa 2—3 Stdn. betragen. Es sei ausdrücklich hervorgehoben, daß nach den amtlichen Bestimmungen § 7, Ziff. 1, die Betonmasse bei trockenem, warmem Wetter spätestens nach einer, bei nasser, kühler Witterung spätestens nach zwei Stunden verarbeitet werden muß. Vorheriges Umschaufeln ist vorgeschrieben.

Kapitel 30. Der Gleitwiderstand des Eisens im Beton.

Nach den Bachschen Versuchen schwankt dieser zwischen 11 und 35 kg/cm² je nach Durchmesser und Länge des verwendeten Eisens und je nach Art des Betons. Nachfolgend sollen einige bemerkenswerte neuzeitliche Versuche im staatl. Materialprüfungsamt gebracht werden (entlehnt aus „Bauingenieur" 1927, S. 595). Der untersuchte Beton hatte das Mischverhältnis 1 : 4 mit Oderkies als Zuschlagstoff. Die Eiseneinlage hatte 20 mm Dmr. und saß in der Mitte eines 20-cm-Würfels 19 cm tief. Die Haftfläche beträgt somit 119 cm².

Zementgattung	Wasserzusatz		Gleitwiderstand in kg/cm² nach	
	Gew. %	Raum %	3 Tagen	28 Tagen
Erdfeuchter Beton				
Gewöhnl. Portland . .	5,3	8,5	8,0	8,5
Hochw. Portland I . .	5,0	8,0	13,6	18,8
Hochw. Portland II . .	5,0	8,0	18,5	29,4
Weicher Beton				
Gewöhnl. Portland . .	9,1	14,5	11,2	29,6
Hochw. Portland I . .	8,8	14,2	31,8	55,5
Hochw. Portland II . .	8,8	14,2	45,2	59,6
Gußbeton				
Gewöhnl. Portland . .	13,2	21	11,5	32,4
Hochw. Portland I . .	12,9	20,6	29,1	43,8
Hochw. Portland II . .	12,9	20,6	34,8	47,5

Man erkennt die größeren Gleitwiderstände bei Verwendung des hochw. Zements und braucht also wegen der Haftfestigkeit keinesfalls Besorgnisse zu hegen.

Kapitel 31. Elastizitätsverhältnisse des Betons.

Die Kenntnis eines einigermaßen verläßlichen Wertes für den Elastizitätsmodul oder das Elastizitätsmaß E ist notwendig bei allen Formänderungsberechnungen und bei der Berechnung der statisch unbestimmten Größen. Man muß sich jedoch hierüber klar sein, daß mathematisch genaue Werte nicht zu gewinnen sind, schon weil der Beton kein durchaus homogener Baustoff ist wie etwa

Stahl. Ferner ist leicht einzusehen, daß E also (z. B. im Falle eines auf mittigen Druck beanspruchten Körpers) gleichsam das Maß der Zusammendrückbarkeit, von sehr vielen Umständen abhängig ist. Vor allem wird diese Zusammendrückbarkeit von der Höhe der Beanspruchung, von der Art des Bindemittels selbst und der Zuschlagstoffe, dem Mischverhältnis, der Höhe des Wasserzusatzes, der Porosität, dem Alter u. dgl. wesentlich beeinflußt sein.

Der Elastizitätsmodul (Elastizitätsmaß) ist schon aus den verschiedenartigsten Belastungsarten ermittelt worden. Am häufigsten aus Druck- und Zugversuchen, wonach der E.M. mit E_d und E_z bezeichnet wird. Er ist aber auch aus Biegeversuchen hergeleitet worden, doch sind hier die Verhältnisse nicht so klar, wie bei reinem Zug und Druck, weil bei der Biegung die gleichzeitig auftretenden Schubkräfte ebenfalls Formänderungen im Gefolge haben. (Über Einfluß der Schubspannungen auf die Formänderung vgl. Kapitel 64). Es ist nicht der Zweck dieses Buches genau auf diese Versuche einzugehen, die die angeführten Einflüsse berücksichtigen. Es sei deshalb auf die betreffenden Lehrbücher von Mörsch, vom Betonverein, insbesondere auf das vorzügliche Werk von E. Probst, I. Bd., hingewiesen; ferner auf den ausführlichen Aufsatz von Möhlmann in „Zement" 1928, Nr. 10, 14 bis 17 und 30. Das Verhältnis der Elastizistätsmaße von Eisen und Beton wird allgemein mit n bezeichnet. Nach den Eisenbetonbestimmungen ist vorgeschrieben gemäß § 18, Ziff. 2:

„Für die Bemessung der Bauteile ist das Verhältnis der Elastizitätsmaße von Eisen und Beton zu $n = 15$ anzunehmen."

§ 17. Ermittlung der äußeren Kräfte. 1. Bei der Berechnung der unbekannten Größen statisch unbestimmter Tragwerke und der elastischen Formänderungen aller Tragwerke ist mit einem für Druck und Zug im Beton gleich großen Elastizitätsmaß $E_b = 210\,000$ kg/cm² zu rechnen.

Das Trägheitsmoment ist aus dem vollen Betonquerschnitt mit oder ohne Einschluß des zehnfachen Eisenquerschnitts zu ermitteln, wobei hier im allgemeinen die wirksame Breite eines Plattenbalkens mit dem Mittelwert $6\,d + b_0 + 2\,b_s$ in Rechnung zu stellen ist.

Für die Spannungsermittlung und Querschnittsbemessung gilt $E_b = 140\,000$ kg/cm².

Kapitel 32. Über das Gefüge des Betons.

In der Gefügelehre der Metalle und deren Legierungen ist das Studium der Stoffe mittels Mikroskops und Mikrophotographie seit langem schon fast ein unentbehrliches Mittel zur Gewinnung von Erkenntnissen, und es ist zu verwundern, daß in der Betontechnik diese optischen Hilfsmittel erst so spät aufgenommen worden sind. Es ist das große Verdienst von E. Probst, anknüpfend an die amerikanischen Versuche von Johnson, die Mikrophotographie (Betontechnisches Institut der Technischen Hochschule in Karlsruhe) aufgenommen und verbessert zu haben. Für alle jene, die sich in diesen Fragen besonders orientieren wollen, sei das erwähnte Probstsche Werk angelegentlich empfohlen (Bd. I, S. 77—89 und S. 183—186). Auf Grund dieser optischen Hilfsmittel wurde in dem genannten Karlsruher Institut eine Arbeit von Fr. Maier über die Entstehung des Porenvolumens ausgeführt (Bauingenieur 1922, S. 558), worüber nachstehend auszugsweise berichtet werden soll; die Ergebnisse stehen zwar teilweise im Widerspruch mit einigen auch jetzt noch gepflogenen Anschauungen, haben jedoch für sich den Vorzug verhältnismäßig großer Verläßlichkeit und Wahrscheinlichkeit. Maier untersucht ein festes Mischungsverhältnis, wobei die Größe des Wasserzusatzes variiert wird. Bei jeder dieser Versuchsmischungen stellt man dann die Größe des Volumens, das die Proben einnehmen, mit einem besonderen mikroskopischen Zählapparat fest.

Das gesamte Porenvolumen bestimmt Maier rein rechnerisch, indem er zuerst aus den Einzelgewichten und den spezifischen Gewichten den Gesamtrauminhalt sämtlicher Betoneinzelbestandteile errechnet und mit dem Rauminhalt des Betonkörpers vergleicht. Von dem Gesamtvolumen der Betonbestandteile ist das Volumen des chemisch gebundenen Wassers abzuziehen, und es ergibt sich hieraus das vom Wasser ausgefüllte Porenvolumen des Körpers. Maier gibt an, daß das hierauf auf mikroskopischem Wege feststellbare Porenvolumen nur etwa 15—50% des rechnerisch festgestellten beträgt, und schließt daraus, daß der Rest der Hohlräume in einer ganz feinen Verteilung zwischen den einzelnen Zementkörnern liege. Über diese „Feinporen“ kann aus der vorliegenden Untersuchung nichts ausgesagt werden, jedoch über die „Großporen“. Maier teilt sie ein in:

1. Wasserkonzentrationsporen.

Rundlich kugelige Form; Überzug von fein verteilten Zementkörnchen; liegen mitten im Bindemittel. (Dies trifft allerdings nicht immer zu, vgl. die Besprechung am Schlusse, der Verf.)

2. Strukturporen.

Unregelmäßige Form. Entstehen durch Mängel in der Mischung. Sonach sind es Hohlräume, die durch unvollkommene Verkittung der Zuschlagkörner entstehen.

3. Randporen.

Treten am Rande zwischen Zementkitt und Zuschlagkörnern auf; nicht leicht sichtbar. Entstehen infolge ungenügender Bindung zwischen Zuschlagkorn und Zementkitt. Porenbildende Ursachen: Rauhigkeit und wasserabweisende Eigenschaften der Kornoberflächen (bei Splitt: Steinmehl, d. Verf.). Während die Großporen auf die Zementdichtigkeit keinen Einfluß haben, so ist dies sehr der Fall bei den Feinporen.

Eine sehr interessante Feststellung Maiers ist die folgende: „Bei kleinem Wasserzementfaktor (WZF = **0,48**) wird ein großer Teil des überschüssigen Wassers in den Konzentrationsporen abgeschieden. Bei steigendem Wasserzusatz zeigt sich eine Zunahme der Feinporen, während die Anzahl der Konzentrationsporen rasch abnimmt.

Beim WZF = **0,48—0,60** bleiben die Feinporen noch in mäßigen Grenzen. Bei weiterer Steigerung des Wasserzusatzes nimmt das durch Feinporen erfüllte Volumen schnell zu, indessen verschwinden die Konzentrationsporen. Die Zementdichtigkeit nimmt also bei zunehmendem Wasserzusatz stark ab und damit auch die Druckfestigkeit. Die Erklärung dieser Erscheinung liegt in der Wirkung der Oberflächenspannung des Wassers.

Eine der wichtigsten Erkenntnisse dieser Untersuchung ist vor allen Dingen die, daß die Konzentrationsporen der Festigkeit nicht abträglich sind, im Gegenteil, man hätte ein Interesse daran, daß sich das Wasser in den Konzentrationsporen absetzt, weil dann um so weniger Wasser für die Feinporen übrigbleibt, der Zementkitt somit also dichter ist. Hierdurch haben wir eine weitere Erklärung, weshalb Vibration die Festigkeit erhöht, weil sie nämlich steigernd auf die Dichtigkeit des Zementkittes, somit gleichsam austreibend auf die Feinporen wirkt.

Mischung: Bei den Versuchen war Fein-: Grobmaterial 1 : 1,75, und wenn der Sand verhältnismäßig großkörnig war 1 : 1,5.

An dieser Stelle soll auf einen sehr lesenswerten Aufsatz von Gaye in B. u. E. 1927, S. 237, eingegangen werden. Dort ist in sehr plausibler Art dargetan, weshalb die Konzentrationsporen gleichsam unvermeidlich sind: vgl. Wasserüberschuß bei verschiedenen Zementleimen, Abb. 4, der dortigen Abhandlung. Allerdings ist die unter dem Namen Großwasserporen erfolgte bildliche Darstellung derselben (Abb. 7 der Abhandlung) für Uneingeweihte leicht irreführend insofern, als dort sowie auch an anderer Stelle, die Großwasserporen, stets etwa in der Mitte des Zwickels zwischen den von Zementkitt umhüllten Zuschlagkörnern sitzen, Abb. 47. Ganz so stereotyp ist die Porenbildung in natura jedoch nicht, und aus dem Studium von Betonoberflächen und Schnitten, selbst schon in 4- bis

8facher linearer Vergrößerung, kann man hinsichtlich der Entstehung der Poren noch zu folgenden Überlegungen kommen: die Bildung von Großwasserporen (Wasserkonzentrationsporen) nach der Darstellung von Maier und Gaye sollen mitten im Bindemittel vor sich

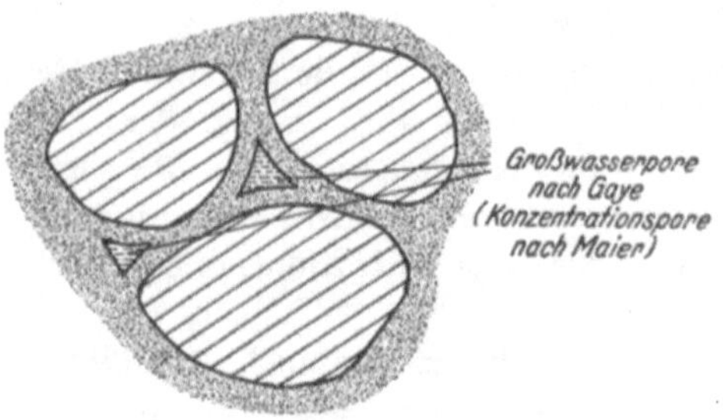

Abb. 47.

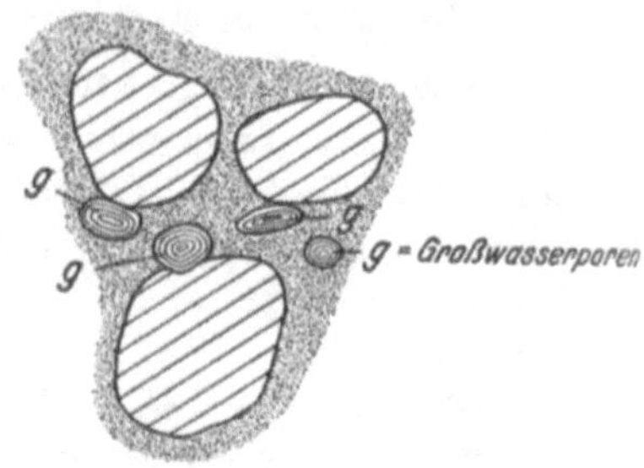

Abb. 48.

gehen; vgl. Abb. 48. Dies ist in Betonschliffen wohl öfters anzutreffen, jedoch ist es keine ganz allgemein gültige Regel; man trifft vielmehr auch ausgesprochen an die Kieselsteine selbst angrenzende Konzentrationsporen, Abb. 48 (wohl zu unterscheiden von den eingangs erwähnten Randporen). Grenzt nun eine solche Konzentrationspore an einen Kieselstein, der noch nicht mit Wasser gesättigt ist (was meistens der Fall sein dürfte, weil die geringe Naturfeuchtigkeit sowie die in dem vhm. kurzen nassen Mischprozesse anhaftende

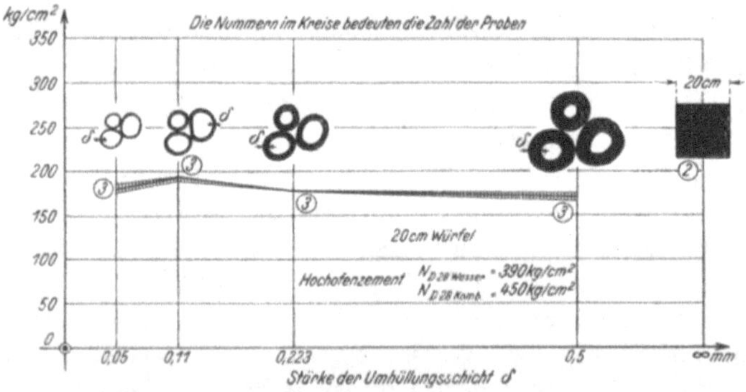

Abb. 49. Die Stärke der Umhüllungsschicht hat, wie aus der Abb. hervorgeht, keinen nennenswerten Einfluß auf die Betonfestigkeit (Gaye).

Feuchtigkeit nicht zur Sättigung ausreicht), so saugt der Stein das Porenwasser ganz oder teilweise leer. Handelt es sich um Gußbeton, so wird selbst noch nach 8—10 Stdn. der flüssige Beton hydrostatisch nachdrücken und entweder die Pore ganz verschwinden machen oder aber sie verkleinernd, öfters auch verformend. Die Richtigkeit dieser

Annahme kann man aus Betonbruchstellen oder Schnittflächen aus Gußbeton öfters feststellen. Im übrigen ist der angezogene Gayesche Aufsatz sehr wertvoll und gibt bemerkenswerte Ergebnisse; beispielsweise hinsichtlich des Einflusses der Dicke der die Steine umgebenden Kitthaut. Es ist nämlich laut Abb. 49 für die Festigkeit ziemlich gleichgültig, ob die Kitthaut 0,05 oder 5 mm ist. Hier bestätigt es sich, daß unsere Annahme eines Verkittungszuschlages zum Hohlraumzement von 10—18% vollkommen ausreicht, weil selbst noch bei verhältnismäßig großer Kornoberfläche immer noch ein dünner Kittüberzug vorhanden ist, und auch somit ausreichen wird.

Kapitel 33. Zur Wasserdurchlässigkeit.

1. Der reine Beton ohne Anwendung von Schutzmaßnahmen.

Wir können hier wieder an die Erkenntnisse aus den bereits zitierten Versuchen von Maier (Bauingenieur 1922) anknüpfen, die zu folgenden Schlüssen führten. Erdfeuchter Beton ist wegen der dort häufigen Strukturporen ziemlich stark wasserdurchlässig. Mit steigendem Wasserzusatz nimmt die Wasserdichtigkeit bis zu einem Wasserzementfaktor WZF = 0,62 dauernd zu, weil die einzelnen Betonbestandteile besser und dichter aneinander gerückt werden.

Nimmt man noch mehr Wasserzusatz, dann rücken die Betonbestandteile zufolge des Dazwischentretens des überschüssigen Wassers wieder von einander ab (infolge Verminderung der Oberflächenspannung), und der Beton verliert dergestalt an Wasserdichtigkeit.

Beispiel.

In einem praktischen Falle hatte der aus einem Gießturm zur Verarbeitung gelangende Beton folgende Zusammensetzung:

120 l Zement = 120 · 1,27 = 152 kg,
252 l Porphyrsplitt,
504 l Kiessand,
130 l Wasser, d. i. rd. 15 Raum-%,
an feuchteren Tagen 95 l, d. s. 13,7 Raum-%.

Der Feuchtigkeitsgehalt betrug beim Kiessand 3—5 Gew.-%, bei Splitt 0,1—0,3 Gew.-%.

Mit diesen obigen 130 l an Wasser war der Beton selbst an heißen, trockenen Tagen gießfähig; dies entspricht einem WZF als Größtwert max. WZF = 130 : 152 = 0,86 und einem Kleinstwert min. WZF = 95 : 158 = 0,63; nach Maiers Angabe dürften der Wasserdichtigkeit halber höchstens nur vorhanden sein entsprechend einem WZF = 0,65:

$$W = Z \cdot 0{,}65 = 152 \cdot 0{,}65 = \text{rd. } 100\ \text{l}.$$

Im übrigen erprobte sich trotzdem in praxi der eingangs erwähnte Beton mit 95—130 l Wasserzusatz als einwandfrei wasserdicht, als nämlich Schmelzwasser aus Schnee und Eis etwa durch 6 Wochen 5 cm hoch darüber stand.

Es wurde auch durch Versuche festgestellt, daß die durch Beton durchgedrückte Wassermenge innerhalb von 3 bis 4 Tagen stark abnimmt, um dann in einen gewissen Beharrungszustand der Wasserdurchlässigkeit überzugehen; dies ist durch die Kolloid- und Quellungserscheinungen des Zementes erklärbar. Im übrigen wird später durch Ablagerung von $CaCO_3$ (Kalziumkarbonat) ein Teil der Poren verstopft, was auch durch Versuche bestätigt wurde. Schließlich soll nochmals zusammenfassend betont werden, daß dichter Beton im Sinne unserer Stoffbedarfrechnungen nicht identisch ist mit wasserdichtem Beton und, daß Gußbeton stets wasserdichter ist als Stampfbeton, vorausgesetzt, daß beide Betone im Sinne der Hohlraumlehre „dicht“ bemessen sind. Die Wasserdichtigkeit wird überdies ziemlich vollkommen durch Auftragen einer Putzschicht reinen Zementmörtels, wobei es allerdings auf die Größe des Wasserdrucks ankommt.

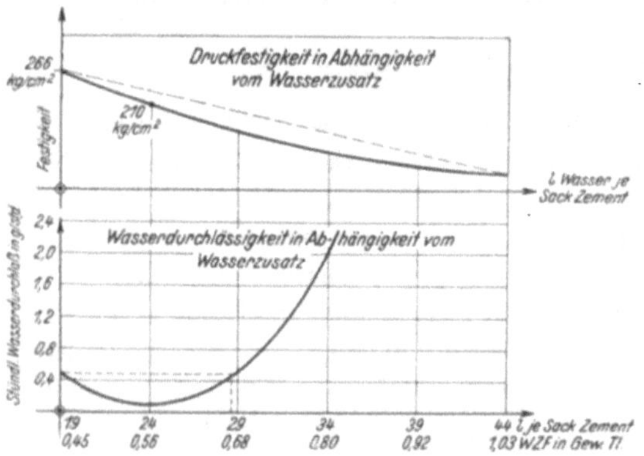

Abb. 50.
(Nach Eng. News-Rec. 1927, S. 445.)

Ein weiterer interessanter Zusammenhang zwischen Wasserdichtigkeit und Betondruckfestigkeit ist in Abb. 50 dargestellt; hiernach ist zu ersehen, daß die größte Wasserdichtigkeit bei 24 l Wasser je amerik. Sack Zement (42,64 kg), d. i. bei einem WZF = 0,56 liegt (bei Kortlang 0,62 und bei Maier 0,65). (Abb. 50 nach F. R. M. Millan.)

2. Erzielung der Wasserdichtigkeit durch Zusatzstoffe.

Voraussetzung für die Wirkung von Zusatzstoffen ist ein nicht allzugroßporiger Beton. Ist er jedoch großporig, dann empfiehlt es sich ihn durch Zusatz von Zement, Steinmehl, Traß oder Si-Stoff feinporiger zu gestalten. Das bekannteste Zusatzmittel zwecks Betondichtung ist Seife (Schmierseife), die im Anmachewasser mit

0,8—2,2 Gew.-% aufzulösen ist. Eine kleine Festigkeitsverminderung ist jedoch in Kauf zu nehmen. Auch vermischt man bisweilen den Zement mit 22—28 kg Tonerde je m^3 lose Masse.

Bei Anwendung von Ölen als Dichtungsmittel ist bei Eisenbeton allergrößte Vorsicht notwendig, weil sie sehr die Festigkeit und Haftspannung heruntersetzen.

Alle diese Dichtungsmittel würden aber sofort versagen, wenn Risse eintreten. Diesen muß durch entsprechend konstruierte Fugen begegnet werden. Es muß erwähnt werden, daß Splittbeton in solchen Fällen gute Dienste leistet, denn es kommt ihm ein geringeres Schwindmaß zu wie dem Kiesbeton. Vgl. auch „Zement“ 1928, S. 318, das Referat von Petry und bezüglich des dichtenden Einflusses von Traß die Arbeit von Graf in Nr. 11,12 und 13 vorstehender Zeitschrift 1928.

D. Das Eisen.

Kapitel 34. Allgemeines über St 37 und St 48.

Das gewöhnliche Handelsflußeisen heißt neuerdings Flußstahl St 37. Überdies ist nach den neuen Bestimmungen des Deutschen Ausschusses für Eisenbeton auch der Baustahl St 48 als Bewehrung zugelassen; vorläufig allerdings nur für Deckenplatten. Der St 48 ist nicht etwa ein legierter Stahl, wie z. B. der Siliziumstahl (Si-Stahl), sondern ein hoch im Kohlenstoff gehaltener Stahl, wodurch seine Festigkeit steigt. Nach den Bestimmungen kann das gewöhnliche Handelseisen, also der Flußstahl St 37 mit 1200 kg/cm², dagegen St. 48 mit 1500 kg bei Verwendung von hw. Zement beansprucht werden, letzterer vorerst nur bei Platten anwendbar.

Über die technologischen Eigenschaften des Stahles berichten nicht nur Taschenbücher, sondern auch fast alle Eisenbetonlehrbücher so eingehend, daß sich hier ein Eingehen hierauf erübrigen dürfte. Wichtig erscheint die Erörterung der Wirtschaftlichkeit des Stahles St 48.

Hinsichtlich des Verhältnisses der Tonnenpreise unterrichtet die nachfolgende Zusammenstellung, deren Preise aus dem Beginn des Jahres 1928 stammen.

Tonnenpreise in RM. frei Bahnhof Berlin.

Eisen mm	Handelseisen St 37	Hw. Baustahl
8	175,35	195,35
10	172,00	192,00
12	168,65	188,65
14	167,00	187,00

Grundpreise und Überpreise von Moniereisen vgl. Kapitel 51.

Die Schneide- und Biegearbeit bei St 48 ist ebenfalls nicht teurer als bei St 37, jedoch schweißt sich ersterer ausgesprochen schlechter wie letzterer.

Sowohl bei St 37 wie bei St 48 ist die Kaltbiegeprobe anzustellen, d. h. auf der Biegemaschine ist das zu prüfende R.E. um einen Dorn von dem zweifachen Eisendurchmesser um 180° zu biegen (früher mußte der Dorn denselben Durchmesser haben wie das zu prüfende R.E.) Risse auf der Zugseite dürfen nicht auftreten. Man bedient sich zur Untersuchung hierbei erfolgreich einer kleinen Taschenlupe, die etwa 3½—4fache lineare Vergrößerung aufweist. Bisweilen entstehen Zugrisse erst dann, wenn man einen verhältnismäßig leichten Hammerschlag auf die Langseite der Rundeisenschleife geführt hat.

Sehr hat man auf die Rostfreiheit des Eisens zu achten. Solange der Rost „wegwischbar" ist kommt er nicht in Frage. Ist er dagegen narbig oder gar blätterig, dann ist er gefahrdrohend. Sorgfältiges Reinigen mit scharfen Drahtbürsten und Einschlämmen gleichzeitig mit dem Betonieren ist unerläßlich! **Das Einschlämmen darf keinesfalls so erfolgen, daß die Zementmilch eintrocknet,** weil sehr schädlich für den Verbund.

Über Versuche betreffend die Verbundwirkung zwischen Beton aus hw. Zement mit Stahlbewehrung berichtet Geßner in „Zement" 1927, S. 788. Bemerkenswert ist hierbei die Tatsache, daß die ersten feinen Zugrisse erst nach Überschreitung der Nutzlast eintraten.

II. Abschnitt.

Die Baustelle.

A. Über Vorarbeiten.

Kapitel 35. Allgemeines über Vorarbeiten.

Es ist grundsätzlich darauf zu halten, daß die Vorbereitungen für ein Bauvorhaben soweit gediehen sind, daß die einmal begonnenen Bauarbeiten nicht wiederum unterbrochen werden brauchen. Hierzu gehört vor allem, daß das Projekt endlich nach all den Hemmungen, denen ein Bauvorhaben an sich unterworfen zu sein pflegt, in jenes Stadium eingetreten ist, daß nunmehr weder Bauherr noch Architekt nennenswerte Änderungen vornehmen. So selbstverständlich diese Forderung klingt, so häufig werden — schon längst nachdem die Behörden die Prüfung begonnen und gefördert haben — bisweilen geradezu grundlegende Änderungen von seiten des Architekten vorgenommen, die die vorhandene statische Berechnung ganz oder teilweise ungültig machen.

Wenn also dieses Stadium überwunden ist, dann muß der Unternehmer anstreben, daß für das Bauvorhaben eine sog. provisorische Bauerlaubnis erteilt wird. Diese pflegt in jenen Fällen wohl allerwärts reibungslos erteilt zu werden, wenn das Bauvorhaben allgemein hinsichtlich der Fragen der Bauordnung, ferner im besonderen im Hinblick auf die Standfestigkeit völlig klargestellt ist. In den weitaus meisten Fällen ist bei größeren Bauvorhaben (bei der stets allzugering zu Gebote stehenden Zeitspanne zwischen Zuschlag und Arbeitsbeginn) die Prüfung der statischen Berechnung erst im Anfangsstadium begriffen; trotzdem wird — wenn die Baugrundfrage und die Frage der Zulässigkeit der Belastungen und Beanspruchungen hinreichend geklärt ist — meist gegen den Beginn der ersten Arbeiten von seiten der Baupolizeibehörde nichts eingewendet werden. Der Unternehmer selbst kann in der Tat viel zur Beschleunigung beitragen, wenn er insbesondere auf eine sorgsame Baugrunduntersuchung Wert legt. Die in dieser Hinsicht am meisten zu findenden Unterlassungen sind:

1. Es werden allzuwenig Bohrlöcher vorgesehen.
2. Die Bohrlöcher sind nicht ausreichend tief getrieben.

3. Die Bohrproben werden nicht der Behörde vorgelegt; erweist sich späterhin die Vorlage der Bohrproben als unabweislich, dann sind sie oft nur unvollständig oder überhaupt nicht mehr auffindbar.
4. Der Baugrund ist von dem entwerfenden Ingenieur von vornherein zu hoch beansprucht.

Mit Vorstehendem soll lediglich angedeutet werden, was bei schwierigeren Bauvorhaben hinsichtlich der provisorischen Bauerlaubnis vorher unbedingt zu klären ist und, daß sorgfältige Baugrunduntersuchungen das Zustandekommen einer „provisorischen Bauerlaubnis" wesentlich erleichtern. Die provisorische Bauerlaubnis erstreckt sich indessen nur auf die anfänglichen Arbeiten, wie Bodenaushub u. dgl. Ist der Erdaushub hernach fertiggestellt, so ist dann die behördliche Prüfung des Projektes auch schon soweit fortgeschritten, daß die Erlaubnis zum konstruktiven Weiterarbeiten erteilt zu werden pflegt.

Kapitel 36. Über Aufräumarbeiten und Absteckarbeiten.

1. Aufräumarbeiten.

Ehe man mit irgendwelchen Arbeiten beginnt, sind vor allem Erkundigungen über die Beschaffung von Nutzwasser, Trinkwasser und elektrischem Strom einzuziehen. Sehr wichtig ist es, die Stromart und Spannung in Erfahrung zu bringen, damit die richtigen Motoren und Leitungsquerschnitte bestimmt werden können. Falls nur hochgespannter Strom zu Gebote steht, muß sofort die Transformatorstation eingerichtet werden, die für die Spitzenleistung bemessen werden muß. Man achte auch bezüglich der Beschaffung von Wasser darauf, daß gegebenenfalls rechtzeitig ein Standrohr besorgt wird.

Neubaugrundstücke sind nur in den seltensten Fällen in einem derartigen Zustande, daß sogleich mit den Absteckarbeiten begonnen werden kann. Um das Grundstück soweit vorzurichten, ist es bei mittleren und größeren Grundstücken zweckmäßig, einen Vorarbeiter und 5 bis 6 Mann (wenn erforderlich unterstützt von einem Lastkraftwagen) die Aufräumarbeiten vornehmen zu lassen. Außer dem Aufwand für den Lastkraftwagen sind je nach Größe und Zustand des Grundstückes in Rechnung zu stellen:

30—80 Lohnstunden.

Dies reicht, um alles Gerümpel abzubrechen, aufzusammeln und zu verladen, kleinere Aufträge zu beseitigen, Löcher zuzuschütten und oberflächliche Einebnungsarbeiten vorzunehmen, soweit, daß abgeschnürt werden kann.

Die angeführte Stundenzahl reicht natürlich nicht aus zum Abbruch, wenn auch selbst kleinerer massiven Baulichkeiten, zum Fällen und Roden von Bäumen, wobei die 10- bis 20fachen Stundenzahlen zusammenkommen können. Vorsicht ist bei früherem Kleingärtner- und Laubengelände vor alten vergessenen und nicht eingeholten Selbstschüssen geboten, wie überhaupt bei jeglicher Abbrucharbeit, wobei Verletzungen, wenn auch leichterer Art, vorkommen. Es empfiehlt sich also schon bei solchen allerersten Baustellenarbeiten stets Verbandzeug zu Hand zur haben.

2. Absteckarbeiten.

Bei wichtigeren Bauvorhaben überläßt man dann die Absteckarbeiten nicht mehr dem Bauführer, sondern der Unternehmer pflegt die Verantwortung einem beeidigten Landmesser zu übertragen, wobei letzterem jedoch zum Stellen der Schnürböcke die Hilfsarbeiter gestellt werden. Außer den für den Landmesser anfallenden Gebühren sind hierfür bei ganz kleinen Baustellen

von 120—200 m^3 Beton 10—15 Stdn.,

bei kleinen Baustellen

von 200—500 m^3 Beton 15—50 Stdn.,

bei mittleren und größeren Baustellen: 50—100 Stdn. vorzusehen.

Kapitel 37. Baulichkeiten.

1. Allgemeines.

Häufig werden bei der Kalkulation — namentlich bei größeren Bauvorhaben — die Kosten für die notwendigen Baulichkeiten (Baubuden und Magazine) unterschätzt, weshalb diesbezüglich einige Richtlinien von Nutzen erscheinen. Auch ist in der Regel die Lagerplatzmöglichkeit beschränkt, weshalb es geboten ist die Abmessungen der Baulichkeiten auf ein Mindestmaß zu beschränken. Es sind getrennte Aufenthaltsräume erforderlich für Polier, die Vorarbeiter, für die gelernten Arbeiter, Maurer und Zimmerer und schließlich für die ungelernten Arbeiter. Das Magazin ist nahe der Polierbude aufzustellen. Alle Baulichkeiten und Lagerplätze müssen so angelegt werden, daß die Wege für die Arbeiter und Baustoffe möglichst klein werden.

Sehr wichtig ist es vor Errichtung der Buden und Stapelplätze eingehende Erkundigungen einzuziehen, ob nicht an diesen Stellen etwa Leitungsverlegungen vorgenommen werden, dies ist besonders wichtig bei größeren Bauten, die sich über 1 bis 2 Jahre Bauzeit hinziehen.

Es ist auch für zweckmäßige Anlage der Bauaborte Sorge zu tragen, worüber hinsichtlich Anzahl und deren Anlage in den verschiedenen Ländern gewisse Vorschriften bestehen, wie über die Anlage auch der übrigen Baulichkeiten überhaupt.

2. Grundzüge von Polizeivorschriften betr. die Arbeiterfürsorge auf Bauten.

Die einzelnen Länder haben zwar, wie erwähnt, verschiedene Vorschriften; es sollen jedoch als Beispiel nachstehend einige preußische Polizeiverordnungen auszugsweise wiedergegeben werden (zitiert aus Baltz-Fischer, Preußisches Baupolizeirecht, S. 598, Berlin 1926, Karl Heymanns Verlag), doch sind sie nur in Anwendung zu bringen:

a) Bei Hochbauten, wenn einschließlich der Poliere und Lehrlinge mehr als 10 (nach Lage der örtlichen Verhältnisse kann auch bereits für weniger als 10 dauernd beschäftigte Personen die Herstellung von Unterkunftsräumen und Aborten gefordert werden) Personen zur Zeit der Rohbauausführung gleichzeitig auf dem Bau beschäftigt sind; während der Rohbauausführung vorübergehend beschäftigte Arbeiter werden nicht in diese Zahl eingerechnet.

b) Bei Tiefbauten, die von Unternehmern ausgeführt werden, wenn an einer bestimmten Stelle des Baues mehr als 10 Personen länger als 1 Woche gleichzeitig beschäftigt sind.

Zur Benutzung während der Arbeitspause und bei ungünstiger Witterung sowie zur Aufbewahrung von Kleidern, Lebensmitteln und Eßgeschirr muß für die an Bauten beschäftigten Arbeiter ein allseitig dicht umschlossener, mit Fenstern genügend versehener, lüftbarer Unterkunftsraum geschaffen werden, der im Mittel mindestens **2,20 m** im Lichten hoch sein muß und dessen Grundfläche derart zu bemessen ist, daß auf jeden am Bau dauernd beschäftigten Arbeiter eine Fläche von mindestens **0,75 m²** entfällt.

Der Unterkunftsraum muß mit festem Dielenboden versehen und in der kälteren Jahreszeit heizbar sein. Für die dauernd auf dem Bau beschäftigten Arbeiter sind in den Unterkunftsräumen Sitzplätze und Tische zur Verfügung zu stellen.

Ferner auszugsweise:

Kein Lagern von Baustoffen in den Unterkunftsräumen; von 1. November bis 1. April Unterkunftsräume zu heizen, wenn Außentemperatur unter $+10^{0}$ C sinkt, es muß für Arbeiter Gelegenheit sein, Speisen und Getränke zu erwärmen.

Bezüglich der Anlage der Aborte gilt:

Ein Sitz darf höchstens 25 Personen dienen, Anbringen von Scheidewänden zwischen je zwei Sitzen, für Frauen besondere Anlagen. Die Aborte müssen mindestens 6 m von den Unterkunftsräumen aufgestellt werden, genügend hell sein, dürfen keine durchlässigen Gruben erhalten, bei von Wohngebäuden entfernten Baustellen kann Herstellung einer Erdgrube gestattet werden. Im übrigen verfügt beispielsweise die Berliner Baupolizei über die Entwässerung der Bauaborte:

Die übliche Beseitigung der Fäkalien der Bauaborte hat vielfach, hauptsächlich bei größeren Neubauten, zu Übelständen und Beanstandungen geführt.

Im Gebiet der geschlossenen Bauweise ist daher von jetzt ab der vorschriftsmäßige Anschluß der Bauaborte an eine Entwässerungsleitung grundsätzlich vorzuschreiben.

Es empfiehlt sich, die erforderlichenfalls herzustellende Anschlußleitung an die öffentliche Leitung sogleich derart anzuordnen, daß sie auch der endgültigen Entwässerung des Grundstückes dienen kann.

Soll die Entwässerung im Anschluß über ein anderes vorschriftsmäßig angeschlossenes Grundstück erfolgen, so ist das zuständige Tiefbauamt bzw. die Stadtentwässerung entsprechend zu benachrichtigen.

Für die Ausführung sind die Bestimmungen der Polizeiverordnung über die Be- und Entwässerung, über die Arbeiterfürsorge auf Bauten und die Bauordnung maßgebend.

Auf die frostfreie Lage der Zu- und Ableitung ist besonders hinzuweisen. Vor Erteilung der Erlaubnis zum Beginn der Ausschachtung oder Bauarbeiten auf der Baustelle muß die Be- und Entwässerung der Bauaborte fertiggestellt und abgenommen sein.

Von den sonstigen Vorschriften ist noch insbesondere jene bemerkenswert, nach der die Anwendung offener Koksöfen sog. Salamander verboten ist; Koksöfen mit Dunstklappe und Rohr zur Gasableitung sind gestattet. Dies betrifft wohl die Verwendung im Innern von Gebäuden. Für Winterbauten, bei denen die Seitenwände durch Zeltplanen verdeckt sind, stehen nach Ansicht des Verfassers der Verwendung von Salamandern keine Bedenken entgegen, sofern genügend Querschnitt zum Gasabzug vorhanden ist. Salamanderöfen spielen namentlich in den Vereinigten Staaten eine besondere Rolle bei den Winterbaustellen (vgl. Kapitel 58).

3. Baulichkeiten im besonderen.

Für sämtliche Baulichkeiten, Magazin, Zementschuppen, Mannschaftsbude, Polierbude gilt etwa als erforderlich:

je m³ Zement	1,0 m² Grundriß
je Arbeiter	0,75—0,80 m² Grundriß
je Zimmermann	1,0 —1,1 m² ,,
je Vorarbeiter	1,20—1,3 m² ,,
für den Polier	2.5 × 4 bis 3 × 4 m².

Werkzeugmagazine je nach

Baustellengröße	2,0 × 4,0 bis 3,5 × 4,0 m²
Zementschuppen	5 × 4 bis 10 × 4 m².

Man richtet es so ein, daß Magazin und Zementschuppen aneinander grenzen. Das Magazin soll auch enthalten: eine gute Dezimalwage mit vollständigem Gewichtssatz, Gefäße von 1, 2, 10 und 100 l und eine mit Blech beschlagene Mischpritsche, alles für Untersuchung von Zuschlägen und zur Bestimmung des Zementraumgewichts. Bei den Leutebuden ist zu beachten, daß die Tiefe von 4 m günstiger ist als die von 3 m, weil in ersterem Falle zwei Längsreihen von Tischen aufgestellt werden können; leider muß aber in der Großstadt meist zu 3 m breiten Buden gegriffen werden des Platzmangels halber.

Die Buden für die gelernten Arbeiter, namentlich für die Zimmerer, müssen verschließbare Spinde erhalten.

4. Angenäherte Selbstkosten.

Leutebude	14—18 RM./m² Grundfläche
für Vorarbeiter sowie für gelernte Arbeiter mit verschließbaren Spinden	16—20 „ „
Polierbude	16—20 „ „
Magazin	14—18 „ „
Zementschuppen	11—14 „ „

Eine andere überschlägige Berechnung der Baubuden-Gestehungskosten ist rd. 2,7—3,4 RM/m² Wand-, Fußboden- und Dachfläche. Hierbei für Zementbude Zuschlag für stärkeren Fußboden und Wand 25—30%.

Die erforderlichen Abmessungen vgl. unter Z. 3.

Zu diesen Selbstkosten treten noch hinzu:

a) Die Kosten für Anfuhr vom Lager zur Baustelle und am Schluß Rücktransport.

Ferner:

b) Für Aufstellen und Abbrechen.

Schließlich muß man noch

c) einen Satz für Abschreibung einrechnen.

Zu a). Diese richten sich natürlich sehr nach der Größe der in Betracht kommenden Entfernungen; im allgemeinen kann man bei Anfuhr mittels Lastwagen, wenn eine mittlere Entfernung von etwa

4—5 km in Betracht kommt, rechnen für Anfuhr mit Rücktransport einer kleineren Bude von etwa 12 m² G Tl.:

10—20 RM.

Zu b). Für Aufbau und Abbruch einschl. Auf- und Abladen:

30—40 RM.

Zu c). Die Höhe dieser Kosten richtet sich einmal nach der Güte des verwendeten Holzes, nach der Art der Verbindungsmittel, je hochwertiger diese und der Baustoff und je länger das Bauvorhaben desto geringer die Abschreibung. Im allgemeinen rechnet man mit 15—20% des Neuwertes, also mit etwa

45—60 RM.

Hierin ist auch die Verzinsung des Anschaffungskapitals enthalten.

Oft ist es erwünscht zu wissen, welche Höhe die Kosten für die Baulichkeiten im Verhältnis zu den aufgewendeten Löhnen haben; hierüber finden sich Angaben in Kapitel 46.

Kapitel 38. Umzäunungsarbeit.

1. Allgemeines und Bauweise.

Bei größeren Bauvorhaben, namentlich im Stadtgebiete mit größerem Verkehr, ist die Umzäunungsarbeit von nicht untergeordneter Bedeutung. Manches ist hierbei zu berücksichtigen was im Drange des Baubeginns oft zu leicht vergessen wird.

Der Bauleiter beachte bei der Anlage, daß er ev. Dritten gegenüber für jegliche Unfälle und Schäden voll haften muß.

Im allgemeinen kommt es darauf an, ob der Bauzaun auf Gelände zu stehen kommen soll, in dem Leitungen verlegt sind; hier ist es ratsam den Bauzaun nur auf Schwellen zu verlegen. Will man nämlich die Stiele eingraben, dann muß in Großstädten bei einem leider notwendigerweise zahlreichen Instanzenzuge die Zustimmung eingeholt werden, weil die Gefahr besteht, daß entweder Leitungen irgendwelcher Art beschädigt werden, oder daß plötzlich Leitungsverlegungen sich als notwendig erweisen, was für den Unternehmer mit viel Lauferei, Kosten und Zeitverlust verbunden zu sein pflegt. In der Regel durcheilt ein Bote den gesamten Instanzenzug, wobei meist in einem Tage die Erledigung möglich ist.

Ist die Baustelle so enge, daß der Bauzaun sogar auf den Fahrdamm (Einschränkung des Fahrdammes bis auf 5 m zulässig, jedoch Abstand von Straßenbahngleis halten!) verlegt werden muß, so muß er wohl notgedrungen als Schwellenzaun ausgebildet werden und wegen der größeren Höhe (4,4 m bis Unterkante Schutzdach, Abb. 52) ist Ballast erforderlich (Ziegelsteine, Sandsäcke). Man achte darauf, daß alle Einfahrten frei bleiben (Feuerwehr), auch müssen für die Feuerwehr alle Hydranten, Brunnen und Gaslöcher zugänglich bleiben.

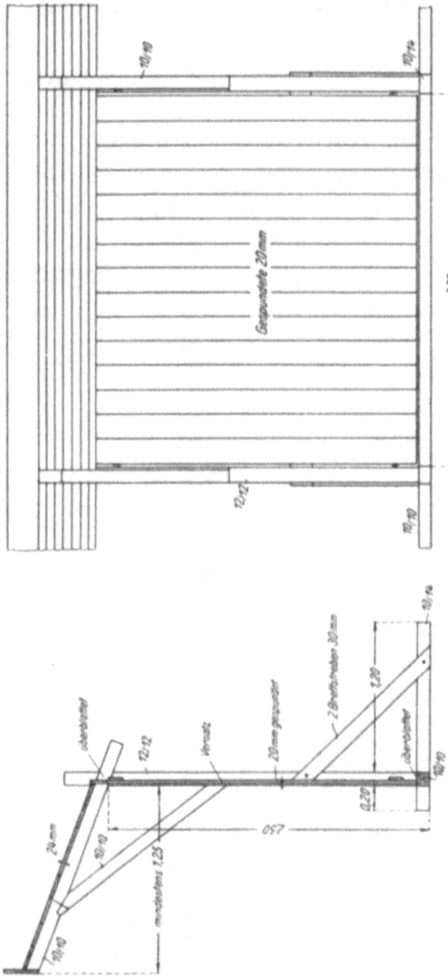

Abb. 51.

Der Zweck des Bauzaunes ist nun in erster Linie ein zweifacher. Vornehmlich soll er die Vorübergehenden vor Schaden durch etwaige abstürzende Gegenstände schützen, es ist also in allen jenen Fällen ein Schutzdach erforderlich (Abb. 51), und wenn der Bürgersteig vom Bauzaun überschritten wird, muß das Schutzdach in mindestens 2,5 m Höhe angeordnet werden.

Weiterhin soll er längs des Neubaues eine geschützte Stapelfläche bieten. Bei größeren Umbauten, wo auch größere Schaufensterflächen freigehalten werden sollen, ist natürlich die zweitgenannte Zweckbestimmung des Bauzaunes hierdurch hinfällig, und die Schutzbestimmung wird durch ein Baugerüst mit Schutzdach erfüllt. Letzteres muß straßenseitig mindestens 0,6 m über das Gerüst hinausragen, auf allen freien Seiten eine 0,6 m hohe geschlossene Brüstung haben, und mit mindestens 3 cm starken Brettern fugenlos abgedeckt sein. Hier ist also keine Stapelfläche vorhanden; sind solche dennoch unvermeidlich, dann polizeiliche Zustimmung erforderlich. Nachts dürfen in verkehrsreichen Straßen Baumaterialien dort nicht gestapelt verbleiben. Im übrigen ist ein Schutzdach nicht nur für die Straßenpassanten erforderlich, sondern überall dort auch am Bau, wo ein Verkehr stattfindet (Schutz der Bauarbeiter).

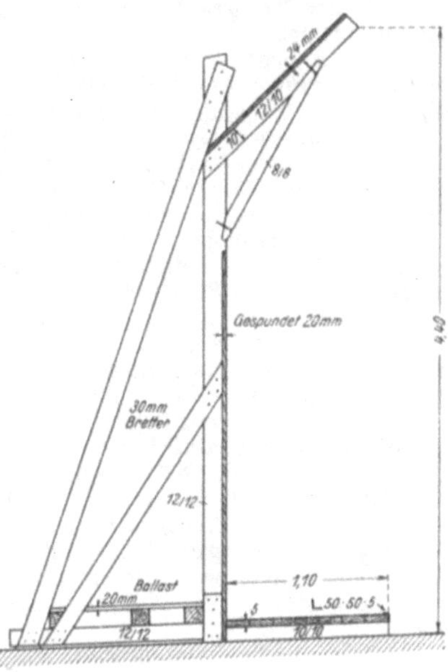

Abb. 52.

Bestimmungen über Bauzäune.

Zwar sind diese begreiflicherweise in den verschiedenen Städten und Ländern verschieden, jedoch haben sie allerwärts denselben Leitgedanken, nämlich:

1. Schutz den Vorübergehenden,
2. Verhütung, daß weder der Verkehr gehindert wird, noch daß etwaige Leitungen beschädigt werden.

Als Beispiel seien diesbezüglich wiederum die wichtigsten der zurzeit in Berlin gültigen Bestimmungen angeführt:

1. Bei Neubauten sowie bei größeren Umbauten (z. B. Ladenausbrüchen) des Erdgeschoßes an der Straße sind Bauzäune erforderlich.

2. Ist die Ausgrabung des Erdreichs unter dem Bürgersteig oder Straßendamm erforderlich, so darf die Aufstellung des Bauzaunes nicht

eher erfolgen als bis die Genehmigung (gestempelter Meldeschein)

1. des Nachrichtentechnischen Amtes im Polizeipräsidium Berlin, Alexanderstr. 3/6,
2. des Telegraphenbauamtes,
3. des zuständigen städtischen Tiefbauamtes,
4. der städtischen Gaswerke, Akt.-Ges.,
5. des Betriebs- und Telegraphen-Bureaus der städtischen Wasserwerke Akt.-Ges.,
6. der städtischen Stadtentwässerung,
7. der Gasbetriebs-Gesellschaft,
8. der städtischen Berliner Elektrizitätswerke, Akt.-Ges.,
9. der Telegraphen-Verwaltung der Feuerwehr, Lindenstr. 41

beigebracht ist.

Wird dagegen der Bauzaun nur auf Schwellen errichtet, so ist nur die Zustimmung des Polizeireviers und des zuständigen Tiefbauamtes erforderlich. Genehmigung erteilt dann die zuständige Baupolizei.

Bauzäune müssen fest und aus guten Stoffen errichtet, insbesondere dürfen dazu nicht Latt- und Brettstücke verwendet werden, auch dürfen nach außen weder Holzstücke noch Nägel vortreten, welche den öffentlichen Verkehr gefährden können.

In verkehrsreichen Straßen müssen die Bauzäune in ihrer ganzen Höhe zwischen Schutzdach und Oberkante Bürgersteig mit einer Schalung aus gespundeten Brettern versehen werden, so daß Bauzaun und Schutzdach ein zusammenhängendes Ganzes bilden (Abb. 51).

Bauzäune sowie Baugerüste dürfen bis zu einer (von der Bordkante des Bürgersteiges aus gemessenen) Höhe von **4,40 m** an keiner Stelle in den freien Luftraum über dem Straßendamm ausladen (vgl. Abb. 52).

Die auf der Straße (Platz, Promenade, Weg) vor dem Grundstück etwa befindlichen Räume und Kandelaber sind zum Schutze gegen Beschädigung mit zweckentsprechenden Schutzkästen zu umgeben.

Tritt der Bauzaun näher als 1,00 m an die Bordschwelle des Bürgersteiges oder den Damm, so ist ein ebener und sorgfältig auf gezimmerten Unterlagen festgelegter Brettgang, welcher bis an den Bauzaun reicht, mindestens 1,10 m breit, der in gleicher Höhe mit dem Bürgersteig liegen muß, herzustellen, so daß gleichsam eine Fortsetzung des letzteren gebildet wird.

Im letzteren Falle müssen die zu be- oder zu entladenden Wagen außerhalb der Bordschwelle des Bürgersteiges oder des Geländes des Brettganges stehen bleiben, so daß die Vorübergehenden nie genötigt werden, um die Wagen herum und über den Straßendamm zu gehen. Auch ist in den Fällen 6 und 7, sobald ein Schutz gegen herabfallende Gegenstände erforderlich wird, der Bauzaun mit einem mindestens 1,25 m breiten, nach innen geneigten, dicht abgedeckten und sicheren Schutzdach zu versehen, dessen Kopfstücke über den Pfosten sowie dessen Streben und Kopfbänder von abgebundenen Hölzern und nicht von angenagelten Brettstücken und Latten herzustellen sind.

Überschreitet der Bauzaun den Bürgersteig, so muß die auf dem Bürgersteig liegende Granitbahn für den Verkehr freigelassen und über derselben ein wenigstens 2,00 m breiter, an beiden Seiten mit Brettern abgeschlossener und in mindestens **2,50 m** Höhe mit doppelten Brettern dicht überdeckter Durchgang hergestellt werden.

Bauzäune sowie Baugerüste, namentlich aber die Brettgänge und Durchgänge müssen beleuchtet werden.

Türen im Bauzaun müssen nach innen aufschlagen.

Der Verantwortliche für die Beleuchtung ist dem zuständigen Staatlichen Polizei-Revier schriftlich namhaft zu machen.

Bei der Rohbauabnahme muß der Zaun abgebrochen werden, kann aber ausnahmsweise noch etwas länger stehen bleiben, wenn das Polizeirevier es gestattet. Für das umzäunte Straßenland sind an die Stadt Gebühren zu zahlen, in Berlin je Monat und m^2 etwa 1,0—1,5 RM. die in der Regel vom Bauherrn getragen werden. Reklameflächen auf dem Bauzaun sind in Berlin gebührenpflichtig und müssen beim Bezirksamt nachgesucht werden.

2. Kosten der Bauzäune.

Für alle jene Fälle, in denen polizeilich aus Verkehrsrücksichten ein Schutzdach nicht gefordert ist, pflegt man sich mit einem gewöhnlichen Bauzaun zu begnügen. 1,8—2,0 m hoch.

Gewöhnl. Bauzaun, einfache Ausführung mit rohen Brettern	6— 8 RM. lfd. m
Gewöhnl. Bauzaun, gehobelt, nicht gespundet .	12—15 „ „ „
Bauzaun mit ausgekragtem Schutzdach, einfache Ausführung	9—12 „ „ „
Bauzaun mit ausgekragtem Schutzdach, gehobelt und gestrichen	16—18 „ „ „

Dies sind Selbstkosten einschließlich Auf- und Abbau.

Abschreibung bei längeren Bauzeiten (1½—2 Jahre) vom Neuwert	33—40%
Abschreibung bei kürzeren Bauzeiten (½—1 Jahr) vom Neuwert	40—55%

Die Kosten für Anfuhr und Rücktransport 0,6—1,0 RM. je lfd. m einschließlich Auf- und Abladen. Will man ungefähr wissen wie lange die Aufstellung einschließlich Abbruch eines Bauzaunes gebraucht, so merke man $^8/_{10}$—$1^1/_5$ Stdn. je lfd. m.

Kapitel 39. Anlage der Transportwege.

Hierunter verstehen wir:

a) Die sog. Bohlenfahrten,
b) etwaige notwendige Anrampungen,
c) die Gleiswege.

1. Allgemeines.

Eine günstige Anlage dieses scheinbar geringfügigen Teiles der Baustelleneinrichtung kann dem Unternehmer ganz bedeutende Gewinne einbringen, indem einmal die Baustoffe billiger an die Verbrauchsstelle herankommen können, ferner weil sich durch das reibungslose Abwickeln der Baustoffzufuhr viele Arbeitstage ersparen lassen, abgesehen davon, daß Stockungen in der Baustoffzufuhr zu mancherlei technischen Schädigungen des Eisenbetonbaues führen können. Den Fall, daß die Baustoffe mit der Bahn angefahren werden, wollen wir hier ausnehmen, da dieser Fall dann verhältnismäßig einfach liegt. Wichtig ist vor allen Dingen die Anfuhr durch Lastwagen, mitunter auch durch Pferdefuhrwerk. Welche Bedeutung dieser Frage beikommt ist daraus zu erkennen, daß beispielsweise an einer Berliner Baustelle allein der Fuhrpreis vom Bahnhof zur Baustelle bei Zuschlagstoffen 2,22 M./m^3 beträgt, während z. B. der Preis für billige Splitte, z. B. Porphyrsplitt oder Rhönischen Basalt, je m^3 nur $2{,}60 \cdot 1{,}5 = 3{,}9$ M. bzw. $1{,}75 \cdot 1{,}5 = 2{,}63$ M. ab Werk beträgt, oder Löcknitzkies ab Werk frei Kahn 1,50 RM/m^3. Über weitere Baustoffpreise vgl. Kapitel 51. Wie man sieht, frißt die Baustellenanfuhr einen nicht unbeträchtlichen Anteil der Baustoffkosten und aus diesem Grunde ist es unabweislich, daß die Anfuhrwege künftig besser gestaltet werden, wozu die unter Z. 2 angegebenen Verbesserungsvorschläge beitragen mögen.

Die Lebensdauer von Bohlenfahrten ist 2 bis 3 Jahre, je nach Anfangszustand der Schwellen. Bei altem Material etwa nur 1½ Jahre.

2. Über die Beförderung von Baustoffen nach den Baustellen.

Zur Beförderung von Kies, Sand und Steinschlagmaterial (Schotter, Splitt) werden in überwiegendem Maße Lastkraftwagen mit einem Anhänger verwendet. Es stehen hierzu zwei Arten Lastkraftwagen zur Verfügung, und zwar solche mit feststehenden Kästen und solche mit kippenden Kästen. Erstere müssen in Berlin leider fast ausschließlich verwendet werden, trotzdem die Anfuhrkosten hierfür erheblich höher sind als bei Kipperwagen, weil die Verhältnisse auf den meisten Baustellen derartig unsachgemäß sind, daß die Kipper keine Verwendung finden können; es sind die Baustellen derartig angelegt, daß, wenn man Kipper verwenden würde, die vorhandene auf der Erde liegende Bohlenfahrt schon nach der ersten Fuhre zugeschüttet sein würde, und die dahinter folgenden Fuhrwerke weder vorwärts noch rückwärts könnten. So ist man bei dem heutigen Zustand der Baustellen gezwungen, das Material mit der Schippe von den Fuhrwerken neben die Bohlenfahrt zu werfen. In nachstehendem soll nun dargelegt werden, wieviel teurer der Transport mit feststehenden Kästen gegenüber den Kippern wird.

Ein Lastkraftwagen muß, um einigermaßen wirtschaftlich für seinen Besitzer zu arbeiten, bei feststehendem Kasten 120 RM., bei Kippern 100 RM. je Arbeitstag einbringen. Der Lastkraftwagen mit festem Kasten kann bei mittlerer Entfernung von 5 km sechsmal fahren, und da er samt Anhänger 9 m³ faßt, sind es zusammen 54 m³/Tag. Ein Kipper jedoch, der bei guten Anfuhrverhältnissen fast ohne Aufenthalt die Baustelle wieder verlassen kann, fährt mindestens achtmal 9 m³ = **72 m³**. Der Fuhrpreis würde sich danach je m³ Material bei feststehendem Kasten auf 120 : 54 = 2,22 RM., bei Kippern auf 100 : 72 = 1,39 RM. stellen (Unterschied **0,83 RM.**). Also ein ganz beträchtlicher Unterschied, wenn man bedenkt, daß im Jahre ungefähr 1 Million m³ Zuschlagstoffe nach den Groß-Berliner Baustellen angefahren werden müssen. Es mag noch erwähnt werden, daß der Tagesverdienst eines Kippers deswegen 20 M. billiger ist, weil bei einem feststehenden Kasten außer Wagenführer und Begleiter mindestens zwei Leute zum Abschippen vorhanden sein müssen, während bei einem Kipper diese beiden Leute fortfallen.

Die Zurichtung der Baustellen in jenen Zustand, wie er erforderlich ist, um Kipper verwenden zu können, ist, wenn sie gleich bei der ersten Anlage geschieht, verhältnismäßig wohlfeil zu bewerkstelligen. Sie muß eine derartige sein, daß die Bohlenfahrt auf den Baustellen eine Ein- und Ausfahrt aufweist, und daß auch die Bohlenfahrt allmählich ansteigt bis zu der Stelle, wo das Material abgeladen werden soll. So kann der Kipper ohne Schwierigkeiten das Material auskippen; das Material läuft allein, ohne jede Hilfe sich abböschend in die Tiefe, und der Wagen kann ohne Aufenthalt die Baustelle wieder verlassen. Von dieser Abkippstelle muß dann das Material mittels Becherwerkes und Transportbandes (Kapitel 42) zur Verwendungsstelle geschafft werden. Nur auf diese Art ist es möglich, billig Material zur Baustelle heranzuschaffen, und dies ist die Grundlage von der aus die Planung einer Baustelleneinrichtung auszugehen hat, sobald nur überhaupt die Anfuhr mittels Lastkraftwagen oder Fuhrwerk in Frage kommt. Die Ersparnisse bleiben dann nicht aus, denn bei einem Bau von 2000 m³ Beton, bei dem etwa 2400 m³ Kies verwendet werden, beträgt die Ersparnis durch eine gut angelegte Bohlenfahrt nebst Rampe, dergestalt, daß Kippwagen zur Verwendung kommen können:

$$2400 \cdot 0{,}83 = 1992 \text{ RM},$$

ganz abgesehen von den Ersparnissen, die durch einen Baubetrieb mit reibungslosen Zufuhrverhältnissen gegenüber einem solchen mit stagnierender Anfuhr ermöglicht werden.

8. Bohlenfahrten.

Die Bohlenfahrten sind Anfuhrwege, die man derart herstellt, daß man ein Kantholz neben das andere auf vorher planiertem etwas mit Kiessand bestreuten Untergrund verlegt. Meist werden statt der Kanthölzer gebrauchte Eisenbahnschwellen verwendet. Die Schwellen von Hauptbahnen sind **2,5—2,7 m** lang, 25—26 cm breit und 15—16 cm dick; die von Nebenbahnen haben denselben Querschnitt, sind jedoch 10 cm kürzer, nämlich **2,4—2,6 m**. Sind sehr schwere Lastenzüge dauernd wirksam, dann empfiehlt es sich unter die Enden der Schwellen (senkrecht zu den Querschwellen) eine durchlaufende breite kräftige Bohle unterzulegen und leicht zu vernageln. Durch die bessere Druckverteilung dieser Saumbohle wird die Stabilität einer solchen Bohlenfahrt ganz erheblich verbessert.

Die Bohlenfahrt muß so angelegt sein, daß beim Grundstück eine Ein- und Ausfahrt vorgesehen wird. Sind die Einfahrten in scharf gekrümmten kleinen Kurven zu befahren, dann muß man an dieser Stelle die Schwellen vorher gut unterstampfen (Ziegelbrocken, Schotter), sonst drücken sie sich zu sehr ein. Zum Schluß seien noch die in Berlin zu beachtenden Vorschriften angeführt:

Bei allen größeren Um- und Neubauten im Innern der Stadt und in verkehrsreichen Straßen müssen die zur Abfuhr von Schutt und zur Anfuhr von Baustoffen dienenden Wagen auf die Baustelle hinauffahren und dort be- und entladen werden, sofern nicht die An- und Abfuhr auf maschinellem Wege bewirkt wird. Andernfalls wird das Be- und Entladen der Wagen auf der Straße von dem zuständigen staatlichen Polizei-Revier nur dann gestattet, wenn nach seinem Ermessen ein Hinauffahren auf die Baustelle nicht ausfführbar ist und die zur zeitweiligen Einrichtung einer Auffahrt erforderlichen Kosten in keinem Verhältnis zu der beabsichtigten Bauausführung stehen.

Kosten der Bohlenfahrten.

Je nach Zustand des Holzes und je nachdem die Länge 2,5 oder 2,7 m beträgt, sind gegenwärtig gebrauchte Schwellen für 2,6 bis 3,2 RM. das Stück zu haben, somit $= 4 \cdot 2{,}6 — 4 \cdot 3{,}2 = 10{,}4$ bis 12,8 RM je lfd. m.

An- und Abtransport 1,0—1,4 RM. je lfd. m
Verlegen u. Abbrechen 0,2—0,4 „ „ „ „
Abschreibung u. Verzinsung . . . . . 3,0—5,0 „ „ „ „ je nach Inanspruchn.

Somit im ganzen $10{,}4 + 1{,}0 + 0{,}2 + 3{,}0$ bis $12{,}8 + 1{,}4 + 0{,}4 + 5{,}0$
$= 14{,}6$ bis 19,6 RM. je lfd. m rd. **15—20 RM./m.**

Die oberen Grenzen kommen nur für allerbestes Schwellenmaterial bei weiten Anfuhrwegen und starker Inanspruchnahme in

Frage. In den vorstehenden Kosten sind auch kleinere Planierungsarbeiten mit enthalten. Sind die Transportwege für die Anfuhr der Schwellen kurz, sind keine nennenswerte Einebnungsarbeiten zu machen und hat man eine sehr geschickte Kolonne, dann kann man ausnahmsweise auch mit einem Preis von **12 RM.** je lfd. m auskommen.

4. Anrampungen.

Wie in Z. 2 bereits erwähnt ist es empfehlenswert die Baustelle so vorzurichten, daß mit Kipplastwagen angefahren werden kann. Zu diesem Zwecke hebt man an der Abkippstelle eine Grube von etwa 4 m Breite und je nach Größe des Bauobjektes von 7½—15 m Länge auf 1 m Tiefe aus und bedeckt Boden und Wände mit Brettern, damit nicht Erde den Kies verunreinigt, was sehr gefährlich ist; überdies rampt man die an dieser Grube vorbeiführende Bohlenfahrt etwa 1 m an, so daß man bequem $4 \cdot 7\frac{1}{2} \cdot 2$ bis $4 \cdot 15 \cdot 2 = 60$ bis 120 m³ abkippen kann ehe der abgekippte Kies der Zufahrt lästig wird. Selbstverständlich muß von dort eine rege Kolonne dauernd den Kies in Kipploren umschippen und abrollen. Noch besser und rationeller arbeitet jedoch ein Becherwerk zusammen mit einem Transportband (Kapitel 42). Die Anrampung selbst muß zimmergerecht abgebunden werden; hierbei setze man die Rampe aus einzelnen Böcken von etwa 3 m Länge zusammen, die an den Stoßstellen verlascht werden. Oder es sind größere Findlinge und Schotter in der Nähe zu haben, dann führe man damit die Anrampung zwischen Pfählen und Bohlenwerk aus und zieht die Bohlenfahrt darüber weg. In allen Fällen achte man darauf, daß beim Befahren kräftige dynamische Beanspruchungen aufzutreten pflegen und baue daher fest. Müssen gegebenenfalls auch einige Überbrückungen vorgenommen werden, so sind für Lastkraftwagen und Traktoren folgende Raddrücke und Abmessungen anzunehmen, die auch bei der Berechnung der Böcke der Anrampung zugrunde zu legen sind:

1. Lastkraftwagen:

Gesamtgewicht = **10 t**; Raddrücke: vorne **1,5 t**; hinten **3,5 t**; Gesamtlänge samt Anhänger = **12 m**; Breite = **2,2 m**; Spurweite = **1,4 m**; Radstand = **3,0 m**; Radbreite: vorn und hinten = **0,3 m**.

2. Anhänger:

Gesamtgewicht = **8 t**; Raddrücke je **2 t**; Gesamtlänge samt Lastkraftwagen = **12 m**; Breite = **2,2 m**; Spurweite und Radstand wie bei 1.; Radbreite = **0,2 m**.

Ganz schwere Traktoren haben Raddrücke bis zu 5 t, ziehen dann 4 Anhänger, kommen aber bei Anfuhren an Baustellen heute noch nicht in Frage; sonst müßte mit diesen hohen Drücken gerechnet werden. Die kleineren Traktoren liefern keine größeren Raddrücke wie der oben angegebene Lastkraftwagen.

5. Gleiswege.

a) Allgemeines.

Je mehr sich die neuzeitlichen Transportanlagen wie Gurtförderer und Becherwerke auf den Baustellen einbürgern, desto mehr tritt das Fördern mittels Feldbahngerät zurück. Jedoch ist es nicht bei jeder Baustelle immer lohnend die erwähnten Transporteinlagen einzubauen, und daher kommt der Förderung auf Feldbahngleis noch immer eine erhebliche Bedeutung auf allen größeren Baustellen zu. Der Vorteil der Förderung auf Gleiswegen mit den üblichen Muldenkippwagen ist die absolute Unabhängigkeit von Störungen im Maschinenbetrieb, der billige Anschaffungspreis und schließlich die schnelle Betriebsfähigkeit. Gegenüber dem Gurtförderer mag bis etwa 50—80 m Förderweg die Gleisförderung in bezug auf billige Förderung im Nachteil, bei größeren Strecken als 100 m jedoch im Vorteil sein (z. B. Förderung des Aushubes zur Kippe, oder auch von Zuschlagstoffen und anderen Baustoffen, wenn die Ausladestelle vom Waggon abseits liegt).

Als Lebensdauer von Gleisen einschließlich Schwellen kann man 7—8 Jahre rechnen. Für die Muldenkipper 6—7 Jahre. Dies ist wichtig für die Größe der Abschreibungsziffer.

b) Gewichte und Anschaffungskosten.

Die Gewichte und Preise von üblichem Feldbahngerät[1]) sind nachstehend verzeichnet:

1. Feldbahngleise, 600 mm Spurweite, aus 65 mm hohen Schienen, in Rahmen von 5 m Länge auf 5 Stück Stahlrillenschwellen 128 mm, montiert mit Laschen und Bolzen, fix und fertig zum Verlegen, Gewicht des Gleises je lfd. m rd. 19 kg, zum Preise von

   3,25 RM. je m.

   Will man mehrere Preisangebote für Feldbahngleise vergleichen, so achte man darauf, daß das Gewicht gleich groß ist, also, daß z. B. ein Angebot nicht schmalere Schwellen vorsieht wie das andere.

[1]) Von der Friedenshütter Feld- und Kleinbahnbedarfsgesellschaft, Berlin, Neue Grünstr. 17.

2. Weichen zum Gleis passend, 5 m Baulänge, im Stückgewichte von rd. 200 kg, zum Preise von

60 RM. je Stück.

3. Schmiedeeiserne Rollendrehscheiben zum Gleis passend, in kräftiger Ausführung, im Stückgewichte von rd. 110 kg, zum Preise von **40 RM. je Stück.**

3a. Schmiedeeiserne Kletterdrehscheiben

75 RM. je Stück.

4. Stählerne Muldenkippwagen $\frac{3}{4}$ m^3 Inhalt, zum Gleis passend, in kräftiger, handelsüblicher Ausführung, im Stückgewichte von rd. 340 kg, zum Preise von

100 RM. je Stück.

Dieselben Muldenkipper, jedoch $\frac{1}{2}$ m^3 Inhalt, im Stückgewichte von rd. 305 kg kosten

95 RM. je Stück.

5. Hölzerne Plattformwagen zum Gleis passend, mit Stirnwänden, Plattformgröße 1000 · 1500 mm, im Stückgewichte von rd. 250 kg, zum Preise von

90 RM. je Stück.

Dieselben Wagen ohne Stirnwände, im Stückgewichte von rd. 200 kg, zum Preise von

80 RM. je Stück.

Die angeführten Preise beziehen sich auf neue Geräte ab westfälischer Fabrik, mit Frachtbasis Oberhausen bzw. schlesischer Fabrik, Frachtbasis Zawadzki der angegebenen Firma.

Selbstverständlich sind diese Preise nur als ungefähre Anhaltspunkte zu betrachten, da sie von der jeweilig in Frage kommenden Menge abhängig sind.

c) Frachtkosten für Feldbahngerät.

Sämtliche oben angeführten Geräte werden nach Tarifklasse C berechnet (vgl. auch Kapitel 51). Handelt es sich um gebrauchte Gerätschaften, so kommt die billigere Klasse E in Frage. Um das vorstehend Gesagte besser veranschaulichen zu können, sei ein Beispiel angeführt:

Angenommen, es handle sich um eine Baustelle in der Gegend von Berlin. Hier beträgt die Fracht für eine 15-t-Ladung nach Klasse C bei rund gerechnet 500 km insgesamt 475 RM. Ein 15-t-Güterwagen könnte nun unter Zugrundelegung der oben bei den einzelnen Geräten angegebenen Gewichte folgende Mengen fassen, wobei natürlich zu bemerken ist, daß eine Verschiebung der hier zugrunde gelegten Mengen unter den einzelnen Geräten selbstverständlich möglich ist:

1. 500 m Gleis	9500 kg
2. 2 Weichen	400 „
3. 12 Kipper	4020 „
4. 2 Drehscheiben	220 „
5. 2 Plattformwagen	500 „
6. 2 „ ohne Stirnw.	400 „
	rd. 15040 kg

Feldbahngeräte werden auch mietweise abgegeben, die Miete (Friedenshütter Feld- und Kleinbahnbedarfsgesellschaft Berlin) stellt sich für die einzelnen Geräte wie folgt:

1. Das Gleis	0,20 RM.	je m und Monat
2. die Weichen	5,— „	„ Stück und Monat
3. die Drehscheiben	4,— „	„ „ „ „
4. die Kipper $^3/_4$ u. $^1/_2$ m^3 Inhalt	7,— „	„ „ „ „
5. Plattformwagen mit und ohne Stirnw.	6,— „	„ „ „ „

Die Miete richtet sich außerdem noch nach der Mietsdauer.

6. Ladefähigkeit verschiedener Transportmittel.

1. Eisentransporte:

Achswagen Gespann mit 2 Pferden	rd. 4—4½ t
„ oder Plattenwagen mit Pferd	„ 1½—2 t
Autolastzug, Motorwagen mit Anhänger als Plattenwagen	5 + 5 = 10 t
Autolastzug, Motorwagen mit Anhänger als Spezialachswagen	5 + 8 = 13—14 t
Eisenbahnwagen S m l, SS m l usw.	15—30 t

2. Ziegelsteintransporte:

Achswagen mit 2 Pferden	1000— 1250 Stück
Plattenwagen mit 2 Pferden	1200— 1500 „
Autolastzug, Motorwagen mit Anhänger	3500— 4000 „
Eisenbahnwagen 10 t	3200 „
„ 15 t	4500— 4800 „
Kahnladung	50000—55000 „

3. Kiestransporte:

Achswagen mit 2 Pferden	2½—3 m^3
Rüttelmaß bis zu 20%	

Volumzunahme bei verschiedenem Feuchtigkeitsgrad vgl. Abb. 38 u. 38a.	
Plattenwagen mit 2 Pferden	2— 3 m^3
Eisenbahnwagen 15 t	10— 12 ,,
nach Beschaffung und Feuchtigkeit	
Autolastzug, Motorwagen mit Anhänger	8— 10 ,,
1 Elbkahn	rd. 200—225 ,,
1 Spree- oder Oderkahn	,, 120—150 ,,
4. Splitt im 15-t-Wagen	10— 13 ,,
5. Zementtransport:	
Plattenwagen mit 2 Pferden (je 50 kg)	60— 80 Sack
Auto mit Anhänger	200 ,,
Eisenbahnwaggon 15 t	300 ,,
Kahnladung je nach Größe	4000—5000 ,,
6. Diverse	
Deckensteine: Plattenwagen	1000—1200 Stück
Achswagen	700— 800 ,,
Lochsteine: Plattenwagen	1500—2000 ,,
Rüststangen: Achsenwagen	30 ,,
Rüstbretter: ,,	rd. 150 m^2
Schalbretter: ,,	,, 150—200 m^2
Riegel: Plattenwagen	,, 120 Stück
Balken — Schalholz: Achswagen	,, 5 m^3
Fuhrkosten:	
Autolastzug, Motorwagen mit Anhänger, 8 Stunden 2 Mann ohne Hilfe	90—120 RM.
Pferdegespann: 2 Pferde, Kutscher und Wagen 8 Stunden	
Tarif	36 ,,
Angebot	28— 36 ,,
1 Pferd, Kutscher und Wagen 8 Std.	
Tarif	24 ,,
Angebot	18— 24 ,,

B. Über Baustelleneinrichtung.

Kapitel 40. Wirtschaftliches über Baustelleneinrichtung.

1. Allgemeines.

Die Bestrebungen zum Mechanisieren der Betriebe haben begreiflicherweise auch auf das Bauwesen übergegriffen mit dem Erfolge, daß sich in den letzten 10 Jahren bereits eine erhebliche Zunahme im Gebrauche von Baumaschinen zeigte. Es taucht nun bei der geplanten Beschaffung von größeren Baumaschinen stets die große Frage nach der Wirtschaftlichkeit auf, und hierbei sollen die nachstehenden Ausführungen als kleine Unterstützung dienen.

Allgemein bindende Richtlinien für die Hauptfrage nach der Wirtschaftlichkeit können deswegen nicht gegeben werden, weil in den verschiedenen Gegenden die Löhne der Bauhilfsarbeiter zu sehr verschieden sind, so daß auf diese Weise in Hamburg z. B. mit den hohen Löhnen ein Transportband außerordentlich wirtschaftlich sein kann, während in Gleiwitz mit seinen niedrigen Löhnen die genannte Maschine gänzlich unwirtschaftlich sein könnte. (Beträgt doch der Bauhilfsarbeiterlohn in Hamburg 50—60% mehr als in Gleiwitz und sogar 80% mehr hinsichtlich der Tiefbauarbeiterlöhne.) Man erkennt also, daß zunächst die Beschaffung einer Baumaschine um so mehr als wirtschaftlich aussichtsvoll erscheint, je höher die Löhne in der betreffenden Gegend stehen.

Ein weiterer wichtiger Gesichtspunkt ist der, ob die zu beschaffende Maschine in den nächsten 2—3 Jahren Aussicht hat dauernd benutzt, d. h. ausgenutzt zu werden. Dies trifft im allgemeinen zu für Bauaufzüge, Mischmaschinen von 250, 350 und 500 l, kürzere Gurtförderer (fahrbar), kleinere Becherwerke, Motorwinden und auch kleinere Gußbetonanlagen. Schwieriger jedoch fällt hinsichtlich dieses Punktes die Entscheidung für die jeweilige Beschaffung ganz großer Mischmaschinen (750, 1000 l und darüber), von großen Gießturmanlagen, Turmkranen, Steinbrecheranlagen u. a., weil nur wenigere Bauten die genannten Baumaschinen unbedingt brauchen und dann einigermaßen ausnutzen können. Hiergegen könnte man einwenden, daß, wenn solche Maschinen weniger und seltener gebraucht werden, dann sei aber auch deren Lebensdauer um so länger, somit die erforderliche Abschreibung geringer u. dgl. Dies trifft an sich wohl zu, jedoch spricht dagegen, daß die Maschinen dann veralten und inzwischen neuere und bessere Typen auftauchen, die wirtschaftlicher arbeiten. Der Gerätepark eines Bauunternehmers muß so eingestellt sein, daß bei den Maschinen möglichst wenig Außenseiter sind, daß somit die Auswahl so getroffen wird, daß eine möglichst häufige Benutzung in Aussicht steht. Mancher Geräteparkverwalter kennt in seinem Magazin solche Außenseiter, die nicht mehr ganz wirtschaftlich arbeiten und auf den Baustellen ab und zu nur eingesetzt werden müssen, weil sie eben „vorhanden" sind und sich überdies noch in gutem äußeren Zustande befinden.

2. Kosten des Maschinenbetriebes und Lebensdauer von Baumaschinen.

Im Eisenbetonbau verwendet man die Baumaschinen etwa im Mittel an **180** Tagen, wodurch sich bei 10stündiger Arbeitszeit im Jahre 180 · 10 = **1800 Betriebsstunden** ergeben. Die bisweilen zu findende Angabe von 2500 Betriebsstunden ist weit übertrieben.

Die Kosten für den Betrieb selbst setzen sich zusammen aus:

a) Abschreibung + etwa 10 % Verzinsung des Anschaffungskapitals (der Zinssatz wechselt; er hat die Höhe des jeweiligen Bankzinsfußes).

b) Ausbesserungsarbeiten + hierbei verwendetem Material (Ersatzteile).

c) Anfuhr und Rücktransport einschließlich etwaiger Frachtkosten (ohne Verladen).

d) Aufstellung und Abbruch einschließlich Auf- und Abladen.

e) Kraftverbrauch (Wasserverbrauch für die Mischmaschine und den Motor ist nicht zu vergessen).

f) Löhne.

Hiervon ist die schwierigste Frage die nach der Höhe der Abschreibung.

Entscheidend ist in erster Stelle hierfür lediglich die zu erwartende Lebensdauer. Es gibt Ingenieure, die, um ganz sicher zu gehen, den Satz für die Abschreibung allzu groß anzusetzen geneigt sind und dies um so eher, als in der Tat die Gefahr des Veraltens und Unwirtschaftlichwerdens gegenüber neu auftauchenden Konstruktionen nicht gering erscheinen mag. Immerhin soll an dem Standpunkt festgehalten werden, daß die Abschreibung zuvörderst nur jene Beträge sichern soll, die dereinst zum Ankauf einer neuen Maschine ausreichen müssen, wenn nämlich die alte Maschine lebensunfähig geworden ist. Über die Lebensdauer der Baumaschinen herrschen Meinungsverschiedenheiten, doch ist zu empfehlen hierin nicht allzugroßen Pessimismus walten zu lassen. Nachstehend einige Richtlinien, die sich aber sogleich etwas verschieben, sobald die Wartung nicht mit Sachkunde erfolgt.

Lebensdauer von Baumaschinen im Eisenbetonbau:

			Abschreibung, bezogen auf den Anschaffungswert der Maschine
Bauaufzüge, Motorwinden, Feldbahnen, Lokomotiven, Dampframmen	10	Jahre,	10%
Explosionsmotoren, Krane, Feldbahngerät	8	,,	12½%
Mischmaschinen, Steinbrecher	6⅔	,,	15%

Gießturmanlagen, Eisenbiegemaschinen, Scheeren	5 Jahre	20%	Abschreibung, bezogen auf den Anschaffungswert der Maschine
Transportbänder, Druckluftstemmzeug, Kompressoren	$6^2/_3$—$3^1/_3$ „	15—30%	

Bei geringeren Betriebsstunden als 1800 jährlich, erniedrige man, bei höheren vergrößere man entsprechend.

Man mache es sich zum Grundsatz zur Wartung der Baumaschinen möglichst nur gelernte Maschinenschlosser heranzuziehen; zwar sind die Unkosten durch den Lohnmehrbetrag etwas größer, jedoch sind die Vorteile überwiegend. Vor allem ist infolge der sachkundigen Wartung der Verbrauch an Betriebsstoffen geringer, der Verschleiß der Maschine kleiner und auch daher die jährlich anfallenden Reparaturkosten geringer. Auch beseitigt ein gelernter Wärter Störungen leichter und schneller, überdies mit weniger Aufwand.

Die zur Abschreibung hinzutretende Verzinsung des Anlagekapitals ist berechtigt, sofern der eingesetzte Zinssatz nicht höher ist als die Geldbeschaffung Kosten verursachte.

Aber trotz allem ergeben sich auf solche Art bei weitem nicht die bisweilen von Kaufleuten in Ansatz gebrachten hohen Abschreibesätze. Beispiele hierüber folgen an späterer Stelle. Es bliebe noch die Frage nach der Höhe der in b) angeführten Unkosten. Es ist schwierig feste Zahlen hierüber zu geben, weil, wie bereits erwähnt, die tatsächlich erforderlichen Aufwendungen von der Sachkunde der Bedienung abhängt (eine nachlässige Wartung kann die Reparaturkosten um 100% und mehr steigern), ferner von der Zahl der jährlichen tatsächlichen Betriebsstunden. Wenn man berücksichtigt, daß die oben schätzungsweise angeführten 1800 Betriebsstunden bei scharfem Baubetriebe unter Umständen z. B. auf 2300 anwachsen können, so läßt sich leicht erkennen, daß sowohl die Maschine selbst als auch vor allem ihr Antriebsmotor ganz bedeutend mehr an Reparaturen beansprucht als wenn die Maschine nur 1500 oder gar noch weniger Betriebsstunden liefe. Man pflegt also als rohen Mittelwert $2\frac{1}{2}$—$3\frac{1}{2}$% des Anschaffungspreises anzunehmen. Sind tüchtige gelernte Wärter vorhanden, dann kann man mit weniger auskommen. Hat man z. B. als Antriebskraft Gleichstrommotoren und keinen gelernten Wärter so muß man u. a. mehr einsetzen.

3. Beispiele für Kosten der Aufstellung.

Für Montage und Abbruch einer Baumaschine gibt es nur Richtziffern für die Kosten. Nachstehend sind einige Beispiele aus der Praxis angeführt:

1. 1 Turmdrehkran mit Portal, fahrbar, bis 3 t Tragkraft (System Rieche, Cassel).

Aufladen und Abladen .	8 Mann	je 2 Tage	
Aufstellen	6 ,,	,, 8 ,,	
Abbauen	6 ,,	,, 6 ,,	
		zus. 800 Stdn.	(Tag 8 Stdn.)

2. 1 Betonmischmaschine für Kraftbetrieb, 300 l (Allg. Baum. G.).

Aufladen und Abladen .	5 Mann	je 1 Tag	
Aufstellen	2 ,,	,, 1 Stde.	
Abbauen	2 ,,	,, 6 Stdn.	
		zus. 82 Stdn.	(Tag 10 Stdn.)

2a. dgl. mit 350 l . . . . zus. 93 Stdn.

2b. dgl. mit 250 l . . . . zus. 70 Stdn.

3. 1 Betonhochzug, selbstkippend, 330 l mit 8 m Schienenführung (Allg. Baum. G.).

Aufladen und Abladen .	2 Mann	je 1 Tag	
Aufstellen	3 ,,	,, 1 ,,	
Abbauen	2 ,,	,, 1 ,,	
		zus. 70 Stdn.	(Tag 10 Stdn.)

4. 1 Trog-Mörtelmischer für Kraftbetrieb, 400 l (Allg. Baum. G.).

Aufladen und Abladen .	4 Mann	je 1 Tag	
Aufstellen	2 ,,	,, 1 ,,	
Abbauen	2 ,,	,, 6 Stdn.	
		zus. 72 Stdn.	(Tag 10 Stdn.)

5. 1 Lasten-Fahrstuhl mit 300 kg Nutzlast (System Traut & Co.).

Aufladen und Abladen .	4 Mann	je 1 Tag	
Aufstellen	3 ,,	,, 1 ,,	
Abbauen	3 ,,	,, 1 ,,	
		zus. 100 Stdn.	(Tag 10 Stdn.)

6. 1 Pfosten-Schwenkkran 200 kg Nutzlast (System Leo Ross).

Aufladen und Abladen . . .	2 Mann	je 1 Tag
Aufstellen	5 ,,	,, 4 Stdn.
Abbauen	5 ,,	,, 3 ,,
		zus. 55 Stdn.

6a. dgl. anderes Modell . . . . zus. 70 Stdn.

7. 1 Friktionswinde, stationär, 500 kg Tragkraft (System Allg. Baum. G.).

Aufladen und Abladen . . .	4 Mann je 4	Stdn.
Aufstellen	2 ,, ,, 4	,,
Abbauen	2 ,, ,, 2	,,
	zus. 28	Stdn.

7a. Anderes Modell einschließlich Herstellung des elektr. Anschlusses . zus. 59 Stdn.

8. 1 Motor, 9 PS, stationär, Gleichstrom.

Aufladen und Abladen	8	Stdn.
Aufstellen	4	,,
Abbauen	2	,,
	zus. 14	Stdn.

9. 1 Motor, 7,5 PS, stationär, Gleichstrom.

Aufladen und Abladen	8	Stdn.
Aufstellen	4	,,
Abbauen	2	,,
	zus. 14	Stdn.

10. 1 Motor, 5,5 PS, stationär, Gleichstrom.

Aufladen und Abladen	6	Stdn.
Aufstellen	3	,,
Abbauen	2	,,
	zus. 11	Stdn.

11. 1 Motor, 3 PS, stationär.

Aufladen und Abladen	4	Stdn.
Aufstellen	2	,,
Abbauen	1	,,
	zus. 7	Stdn.

12. 1 Benzin-Motor, 5 PS, stationär.

Aufladen und Abladen	6	Stdn.
Aufstellen	4	,,
Abbauen	2	,,
	zus. 12	Stdn.

Mit den vorstehend angegebenen Zeiten kann man gut kalkulieren, sie sind einigermaßen reichlich und stammen sämtlich aus Nachkalkulationen.

Transportgleise verlegen, 100 m		16	Stdn.
Absteckarbeiten	2 Mann je	16	,,
Wasserbeschaffung	2 ,, je	8	,,
Stromanschluß und Abbau	2 ,, je	16	,,
Abladen von Maschinen und Geräten: 15-t-Lore		48	,,
Aufladen desgl.: 15-t-Lore		64	,,
Schal- und Rüstholz abladen: 15-t-Lore		40	,,
Desgleichen aufladen: 15-t-Lore		48	,,

4. Beispiele für Betriebsstoff bzw. Stromverbrauch

Zu Punkt e) Kraftverbrauch bei Baumaschinen:

Schweröl-(Gasölverbrauch) eines Schwerölmotors
je 1 PS/Stde. = 0,18—0,22 kg Gasöl = 13,5 M. je 100 kg,
Benzinverbrauch eines Benzinmotors
je 1 PS/Stde. = 0,36 kg Benzin = 40—50 M. je 100 kg,
Steinkohlenverbrauch . . . . . . je 1 PS/Stde. = 2,20 kg,
Braunkohlenverbrauch . . . . . . je 1 PS/Stde. = 7,00 kg.

Diese Zahlen kommen jedoch nur für die Stunden in Frage, in denen der Motor mit der ganzen Vollast läuft. Durch die Pausen (bei Mischern die Zeit für Materialaufgabe, bei Aufzügen Abwärtsfahrt u. dgl.) kommen im allgemeinen dann nur 0,35 bis 0,6 dieser Werte zustande, wie die folgenden aus Nachkalkulationen stammenden Angaben zeigen. Weitere Angaben über Verbrauch bei Vollast vgl. auch die auf der nächsten Seite nachfolgenden Tafeln.

1 Turmdrehkran bis 3 t Tragkraft

mit 9-PS-Motor je Normal-Arbeitstag (8 Stdn.) bei vollem Betrieb rd. 30 kW/Stdn.

1 Betonmischer 300 l Inhalt

mit 7,5-PS-Motor je Normal-Arbeitstag bei vollem Betrieb rund 16 kW/Stdn.

1 Betonhochzug, selbstkippend, 330 l Inhalt mit Mischer an einem Motor angeschlossen

mit 7½-PS-Motor je Normal-Arbeitstag bei vollem Betrieb rund 4 kW/Stdn.

1 Mörtelmischer 400 l Inhalt

mit 5,5-PS-Motor je Normal-Arbeitstag bei vollem Betrieb rund 15 kW/Stdn.

1 Mörtelmischer mit 400 l Inhalt

mit 5-PS-Benzol-Motor je Normal-Arbeitstag bei vollem Betrieb täglich 8 l Benzol.

1 Lasten-Fahrstuhl mit 300 kg Nutzlast

mit 7,5-PS-Motor, je Normal-Arbeitstag bei vollem Betrieb rund 20 kW/Stdn.

Den Bedarf an Strom und Betriebsstoff in PS/Stdn. aus anderen Quellen gibt nachstehende Tafel unter Mitbenutzung der Barthschen Werte im Handbuch für Eisenbeton, Bd. III, 4. Aufl., S. 103, die als ziemlich reichlich gegriffen angesprochen werden können.

Antriebsart	Motorstärke in PS					Betriebsstoff in kg
	1,5	3	6	10	12	
Benzinmotor. .	0,44	0,41	0,38	0,36	0,36	Benzin
Benzolmotor. .	—	0,37	0,34	0,31	0,31	Benzol
Dieselmotor . .	—	—	—	0,22	0,20	Gasöl
Elektromotor .	0,90	0,88	0,87	0,86	0,85	KW.

Dubbels Taschenbuch (Berlin 1924, Springer) gibt geringere Verbrauchsziffern, nämlich in kg Betriebsstoff je PS/Stde.:

Betriebsstoff	Motorstärke in PS		
	5	10	25
Benzin. . . .	0,29	0,26	0,25
Petroleum . .	0,50	0,46	0,40
Spiritus . . .	0,48	0,45	0,43

für den Dieselmotor. Aus einer anderen Quelle:

Kleinster Typ 0,21 kg Gasöl,
größter Typ 0,17 kg Gasöl.

Hinzu kommt noch der Verbrauch von Schmieröl = 0,003 kg je PS/Stde. (nebst Verbrauch an Putzzeug), vorausgesetzt, daß Umlaufschmierung und Wiederverwertung des gefilterten Öles erfolgt. Schließlich denke man noch an den Kühlwasserverbrauch, Leitungswasser von 10° C: 20—25 l je PS/Stde.

Die obigen Werte für Betriebsstoffverbrauch gelten nur für pausenlosen ununterbrochenen Betrieb. Bei Aufzugswinden, Kranen und Mischmaschinen kann man jedoch wegen der unvermeidlichen Pause etwa 35—65% obiger Werte als ausreichend ansehen.

Zu Punkt f: Die Höhe der Lohnkosten für den Maschinenbetrieb ist in jedem Einzelfalle jeweils leicht zu errechnen, so daß sich ein weiteres Eingehen hierauf erübrigt.

Kapitel 41. Hebemaschinen am Bau.

1. Allgemeines über die Wirtschaftlichkeit und Anwendung der Turmkrane.

Von den Hebemaschinen ist eine, die sich schon selbst bei ganz kleinen Bauvorhaben bereits völlig durchgesetzt hat, das ist der Bauaufzug. Über die Wirtschaftlichkeit des Betonaufzuges besteht in jedem Einzelfalle kein Zweifel, so daß man von einem unentbehrlichen Hebezeug wohl sprechen kann.

Anders steht es mit den Kranen; abgesehen von den allerwärts, selbst auch bei Nicht-Eisenbetonbauten, notwendig gebrauchten kleinen Auslegerkranen (Abb. 55) (sog. Schwenkern oder auch „Galgen") ist die Frage der Wirtschaftlichkeit der übrigen größeren Krananlagen schon erheblich schwieriger zu behandeln. Von den hierbei in Betracht kommenden motorisch betriebenen Typen kann gesagt werden, daß auf festen Gerüsten montierte feste Drehkrane ziemlich selten vorkommen, ebenso derartige fahrbar ausgebildete Drehkrane, die das jeweils im Bau befindliche Geschoß befahren, weil man den von Geschoß zu Geschoß jeweils nach Baubeendigung erforderlichen Höhertransport des Kranes scheut. Bisweilen wendet man einen fahrbaren Drehkran an nach Art der Abb. 53; hier ist ein zimmergerecht abgebundenes Gerüst in voller Gebäudehöhe im vorhinein zu errichten.

Am weitaus verwendungsfähigsten sind die Turmdrehkrane. Diese kann man einteilen in jene, die vollkommen freistehend auf einem fahrbaren Gerüst montiert sind, und solche, die zwar am Fuß auf einer Schiene laufen, die aber überdies noch in einem Punkte etwa in der Höhe des 1. Stockes geführt sind, d. h. in einer längs des 1. Stockes geführten Schiene, z. B. wie Abb. 56. Von den Turmdrehkranen werden die erstangeführten, nämlich die freistehenden, im allgemeinen vorgezogen, obgleich sie durch die hohe Forderung an Stabilität bedeutend kostspieliger sind wie die „geführten" Turmkrane. Dafür sind die freistehenden Turmkrane auch bequemer.

Inwieweit sich nun die Anwendung eines Turmkranes wirtschaftlich gestalten kann geht aus folgenden Überlegungen hervor, die sich jedoch ausschließlich auf die Verwendung des Turmkranes im Dienste des Eisenbetonbaues beziehen. Es ist nämlich ganz gut möglich, daß sich der Kran für allgemeine Hochbauarbeiten recht gut verwenden läßt, in dem nämlichen Bauvorhaben jedoch für die Eisenbetonbauten unverwendbar ist, weil z. B. im Falle zukünftiger Werksteinverkleidung sogleich ein Stangengerüst in voller Höhe erstellt wird. In diesem Sonderfalle ist der Kran dem Eisenbetonbau nicht dienlich, weil, wenn z. B. im ersten Geschoß betoniert wird, der Kran die Lasten immer unnötig hoch, nämlich über das Gerüst hinüberheben müßte. Ausgenommen von diesen in der Tat seltenen Fällen ist der Turmkran jedoch ein sehr willkommener

Abb. 53. Fahrbarer Drehkran mit elektrischem Antrieb als Etagenkran.

und vielseitiger Helfer, indem er einmal alle Arbeiten eines Bauaufzuges verrichten kann, anderseits die Lasten unmittelbar an ihrem Bestimmungsort absetzt. Hat man hierbei den Betontransport von der Mischmaschine nach der Schalung in den oberen Stockwerken im Auge, so kann zwar mittels Aufzügen das Betongut in das betreffende Stockwerk ebenso gut gehoben werden wie vom Kran, von dort aber muß es mit Kippwagen an die Einbringungsstelle gefahren werden, nachdem soundsoviele Weichen und Drehscheiben passiert worden sind. Der Turmkran dagegen faßt den Beton z. B. in einem Kübel mit Bodenentleerung (Abb. 60) und schwenkt schon gleichzeitig während des Hebens, um über der Verbrauchstelle so niedrig als möglich den Beton abzugeben. Überdies dient der Kran noch zum Versetzen von gebogenen Eisen, von Schaltafeln, von Kippwagen, Gleisen, ja er dient sogar unter Benutzung einer Leitrolle zum Ziehen von Feldbahnwagen auf schräger Ebene. Eine besonders wirtschaftliche Verwendung des Turmkranes kommt jedoch bei folgenden Arbeitsverhältnissen zustande, die in vereinzelten Fällen Lohnersparnisse bis zu 20% gezeitigt haben:

Auf dem Lager- und Werkplatz wird das gesamte Schalwerk vorgerichtet, und zwar derart, daß die fertigen Schalwände für Stützen, Unterzüge und Balken hergestellt werden, um sie mittels Lastkraftwagen oder Traktoren zur Baustelle zu fahren. Dort werden sie der Reihe des Einbaues nach abgesetzt, um vom Turmkran sogleich an die Verbrauchstelle selbst befördert zu werden. Dasselbe geschieht auch vor allen Dingen mit den fix und fertiggebogenen verbügelten Eisengerippen, die sog. „Körbe", für Stützen, Unterzüge und Balken (die übergreifenden neg. Bewehrungseisen läßt man einfach überstehen). Auf diese Art und Weise wird die Säulenschalung errichtet und zunächst gegen Umstürzen etwas abgesteift; hernach werden die Unterzugsschalwände unten zusammengebaut und in die Höhe der Stützenköpfe hochgezogen, um hierauf gesenkt und in die Stützenschalung eingebunden zu werden. Auf diese Weise entstehen gleichsam Schalungsportale, die dann die Balkenschalung leicht aufnehmen, nachdem alle Steifen und etwaige nötige leichte Ausschwertungen angebracht sind. Im Anfange macht es bei größeren Stützenabständen vielleicht Schwierigkeiten mit den langen Schalungstafeln und Bewehrungskörben zu hantieren, bald aber gewöhnt sich das Personal daran und ein erheblicher Gewinn an Bauzeit und Löhnen bleibt nicht aus. Ein Nachteil des Verfahrens ist der, daß die Deckenbalken und auch Unterzüge verhältnismäßig kräftig

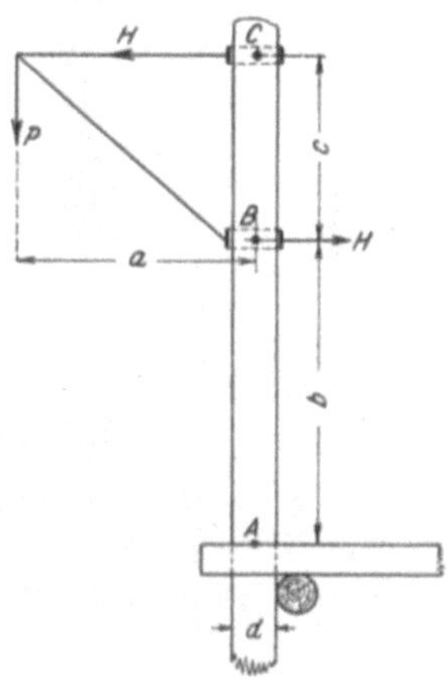

Abb. 54.

abgebügelt werden müssen, damit die Körbe nicht beim Transport windschief werden. Aber auch dies läßt sich leicht vermeiden, wenn man die Stellrahmen nach Abb. 151 verwendet. Wenn der Unternehmer seinen Lager- und Werkplatz nicht ausreichend eingerichtet hat, so kann auch am Bau selbst (sofern es die Baustellenverhältnisse gestatten) eine flott arbeitende Biegekolonne, die die Eisenkörbe herstellt, ferner eine Zimmererkolonne (welche die Schalungstafeln fertigstellt und ablegt) beschäftigt werden. Selbstverständlich müssen die Leute immerhin soviel Raum haben, daß auch die erforderlichen Werktische und Maschinen Platz haben und daß sie sich nicht gegenseitig behindern.

Abb. 55.

In dem geschilderten Arbeitsverfahren leistet ein Turmkran in der Tat sehr wertvolle Dienste, in den andern Fällen pflegt die Krananlage nicht immer voll ausgenutzt zu sein.

2. Krane.

a) Kleine Schwenkkrane.

Die in Z. 1 erwähnten kleinen Auslegerkrane (Abb. 54 und 55) werden bei ganz leichten Ausführungen in Holz, sonst jedoch in Eisen ausgeführt, wobei sie mit starken Schellen entweder an Rundhölzern oder besser an besonders eingebaute Mannesmannrohre angeschraubt werden, denn die Rundhölzer sind 20 bis 24 cm stark zu nehmen, wenn man die Hölzer nicht auch im Punkte B (Abb. 54) nach rückwärts kräftig durch Doppelzangen halten will. Die Beanspruchung der Holzsäule errechnet sich wie folgt:

In Abb. 54 ist angenommen, daß das als Säule dienende kräftige Rundholz am oberen Ende (C) frei ist. Dann ist die Beanspruchung (auf $A\ B$ konstant)

$$\sigma = P \cdot a : 0{,}1\, d^3$$

(darf nicht größer als 125[1]) kg/cm² sein).

[1]) Gemäß den Bestimmungen über die bei Hochbauten anzunehmenden Belastungen vom Jahre 1919 nach D, II b, Z. 2.

Ist der Punkt C jedoch mit Doppelzangen gehalten, dann wird

$$H = Pa/c \text{ und}$$

$$\sigma = H \cdot b \cdot c \cdot : [(b + c) \cdot 0{,}1\, d^3]^{1)}.$$

Beispiel:

$P = 1000$ kg; $a = 135 + 10 = 145$ cm; $b = 250$ cm; $c = 150$ cm.

Fall 1 mit oberem freistehenden Ende; $d = 23$ cm geschätzt.

$$\sigma = 1000 \cdot 145 : 0{,}1 \cdot 12167 = \text{rd. } 120 \text{ kg/cm}^2.$$

Fall 2. Abstützung von C; $d = 20$ cm geschätzt.

$$H = 1000 \cdot 145/150 = 970 \text{ kg}$$

$$\sigma = \frac{970 \cdot 250 \cdot 150}{400 \cdot 0{,}1 \cdot 20^3} = 114 \text{ kg/cm}^2.$$

[1]) In den Formeln ist das Widerstandsmoment des Kreisquerschnitts angenähert mit 0,1 d^3 berechnet; es wird dadurch etwas zu groß errechnet. Der Unterschied ist jedoch zulässig (1,9%).

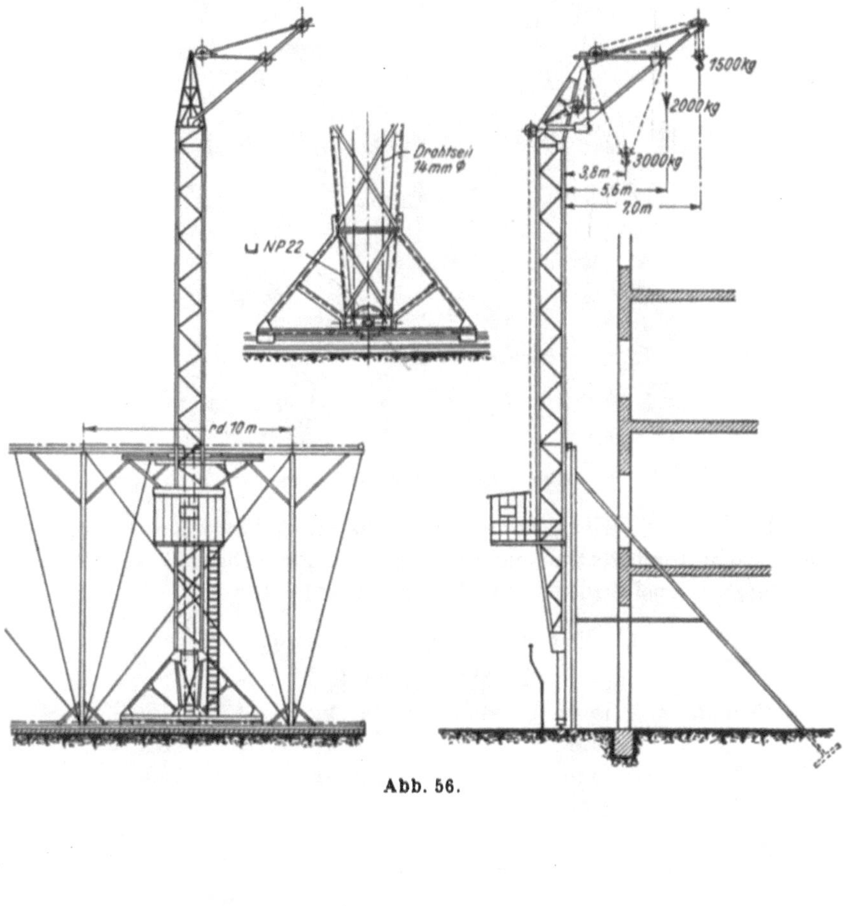

Abb. 56.

Man kann zwar sagen, daß zum Gebrauch für 1000 kg Nutzlast hölzerne Säulen noch einigermaßen ausführbar sind, daß jedoch bei höheren Lasten und Holzsäulen unbedingt eine weitere Absteifung in *B* erfolgen muß.

Abb. 56a. Voß & Wolter-Kran.

Besser sind, wie erwähnt, bei höheren Lasten eiserne Säulen. Die Anschaffungskosten solcher Schwenkkrane (Abb. 55) stellen sich wie folgt. (Ausführung von Kaiser, St. Ingbert.)

Eiserne Schwenkkrane:

Tragkraft 2000 kg

Ausladung	1,35 m,	Gewicht rd.	120 kg . . .	115 RM.
,,	1,50 m,	,, ,,	130 kg . . .	125 ,,
,,	1,75 m,	,, ,,	140 kg . . .	140 ,,

In leichter Ausführung 1000 kg Tragkraft:

Ausladung	1,35 m,	Gewicht rd. 95 kg	. . .	95 RM.
,,	1,50 m,	,, ,, 105 kg	. . .	100 ,,
,,	1,75 m,	,, ,, 115 kg	. . .	120 ,,

Obige Preise verstehen sich ohne Kasten, Maschine und Seil.

Besonders gearbeitetes Drahtseil hierfür, für eine Tragkraft von 2000 kg, aus bestem Tiegelgußstahldraht, 14 mm dick, in gewöhnlichem Seilschlag je lfd. m 1,10 M., in Kabelkonstruktion je lfd. m 1,30 M.

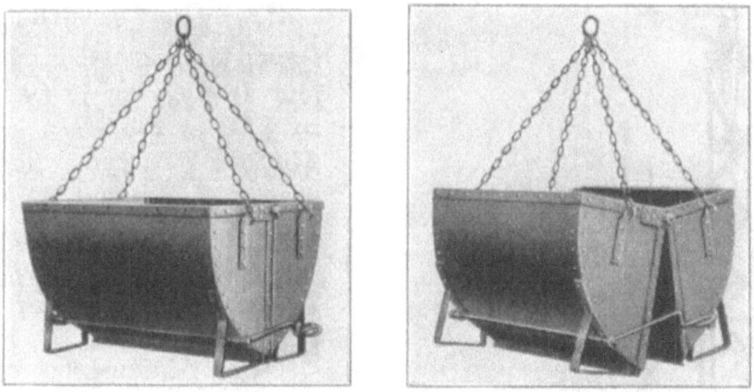

Abb. 60. Aufzugskasten mit von Hand verschließbaren Bodenklappen (Gew. 200 kg).

Aufzugkasten nach Abb. 60.

Größe 100 × 100 cm, Boden 60 × 60 cm, Tiefe 30 cm, 4 Ketten und Ring, einschließlich von 4 großen Laufrollen. Gewicht rd. 70 kg. Preis 65 RM.

Die Sattelrollen *S* (Abb. 55) am Fuße der Säule 38 RM. bzw 32 RM.

b) Turmkrane.

α) Allgemeines und Oberbau.

Wie unter Z. 1 bereits ausgeführt, gibt es Turmkrane, die am Fuß in einer einzigen Schiene lotrecht gestützt sind, dafür etwa in 1/3 ihrer Höhe in einer wagrechten Führung laufen. Abb. 56 gibt die Skizze dieses Types, dessen Vertreter der Kran von Voß & Wolter ist, Abb. 56a ein Ausführungsbild, wobei links vom Kran der Montagemast hierfür erkennbar ist. Für Umbauten und Aufstockungen hat dieser Kran den Vorzug verhältnismäßig großer Leichtigkeit und Billigkeit. Anschaffungskosten dieses Kranes frei Werk Spandau

7200 RM. mit einem 7½-PS-Elektromotor. Die Tragkraft ist

1500 kg bei 7,0 m Ausladung
2000 kg bei 5,5 m ,,
3000 kg bei 3,8 m ,,

Gesamtgewicht 14 t einschließlich 30 m langem Führungsgerüst. Zu dem Preis von 7200 RM. kommt noch der Kostenaufwand für Montage, Abbruch, Gleisunterbau und Herstellung des elektrischen Anschlusses zum Kran, zusammen etwa

rd. **1400—1600 RM.**

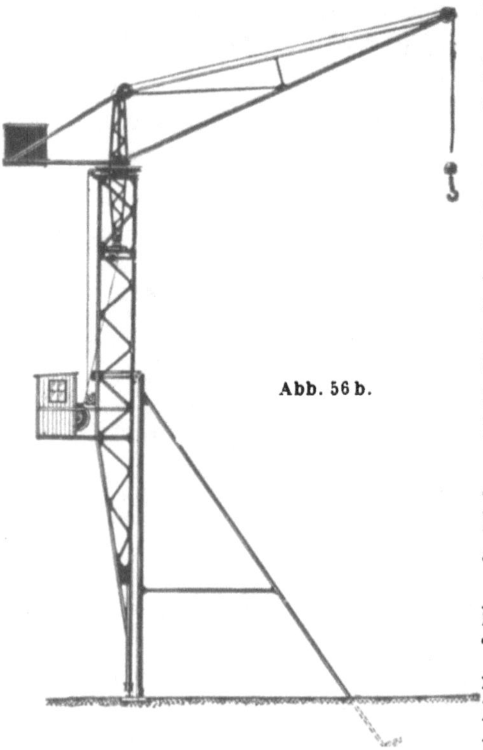

Abb. 56 b.

Davon Montage allein: 1 Monteur 10 Tage zu je 10 Stdn., zu 2,35 = 235 RM., ebenso Abbruch 235; hinzu kommen noch 3 Helfer mit 3 · 10 · 10 = 300 Stdn. zu 1,10 = 330 RM. Somit Montage + Abbruch 2 · (235 + 330) = 1130 rund **1100 RM.**

Der Aktionskreis des an der Spitze sitzenden Drehkrans ist beschränkt, nämlich auf nur 270°.

Wie aus Abb. 56b ersichtlich, ist der dort dargestellte Typ (ebenfalls von obiger Firma) vollständig um 360° drehbar. Er wiegt jedoch 15,3 t und kostet **8700 RM.**

In vielen Fällen genügt es, wenn solcher Kran etwa ein halbes Jahr zur Verfügung steht; dann kostet die Miete eines Krans für 6 Monate **1900—2000 RM.**

Hierzu kämen je nach Baustellenverhältnissen noch obige 1400—1600 RM. für Aufstellung, Abbruch und Gleisunterbau.

Rechnet man für Wartung und Betriebskosten 15 RM. täglich, so kostet der Kran täglich im Mittel (3450 : 156) + 15 = 35 RM., wenn man den Kran mietet. Liefert dagegen vertragsmäßig der Bauherr den Strom, so kann man noch einige Mark in Abzug bringen.

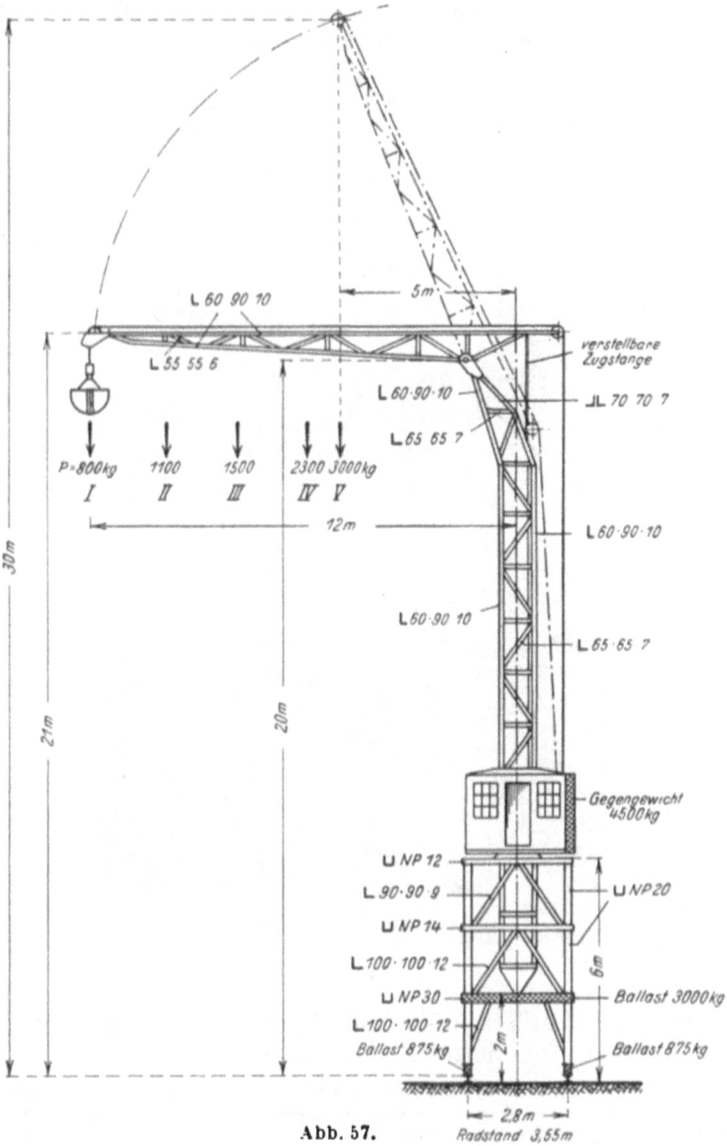

Abb. 57.

Freistehende Turmkrane liefern, außer obiger Fabrik, unter anderen die Allgemeine Baumaschinen-Gesellschaft in Leipzig, die Ibag in Neustadt/H., Gauhe & Gockel & Co. in Niederlahnstein, H. Rieche in Kassel, Jul. Wolff in Heilbronn und Maschinenfabrik

Kaiser in St. Ingbert/Saar. Als Beispiel sei der Kran der letztgenannten Firma herausgegriffen. Die Abb. 57 und 57a zeigt die Gesamt-

Abb. 57a.

anordnung. Die Tragkraft und Arbeitsgeschwindigkeiten gehen aus folgenden Zusammenstellungen hervor:

Tabelle der Tragfähigkeit und Ausladungen.

Stellung des Auslegers gem. Abb. 57	Ausladung m	Tragkraft kg	Rollenhöhe m
I	12	800	12
II	10	1100	26
III	8	1500	28
IV	6	2300	29
V	5	3000	30

Die Arbeitsgeschwindigkeiten betragen:

Heben Motor 10 PS	Fahren Motor $7^1/_2$ PS	Drehen Motor 1 PS
Für Lasten bis 3000 kg rd. 12 m je Minute Für Lasten bis 1500 kg rd. 24 m je Minute	rd. 25 m je Minute	1 Umdrehung je Minute

Durchschnittlicher Kraftverbrauch auf der Baustelle 8 PS.

Der Kran ist ein 3-Motorenkran, d. h. er hat für jede Arbeitsbewegungsart je einen besonderen Motor, dessen Stärke in obiger Tabelle eingetragen ist. Die Motoren sind Spezialkranmotoren, die ein besonders großes Anzugsmoment aufweisen. Hubmotor sowie Fahrmotor besitzen je einen Kontroller (Steuerwalze) und je einen Widerstand, dagegen der kleine Schwenkmotor lediglich einen Umkehranlasser. Der Kranführer läßt normalerweise die Last mit dem Hubkontroller (der bei Gleichstrom als Senkbremskontroller ausgebildet ist) ab. Leichtere Lasten können mit der auf der Vorgelegewelle sitzenden Bremse abgebremst werden.

Im unteren Teile der Drehsäule (vgl. Abb. 58 und 59) des Turmkranes befindet sich der Stromabnehmer, wodurch der Strom vom festen Teil des Unterbaues über Schleifringe und Schleifbügel auf den drehbaren Kranteil übergeleitet wird. Das Hubwerk, das, wie erwähnt, Lasten bis 1500 kg mit 24 m/min, dagegen von 1500—3000 mit 12 m/min hebt, hat eine kräftige Handbremse (Bremsband mit Lederbesatz), ferner eine Magnetbremse mit Vulkanfiberbesatz, deren Bremslüftmagnet 20 cm/kg leisten kann. Das Zuleitungskabel ist ein sog. Spezial-Gummiaderkabel und besteht aus 4 Kupferleitungen (wovon eine die Nulleitung) von 16 mm^2 Querschnitt. Abb. 58 a bis d gibt an wie die äußere Stromzuleitung geführt und getragen wird, u. a. mit Hilfe der Kabelverholvorrichtung. Diese besteht aus einer großen Trommel *A*, die das Kabel auf- und abwickelt. Sie ist auf dem einen Ende einer Welle *B* befestigt, an der ein Stromabnehmer sitzt, der den Strom von der rotierenden Trommel abnimmt und dann an den festen Unterteil des Kranes (vgl. auch Abb. 59) weiterleitet. Auf dem anderen Ende der Welle *B* sitzt eine kleine Kabeltrommel *C*, an der eine Gegengewichtspannvorrichtung (unter Vermittlung der Leitrolle *D* und der losen Rolle *E* samt dem Gegengewicht *F*) angebracht ist. Diese Vorrichtung ist notwendig, um die Spannkraft des Kabels *G* auszugleichen. Das Kabel ist auf provisorischen hölzernen Kabelstützen *H* verlegt, die einen größten Abstand von 15 m haben können.

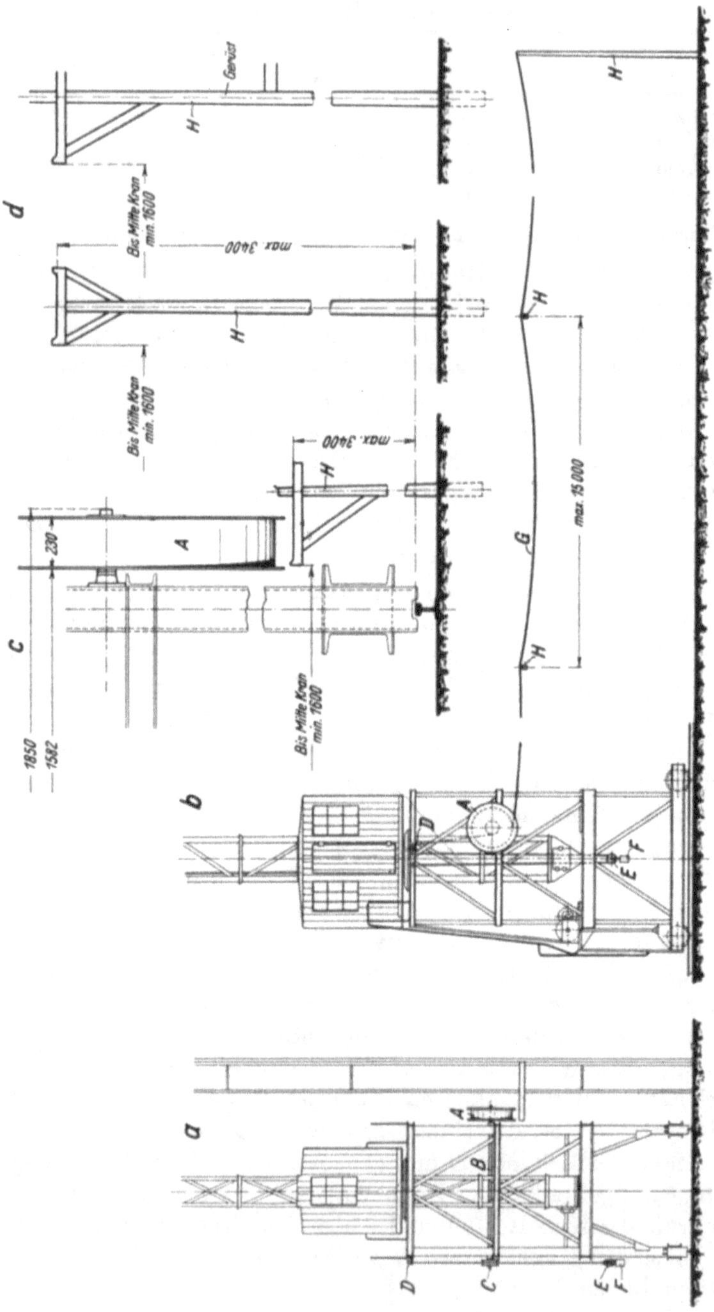
a
b
c
d
Gerüst
H
Bis Mitte Kran min. 1600
max. 3400
max. 15000
230
1850
1582
A
B
C
D
E
F
G

Abb. 58a—d.

Der Turmkran ist im übrigen hinsichtlich seiner Verwendbarkeit nicht allein auf Baustellen beschränkt, wo elektrische Energie zur Verfügung steht, sondern kann auch in Orten betrieben werden, die keinen elektrischen Strom haben. Zu diesem Zwecke wird ein Aggregat eingebaut, bestehend aus einem Benzin-Benzol- oder Dieselmotor mit der Leistung von 12—15 PS, der unmittelbar mit einer

Abb. 59. Drehscheibe für Turmkrane.

Gleichstromdynamomaschine gekuppelt ist, die den erforderlichen Strom liefert. Auf diese Weise ist der Unternehmer auch der Sorge enthoben, daß die Verwendbarkeit eines an sich verhältnismäßig kostspieliegen Gerätes, wie dies ein guter Turmkran ist, nicht dadurch in seiner allgemeinen Verwendung beschränkt ist, daß in manchen Großstädten (sogar schon in den verschiedenen Stadtteilen) stets verschiedene Stromarten oder Stromspannungen in Betracht kommen. Der Einbau des erwähnten Maschinenaggregates hat auch den Vorteil, daß einige elektrische Lampen davon gespeist werden können.

β) Gleisunterbau.

Den Unterbau stelle man für Turmkrane recht sorgfältig her und spare nicht an Verwendung bester Arbeitskräfte und an Lohnstunden sowie an gutem Schwellenmaterial. Ein schlechter Unterbau bewirkt einseitige Beanspruchung und schädliche Spannungen in der Eisenkonstruktion, die durch das bei schlechtem Unterbau sich auch

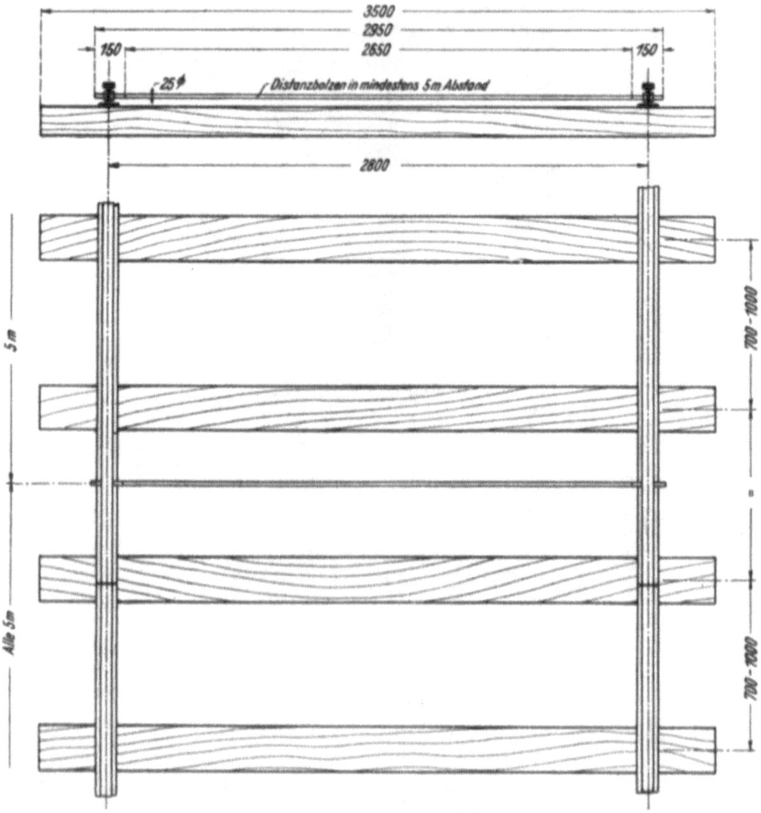

Abb. 61. Gleisunterbau für Turmkrane.

einstellende „Ecken“ und „Klemmen“ noch weiter mißhandelt wird. Ein guter Unterbau erhöht also auf diese Weise die Lebensdauer eines Turmkranes, die auf 7—10 Jahre veranschlagt werden kann; sie kann bei besonders guter Wartung noch länger währen.

Grundsätzlich können wir unterscheiden: Unterbau mit nur Querschwellen, ferner solchen mit Quer- und Längsschwellen. Beim Unterbau mit Querschwellen, Abb. 61, ist folgendes zu beachten. Die erforderliche Schwellenlänge ist mindestens 3,5 m; da aber in der Regel die Eisenbahnschwellen nur 2,6—2,7 m lang sind, so kommt man mit Eisenbahnschwellen hier nicht aus. Ferner ist darauf besonders zu achten, daß sämtliche Schienenstöße auf eine besonders breite Schwelle zu liegen kommen. Der Schwellenabstand beträgt etwa 0,70—1,00 m, muß aber in jedem einzelnen Falle ausgerechnet werden, was wie folgt geschehen kann. Es bedeutet:

W = Widerstandsmoment der verwendeten Schiene in cm^3 unter Berücksichtigung der Abnutzung.

Bei der Preußenschiene Nr. 6 beträgt dieses Widerstandsmoment in guter Annäherung rd. $W = 0{,}064 \cdot h^3$, wo h die gemessene Schienenhöhe in cm bedeutet. Im übrigen bediene man sich der nachstehenden Tafel für die Preußenschienen (jetzige Reichsbahnschiene).

h mm	Nr.	Abnutzung in mm	W cm^3
134	6	0	154
133	6	1	153
129	6	5	138
124	6	10	120
121	6	13	110
134	7	0	157
138	8	0	193
144	15	0	217
142	S 45	0	211
148	S 49	0	234

Bedeutet ferner:

h = Schienenhöhe,

P = Größter Raddruck in kg,

l = Abstand von Mitte zu Mitte Schwelle in cm,

σ = Zul. Schienenbeanspruchung in kg/cm^2 = 1600 gesetzt (dies mit Rücksicht auf die breite Schienenauflagerung),

M = Biegungsmoment in der Schiene (cmkg).

Dann ist mit Rücksicht auf die Kontinuität

$$M = Pl : 5 = W \cdot \sigma,$$

hieraus ergibt sich der zulässig größte Schwellenabstand

$$l = 5\,W \cdot \sigma : P \text{ und für } \sigma = 1600$$

$$\boldsymbol{l \text{ cm} = 8000\, W : P.}$$

Beispiele: Gegeben der größte Raddruck eines Turmkranes $P = 13000$ kg und eine Schiene mit $W = 110$ cm^3.

Wie groß ist der größt zulässige Schwellenabstand l?

$$l = 8000 \cdot 110 : 13000 = 68 \text{ rd. } 70 \text{ cm},$$

ferner bei

$$P = 17000 \text{ kg und } W = 217 \text{ cm}^3?$$
$$l = 8000 \cdot 216 : 17000 = 102 \text{ cm}.$$

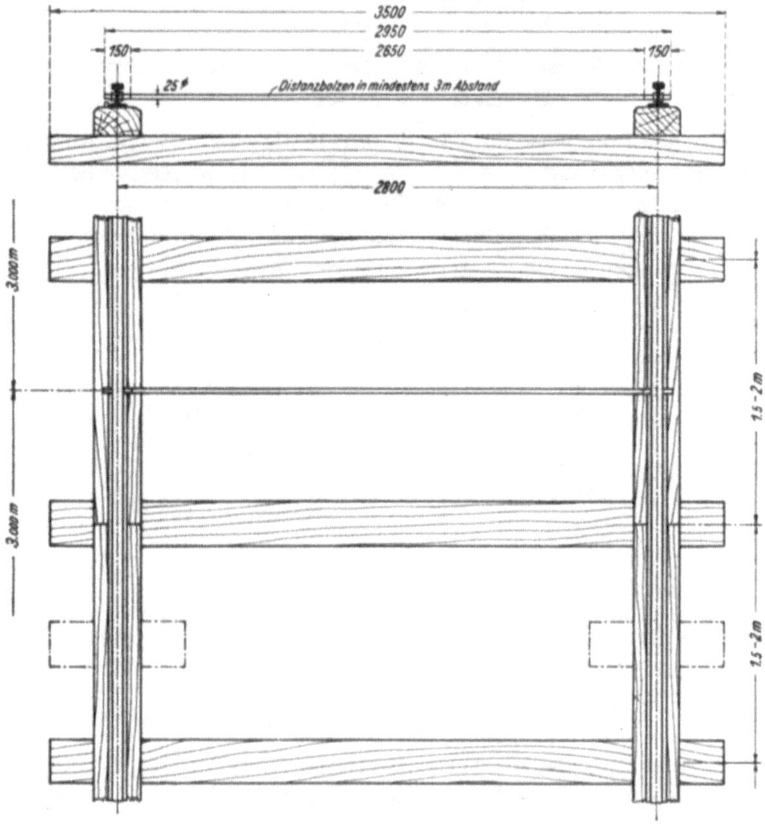

Abb. 62. Anderer Gleisunterbau für Turmkrane.

Beim Querschwellenunterbau sind gemäß Abb. 61 zöllige Distanzbolzen im Abstand von höchstens 5 m einzuziehen. Beim Gleisunterbau mit Querschwellen und Langschwellen nach Abb. 62 ist zu beachten, daß nach sorgfältiger Planierung des Bodens (Bestreuen mit Sand oder Kies wenn Humus) die Querschwellen von mindestens 3,5 m Länge im Abstand von 1,5—2 m verlegt werden, derart, daß Oberkante Schwelle mit Erdbodenhöhe gleichliegt. Auf die Querschwellen kommen dann die Langschwellen und auf jene die Eisenbahnschiene. Auch hier müssen die oben erwähnten zölligen Distanzeisen im Abstande von höchstens 5 m angebracht werden. Bei aufgefülltem Boden sind die in Abb. 62 punktiert angedeuteten Zwischenschwellenstücke vorzusehen. Die Schienenstöße sollen mindestens 5 mm Luft haben, ebenso soll die Schienenkopfbreite mindestens 50 mm sein. Hat man Schienen mit Kopfbreiten von mehr als 58 mm so muß man dem Fabrikanten davon Mitteilung machen, ob die Radkranzverhältnisse des Fahrwagens dies zulassen.

γ) Anschaffungskosten des Kaiserschen Turmkranes.

Preis eines Turmkranes mit normaler Drehstrom- oder Gleichstromausrüstung ohne Fracht und Montage	12500 RM.
Die Kabelverholvorrichtung	350 ,,
Kabel je lfd. m 8 RM. bei 120 m befahrener Front $\frac{120}{2} \cdot 8$	480 ,,
Aufzugkasten, Inhalt 200 l (Abb. 60)	200 ,,
zus.	13530 RM.

Für den Fall, daß man ein Gebäude in mehreren Fronten in beliebigem Winkel befahren will, kann man sich einer Drehscheibe (Abb. 69) bedienen (deren Kosten betragen 1500 RM.). Will man vom Stromnetz unabhängig sein, dann kostet das erwähnte Aggregat (15 PS) 3000 RM., mit Dieselmotor, 15 PS, 4800 RM. Der Dieselmotor bedingt zwar höhere Anschaffungskosten ist aber hinsichtlich Betriebskosten weitaus ökonomischer, da er nur 0,28 kg Rohöl je PS/Stde. an Brennstoff verbraucht.

Mit den Anschaffungskosten für den Kran samt Zubehör ist es aber noch nicht getan. Hinzu kommen noch die Ausgaben für Fracht, Montage und Abbruch, Kosten für die Ausfüllung der Ballastgehäuse mit Beton und Eisenschrott, Kosten für den Gleisunterbau, Kosten für die Holzstützen zur Kabelführung und schließlich noch die kleinen Kosten für den elektrischen Anschluß auf der Baustelle selbst.

Die genannten Kosten sind jedoch im Verhältnis nicht allzu hoch und betragen je nach Anlage (abgesehen von der Fracht und der Herstellung der Ballaststücke) 1600—2500 RM.

ε) Vor- und Nachteile der Turmkrane.

Die Vorteile sind bereits zu Eingang dieses Kapitels unter Z. 1 erörtert. Es bliebe noch zu sagen, daß man mit Hilfe des Greiferkastens, also mit dem Turmkran von der Erdausschachtung angefangen bis zum Versetzen der Armierungseisenkörbe, Schaltafeln, Pakete mit Deckenplattenschalung, Bündel mit Steifhölzern und schließlich noch einschließlich des Einbringens des Betons alle Arbeiten ohne Kippwagenbetrieb in den einzelnen Geschossen, verrichten kann. Der Turmkran ist also ein sehr vielseitiges Gerät, das eine große Zahl Arbeiter einspart und auch auf diese Weise den Bauplatz übersichtlicher gestaltet.

Als Nachteil macht sich geltend der relativ hohe Anschaffungspreis und die verhältnismäßig geringe Hubgeschwindigkeit, die bei Aufzügen höher ist und auch höher getrieben werden kann, weil ein guter Aufzugskorb zwischen zwei Führungsschienen in einem soliden Turmgerüst geführt ist und dergestalt selbstverständlich eine 1½fache Geschwindigkeit und noch höher entwickeln kann wie eine frei pendelnde Last.

Immerhin sind die Vorteile so überwiegend, daß es wahrscheinlich ist, daß dem Turmkrane ein großes Gebiet der mittleren Baustellen der Zukunft fraglos zufallen wird. Vor allen Dingen auch deshalb, weil der vorhin geschilderten Bauweise des Versetzens fertiggeflochtener Eisenkörbe gegenüber den meist gepflogenen Verfahren, überragende Ersparnisse an Löhnen zukommt. Ist es doch eine bekannte Tatsache, daß durch eine selbst bis in die größten Feinheiten durchgeführte statische Berechnung eines Bauwerkes nicht der zehnte Teil von dem eingespart werden kann, was eine rationelle Baustellenbewirtschaftung erzielt.

Weitere Angaben vgl.: Cajar, Die Baukrane, Verlag R. Oldenbourg.

8. Bauaufzüge.

a) Allgemeines.

Die Bauaufzüge können bei ihrer Vielfältigkeit im Rahmen dieses Buches naturgemäß keineswegs erschöpfend behandelt werden, sind doch die Konstruktionen derart zahlreich, daß allein die bei der Baupolizei Berlin zwecks allgemeiner Zulassung beantragten Systeme fast 20 Aktenbände umfassen. An dieser Stelle sollen nur die Grundtypen behandelt werden[1]), die am meisten in Gebrauch sind. Es seien herausgegriffen:

a) Nur einseitig geführte Fahrschalen.
b) Zweiseitig geführte Fahrkörbe.
c) Die sog. Baugrubenaufzüge.

---

[1]) Es ist damit nicht gesagt, daß die in diesem Buche angeführten Konstruktionen sich unter den bei der Berliner Baupolizei allgemein zugelassenen Aufzugskonstruktionen befinden. Die Baupolizei prüft im übrigen nur den baulichen Teil (Gerüst), während der Dampfkesselüberwachungsverein den maschinellen Teil einschl. Tragmittel prüft.

a) Einseitig geführte Fahrschalen.

Abb. 63 zeigt einen derartigen Schnellbau-Aufzug, bei dem die Fahrschale längs eines Mannesmannrohres mittels drei Rollen geführt wird. Das Führungsrohr muß an der Spitze oder auch etwas unterhalb einwandfrei fest am Gerüst befestigt werden, und wenn

Abb. 63. Schnellbauaufzug von Leo Roß, Berlin W 9.

dies nicht genügend solide erscheint, muß überdies noch zu einer Abseilung gegriffen werden. Zudem sind noch im Abstand von 4 bis 5 m leichtere Befestigungen am Gerüst vorhanden (auf diese letzteren nimmt man bei der Knickberechnung zahlenmäßig dann kaum Rücksicht und rechnet die ganze Länge als Knicklänge). In der Abb. 63 und auch in Abb. 64 fehlt noch das Schutzgitter an der Fahrschale, das zu fordern ist, damit die Last nicht abstürzen kann.

Abb. 64 gibt eine Konstruktion der Allg. Baumasch.-Ges. Leipzig wieder, bei der die Fahrschale an einer Schiene, die mit einem Kantholz verbunden ist, hoch geführt wird.

Bevor des näheren auf diese in der Tat schnell errichtbaren und billigen Aufzüge eingegangen wird, soll die Frage der Inanspruchnahme und Leistung der Winde besprochen werden.

Abb. 64.

Da die Winde die Förderschale unmittelbar hochzieht (es ist kein Gegengewicht vorhanden), so muß die Winde den gesamten Widerstand der Fahrschale überwinden. Dieser Widerstand setzt sich zusammen aus

dem Eigengewicht der Fahrschale . . . . P_g
der Nutzlast . . . . P_n
dem Reibungswiderstand an der Führung . . . P_r.

Der Widerstand infolge Beschleunigung der Massen soll vernachlässigt werden. Es soll weiterhin bezeichnen:

v = Hubgeschwindigkeit m/sek,
η = Wirkungsgrad der Winde,
N = erforderliche Motorleistung in PS.

Da diese Art „Schnellbau-Aufzüge" kaum für höhere Nutzlasten als

$$P_n = 300\text{—}400 \text{ kg}$$

gebaut werden sollen, so ist etwa

$$P_g = 150\text{—}200 \text{ kg}.$$

Die Reibung am Führungsgerüst kann mit

$$P_r = 40\text{—}70 \text{ kg}$$

angesetzt werden.

Ferner ist im allgemeinen:

$v = 0{,}4\text{—}0{,}7$ m/sek,
$\eta = 0{,}40\text{—}0{,}45$ für Friktionswinden am Bau und
$\eta = 0{,}75\text{—}0{,}85$ für Vorgelegewinden am Bau.

Es betragen dann die vom Motor zu leistenden effektiven Pferdestärken, wenn $Q = P_n + P_g + P_r$ gesetzt:

$$N = \frac{Q \cdot v}{75 \cdot \eta}.$$

Beispiel. Es sei $P_g = 180$ kg; $P_n = 300$ kg; $P_r = 600$ kg; $v = 0{,}5$ m/sek; $\eta = 0{,}45$, dann ist

$$Q = 180 + 300 + 60 = 540 \text{ kg und}$$

$$N = \frac{540 \cdot 0{,}5}{75 \cdot 0{,}45} = 8{,}0 \text{ PS}.$$

Es darf nicht übersehen werden, daß die Säule stets auch auf Knickung zu untersuchen ist! Da das obere Ende solide gegen das Baugerüst (wenn erforderlich überdies noch durch Abseilung) gehalten ist, und wie erwähnt, außerdem etwa alle 4—5 m lediglich einige nur leichtere Zwischenbefestigungen vorhanden sind, so ist zweckmäßig die ganze Knicklänge in Ansatz zu bringen. Wegen des großen Schlankheitsgrades kann nach Euler[1]) gerechnet werden; dann ist die Größe des erforderlichen Trägheitsmomentes der Führungssäule für eiserne Säulen:

$$J = 2{,}5 \cdot P\, l^2,$$

hierin ist $P = P_g + P_n$ in t und l = die Entfernung zwischen obersten Befestigungspunkt und Fußpunkt in m.

[1]) Die Nachrechnung muß dann dem Omegaverfahren genügen. Vgl. hierzu Erl. des Herrn Preuß. Min. f. Volkswohlfahrt vom 15. II. 1925 und die Erlasse der einzelnen Länder. Dieses Verfahren gibt jedoch kein greifbares Ergebnis, weil die Schlankheitsgrade sehr groß sind. Wegen der häufigen Zwischenstützung könnte man es also unbedenklich bei dem Verfahren nach Euler bewenden lassen.

Für hölzerne Säulen käme dagegen die Formel in Frage:

$$J = 70\, P\, l^2.$$

Beispiel. Säule aus Eisen (Mannesmannrohr). Es sei

$$P = P_g + P_n = 180 + 300 = 480 \text{ kg}.$$

Dann ist das erforderliche Trägheitsmoment

$$J = 2{,}5 \cdot 0{,}48 \cdot 18^2 = 390 \text{ cm}^4.$$

Gewählt Mannesmannrohr von 13,3 cm äußeren und 12,5 cm inneren Durchmesser (Wandstärke 0,4 cm), dann ist

$$J = 0{,}05\,(13{,}3^4 - 12{,}5^4) = 344 \text{ cm}^4,$$

zwar fehlen gegenüber dem errechneten J noch 46 cm^4 jedoch ist dieser kleine Fehlbetrag belanglos im Hinblick, daß noch einige, wenn auch leichtere, Zwischenbefestigungen vorhanden sind.

Ist eine größere Höhe als 18 m beabsichtigt, dann muß alle 9 m eine neue solide Befestigung erfolgen. Von größeren Höhen als 25 m ist dringend abzuraten.

Besondere Sorgfalt ist den Stoßstellen des Rohres zuzuwenden, die natürlich ein ebenso großes Trägheitsmoment aufweisen müssen, wie das volle Rohr, wozu eine ziemlich dickwandige Muffe gehört; in unserem Falle muß deren Wandstärke etwa 8—9 mm betragen, wobei auch der Verschwächung durch die Schraubenlöcher gedacht werden muß.

Nun soll auf den in Abb. 63 dargestellten Schnellbauaufzug von Roß in Berlin eingegangen werden, dessen Hubgeschwindigkeit 20—40 m/min, d. i. 0,3—0,67 m/sek beträgt. Der Aufzug wird mit einer Friktionswinde angetrieben und kann an jeder beliebigen Stelle angehalten werden, wobei die Fahrschale um 180° eingeschwenkt werden kann. Nachstehend seien die Anschaffungskosten mitgeteilt:

Beschaffungskosten des kompletten Schnell-Bauaufzuges.

Mit den erforderlichen Führungs-Stahlrohren von ca. 18 m Höhe, der Fahrschale aus Schmiedeeisen und Stahlguß mit Holzbelag und Schutzgeländer, der unteren Fußplatte mit Seilablenkrolle, der oberen Seilrolle zum Einstecken in das Führungs-Stahlrohr, dem 45 m langen Drahtseil und den Befestigungseisen an das Baugerüst oder das Mauerwerk:

a) Ohne Winde. . . . . 750,00 RM.

b) Mit Friktions-Kupplungswinde für 600 kg Tragkraft, mit Sperrvorrichtung in Rotgußlagern laufend, mit Riemenscheibe, jedoch ohne Riemen,

die Antriebswelle auf der anderen Seite verlängert, zum gleichzeitigen Antreiben von anderen Baumaschinen, Betonmischmaschinen usw.	1130,00 RM.
Mehrpreis für jedes weitere Meter Führungsstahlrohr	18,50 ,,
Mehrpreis für jedes weitere Meter Stahldrahtseil von 12 mm Dmr.	—,90 ,,

Antriebsmaschinen für den Schnell-Bauaufzug:

Drehstrom-Elektromotoren, 10 PS, von 120/210 oder 220/380 Volt inkl. Riemenscheibe, Vollastanlasser und Spannschienen	550 RM.
Gleichstrom-Elektromotoren, 10 PS, von 110 oder 220 oder 440 Volt inkl. Riemenscheibe, Vollastanlasser und Spannschienen	675 ,,
Benzin-Motoren, Fabrikat Deutz, 8 PS, in bekannter erstklassiger Präzisions-Ausführung, mit Verdampfungskühlung, liegender Bauart mit Rotations-Bosch-Hochspannungszündung	1050 ,,

Abb. 65. Betonhebewerk.

b) Zweiseitig geführte Fahrkörbe.

Hier seien zunächst die sog. Betonhebewerke aufgeführt, das sind Aufzüge, die ein Gefäß befördern, das unmittelbar seinen Betoninhalt aus der Maschine eingekippt erhält und von einer üblichen Friktionswinde betrieben wird. Mitunter dient dazu die Aufzugswinde der Mischmaschine. Eine schematische Ausführung zeigt Abb. 65 (Kaiser in St. Ingbert). In der tiefsten Stellung befindet sich der Aufzugkasten *A* vor dem Mischmaschinenauslauf, der nach erfolgter Füllung mittels Winde hochgezogen wird. Oben hat die Rollenführung, wie aus Abb. 65 erkenntlich, eine Kurve *B*, derzufolge kippt der Kasten *A* seinen Inhalt in eine Schurre *C* zwecks Weiterverarbeitung. Eine ähnliche Konstruktion zeigt Abb. 66, eine Ausführung des Hüttenwerks Sonthofen, wo der Antrieb unmittelbar vom Windwerk der Mischmaschine erfolgt, wobei der Maschinist der Mischmaschine gleichzeitig den Aufzug versorgt. Selbstverständlich ist auch bei der Ausführung nach Abb. 65 dieselbe

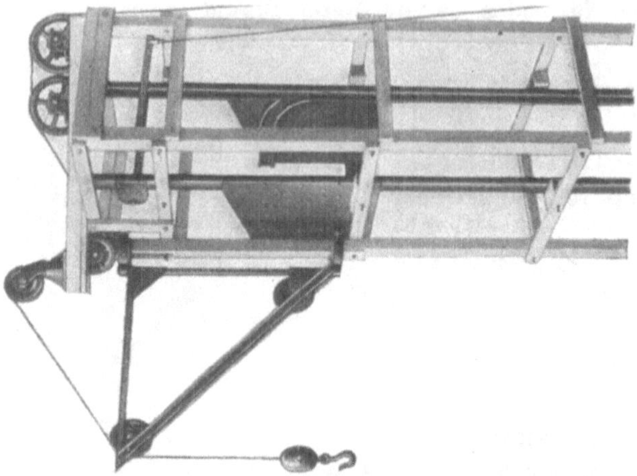

Abb. 67. Muldenkipperaufzug verbunden mit einem Schwenker (Sonthofen).

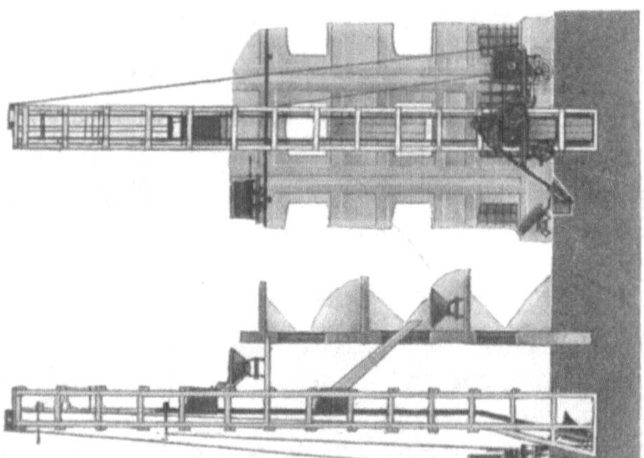

Abb. 66. Muldenkipperaufzug (Sonthofen).

Betriebsweise möglich. Abb. 67 zeigt die Verquickung des Gerüstes mit einem Schwenkkran nach Art der Abb. 54 und 55. Die Ausführung nach Abb. 66 wird vom Hüttenwerk Sonthofen in 8 Größen hergestellt. Der kleinste Typ hat eine Kastenfüllung von 100 l, eine Hubhöhe von 25 m, ein Seil von 85 m Länge und 11 mm Stärke; die gefüllte Mulde wiegt 300 kg, die Seilgeschwindigkeit ist 30 m/min;

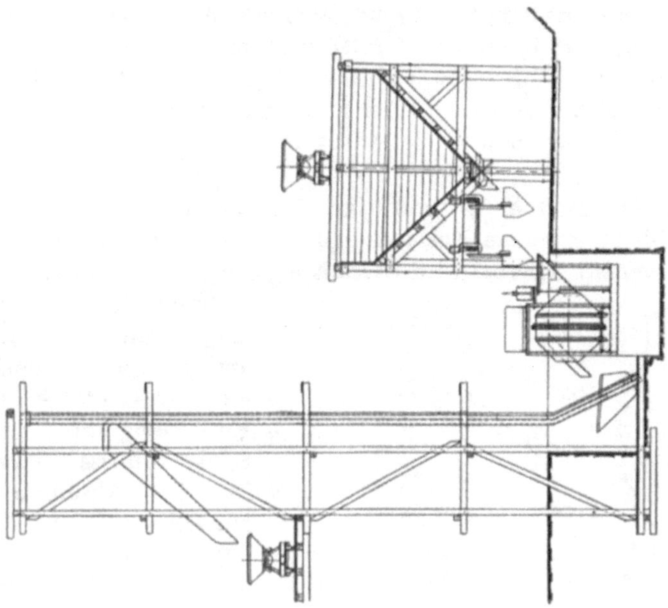

Abb. 69.

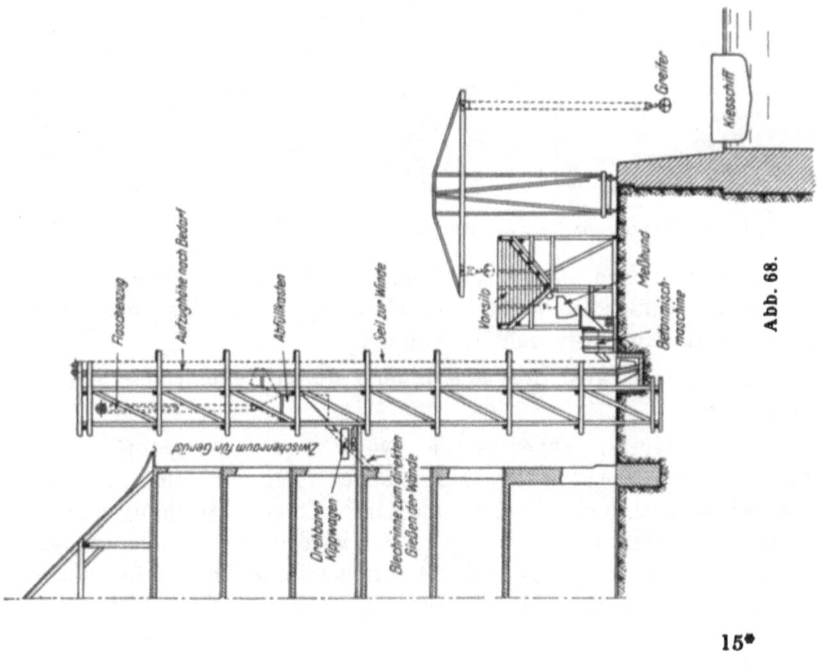
Flaschenzug
Aufzughöhe nach Bedarf
Abfüllkasten
Seil zur Winde
Vorsilo
Meßbund
Betonmisch-maschine
Greifer
Kiesschiff
Zwischenraum für Gerüst
Drehbarer Kippwagen
Blechrinne zum direkten Gießen der Wände

Abb. 68.

also Fördergeschwindigkeit direkt: 30 m/min, dgl. unter Einschaltung einer losen Rolle 15 m/min. Kraftbedarf im ersten Falle 2,8 PS, im letzteren 1,6 PS, Gewicht = 830 kg, Preis komplett = **700 RM.** Der größte Typ dagegen mit einer Füllung von 1250 l braucht 26,7 PS bzw. 14,7 PS bei loser Rolle, wiegt 2130 kg und kostet **1460 RM.** ab Werk.

Im Anschluß hieran soll eine Kombination des Kippaufzugs nach Abb. 65 mit einer Entlade- und Mischanlage in Abb. 68 und 69 gezeigt werden. Hierbei wird das mit Kippwagen ankommende Rohmaterial in den beliebig langen Silo gekippt, der am unteren Auslaufende mit, in entsprechender Entfernung angeordneten, Siloverschlüsse versehen ist. Die Abfüllung des Materials aus dem Silo erfolgt in sogenannte Meßhunde, die ihren Inhalt in den Vorfüllkasten der Mischmaschine bzw. in letztere selbst entleeren. Die Meßhunde, deren Inhalt demjenigen der Mischmaschine angepaßt ist, bewegen sich auf entsprechend angeordneten Hängebahnschienen, die ihrerseits wieder mit mehreren Weichen besonderer Spezialkonstruktion ausgerüstet sind, um an jeder beliebigen Stelle des Silos abfüllen und jeden Gleisstrang ohne die sonst notwendigen Kurven befahren zu können.

Abb. 70. Fahrstuhlaufzug (Sonthofen).

Der Zement wird den Meßhunden durch Zementmeßapparate beigegeben.

Das gesamte, abgemessene Material (Zuschlagstoffe samt Zement) wird nun auf der Hängebahn nach der Mischmaschine gefahren und in diese abgelassen. Nach erfolgter Mischung gelangt der fertige Beton in den Aufzugskasten, wird in diesem hochgezogen und in Kippwagen o. dgl entleert, um an seine Verwendungsstelle gebracht zu werden. Der Betonaufzug ist derart eingerichtet, daß die Auslaufkurve alle laufende Meter an den Führungsschienen angebracht und somit in jeder beliebigen Höhe entleert werden kann.

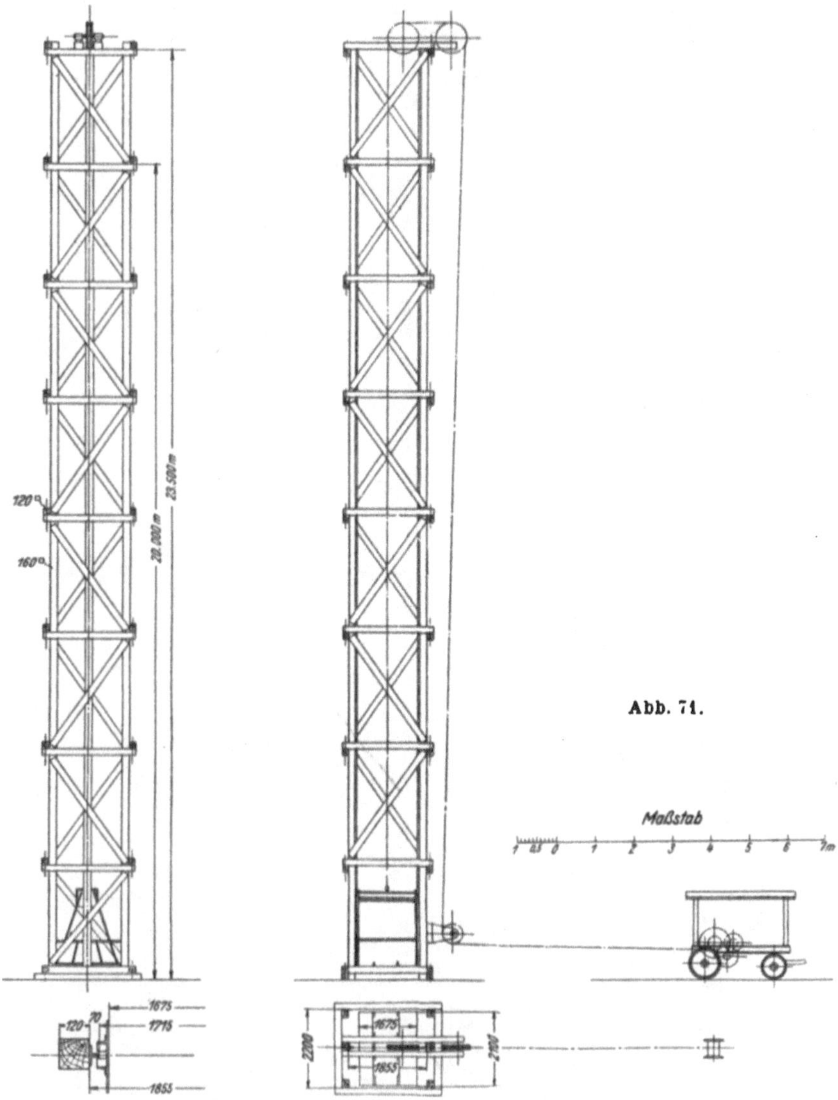

Abb. 71.

Die Anlage ist von der Ibag, Neustadt/H. geliefert.

Waren die vorangehenden Bauaufzüge zwischen zwei Führungen solche, deren Fördergefäß eine Mulde war und dergestalt in erster

Linie dem Betontransport diente, so sind die nachfolgenden Bauaufzüge allgemeiner verwendbar, also beispielsweise zum Hochziehen

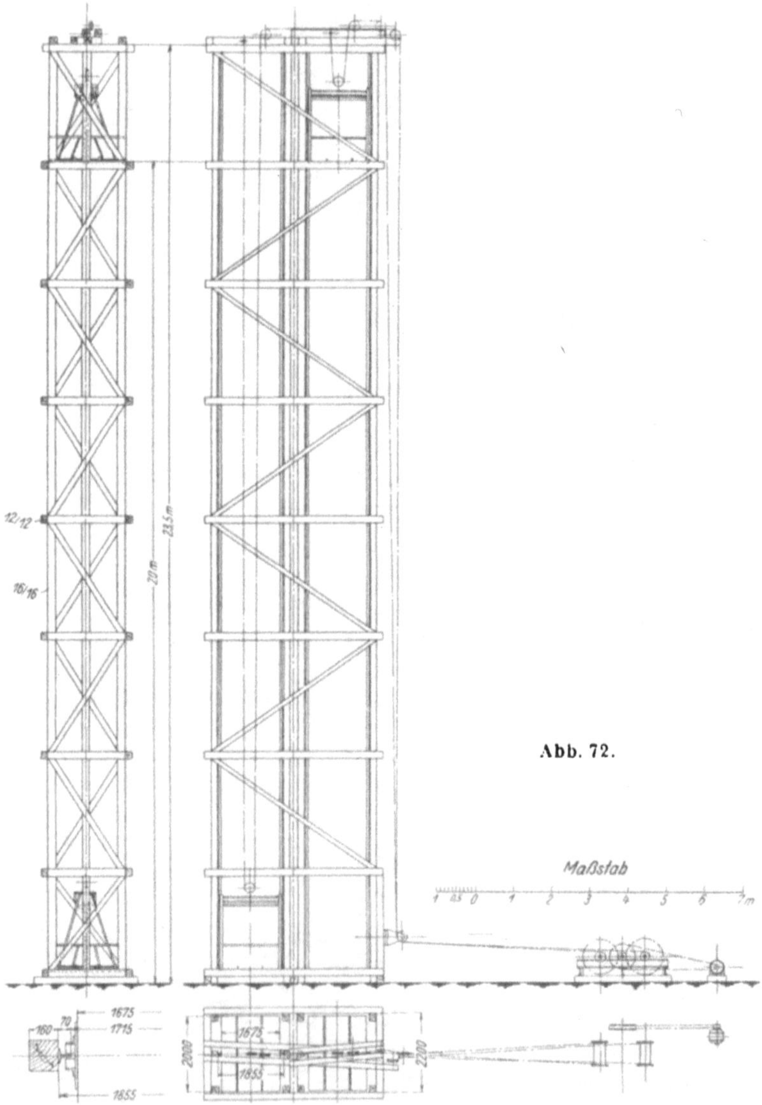

Abb. 72.

einer mit Beton, Ziegelsteinen, Zementsäcken u. dgl. angefüllten Kipplore, die bis in die gewünschte Höhe hochgezogen und dann auf das Arbeitsgleis verschoben wird. Eine allgemeine Anordnung zeigt Abb. 70 (Sonthofen), wobei der Aufzug von einer besonderen Winde betrieben wird.

Bei diesem Aufzug werden die Führungsschienen in ein gezimmertes Holzfachwerkgerüst eingebaut, auf dessen Kopf noch die Seilrollen untergebracht sind. Abb. 71 zeigt einen Plattformaufzug für einfache Anordnung und für eine Belastung bis zu 2000 kg dargestellt. Die Führungsgleitschienen bestehen aus ⊥-Eisen und sind an Zwölfer-Kanthölzern befestigt, die in einem hölzernen Fachwerkgerüst, das sich der Besteller selbst vorbereitet, sitzen. Abb. 72 zeigt dagegen einen Doppelaufzug samt Holzgerüst. Im allgemeinen pflegt man es indessen vorzuziehen, lieber zwei einzelne, an verschiedenen Stellen des Bauwerks angeordnete Einzelaufzüge anzuschaffen, statt eines Doppelaufzuges, weil sich für die spätere Ausnutzung der Maschinen eher eine Anwendungsmöglichkeit ergibt wie für einen Doppelaufzug, der bei kleineren Bauobjekten überhaupt nicht in Frage kommt. Auch kann man später einmal zwei einzelne Aufzüge, je einen auf verschiedenen Baustellen, benutzen. Man nimmt in diesem Falle den Nachteil in Kauf, daß ein Maschinist mehr nötig ist. Abb. 73 gibt den bei den vorerwähnten beiden Aufzügen verwendeten Fahrkorb wieder. Um das Abstürzen des Korbes während des Be- oder

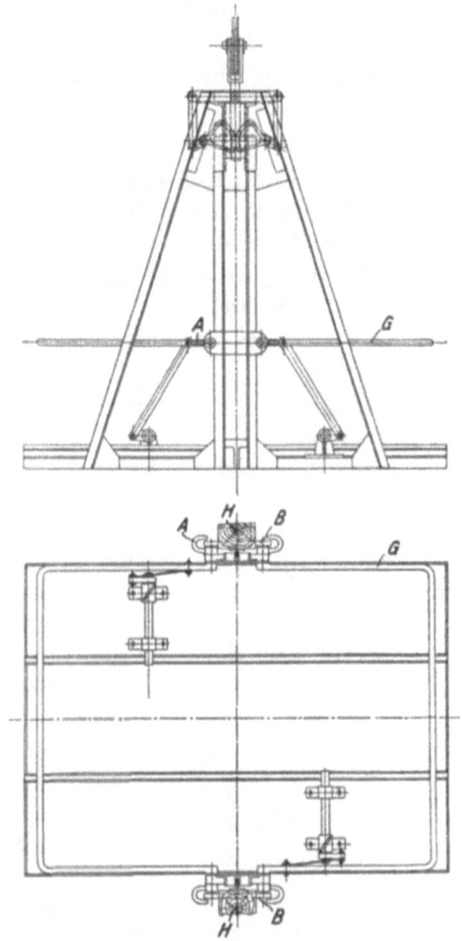

Abb. 73.

Entladens zu verhindern, sind am Fahrstuhl Haken *A* derart angeordnet, daß beim Hochklappen der Geländerbügel *G* sich die Haken *A* über die Rundeisen *B* legen. Die Rundeisen halten dann den Korb einwandfrei fest, denn sie sind durch das Kantholz *H* durchgetrieben und befestigt. Die Rundeisen haben 3 cm Dmr. und 39 cm Länge; sie sind an den Haltestellen jeweils vorgesehen, je nach Bedürfnis.

Anschaffungskosten:

Fahrkorb (Eigengewicht 500 kg)	570 RM.
2 obere Leitrollen je 50 RM.	100 ,,
Untere Sattelrolle	50 ,,
Rd. 500 kg Schienen (⊥-Eisen) (bei 20 m Aufzugshöhe)	200 ,,
60 m Drahtseil 16 mm	120 ,,
	1040 RM.
Friktionswinde mit zwei Arbeitsgeschwindigkeiten	1410 ,,
Ein Deutzer-Motor 8 PS	1050 ,,

c) Baugrubenaufzüge.

Die Baugrubenaufzüge sind unter sehr steilem Winkel laufende Schrägaufzüge, deren Fördergefäß meist ein becherförmiger Kasten (Mulde) ist. Die Verwendung erfolgt auf den Baustellen zum Hochheben des Erdaushubes, kann aber auch zum Hochschaffen von Ziegelabbruch dienen. Im einzelnen besteht ein Schrägaufzug, Abb. 74, aus der Aufzugmulde *A*, dem eisernen Führungsgerüst *B*, das oben auf dem kräftigen Fahrgestell *C* aufgesetzt ist und unten auf dem Erdboden. Entweder wird der Schrägaufzug durch das eingebaute elektrisch betriebene Windwerk *D* betrieben, oder der Betrieb wird durch eine außerhalb stehende Winde betätigt. Wenn das Gewicht der mit Erde gefüllten Aufzugmulde von 500 l etwa 1300 kg (einschließlich Muldengewicht) beträgt, so muß die Aufzugswinde allermindestens 650 kg

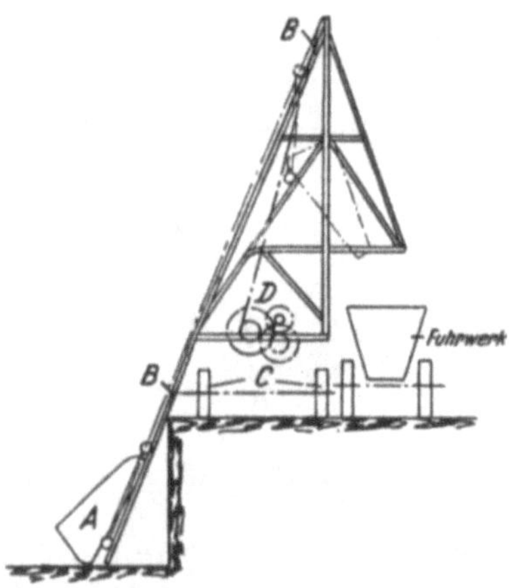

Abb. 74.

Zugkraft haben, dagegen bei einem Aufzug mit

750-l-Mulde . . . . 850 kg und mit
1000-l-Mulde . . . . 1250 kg.

Es gibt Schrägaufzüge, bei denen die kippende Mulde das Material durch eine Schurre entleert und solche, bei denen diese Schurre

Abb. 76. Baugrubenaufzug.

Abb. 75. Baugrubenaufzug (Kaiser).

(Rutsche) entbehrlich ist, weil die Mulde entsprechend schnauzenförmig durchgebildet ist und auf diese Weise Mulde und Schurre gleichzeitig darstellt. Letztere Ausbildung hat gegenüber der ersteren gewisse Annehmlichkeiten hinsichtlich des einfacheren Transportes dieser Baumaschine.

Eine systematische Skizze zeigt Abb. 74 und eine Anwendung Abb. 75. Die Abb. 76 gibt die Maschine samt unteren Führungsschienen wieder, die im allgemeinen 6—10 m Länge haben können. Dieser Typ ist vorgesehen für Antrieb von einem besonders aufgestellten Windwerk aus. Über die Gewichte gibt nachstehende Tabelle Auskunft, ebenso über Anschaffungskosten.

Abb. 77. Baugrubenaufzug (Kaiser).

Angaben über Baugrubenaufzüge, die von einer besonderen Winde angetrieben werden.

Kasteninhalt	750	1000 l
Ungefähres Gewicht des Aufzugsgestelles mit Aufzugkasten ohne Verlängerungsschienen und ohne Drahtseil	2250	2700 kg
Preis mit 6 m Verlängerung	1850	2250 RM.
Ungefähres Gewicht der Verlängerungsschienen je m	70	80 kg
Preis	38	45 RM.
Drahtseil aus Tiegelstahldraht	12	14 mm

Länge des Drahtseils bis zu 10 m Förderhöhe ca. 40 m.

Eine von jeglichem Stromnetz unabhängige Anlage zeigt Abb. 77, die durch einen Benzinmotor betrieben wird, in fahrfertigem Zustand. Der Antriebsmotor ist so gebaut, daß er nicht an eine Wasserleitung angeschlossen zu werden braucht, denn seine Kühlung wird durch einen sog. Verdampfungskühler bewirkt, wodurch auch ein Kühlgefäß entbehrlich wird.

Abb. 78. Doppelschrägaufzug fahrbar (Sonthofen).

Angaben über Baugrubenaufzüge, die vom Benzinmotor betrieben werden.

Kasteninhalt	750	1000 l
Motorstärke	8	10 PS
Ungefähres Gewicht des Aufzugsgestelles mit Aufzugskasten, Windwerk, Benzinmotor und Motorgehäuse, ohne Verlängerungsschienen und ohne Drahtseil	4500	5400 kg
Preis	2950	3500 RM
Ungefähres Gewicht der Verlängerungsschienen je m	70	80 kg
Preis	38	45 RM.
Drahtseil aus Tiegelstahldraht je	12	14 mm.

Die angeführten Ausführungen stammen von der Maschinenfabrik Kaiser in St. Ingbert. Einen fahrbaren Doppelschrägaufzug erzeugt das Hüttenwerk Sonthofen nach Abb. 78; überdies liefern Baugrubenaufzüge auch die Allg. Baumaschinengesellschaft in Leipzig.

4. Über gesetzliche Bestimmungen für Bauaufzüge.

Aufzugsverordnung.

Im Jahre 1926 ist durch Mitwirkung[1]) vieler beteiligter Kreise eine Aufzugsverordnung entworfen worden, die eine Art Musterverordnung darstellt; sie ist unter III 2678/26 vom 17. VII. 1926 von der Reichsarbeitsverwaltung mitgeteilt und von den Ländern des Deutschen Reiches zum Gesetz erhoben worden. Das Büchelchen von Jaeger-Ulrichs-Wolter: Bestimmungen über Einrichtung und Betrieb der Aufzüge) (Verlag C. Heymann, Berlin 1927) bespricht die Aufzugsverordnung ausführlich und ist dergestalt jedem, der mit Aufzügen (auch nur Bauaufzügen) zu tun hat, außerordentlich nützlich.

Nach § 2, c, Z. 8, fallen somit auch die gemeinhin als Bauaufzüge bezeichneten Aufzüge unter die genannte Aufzugsverordnung. Wesentlich ist der § 4:

Die Aufzugsanlagen müssen in bezug auf Bauart, Ausführung und Ausrüstung den folgenden Bestimmungen und den anerkannten Regeln der Wissenschaft und Technik entsprechen. Als solche gelten neben den allgemeinen Regeln und den in Betracht kommenden Baupolizeivorschriften die vom Deutschen Aufzugsausschuß aufgestellten technischen Grundsätze.

Für die in § 2c aufgeführten Aufzüge werden die **technischen Grundsätze**[2]) vom Deutschen Aufzugsausschuß mit den Berufsgenossenschaften vereinbart. (Für die Bauaufzüge infolgedessen mit den Bauberufsgenossenschaften. D. Verf.)

Von den angezogenen technischen Grundsätzen interessieren uns in erster Linie die Vorschriften über die maschinell angetriebenen Bauaufzüge gemäß § 2 Nr. 8 der Aufzugsverordnung.

In der Zeit der Niederschrift hatten sich diese Vorschriften noch nicht ausgewirkt und die vom Verfasser zurzeit hier gebrachten Aufzüge entsprechen naturgemäß in dem einen oder anderen Punkt vielleicht nicht ganz diesen neuen Vorschriften. Es ist aber anzunehmen, daß die nicht betretbaren Bauaufzüge — um die es sich in diesem Buche handelt — wenig oder überhaupt gar nicht hiervon berührt werden. Es hätte auch keinen rechten Sinn solche Bau-

[1]) Nämlich Verband der Aufzugfabrikanten, Verband der Deutschen Berufsgenossenschaften, Zentralverband der Preußischen Dampfkesselüberwachungsvereine, der Allg. Verband der Deutschen Dampfkesselüberwachungsvereine, der Verband Deutscher Elektrotechniker, Der Verein Deutscher Maschinenbauanstalten, der Verein Deutscher Eisenhüttenleute und der Studiengesellschaft für Aufzugstechnik.

[2]) Zur Stunde sind eine Reihe Veränderungen in den „Technischen Grundsätzen" geplant, weil der Mischmaschinen-Verband Berlin als Spitzenverband der Bauaufzüge bauenden Firmen namentlich hinsichtlich der zul. Betriebsgeschwindigkeit und der Seilberechnungsvorschriften auf unvorhergesehene Schwierigkeiten gestoßen ist.

materialienaufzüge mit scharfen Sicherheitsbestimmungen zu belasten, während der Baukran davon nicht betroffen wird. Hinsichtlich der Standfestigkeit jedoch sind an die Aufzüge stets die üblichen Forderungen der Mechanik und Festigkeitslehre zu stellen wie bei jedem übrigen Hebezeug auch.

Nun sollen die, die maschinell angetriebenen Bauaufzüge betreffenden Paragraphen des Deutschen Aufzugsausschusses wiedergegeben werden (zitiert aus dem oben angegebenen Buch von Jaeger-Ulrich-Wolter).

Teil E. Maschinell angetriebene Bauaufzüge (§ 2 Nr. 8).

I. Unterer Zugang.

Ziffer 81. Der untere Zugang, d. h. die untere Ladestelle muß zum Schutze gegen etwa abstürzende Gegenstände in etwa 2 m Höhe sicher abgedeckt sein.

II. Geschwindigkeit.

Ziffer 82. Die Betriebsgeschwindigkeit des Fahrkorbes darf nicht mehr als 1,5 m/sek betragen.

III. Triebwerk und Ausrückvorrichtung.

Ziffer 83. Der Aufstellungsraum des Triebwerks muß in etwa 2 m Höhe gegen abstürzende Gegenstände und Nässe abgedeckt und so angeordnet sein, daß das Bedienungspersonal bei Betätigung der Steuerung wenigstens die untere Ladestelle übersehen kann.

Ziffer 84. Das Triebwerk muß so beschaffen oder mit solchen Einrichtungen versehen sein, daß die für den Aufzug festgelegte Betriebsgeschwindigkeit in beiden Bewegungsrichtungen nicht überschritten werden kann.

Bei Haltstellung der Steuerung muß jede Bewegung des Fahrkorbes sicher verhindert sein.

Fördertrommeln sind mit schraubenförmigen Rillen zur Aufnahme der Seile zu versehen.

Die Drehrichtung für Auf- und Abfahrt muß an der Aufzugsmaschine kenntlich gemacht sein.

Ziffer 85. Windevorrichtungen müssen, wenn nicht zwischen Antriebsmaschine und Winde Riemenbetrieb vorgesehen ist, selbsttätig wirkende Ausrückvorrichtungen erhalten, die in höchster und tiefster Laststellung die Antriebskraft abstellen.

IV. Tragmittel.

Ziffer 86. Für den Fahrkorb genügt ein einfaches Tragmittel. Ist mehr als ein Tragmittel für den Fahrkorb vorgesehen, so müssen alle Tragmittel gleichmäßig an der Belastung teilnehmen. Einfache Aufhängung des Fahrkorbes oder Gegengewichtes mittels einer Rolle o. dgl. oder nach Art des Flaschenzuges gilt als nur ein Tragmittel.

V. Fahrkorb.

Ziffer 87. Fahrkörbe müssen mindestens so umwehrt sein, daß das Ladegut nicht abstürzen kann. Werden Wagen auf die Plattform des Fahrkorbes gerollt, so muß eine nicht wegnehmbare Feststellvorrichtung für die Wagen vorgesehen sein.

VI. Fangvorrichtungen, Senkbremsen und Aufsetzvorrichtungen für Fahrkörbe.

Ziffer 88. Betretbare Fahrkörbe müssen Fangvorrichtungen, Senkbremsen oder Aufsetzvorrichtungen (vgl. Teil A, IX Anm.) haben. Nichtbetretbarkeit kann im allgemeinen angenommen werden, wenn der Fahrkorb lediglich zur Aufnahme eines dazu bestimmten Transportmittels (Lore, Kiepe, Traglast oder Karre) dient, das die Fläche des Fahrkorbes fast vollständig einnimmt und ein Betreten an und für sich ausschließt (vgl. Teil A, Abschnitt IX, Z. 34).

Ziffer 89. Aufsetzvorrichtungen müssen zur Wirkung gekommen sein, bevor der Fahrkorb betreten werden kann.

Ziffer 90. Wo Aufsetzvorrichtungen nicht vorgesehen sind, muß der Fahrkorb eine Fangvorrichtung oder Senkbremse erhalten, die durch das Ladegut in ihrer Wirkung nicht behindert werden kann. Sie muß bewirken, daß bei Bruch des Tragmittels der Fahrkorb in den Führungen festgesetzt wird oder die Abwärtsgeschwindigkeit 1,5 m/sek nicht überschreiten kann.

VII. Anzeigevorrichtung.

Ziffer 91. Falls vom Standort des Bedienungspersonals aus die Lade- und Entladestellen nicht übersehen werden können, ist eine Anzeigevorrichtung vorzusehen, die den jeweiligen Stand des Fahrkorbes erkennen läßt.

VIII. Schilder.

Ziffer 92. An jeder Ladestelle ist ein Schild mit folgender Aufschrift anzubringen:

Vorsicht! Aufzug!
Tragkraft ..... kg.
Personenbeförderung verboten.
Betreten des Fahrkorbes verboten.

Besondere Bestimmungen für offene Bauaufzüge.

XIII. Umwehrung.

Ziffer 99. In jedem Stockwerk muß, falls nicht in anderer Weise für die Absperrung der Fahrbahn gesorgt ist, ein 1 m hohes Geländer vorgesehen sein, welches die Fahrbahn allseitig in solchem Abstande umgibt, daß Menschen an diese nicht heranlangen können. Unter der Geländerumwehrung muß ein Bordbrett angebracht sein. An der Zugangsseite zur Ladestelle muß sich das Geländer derart öffnen lassen, daß der bewegliche Geländerteil nicht weggenommen werden kann. An dieser Stelle muß die Fahrbahn, wenn das Beladen ausschließlich durch Traglasten erfolgt, durch eine mindestens 0,60 m hohe Schutzwand verkleidet sein.

In den vorstehend angegebenen „Technischen Grundsätzen" ist die Höchstgeschwindigkeit des Fahrkorbes mit 1,5 m/sek, d. i. 90 m/min festgelegt, eine Bestimmung, die als äußerst konziliant erscheint. Der Verfasser empfiehlt im Eisenbeton bei Bauaufzügen gewöhnlicher Art über 0,6 m keinesfalls hinauszugehen, ausgenommen bei hohen Gießtürmen, bei denen 1,5 m und mehr angewandt werden. Wer den praktischen Baubetrieb kennt, der weiß, daß es für die Gesamtarbeitsleistung ziemlich gleichgültig ist ob der Aufzugkorb die 25 m Förderhöhe in 40 oder 17 sek zurücklegt, denn die mehr oder minder große Aktionsgeschwindigkeit der Bedienungsmannschaft wirkt auf die wirtschaftliche Wirksamkeit der Baumaschine viel mehr ein als eine übertriebene Hubgeschwindigkeit. Man denke nur an die zum Herausziehen und Abfahren der mit dem Aufzug hochgebrachten Kipplore erforderlichen Zeit und deren mögliche Differenzen vermehrt um die Betoneinbringungszeit (vorsichtiges Kippen). Überdies ist bei hohen Hubgeschwindigkeiten der Kraftverbrauch entsprechend ein Vielfaches.

Die normale Hubgeschwindigkeit ist 0,3 bis 0,5 m/sek, d. i. 18 bis 30 m/min.

Berechnung der Drahtseile.

Nach den vorläufigen Bestimmungen für die Berechnung von Aufzugdrahtseilen vom 5. X. 1926 soll die Baufestigkeit des für Drahtseile verwendeten Werkstoffes mindestens 120 kg/mm², jedoch nicht mehr als 180 kg/mm² betragen. — Bescheinigung des Herstellers erforderlich. Der kleinstzulässige Seilbiegungsdurchmesser darf bei Trommelaufzügen das 35fache des Seildurchmessers nicht überschreiten und muß mindestens = das 500fache des größten im Seil vorkommenden Drahtdurchmessers betragen. Hierbei sind ausgenommen die Kerndrähte, sofern ihr Durchmesser den der übrigen stärksten Drähte nicht mehr als um $\frac{1}{3}$ überschreitet.

Bei der Berechnung für Lastenaufzüge sind folgende Sicherheitsfaktoren zugrunde zu legen:

Hubgeschwindigkeit $v = 0{,}3,\ 0{,}5\ 0{,}85,\ 1{,}2,\ 1{,}5$ m/sek,
Sicherheitsfaktor $n =$ 8-, 9-, 10-, 11-, 12fach,

was also auch für Bauaufzüge zu fordern wäre.

Man beachte, daß das billigste Seil dasjenige aus bestem Material ist, weil es eine weitaus größere Lebensdauer besitzt und trotz des höheren Anschaffungspreises wirtschaftlicher bleibt.

5. Winden.

a) Allgemeines.

Die einfachsten Winden, die auf der Baustelle Verwendung finden, sind die sog. Wagenwinden, deren man 2 bis 3 Stück stets gerne zur Verfügung hat. Sie sind es, die bei Montagen von anderen schwereren Baumaschinen sowie auch bei Unfällen vorzügliche Dienste leisten. Sie werden sowohl mit Stirnrad- als auch Schneckenradübersetzung von 3 bis 20 t Tragkraft gebaut. Es ist zu beherzigen, daß viele Händler die Tragkraft ihrer Winden bis zu 100% zu groß angeben, was bei der Anschaffung nicht außer Acht gelassen werden darf.

Auch die sogenannten Kabelwinden gehören ebenfalls in die Kategorie der Bauhilfsmaschinen. Meist werden sie von Hand betrieben und werden in dieser Art bis zu einer Zugkraft an der Trommel von 5000 kg bei zwei Rädervorgelegen und von 1500 kg bei einem einzigen Vorgelege erzeugt. Vielfach sind diese Kabelwinden mit einer Riemenscheibe für motorischen Antrieb ausgerüstet; sie heben dann direkt an der Trommel bis zu 7000 kg, werden jedoch meist nur bis 3000 kg konstruiert, weil man die hohen Lasten ganz einfach nicht braucht. Die leichteren Ausführungen verwendet man dann häufig zum Betrieb der Schwenker nach Abb. 55, wozu sie sehr geeignet sind, denn sie haben einen sehr guten Wirkungsgrad, der sich bei guter Wartung zwischen 0,8 und 0,85 bewegt. Die im Bauwesen weitaus beliebteste motorisch betriebene Winde ist die sog. Friktionswinde. Ihre Wirkung beruht auf folgendem Grundsatz: Werden zwei Räder mit geradem Radkranz gegeneinander gepreßt, so, daß zwischen den Radkränzen eine Reibungskraft entsteht, so kann dies Räderpaar Kräfte übertragen, ähnlich wie ein Paar Zahnräder der Kabelwinde. Die Größe der übertragbaren Umfangskraft hängt natürlich von der Größe des Reibungsschlusses ab, in welchem die beiden Räder zueinander stehen. Um nun diese Reibung noch zu erhöhen, führt man die Radkränze oft auch gerillt aus, indem nun die beiden Räder kegelförmig ineinander greifen (vgl. Abb. 83). Bei den Friktionswinden wird also das Drehmoment von den auf der Riemscheibenachse sitzenden Friktionstrieblingen *A* (Abb. 83) auf das große Reibrad *B* übertragen, wenn *A* und *B* aneinander gepreßt werden. Dies Aneinanderpressen wird durch Umlegen des Hebels *C* bewirkt, der durch das Umlegen ein Exzenter betätigt und hierdurch die Anpressung erzielt. Erfolgt die Anpressung nicht, dann läuft eben der Friktionstriebling *A* leer. Auf diese Weise spart man bei der Riemenscheibe die Leerscheibe, die beispielsweise bei Kabelwinden unentbehrlich ist.

Der Antrieb der Friktionswinden erfolgt zweckmäßig unter Vermittelung eines Riemens durch Elektromotoren oder auch durch Explosionsmotoren. Es gibt auch direkt angetriebene Winden, wo der Motor ein Zahnradritzel trägt und das zweite Vorgelege eben durch die erwähnten Reibräder gebildet werden. Vgl. hierzu Abb. 84 und 85. Die Durchbildung der Reibräder selbst ist, wie erwähnt, mannigfach. Die eine Ausführung hat ganz glatte ebene Radkränze (Abb. 86); die praktische Erfahrung hat gezeigt, daß solche Reibräder sich niemals ineinander festklemmen und auch die Abnutzung verhältnismäßig gering ist. Dagegen kommt es bei den kegelförmigen

Eingriffen vor, daß sich das Getriebe bei Trockenheit festläuft, was bei der großen Verstaubung, der ein Baugerät ausgesetzt ist, vorkommen kann. Die einzelnen Firmen führen verschiedene Radkränze aus, solche mit einer einzigen Rille (Abb. 85) und solche mit mehreren, wovon sich die letzteren besser bewährt zu haben scheinen (Abb. 83 und 84).

Die Reibräder als Stirnreibräder ausgeführt, bewirken ein ziemlich plötzliches Anheben und Anhalten der Last. Dies wird vermieden,

Abb. 79.

Abb. 80.

wenn zwei Räder, die kegelförmig ineinander passen, seitlich ineinander gepreßt werden (Abb. 87). Einen solchen Windentyp erzeugt z. B. die Baumaschinenfabrik M. Hilden, Köln-Sülz.

b) Wagenwinden.

Diese werden sowohl mit Zahnrad- und Zahnstangen ausgeführt als auch mit selbsthemmendem Schneckenbetriebe; beide Ausführungsarten sind in den Anschaffungskosten ziemlich gleich. Abb. 79 zeigt eine Ausführungsform mit Holzschaft (Buche) und blechernen Wangen. Soll die Winde unter eine Last in Höhe von etwa 70—80 cm gesetzt werden, so setzt sich das am oberen Ende der Zahnstange befindliche Horn *A* unter die Last; ist der Lastenangriffspunkt nur niedrig, etwa 15—20 cm, dann setzt man die Klaue *B* (Abb. 79) unter die Last an. Die nachstehende Tafel gibt Abmessungen und Anschaffungskosten an.

Angaben über normale Wagenwinden.

Tragkraft senkrecht . . etwa kg	2000	3000	4000	5000	6000	8000	10000
Zahnstange . . etwa mm	52×29	54×31	58×33	62×34	65×39	68×42	72×45
Schafthöhe . . „ mm	750	780	780	780	780	830	830
Hub . . . . „ mm	410	430	430	420	420	420	410
Gewicht . . . . . „ kg	27	32	35	40	50	55	65
Preis Abb. 79 bei normaler Handkurbel							
einfach übersetzt RM.	132.—	140.—	150.—	162.—	—	—	—
doppelt übersetzt RM.	145.—	155.—	167.—	180.—	202.—	222.—	250.—

Einen zweiten schwereren Typ zeigt Abb. 80 mit Tragfähigkeiten von 5 bis zu 20 t. Beide Ausführungsformen stammen von der Fa. Eichelgrün in Frankfurt a. M.

Angaben über schwere Wagenwinden.

Tragkraft senkrecht geprüft mit . . kg	5000	10000	15000	20000
Zahnstangenstärke . . . . etwa mm	64×36	75×45	80×50	85×55
Höhe einschl. Horn . . . „ mm	760	850	900	945
Hubhöhe . . . . „ mm	375	380	325	335
Gewicht . . . . „ kg	45	75	95	110
Preis nach Abb. 80 bei normaler Handkurbel . . . RM.	360.—	450.—	540.—	660.—

Man achte darauf, daß diese Wagenwinden stets sehr gut geschmiert sind und, daß sie auch sonst gut bedient werden. Dann ist die Lebensdauer mindestens 10—12 Jahre. Leider werden aber diese kleinen Helfer in der Not sehr häufig vernachlässigt und bisweilen kommt es vor, daß sie tagelang im Regen und Schnee, dem Rost preisgegeben, liegen gelassen werden.

c) Kabelwinden.

Während noch vor etwa 20 bis 30 Jahren die Seitenschilder der Winden fast ausnahmslos durch gußeiserne Rahmen gebildet wurden, bestehen sie heute meist immer aus Flußeisen. Gußkörper sind jetzt nur mehr die Augenlager. Die gußeisernen Rahmen haben jedoch eine viel bessere Seitensteifigkeit.

Das sonstige Allgemeine hierüber ist unter a) gesagt worden. Die Abb. 81 zeigt eine gute Ausführung mit zweifachem Vorgelege.

Bei den Kabelwinden ist darauf zu sehen, daß sie nicht zu leicht und spillerig gebaut sind. Von zwei im Preise gleichen Winden mit der nämlichen Hubkraft nehme man jene, die einen größeren

Abb. 81. Kabelwinde von Kaiser.

Trommeldurchmesser hat, weil dort das Seil besser geschont wird, ferner jene die schwerer im Gewicht ist.

Angaben über einfache Kabelwinden mit Handbetrieb.

Größe Nr. nach Abb. 81	1	2	3
Hebt direkt von der Trommel . . kg	1500	2000	2500
Durchmesser der Trommel . . . . mm	200	220	220
Trommellänge . . . . mm	550	550	600
Ungefähres Gewicht . . . . mm	390	420	460
Preis . . . . RM.	253	294	320

Die Abb. 82 zeigt einen Windentyp, der motorisch angetrieben wird. Diese Winden haben zwei Bremsen, von denen die eine als geräuschlose Senksperrbremse ausgebildet ist und auf der Vorgelegewelle sitzt; sie hält beim Ausrücken des Riemens auf die Leerscheibe die Last fest. Die Last kann dann durch mehr oder minder starkes Anheben (Lüften) des Bremshebels beliebig schnell gesenkt werden. Die andere Bremse (Bandbremse), die auf der Trommelwelle angeordnet ist, dient zum Abbremsen des leeren Lasthakens bzw. des entleerten Förderge-

Abb. 82.

fäßes, nachdem das kleine Zahnrad auf der Vorgelegewelle ausgerückt ist.

Angaben über motorisch angetriebene Kabelwinden.

Größe Nr. nach Abb. 82		1	2	3	4	5
Tragkraft direkt an der Trommel bei doppelter Übersetzung	kg	1000	1500	2000	2500	3000
Tragkraft direkt an der Trommel bei einfacher Übersetzung	kg	400	500	650	850	1100
Fördergeschwindigkeit bei doppelter Übersetzung	m	7	8	8	8	8
Fördergeschwindigkeit bei einfacher Übersetzung	m	20	24	24	24	24
Durchmesser der Trommel	mm	200	220	250	300	300
Trommellänge	mm	500	550	600	700	700
Durchmesser der Riemenscheiben	mm	400	500	600	600	700
Breite der Riemenscheiben	mm	100	100	100	100	100
Umdrehungszahl der Riemenscheiben		170	185	150	140	140
Erforderliche Kraft	rd. PS	3	4	5	6	7
Ungefähres Gewicht	rd. kg	490	600	750	800	1150
Preis	RM.	420	510	620	680	980

Ist lediglich beabsichtigt die Winde zur Betätigung der leichten Schwenker zu verwenden, so genügt Größe 1 oder 2.

d) Friktionswinden.

Die allgemeine Wirkungsweise ist unter a) besprochen. Ein anschauliches Bild gibt Abb. 83, auf die sich auch die Erklärung

Abb. 83. Friktionswinde von Eichelgrün mit Riemenantrieb.

unter a) bezieht. Man kann grundsätzlich unterscheiden direkt angetriebene und indirekt — durch Riemenscheibe — angetriebene

Friktionswinden. Die erste Gruppe hat den großen Vorteil der klein zusammenbaubaren Konstruktion, namentlich bei elektrischem Antrieb (Abb. 84); ebenso in einer anderen Anordnung (Abb. 85) für 500 und 1000 kg (Eichelgrün, Frankfurt a. M.). Ein solcher un-

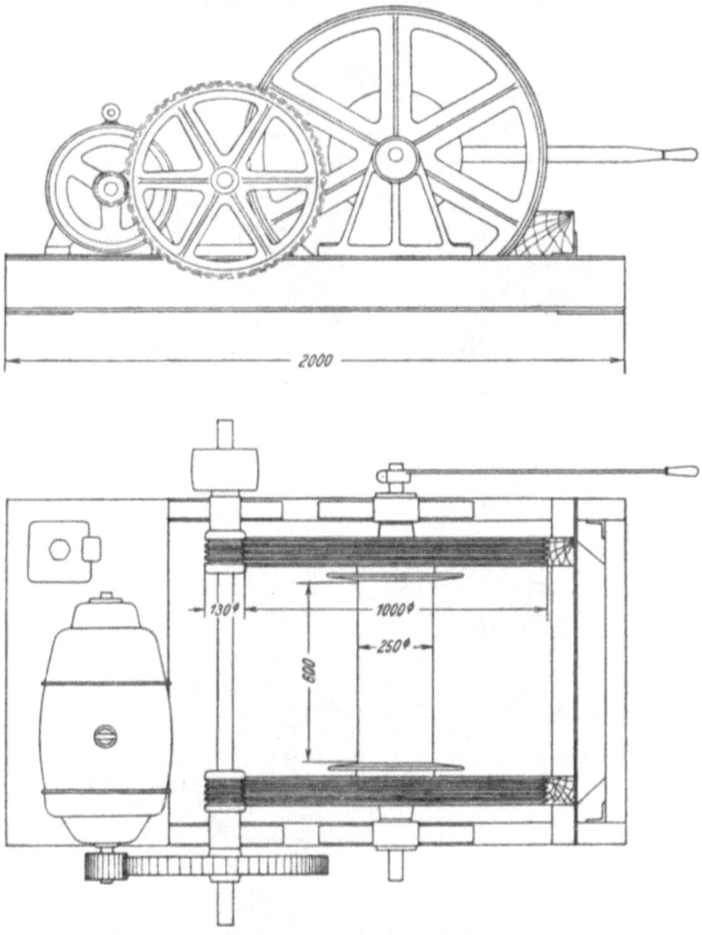

Abb. 84. Friktionswinde von Kaiser (direkter elektr. Antrieb).

mittelbarer Antrieb hat jedoch auf der Baustelle den nicht zu unterschätzenden Nachteil, daß das elastische Bindeglied, der Riemen, fehlt, der bei stoßenden plötzlichen Inanspruchnahmen das Getriebe schützt, indem er gleitet. Daher empfiehlt es sich immer zuvor den Motor auf das Untergegestell wie die Winde zu setzen, jedoch etwas weiter ab, um einen Riemen spannen zu können. Eine solche Friktionswinde leichterer Art zeigt Abb. 86 (Kaiser, St. Ingbert).

Die Abb. 86 stellt eigentlich den Grundtyp der für die verschiedenartigsten Zwecke verwendbaren Friktionswinden dar wie zum Betrieb von allerlei Bauaufzügen, Schrägaufzügen u. dgl.

Abb. 85. Friktionswinde mit direktem elektr. Antrieb.

Abb. 86.

Es gibt auch fahrbare Winden mit eingebautem Verbrennungsmotor, der direkt auf das Rädergetriebe arbeitet. Wie bereits erwähnt, ziehen wir jedoch den Antrieb unter Vermittelung des elastischen Riemens vor. Die Hubgeschwindigkeiten sind hierbei bei doppelter Übersetzung 8 m/min, bei einfacher 32—40 m/min Kraftverbrauch für 2500 bzw. 3000 kg Tragkraft 6—10 PS. Der Preis für 3000 kg Tragkraft und 32 m/min Fördergeschwindigkeit etwa 4400 RM. komplett mit Motor.

Angaben über Friktionswinden mit Elektromotor.
(Riemenantrieb.)

Größe Nr. nach Abb. 86.		1	2	3	4
Tragkraft direkt von der Trommel	kg	350	650	1000	1500
Durchmesser der Trommel	mm	180	200	220	250
Trommellänge	mm	400	500	550	600
Riemenscheibendurchmesser	mm	500	600	700	800
Riemenscheibenbreite	mm	100	100	120	120
Fördergeschwindigkeit pro Minute	rd.	36	32	28	24
Erforderliche Kraft	rd. PS	4—5	6—7,5	9—10	11—12
Ungefähres Gewicht	kg	350	460	640	800
Preis in stationärer Ausführung	RM.	390	470	620	750
Mehrpreis in fahrbarer Ausführung	RM.	—	—	—	—
Mehrpreis für einen Elektromotor und Anlasser und Riemen	RM.	400	450	550	650

Abb. 87. Fahrbare Bauwinde mit Kegelkupplung und Deutz-Motor. Ausführung von M. Hilden, Köln-Sülz.

Abb. 87 gibt eine Windenkonstruktion der Fa. Math. Hilden, Köln-Sülz. Dort wird die Kupplung nicht durch Stirnfriktionsräder, sondern durch Kegelräder bewirkt.

Kapitel 42. Transportanlagen.

1. Allgemeines.

Im Kapitel 41, Z. 2, fehlen eigentlich jene Krane, die mittels Greifer größeren Inhalts Sand und Kies verladen und bei entsprechendem Fördergefäß auch Zementsäcke heben können. Ein gutes Beispiel ist die Anlage nach Abb. 68, wobei ein fahrbarer Portalkran mit überkragenden Enden mit Hilfe einer Greiferkatze die Löschung des Kieskahnes bewerkstelligt. Dasselbe kann man auch mit einem fahrbaren Drehkran, sog. Rolldrehkran, wie in Abb. 87a skizziert, erreichen. Entscheidet man sich aus irgendeinem Grunde für letztere Entladeart, so ist es wichtig, für die zu errichtende Unterkonstruktion und den Gleisunterbau die **größten Raddrücke** zu kennen. Die nachstehenden vom Verf. zusammengestellten Tafeln geben in Fettdruck jeweils den Größtraddruck an. Für Verladezwecke auf der Baustelle werden indessen Krane von höchstens etwa 5—6 t Nutzlast (einschließlich Greifergewicht) ver-

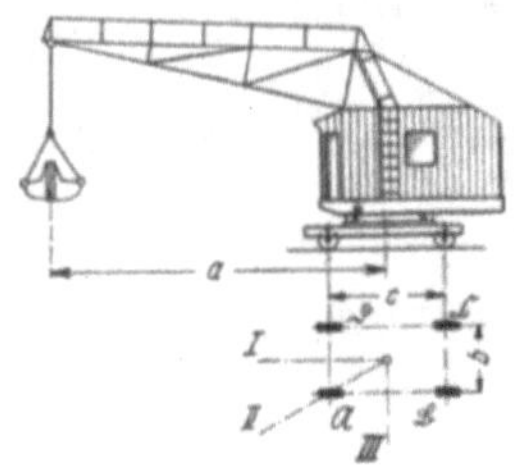

Abb. 87a.

Rolldrehkrane von Karl Flohr, Berlin (Abb. 87a).

Lfd. Nr.	Nutzlast einschl. Greifer t	Ausladung a m	Spurweite b m	Radstand c m	Laststellung	Raddrücke in t 𝔄	𝔅	ℭ	𝔇	Gesamtlast ΣP t	Windfläche m²
					I	7,05	2,65	2,65	7,05	19,4	
1	1,5	10,00	1,70	1,80	II	**8,75**	4,00	2,30	4,35	19,4	21
					III	7,45	7,20	2,25	2,50	19,4	
					I	9,05	5,38	5,38	9,05	28,86	
2	2,8	11,00	2,80	3,80	II	**10,80**	6,76	4,54	6,76	28,86	30
					III	9,70	9,70	4,73	4,73	28,86	
					I	9,39	5,41	5,41	9,39	29,60	
3	3,0	9,70	2,56	4,00	II	**11,39**	6,71	4,41	7,09	29,60	32
					III	10,49	10,11	4,31	4,69	29,60	
					I	10,50	5,13	5,13	10,50	31,26	
4	3,0	10,50	2,80	3,80	II	**12,65**	7,33	4,38	6,90	31,26	34
					III	11,40	10,95	4,23	4,68	31,26	
					I	5,43	10,58	10,58	5,43	32,02	
5	2,5	13,90	2,85	4,50	II	**12,73**	7,06	4,55	7,68	32,02	35
					III	11,73	11,31	4,28	4,70	32,02	
					I	11,60	6,90	6,90	11,60	37,00	
6	3,0	13,63	3,00	4,30	II	**13,30**	8,80	6,10	8,80	37,00	40
					III	12,70	12,90	5,80	5,60	37,00	
					I	15,84	8,16	8,16	15,84	48,00	
7	5,0	14,50	3,75	5,35	II	**20,38**	10,44	6,09	11,09	48,00	45
					III	17,54	18,17	5,82	6,47	48,00	
					I	17,20	6,80	6,80	17,20	48,00	
8	5,0	15,00	3,75	5,35	II	**22,00**	9,90	4,90	11,20	48,00	46
					III	19,50	19,50	4,50	4,50	48,00	

wendet. Trotzdem sind in der Tabelle auch die Raddrücke ganz schwerer Krane mit angegeben, weil jene bei der Konstruktion von Ufermauern gute Dienste leisten werden.

Statt der erwähnten beiden Krantypen kann die Löschung des Kahnes mit einem Becherwerk bewirkt werden dergestalt, daß das Becherwerk von einer am Ufer verankerten eisernen Tragkonstruktion (Abb. 91 und 91a) gehalten und in den Kahn hineingesenkt wird. Die Becher entleeren in einen Silo, von wo aus das Fördergut durch eine Schurre (Rutsche) einem Gurtförderer zugeführt wird. Im allgemeinen entsteht nun die Frage, welche von den genannten Förderarten am wirtschaftlichsten ist. Die Beantwortung richtet sich vor allem nach der Größe und dem Umfang der Baustelle selbst und nach den übrigen Zufuhrwegen. Ist beispielsweise die am Wasser gelegene Baustelle groß, und herrschen dabei enge Raumverhältnisse vor, wie dies bei Großstadtbaustellen häufig der Fall ist,

Rolldrehkrane der »Demag«, Duisburg.

Lfd. Nr.	Nutzlast einschl. Greifer t	Ausladung a m	Spurweite b m	Radstand c m	Laststellung	Raddrücke in t				Gesamtlast ΣP t	Windfläche m²
						𝔄	𝔅	ℭ	𝔇		
					I	23	10,5	10,5	23		
1	5	25	5	6,6	II	**29,0**	14	9,0	15	67	48
					III	24,4	23,2	9,05	10,35		
					I	11,8	6,2	6,2	11,8		
2	6	7	3	3,8	II	**14**	7,7	5,3	9	36	32
					III	12,5	12,0	5,5	6		
					I	24	9,6	9,6	24		
3	6,5	18	5	6	II	**30**	14,2	7,8	15,2	67,2	48
					III	25,2	23,6	8,4	10		
					I	32	11,0	11	32		
4	6,5/9	22/16 verstellbar	5 8 Laufräder	6,8	II	**39**	18	12	17	86	52
					III	33,5	32,5	9	11		
					I	24,6	12,2	12,2	24,6		
5	7	17	4,5	5,86	II	**29,5**	16,3	10,3	17,5	73,6	50
					III	27	25,6	9,9	11,1		
					I	26	10	10	26		
6	10,5	12,8	5,5 8 Laufräder	7,0	II	**33**	15	10	14	72	52
					III	27	27	9	9		
					I	45,3	14,2	14,2	45,3		
7	13,5	19,8	5,5 12 Laufräder	6,6	II	**60**	23	12	24	119	60
					III	48	46	11,5	13,5		
					I	24,8	10,2	10,2	24,8		
8	15	8,5	4,5	5,9	II	**34,0**	14	7,0	15,0	70	38
					III	28,5	27,5	6,5	7,5		

und ist überdies der Gerätepark ebenfalls am Wasser gelegen, dann wird man zur Kahnentladung ganz fraglos einen Greiferkran anordnen. Leistet er doch schon allein bei der Baustelleneinrichtung beste Dienste, indem er alle Baumaschinen, einschließlich des Gießturmes,

Abb. 88.

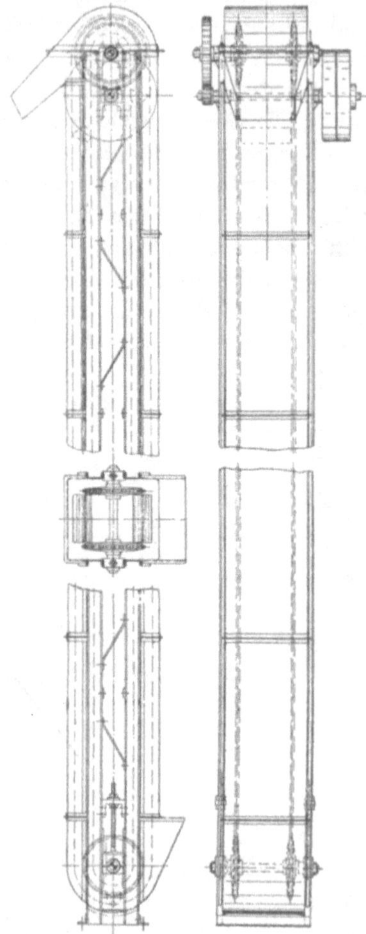

Abb. 89.

leicht vom Kahn auf die Baustelle hebt. In solchem Falle ist es gut, wenn der Kran für 6—9 t Tragkraft (einschließlich Greifer) bemessen ist. Sollen Zementsäcke gelöscht werden, so braucht statt des Greifers nur ein entsprechendes Fördergefäß eingesetzt zu werden.

Für jene Fälle jedoch, in denen zwar Baustoffe auf dem Wasserwege antransportiert werden können, die Baumaschinen, Schalholz, Bewehrungseisen u. dgl. jedoch mit Lastkraftwagen herangeschafft werden müssen, bietet ein Becherwerk häufig größere Vorteile, die einmal in dem geringeren Anschaffungspreise, ferner in der außerordentlichen Anspruchslosigkeit hinsichtlich der Wartung bestehen.

2. Becherwerke oder Elevatoren.

Sie dienen zum Umsetzen von Massengut auf relativ große Höhenunterschiede. Die auch mit dem Namen Paternosterwerke bezeichneten Becherwerke dienen also zum Hochbringen von nicht allzu großstückigem Fördergut, z. B. von Grobkies, Grobschotter, bis zum sandigen, ja sogar mehligen Fördergut herunter. Bei letzterem ist das Becherwerk von einem Blechgehäuse der Staubentwicklung halber eingeschlossen. Es bedarf beim Becherwerk einer Aufgabevorrichtung bzw. von Arbeitern, die das Material aufwerfen, außer im Falle der Abb. 91 und 91a, wo das Becherwerk durch das eigene Gewicht sinkt.

Abb. 89a.

Beschreibung der Konstruktion.

Je nach dem Verwendungszweck und der verlangten Leistung ist auch die Bauart eine verschiedene.

Als hauptsächliche Teile kommen in Betracht: 1. das Gerüst mit den Führungsrollen, 2. das Transportband mit den Stahlbechern, 3. die beiden Trommeln mit dem Spannapparat und 4. die Antriebsvorrichtung (vgl. Abb. 88 u. 89, Ausführungen der „Ibag").

1. Das Gerüst besteht aus einem starken Rahmen aus U-Eisenträgern, die an den beiden Enden mit U-Eisen verbunden und zur Erreichung einer entsprechenden Stabilität in der Mitte mit Winkeleisen verstrebt sind. Das Gerüst wird entweder senkrecht oder schräg gestellt. Bei letzterer Stellung werden auf der Oberseite des Gerüstes eine oder mehrere gußeiserne Führungsrollen angebracht, über welche die beladene Hälfte des Transportbandes emporgleitet (Abb. 88).

2. Das **Transportband** ist endlos, also nach Art der Maschinen-Treibriemen in sich selber geschlossen, und wird je nach seinem Zweck in verschiedener Ausführung hergestellt. Für trockenes Fördergut wird bester doppelter Balatagurt und für feuchte und nasse Materialien ein Gurt aus Stahldrahtgewebe oder ein Paar parallellaufende Stahlketten verwendet. Je nach der Beanspruchung und der gewünschten Leistung werden diese in verschiedener Stärke gewählt.

Auf das Transportband werden die Becher angeschraubt, die aus starkem Stahlblech hergestellt und mit einem Verstärkungsrand versehen sind. Je nach der geforderten Leistung müssen die Becher von entsprechender Größe sein. Ihre Anordnung und Formgebung erfolgt so, daß sie sich möglichst hoch anfüllen und rasch und vollkommen entleeren, ohne das Transportband zu beschädigen. Je nach der geforderten Förderleistung ist die Geschwindigkeit $v = 1{,}0$ bis 1,5 m/sek.

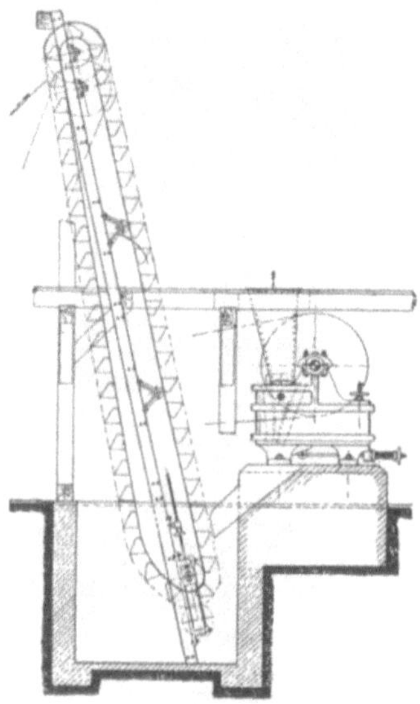

Abb. 90.

Bei dem sog. „Sackelevator" sind an Stelle der Becher zwei Arme eingesetzt, die aus breitflanschigen T-Eisen, geschweift, und durch Winkeleisen gestützt sind (Abb. 92).

3. Von den beiden **Trommeln**, über die das Transportband seinen Lauf nimmt, ist die obere immer festsitzend und dient mit ihrer verlängerten Welle zum Antrieb des Elevators, während die untere stets verstellbar angeordnet ist, um durch eine Stellschraube dem Transportband die richtige Spannung zu geben. Bei der Kettenausführung wird die obere Trommel durch zwei Räder mit Nocken (sog. Kettennüsse), dagegen die untere durch zwei Leitrollen ersetzt.

4. Der Antrieb erfolgt in der Regel mittels Zahnrädervorgelege und Riemenscheibe auf einer zweiten Welle (Abb. 89). Bisweilen durch Schneckenradantrieb.

Als **nebensächliche Teile** können noch angefügt werden:

Ein Elevator-Fußtrog mit oder ohne Einlauf, eine Ummantelung mit Schieber und ein Elevator-Kopf mit oder ohne Auslaufschnauze.

5. Die Elevator-Grube, die bei ortsfesten Anlagen in der Regel aus Mauerwerk oder aus Beton, vgl. Abb. 90, oder auf Baustellen aus Bohlen hergestellt wird, kann auch durch einen Fußtrog aus

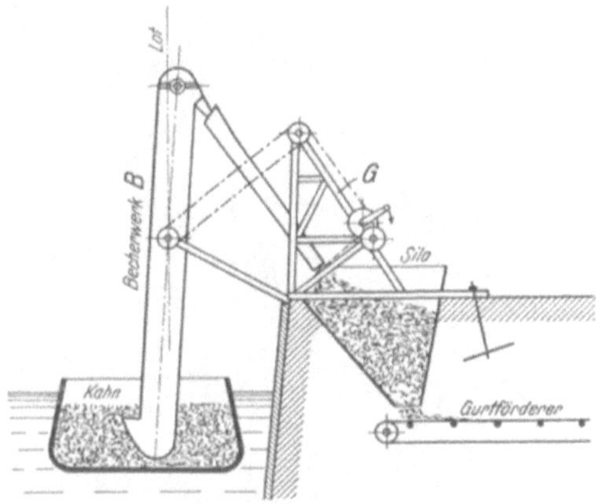

Abb. 91.

Stahlblech ersetzt werden. Zum Zwecke leichterer Reinigung befinden sich auf beiden Seiten verschließbare Öffnungen, durch die der trogähnliche Boden entleert werden kann.

Abb. 91 a.

6. Zur Verhütung der manchmal möglichen Staubentwicklung wird der Elevator mit einem schlotähnlichen Gehäuse aus Schwarzblech umgeben, an dem zwecks leichter Zugänglichkeit ein oder mehrere Türchen bzw. Schieber angebracht sind (vgl. Abb. 89 und 89a, auf der auch der Antrieb gut erkennbar).

7. Als Abschluß erhält der Mantel oben einen Kopf aus Stahlblech mit einem Auslauf, über den das Fördergut auftritt.

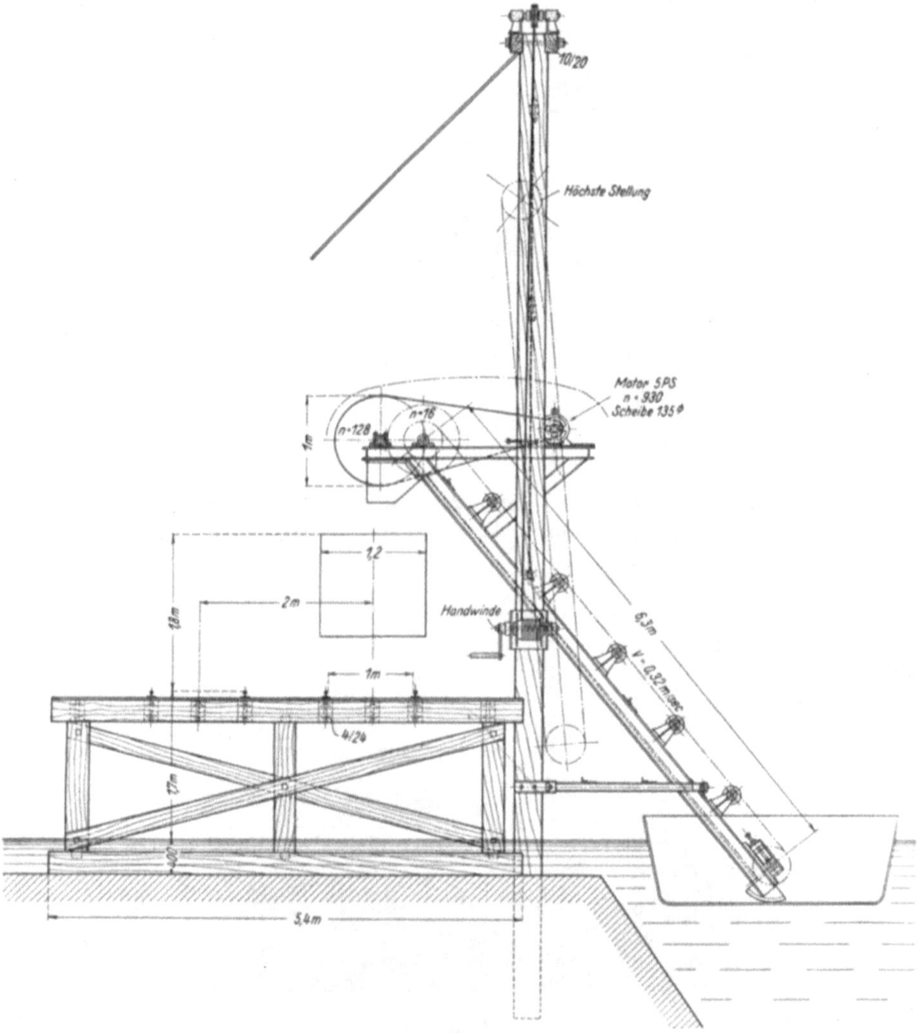

Abb. 91 b. Seitenansicht.

8. Wenn das Becherwerk zum Entladen vom Schiff dienen soll, dann ist nach Abb. 91 und 91a ein Gerüst *G* erforderlich, auf dem das Becherwerk mittels einer Aufhängevorrichtung und eines Windwerks gehoben und gesenkt werden kann. Abb. 91a zeigt rechts eine

Ausführung von Schirm, Leipzig, 91b und 91c zeigen eine leichtere Ausführung von A. Stotz, Stuttgart, bei der das Gerüst aus

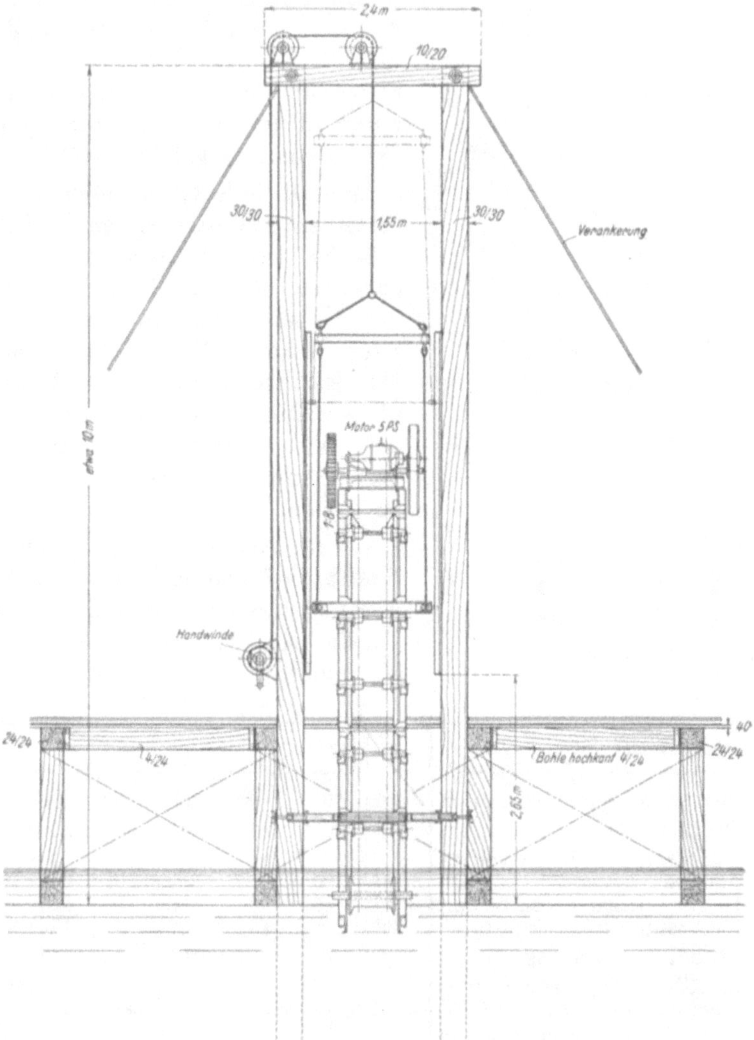

Abb. 91c. Stirnansicht.

Holz vom Besteller errichtet wird. Das Becherwerk entladet hier nicht auf ein Transportband wie in Abb. 91, sondern auf Kipploren.

Bei den Becherelevatoren rutscht das Fördergut in den Einlaufschacht des Elevator-Fußes unmittelbar in die aufwärts gehenden

Becher. In ihm wird es bis zur Scheitellinie der oberen Trommel hochgebracht, wo sich beim Überschreiten derselben der Inhalt plötzlich entleert und wurfartig über die verlängerte Becherinnenwand in die Auslaufrinne gleitet, von wo aus es unmittelbar auf seinen Bestimmungsort (ev. unter Benutzung von Förderbändern) geführt wird.

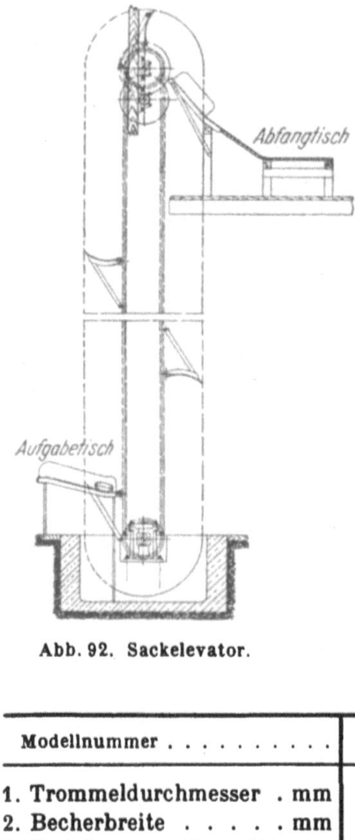

Abb. 92. Sackelevator.

Bei den in Kettenausführung hergestellten Sack-Elevatoren (Abb. 92) rollt der Sack auf einem schiefen Aufgabetisch bis zum Elevator heran, der ihn mit seinen zwei Armen aufnimmt und hochhebt. Nachdem er den Scheitelpunkt des Elevators überschritten hat, fällt er wieder auf einen Abfangtisch, um über dessen schiefe Ebene in das Lager zu gleiten.

Über Abmessungen, Gewichte, Kraftbedarf, stündliche Leistung und Anschaffungskosten gibt nachstehende Tabelle nach Ausführung der „Ibag" in Neustadt a. H. Auskunft.

Modellnummer	1	2	3	4	5	6	7
1. Trommeldurchmesser . mm	400	400	400	400	400	400	400
2. Becherbreite . . . . . mm	150	200	250	300	400	500	550
3. Durchmesser der Riemenscheibe . . . . mm	700	700	700	800	800	900	900
Breite d. Riemenscheibe mm	60	60	70	80	100	120	140
Umdrehungen je Minute. .	132	132	132	132	132	132	132
4. Stündliche Leistung rd. m³	2,5	5,2	6,7	8,7	20	26	30
5. Kraftbedarf (je nach Förderhöhe von 14—18 m) rd. PS	0,25—1	0,5—2	0,75—2,5	1—3	1,5—5	1,75—6	2—7
6. Komplettes Gewicht für 10 m Förderhöhe . . . . . rd. kg	1320	1450	1500	1700	2100	3000	4500

Angaben über Abmessungen, Förderleistung, Gewichte und Kraftbedarf gibt beispielsweise die nachstehende Tafel über offene (also nicht eingekapselte) Becherwerke der Ibag.

Modellnummer	1	2	3	4	5	6	7	8
1. Becherbreite . . . . mm	150	200	250	300	400	500	550	600
2. Trommeldurchmesser mm	400	400	400	500	500	600	600	700
3. Umdrehungen d. Trommel je Minute	32	32	32	26	26	21	21	18
4. Durchmesser der Riemenscheibe . . . . mm	600	600	600	750	800	1000	1000	1200
Breite der Riemenscheibe . . . . . . mm	100	100	120	120	140	140	170	200
Umdrehungen der Riemenscheibe je Minute . . .	128	128	128	104	104	84	84	72
5. Stündliche Leistung . m³	2	2	5,5	7	13	18	25	35
6. Kraftbedarf (je nach Förderhöhe 4—18 m) PS	0,25—1	0,5—1,5	0,75—2,5	1—3	1,5—5	2—6	2—7	3—8
7. Komplettes Gewicht für 10 m Förderhöhe netto kg	1100	1250	1500	1700	1900	2200	2800	3800
Gewicht je lfd. m . . kg	75	100	120	130	145	170	220	300
8. Bruttogewicht für 10 m Förderhöhe . . . . . kg	1250	1400	1700	1900	2150	2450	3100	4250
9. Erforderlicher Schiffsraum . . . . m³	1,3	1,5	1,7	2,0	2,3	2,8	3,6	4,8

Im allgemeinen pflegen sich die Anschaffungskosten solcher Becherwerke zwischen **1700** und **3600 RM.** zu bewegen.

Zwar waren die geschilderten Becherwerke vorwiegend ortsfester Natur, jedoch kann man sie trotzdem leicht mit einem entsprechend gezimmerten Gerüst und einer Aufgebegrube leicht bei Bedarf auf jeder Baustelle aufstellen. Eine fahrbare Konstruktion zeigt Abb. 92a einer Ausführung von A. Stotz, Stuttgart; andere fahrbare Anlagen vgl. unter Z. 4.

3. Gurtförderer.

(Förderbänder, Transportbänder, Bandförderer.)

Die fahrbaren Bandförderer sind zur Förderung aller Zuschlagstoffe, Kies und Schotter gut geeignet. Sie werden von 8—16 m Länge hergestellt.

A n t r i e b: Die Bandförderer können g e k a p s e l t und auch mit f r e i e m Antrieb ausgerüstet werden. Bei dem gekapselten Antrieb, der in der Regel jedoch nur für Drehstrom mit normalen Spannungsverhältnissen (110, 220, 380, 500 Volt, 50 Perioden) in Betracht kommt, wird der Antriebsmotor sowie das ganze Getriebe in die untere Umlenktrommel vollkommen staubfrei eingebaut. Bei dem f r e i e n Antrieb dagegen wird die Kraft vom geschlossesenen Elektromotor unterhalb der Tragkonstruktion mittels Riemen und Kette aud die obere Umlenktrommel übertragen. Diese Anordnung ist aus Abb. 93 ersichtlich. Die Bandförderer werden auch mit Benzin-Motorantrieb ausgerüstet, wodurch man von jeglichem Stromnetz unabhängig ist.

Abb. 92a.

Tragkonstruktionen: Als Tragkonstruktion wird ein kastenförmiger Blechträger verwendet, der das untere, rücklaufende Bandtrum gegen alle äußeren Einflüsse schützt.

Bei den Ausführungen der Bamag ist:

		höchste Stellung	tiefste Stellung
Beim:	8-m-Bandförderer	rd. 3,5 m	rd. 1,6 m
	10-m- „	„ 4,3 m	„ 1,8 m
	12-m- „	„ 5,0 m	„ 2,0 m
	15-m- „	„ 6,2 m	„ 2,3 m

Gummiband: Als Förderband ist am besten ein erstklassiges Gummiband, das auch stark scheuerndem Fördergut widersteht. Das Band wird im oberen Turm muldenförmig auf Rollen geführt, um dadurch ein seitliches Herabgleiten des Fördermaterials vollständig zu vermeiden, ferner zwecks Erhöhung der Förderleistung.

Tragrollenstation: Die oberen und unteren Tragrollenstationen zur Führung des Gummibandes sind mit Kugellagern auszurüsten, eine Forderung, die selbstverständlich ist.

Materialaufgabe: Die Materialaufgabe auf das Förderband erfolgt von Hand. Es ist dafür am unteren Ende ein Aufgabetrichter vorgesehen, der am unteren Saum mit besonderen Streifen zur Abdichtung zwischen Trichter und Förderband ausgerüstet ist.

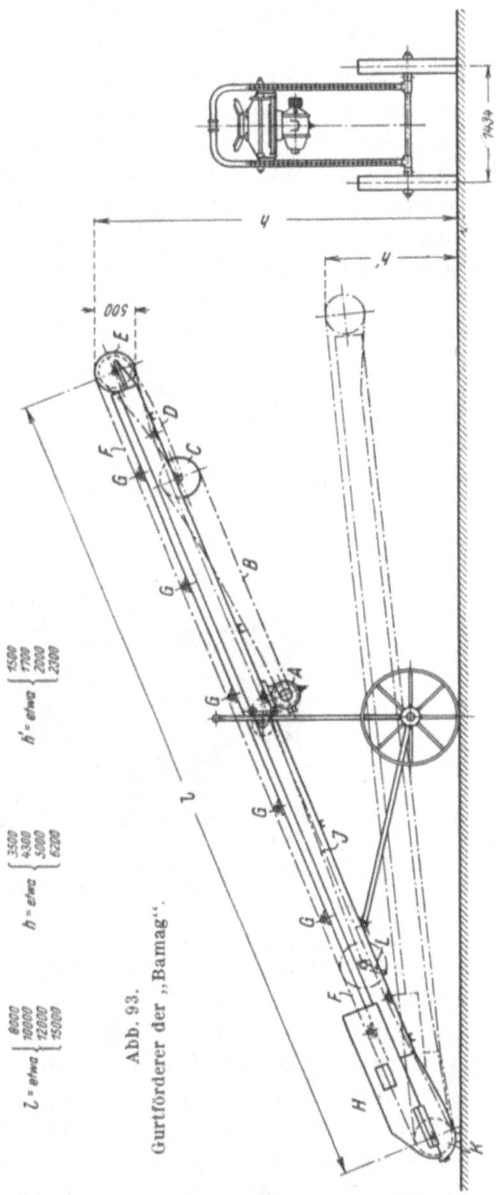

Abb. 93. Gurtförderer der „Bamag".

Leistung und Betriebskosten: Die Betriebskosten für die fahrbaren Bandförderer sind äußerst niedrig, die Leistungen verhältnismäßig hoch, und zwar bei einem kleinen Motor von etwa 1,5 PS kann bei Kiesförderung mit einer stündlichen Leistung bis zu 22 m^3 Kies oder Splitt gerechnet werden, je nach Art der Materialaufgabe und je nachdem das Band mehr oder weniger steil steht.

Kurz zusammengefaßt besteht der Bandförderer aus folgenden Teilen (Abb. 93 und 93a):

Der kastenförmige Blechträgerrahmen *J* trägt unten den Aufgabetrichter *H*, von dem aus das in sich geschlossene Förderband *F* über die untere Trommel *K* und die obere *L* läuft; zwischendurch ist das Band auf Rollen *G* gestützt. Abb. 94 zeigt eine der Bamag geschützte Rollenführung. Wie man erkennt, sind die Rollen sorgsam in Kugellagern geführt, was auch erforderlich ist, um den Bewegungswiderstand zu verringern.

Abb. 93a. Fahrbarer Bandförderer von 15 m Länge in Höchststellung (Bamag-Meguin).

Die angetriebene Trommel ist die obere (*E*), und zwar erhält sie ihren Antrieb vom Motor *A* durch Riemen *B*, der die Scheibe *C* treibt; auf der Achse der Scheibe *C* sitzt ein kleines Kettenrad, das mit Hilfe der Kette *D* die erwähnte Trommel *E* in Drehung versetzt. Mit Hilfe der Kurbel *L* läßt sich der Bandförderer bis in die punktiert gezeichnete Stellung verstellen.

Die Bamag liefert außer elektrisch betriebenen Bandförderern auch solche mit Benzinmotor angetriebene, wodurch man, wie erwähnt, vom Vorhandensein eines elektrischen Stromnetzes unabhängig ist, ein Bestreben, was sich fraglos langsam Bahn bricht.

Im allgemeinen wird der Bandförderer auf Baustellen fast stets in Zusammenarbeit mit einem Becherwerk verwendet. Die Abb. 95

bis 98 zeigen indessen Arbeitsvorgänge, die auch mit dem Transportband allein durchführbar sind. Ist z. B. auf der Baustelle Gleisanschluß vorhanden, dann kann die Kiesentladung der Waggons nach Abb. 95 geschehen, dagegen das Verladen von einem Kieshaufen auf Fuhrwerk nach Abb. 96 und die Herausbeförderung von Ausschachtmaterial aus der Baugrube auf das Fuhrwerk nach Abb. 97.

Liegt eine Baustelle am Wasserwege, dann kann die Löschung eines Kieskahnes nach Abb. 98 erfolgen. Hier ist jedoch die Ein-

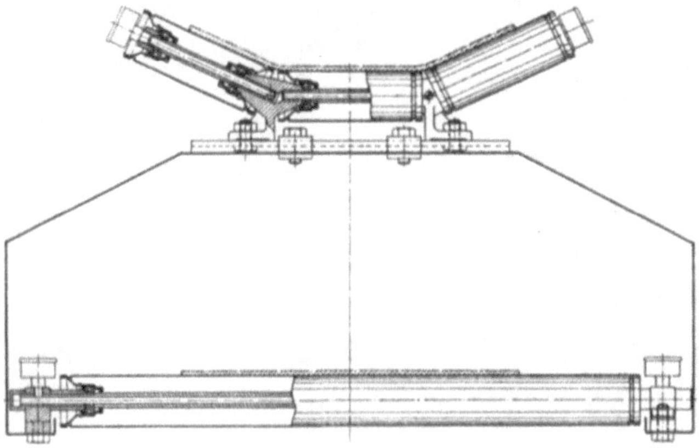

Abb. 94.

schaltung eines Becherwerkes am Kahn der natürlichere Weg. Die Geschwindigkeit des Förderbandes ist **1,5 m/sek** und die Bandbreite **40 cm.**

Anschaffungskosten:

Fahrbarer Bandförderer von 8 m Länge mit 2-PS-Drehstrommotor, Gewicht 1100 kg und freiem Antrieb (nicht gekapselt)	2380 RM.
Desgleichen von 15 m Länge, Gewicht 1900 kg . .	3350 ,,
8 m mit gekapseltem Antrieb	3200 ,,
15 m mit gekapseltem Antrieb	4100 ,,

Zu diesen Preisen (Ausführungen der Bamag) ist noch hinzuzurechnen der Preis für das Anschlußkabel etwa 60 m zu je 6—8 M./m und die Fracht von Butzbach/Hessen.

Mit Benzinmotor kostet das 8-m-Förderband 2670 RM.
15-m- ,, 3540 ,,

Abb. 95. Umsetzen von Kies vom Waggon aus auf Haufwerk oder in einen Silo.

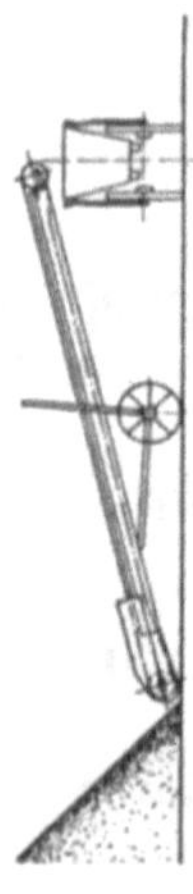

Abb. 96. Beladen von Fuhrwerk oder von Kipploren.

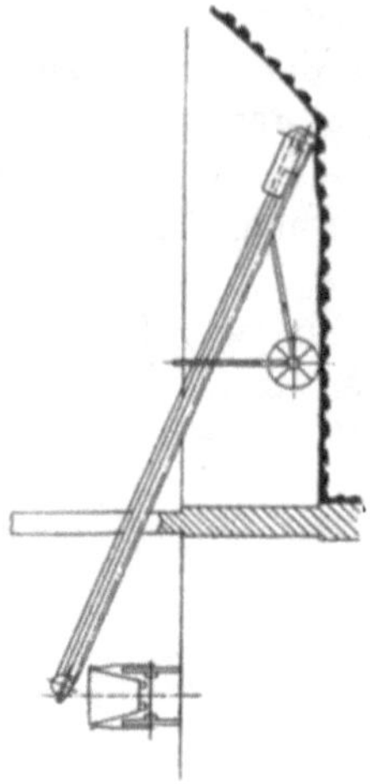

Abb. 97. Beladen von Fuhrwerk mit Erdaushub.

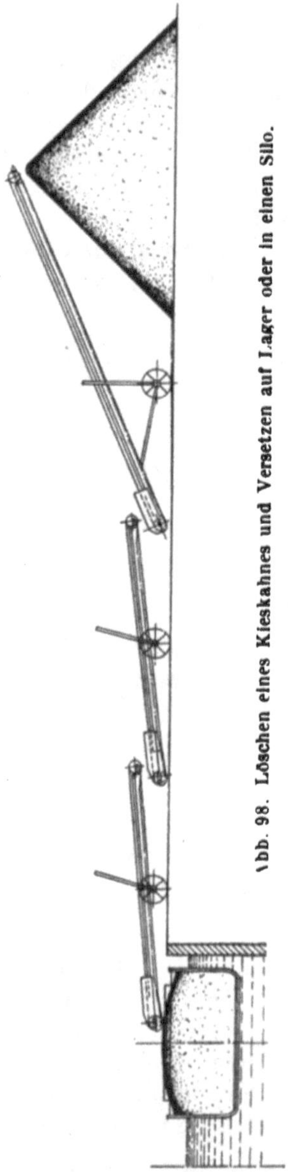

Abb. 98. Löschen eines Kieskahnes und Versetzen auf Lager oder in einen Silo.

Wirtschaftliche Angaben.

Im allgemeinen kann gesagt werden, daß sich die Bandförderer um so besser bewähren je höher die ortsüblichen Löhne und je enger die Baustelle. Der Stromverbrauch ist geringfügig.

Bei guter Behandlung kann man eine Lebensdauer von 8—10 Jahren erwarten, wobei man bei starkem Betriebe mit einem ein- bis zweimaligen Ersatz des Bandes zu rechnen hat. Sonst ist das Gerät sehr widerstandsfähig.

Zum Schluß sei noch bemerkt, daß manche Maschinenfabriken die Gurte breiter (45 und 50 cm) machen, dafür aber eine geringere Fördergeschwindigkeit zur Anwendung bringen ($v = 1{,}0—1{,}3$ m). Plant man von vornherein Baustoffbewegungen auf größere Längen vorzunehmen, dann sind die nachfolgenden Angaben von Gaye (Der Gußbeton, Berlin 1926, Ernst & Sohn) für den Entwurf solcher Baustelleneinrichtungen von Nutzen. Will man den Gurtförderer aufhängen oder unterstützen, dann gilt bezüglich des Eigengewichtes eines 50 cm breiten Gurtförderers (ohne Unterstützungskonstruktion):

$$g = 35—53 \text{ kg/m},$$

und zwar sind darin enthalten: die oberen Tragrollen, die unteren Leitrollen, der doppelt gemessene Gurt; erstere haben 1,0—1,5 m, letztere 3,0 m Abstand.

Der Kraftbedarf eines Gurtförderers bei Horizontaltransport beträgt:

bei einer Förderlänge m	bei einer Gurtgeschwindigkeit von 1 m/sek PS	2 m/sek PS
10,00	2,00 bis 2,50	3,00 bis 5,00
20,00	2,00 „ 3,30	3,50 „ 6,60
30,00	2,50 „ 4,00	4,00 „ 8,00
40,00	2,65 „ 4,70	4,80 „ 9,40
50,00	3,20 „ 5,40	5,80 „ 10,80
75,00	4,40 „ 7,00	8,00 „ 14,00
100,00	6,00 „ 9,00	10,00 „ 18,00

Bei einer Steigung von 1 : 20 erhöht sich der Kraftbedarf um 48%, bei einer Steigung von 1 : 10 um 96%.

Die Förderleistung eines 50 cm breiten Gurtförderers beträgt:

bei 1 m/sek Laufgeschwindigkeit 60 m^3/Stdn.,
bei 2 m/sek „ 120 m^3/Stdn.

4. Zusammengesetzte Formen (sog. Auflader).

Wie bei Besprechung der gewöhnlichen Becherwerke erwähnt, ist es dort erforderlich das Fördergut aufzugeben, wozu je nach geforderter Förderleistung 3 bis 4 Mann nötig sind. Eine Ausnahme bildete die Anordnung nach Abb. 91 und 91a sowie 91b und 91c, bei der ein schweres Becherwerk vermöge seines eigenen Gewichtes im Kieskahn einsinkt und ohne besondere Aufgabemannschaft

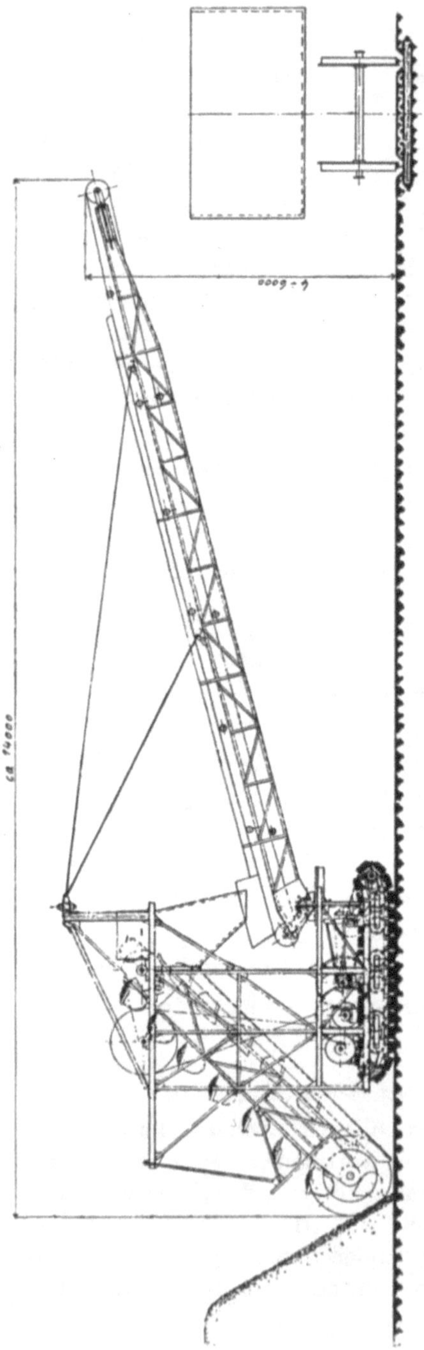

Abb. 99.

arbeitet, ausgenommen gegen Schluß, wo im Kahn die Kiesreste zusammengeschaufelt und aufgegeben werden müssen. Gleichfalls der Aufgabe bedürfen die Transportbänder. Diese erwähnte Materialaufgabe ist jedoch nicht erforderlich bei dem nachstehend beschriebenen „Heinzelmann-Auflader", weil er eine wagrechte Zubringerschnecke besitzt (erkennbar in Abb. 100), die den Bechern vom Haufwerk dauernd neues Material zuführt. Diese Baumaschine besteht aus folgenden wesentlichen Teilen (vgl. Abb. 99 und 100). Auf einem nach Art der Tanks mit Raupenantrieb versehenen Fahrgestell ruht ein eisernes Fachwerkgerüst, auf das sich das Becherwerk aufstützt. Das Becherwerk selbst besitzt als automatische Aufgabevorrichtung die erwähnte wagrechte Zubringerschnecke. Das Becherwerk, das mittels Kettentriebs vom Motor (Explosionsmotor oder auch Elektromotor von 10—12 PS) seinen Antrieb erhält, gibt das Fördergut an ein 50 cm breites Gummitransportband ab, das auf einem Ausleger ruht. Der Ausleger ist samt dem Transportband nach allen Richtungen hin frei schwenkbar.

Die Maschine wird von einem einzigen Motor betrieben

und kann sich mit Hilfe des Raupenfahrwerks selbständig auch auf schlechtem Gelände überall hinbewegen. Der Antrieb kann selbstverständlich auch mittels Elektromotor erfolgen.

Abb. 100. Kiesverladen auf Lastkraftwagen.

Die Anwendung ist sehr vielseitig. Einmal schaffen sie rasch, wie in Kapitel 39, Z. 4, geschildert ist, das mittels Kipperlastwagen flott angefahrene Kiesmaterial fort. Die beschriebene Verlademaschine kann dann bei größeren Baustellen auf ein längeres Transportband entladen (Abb. 101), oder bei mittleren und kleineren Baustellengrundrissen in einen Langsilo. Nach Abb. 99 ist die Transportlänge 7,7 m; die Fahrzeugbreite beträgt 2,8 m. Sind die Transportwege indessen über 100 m lang, dann kann auch die Maschine in einen Silo entladen, von wo das Ladegut durch gerade Siloverschlüsse nach Art der Abb. 102 oder durch schräge (Abb. 103) in Kippmulden abgezogen wird. Bezüglich der Wirtschaftlichkeit dieser Verlademaschine berichtet das städtische Betriebsamt Göttingen:

> Der Auflader braucht bei nur einem Mann Bedienung bei Förderung von Betonkies (als schwerstes Material) bei einer Betriebsspannung von 220 Volt im Mittel **30** Amp., das sind bei einem Nutzeffekt von 85% = ∾ **8 PS.** Während früher drei Arbeiter

Abb. 101.

> zum Aufladen von 3 m³ Betonkies 25 min brauchten, schafft es der Auflader jetzt mit einem Mann in 5 min, dies ergibt eine Zeitersparnis von 400% und eine Ersparnis von zwei Arbeitern. Der Stromverbrauch beträgt für 3 m³ Ladegut = ½ kW. Die Ersparnis an Arbeitslohn, welcher allerorts verschieden ist, läßt sich hieraus leicht errechnen.

Demnach würde die stündliche Fördermenge $3 \cdot 60 : 5 = 36$ m³ betragen.

Dieser Wert erscheint jedoch als etwas zu reichlich.

Die Anschaffungskosten betragen **7800 RM.** Dazu kommt noch die Fracht bis Hannover. Bei elektrischem Antrieb kommt noch weiter hinzu das Zuleitungskabel von ungefähr 60 m Länge mit etwa 8 M. je lfd. m.

Ein etwas kleineres Aufladegerät, das, wie in der Abbildung mit einem fahrbaren Gurtförderer zusammengesetzt werden kann, ist der in Abb. 104 und 105 dargestellte Schaufler von C. Eitle, Stuttgart. Dieser Schaufler besteht aus einem mittels Motor angetriebenen selbstgreifenden Becherwerk, das um 60° schwenkbar auf einem Fahrgestell gelagert ist. Die Leistung dieses ziemlich leicht

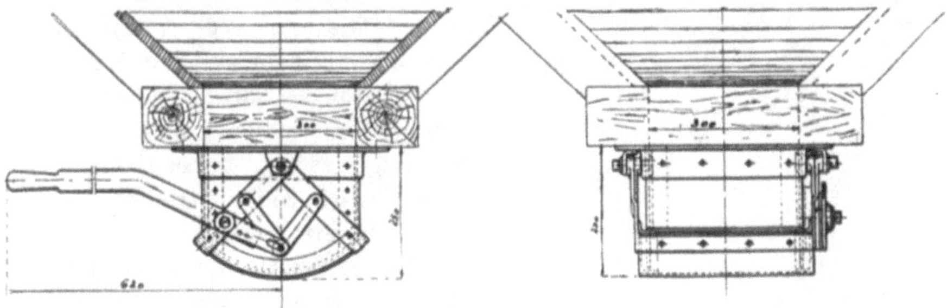

Abb. 102.

beweglichen Apparates beträgt etwa 20 m³/Stdn.; er eignet sich zum Schaufeln von Sand, Kies, Splitt. Schwerere, großstückige Materialien wie Grobschotter u. dgl. können nicht gegriffen werden.

Die Bedienungsweise ist wie folgt:

Der Auflader wird in das zu schaufelnde Material hereingefahren und der Gurtförderer, der das Gut weiter fördern soll, unter

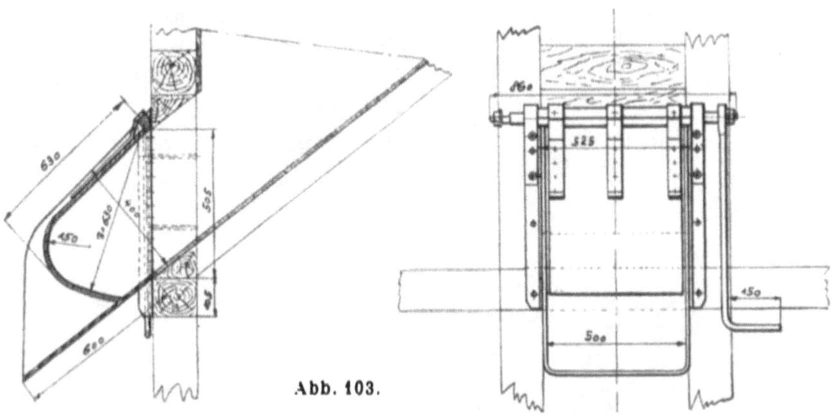

Abb. 103.

den Auslauf gestellt. Nach Anlassen des Elevators schaufelt er selbsttätig das vor die mit Greifzähnen versehenen Becher kommende Material auf. Ein Bedienungsarbeiter schwenkt hierbei den Greifer-Elevator nach Bedarf nach rechts oder links. Da der Auslauf direkt unter dem Drehpunkt liegt, bewegt er sich beim Schwen-

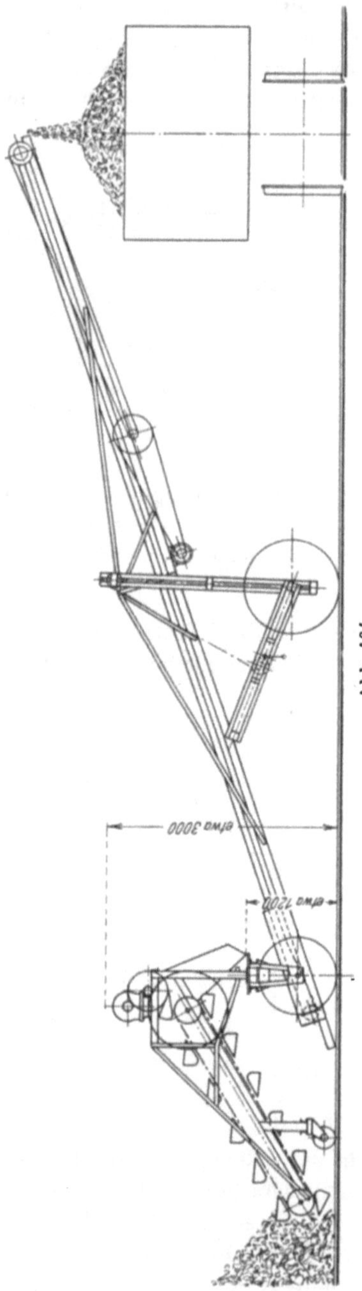

Abb. 104.

ken der Maschine nicht mit, so daß die Aufgabe des Materials auf den Gurtförderer immer an der nämlichen Stelle erfolgt. Ist das in Bereich des Aufladers liegende Material weggeräumt, so wird der Auflader auf dem Fahrgestell nachgeschoben, wobei der Gurtförderer jedoch ruhig in seiner Lage stehen bleiben kann, wenn nur der Einwurftrichter des Gurtförderers lang genug gewählt ist. Dieser Gurtförderer hat aus diesem Grunde einen ziemlich langgestreckten Einwurf, so daß der Greifelevator darüber hinweg um ∾ 1,5 m verschoben werden kann. Bei einer Stapelhöhe von 5 m können hierbei, ohne daß man den Gurtförderer nachrückt, etwa 25 m³ gegriffen werden.

Der Preis für den Schaufler beträgt ab Werk **3000** RM., dazu ein Elektromotor mit Anlasser, Steckdose usw. zum Preise von 445 RM. bei Verwendung von Drehstrom. Der Motor für Dreh-

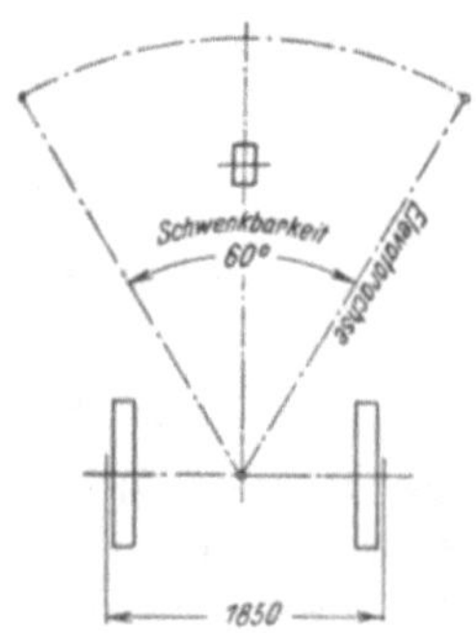

strom verschiedener Spannungen stellt sich im Preise um etwa 100 RM. höher. Dieser Motor hat den Vorteil, daß er an verschiedenen Plätzen mit verschiedenen Spannungen verwendet werden kann. Gänzlich unabhängig vom Strom wird der Auflader, wenn man als Antrieb einen Benzin- oder Benzolmotor nimmt, der sich im Preis auf rd. 850 RM. stellt.

Selbstverständlich kann im gleichen Sinne auch das in Abb. 92a abgebildete fahrbare Becherwerk von Stotz ebenfalls mit einem Förderband zu einem Auflader kombiniert werden.

Abb. 105. Schaufler von Eitle, Stuttgart.

Kapitel 43. Mischmaschinen.

1. Allgemeines.

In dem heutigen starken Bestreben der „Rationalisierung und Mechanisierung" der Baubetriebe sucht man begreiflicherweise auch einer Vereinheitlichung der verwendeten Mischmaschinen näher zu rücken. Die notwendigst voranzugehende Arbeit wäre jedoch vor allem die Festlegung eines Maßstabes für die Vollkommenheit der Vermengung beim Mischgut. Bisher wurde als Maßstab schlechthin die Größe der sich ergebenden Würfelfestigkeit benutzt, was insofern mißlich ist, weil, wie aus Abb. 46 erkennbar, der Einfluß einer längeren Mischdauer auf die Würfelfestigkeit wohl bei weichem Stampfbeton bedeutend, bei erdfeuchtem Stampfbeton jedoch geringfügiger ist. Wenn es sich also um die Mischung von Gußbeton handelt so können zwei zu vergleichende Mischersysteme *A* und *B* sehr wohl annähernd oder fast gleich große Würfelfestigkeiten bei gleicher Mischzeit erzielen, trotzdem beispielsweise Mischer *B* sein Mischgut gründlicher vermengt hat wie *A*, weil, wie erwähnt, die Mischdauer bei Beton erdfeuchter Konsistenz die Festigkeit nicht deutlich genug beeinflußt. Trotzdem würde der Betoningenieur ohne weiteres dem Mischer *B* den Vorzug geben, weil der dort erzeugte Beton vermöge seiner größeren Gleichmäßigkeit nicht nur dichter sondern auch in jeder anderen Hinsicht besser ist.

Ebenso ist aus Abb. 46 ersichtlich, daß die Würfelfestigkeit durch eine längere Mischzeit bei mageren Mischungen mehr erhöht wird wie bei fetteren. Ebenso wird feiner gekörnter Beton bei längerer Mischung fester wie solcher mit gröberem Korn. Es taucht also die Frage auf, ob es nicht möglich wäre außer der Festigkeit noch einen anderen Maßstab zum Vergleich der Wirksamkeit unserer zahlreichen Mischertypen herauszufinden. Die Aufgabe ist naturgemäß nicht einfach zu lösen, jedoch scheint es so als ob man mit Erfolg den optischen Weg einschlagen könnte, indem man sich desselben Zählmikroskops mit Netzraster nach Dr. Stauß bedient, das F. Maier bei Auswertung des Porenvolumens benutzt (Bauingenieur 1922, S. 560). Oder man kann auch das Planimeter-Okular heranziehen, das in den petrographischen Laboratorien zur Bestimmung des Maßes der Kornbindung bei Sandsteinen verwendet wird.

Auch wird ein Gemisch — das für das unbewaffnete Auge zunächst als in der Farbe einheitlich, also gut vermengt erscheint — unter dem Mikroskop meistens schon bei verhältnismäßig geringer Vergrößerung durch die dann krasser auftretenden Farbunterschiede ziemlich gut oberflächlich beurteilbar.

Zur besseren Kontrastwirkung könnte man beim Mischversuch den Zement durch pulverisierte Kreide ersetzen. Schwierig bleibt jedoch die Art der Probeentnahme, die man indessen dergestalt bewerkstelligen kann, daß dem auf einer Pritsche ausgekippten Mischsatz durch einen mechanisch bewirkten Probeentnehmer (z. B. Brett mit einer an der Unterseite angebrachten Anzahl gleichzeitig zu betätigender kleiner Greifer) die Proben auf mechanischem Wege entnommen werden.

Die zahlreichen auf dem Baumaschinenmarkt erschienenen Fabrikate und Typen der heute verwendeten Mischer zu behandeln ist an dieser Stelle unmöglich und entspricht auch nicht dem Zwecke des Buches; es sollen daher nur einige wenige Beispiele, von denen zufälligerweise gute Unterlagen zu Gebote standen, Erwähnung finden.

Die Mischmaschinen zerfallen in solche mit absatzweiser Mischung (Chargenmischer) und in solche bei denen der Mischprozeß ein ununterbrochen durchlaufender (kontinuierlicher) ist, die Durchlaufmischer. Wenn man von letzteren wegen der gegenwärtigen verhältnismäßig geringen Verwendung absieht, so bleiben die Mischer mit absatzweisen Betrieb. Letzterer wird dadurch bewerkstelligt, daß die (bei größeren Maschinen mittels Betonhochzugs) aufgegebene Menge an Bindemittel und Zuschlagstoffen entweder in der entsprechend ausgebildeten rotierenden Trommel, z. B. aus verschiedenen Fächern durcheinanderfallend, sich vermischt, oder anderseits in einer Art Trog durch ein Rührwerk oder in einer Art Kollergang durchgemischt und geknetet wird. Die zweite Gruppe nennt man Zwangmischer, die ersteren Freifallmischer. Zu ersteren gehört die aus den Laboratorien bekannte Hüsersche Mischmaschine. In der Praxis überwiegen jedoch die Freifallmischer, denen ein geringerer Kraftverbrauch und Verschleiß der Maschinenteile zukommt, wenn auch nachteiligerweise die Trommel hier verhältnismäßig groß sein muß, um das Durcheinanderfallen zu ermöglichen.

2. Einige Ausführungen nebst Kosten.

Unter anderen erzeugen folgende Maschinenfabriken Mischmaschinen:

Durchlaufmischer:

Eschrich & Schlüter, Berlin.

Gauhe, Gockel & Co., Oberlahnstein („Rohrdommel").

Friedr. Krupp A.-G., Grusonwerk, Magdeburg (Durchlaufmischer „ver Mehr").

G. A. Seelmann & Söhne, Neustadt a. d. Orla (Mischautomat „Regulus").

Zwangmischer:

Dr. Gaspary & Co., Makranstädt (Intensiv Mischer).

Gauhe, Gockel & Co., Oberlahnstein (Kreislauf-Trogmischer).

Hüttenamt Sonthofen, Bayern.

Klöckner-Werke, Osnabrück (Eirich-Mischer).

Freifallmischer:

R. Aebi & Co., Düsseldorf (Hansa-Mischer).

Allg. Baumaschinen-Gesellschaft m. b. H., Leipzig.

Deutsche Maschinengesellschaft Rammer & Co., Miltiz bei Leipzig (Saxonia-Mischer).

Deutsche Industriewerke, Mannheim-Waldhof (Viktoria-Mischer).

Drais-Werke, Mannheim-Waldhof.

Eisenbau-Schiege, Leipzig-Paunsdorf.

Gauhe, Gockel & Co., Oberlahnstein (Herkules-Mischer).

Intern. Baumaschinen-Gesellschaft „Ibag", Neustadt a. d. H.

Maschinenfabrik Kaiser, St. Ingbert, Saar.

K. Peschke, Zweibrücken, E-Mischer Syst. Halm.

J. Vögele A.-G., Mannheim (Jaeger-Mischer).

Der Jaeger-Mischer ist ziemlich verbreitet; er ist in seinem konstruktiven Aufbau außerordentlich leicht gehalten, was für die Berücksichtigung der Höhe des Abschreibungssatzes zu berücksichtigen wäre. Abb. 106 gibt einen kleineren Mischertyp von Peschke, ausgerüstet mit einem Deutzer Motor.

Abb. 107 einen 150-l-Mischer von Kaiser; seine Leistung beträgt nach Angabe des Herstellers etwa 6 m³/Stdn. bei 40 Trommel-

Abb. 106. Mischer mit Deutzmotor (Peschke-Zweibrücken).

füllungen in der Stunde. Auf die zulässige Anzahl dieser Trommelfüllungen soll am Schluß dieses Kapitels noch eingegangen werden. Eine Beschreibung erübrigt sich bei diesem Kipptrommelmischer.

Anschaffungskosten, mit 2-PS-Benzin- und Benzolmotor etwa	1150 RM.
dgl. mit 2-PS-Elektromotor und verschließbarem Motorhaus	800 „
dgl. nur mit Riemenantrieb	600 „

Gewicht je nach Antrieb 6—700 kg.

Die genannten Typen genügen für einen kleinen Betrieb; die Leistung ist jedoch auch insofern beschränkt, weil die Beschickung der Trommel von Hand bewirkt werden muß. Aus diesem Grunde erscheinen die oben wiedergegebenen 6 m^3 Leistung als Spitzenleistung, nicht als Dauerleistung. Will man das mühselige Füllen der Trommel von Hand vermeiden, dann ist es vorteilhaft dieselbe Maschinengröße, jedoch mit Betonhochzug, zu verwenden.

Die Anschaffungskosten einer solchen, je nach Ausrüstung

1150—1400 kg

wiegenden Mischers von **„150 l“** betragen etwa:

mit 3- bzw. 5-PS-Elektromotor 1400 bzw. 1500 RM.,
mit 3- bzw. 6-PS-Benzinmotor 1500 bzw. 1700 RM.

Die zugehörige Friktionswinde von 400 kg Tragkraft 200 RM.

Abb. 107.

Die vorstehend angeführten Mischer waren sogenannte Kipptrommelmischer, während der nächste in Abb. 108, a bis c gezeigte Typ eine mittlere Mischergröße darstellt. Hier kippt die Trommel nicht wie vorhin, sondern entleert durch Umkehren der Drehrichtung.

Die Maschine wird auf der Baustelle mit einer Wasserwage in Blei aufgestellt. Der Antriebsmotor muß, wie auf der Zeichnung durch Pfeil angedeutet, rechtslaufend sein.

Bevor jedoch der Motor angekurbelt bzw. in Bewegung gesetzt wird, ist darauf zu achten, daß der Hebel *a* in senkrechter Richtung steht und durch den Haltestift gesichert ist. Das Beschicken der Mischtrommel erfolgt durch Hochziehen des Hebels *b*; indem er fallengelassen wird, kann der Aufzugskasten in jeder Stellung sicher gehalten und durch leichtes Anheben in beliebiger Geschwindigkeit abgelassen werden. Bevor der Aufzugskasten in die Mischtrommel entleert, wird die Mischtrommel „auf Mischen" eingestellt. In höchster Stellung des Aufzugskastens wird das Beschickungswerk

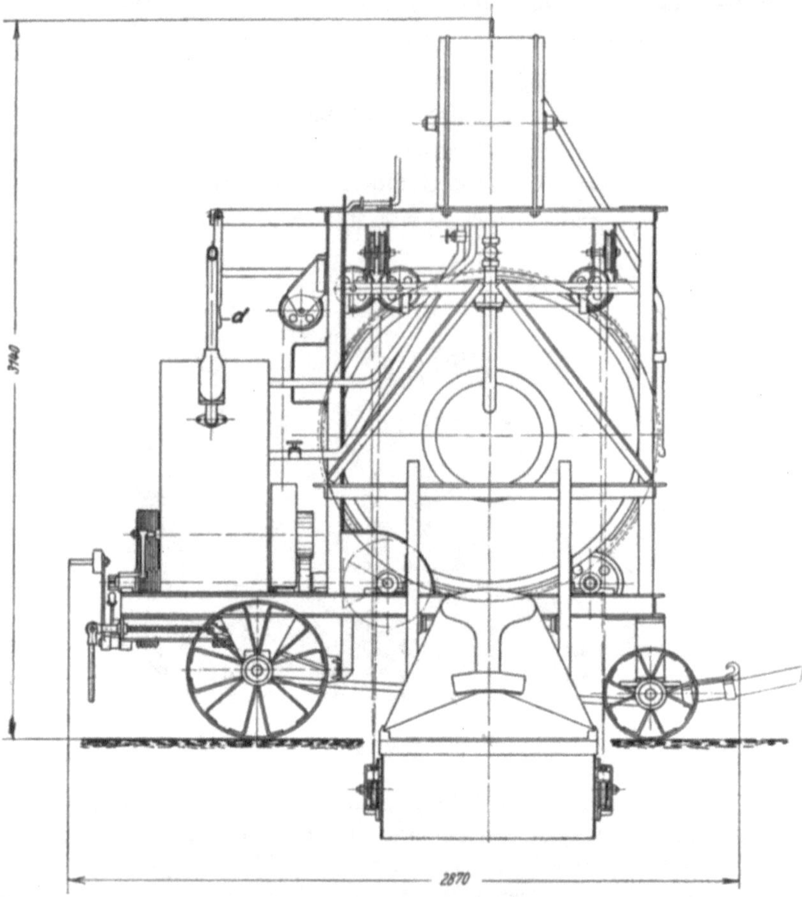

Abb. 108a. (Kaiser, St. Ingbert.)

selbsttätig abgestellt. Die Bauwinde wird durch Hebel *c* bedient und ist dieselbe wie bei dem Beschickungswerk. Das Mischen oder Entleeren der Mischtrommel geschieht durch Links- oder Rechtslegen des Hebels *a*. In Mittelstellung des Hebels wird die Trommel stillgelegt. Die Wasserbedienung erfolgt durch den Hebel *d*. Die genaue Wassermenge wird mit Hilfe der auf dem Bassin befindlichen Skala abgelesen.

Nach Außerbetriebsetzung der Maschine ist besonders darauf zu achten, daß die Trommel gereinigt wird. Dies geschieht in einfachster Weise, indem man die Trommel mit groben Steinen unter Wasserzugabe laufen läßt und alsdann vollständig entleert. Der

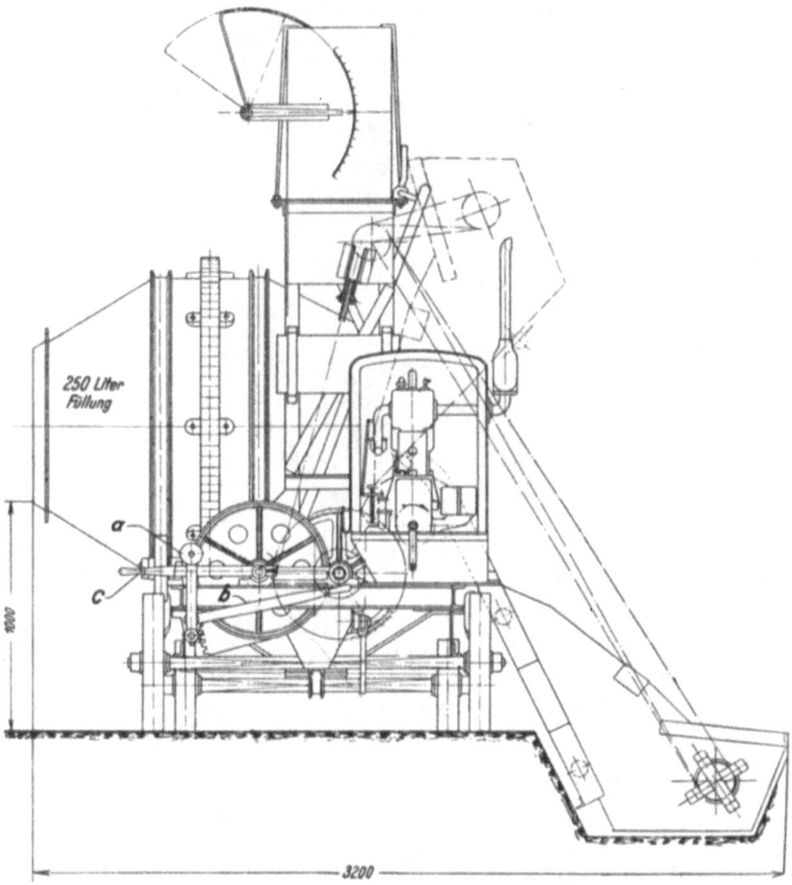

Abb. 108 b. (Kaiser, St. Ingbert.)

Aufzugskasten wird beim Transport der Maschine bis zur obersten Stellung hochgezogen und durch einen oben angebrachten Sperrhaken vor dem Herabstürzen gesichert. Ferner werden die Stützen an der Vorderachse hochgeklappt und durch die Haltstifte festgestellt.

Naturgemäß sind alle Staufferbüchsen stets mit gutem Fett zu füllen und täglich mehrmals nachzuziehen. B e s o n d e r s i s t d a r a u f z u a c h t e n , d a ß d i e S t a u f f e r b ü c h s e n a m W e n d e g e t r i e b e , die durch eine Blechkappe verdeckt sind, täglich wenigstens einmal kräftig angezogen werden. Die Schutzkappe ist mit Leichtigkeit abzunehmen und wieder aufzusetzen. Die kleinen Schmierlöcher sind öfters mit Maschinenöl zu versehen.

Nach jeder Arbeitsperiode ist es für jeglichen Mischer unerläßlich eine Reinigung der Trommel, wie oben gesagt, vorzunehmen.

Abb. 108c.

Die Anschaffungskosten betragen für den 250-l-Mischer:

mit 7,5-PS-Elektromotor	3300 RM.
mit 10-PS-Elektromotor	3400 ,,
mit 9-PS-Benzin-Benzolmotor .	3900 ,,
mit 11-PS-Benzin-Benzolmotor .	4100 ,,

für den 500-l-Mischer:

mit 15-PS-Elektromotor	5300 RM.
mit 15-PS-Benzin-Benzolmotor .	6100 ,,

Hinzu kommen noch die Kosten für gewisse Zubehörteile von Wasserbehälter mit Schwimmer und Zeigervorrichtung, Fahrbremse und Deichsel; die Kosten hierfür betragen je nach 150-, 250- und 500-l-Mischer 160—200—300 RM.

Falls elektrischer Antrieb gewählt wird braucht man unter Umständen noch 20 bis 40 lfd. m Zuleitungskabel im Preise von 8 RM./m, somit kämen für das Kabel hinzu noch 160—320 RM., überdies noch weiterhin die Fracht, in diesem Sonderfalle die Fracht von St. Ingbert.

Zum Schluß soll noch eine schwere 1500-l-Maschine angeführt werden. Dieser in Abb. 109 dargestellte Mischer ist durch einen 25-PS-Elektromotor betrieben. Seine Anschaffungskosten betragen

einschließlich 25-PS-Elektromotor 9900 RM.
,, 25-PS-Dieselmotor 13500 ,,

Die Erwerbung einer derart großen Maschine lohnt sich nur, wenn große Massen zu gießen sind, beispielsweise, wenn ein Eisenbetonhochbau auf starken und hohen Umfassungsmauern ruht. Da

Abb. 109. 1500-l-Mischer.

solche Mauermassen sehr viel Beton verschlingen, so macht sich in solchen und ähnlichen Fällen eine derartige große Maschine bezahlt. Hierbei statt einer großen mehrere kleinere von zusammen der gleichen Leistung anzuordnen ist betriebstechnisch unwirtschaftlich, einmal, weil beispielsweise ein 25-PS-Motor nicht so viel Strom bzw. Betriebsstoff braucht wie drei kleinere Motoren zu 8 PS, ferner weil dreifaches Personal erforderlich. Alles in allem kann sich bei einem einzigen größeren Bau geschilderter Art eine solche große Mischmaschine fast schon gänzlich bezahlt machen.

Die Mischzeit sollte keinesfalls unter **1—1½ min** betragen. Es sind schon auf zahlreichen Baustellen Rückschläge in einwandfreier Weise auf zu kurze Mischzeit zurückzuführen gewesen. Manche

Maschinenfabriken preisen ihre Mischer mit 50 bis 60 und 70 Mischungen je Minute an. Wenn auch damit ein Beton für untergeordnete Zwecke erzeugt werden kann, so sollte man bei Eisenbeton nicht mehr wie 20—30 Mischungen in der Stunde ausführen, was der oben empfohlenen Mindestmischzeit entspricht.

Für Laboratoriumsversuche ist nach den Normen für vergleichende Druckversuche usw. die Mischzeit mit dem Hüser-Mischer mit:

1 min trocken,

2½ min bei Zugabe des Wassers vorgeschrieben.

Kapitel 44. Gußbetonanlagen.

1. Allgemeines.

Noch vor 6 bis 8 Jahren bestand gegen den Beton gießfähiger Konsistenz ein ziemlich weit verbreitetes Mißtrauen, das hauptsächlich darauf beruhte, daß man glaubte annehmen zu müssen, daß eine Entmischung bei dem Gießverfahren unausbleiblich sei. Vielleicht ist dies auch darauf zurückzuführen, daß in der allerersten Zeit der Beton zu hoch im Wasser gehalten wurde, wodurch naturgemäß ohne weiteres eine Entmischung bewirkt werden kann. Heutigentags ist man indessen in der Erkenntnis des Gußbetons bereits so weit vorgeschritten und hat erkannt, daß eine gut bemessene Gußbetonmischung keinesfalls zu Befürchtungen hinsichtlich der Entmischung irgendwelchen Anlaß gibt. Wenn natürlich die Betonbestandteile in nur 1 oder 1½ min Mischzeit mangelhaft vermengt sind, dann braucht man sich nicht zu wundern, wenn Entmischung eintritt. Der Gußbeton hat so zahlreiche Vorteile aufzuweisen, daß er in wenigen Jahren fast das ganze Feld auf dem Gebiet des Eisenbetons allein beherrschen wird. Seine Hauptvorteile beruhen nicht nur in der schnellen und gleichmäßigen Herstellungsweise, sondern auch in dem satten Einkleiden und Umhüllen der Bewehrungseisen, in der Wasserdichtigkeit und schließlich in der Wirtschaftlichkeit. Es ist in der letzten Zeit öfters gegen den Gußbeton zu Felde gezogen worden, was aber seine Entwicklung nicht aufzuhalten imstande sein wird. Charakteristisch ist dafür die Forderung eines angesehenen Chemikers in einer Fachzeitschrift, man solle Gußbeton für Bauteile von nur untergeordneter Festigkeit zulassen.

Die Festigkeit eines sachgemäß hergestellten Gußbetons ist indessen ganz hervorragend und befriedigt alle Forderungen der amtlichen Bestimmungen. Freilich ist es fast unerläßlich hochwertigen Portlandzement zu verwenden, und nicht mehr Wasser zuzusetzen als für die Beweglichkeit des Betons erforderlich ist. Man erzielt dann allerdings beispielsweise bei einem Beton: 1 Zement : 1,7 Splitt : 3,4 Sand mit 14 Raum-% Wasser und 300 kg hochw. Zement je m^3 Festbeton eine 28-Tage-Würfelfestigkeit von 200—220 kg/cm^2 oder bei 1 Zement : 5 Kies mit 14 Raum-% Wasser = 160 kg/cm^2; hierbei war der Kies ein gewöhnlicher nicht ausgesiebter Baggerkies (sog. Rohkies). Der Zementgehalt war hier nur 270 kg/m^3 Festbeton. Die sämtlichen Mischungen waren rinnengießfähig. Zwei Würfel von der erstangeführten Mischung 1 : 1,7 : 3,4 aus dem fertigen Bauwerk herausgestemmt, von etwa 16—18 cm Seitenlänge ergaben 450 bzw. 485 kg/cm Druckfestigkeit bei einem Alter von etwa zwei Monaten. Gerade aus diesen erwähnten zwei Würfeln war erkennbar, daß keinerlei Entmischung stattgefunden hatte, daß vielmehr die Splittkörner ganz gleichmäßig in den Würfeln verteilt waren. Das Gießverfahren liefert also bei sachkundiger Bauleitung ausgezeichneten Beton. Der erforderliche Wassergehalt richtet sich natürlich auch nach der vorhandenen Neigung der Rinne. Diese Neigung schwankt etwa zwischen **19** und **27°** oder kurz $\operatorname{tg} \alpha = \frac{1}{2} - \frac{1}{3}$. Im allgemeinen kommt man mit 14—18 Raum-% Wasserzusatz aus, wobei es nicht nur auf die Neigung, sondern auch auf die Witterungsverhältnisse ankommt.

Der Gußbeton ist in technischer und wirtschaftlicher Hinsicht in der Literatur behandelt worden; es seien nur angeführt:

Sturm und Rank, Das Gußbetonverfahren usw. B. u. E. 1923, Nr. 20.
Probst, Vorlesungen über Eisenbeton. Bd. II, Anhang, Verlag Julius Springer.
Bethge, Das Wesen des Gußbetons. Berlin 1924, Springer.
Schmidt, Gußbeton in Deutschland usw. Z. d. Bvwltg. 1924, Nr. 51.
Gaye, Der Gußbeton. Verlag Ernst & Sohn, Berlin 1926.
Probst, Der Bauingenieur. 1926, S. 239—241, 299, 330.
Deutscher Ausschuß für Eisenbeton, Heft 55, Verfasser Schmeer. Verlag Ernst & Sohn, 1926.
Baumeister, Ist Gußbeton wirtschaftlich? Berlin 1927, Springer.

Das Buch von Gaye ist ein grundlegendes Werk und dort findet sich eine Einteilung der verschiedenen Systeme im Gießverfahren. Aus diesem Grunde sollen hier nur einige größere, mittlere und kleine Gießgeräte behandelt werden, und zwar vorzugsweise solche neuester Art. Bei sämtlichen angeführten Gießanlagen muß der Besteller sich vom Lieferer einen Standfestigkeitsnachweis geben lassen, vor allem gegen Winddruck. Oft werden die getroffenen Windflächen zu klein eingesetzt. Eine Untersuchung für Wind „über Eck“ ist erforderlich.

Grundsätzlich unterscheidet man in der Bauart der heute gebräuchlichen Gießbetonanlagen Gießtürme und Gießmaste. Diese beiden unterscheiden sich lediglich in der Führung des Aufzugskübels, der bei ersteren innerhalb der Eisenkonstruktion und bei letzteren außen an Schienen erfolgt. Im übrigen sind sowohl die Gießtürme als auch die Gießmaste durch mehrere Halteseile verspannt. Im Eisenbau ist sonst der Unterschied zwischen Turm

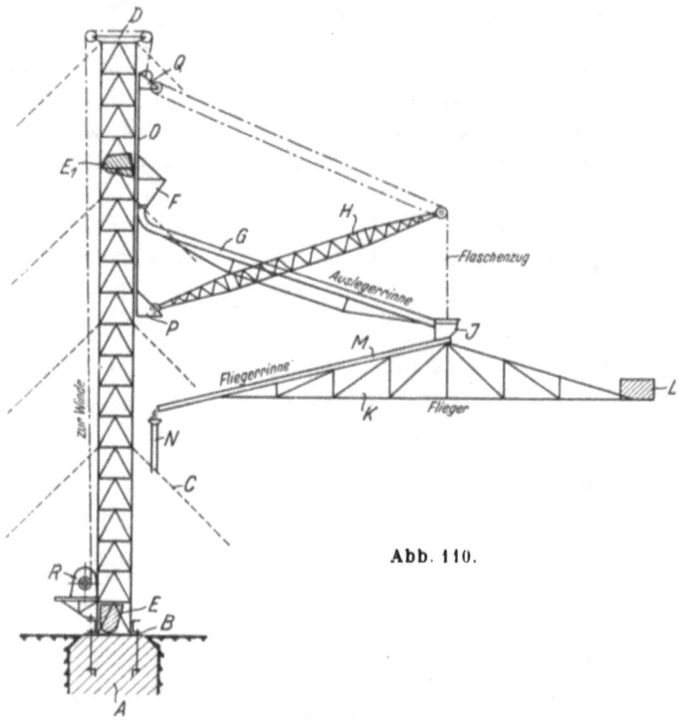

Abb. 110.

und Mast bekanntlich anderer Natur, indem der Eisenkonstrukteur unter einen Turm ein nicht abgeseiltes und unter einen Mast ein abgeseiltes Bauwerk versteht, z. B. bei Funktürmen und Funkmasten.

2. Gießtürme.

Man unterscheidet ortsfeste und fahrbare Anlagen. Die ortsfesten großen und schweren Türme, die etwa bis 80 m Höhe verwendet werden, können nach den neuesten Erfahrungen nur dann wirtschaftlich sein, wenn es sich um wirklich ganz große Bauvorhaben handelt. Es kommen heutzutage nur eiserne Turmgerüste in Frage. Die hölzernen haben sich nicht als wirtschaftlich vorteilhaft erwiesen und bieten auch infolge der dickeren Bauglieder dem Wind größere Angriffsflächen wie die Eisentürme.

In Abb. 110 ist schematisch ein Gießturm mit Auslegerbaum dargestellt. Auf dem Betonfundament A sitzt der mehrfach abgeseilte Gitterturm C vermittels des Fußes B, der aus kräftigen ⊏-Eisen nebst starker Unterlagsplatte gebildet ist. Auf dem Turm sitzt das Kopfstück D, das zwei Rollen trägt. Im Turm C sind Führungsschienen angebracht, zwischen denen die Aufzugmulde E durch eine Motorwinde bis in die Stellung E_1 hochgezogen wird. Die Hubgeschwindigkeit ist $v = 0{,}75—1{,}5$ m und noch größer, je nach Turmhöhe. Bei E_1 ist eine Vorrichtung eingebaut, vermöge deren E_1 in den Turmsilo F hineingekippt wird. Der Beton fließt durch die abgesprengte Auslegerrinne C in den sog. Drehkopf J (Abb. 110a), und von da in die sog. Fliegerrinne M, von wo er durch den Rüssel N den Schalungen zugeführt wird. Ist die Reichweite noch nicht lang genug, so kann man noch eine sog. Schüttrinne anfügen, die man jedoch durch eine kräftige Steife, bei größeren Höhen durch Bockkonstruktion abstützt. Der Auslegerbaum H wird durch Flaschenzüge gehalten ebenso die Auslegerrinne. Der Flieger hängt ebenfalls in einer Flasche, und hat seinen Aufhängepunkt J im Auslegerbaum. Der Flieger K ist ein Fachwerkbalken, der im Drehkopf J aufgehängt wird und durch ein je nach Bedarf veränderbares Gegengewicht L ausbalanziert werden kann. Er trägt im Obergurt die Fliegerrinne M. Der Fußpunkt P des Auslegerbaumes H sowie der Befestigungspunkt Q des Flaschenzuges ruhen in dem heb- und senkbaren Schlitten O, der je nach Bedarf durch ein Handwindwerk gehoben oder gesenkt werden kann. Die Aufzugmulde E wird durch eine der im Kapitel 41, Z. 5b, behandelten Friktionswinden oder auch durch eine der in d) behandelten Kabelwinden betätigt, genau wie bei den Bauaufzügen Kapitel 41, Z. 3b. Das erwähnte Handwindwerk zum Verstellen des Schlittens O sowie die motorisch betriebene Aufzugswinde R (Friktionswinde, Kabelwinde) werden zweckmäßig bisweilen nebeneinander auf einem vom Turmfuß ausgekragten Podest untergebracht, was manchen Vorteil für sich hat. Jede Rinne besteht aus einzelnen im Werk normalisierten Stücken

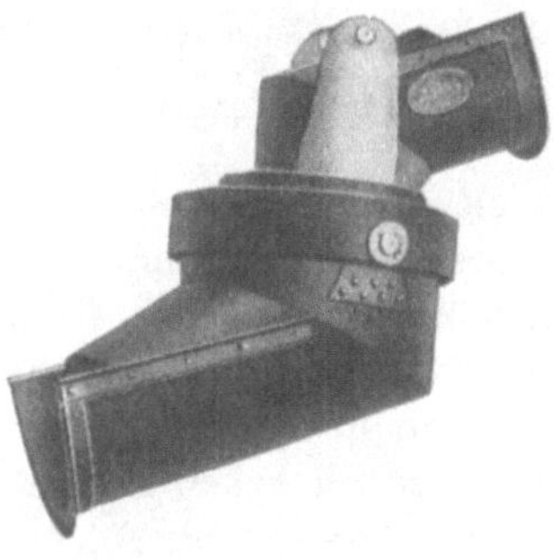

Abb. 110a. Rinnendrehgelenk (Drehkopf), Ausführung der Atlas G. m. b. H., Lübeck.

und wird, um die Durchbiegung zu verhindern, bei größeren Längen abgesprengt (vgl. Abb. 110, 113, 115, 117, 118, 119 und 120). Der Rinnenquerschnitt ist meist halbkreis- oder eiförmig und ist durch Vergitterung seitlich ausgesteift; oben befindet sich das Einlaufstück, unten das Auslaufstück. Abb. 112 zeigt eine Rinnenausbildung der Allg. Baumaschinengesell schaft in Leipzig und Abb. 111 eine Fliegerkonstruktion derselben Firma. Dort sind z. T. die in Abb. 110 angedeuteten Einzelteile gut zu erkennen. Die Rinnen sind meist so bemessen, daß sie sich etwa von $4\frac{1}{2}$—6 m frei, überdies noch die Last eines Mannes tragen. Demnach müßte eine Rinne von 6—12 m Länge einmal, beispielsweise eine solche von 15 m zweimal, senkrecht und auch wagrecht abgesprengt werden. Um bei Bedarf an einer nahezu beliebigen Stelle der Rinne Beton abnehmen zu können hat man zwischen zwei Rinnenelementen sog. Rinnenzapfstücke (Abb. 110b) eingeschaltet. Dies kann unter Umständen sehr zweckdienlich sein, jedoch scheint man bei uns in der Betonpraxis noch nicht an die Anwendung solcher Zapfstücke herangegangen zu sein. In Abb. 110 ist das Tragwerk der Rinnenlage grundsätzlich so geartet, daß die erste Gießrinne (die in der Abbildung mit Auslegerrinne bezeichnet ist) den linken Stützpunkt, nämlich den Einlaufpunkt im Turmsilo findet, im rechten Ende jedoch am Auslegerbaum

Abb. 110b. Rinnenzapfstück, Ausführung der Firma Atlas G. m. b. H., Lübeck.

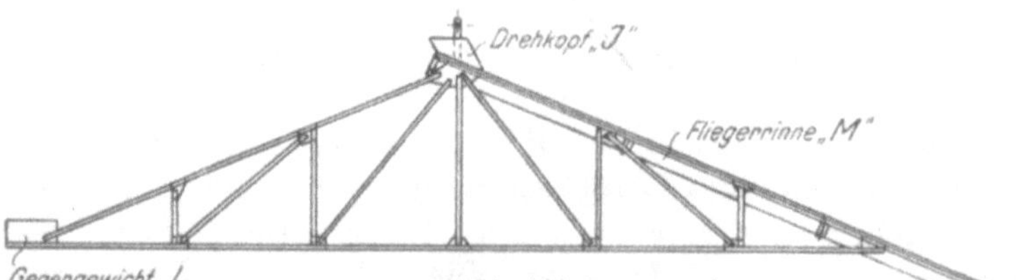

Abb. 111.

aufgehängt ist. Wenn die geforderte Reichweite nicht allzugroß ist, dann kann man sich den Auslegerbaum sparen indem man eine sog. „echte" Auslegerrinne entwirft (Abb. 113), wobei also die Rinne ein statisch tragender Ausleger ist. In statischer Hinsicht ist darauf zu achten, daß somit bei der „echten" Auslegerrinne diese eine Druckbeanspruchung erhält (Knickberechnung!). Ohne die Schüttrinne kann man damit normalerweise einen Aktionsradius von max 14 bis

16 m erzielen, während man nach Abb. 110 ohne weiteres 20—28 m erreicht. Abb. 114 gibt das Schaubild einer fahrbaren Ausführung eines Gießturmes mit „echter" Auslegerrinne (Atlas G. m. b. H. Lübeck). Einen fahrbaren Gießturm mit Auslegerbaum gibt

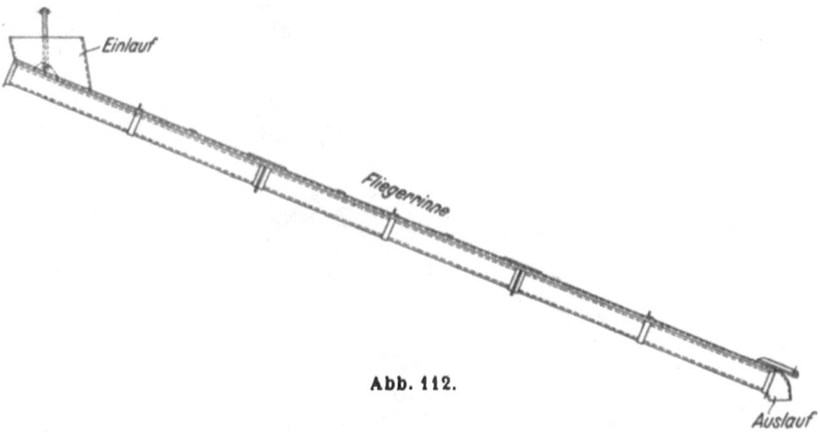

Abb. 112.

Abb. 115, eine Ausführung von A. Groß, Schwäb.-Gmünd, mit rd. 33 m Aktionsradius mit unterstützter Auslaufrinne und 24 m, wenn freitragend. Stundenleistung etwa 10—20 m^3 Beton.

Die Anlage besteht aus der Plattform A, die auf vier Rollen überdies noch mit zwei Unterstützungsrollen fahrbar ausgebildet ist.

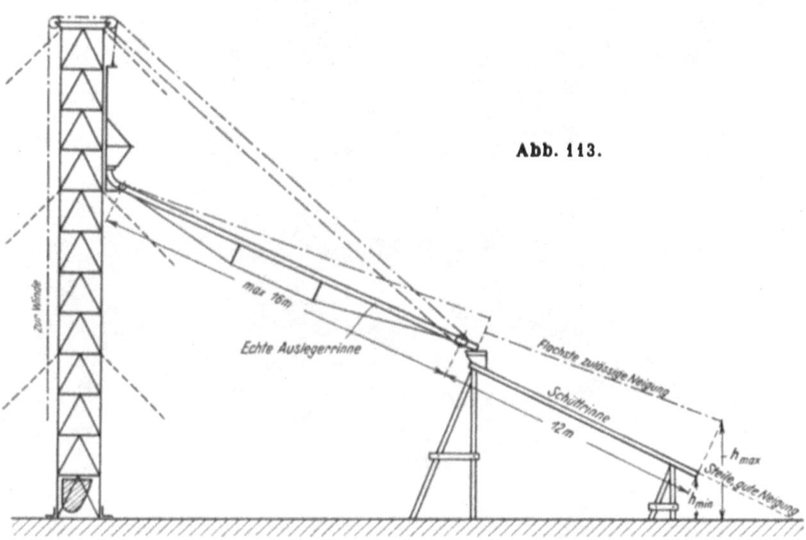

Abb. 113.

Abb. 114.

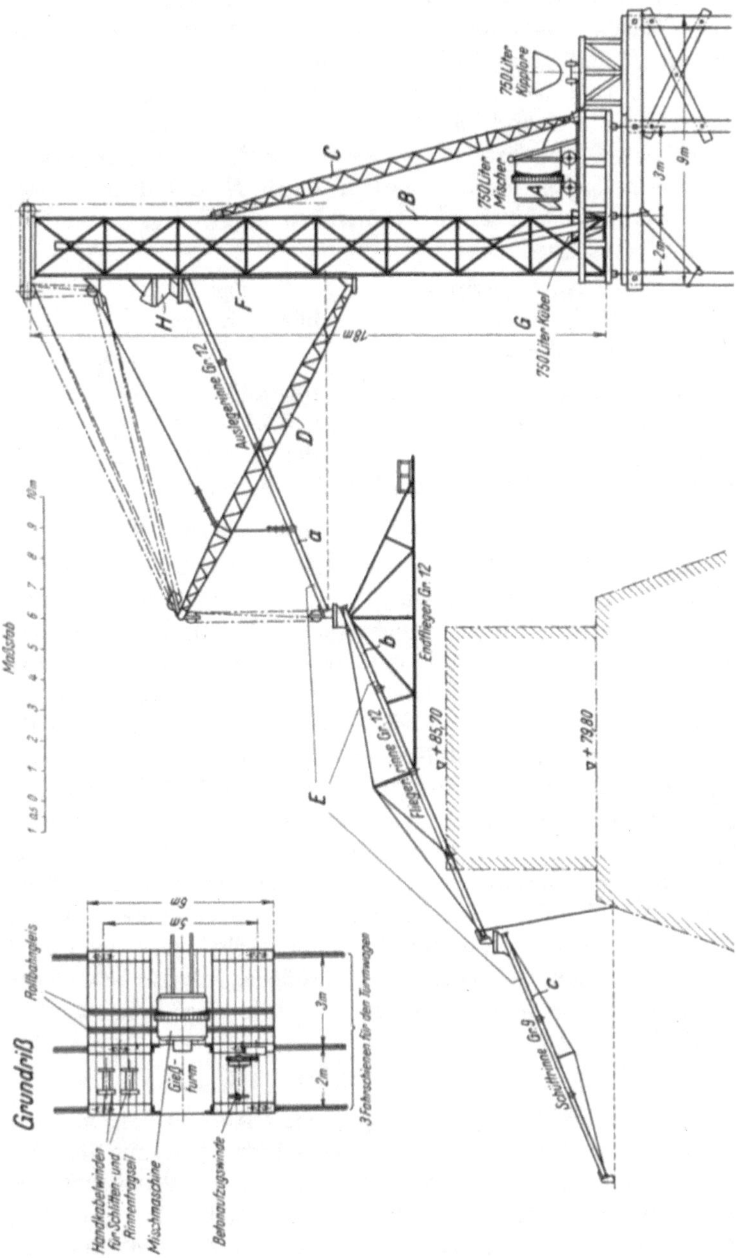
Grundriß
Rollbahngleis
Handkabelwinden für Schlitten- und Rinnentragseil
Mischmaschine
Betonaufzugswinde
Gieß-turm
3 Fahrschienen für den Turmwagen
Maßstab
750 Liter Kipplore
750 Liter Mischer
750 Liter Kübel
Auslegerinne Gr. 12
Endflieger Gr. 12
Fliegerrinne Gr. 12
Schüttrinne Gr. 9
+85,70
+79,80

Abb. 115.

Der Turm fährt somit auf drei Schienen. Radstand und Spurweite betragen beide 5 m bzw. 2 + 3 = 5 m. Auf die Plattform ist der Gießturm *B* von 18 m Höhe aufgesetzt; er hat einen Querschnitt von 2 · 2 m und besteht aus einzelnen Normal-Stößen von 4,5 m Länge. Um die Standsicherheit des Turmes zu sichern sind zwei Turmstützen *C* angebracht, die an den beiden äußersten Ecken der Plattform befestigt sind. An dem Turm *B* und dem Ausleger *D* ist das Rinnensystem *E* an Drahtseilen aufgehängt. Das Rinnensystem besteht aus:

der Auslegerrinne *a*,
der Fliegerrinne *b* und schließlich aus
der Schüttrinne *c*.

Die Rinnen haben einen Gesamt-Aktionsradius von 12 + 12 + 9 = 33 m, also ohne Schuttrinne 12 + 12 = 24 m. Ausleger und Auslegerrinne sind an einem Schlitten *F*, der in der Höhe mittels Handkabelwinde verschiebbar angeordnet ist, befestigt.

Die Arbeitsweise mit der Gießturmanlage ist folgende:

Auf der Plattform kann eine Betonmischmaschine angeordnet werden, welche die Betonmasse in den Aufzugskübel *G* entleert; dieser wird mittels Winde hochgezogen und entleert sich selbsttätig an jeder gewünschten Stelle. In dem Silo *H* ist eine Klappe angebracht, welche die nach den Gießrinnen abfließenden Gußbetonmengen je nach Bedarf bemißt. Durch die Gießrinnen wird der leichtflüssige Gußbeton der Verbrauchsstelle zugeführt. Sie erhalten eine Neigung von rd. 26°. Die Fliegerrinne ist so eingerichtet, daß durch ein Gegengewicht das Gleichgewicht hergestellt wird. Fliegerrinne und Schüttrinne können um 180° gedreht werden. Das Gewicht des durchfließenden Betons muß durch eine Steife *J* aufgenommen werden. Das Verfahren des Turmes erfolgt durch eine in der Gleisrichtung der Anlage aufgestellten Handkabelwinde. Die Plattform kann um die Standsicherheit zu vergrößern, mit Ballast ausgefüllt werden. Verfahren wird der Turm mit Hilfe einer beliebigen Handkabelwinde.

Leistung:

Eine fahrbare Gießturmanlage gemäß Abb. 115, 18 m Gesamthöhe, 30 m Rinnenausladung. Die stündliche Leistung der Anlage beträgt, wie erwähnt, bei Verwendung einer 750-l-Mischmaschine und einem Betonaufzug gleicher Größe stündlich rd. 10—20 m³. Der Kraftverbrauch beträgt dabei für Winde und Betonmischmaschine rd. 25—30 PS.

Anschaffungskosten:

Der Preis dieser Anlage ohne die Betonmischmaschine und ohne Motor beträgt	19300 RM.	
der Preis für die 750-l-Betonmischmaschine ohne Motor	4700 „	
Motor für die 750-l-Betonmischmasch.	700 „	
Motor für den Turmaufzug (Elektromotor) 15 PS.	1000 „	mit Einbau
Motor für den Turmaufzug (Dieselmotor)[1]) 15 PS	2950 „	
Motor für Mischmaschine, 18-PS-Drehstrommotor	1100 „	

Hinzu kommen noch Kosten für Gleisunterbau, etwaige Stromzuführung, ähnlich wie beim Turmkran angegeben.

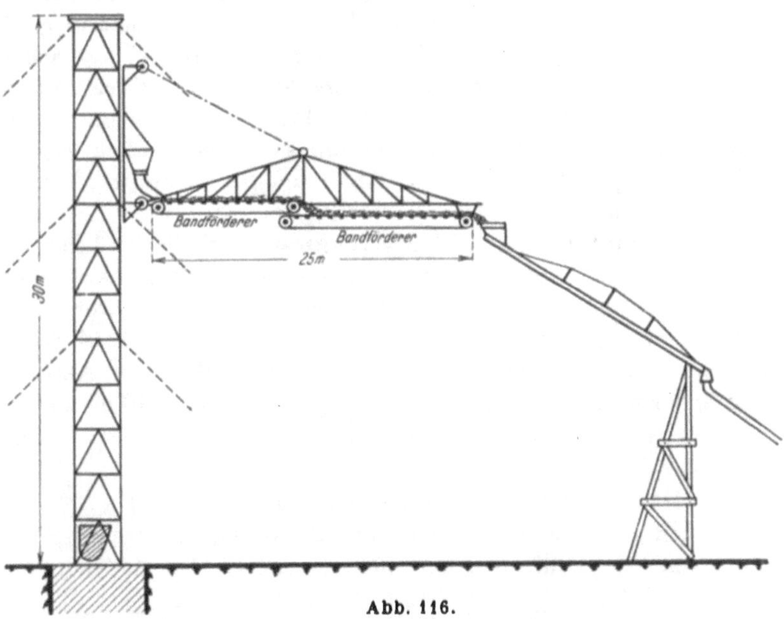

Abb. 116.

Zum Schluß soll noch eine Möglichkeit besprochen werden, den Beton auf eine gänzlich andere Art und Weise zu verteilen, nämlich den Beton nicht lediglich durch seine Schwerkraft vom Turm aus

[1]) Einen solchen wählt man häufig bei Bauten in der Provinz statt des vorher angeführten Elektromotors.

weiter zu befördern, sondern mit Hilfe von Bandförderern, wie in Abb. 116 angedeutet. Der Beton soll hierbei jedoch nicht gießfähig sondern nur plastisch bis erdfeucht sein. Ein solcher Turm muß mit Rücksicht auf die relativ hohe Leistungsfähigkeit der Bandförderer mit einem doppelt wirkenden Betonaufzug versehen werden. Vom Turmsilo, in den die Aufzugkübel entleeren, wird dann der Beton langsam und kontinuierlich auf die Bänder abgegeben in genau dem Maße wie sie fähig sind zu fördern.

3. Gießmaste.

Wie eingangs erwähnt, unterscheiden sich die Gießtürme von den Gießmasten dadurch, daß bei letzteren der Aufzugkübel außen am Mast hochgezogen wird, wodurch naturgemäß der Mastquerschnitt bedeutend eingeschränkt werden kann, jedoch nur soweit, daß der Mast noch den Festigkeitsbedingungen genügt. Damit ist auch der Vorteil verbunden, daß man hier die Abseilungen zentrisch in den Mast hereinführen kann, was bei den Türmen nicht möglich ist, weil das Innenprofil des Turmes vom Aufzugkübel bestrichen wird. Im übrigen gibt es auch hier dieselbe Art und Weise der Verteilanlagen, genau wie bei den Türmen. Abb. 117 u. 118 zeigen einen fahrbaren Gießmast von Groß; seine Wirkungsweise ist ähnlich wie bei der Ausführung, die in der vorigen Abbildung dargestellt ist. Unterschiedlich ist nur der Hochzug des Betons. Aus dem Grundriß Abb. 118 erkennt man, daß der verhältnismäßig kleine Mastquerschnitt *A* an der Seite die Führungsschienen *B* trägt, an denen der Aufzugskübel von 350 l Inhalt hochgezogen wird, worauf er in der obersten Stellung seitlich in den Turmsilo entleert. Je nach Masthöhe lassen sich mit freitragenden Rinnen 9—13 m Aktionsradius erzielen, bei einer Stundenleistung von etwa 5—10 m³ Beton.

Verfahren wird der Gießmast mit Hilfe jeder beliebigen Handkabelwinde.

Die Größe der Leistung richtet sich indessen bei allen Türmen und Masten nach der gewählten Hubgeschwindigkeit, nach der Geschicklichkeit der Bedienung und nach der übrigen Baustellenorganisation.

Anschaffungskosten:

Fahrbare Gießmastanlage, 18 m Gesamthöhe, Abb. 117, 12 m Rinnenausladung, auf einer Plattform rd. 4 · 4 m mit aufgebauter Betonmischmaschine von 350 l Trommelinhalt, entsprechend dem Betonaufzug für Gießmast. Die stündliche Leistung der Anlage beträgt rd. 5—10 m³. Kraftverbrauch rd. 15—20 PS.

Preis der Anlage ohne die Betonmischmaschine . . 8605 RM.
Preis der Betonmischmaschine mit eingebauter Betonaufzugswinde . . . . 3400 „
Motor (Elektromotor) für Mastaufzug . . . . . 660 „
Dieselmotor für Mastaufzug . . . . 1600 „
Elektromotor für Mischmaschine . . . . 680 „

Wegen Kosten für Gleisunterbau u. dgl. vgl. vorige Anlage.

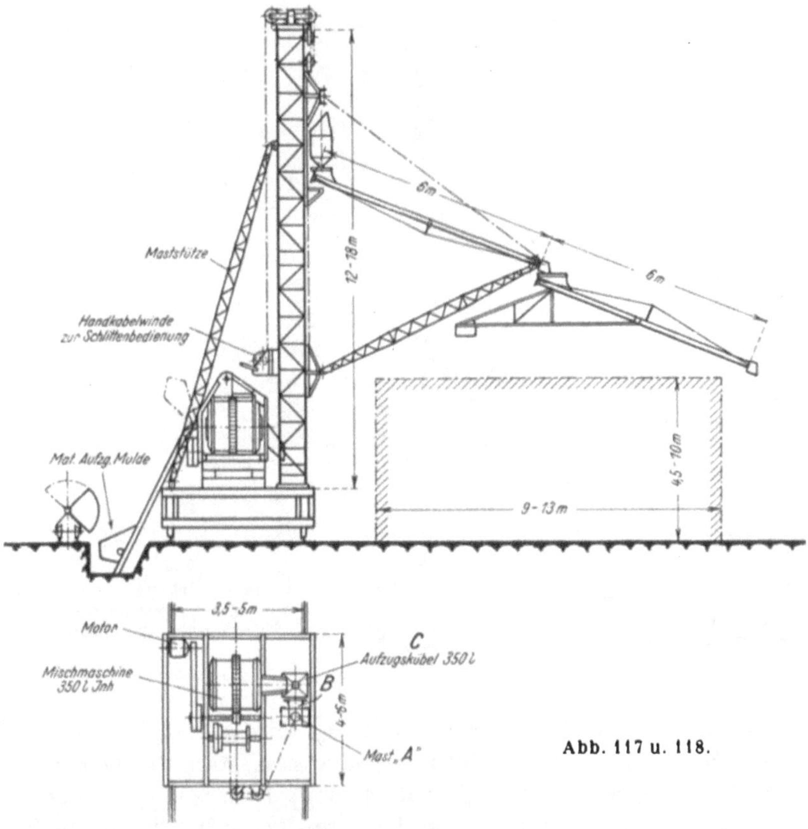

Abb. 117 u. 118.

Bis jetzt war nur von Gießmastanlagen die Rede, bei denen der Aufzug einen einzigen Betonkübel betrieb, sog. einfachwirkende Maste. Für größere Leistungen werden jedoch doppeltwirkende Gießmaste gebaut. Einen größeren einfach wirkenden Mast sieht man in Abb. 119, bei dem die Verteilanlage von einer „echten“ Auslegerrinne ihren Ausgang nimmt. Die Anordnung ist auch deswegen interessant, weil ein Förderband unmittelbar den Zuschlagstoff vom Kieshaufen aufgegeben erhält, und in einen Vorratsbunker abfüllt, von dem es durch Siloverschlußklappen nach Art der Abb. 103 nach Bedarf abgezogen wird. Hat man sich entschlossen Kies und Splitt zu verwenden, so muß natürlich eine zweite Förderbandanlage den Splitt heranbringen und in einen neben dem ersten angeordneten Bunker abwerfen.

Abb. 120 zeigt einen doppeltwirkenden Gießmast, der bis zu etwa 50 m Höhe gebaut wird. Der Aktionsradius des freitragenden

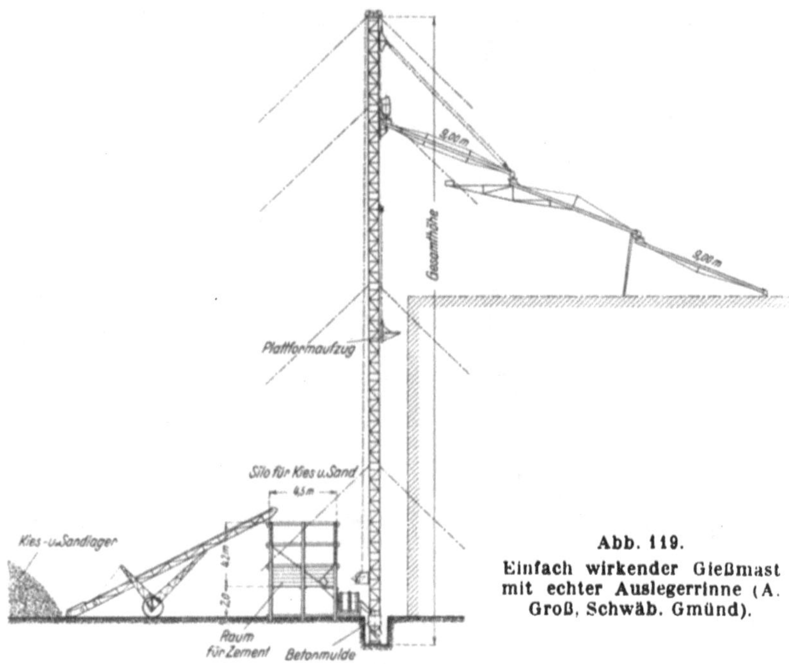

Abb. 119.
Einfach wirkender Gießmast mit echter Auslegerrinne (A. Groß, Schwäb. Gmünd).

Rinnensystems allein ist etwa 23 m. Es wird auf die in Abb. 120 angegebene Art, nämlich Auslegerbaum und stark überkragender Fliegerrinne gebildet. Der Vorteil der doppeltwirkenden Anlage besteht einmal in der erheblichen Leistungsfähigkeit, die es möglich macht außerordentlich rasch zu gießen, ferner in dem geringeren Verbrauch an Betriebsstoff wegen des schwächeren Motors. Dies rührt daher, daß bei einem festgesetzten Förderkübelinhalt von z. B. 500 l naturgemäß viel mehr PS erforderlich sind, als wenn bei doppeltwirkendem Mast zwei Kübel zu 250 l gefördert werden müssen. Die Firma A. Groß gibt den Kraftbedarf im ersteren Falle mit $16\frac{1}{2}$ PS = 12,2 kW/Stdn. und in letzterem Falle mit nur 5,7 PS

= 4,2 kW/Stdn., was einer Ersparung von 8 kW/Stdn. Betriebskraft entspricht. Mit den entsprechenden Pausen ergibt sich hiernach etwa immerhin eine tägliche Ersparnis von 5—10 RM. Für einen kontinuierlichen Verlauf des Gießprozesses ist der doppeltwirkende Gießmast ebenfalls günstiger, weil die Rinnen dauernd vom Beton durchflossen werden. Eine andere Mastkonstruktion, die von den vorhergehenden insofern grundverschieden ist, weil der Mast vollwandig,

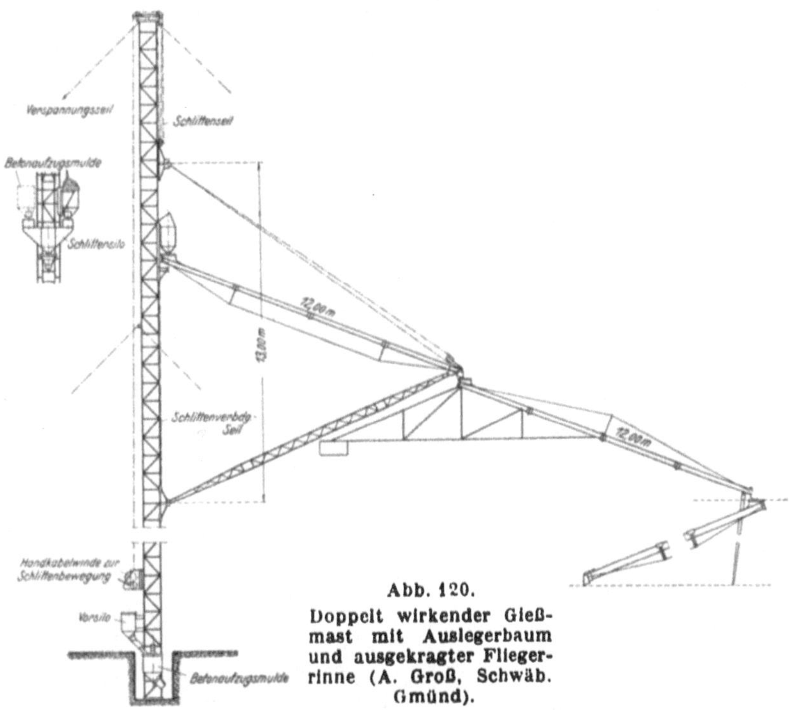

Abb. 120.
Doppelt wirkender Gießmast mit Auslegerbaum und ausgekragter Fliegerrinne (A. Groß, Schwäb. Gmünd).

ist die Bauweise Atlas-Torkret; diese verwendet nämlich statt eines Gittermastes einen vollwandigen Blech-Rohrmast (Abb. 121 und 122). Er besteht aus einzelnen genieteten Schüssen aus Siemens-Martinstahl von 5 m Länge, die durch eine solide Muffenverbindung miteinander gekuppelt werden. Die Verbindung ist derart ausgebildet, daß Leistenkeile durch Anziehen von Schrauben die beiden Muffenteile radial auseinandertreiben und fest in das Rohrende des vorhergehenden Schusses hineinpressen. Am Fußende ist ein besonderes Fußstück vorgesehen. Außen am Rohr sind die Schienen zur Kübelführung befestigt (vgl. Abb. 121). An dem Mast ist die leichte und steife Bauweise des Auslegerbaums als teleskopartig ineinandergeschobenes Rohrensystem auffällig. An der dem Bau zugekehrten Seite kann im Bedarfsfalle eine Plattform für einen Materialaufzug vorgesehen werden. Während also der Betonkübel auf der dem Bau abgekehrten Seite läuft, so läuft der Lastenaufzug auf der dem Bau zugekehrten Seite und kann seine höchste Stellung bis kurz unter dem Auslegerschlitten einnehmen. Bezüglich des Betonaufzuges ist noch zu erwähnen, daß die Entleerung des Kübels durch eine Schnauze erfolgt, und zwar seitlich am Mast vorbei in die Gegenschnauze des

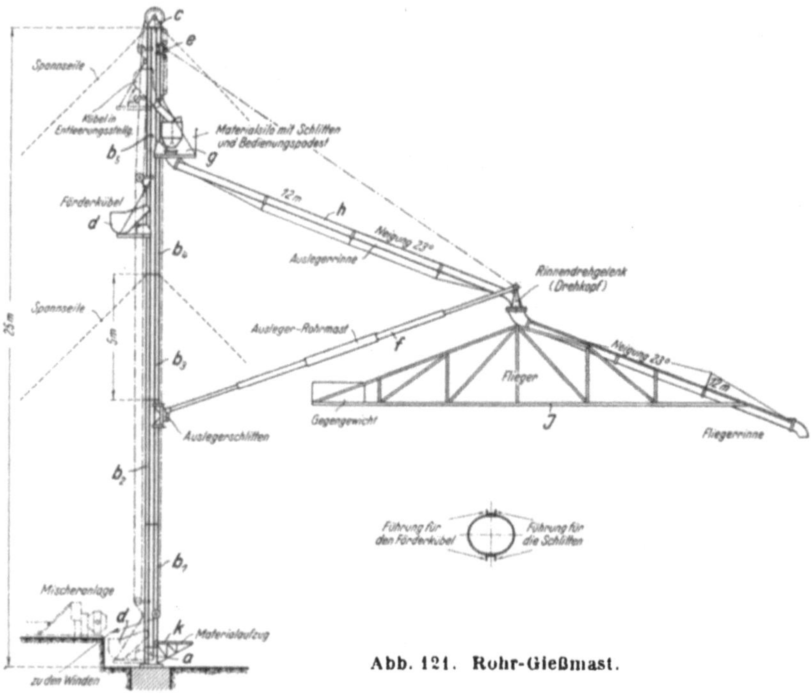

Abb. 121. Rohr-Gießmast.

Turmsilos (Abb. 121 und 122). Die Neigung der Rinne beträgt 23° (besser wäre 26°, d. Verf.). Tragschlitten, Materialsilo mit Schlitten sowie Auslegerschlitten sind mit Rollenführung versehen und haben eine selbsttätige Sperrvorrichtung. Sie gleiten an der dem Bau zugekehrten Seite, sind durch Stahlseile miteinander verbunden und hängen in einem Flaschenzug.

Die einzelnen Teile einer Rohrgießmastanlage von 25 m Höhe sind nun folgende (vgl. Abb. 121):

a) 1 Fußstück mit Seilrollen und Fundament-Ankerschrauben *a*,
b) 5 Aufsatzschüssen je 5 m Länge mit Muffen b_1—b_5,

c) 1 Kopfstück mit den erforderlichen Seilrollen *c*,
d) 1 Förderkübel mit Fahrrahmen für 375 l Inhalt *d*,
e) 1 Seil-Tragschlitten *e*,
f) 1 Streben-Tragschlitten,
g) 1 Rohrmast-Ausleger (Druckstrebe) *f*,
h) 1 Arbeitsbühne mit Silo und Fangrinnen (Montagebühne) *g*,

Abb. 122.

i) 1 Ausleger-Schüttrinne von 12 m Länge *h*,
k) 1 Flieger mit 12 m Rinne *J*,
l) 1 Materialaufzug 1000 kg Tragkraft mit 1000 × 1500 mm Plattform *k*

sowie sämtliche zur Montage und zum Betrieb gehörigen Verschraubungen, Mennigerostschutz- und Ölfarbendeckanstrich, jedoch ohne Stahlseile für den Aufzug und die Verspannung.

Anschaffungskosten.

Der Preis für die aus obigen Teilen bestehende Anlage (25 m Höhe) beträgt rd. **5000 M.**

Für die Verspannung und den Aufzug Stahlseile Ia Qualität, verzinkter Tiegel-Gußstahldraht in fertig geschnittenen Längen mit eingespleißten Kauschen, Schäkeln, Seilklemmen und Spannschlössern sowie zwei dreirolligen Seilkloben, zusammen etwa **750 RM.**

Eine ganze Anlage einschließlich der Winde (die bei einem Kübelinhalt bzw. Mischmaschineninhalt von 250 l einen 10-PS-Motor, bei einem 375-l-Mischer und -Kübel einen 15-PS-Motor benötigt) beträgt also **6000 RM.** Hinzu kommen dann noch die Kosten für die Motoren für Mischer und Winde.

Gewicht etwa 8000 kg einschließlich Seile.

Die Leistung der Anlage hängt von der Größe der zur Verwendung gelangenden Förderkübel und deren Hubgeschwindigkeit ab. Der Mast bleibt in seinen Abmessungen derselbe für 250, 375 und 500 l Kübelinhalt. Für diese Inhalte beträgt bei einer Masthöhe von 40 m und stündlich 20—30 Spielen die Stundenleistung:

Kübelinhalt	Leistung in m^3/Stdn.	Kraftbedarf PS
250	5— 7	10
375	7—11	15
500	10—15	20

hierbei ist die Hubgeschwindigkeit mit 0,5 m angenommen. Nun noch einiges über die Aufstellung. Sie erfolgt unter Zuhilfenahme eines Auslegerarmes derart, daß der erste Rohrschuß mit dem Fußstück aufgestellt wird und an diesem Rohrschuß zunächst der Schlitten, der den Auslegerarm trägt, und darüber die Montagebühne befestigt wird.

Der Auslegerarm wird dann senkrecht hochgestellt und geht durch eine Öffnung im Boden der Bedienungsbühne parallel neben dem Gießmast, hoch. Der Auslegerarm dient also für die Montage des Mastes gleichzeitig als Hilfskran, wie dies aus Abb. 122a ersichtlich ist.

Mit Hilfe einer Handwinde wird über die Rollen des hochgestellten Auslegerarmes der nächste Rohrschuß hochgezogen und hierauf mit der entspannten Muffe in den bereits aufgestellten Rohrschuß hineingelassen. Hierauf wird die Bedienungsbühne mit dem Auslegerarm um 5 m weiter nach oben, also bis an den oberen Rand des Mastes gezogen. Abb. 122a zeigt den Augenblick nach Befestigung eines Rohrschusses vor dem Höherziehen der Bedienungsbühne mit dem Auslegerarm. Nach Beendigung der Montage und der Verseilung, die bei dem Rohrgießmast infolge seiner Steifigkeit

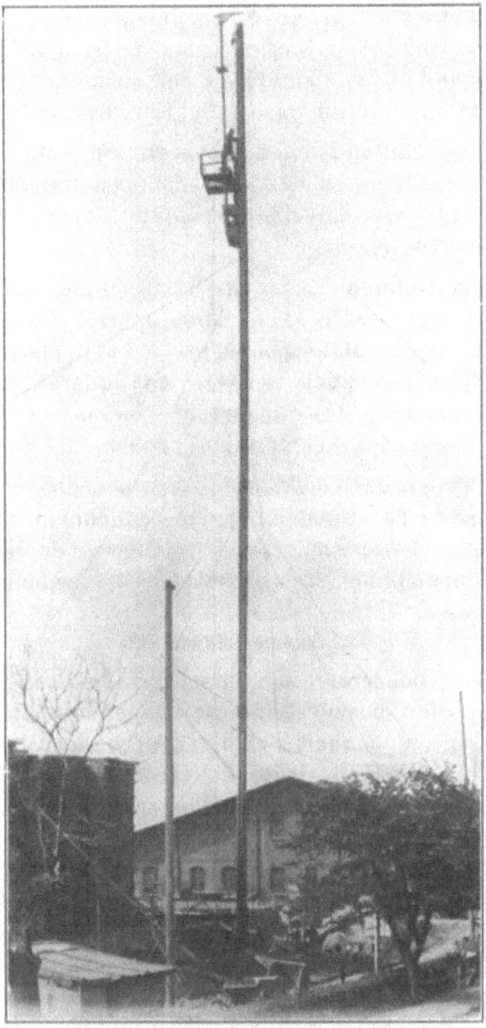

Abb. 122a.

nur alle 15 m erfolgt, wird die Montagebühne mit dem Auslegerarm heruntergelassen. Es wird nun auf der Montagebühne der Materialsilo befestigt (Abb. 122). Der Auslauf des Silos geht durch die schon bei Montage des Mastes für das Hochstellen des Auslegerarmes freigelassene Öffnung. Über dem Materialsilo wird dann ein zweiter Schlitten befestigt, der das Drahtseil aufnimmt, dessen anderes Ende die Spitze des Auslegerarmes trägt. Unter der Auslauföffnung des Turmsilos wird die Auslegerrinne eingehängt; das untere Ende der Rinnen (Gefälle von 23°)[1]) wird in einem Gelenk an der Spitze des Auslegerarmes und unter dem Ende der Auslegerrinne wieder das Drehgelenk (Drehkopf) und daran die Fliegerrinne angehängt.

Die beiden genannten Rinnen haben, wie aus Abb. 121 ersichtlich, je eine Länge von 12 m, so daß der Gießmast freitragend 24 m an Rinnen trägt. In der wagrechten Projektion entspricht dies ungefähr 22 m freie Ausladung.

Da an dem unteren Ende der Fliegerrinne noch eine Hilfsfliegerrinne befestigt werden kann, deren unteres Ende auf dem Bau oder einem Hilfsbock aufzulegen wäre, so kann mit einer Endausladung von 30 m gerechnet werden. Stationäre Rinnen können natürlich in beliebiger Zahl angebracht werden; es muß aber der erforderliche Neigungswinkel gewahrt bleiben.

Für den Betrieb des Gießmastes ist die schon zur Montage benötigte Handwinde zur Einstellung der Rinnenhöhe und außerdem eine Motorwinde erforderlich. (Bei Friktionswinden sind solche mit Kegelfriktion denen mit Stirnradfriktion vorzuziehen.)

4. Kleinste Gießgeräte.

Als kleinste Gießgeräte, die immerhin 3—4 m³/Stdn. bequem leisten, können wir die zu Gießgeräte angepaßten kleinen Bauaufzüge zählen. Die Möglichkeit und das Vorhandensein solcher zwar kleinen, jedoch in ihrem Maßstabe recht leistungsfähigen wohlfeilen kleinen Geräte ist ganz auffallenderweise noch außerordentlich wenig bekannt. Als Beispiel diene der Aufzug von A. Groß, Schwäb.-Gmünd, der ähnlich dem in Abb. 63 und 64 dargestellten Gerät ausgebildet ist. Der in Abb. 123 dargestellte Aufzug ist, wie üblich, an einem kräftigen Standbaum (22—26 cm Dmr.) befestigt. Ist die Stange etwas schwächer, dann muß sie alle 2—4 m verläßlich gegen die Rüstung abgesteift werden. Die Knickuntersuchung ist auf alle Fälle in der in Kapitel 41, Z. 3, angegebenen Form anzustellen. Indessen läßt sich schon immer eine sichere Durchbildung ermöglichen. Vor allem sind auch die in Abb. 123a gezeichneten Schrauben unbedingt gegen Loslösen zu sichern.

---

[1]) 23° sind etwas knapp, besser 25—27°, um mit geringerem Wasserzusatz auszukommen.

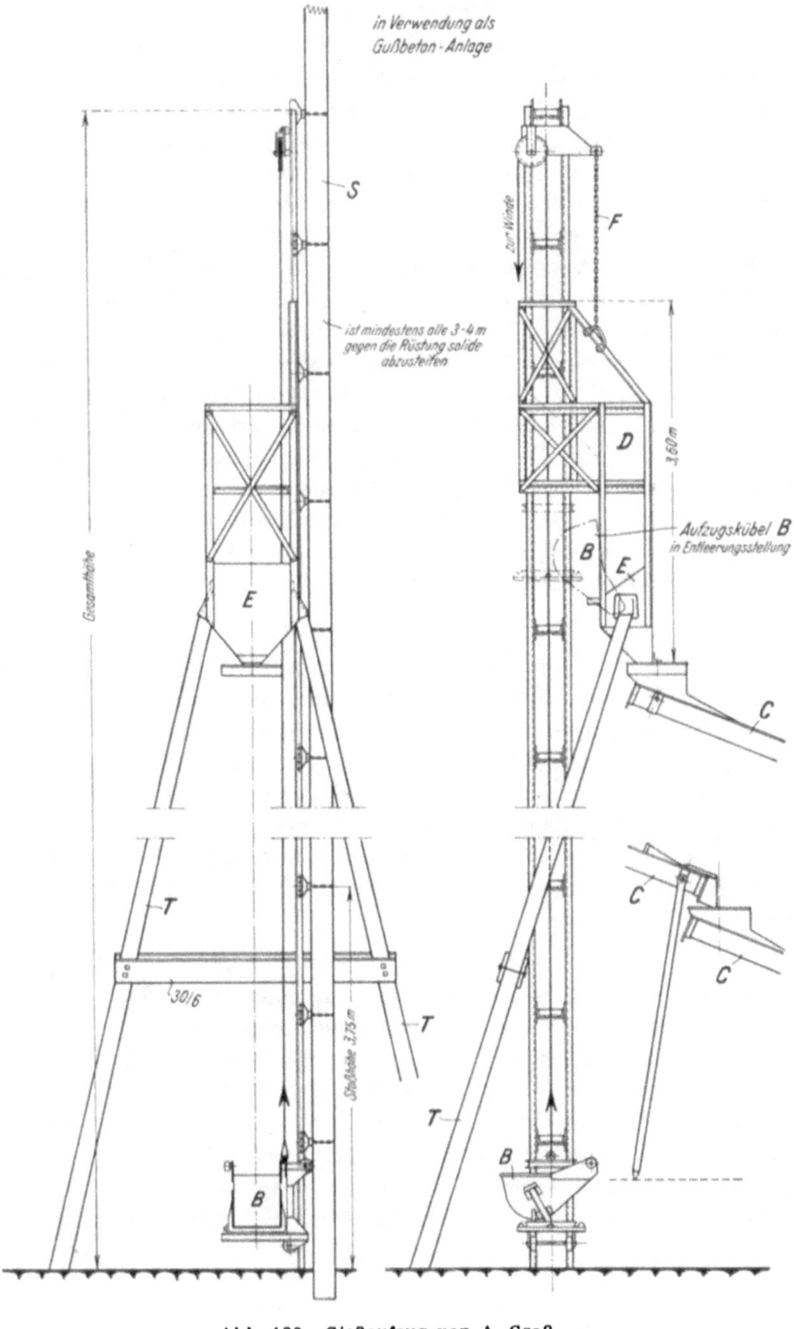

Abb. 123. Gießaufzug von A. Groß.

Beschreibung.

An dem Standbaum *S* sind die Winkeleisen *A* als Führungsschienen in der in Abb. 123a angegebenen Art befestigt. Auf diesen laufen die Führungsrollen des Aufzugskübels *B* von 150 l Inhalt. Beim Hochziehen schlägt er in der obersten Stellung gegen einen Anschlag, worauf er in die punktiert angedeutete Stellung gezogen wird, in der er in den Silo *E* entleert. Der Anschlag erfolgt in dem Kopfstück *D*, das mit einer Kette *F* verschiebbar aufgehangen ist. Das Kopfstück trägt auch den erwähnten Silo *E*, der im übrigen von zwei kräftigen Rüststangen *T* zu unterstützen ist, um den Standbaum hiervon zu entlasten. Der Silo *E* hat einen Regulierschieber. Meist stellt man eine kleine 150-l-Maschine etwa von Art und Leistung der Abb. 106 und 107 so auf, daß sie direkt in den Aufzugeimer entleert, ev. unter Zuhilfenahme einer kurzen Schurre, wenn Platzmangel infolge der Steifen *T*. Die Leistung des Antriebsmotors berechne man so wie in Kapitel 41, Z. 3, angegeben.

In Abb. 123 b und c ist die ursprünglich vorgesehene Anwendung des Bauaufzuges als Schwenker (vgl. Abb. 55) und als Plattformaufzug (ähnlich wie Abb. 63 und 64) dargestellt.

Leistungsfähigkeit.

Die Höhe sei 15 m, die Hubgeschwindigkeit $v = 0,5$ m/sek. Die Hubdauer ist etwa $15 : 0,5 = 30$ sek, hinzu für Entleeren und Einbringen des Betons 90 sek, d. s. zusammen 120 sek gleich 2 min. Dies ergäbe in der Stunde 30 Spiele, womit sich für die Mischmaschine eine Mischzeit von 2 min ergäbe, was auch für einen gut durchgemengten Beton allermindestens an Mischzeit erforderlich ist. Demnach wäre die äußerste Stundenleistung der Anlage $30 \cdot 150 = 4500$ l und die Tagesleistung mit Pausen freiwilliger und unfreiwilliger Art etwa 20—25 m³.

Anschaffungskosten in RM.

Universalbauaufzug mit Gießeinrichtung nach Abb. 123 für 15 m Gesamthöhe mit Betonaufzugsmulde für 150 l, mit Plattform zum Aufstellen von Schiebkarren und mit Schwenkkran 500 kg Tragkraft, einschließlich Aufzugsseile Preis	780 RM.
Die dazugehörige Friktionswinde kostet ohne Motor .	590 ,,
Diese Einrichtung erhält bei Ausgestaltung als Gießmastanlage mit 9 m Aktionsradius einen Mehrpreis von	390 ,,
zus.	1760 RM.

Hinzu kämen noch Mischmaschine mit Motor und Motor für Winde.

Die sämtlichen auch bei den großen Anlagen angegebenen Leistungsziffern sollen nur als Richtlinien angesehen werden; die tatsächliche Größe hängt, wie bereits erwähnt, sehr von den örtlichen Umständen, dem guten Willen der Arbeiter und der Aufsicht ab und schließlich in besonderem auch von den Witterungsverhältnissen. Trotz dem nicht unbedeutenden Kostenaufwand für die großen und kleinen Gießgeräte stellt sich der Preis für das Hochziehen und Verteilen des Betons ziemlich billig, wozu noch der erhebliche

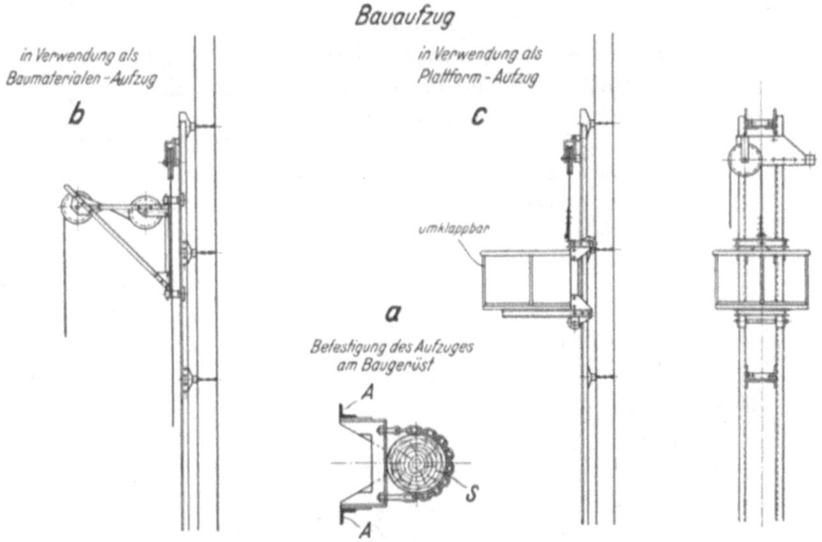

Abb. 123a–c.

Vorteil des raschen Arbeitsfortschritts und der gleichmäßigen Verarbeitung hinzutritt. Als Beispiel für eine Kostenberechnung sei der Rohrmast (Abb. 121, 122 und 123) herausgegriffen.

5. Gestehungskosten für Hochziehen.

Es sollen ausdrücklich nur die Kosten für das Hochziehen und Verteilen des Gußbetons in die Schalungen berechnet werden. Kosten für Mischen sind hierbei nicht enthalten. Auch nicht die Kosten für die 2 oder 3 Arbeiter, die den Beton in den Schalungen stochern, weil diese Leute ja auch beim Verteilen von Muldenkippern auf Feldbahngleis erforderlich sind.

Berechnung der Gestehungskosten in RM. für das Aufziehen und Verteilen eines m³ Betons, unter Zuhilfenahme eines Rohr-Gießmastes von 25 m Höhe (Abb. 121 und 122).

		RM.
I. Anlagekosten:		
Preis der gesamten Rohrmastanlage einschl. der Seile und der benötigten Winde (ausschließlich Mischmaschine) franko Berlin Gerätepark	6000	
Jährliche Abschreibung für eine Lebensdauer von $6^2/_3$ Jahren der Anlage 15%.	900	
Jährliche Verzinsung 10%.	600	
		1500
II. Jährliche Instandhaltungskosten:		
a) Ein neuer Anstrich in zwei Jahren 200 .	100	
b) Ersatz sämtlicher Seile nach 3 Jahren 750	250	
c) Kleinere Instandhaltungsarbeiten (2½ %)	150	
		500
III. Transportkosten zweimaliges Auf- und Abbauen einer Anlage im Jahr, je 150 Stdn. für das Aufstellen, je 80 Stdn. für das Abbrechen — 460 Stdn. zu 1,25		600[1])
insgesamt		2600
Bei 1500 Betriebsstunden im Jahr ergibt sich je Betriebsstunde 2600 : 1500		1,75
IV. Betriebskosten:		
a) Winde mit 15-PS-Benzinmotor für den Betrieb des Aufzuges mit 375 l Inhalt braucht je PS/Stde. 300 g Benzin = 4½ kg, somit bei 30 Spielen in der Stunde ½ · 4½ = 2,25 kg, das kg zu 0,40 M./Stdn. . . . 2,25 · 0,4 =	0,90	
Schmieröl 0,06 kg zu 0,50 M.	0,03	
		0,93
b) 1 Schlosser zur Bedienung der Anlage je Stunde		1,35
Die Anlage somit einschl. Winde ausschl. Mischmaschine **je Stunde** im ganzen		4,03
		RM. rd. **4,00**

Bei einem Kübelinhalt von 375 l können je nach Hubgeschwindigkeit ungefähr 20—30 Spiele in der Stunde gemacht werden. Die Leistung der Anlage beträgt dann 7—12 m³/Stdn.

Auf den m³ Beton kommen somit 4,00 : 7 bzw. 4 : 12 = 0,57 bis 0,33 RM./m³ Gesamtkosten für das Aufziehen und Verteilen des Betons.

[1]) An Orten mit billigen Löhnen, sonst besser 1000—1200 RM.

Diese vorstehende Art der Kostenberechnung für die Kosten der Baumaschinenstunde ist nicht nur beim Gießgerät, sondern auch bei jeglicher Baumaschine anwendbar. Natürlicherweise ist diese Art der Kostenberechnung wie jede andere auch anfechtbar, zumal die Annahme der Lebensdauer behufs Festsetzung der Abschreibung unsicher sein mag. Verf. hat jedoch festgestellt, daß die genannte Lebensdauer bei guter Wartung keineswegs übertrieben hoch ist. Ferner die Zahl der jährlichen Betriebsstunden: Diese Annahme kann der vorsichtige Kalkulator wohl niedriger ansetzen wollen; in beiden Fällen wird man also sowohl hinsichtlich der Lebensdauer als auch hinsichtlich der jährlichen Betriebsstunden jene Zahlen wählen, die dem betreffenden Baubetriebe angepaßt sind. Das ändert nichts am Wesen der Berechnungsweise, die man zweckmäßig in Anlage-, Instandhaltungs- und schließlich in die Betriebskosten einteilt. Die Transportkosten, die hier gesondert unter III angesetzt wurden, kann man auch für jeden einzelnen Bau zuschlagen, jedoch spielt die Ziffer meist keine sehr große Rolle in bezug auf die Gesamtgestehungskosten je einer Betriebsstunde.

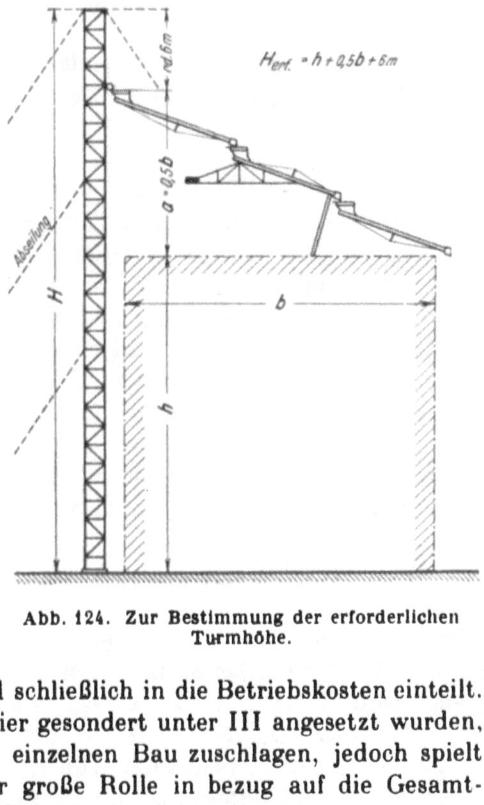

Abb. 124. Zur Bestimmung der erforderlichen Turmhöhe.

5a. Berechnung der erforderlichen Turm- bzw. Masthöhe bei Gießgeräten.

Ist gemäß einer gegebenen Gebäudebreite b, die notwendige Rinnenlänge l, dann errechnet sich die erforderliche Turmhöhe H zu rd. (Abb. 124):

$$H = h + a + 6 \text{ m}$$

Hierin ist $a = b \cdot \operatorname{tg} \alpha =$ rd. $0{,}5\, b$.

h ist die gegebene Höhe des zu errichtenden Bauwerks und die Konstante von 6 m ist ein bei den mittleren Masten und Gießtürmen rd. angesetztes Maß vom unteren Schlittenpunkt bis Mastspitze.

Beispiel Gebäudehöhe:

$$h = 26 \text{ m}, \text{ Breite } b = 13 \text{ m}.$$
$$H = 26 + 13 \cdot 0{,}5 + 6 = \mathbf{38{,}5 \text{ m}}.$$

Beispiel (Garage):

$$h = 10 \text{ m} \quad b = 20 \text{ m}$$
$$H = 10 + 20 \cdot 0{,}5 + 6 = \mathbf{26 \text{ m}}.$$

Beispiel:

Fahrbarer Gießturm für Siedlung (Decken):

$$h = 1{,}1 + 2{,}88 + 2{,}88 = 6{,}86 \text{ rd. } 7 \text{ m}; \; b = 8{,}68 \text{ rd. } 8{,}8 \text{ m},$$
$$H = 7 + 8{,}8 \cdot 0{,}5 + 6 = 17{,}4 \text{ rd. } \mathbf{18 \text{ m}}.$$

6. Zur Auswahl eines Gießgerätes.

Noch vor nicht allzulanger Zeit war der deutsche Unternehmer fast ausschließlich auf fremde Erzeugnisse angewiesen, von denen gute Erfahrungen z. B. mit den amerikanischen Insley-Türmen vorliegen. Seit einigen Jahren jedoch sind ebenfalls gute deutsche Erzeugnisse am Markt. Es gibt aber auch minderwertige Ware; ist es doch jüngst vorgekommen, daß eine Baumaschinenfirma einem Dresdener Unternehmer einen Turm lieferte, bei dem kein Stück zusammenpaßte und der Turmlieferant versagte völlig. Dem geschädigten Eisenbetonunternehmer blieb nichts weiter übrig als von einer ortsansässigen Maschinenfabrik den Gießturm unter Verwendung von Erneuerungen zusammenpassen zu lassen.

Wenn das Gießgerät nun nicht gerade von heute auf morgen beschafft werden muß, so empfiehlt es sich nicht Zeit und Mühe zu scheuen um mit dem Vertreter der in Frage kommenden Baugerätefabrik einige Baustellen zu besuchen, wo der Turm in Betrieb steht. Man trachte den Wasserzusatz des Mischgutes festzustellen und die Rinnenneigung, um dergestalt ein Urteil über die Rinnenreibung zu gewinnen. Das wichtigste aber ist es, den Turm mindestens eine Stunde lang im Betriebe zu beobachten, wobei man sein Hauptaugenmerk auf den Betrieb vom Turmsilo ab lenken wird, vor allem ob tadelloser Durchgang des Mischgutes durch die Drehköpfe erfolgt. Schließlich trachte man in Erfahrung zu bringen wieviel Lohnstunden zu Aufstellung und Abbruch beim letzten Bau erforderlich gewesen waren. In einem Sonderfalle gebrauchte von zwei Türmen gleicher Leistung der eine für Auf- und Abbau ganze 270 Lohnstunden weniger wie der andere, d. h. bei 10 Aufstellungen rd. 3000 RM. Ersparnis.[1]) Es ist selbstredend, daß man von zwei

[1]) Große schwere Türme verschlingen für einmaligen Gebrauch (Aufstellung und Abbruch) oft 2—3000 RM.

miteinander in engerer Wahl stehenden Turmbauweisen gleicher Leistungsfähigkeit jener den Vorzug geben wird, die:

1. bei gleichem Preise das größere Gewicht aufweist,
2. dabei die geringeren Lohnstunden für Auf- und Abbau bedarf,
3. gestattet ohne besondere Umstände mit kleineren bzw. größeren Kübeln (je nach dem jeweiligen Bauvorhaben) zu arbeiten,
4. den kleineren Kraftverbrauch hat, und schließlich
5. von der die größere Anzahl Typen im Betriebe besichtigt werden kann.

Ist man geneigt gegebenen Falles eine gebrauchte Anlage zu erwerben, so soll man sich hierzu nur dann entschließen, wenn

a) die Anlage im vollen Betrieb gesehen werden kann,
b) das Rinnensystem nicht zu sehr abgenutzt ist; man erkennt dies am Zustand, der bei allen guten Rinnenbauweisen vorhandenen Schleißbleche.

Man beachte, daß man selbst bei Bauvorhaben größten Ausmaßes im Hochbau mit Kübelinhalten von 500 und 750 l völlig ausreicht. Im Beispiel 7, Kapitel 46, hat sich trotz guter Arbeiterkolonnen herausgestellt, daß die Leistungsfähigkeit des Turmes mit einem 750-l-Kübel nicht im Entfernten ausgenutzt werden konnte.

Der wichtigste Punkt beim Erwerb eines Gießgerätes ist die Frage ob fest oder fahrbar! Die neuere Richtung bevorzugt vielfach die fahrbaren Anlagen, obgleich sie wegen der Stabilitätsfragen und der Wagenkonstruktion nicht unbedeutend teurer sind. Bei Gebäudegrundrissen mit langgestreckter Front bleibt das fahrbare Gerät das gegebene.

Kapitel 45. Bauhilfsmaschinen.

1. Schneide- und Biegemaschinen.

Sowohl der Schneide- als auch der Biegevorgang ist technisch genommen zu allgemein bekannt, als daß an Hand von schematischen Maschinenskizzen der Arbeitsvorgang erläutert werden müßte. Beim Abscheren wird der Trennvorgang durch zwei aneinander vorbeigehende Messer bewirkt, und beim Biegen biegt der sog. Biegeflügel das Eisen um einen Dorn. Heutzutage strebt man das mehrfach erwähnte Verfahren an, die Biegearbeit, ja sogar die Flechtarbeit für Balken und Stützen auf den Werk- und Lagerplatz zu verlegen, um sich am eigentlichen Bauplatz nur auf das allernotwendigste zu beschränken, wozu irgendwelche unvorhergesehene Arbeiten zählen mögen.

Schneidemaschinen.

Bezüglich der Schneide- und Biegearbeit ist zu erwähnen, daß nach „Bautechnik" 1928, Heft 39, für Schneide- und Biegemaschinen der Kraft- bzw. Stromverbrauch etwa beträgt 1,36 PS oder 1 kW/t Eisen. Vielleicht liegt dieser Wert etwas zu günstig und man schlage zur Sicherheit 80—100% zu.

Was die erforderlichen Lohnstunden für Schneiden und Biegen einer Tonne Eisen betrifft, so wollen wir Handbiegen ausschließen. Maschinenarbeit ist soviel wirtschaftlicher, daß sie allein in Frage kommt. Natürlich kostet eine Tonne dünnes Eisen vier- bis fünfmal soviel wie eine Tonne Eisen stärkerer Durchmesser.

Nach Messungen bei einer Eisenbeton-Firma ergab sich folgender Arbeitsaufwand für Schneiden und Biegen für einfachere und komplizierte Biegearbeiten, wobei die Schneidemaschine 6 Schnitt je Minute leisten konnte (moderne Schneider leisten schon 32—45 Schnitt).

Komplizierte Abbiegungen

einschl. Bügel		5— 8 mm	Dmr.	= etwa	2	t in	22 Stdn.
einfache	desgl.	5— 8	,,	= ,,	5	,, ,,	22 ,,
komplizierte	,,	10—15	,,	= ,,	2½	,, ,,	22 ,,
einfache	,,	10—15	,,	= ,,	7	,, ,,	22 ,,
komplizierte	,,	16—20	,,	= ,,	3½	,, ,,	22 ,,
einfache	,,	16—20	,,	= ,,	7— 8	,, ,,	22 ,,
komplizierte	,,	20—25	,,	= ,,	5	,, ,,	22 ,,
einfache	,,	20—25	,,	= ,,	6— 8	,, ,,	22 ,,
komplizierte	,,	25—40	,,	= ,,	10—12	,, ,,	22 ,,
einfache	,,	25—40	,,	= ,,	bis 15	,, ,,	22 ,,
					63	t in	220 Stdn.

Das bedeutet im Mittel also einen Arbeitsaufwand von 220 : 63 = **3,5 Stdn./t.** In dieser Leistung ist der Stundenaufwand für Ablängen Etikettieren, Biegen und Aufräumen mit enthalten.

Heutigentages sind die Leistungen der Maschine bedeutend höher, einmal ist die Schnittgeschwindigkeit der Schneider 5—6mal so groß, ferner beide Aufbiegungen zugleich mit einem Handgriff biegbar. Man kann dann bei sachgemäßer Bedienung die Leistung ohne weiteres verdoppeln, so daß in obiger Tabelle die Tonnenzahlen vielleicht so groß eingesetzt werden können. Im Durchschnitt könnte man demnach **2—3 Stdn.**/t für Ablängen, Biegen und Signieren als rohen Mittelwert vermerken, wenn geschickte Arbeiter am Werk sind.

Als Beispiele seien die Maschinen der Fa. Futura, Elberfeld, aufgeführt.

Schneidemaschine Kolumbus (Abb. 125).
Schnittgeschwindigkeit **32** Schnitt/min.

Sie schneidet RE. bis **40 mm** oder ein Bündel mehrerer entsprechend dünner Eisen. Der Schneider ist fahrbar auf Normenrädern. Diese Normenräder sind sehr praktisch entworfen, indem sie nach

Abb. 125.

Abb. 126 sowohl auf dem Boden, auf dem Flansch einer umgelegten Feldbahnschiene oder auf dem Kopf einer entsprechenden Feldbahnschiene rollen können. Die Maschine ist ein sog. „Freischneider", weil eine Niederhaltvorrichtung hier nicht nötig ist.

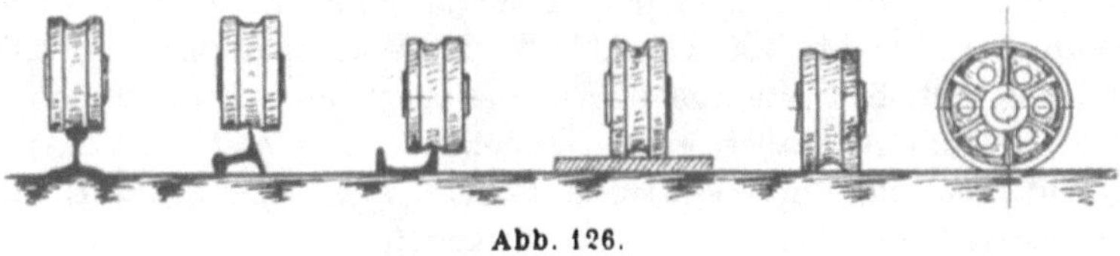

Abb. 126.

Anschaffungskosten.

Der Preis der Maschine ohne Motor stellt sich auf . 1300 RM.
Der Preis der Maschine einschließlich eines 4-PS-Drehstrommotores, umschaltbar auf die Spannungen 110/220/300/380/500 Volt stellt sich fix und fertig auf 1575 „
frei Werk ausschl. Verpackung. Lieferzeit etwa 3 Wochen.

Schneidemaschine Romryk (Abb. 127).

Schnittgeschwindigkeit 32—45 Schnitte/min.

Schneidet RE. bis 40 mm.

Das Messermaul ist so gebaut, daß sich das Eisen beim Schneiden von selbst stützt.

Die Maschine ist fahrbar eingerichtet für Riemenantrieb und zum unmittelbaren Antrieb durch Elektromotor mittels Zahnradübersetzung, so daß mit der Maschine vor dem Eisenlager auf- und abgefahren werden kann. Die Maschine wird auf Wunsch geliefert

Abb. 127.

mit einem auf dem Wagen der Maschine aufgebauten 10-PS-Drehstrommotor, für 110/190/220/300/380/500 Volt Spannung, ventiliert gekapselt mit beiderseitigem Wellenstumpf und zwei besonderen Konsolen zum Aufbauen eines Vorgeleges. Der Motor ist mit der Schneidemaschine durch ein Rohhautritzel von 25 Zähnen gekuppelt. Zum Antrieb der Maschine wird mitgeliefert:

1 ölgekühlter Anlasser,

1 wasserdicht gekapselter, gußeiserner, dreipoliger Hebelschalter mit dreipoliger Sicherungsklemme,

3 Sicherungen für je 60 Amp.,

ferner die zur Installation erforderlichen sechsfach gummibandagierten elektrischen Leitungen.

Die Maschine ist mit den bereits erwähnten Normenrädern ausgerüstet.

Biegemaschinen.

Die Schneidemaschinen, die ja fahrbar sind, werden so an das Eisenlager herangerückt, daß die Rundeisenstärken aus dem betreffenden Stapel nur wenig herausgezogen zu werden brauchen um sie abzulängen; gleich hinter dem Schneider steht dann die Biegemaschine, die sogleich die Eisen wieder weiter verarbeitet. Einige Biegemaschinen arbeiten halbautomatisch, d. h. nach einmaligem Einstellen biegen sie beispielsweise ganz selbständig den Rundhaken (Considère).

Abb. 128.

Biegemaschine Fabricia (Abb. 128).

Bis 40 mm RE. biegend,

oder 2 Aufbiegungen bis 30 mm Dmr., und zwar gleichzeitig durch einen Hebeldruck. Wendegetriebe-Fußsteuerung vorwärts und rückwärts. Automatisches Biegen der Rundhaken nach 5 D und die beiden erwähnten Aufbiegungen nach 10—15 D. Infolge dieser Einrichtungen kein Schwenken oder Kanten der Eisen erforderlich.

Anschaffungskosten.

Mit 3 PS gekapseltem Drehstrommotor für alle Spannungen **3980 RM.**

Eine kleinere bis 30 mm biegende Maschine ist die

Universum (Abb. 129).

Auch diese Maschine biegt halb- und ganz automatisch Scherbügel und Spiralen wie die obige.

Preis mit 3-PS-Motor für alle Spannungen **2420 RM.**

Beim Ankauf von Biegemaschinen ist stets insbesondere auch darauf zu achten, daß die Aufbiegungen mit 10—15 D herstellbar sind.

2. Kompressoren.

a) Allgemeines.

Die Kompressoren, die die Druckluftwerkzeuge betreiben, können auf Baustellen, bei denen größere Massen an Mauerwerk oder Beton abzubrechen sind, nicht entbehrt werden, weil die Preßluftstemmzeuge der Handarbeit in bezug auf Zeit- und Kostenersparnis weit überlegen sind. Über die Kosten solcher Stemmarbeiten

Abb. 129.

soll in Kapitel 45a berichtet werden. Daß es aber Fälle gibt, in denen Preßluftstemmzeug bei einem Eisenbetonneubau wertvolle Dienste leistet, ist aus folgendem Fall erkennbar. Bei einem Industriebau sollte die Kellerdecke eine Nutzlast von 1300 kg/m² erhalten, wofür das Kellergeschoß berechnet und auch in Splittbeton ausgeführt worden war. Nachdem etwa 4 Wochen darüber vergangen waren, entschloß sich der Bauherr in letzter Stunde zu einer Dispositionsänderung im Fabrikbetriebe, wodurch allerdings die Kellerdecke eine Nutzlast von 1700 kg/m² statt der früheren 1300 kg/m² erhalten sollte. Die Konstruktion des Kellergeschosses bestand aus Durchlaufbalken, die über den Stützen nur ganz kleine Vouten aufwiesen. Nach manchen Überlegungen entschloß man sich die Deckenplatten und Balken durch Vergrößerung der Konstruktionshöhe zu verstärken und die Unterzüge durch Einstemmen größerer kräftiger Vouten, die auch Gelegenheit gaben, das zufolge der höheren Belastung noch erforderlich gewordene Mehr an Schubeisen unterzubringen. Auch über die Kosten dieser Stemmarbeit wird ebenfalls in Kapitel 45a berichtet.

Preßluftwerkzeuge leisten auch dort vorzügliche Dienste, wenn z. B. auf große ausgedehnte Flächen ein statisch wirksamer Überbeton aufgebracht werden soll, weil diese Werkzeuge in wenigen Stunden an Aufrauhen und Aufspitzen mehr leisten als einige Dutzend Stemmarbeiter von Hand in einigen Tagen.

Auch ist weiterhin der Kompressor unentbehrlich für das bekannte Zementspritzverfahren, das bei Verstärkungsarbeiten ausgezeichnete Dienste leistet.

b) Besondere Angaben.

Da die Bauzeit für die Stemmarbeit auf einzelnen Baustellen meistens nur kurz ist, so daß es sich nicht erst lohnt, ein besonderes Fundament für den Kompressor herzustellen und den Kompressor ortsfest zu machen, verwendet man dort am zweckmäßigsten fahrbare Kompressoranlagen. Je nach der Größe des Kompressors ist es möglich, mehr oder weniger Werkzeuge gleichzeitig durch eine derartige Anlage zu betätigen. In der Hauptsache gibt es zwei Größen (Demag). Die eine Anlage sieht einen Kompressor vor mit einer minutlichen Ansaugeleistung von **2,2 m³**, während der Kompressor der anderen Anlage **3,5—3,9 m³** Ansaugleistung besitzt. Der Luftverbrauch von Abbauhämmern leichterer Bauart ist minutlich bei 6 at Druck etwa 0,7—0,8 m³. Da die zusammen an einer Komdressoranlage angeschlossenen Werkzeuge naturgemäß nicht sämtlich zu gleicher Zeit arbeiten, kann man an die kleinere Kompressoranlage bereits vier leichte Abbauhämmer anschließen, ev. auch noch einen fünften in Betrieb nehmen, wobei dann allerdings der Druck etwas sinken würde; der größere Kompressor ist jedoch ausreichend um 8 bis 10 Abbauhämmer gleichzeitig zu betreiben. Die größere Anlage ist für unsere Zwecke im Hochbau indessen wohl nur seltener erforderlich.

Bei schweren Beton-Aufrißhämmern aber muß man mit einem Luftverbrauch von 1,5 m³/min rechnen, so daß es sich in diesem Falle empfehlen dürfte, die größere Anlage zu wählen. Von jenen schwereren Hämmern kann man mit der kleineren Anlage (Abb. 130, Demag) nur dann zwei Stück in Betrieb halten, wenn man mit dem Druck auf etwa 5 at heruntergeht, während man mit der größeren Anlage mit 3 Hämmern gleichzeitig gut arbeiten kann. Als Antriebsmotor für den Kompressor wählt man bei fahrbaren Anlagen entweder einen Benzolmotor oder einen Rohölmotor. Der Antrieb vom Motor zum Kompressor folgt entweder durch direkte Kupplung oder durch Riemenübertragung unter Einschaltung einer Riemenspannrolle. Bezüglich der Anschaffungskosten ist zu erwähnen, daß bei einem Benzolmotor der Anschaffungspreis geringer ist als bei einem Rohölmotor, dagegen sind die Betriebskosten beim Rohölmotor günstiger.

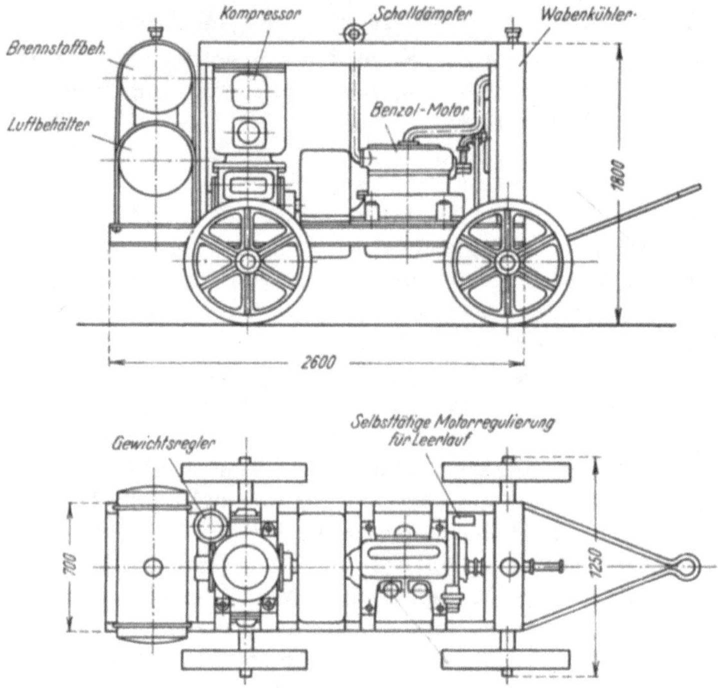

Abb. 130. Fahrbarer 2-stufiger Kolbenkompressor für 3,2 m³/min effekt. Ansaugeleistung (Demag).

Der reine Brennstoffverbrauch bei einem Rohölmotor kann nämlich mit etwa 0,2 kg/PS/Stdn. angenommen werden.

Bei der kleineren, fahrbaren Kompressoranlage benötigt man einen Motor mit einer Dauerleistung von rd. 20 PS, während für die größere Anlage ein Motor mit einer Dauerleistung von rd. 33 PS erforderlich ist.

Bei jeder fahrbaren Kompressoranlage ist für die Kühlung ein Wabenkühler vorgesehen. Überdies hat sie eine Kühlwasserpumpe. Der Druckluftbehälter sowie der Brennstoffbehälter vervollständigen den auf einem Fahrgestell untergebrachten Aufbau.

Das Fahrgestell ist zum Verfahren auf Straßen eingerichtet und ist mit einem Dach und einer vollständigen Verschalung ausgerüstet. Falls das Fahrgestell mit gummibereiften Rädern ausgestattet wird, kann es als Lastwagenanhänger verwendet und mit einer Geschwindigkeit bis zu 20 km/Stdn. verfahren werden.

Die Anschaffungskosten einer fahrbaren Kompressoranlage sind je nach Wahl der Kompressorgröße und des Antriebsmotors verschieden. Kleinere Anlagen sind bereits für ca. 7000 RM. zu erhalten, während man bei den größeren Anlagen bei Ausstattung mit Rohölmotor bis zu 10000 RM ausgeben muß. Falls nur ein Benzolmotor für den Antrieb gewählt wird, stellt sich der Preis für die größere Anlage auf ca. 8000 RM. Genauere Anschaffungskosten folgen später.

Der Preis der Abbauhämmer und Bohrhämmer beträgt für die leichteren Typen rd. 100 RM. je Stück, für die schwereren Typen 200 RM. bis 300 RM. Preßluftschläuche in 15 m Länge für diese Hämmer einschl. Armaturen kosten rd. 60 RM, während sich der Preis der Meißel und Bohrer je nach der Länge richtet. Der Preis hierfür beträgt jedoch jeweils nur 5 RM. und 10 RM. Nur bei langen Bohrern von mehreren Metern Länge muß man mit einem Preis von 28 RM bis 30 RM. rechnen.

Die fahrbare Kompressoranlage ist im einzelnen schon früher beschrieben. Es sei nur noch erwähnt, daß bei den Demag Kompressoren, die hier als Beispiel angeführt sind, durchweg zweistufige, stehende Kolbenkompressoren mit verhältnismäßig langsamer Drehzahl zur Verwendung kommen. Zweistufige Kolbenkompressoren haben gegenüber einstufigen den Vorteil, daß der Kraftbedarf wesentlich geringer ist. Der Kraftbedarf stellt sich bei zweistufiger Kompression bei 6—7 atü Enddruck um etwa 15% günstiger als bei einstufiger Kompression. Sämtliche Kompressoren werden mit einem Gewichtsleistungsregler ausgerüstet, der verhütet, daß der Druck gefahrdrohend ansteigt. Wenn nämlich zeitweilig wenig oder gar keine Preßluftwerkzeuge arbeiten und der Motor weiter läuft, muß der Druck, der durch den Kompressor erzeugt wird, naturgemäß steigen. Dadurch würden Beschädigungen sowohl am Kompressor, wie auch am Motor durch Überlastung hervorgerufen werden. Der Regler wird nun so eingestellt, daß er, sobald der Druck um etwa ½ at höher ist als der normale Druck, den Kompressor automatisch auf Leerlauf schaltet. Erst nachdem der Druck um etwa 1 at wieder gesunken ist, was nach der Inbetriebnahme von Werkzeugen schnell vor sich geht, wird das Arbeiten des Kompressors wieder eingeschaltet. Die Arbeitsweise dieses Reglers ist zwar auch für den Baumenschen interessant, jedoch muß mit Rücksicht auf den Buchzweck leider auf eine nähere Beschreibung hier verzichtet werden.

Die von der Demag verwandten Druckluftbehälter für die fahrbaren Anlagen sind für einen Probedruck von 10½ atü bestimmt. Da normal nur mit 6—7 atü gearbeitet wird, ist eine Beschädigung des Windkessels ausgeschlossen.

Abb. 131.

Anschaffungskosten.

Der Preis einer fahrbaren Anlage mit Rohölmotor und etwa 3,7 m³ eff. Ansaugeleistung (Abb. 130) beträgt etwa 9900 RM, dieselbe Anlage mit Benzolmotor kostet 8500 RM. Eine Anlage mit 3,2 m³ Ansaugeleistung und Benzolmotor kostet 7000—7500 RM., während dieselbe Anlage mit Elektromotor etwa 6000—6500 RM. kostet. Motorstärke rd. 30 PS = rd. 22 kW. Zum Schluß soll noch eine Kompressoranlage besprochen werden, die in der Form insofern abweichend ist, als sie auf einen sog. Traktor aufmontiert und von dessen Motor betrieben wird. Es ist dies der Traktor Kompressor der Torkret-Gesellschaft (Abb. 131 und 132).

Es wird hier auf einem gewöhnlichen Traktor, beispielsweise einem Fordson- oder Hanomag-Traktor, hinten ein Rahmengestell aufgesetzt, das einen kompletten Kompressor trägt, der von der Riemenscheibe des Traktors aus angetrieben wird. Zu diesem Zweck wird um den

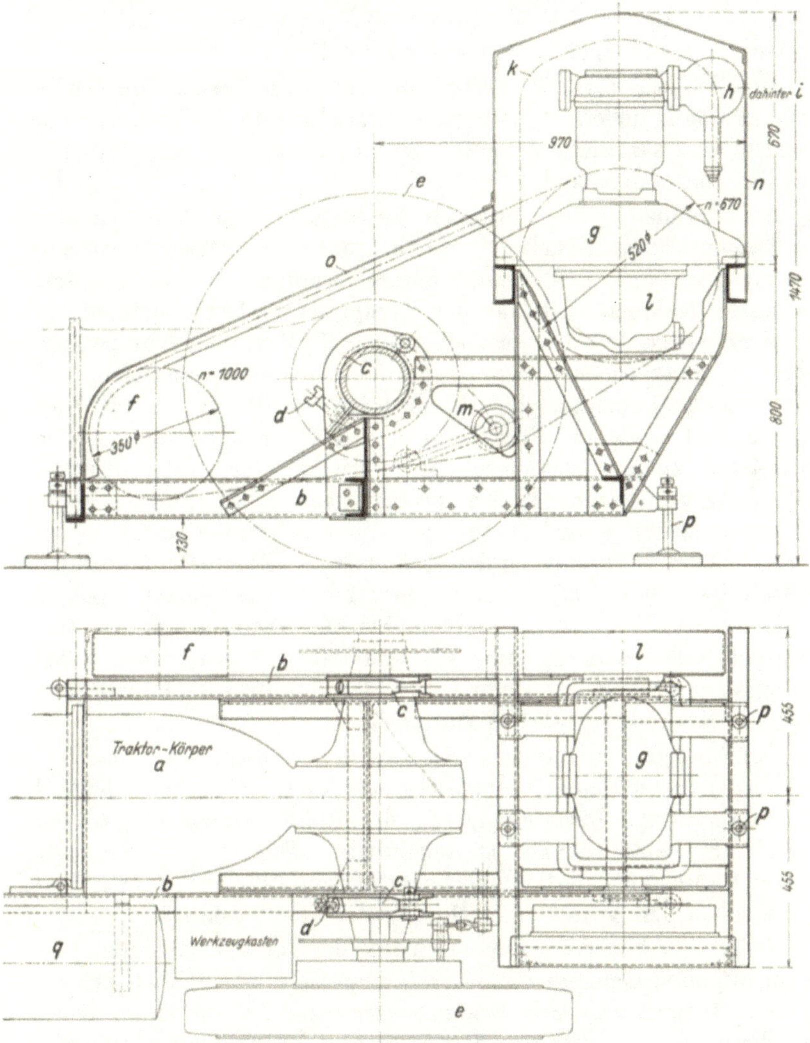

Abb. 132. 3,2 m³-Traktor-Kompressor (Torkret).

Traktor-Körper *a* (vgl. Abb. 132) hinten ein Rahmen *b* in der Weise befestigt, daß der Kompressorrahmen sich unter den Traktorrahmen schiebt und mit Hilfe einer Schelle *c* beiderseits an den Hinterachsschenkeln des Traktors festgeschraubt wird. Wird die Stellschraube *d* der Rohrschellen angezogen, so preßt sich der vordere Teil des Kompressorrahmens von selbst unter den Traktorrahmen, so daß eine weitere Befestigung des Kompressorrahmens mitsamt dem Aufbau an dem Traktorkörper nicht mehr notwendig ist.

Der Traktor wird als vollkommen normaler Traktor mit Industrieausrüstung geliefert und besitzt gummibereifte Räder *e*, normale Bremsen und sämtliche Ausrüstungsteile, die an dem gewöhnlichen Traktor vorhanden sind.

Als Ergänzung zur normalen Ausrüstung dient lediglich eine ausrückbare Riemenscheibe *f*, von der aus der Antrieb des Kompressors *g* erfolgt. Der ganze Kompressoraufbau besteht aus dem erwähnten Rahmen *b*, in den der Kompressor *g* fest eingebaut ist. Der Kompressor selbst ist ein einstufiger Zweizylinder-Kompressor, System Bamag-Torkret, mit einer effektiven Ansaugeleistung von 2,7 m^3/min und einem Enddruck von 6 atü. Der Kompressor ist ausgerüstet mit einem Luftfilter *h*, in dem sich der Staub der Luft in ölbenetzten kleinen Messingröhrchen absetzt, einer automatischen Luftregulierung *i*, die den Kompressor nach Erreichung eines beliebigen zwischen 1 und 6 atü einstellbaren Druckes auf Leerlauf schaltet. Zu der Ausrüstung des Kompressors selbst gehört noch ein vollständiges Kühlwassersystem, bestehend aus einem eigenen Kühler in der Art der Automobilkühler *k*, Radiator zur Verstärkung der Kühlerwirkung, eine Wasserumlaufpumpe und die Rohrleitung vom Kühler zur Pumpe, von der Pumpe zum Kompressor und vom Kompressor zurück zum Kühler.

Der Antrieb des Kompressors erfolgt durch Riemen von der vorerwähnten ausrückbaren Riemenscheibe *f* zu einer Riemenscheibe *l* des Kompressors. Zur Verstärkung der Riemenzugwirkung ist ein besonderer Riemenspanner *m* angebracht. Der Windkessel *q* ist mit am Rahmen *b* befestigt und liegt, wie auf Abb. 131 zu erkennen ist, zwischen den Vorder- und Hinterrädern des Traktors.

Weitere Teile der Kompressorausrüstung sind das nach allen Seiten zu öffnende Gehäuse *n* um den Kompressor, der Schutzkasten *o* für den Riemen und eine Schraubevorrichtung *p*, die dazu dient, bei arbeitendem Kompressor den Rahmen *b* noch gegen den Boden abzustützen.

Die Anschaffungskosten eines derartigen Traktor-Kompressors betragen **8300 RM.** und setzen sich zusammen aus einem Preis von **5200 RM.** für einen (Fordson) Traktor in normaler Industrie-Ausrüstung mit besonders schweren Vorderrädern, gummibereift, die

Vorderachse gefedert, ferner ausgerüstet mit ausrückbarer Riemenscheibe *f* und einem Geschwindigkeitsregulator, der dazu dient, die Umdrehungszahl des Kompressors zu regeln (wenn der Kompressormaschinist nicht auf dem Traktor Platz genommen hat), und den Kosten für die vollständige Kompressorausrüstung, bestehend aus dem Kompressor mit Luftregulierung, Ansaugfilter, dem Kühlwassersystem, Windkessel, Rahmen, Werkzeugkasten und Wagenkasten.

c) Winke für den Einkauf.

Beim Einkauf einer Kompressoranlage ist darauf zu achten, daß die Ansaugeleistungen verschieden angegeben werden, und zwar werden teilweise das kolbendurchlaufene Volumen, die indizierte Ansaugeleistung und die effektive Ansaugeleistung genannt. Für die Beurteilung der Leistungsfähigkeit des Kompressors ist es stets notwendig, die effektive Ansaugeleistung zu wissen, da alle anderen Angaben in der Tat ein falsches Bild ergeben. Die erforderliche Größe des Kompressors richtet sich nach der Anzahl und Art der anzuschließenden Preßluftwerkzeuge. Diese arbeiten am günstigsten mit einem Betriebsdruck von 5—6 atü. Es ist daher außerordentlich wesentlich, den Luftverbrauch bei 6 atü des zu kaufenden Preßluftwerkzeuges, bezogen auf die angesaugte minutliche Luftmenge des Kompressors zu wissen. Vielfach wird der Luftverbrauch der Werkzeuge bei 5 oder 6 atü angegeben, während sie in Wirklichkeit mit 6 atü am günstigsten arbeiten. Dadurch würde die Kompressorleistung leicht zu gering bemessen, z. B. ein Preßluftwerkzeug hat bei 4 atü einen Luftverbrauch von 0,4 m^3/min angesaugte Luftmenge, während es bei 6 atü einen Luftverbrauch von 0,6 m^3/min angesaugter Luftmenge hat. Will man nun an einen Kompressor acht derartige Werkzeuge anschließen, so würde man bei einem Luftverbrauch von 0,4 m^3 je Werkzeug einen Luftverbrauch von $8 \times 0,4 = 3,2$ m^3/min für den Kompressor bekommen bzw. (da nicht stets sämtliche Werkzeuge gleichzeitig arbeiten) genügt es, wenn die Kompressorleistung etwa 75% der gesamten Werkzeuge deckt, so daß also ein Kompressor mit etwa 2,4 m^3 Ansaugeleistung ausreichend sein würde; da aber dieses Werkzeug bei 6 atü erst die richtige Schlagkraft besitzt, kann die Anlage in diesem Falle keinesfalls wirtschaftlich arbeiten. Wie bereits oben erwähnt, beträgt der Luftverbrauch bei 6 atü 0,6 m^3, d. h. also 8 Werkzeuge benötigen einen Kompressor mit 4,8 m^3 Ansaugeleistung je Minute. Unter der Berücksichtigung, daß nicht alle Werkzeuge gleichzeitig arbeiten, würde man mit 75% von 4,8 m^3, d. h. also mit einem Kompressor, der eine effektive

Ansaugeleistung von 3,6 m³/min besitzt, auskommen. Ein kleinerer Kompressor kann jedoch, sofern die Werkzeuge richtig ausgenutzt werden sollten, nicht verwendet werden, oder es tritt infolge der durch die mangelnde Schlagkraft des Werkzeugs hervorgerufene, gefürchtete Erscheinung auf, daß das Werkzeug um keinen Preis angreifen will und lediglich oberflächlich auf dem Beton herumtanzt.

Bei dem in Abb. 133 im Schnitt dargestellten Abbauhammer *A 1* wird der Preßluftschlauch durch das Anschlußstück *d* mit dem Hammer verbunden.

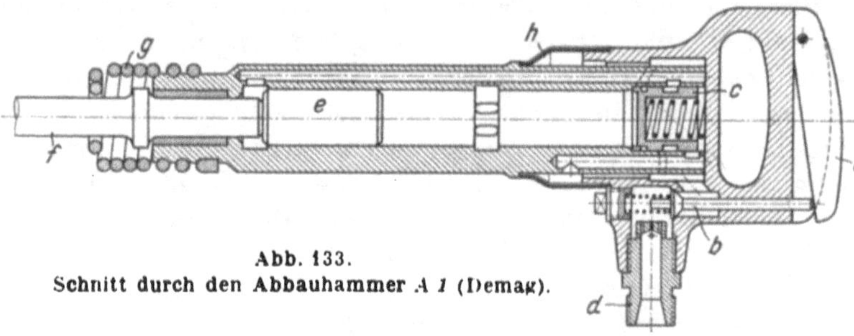

Abb. 133.
Schnitt durch den Abbauhammer *A 1* (Demag).

Durch das Eindrücken des Ballendrückers *a* mit dem Handballen öffnet sich das Einlaßventil *b*. Die Luft tritt dadurch in den Hammer ein und wird durch das Steuerventil *c* abwechselnd vor und hinter den Kolben *e* geführt. Durch die bei diesem Hammer zur Verwendung gelangenden Federsteuerung wird eine sehr hohe Schlagleistung erzielt. Diese Steuerung hat den weiteren Vorteil, daß ein Ausströmen von Frischluft ohne Arbeitsleistung ausgeschlossen ist. Ferner ist das einstufige Steuerventil wesentlich betriebssicherer als die sonst allgemein verwendeten Ventile mit drei oder mehr Stufen.

Weiter soll noch auf den überaus einfach ausgebildeten Schlagkolben hingewiesen werden, der von beiden Seiten zum Schlagen benutzt werden kann und darum die doppelte Lebensdauer gegenüber anderen nur einseitig verwendbaren Kolben aufweist. Der Meißel *f* wird durch eine Feder *g* gehalten, so daß ein Herausfliegen des Meißels auch bei Leerschlagen des Meißels ausgeschlossen ist. Die verbrauchte Luft tritt bei dem Hammer durch eine Auspuffschelle *h* aus, die so gedreht werden kann, daß der Arbeiter durch den Auspuff nicht belästigt wird.

Das Gewicht des Hammers ohne Meißel beträgt 8,5 kg. Der Preis ohne Meißel und ohne Schlauch ist **100 RM.** Die Abbaumeißel für diese Hämmer in einer Länge von 350 mm kosten 5,20 RM. je Stück und in einer Länge von 450 mm 6 RM.

Zum Aufreißen von Straßenbettungen und Betondecken unter Asphalt- oder Holzdecken sowie zum Aufbruch von Beton- und Ziegelmauerwerk, Fundamenten u. dgl. gelangt der Betonbrecher *A 65* zur Verwendung (Abb. 134). Dieser Hammer hat ein Gewicht von 32 kg ohne Meißel und besitzt einen doppelarmigen Griff, um eine bequeme Handhabung mit beiden Händen zu ermöglichen.

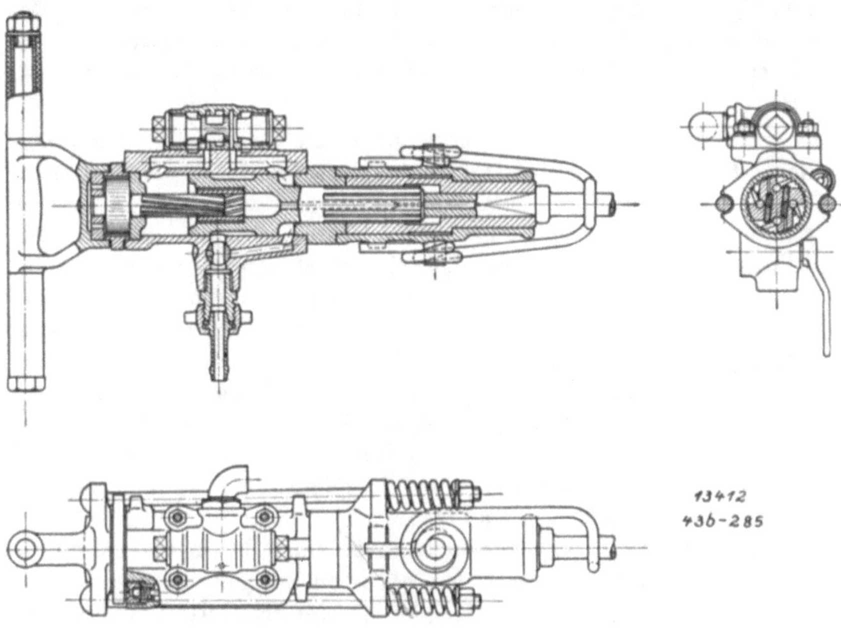

Abb. 134.

Dieser Hammer ist besonders kräftig bemessen und durchaus widerstandsfähig gegen die verschiedenen Beanspruchungen, die beim Brechen und Zerkleinern des Betons auftreten. Der Preis eines derartigen Hammers beträgt **300 RM.**, ein Abbaumeißel dazu in 450 mm Länge kostet 10 M., ein Preßluftschlauch für einen der obigen Hämmer mit 15 m Länge einschl. Armaturen rd. 60 M.

Kapitel 45a. Die Kostenberechnung von Stemmarbeiten.

Über die Berechnung der Selbstkosten von Stemmarbeiten herrscht häufig eine ziemliche Unsicherheit, was auch aus der Verschiedenheit der Angebotabgaben bei Ausschreibung von Abbrucharbeiten erkennbar ist. Die Unterschiede der Angebote schwankten in einem besonderen Falle zwischen 21 und 50 RM/m³.

Die Höhe der Selbstkosten, von denen — abgesehen vom Schlusse dieses Kapitels — die Rede sein soll, hängen ganz außerordentlich von der Art des zu stemmenden Stoffes ab. Beispielsweise bei Klinkermauerwerk in starkem Maße von der Güte der Mauerung. Ist das Klinkermauerwerk im Akkord hergestellt (wobei öfters die Steine nicht nur ungenäßt, sondern trocken und staubig, zudem nicht vollfugig, vermauert werden), so löst sich das Mauerwerk etwa dreimal so schnell, wie wenn ordnungsgemäß nicht zu trockene und nicht zu nasse Steine ausgezeichneter Qualität verarbeitet werden.

Handelt es sich um Beton, so ist zu beachten, daß gewöhnlicher Kiesbeton 1 : 8 sich fast dreimal so schnell löst wie Hartsplittbeton 1 Zement : 1,7 Splitt : 3,4 Kiessand, oder etwa 1½mal so schnell wie Kiesbeton 1 : 4. Bei dem erwähnten hochwertigen Klinkermauerwerk und beim Splittbeton ist dann der Verbrauch an Meißeln entsprechend größer, jedoch nicht genau proportional der längeren Stemmzeit (angenähert etwa nur 40—70% größer). Das im folgenden gebrachte Beispiel Nr. 1 liegt zwar schon einige Jahre zurück. Es ist dies aus den Preisen und Löhnen ersichtlich. Das verwendete Kompressor-Aggregat ist ein ganz kleiner Typ, der in unserem Buche zufällig nicht angeführt ist. Man erkennt dies an der später angeführten Stärke des antreibenden Elektromotors von 8—7 PS, während der in Kapitel 45, Ziff. 2, angeführte kleinere Typ der Demag mit 3,2 m³ Ansaugleistung, eines 30-PS-Elektromotors bedarf. Wir haben es also in dem nächsten Beispiel mit einer Anlage zu tun, die rd. ¼ bis ⅓ so stark ist wie der erwähnte Demag-Kompressor. Noch ist zu dem folgenden Beispiel der Kostenberechnung zu erwähnen, daß die Abschreibung bzw. die Lebensdauer der Anlage äußerst vorsichtig angenommen ist, denn beispielsweise ist die Lebensdauer nicht nur bei 100 m³ zu stemmenden Betons begrenzt sondern weitaus höher. Man wird also unter Umständen namentlich bei tüchtigem, verständigem Personal mit 30—60% der im Beispiel zugrunde gelegten Abschreibung auskommen können, so daß sich gegenüber dem zum Schluß errechneten Preis je m³ ein um 3—4 RM./m³ kleinerer Preis in Ansatz bringen ließe. Obwohl also, wie bereits erwähnt, das nachfolgende Kostenberechnungsbeispiel auch einige Jahre zurückliegt, so bietet die Nutzanwendung für die heutigen Verhältnisse keine weiteren Schwierigkeiten.

Beispiel 1. Selbstkosten für 50 m³ abzustemmende Betonmasse mittels Preßluftanlage.

a) Abschreibekosten für die Preßluftanlage:

	Anschaffs-preis RM.	Lebens-dauer m³	je m³ RM.
1. Kompressor . . .	2300	1000	2,30
2. Windkessel . . .	400	500	0,80
3. Schlauchleitung 100 lfd. m . . .	300	300	1,00
4. Hammer	175	100	1,75

zus. 5,85 RM./m³. . 5,85 RM.

b) Kosten des Aufstellens und Abbruches:

Maschinistenlohn = 1,36, Hilfsarbeiter 1,05 RM.

Anfuhr . . . . = 30,00 RM.

Abladen 4 Stdn. 4 (2 · 1,36 + 4 · 1,05) . . . . = 27,68 „

Aufstellen 16 Stdn. 16 (2 · 1,36 + 1,05) . . . . = 60,32 „

118,00 : 50 = 2,36

Abbruch (30 + 27,68 + 0,5 · 60,32) : 50 = rd. 1,76 4,12 RM.

c) Kraftverbrauch (Strom):

8—10-PS-Elektromotor in 7 Stdn.-Schicht bei 0,86 kW Stromverbrauch (vgl. Kapitel 40 am Schluß) $= \frac{8+10}{2} \cdot 0{,}86 \cdot 7 =$ rd. 54 kW; Strompreis je kW = 0,16 RM.

Somit stündliche Stromkosten 54 · 0,16 = rd. 8,6 RM.

Wenn die gesamte Stemmarbeit 7 Tage dauert 7 · 8,6 : 50. . . . . 1,20 RM.

d) Materialverbrauch:

1 Meißel 50 cm lang für 10 m³ Beton = 5 RM. je m³ . . . . = 0,50 RM.

Ölverbrauch je Schicht 2 kg zu 0,50 M. 2 · 0,5 : 7 . . . . rd. = 0,15 „ 0,65 RM.

e) Löhne (1 Maschinist + 3 Hilfsarbeiter durch 7 Tage mit 7 Stdn.-Schicht):

[(1,36 + 3 · 1,05) · 7 · 7] : 50 = 221 : 50 = ... 4,40 RM.

Somit Stemmselbstkosten je m³ = rd. **16 RM.** . . zus. 16,22 RM./m³

Mit den oben angeführten Verminderungen in der Abschreibung: **12—15 RM./m³.**

Beispiel 2. Einstemmen von Versatzöffnungen für große Vouten.

Der zu stemmende Beton war Stampfbeton: 1 Zement : 1,7 Splitt : 3,4 Kiessand. Splitt: Grauwacke + Porphyrit. Bei jeder Voute waren rd. **0,128 m³** abzustemmen, wofür gemäß einer Nachkalkulation aus dem Jahre 1926 die Selbstkosten betrugen:

31,40 RM. je Voute.

Bei sorgfältiger Überwachung lassen sich etwa 10—16% ersparen, so daß sich dann mit **25—28 RM. je Voute** rechnen läßt.

Beispiel 3. Abbruch von 300 m³ eines Brückenwiderlagers.

Das Widerlager bestand teilweise aus Beton teils aus Klinkermauerwerk. Die Abbruchkosten betrugen einschließlich der Fortschaffung des Schuttes **24 RM. je m³.**

Die Zahl stammt aus einer Nachkalkulation vom Sommer 1928.

Beispiel 4. Lohnstunden für Einstemmen gerader und schräger Schlitze in Giebelmauern mittels Preßluftstemmzeugs.

Die nachstehenden Angaben entstammen aus Nachkalkulationen von Arbeiten aus dem Anfang von 1928. Von den angegebenen Schlitzabmessungen ist jeweils die letzte Abmessung die Stemmtiefe. Die angegebenen Löhne verstehen sich für die reine Stemmarbeit, also ohne Zu- und Abgang zur Arbeitsstelle, ohne Pausen, ohne Reparaturen und ohne Wegschaffung des Schuttes. Das Mauerwerk war aus sog. Hartbrandsteinen in Kalk-Zementmörtel.

Abmessung	Inhalt m³	Stemmdauer Stunden	Stemmdauer je m³
0,32 · 0,80 · 1,20 . . .	0,307	2,5	8
0,70 · 0,50 · 0,77 . . .	0,27	4,0	15
2 · 0,35 · 0,65 · 0,80 . .	0,364	2 · 2 = 4,0	11
2 · 0,40 · 0,70 · 0,75 . .	0,42	2 · 2,5 = 5,0	12
2 · 0,30 · 0,65 · 0,38 . .	0,149	2 · 1 = 2	7
0,38 · 0,8 · 1,2	0,365	5,5	15
2 · 0,35 · 0,65 · 1,0. . .	0,48	2	8

Im Durchschnitt also 8—15 Stdn./m³.

Beispiel 5. Gemauerte Backsteinfundamente.

1,6 · 1,1 · 1,0	1,76 m³	4,5 Stdn./m³
2,5 · 1,0 · 1,2	3,00 ,,	5,0 ,,
2,0 · 0,64 · 1,2	1,54 ,,	
2 · 1,2 · 0,8 · 0,38	0,72 ,,	7,6 ,,

Beispiel 6. Kalksteinfundamente.

Sie erforderten 4—5 Stemmstunden je m³.

Beispiel 7. Trägerauflager, Ausstemmen in bestem Mauerwerk.

10 St. 0,4 · 0,4 · 0,25 = 10 · 0,04 m³ = 0,43
je Öffnung 0,8 Stdn. = 20 Stdn./m³.
Für weniger gut zugängliche Stellen 33 Stdn./m³.

Zu diesen reinen Stemmstunden kommen noch die Steifen für Zu- und Abgang, Pausen, ferner noch die Kosten für Fortschaffen des Schuttes.

Die Kosten für Abschreibung, Aufstellen u. dgl. vgl. Beispiel 1. Die Kosten für Abfuhr des Schuttes kann man ohne Ortkenntnis der Baustelle schwer schätzen. Sie hängen ab von der Lage und Entfernung der zu Gebote stehenden Fahrzeugart, und dem Grad der Auflockerung des Schuttes. In Ermangelung genauerer Ziffern kann man einsetzen: 4—7 RM/m³.

Verdienst: Die Höhe des Verdienstes hängt vom Stand der Konjunktur und auch von der Größe des Objektes ab. Man nehme vom Satz für Abschreibung, Kraft und Materialverbrauch 10% von dem Satz für Aufstellung, Abbruch und Löhne 30—40% als Verdienst.

Beispiel 8. Es soll der Angebotspreis von der in Beispiel 1 angeführten Stemmarbeit berechnet werden:

Abschreibung	5,85 RM.	
Kraft und Material . . .	1,85 ,,	
	7,70 RM. · 10% =	0,77
Aufstellen und Abbruch	4,12 ,,	
Löhne	4,40 ,,	
	rd. 8,50 RM. · 40% =	3,40
Somit Verdienst		4,17 rd. 4,20 RM.

Und der Anbotpreis: rd. 16,20 + 4,20 = 20,40 = rd. **21 RM.** je m³ ohne Abfuhr der Schuttmassen.

Eine besondere Rolle spielt sachgemäße Stemmarbeit bei den Verstärkungsarbeiten an Eisenbetonbauten. Vgl. über letztere die grundlegende Arbeit von Siegmund Müller, Armierter Beton, 1914, Heft 4, 5 und 6.

Schließlich über Stemmproben bei der Baukontrolle vgl. Kap. 49a.

Kapitel 46. Beispiele von Baustelleneinrichtungen und deren Kosten nach Nachkalkulationen.

Beispiel 1.

Baustelle in Berlin 130 m³ Fundamentbeton, 620 m³ Eisenbeton, Rahmen- und Deckenkonstruktion, Bauzeit 5 Monate.

Unkosten auf der Baustelle in Prozenten der Löhne:

I. Einrichtung der Baustelle:

a) Leutebude, Polierbude, Materialbude, Zementschuppen, Aborte, Schutzdach und Verkleidung für Mischmaschine und Aufzugmaschine, Biegebank und Kreissäge, Lohn- und Vorhaltungskosten . .	6 %
b) Installation Mischmaschine, Holzfahrstuhl 15 m hoch, elektr. Licht- und Kraftleitung, Reparaturen . . .	8 %

II. Laufende Unkosten:

Polier	6 %
Bauschreiber	2,5%
Wächter und Platzarbeiter	6 %
Bauführer	4 %
	32,5%

Somit kostet die Baustelle rund **ein Drittel** der Löhne.

Beispiel 2 (Abb. 138).

Baustelle mit rd. 40000 m³ Bodenaushub mit senkrechter Absteifung und befahrbarer Abdeckung der Baugrube, rd. 10000 m³ Eisenbeton, Belegschaft i. D. 200 Mann, Bauzeit 12 Monate.

Unkosten auf der Baustelle in Prozenten der Löhne:

I. Einrichtung der Baustelle:

a) Leutebude, Polierbuden, Magazin, Lagerverwalter, Aborte, Lokomotivschuppen, Schmiede, Kohlenbansen, Ölschuppen, Zementschuppen, Mischmaschine: Lohn und Verhaltungskosten einschl. An- und Abfuhr	3,20%
b) Sonstige besondere Einrichtungen, Absperrungen, Bauzäune, Zugänge	1,50%
c) Elektrische Installation für Licht und Kraft, einschl. Transformator	3,10%

II. Laufende Unkosten:

a) Schmiede b) Platzarbeiten }	3,00%
c) Poliere	4,40%
d) Lagerverwalter, Bauschreiber	2,65%
Übertrag	17,85%

Übertrag	17,85 %
e) Bauführer, Techniker, Baubureaumiete	3,25 %
f) Bewachung	2,00 %
III. Abschreibung auf Maschinen und Geräte sowie Reparaturen	3,25 %
	26,35 %

Somit kostet die Baustelle rund **ein Viertel** der Löhne.

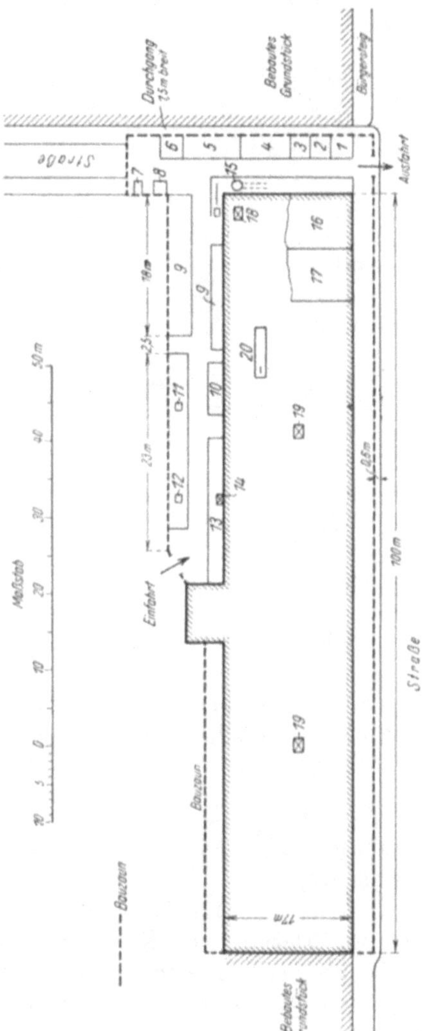

Abb. 138.

1 Bauführer
2 Polier
3 Magazin
4 Zementschuppen
5 Leutebuden
6 Schmiede
7 Aborte
8 Zählerbude
9 Eisenlager
10 Eisenabfall
11 Schneidemaschine
12 Biegemaschine
13 fertiges Eisen
14 Eisenaufzug
15 500-Liter-Mischer
16 Kieslager im Keller
17 Splittlager
18 Betonaufzug
19 Materialaufzug (Deckenhohlsteine)
20 Kreissäge

Die Baumaschinen, die bei diesen Baustelleneinrichtungen verwendet sind, sind in Kapitel 40, Ziff. 3, mit fortlaufenden Nummern versehen. Zur Abkürzung sind in diesen Beispielen nur jene Nummern aufgeführt.

Beispiel 3:

Abb. 135 stellt kleine Siedlungsbauten dar.

Da die einzelnen Gebäude sehr niedrig waren, war die Verwendung von Maschinen nicht erforderlich, mit Ausnahme eines Mörtelmischers Position Nr. 4.

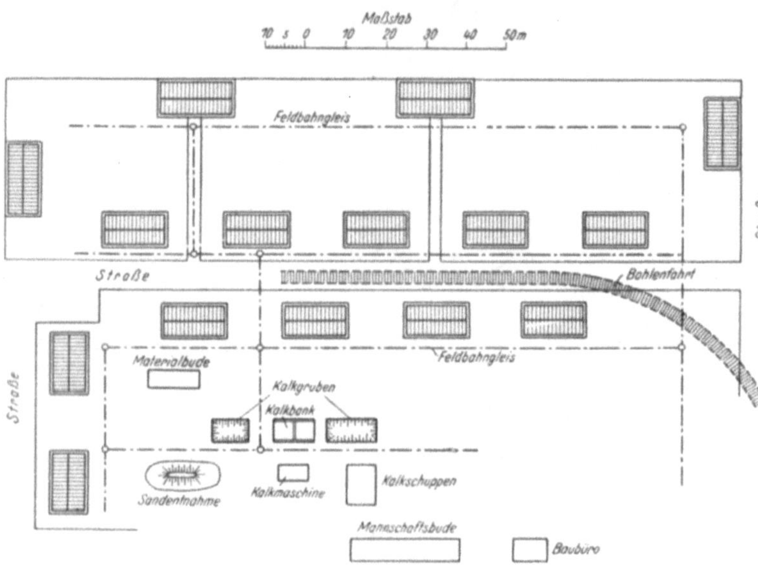

Abb. 135.

Beispiel 4:

Abb. 136. Siedlung mit größeren Häusern.

Auch hier war nur die Anwendung eines Mörtelmischers Position 4 angebracht.

Beispiel 5:

Abb. 137. Großer Eisenbetonbau (Kraftwagen-Betriebs-Gebäude).

Länge etwa 100 m, Breite etwa 20 m, Frontpfeiler in Mauerwerk, alle übrigen Teile in Eisenbeton. Decke über Kellergeschoß mit einem Raddruck von 2500 kg. Decke über Erdgeschoß, 1. und 2. Stock mit einer Nutzlast von 500 kg. Freie Länge der Deckenbalken etwa 8,5 m. Flachgeneigtes Dach auch in Eisenbeton.

Tieferfundierung der Heizanlagen, Reinigungsgruben, Laufkatzen, Drehscheiben, Tankanlagen, Wasserbehälter, mehrere Dachaufbauten usw. waren vorzusehen.

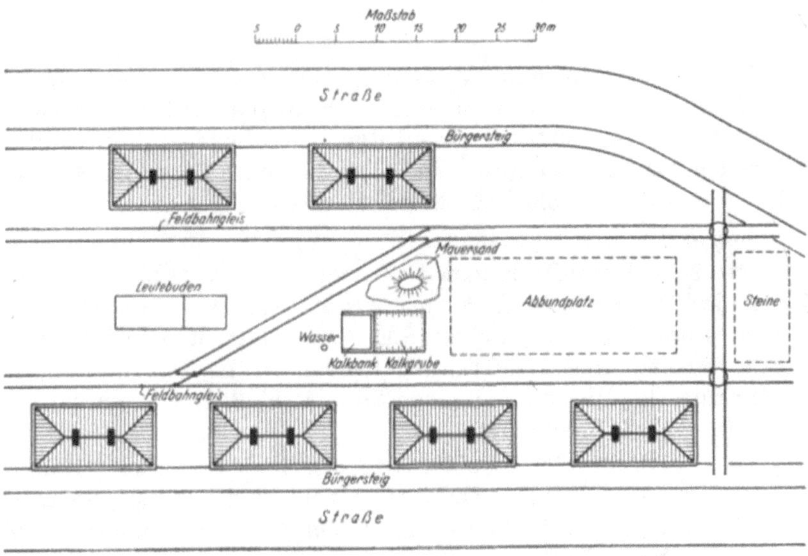

Abb. 136.

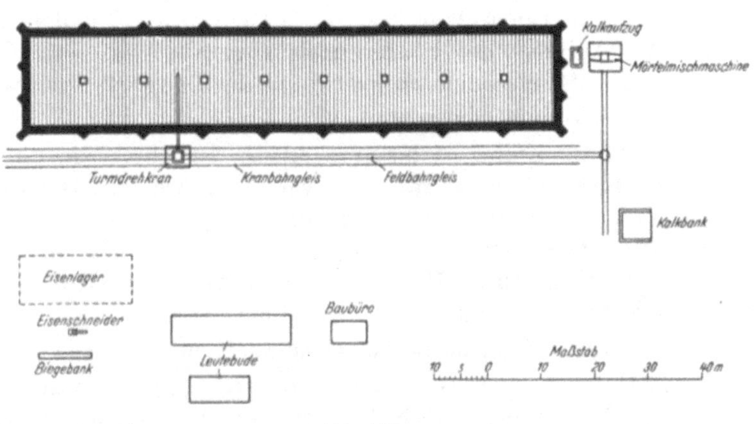

Abb. 137.

An Maschinen wurden hierbei verwendet:

Position 1, 2, 3, 4, 8, 9 und 11.

Außerdem die erforderlichen Anlagen für Kreissäge, Eisenbieger, Eisenschneider, Erzeugung an Beton rd. 2000 m^3.

In den folgenden letzten drei Beispielen sollen nur die Baustelleneinrichtungen und die Fragen der Zufuhrverhältnisse besprochen werden, auf die Kosten soll hier nicht mehr eingegangen werden.

Beispiel 6:

Die an schiffbarem Wasserweg liegende Baustelle erhält ein Garagengebäude von **6000 m³** Eisenbeton und ein Verwaltungsgebäude von **3000 m³** Eisenbeton. Der Bodenaushub beträgt bei beiden Bauten zusammen 17000 m³. In Abb. 138a ist der Grundriß und in Abb. 139 ein Schnitt der Baustelle gegeben.

Bauwerk: Garagengebäude.

Die Zuschlagstoffe kommen in dem Kahn *N* (Abb. 138a) zur Baustelle. Das Becherwerk *K* nach Art der Abb. 91 hebt selbständig den Kies und wirft ihn in einen Silo *J* ab. Unter diesem Silo steht der Einwurftrichter des Transportbandes Nr. 1. Der Zulauf des Kieses zum Band wird durch einen Siloverschluß, z. B. nach Art der Abb. 102 und 103, geregelt.

Die Bandreihe Nr. 1—2 förderte den Kies (für Bau: Garage) in einen zweiten Silo *E*. Aus diesem rutscht der Kies selbsttätig in den Aufzug der Mischmaschine *F* (wieder durch Siloverschluß reguliert). Nach Zementzugabe (Zement lagerte im Schuppen *O*) und nach beendeter Mischung floß der fertig gemischte Beton über die Rutsche *H* in den Aufzugskasten des Gießturmes *G* und konnte so nach der Auffahrt des Förderkübels vom Silo des Gießturmes aus durch das Rinnensystem an jede Stelle des Bauwerkes gelangen.

Bauwerk: Verwaltungsgebäude.

Der Weg des Kieses ist bis zum Silo *E* derselbe. Vom Silo *E* gelangt er durch einen zweiten Siloverschluß auf die Bandreihe Nr. 3—5 und nach dem Silo *C* und von diesem wiederum, ähnlich wie bei dem Bau Garage, über den Verschluß *D*, den Aufzugskasten der Mischmaschine *B* über eine Rutsche in den Gießturm *A* und endlich durch Förderung in das Rinnensystem.

Bezüglich der Transportanlagen ist noch zu bemerken:

Die Bänder *1* und *3—5* sind fahrbare, 10,0 m lange, mit eingebautem Motor, etwa nach Art der Abb. 93, 93a, das Band *2* dagegen ist ein 22,0 m langes, ortsfestes, auf der Baustelle selbst hergestelltes. Letzteres ruht auf einer Zimmerbockkonstruktion als Tragwerk.

Auf die übrigen Baustelleneinrichtungen einzugehen, erübrigt sich, weil die Anlage aus Abb. 138a samt Schlüsselverzeichnis

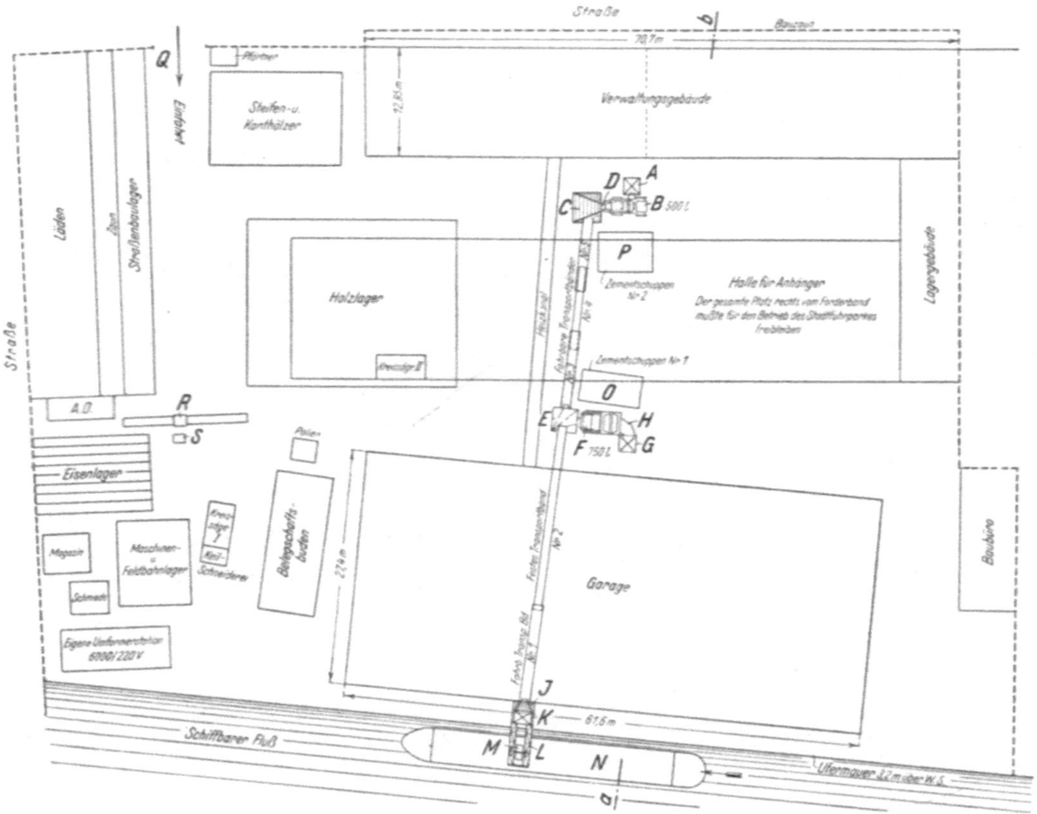

Abb. 138 a. (Schaubild hierzu vgl. Abb. 91 a.)

A = Gießturm II (aus Eisen, 60 m hoch)
B = 500-Liter-Mischer
C = Silo II
D = Siloverschluß
E = Silo I
F = 750-Liter-Mischer
G = Gießturm I (Holzturm 40 m hoch)
H = Rutsche
J = Silo III
K = Becherwerk
L = Ausleger zu *K*
M = Becherkette zu *K*
N = Kieskahn
O = Zementschuppen I
P = ,, II
Q = Einfahrt
R = elektrische Biegemaschine
S = Schneidemaschine
Nr. 1—5 = fahrbare Transportbänder.

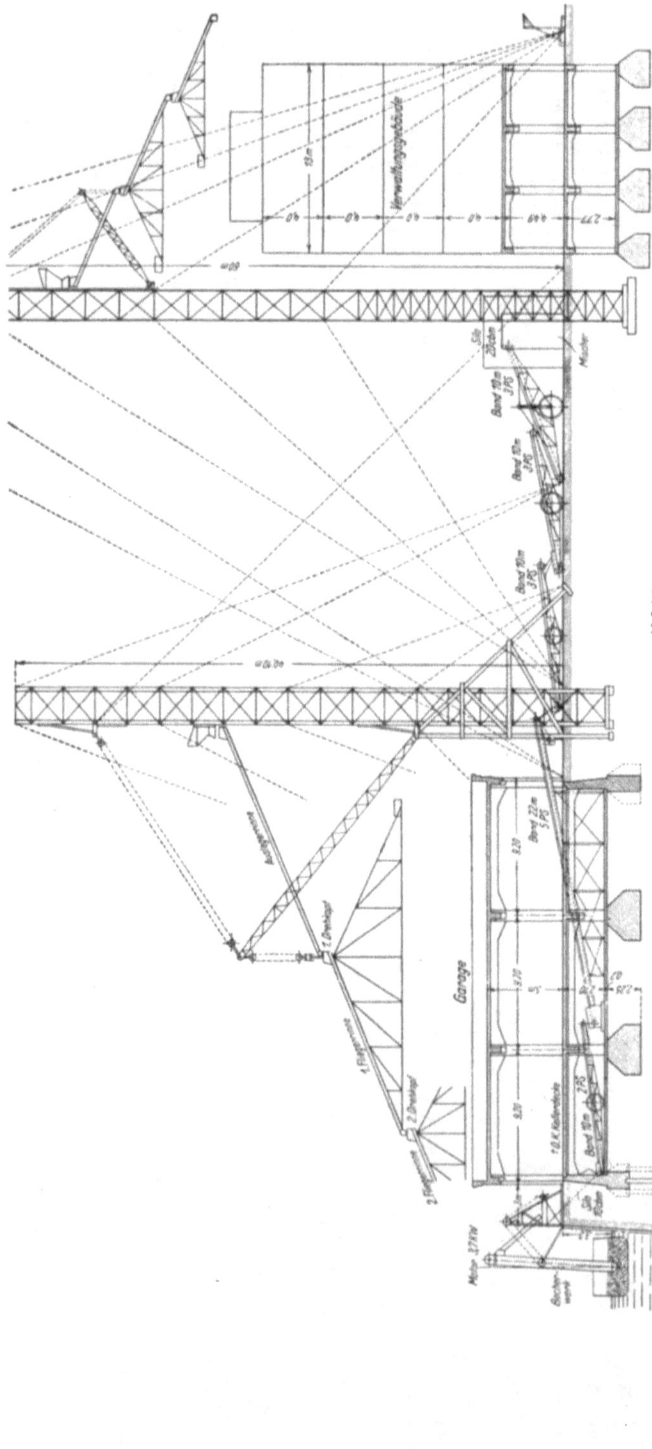

Abb. 139. Schnitt *a—b* (vgl. Abb. 138a).

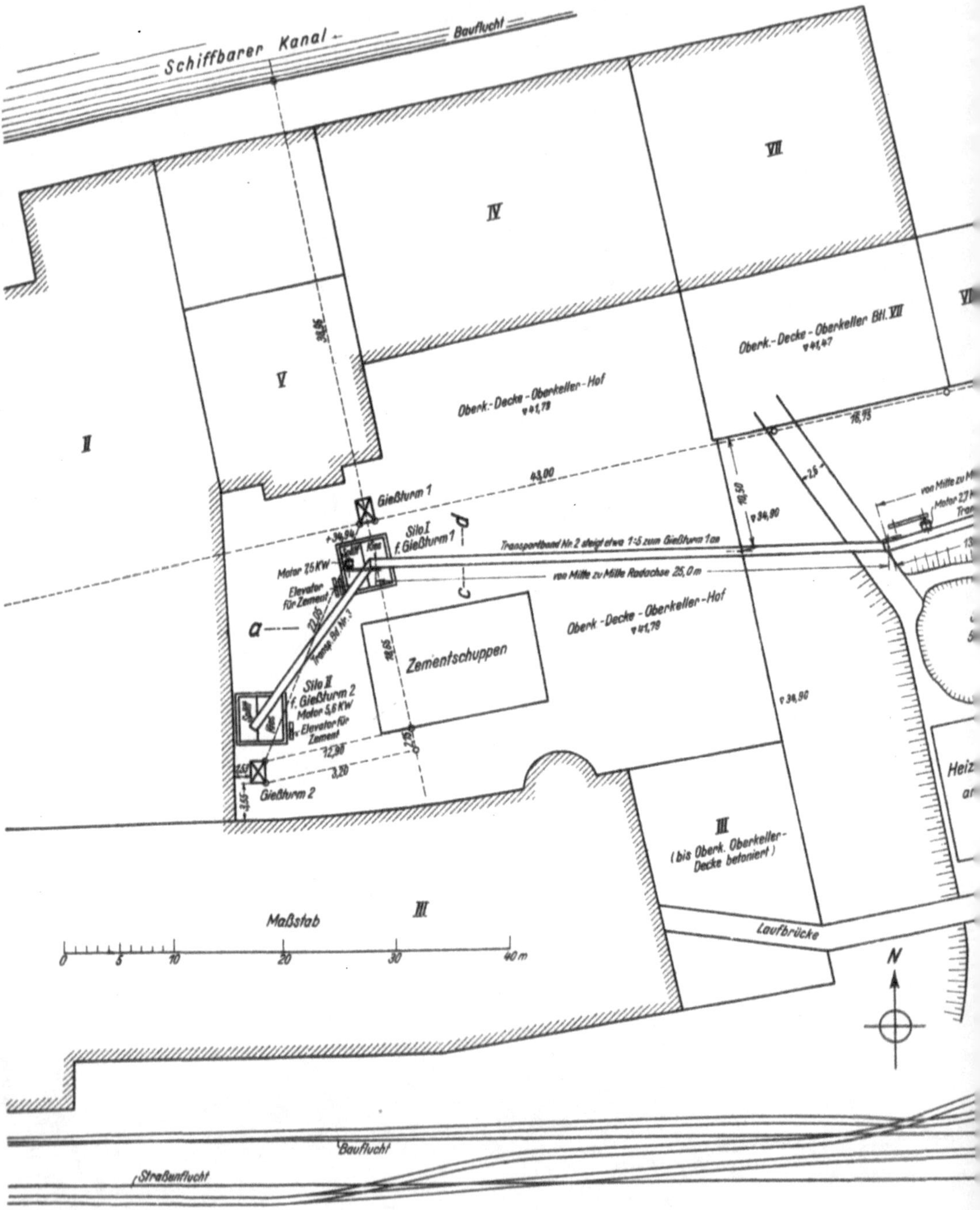

David, Eisenbetonbau.

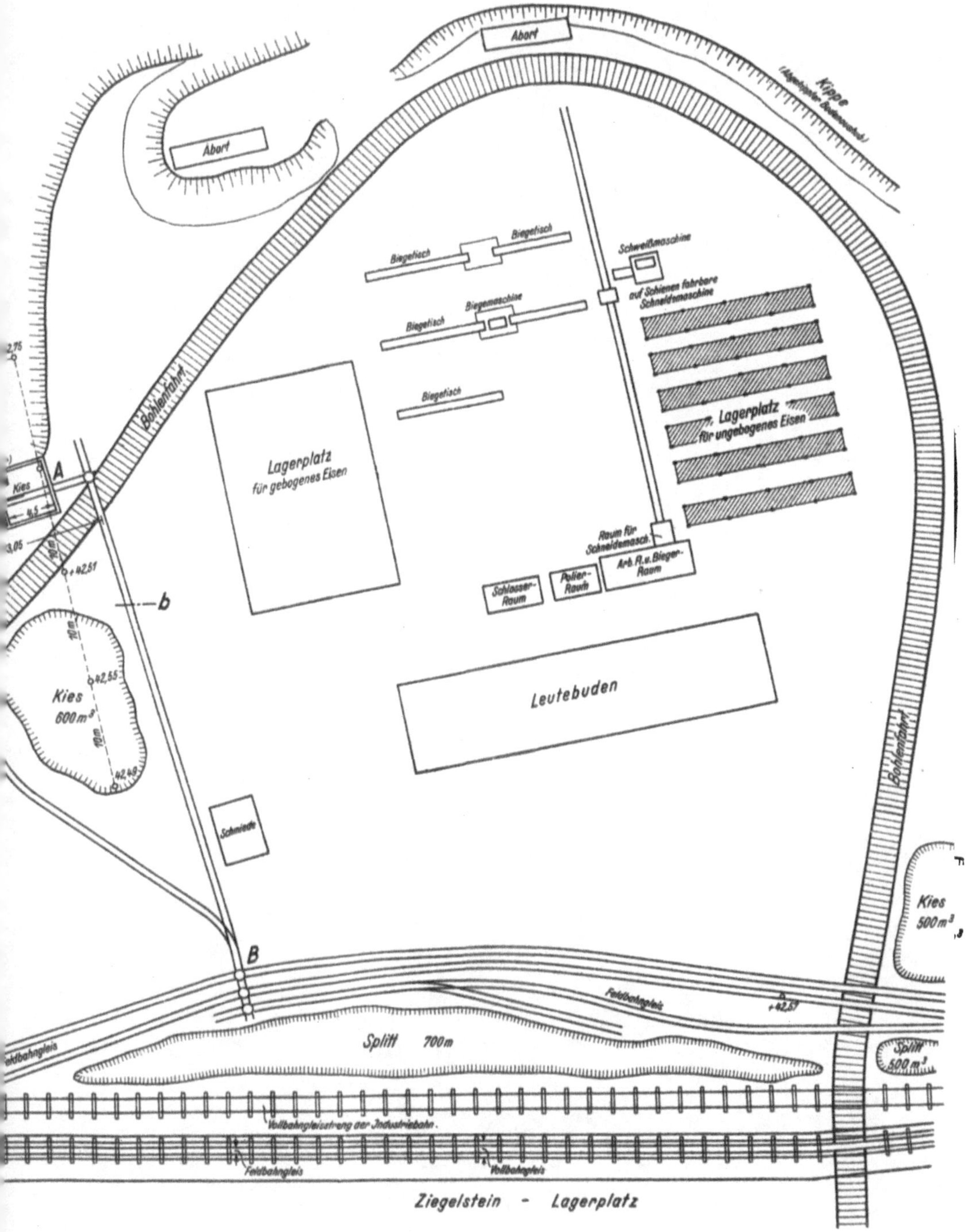

Verlag von R. Oldenbourg, München u. Berlin.

ausreichend ist, um die Einrichtung erkennen zu lassen. Aus Abb. 139 geht der Beförderungsweg der Baustoffe gut hervor.

Das ausführende Bauunternehmen Industriebau Held & Franke A.-G. bewältigte trotz der sehr engen Baustellenverhältnisse die Arbeiten in folgenden Zeiten:

Für Bodenaushub	33	Arbeitstage
für Rammarbeiten nach Abb. 139 . . .	19	,,
für die Beton- und Eisenbetonarbeiten	38	,,
insgesamt	90	,,
hiervon ab	11	Regentage
verbleiben für die Ausführung. . .	79	Arbeitstage.

Gleichzeitig mit diesen Arbeiten wurden ausgeführt: die Abschachtung des gesamten Hofes, das Lagergebäude, das auf der beigefügten Zeichnung nicht dargestellt ist und für das nicht Gußbeton verwendet wurde, eine Tankstelle für 60000 l Benzin, die Betonfundamente für den glasüberdeckten Hof sowie der Bau der provisorischen Baracken, die zur Aufnahme der später im Verwaltungsgebäude unterzubringenden Beamten erforderlich waren.

Beispiel 7:

Allgemeines.

Diese in Abb. 140—141 und 142 dargestellte Großbaustelle ist ein reiner Industriehochbau aus Eisenbetongerippe, der jedoch ziemlich reichlich ausgemauert wurde. Der meist sechsstöckige Bau hat auch einen sechzehnstöckigen, auf einer Eisenbetonplatte gegründeten Turm in reinem Eisenbetontragwerk von rd. 80 m Höhe.

Das Grundstück selbst verfügt über einen Flächeninhalt von **38000 m²**, von denen etwa ¼, nämlich 9600 m², bebaut worden sind.

Der umbaute Raum beträgt **210000 m³**.

Das Ausmaß der erforderlichen umfangreichen Baustelleneinrichtung wird noch durch folgende Angaben beleuchtet:

Erdaushub	105000 m³
Eisenbeton und Stampfbeton	26000 m³
Zur künstlichen Gründung an Pfählen	16500 lfd. m.

An Baukosten waren insgesamt notwendig:

Zement (hw. Zem.)	207000 Sack
Kies und Splitt	40000 m³
Eisen	3500 t
Schalholz	3500 m³.

Überdies zum Vermauern 8½ Millionen Klinker.

Baugrund.

Die Baugrundverhältnisse waren teils gut, teils ungünstig; letzteres insbesondere, weil gerade die schweren Bauteile auf schlechtem Grund zu stehen kamen. An den guten Stellen fand sich ein feiner, jedoch dicht gelagerter Sand in großer Mächtigkeit vor. An den schlechten Stellen (sie rührten z. T. von einem Graben her, der früher die Baustelle durchzogen haben mag) war Pfahlgründung erforderlich geworden, zumal tragfähiger Grund z. T. erst in 6—17 m Tiefe gefunden worden ist.

Baustoffzufuhr.

Die Anfuhrverhältnisse wurden stark beeinflußt durch die erheblichen Bodenmassen, die von der im Westen gelegenen Baugrube nach der bis 15 m hohen Kippe im Nordosten bewegt werden mußten, und zwar bei Transportwegen von 3—400 m. Dies war der Anfuhr von dem im Norden liegenden Wasserwege nebst Hafen hinderlich. Lediglich der Zement wurde, wenn er in Kähnen ankam, von Norden direkt nach den Aufbereitungsanlagen an den beiden Gießtürmen *1* und *2* hingefahren; der Weg hierfür ist gemäß Abb. 140 nicht allzu lang. Der Kies ist von den Kähnen im Hafen entladen und in großen Haufen gelagert worden, um dann durch die im Westen des Grundstücks liegende *B*-Straße nach der südlich liegenden *U*-Straße mittels Fuhrwerks angefahren zu werden. Die Fuhrwerke hatten die in der *U*-Straße gelegene Einfahrt und die sich nach Norden im Bogen nach Osten und Süden verlaufende Bohlenfahrt (vgl. Kapitel 39, Ziff. 3) zur Verfügung. In der Nähe des Vorratsilos *A* wurde der Kies abgeladen (und zwar zwischen den beiden von Süden nach Norden verlaufenden F.B.-Gleissträngen), wenn nicht die Fuhrwerke unmittelbar in die Kiestaschen des Vorratsilos *A* abkippten.

Während also der Kies vorwiegend auf dem Wasserwege von Norden kam und durch Fuhrwerk an Ort und Stelle transportiert wurde, kam der Splitt auf dem Vollbahngleisstrang im Süden mit der Bahn an und wurde teils in die im Süden befindlichen Längshaufen abgeladen, teils auch in Großhaufen südöstlich des Grundstückes (von denen in Abb. 140 jedoch nur noch ein kleines Stück zu erkennen ist). Der Splitt kam von den im Süden gelegenen Haufen durch das linke der beiden nach Norden verlaufenden F.B.-Gleise in Muldenwagen nach dem erwähnten Vorratbunker *A*, woselbst die Muldenwagen unmittelbar über die Splitt-Tasche des Bunkers abkippten. War jedoch die Tasche voll, dann kippten sie in die links gelegenen Vorratshaufen ab. Der Vorratsbunker faßte 30 m³ Splitt und

60 m³ Kies. Von den erwähnten im Osten liegenden Haufen kamen Kies und Splitt ebenfalls auf dem von Osten nach Westen verlaufenden Feldbahngleis zur Verladung, und zwar ebenfalls in Muldenwagen, um dann über die Drehscheibe *B* nach den erwähnten beiden nach Norden laufenden Strängen abgeschwenkt zu werden.

Der Vorratsbunker *A* wurde also beschickt:

1. Mit Kies durch die auf der Bohlenfahrt vom Süden ankommenden Fuhrwerke (die jedoch den Kies vom Norden aus dem Hafen holen).
2. Mit Kies mittels Muldenwagen durch das östliche der von Süden her abzweigenden Feldbahngleise.
3. Mit Splitt durch das westliche F.B.-Gleis, wobei die Mulden direkt in die Bunkertaschen kippten.
4. Durch das fahrbare Transportband *C*, das von dem ganz in der Nähe des Bunkers lagernden Vorratshaufen nach der Splitt-Tasche des Bunkers förderte.

Die geschilderten Transportwege haben folgende Länge:

Feldbahngleis . . . . 1200 m Länge
Bohlenfahrt . . . . 300 m Länge.

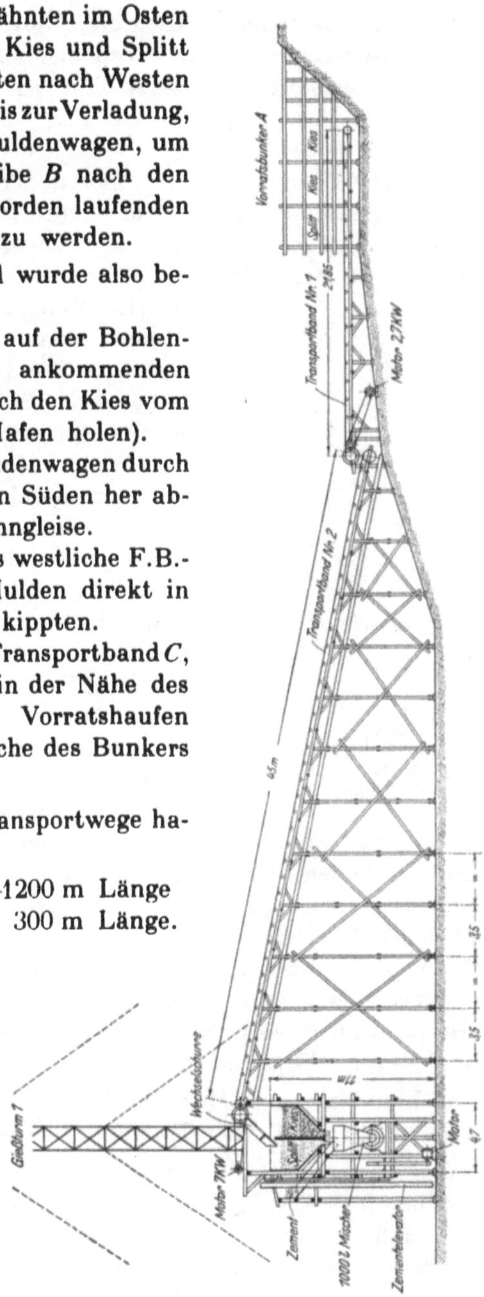

Abb. 141. Skizze des Schnittes *a*—*b* der Großbaustelle (vgl. Abb. 140).

Weiterverteilung der Zuschlagstoffe.

Während also, wie gesagt, der Zement, soweit er auf dem Wasserwege ankam, direkt unter die Aufbereitungsanlagen an den Gießtürmen befördert worden ist, so kamen die Zuschlagstoffe (Abb. 141) aus dem Vorratsbunker *A* durch drei Siloverschlüsse auf das 21,85 m lange Transportband *1*, ferner von hier auf das im Verhältnis 1 : 5 um 8 m ansteigende 45 m lange Transportband *2* in die Silos der Turmaufbereitungsanlage am Turm *1*; von hier führte schließlich das 16 m lange Transportband *3* nach der Aufbereitungsanlage am Turm *2*. Die Beschickung der Silos der Turmaufbereitungsanlagen durch die Transportbänder geschah also folgendermaßen: angenommen am Turm *1* geht der Splitt zur Neige. Es wird also am Vorratsbunker *A* der Siloverschluß der Splittasche gelüftet, so daß so viel Splitt ausläuft, als das Band zu fördern imstande ist. Band *1* gibt den Splitt an Band *2* und dieses durch eine Schurre an die leere Silotasche der Aufbereitungsanlage an Turm *1*. Die erwähnte Schurre ist jedoch als sog. Wechselschurre derart ausgebildet, daß, wenn der Splitt z. B. nicht am Turm *1* sondern am Turm *2* gebraucht wird, die Wechselschurre eine Verteilung des Splitts an Band *3* und damit die Weiterbeförderung zum Turm *2* bewirkt.

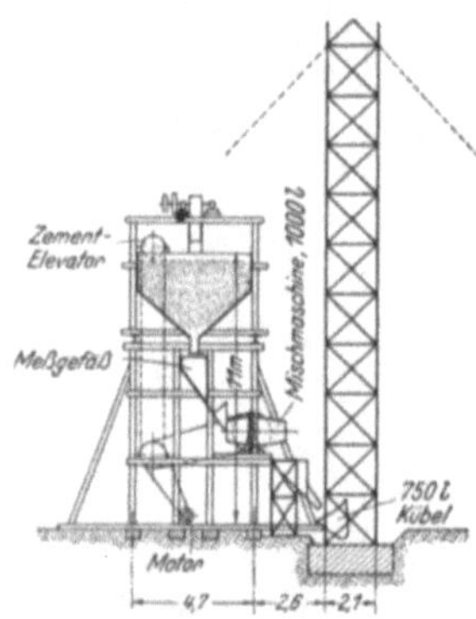

Abb. 142. Skizze des Schnittes *c d* der Großbaustelle (vgl. Abb. 140). Größte Ausladung des Gießturms freitragend **29 m** ohne Schüttrinne.

Dasselbe geschieht sinngemäß mit dem Kies.

Von den Silos an den Türmen (Abb. 142) läßt man durch Siloverschlüsse hindurch die Zuschlagstoffe die Meßgefäße passieren, von wo sie unmittelbar in den darunterstehenden 1000-l-Mischer einlaufen. Jeder Turm konnte in 8 Stdn. **360 m³** Beton leisten. Der zweite Turm wurde nur deshalb angelegt, um die ganze ausgedehnte Baustelle bestreichen zu können. Indessen ließ der Fortgang der Schalarbeit sowie der Biege- und Flechtvorgang nur eine Turmleistung von **100 m³** in der 8-Stundenschicht zu. Es ist für Betrachtungen wirtschaftlicher Art also von Wichtigkeit zu beachten, daß in Wirklichkeit immer nur ein Turm arbeitete.

Während also der Mischer 1000 l faßte, so faßte der Aufzugeimer nur 750 l, bei einer Hubgeschwindigkeit von 2 m/sek.

Wie dies sehr häufig der Fall ist, geraten auch hier die Turmhalteseile mit dem aufgehenden Betonwerk zusammen. Man verfuhr hier so, daß man die Abseilung an jenen Stellen, wo es eben unvermeidlich war, mit einbetonierte, nachdem man sie an den betreffenden Stellen mit Holzverschalung umgeben hatte. Als schließlich der

Turm seine Arbeit getan hatte, zog man die Seile heraus und entfernte die Holzumwehrung durch Abstemmen mit besonders langen Meißeln. Hierauf wurde die entstandene Lücke aufgerauht, genäßt und erdfeucht ausgestopft.

Der Turm gestattete eine Rinnenlänge bis 29 m freitragend. Stellenweise wurde durch besonders aufgestützte, aneinandergereihte Schüttrinnen die Reichweite bis zu 46 m vergrößert. Diese drei Schüttrinnen von zusammen 17 m Länge, auf Böcken aufgestützt, waren jedoch ziemlich schwer beweglich und erheischten bei Umlegungen ziemlich viel Aufwand an Kosten und Zeit. Es empfiehlt sich also ganz allgemein, einen Bau möglichst mit dem freitragenden Rinnensystem zu beherrschen und den Gebrauch von Schüttrinnen einzuschränken.

Erforderliche Löhne für die Anlage.

Wie erwähnt arbeitete nur ein Gießturm.

Die Anlage benötigte folgende Bedienungsmannschaften und Lohnauslagen für eine Achtstundenschicht:

2	Mann am Kies- und Splittbunker zum Einfüllen	16 Hilfsarbeiterstunden
1	Mann an den Bunkerverschlüssen und zur Bedienung des Transportbandes	8 ,,
1	Mann zur Kontrolle der Bandanlage	8 Facharbeiterstunden
2	Mann zur Bedienung der Meßgefäße und Kontrolle des Wasserzusatzes	16 Zementarbeiterstunden
1	Mann zur Bedienung der Mischmaschine	8 ,,
2	Mann zum Zutragen des Zementes	16 ,,
1	Maschinist	8 Facharbeiterstunden
1	Mann zur Bedienung der Klappe am Hochsilo des Turmes	8 Zementarbeiterstunden
12	Mann zum Umstellen der Rinnen, Verteilen des Betons und Verarbeitung (5 Facharbeiter und 7 Hilfsarbeiter)	40 Facharbeiterstunden 56 Hilfsarbeiterstunden

Insgesamt sind das:

48 Zementarbeiterstunden zu 1,10 RM. .	52,80 RM.
56 Facharbeiterstunden zu 1,25 RM. . .	70,00 ,,
80 Hilfsarbeiterstunden zu 0,95 RM. . .	76,00 ,,
	198,80 RM.

Gestehungskosten.

Die Anschaffungskosten beider Gießtürme betragen etwa 80000 RM., da aber, wie erwähnt, immer nur ein Turm beschäftigt werden konnte, so stellen sich naturgemäß die Kosten für Hochbringen und Verteilen des Betons verhältnismäßig hoch.

Die Art der Berechnung der Kosten für 1 m³ gehobenen und verteilten Betons ist, sinngemäß angewendet, fast genau dieselbe wie dies in Kapitel 44, Ziff. 3, bei dem Beispiel eines vollwandigen Gießmastes (Abb. 121) erfolgt ist.

Im vorliegenden Falle betrugen die Löhne (jedoch bereits vom Vorratsbunker *A* ab gerechnet) bei einer Tagesleistung von 100 m³:

$$203 : 100 = \mathbf{2{,}03\ RM./m^3}.$$

Hierin sind aber nicht enthalten die Löhne für Anfuhr bis zum Vorratsbunker, ferner, wie bereits erwähnt, nicht die Anschaffungskosten, als da sind Anschaffungspreis, Abschreibung, Verzinsung des Anlagekapitals, Instandhaltungskosten der Anlage (Reparaturen u. dgl.), ferner Aufstellung und Abbruch und zum Schluß noch der Kraftverbrauch der Motoren (Brennstoff bzw. Strom und Schmieröl).

Die Kosten für die Anlage der Transportbänder, nebst zwei Aufbereitungsanlagen für die Türme betrugen 40000 M., worin die Holzgerüste der Bänder mit enthalten sind. Die Gestehungskosten für 1 m³ Beton betrugen im Durchschnitt, den teuren 80 m hohen Turm eingerechnet: **100 RM./m³.**

Für die Fabrikbauten allein:

70 RM./m³.

In den oberen Turmgeschossen:

110—150 RM./m³.

Schließlich sollen noch die zur Beurteilung des vorstehenden wissenswerten Belastungsannahmen mitgeteilt werden:

Lagerräume (Decke über dem Tiefkeller) wie bisher	2000	kg/m².
Rotationsmaschinensäle (Decke über dem Oberkeller)	1850	,,
Decke über dem Erdgeschoß I. und III. Geschoß	1200	,,
Decke über dem II. Obergeschoß (Schnellpressen)	1600	,,
Decke über dem IV. Obergeschoß unter dem Offsetsaal	1600	,,
sonst	1200	,,

Decke über dem V. Obergeschoß unter den Dachräumen	1000 kg/m².
Hof (obere Kellerdecke) Raddruck von 2,5 t oder	1200 „
Alle Terrassen, Treppen, Bureauräume, Laboratorien, Garderoben, Wirtschaftsräume sowie die Hallen	500 „

C. Über Einschalung.

Kapitel 47. Zur Standfestigkeit des Schalwerks.

1. Allgemeines.

Bei den folgenden Untersuchungen soll stets angenommen werden, daß es sich nicht um Stampfbeton sondern um Gußbeton bzw. weichen Beton handelt. Es sei gleich vorausgeschickt, daß die Berechnung der Inanspruchnahme der Schalkasten von Stützen nach Art der Silozellenberechnung erfolgt (ausgenommen, wenn die Stütze gedrungener als $h/4$ ist, in welchem Falle wie bei den Balken gerechnet wird), dagegen soll die Inanspruchnahme der Schalkasten für Balken und Unterzüge einfach nach Art der Erddruckberechnung durchgeführt werden, weil hier die Silozellenrechnung nach in der Praxis gemessenen Durchbiegungswerten allzu unsicher erscheint. Bei der Berechnung nach Art des Erddruckes soll die Reibung zwischen Beton und Schalwand auch selbst bei rauhen Schalbrettern zugunsten der Sicherheit vernachlässigt

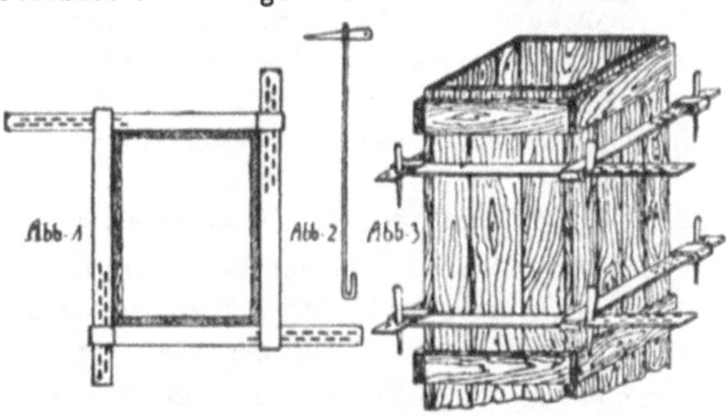

Abb. 140a. Säulenzwinge von Burger.

werden, was zur Folge haben wird, daß die von uns errechneten Durchbiegungen unterhalb der wirklichen bleiben. Ganz allgemein ist noch zu erwähnen, daß der von uns eingeschlagene Weg zur Kräfteermittlung solche Abmessungen der Schalbretter sowie Abstände der Querversteifungen ergibt wie sie in der Praxis von guten und vorsichtigen Firmen in der Tat stets ausgeführt werden (ohne Rücksicht ob z. B. bei Stützen eiserne Zwingen, etwa nach Abb. 140a und 140b, oder hölzerne verwendet werden). Gewiß ist es möglich unter ganz bestimmten Umständen vielleicht mit kleineren Schalbrettstärken und größeren Abständen der Querverbindungen auszukommen, namentlich bei Verwendung eines sehr rasch bindenden Zementes und in günstiger Jahreszeit, jedoch

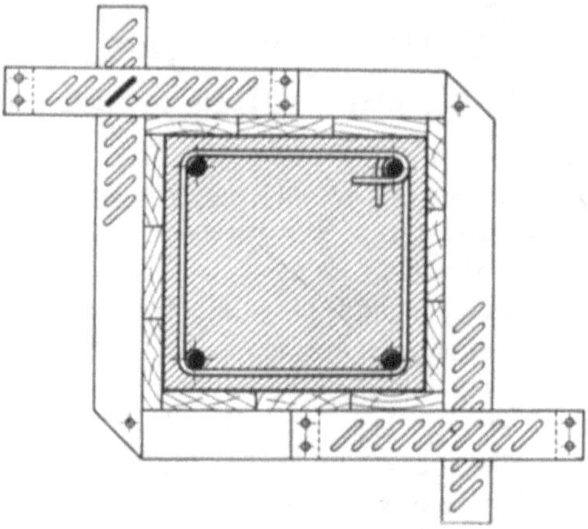

Abb. 140b. Säulenzwinge nach Dürr (Kaiser, St. Ingbert).

läuft man ständig Gefahr beim Versagen auch nur eines einzigen dieser Umstände, Schalungsausbauchungen empfindlichster Art zu erhalten. Bei einem größeren Bauwerk waren kürzlich derartig kräftige Ausbauchungen entstanden, daß der Bauherr die spätere Abnahme als unmöglich bezeichnete. Infolgedessen mußten mehrere Stützen in fast schon erhärtetem Zustande wieder abgetragen werden.

2. Statische Berechnung der Stützenschalung.

Flüssiger oder weicher Beton übt auf die Schalwandungen einen Druck aus, der mit zunehmender Tiefe rasch seinen Größtwert p_{max} erreicht. Er ist proportional der Größe des Stützenquerschnitts F, dem Raumgewcht des flüssigen Betons R_B, dagegen umgekehrt proportional der Größe des vom Beton benetzten Querschnittumfanges U und der Tangente des Reibungswinkels δ zwischen Gußbeton und Schalwand. In Buchstaben:

$$p_{max} = \frac{F}{U} \cdot \frac{R_B}{\operatorname{tg} \delta} \quad \ldots \ldots \ldots \quad (1)$$

Der Kürze halber soll dieser Größtdruck in der Folge einfach mit p bezeichnet werden.

Bei allen jenen Säulenquerschnitten, denen sich ein Kreis vom Durchmesser d einschreiben läßt (z. B. 8-Eck, 6-Eck, Quadrat) ist, wie sich leicht feststellen läßt

$$\frac{F}{U} = \frac{d}{4}.$$

Ferner ist bei einem Rechteck von den Seiten a und b

$$\frac{F}{U} = \frac{ab}{2(a+b)}.$$

Es bezeichne ϱ den Böschungswinkel des flüssigen Betons (wir haben dabei einen ziemlich zähflüssigen Beton im Sinn), ferner δ den Reibungswinkel zwischen Gußbeton und Schalung (vgl. Abbildung 142a). Der Böschungswinkel des Gußbetons richtet sich einmal nach der Größe des Wasserzusatzes, ferner nach der Art und Beschaffenheit der Zuschlagstoffe (ob Rundkies, Splitt, Quetschsand u. dgl.) und schließlich nach der Art der Unterlage auf der der Beton ausgebreitet wird. Besteht die Unterlage z. B. aus glattgehobelten Brettern, so ist die Abböschung kleiner bzw. flacher als wenn sie aus rauhen Brettern gebildet wird. Wenn wir unter Gußbeton auch nicht gerade einen „wässerigen" Beton verstehen wollen, sondern einen mehr oder weniger zähflüssigen, so ist es trotzdem sehr schwierig, den Böschungswinkel zu bestimmen. Man kommt aber immerhin zum Ziel, wenn man von einer erdfeuchten Mischung mit etwa 8 Raum-% Wasserzusatz ausgeht und bei langsam gesteigertem Wasserzusatz, das Abnehmen des Böschungswinkels verfolgt; man findet dann für ϱ Werte, die man im Durchschnitt annehmen kann,

bei erdfeuchten Mischungen . . . 27^0—24^0
„ weichen Mischungen . . . . 23^0—20^0

Gußbeton (bei sparsamstem Wasserzusatz) je nach Art und Beschaffenheit der Unterlagen 20^0—15^0.

Zur Sicherheit setzen wir nicht $\delta = \varrho$, sondern $\delta = \frac{3}{4}\varrho$, also:

$\delta = \frac{3}{4}\, 15^0 = 11{,}25^0$ bei glatten, gehobelten Schalwänden
bzw. $\delta = \frac{3}{4}\, 20^0 = 15^0$ bei rauhen Schalwänden,

daher ist $\operatorname{tg}\delta = \mathbf{0{,}20}$ für gehobelte und
$\operatorname{tg}\delta = \mathbf{0{,}27}$ für rauhe Schalwände.

Im Betonkalender 1928, II. Teil, S. 16, sind die Werte von Noack angeführt; demnach fand Noack für Gußbeton den Böschungswinkel gleichfalls 15^0, jedoch für $\operatorname{tg}\delta = 0{,}64$, und für das Raumgewicht $R_n = 2{,}1$.

Aus diesem Grunde erhält man mit unseren Formeln erheblich größere Betondrücke wie mit den Noackschen Formeln. Nach

Messungen des Verfassers ist es nicht angängig, sich mit dem oben angeführten Raumgewicht von 2,1 zu begnügen. Nach zahlreichen Wägungen schwankte das Raumgewicht des Gußbetons zwischen 2,38 und 2,47, und zwar je nach Zuschlagstoff und — vor allem— je nachdem das Raumgewicht im 5-l-, 16-l- und 100-l-Gefäß bestimmt wurde. Weil überdies das Raumgewicht in der Schalung selbst, wegen der bedeutenden verhältnismäßigen Größe des Gefäßes noch etwas höher ausfallen dürfte, so wollen wir mit dem Wert:

$$R_B = 2{,}4 \text{ t/m}^3$$

rechnen.

Die erwähnte Formel

$$p = \frac{F}{U} \cdot \frac{R_B}{\operatorname{tg} \delta} \text{ in t/m}^2$$

läßt sich vereinfachen, indem man den Wert

$$\frac{R_B}{\operatorname{tg} \delta} = C$$

setzt; also wird mit $C = 2{,}4/0{,}2$ = rd. 12 bzw. $2{,}4/0{,}27$ = rd. 9 der größte Seitendruck in t/m²

$$p = 12 \; (F : U) \text{ für gehobelte und}$$
$$p = \;\; 9 \; (F : U) \text{ für ungehobelte, rauhe Schalung.}$$

Im besonderen ist für quadratische und ähnliche Stützen, wie bereits eingangs erwähnt, $F : U = d/_4$, wenn d der Durchmesser des eingeschriebenen Kreises ist. Damit wird

$$p = {}^{12}/_4 \cdot d = 3\,d \text{ (gehobelt)} \quad \ldots\ldots \quad (2)$$
$$p = {}^{9}/_4 \cdot d = 2{,}3\,d \text{ (rauh)} \quad \ldots\ldots \quad (2')$$

Beispiel. Gegeben eine quadratische Säule von der Seitenlänge 80 cm; wie groß ist der größte Seitendruck auf die Schalwände?

α) bei gehobelter, β) bei rauher Schalung.

$$\alpha) \; p = 3{,}0 \cdot 0{,}8 = 2{,}40 \text{ t/m}^2 = 2400 \text{ kg/m}^2,$$
$$\beta) \; p = 2{,}3 \cdot 0{,}8 = 1{,}84 \text{ t/m}^2 = 1840 \text{ kg/m}^2.$$

Die Schalwände werden aus parallel besäumten Brettern von 20, 23, 26, 30 und 35 mm Stärke gefertigt. Die Rechnung ergibt dann die Größe der Wandstärke je nachdem der Abstand der Querverbindung größer oder kleiner gewählt wird; er bewegt sich im allgemeinen zwischen 50—80 cm und geht bei 20er-Schalbrettern bisweilen auf 40 cm herunter. Die zulässige Holzbeanspruchung auf Biegung wäre nach den Ministerialbestimmungen zwar 100 + 25% = 125 kg/cm², jedoch kommt eine Beanspruchung in solcher Höhe gar nicht zur Ausnutzung, weil es hier auf die Durchbiegung ankommt,

d. h. sie darf eine bestimmte Grenze deshalb nicht überschreiten, weil sonst an der fertig ausgeschalten Stütze die Ausbauchung mit freiem Auge sogleich zu erkennen wäre. Die Grenze für die Zulässigkeit einer Durchbiegung bzw. Ausbauchung festzulegen ist einigermaßen schwierig. Statisch genommen ist es das Richtigste die Durchbiegung als Bruchteil von l, d. i. vom Abstand der Querverbindungen festzulegen. Ein anderer Gesichtspunkt wäre die Festlegung nach der Säulenstärke, und dieses erschiene als der richtigere Weg, weil z. B. eine 1 mm starke Ausbauchung einer Säule dem menschlichen Auge empfindlicher bei einer 30er-Stütze auffällt als z. B. bei einer Stütze 80 × 80. Wenn wir uns jedoch für den ersten Weg, nämlich zur Festlegung der Durchbiegung im Verhältnis zum Abstande l der Querverbindungen entschließen, so geschieht es, um nicht noch weitere Komplikationen in die Berechnung der Schalwandstärken hineinzutragen, auch weil die Durchbiegungen in praxi immerhin, wie erwähnt, etwas geringer ausfallen werden — dies schon auch wegen der verhältnismäßig großen Auflagerlängen der Bretter in den Schalkränzen — und wegen der von uns nur über 4 Felder erstreckten Kontinuität. Letztere erstreckt sich in Wirklichkeit häufig über mindestens 6 Felder, somit fällt in diesem Falle die Durchbiegung auch aus diesem Grunde etwas kleiner aus. Wir wollen indessen die Durchbiegung der Schalung für Säulen bis 35 cm Seitenlänge nicht größer werden lassen als $^1/_{450}$ der Seitenlänge. Für sämtliche Stützen jedoch das Maß der Durchbiegung mit

$$\delta \leq l/500$$

einhalten.

Die Größe dieser Durchbiegung beträgt beim gleichmäßig belasteten Balken über 4 Felder nach Vianello-David, S. 234 und 348

$$\delta = \frac{0{,}0063 \cdot Q \cdot l^3}{E J}.$$

Beispiele für die Berechnung von Stützenschalungen.

Die bei diesen Berechnungen häufig gebrauchten Widerstands- und Trägheitsmomente sind in der nachfolgenden Tabelle zusammengestellt.

a) Es sollen gehobelte Bretter verwendet werden.

Beispiel 1. Säule 30/30.

Gewählt: Brettstärke 24 mm (26—2), ferner Abstand der Querverbindungen 8/12

$$l = 60 \text{ cm}.$$

Widerstandsmoment (oberer Tafelwert) und Trägheitsmoment (unterer Tafelwert) von Schalbrettafeln.

b = Brettbreite cm	h = Brettstärke in cm									
	2,0	2,1	2,3	2,4	2,6	2,8	3,0	3,3	3,5	4,0
20	13	15	18	19	23	26	30	36	41	53
	13	15	20	23	29	37	45	60	71	107
25	17	18	22	24	28	33	38	45	51	67
	17	19	25	29	37	46	56	75	89	133
30	20	22	26	29	34	39	45	54	61	80
	20	23	30	35	44	55	68	90	107	160
35	23	26	31	34	39	46	53	64	71	93
	23	27	35	40	51	64	79	105	125	187
40	27	29	35	38	45	52	60	73	82	106
	27	31	41	46	59	73	90	120	143	214
45	30	33	40	43	51	59	68	82	92	120
	30	35	46	52	66	82	101	135	161	240
50	33	37	44	48	56	65	75	91	102	134
	33	39	51	58	73	91	113	150	179	266
55	37	40	48	53	62	72	83	100	112	—
	37	42	56	63	81	101	124	165	197	—
60	40	44	53	58	68	78	90	109	123	—
	40	46	61	69	88	110	135	180	214	—
65	43	48	57	62	73	85	98	118	133	—
	43	50	66	75	95	119	146	195	232	—
70	47	51	62	67	79	91	105	127	143	—
	47	54	71	81	103	128	158	210	250	—
75	50	55	66	72	85	98	113	136	153	—
	50	58	76	86	110	137	169	225	268	—
80	53	59	71	77	90	105	120	145	163	—
	53	62	81	92	117	146	180	240	286	—
85	57	62	75	82	96	111	128	154	174	—
	57	66	86	98	125	155	191	255	304	—
90	60	66	79	86	101	118	135	163	184	—
	60	69	91	104	132	165	203	270	322	—
95	63	70	84	91	107	124	143	172	194	—
	63	73	96	109	139	174	214	285	339	—
100	67	74	88	96	113	131	150	182	204	—
	67	77	101	115	146	183	225	299	357	—
105	70	77	93	101	118	137	158	191	214	—
	70	81	106	121	154	192	236	314	375	—
110	73	81	97	106	124	144	165	200	225	—
	73	85	112	127	161	201	248	329	393	—
115	77	85	101	110	130	150	173	209	235	—
	77	89	117	132	168	210	259	344	411	—
120	80	88	106	115	135	157	180	218	245	—
	80	93	122	138	176	220	270	359	429	—

Es ist nach Gl. (2):

$$p = 3\,d = 3 \cdot 0{,}3 = 0{,}9\ \mathrm{t/m^2}.$$

Die auf ein Feld entfallende Last:

$$Q = 0{,}6 \cdot 0{,}3 \cdot 900 = 162\ \mathrm{kg}.$$

Genauere Ansätze sind überflüssig, da nicht die Beanspruchung, sondern die Durchbiegung ausschlaggebend.

Das größte Biegungsmoment, mit Rücksicht auf Kontinuität und teilweiser Endeinspannung genau genug:

$$M = 162 \cdot 60 : 10 = 972\ \mathrm{cm/kg}.$$

Aus Tabelle:

$$W = 29\ \mathrm{m^3},\quad J = 35\ \mathrm{cm^4}.$$

Die Beanspruchung der Schalbretter:

$$k = \frac{972}{29} = 34\ \mathrm{kg/cm^2}.$$

Die Durchbiegung, wie erwähnt, als Balken über 4 Feldern:

$$\delta = \frac{0{,}0063 \cdot 162 \cdot 60^3}{100000 \cdot 35} = 0{,}063\ \mathrm{cm} = \ .\ .\ .\ l/950,$$

zulässig $l/500$. Und im Verhältnis zur Säulenstärke:

$$\delta = d/475;\ \text{zul.}\ d/450.$$

Bemerkung. Hinsichtlich der Festigkeit und der Durchbiegungsforderung würde auch eine 21er-Schalung reichen, die eine Durchbiegung von $l/625$ ergeben würde. Im Verhältnis zur Seitenlänge der Stütze jedoch nur $l/312$. Dies ist aber zuviel.

Bei den nachfolgenden Beispielen wird dann nicht mehr die Schalbrettbeanspruchung ermittelt werden, weil sie mit Rücksicht auf die von uns immer eingehaltene Einschränkung der Durchbiegung sehr niedrig ausfällt.

Es bliebe nur noch zu untersuchen ob sich die Querverbindung aus □ 8/12 nicht etwa stärker durchbiegt wie die Schalbretter. Bei der Säulenabmessung von 30 cm ist diese Untersuchung völlig überflüssig. Sie kann jedoch bei den Säulenabmessungen von 60 cm aufwärts nötig werden. Deshalb sind in der nachstehenden Tabelle die Widerstands- und Trägheitsmomente von den für die Querverbindungen geeigneten kleinen Kanthölzern zusammengestellt worden.

Es sei bemerkt, daß die beiden Profile 8/12 und 8/14 verhältnismäßig selten zu haben sind. Sie sind jedoch für Säulenkränze sehr geeignet und außerordentlich sparsam im Holzbedarf. Wenn man davon einen Waggon beim Holzhändler bestellt, so ist der lfd. m nicht teurer als die normalen Hölzer gleichen Querschnitts.

Profil b/h	J cm⁴	W cm³
8/8	341	85
8/12	1152	192
8/14	1829	261
10/10	833	167
10/12	1440	240
10/13	1831	282
10/16	3413	427

Wie aus Abb. 158 und 161 erkennbar sind für die Spannweite l' des Kantholzes 15—20 cm zur Säulenbreite hinzuzuzählen. Man rechnet genau genug, wenn man Q auf l' als gleichmäßig verteilt ansieht.

Beispiel 2. Säule 60/60.

Gewählte Schalbrettstärke 24 mm (26—2).

Abstand der Querverbindungen $l = 60$ cm.

J aus Tabelle $= 69 \text{ cm}^4$.

$p = 3 \cdot 0{,}6 = 1{,}8 \text{ t/m}^2 = 1800 \text{ kg/m}^2$.

$Q = 0{,}6 \cdot 0{,}6 \cdot 1800 = 650$ kg.

Durchbiegung der Schalbretter:

$$\delta = \frac{0{,}0063 \cdot 650 \cdot 216000}{100000 \cdot 69} = 0{,}128 \text{ cm} = \text{rd. } l/470$$

(könnte man zur Not noch zulassen).

Querholz (Kranzholz) 8/8, $W = 85 \text{ m}^3$, $J = 341 \text{ cm}^4$.

$$M = \frac{650\,(60 + 20)}{8} = 6500 \text{ cmkg}; \quad k = \frac{6500}{85} = 77 \text{ kg/cm}^2.$$

Durchbiegung des Kranzholzes:

$$\delta = \frac{5}{384} \cdot \frac{650 \cdot 80^3}{341 \cdot 100000} = 0{,}054 \text{ cm } l/1120.$$

Beispiel 3. Säule 80/80.

Schalbrettstärke 28 mm; $l = 60$ cm.

J aus Tabelle $= 146 \text{ cm}^4$.

$p = 3 \cdot 0{,}8 = 2{,}4 \text{ t/m}^2 = 2400 \text{ kg/m}^2$.

$Q = 0{,}6 \cdot 0{,}8 \cdot 2{,}4 = 1150$ kg.

$$\delta = \frac{0{,}0063 \cdot 1150 \cdot 216000}{100000 \cdot 146} = 0{,}107 \text{ cm} = l/560.$$

Querholz 8/14 oder 10/13 $J = 1829 \text{ cm}^4$ $l = 80 + 20 = 100$ cm.

$$\delta = \frac{5}{384} \cdot \frac{1150 \cdot 100^3}{1829 \cdot 100000} = 0{,}0820 \text{ cm}$$

bezogen auf den Abstand der Querverbindungen $= l/730$.

Beispiel 4. Säule 100/100.

Schalbrettstärke 33 mm, $l = 70$ cm, $J = 299$ cm⁴.

$p = 3 \cdot 1{,}0 = 3$ t/m² $= 3000$ kg/m².

$Q = 0{,}7 \cdot 1{,}0 \cdot 3000 = 2100$ kg.

$\delta = \frac{0{,}0063 \cdot 2100 \cdot 70^3}{100000 \cdot 299} = 0{,}15$ cm = rd. $l/470$ (noch ausnahmsweise zulässig).

Querholz 10/16 $J = 3413$ cm³; $l = 100 + 15 = 115$.

$\delta = \frac{5}{384} \cdot \frac{2100 \cdot 115^3}{3413 \cdot 100000} = 0{,}12$ cm; bezogen auf den Abstand der Querverbindung $= l/583$.

β) Bei Verwendung ungehobelter, rauher Schalung.

Für Schalwandstärken sind gebräuchlich Bretterdicken, wie bereits erwähnt, 20, 23, 26, 30 und 35 mm. Für Hobeln sind 2 mm in Abzug zu bringen, so daß bei Schalungen, die gehobelt sind, 18-, 21-, 24-, 28- und 33-mm-Stärken verfügbar sind, von denen einige bei den Beispielen 1—4 verwendet wurden. In der Folge sollen die vorhin mit glatter Schalung durchgerechneten Säulenstärken mit rauhen Brettern durchgerechnet werden.

Beispiel 5. Säule 30/30.

Brettstärke 20 mm, Abstand der Querverbindungen $l = 65$ cm; $J = 20$ cm⁴.

Es ist nach Gl. (2'), Z. 2, dieses Kapitels:

$p = 2{,}3 \cdot 0{,}3 = 0{,}69$ t/m².

$Q = 0{,}65 \cdot 0{,}3 \cdot 0{,}69 = 0{,}135$ t $= 135$ kg.

$\delta = \frac{0{,}0063 \cdot 135 \cdot 65^3}{100000 \cdot 20} = 0{,}12$ cm $= l/540$.

Beispiel 6. Stütze 60/60.

Brettstärke 23 mm, $l = 60$ cm; $J = 61$ cm⁴.

$p = 2{,}3 \cdot 0{,}6 = 1{,}38$ t/m² $= 1380$ kg/m².

$Q = 0{,}60 \cdot 0{,}6 \cdot 1380 = 498$ kg.

$\delta = \frac{0{,}0063 \cdot 498 \cdot 60^3}{100000 \cdot 61} = 0{,}110$ cm $= l/550$.

Beispiel 7. 80/80.

Brettstärke 26 mm; $l = 60$ cm; $J = 117$ cm⁴.

$p = 2{,}3 \cdot 0{,}8 = 1{,}84$ t/m² $= 1840$ kg/m².

$Q = 0{,}6 \cdot 0{,}8 \cdot 1840 = 883$ kg.

$\delta = \frac{0{,}0063 \cdot 893 \cdot 60^3}{100000 \cdot 117} = 0{,}103$ cm $= l/584$.

Querholz aus konstruktiven Gründen wie beim 3. Beispiel: 8/14.

Beispiel 8. 100/100.

Brettstärke 30 mm; $l = 65$ cm; $J = 225$ cm⁴.

$p = 2{,}3 \cdot 1{,}0 = 2{,}3\ \text{t/m}^2 = 2300\ \text{kg/m}^2$.

$Q = 0{,}65 \cdot 1 \cdot 2300 = 1500$ kg.

$$\delta = \frac{0{,}0063 \cdot 1500 \cdot 65^3}{100000 \cdot 225} = 0{,}115\ \text{cm} = l/665.$$

Querverbindung wie im 4. Beispiel 10/16; Profil 8/14 reicht nicht, da es eine Durchbiegung von $l/400$ ergibt.

Der besseren Übersicht halber sind in der nachfolgenden Tabelle die Ergebnisse zusammenstellt.

Säule	Stärke der Schalung mm		Abstand der Querverbindungen		Profil der Querverbindungen
	gehobelt	rauh	gehobelt cm	rauh cm	
30/30	24	20	60	65	8/12
60/60	24	23	60	60	8/12
80/80	28	26	60	60	8/14
100/100	33	30	70	65	10/16

Für kurze, gedrungene Säulen $d > h/4$ ist die angegebene Berechnungsweise des größten Betondruckes nicht zulässig. Hier rechne man nach der Erddrucktheorie; vgl. Ziff. 4 b, wie bei den Balken.

8. Statische Berechnung der Deckenplattenschalung.

Die Schalung der Deckenplatte wird unterstützt entweder durch hochkant gestellte Bretter (3 bis 3,5 cm stark) oder durch leichte Kanthölzer 8/12 bis 10/13. Die hochkant gestellten Bretter (in Berlin Knaggen genannt, anderweitig Schalbögen, auch Brettbiegen) stehen meist im Abstand von 35—40 cm, während die Kanthölzer je nach Stärke der Schalung und je nach Dicke der Platte in 60 bis 100 cm Abstand zu stehen pflegen.

Die Berechnung ist sehr einfach, da hier außer dem Eigengewicht der Schalbretter, nur das Gewicht des frischen Betons samt Eiseneinlagen wirkt. Das Raumgewicht des Gußbetons wurde mit 2,4 ermittelt, wir wollen also unter Einrechnung von 0,1 t/m³ für Eiseneinlagen bei Decken und Balken mit einem Raumgewicht von 2,5 rechnen.

Beispiel 9. Die später in Abb. 158 dargestellte und im Abstand von 70 cm durch Kanthölzer 8/12 unterstützte Decke von $d = 17$ cm hat Schalbretter von 23 mm Stärke. Die zulässige Durchbiegung wollen wir wiederum mit $\delta \leq l/500$ festlegen.

Belastung: Decke 0,17 · 25 = 425 kg/m²
Gewicht der genäßten Bretter 20 „
445 kg/m².

$Q = 445 \cdot 0{,}7 = 312$ kg.
$J = 101$ cm⁴ (aus der Tabelle),

dann ist

$$\delta = \frac{0{,}0063 \cdot 312 \cdot 70^3}{100000 \cdot 101} = 0{,}067 \text{ cm} = l/1050.$$

Bei der vorstehend angenommenen Unterstützung der Schalung durch Kanthölzer kann man nicht gut unter 23er-Schalung heruntergehen (aus konstruktiven Gründen); eher ist dies möglich, wenn die Schalungsunterstützung durch die erwähnten Knaggen erfolgt, wobei man dann auf 20-mm-Schalbretter zur Not heruntergehen mag. Es ist jedoch nicht empfehlenswert, weil auf die Schalbretter doch immerhin Lastanteile des Baubetriebes kommen, wie Raddrücke u. dgl. mehr, die bei 20er-Schalbretter unbedingt fernzuhalten sind.

4. Statische Berechnung der Balkenschalung.

a) Berechnung der Bodenschalung.

Die Bodenschalung wird einfach auf Biegung berechnet, etwa wie die Deckenplattenschalung. Die sich in dieser Weise ergebende Stärke der Bodenbretter hängt also auch mit von dem Abstand der Steifen ab. In Frankreich und in den Vereinigten Staaten werden diese Balkenböden vorwiegend aus Bohlen von 5—8 cm Stärke gefertigt, was den Vorzug hat, daß die Steifenabstände unter den Balken sich erheblich größer errechnen (bis 1,6 m). Allerdings sind dann auch etwas dickere Steifen nötig, deren Tragfähigkeit in jedem Fall berechnet werden müßte. Es ist erforderlich, wegen der den Boden belastenden Eisenbewehrung, mit einem Betonraumgewicht von 2,5 zu rechnen, während für die Berechnung der Seitenschalung wiederum nur 2,4 einzusetzen ist.

b) Berechnung der Seitenschalung.

Die Seitenschalung wird beansprucht einmal wagrecht durch den Seitendruck des Betongutes, ferner — je nachdem — auch senkrecht durch die auf einer an der Seitenschalung angebrachten Leiste auflagernden Schalbögen oder Kanthölzer, die die Decke tragen. Dieser Auflagerdruck des Endfeldes der Schalbögen usw. ist nicht von erheblichem Einfluß, weil die Seitenschalungen hochkant stehen und diese Biegung mit Leichtigkeit aufnehmen können. Jedoch ist bei Berechnung der Knicksicherheit der Steifhölzer diese Last nicht zu vergessen sowie das gesamte Holzgewicht des Schalwerks, das auf das betreffende Steifenfeld entfällt.

Der größte Seitendruck des Gußbetons auf die Seitenschalungen soll hier unter Anwendung der aus der Erddrucktheorie hinreichend bekannten Formel:

$$E = \frac{1}{2}\gamma \cdot h^2 \cdot \mathrm{tg}^2 (45 - \varrho/2) \text{ (vgl. Abb. 142a und 142b),}$$

wobei die Reibung an den Wänden zugunsten der Sicherheit vernachlässigt ist, d. h. $\delta = 0$. Auf unsere Verhältnisse übertragen und mit unseren Bezeichnungen ist also nach obiger Formel der Seitendruck:

$$p = \frac{1}{2} R_B \cdot h^2 \cdot \mathrm{tg}^2 (45 - \varrho^1/_2)$$

in kg/lfdm-Balken,

wenn R_B in kg/m³ und h in m eingesetzt wird.

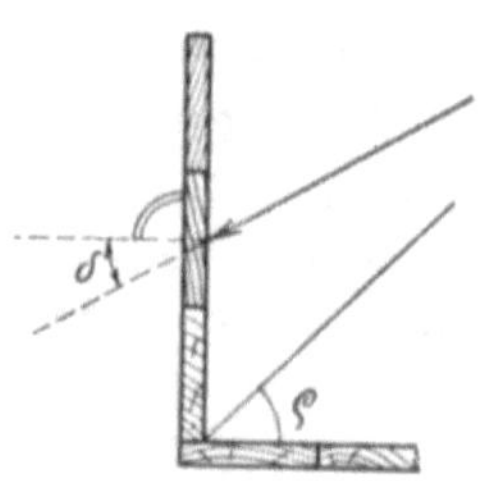

Abb. 142a.

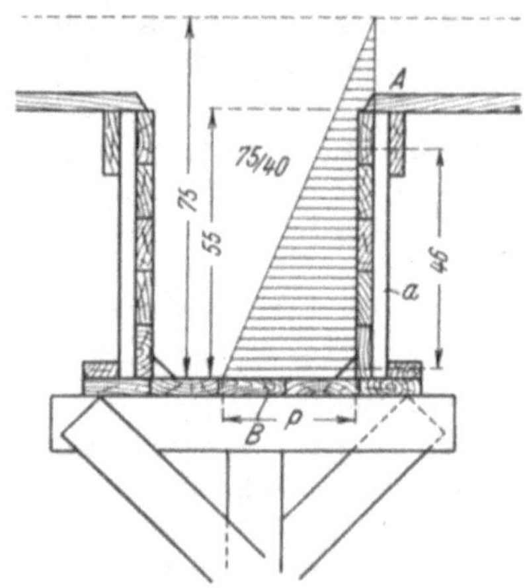

Abb. 142b.

Für gehobelte Schalung ist mit $R_B = 2400$ und $\varrho = 15^0$

$$p = \frac{2400}{2} \cdot h^2 \, \mathrm{tg}^2 (45 - 7\tfrac{1}{2}); \quad \mathrm{tg}\ 37\tfrac{1}{2}^0 = 0{,}767$$

$$\mathrm{tg}^2\, 37\tfrac{1}{2}^0 = \text{rd. } 0{,}588,$$

$\boldsymbol{p}$ **= rd. 700** $\boldsymbol{h^2}$ in kg/m (genau $706\, h^2$)

und für rauhe Schalung mit $\varrho = 20^0$ und $\mathrm{tg}\ 35^0 = 0{,}70$
und $\mathrm{tg}^2\ 35^0 = 0{,}49$,

$\boldsymbol{p}$ **= rd. 600** $\boldsymbol{h^2}$ in kg/m (genau $588\, h^2$).

Beispiel 10. Berechnung der Schalung eines Unterzuges 75/40.

a) Bodenschalung.

Betongewicht 0,75 · 0,4 · 2500	= 750 kg/m
Gewicht des Holzbodens	10 ,,
	760 kg/m.

Bretter 30 mm.

Wirksame Bodenbreite 40 cm; $J = 90\ cm^4$; Abstand der Querverbindungen $l = 68$ cm.

$Q = 0{,}68 \cdot 760 = 520$ kg.

$$\delta = \frac{0{,}0063 \cdot 520 \cdot 68^3}{100000 \cdot 90} = 0{,}114\ cm = l/600.$$

β) Seitenschalung. Gehobelt.

$p = 700 \cdot 0{,}75^2 = 390$ kg/m

(p ist zur Sicherheit in seinem Größtwert gleichmäßig stark auf die ganze Höhe angenommen).

Die Bretthöhe der Seitenschalung beträgt nach Abb. 142b = 55 cm.

Gewählt eine Stärke von 26 mm mit $J = 81\ cm^4$.

Der Abstand der aus Brettern 20/3,0 bestehenden Querverbindung $l = 85$ cm; $Q = 0{,}85 \cdot 390 = 330$ kg.

$$\delta = \frac{0{,}0063 \cdot 330 \cdot 85^3}{100000 \cdot 81} = 0{,}158 = l/540.$$

c) Querverbindung a (vgl. Abb. 142).

Stützweite rd. 46 cm.

Da ein Teil des Seitendruckes gemäß Abb. 142 von der Deckenplattenschalung A und vom Balkenboden B fraglos aufgenommen werden wird, so könnte die Qerverbindung mit erheblich höheren Beanspruchungen und größeren Durchbiegungen gerechnet werden, wenn man die bei der Berechnung der Seitenschalung erhaltene Feldlast Q in Ansatz bringt.

In unserem Falle war oben $Q = 330$ kg, $l = 46$ cm,

$$M = \frac{330 \cdot 46}{8} = 1900\ cm/kg,$$

vorhanden 20×3 (flach), $W = 30\ m^3$, $J = 45\ cm^4$ nach Tabelle.

$$\sigma = \frac{1900}{30} = 63\ kg/cm^2\ (zul.\ 100 - 125\ kg/cm^2)$$

$$\delta = \frac{5}{384} \cdot \frac{330}{100000} \cdot \frac{46^3}{45} = 0{,}094\ cm = l/496.$$

Bei ungehobelter, rauher Seitenschalung werden die Verhältnisse günstiger. Sind die Balken über 80—90 cm hoch und will man dann keine Bohlen als Querversteifung nehmen, so kann man sich damit helfen, auf die übliche Brett-Querversteifung noch ein zweites Brett überzunageln.

Aus dem vorstehenden Beispiel ist zu ersehen, daß man bei Berechnung einer größeren Balkenschalung zwischen den Abständen der Steifen, und denen der Querverbindungen jene Abmessungen durch Probieren herausfinden muß, die sich gegenseitig wirtschaftlich vertragen. Bei der Annahme der Stärken für die Seitenschalung und bei der gleichzeitigen Wahl der Querverbindungen und ihres Abstandes muß man darauf bedacht sein, daß einmal die Seitenbretter sich nicht zu stark durchbiegen, anderseits, daß gleichzeitig sich die Querverbindung nicht zu sehr durchbiegt, wobei man der größten Durchbiegung der Querverbindung aus den früher geschilderten Gründen hinsichtlich der Größe $\frac{l}{500}$ einigermaßen Zugeständnisse machen könnte, weil wir doch die Wandreibung des Betons gänzlich außer acht gelassen haben.

5. Statische Berechnung der Untersteifung (Absprießung).

Bei den heutigentags bisweilen außerordentlich schnell arbeitenden Gießgeräten kann, wenn die Eisenkörbe der Bewehrungseisen für Stützen und Balken vom Werk oder Lagerplatz geflochten auf dem Bau fertig angefahren werden, ein Geschoß nach dem anderen so schnell fertig gegossen werden, daß die Steifen des Keller- bzw. Erdgeschosses unter Umständen die Last von 2—3 Stockwerken tragen müssen. Wir wollen annehmen, daß in solchen Sonderfällen ganz besonders schneller Bauweisen, im untersten Geschoß die Steifen in ihrer Mitte mindestens einen Dmr. = 13 cm (Abb. 148d) haben müssen und in diesem Falle nicht weniger als 1,3 Steifen je m² Grundriß stehen. In Abb. 158 stehen 1,15 Stück, weil in dem Bauentwurf ein sehr schneller Gießvorgang vorgesehen ist. Sonst genügen 0,8 bis 1,2 Stück je m²; es kommt hierbei auch auf verschiedene Umstände an, z. B. ob man die Plattenschalung durch Kanthölzer oder durch hochkant gestellte Bretter (Knaggen, Schalbögen) unterstützt. Ersterer Weg ist in der Abb. 158 und 160, letzterer in Abb. 157 eingeschlagen. Wählt man als Bodenschalung des Unterzugs stärkere Bretter als 30 mm, z. B. 50er-Bohlen, dann könnte man freilich an Steifen sparen. Von den am Bau angelieferten Steifensendungen wählt man die stärksten Stücke aus. Von ihnen kommen dann die besten und geradesten Stücke in das unterste Geschoß und dort vor allen Dingen unter die Unterzüge und Balken. Die nächstbesten kommen unter die Unterzüge des Erdgeschosses.

In der nachfolgenden Tafel sind die Tragfähigkeiten der Steifhölzer von 9 bis 14 cm mittlerem Durchmesser (Abb. 148d) aus der Formel

$$J = 70\, P\, l^2$$

in kg errechnet, und zwar für Längen von 2—7 m. Die Forderung von $P < F : k$ muß selbstverständlich erfüllt sein, wobei man für

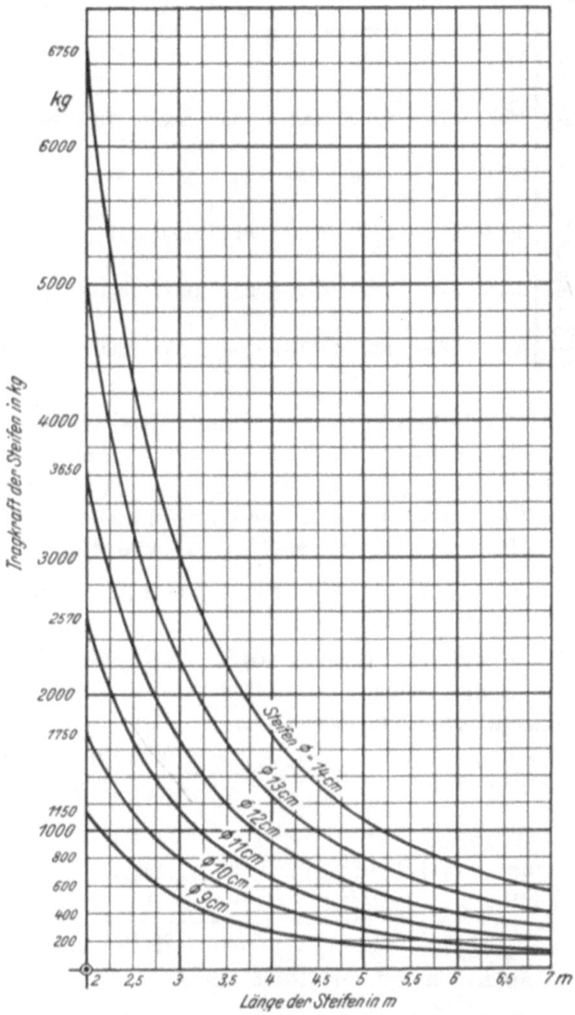

Abb. 143. Tragkraft von Holzsteifen in kg: $P = \frac{1000\,J}{70\,l^2}$; l = Steifenlänge in m, $J = \frac{d^4 \pi}{64}$ in cm⁴, d = Mittelstärke in cm (vgl. die Abb. 148 d).

$k = 60 + 25\% = 75$ kg/cm² einsetzen kann. Bei den in der Tabelle angeführten Längen ist dies nicht nötig zu berücksichtigen, weil die dort aus obiger Gleichung ermittelten Tragkräfte unter diesem Werte liegen.

Tragkraft von Steifen nach der

Mittl. ∅	$\frac{J}{F}$	Länge der Steif-									
		2	2,25	2,5	2,75	3	3,25	3,5	3,75	4	4,25
9	$\frac{322}{64}$	1150	910	736	610	511	436	375	327	287	255
10	$\frac{491}{79}$	1750	1383	1124	925	780	665	573	498	439	389
11	$\frac{719}{95}$	2570	2030	1650	1360	1140	975	840	731	643	569
12	$\frac{1018}{113}$	3649	2870	2330	1925	1615	1380	1190	1035	910	806
13	$\frac{1402}{133}$	5000	3960	3200	2650	2220	1900	1630	1420	1250	1110
14	$\frac{1886}{154}$	6750	5330	4320	3570	3000	2560	2200	1920	1685	1490

Die Abb. 143 gibt den Verlauf der Tragkraft übersichtlich wieder, woraus man gut entnehmen kann wie verhältnismäßig unwirtschaftlich die 9er-Steifen sind, weil nämlich die geringe Tragkraft in keinem rechten Verhältnis zum Aufwand der Einsteifarbeit steht.

Beispiel 11. Untersuchung der Steifen aus Abb. 158.

a) Unterzugsteife S_1 in Abb. 158f; $l = 3{,}10$; Abstand 68 cm.

Lasten:

Beton Unterzug (aus Beispiel 10) .	760 kg/m
Restliches Schalgewicht des Unterzugs einschließlich Querversteifung der Seiten	50 kg/m
	810 kg/m
$Q_1 = 810 \cdot 0{,}68$	550 kg
Q_2 (Deckenplatte) $1{,}0 \cdot 0{,}5 \cdot 445$ (vgl. Beispiel 9)	220 kg
zus.	770 kg · 2 = 1540 kg.

Zahl der aufzunehmenden Geschosse = 2.

Nach der Steifentabelle (wir nehmen an, daß die Steife zwei Geschosse tragen muß) trägt eine 13er-Steife 1900 kg bei $l = 3{,}25$. Der nächstniedere Durchmesser langt nicht aus, wie man mit der Abb. 143 nachprüfen kann (13 cm ist der mittlere Dmr., Abb. 148d). Die Steife unmittelbar neben der Stütze wird zwar etwas stärker durch die Voute belastet werden; es genügt ebenfalls die 13er-Steife wegen ihres Überschusses von 400 kg.

Formel $J = 70\ Pl^2$ in kg.

hölzer in m										
4,50	4,75	5	5,25	5,50	5,75	6	6,25	6,50	6,75	7
227	204	184	167	152	139	128	118	109	101	94
346	311	231	255	232	213	195	180	167	154	143
508	456	412	374	340	311	286	263	244	226	210
718	645	582	528	480	440	404	372	345	320	297
992	886	800	725	660	605	555	512	475	438	408
1330	1200	1080	980	892	815	750	690	640	593	550

b) Steifen unter der Platte.

$l = 3{,}63$; Abstand 1,38 m · 0,7 (vgl. Abb. 158c).

$Q = 445{,}0 \cdot 1{,}38 \cdot 0{,}7 = 410$ kg. $Q' = 2 \cdot 410 = 820$ kg.

Es reicht nach Tabelle eine Stütze mit 11 Dmr. (mittl. Dmr.), die bei 3,60 m Länge eine Tragkraft von rd. 800 kg hat.

Zum Schluß sei noch bemerkt, daß für jene Konstrukteure, die sich von der Knicksicherheit nach Tetmajer überzeugen wollen, folgende Formel bequem ist:

Die Knickspannung

$$\sigma^k = 293 - 1{,}94\ l/i.$$

Hierin ist bei kreisförmigem Querschnitt

$$i = \sqrt{\frac{J}{F}} = \sqrt{\frac{\pi d^4}{64} : \frac{\pi d^2}{4}} = d/4.$$

Die Formel braucht nur angewendet zu werden, wenn

$$\frac{l}{i} \leq 100.$$

Als Sicherheit kann man sich mit $n = 3{,}0$ begnügen.

Beispiel 12. Die gedrungenste Stütze unserer Tabelle ist die Steife 14 Dmr. bei $l = 2$ m; nach der Tabelle ist eine Tragkraft von 6750 kg zulässig. Der Querschnitt ist $F = 154$ cm². Auf reinen Druck: $F \cdot k = 154 \cdot 75 = 11500$ kg.

Unser Tabellenwert liegt mit 6750, wie erforderlich, noch unter diesem Wert.

Nachprüfung nach Tetmajer, und welche Belastung ist nach T. zulässig?

$$i = d/_4 = {}^{14}/_4 = 3{,}5 \text{ cm},$$
$$\lambda = l : i = 200 : 3{,}5 = 57.$$

Es ist die Knickspannung:

$$\sigma^k = 293 - 1{,}94 \cdot 57 = 182 \text{ kg/cm}^2.$$

Die Belastung, bei der die Steife gerade ausknickt:

$$P^k = F \cdot \sigma^k = 154 \cdot 182 = 28000 \text{ kg}.$$

Demnach beträgt die Sicherheit bei unserer Nutzlast von 6750 kg:

$$n = \frac{28000}{6750} = 4{,}1 \text{fach (genügt 3fach)}.$$

Im Anschluß hieran soll noch der vorläufigen Bestimmungen für Holztragwerke der Deutschen Reichsbahn gedacht werden, wobei in den nachstehend für Nadelholz wiedergegebenen Tabellenwerten einfach die Beanspruchung nachzuprüfen ist nach

$$k = \frac{P \cdot \omega}{F}.$$

λ	ω
0	1,00
10	1,09
20	1,20
30	1,33
40	1,47
50	1,65
60	1,87
70	2,14
80	2,49
90	2,95
100	3,60
110	4,43
120	5,36
130	6,39
140	7,53
150	8,77

Beispiel 13. Nachprüfung unserer Steife aus Beispiel 12 nach dem ω-Verfahren:

$\lambda = 57$ hierfür $\omega = 1{,}8$ (durch Schaltung),

$$\sigma = \frac{6750 \cdot 1{,}8}{154} = 79 \text{ kg/cm}^2.$$

Zulässig nur $60 + 25\% = 75$ kg/cm².

Demnach müßte man, um diesen Vorschriften zu genügen, statt der 14er-Steife eine solche von 15 Dmr. wählen.

Im übrigen ist es nur bei dieser stark gedrungenen Stütze der Fall, daß die Reichsbahnvorschriften sich dermaßen auswirken. Prüfen wir jedoch z. B. die Steife aus Beispiel 11, nach nämlich:

Dmr. $= 13$; $F = 133$ cm²; $l = 325$ cm; zul. Last $P = 1900$ kg,

so ergibt sich mit

$$\lambda = 325 : d/_4 = 325 : 3{,}25 = 100;$$
$$\omega = 3{,}6 \text{ und } k = 1900 \cdot 3{,}6 : 133 = 52 \text{ kg/cm}^2, \text{ zul. } 75 \text{ kg/cm}^2.$$

Man achte darauf, daß dem Angriff des Windes: durch Anordnung von kräftigen Schwertern begegnet wird und auch in wagrechtem Sinne Diagonalen zwischen den Balkenkasten vorgesehen werden, solange die Plattenschalung noch nicht steht. Die Bodenschalungen der Balkenschalungen schwertet man untereinander ebenfalls etwas aus. Windkraft bis $h = 15$ mit 100, von $h = 15$—25 m = 125 und darüber 150 kg/cm².

Kapitel 48. Aus den Bestimmungen über Schalung.

Nach den Bestimmungen von 1925 heißt es:

§ 10. Herstellung der Schalungen[1]).

1. Alle Rüstungen und Einschalungen sind tragfähig herzustellen; sie müssen ausreichend widerstandsfähig gegen die auf sie einwirkenden Kräfte sein und leicht und gefahrlos wieder entfernt werden können (vgl. Ziffer 7). Bei Gußbeton ist auf ausreichende Standfestigkeit der Schalung besonderer Wert zu legen, bei ihrer Herstellung ist auf das Quellen des Holzes Rücksicht zu nehmen. Die Stützen oder Lehrbögen sind auf Keile, Sandkästen, Schrauben oder andere Ausrüstungsvorrichtungen zu stellen, durch deren allmähliches Lüften das Lehrgerüst langsam ohne Stöße und Erschütterung gesenkt werden kann.

2. Lehrgerüsteisen als alleinige Unterstützung von Deckenschalungen sind nur bis zu einer Spannweite von 2,5 m zulässig. Es ist verboten, Baustoffe auf solche Einschalungen abzustürzen oder aufzustapeln. Bei größerer Spannweite sind End- und Zwischenstützen anzuwenden, wenn nicht ihre Entbehrlichkeit statisch nachgewiesen ist.

3. Bei allen unterstützten Lehrgerüsten dürfen gestoßene, d. h. aufeinandergesetzte Unterstützungshölzer nur bis zu zwei Dritteln der gesamten Stützen verwendet werden. Die ungestoßenen Stützen müssen, wenn Balken vorhanden sind, unter diesen angeordnet, im übrigen möglichst gleichmäßig auf die ganze Fläche verteilt werden. Die Schnittflächen gestoßener lotrechter Stützen müssen wagrecht sein und dicht aufeinander passen. An der Stoßstelle sind sie durch aufgenagelte, mindestens 0,70 m lange, hölzerne Laschen gegen Ausbiegen und Knicken zu sichern. Bei Stützen aus Rundholz sind drei, bei solchen aus Vierkantholz vier Laschen für jeden Stoß zu verwenden. Mehr als einmal gestoßene Stützen sind unzulässig. Wegen der Knickgefahr ist der Stoß nicht ins mittlere Drittel der Stützen zu legen. Stützen unter 7 cm Zopfstärke sind unzulässig.

4. Stützen mit Ausziehvorrichtung oder eiserner Verlängerung gelten als nicht gestoßen, wenn die Verbindung haltbar und wirksam ist.

5. Besondere Aufmerksamkeit verdient die sachgemäße Verteilung der Stützenlasten auf den Erdboden. Die Stützen müssen eine unverrückbare Unterlage aus Holz (starken Brettern, Bohlen, Kanthölzern) erhalten und sind im Stockwerksbau so anzuordnen, daß die Last der oberen Stützen unmittelbar auf die darunterstehenden übertragen wird. Bei nicht tragfähigem oder gefrorenem Untergrunde sind besondere Sicherungen anzuwenden.

6. Bei Schalungsgerüsten für Ingenieurbauten sowie für mehrgeschossige Hochbauten mit Stockwerkshöhen über **5 m** kann ein rechnerischer Festigkeitsnachweis verlangt werden. Hierbei sind die amt-

[1]) Bei Aufstockung von Gebäuden sind besondere Vorkehrungen zur Sicherung der unteren, im Betriebe befindlichen Stockwerke zu treffen. In Preußen gelten die vom Preuß. Minister für Volkswohlfahrt erlassenen Bestimmungen vom 7. Februar 1923, II, 9, Nr. 76 (Zentralbl. d. Bauverw. 1923, S. 96).

lichen Vorschriften sinngemäß anzuwenden, die in den einzelnen Ländern für die bei Hochbauten anzunehmenden Belastungen und die zulässigen Beanspruchungen der Baustoffe jeweils gelten (vgl. § 15, Ziffer 1).

Stützen von 5 m Länge und darüber sind nach der Längen- und Tiefenrichtung untereinander abzuschwerten und knicksicher auszubilden.

Wo bei Herstellung von Decken und Gewölben, die mehr als 8 m vom Fußboden entfernt sind, oder bei schwer lastenden Bauteilen nicht abgebundene Lehrgerüste verwendet werden, sind die Stützen aus besonders starken oder gekuppelten Hölzern zu fertigen, wagrecht miteinander zu verbinden und durch doppelte Kreuzstreben besonders zu sichern.

7. Bei Herstellung der Schalungen für Hochbauten ist darauf Rücksicht zu nehmen, daß bei der Ausschalung einige Stützen (sog. Notstützen) weiter stehen bleiben können, ohne daß daran und an den darüberliegenden Schalbrettern gerührt zu werden braucht. In mehrgeschossigen Gebäuden sind die Notstützen derart übereinander anzuordnen, daß alle Stützkräfte in gerader Fortsetzung weitergeführt werden. Bei den üblichen Spannweiten genügt eine Notstütze unter der Mitte jedes Balkens und der Mitte von Deckenfeldern, die mehr als 3 m Spannweite haben. Bei Unterzügen und langen Balken können noch weitere Notstützen verlangt werden.

8. Vorm Einbringen des Betons sind die Schalungen zu reinigen und gegebenenfalls anzunässen; Fremdkörper im Innern der Schalungen sind zu beseitigen. Schalungen von Säulen müssen am Fuß und am Ansatz der Auskragungen, Schalungen tiefer Träger an der Unterseite Reinigungsöffnungen haben.

9. Während des Betonierens sind die Einschalungen und ihre Unterlagen genau nachzuprüfen. Insbesondere sind während des Betonierens einer Decke im Geschoß darunter die Keile, wenn erforderlich, nachzutreiben.

Die Innehaltung vorstehender Bestimmungen ist nicht nur als Innehaltung einer für alle bindenden Vorschrift geboten, sondern weil darin eine Reihe langjähriger und wertvoller Erfahrung zum Ausdruck kommt. Bezüglich des in Abb. 147 angedeuteten Schadens infolge Quellens (§ 10, Ziff. 1) wird man durch Zurücksetzen der Schalung vorbeugen, z. B. Abb. 147a, 158a und b usw.

In B. u. E. 1923, Heft 2, berichtet Kleinlogel über einige interessante Bauschäden am frisch ausgeschalten Eisenbetontragwerk, die wahrscheinlich zum größten Teil auf mangelhafte Schalung bzw. Absteifung zurückzuführen sind. Abb. 144 zeigt einen über die Stütze durchlaufenden Balkenteil. Abschnitt I war am Vortage betoniert mit der mutmaßlichen Arbeitsfuge *b—c*. Der am folgenden Tage anbetonierte Teil II ist infolge Nachgebens der Absteifung nach unten gegangen, wodurch sich der Trennriß *a* gebildet haben mag. Dieses Nachgeben der Schalung ist öfters auf folgende Gründe zurückzuführen:

1. Die Steifen sind zu dünn bemessen und federn.
2. Die Steifen sind etwas krumm und infolge der Biegebeanspruchung ebenfalls federnd nachgiebig.

3. Die Keile sind nicht aus Hartholz, sondern weich und zusammendrückbar.
4. Die Unterlage verteilt nicht genügend den Druck auf den Baugrund, der, wenn feiner Sand, langsam nachgibt.

Man spare also auch nicht am Hartholzmaterial für die Keile.

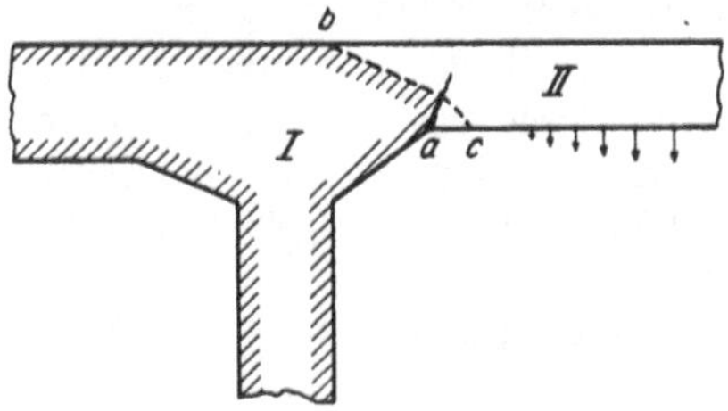

Abb. 144. Ausschalrißbildung.

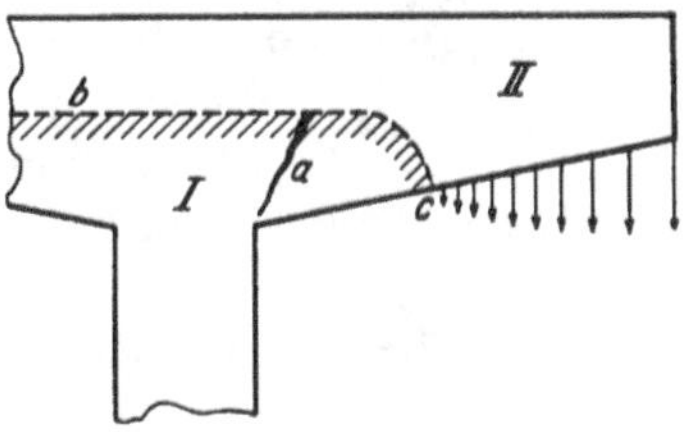

Abb. 145. Ausschalrißbildung.

In Abb. 145 ist ebenfalls ein Balkenstück über der Stütze angedeutet. Dort ist die Arbeitsfuge etwa nach *b*—*c* verlaufen. Der Betonteil II hatte sich wahrscheinlich losgelöst, weil die Absteifung unter dem Konsol locker geworden war, ferner weil zunächst das schwere Konsol bei den Arbeitserschütterungen am Bau federte und alles zusammen den Riß *a* ausgelöst haben kann.

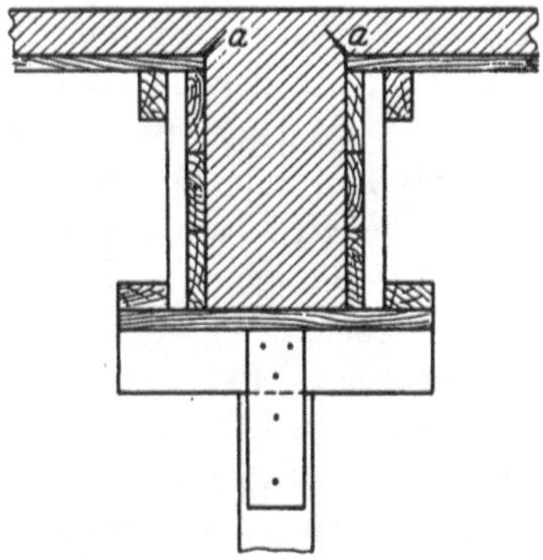

Abb. 146. Ausschalrißbildung.

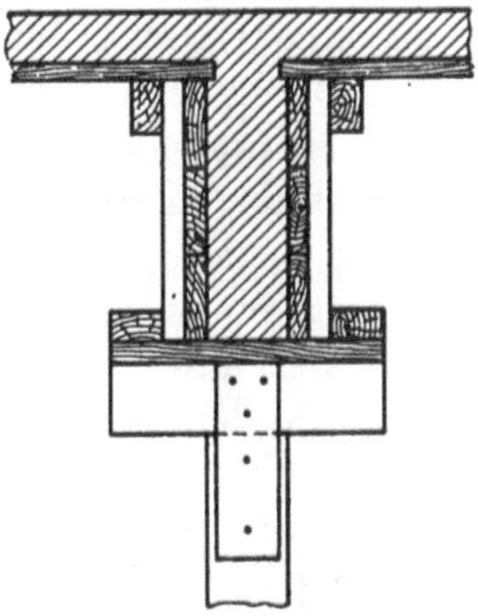

Abb. 147. Falsch.

Abb. 146 dagegen zeigt einen Schaden, der durch Quellen der Schalung der Deckenschalung seine Erklärung findet. Gefährlich ist dieses besonders bei dünnen Dachplatten. Unternehmer, die sehr trockenes Schalholz verwenden und dann nicht das Schalwerk langsam und vorsichtig anfeuchten, sondern plötzlich und allzureichlich kurz vorm Einbringen des Betons, beobachten nicht selten die in Abb. 147 dargestellte dort etwas übertriebene Verformung, die überdies noch, wenn auch in geringem Grade auftretend, die Rißbildung *a—a* in Abb. 146 begünstigt. Darum ist es empfehlenswert den Anschluß der Deckenschalung an den Balken nach Abb. 147a auszubilden, weil dadurch den Quellschäden der Deckenschalung möglichst vorgebeugt wird. Besondere Bedeutung kommt auch der Ziff. 3 der Vorschriften zu, daß gestoßene Steifen nur $^2/_3$ der Gesamtzahl vorhanden sein müssen und, daß der Stoß nicht in das mittlere Drittel der Stütze gelegt wird. Stoßausbildung vgl. Abb. 158e.

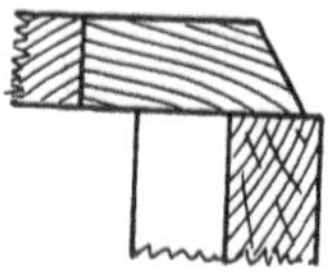

Abb. 147a. Richtig.

Kapitel 49. Zur konstruktiven Durchbildung.

1. Allgemeines.

Betrachtet man die Baustellen von etwa einem Dutzend verschiedener Unternehmen so kann man die Wahrnehmung machen, daß der für das Schalwerk getätigte Aufwand miteinander außerordentlich verschieden groß ist; während mancher Unternehmer geradezu mustergültiges Schalwerk entwirft und ausführt, so kann man doch auch oft feststellen, daß es auch bei vereinzelten größeren Baufirmen an vielem fehlt.

Vor allem ist es empfehlenswert mit dem verbreiteten Grundsatz zu brechen, das Schalwerk ganz und gar dem Zimmerpolier allein zu überlassen. Man begnügt sich leider dann, dem Mann einen Grundriß einzuhändigen, in welchem die Plattenstärken, Balken und Stützabmessungen eingetragen sind. Der Zimmerpolier kann naturgemäß das Schalwerk in statischem und wirtschaftlichem Sinne nienals so sorgsam durchbilden, wie wenn man damit einen mit Schalwerk gut vertrauten Ingenieur betraut, der zweckmäßig dann seinen Entwurf mit dem ausführenden Polier bespricht. Bei dem immer weiter sich einbürgernden Gußverfahren, wobei es bei schneller Arbeitsweise ohne weiteres vorkommen kann, daß selbst drei Geschosse in Schalung liegen, ist es in der Tat ratsam, den Schalwerkmassen mehr Aufmerksamkeit zu schenken, als es gemeinhin geschieht, weil jedes Geschoß einer gut durchgebildeten Schalung verhältnismäßig viel Aufwand an Material und Löhne erfordert.

2. Material.

Das für die Einschalung eines Hochbautragwerks notwendige Holz (meist Kiefer und für die Keile Eiche) besteht aus Brettern, Kanthölzern und Rundstangen, letztere für die Steifen (Sprießen). Die Schalbretter sind mindestens parallelbesäumte Bretter, nämlich solche, die nur am unteren Wurzelende scharfkantig sind und gegen das Zopfende dann eine oder zwei Waldkanten aufweisen (Abb. 148a und b). Für Gußbeton verwende man lieber nur scharfkantige Ware (Abb. 148c), wobei manche Unternehmer sogar gespundete Bretter nehmen. Hobeln verlängert die Lebensdauer der Schalung. Für Hobeln rechne man 2 mm. Die Zweckmäßigkeit der Verwendung von Spundbrettern wird vielfach angezweifelt; man könnte indessen die Spundung bei Stützen über etwa 80—90 cm Seitenlänge als zweckdienlich ansehen. Die Amerikaner verwenden sehr häufig gespundete und gehobelte Stützenschalung, die überdies etwas geölt wird, um glattes Ausschalen zu erleichtern.

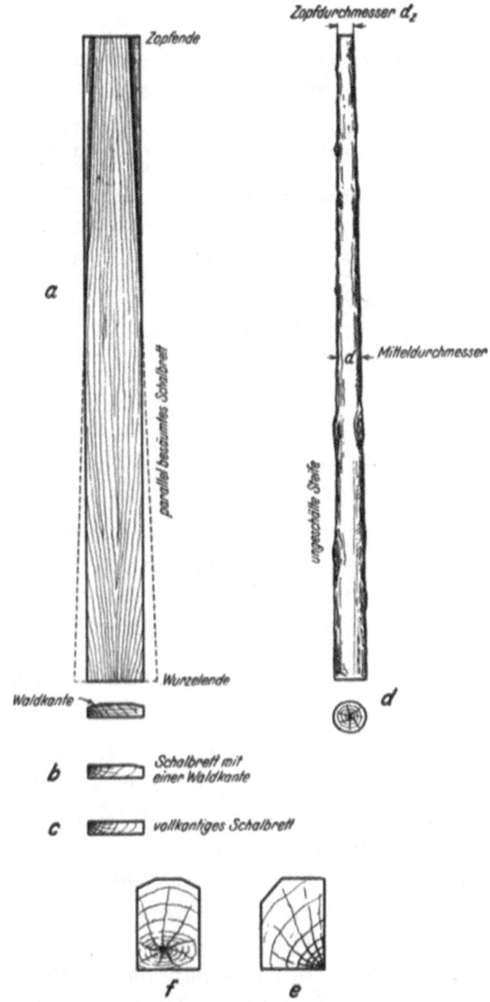

Abb. 148a—f.

Als Kanthölzer kommen solche Profile in Frage, die als Unterstützung unter die Bodenschalung der Balken gelegt werden, nämlich 8/12 (leider selten zu haben) bis 10/13, ferner jene als Querverbindungen an den Stützen in der Form der Säulenkränze von 8/12 bis 10/16. Diese Kanthölzer werden gebräuchlicherweise nur vollkantig oder allenfalls mit einer Waldkante angenommen (Abb. 148e). Es ist aber ganz gut vertretbar solche Kanthölzer mit doppelter Waldkante einzubauen (Abb. 148f), wenn man den Verlust an Widerstandsmoment zufolge der wegfallenden Enden in Rechnung stellt. Jedenfalls ist es ganz gut möglich, derartige nicht vollkantige Kanthölzer zu verwenden. Bei Balkenunterstützungen und bei Deckenplattenunterstützungen müssen diese Hölzer natürlich dann so gelegt werden, daß die Waldkanten nach oben und somit die Steife unter die Seite mit vollen Kanten zu stehen kommt.

Die Steifen sind kieferne Stämme, die am Zopfende (Abb. 148d) nach den Bestimmungen zwar mindestens 7 cm, jedoch besser 7½ bis 8 cm im Minimum aufweisen sollen.

Als sog. Einschubleisten (siehe unter Säulenschalung) dienen öfters Dachlatten 4/6 cm (sog. 2. Klasse).

Die ungefähren Holzpreise sind z. B. in Berlin gegenwärtig für kieferne handelsübliche Ware im Einzelvertrieb ab Lager:

Kantholz 8/8—10/10	**93—95** RM./m³
Kantholz 10/12—16/18	77—80 ,,
Schalbretter 20 mm	66—69 ,,
23 mm	72—75 ,,
26 mm	78—80 ,,
Parallel besäumt 23, 26, 30 u. 35 mm .	**93—96** ,,
Dachplatten 4/6, 2. Klasse 1 lfd. m . .	0,22 RM.
Steifen 1 lfd. m	0,35—0,4 RM.

Die vorstehenden Ziffern ermäßigen sich bei waggonweisem Bezug ganz bedeutend, um 10% und mehr, sie sind hier gegeben worden um nur eine Vorstellung der gegenwärtigen Preisspanne bei den einzelnen Schnittwaren zu zeigen.

8. Ausführungsarten.

a) Fundamentschalungen.

Wir verstehen hier unter Fundamentschalungen nur solche, die zur Fundierung von Stützen dienen. Ist vorzüglich stehender Baugrund vorhanden, so wird man, wenn es sich um ein Blockfundament handelt, eine Baugrube von den Ausmaßen des Blockes ausheben, allenfalls erforderliche untere Bewehrungseisen auf 3 × 2 cm Zement-Leistchen verlegen (die Eisen sollen je nach Durchmesser etwa alle 30—40 cm unterstützt sein), ferner die lotrechten Stützenanschlußeisen einsetzen (ebenfalls auf Betonklötzchen aufruhend) und schließlich den zähbreiig gehaltenen Beton (etwa 12% R.T. Wasserzusatz) vorsichtig einbringen. Dies erfolgt am besten mit einer aus wenigen Brettern provisorisch zusammengeschlagenen kurzen Rinne.

Will man das Risiko des wenn auch nur teilweisen Nachstürzens von Baugrund nicht auf sich nehmen, dann mache man eine einfache

Blockfundamentschalung nach Abb. 149. Die Standfestigkeit solcher Schalung wird wie bei der Seitenschalung der Balken (Kapitel 47, Z. 4b) errechnet, jedoch mit dem Unterschiede, daß man die Durchbiegung unberücksichtigt läßt und nur auf Festigkeit rechnet.

Als Beanspruchung kann man hierbei 125 kg/cm² zulassen.

Sind bei großen Fundamentblöcken die Schalwände sehr lange, so würden sehr starke Bretter oder gar Bohlen erforderlich sein; man pflegt dann nach Art der Abb. 149a durch eine einfache aber gute Versteifung die Seitenschalung zu verbilligen. Bei großen

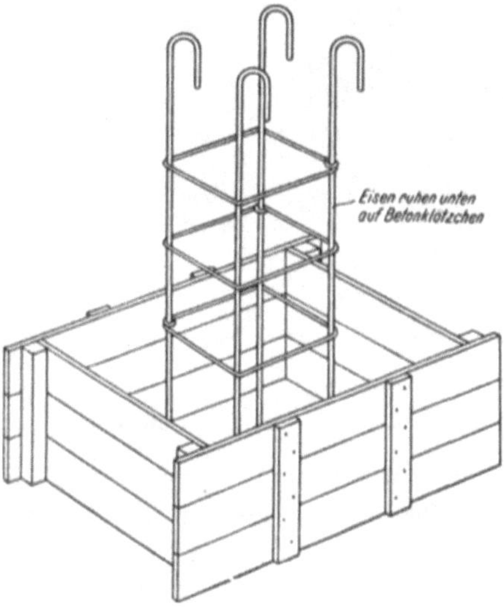

Abb. 149. Schalung für ein einfaches Stützenfundament.

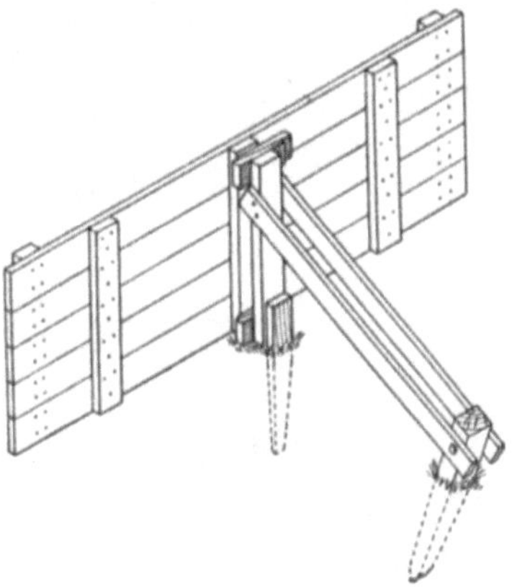

Abb. 149a.
Wohlfeile Mittenabsteifung bei Blockfundament-Schalwänden von großer Länge.

und schweren Stützen kann man, wenn es die Baugrundverhältnisse gestatten, ein Treppenfundament nach Abb. 150 entwerfen (in der Abbildung ist der Beton fortgedacht). Die einzelnen Elemente sind für sich nach Art der Abb. 149 ausgebildet, wobei durch die Anschlagleisten a_1, a_2 und a_3 die Festlegung der Schalkasten gegeneinander erfolgt. Es empfiehlt sich dabei, die Fundamentkörper stets mit hochwertigem Zement zu betonieren (bei Grundwasserandrang ist der Körper ausreichend hoch gegen Feuchtigkeit zu isolieren), damit man schon nach wenigen Stunden den zweiten und dritten Kasten betonieren kann. Gutes Aufrauhen, zur Verbindung auch einige Eisenabfallenden mit Haken einzustecken, darf nicht vergessen werden. Will man jedoch das ganze Staffelfundament in einem einzigen Guß herstellen, dann muß man die Oberkasten auf den Unterkasten konstruktiv unter Abdeckung der wagrechten Flächen aufsetzen, was keine Schwierigkeit macht, jedoch die Schalung sehr verteuert.

Dies waren Schalungen für Staffelfundamente.

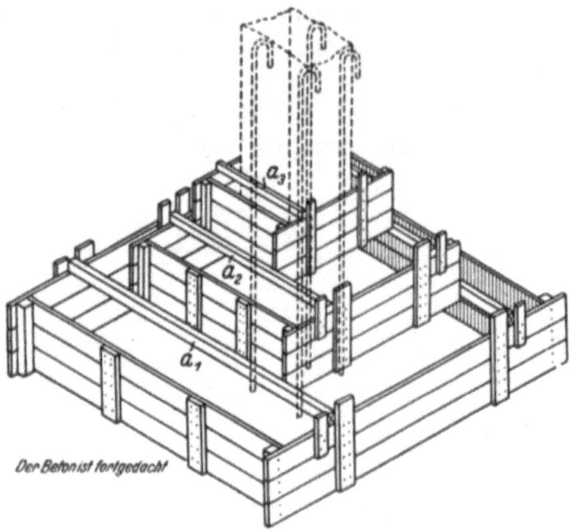

Abb. 150. Schalung für ein größeres Stützenfundament (Staffelfundament).

Die Pyramidenstumpffundamente werden ganz sinngemäß wie in Abb. 149, jedoch trapezförmig angefertigt und an den Kanten zusammengenagelt.

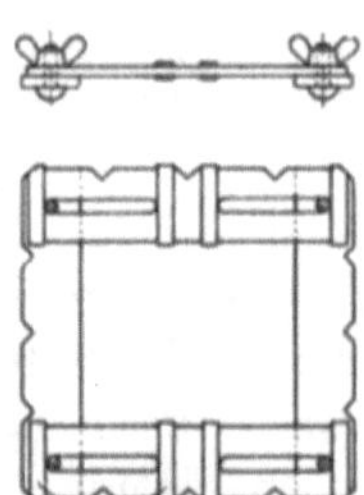

Abb. 151. Stellrahmen zum Aussteifen der Eisenkörbe beim Aufstellen der Stützenbewehrung.

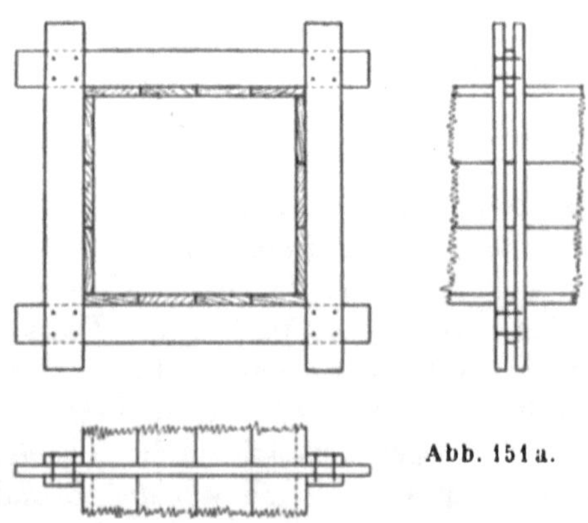

Abb. 151 a.

b) Stützenschalungen.

Wie bereits erwähnt, pflegt man heutzutage zweckmäßig die fertigen Bewehrungskörbe von Balken und Stützen auf den Werkplatz herzustellen und transportiert sie mit einem Hebezeug in dasjenige Geschoß, das in der Einschalung begriffen ist. Die Körbe

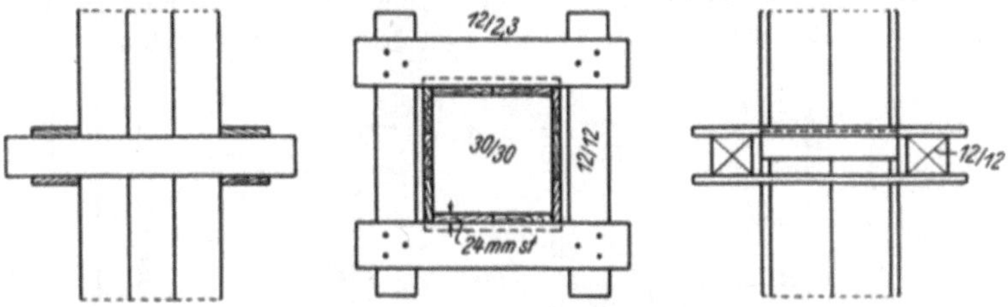

Abb. 152. Schalung nur für kleine Stützenquerschnitte einfach mit Kränzen aus genageltem Kantholz mit aufgelegten Brettern.

werden durch Steifrahmen aus Holz nach Abb. 151 ausgesteift. Die Rähmchen sind durch Flügelmuttern zusammengehalten, wenn man nicht vorzieht, alle Meter kräftige Diagonalbügel vorzusehen.

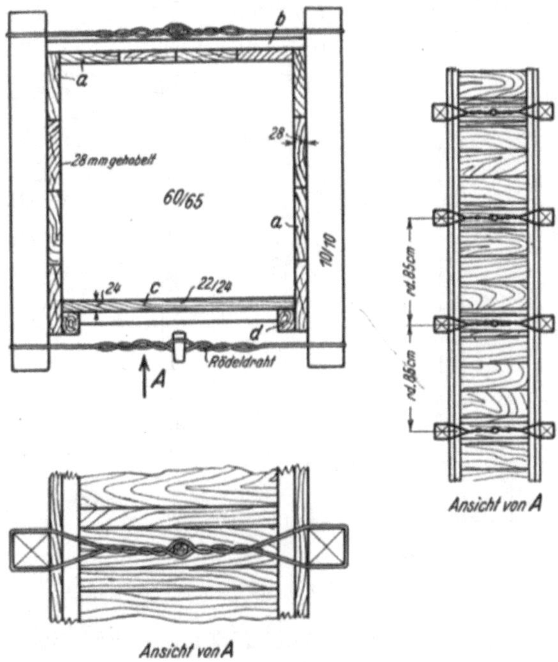

Abb. 153.

Ist der Eisenkorb aufgestellt, so wird der Säulenkasten herumgebaut. Doch wird umgekehrt öfters, bei Vorhandensein eines Turmkranes, der Eisenkorb in die Schalung hineingesetzt.

Eine leichte Ausführung für kleinere Stützen zeigt Abb. 151 a, die aus einem Kranz von Brettern 11 × 2,6—16/3,5 besteht.

Etwas verbessert ist die Abb. 152, bei der Kanthölzer 12/12 den Kranz verstärken. Zur Not lassen sich beide Konstruktionen etwas

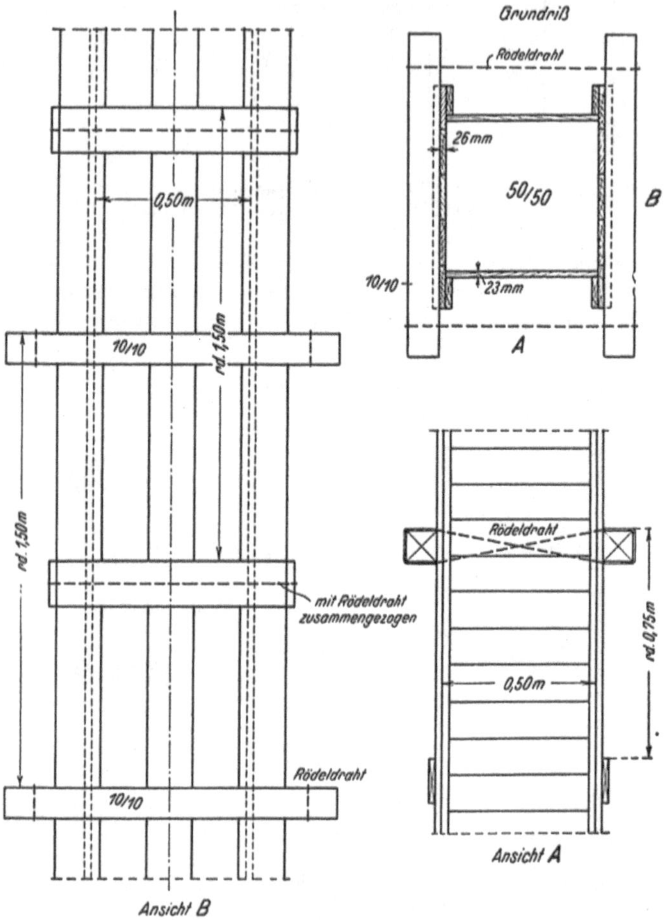

Abb. 154.

mit Draht zusammenrödeln. Abb. 153 gibt eine auch für größere Stützenquerschnitte gut geeignete Schalung wieder. Die Wände sind aus den Längsbrettern *a* gebildet, wobei die Querbretter *b* aus 22/2,8 (flach liegend) die Ausbiegung der Längsbretter verhindern. (Die Ansicht auf diese Rückwand entspricht fast gänzlich der rechten Figur in Abb. 155.) Die Vorderwand ist als sog. Einschubwand konstruiert. Während nämlich die drei anderen Wände Längsbretter haben, hat diese Vorderwand Querbretter, die ihren Widerhalt in den Leisten *d* (Dachlattenprofil) finden. Die Längsbretter sind also immer an jenen Stellen, wo die Querverbindungen sitzen, gestützt, also alle 85 cm, während die Querbretter nur eine Stützweite von Mitte zu Mitte Leiste, also etwa 55 cm haben. Sie sind demnach nur 24 mm stark gegenüber den 28-mm-Längsbrettern. Diese Einschubschalung nach Abb. 153 rührt eigentlich noch aus der Zeit des Stampfbetons her. Damals war es außerordentlich erwünscht,

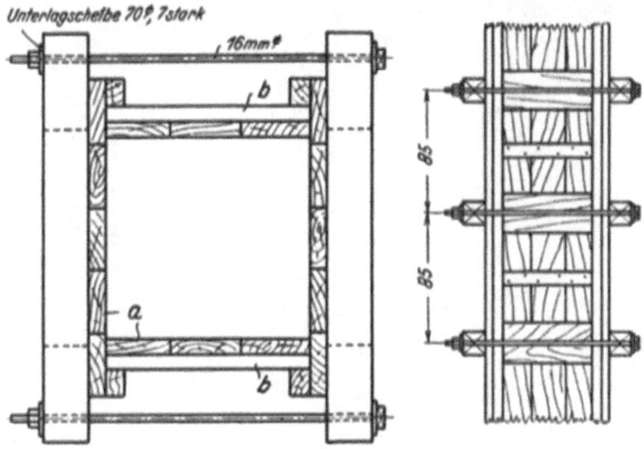

Abb. 155.

die eine Seite zum bequemen Stampfen offen zu halten und langsam nach Bedarf durch Einschieben von Brettern zu schließen. Die Stützenschalung mit Einschub ist aber bei manchen Unternehmern auch heute noch beliebt, obwohl sie längst alle mit plastischem Beton arbeiten, wobei die erwähnte Bequemlichkeit beim Stampfen also nicht von solchem Belang ist. Der Vorteil besteht aber immerhin darin, daß die kurzen Brettstücke recht vorteilhaft aus dem Bestand alter Schalbretter entnommen werden können und so Bestände, die scheinbar fast nur mehr Brennholzwert besitzen, z. T. wieder verwendet werden können. Dafür zeugt auch die Schalung nach Abb. 154, die sogar einen zweiseitigen Einschub enthält; es ist dies eine Schalweise, die noch ganz kürzlich in größerem Ausmaß zur praktischen Anwendung kam. Die Schalung ist gerade nicht übermäßig solide und kann nur bestehen, wenn in der Mitte der 1,5 m weit entfernten Säulenkränze über die Querleiste ein kräftiger Rödeldraht gezogen wird. Für Beton flüssiger Konsistenz reicht sie nicht gut aus.

Abb. 155 zeigt eine Ausführung, deren schon oben gelegentlich der Besprechung der Abb. 153 gedacht ist. Während nun bei Abb. 153 die Kanthölzer durch Rödeldraht zusammengeschnürt sind, so werden sie bei Abb. 155 durch 16-mm-Schraubenbolzen mit kräftigen Unterlagscheiben zusammengehalten. Praktischer ist es, daß die Kranzhölzer Schlitze haben, um beim Anlegen nicht die Muttern der

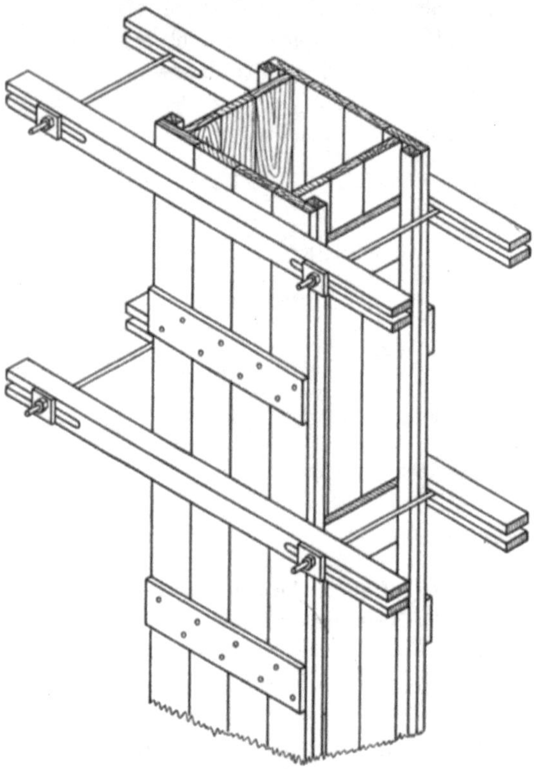

Abb. 155a.

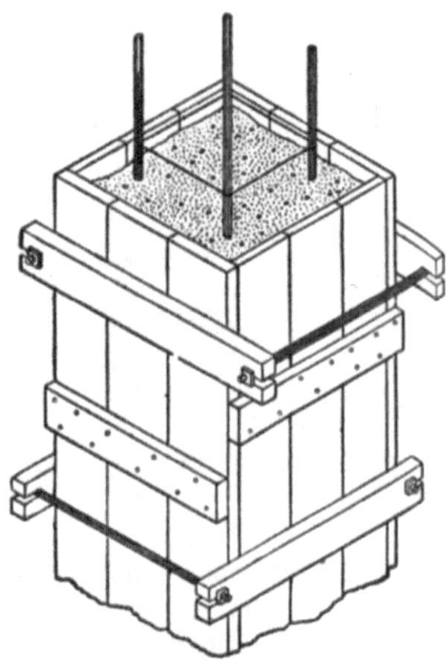

Abb. 155b.

Bolzen abnehmen zu müssen, wie dies Abb. 155a zeigt; Abb. 155b zeigt dagegen eine einfachere Ausführung[1]). Abb. 156 gibt dagegen eine Ausführung, bei der außer den gewöhnlichen Nägeln keinerlei Eisenteile zum Zusammenzwängen der Schalwände verwendet sind; dies geschieht hier durch kleine Hartholzkeile.

Wirklich gute Konstruktionen gibt die Abb. 157. Diese Verschalung, die in ausgedehntem Ausmaße bei einem großen Berliner

[1]) Entlehnt aus „Kidder-Nolan": The Architects and builders Handbook, New York 1921, Verlag John Wiley & Sons.

Bau zur Anwendung gelangte, hat Abmessungen, die in der Tat allen statischen Anforderungen genügt. Die Längsschalung der 70/70-Stützen ist 24 mm dick. Die Querverbindungen liegen in 40 bis 60 cm Abstand, und zwar je zwei unmittelbar übereinander um 90° versetzt. Die Stützenkränze sehen fast ebenso aus wie in Abb. 161 bei der 6-Eckschalung. Aus dem in Abb. 157 enthaltenen kleinen Grundriß ist erkennbar, daß im ganzen auf einem Feld 3,5 × 3,5 m

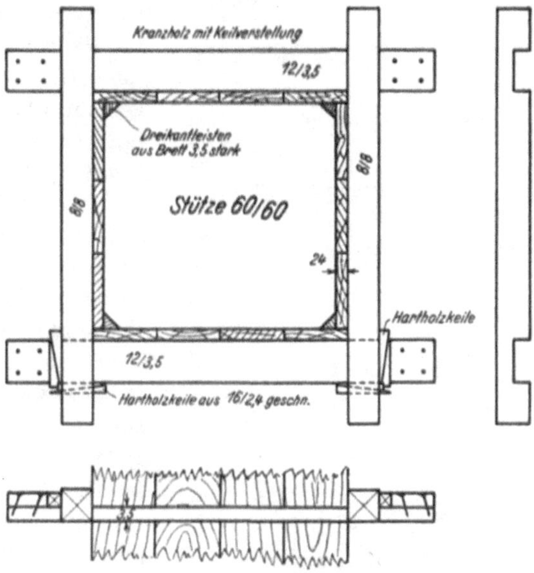

Abb. 156.

9 Steifen stehen. Somit sind 9 : 3,5 · 3,5 = rd. 0,8 Steifen je m² Grundrißfläche verwendet.

In Abb. 158 ist eine ebenfalls statisch einwandfreie Säulenschalung wiedergegeben. Abb. 158a zeigt zur besseren Vorstellung die fertige ausgeschalte Decke. Die Abmessungen sind unter Kapitel 48, Ziff. 2, in den Beispielen berechnet. Auch hier sind die Säulenkränze wie in Abb. 157 bzw. 161 ausgeführt. Die Säulen selbst sind 80/80 stark und der in Beispiel 3 zugrunde gelegte Abstand der Querverbindungen ist $l = 60$ cm. Gemäß Abb. 158 geht man nun beim Entwurf der Säulenschalung so vor, daß man zunächst unten auf der fertigen Decke (bzw. im Kellergeschoß auf dem obersten Fundamentklotz) einen Bretterkranz festnagelt; in diesem Bretterkranz kommt nun der Säulenkasten zu stehen. Mit der Einteilung

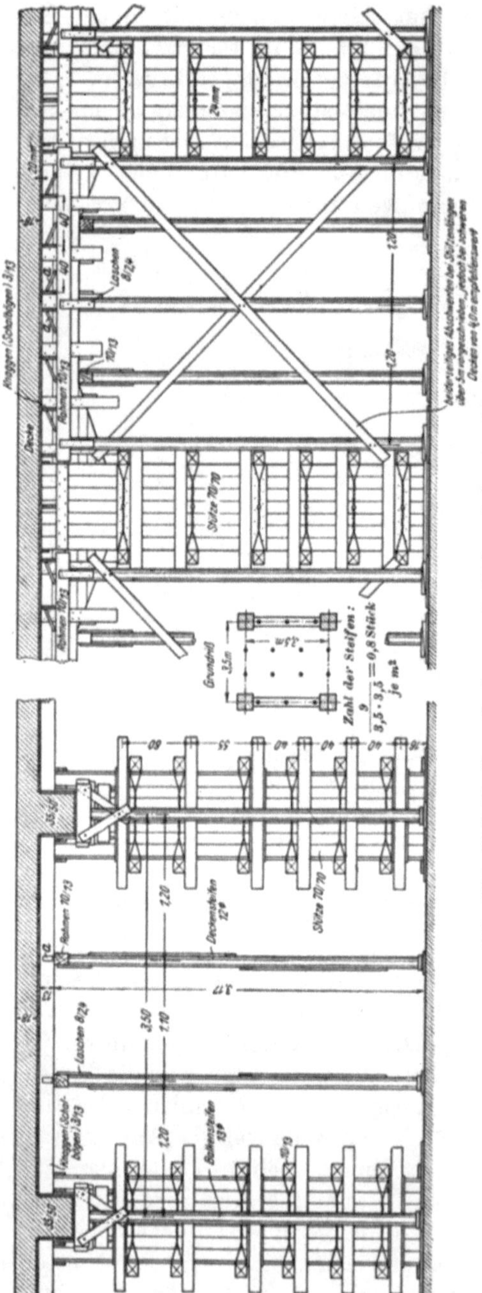

Abb. 157. Vollständiger Decken- und Säulenschalungsentwurf.

der Querverbindungen geht man zweckmäßig folgendermaßen vor. Die erste Querverbindung lege man 20 bis 30 cm über Fußboden. In diesen Abschnitt kommt nun die Reinigungsöffnung (mindestens 25·25), die dann zum Schluß gut vernagelt wird. Das Verschlußbrett ist gleich daneben zu befestigen, damit es stets zur Hand ist. Man muß hierbei vorsichtig zu Werke gehen, am besten nehme man etwas zu lange Nägel, die durch Gegenhalten einer Eisenstange innen etwas umgeschlagen werden, weil sonst der hydrostatische Druck des Betons das Brett mitsamt den Nägeln herauszureißen vermag, wie dies auf manchen Baustellen schon vorgekommen ist. In einem Falle handelte es sich um 5 m hohe Stützen, und der Gußbeton wurde vom Polier fast die ganzen 5 m abstürzen gelassen, der denn auch schon nach ganz kurzer Zeit die Reinigungsklappe aufriß.

In Abb. 159a ist eine andere Ausführung gezeigt, wobei ein Schlitz auf der ganzen Säulenbreite zu Reinigungszwecken freigelassen wird. Auch hier Verschlußbrett beinageln!

Wenn also, wie vorliegend, ein Abstand der Säulenkränze von $l = 60$ cm errechnet ist und wir unten mit 30 cm mit der Einteilung anfangen, so kann man bei den hier vorhandenen Höhenverhältnissen weiter fortfahren 60, 65 und 75 cm. Bekanntlich haben wir $l = 60$ cm nicht etwa mit Rücksicht auf die Festigkeit sondern nur im Hinblick auf eine nicht zu große Durchbiegung

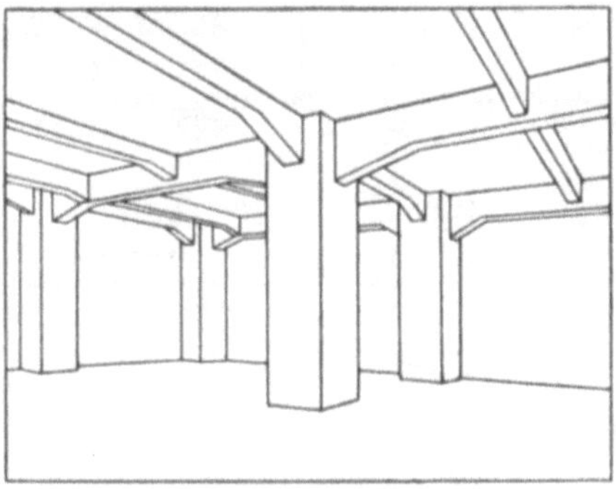

Abb. 158 a.

berechnet. In den höheren Säulenregionen jedoch läßt der Silodruck nach, und die langsame Vergrößerung von l bis auf 65 und 75 ist nicht nur technisch gerechtfertigt, sondern auch im wirtschaftlichen Sinne geboten. Wenn es sich irgend machen läßt, so ist es praktisch, wenn der oberste Säulenkranz so hoch gelegt wird, daß sich die Unterzugschalung darauf stützen kann.

Außer den Säulenkränzen sieht man in Abb. 158 auch noch einige Querbretter $11 \cdot 2{,}8$ vor, die nur dazu dienen, die einzelnen Bretter der Längsschalung zusammenzuhalten, damit man die dergestalt entstandenen Schaltafeln (man nennt dies „Vorrichten" der Platten) aufrichten kann. Verstellbare eiserne Säulenkränze oder Zwingen sind schon in Abb. 140a und 140b angeführt worden. Über das Vorrichten von Schaltafeln vgl. Kap. 50, Ziff. 5 u. 6.

In den kleinen Grundrissen der Abb. 158 sind in jedem Feld $5{,}5 \cdot 5{,}5 = 30$ m^2 34 Steifen enthalten (die Randsteifen zählen natürlich nur halb für das Feld), somit sind je m^2 Grundrißfläche $34 : 30 =$ **1,15** Steifen vorhanden.

Ein Beispiel für eine 6-Eckschalung gibt die Abb. 161, bei der das 6-Eck in eine Quadratschalung eingebaut ist. Die Eckklötzchen aus Kantholz 12/12 geschnitten, sind nur örtlich und liegen im Abstand von 50 cm.

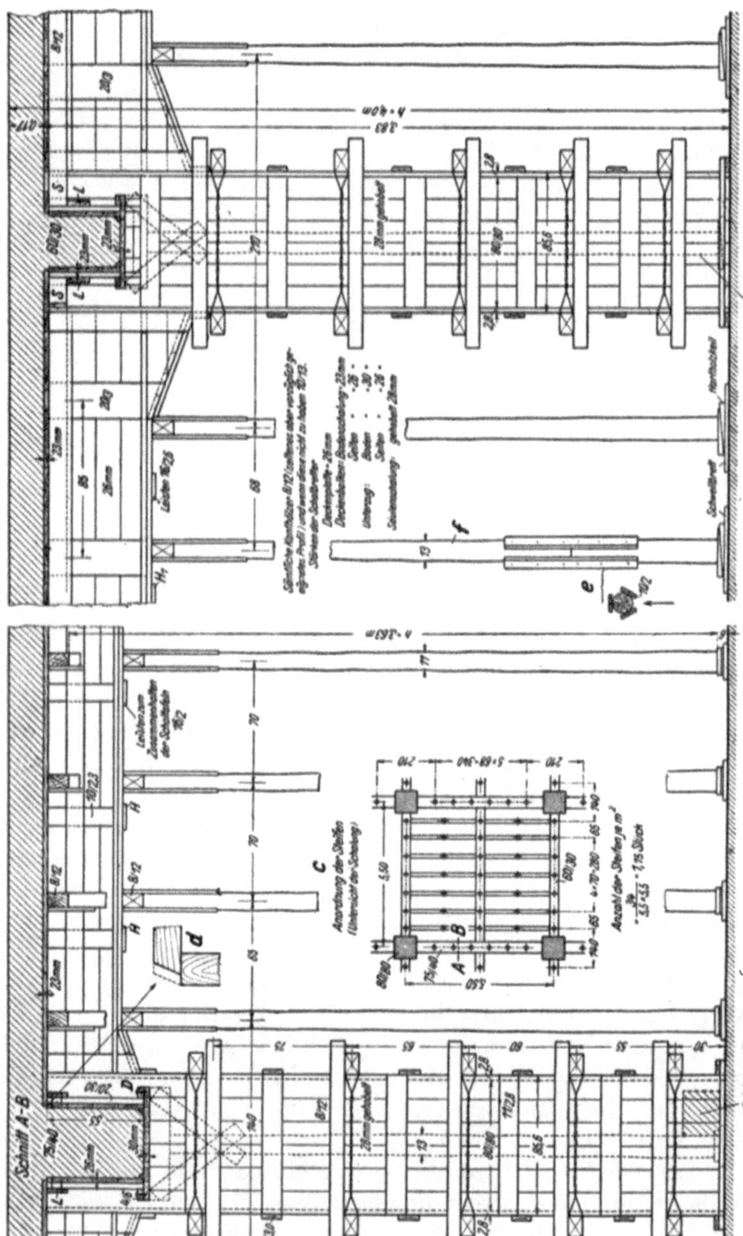

Abb. 158 a—f.

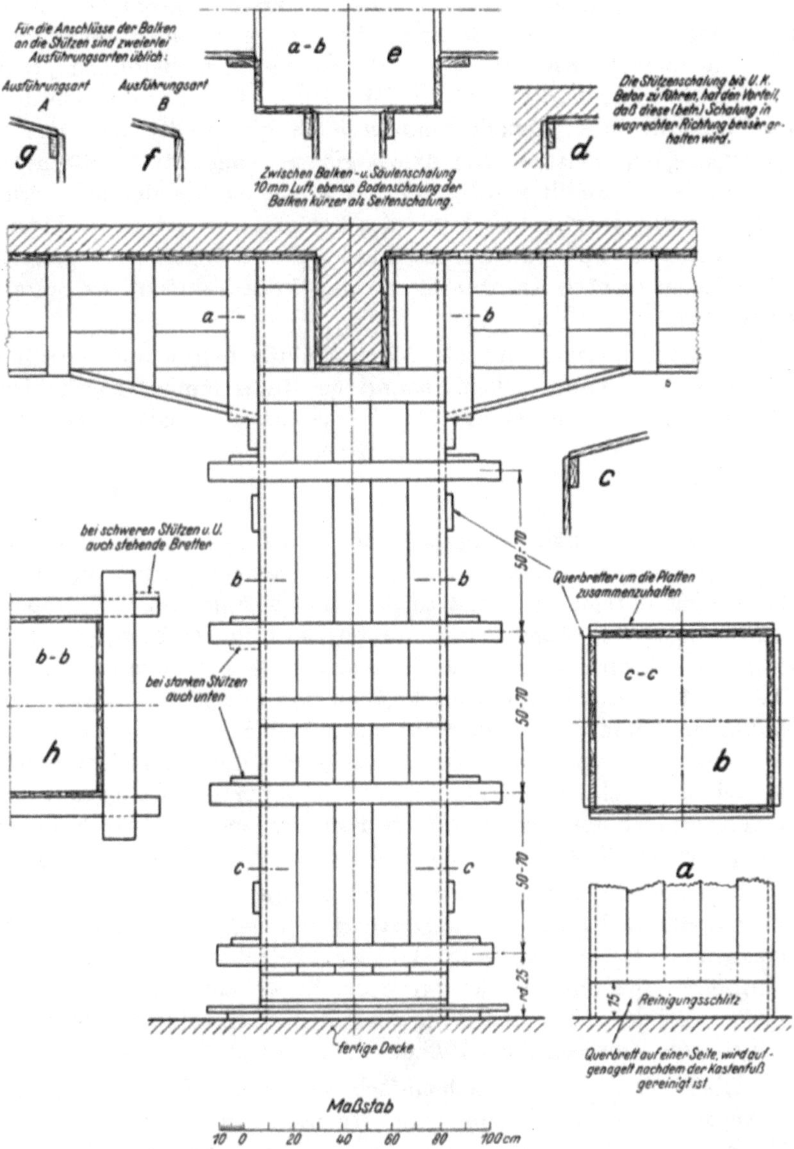
Für die Anschlüsse der Balken an die Stützen sind zweierlei Ausführungsarten üblich:
Ausführungsart A
Ausführungsart B
g
f
a-b
e
d
Die Stützenschalung bis U. K. Beton zu führen, hat den Vorteil, daß diese (betr.) Schalung in wagrechter Richtung besser gehalten wird.
Zwischen Balken- u. Säulenschalung 10 mm Luft, ebenso Bodenschalung der Balken kürzer als Seitenschalung.
a
b
c
bei schweren Stützen u. U. auch stehende Bretter
b-b
h
bei starken Stützen auch unten
Querbretter um die Platten zusammenzuhalten
c-c
50-70
50-70
50-70
rd 25
15
Reinigungsschlitz
fertige Decke
Querbrett auf einer Seite, wird aufgenagelt nachdem der Kastenfuß gereinigt ist
Maßstab
10 0 20 40 60 80 100 cm

Abb. 162 gibt eine sehr sinnreiche und dabei gleichzeitig äußerst wohlfeile 8-Eckschalung, die sich auch für Vielecke größerer Seitenzahl eignet. Das vorliegende Beispiel stellt die Skizze zu einer Verstärkung einer gußeisernen Säule mit Hilfe von Eisenbeton dar. Dies ist hier ein ganz ausgezeichnetes Mittel um nicht nur die erforderliche erhöhte Tragfähigkeit sondern auch gleichzeitig den Feuerschutz zu gewährleisten. Die Arbeit ging so vonstatten, daß zuerst die Spirale hergestellt wurde. Hierauf wurde sie auf die gußeiserne Säule heraufgedreht (ähnlich wie der Schlüssel bei einem Schlüsselring hineingedreht wird). Sodann wurden die 8 Längseisen eingestellt und an jeder zweiten Kreuzungsstelle mit Bindedraht mit der Spirale verbunden.

Schließlich setzte man die 8-Eckschalung herum und hatte sie mit Hilfe der 13 mm dicken Spannringe *R* zusammengezogen. Die Klötze *K* pflegt man Ring für Ring auf eine andere Seite des Vielecks zu stellen, also zu versetzen.

c) Deckenschalungen.

Wie bereits erwähnt, unterscheidet man bei der Einschalung von Deckenplatten grundsätzlich solche, die die Schalung schon auf kurze Entfernung unterstützen und solche, die die Schalung auf größere Entfernungen frei tragen lassen. Erstere Ausführung zeigt Abb. 157, wo die Knaggen (Schalbögen, Brettbiegen) aus hochkantgestellten Brettern 13/3 bestehen und im Abstand von nur 40 cm verlegt sind. Naturgemäß können wir hier mit einer 20er-Schalung gut auskommen. Diese Knaggen stützen sich gleichsam auf eine Art Unterzüge, nämlich die Rahmen 10/13. Damit die schmalen Knaggen nicht kippen, sind sie dort, wo sie auf den Rahmen jeweils aufliegen, durch kleine schräge Brettchen *a* abgesteift und vernagelt (Abb. 157).

Eine Ausführung, wo die Deckenschalung nicht durch Knaggen sondern durch Kanthölzer unterstützt ist, zeigt Abb. 158 (Kantholzabstand 70 cm) und Abb. 160 (Kantholzabstand 100 cm). Die Kanthölzer, die unmittelbar durch die Steifen unterstützt werden, erhalten an der Übergangsstelle über dem Balken lotrechte Holzlaschen von etwa 8/2,3 bis 10/2,6.

Die Kunst, bei der an sich einfachen statischen Berechnung einer Deckenschalung, beruht in dem gegenseitigen geschickten Abstimmen der einzelnen Tragewerkteile: Platte, einerseits Knaggen mit Rahmen oder Kanthölzer anderseits und überdies Steifen. Sie alle sollen so bemessen werden, daß sie einmal ein übersichtliches Schalwerk ergeben, ferner der Gesamtaufwand innerhalb wirtschaftlich

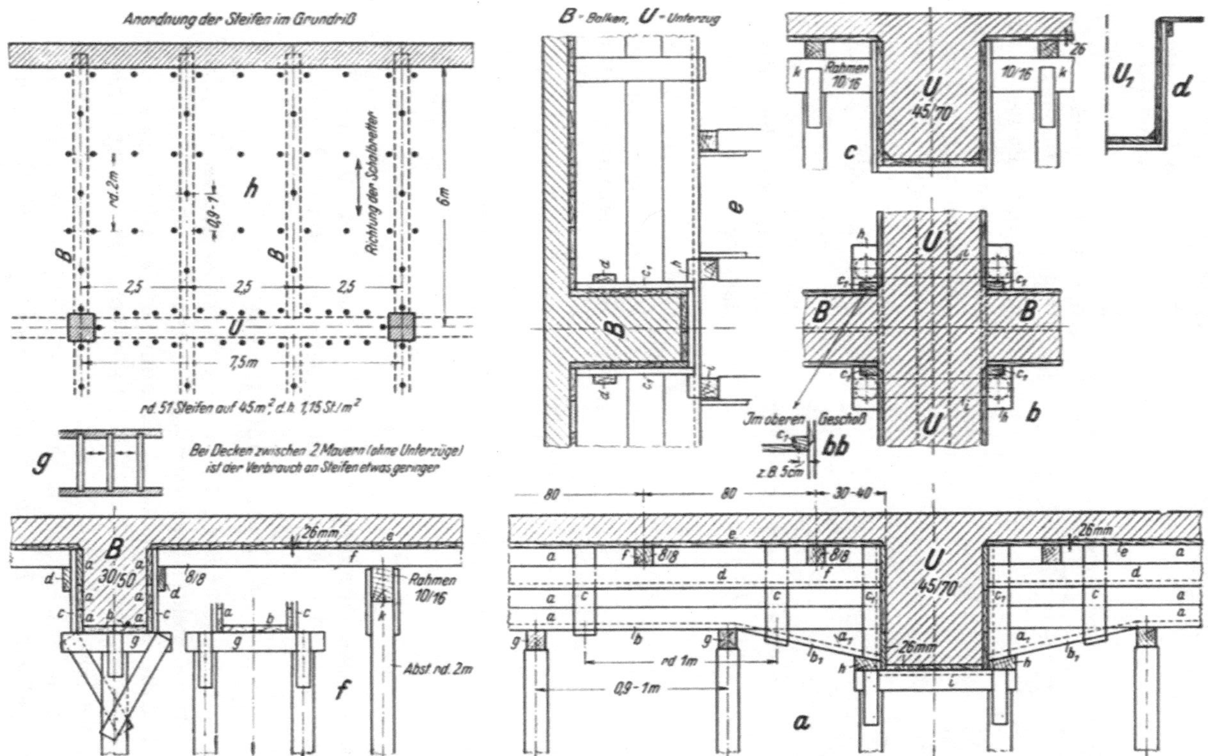

Abb. 160 a—h. Bei der Ausführungsart nach U_1 wird die Seitenschalung durch den Boden unten besser zusammengehalten; auch oben hat die Seitenschalung a. d. Deckenschalung einen sichereren Halt. Dagegen hat die Ausführung U den Vorteil, daß die Seitenschalung leichter entfernt werden kann und daß auch nicht leicht Schäden durch Quellen der Deckenschalung nach Art der Abb. 147 entstehen. (Vgl. das zu Abb. 147 a Gesagte.)

Anmerkung: Die kleineren Buchstaben in den Abbildungen dienen lediglich zum bequemeren Erkennen der korrespondierenden Teile in den verschiedenen Ansichten.

vertretbarer Grenzen bleibt und schließlich, daß die Hölzer — wenn nicht gerade schon alle vorhandenen Lagerbeständen entnommen werden können — beim Lieferanten leicht greifbar sind, d. h. die Abmessungen müssen gangläufig sein. Bei mehrgeschossigen Bauten ist in Erwägung zu ziehen, ob man nicht die Deckenschalung auch in fertigen Tafeln (Brettern mit Kanthölzern) auf der Werkbank vernagelt. Man kann Stücke von 2,5—4 m² vorsehen, die dann etwa 30—60 kg wiegen und noch hantierbar sind. Die Tafeln legt man zwischen die Balken provisorisch auf die Leisten L (Abb. 158, b) auf, um sie sogleich in der Mitte zu untersteifen.

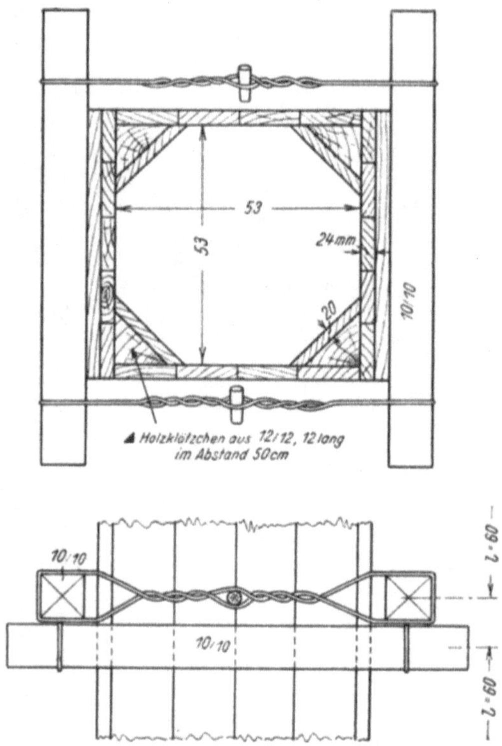

Abb. 161.

Die Schalungen für Rippenkonstruktionen sind in mancherlei Sonderkonstruktionen verbilligt worden, die indessen zu allgemein bekannt sind, als daß sie hier einzeln aufgeführt zu werden brauchen.

d) Balkenschalungen.

Bei Balkenschalungen ist manches in konstruktiver Hinsicht wissenswert, was sich insbesondere auf die Anschlußstellen der Platte an den Balken, ferner auf die Einmündungsstelle zweier Balken in die Stützenkästen bezieht. Zunächst ist es als praktisch zu empfehlen, wenn nur die Bodenschalung die richtige Länge zwischen den Stützen erhält. Die Seitenschalung mache man 2—2,5 cm auf jeder Seite kürzer und setze in die Ecke die Eckleisten c (vgl. Abb. 160, b u. bb). Dadurch werden Zwängungen vermieden und das Ausschalen ist sehr erleichtert. Ferner soll man die Öffnung in den Stützenseiten, wo der Balken hereingesteckt wird, etwa 10—15 mm größer als die Balkenschalung machen (Abb. 159, e).

Die gebräuchlichste Ausführung der Balkenschalung ist nach Art der Abb. 158, a. Die Bodenschalung des Unterzugs 40/75 ist dort aus Langbrettern je 11/3 zusammengebaut, die am Ende die Bodenleisten *D* tragen. Die Seitenschalung aus nur 26 mm starken Brettern, die jedoch durch die im Abstande von 85 cm befindlichen Querbretter 20/3 (vgl. Abb. 158, b) gehalten werden (vgl. auch Kapitel 47, Z. 4, Beispiel 10). Diese Querbretter stützen sich oben gegen die wagrechte Scheibe der Plattenschalung (unter Vermittlung der Leisten *L* (das sind die Plattenauflager), ferner stützen sie sich unten gegen die Bodenleisten *D*, die die Kräfte auf die Bodenschalung weiterleiten. Im übrigen erkennt man aus der Zeichnung des Nebenbalkens in Abb. 158, nämlich Fig. b, daß dort eine seitliche Stützung der Balkenseitenschalung durch die, die Plattenschalung unterstützenden Kanthölzer 8/12 erfolgt. Man wird die in Abb. 158 dargestellte sonst gute Schalkonstruktion verbessern können, indem man die Richtung der Deckenschalbretter um 90° dreht, so daß dergestalt nicht der kleine Deckenbalken 60/30, sondern der große und tiefe Unterzug 75/40 dieser Seitenaussteifung teilhaftig wird.

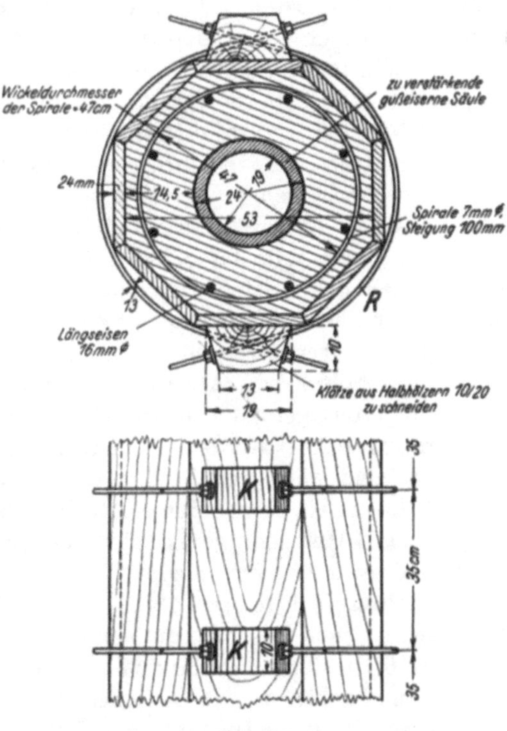

Abb. 162.

Weniger Seitensteifigkeit besitzen die Balkenschalungen nach Abb. 160, a, e und g, weil sich dort die Querverbindungen *c* nicht oben und unten gegen feste Punkte legen können, um die Längsbretter *a* wirksam zu unterstützen (bei 160, g ist nur eine obere Stützung vorhanden). Die Konstruktion ist für weichen Beton wohl noch angängig, für reinen Gußbeton jedoch nicht empfehlenswert, weil sie nicht ermöglicht — wie bei Ausbildung in 158, a — die Seitenschalung leicht abzunehmen.

Eine richtige Durchbildung ist der Kreuzungspunkt 2er-Balken, wie z. B. Abb. 160, b. Die dort dargestellte Unterstützung mit 4 Steifen ist empfehlenswert und besser wie in Abb. 158, c, wo nur zwei Steifen vorgesehen sind.

Nun noch ein Wort über die Eckleisten *c* (Abb. 160b). Es kann nämlich vorkommen, daß (insbesondere bei gleichgroßen Nutzlasten in wenigen Geschossen) die Abmessungen der Unterzüge und Balken ebenfalls gleich groß gehalten werden können und nur die Bewehrung verändert wird. Nun sind aber im untersten Geschoß naturgemäß die Schalungskasten der Balken und Unterzüge am kürzesten von allen Geschossen, weil doch unten die Stützen stärker zu sein pflegen wie in den Obergeschossen. Um also die Balkenschalung auch in den oberen Geschossen verwenden zu können, so legt man je nach Bedarf stärkere Eckleisten, nämlich die Eckleisten *c* ein. Sind sie z. B. im Erdgeschoß nach Abb. 160, b mit 4×8 cm bemessen, bei einer Stützenstärke 70/70, und sind im oberen Geschoß Stützen 65/65 verwendet, so müßten nach Abb. 160, bb, neue Eckleisten einen Zuwachs von je 5 cm gewährleisten. Das fehlende Stück Bodenschalung wird angenagelt. Es empfiehlt sich indessen diese Eckleisten nur leicht zu nageln, damit, falls das Schalholz sich infolge Quellens stark verlängert, man die Leisten zur Not von innen nach außen herausschlagen kann, um zu starken Zwängungen zu steuern. Dasselbe gilt auch für den Kreuzungspunkt von Balken und Unterzug über der Stütze (vgl. Abb. 159e). Auch hier kann nach dem obigen Grundsatz der Verlängerung gemäß Abb. 160bb, die Schalung unterer Geschosse für obere zugerichtet werden. Von Bedeutung ist bei Ausbildung der Unterzüge und auch der Balken der Anfallpunkt der Vouten an den Stützenkasten, ferner das Auftreffen des letzteren auf die Plattenschalung. Hierüber geben die Abb. 159, c, d, e, f, und g Auskunft, und zwar für verschiedene Lösungsmöglichkeiten. Bezüglich der Herstellung des in Abb. 158, a dargestellten Unterzuges auf der Werkbank ist noch folgendes zu bemerken. Zunächst wird die Bodentafel aus 6 Brettern 65×30 mm durch Zusammenheften mit den Heftleisten *H* gebildet. Die Bodenleisten *D*, die ein Profil 4×6 haben (man verwendet dazu Dachlatten 2. Klasse), werden mit der Bodentafel behufs bequemeren Ausschalens hier nicht vernagelt, sondern durch 6 Stück 16-mm-Vierkantkopfschrauben (mit Unterlagscheiben) verschraubt, und zwar mit einem Bolzenabstand von etwa 15—18 cm.

An jeder Querverbindung 20/3 der Seitenwände müssen indessen mindestens zwei der genannten Schrauben angeordnet werden um den auftretenden Seitenschub (vgl. Kapitel 47, Z. 4, Beispiel 10) von etwa $^2/_3 \cdot 340 = 220$ kg aufnehmen zu können. Die Seitenschaltafeln werden aus 4 Brettern, 26 mm stark, mit den Querverbindungsbrettern

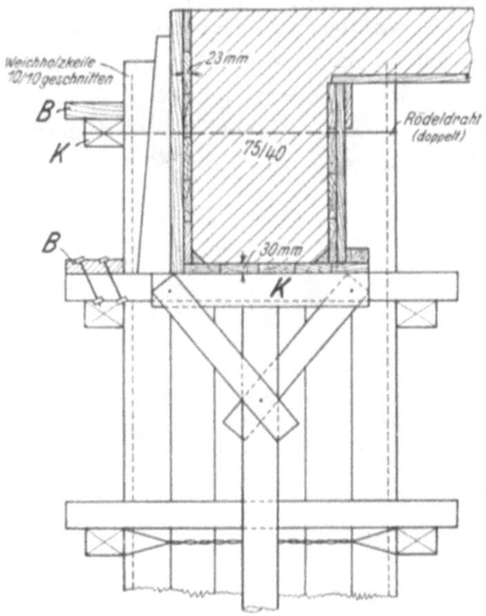

Abb. 163 a. Seitliche Aussteifung der Seitenschalung eines Randbalkens durch Anordnung von Keilen im Abstand von 85 cm.

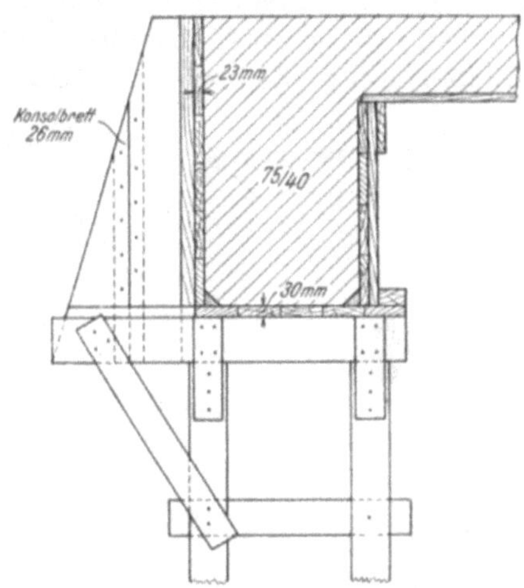

Abb. 163 b. Seitliche Aussteifung der Seitenschalung eines Randbalkens durch Anordnung von Konsolbrettern.

20 × 3 zusammengenagelt und über diese sogleich die Leiste *L*, die bekanntlich das Endauflager der Deckenplatte bildet. Sodann läßt sich der Zusammenbau des Balkenkastens ziemlich leicht bewirken.

Wenn vorhin gesagt worden ist, daß Ausbiegungen der Seitenschalung durch die Querverbindungen verhütet werden, die sich unten gegen die Leisten *D* (Abb. 158, a), oben durch Vermittlung von der Knagge *L* aufstützen, so ist dies wohl bei allen Balken und Unterzügen innerhalb eines Feldes zutreffend, nicht aber für die Randbalken bzw. Randunterzüge. Sind diese Randbalken von größerer Höhenabmessung, dann verursacht die einwandfreie Seitenabstützung einen einigermaßen großen Kostenaufwand. An nicht wenigen Baustellen wird indessen bis Balkenhöhen von 45—50 cm überhaupt nichts vorgesehen. Wird mit Gußbeton gearbeitet, so kann man mit Sicherheit nach dem Ausschalen erhebliche Ausbiegungen der Seitenflächen feststellen, was insofern oft nicht von Belang ist, als diese Balken an der Außenseite meist später vom Mauerwerk umgeben werden. Eine Lösung einer Seitenaussteifung von Randbalken gibt Abb. 163, b, und zwar einfach mit Konsolbrettern. Diese Art der Durchbildung hat aber den Nachteil, daß, wenn trotz der Absteifung einmal irgendwo eine Ausbauchung stattfindet, man dann ziemlich machtlos dieser Tatsache gegenübersteht, ferner, weil man dabei zwei gekuppelte Steifen braucht. Dies ist jedoch nicht der Fall bei der Seitenabsteifung nach Abb. 163, a. Hierbei verfährt man zunächst so, daß man zwei Säulenkranzhölzer K so an die Stütze legt,

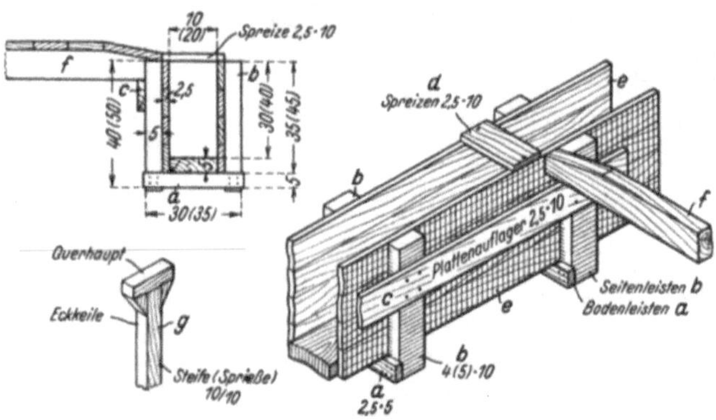

Abb. 163.

daß der untere an den Balkenboden heranreicht. Das obere in Mitte Balkenhöhe. Sodann verschraubt man sie mit kräftigen Brettern B, zwischen die hernach die Keile angetrieben werden. Diese Ausführung nach Abb. 163, a ist allenthalben nicht allein wegen der vorzüglichen Nachstellbarkeit vorteilhaft, sondern auch weil man dabei keine Doppelsteifen braucht und also mit einfachen auskommen kann. Es kann indessen auch nach Abb. 163, b verfahren werden.

Zum Schluß dieses Kapitels soll noch eine amerikanische Balkenschalung gezeigt werden, die hinsichtlich ihres Aufbaues in der Tat manche Vorzüge aufweist, ja sogar so weit für unsere Verhältnisse abgeändert werden könnte, daß sie in vielen Fällen in gutem Wettbewerb mit unseren üblichen Schalungsausführungen treten könnte. In der Abb. 163, die einem Aufsatz von Mayer (B. u. E 1916, Heft I) entlehnt ist, finden wir eine Balkenschalung, die in konstruktivem Sinne insofern bemerkenswert ist, als der Betonseitendruck durch eine Art Halbrahmen aufgenommen ist, gleichsam wie bei den Halbrahmen der sog. Trogbrücken. Die Längsbretter e der Seitenschalung Abb. 163 sind mit den Querverbindungen *b* vom Profil 4 (5) × 10 zusammengenagelt. (Die doppelten Zahlen in der Abb. 163 gelten für einen 15 und für einen 20 cm breiten Balken.) Diese Querverbindungen *b* (hier abweichend von Mayer, Seitenleisten genannt) sind am Boden der Schalung mit den Bodenleisten *a* zusammen vernagelt und bilden einen steifen Halbrahmen, den man für tiefe

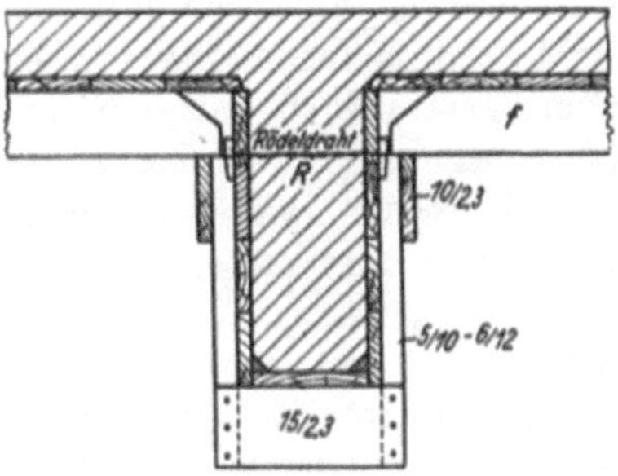

Abb. 164.

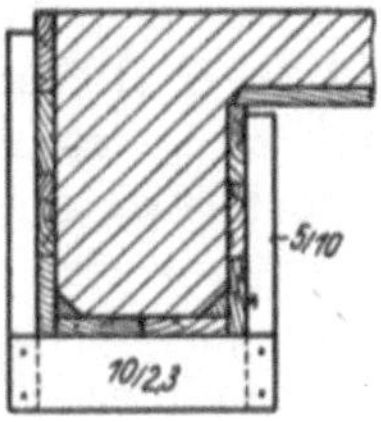

Abb. 165.

Unterzüge noch nach Abb. 164 verbessern kann. Auf den Seitenleisten sitzt dann das Plattenauflager *c* ($2\frac{1}{2} \times 10$), auf dem die Kanthölzer *f* für die Schalung aufliegen; die Spreizen *d* sind Distanzhalter. Untersteift wird die Balkenschalung nach *g* in Abb. 163 (die Amerikaner verwenden fast ausschließlich Steifen quadratischen Querschnitts).

Wenn es sich um breitere und tiefere Balkenquerschnitte handelt, so empfiehlt es sich in der Tat eine wirtschaftliche Vergleichsrechnung anzustellen, was sehr einfach ist, da man einmal den Holzbedarf in der Ausführung nach Abb. 158, a (oder ähnlich) ermittelt, das andere Mal nach Abb. 164 (für das Ausschalen allerdings ist die Form nach Abb. 158, a bequemer). Die Lohnkosten sind ebenfalls leicht festzustellen. Die Querrahmen berechnet man mit einem Kraftangriff, wie er in Abb. 142, b angedeutet ist. In dem Sonderfalle der Abb. 163 und 164, wo die Deckenplattenschalung tragenden Kanthölzer *f* die Querrahmen unterstützen, werden die Seitenleisten *b* ziemlich leicht ausfallen. Sind die Kanthölzer *f* jedoch mit dem Unterzug ungünstigerweise parallellaufend, wie in Abb. 158, a, dann muß man nach Art des in Abb. 142, b angedeuteten Kraftangriffs die Seitenleisten, als in der Bodenleiste eingespannt rechnen, was man aber vermeiden kann, wenn man mit einem Stück Rödeldraht den Schalkasten verspannt. In Abb. 165 endlich ist noch eine andere Form für die Einschalung von Randbalken gezeigt; die Abb. 165 ist also eine Ergänzung zu Abb. 158g und 158f.

Kap. 49a. Über Baukontrolle.

Die am besten und sparsamsten aufgestellte statische Berechnung, ja selbst auch eine derartig vollkommene Kostenberechnung würde unweigerlich an einer unsachgemäßen Bauausführung scheitern müssen. Kein Wunder also, daß das Interesse an der Baukontrolle schon seit längerem stark im Vordergrund steht. In der Literatur hat die bekannte von Kleinlogel in B. u. E. ins Leben gerufene Aussprache zwischen Eisenbetonfachleuten manchen wertvollen Gedanken gezeitigt. Das größte Verdienst jedoch hat sich in dieser Hinsicht der D. B.-Verein durch Herausgabe und Durchsetzung seiner „Vorläufigen Leitsätze" für die Baukontrolle erworben. Zwar ist es verständlich, daß der eine oder andere Punkt dieser Leitsätze von einzelnen Fachleuten gerne etwas anders gewünscht würde, aber dies ändert wohl wenig an der Tatsache, daß schon allein in der einheitlichen Behandlung aller Fragen der Baukontrolle zweifellos ein erheblicher Vorteil, sowohl der Verbraucherschaft als auch der Eisenbetonbauweise an sich erwachsen ist. Einmal besteht ja in der Befolgung der Leitsätze eine gewisse Sicherung gegen nicht sachgemäße Bauausführung, ferner werden durch die einheitliche Behandlung der Baukontrolle neue Erkenntnisse in der Bauweise zustande kommen. Aus diesem Grunde ist es nicht nur für behördliche sondern gleichfalls für private Bauherrn empfehlenswert, bei der Vergabe auf die Innehaltung der obigen Leitsätze allerwärts hinzuwirken. Auch in diesem Buche ist bereits ein erheblicher Umfang, nämlich in den Kap. 1—31, den Fragen der Baukontrolle dienlich, weil dort sowohl den Zementen als auch den Zuschlagstoffen ausreichender Raum gelassen ist. Bezüglich der Körnung der Zuschlagstoffe ist in Kapitel 22 gezeigt, wie man beispielsweise in Anpassung der Kornzusammensetzung (Körnung) an die Fullerkurven (Abb. 31—35) eine für die Druckfestigkeit günstigste Körnung, nämlich eine solche mit möglichst geringen Hohlräumen erzielen kann. Zu der Begriffsfestsetzung von Sand und Kies ist folgendes zu sagen. Nach den Eisenbetonbestimmungen (vgl. Kapitel 16) ist die Grenze zwischen Sand und Kies ganz eindeutig mit der Korngröße von 5 mm festgelegt; was darunter ist heißt Sand, darüber aber Kies. Was nun dagegen die Grenze zwischen Sand und Kies bei den angeführten Leitsätzen betrifft, so hat hier der Deutsche Beton-Verein die Maschensiebe klugerweise ausgeschaltet und durchweg Lochsiebe, also mit kreisrunden Öffnungen eingeführt. Hier ist die Grenze also das Rundsieb von 7 mm Lochdurchmesser; allerdings ist dadurch vielleicht etwas von der Grenze der Eisenbetonbestimmungen abgewichen[1]). Die Leitsätze sagen über die allgemeine Eignung eines Zuschlagstoffes folgendes:

„Zur Prüfung der Kornzusammensetzung der Zuschlagstoffe sind mindestens zwei Siebe zu verwenden, ein Grobsieb mit 7 mm Lochdurchmesser und ein Feinsieb mit 1 mm Lochdurchmesser. Man siebe 5 kg des getrockneten Zuschlagsgemenges zunächst auf dem Grobsieb und den Durchgang sodann auf dem Feinsieb ab. Der Zuschlagstoff hat eine besonders gute Kornzusammensetzung, wenn der Durchgang durch das Grobsieb mit 7 mm Lochdurchmesser etwa 40—50% und der Rückstand auf diesem Sieb etwa 60—50% beträgt.

Die Kornzusammensetzung des Sandes ist besonders gut, wenn der Feinsandanteil 10—30%, der Grobsand 90—70% beträgt.

Das Betongemenge ist verbesserungsbedürftig, wenn von dem gesamten Zuschlagsgemenge nicht mindestens 20% auf dem 7-mm-Lochsieb liegen bleiben, und wenn von dem Durchgang durch das 7-mm-Lochsieb nicht mindestens 30% auf dem 1-mm-Lochsieb liegen bleiben. Maßgebend bleibt in allen Fällen, daß die geforderte Festigkeit erreicht wird."

[1]) Weil für die „Bestimmungen" als Grenzsieb ein quadratisches Maschensieb von 5 mm Seitenlänge vorgesehen ist, nach den genannten Leitsätzen ein Rundsieb von 7 mm Lochdurchmesser zugrundegelegt ist. Indessen gibt Graf an, daß die beiden Siebe annähernd dieselben Ergebnisse zeitigen (Bauingenieur 1928, Heft 50). Nachstehend sei der Entwurf zur Ergänzung zu Din E 1179 angeführt.

Betonbaustoffe.

Natürliches Vorkommen:

Rückstd. auf Sieb mit mm Lochdurchmesser	Durchgang durch das Sieb mit mm Lochdurchmesser	Bezeichnung
—	1	Betonfeinsand } Betonsand
1	7*	Betongrobsand } Betonsand
7*	—	Betonkies
Zerkleinerter Stoff:		
—	1	Betonfeinsand } Betonsand
1	7*	Betongrobsand } Betonsand
7*	30	Betongrus u. Betonsplitt
30	80	Betoneinschlag (Schotter)

* Statt des Siebes mit 7 mm Lochdurchmesser kann auch ein Sieb mit 5 mm Maschenweite verwendet werden.
Betonkiessand-Gemenge von Betonsand und Betonkies.

Es sei hier noch bemerkt, daß der Normenentwurf für die Steinindustrie auf S. 59 z. Zt. überholt ist. Ein neuer endgültiger Entwurf liegt noch nicht vor.

Diese Abstufung kann natürlich nur roh umrissene Grenzen darstellen und wie bereits gesagt, bleibt in allen Fällen maßgebend, daß die geforderte Festigkeit erreicht wird. Unabhängig davon muß unter allen Umständen auch die rostsichere Umhüllung[1]) der Eisen durch einen dichten Beton gewährleistet sein. Was die Kornzusammensetzung des Sandes betrifft so erscheint es nach den Erfahrungen des Verfassers zweckmäßiger, wenn der Feinsandanteil statt 10—30% besser **20—30%** beträgt. Im übrigen sind die Leitsätze ziemlich ausführlich gehalten, so daß sich ein weiteres Eingehen hierauf wohl erübrigen dürfte. Es soll jedoch im folgenden auf einige zunächst aus den zahlreichen Fragen willkürlich herausgerissene Punkte eingegangen werden, denen bei der Baukontrolle eine besondere Bedeutung zukommt.

1. Über die Anfertigung von Probekörpern auf der Baustelle.

Nachstehend ist nur von der Anfertigung der Probewürfel die Rede; im übertragenen Sinne ist das Gesagte jedoch ohne weiteres auch auf die Anfertigung der Probebalken übertragbar.

Bei Anfertigung zahlreicher Würfelproben gießfähiger Konsistenz hat der Verfasser durch Behandlung und Pflege der Probekörper Festigkeitszuwachse von 20—70% erzielt, Werte, die fast unwahrscheinlich hoch erscheinen. Es soll gleich vorausgeschickt werden, daß keineswegs etwa mit chemischen Beeinflussungen gearbeitet worden ist.

Diese erwähnten Festigkeitszuwachse sind wie erwähnt nur bei Beton gießfähiger Konsistenz (Steife) möglich; handelt es sich um erdfeuchte Proben so sind nur etwa 8—16% Festigkeitszunahmen durch entsprechend sorgfältige Behandlung zu erreichen.

Bei Gußbetonwürfeln kann man die Erhöhung der Würfelfestigkeit durch folgende Maßnahmen bewirken:

a) Das Stocherverfahren.

Dieses Verfahren — in den Vereinigten Staaten auch unter dem Namen „rodding" bekannt — beruht auf folgendem:

Der der Gießrinne oder der Mischmaschine entnommene Beton (am zweckmäßigsten wird der Beton wohl der Verbrauchsstelle, also der Schalung entnommen werden) wird zuvörderst unter Beachtung der Eisenbetonvorschriften in die eisernen Würfelformen eingebracht. Sodann wird im Abstande von 10—15 Minuten die Würfelform mit einem Stück Rundeisen 20—30 mal gründlich durchgestochert. Man verwendet hierzu ein 1,3 m langes Rundeisen von etwa 16 mm Dmr.,

[1]) Vgl. § 6, Ziff. 2 der Eisenbetonbestimmungen.

das unten etwas angespitzt ist. Das Stocherverfahren dehne man auf 2½ Stunden aus. Längeres Stochern hat keine Wirkung (Urquhart-O. Rourke, design of Concrete structures: Verlag Mc Graw Hill, New York). Nach obiger Quelle sind gelegentlich der Versuche an der Universität Texas Festigkeitszunahmen bis sogar 100 % durch das Stocherverfahren erzielt worden.

b) Die Pflege der Probewürfel.

Im allgemeinen wird die Ansicht vertreten, daß eine sorgsame Pflege und Nachbehandlung der Betonwürfel wohl recht wünschenswert sei, mißt der Pflege aber schlechthin keine wesentliche Bedeutung bei. Man kann sich jedoch von dem sehr vorteilhaften Einfluß einer sorgsamen Pflege und Nachbehandlung der Betonwürfel ohne weiteres leicht dadurch überzeugen, daß man beispielsweise 8 Probewürfel aus weichem Beton am Bau etwa in der kühleren Jahreszeit bei +6÷7° C herstellt. Um 4 Probewürfel kümmert man sich dann nicht wesentlich, das vorgeschriebene Überdecken mit feuchten Säcken vom 2.—7. Tage ausgenommen. In den Bestimmungen ist lediglich noch das Lagern der Würfel in einem geschlossenen frostfreien Raum verlangt. Die anderen 4 Würfel unterziehe man der erwähnten sorgsameren Pflege, d. h. man entfernt sehr vorsichtig die 4 Formwände bei hochwertigem Zement etwa nach 20, bei gewöhnlichem Portlandzement nach 36 Stunden. Das Feuchthalten soll sehr sorgsam dermaßen erfolgen, daß mit einer feinen Brause vom 2.—7. Tag etwa alle 4 Stunden immer nur verhältnismäßig wenig Wasser auf die Säcke gesprengt wird. Die genannten 4 Würfel werden dann nicht wie oben einfach in einem trockenen frostfreien Raum gelagert, sondern in einem trockenen Raum, der konstant auf 18°C gehalten wird. Man wird feststellen, daß solchermaßen behandelte Würfel leicht bis zu 15% höhere Druckfestigkeiten ergeben. Wenn die ersteren 4 Würfel aber von einem ungeschulten Arbeiter unvorsichtig entschalt werden, betragen die genannten Unterschiede bis zu 40%. In einem Sonderfalle betrugen die Unterschiede sogar 75%. Damals wurden allerdings die Probekörper im Freien belassen. Die Temperaturen betrugen +2 bis +8° C.

2. Auf welche Weise kann sich der verantwortliche Bauführer gem. § 11, Ziff. 1 der Vorschriften von der vollzogenen ausreichenden Erhärtung überzeugen?

Die gebräuchlichsten Mittel sind: das Anschlagen der Steifen mit einem Hammer, das Anschlagen des Betons mit einem schweren Hammer, beides gleichsam als akustische Erkennungsmittel, schließlich für das Auge das wichtigste Erkennungsmittel, nämlich sorgfältiges Anstemmen und Aufstemmen des zu untersuchenden Betons abgesehen von der Anfertigung von Probebalken, die man dann genau unter denselben Umständen im Freien erhärten läßt. Die Anfertigung der Probebalken ist in den „Leitsätzen" genau beschrieben und es bedarf daher hier nicht der Wiederholung.

Das erste Verfahren, nämlich das Anschlagen der Steifen ist im allgemeinen bei größeren Geschoßhöhen und nicht zu dicken Steifen ziemlich verläßlich. Steht die Steife unter Last, dann „brummt" sie und es darf keinesfalls entschalt werden. Bei geringeren Geschoßhöhen und stärkerem Steifendurchmesser bleibt unter Umständen das „Brummen" aber überhaupt aus oder es ist nicht recht deutlich wahrnehmbar. In solchen Fällen kann man vorteilhaft wie folgt vorgehen: Man säge mit einer frischgeschärften Säge einen wagerechten Schnitt ganz oben durch die Steife (etwa 10—15 cm unterhalb der Steifenoberkante). Steht die Steife unter Last, dann wird sich der Schnitt sofort wieder schließen, und es darf wiederum keinesfalls ausgeschalt werden; die Steife ist nach dem selbsttätigen Schließen des Sägeschnittes in ihrer Tragkraft nicht weiter beeinträchtigt. Bleibt dagegen der Sägeschnitt offen, so ist dies ein Zeichen, daß unbedenklich dort ausgeschalt werden darf. Das eingangs noch erwähnte Verfahren, daß man den Beton selbst mit einem Hammer anschlägt, bedarf langjähriger Schulung und ist auch dann nicht zuverlässig, am ehesten noch bei Platten und Balken geringer Breite, am wenigsten dagegen bei Stützen und schweren Unterzügen, wobei man sich zumindest eines ziemlich schweren, langstieligen Hammers bedienen mag.

Das augenscheinlichste Erkennungsmittel ist indessen das Anstemmen und Aufstemmen des Betons, das, wenn sachgemäß durchgeführt, als das sicherste Erkennungsmittel vor dem Ausschalen zu betrachten ist. Es kommt aber sehr auf die Art des Stemmzeugs an, wie man sich auf Grund des Nachfolgenden leicht selbst überzeugen kann. Es ist wenig bekannt, daß das Anstemmen des Betons mit Hilfe des bekannten Flachmeißels bisweilen ein falsches Bild von dem untersuchten Beton ergibt. Die genannten in der Regel 1 Zoll breiten Flachmeißel haben folgende Nachteile:

a) Beim ersten Anstemmen ist bei der recht breiten Schneide der spezifische Flächendruck beim Schlag verhältnismäßig zu klein. Ist dann noch überdies der Meißel ziemlich lang und der Hammer leicht, dann entsteht von dem zu untersuchenden Beton ein völlig falsches Bild, denn der Meißel tanzt und prellt auf dem Beton hin und her und es heißt dann der Beton sei „wie Granit“, ganz besonders aber dann, wenn wie beim hochwertigen Zement die äußerste bisweilen nur 1 cm starke Schale besonders gut erhärtet ist. (Dies tritt aber auch bis zu einem gewissen Grade ein, wenn der Meißel nicht übermäßig lang ist, weil eben der Flächendruck infolge der zu breiten Schneide in der Regel zu klein ist um richtig eindringen zu können.)

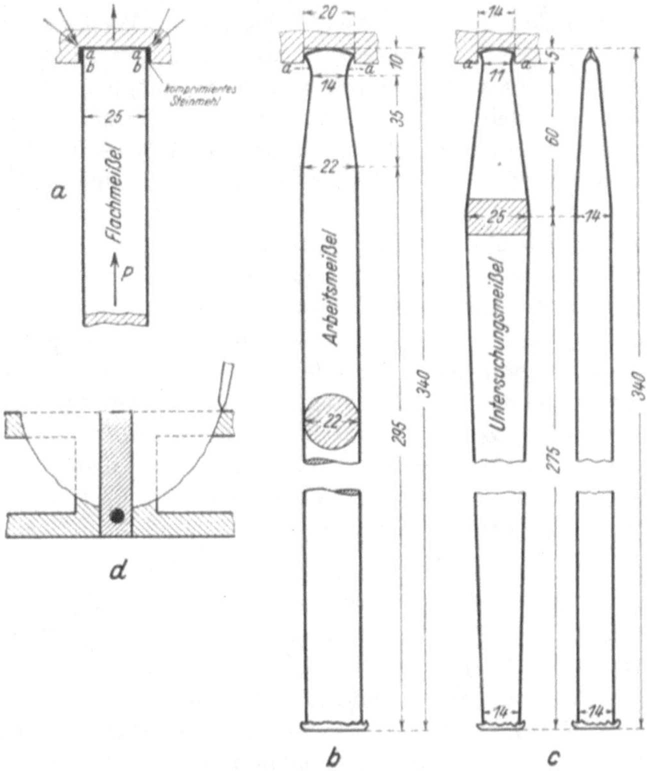

Abb. 165 a—d.

b) Ist bei besonders wuchtigen Schlägen der Meißel etwas in den Beton eingedrungen, dann kommt eine Wirkungsweise, ähnlich wie in Abb. 165a angedeutet, zustande. Es entsteht nämlich an den beiden Flanken *a—b* durch Anschoppung von Stemmstaub ein starker Reibungsschluß und demzufolge wird die auf den Beton zur Auswirkung kommende Schlagenergie hierdurch um so schwächer je tiefer der Meißel hineingetrieben wird. Wenn nun auf diese Weise einmal durch die starke Flankenreibung gewissermaßen ein Festkeilen stattgefunden hat, vermag der Flachmeißel mit dem üblichen Hammer (Fäustel) nicht mehr weiter einzudringen. Wird mit schwererem Schlaggerät gehämmert, dann tritt meist lediglich nur eine Zertrümmerung des Betongefüges ein, während doch das Stemmen aus Gefügezerstörung durch die Meißelschneide bestehen soll. Um diese Mängel möglichst auszuschalten hat Verf. die in Abb. 165b und 165c dargestellten Meißel entworfen, die sich seit einigen Jahren auf zahlreichen Baustellen gut bewährt haben, so daß es sich empfehlen dürfte, bei jeglicher Handstemmarbeit durch einen Werkzeugschlosser eine Serie solcher oder ähnlicher Meißel anfertigen zu lassen, weil damit ein schnelleres und sichereres Arbeiten möglich ist. Bei der Formgebung der Meißel ist davon ausgegangen worden, die erwähnte Flankenreibung und Keilwirkung an den Flanken *a—b* (Abb. 165a) möglichst auszuschalten, infolgedessen sind die Meißelflanken, wie aus Abb. 165b und 165c ersichtlich, kräftig hinterschmiedet. Selbstverständlich ist nur Werkzeugstahl höchster Güte zu verwenden. Es ist noch zu erwähnen, daß die Ausführung nach Abb. 165b wohlfeiler ist wie nach Abb. 165c. Ist nämlich letzterer Meißel etwa bis zur Zone *a—a* abgenutzt, so muß ein neuer Kopf angeschmiedet werden, was am bequemsten durch leichtes Anstauchen und Schlagen in ein entsprechendes Gesenk erfolgt. Dem höheren Preis steht der Vorteil gegenüber, daß dieser Meißel außerordentlich schnell eindringt, und er das zu stemmende Probestück möglichst vor Rissen bewahrt, was insbesondere beim Ausstemmen von Probewürfeln aus dem fertigen Bauwerk in Frage kommt.

Wird also bei der Baukontrolle die Stemmprobe angewandt, dann empfiehlt es sich, mindestens 6—8 Stück solcher frisch geschärfter Meißel bereit zu halten, damit nicht durch stumpfe Schneiden Betonzertrümmerungen erfolgen. Man tut gut, noch auf folgenden Umstand zu achten. Wie vorstehend unter Ziffer 2a angedeutet und bereits auch in Kapitel 18 erwähnt, entstehen — namentlich bei hochwertigen Zementen mit sehr hoher Feinmahlung — bei mit Gußbeton hergestellten Bauteilen öfters Bildungen von sehr harten Außenschalen; d. h. der Beton ist von der Oberfläche ab 1—3 cm tief fast glashart, in 12—16 cm Tiefe dagegen noch ziemlich feucht und weich. In derartigen Fällen ist also bis auf 12—16 cm Tiefe vorsichtig aufzustemmen und man soll sich nicht mit der bestehenden Oberflächenhärte des Betons zufrieden geben um daraufhin die Ausschalung freizugeben. Es geht hieraus auch hervor, daß bei Dach- oder ebenfalls Erkerbauten, die bekanntlich nach dem Ausschalen sogleich fast die volle Last aufzunehmen haben, auf solche Art Unfälle eintreten können. Beiläufig sei noch angeführt, wie man sich bei Steineisendecken von der Güte der Bauausführung und von dem Grade der Erhärtung des Fugenbetons überzeugt. Nach Abb. 165d stemmt man die punktiert angedeuteten Teile mit einem sehr scharfen Meißel kleineren Formats vorsichtig ab, bis die Betonfuge allein stehen bleibt, die man dann leicht in einem größeren Stück abnimmt. Bei dieser Gelegenheit kann man sich leicht außer von der genügenden Erhärtung dann auch noch von der Dichtigkeit des Betons, der richtigen Lage der Eisen und deren Haftung überzeugen, ebenso ob der Fugenbeton fest an den Steinwandungen haftet oder ob „blanke" Steine vorliegen. Das in letzterem Falle Nichthaften des Fugenbetons an den Steinwandungen ist verderblich und rührt daher, daß die Steine trocken und staubig verlegt wurden, worauf die Steinwandungen dem Fugenmörtel gierig alles Wasser ausgezogen haben. Die Steine müssen unbedingt, solange sie noch im Stapel stehen, durch eine feine Brause von Zeit zu Zeit überbraust werden. Der Bauleiter achte strengstens auf die Innehaltung dieser eigentlich selbstverständlichen Maßnahme, weil Einbrüche von Decken aus den geschilderten Gründen erwiesenermaßen vorgekommen sind.

3. Über Mauerwerk.

Das gleiche wie oben gilt für die Herstellung von Klinkerpfeilern. In beiden Fällen ist es jedoch falsch, kurz vor dem Versetzen die Steine in Wasser einzutauchen, weil dadurch der Fugenmörtel entmischt werden kann. Das erwähnte zeitweise leichtere Überbrausen der Steine ist der natürlichere und richtige Weg.

Hat der Eisenbetonunternehmer seine Unterzüge etwa auf Mauerpfeiler aufzulagern so untersuche er durch Aufstemmen sorgfältig das Klinkermauerwerk, ob nicht die oben erwähnten „blanken" Steine vorliegen; er kann in solchem Falle kaum mit etwa $1/3$ der Mauerfestigkeit rechnen, die bei ordnungsgemäßer Ausführung vorhanden ist. Es ist dabei aber auch zu berücksichtigen, daß wenn ein Bauherr den Unternehmer allzusehr mit den Fristen treibt, durch Nachtschichten und durch zu sehr übertriebenes Akkordmauern schlechtes Mauerwerk obiger Art zustande kommen kann. Für Mauerwerk und Pfeiler mit starker Beanspruchung dulde man am besten keine Akkordarbeit, weil es fast niemals so gut gerät wie Lohnarbeit tüchtiger Handwerker.

4. Untersuchung von Frostbeton.

Kommt man mit den Betonarbeiten in eine strengere Frostperiode hinein, so sind, wenn nicht besondere Maßnahmen für Winterarbeit bestehen, die Betonarbeiten einzustellen. Dagegen ist es nach Ablauf des Frostes ohne nähere Untersuchung nicht immer ganz deutlich zu erkennen, ob es sich um erhärteten oder nur festgefrorenen Beton handelt. Namentlich, wenn der Beton beim Einbringen verhältnismäßig geringen Wassergehalt aufwies, wird sich das sonst charakteristische Anzeichen von gefrorenem Beton — nämlich die Eisnadeln im Innern — nicht immer eindeutig einstellen und der noch jüngere Ingenieur auf der Baustelle wird eine gewisse Unsicherheit nicht los werden. In solchen Fällen bediene man sich einer größeren Lötlampe, deren Flamme man längere Zeit auf den fraglichen Beton einwirken läßt. Festgefrorener und nicht erhärteter Beton erweicht dann alsbald unter der Wärmeeinwirkung. Über die Einwirkung von Frost auf Beton vgl. Kapitel 29, Ziffer 4. Die Ausschalfristen sind nicht nur um die reinen Frosttage, sondern je nach Zementgattung unter Umständen sogar um ein Vielfaches der Frosttage zu verlängern, wobei nicht vergessen werden darf, daß nach dem angezogenen Kapitel Beton, der nach dem Abbinden selbst starken Frost erhält, beim Auftauen zerfällt. Ist man indessen unsicher, ob nach einer gewissen Zeit nach dem Frost ausgeschalt werden kann, so stemme man auf, oder stemme ganze Probewürfel heraus, die man drücken läßt.

5. Über das Herausstemmen von Probewürfeln aus dem fertigen Bauwerk.

Die Frage ist als Versuchsreihe ausgezeichnet behandelt in Heft 36 des Deutschen Ausschusses für Eisenbeton. Allerdings ist in neuerer Zeit vom Verfasser an mehreren Baustellen übereinstimmend festgestellt worden, daß die Festigkeit der herausgestemmten Würfel ausnahmslos über den in den amtlichen Eisenformen hergestellten Probewürfel lagen. Das Mehr betrug in einem Falle bei Gußbeton sogar 120% (Alter der gestemmten 18×16×16-Würfel 2 Monate, Alter der gewöhnlichen Probewürfel 28 Tage). Sonst betrug dieses Mehr im Mittel etwa 20—50%. In den genannten Fällen wurden die Würfel mit den in Ziffer 2b geschilderten Meißeln mit vielen verhältnismäßig leichteren Hammerschlägen auf das vorsichtigste herausgemeißelt, was unerläßliche Bedingung für den Erfolg ist. Wird mit wuchtigen Schlägen und mit Flachmeißeln gearbeitet, dann gibt es Haarrisse, die die Festigkeit eines solchen Bauwerkwürfels wesentlich herabzusetzen vermögen. Wegen des Einflusses der Würfelgröße auf die Festigkeit vgl. Kapitel 29, Ziffer 7.

6. Über Kontrolle der Eisenbewehrung.

Einer der besonderen Punkte einer gewissenhaften Baukontrolle ist ein sorgsames Durchsehen der Eisenbewehrung. Es ist zunächst festzustellen, ob die erforderliche Zahl der Zugeisen und Schubeisen vorhanden ist, und wenn abweichende Dmr. verwendet wurden, deren Gleichwertigkeit festzustellen. Bei der Zugbewehrung sind solche Abweichungen leicht bei der Kontrolle zu erkennen. Schwieriger sind dann die Schubeisen zu übersehen, weil es nicht allein genügt, daß der erforderliche Gesamtquerschnitt der Scheereisen vorhanden ist, sondern es muß auch die richtige Verteilung festgestellt werden. Es ist unter allen Umständen Sache des Technischen Büros dem Baukontrollierenden diesen Nachweis zu liefern. Hinsichtlich des Zustandes der Eisen selbst ist die Rostfrage von besonderer Wichtigkeit. Den Rostzustand kann man in folgende 3 Stadien scheiden:

a) Hauchrost,
b) einfache leichtere Anrostung,
c) Blätter, Narben- oder Pockenrost.

In bezug auf die Einschätzung als ungünstiges Moment für die Bauausführung beurteilt man die 3 Roststadien etwa wie folgt: Hauchrost erhält vollkommen rostfreies Eisen, wenn es an feuchter Luft oder im Regen nicht zu lang lagert; er ist mit Putzwolle wegwischbar und ist völlig harmlos, seine Entfernung würde überflüssige Arbeit bedeuten. Die einfache leichtere Anrostung kann nicht mehr leicht mit Putzwolle weggewischt werden, sie kann dann belassen werden, wenn Gußbeton verwendet wird und eine energische Durchstocherung der Betonmasse[1]) erfolgt; dabei arbeitet sich die leichte Anrostung gewöhnlich schon mechanisch ab. Schließlich ist der Blätterrost[2]) zu erwähnen; der lose Rost muß vor Einbringen der Eisen in die Schalung durch Drahtbürsten entfernt werden. Bezüglich des verbleibenden Restes gilt dasselbe wie vor. Was nun die Entrostung des im Beton eingebetteten Eisens betrifft, vgl. die einschlägigen Aufsätze von Nitzsche, Zement 1920, S. 123, Goslich, Zement 1921, Heft 36, 37, von Goslich und von Grün in der Tonindustriezeitung 1928, Heft 52 bzw. Heft 58 und schließlich noch von Mecke im selben Blatt 1929, Heft 2.

Nach letzterer Quelle verläuft die Entrostung auf chemischem und mechanischem Wege. „Zunächst wird das Eisenhydroxyd in Sulfid übergeführt, das loser auf dem Eisen haftet und infolgedessen von dem Beton abgelöst und aufgenommen wird." Diese Vorgänge werden aber nur dann eintreten, wenn der Beton nicht im trockenen Zustand der Einwirkung der Luft ausgesetzt ist. Das Vorstehende

[1]) Namentlich wenn Splittbeton zur Verwendung kommt.
[2]) Ein Teil des Blätterrostes ist lose und blättert ab, der bleibende narbige Rest sitzt fest.

ist nur deshalb mit an dieser Stelle angeführt worden, weil es zeigt, daß man nicht allzu ängstlich zu sein braucht, wenn die Eisen leichtere Anrostungen zeigen, weil der Beton sie gleichsam absorbiert.

Die Grundlage für die Rostsicherheit ist jedoch ein dichter Beton, d. h. ein solcher, bei dem genügend an Bindemittel vorhanden ist, um die Hohlräume der Zuschlagstoffe auszufüllen (Kap. 25 u. 26). Auf diese Weise werden die Eiseneinlagen rostsicher umhüllt.

Der Verfasser ist sich bewußt, in diesem Kapitel nichts völlig Erschöpfendes über die Baukontrolle gebracht zu haben, aber eine eingehende Behandlung dieses Themas würde ein Buch für sich füllen.

III. Abschnitt.

Über Kostenberechnung.

Kapitel 50. Kosten der Schalung.

1. Allgemeines.

Die Kostenberechnung des Schalwerkes wird im Eisenbetonbau außerordentlich verschieden gehandhabt. Gibt es doch noch immer große Unternehmen, die die Schalungskosten z. B. auf Konto »Allgemeine Unkosten« buchen und wiederum andere, die sie auf Materialkonto laufen lassen. Ersterer Weg ist nicht ganz in der Ordnung, weil doch am Schluß des Jahres alle Baukonten mit einem gleichmäßigen Satz (natürlich proportional der Bausumme) belastet werden. Es ist da manches Bauvorhaben dabei gewesen, das sehr wenig Schalung brauchte, einige, die sehr viel Schalung in Anspruch nahmen und sie womöglich zum Teil gänzlich aufbrauchten. Man denke nur an einen Silobau, Bunkerbau, gegenüber von großen Blockfundamenten oder Plattenfundierungen. Letztere haben also nicht im geringsten Ursache sich mit den großen Schalungskosten für die ersteren belasten zu lassen; es entsteht dadurch von vornherein ein ganz schiefes Bild von dem betreffenden Bau in wirtschaftlicher Hinsicht. Aus diesem Grunde ist dieses eingeschlagene Verfahren nicht sinngemäß und abzulehnen.

Der zweite Weg ist der, daß man genau, wie bei einer Baumaschine gleichsam die Kosten des Vorhaltens bestimmt und mit diesen das Konto des betreffenden Baues belastet. Ein dritter Weg ist noch möglich, indem man nämlich den betreffenden Bau zunächst gänzlich mit den Anschaffungskosten der Schalung belastet. Nach Bauabschluß jedoch gibt der Bauleiter dem Materialkonto das Holz entnagelt und gereinigt zurück; was verbraucht oder stark beschädigt ist wird in Abzug gebracht. Ist der betreffende Bau ein Silo, Bunker u. dgl., dann besitzt der größte Teil des zurückgegebenen Holzes etwa nur noch Brennholzwert und wird eben nur als solches dem Baukonto gutgeschrieben. Dadurch, daß der Bauleiter dem Materialkonto z. B. von 20 Lastkraftwagenladungen Schalbrettern, 6 Lastwagen Kantholz und Steifen noch 16½ bzw. 5 Wagen nach Bauschluß abliefert, ist vom Materialkonto jeglicher und tatsächlicher Verlust erfaßt, auch der, je nach Lage der Baustelle (und je nach Bewachung) mehr oder minder empfindliche Verlust durch Diebstahl und Verfeuern guter Stücke durch die Belegschaft.

Meist wird jedoch dem an zweiter Stelle angegebenen Weg der Einfachheit halber der Vorzug gegeben, weil in dem gerechten und sachkundigen Einschätzen des Buchwertes des zurückgegebenen Holzes mancherlei Unzuträglichkeiten und Schwierigkeiten liegen und dadurch die Bauleitungen mit der Materialverwaltung in fast dauernder Fehde liegen. Der dritte Weg bleibt jedoch der richtigere.

Die Kosten der fertigen Schalung lassen sich einteilen in:

Anschaffungskosten,
Abschreibung (Holzverschleiß),
Kosten der An- und Abfuhr und Transport auf der Baustelle selbst,
Lohnkosten.

2. Die Anschaffungskosten.

Die Holzpreisspannen gehen aus den Preisangaben unter Kapitel 49, Z. 2, hervor. Aus dem Entwurf der Schalung berechnet man die nötige Anzahl m^2 bzw. m^3. Überdies ist eine entsprechende Zugabe für Verschnitt zu machen. Man kommt für letzteren im allgemeinen mit folgenden Werten aus:

für Schalbretter	12—15%
für Kantholz	6— 8%
für Steifen	7— 9%

Bei Decken mit vielen und großen Vouten kann der erste Posten bis 25% betragen. Der Satz für Kantholz ist stets gering, weil einmal kurze Abfallstücke bei Balkenuntersteifungen als Querhäupter verwendet werden (selbst, wenn sie etwas länger als erforderlich), ferner bei Säulenkränzen, weil dort die Stücke ohne weiteres verwendet werden können, auch wenn sie etwas zu lang sind.

Für ein Angebot berechnet man den besonderen Bedarf an Schalholz am besten nach einer überschläglichen statischen Berechnung und Dimensionierung des Schalwerks.

Hat man jedoch keine, nach überschläglicher Berechnung aufgerissene Schalungsskizze zur Verfügung, so ist es in der Tat außerordentlich schwierig, dafür irgendwelche verwendbare Angaben über den Holzverbrauch der Schalung zu geben. Der Bedarf richtet sich in hohem Maße nach der Bauweise der Schalung und ist natürlich gänzlich verschieden, je nachdem die Schalung gebaut ist, und zwar ob die Balkenschalungen etwa nach Abb. 158 oder Abb. 160, ob Stützenschalung nach Abb. 153, 154, 156 ausgebildet sind. Bei der

Berechnung des Holzbedarfs von Balkenschalungen nach Abb. 158a und auch bei allen jenen, wo verschieden starke Bretter für Böden und Seiten verwendet werden, ist zu beachten, daß man die dickere Bodenschalung auf die dünnere hinsichtlich der m² umrechnet. Ebenso sind auch meist die Queraussteifungen von größerer Dicke wie die Schalwände.

Als ganz rohe Werte für den Holzbedarf einer Deckenplattenschalung können gelten für **1 m²** abgewickelte Betonfläche:

Schalbretter einschließlich Laschen an den Steifenköpfen und der Schwellbretter (Abb. 158):

Deckenplattenschalung . . . . 1,12—1,22 m²
Kanthölzer 8/12 oder 10/13 . . . . . 1,30—1,5 lfd. m
Steifen je nach Geschoßhöhe und nach
Stärke der Decke . . . . 3,5 —6,0 lfd. m
2 Stück Hartholzkeile.

Für fertig zu verlegende Schalplatten ist noch für Querleisten 0,1—0,15 m² zuzugeben; sonst etwa nur 0,08—0,12 m².

Für Balken je m² abgewickelte Betonfläche 1,28—1,45 m² Schalbretter einschl. Querverbindungen, Schwellbretter und Laschen.

Kantholz als Querhaupt . . . . 0,6—0,8 lfd. m
etwaige Latten 4/6 (Abb. 158) . . . . . 1,0—1,2 lfd. m
Steifen je nach Balkenhöhe und Breite
und nach Geschoßhöhe . . . . . . 2,4—4,7 lfd. m
2 Keile.

Für Stützen nach Abb. 157 und 158 je m² abgewickelte Betonfläche (einschl. Laschen):

Schalbretter 1,25—1,35 m²,
Kanthölzer 1,0—2,4 lfd. m je nach Säulenabmessung.

Für Stützen mit Einschub nach Abb. 153 für 1 m² Betonabwicklung:

1,3—1,5 m² Bretter einschl. Queraussteifung *b* und Distanzstück *d* (Abb. 153).
1—3,0 m Kanthölzer je nach Säulenabmessung,
2 lfd. m Dachlatten.

Lerche gibt in seiner Schrift »Praxis des Veranschlagens«, Berlin 1925, an:

Bei Stützen 30 × 50 mit Einschub 1,50 m² je m² abgewickelter Betonfläche Schalbretter,
40 × 80 mit Einschub 1,34 m².

Es ist jedoch aus den in diesen gegebenen Werten ersichtlichen Spannen zu erkennen, wie schwer es ist, solche Zahlen zu bringen; es kann nur erneut zur Anfertigung von wenigstens überschläglichen Schalungsberechnungen und Skizzen geraten werden. Man vergesse jedoch auch nicht den Aufwand für Keile und Unterlagsbretter im Keller (am besten Bohlen) und bei Geschoßhöhen über 5,5 m die Schwerter. Für Fabrikbauten u. dgl. ist in Kapitel 80 für Nutzlasten von 500, 1000 und 1500 kg/m bei Säulenabständen von 5,5, 6,5 und 7,5 m (quadratischer Säulenquerschnitt und quadratische Säulengrundrißstellung) die nötige Quadratmeterzahl (mit Schalung zu bedeckenden Betons) angegeben und kann dort aus Schaulinien entnommen werden. Zugaben für Queraussteifungen, Kanthölzer, Verschnitt u. dgl. sind dort noch zu machen (vgl. vorstehende Angaben).

Zu dem Verbrauch an Schalholz kommt noch der Verbrauch an Nägeln (meist Drahtstifte von 2,2½ und 3 Zoll), ferner an Rödeldraht (5 mm stark, geglüht). Der Rödeldraht muß ein außerordentlich biegsames, gut geglühtes Drahtmaterial sein. Es ist zu beachten, daß infolge brüchigen, ungeeigneten Rödeldrahtes schon oft bedeutende Schäden der Baufirma durch Abplatzen während des Betoneinbringens erwachsen sind. Die Preise für Nägel und Draht sind zurzeit folgende je 100 kg: (Lieferung in 2½, von 4 Zoll aufwärts in 5-kg-Paketen):

Nägel 2 Zoll 49,5—50,50 RM, hierbei entfallen auf eine 2½ kg-Packung 1250 Stück; auf 1 kg 500 Stück.

2½ Zoll 47,5—51,75 RM., hierbei entfallen auf eine 2½ kg-Packung 832 Stück; auf 1 kg 333 Stück.

3 Zoll 45,5—49,50 RM., hierbei entfallen auf eine 2½ kg-Packung 555 Stück; auf 1 kg 222 Stück.

Rödeldraht 5 mm 55,00 RM.

Der Nagelverbrauch richtet sich nach folgenden Umständen:

Bei den Plattenschalungen nach der Breite der zur Verwendung kommenden Bretter und nach der Unterstützungsart, ob nämlich mit hochkant gestellten Brettern (sog. Knaggen), im Abstande von etwa 40 cm unterstützt, oder durch Kanthölzer, deren Abstand etwa 60—85 cm beträgt. Die Knaggenunterstützung braucht mehr Nagelaufwand, da sie jeweils bei den Kreuzungspunkten mit den Rahmenhölzern (Abb. 157) mit den Stützbrettchen *a* gegen Umkippen vernagelt werden müssen. Die Deckenschalung braucht bei Knaggenstützung etwa 0,06 kg, bei Kantholzstützung 0,05 kg Nägel je m². Die Balkenschalung erfordert je nach Ausführung z. B. nach

Abb. 158a oder nach Abb. 160a 0,08 bzw. 0,06 kg/m² abgewickelter Balkenschalung.

Der Verbrauch an Rödeldraht bei den Balken ist sehr gering, etwa 0,030 kg/lfd. m Balken, wenn etwa nach Abb. 158 gebaut wird; bei primitiveren Schalungsausbildungen etwa nach Abb. 160 0,05 kg/m³. Er ist jedoch erheblicher für die Stützen. Bei letzterem Verbrauch kommt es dann in erster Linie auf die Stockwerkshöhe und auf die Seitenlänge der Stützen an. Ferner ob starke oder dünnere Schalbretter verwendet werden, denn auch hiernach richtet sich die Anzahl der erforderlichen Querverbindungen. Der Drahtverbrauch ist demnach sehr schwankend und bewegt sich zwischen 0,06 und 0,16 kg/m² Ansichtsfläche der Stütze.

8. Abschreibung.

Die Höhe des auch als Verschleiß bezeichneten und als Abschreibung in Frage kommenden Holzverbrauchs ist sehr umstritten. Während, wie leicht vorstellbar, die Schalung der Trichterteile an Silos, Erztaschen und Bunker schon nach einmaligem Einschalen fast nur Brennholzwert besitzt, so wird vielfach der Holzverschleiß von Decken in Hochbauten zu hoch angenommen und gibt dadurch ein unrichtiges Bild von den Selbstkosten. Im Bauingenieur 1922, S. 178 errechnet Müller sogar 81% Abschreibung, was für normale Fälle weitaus zu hoch ist. Der Aufsatz ist jedoch interessant und sehr lesenswert. Nach den Feststellungen des Verfassers bei den verschiedenen Unternehmungen kann man in gewöhnlichen Fällen etwa mit folgenden Grenzen der Abschreibziffern sicher rechnen:

Schalung von Deckenplatten	20—30%
Schalung von Balken (wobei solche mit ganz großen Vouten ausgenommen sind)	25—30%
Balkenschalung mit großen Vouten	30—50%
Kanthölzer	8—10%
Rundholzsteifen	7— 9%
Keilhölzer aus bestem Hartholz	15—20%

Hinzuzuzählen ist selbstverständlich der bei der zweiten, dritten usw. Benutzung abermals wieder notwendige Verschnitt, der je nach dem wiederholten Benutzungszweck höher ausfällt wie die unter Nr. 2 angegebenen Werte bei der ersten Anschaffung. Kleinlogel berichtet in B. u. E. 1923, Heft 2, über die Benutzungsdauer für:

Rauhspundbretter	2,3— 4mal
Rauhe, gewöhnliche Schalung	3 — 4mal
Gut gehobelte und geölte Schalung	bis 10mal

M. Mayer gibt im Taschenbuch für Bauingenieure an als Benutzungsdauer der Schalung von Decken sechsmal, von Balken und Stützen zehnmal. Dieser Wert für Balken und Stützen ist, sofern rauhe Schalung verwendet wird, zu hoch gegriffen.

Die Rentabilität von gehobelten Schalungen hängt von der Sorgfalt der Ausschalung ab.

Heutzutage sind die Verhältnisse etwas verschoben, indem die Hobelkosten gegenüber den Anschaffungskosten einer kräftigen Schalung mehr in den Hintergrund treten; sie betragen nur 15 bis 20 Pf./m², während eine kräftige Schalung samt zugehörigen Knaggen oder mit Kanthölzern im Gestehungspreise fix und fertig vernagelt, zwischen 3 und 3½ RM. liegt. Die Hobelkosten machen also nur 4—5% aus. Es soll aber beachtet werden, daß in der Tat nur eine gute Hobelung wirtschaftlich ist, man muß also sehen, daß der Holzlieferant hobelfähige Bretter überhaupt liefert. Die Amerikaner verwenden sehr häufig gehobelte und geölte Schalung, meist dann bei Stützen sogar gespundet.

Außer der Abschreibung ist noch die Verzinsung des Anschaffungskapitals, die jetzt z. B. 10—12% beträgt, hinzuzurechnen.

4. Kosten der An- und Abfuhr zu und von der Baustelle und Transport auf der Baustelle selbst.

Diese Kosten richten sich hier vornehmlich nach der Entfernung der Baustelle vom Lager- und Werkplatz, ferner danach ob Gleisanschluß vorhanden ist und schließlich was für Gattungen von Hebezeugen am Bau zur Verfügung stehen. Es ist einleuchtend, daß ein Turmkran (der ohne weiteres 1,5 m³ Schalholz und noch mehr im Paket anhebt und an Ort und Stelle absetzt) die Transportkosten weit mehr vermindert wie ein kleiner simpler Schwenker. Auch nicht zum geringsten nach der Arbeitsmethode, ob nämlich Schalbretter und Kantholz getrennt angefahren und mehr oder weniger weit von der Abladestelle gestapelt werden müssen, oder ob man, wie schon früher erwähnt, fertige Schaltafeln auf dem Werkplatz herstellt und damit das Fuhrwerk beladet. Kommt das Fuhrwerk am Bau an, so fährt es unter den Turmkran, der die Schaltafeln in Bündeln faßt, anhebt und gleich an Ort und Stelle einschwenkt.

Beispiel: Die Baustelle liegt vom Lagerplatz 3,4 km entfernt. Schalholz wird im Pferdefuhrwerk angefahren. Das zweispännige Fuhrwerk kostet täglich mit Kutscher 36 RM. und das Gespann erledige (gute Wegeverhältnisse vorausgesetzt) täglich 6 Fuhren.

Somit Preis einer Fuhre 36 : 6 = 6 RM. Das Fuhrwerk ladet rund 170 m² Schalbretter, dann kostet die Anfuhr von 1 m² Schalbrettern 6 : 170 = 0,035 RM.; somit An- und Abfuhr von 1 m² Schalbrettern 2 · 0,035 = 0,07 RM. Dazu tritt noch der Lohn für Abladen, Stapeln und Hochbringen an die Verbrauchsstelle und schließlich nach Bauvollendung umgekehrt; Herunterschaffen und Aufladen. Die genauen Zahlen richten sich nach der Lage und Höhe der Baustelle; bei einem einstöckigen Garagenbau von annähernd quadratischem Grundriß sind sie bedeutend kleiner wie bei einem hohen vielstöckigen Bau auf verhältnismäßig kleinem Grundriß. Im Mittel kann als Annäherung — wenn die Arbeit im Akkord vergeben wird — gerechnet werden mit

$^1/_{10}$—$^1/_{20}$ Akkordstunde je m² Deckenschalung oder
je m² abgewickelte Balken- oder Säulenschalung.

Rechnet man die Akkordstunde mit 1,2 RM. + 80% = rd. 2,2 RM., so kostet Anfuhr mit Hochtransport und einschließlich bei Bauschluß des umgekehrten Arbeitsvorgangs:

$$\text{je m}^2 \text{ Deckenschalung } 0{,}07 + \frac{2{,}2}{10} \text{ bis } 0{,}07 + \frac{2{,}2}{20}$$
$$= 0{,}29 \text{ bis } 0{,}18 \text{ RM, im Mittel } = \mathbf{0{,}24\ RM.}$$

Da auf 1 m² Deckenschalung und auch bei der Balkenschalung, ja selbst auch bei der Stützenschalung nicht viel mehr als 0,8—1,6 lfd. m Kantholz entfallen, so kann man die obigen Zahlen, die nur für 1 m² reiner Schalbretter gelten, auch für die komplette Schalung gelten lassen. Nicht inbegriffen ist darin selbstverständlich das Ausschalen, das in Ziff. 5, d berücksichtigt wird. Die folgenden vier Beispiele über Transporte gibt K. Lerche in seiner vorzüglichen Schrift: Praxis des Veranschlagens usw. bei W. Ernst & Sohn, Berlin 1925.

Beispiel:

Abladen von Schalung und Transport zu ebener Erde 115 m weit im Akkord:

1 m² Schalung in $^1/_{22}$ = 0,046 Akkordstunden.

Hierbei im besonderen:

Aufnahme von zugleich 3 Stück Brettern	0,7	min
Abnehmen von zugleich 3 Stück Brettern	1,5	,,
Transport 115 m hin und zurück	3,26	,,

Bei Transport im Lohn brauchten die Leute die 2,8fache Zeit.

Beispiel:

Hochstecken von Schalung in obere Geschosse.

In jedem Geschoß steht ein Mann und jedes Brett wird von Mann zu Mann nach oben gereicht. Einschließlich Unterbrechungen bei Entlohnung nach „Lohn" (im Gegensatz zu Entlohnung nach Akkord):

je Stunde 240 bis 300 Bretter.

Beispiel:

Einen Waggon Steifen entladen.

Länge der Steifen 5—6 m, Dmr. = 12—15 cm; die Steifen wurden 50 m weit getragen; Akkordarbeit. Der Transport erfolgte auf Gängen zwischen Schuppen hindurch:

Auf dem Waggon	2 Mann
Transportiert haben	10 „
	12 Mann.

50 m hin und zurück	1,7 min
Aufenthalt beim Abnehmen . . .	0,2 „
Aufenthalt beim Absetzen . . .	0,15 „
	2,05 min.

Ergebnis: 1 Steife 5—6 m lang erforderte für Abladen und 50 m weit transportieren

2,45 Akkordminuten,

d. i. bei einem Stundenlohn von 1,14 + 80% = 2,05 RM. rd. 3½ RPf. je Steife.

Beispiel:

Bretter vom Waggon oder Fuhrwerk abladen und wenige Meter weit stapeln.

Es stehen alle 1,75 m 2 Mann einander gegenüber im Abstand einer Brettlänge, 2 Mann auf dem Waggon (Fuhrwerk), 2 Mann zum Einstapeln. Die Bretter werden dann von 2 Leuten zu 2 Leuten durchgegeben. Hierbei im Akkord

100 Bretter in 7,25 Akkordminuten.

Wenn der Stapel jedoch 5 m weit ab vom Waggon liegt ist die zehnfache Zeit, nämlich 72,5 min nötig.

Nach eigenen Messungen und Nachkalkulationszahlen:

Eine 15-t-Lore mit Schalholz: Abladen 40 Stdn.
Aufladen 48 „ im Akkord.

Zur Erleichterung der Beurteilung der Gewichtsverhältnisse von Schaltafeln diene nachfolgende Tabelle.

Bretter	Brettstärke in mm									
	20	21	23	24	26	28	30	33	35	40
Rauminhalt von 1 m^2 in m^3	0,020	0,021	0,023	0,024	0,026	0,028	0,030	0,033	0,035	0,040
Gewicht in kg/m^2 bei einem Raumgewicht = 600	12,0	12,6	13,8	14,4	15,6	16,8	18,0	19,8	21,0	24,0
Kanthölzer	8/8	8/10	8/12	10/10	10/13	10/16				
Rauminhalt von 1 lfd. m in m^3	0,0064	0,0080	0,0096	0,0100	0,0130	0,0160				
Gewicht je lfd. m in kg	3,8	4,8	5,8	6,0	7,8	9,6				
Steifen	Mittlerer Durchmesser									
	9	10	11	12	13	14	15			
Inhalt in m^3 je lfd. m	0,0063	0,0079	0,0095	0,0113	0,0132	0,0154	0,0177			
Gewicht in kg je lfd. m	3,8	4,7	5,7	6,6	7,9	9,2	10,6			

5. Lohnkosten.

Die für die Herstellung und den Ein- und Abbau der Schalung in Betracht kommenden Arbeiterkategorien beziehen gegenwärtig z. B. in Berlin folgende Löhne samt Werkzeuggeld:

Zimmerer . . . . . . 1,43 RM. (einschl. 0,02 M. Werkzeuggeld)
Zimmerpostengeselle . 1,62 ,,
Einschaler . . . . . . 1,43 ,,
Einsteifer . . . . . . 1,33 ,,
Hilfsarbeiter . . . . . 1,13 ,,
Maschinist 1. Kl.. . . 1,46 ,,
,, 2. Kl.. . . 1,41 ,,
,, 3. Kl.. . . 1,26 ,,

ferner der Zimmerpolier wöchentlich . . 88,40 RM.
Hilfspolier . . . . 81,50 ,,

Die Lohnkosten für die gesamte Schalarbeit kann man in folgende Abschnitte einteilen:

a) Herstellen (Vorrichten) der Schaltafeln auf der Werkbank,
b) Zusammenbau und Verspannen mit Säulenkränzen,
c) Einsteifen,
d) Ausschalen,
e) Entnageln und Reinigen der Hölzer.

Bei all diesen Lohnkosten ist Lohn für jeglichen größeren Transportweg auszuschließen, da er unter Ziff. 4 d. Kapitels fällt.

a) Herstellen (Vorrichten) der Schaltafeln auf der Werkbank.

α) Für Stützen.

Die nachstehenden Zahlen sind aus dem vorzüglichen Mayerschen Abschnitt „Betriebswissenschaft" im Taschenbuch für Bauingenieure IV. Aufl. (Jul. Springer) entlehnt.

Diese Arbeitszeitmessungen entstammen von amerikanischen Baustellen und entsprechen wohl in ihrer Dauer auch unseren Verhältnissen, wenn die Arbeiten auf einem gut organisierten Zimmerplatz erledigt werden.

Die folgenden Angaben gelten für Tafeln von 60×360 cm mit acht Querhölzern. Für unvermeidliche Verzögerungen sind bei gewöhnlicher Arbeit 50%, bei umfangreicher, gut geleiteter Arbeit 33%, bei ungünstigen Verhältnissen 100% zu addieren. Bei Verwendung alten Holzes überdies 50% zuzuschlagen. Taglöhnerarbeiten, die nach früher genannten Sätzen besorgt werden können, und verschiedene Arbeiten für Sonderkonstruktionen sind im Verzeichnis weggelassen.

Bretter.

	23 mm	35 mm
1. Querleisten 5×10 auf die Werkbank legen min/Leiste	0,13	0,13
2. Längskanten der Bretter säumen (zwei Kanten von je 3,6 m) von Hand . . . . min/Tafel	8,70	12,68
3. Dasselbe, auf der Kreissäge . . . . „	2,94	3,32
4. Die Bretter auf die Werkbank legen . . . . min/Brett	0,40	0,47
5. Die Bretter auf der Werkbank mit Holzkeilen zusammentreiben . . . . min/Querholz	0,30	0,30
6. Nagelstellen einmessen und anmerken . min/Querholz	0,05	0,05
7. 4 Bretter auf die Querhölzer nageln (zwei Nägel je Kreuzung) . . . . min/Querholz	0,83	0,96
8. Ende der Tafel einwinkeln und aufreißen. . min/Brett	0,10	0,10
9. Ende der Tafel von Hand absägen. . . . . min/Brett	0,23	0,41
10. Die Tafel beiseite legen auf den Stapel. . . min/Tafel	0,53	0,68
11. Herstellen des Reinigungsloches . . . . . . min/Säule	2,20	2,65
12. Trägeransätze ausschneiden . . . . min/Ansatz	12,45	14,60

Setzt man die obigen Werte für unsere Tafeln 360 · 60 cm = 2,16 m² an, nämlich für 8 Stück Querhölzer und 4 Bretter, 15 cm breit und 360 cm lang, so ergeben sich nach den Tafelwerten für die 23- bzw. 35-mm-Schalung 30 : 60 bzw. 33 : 60 Lohnstunden und mit dem erwähnten Aufschlag von 100% 60 : 60 = 1 Stde. bzw. 1,1 Lohnstunden. Also:

Für 23-mm-Tafeln 360 · 60
im ganzen 1 Lohnstunde
je m² 1 : 2,16 = **0,46 Stdn.**

Für 35-mm-Tafeln 360 · 60
im ganzen 1,1 Lohnstunden
je m² = 1,1 : 2,16 = **0,51 Stdn.**

Für deutsche Verhältnisse sind jedoch diese Werte nach den Bauplatz-Studien des Verfassers um etwa 60% zu niedrig, so daß die erforderliche Lohnstundenzahl für Vorrichten anzusetzen ist mit **0,75—0,85** Lohnstunden je m² Säulenschalung.

Also Lohnkosten je m² 0,75 · 1,43 = 1,10 RM./m² bzw. 0,85 · 1,43 = 1,25 RM./m², erster Wert bei 23 mm, letzterer bei 35 mm starken Brettern.

Eine Steife zurechtschneiden, Querhaupt aufsetzen, Bänder annageln erfordert 7 min + 100%, d. i. rd. ¼ Lohnstunde.

β) Für Balken und Unterzüge.

In B. u. E. 1919, S. 11, sind genau alle Handhabungen mit ihrem Zeitbedarf für Balkenschalung nach Abb. 163 aufgeführt. Mit diesen amerikanischen Konstruktionen haben wir uns bereits am Schluß des vorigen Kapitels befaßt. Dazu ist noch zu bemerken, daß die Schalkastenlänge 3,6 m beträgt. Die Zeiten verstehen sich einschließlich der Herstellung von 3 Steifen samt Querhaupt:

Balken.

Querschnitt	15×30	15×40	20×40 cm
Gewicht	65	120	122 kg
Gesamtlohnminuten für Vorrichten	70,1	76,9	81,2 min
Davon Zimmermannarbeit	64,5	70,1	74,0 ,,
Hilfsarbeiter	5,6	6,8	7,2 ,,

Für unvermeidliche Störungen, Werkzeugschärfen u. a. gibt Mayer 90% Zuschlag; wir wollen, um sicherer zu gehen, 100% zuschlagen. Hierbei vernachlässigen wir die wenigen Hilfsarbeiterminuten, die hier keine Rolle spielen, das gibt bei einem Zimmererlohn von 1,43 RM. Lohnstunden im ganzen:

$2 \cdot 64{,}5 : 60 = 2{,}15$; $2 \cdot 70{,}1 : 60 = 2{,}34$; $2 \cdot 74{,}0 : 60 = 2{,}47$ Lohnstunden.

Es beträgt die abgewickelte Schalung in m²:

$= 0{,}85 \cdot 3{,}6 = 3{,}06$; $1{,}05 \cdot 3{,}6 = 3{,}78$; $1{,}1 \cdot 3{,}6 = 3{,}96$ m².

Also Lohnstunden je m²:

= **0,70** = **0,62** = **0,62 Stdn./m²**.

Und bei 1,43 RM. Zimmerlohn: Löhne je m²

1,43 · 0,70 = **1,00 RM.** 1,43 · 0,62 = **0,89 RM.**
1,43 · 0,62 = **0,89 RM./m²**.

Die Verbreiterung des Balkens von 15 auf 20 cm hat in diesem Sonderfalle keine Lohnerhöhung zur Folge; dies würde natürlich aber nicht zutreffen, wenn der Boden durch mehrere Bretter gebildet werden müßte. Die Lohnkosten je Steife betragen wiederum einschl. der 100% Zuschlag ¼ Lohnstunde.

γ) Deckenschalungen.

Bei ihnen liegen die Verhältnisse ähnlich wie bei den Säulen-Schalplatten, denn man wird gut tun auch bei der Deckenschalung Fertigplatten samt Kantholz vorzubereiten, die dann hochgezogen und untersteift werden. Wenn die Platten so eingerichtet werden, daß sie nicht schwerer als 30 kg sind (trockenes Holz hat ein Raumgewicht von 5—600; vgl. auch die Gewichtstafel unter Ziff. 4), so kann man wie bei den Säulenplatten mit einem Lohn für Vorrichten rechnen von **0,46 Stdn./m².**

b) Zusammenbau und Verspannen mit Säulenkränzen.

α) Für Stützenschalung.

Wesentliche Transportkosten, wie Hochziehen, eine Strecke weit tragen usw., sind hier nicht aufgenommen, denn sie fallen wieder unter Ziff. 4 dieses Kapitels (Transportkosten).

Es sind nach den erwähnten Angaben notwendig für Aufrichten, Einloten, seitlich Absteifen und Verspannen mit hölzernen, zusammengerödelten Säulenkränzen, und zwar für Stützen bis zu 0,1 m² Betonquerschnitt bis 4 m Länge:

$$2\tfrac{3}{4} \text{ Stdn. je Säule} = \frac{2{,}75}{4 \cdot 1{,}38} = 0{,}50 \text{ Lohnstunde je m}^2 \text{ abgew. Fläche.}$$

Dieser Wert ist nach hiesigen Verhältnissen zu niedrig; er schwankt etwa zwischen **0,53—0,72 Stdn./m²**. Zum Aufrichten sind 10 Mann erforderlich (1 Zimmerer und 9 Hilfsarbeiter), beim Rödeln 4 Hilfsarbeiter und 1 Zimmerer, so daß es bei der Berechnung des Lohnpreises ausreichend ist den Stundensatz eines Hilfsarbeiters um 0,1 RM. zu erhöhen[1]).

Mit zunehmender Säulenhöhe nehmen die Lohnkosten bei dem genannten Betonquerschnitt etwa um ½ Lohnstunde je Stgdm. zu. Wächst jedoch der Betonquerschnitt von 0,1 auf 0,5 m² so nehmen die Kosten bis um etwa 85% zu, bewegen sich also von **0,98** bis **1,30** Lohnstunden (vgl. Zusammenstellung). Die Zahlen schwanken außerordentlich mit der Eigenart der Verhältnisse hinsichtlich Arbeitskräfte und Bauleiter. Lerche gibt in der angezogenen Schrift die Löhne für Aufrichten, Einloten und Zuschieben einer 30×50-

[1]) In Berlin freilich ist man gezwungen, mit dem Satz für Einschaler durchweg zu rechnen, weil hier die Zimmererorganisationsverhältnisse besonders liegen, wonach Hilfsarbeiter beim Einschalen nicht geduldet werden.

Stütze 5 m lang, mit 3,17 Akkordstunden. Akkordstunden sind meist 80% höher als die Lohnstunden einzusetzen, so daß 1,8 · 3,17 = 5,7 Lohnstunden herauskommen. Da die Stütze 8 m² hat, so ergeben sich: 5,7 : 8 = 0,71 Lohnstunden je m². Man ersieht aus dem verhältnismäßig niedrigen Wert, daß sehr flott gearbeitet worden sein mußte.

β) Für Balkenschalung.

Nach der angeführten Quelle in B. u. E. sind die erforderlichen Lohnstunden (einschließlich 100% Zugabe) für die Aufstellung und Untersteifung der Balkenschalung der Balken gemäß Abb. 163.

Zimmererarbeit:

Balken 15 × 30	Balken 15 × 40	Balken 20 × 40
2 · 65,3 : 60 = 2,18 Stdn.;	2 · 65,7 : 60 = 2,19 Stdn.;	2 · 66,5 : 60 = 2,22 Stdn.

Bauhilfsarbeiter:

2 · 49,5 : 60 = 1,65 Stdn.;	2 · 53,7 : 60 = 1,79 Stdn.;	2 · 55,5 : 60 = 1,85 Stdn.

Bei einem Lohnsatz von 1,43 bzw. 1,13 RM. betragen die Zimmererlohnstunden je Balken:

$2{,}18 + 1{,}65 \frac{1{,}13}{1{,}43} = \text{rd. } \mathbf{3{,}5}$; $\quad 2{,}19 + 1{,}79 \frac{1{,}13}{1{,}43} = \text{rd. } \mathbf{3{,}6}$; $\quad 2{,}22 + 1{,}85 \frac{1{,}13}{1{,}43} = \text{rd. } \mathbf{3{,}7}$.

Abgewickelte Flächen wie unter β:

3,06 m²	3,78 m²	3,96 m².

Somit Zimmererlohnstunden je m²

3,5 : 3,06 = **1,15**	3,6 : 3,78 = **0,95**	3,7 : 3,96 = **0,93**.

Diese Werte sind ziemlich reichlich und haben auch für größere Balken, als vorstehend, Gültigkeit. Für Balken von 65 cm Höhe aufwärts 15—25% Zuschlag.

Anmerkung: Hochheben der Schaltafeln um ein Geschoß, Tragen 15 m weit, auf die Gerüstböcke heben, ebenso für die Ausschwertungen, nehmen in vorstehenden Lohnstundenzahlen rd. 50 min in Anspruch; addieren wir für unvermeidliche Verzögerungen u. dgl. 100%, ja selbst nur 50%, so handelt es sich um 75 min = 1¼ Stdn., d. i. rd. 25% der Gesamt-Lohnstunden, die dadurch erspart werden könnten, daß das Versetzen der Schaltafelpakete durch einen Turmkran erfolgt. Dieses in diesem Buche bereits mehrfach empfohlene Verfahren würde abzüglich der Vorhaltekosten für den Turmkran immerhin noch reichlich 15% der Löhne einsparen.

Lerche gibt für Transport, 5,5 m Hochnehmen, mit 5 Steifen abstützen und Ausrichten einer Pfettenschalung (Pfette 30/50, 600 cm lang) im ganzen 3,10 Akkordstunden an; da der Akkord hier 80% über dem Stundenlohn lag, ist dieser Wert behufs Vergleiches mit unseren Zahlen mit 1,8 zu multiplizieren, was 5,58 Lohnstunden gleichkommt. Da die Pfette 7,8 m^2 Schalung enthält, macht dies

je m^2 5,58 : 7,8 = 0,72 Lohnstunden.

Da an der Richtigkeit dieser Zeitmessungen wohl kein Zweifel besteht, so muß angenommen werden, daß hierbei eine besonders tüchtige Kolonne zur Verfügung stand. Das Vorbereiten erforderte hierbei unter 80% Akkordberücksichtigung 0,45 Stdn./m^2.

γ) Deckenschalung.

Sind, wie bereits erwähnt, fertige Schaltafeln vorbereitet, dann kann man rechnen für Hochziehen, Einbau, Kanthölzer und Steifen untersetzen

0,24 Lohnstunden.

c) Einsteifen.

Das Einsteifen ist bei dem bisher gebrachten Lohnstundenbedarf inbegriffen gewesen. Die Einsteifer sollen besonders hierfür geeignete Leute sein, denn das richtige schnelle Einloten der nicht immer geraden Steifen sowie der richtige Grad der Ankeilung erfordert Arbeit, die auch durch das praktische Gefühl gut unterstützt werden muß. Hat man bewährte Einsteifkolonnen zur Verfügung, so empfiehlt es sich mit ihnen bei größeren Grundrissen Akkorde abzuschließen. Die geeigneten Sätze allgemein hierfür anzugeben ist schwierig, weil sie von den Abmessungen der übrigen Schalung und vor allem von der Geschoßhöhe abhängig sind. Der Stundenlohn der Einsteifer beträgt gegenwärtig z. B. in Berlin 1,33. In normalen Fällen könnte man, wenn die Steifen nicht zu weit zu tragen sind, rechnen mit

0,18 Akkordstunden je Steife (= 1,8 · 0,18 = **0,33** Lohnstunden).

Dies für Zurechtschneiden usw. einschließlich Einsteifen, somit für Vorrichten und Einsteifen.

d) Ausschalen.

α) Von Stützenschalungen.

Die kleinsten Ausschalkosten ergeben gehobelte Schalungen unter Vermeidung von scharfen Kanten durch Einlage von Dreikantleisten. Dies gilt auch für Balken.

Es muß den nachfolgenden Zahlen vorangeschickt werden, daß für das Ausschalen keineswegs ganz „schnell" arbeitende Kolonnen in Frage kommen, denn diese pflegen in der Schnelligkeit eben ganz einfach alles kurz und klein zu schlagen. Es hat natürlich keinen Sinn an Ausschallöhnen zu sparen um bei der durch Bruch arg mitgenommenen Schalung doppelt und dreifach wieder zusetzen zu müssen.

Stützen nach Art der Ziff. 5b für 1 m^2 abgewickelte Fläche erfordern für Ausschalen: $^1/_4$—$^1/_{5,5}$ Lohnstunden.

Schärfste Aufsicht ist vonnöten; das sog. Brummen der Stützen bzw. das Fehlen des Brummens ist nicht immer ein Zeichen dafür, daß in der Tat ausgeschalt werden kann. Man durchsäge bei schweren Unterzügen oben die Mittelsteife etwa 10 cm von Deckenunterkante; ist die Konstruktion noch nicht reif zum Ausschalen, so schließen sich die Schnittflächen ohne daß die Trägfähigkeit der Steife beeinträchtigt wird. Die Ausschalarbeiten dürfen nicht im Akkord vergeben werden, um nicht den Leuten geradezu einen Anreiz zu geben die Schalung beim Ausschalwerk nicht zu schonen. (Vgl. auch Kap. 49a.)

β) Von Balkenschalungen.

Fast alle Balkenschalungen nehmen für das Ausschalen weniger Zeit in Anspruch wie die Stützenschalungen. Man pflegt zwar neuerdings fast stets Dreieckleisten einzulegen, trotzdem geschieht es, daß die Kanten nicht herauskommen. Der hierfür entfallende Lohnaufwand hat auf Konto der Schallöhne zu laufen, ebenso wie bei den Stützen. Ein Durchschnittswert ist:

$^1/_4$—$^1/_6$ Lohnstunden je abgew. m^2.

γ) Von Deckenschalungen.

Gut gehobelte, etwas geölte Schalplatten kann man bequem ausschalen in

$^1/_{12}$—$^1/_8$ Stdn./m^2, im Mittel 0,10 Lohnstunden.

Rauhe Schalung

$^1/_6$—$^1/_5$ Stdn./m^2, im Mittel 0,18 Lohnstunden.

Diese Ausschalzeiten reichen vollauf um eine ordentliche, sowohl Beton als auch das Holz schonende Entschalung vorzunehmen. Dazu gehören gewisse kleine Erleichterungen, indem man beim Vorrichten und Zusammenbau unter Verwendung von Pappestückchen (als Unterlage) nagelt.

e) Entnageln und Reinigen der Hölzer.

Je besser eine Schalung entworfen ist, desto leichter läßt sie sich ausschalen, zumal, wenn vielfach die Stücke mit Holzschrauben (Kopfschrauben) zusammengehalten werden; solche Schraubenverbindungen lassen sich ohne Erschütterungen lösen und die Schrauben selbst haben, wenn sie gut behandelt werden (Rohöl), eine sehr große Lebensdauer. Als rundes Maß für Entnageln und Reinigen kann man $^1/_8$—$^1/_7$ Lohnstunden für alle Kategorien rechnen. Gut konstruierte Trägerschalungen (Abb. 158) $^1/_6$ Stde., Deckenplatten mit $^1/_{10}$ Stde. Die Reinigungskosten, die bei größeren Objekten erhebliche Ziffern annehmen, vermindern sich durch Mechanisierung, d. h. durch Anwendung einer Maschine. Die in Abb. 166 dargestellte Maschine hat automatischen Vorschub, reinigt normalerweise $^3/_4$- bis $1^1/_2$zöllige Bretter bei einer

Abb. 166. Schalungsreiniger.

Breite von 5,30 cm. Die Vorrichtung sorgt dafür, daß auch die Kanten sauber gezogen werden.

Das Gerät reinigt 100—150 m² Schalung i. d. Stunde, würde also die Reinigung der Bretter einer 10000 m² Schalung in 8—10 Tagen erledigen. Der Stromverbrauch ist sehr gering, da nur ein $1^1/_2$-PS-Motor erforderlich ist.

Samt Motor kostet die Maschine **1434 RM.** (Maschinenfabrik Futura, Elberfeld).

6. Zusammenstellung der gesamten Löhne für die Schalung.

Wie bereits erwähnt, ist es außerordentlich schwierig, feste Einheitsziffern für die Lohnkosten zu geben, weil die jeweiligen Abmessungen der Eisenbetontragteile sowie die Sonderverhältnisse hinsichtlich der zu Gebote stehenden Schalungsprofile und schließlich die Baustellenverhältnisse einen entscheidenden Einfluß ausüben. Immerhin haben wir die Möglichkeit, einen gewissen mittleren Weg zu gehen. Nachstehend sind die im vorangehenden hergeleiteten Mittelwerte in einer Übersicht zusammengestellt.

Gesamtlöhne für Schalung in Stdn./m² abgew. Schalfläche.

	Stützen im Mittel	Balken	Platten
Vorrichten	0,75—0,85	0,62—0,70	0,46
Zusammenbau	0,98—1,33	0,93—1,15	0,24
Einsteifen	wird zum Schluß berücksichtigt		
Ausschalen	0,18—0,25	0,17—0,24	0,18
Reinigung u. Entnageln. .	0,12—0,14	0,12—0,14	0,13
zus.	2,03—2,57	1,84—2,23	1,01 Std./m²
Im Mittel rd.	2,30	2,00	1,00 Std./m²
hinzu Steifen je Stück 0,33 Std./m²	—	0,6 Stck. 0,2	1,2 Stck. 0,4 Std./m²
Ferner Transportkosten. .	0,24	0,24	0,24 Std./m²
	2,54	2,44	1,64 Std./m²
Im Mittel rd.	**2,6**	**2,4**	**1,6** Std./m²

Ganz kleine Stützen bis 0,1 m² Querschnitt benötigen 0,75 + 0,53 + 0,24 + 0,12 = 1,64 = 1,6 Stdn./m².

Ganz schwere Stützen **3,0 Stdn./m²**.

Ganz schwere Balken **2,6 Stdn./m²**.

7. Bemerkungen zur Zusammenstellung der gesamten Schalungskosten.

Im vorstehenden sind die verschiedenen Schalungskosten besprochen worden, woraus ersichtlich ist, daß der hierfür erforderliche Holzaufwand schon allein hinsichtlich der besonderen baulichen Durchbildung außerordentlich schwankt. Eine weitere große Schwankung rührt dann naturgemäß von den Bauteilabmessungen her, so daß Mittelwerte für die Anschaffungskosten unmöglich gegeben werden können. Es wäre aber dankbar, an Hand der unter Kapitel 47, Ziff. 2—7, gegebenen statischen Berechnung von Stützen verschiedener Durchmesser, von Balken und Untersteifungen verschiedene Grundabmessungen zu berechnen, und zwar nach den einzelnen Konstruktionstypen (z. B. ob mit oder ohne Einschub, ob nach Abbildung 157, 158 oder nach der mehr provisorischen Ausführung nach Abb. 154 usw.). Da man dann alles, sowohl Abmessungen, Stärken usw. genau kennt, so kann man, unter Berücksichtigung des gleichfalls gegebenen Nagel- und Bindedrahtbedarfs des Verschnittes, die Anschaffungskosten ziemlich genau errechnen. Man kann diese genauen Werte auch noch mit den von uns angeführten überschläglichen Zahlen für den Holzbedarf vergleichen. Hier, an dieser Stelle, ist es unmöglich diese Sonderangaben zu bringen, des Buchumfanges und des Buchzweckes halber. Abschreibungswerte sind in Ziff. 3 angegeben. An- und Abfuhr von der Baustelle ist für den besonderen Fall schnell berechnet, auch die Transportkosten auf der Baustelle selbst sind im Falle eines bestimmten Sonderangebotes ziemlich gut faßbar. Schwieriger steht es mit der Ermittlung der Lohnkosten, die aber immerhin nach den unter Ziff. 5 dieses Kapitels niedergelegten Angaben einigermaßen gut berechnet werden können. Man beachte dabei, daß gerade die Frage der Höhe der einzusetzenden Lohnausgaben mit die schwierigste Frage der Kalkulation überhaupt darstellt und, daß nur eine sorgfältig gegliederte Nachkalkulation dem Bauunternehmer im Laufe der Jahre besser angenäherte Unterlagen liefern kann. Die Nachkalkulation soll aber einen logischen Aufbau haben und von gesunden Grundsätzen ausgehen, also von solchen, denen zufolge die einzelnen Posten nicht verborgen daliegen, wie dies z. B. bei dem erwähnten Verfahren der Fall wäre, daß nämlich Schalholz auf allgemeine Unkosten gebucht wird.

Die Literatur über Schalungskosten ist nicht zahlreich. Da ist außer dem bereits erwähnten Werk von Kleinlogel: Veranschlagen von Eisenbetonbauten, Berlin 1926, noch das ebenfalls früher angeführte Büchlein von K. Lerche: Aus der Praxis des Veranschlagens, Berlin 1925. Ferner von Mayer der Abschnitt über Betriebswissenschaft im Taschenbuch für Bauingenieure, I. Bd. (Springer), IV. Aufl. Von demselben Verfasser: B. u. E. 1919, Heft I, S. 10. Weiterhin P. Müller im Bauingenieur 1927, S. 421 und 430: Die kleinsten Kosten im Baubetriebe. G. Torda in B. u. E. 1927, Heft 14, S. 265: Entwurf und Bauausführung bei Eisenbetonbauten in Frankreich. Palen im Bauingenieur 1926, Heft 3, S. 41: Die Kosten der Schalung von Eisenbetonbauten. R. Bernhard, B. u. E. 1926, Heft 16, S. 285: Eisenbetonschalung mit Einschalformen aus Stahl in den U.S.A. Schließlich noch die einschlägigen Abschnitte im II. Teil des Betonkalenders, von Kleinlogel und von Löser.

D. Über die Gestehungskosten des Eisenbetons.

Kapitel 51. Die Baustoffkosten.

Einen guten Überblick über die Entwickelung der Baustoffpreise gibt die nachfolgende, z. T. der Zeitschrift Wirtschaft und Statistik 1927, S. 432, entnommene Zusammenstellung der Baustoffpreisentwicklung seit 1913.

Man kann darin feststellen, daß seit Mai 1926 der Gesamt-Baustoffindex (in dem aber auch Dachziegel, Schmiedeeisen, Röhren, Zinkblech, Dachpappe, Fensterglas und Linoleum enthalten sind) bis Mai 1927 ganz langsam aber sicher von 141,8—160,2 gestiegen ist. So ist es auch verständlich, daß die hier gegebenen Beispiele von Preisen vielleicht in wenigen Jahren überholt sein werden, doch ist

Preise und Indexziffern für Baustoffe.

Zeit	Baustoffpreise in RM.											Indexziffern (1913 = 100)			
	Mauersteine			Stückenkalk		Port. Zement frei Bhf. Berlin	Bauhölzer				Stabeisen	Steine und Erden	Bauhölzer	Baueisen	Baustoffe zusammen
	Berlin	München [1]	Frankfurt a. M.	Berlin (Rüdersdorfer)	München		Balken	Kantholz 8/8 bis 16/18 cm	Schalbretter	Stammbretter, unsortiert, 30 mm					
	ab Werk						ab Lager Berlin								
	1000 Stück			10 t			1 cbm				1 t				
1913	17,50	22,00	24,00	170,00	173,50	326,00[2]	58,00	48,00	41,00	90,00	135,00	100,0	100,0	100,0	100,0
1924	23,32	35,20	29,17	233,93	268,50	475,69	90,91	67,84	62,41	140,13	169,69	141,1	151,4	131,9	143,7
1025	33,13	40,82	38,83	235,05	277,00	490,85	84,42	65,13	61,08	148,50	170,28	167,8	149,1	133,5	153,0
1926	29,61	38,63	35,75	240,38	276,71	494,00	74,92	57,92	52,46	144,00	166,48	160,3	135,6	133,5	144,6
1925			[3]												
Januar	38,25	36,00	35,00	202,50	265.00	468,00	90,00	70,00	63,00	135,00	175,00	161.9	150,8	131,3	151,8
Februar	41,28	36,00	35,00	213,38	275,00	468,00	87,50	68,00	61,50	137,50	175,00	166,4	148,7	132,7	153,0
März	40,70	38,00	35,00	228,00	275,00	468.00	85,00	66,00	60,00	140,00	168,33	168,5	146,6	131,7	152,4
April	38,70	38,00	35,00	236,25	275,00	486,15	85,00	66,00	60,00	140,00	165,00	167,5	146,6	130,7	151,3
Mai	29,05	41,10	35,00	238,75	275,00	500,00	82,00	65,00	60,00	155,00	175,00	163,6	149,6	136,0	152,3
Juni	30,20	42,00	42,00	238,75	275,00	500,00	83,50	65,00	61,00	155,00	172,50	169,0	150,7	135,3	154,3
Juli	31,20	42,00	43,00	245,00	275,00	500,00	85,00	65,00	62,00	155,00	170,00	170,8	151,7	134,0	154,7
August	30,50	43,70	43,00	245,00	275,00	500,00	85,00	65,00	62,00	155,00	165,00	172,2	151,7	133,2	155,3
Septemb.	30,15	44,00	43,00	245,00	285,00	500,00	85,00	65,00	62,00	155,00	167,50	171,4	151,7	133,9	155,2
Oktober	29,25	43,00	40,00	245,00	285,00	500,00	85,00	65,00	62,00	155,00	170,00	168,0	151,7	134,4	154,1
Novemb.	29,25	43,00	40,00	241.50	282,00	500,00	80,00	61,50	60,50	151,50	170.00	167,6	145,7	134,4	151,6
Dezember	29,00	43,00	40,00	241,50	282,00	500,00	80,00	60,00	59,00	148,00	170,00	166,8	143,1	134,4	150,3
1926															
Januar	29,00	40,75	38,50	241,50	282,00	500,00	78,00	59,00	57,00	146,50	170,00	163,6	140,3	134,4	147,7
Februar	28,75	40,00	37,25	241,50	282,00	495,00	72,00	56,00	50,00	140,50	170,00	161,8	131,0	134,4	143,5
März	28,38	41,00	37,00	241,50	282,00	495,00	72,00	56,00	50,00	140,00	161,00	162,2	130,9	131,6	142,9
April	28,08	41,00	36,50	241,40	280,50	493,95	72,00	56,00	50,00	140,00	155,00	161,4	130,9	129,8	142,0
Mai	27,15	41,75	36,50	241,40	280,00	493,00	72,00	56,00	50,00	140,00	155,00	160,2	130,9	129,8	141,8
Juni	26,55	42,00	34,30	241,40	280,00	493,00	72,00	56,00	50,00	140,00	155,00	159,4	130,9	129,8	141,7
Juli	26,80	40,00	35,00	241,40	280,00	493,00	74,00	58,00	52,00	140,00	170,00	158,3	133,7	134,4	143,8
August	28,65	38,00	35,00	238,90	280,00	493,00	74,00	58,00	52,00	140,00	170,00	158,9	133,7	134,4	144,0
Septemb.	33,90	37,07	35,00	238,90	280,00	493,00	76,00	59,00	53,50	146,00	170,00	163,3	137,8	134,4	146,5
Oktober	33,15	34,00	35,00	238,90	270,00	493,00	78,00	60,00	55,00	150,00	170,00	159,4	141,2	134,4	146,7
Novemb.	32,50	33,00	35,00	238,00	270,00	493,00	78,00	60,00	55,00	150,00	173,75	157,7	141,2	136,4	146,6
Dezember	32,38	35,00	34,00	238,90	254,00	493,00	81,00	61,00	55,00	155,00	178,00	156,8	144,7	137,9	147,9
1927															
Januar	33,00	35,00	34,00	238,90	250,00	493,00	84,00	62,00	55,00	160,00	180,00	158,6	148,3	138,1	149,7
Februar	34,45	34,65	34,00	238,90	250,00	493,00	85,50	63,50	56,75	161,25	180,00	159,8	150,9	138,1	151,0
März	35,80	36,50	34,00	240,50	250,00	493,00	90,00	68,00	62,00	165,00	180,00	163,4	159,0	138,1	155,1
April	36,20	36,00	34,00	240.90	237,50	493,00	90,00	68,00	62,00	165,00	180,00	162,5	159,0	138,1	154,7
11. Mai	37,25	—	35,00	240,90	237,50	493,00	95,00	73,00	68,00	178,00	180,00	164,7	170,8	138,0	160,2
1928															
10. Mai	33,05	—	—	250,00	—	493,00	94,00	76,80	73,00	165,00	—	—	—	—	—

[1]) Preise für das rechtsrheinische Bayern. — [2]) 1. Halbjahr 1914. — [3]) Preise am 1. jeden Monats.

es auch dann für den Ingenieur nicht schwierig die Erkenntnisse auf die später veränderten Preisverhältnisse anzuwenden.

Zunächst wird man bei der Kalkulation der Baustoffkosten danach trachten müssen, daß man die Preise frei Baustelle so zuverlässig und so rasch wie möglich erhält. Die Preise ab Lager oder bzw. bei den Zuschlagstoffen ab Gewinnungsstelle kann man jederzeit in Erfahrung bringen. Man wird sich dann unbedingt eine Baustoffkartei anlegen und sie, wenn nicht schon zweckmäßigerweise von Monat zu Monat, so doch mindestens alle zwei Monate ergänzen und auf dem laufenden halten. Auf jeder Karte ist vermerkt: Anbieter, Baustoff, bei Zuschlagstoffen die angebotenen Körnungen, Preis ab Lager bzw. Gewinnungsstelle, Länge und Art des Transportweges (z. B. nach Berlin Bahnhof oder Hafen) und schließlich Baustoffpreis frei Bahnhof oder Hafen. Eine derartige Baustoffkartei anzulegen und auch auf dem laufenden zu erhalten bedeutet wirklich keinen erheblichen Arbeitsaufwand und setzt jenen Unternehmer, der seinen Sitz in größeren Bauzentren hat, jederzeit in den Stand bei einem abzugebenden Angebot die Baustoffpreise rasch zur Hand zu haben. Ist der Bau außerhalb, dann sind die Transportkosten dorthin ebenfalls schnell ermittelt, wenn man die Arbeit immer von einer und derselben Kraft besorgen läßt. Ist aber die Baustelle am Standort des Unternehmers selbst, so braucht er nur die Anfuhr und allenthalben die Transporte auf der Baustelle selbst hinzuzurechnen. Über günstige Gestaltung der Anfuhr vgl. Kapitel 39. Zur Errechnung der Eisenbahnfrachten ist zu erwähnen, daß sie sich grundsätzlich, abgesehen von der Entfernung, nach der Tarifklasse richten, in die der betreffende Baustoff fällt. Die Reichsbahn hat hierbei ihren Gütertarif in die Klasse A—F eingeteilt, von denen A den Höchsttarif darstellt, F den niedrigsten. Die Beförderungspreise richten sich nach diesen Klassen. Es werden allgemein die Güter von höherem Wert nach einer teueren Klasse befördert, bei niedrigerem Wert nach einer billigeren Klasse. Neuerdings sind Sondertarife für Sand, Kies, Zement u. dgl. zugelassen, aber nur für beschränkte Zeit (bis 31. VII. 1929).

Klasse A gilt nur für Stückgut, während die Klasse B—F für Ladegut gelten. Die Hauptbaustoffe sind nach folgenden Klassen geordnet:

1. Sand.
2. Kies, auch gewaschen.
3. Splitt, Steingrus.
4. Kalk, gelöscht, gemahlen.

5. Werksteine, poliert.
6. Werksteine, bearbeitet.
7. Werksteinbrocken, Abfälle.
8. Ziegel, Mauersteine, Hohlsteine, Klinker, Dachsteine.
9. Ziegelbrocken.
10. Mörtelmischungen, trocken.
11. Zement, hierfür folgender Ausnahmetarif:

    Dieser Tarif gilt bei Auflieferung einer Mindestzementmenge von 29000 t von einem Versender an einen Empfänger in einem Zeitraum von 12 aufeinanderfolgenden Monaten. Der Ausnahmetarif wird sogleich bei der Aufgabe der Sendungen angewandt, wenn der Verfrachter den Beginn der Sendungen der Reichsbahndirektion Hannover schriftlich mitteilt. Wird die Mindestmenge nicht erfüllt, so wird der Unterschied zwischen der Fracht nach dem Ausnahmetarif und dem Satz des sonst geltenden Tarifes einschließlich Zinsen in Höhe des jeweiligen Reichsbahndiskonts nacherhoben (gültig vom 1. VIII. 1928 bis längstens 31. VII 1929).
12. Eisen:
    a) Maschinenteile,
    b) Eisenkonstruktionen: Binder, Nieten, Rohre, Feldbahngleis, Stützen, Türen usw. (Beispiel für Feldbahngleisfracht Kapitel 39, Ziff. 5 e),
    c) Stab- und Formeisen, unbearbeitet, auch fixe Längen, Schrägschnitte, Bleche,
    d) Roheisen und Schrott.
13. Holz, sämtliche Sorten Bauholz, bearbeitet, Balken, Bohlen, Dielen, Bretter, Kanthölzer.

Der Beförderungspreis wird nach dem Frachtanzeiger Heft C 1a der Reichsbahn berechnet. Dieses enthält die Preise für sämtliche in Frage kommenden km Entfernungen (Ausnahmetarife nach Heft IIb, gültig vom 1. VIII. 1928 bis längstens 31. VII. 1929).

Die Unterklassen A_5—E_5 und A_{10}—E_{10} gelten für Warenladungen unter 15 t, und zwar A_5—E_5 für Ladungen unter 10 t. A_{10}—E_{10} für Ladungen unter 15 t. Bei den Hauptklassen A—E wird immer mindestens 15 t Ladung berechnet. Die Nebentarife A_5—E_5 verlangen einen Aufschlag von rd. 20—40% gegenüber dem Haupttarif, die Nebenklasse A_{10}—E_{10} rd. 10—20% gegenüber dem Haupttarif. Zuschlagstoffe werden auf der Bahn nach Tonnen verfrachtet. Im Mittel wiegt 1 m³ Kies etwa 1500 kg, jedoch schwankt dieses

Gewicht je nach Feuchtigkeitsgehalt, bei Splitt, je nach Gesteinsart bis etwa 1300 kg/m³. Gewicht von Sand und Kies bei verschiedenem Feuchtigkeitsgehalt vgl. Abb. 38 und 38a. Bei den erwähnten Transportkosten auf der Baustelle ist zu überlegen ob nicht nach Kapitel 40 und 41 die Anlage einer Baumaschine lohnend ist. Für Frachten und Anfuhrkosten können naturgemäß ganz unmöglich Durchschnittsangaben gemacht werden. Bezüglich der Ladefähigkeit von Fahrzeugen vgl. Kapitel 39, Ziff. 6.

Für Berlin kommen gegenwärtig ungefähr folgende Baustoffpreise in Frage:

	je m³
Kies, ab Lager	6,75 RM.
Kies, frei Ufer	4,50—5,20 ,,
Kies, frei Kahn	4,00—4,50 ,,
Sand, ab Lager	4,50 ,,
Sand, frei Ufer	3,20 ,,
Sand, frei Kahn	2,80 ,,
Elbbaggerkies, frei Kahn	5,05 ,,
Oderkies, frei Kahn	4,45 ,,
Löcknitzkies, frei Kahn	4,25 ,,

Um einen Einblick in die Gestehungspreisverhältnisse zu geben, ist der Verf. den Preisen einiger Zuschlagstoffe genau nachgegangen, von denen einige als Beispiele nachstehend angeführt seien: Für Elbkies zahlt z. B. der Händler hier frei Kahn Berlin 4,80 RM./m³. Dieser Preis setzt sich zusammen aus 1,30 RM. für den Kies frei Kahn am Bagger in Parey a. d. Elbe und 3,50 RM. für Wasserfracht. In den Preis von 1,30 RM. ist inbegriffen eine Abgabe an die Regierung für Entnahme des Kieses von 0,73 RM./m³, so daß dem Lieferanten ein Preis von 0,57 RM./m³ verbleibt, wofür er den Kies in den Kahn baggern und seine gesamten Unkosten bestreiten muß. Hierzu treten 0,25 RM./m³ für den Händler, so daß der Kies dem Verbraucher auf 5,05 RM/m³ zu stehen kommt (frei Kahn).

Für Oderkies zahlt der Händler frei Kahn Berlin 4,20 RM./m³. Dieser Preis setzt sich zusammen aus 1,20 RM./m³ frei in den Kahn gebaggert (in Fürstenberg a. d. Oder) und 3,00 RM. für Wasserfracht. In den Preis von 1,20 RM. sind inbegriffen 0,40 RM. Regierungsabgabe für Entnahme des Kieses aus dem Flußbett, so daß dem Lieferanten 0,80 RM. verbleiben für Baggern und Gesamtunkosten.

Für Löcknitz-Baggerkies zahlt der Händler 4 RM./m³. Dieser Preis wiederum setzt sich zusammen aus 1,50 RM. für den Kies frei in den Kahn gebaggert in der Löcknitz und 2,50 RM. für Wasserfracht. In 1,50 RM. sind inbegriffen: die Abgabe an die Regierung von 0,25 RM., ungefähr 6 m³ Abraumbewältigung und das Baggern des Kieses in das Fahrzeug.

Im Bahnbezuge z. B. zahlt der Händler für einen 15-t-Wagen frei Waggon Station Groß-Besten 26 RM. (Groß-Bestener Baggerkies). Die Bahnfracht nach Berlin-Eingangsbahnhof beträgt 26,50 RM. In diesen 26 RM. sind inbegriffen: die Amortisation des Grundstückes der Gewinnungsstelle, Beseitigung von ungefähr 2—3 m³ Abraum, Baggern des Kieses in die Transportgefäße, das Heranschaffen des Kieses nach dem Bahnhof auf ungefähr 1500 lfd. m eigener Gleisanlage und die Gesamtunkosten des Lieferanten.

Splittpreise ab Werk:

Gewerkschaft Mühlbach III in Süplingen bei Neuhaldensleben, Porphyr	2,60 RM./t	= 3,4 RM/m³
Sächsischer Porphyr	4,20 ,,	= 5,5 ,,
Rhönischer Basalt	1,75 ,,	= 2,5 ,,
Spreutzer Basaltwerke	4,00 ,,	= 5,6 ,,
Grauwacke	4,10 ,,	= 5,5 ,,

Die Frachten treiben den Preis ab Werk erheblich in die Höhe, wie aus nachfolgenden Beispielen hervorgeht.

Beispiele für Preise von Splitt frei Baustelle:

Quarz-Porphyr-Splitt.

Frachtfrei Waggon Lehrter Bahnhof oder Nordbahn	10 t	72,00 RM.
Anfuhr zur Baustelle einschl. Umladen	10 t	18,00 ,,
frei Bau	10 t	90,00 ,,

Nach Angaben des Lieferanten beträgt das Gewicht 1 m³ = 1,3 t.

Preis für 1 m³ frei Bau $\frac{90}{10}$ 1,3 =	11,70 RM.
Abladen am Bau und Stapeln	0,50 ,,
zus.	**12,20 RM/m³.**

Quarzitsplitt (Gräfl. Lippesche Verwaltung)

1 t frei Waggon Niesky O. L.	4,80 RM.
Fracht Niesky—Berlin Lehrter Bahnhof	4,20 ,,
Anfuhr zur Baustelle	1,80 ,,
1 t frei Bau zus.	10,80 RM.

somit je m³ = 10,8 · 1,3 = **14,04 RM./m³.**

Nach Angaben des Lieferanten Gewicht 1 m³ = 1,3 t.

Preis für 1 m³ frei Bau 10,80 · 1,3 = . . .	14,05 RM.
Abladen	0,50 „
zus.	**14,55 RM.**/m³.

Grauwacke-Splitt.

Frachtfrei Waggon Lehrter Bahnhof . .	10 t	75,50 RM.
Anfuhr zur Baustelle	10 t	18,00 „
frei Bau	10 t	93,50 RM.

Nach Angaben des Lieferanten beträgt das Gewicht 1 m³ = 1,36—1,38 t.

Preis für 1 m³ frei Bau $\frac{93,50}{10} \cdot 1,37$ = . . .	12,80 RM.
Abladen	0,50 „
zus.	**13,30 RM.**/m³.

Die derzeitigen Tagespreise z. B. der Berliner Händler sind frei Bau (ohne Abladen) etwa:

Grauwacke	14,00—14,25 RM./m³
Basalt	14,50 „

Runde Kiespreise für Berlin (frei Bau):

Löcknitz	6,80 RM./m³
Elbe-Neiße-Oder	7,80 „
Grubenkies Blankenfelde	7,28 „

Ferner Rundeisen (sog. Moniereisen):

Der Gesamtpreis der Moniereisen (Lagerlänge 3—14 m) setzt sich zusammen aus dem Grundpreis, der gegenwärtig je t ab Oberhausen **141 RM.** beträgt, und zwar bei Bezug von mindestens 15 t, ferner aus dem Überpreis, der je nach Durchmesser und Länge aus folgenden Angaben bestimmbar ist.

Überpreise für Moniereisen.

Φ mm	Überpreis in RM./t
5	60
6 bis unter 8	40
8 „ „ 10	20
10 „ „ 12	15
12 „ „ 14	10
14 „ „ 16	7,5
16 „ „ 20	5

Bei Bezug ab Werk wird augenblicklich vom Stahlwerksverband ein Rabatt auf vorstehende Überpreise von $33\frac{1}{3}\%$ gewährt.

Die Durchmesser von 20—90 mm sind frei von Überpreis, ebenso die erwähnten Lagerlängen von 3—14 m.

Für Überlängen ist zu zahlen: jeder angefangene Meter über Lagerlänge = 1 RM./t, z. B. haben Moniereisen von 15,3 m Länge einen Überpreis von 2 RM./t. Der Abnehmer muß von jeder Abmessung mindestens 1000 kg nehmen, ferner muß er mit Differenzen von $\pm$ 250 mm einverstanden sein oder mit + 500. Will er dies nicht, so sind für sog. fixe Längen noch kleine Überpreise zu zahlen.

Über Verschnitt vgl. Kapitel 75 g.

Bindemittel:

10 t Portlandzement kosten frei Waggon z. B. in Berlin 493 RM., Darmstadt 524 RM., Flensburg 543, München 553, Tilsit 775 RM.

In Berlin:		
	Portlandzement	493 RM.
	Hochwertiger Zement:	633 ,,
	Novo-Zement	730 ,,
	Eisenportlandzement	481 ,,
	Hochofenzement	473 ,,
	„Alca“-Tonerdezement	1620 ,,

Kostenberechnungsbeispiele vgl. Kapitel 18b.

Schließlich sollen, obwohl nicht unmittelbar Baustoffe allein, sondern z. T. fertige Arbeit — folgende öfters gebrauchte Preise an dieser Stelle noch angeführt werden. (Für Dichtung von tiefliegenden Heizkellern u. dgl.)

Inertol-Schutzanstrich.

Für einen zweimaligen Anstrich einer Fläche von 100 m² ist erforderlich:

bei Eisen, rauhe Fläche	rd. 20 kg
bei Zementputz	rd. 30 kg
bei rauhem Beton	rd. 50 kg.

Preis für 100 kg einschl. Gefäß ab Fabrik, Steinheim bei Ludwigsburg 70 RM. (Fa. Paul Lechler, Stuttgart).

Grundwasserdichtungen:

Angebot der Fa. M.:

Dreifache Grund- und Seitendichtung in Asphalt: 5—6,50 RM./m².

Angebot der Fa. B.:

Normale Dichtung aus drei Lagen Pappe mit dreifachem Anstrich mit Spezialklebematerial: 5,4—5,75 RM/m².

Bei Erschwerungen durch Vorsprünge, Abtreppungen usw. Preissteigerung bis 50%. Für einen Sonderfall: Dichtung einer Stützwand gegen Sickerwasser, wurde für eine Dichtungsfläche von 350 m² angeboten:

von Fa. M.:	einlagige Dichtung	1,80	RM./m²
	zweilagige Dichtung . . .	2,90	„
von Fa. B.:	einlagige Dichtung	1,75	„
	zweilagige Dichtung . . .	2,85	„

Schließlich noch Isolierungen gegen Erschütterungen und Geräusche unter Maschinenfundamenten:

Naturkorkplatten

bestehend aus gegen Fäulnis imprägnierten prismatischen Naturkorkstücken von einem starken Bandeisen umfaßt, um die während der Beanspruchung auftretenden seitlichen Querdehnungen rückgängig zu machen.

Platten aus Buchdruckermasse
(vulkanisiertes Öl zwischen Wellpappe).

Beide Arten werden beim Verlegen an der Ober- und Unterseite in Asphaltmasse eingehüllt.

Kosten bei beiden Systemen ungefähr 60 RM./m². Für Isolierung von seitlichen, vertikalen Fugen wird weniger wertvolles Material verwandt, dessen Preis sich bei verschiedenen Lieferern verschieden stellt.

Wenn man die Kosten für die Zuschlagstoffe berechnet, vergesse man nicht auch die Kosten für das Bauwasser einzukalkulieren (falls diese nicht vom Bauherrn übernommen werden), die mitunter ganz bedeutend sein können, insbesondere, wenn das Bauwerk ziemlich hoch liegt und man das Bauwasser aus tiefen Brunnen fördern muß. (Chem. Untersuchung!)

Die Holzpreise sind unter Kapitel 49, Ziff. 2, angegeben, so daß sich weiteres Eingehen hierauf erübrigt. Jedoch soll auf folgendes hingewiesen werden. Früher konnte man auf zahlreichen Baustellen die Beobachtung machen, daß als beliebtes Kantholzprofil entweder 10/10 oder 10/13 verwendet wurde. Abgesehen von Säulenkränzen für Säulen von 100 cm Seitenlänge aufwärts, die ein Profil von mindestens 10/16 erfordern, hat sich das Profil 8/12 als völlig ausreichend bewährt. Dieses Holzprofil (leider nur selten auf Lager der Holzfirmen) ist jedoch sehr wirtschaftlich, weil die Breite von 8 cm zu den Steifenzopfdurchmessern, die meist 8—8½ cm aufweisen, gut paßt (als Querhäupter) und weil die Verwendung als Säulenkranz in den weitaus meisten Fällen völlig ausreicht. Bestellt man beim Werk einen Waggon dieses Profiles, so ist es je lfd. m nicht teurer als 10/10 und ist hinsichtlich des Trägheitsmomentes 38% günstiger. Das Profil 8/12 ist also als Schalungsholz sehr zu empfehlen.

Kapitel 52. Löhne.

1. Allgemeines.

Aus dem Bisherigen ist es möglich für einen bestimmten Bau die Lohnkosten für 1 m³ Festbeton zu errechnen, weil in dem Sonderfall, für den z. B. gerade das Angebot erfolgt, man sich bereits klar geworden ist, welche Baustelleneinrichtung und in welchem Umfange sie zur Anwendung kommt. Je vollkommener also die Baustelleneinrichtung desto geringer die Lohnsummen.

Die Löhne je m³ Festbeton richten sich naturgemäß nach dem Grad der Mechanisierung, insbesondere der Transportfrage auf der Baustelle.

Man sieht z. B. aus dem Beispiel, Kapitel 44, Ziff. 5, in dem die Gestehungskosten von 1 m³ eingebrachten Beton errechnet sind, daß die Kosten für Hochziehen und Verteilen von 1 m³ Betonmasse je nach der Aufzugsgeschwindigkeit 0,25—0,43 RM. kosten, ein außerordentlich kleiner Wert, der selbst dann noch niedrig bleibt, wenn man noch 50—100% zuschlagen würde. Bei Verwendung eines gewöhnlichen Betonhochzuges und Verteilung des Betons mittels Feldbahnwagen oder womöglich mittels Schubkarren beträgt dieser Preis natürlich ein Mehrfaches.

Um die Lohnkosten je m³ eingebrachten Betons (also Festbeton) zu erhalten, wird man sich für den für das Angebot in Frage kommenden Bau vielleicht eine 23-Mann-Kolonne zusammengestellt denken von etwa folgender Zusammensetzung, aus der man sich den Durchschnittslohn bestimmt:

2 Poliere (Zimmerpolier und Betonpolier vom Wohnort der Unternehmung)	$\frac{2 \cdot 88{,}4}{6 \cdot 8} = 2 \cdot 1{,}84 =$	3,68 RM.
5 Facharbeiter (vom Wohnort der Unternehmung)	$5 \cdot 1{,}43$	7,15 ,,
4 ortsansässige Maurer	$4 \cdot 1{,}25$	5,00 ,,
12 ortsansässige Bauhilfsarbeiter .	$12 \cdot 0{,}89$	10,68 ,,
Gesamter Stundenlohn		26,51 RM.

Daher durchschnittlicher Stundenlohn = 26,51 : 23 = rd. **1,15 RM.** Werden die Poliere nach Kapitel 54 auf laufende Bauunkosten gebucht, dann: (26,51—3,68) : 21 = 1,09 RM.

Die Höhe der Lohnkosten für 1 m³ Festbeton von Eisenbetonbauten hängt ganz außerordentlich ab — einmal wie erwähnt —

von der technischen Einrichtung der Baustelle, ferner von der gegenseitigen Lage von Zementschuppen und Mischmaschine. Ein treffendes Beispiel hierzu gibt Lerche in seinem Büchlein (Verlag Ernst & Sohn, Berlin 1925) für einen 2300-m³-Bau; Betonieren im Akkord, 330-l-Mischer und mit Friktionswinde. Aufzugsgeschwindigkeit $v = 20$ m/min. Betonverteilung erfolgte mit Muldenkippern auf Feldbahngleis. Der Lohn betrug je nach Lage von Mischmaschine zum Zementschuppen und je nach anderen Umständen: rd. 3½, 4½, 5½ und 6½ Akkordstunden und da die 12-Mann-Kolonne 80% über dem Lohn verdiente, rd. 5, 7, 9 und 11 Lohnstunden je m³ Festbeton.

Man erkennt aus diesen Überlegungen deutlich wie schwierig es ist hier Durchschnittswerte anzugeben und wie vorsichtig man sich ihrer bedienen muß. Solche Werte, in rohen Grenzen jedoch, sind unter Annahme eines wie vorhin ermittelten Durchschnittlohnes (Lohnstunden, nicht Akkord).

2. Betonarbeiten.

Decken normaler Spannweiten	5—9	Stdn./m³ Festbeton
dgl. bei Verwendung eines guten Gießgerätes	¾—1,5	„ „
Stützen	6—10	„ „
dgl. bei Verwendung eines Gießgerätes	1—2	„ „
Fundamente	¾—2	„ „
dg. mit Gießgerät	¼—½	„ „

Die unteren Grenzen sind für ein Gießgerät gedacht, das den Platz mit dem Rinnensystem freitragend beherrscht unter Anwendung höchstens einer Schüttrinne.

3. Eisenarbeiten (einschl. Verlegen).

Folgende Arbeiten sind aus Nachkalkulationen entnommen:

1. Rundeisen (schwächere Kaliber) 6—12 mm Dmr.:
   a) Biegen und Verlegen einschl. Transport bis **30 m** und einschl. Hochtransport 100 kg 7,00—7,25 Stdn.
   b) so wie vor, jedoch einschl. Transport bis **200 m** und Hochtransport . . . 100 kg 9,00—9,25 Stdn.
2. Rundeisen (mittlere Kaliber) 14—20 mm Dmr.:
   a) Biegen und Verlegen, sonst wie 1a . 100 kg **5,40—5,65** Stdn.
   b) Biegen und Verlegen, sonst wie 1b . 100 kg 7,60—7,85 Stdn.
3. Rundeisen (starke Kaliber) 22—30 mm Dmr.:
   a) Biegen und Verlegen, sonst wie 1a . 100 kg **4,8—5,0** Stdn.
   b) Biegen und Verlegen, sonst wie 1b . 100 kg 7,0 Stdn.

Ehe wir zu den Schalungslöhnen übergehen sollen die Gesamtzeiten von verschiedenen Arbeitsverrichtungen gegeben werden, damit gute Anhaltsziffern für gründlichere Angebote zur Verfügung stehen. Die Ergebnisse stammen von Messungen des Verfassers.

Allgemeines.

Für den durchschnittlichen Arbeiter kommt beim Tragen als Dauerarbeit eine Last von 28—30 kg in Frage; bei Akkordabschlüssen trägt ein Mann bis 35 kg. Beton wird im kleinen in Schubkarren aus Eisen befördert, die meist 50—75 l fassen. Es sind dann noch die Karren mit verhältnismäßig hohen schmiedeeisernen Rädern zu erwähnen, die 150—200 l fassen (zweiräderig mit Mulde). Wenn gute Arbeiter Dauerleistungen im Schippen vollbringen sollen, dann nehmen sie von naturfeuchtem Kies 6 l bei halbstündiger, 4 l bei einstündiger und 3 l bei längerer Zeitdauer auf die Schaufel. An heißen Tagen nur $2\frac{1}{2}$ l = 4 kg.

Kies aus Waggon abladen und in Haufwerk stapeln	0,55 Stdn./m³
Splitt aus Waggon abladen und in Haufwerk stapeln	0,65 ,,
Dieselben Lohnsätze gelten ungefähr für alle Fuhrwerke, wenn Seitenbretter umklappbar.	
Kies oder Splitt in Feldbahnwagen einladen. .	0,70 Stdn./m³
Kies oder Splitt je 25 m auf Feldbahn hinfahren, abkippen und zurückfahren . . .	0,15 ,,
Für jedes Passieren einer Drehscheibe . . .	0,06 ,,
Bei selbst auch kleinen Steigungen $1\frac{1}{2}$ bis doppelte Zeiten.	
Zementsäcke abladen und 15 m weit tragen	0,07 Stdn./100 kg
Kies aus dem Waggon in Lastwagen überladen	0,50 Stdn./m³
Splitt aus dem Waggon in Lastwagen abladen	0,60 ,,
Über Holztransporte vgl. Kapitel 50, Ziff. 4.	
Erdaushub je nach Verwendung von Aufzügen u. dgl.	1,5—4,0 RM./m³
Über Eisen-Biegen und -Verlegen vgl. vorstehend.	
Über Schalarbeit vgl. Kapitel 50, Ziff. 5.	
Gußbeton verteilen und zurechtstochern	
in Balken	0,05 Stdn./m³
in Stützen.	0,10 ,,
Decken mit Glattstrich versehen, 8 kg Zement, 16 l Sand	0,5—0,7 Stdn./m².

4. Schalungslöhne.

In Kapitel 50, Z. 5, sind die für die Schalung erforderlichen Löhne behandelt und als Einheiten je m² Schalungsfläche angegeben. Weil die Verhältnisse bei den einzelnen Bauvorhaben hinsichtlich Nutzlast und Spannweite außerordentlich mannigfaltig sind, so läßt sich naturgemäß eine Angabe der Lohnkosten, bezogen auf 1 m³ Festbeton, erfolgreich nicht bewerkstelligen. Nur sehr großen Bauunternehmungen, die ihre Nachkalkulation sorgfältig und sachlich gut gegliedert führen, wird es nach vielen Jahren einer bis ins einzelne durchgeführten Nachkalkulation möglich sein, verläßliche Anhaltspunkte für den Lohnkostenaufwand bei Fabrikbauten und auch bei sonstigen Bauten zu gewinnen. Dies wäre zwar eine sehr erwünschte Kontrolle, jedoch kann man jedes Angebot auch ohne diese Ziffern machen, wenn ein geschickter Statiker rasch eine den Umständen entsprechende Berechnung und Dimensionierung fertigstellt. Nach Kapitel 50, Ziff. 6, sind als rohe Mittelwerte leicht zu merken

2,6, 2,4 und **1,6** Lohnstunden

je m² für Stützen, Balken bzw. Plattenschalungen, ferner ganz kleine Stützen 1,6, ganz große 3,0 und schwere Balken 2,6 Std./m². Zu den gesamten Lohnkosten sind noch rd. 8½% für soziale Lasten hinzuzuzählen (Krankenkasse, Unfall, Invaliditätsbeiträge, Berufsgenossenschaften). Diese sozialen Lasten sollen auf die Löhne gebucht werden und nicht, wie es noch immer geschieht, auf Konto allgemeine Unkosten.

Kapitel 53. Anteil der Baustelleneinrichtung an den Betongestehungskosten.

Da in dem Abschnitt über die Baustelle in den Kapiteln 35—46 auch stets die Preise und Kosten der Baumaschinen behandelt sind, so kann man für einen projektierten Bau von einem gewissen Umfang auch sogleich die Kosten der Baustelleneinrichtung veranschlagen, zumal über die Abschreibung und Verzinsung ebenfalls Richtlinien angeführt sind. Summarische allgemeine Angaben über die Kosten der gesamten Baustelleneinrichtung sind indessen wegen der allzugroßen Verschiedenheit der Baustellen unmöglich angebbar. Es darf dabei nicht vergessen werden, daß gerade jene Baustellen, die geringe Baustelleneinrichtungskosten aufweisen (Ausnahmen zugestanden), meist die unwirtschaftlichsten sind, denn es gilt: kleine Baustelleneinrichtung: große Löhne und große Einrichtungen:

kleine Löhne. Die Prozentsätze der Einrichtungskosten vorzüglicher Baustelleneinrichtungen, bezogen auf die Löhne, steigen plötzlich an, wie die Löhne selbst mit sehr guter Baustelleneinrichtung ganz schnell sinken.

Einen kleinen Begriff von der Höhe der Baustelleneinrichtungskosten geben die Beispiele in Kapitel 46, bei denen sie 6 + 8 = 14% bzw. 3,2 + 1,5 + 3,10 = 7,8 rd. 8% der Löhne betragen. (Im Verhältnis zur Bausumme sind die Kosten der Baustelleneinrichtung 3—4%, bei kleinen Objekten höher, etwa 4—7%.)

Eine geringfügig eingerichtete Baustelle bedarf etwa 5%, eine sehr gut eingerichtete 30% bis sogar 45% der Löhne. Die Höhe dieser Sätze wird indessen außerordentlich stark beeinflußt von allen Sonderfragen, unter anderem ob Wasserhaltung notwendig, was für Anfuhrverhältnisse vorhanden und insbesondere ob die Baustelle beengt oder geräumig ist, und vor allem was für Höhenverhältnisse vorliegen.

Kapitel 54. Anteil der laufenden Unkosten an den Betongestehungskosten.

Unter die laufenden Unkosten der Baustelle gehören die Kosten für

Bauleitung, Bauführer (ev. ein Techniker),

Baubüromiete, Kosten der Bewachung.

Der Polier kann auf laufende Bauunkosten gebucht werden oder auch auf die Löhne, was sehr verbreitet ist. Sollten Bauführer und Poliere bei Bauabschluß nach Beendigung der Aufräumarbeiten und der Abrechnung eine Zeitlang keinen Bau haben, dann laufen ihre Gehälter auf Konto Allgemeinunkosten.

Lagerverwalter und Bauschreiber,

Platzarbeiter und Schmiede.

Für die Höhe dieser Sätze geben ebenfalls einen Anhalt die Beispiele in Kapitel 46. Man kann annehmen für Platzarbeiter und Schmiede 3—6% der Löhne und für Bauleitung mit Bewachung 8—12%. Die Bewachung ist manchmal ziemlich kostspielig, dann ist noch ein höherer Satz einzuführen. Dessen Höhe richtet sich nach Größe, Ausdehnung und Lage der Baustelle. So kostete die Bewachung einer mittleren, jedoch für die Bewachung ungünstigen Baustelle in Berlin bei einer guten Wachunternehmung 400 RM. monatlich, wobei die Wachgesellschaft für Diebstähle mit kleineren Summen aufkommt. (Die Bewachung des Grundstückes in eigener Verwaltung zu übernehmen hat nur Sinn, wenn gediente, verläßliche, gewandte Leute mit guten Hunden als Stamm festgehalten werden.

Das Höchstalter für einen Wächter ist zweckmäßigerweise nicht mehr als 40—50 Jahre.)

Für Poliere, Lagerverwalter und Bauschreiber . . . 6—9%
Schmiede und Platzarbeiter . . . . 2—4%

Auf diese Weise kosten die Baustellen (als Baustelleneinrichtung + laufende Unkosten) rd. 25—50% der Löhne. In den beiden Beispielen Kapitel 46 beträgt dieser Satz 26, 35 bzw. 32,5%. Die beste und vollkommenste Baustelleneinrichtung lohnt sich dort am meisten, wo die Löhne am höchsten sind, also etwa beispielsweise in Hamburg, Berlin, Barmen, Koblenz, Frankfurt a. M., Kassel, Kiel, Krefeld, Leipzig, Ludwigshafen, Offenbach, Mainz, Oldenburg, Stuttgart, Wiesbaden, während die Wirtschaftlichkeit einer ganz hochwertigen Baustelleneinrichtung im Hinblick auf die Lohnverhältnisse mehr oder minder in Frage gestellt ist, z. B. in folgenden Städten mit verhältnismäßig geringen Lohntarifen: Gleiwitz, Gera, Grünberg, Görlitz, Guben, Liegnitz, Schneidemühl, Tilsit, Beuthen, Brandenburg, Frankfurt a. O., Königsberg, Oppeln, Rostock, Ulm, Würzburg.

Sind auf die vorstehend geschilderte Weise sämtliche Löhne zusammengestellt, so muß man für Betriebsstörungen, zu zahlende Streikstunden, Entfernen von schlecht geratenen Bauteilen infolge ungünstiger Witterungseinflüssen oder infolge schlechter Schalung, Feiern wegen Gewitters usw. einen Zuschlag für „Unproduktives" machen, der mit zur Abrundung erfolgt.

E. Über die allgemeine Kostenberechnung.

Kapitel 55. Ermittlung der Massen.

Im nächsten Hauptabschnitt IV, und zwar in den Kapiteln 74 bis 80, ist über die Massenermittelung ausführlich berichtet. Hat man stark unregelmäßige Bauten, dann muß ein geschickter Statiker ebenso schnell als möglich den Bau durchrechnen, was mit einigen tüchtigen Hilfskräften in wenigen Stunden möglich ist. An Hand solcher Rechnung erhält man ohne weiteres verläßliche Ziffern für die Massen. Alle von manchen Seiten empfohlenen Näherungsrechnungen für die Massen haben sich in vielen Fällen nicht bestätigt. Für Fabrikbauten quadratischer Säulenstellung findet man für Säulenabstände von 5,5, 6,5 und 7,5 m die sämtlichen Massen in den Kurven des Kapitels 80 genau angegeben. Zwischenwerte kann man durch Zwischenschaltung genau genug ermitteln.

Kapitel 56. Zur Ermittlung der Lohnkosten.

Worauf es bei der Berechnung der Löhne ankommt, ist ausführlich nicht nur in Kapitel 52, sondern auch in Kapitel 50 u. a. dargelegt worden. Außer diesen besonderen Gesichtspunkten ist noch zu beachten, daß beim Arbeiten in größeren Höhen sog. Höhenzulagen eingerechnet werden müssen, und zwar betragen sie bei Arbeiten in über 25 m Höhe 10%, für die folgenden 10 m 5% und für jede weiteren 15 m 5%; z. B. ist also für einen Turm von 68 m Höhe $10 + 5 + 3 \cdot 5 = 30\%$ Höhenzulage zu zahlen. Ferner soll nicht vergessen werden, daß beinahe bei jedem Bau ein Zeitpunkt kommt, wo mit 10-Stdn.-Tag- und Nachtschicht gearbeitet wird, wobei man die Nachtschicht wegen Ermüdung und schlechter Beleuchtung (die Leute müssen auch immerhin vorsichtiger auftreten und arbeiten), die Schicht mit nur 70—80% in Ansatz bringen kann.

Die größte Lohnersparnis bringt eine erstklassig ausgerüstete Baustelle in Verbindung mit einem erfahrenen Bauleiter.

Letzterer nicht nur wegen einer gewissenhaft und gerecht gehandhabten Bauaufsicht, sondern auch weil er durch seine Erfahrung befähigt ist, die Leute allerwärts zu kleineren und größeren Akkordabschlüssen aufzumuntern. Die Akkordsätze aber so zu verabreden, daß Arbeitgeber und Arbeitnehmer etwa gleichteilig beteiligt sind, ist eben ein Kunststück, das nur eine erste Bauleiterkraft fertig bekommt. Die Akkorde werden in der Regel so abgeschlossen, daß die Leute etwa 75—85% über den Lohn verdienen. Der hauptsächliche Gewinn des Unternehmens besteht dann auch in der frühzeitiger fertiggestellten Arbeit und darin, daß die Baustelleneinrichtung rascher für andere Bauten frei wird.

Kapitel 57. Allgemeine Geschäftsunkosten und über Buchung.

Sie werden — den Gewinn eingeschlossen — häufig mit 15—25% der gesamten Selbstkosten in Ansatz gebracht. Das Konto: Allgemeine Geschäftsunkosten gilt bei vielen Unternehmern als ein sehr geduldiges Konto, dem, wie bereits erwähnt, die unglaublichsten Buchungen aufgebürdet werden; man scheut sich in unvollkommen organisierten Betrieben nicht, die gesamten Schalungsanschaffungen, die auf die Baulöhne entfallenden sozialen Lasten und in manchen Fällen unbegreiflicherweise sogar die gesamten Baumaschinen vollständig zu Lasten des Allgemein-Unkostenkontos gehen zu lassen. Es besteht dann natürlich kein Zweifel darüber, daß bei einer derartigen Buchführung **niemals** auch nur angenähert festgestellt werden kann, was die einzelnen Bauausführungen eingebracht haben. Es wird daher zu buchen sein: Schalungsbeschaffung auf Baustoffkonto; soziale Lasten schlägt man logischerweise zu den Löhnen, weil die sozialen Lasten eben ganz einfach den Stundenlohn um 8—11% erhöhen. (Die Höhe der sozialen Lasten ist keine Konstante, sondern richtet sich nach Familienstand des Arbeiters. In der Regel kommt man mit 8½% aus.)

Baumaschinenanschaffung und Betriebskosten gehören unter Gerätekonto, das den Bau jeweils mit den festgesetzten Vorhaltekosten oder Leihkosten belastet. Über die Buchung der Schalung ist in Kapitel 50, Ziff. 1, berichtet.

Der Unternehmer soll darauf bedacht sein, daß die Buchführung in seinem Geschäft derart gehandhabt wird, daß der Stand irgendeines Baukontos klar zu ersehen ist und daß die Nachkalkulation alles aufdecken kann, was unwirtschaftlich betrieben wurde. Dies ist aber nicht möglich, wenn man Schalung auf Allgemeinunkosten bucht, weil demnach ein Silobau und ein Deckenbau prozentual gleich hoch belastet würde, obgleich jener Silo vielleicht doppelt soviel an Schalholz verbraucht und verschleißt wie eine einfache Deckenschalung. Noch viel krasser tritt dies zutage, wenn, wie erwähnt, die gesamten Baumaschinen fälschlich auf Allgemeinunkosten laufen. Eine Eisenbetonstützmauer, die ganz einfach nur einiger hundert Meter Feldbahngleis nebst 6 Kipploren, ferner nur noch einer leistungsfähigen Mischmaschine (auf Feldbahngleis fahrbar) bedarf, wird in solchem Falle sinnwidrigerweise prozentual mit Baumaschinenkosten ebenso belastet wie eine andere Baustelle mit Gießmast, zahlreichen Transportbändern, Baukranen u. dgl.

Im übrigen gehören zum Konto Allgemeinunkosten in erster Linie:

1. Verzinsung des Betriebskapitals einschließlich etwaiger Bankspesen, Steuern (Gewerbe- und Umsatzsteuer).
2. Verzinsung, Abschreibung von Grundstück- und Gebäudewerten, Bewachung.
3. Mieten und Beheizung für Bureaus am Ort und außerhalb.
4. Verzinsung und Unterhaltung von Personenkraftwagen, Traktoren und Lastkraftwagen nebst deren Steuern.
5. Gehälter des gesamten Personals einschließlich der anteiligen sozialen Lasten; Bureauunkosten (Schreib- und Zeichenmaterial).
6. Feuerversicherung, Haftpflichtversicherung, Vereinsbeiträge, Berufsgenossenschaftsbeiträge[1]), Repräsentationsgelder.
7. Reklamekosten.

---

[1]) Die Berufsgenossenschaften sind berechtigt, Vorschüsse zu verlangen.

Zu 1. ist noch zu erwähnen, daß derjenige Anteil des Kapitals, der zum Betrieb (Lohnzahlungen usw.) eines bestimmten Baues verwendet wird, natürlich vom Baukonto zu tragen ist. Es wird also damit Baukonto be- und Allgemeinunkostenkonto entlastet.

Kapitel 58. Besondere unvorherzusehende Baukosten.

Während wir bezahlte Streiktage, ferner Brachstehen einer ganzen Anlage nebst Personal zu „unproduktiven Löhnen" zählen wollen, ebenso wie das zeitweilige Feiern infolge schlechter Witterung, so sollen Schäden an Bau durch Gewitter, wie Auswaschen noch nicht abgebundener Bauteile und durch Überschwemmung, Ersaufen von Wasserhaltungen durch Betriebsstörung und infolge Streiks (Aussetzen des Netzstromes), ferner Feiern der Belegschaft bei starkem Frost, Frostschäden an Bauteilen, Vorbeugung gegen Frostschaden, wie chemische Zusätze, Beheizung der Baustelle nebst Abschließen durch Planen usw., zu den „Besonderen unvorherzusehenden Baukosten" gezählt werden. Wenn natürlich ein Bau so projektiert ist, daß man mit Sicherheit voraussieht, daß man in die Frostzeit hineinkommt, dann gehen chemische Frostmittel auf die „Zuschlagkosten", sonstige Frostmaßnahmen, wie Beheizung u. dgl. auf „Baustelleneinrichtung". Ferner Erneuerung von Bauteilen infolge Entmischung, Ausbesserungsarbeiten infolge nicht herausgekommener Kante usw. Diese Arbeiten betrugen bei einem 8000-m³-Bau 2 % der Bausumme.

Die ersteren angeführten Schäden kann man mit 2—3% der Löhne einkalkulieren; für die in ausgesprochenem Frostwetter zu betonierenden Bauteile reicht ein Satz von 12—18 RM./m³ Beton ungefähr aus, wenn die Anlage gegen Frost nicht allzu umständlich zu sein braucht. Will man mit Salamanderöfen und Zeltplanen arbeiten, womit man selbst bei starkem Frost auskommt, dann dürfte dies etwa 24—30 RM./m³ ausmachen. Nach Eng. News Rec. 1924, S. 558, reicht ein Salamanderofen (Kokskorbofen) für 27 m² zu beheizende Deckenfläche, ferner kommen hinzu an jeder Außenstütze noch weitere je 2 Salamander. Obwohl die Beheizung von Neubauten durch offene Kokskörbe verboten ist (wegen der Kohlenoxydgefahr, vgl. Kapitel 37, Ziff. 2), so dürfte bei Verkleidung mit Zeltplanen, wegen der dauernden Ventilation, nichts gegen die Salamanderöfen im Betonbau einzuwenden sein.

Kapitel 59. Über Verdienst.

Es ist kein erfreuliches Kapitel um den Verdienst, weil es das Natürliche wäre, daß einer Unternehmung, die mit einer derart hochwertigen Geistes- und physischen Arbeit ihre Ziele verfolgt auch ein anständiger Verdienst von Rechts wegen zukommen müßte. Insbesondere deshalb auch, weil das Risiko, das beim Eisenbetonbau hinsichtlich Witterung hinzutritt, erst recht einen ordentlichen und angemessenen Verdienst bedingte. Statt dessen ist es bei der immer noch daniederliegenden Bautätigkeit und den infolgedessen bei Ausschreibungen vorhandenen rücksichtslosen Mitbewerbern als ein Glück zu bezeichnen, wenn ein Unternehmer mit 4—8% Verdienst, in manchen Fällen sogar ohne Verluste, wegkommt. Freilich müssen wir für eine streng und sachlich geschiedene Buchführung eintreten, damit nicht durch die erwähnten Buchungen gewollte oder ungewollte Verschleierungen eintreten. Heutigentags ist es also müßig über die Höhe des Verdienstes abzuhandeln, da in den weitaus meisten Fällen der Verdienst nicht einmal jenen Zinssatz erreicht, den der Unternehmer für geliehenes Geld zahlen muß (10—20%). Solche Aufträge werden von den Baugeschäften nur deshalb hereingenommen, um ihren Stamm von bewährten Angestellten und Arbeitern zu erhalten und in der Erwägung, daß bei Nichtannahme das Nichtarbeiten eines größeren Geräteparks und das Zehren von der Substanz ohnehin einen großen Verlust bedeutet. Die Verhältnisse werden sich aber mit einem Schlage ändern, sobald das Wirtschaftsleben in vollem Maße neu erwacht, und vor allen Dingen auch die Industrie zu den Auftraggebern des Eisenbetonbaues gehören wird, ein Zustand, der möglicherweise sehr bald eintreten wird. Dann werden aber ganz gewiß jene Eisenbetonunternehmungen am günstigsten abschneiden, die am besten organisiert sind, und die mit den neuzeitlichsten Baustelleneinrichtungen auf den Plan treten werden; nicht allein deshalb, weil sie sehr an Löhnen sparen, sondern am schnellsten arbeiten werden. Inzwischen helfen sich viele Unternehmer dadurch, daß sie sich zu Ringen zusammenschließen und durch Angebotsakkordierungen auf den Auftraggeber bisweilen einen Druck ausüben; obwohl ein solches Vorgehen nicht im entfernten etwa zu billigen ist, so mag dies angesichts der Baukonjunktur verständlich erscheinen. In manchen Fällen ist der Druck auf die ausschreibende Stelle durch Ringbildung indessen allzukraß gewesen. Aus diesem Grunde ist z. B. ein großer Industriebau vom Bauherrn in eigener Regie ausgeführt worden.

Kapitel 60. Zum Kostenanschlag.

Dem eigentlichen Kostenanschlag schickt man zweckmäßigerweise einige Vorbemerkungen voraus, die folgendes enthalten.

1. Angabe der für den Anschlag bindenden **grundlegenden** Bedingungen. Diese werden im allgemeinen sein:

Die Deutsche Verdingungsordnung für Bauleitungen (V. O. B.), besonders die „Technischen Vorschriften für Bauleitungen" (Din 1962 bis 1985, Beton und Eisenbetonarbeiten Din 1967), Abweichungen davon sind natürlich besonders hervorzuheben. Überdies sind die für die statische Berechnung maßgebenden amtlichen Vorschriften anzuführen.

2. Grundsätzliches über die Leistungen, z. B.

a) Der Unternehmer liefert Bindemittel und Zuschlagstoffe (nämlich im Gegensatz dazu, daß manchmal der Bauherr einen Teil davon[1]) oder alles zur Verfügung stellt). Er hat Schalungen, Absteifungen und Rüstungen vorzuhalten, ebenso alle Maschinen, Geräte und Werkzeuge.

Hinsichtlich größerer Aufwendungen, die umfangreiche Gerüstarbeiten bedingen, wird der Unternehmer gut daran tun, sich bei der zuständigen Berufsgenossenschaft zu unterrichten, ob nicht etwa neue schärfere Gerüstbestimmungen von der Behörde aus im Anzuge sind, über die die Berufsgenossenschaften stets unterrichtet sind. Die Verschärfung von Vorschriften würden in diesem Falle erheblich größere Aufwendungen für das Gerüst bedingen.

b) Der Unternehmer trägt alle Frachten und die damit zusammenhängenden Gebühren, sämtliche Lager- und Transportkosten auf der Baustelle selbst, ebenso die Abfuhrkosten.

c) In den vom Unternehmer in Ansatz gebrachten Preissätzen sind die Löhne mit inbegriffen.

d) Die Lieferung von elektrischem Strom, ebenso des Bauwassers ist Sache des Bauherrn. (Dies ist bei Großstadtbauten fast Regel; anders in der Provinz oder am Lande.)

e) Der Bauherr stellt kostenlos die Benutzung eines geeigneten Platzes für die Lagerung der Baustoffe und für die Aufstellung der Baubuden, Geräte usw. zur Verfügung, ebenso stellt er das Anschlußgleis zur kostenlosen Benutzung und trägt die Pachtkosten für eventuell umzäuntes Straßenland.

Der eigentliche Kostenanschlag wird nach der Art der Leistungen und nach dem Baustoff in Hauptabschnitte eingeteilt. Für einen Eisenbetonbau etwa in: I. Erdarbeiten, II. Eisenbetonarbeiten.

---

[1]) Dies kommt dann bisweilen vor, wenn bei **großen** Bauvorhaben, die an mehrere Unternehmer vergeben werden, der Bauherr selbst den Zement besorgt. Nicht nur erhält er den Zement in der großen Gesamtmenge billiger, sondern er behält die Kontrolle über die Zementgüte in der Hand. Ebenso wenn der Bauherr die Zuschlagstoffe besorgt, um die Körnung wirksamer überwachen und beeinflussen zu können.

Je nach den Verhältnissen kommen noch hinzu Ia Wasserhaltung, Ib Pfahlgründung. Die einzelnen Abschnitte werden sodann in fortlaufende Positionen unterteilt, die den Umfang der Leistung, d. h. den Vordersatz enthalten; überdies auch noch einen kurzen Text, den Einheitspreis und den Gesamtpreis. Durch den Text ist der Bauteil kurz und scharf zu beschreiben. Was in den Vorbemerkungen bereits als allgemeingültig angegeben ist braucht nicht mehr wiederholt zu werden. Es sind also Bemerkungen wie „Eisenbetonbalken" ...„zwischen gut abgesteifter Schalung herzustellen", oder ...„einschl. Entfernung der Schalung" völlig überflüssig, weil selbstverständlich. Für den Vordersatz ist je nach der Art des Bauteiles als Einheit: m, m^2, m^3 oder Stück zu wählen.

Zu den Positionen der einzelnen Abschnitte wäre noch zu bemerken:

I. Erdaushub.

a) Art des Betons, ob stechbar, mit der Harke und Picke leicht oder schwierig lösbar u. dgl.

Es empfiehlt sich auch für das Entfernen und Abfahren etwaiger vorkommender größerer Findlinge (meist gibt man ein bestimmtes Gewicht als Grenze an) einen Stückpreis anzugeben oder das Entfernen „nach zu vereinbarenden Sätzen" vorzunehmen; ebenso für das Entfernen von in größerer Tiefe sich vorfindenden alten Fundamentkörpern in m^3 (Backsteinkörper, Betonfundamente u. dgl.). Über Kosten von Abbruch von Mauerkörpern u. dgl. vgl. Kapitel 45a.

b) Angabe über den Ort der Ablagerung des überflüssigen Bodenabtrags bzw. über die Abfuhr und Festlegung der dem Angebot zugrunde gelegten größten Entfernung, z. B. 250 m.

e) Tiefe der auszuschachtenden Baugrube, ob über den Grundwasserspiegel oder darunter auszuheben ist.

d) Angabe ob bei der Abrechnung der Rauminhalt der zeichnungsgemäß erforderlichen Baugrube in Ansatz zu bringen ist oder der Rauminhalt, der in Wirklichkeit ausgehobenen Baugrube samt Arbeitsgang (meist 50—60 cm) und etwaiger Abböschung (Böschungswinkel angeben) maßgebend ist.

c) Hinterfüllung wird besonders in Ansatz gebracht oder Hinweis, daß sie im Preis für Bodenaushub mit enthalten ist.

II. Beton- und Eisenbetonarbeiten.

1. Betonfundamente:
   a) Angaben ob Preis je Stück oder je m^3.
   b) Angabe der Höhe der zugrundegelegten zulässigen Bodenbeanspruchung.

c) Zementgattung.
d) Betonkonsistenz.
e) Mischungsverhältnis.

2. Eisenbetonstützen (in stgd. m, geschoßweise getrennt anzuführen):
   a) Angabe der zugrundegelegten Nutzlasten, z. B. Decken- und Dachlasten.
   b) Wie c, d und e von Ziff. 1.
   c) Bei Bunkerstützen ist für die Abrechnung anzugeben, in welcher Weise die Stütze zu messen ist — etwa von O.K.-Fundament bis O.K.-Bunker.
   d) Angabe über die Querschnittform, ob quadratisch, rechteckig, abgefaßt, umschnürt u. dgl. Querschnittgröße.

3. Deckenbalken, Unterzüge und Rahmenriegel (in lfd. m, deckenweise):
   a) Angabe der Lastaufnahme.
   b) Wie c, d, und e von Ziff. 1.
   c) Angabe der Stützweite, z. B. von 5,0—7,2 m und der Balkenhöhen samt Breiten dgl. ob scharfkantig oder abgefaßt.

4. Deckenplatten in m², deckenweise:
   a) Angabe ob massiv oder aus Hohlsteinen bestehend, in letzterem Fall Angabe der Steingattung, im ersteren ob kreuzweise armierte Platte.
   b) Höhe der zugrundegelegten Nutzlasten.
   c) Eigengewicht des Fußbodens.
   d) Größe der Stützweite und Größe der Auflager im Mauerwerk.
   e) Wie c, d und e von Ziff. 1.
   f) Angabe der vorgesehenen Aussparungen (Aufzugschächte u. dgl.).

   Zu Ziff. 3 und 4: Es ist unter allen Umständen empfehlenswert, am Schluß Platte und Balken zu einen Preis zusammenzufassen behufs Vergleichsmöglichkeit für den Bauherrn.

5. Dachdecken wie unter Ziff. 3 und 4. Angabe der Eindeckungsart.
   a) Angabe ob etwaige Gesimse mit eingeschlossen.
   b) Angabe ob Unterseite verputzt, mit Kalkmilch gestrichen od. dgl.
   c) Angabe in welchen Abständen die Dehnungsfugen.

6. Fenster- und Türstürze in lfd. m:

a) Kennzeichnung der Lastaufnahme, z. B. zur Aufnahme des Brüstungsmauerwerks und der Deckenlasten.
b) Stärke des Mauerwerks und Lichtweite der Öffnung.
c) Angabe ob der Sturz einen Anschlag hat oder ob er vorgeblendet wird.
d) Wenn der Sturz mit Vorsatzbeton ausgeführt werden soll, sind diese Flächen in besonderer Position als Zulage aufzuführen.

7. Besondere Konstruktionen, z. B. schwere Abfangebalken, sind genauer zu umschreiben, und zwar hinsichtlich der Lastaufnahme, Querschnittabmessungen, Stützweite und Baustoff.

Allgemeines.

1. Dem Kostenanschlag lege man eine Zeichnung bei, aus der die im Anschlag behandelten Positionen zu ersehen sind.

2. Anschlag und Zeichnung sollen so angelegt sein, daß dem Bauherrn bzw. seinem techn. Vertreter ein Vergleich mit verschiedenen Angeboten möglich ist.

3. Man vermeide im Anschlag jegliche Überbestimmtheit, d. h. man achte an jenen Bauteilen, an denen mehrere Positionen zusammentreffen, darauf, daß die Beschreibung der Leistungen der einzelnen Positionen miteinander im Einklang steht, was im Drange des eiligen Angebots versäumt werden kann.

Kapitel 60a. Ausschreibungen.

Was vorstehend über den Kostenanschlag ausgeführt ist, wird gewissermaßen auch den Ausschreibenden dienlich sein. Im übrigen soll eine Ausschreibung so klar als irgendmöglich abgefaßt sein, denn anderenfalls ergeben sich sonst immer Reibungen unangenehmster Art. Handelt es sich z. B. um sehr lange Bauwerke ohne Zwischenwände, oder auch um Hallenbauwerke, so gebe man genau an wie die Windaufnahme zu lösen ist, weil sonst Abweichungen in der Auffassung inwieweit eine Lösungsmöglichkeit zulässig ist oder nicht, zu unliebsamen Ansprüchen von beiden Seiten führen kann.

In der Ausschreibung soll es also in solchen und ähnlichen Fällen etwa heißen: Die Windaufnahme muß in jedem Binderfelde erfolgen. Oder die Windaufnahme kann durch ein starkes Mittelportal und durch die Giebelwände bewirkt werden. In letzterem Falle achte man auf die Fundierung an diesen Stellen, wo sich die ganzen Windlasten anhäufen. Im Falle von Pfahlgründung gibt es dort eine

Anhäufung von Pfählen, auf die bei der Ausschreibung hingewiesen werden soll. Meist empfiehlt es sich, bei mehrstöckigen langen Gebäuden ohne Zwischenwände so vorzugehen, daß man die Windaufnahme durch die Rahmen in den Stockwerken aufnehmen läßt, was auch in der Ausschreibung zum Ausdruck zu bringen ist. Dazu gehört aber, daß die Ausschreibung nicht allein vom Architekten ausgeführt wird, sondern hinsichtlich solcher Fragen von einem erfahrenen Ingenieur, wozu in erster Linie unsere Zivilingenieure berufen sind.

Bei Ausschreibungen ist es dringend zu empfehlen, schon vorher von einem verläßlichen Brunnenmeister ausreichend tiefe Bohrlöcher an den wichtigsten Stellen absenken zu lassen, um selbst ein Urteil über den Baugrund zu gewinnen, weil sonst nach Zuschlagserteilung entdeckte schlechte Baugrundverhältnisse mitunter starke Überschreitung des Anschlags zur Folge haben können. Die Ausschreibung muß also in erster Linie hinsichtlich der allgemeinen Bauwerksfrage (also Richtlinien z. B. für die Aufnahme des Windes oder von Erschütterungen) klare Forderungen stellen, ferner noch im Hinblick auf die Baustofffrage. Abgesehen von allem übrigen Material ist es unbedingt notwendig, hinsichtlich der Betonzusammensetzung etwas zu erwähnen. Denn gerade bezüglich des Begriffes „Mischungsverhältnis" sind schon zahlreiche Meinungsverschiedenheiten aufgetaucht, die man durch entsprechende Angaben leicht vermeiden kann. Es ist beispielsweise vorgekommen, daß der Ausschreibende den Begriff Mischungsverhältnis auf den fertigen festen Beton bezog, ein anderer war der Ansicht, das von ihm angegebene Mischungsverhältnis 1 : 4 bezöge sich auf Gewichtsteile, also Zement und Kies sei in Gewichtsteilen zu messen. In den Betonbestimmungen von 1925, § 6, Ziff. 1, kommt zum Ausdruck, daß die Zuschlagstoffe nach Raumteilen bemessen werden, der Zement nach Gewicht zugemessen wird. Alles ist aber in Raumteilen zuzusetzen. Um Zweifel überhaupt nicht aufkommen zu lassen, fordere man, daß z. B. mindestens 270 kg Zement auf 1 m^3 lose Zuschlagstoffe zu entfallen haben (bzw. 300 kg, vgl. § 6 Ziff. 2, Abb. 1 und 2 der Bestimmungen). Sehr nützlich ist es noch zu fordern, daß die Zuschlagstoffe in bezug auf Körnung so beschaffen seien, daß der zugesetzte Zement die Hohlräume ausfüllen kann, wobei noch 10—15% für Verkittung zuzuschlagen wäre. Diese Zementmenge ist dann vollkommen ausreichend (wobei jedoch obiges amtliches Mindestgewicht von 270 bzw. 300 kg vorhanden sein muß). Die Hohlraummessungen und der Zementbedarf sind nach den Formularen in Kapitel 26 rasch bestimmbar.

Kapitel 60b. Über Gewährleistung (Garantie).

Die beste Garantieleistung für eine Bauausführung ist die Auswahl eines erfahrenen und geschäftlich anständig gesinnten Unternehmers. Wenn einem Unternehmer nicht halsbrecherische Klauseln zugemutet werden (wie z. B. „sollte in dieser Ausschreibung irgendeine Leistung vergessen worden sein, so muß trotzdem der Unternehmer usw.“), so dürfte er in Garantiefragen ohne Zweifel entgegenkommender sein, wie wenn eine Ausschreibung eine mehr oder weniger große Anzahl Fußangeln enthält.

Der § 13 der Deutschen Bedingungen für Bauleistungen, aufgestellt vom Reichsverdingungsausschuß, enthält in 7 Punkten die diesbezüglichen Vorschriften. Davon besagt die Z. 1 unter anderem, daß die Leistung auch den anerkannten Regeln der Technik entsprechen muß. Gerade dieser Passus (hinreichend bekannt aus dem § 330 des Reichsstrafgesetzbuches) aber kann Anlaß zu erheblichen Meinungsverschiedenheiten geben. Bekanntlich haben wegen der Wendung „anerkannte Regeln“ die Juristen stets einen etwas strengeren Standpunkt eingenommen als ihn sonst schlechthin die Techniker einzunehmen pflegen. Demnach ist als eine anerkannte Regel nur eine solche anzusprechen, die von keinem Fachmann bestritten wird, d. h. es müssen schon ganz außergewöhnliche Verstöße vorkommen, und zwar von solcher Art, daß in der Tat kein Fachmann zu haben ist, der für den technischen Fehler als Sachverständiger in einem Rechtsstreit eintritt. Um solche Beispiele zu nennen: im Angebot sind Preußische Kappen aufgeführt. Der Unternehmer führt statt dessen nur unmittelbar über dem Lehrgerüst eine dünne Backsteinschicht aus, den Rest füllt er mit Ziegelbrocken und minderem Beton auf. Dies ist fraglos ein Verstoß gegen anerkannte Regeln des Bauens, weil eben Preußische Kappen von Alters her ordentlich und anständig im Verband zu mauern sind. Ein anderer Fall wäre der, wenn ein Unternehmer eine große Giebelwand ohne jegliches Fundament aufsetzen würde, oder es würde einer eine Mauer ohne Verband mauern; oder bei einem Eisenbetonbalken die Bewehrungseisen statt unten, oben verlegen (die angeführten Fälle sind sämtlich in der Tat vorgekommen). Es soll damit lediglich nur angedeutet werden, daß sich hinsichtlich Garantieleistung eben nicht alles sozusagen in Paragraphen festlegen läßt und daß also vieles der Geschäftsanständigkeit des Unternehmers anheim gestellt werden muß. Es gibt jedoch Fälle, wo man sich die Erfüllung der Garantien unbedingt zu sichern pflegt, was insbesondere bei Grundwasserdichtungen unerläßlich ist.

Für Eisenbetonarbeiten ist eine Garantiefrist von 2—3 Jahren wohl unter allen Umständen ausreichend, Dachbauten eingeschlossen. Nicht ausreichend dagegen ist diese Frist bei Dichtungsarbeiten (Heizkeller, Tiefkeller), wofür es sich empfiehlt, 4—5 Jahre zugrunde zu legen.

Die Frage der Garantieleistung im Eisenbeton ist außerordentlich schwierig festzulegen. Eingangs hatten wir bemerkt, daß allein schon der Begriff „anerkannte Regeln" ziemlich wenig Handhabe zu bieten vermag. Noch schwieriger sind die Feststellungen der Garantien gegen Rissesicherheit eines ganzen Eisenbetonbaues, insbesondere aber die Frage nach dem Garantie umfang. Ist dieser z. B. bei Grundwasserdichtungen ziemlich enge zu umgrenzen (man wird hierbei mindestens so weit gehen müssen, daß nicht nur die einwandfreie Arbeitsausführung sondern auch die Zweckmäßigkeit des verwendeten Dichtungsmaterials garantiert werden muß. Das tadellose Dichthalten ist vom Unternehmer auch dann noch zu garantieren, wenn der Eisenbetonbau Risse von 7—10 mm erhalten sollte.

Die Zweckmäßigkeit des verwendeten Baumaterials ist vom Unternehmer insbesondere auch dann zu garantieren, wenn es sich beispielsweise um neuartige Fußbodenbeläge in Industriebauten handelt. Erst kürzlich ist ein Industriebau zufolge Versagens einer neuartigen Fußbodenmasse und infolge einer mangelhaften Garantie um viele tausend Mark geschädigt worden.

Den größten Wert lege man auf Gründungen, Dichtungen, Fußbodenbeläge und Putzarbeiten. Aus diesem Grunde vergebe man Gründung und Hochbau grundsätzlich nicht an zwei verschiedene Unternehmer, weil im Falle von Rißschäden die Verantwortung verworren ist. Eine besonders schwierig zu behandelnde Frage ist diejenige nach dem Umfang der Garantie bei Eisenbetonhochbauteilen hinsichtlich der Rissebildung im allgemeinen. Bekanntlich ist es nicht allzu selten, daß je nach den Umständen Eisenbetonbauten Rissebildungen unterworfen sind. Diese Risse sind in den allermeisten Fällen völlig harmlos, nur fühlt sich bisweilen ein Bauherr wegen des Ungewohnten hierdurch beunruhigt. Handelt es sich um kleinere Zugrisse, so braucht wohl niemand darum weiter besorgt zu sein. Handelt es sich dagegen um Schubrisse, dann liegt zumeist ein Armierungsfehler zugrunde (ein solcher kann in seltenen Fällen trotz aller Nachprüfungen sich eingeschlichen haben) und der Unternehmer hat ohne Verzug den Schaden wieder gutzumachen. Über Ausschalrisse vgl. Kapitel 48. Sind dagegen die Zugrisse stärker, so wird man zunächst feststellen, ob die rechnerisch erforderliche Bewehrung vorhanden ist oder nicht. Ist demnach der Balken ordnungsgemäß bewehrt und nur Überlastung die Rißursache, so besteht naturgemäß keinerlei Garantiepflicht; es braucht auch nicht weiter betont zu werden, daß die Überlastung entfernt werden muß, worauf sich die Risse meist von selbst zu schließen pflegen. In krassen Fällen lege man einen Gipsband behufs Beobachtung.

Am schwierigsten liegen jene Fälle, in denen ein ganzes Gebäude von zahlreichen Rissen durchzogen ist, obgleich jeder für sich genommen unbedeutend erscheint. Verwickelte und langwierige Prozesse, je nach Art der Sachverständigengutachten sind oft die Folge. Auf einzelne Beispiele solcher Entscheidungen hinsichtlich Garantiepflicht einzugehen verbietet leider der zur Verfügung stehende Raum.

Kapitel 61. Über Nachkalkulation.

Aus der in früheren Kapiteln gezeigten Entwickelung und Gliederung des Kostenaufbaues geht eigentlich ohne weiteres hervor, wie die Nachkalkulation aufgebaut sein muß, damit sie einen guten Einblick gewährt, nämlich inwieweit die Voraussetzungen des Voranschlages zugetroffen sind. Man erreicht dies auch durch entsprechend angelegte Formulare, in denen der Bauleiter die ganze Tagesarbeit einträgt. Es heißt dann nicht wie in den üblichen summarischen Berichten: so und so viele Stützen- und Balkenschalung hergestellt und aufgestellt, sondern etwa 68 m² Stützenschalung, 26 mm stark (Pos. . . .) vorgerichtet, 51 m² Balkenschalung (Pos. . . .) 23 mm stark vorgerichtet, mit Turmkran zwei Stock hochgehoben, im Mittel 8 m weit getragen. 9 Säulenschalungen der Pos. . . . aufgestellt, eingelotet und abgestützt, 11 Balkenschalungen Pos. . . . hochgezogen, zusammengebaut und eingesteift (75 Stück Steifen 3,4 m lang), 5 Stützenschalungen der Pos. . . . mit Säulenkränzen (gerödelt) verspannt. Das Formular für den Bauführer muß hierfür alle Einzelzeiten zeigen, d. h. wieviel Mann und von welcher Kategorie Arbeiter (Lohnsatz) und die aufgewendeten Lohnstunden. Der die Nachkalkulation wahrnehmende Beamte legt über die etwa monatlich zusammengestellten Bauführerberichte (Tagesberichte) eine Lohnstundenkartei an, deren Karten allerdings ziemlich groß sein müssen, um die Einzelpositionen bequem aufnehmen zu können. Aus solcher Karte kann natürlich ohne weiteres der Lohnstundenaufwand für jegliche gangläufige Arbeit entnommen werden. Die Baustelleneinrichtung, ein Grundriß und ein Schnitt in 1 : 500 oder 1 : 1000 bilden die Vervollständigung der Karte. Eine derartig geführte Nachkalkulation gehört mit zu den wertvollsten Erkenntnissen einer Unternehmung und muß naturgemäß nur einem sicher rechnenden verläßlichen Beamten anvertraut werden.

IV. Abschnitt.

Zum Entwurf.

A. Über die allgemeine Auffassung von Tragwerken in statischer Hinsicht.

Kapitel 62. Einzelwirkung und Gesamtwirkung von Tragwerken.

So wie im Eisenbau zur Vereinfachung der Rechnung oft von gewissen Voraussetzungen ausgegangen wird, die nicht immer zutreffend sind, z. B. von der Annahme, daß die Knotenpunkte von Fachwerkträgern als reibungslose Gelenke wirken oder, daß Hauptträger, Wind-, Brems- und Querverbände von Brücken unabhängig voneinander wirken, ist man bei den Standfestigkeitsuntersuchungen von Eisenbetonkonstruktionen erst recht gezwungen, von Annahmen auszugehen, die nur eine Möglichkeit der Lastaufnahme in sich schließen oder nur als Annäherungen oder als obere Grenzfälle anzusehen sind. Zur Erläuterung des eben Gesagten seien die folgenden Beispiele angeführt:

1. Deckenplatten, die auf Balken gelagert sind (Abb. 167), werden meist als Durchlaufbalken mit freidrehbaren, unnachgiebigen Stützpunkten aufgefaßt und behandelt. Diese Berechnungsart führt schnell zum Ziel und hat für die Platte den Vorteil der größeren Sicherheit. Das dergestalt gewählte einfachere Tragsystem (Abb. 167b) liefert für die Platte obere Grenzwerte der Feldmomente. Bei der Bemessung der Balken werden indessen die von der Platte auf die Balken ausgeübten Verdrehungsmomente vernachlässigt, so daß in dieser Hinsicht die Berechnung der Balken nur als Annäherung aufgefaßt werden kann. Sie muß naturgemäß so lange bestehen bleiben, solange der Verdrehungswiderstand der Balken nicht zahlenmäßig eingeführt wird. Die Vorschriften von 1925 berücksichtigen für die Deckenplatten den Einfluß des Ver-

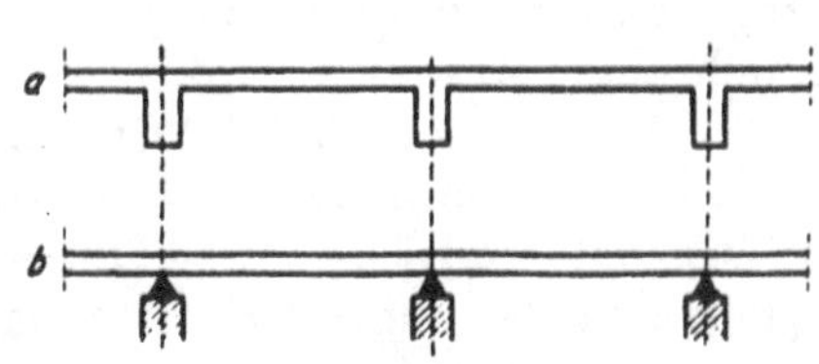

Abb. 167.

drehungswiderstandes der Balken insofern als sie gestatten, die Feldmomente nach den einfachen Formeln:

$$M = {}^1/_{12}\, pl^2 \text{ (Außenfeld,}$$
$$M = {}^1/_{15}\, pl^2 \text{ (Innenfeld)}$$

zu berechnen, obwohl in vielen Fällen mit hoher Nutzlast diese Werte sonst eigentlich zu klein wären. Noch ausgesprochener ist die Berücksichtigung des Verdrehungswiderstandes bei der Bestimmung der aufwärtsbiegenden Momente, bei deren Ermittelung dann nur die halbe Nutzlast in Rechnung gestellt zu werden braucht (§ 17, Ziff. 3a). Bei der Untersuchung der Platten von Brückenfahrbahnen war es wegen der verhältnismäßig kleinen Stützweiten und wegen der starken Balkenquerschnitte indessen schon vor Herausgabe der neuen Vorschriften üblich, von der Berechnung als Durchlaufbalken abzusehen.

2. Bei rechteckigen Platten (Abb. 168) wählt man oft die Richtung der kürzeren Seite als die Tragrichtung. Man faßt die ganze Platte auf als eine Reihe nebeneinander liegender Balken (einfache oder durchlaufende), deren Stützweiten mit der kleinen Rechteckseite übereinstimmen und läßt die Möglichkeit der Lastübertragung in der Längsrichtung außeracht (Abb. 168). Man begnügt sich in diesem Falle mit nur einer Möglichkeit der Lastübertragung. Die zweite Wirkung bildet für das Tragwerk eine Reserve, dies um so mehr als stets auch eine Querbewehrung vorgesehen wird.

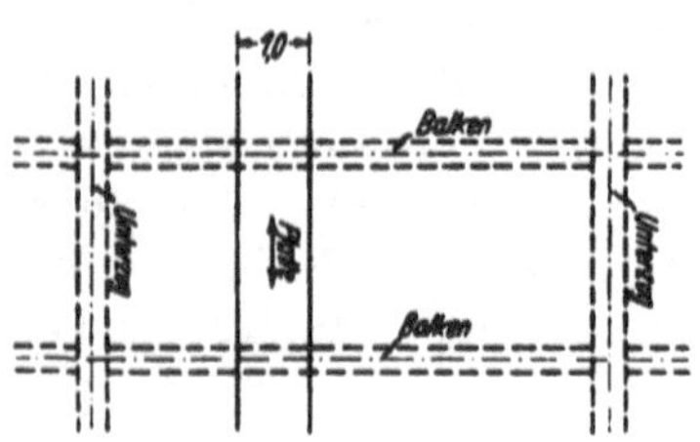

Abb. 168.

3. In Abb. 169 sind im Grundriß zwei Balken B_1 und B_2 dargestellt. B_1 ist in A frei aufgelagert und in B im Balken B_2 teilweise eingespannt. B_2 ist bei C und D in den Stützen eingespannt. Bei der Berechnung des Balkens B_1 sieht man allgemein vom Einspannungsmoment in B (vom Verdrehungswiderstand des Balkens B_2 herrührend) ab. Man verzichtet also auf die Mitwirkung des Verdrehungswiderstandes von B_2, weil das Tragwerk auch ohne Vorhandensein dieses Widerstandes bestehen kann. Wäre B_2 im Grundriß gekrümmt (Abb. 170), so könnte man sich dagegegen die Außerachtlassung des Verdrehungswiderstandes von B_2 nicht erlauben, weil das Tragwerk ohne diesen Widerstand nicht tragfähig wäre.

4. Von der in Abb. 171 im Grundriß dargestellten Treppe ist zu sagen, daß es üblich ist, die Läufe im Zusammenhang mit den

Podesten oder auch mit den darunter und den darüber folgenden Läufen als Durchlaufbalken aufzufassen und zu berechnen, und zwar ohne Rücksicht darauf zu nehmen, daß längs der Kanten *a—b*

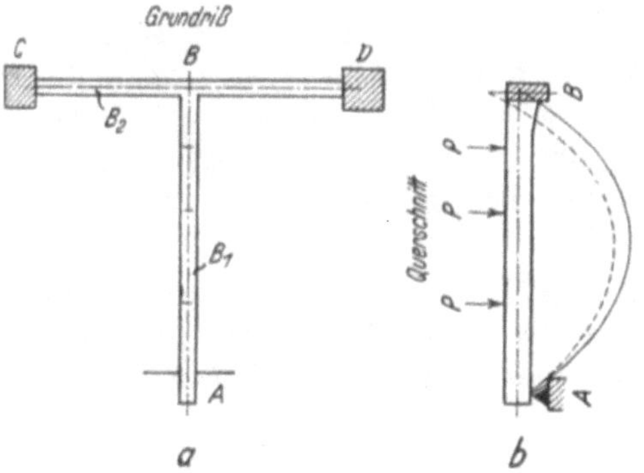

Abb. 169.

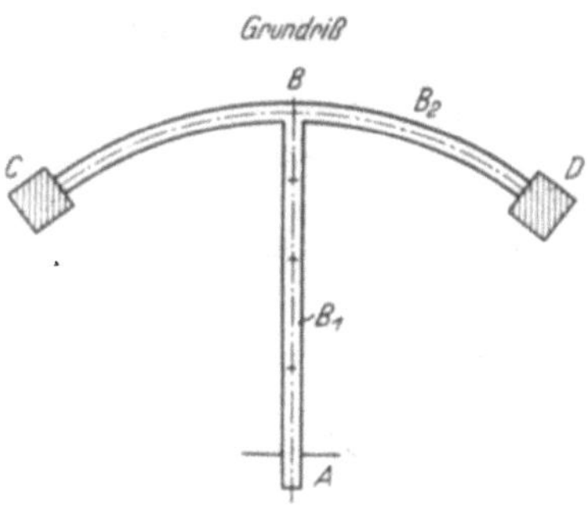

Abb. 170.

ein Teil der Last unmittelbar auf die Mauern übertragen wird. Diese Maßnahme bedeutet für die Treppenkonstruktion einen Überschuß an Sicherheit und vereinfacht zudem die Rechnung.

5. Abb. 172a stellt einen Grundrißschnitt durch einen Turm dar. *A—B—C—D* ist ein von Eisenbetonwänden umschlossener Schacht, *R—R* ein offener Rahmen. In den Abständen *h* (Abb. 172b) befinden sich durchgehende Decken. Berechnet man — wie es wohl oft der Fall sein wird — den Stockwerkrahmen *R—R* z. B. für den Windangriff *W* als frei stehendes Tragwerk, so werden einige Wirkungen dabei vernachlässigt, die den Rahmen sehr stark entlasten können. Die Knotenpunkte des Rahmens können sich nämlich wagrecht in der Richtung *x* (Abb. 172a) nicht verschieben, ohne daß die steife Decke sich mit verschiebt. Eine Verschiebung der Punkte *E* und *F* der Decke ruft weiter in den als einseitig (in den Turmfundamenten) eingespannte Stäbe aufzufassenden Umfassungswände des Schachtes Reaktionen *T* hervor. Da sowohl die Decken als auch die Wände im Vergleich zu den Rahmenstielen und Riegeln sehr große Trägheitsmomente aufzuweisen haben, so ist die Entlastung des

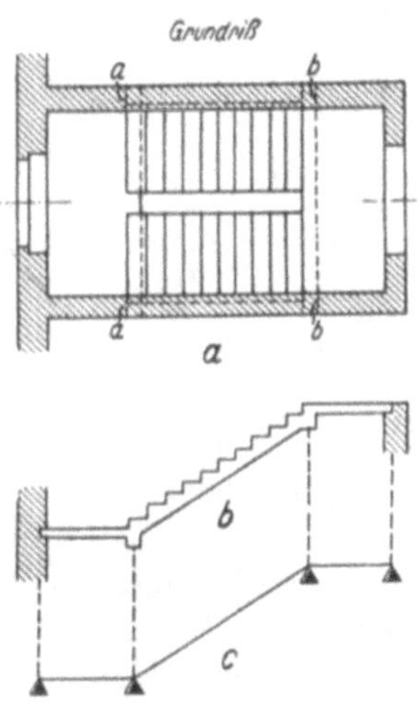

Abb. 171.

Rahmens durch das Hinzutreten dieser Widerstände sehr bedeutend. Das Beispiel stellt einen Fall dar, bei dem für gangläufige Abmessungen der Decken und der Schachtwände die wirksameren Widerstände außer acht gelassen werden und der elastischere Rahmen für die Kraftaufnahme bemessen wird. Der ganze Turm wird sogar in den weitaus meisten Fällen selbst auch dann standfest sein, wenn die Rahmenstiele als Pendelstützen ausgebildet würden. Der Turm ist dann selbstverständlich auch für diese zusätzlichen Kräfte nachzuweisen.

6. Abb. 173 stellt ein Stützenfundament dar. Da weder das Verhalten des betreffenden Baugrundes unter dem Einflusse einer

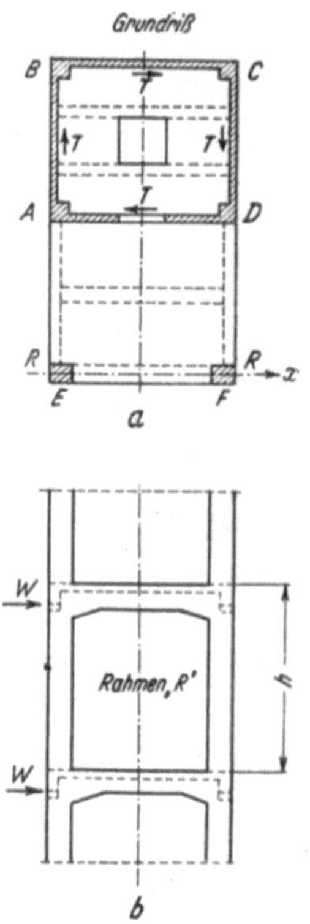

Abb. 172.

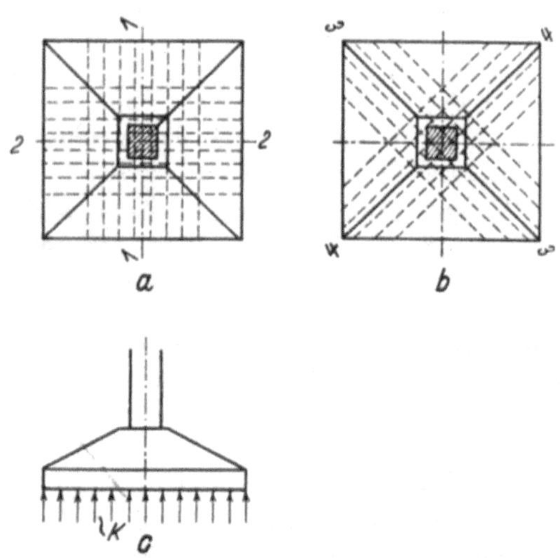

Abb. 173.

Last genau bekannt ist, noch das elastische Verhalten eines Körpers von der Form eines Fundamentes[1]), ist es zunächst nicht möglich, die genaue Verteilung der Biegungsmomente in irgendeinem Schnitte anzugeben. In der Regel begnügt man sich daher häufig damit, von einer nach beiden Richtungen hin geradlinig verlaufenden Bodenpressung auszugehen und die Gesamtmomente der Schnitte *1—1* und *2—2* bzw. *3—3* und *4—4* für die Bemessung zugrunde zu legen.

[1]) Die Plattentheorie ist hier nicht einwandfrei anwendbar, weil die Stärke (Höhe) des Fundamentes im Vergleich zur Länge und zur Breite groß ist.

7. Um die Biegungsmomente der Fundamentschwelle (Abb. 174a) zu bestimmen, geht man oft von der Voraussetzung einer geradlinigen Verteilung der Bodenpressungen aus (Abb. 174b). Diese an und für sich willkürliche, sogar unwahrscheinliche Annahme liefert für die Strecke l der Platte — gleichgroße Widerstandsfähigkeit des Baugrundes auf der Strecke L vorausgesetzt — obere Grenzwerte der Momente. Die wahrscheinlichere, in Abb. 174b punktiert angegebene Verteilung der Bodenpressungen würde für jeden Schnitt der Strecke l kleinere Biegungsmomente liefern.

8. In einem Punkte P einer ringsum frei aufgelagerten, auf Biegung beanspruchten Platte treten in jedem Schnitt s—s in der Zugzone Zugspannungen auf. Bewehrt wird aber nur in den beiden

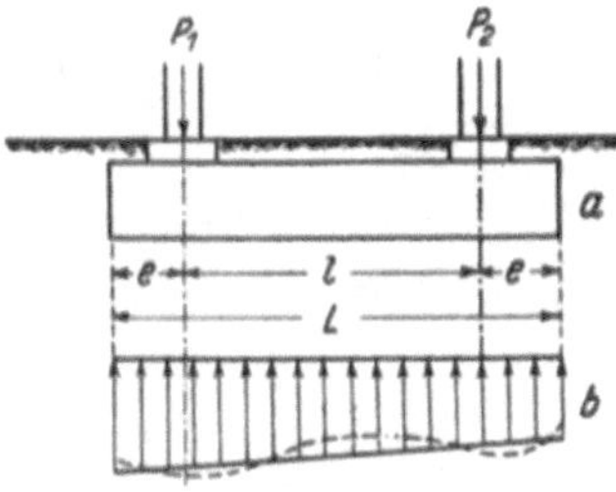

Abb. 174.

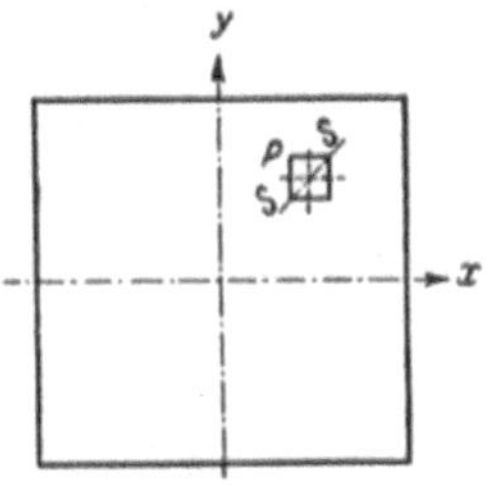

Abb. 175.

Richtungen x und y. Für die Sicherheit der Platte genügt es, zwei Bewehrungsrichtungen herauszugreifen, nicht aber für die volle Sicherheit gegen Rissebildung. Erst nach Eintreten einzelner Risse wird die Bewehrung voll in Tätigkeit treten (Abb. 175), weil die Plattenverformung in diagonaler Richtung erfolgt.

9. Bei der Ermittelung der inneren Kräfte im Eisenbetonquerschnitt läßt man im allgemeinen die Zugspannungen außer acht. Man verzichtet also auch hier auf die Mitwirkung von Spannungen, die zunächst vorhanden sind und rechnet auch hier mit einem Zustand, der erst bei einer Überbelastung eintreten wird.

Ähnliche Beispiele ließen sich noch zahlreiche anführen. Aus den erläuterten Fällen lassen sich immerhin schon einige im nachstehenden Kapitel zusammengestellte grundlegende Schlußfolgerungen ziehen.

Kapitel 63. Folgerungen.

a) Ein Bauwerk wird für die statische Untersuchung in einzelne, verhältnismäßig einfache Tragwerke zerlegt.

Diese Tragwerke können sein:

1. Kragbalken.
2. Einfache Balken mit frei drehbaren Lagern.
3. Ein- oder beidseitig eingespannte Stäbe.
4. Durchlaufbalken mit frei drehbaren Lagern.
5. Einfache Rahmen.
6. Mehrfache Rahmen (d. h. Rahmen mit mehr als einem Stiel) und Stockwerkrahmen.
7. Bogen.
8. Kreuzweise gespannte, frei gelagerte Platten.

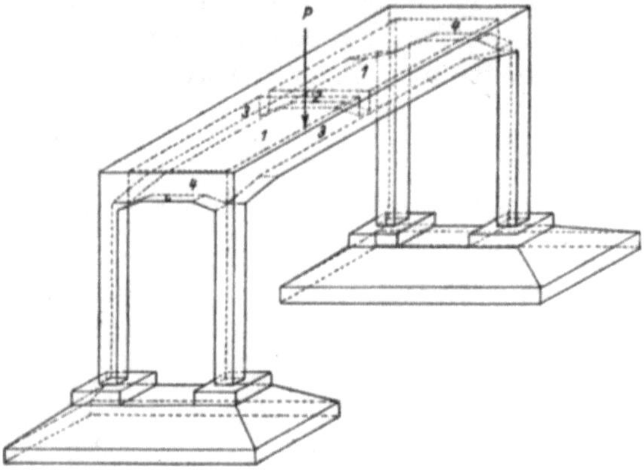

Abb. 176.

9. Kreuzweise gepannte, durchlaufend gelagerte Platten.
10. Kreuzweise gespannte, in einzelnen Punkten gelagerte Platten (Pilzdecken).
11. Räumliche Rahmen.
12. Schalen.

Die Elemente 1 bis 7 sind ebene Tragwerke, 8 bis 12 räumliche Tragwerke.

Die einfache, in Abb. 176 dargestellte Konstruktion würde man z. B. für die Berechnung zerlegen in:

Pos. 1 Platte als Balken auf 3 Stützen oder als zweifeldige, kreuzweise bewehrte Platte.

„ 2 Mittelriegel als einfachen Balken mit frei drehbaren Lagern.

„ 3 Längsrahmen mit 2 Stielen, die unten in den Fundamenten eingespannt sind.

„ 4 Querrahmen wie unter Pos. 3.

b) Die Einzeltragwerke stimmen oft in ihrer Wirkungsweise und in ihren Auflagerbedingungen nicht genau überein mit dem eigentlichen Konstruktionsteil. Sie sind gleichsam ideelle Tragwerke, die sich der eigentlichen Konstruktion in der Wirkungsweise mehr oder weniger nähern. Jeder gewissenhafte Entwerfende wird sich über das Nichtzutreffen einzelner Annahmen Rechenschaft ablegen. Wenn im Einzelfalle eine genaue Untersuchung zu zeitraubend oder unmöglich ist, hat der Entwerfende doch meistens die Möglichkeit durch Überlegung allein die Lücken der Annäherung zu erkennen und ihnen durch entsprechende Vorkehrungen wirksam zu begegnen. Man denke dabei z. B. an einen als Durchlaufbalken berechneten Durchlaufrahmen (Abb. 177). Die Feldquerschnitte werden zum Schluß zu reichlich bemessen sein und die Querschnitte der Stützen und der Balken dicht an und über den Stützen zu schwach. Die Vorschriften tragen diesem Umstande insofern Rechnung, als sie für Stützen, die unter Außerachtlassung des Biegungsmomentes nur für die Längskraft bemessen sind (Balken über der Stütze frei drehbar), eine kleinere Beanspruchung zulassen, weil man weiß, daß Biegungsmomente in der Tat auftreten werden, die die Materialbeanspruchung wesentlich erhöhen.

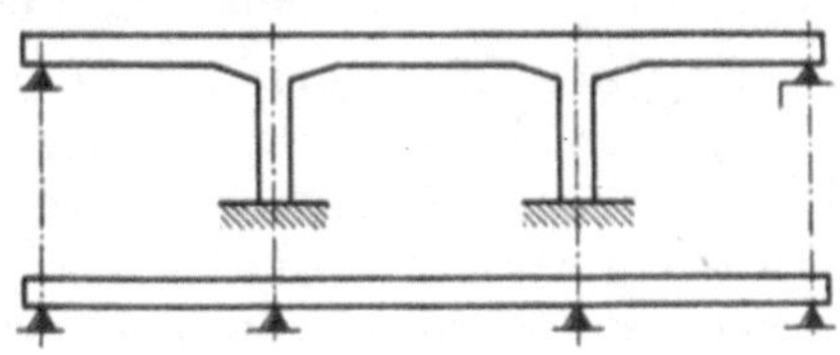

Abb. 177.

c) In Fällen wie 3 und 5 des Kapitels 62 treten aus dem Kraftangriff in sekundären Konstruktionsgliedern besondere Inanspruchnahmen auf. Diese bedeuten für den primären Konstruktionsteil im allgemeinen eine Entlastung, für die betreffenden sekundären Tragwerke u. U. eine Zusatzbeanspruchung. Dadurch, daß man diese Nebenwirkungen für den betreffenden (primären) Konstruktionsteil unberücksichtigt läßt und entsprechend bewehrt, schließt man ihr Auftreten naturgemäß nicht aus. Es empfiehlt sich daher, von Fall zu Fall, wenn auch nicht durch langwierige Untersuchungen, so doch durch einfache Überlegungen festzustellen, wie man grundsätzlich den Nebenwirkungen begegnen kann. Oft ist es möglich, durch ziemlich leichte Bewehrungen die durch die Nebenwirkungen gefährdete Sicherheit gegen Risse wieder herzustellen.

Eine am Tragwerk (Abb. 176) in der Ebene des Rahmens Pos. 3 wirkende, lotrechte Last P wird so behandelt, als würde sie nur den

Rahmen Pos. 3 beanspruchen. In Wirklichkeit kann die Formänderung des ebenen Rahmens nicht ungehindert auftreten. Die Riegel Pos. 4 und der Balken Pos. 2 leisten gegen das Neigen der Schwerachse von Pos. 3 einen gewissen Widerstand. Sie erleiden Verdrehungsbeanspruchungen und übertragen Momente auf den unbelasteten Rahmen Pos. 3. Allgemein kann man sagen, daß jede Last, die am Bauwerk angreift, streng genommen jedes Glied des Bauwerkes mehr oder weniger beansprucht. Es ist indessen üblich, die Beanspruchungen der Bauteile, die für die Aufnahme der betreffenden Last nicht unmittelbar beteiligt sind, zu vernachlässigen.

d) Beim Entwerfen von ganzen Bauwerken ist stets Rücksicht darauf zu nehmen, daß außer der Sicherheit der einzelnen Tragwerke auch die Sicherheit des Ganzen gewährleistet ist. Das kann auch ohne umständliche Rechnung (meist wird es sogar unmöglich sein, sämtliche Einflüsse rechnerisch zu verfolgen) dadurch geschehen, daß man die Endquerschnitte der einzelnen Konstruktionsteile für positive und negative Biegungsmomente bewehrt auch dann, wenn freie Auflagerung vorausgesetzt war.

Der Entwerfende muß außerdem möglichst versuchen, sich stets ein Bild von der Wirkung des zusammenhängenden Bauwerkes, und nicht allein der einzelnen Konstruktionsteile zu machen.

e) Bei der Wahl der zulässigen Beanspruchungen dienen im allgemeinen Vorschriften als Anhalt. Fehlen für bestimmte Konstruktionen oder gar überhaupt Vorschriften, so empfiehlt es sich, bei der Wahl der zulässigen Beanspruchungen, abgesehen von dem Einfluß der Güte der verwendeten Baustoffe, von den folgenden Gesichtspunkten auszugehen:

1. Art der Belastung (Wahrscheinlichkeit ihres Auftretens, Schwingungen, Erschütterungen).
2. Übereinstimmung des ideellen Tragwerkes mit dem wirklichen. Stellt das ideelle Tragwerk einen Grenzzustand dar, der nie vollständig erreicht wird, so ist für die betreffenden Teile die Zulassung hoher Beanspruchungen unbedenklich. Stellt dagegen das der Untersuchung zugrunde gelegte Tragwerk nur eine Annäherung dar, oder werden einzelne Einflüsse außer acht gelassen, so ist damit zu rechnen, daß die Beanspruchungen im eigentlichen Konstruktionsteil auch größer sein können als die errechneten, und dann ist es geboten, mit den zulässigen Beanspruchungen nicht bis zum äußersten zu gehen.

3. Ist es im Einzelfalle möglich, sämtliche Einflüsse rechnerisch zu erfassen, so dürfen hohe Beanspruchungen zugelassen werden, weil eben höhere Belastungen nicht mehr eintreten können.

B. Zur Ermittelung der Formänderungen.

Kapitel 64. Bestimmung von Formänderungen stabförmiger Körper.

a) Allgemeines Verfahren.

Über die Elastizitätsverhältnisse des Betons vgl. Kapitel 31. Demnach für Zug und Druck: $E_b = 210000$ kg/cm² und für Gleiten $G = 138000$ bis 142000 kg/cm² nach C. Bach und nach Föppl $G = 113000$—138000 kg/cm² für σ_B 20—30 kg/cm². Vielfach wird $G = E/2$ gesetzt.

Formänderungen von Bauteilen sind entweder hinsichtlich ihrer zahlmäßigen Größe oder auch wegen ihres gegenseitigen Verhältnisses von Belang. Im ersten Falle handelt es sich beispielsweise um die größte Durchbiegung eines Balkens, die ein gewisses Maß nicht überschreiten soll, im zweiten Falle etwa um das Verhältnis der Durchbiegungen eines bestimmten Stabpunktes m, einmal infolge einer gleichmäßig verteilten Last (Abb. 178a) das andere Mal infolge einer Einzellast (Abb. 178b), die im betrachteten Punkte angreift. Man ermittelt dieses Verhältnis, um daraus die Größe der Auflagerkraft einer im betrachteten Punkte vorhandenen dritten Stützung (Abb. 178c) zu erhalten. In diesem Falle kümmert man sich also nicht um den **absoluten Betrag** der Durchbiegung, weil er hier belanglos ist.

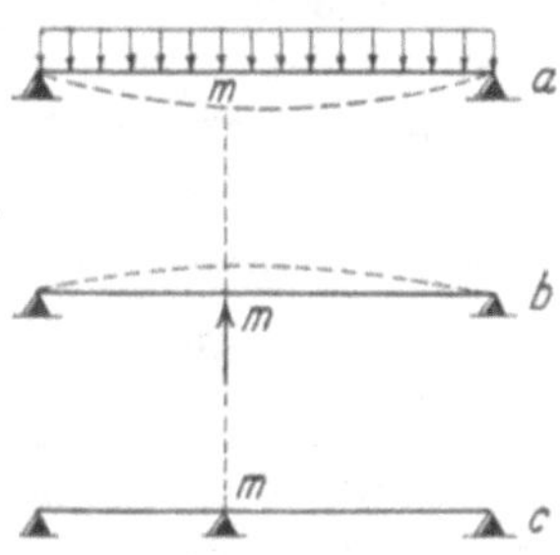

Abb. 178.

Bei der Aufsuchung von Formänderungen stabförmiger Körper kommt es zunächst auf die gegenseitige Verschiebung von zwei unendlich nahen Querschnitten an. Die gegenseitigen Verschiebungen rühren von den Längskräften, Querkräften und Momenten her, die von dem einen Querschnitt zum benachbarten übertragen werden müssen.

Jede ganz beliebige Inanspruchnahme eines Stabelementes kann in folgende Einzelwirkungen zerlegt gedacht werden (vgl. Abb. 179):

1. Eine in Richtung der Stabachse wirkende Längskraft N. Diese kann das Element entweder auf Zug oder auch auf Druck beanspruchen.

2. Eine in der Querschnittebene, und zwar in Richtung der x-Achse wirkende Querkraft Q_x.

3. Eine in der Querschnittebene, und zwar in der y-Achse wirkende Querkraft Q_y.

4. Ein um die x-Achse drehendes Biegungsmoment M_x.

5. Ein um die y-Achse drehendes Biegungsmoment M_y.

6. Ein um die z-Achse drehendes Torsionsmoment M_z.

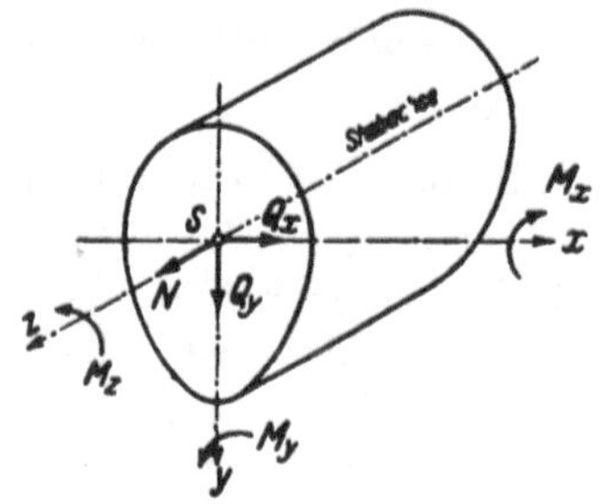

Abb. 179.

Die nachfolgend angeführten Formeln gelten für Stäbe aus homogenem Material und von Querschnitten, die mindestens eine Symmetrieachse aufzuweisen haben. Als Achsen x, y und z wählt man zweckmäßigerweise sodann die Symmetrieachse des Querschnittes (y), die normale dazu (x) und schließlich die Stabachse als z-Achse. In der folgenden Tafel sind für ein Element eines Stabes mit rechteckigem Querschnitt die infolge der Kraftkomponenten N, Q_x, Q_y, M_x, M_y, M_z entstehenden Spannungen und Formänderungen zu entnehmen. Die gegenseitigen Verschiebungen und Drehungen von Querschnitten, die um die endliche Strecke s voneinander entfernt sind, lassen sich daraus durch entsprechende Integration finden. Dabei ist die Veränderlichkeit der die Formänderungen hervorrufenden Kraftgrößen N, Q, M und auch die Veränderlichkeit des Querschnittes auf der Strecke s in Betracht zu ziehen.

Beispiele zum allgemeinen Verfahren.

1. Ein gerader Stab von der Länge s und von gleichbleibendem Querschnitt F werde durch eine in der Achse wirkende Druckkraft N beansprucht; gesucht ist die Verkürzung der Stabachse s. Nach der Tafel Zeile 2, Spalte 1, ist

$$\Delta\, dz = \frac{N\, dz}{EF}.$$

Daraus folgt:

$$\Delta s = \int_0^s \Delta\, dz = \frac{N}{EF}\int_0^s dz = \frac{N \cdot s}{EF}.$$

2. Ein Stab von geradliniger Stabachse und von veränderlichem Querschnitt wird durch eine auf der Stablänge s gleichbleibende Längskraft N beansprucht. Gesucht ist die gegenseitige Lagen-

Tafel der Spannungen und

	B e l a		
	1 Längskraft N	2 Querkraft (in Richtung x) Q_x	3 Querkraft (in Rich
1 Verteilung der Spannungen im Querschnitt	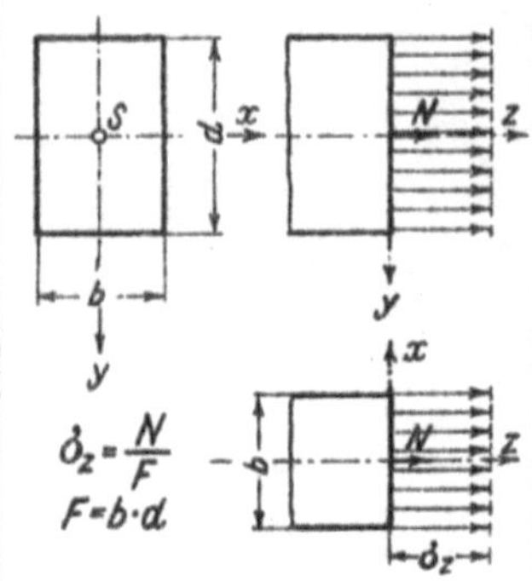 $\sigma_z = \frac{N}{F}$ $F = b \cdot d$	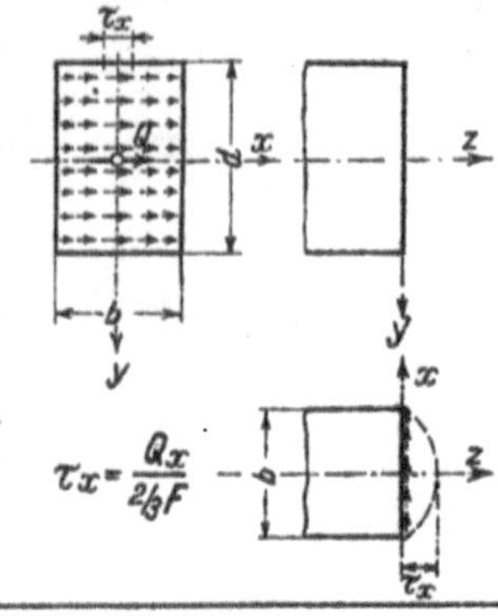 $\tau_x = \frac{Q_x}{2/3 F}$	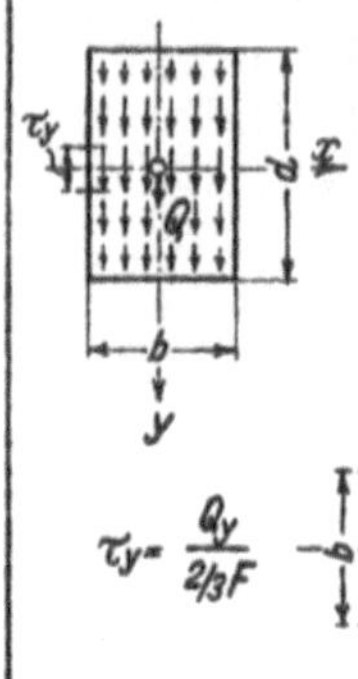 $\tau_y = \frac{Q_y}{2/3 F}$
2 Formänderung des Stabelementes	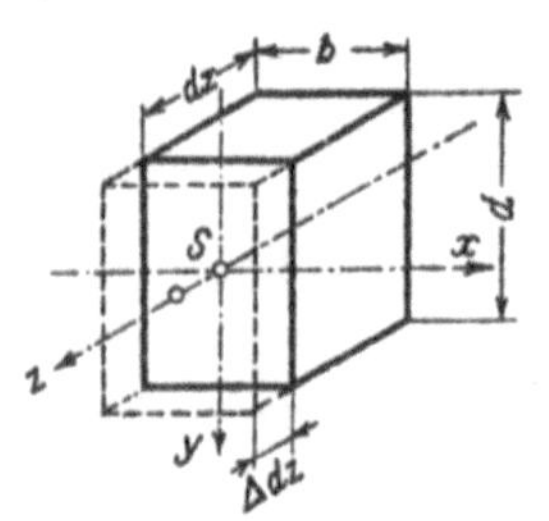 $\Delta dz = \frac{N dz}{EF}$	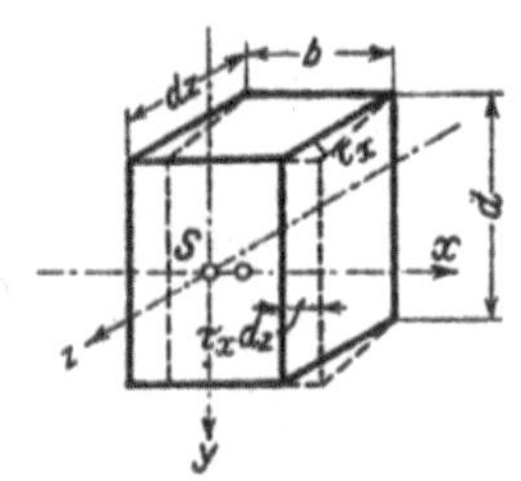 $\tau_x = \frac{Q_x}{G F_x}$; $F_x = 5/6^{*} F$ *(Vgl. Föppl, Bd. 3 Seite 130, Ausgabe 1918)	 $\tau_y = \frac{Q_y}{G F_y}$;
3 Einfluß der Formänderung eines Stabelementes auf den Freiträger	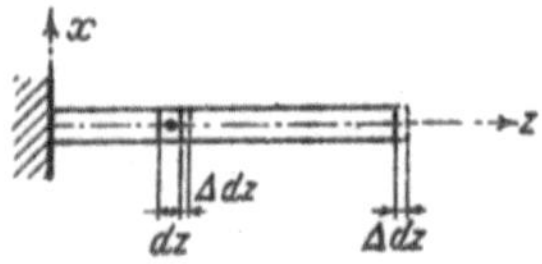	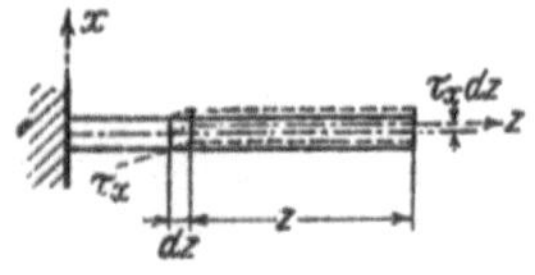	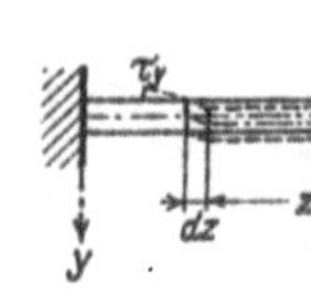

Bemerkung: Um Verwechslungen vorzubeugen sei bemerkt, daß die

…ungen im prismatischen Stabe.

…g s f a l l		
4 Biegungsmoment M_x	5 Biegungsmoment M_y	6 Verdrehungsmoment M_z
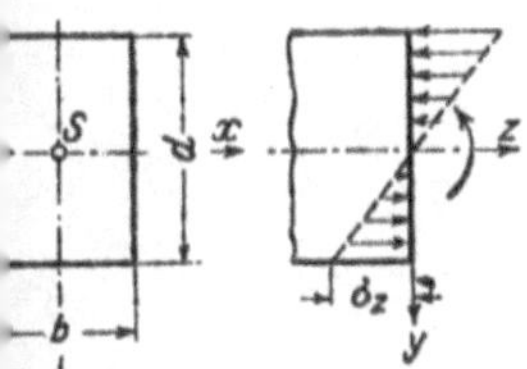 $\sigma_x = \frac{M_x}{W_x}$ …$_x = 1/6\, bd^2$	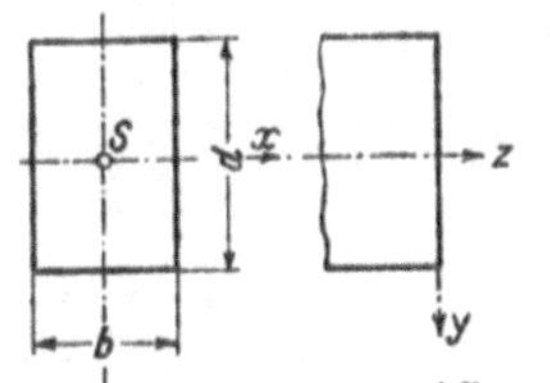 $\sigma_z = \frac{M_y}{W_y}$ $W_y = 1/6\, db^2$	(Vgl. C. Bach, Elastizität u. Festigkeit) 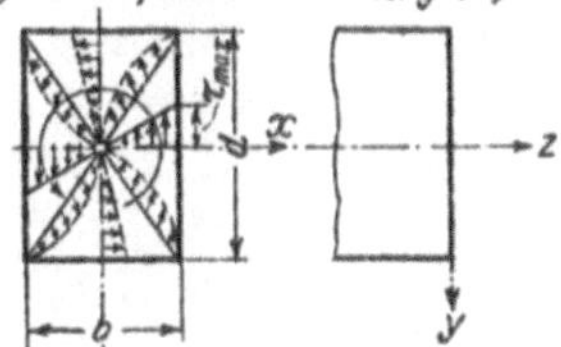 $\tau_{max} = \psi \frac{M_z}{b^2 \cdot d}$ $\psi = 3 + \frac{2,6}{0,45 + d/b}$
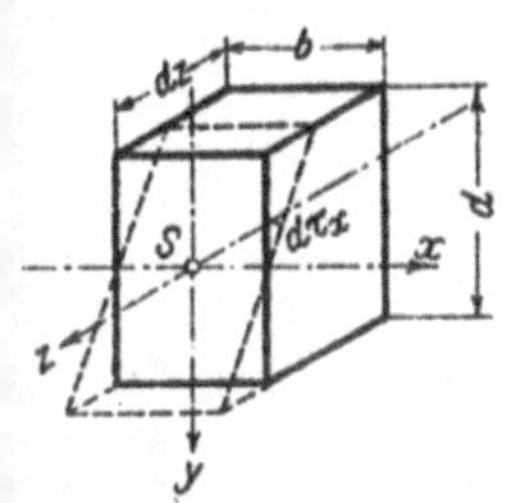 $d\tau_x = \frac{M_x dz}{E J_x};\ J_x = 1/12\, bd^3$	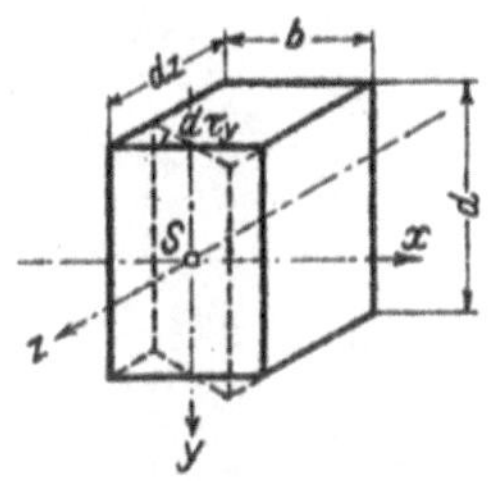 $d\tau_y = \frac{M_y dz}{E J_y};\ J_y = 1/12\, db^3$	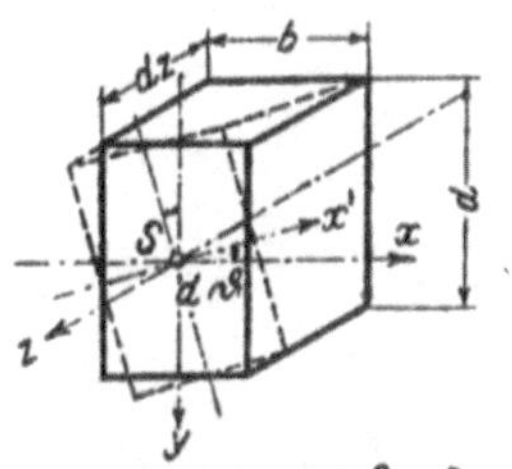 $d\vartheta = 3,6\, \frac{dz}{G}\, \frac{M_z(b^2+d^2)}{b^3 \cdot d^3}$ (Vgl. Hütte I, Festigkeitslehre)
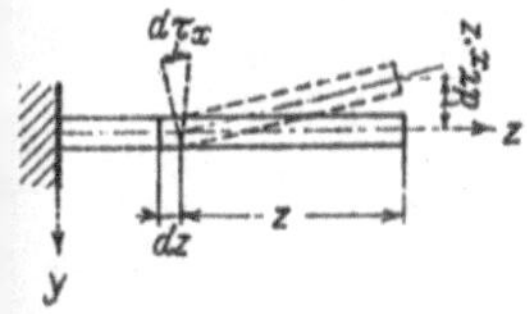	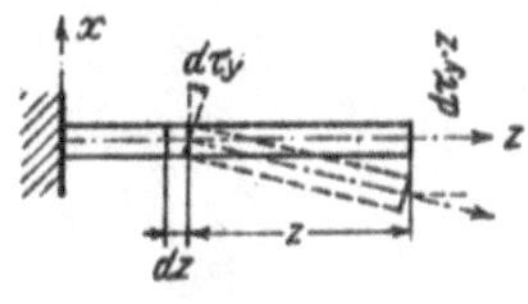	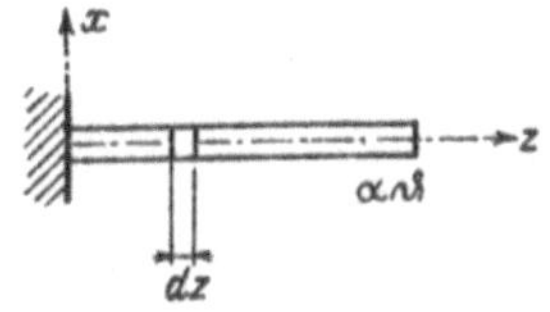

„τ" sowohl für die Schubspannungen als auch für Drehwinkel beibehalten ist.

Verlag von R. Oldenbourg, München u. Berlin.

änderung der Endquerschnitte a und b (Abb. 180). Bei a ist die Größe des Querschnittes $F = b \cdot D$, bei b: $F = b \cdot d$.

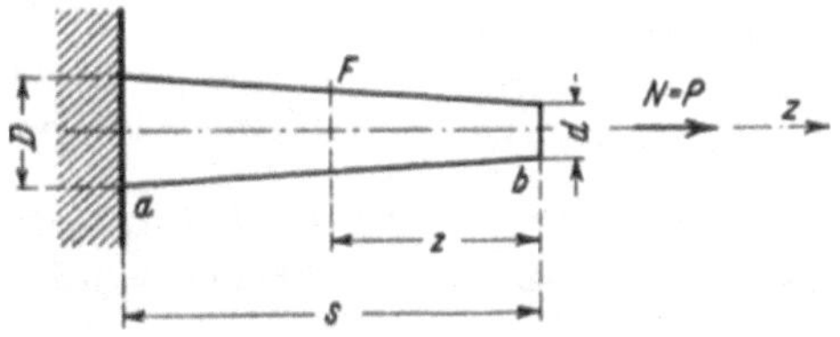

Abb. 180.

Ein Querschnitt im Abstande z von b hat die Größe

$$F_z = \left(d + \frac{D-d}{s} z\right) b.$$

Die Streckung des Elementes an der Stelle z ist daher

$$\Delta dz = \frac{P}{\left(d + \frac{D-d}{s} z\right) b} \frac{dz}{E}$$

und die Verlängerung des Stabes

$$\Delta s = \frac{P}{Eb} \int_0^s \frac{dz}{d + \frac{D-d}{s} \cdot z} = \frac{P \cdot s}{E \cdot b} \int_0^s \frac{dz}{d \cdot s + (D-d) z}$$

$$= \frac{Ps}{(D-d) Eb} \lg \left[d \cdot s + (D-d) \cdot z\right]_0^s.$$

Setzt man $\frac{D}{d} = c$, so ist weiter:

$$\Delta s = \frac{P \cdot s}{b(D-d) \cdot E} \lg \frac{D}{d} = \underline{\frac{P \cdot s}{b(c-1) d \cdot E} \lg c.}$$

Für $d = D$, d. h. für $c = 1$ nimmt der Ausdruck für Δs die unbestimmte Form $\frac{0}{0}$ an. Durch Differentiation von Zähler und Nenner nach c findet man den wahren Wert

$$\Delta s = \frac{P \cdot s}{b \cdot d \cdot E} \frac{1}{c} = \frac{P \cdot s}{b \cdot d \cdot E} = \frac{P \cdot s}{FE} = \underline{\frac{\sigma \cdot s}{E}}.$$

3. Zahlenbeispiel zu 2. Gesucht ist die Verkürzung der in Abb. 181 dargestellten Stütze infolge der Last $P = 64$ t. In o sind die Abmessungen des Querschnittes $d/b = 40/40$ cm und in u $D/b =$

120/40 cm. Daraus folgt $c = D/d = 120/40 = 3$. Nach der im Beispiel 2 angegebenen Formel ist:

$$\Delta s = \frac{P \cdot s}{b(c-1) \cdot d \cdot E} \lg c$$

$$= \frac{64\,000 \cdot 1000}{40 \cdot 2 \cdot 40 \cdot 210\,000} \cdot 1{,}0986 = 0{,}105 \text{ cm.}$$

Die angenäherte Berechnung von Δs durch Einsetzen des mittleren Stützenquerschnittes $F = 40 \cdot 80 = 3200$ cm würde liefern:

$$\Delta s = \frac{64\,000 \cdot 1000}{3200 \cdot 210\,000} = 0{,}095 \text{ cm.}$$

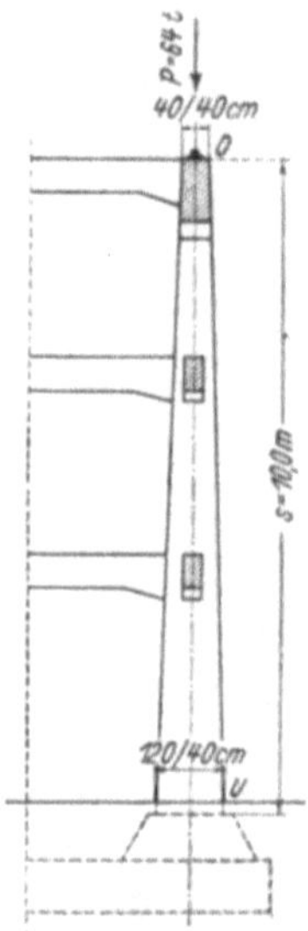

Abb. 181.

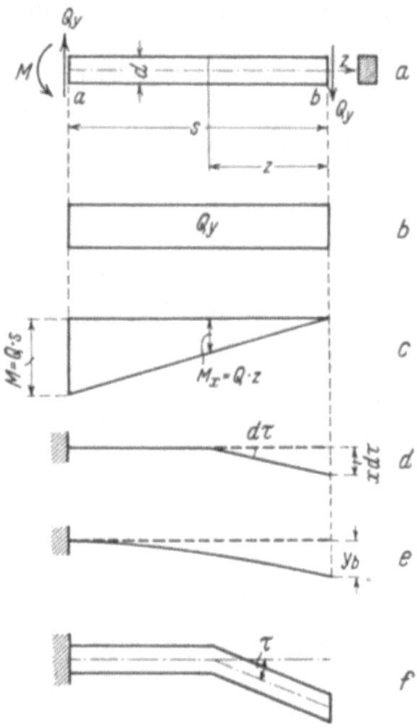

Abb. 182.

4. Ein Stab von der Länge s und von gleichbleibendem, rechteckigem Querschnitt entsprechend der Abb. 182 ist durch eine auf der Strecke s gleichbleibende Querkraft Q und durch ein in a angreifendes Biegungsmoment M im Gleichgewicht gehalten. Gesucht sind: Die gegenseitige, lotrechte Verschiebung der Schwerpunkte der beiden Endquerschnitte a und b und die von a bis b eintretende Ablenkung τ der Schwerachse z. Um diese Größen zu bestimmen, denkt man sich z. B. den Querschnitt a festgehalten (Einspannung).

a) Einfluß der Momente $M = Q \cdot z$. Nach der Formänderungstafel ist gemäß Zeile 2, Spalte 4:

$$d\tau = \frac{M}{EJ}\, dz = \frac{Q_v}{EJ}\, z\, dz$$

und

$$dy = d\tau \cdot z = \frac{Q_v}{EJ}\, z^2\, dz,$$

folglich

$$\tau_b = \frac{Q_v}{EJ}\int_0^s z\, dz = \frac{Q_v}{2EJ}\, s^2 \text{ und } y_b = \frac{Q_v}{EJ}\int_0^s z^2\, dz = \frac{Q_v}{3EJ}\, s^3.$$

b) Einfluß der Querkräfte. Nach der Tafel Zeile 2, Spalte 3, ist:

$$\tau_v = \frac{Q_v}{G \cdot F_v} = \frac{6}{5}\,\frac{Q_v}{GF}$$

und

$$y_b = \tau_v \int_0^s dz = \frac{6}{5}\,\frac{Q_v \cdot s}{GF}.$$

Die Ablenkung der Schwerachse z (Drehwinkel) ist für alle Stabelemente gleich (Zeile 2, Spalte 2, der Tafel), und zwar:

$$\tau_v = \frac{6}{5}\,\frac{Q_v}{GF}, \text{ also auch } = \tau_b.$$

In den abgeleiteten Ausdrücken ist:

$$F = b \cdot d,$$
$$I = 1/12\, b \cdot d^3.$$

Setzt man beispielsweise (für Beton)

$$E = 210000 \text{ kg/cm}^2,$$
$$G = 140000 \text{ kg/cm}^2,$$

so ergeben sich für Verschiebung y und Ablenkung τ folgende, den Beiträgen von Querkraft und Biegungsmoment entsprechende Verhältnisse μ, wobei

$$\mu_v = \frac{\text{Durchbiegung infolge Querkraft}}{\text{Durchbiegung infolge Moment}}$$

$$\mu_t = \frac{\text{Drehwinkel infolge Querkraft}}{\text{Drehwinkel infolge Moment}}$$

bedeutet.

$$\mu_v = \frac{3}{10}\,\frac{E}{G}\,\frac{d^2}{s^2} = \frac{9}{20}\,\frac{d^2}{s^2}\,;\ \mu_t = \frac{1}{5}\,\frac{E}{G}\,\frac{d^2}{s^2} = \frac{3}{10}\,\frac{d^2}{s^2}.$$

Der Einfluß der Querkräfte ist im vorliegenden Fall proportional dem Wert $\left(\frac{d}{s}\right)^2$.

Die folgende Zusammenstellung zeigt nun den Einfluß der Querkräfte auf die Größe der Durchbiegung y und des Drehwinkels der Stabachse.

$\frac{d}{s}$	μ_y	Erhöhung inf. Q in %	μ_t	Erhöhung inf. Q in %
$^1/_2$	0,112	11,2	0,075	7,5
$^1/_4$	0,028	2,8	0,019	1,9
$^1/_6$	0,013	1,3	0,008	0,8
$^1/_8$	0,007	0,7	0,005	0,5

Wie man hieraus ersieht, verschwindet der Einfluß der Querkraft ziemlich rasch mit abnehmender Querschnittshöhe. Für $\frac{d}{s} = \frac{1}{6}$ ist der Einfluß nur mehr 1,3% und ist daher vernachlässigbar.

5. Ein einseitig eingespannter Balken (Abb. 183 und 184) von konstantem, rechteckigem Querschnitt hat an seinem freien

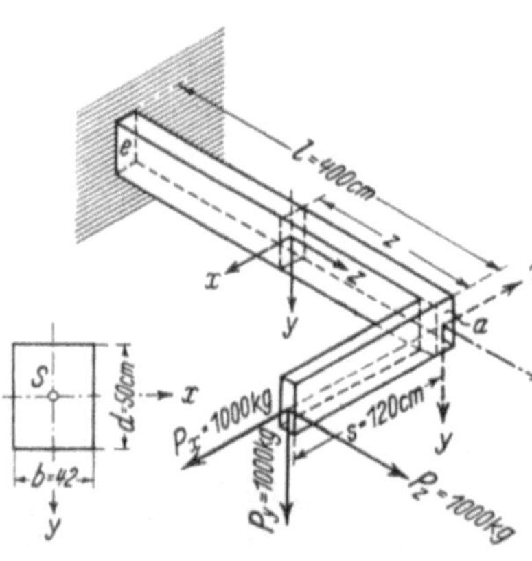

Abb. 183.

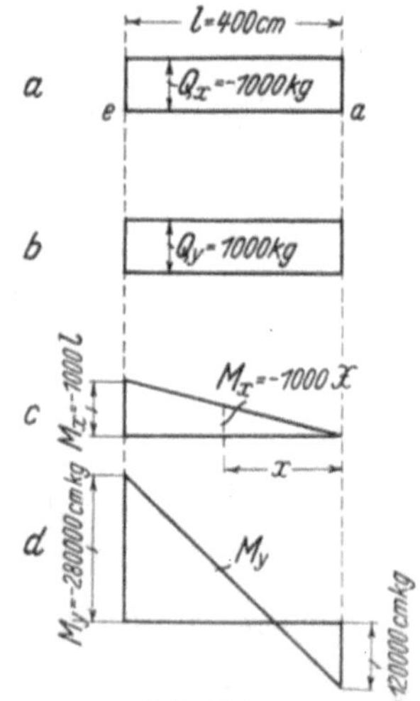

Abb. 184.

Ende a einen rechtwinklig zu seiner Achse, wagrecht stehenden Kragarm, an dessen Ende drei in die Richtungen der Koordinatenachsen fallenden Kräfte $P_x = P_y = P_z = 1000$ kg angreifen. Somit ist also der Stab nicht nur von Biegungsmomenten sondern auch von Torsion ergriffen. Gesucht sind die Verschiebungen und Drehungen des Endquerschnittes a.

An beliebiger Stelle z des Balkens ist

$$N = P_z = 1000 \text{ kg},$$
$$Q_x = P_x = 1000 \text{ kg},$$
$$Q_y = P_y = 1000 \text{ kg},$$
$$M_x = -P_y \cdot z = -1000 \cdot z$$
$$M_y = -P_x \cdot z + P_z \cdot s = -(1000 \cdot z - 120000),$$
$$M_z = P_y \cdot s = 120000 \text{ (mkg)}.$$

Der Balken sei aus Eisenbeton. Die Querschnittabmessungen sind aus Abb. 183 ersichtlich; es ist also:

$$F = 42 \cdot 50 = 2100 \text{ cm}^2,$$
$$F_x = F_y = \frac{5}{6} F = 1750 \text{ cm}^2,$$
$$J_x = \frac{1}{12} 42 \cdot 50^3 = \text{rd. } 437500 \text{ cm}^4,$$
$$J_y = \frac{1}{12} \cdot 50 \cdot 42^3 = 308700 \text{ cm}^4,$$

überdies sei gewählt:

$$E = 210000 \text{ kg/cm}^2,$$
$$G = 140000 \text{ kg/cm}^2.$$

Die gesuchten Schwerpunktsverschiebungen seien bezeichnet mit:

$$y_a, \quad x_a, \quad z_a,$$

die Drehwinkel der Schwerachse (in a) mit:

$$\tau_x, \quad \tau_y$$

und die gegenseitige Drehung der Querschnitte e und a mit ϑ bezeichnet.

1. Durchbiegung y_a (lotrecht):

Einfluß von $M_x = -1000\, z$ (kgcm)

$$y_a' = \frac{1}{E J_x} \int_0^l M_x \cdot z\, dz = \frac{1000}{E J_x} \int_0^{400} z^2 dz$$
$$= \frac{1000}{3 E J_x} l^3 = \frac{1000 \cdot 400^3}{3 \cdot 210000 \cdot 437500} = 0{,}2322 \text{ cm}.$$

Einfluß von Q_y

$$y_a'' = \frac{Q_y}{F_y G} l = \frac{1000 \cdot 400}{1750 \cdot 140000} \qquad = 0{,}0016 \text{ cm}$$
$$y_a = 0{,}2338 \text{ cm}.$$

Die übrigen Momente und Querkräfte haben keinen Einfluß auf y_a.

2. Durchbiegung x_a (wagrecht):

Einfluß von $M_y = -(1000 \cdot z - 120000)$

$$x_a' = \frac{-\frac{1}{3}\,1000 \cdot 400^3 + \frac{1}{2}\,120000 \cdot 400^2}{210000 \cdot 308700} = -0{,}1810 \text{ cm},$$

Einfluß von $Q_x = 1000$ kg

$$x_a'' = \frac{1000 \cdot 400}{1750 \cdot 140000} = -0{,}0016 \text{ cm}$$

$$x_a = -0{,}1826 \text{ cm}.$$

3. Drehwinkel τ_x:

Einfluß von $M_x = 1000 \cdot z$

$$\tau_x' = \frac{1}{E\,J_x}\int_0^l M_x\,dz = \frac{1000}{E\,J_x}\,\frac{z^2}{2} = \frac{1000 \cdot 400^2}{2 \cdot 210000 \cdot 437500} = 0{,}000871.$$

Einfluß von $Q_y = 1000$ kg

$$\tau_x'' = \frac{Q_y}{F_x G} = \frac{1000}{1750 \cdot 140000} = 0{,}000004$$

$$\tau_x = 0{,}000875.$$

4. Drehwinkel τ_y:

Einfluß von $M_y = -(1000\,z - 120000)$

$$\tau_y' = -\frac{1000}{E\,J_y}\int_0^l (z - 120)\,dz = -\frac{1}{E\,J_y}\,1000\left(\frac{400^2}{2} - 120 \cdot 400\right)$$

$$= -\frac{1000 \cdot 32000}{210000 \cdot 308700} = -0{,}000494$$

Einfluß von $Q_x = 1000$ kg

$$\tau_y'' = -\frac{1000}{1750 \cdot 140000} = -0{,}000004$$

$$\tau_y = -0{,}000498.$$

5. Verdrehungswinkel infolge Torsion ϑ_a:

$$\vartheta_a = 3{,}6\,\frac{1}{G}\,\frac{b^2 + d^2}{b^3 \cdot d^3} \cdot l \cdot M_z = \frac{3{,}6 \cdot 4264 \cdot 400 \cdot 120000}{140000 \cdot 74088 \cdot 125000} = 0{,}000569.$$

b) Ermittelung der Formänderungen eines geraden Stabes mit Hilfe der Gleichung der elastischen Linie.

Die allgemeine Differentialgleichung der Biegungslinie eines geraden Stabes lautet:

$$\frac{d^2 y}{d z^2} = -\frac{M}{E J}.$$

Diese Gleichung sowie die übrigen nachfolgenden Betrachtungen gelten nur unter folgenden Bedingungen:

1. Das Material ist homogen.
2. Die Spannungen überschreiten nicht die Elastizitätsgrenze; das Hookesche Gesetz hat Gültigkeit.
3. Der Stab besitzt eine Symmetrieebene, in der auch sämtliche Lasten liegen, die im übrigen normal zur Stabachse wirken.
4. Die Durchbiegungen y bleiben im Vergleich zur Stablänge sehr klein.
5. Der Einfluß der Querkräfte auf die Durchbiegungen ist so gering, daß er vernachlässigt werden darf.

Beispiel:

Für den in Abb. 185 dargestellten Fall sollen die Neigungswinkel an den Auflagern und die größte Durchbiegung ermittelt werden. Die Differentialgleichung der Biegelinie lautet:

$$\frac{d^2 y}{d z^2} = -\frac{M}{E J}.$$

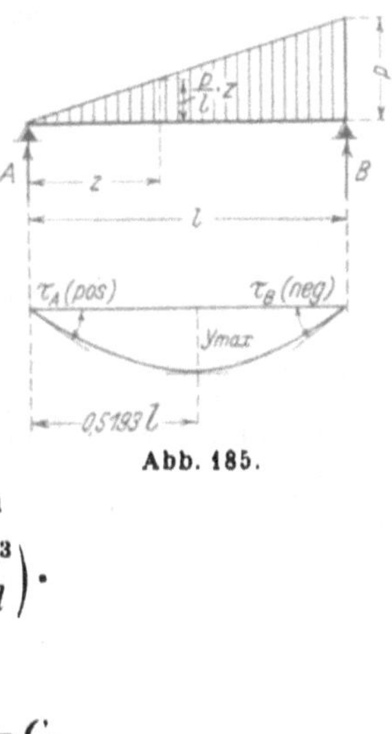

Abb. 185.

Die statischen Werte sind entsprechend Abb. 185.

$$A = \frac{1}{6} p \cdot l, \quad B = \frac{1}{3} p \cdot l$$

$$M = \frac{1}{6} p \cdot l \cdot z - \frac{1}{6} p \frac{z^3}{l} = \frac{1}{6} p \cdot z \left(l - \frac{z^2}{l}\right).$$

Damit geht die Differentialgleichung über in

$$\frac{d^2 y}{d z^2} = -\frac{p}{6 E J}\left(z l - \frac{z^3}{l}\right).$$

Daraus folgt durch Integration:

$$\frac{d y}{d z} = -\frac{p}{6 E J}\left(\frac{l \cdot z^2}{2} - \frac{z^4}{4 l}\right) + C_1$$

und

$$y = -\frac{p}{6 E J}\left(\frac{l \cdot z^3}{6} - \frac{z^5}{20 l}\right) + C_1 \cdot z + C_2.$$

Die Bedingung:

$$y = 0 \text{ für } z = 0 \text{ liefert } C_2 = 0.$$

Da für $z = l$ ebenfalls $y = 0$ ist, ergibt sich weiter:

$$-\frac{p}{6 E J}\left(\frac{l^4}{6} - \frac{l^4}{20}\right) + C_1 \cdot l = 0,$$

woraus folgt:

$$C_1 = + \frac{p}{E\,J}\,\frac{7}{360}\,l^3.$$

Damit wird:

$$y = -\frac{p}{6\,E\,J}\left(\frac{l\,z^3}{6} - \frac{z^5}{20\,l} - \frac{7}{60}\,l^3\,z\right)$$

$$= \underline{\frac{p\,l^4}{360\,E\,J}\left(7\,\frac{z}{l} - 10\,\frac{z^3}{l^3} + 3\,\frac{z^5}{l^5}\right)}$$

$$\frac{d\,y}{d\,z} = \frac{p\,l^4}{360\,E\,J}\left(7\,\frac{1}{l} - 30\,\frac{z^2}{l^3} + 15\,\frac{z^4}{l^5}\right)$$

$$= \frac{p\,l^3}{360 \cdot E\,J}\left(7 - 30\,\frac{z^2}{l^2} + 15\,\frac{z^4}{l^4}\right).$$

y wird zum Maximum für $\frac{d\,y}{d\,z} = 0$, d. h. für

$$15\left(\frac{z}{l}\right)^4 - 30\left(\frac{z}{l}\right)^2 + 7 = 0.$$

Mit der Bezeichnung $\frac{z}{l} = \xi$ ergibt sich weiter

$$\xi = 0{,}5193$$

und

$$y_{max} = 0{,}00652\,\frac{p\,l^4}{E\,J}.$$

Durch Einsetzen von $\xi = 0$ bzw. $\xi = 1$ in den Ausdruck von $\frac{d\,y}{d\,z}$ findet man die Drehwinkel τ_A und τ_B.

$$\tau_A = \frac{7}{360}\,\frac{p\,l^3}{E\,J}, \quad \tau_B = -\frac{8}{360}\,\frac{p\,l^3}{E\,J}.$$

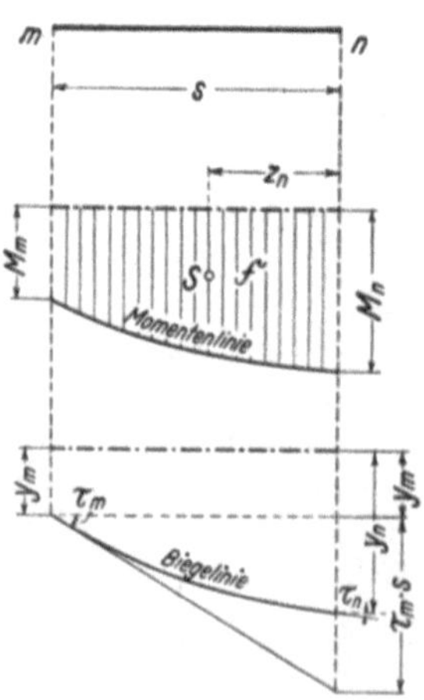

Abb. 186.

c) Ermittelung der Formänderungen eines geraden Stabes mit Hilfe des Mohrschen Satzes.

Steht ein Stabstück m—n (Abb. 186) von der Länge s unter dem Einflusse der Momente M und sind im Endpunkte m die Werte $\tau\ y$ bekannt, so sind im anderen Endpunkte n:

$$\tau_n = \tau_m - \frac{\mathfrak{F}}{E\,J}$$

und

$$y_n = y_m + \tau_m \cdot s - \frac{\mathfrak{F}\,z_n}{E\,J}.$$

Beim einfachen Balken $A—B$ ist, da $y_A = y_B = 0$ ist (vgl. Abb. 187):

$$o = o + \tau_A \cdot l - \frac{\mathfrak{F} \cdot z_{sb}}{E J},$$

d. h.
$$\tau_A = \frac{\mathfrak{F} \cdot z_{sb}}{E J l}$$

und entsprechend

$$\tau_B = -\frac{\mathfrak{F} \cdot z_{sa}}{E J l}.$$

Demnach ist: Die Drehwinkel an den Auflagern stimmen überein mit den Querkräften $\mathfrak{Q}_A$ und $\mathfrak{Q}_B$ aus der, als Belastung aufgefaßten, durch $E \cdot J$ reduzierten Momentenfläche. An beliebiger Stelle ist

$$y = \tau_A \cdot z - \frac{\mathfrak{F}_z \cdot s}{E J} = \frac{1}{E J}(\mathfrak{Q}_A \cdot z - \mathfrak{F}_z \cdot s)$$
$$= \frac{1}{E J}(\mathfrak{A} \cdot z - \mathfrak{F}_z \cdot s) = \frac{\mathfrak{M}}{E J},$$

d. h. die Durchbiegung an beliebiger Stelle z stimmt überein mit dem Moment der als Belastung des Balkens aufgefaßten, durch EJ dividierten Momentenfläche. Entsprechend ist an der Stelle z

$$\tau = \tau_A - \frac{\mathfrak{F}_z}{E J} = \mathfrak{Q}_z.$$

Beim Kragbalken ist $\tau_A = 0$ und daher an beliebiger Stelle z (vgl. Abb. 188)

$$y = -\frac{\mathfrak{F}_z \cdot z_s}{E J}, \quad \tau = 0 - \frac{\mathfrak{F}_z}{E J}.$$

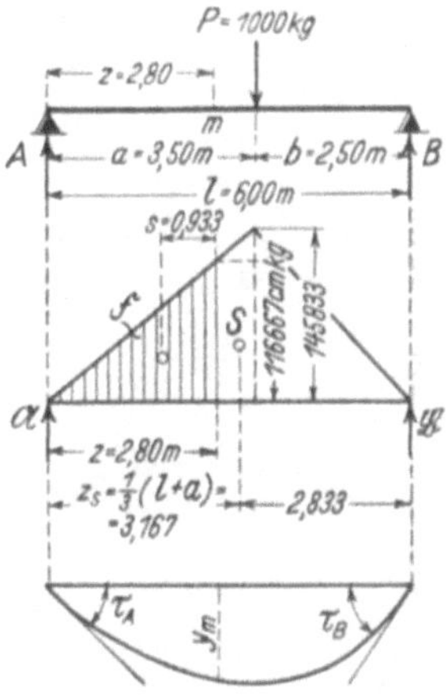

Abb. 187.

Zahlenbeispiel 1 (Abb. 187):

Der Balken ist in A und B frei drehbar und mit der Last $P = 1000$ kg belastet. Gesucht sind die Durchbiegung im Abstand $z = 2{,}80$ m von A und der Neigungswinkel in B.

$$F = \frac{1}{2}\, 600 \cdot 145800 = 43740000 \text{ cm}^2 \text{ kg},$$

$$\mathfrak{A} = 43740000\, \frac{2{,}833}{6{,}000} = \text{rd. } 20650000 \text{ cm}^2 \text{ kg},$$

$$\mathfrak{B} = 43740000\, \frac{3{,}167}{6{,}000} = 23090000 \quad ,, \quad ,,$$

$$\mathfrak{F} = \frac{1}{2}\, 116600 \cdot 280 = 16320000 \quad ,, \quad ,,$$

$\mathfrak{Q}_B = -\mathfrak{B} = -23090000 \text{ cm}^2 \text{ kg}$,

$\mathfrak{M} = 20650000 \cdot 280 - 16320000 \cdot 93{,}3 = 4259000000 \text{ cm}^3 \text{ kg}$.

Gewählt: $J = 30000 \text{ cm}^4$, $E = 210000 \text{ kg/cm}^2$.

Somit ist an der Stelle m:

$$y = \frac{4259000000}{210000 \cdot 30000} = 0{,}68 \text{ cm} \quad \text{und am Auflager } B:$$

$$\tau_B = \frac{23090000}{210000 \cdot 30000} = 0{,}0037 \quad \text{(Bogenmaß)}.$$

Eine Sekunde (1″) hat ein Bogenmaß von:

$$1'' = 2 \cdot \pi : 360 \cdot 60 \cdot 60 = 0{,}00000485,$$

eine Minute: $1' = 0{,}000291$,

und ein Grad: $1^0 = 0{,}0175$.

τ_B ist daher in Sekunden gemessen:

$$\tau_B = \frac{0{,}0037}{0{,}00000485} = 763''$$

und in Grad:

$$\tau_B = \frac{763}{60 \cdot 60} = 0{,}212^0.$$

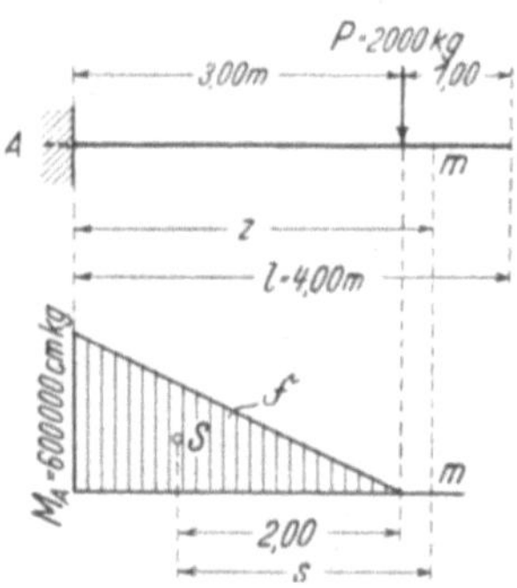

Abb. 188.

Zahlenbeispiel 2 (Abb. 188):

Der Stab ist in A vollkommen eingespannt, daher ist dort der Neigungswinkel naturgemäß $= 0$, also $\tau_A = 0$. An beliebiger Stelle ist:

$$\tau = \tau_A - \frac{\mathfrak{F}}{E J} = -\frac{\mathfrak{F}}{E J}$$

und

$$y = \tau_A \cdot z - \frac{\mathfrak{F} \cdot s}{E J} = -\frac{\mathfrak{F} \cdot s}{E J}.$$

Für die in Abb. 188 eingetragenen Werte und für einen Querschnitt von $b = 48$ cm, $d = 35$ cm, außerdem für $E = 210000 \text{ kg/cm}^2$ (Beton) ergeben sich für das freie Ende B die Durchbiegung und der Neigungswinkel wie folgt:

Für B ist $x = 400$ cm, $s = 100 + 2 \cdot 300 : 3 = 300$ cm.

Weiter ist

$$J = \frac{1}{12} \cdot 48 \cdot 35^3 = 171500 \text{ cm}^4,$$

$$\mathfrak{F} = -\frac{1}{2} \, 600000 \cdot 300 = 90000000 \text{ cm}^2 \text{ kg},$$

$$y_B = \frac{90\,000\,000 \cdot 300}{210\,000 \cdot 171\,500} = 0{,}75 \text{ cm},$$

$$\tau_B = \frac{90\,000\,000}{210\,000 \cdot 171\,500} = 0{,}0025 \text{ (Bogenmaß)}.$$

Gemäß vorigem Beispiel ist das Bogenmaß für eine Minute

$$1' = 0{,}000291.$$

Infolgedessen ist

$$\tau_B = 0{,}0025 : 0{,}000291 = 8{,}6'.$$

Zahlenbeispiel 3. Balken mit Kragarm (Abb. 189):

Gesucht sind τ_A, τ_B, τ_C, y_C. Das Biegungsmoment in B infolge von $P = 2000$ kg ist

$$M = -2000 \cdot 300 = -600\,000 \text{ cmkg}.$$

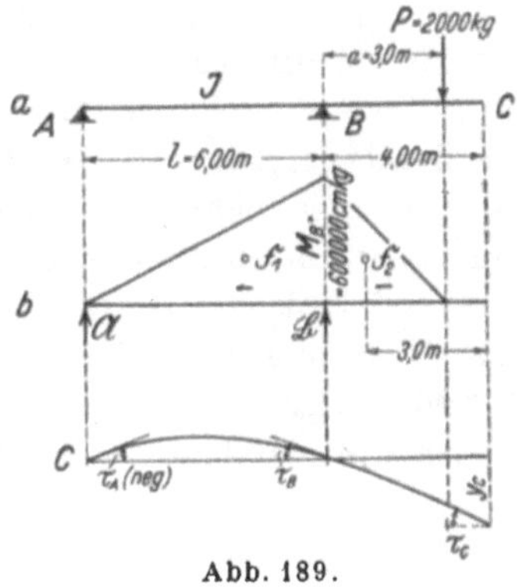

Abb. 189.

Der Verlauf der Biegungsmomente ist in Abb. 189b dargestellt. Faßt man zunächst nur den einfachen Balken A—B ins Auge, so ist dafür

$$\mathfrak{A} = \tau_A = \frac{1}{3} \cdot \frac{1}{2} M_B \cdot l : E J$$

$$= -\frac{600\,000 \cdot 600}{6 \cdot 210\,000 \cdot 171\,500} = -0{,}0017 \text{ (Bogenmaß)}.$$

Gemäß Zahlenbeispiel 1 ist weiter

$$\tau_A = -0{,}0017 : 0{,}000291 = -5{,}7'.$$

Ähnlich ergibt sich

$$\tau_B = \tau_A - \mathfrak{F}_1 : E J = \frac{1}{6} M_B \cdot l : E J - \frac{1}{2} M_B \cdot l : E J =$$

$$= -\frac{2}{3} M_B \cdot l : E J = \frac{2 \cdot 600\,000 \cdot 600}{3 \cdot 210\,000 \cdot 171\,500} = 0{,}0033 \text{ (Bogenmaß)},$$

d. i.:

$$\tau_B = 0{,}0033 : 0{,}000291 = 11{,}4'.$$

Im Endpunkt C ist

$$\tau_C = \tau_B - \frac{\mathfrak{F}}{E J} = 0{,}0033 + \frac{600\,000 \cdot 300}{2 \cdot 210\,000 \cdot 171\,500} =$$

$$= 0{,}0033 + 0{,}0025 = 0{,}0058 \text{ (Bogenmaß)},$$

d. i.:

$$\tau_C = 0{,}0058 : 0{,}000291 = 20{,}0'$$

$$y_C = \tau_B \cdot 400 - \mathfrak{F}_2 \cdot 300 : E J = 0{,}0033 \cdot 400 +$$

$$+ 0{,}0025 \cdot 300 = 2{,}08 \text{ cm}.$$

Die statischen Momente infolge der als Belastung aufzufassenden Momentenfläche können auch auf zeichnerischem Wege, mit Hilfe von Kräfte- und Seilpolygon bestimmt werden. Dieser Weg ist namentlich dann von Vorteil, wenn das Trägheitsmoment veränderlich ist. Die mit $E \cdot J$ reduzierte Momentenfläche wird dabei durch Senkrechte zur Stabachse in eine Anzahl Teile zerlegt, die als normal zur Stabachse wirkende Kräfte behandelt werden. Man zeichnet damit ein Kräftepolygon mit der Polhöhe H und das dazugehörige Seilpolygon. Die Schlußlinie wird so gezogen, daß die Auflagerbedingungen erfüllt sind. Das Produkt aus H und der zwischen Schlußlinie und Seilseite, in Richtung der Kräfte gemessene Ordinate y, also $H \cdot y$ stellt das Moment der Momentenfläche dar, d. h. die Durchbiegung an der betrachteten Stelle. Würde man $H = 1$ wählen (im Maßstabe der Kräfte), so wären die abzugreifenden

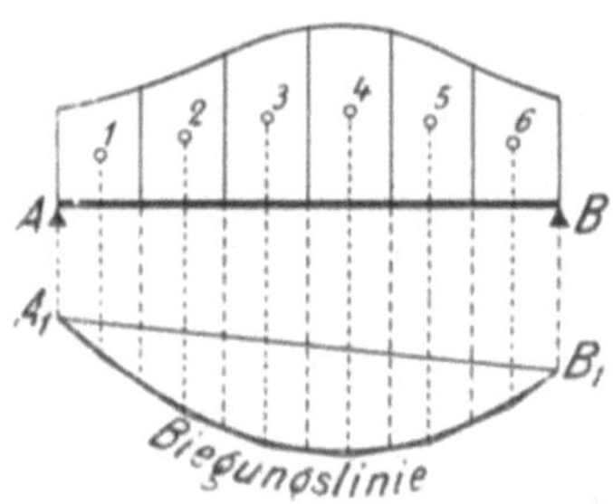

Abb. 190a.

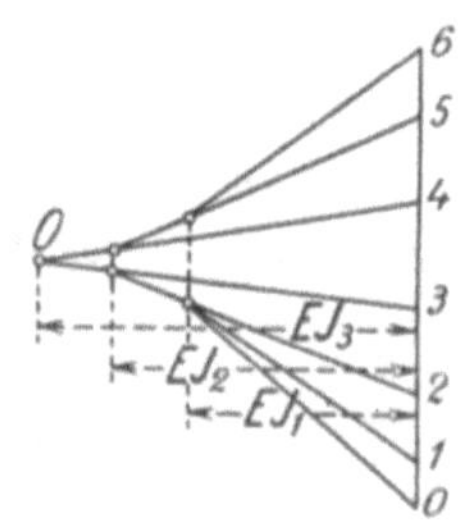

Abb. 190b.

Ordinaten y die im Maßstabe der Längen zu messenden Durchbiegungen. Da diese im allgemeinen zeichnerisch wegen ihrer Kleinheit nicht genau darstellbar sind, wählt man für H einen Bruchteil von 1 — z. B. $1 : E$ oder $1 : E \cdot J$ — und erhält damit Vielfache der im Maßstabe der Zeichnung abzugreifenden Durchbiegungen. Man kann die Veränderlichkeit des Trägheitsmomentes auch dadurch berücksichtigen, daß man die Polweite entsprechend dieser Veränderlichkeit ändert (vgl. Abb. 190a und 190b).

d) Ermittelung der Formänderungen mit Hilfe der Arbeitsgleichung.

Für sehr kleine Verschiebungen gilt für Kräftegruppen, die sich an einem elastischen Körper das Gleichgewicht halten, der Satz: Die virtuelle Arbeit der äußeren Kräfte ist gleich der virtuellen Formänderungsarbeit.

Für ein Stabgebilde, das durch Lastgruppen beansprucht wird, die in seiner Symmetrieebene zy liegen, kann der Satz in der Form geschrieben werden:

$$\Sigma \bar{P} \cdot \delta = \int \frac{\bar{M} M dz}{EJ} + \int \frac{\bar{N} N dz}{EF} + \int \frac{\bar{Q} Q dz}{G \cdot F_v}.$$

Hierin bedeuten $\bar{M}, \bar{Q}, \bar{N}$ die von der Lastgruppe $\bar{P}$ herrührenden Biegungsmomente, Querkräfte und Längskräfte und δ, $M, Q\ N$ die von einer zweiten Lastgruppe herrührenden Verschiebungen der Angriffspunkte von $\bar{P}$ in Richtung von $\bar{P}$, die von dieser Lastgruppe erzeugten Momente, Querkräfte und Längskräfte. Treten aus $\bar{P}$ und P auch Verdrehungsmomente $\bar{M}_z$ und M_z auf, so kommt rechts noch das Glied

$$\int \frac{\bar{M}_z M_z dz}{G J_2}$$

hinzu, wobei für rechteckige Querschnitte

$$J_2 = \frac{b^3 d^3}{3{,}6\,(b^2 + d^2)}$$

zu setzen ist.

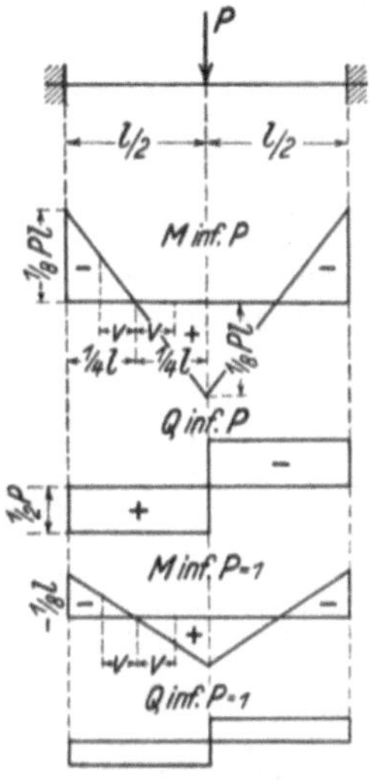

Abb. 191.

Zahlenbeispiel 1. Beiderseits eingespannter Balken von konstantem Querschnitt mit Einzellast in der Mitte (Abb. 191).

Gesucht ist die Durchbiegung unter $P(\delta)$. Fall 34 der Tafel in Kapitel 65 liefert für P den Verlauf der Momente und der Querkräfte (Abb. 191 b und c). Die Belastung infolge P bezeichnen wir als Verschiebungszustand[1]) (weil eine infolge dieses Zustandes entstehende Verschiebung gesucht ist). Als virtuellen Belastungszustand $\bar{P}$ wird in zweckmäßiger Weise eine mit P zusammenfallende Last $\bar{P} = 1$ gewählt. Dafür ist der Verlauf der Momente und Querkräfte durch die Abb. 191 d, e gegeben. Längskräfte treten weder infolge von P noch von $\bar{P}$ auf. Die Arbeitsgleichung lautet nun (vgl. Abb. 191):

$$1 \cdot \delta = 2 \left\{ \frac{2}{EJ} \int_0^{l/4} \frac{1}{2} P \cdot v \cdot \frac{1}{2} \cdot v dv + \frac{1}{G \cdot F_v} \int_0^{l/4} \frac{P}{2} \cdot \frac{1}{2} dz \right\}$$

$$= \frac{P}{EJ} \int_0^{l/4} v^2 dv + \frac{P}{2 G F_v} \int_0^{l/4} dz;$$

$$\underline{\delta = \frac{1}{192} \frac{P l^3}{EJ} + \frac{1}{4} \frac{P l}{G \cdot F_v}}.$$

[1]) Herleitung vgl. Vianello, 3. Aufl., S. 66.

Hat der Querschnitt durchgehend die Breite b und die Höhe d, so ist

$$F = b \cdot d,$$

$$F_v = \frac{5}{6}\, b \cdot d,$$

$$J = \frac{1}{12}\, b d^3.$$

Setzt man außerdem beispielsweise wieder (für Beton): $E = 210000$ kg/cm², $G = 140000$ kg/cm², d. h. $G = {}^2/_3\, E$, so nimmt δ die Form an:

$$\delta = \frac{P l}{E}\left(\frac{1}{16}\,\frac{l^2}{b\, d^3} + \frac{9}{20}\,\frac{1}{b \cdot d}\right)$$

$$= \frac{P}{E}\,\frac{l}{b \cdot d}\left(\frac{1}{16}\,\frac{l^2}{d^2} + \frac{9}{20}\right).$$

Mit Hilfe dieser letzten Gleichung sind die in der nachfolgenden Zusammenstellung enthaltenen, von der Querkraft herrührenden Beiträge an die Durchbiegung δ errechnet worden.

$\frac{d}{l}$	Erhöhung der Durchbiegung durch Berücksichtigung der Querkräfte
$^1/_3$	80%
$^1/_4$	45%
$^1/_5$	29%
$^1/_6$	20%
$^1/_8$	11%
$^1/_{10}$	7%

Hieraus erkennt man, daß bei eingespannten Stäben der Einfluß der Querkräfte auf die Durchbiegungen bedeutend ist. Erst von $\frac{d}{l} < \frac{1}{10}$ an darf wohl der Einfluß vernachlässigt werden.

2. Beispiel.

Für den durch Abb. 192 dargestellten Halbrahmen soll die wagrechte Verschiebung δ des Auflagerpunktes B infolge der Einzellast P ermittelt werden. Zu diesem Zwecke wählt man P als Verschiebungszustand und $P = 1$ (in Richtung von δ) als Belastungszustand und wendet für diese beiden Lastgruppen die Arbeitsgleichung an. Der Einfluß der Querkräfte soll dabei vernachlässigt werden.

$$1 \cdot \delta = \int_0^l \frac{M\, M}{E \cdot J}\, d z.$$

Das Integral ist nur über l zu erstrecken, weil im Stab h wohl Momente $\bar{M}$, aber keine Momente M auftreten (vgl. Abb. 192 b, c).

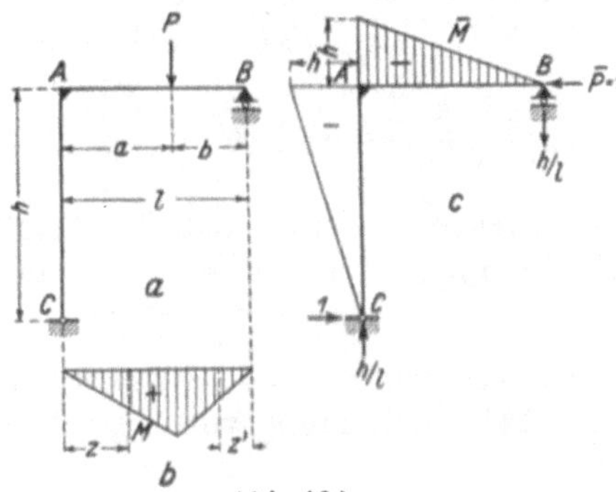

Abb. 192.

An beliebiger Stelle z ist

$$M = \frac{Pb}{l}\, z$$

und

$$M = -\left(h - \frac{h}{l}\, z\right),$$

und an beliebiger Stelle z'

$$M = \frac{Pa}{l}\, z'$$

und

$$M = -\frac{h}{l}\, z',$$

folglich ist für die Strecke a

$$\bar{M}\, M = -\frac{Pbh}{l}\left(z - \frac{z^2}{l}\right)$$

und

$$\int\limits_0^a M\, M\, dz = -\frac{P \cdot b \cdot h}{l} \int\limits_0^a \left(z - \frac{z^2}{l}\right) dz = -\frac{Pbh}{l}\left(\frac{a^2}{2} - \frac{a^3}{3\,l}\right).$$

Ebenso ergibt sich für die Strecke b

$$M\, M = -\frac{Pah}{l^2}\, z'^2$$

und

$$\int\limits_0^b \bar{M}\, M\, dz = -\frac{Pah}{l^2} \int\limits_0^b z'^2\, dz = -\frac{P \cdot a \cdot b^3 h}{3\, l^2}.$$

Für die gesuchte Verschiebung ergibt sich sodann der Ausdruck:

$$\delta = -\frac{P a b \cdot h}{E J l}\left(\frac{a}{2} - \frac{a^2}{3 l} + \frac{b^2}{3 l}\right)$$

$$= -\frac{P a b \cdot h}{6 E J l}(2 l - a) = -\frac{P a b h}{6 E J l}(l + b).$$

Das negative Zeichen bedeutet, daß die Verschiebung nicht in Richtung der angenommenen Kraft $P = 1$ sondern ihr entgegengesetzt erfolgt.

Aus den vorangegangenen zwei Beispielen kann man schon erkennen, daß man bei Bestimmung von Durchbiegungen mit Hilfe

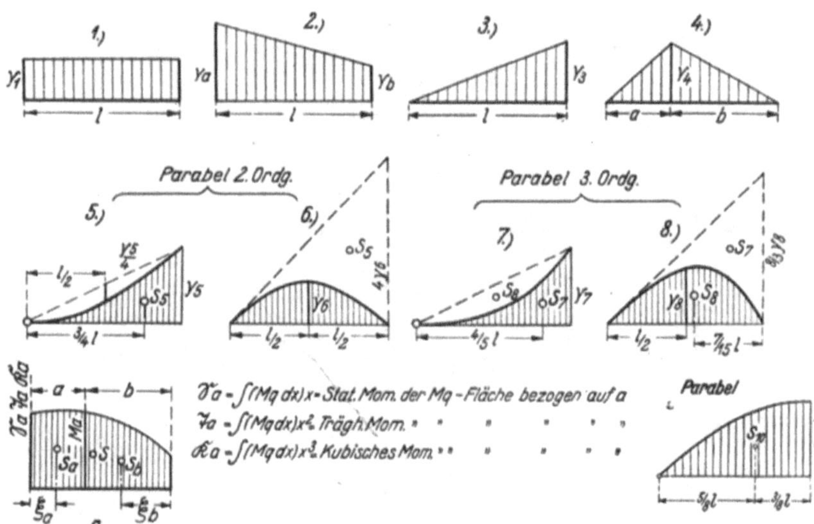

Abb. 193.

der Arbeitsgleichung auf Ausdrücke von der Form

$$E J \delta_{ik} = \int M_i \cdot M_k \cdot d z$$

gelangt. Die folgende Tafel und die nächste Zusammenstellung im Zusammenhange mit der Abb. 193 enthalten für die meisten Belastungsfälle die Werte

$$\int M_0 M_a d s = \int M_i M_k d z.$$

Tafel der Werte $EJ\delta_{ik} = \int M_i M_k dx$ (hierzu Abb. 193).

Müller-Breslau, Statik der Baukonstruktionen, II. Bd., 2. Teil, nach einer Zusammenstellung von Prof. Dr. Pohl.

In der folgenden Tafel bedeutet in der ersten Spalte z. B.: $2-2 = \int M_a^2 dx$ eines Trapezes, ferner $2-2' = \int M_0 M_a dx$ von zwei Trapezen.

Inhalte $\mathfrak{F}$ der Momentenflächen.

Rechteck $\mathfrak{F}_1 = Y_1 l$	Trapez $\mathfrak{F}_2 = (Y_a + Y_b)\frac{l}{2}$	Dreieck $\mathfrak{F}_3 = Y_3\frac{l}{2}$	Dreieck $\mathfrak{F}_4 = Y_4\frac{l}{2}$
Quadr. Par. $\mathfrak{F}_5 = Y_5\frac{l}{3}$	Quadr. Par. $\mathfrak{F}_6 = Y_6\frac{2}{3}l$	Kub. Par. $\mathfrak{F}_7 = Y_7\frac{l}{4}$	Kub. Par. $\mathfrak{F}_8 = Y_8\cdot\frac{2}{3}l$

11	$Y_1^2 l$	29	$(Y_a \mathfrak{S}_b + Y_b \mathfrak{S}_a)\frac{1}{l}$	55′	$Y_5 Y_5' \frac{l}{5}$
11′	$Y_1 Y_1' l$	33	$Y_3^2 \frac{l}{3}$	56	$Y_5 Y_6 \frac{l}{5}$
12	$Y_1 (Y_a + Y_b)\frac{l}{2}$	33′	$Y_3 Y_3' \frac{l}{3}$	57	$Y_5 Y_7 \frac{l}{6}$
13	$Y_1 Y_3 \frac{l}{2}$	34	$Y_3 Y_4 \frac{(l+a)}{6}$	58	$Y_5 Y_8 \frac{2}{9} l$
14	$Y_1 Y_4 \frac{l}{2}$	36	$Y_3 Y_5 \frac{l}{4}$	59	$Y_5 \frac{\mathfrak{T}_a}{l^2}$
15	$Y_1 Y_5 \frac{l}{3}$	36	$Y_3 Y_6 \frac{l}{3}$	66	$Y_6^2 \frac{8}{15} l$
16	$Y_1 Y_6 \frac{2}{3} l$	37	$Y_3 Y_7 \frac{l}{5}$	66′	$Y_6 Y_6' \frac{8}{15} l$
17	$Y_1 Y_7 \frac{l}{4}$	38	$Y_3 Y_8 \frac{16}{45} l$	67	$Y_6 Y_7 \frac{2}{15} l$
18	$Y_1 Y_8 \frac{2}{3} l$	39	$Y_3 \frac{\mathfrak{S}_a}{l}$	68	$Y_6 Y_8 \frac{8}{15} l$
19	$Y_1 \mathfrak{F}_9$	3/10	$Y_3 \cdot Y_{10} \cdot \frac{5}{12} \cdot l$	69	$Y_6 (l \mathfrak{S}_a - \mathfrak{T}_a)\frac{4}{l^3}$
22	$(Y_a^2 + Y_a Y_b + Y_b^2)\frac{l}{3}$	44	$Y_4^2 \frac{l}{3}$	77	$Y_7^2 \frac{l}{7}$
22′	$[Y_a (2 Y' a + Y' b) + {}$ $+ Y_b (2 Y' b + Y' a]\frac{l}{6}$	44′	$Y_4 Y_4' \frac{l}{3}$	77′	$Y_7 Y_7' \frac{l}{7}$
23	$Y_3 (Y_a + 2 Y_b)\frac{l}{6}$	45	$Y_4 Y_5 \frac{(l^2 + a l + a^2)}{12 l}$	78	$Y_7 Y_8 \frac{16}{105} l$
24	$\frac{Y_4}{6}[Y_a b + Y_b a + l(Y_a + Y_b)]$	46	$Y_4 Y_6 \frac{(l^2 + a b)}{3 l}$	79	$Y_7 \frac{\mathfrak{K}_a}{l^3}$
25	$Y_5 (Y_a + 3 Y_b)\frac{l}{12}$	47	$Y_4 Y_7 \frac{(l+a)(l^2+a^2)}{20 l^2}$	88	$Y_8^2 \frac{512}{945} l$
26	$Y_6 (Y_a + Y_b)\frac{l}{3}$	48	$Y_4 Y_8 \frac{2}{45}\frac{(7 l^2 - 3 a^2)(l+a)}{l^2}$	88′	$Y_8 Y_8' \frac{512}{945} l$
27	$Y_7 (Y_a + 4 Y_b)\frac{l}{20}$	49	$Y_4\left(\frac{\mathfrak{F}_a \xi_a}{a} + \frac{\mathfrak{F}_b \xi_b}{b}\right)$	89	$Y_8 (l^2 \mathfrak{S}_a - \mathfrak{K}_a)\frac{8}{3 l^3}$
28	$Y_8 (7 Y_a + 8 Y_b)\frac{2}{45} l$	55	$Y_5^2 \frac{l}{5}$		

Zusammenstellung einiger oft gebrauchter Integralwerte bei Durchbiegungsberechnungen.

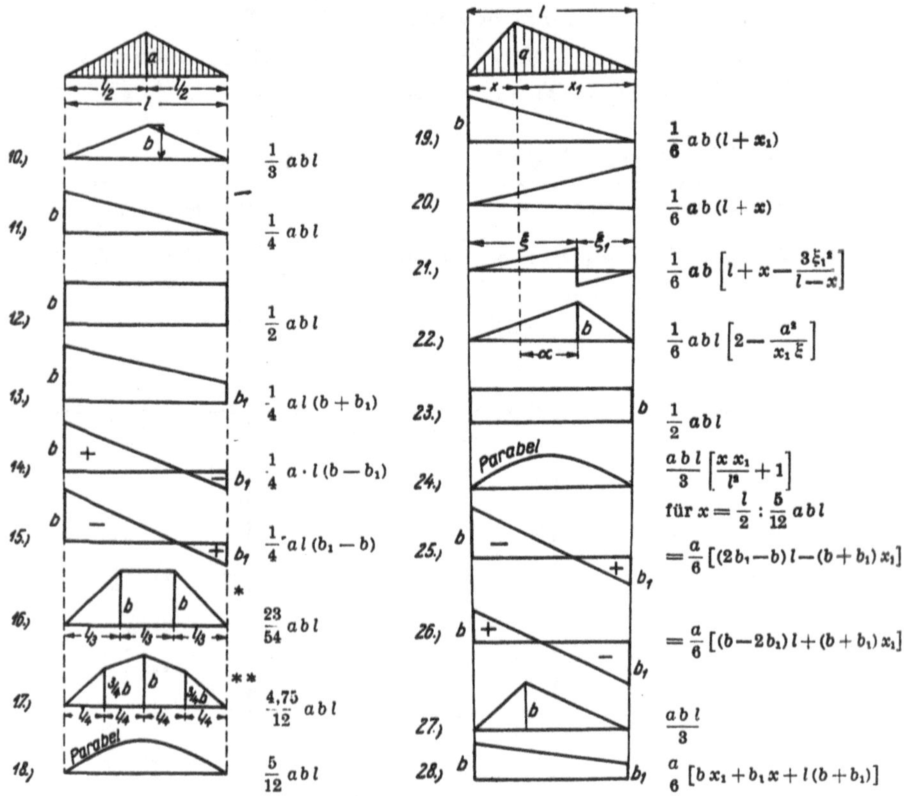

* Entspricht der Momentenfläche bei Belastung in den 3tel-Punkten.
** " " " " " " 4 " " .

Abb. 193a.

3. Beispiel.

Gegeben ein Balken auf 4 Stützen, der gleichmäßig mit g belastet ist. Gesucht die Durchbiegung in der Mitte des Endfeldes, ferner in der Mitte des Mittelfeldes. Nach der Tafel 6 von Kapitel 66 findet man $M_B = M_C = -0{,}1\,g\,l^2$.

In Abb. 194a ist der Balken der ersten Öffnung herausgeschnitten gedacht; an dem früheren Zustand ist nichts dadurch geändert, wenn man rechts das Stützenmoment M_B anbringt. Dies ist also der wirkliche Belastungszustand, dessen Durchbiegung im Punkte m gesucht ist. Als gedachten Belastungszustand wählen wir den Balken auf zwei Stützen mit der Last 1 im Punkte m (Abb. 194c).

Das Gesetz der virtuellen Verrückungen lautet:

$$\Sigma \bar{P} \cdot \delta_{m1} = \int \bar{M}\, d\omega$$

$P = 1$ wirkl. Verschiebungszustand.

Hierin ist

$$d\omega = \frac{1}{EJ} M_u\, ds$$

und

$$1 \cdot \delta_{m1} = \frac{1}{EJ}\int M_0\, M_u\, ds.$$

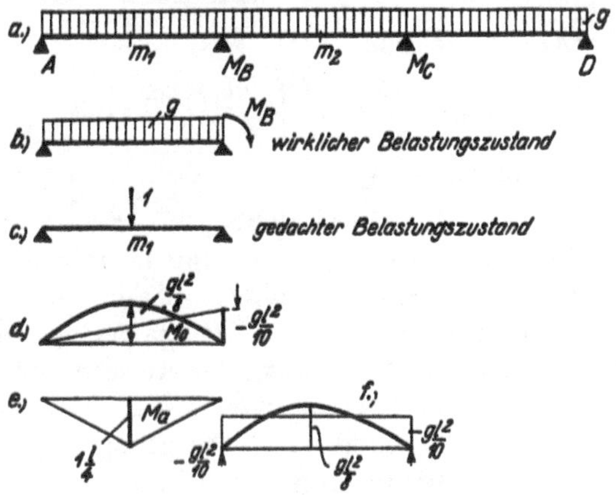

Abb. 194.

Zur Bestimmung des Integralwertes soll die oben angeführte Tafel verwendet werden. In unserem Beispiel haben wir gemäß Abb. 194 d und e somit eine Parabel $\frac{g l^2}{8}$ mit dem Mittelspitzendreieck $\frac{Pl}{4}$ zusammenzusetzen und davon abzuziehen den Betrag des mit demselben Dreieck zusammengesetzten Dreiecks des Stützenmomentes $\frac{g l^2}{10}$. Aus obiger Tafel wird

$$\delta_{m1} = \frac{1}{EJ}\left[\frac{5}{12}\,\frac{g l^2}{8}\,\frac{l}{4}\,l - \frac{1}{4}\,\frac{g l^2}{10}\,\frac{l}{4}\,l\right] = \underline{\frac{2{,}6}{384}\,\frac{g l^4}{EJ}} = 0{,}00675\,\frac{g l^4}{EJ}$$

(gegenüber $\frac{5}{384}\,\frac{g l^4}{EJ}$ beim Balken auf zwei Stützen).

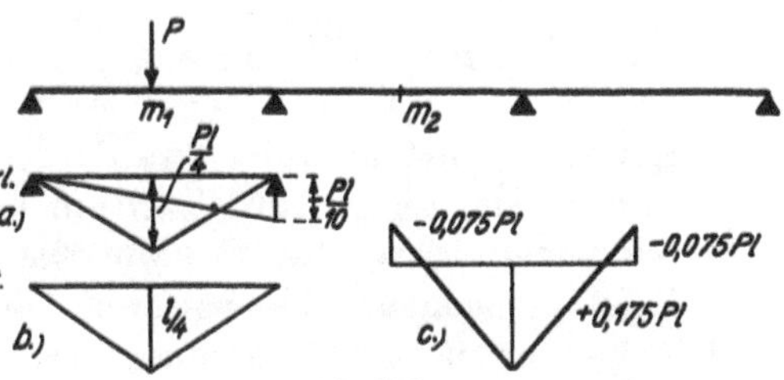

Abb. 195.

Entsprechend wird die Durchbiegung des Mittelfeldes (Abb. 194f und e):

$$\delta_{m2} = \frac{1}{EJ}\left[\frac{5\,l^4}{384} - \frac{1}{2}\,\frac{g l^2}{10}\,\frac{l}{4}\,l\right] = \frac{0{,}2}{384}\,\frac{g l^4}{EJ} = 0{,}00052\,\frac{g l^4}{EJ}.$$

Und die Durchbiegung infolge einer Einzellast im Endfeld (Abb. 195a und b):

$$\delta_{m1} = \frac{1}{EJ}\left[\frac{P\,l^3}{48} - \frac{1}{4}\,\frac{1}{10}\,P\,l \cdot \frac{1}{4} \cdot l\right] = \underline{\frac{0{,}7}{48}\,\frac{P\,l^3}{EJ}} = 0{,}01465\,\frac{P\,l^3}{EJ}$$

(gegenüber $\frac{1}{48}\,\frac{p\,l^3}{EJ}$ beim Balken auf zwei Stützen), im Mittelfeld (Abb. 195c und b):

$$\delta_{m2} = \frac{1}{EJ}\left\{\frac{2\,l}{12}\left[\frac{P\,l}{4}\,(2 \cdot 0{,}175\,l - 0{,}075\,l)\right]\right\} = \underline{\frac{0{,}55}{48}\,\frac{P\,l^3}{EJ}}.$$

4. Beispiel.

Für das durch Abb. 196 dargestellte Eisenbetontragwerk soll die Durchbiegung in Feldmitte infolge der drei Lasten $P = 20$ t ermittelt werden. Dabei soll der Einfluß der Querkräfte und der Längskraft in der Pendelstütze nachgewiesen werden, und zwar sowohl für die Berechnung der statisch unbestimmten Größe X (Längskraft in der Pendelstütze) als auch für die Berechnung der Durchbiegungen. Die als statisch unbestimmte Größe gewählte Längskraft der Pendelstütze ergibt sich in bekannter Weise aus dem Quotienten der im einfachen Balken A—B zu bestimmenden Durchbiegung im Punkte C infolge der äußeren Lasten einerseits und infolge von $X = -1$ anderseits. Es ist demnach

$$X = -\frac{\delta_{0x}}{\delta_{xx}}.$$

Nach der zu Anfang von d) gegebenen allgemeinen Gleichung ergibt sich:

$$\delta_{0x} = \int \frac{M_0\,M_x}{EJ}\,d\,z + \int \frac{Q_0\,Q_x}{G \cdot F_x}\,d\,z$$

und

$$\delta_{xx} = \int \frac{M_x^2}{EJ}\,d\,z + \int \frac{N_x^2}{EF}\,d\,z + \int \frac{Q_x^2}{G\,F_x}\,d\,z.$$

Die Werte M_0 und Q_0 sind in Abb. 196a dargestellt, die Werte M_x und Q_x in Abb. 196b. Eine Längskraft N_0 tritt nicht auf, N_x ist $= 1$. Die Bildung der einzelnen Integralwerte kann wie folgt unter Zuhilfenahme der Tafel geschehen. Zur besseren Übersicht sind im folgenden die Beiträge aus M, aus Q und aus N errechnet. Die stat. unbekannten Kräfte X, die Biegungsmomente und die Durchbiegungen, die sich ergeben bei Berücksichtigung der Momente allein tragen den Index 1, die Werte der entsprechenden Größen, die bei Mitberücksichtigung der Querkräfte errechnet sind, tragen den Index 2. Der Index 3 schließlich weist darauf hin, daß Momente, Quer-

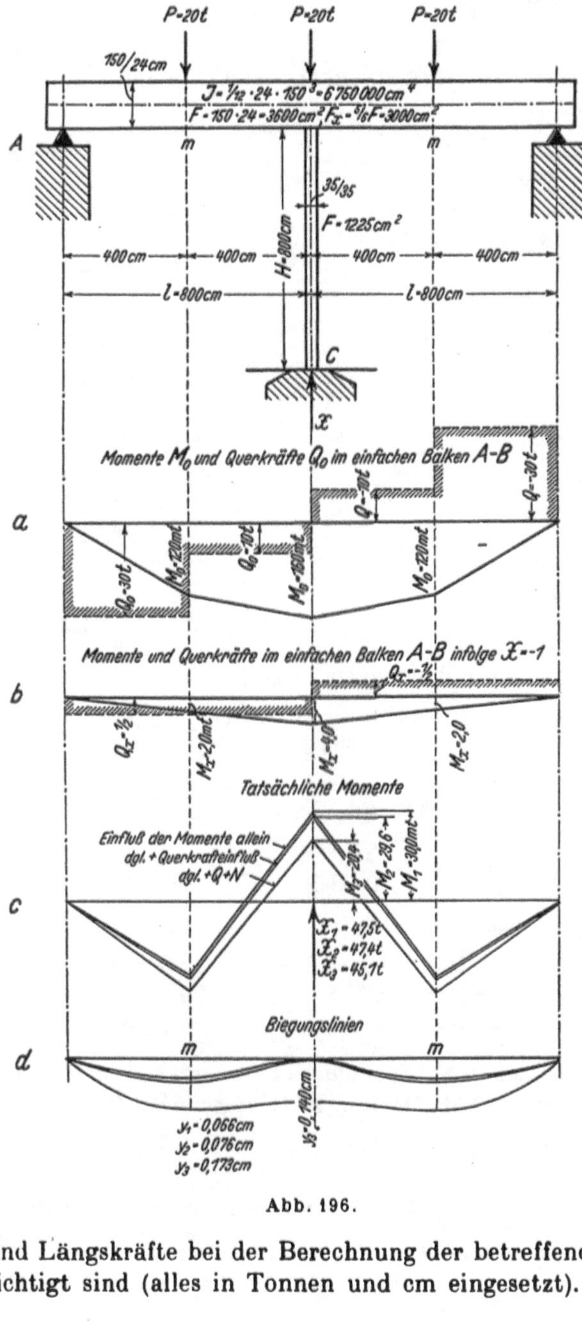

Abb. 196.

kräfte und Längskräfte bei der Berechnung der betreffenden Größen berücksichtigt sind (alles in Tonnen und cm eingesetzt).

Einfluß von M_0:

$$\delta_{01} = \frac{2\left\{\frac{1}{3}\,12000\cdot 200\cdot 400 + \left[12000(2\cdot 200+400)+16000(2\cdot 400+200)\right]\frac{400}{6}\right\}}{210\cdot 6750000}$$

$= 2{,}85949$ cm

Einfluß von Q_0:

$$\delta_0 = \frac{2\,(30+10)\,400\cdot 0{,}5}{140\cdot 3000} = 0{,}03810\ \text{,,}$$

$$\delta_{02} = \delta_{03} = 2{,}89759\ \text{cm}$$

Einfluß von M_x:

$$\delta_{xx1} = \frac{2\cdot\frac{1}{3}\cdot 400\cdot 400\cdot 800}{210\cdot 6750000} \ldots\ldots = 0{,}06020\ \text{cm}$$

Einfluß von Q_x:

$$\delta_{xx} = \frac{2\cdot 0{,}5\cdot 800\cdot 0{,}5}{140\cdot 3000} \ldots\ldots = 0{,}00095\ \text{,,}$$

$$\delta_{xx2} = 0{,}06115\ \text{cm}$$

Einfluß von $N_x = 1$:

$$\delta_{xx} = \frac{1\cdot 800}{210\cdot 1225} \ldots\ldots = 0{,}00311\ \text{,,}$$

$$\delta_{xx3} = 0{,}06426\ \text{cm}$$

Aus diesen Durchbiegungen folgt:

$$X_1 = \frac{2{,}85949}{0{,}06020} = 47{,}5\ \text{t},$$

$$X_2 = \frac{2{,}89759}{0{,}06115} = 47{,}4\ \text{t},$$

$$X_3 = \frac{2{,}89759}{0{,}06426} = 45{,}1\ \text{t}$$

und weiter die Stützenmomente:

$$M_1 = 160 - 47{,}5\cdot 4{,}0 = -30{,}0\ \text{mt},$$
$$M_2 = 160 - 47{,}4\cdot 4{,}0 = -29{,}6\ \text{mt},$$
$$M_3 = 160 - 45{,}1\cdot 4{,}0 = -20{,}4\ \text{mt}.$$

Die Durchbiegungen in Feldmitte m ergeben sich aus der Zusammensetzung der Fälle 18 und 24 (Kapitel 65). Der Fall 18 liefert $y_m = \frac{1}{48\,E\,J}\,P\,l^3$ und der Fall 24 $y = \frac{l^2}{6\,E\,J}\left(\frac{x}{l} - \frac{x^3}{l^3}\right)M$, d. h. für Feldmitte $y_m = \frac{1}{16}\,\frac{l^2}{E\,J}\,M$ (M = Stützenmoment). Der direkte Einfluß der Querkräfte ist für den betrachteten Punkt m unabhängig von der Größe des Stützenmomentes über C. Es ist nämlich, wenn man die Querkraft links der Last P mit Q_l, die Querkraft rechts von P mit Q_r bezeichnet, und diesen Zustand kombiniert mit dem Querkraftverlauf im einfachen Balken $A-C$ infolge $P=1$ in Feldmitte

$$y_m=\left(Q_l\cdot\frac{1}{2}\cdot\frac{l}{2}+Q_r\cdot\frac{1}{2}\cdot\frac{l}{2}\right)\frac{1}{GF_x}=\frac{1}{4}\,l\,(Q_l+Q_r)\frac{1}{GF_x}=\frac{P\cdot l}{4GF_x}.$$

Die Verkürzung der Pendelstütze beträgt

$$\Delta h=0{,}00311\cdot X,$$

auf die Feldmitte zurückgerechnet, ergibt sich daraus

$$y_m=0{,}00156\cdot X.$$

Die Zusammensetzung dieser Einzelbeträge liefert:

$$y_1=\frac{1}{EJ}\left(P\frac{l^3}{48}+\frac{l^2}{16}M_1\right)=$$

$$=\frac{1}{210\cdot 6\,750\,000}\left(20\frac{800^3}{48}-\frac{800^2}{16}\cdot 3000\right)=0{,}0658\text{ cm},$$

$$y_2=\frac{1}{EJ}\left(P\frac{l^3}{48}+\frac{l^2}{16}M_2\right)+\frac{Pl}{4GF_x}=$$

$$=\frac{1}{210\cdot 6\,750\,000}\left(20\frac{800^3}{48}-\frac{800^2}{16}\cdot 2960\right)+\frac{20\cdot 800}{4\cdot 140\cdot 3000}=$$

$$=0{,}0765\text{ cm},$$

$$y_3=\frac{1}{EJ}\left(P\frac{l^3}{48}+\frac{l^2}{16}M_3\right)+\frac{Pl}{4GF_y}+0{,}00156\,X_3=$$

$$=\frac{1}{210\cdot 6\,750\,000}\left(20\cdot\frac{800^3}{48}-\frac{800^2}{16}\cdot 2040\right)+\frac{20\cdot 800}{4\cdot 140\cdot 3000}+$$

$$+0{,}00156\cdot 45{,}1=0{,}1728\text{ cm}.$$

Die Zahlenbeispiele 1 und 4 des Absatzes d) und das Zahlenbeispiel 4 des Absatzes a) zeigen, daß es durchaus nicht statthaft ist, bei der Berechnung von Formänderungen grundsätzlich den Einfluß der Längs- und Querkräfte zu vernachlässigen. Bei der Beurteilung, ob die Querkräfte mit zu berücksichtigen sind, genügt es also nicht immer, vom Verhältnis zwischen Stützweite und Balkenhöhe auszugehen. Es ist vielmehr auch die Lagerung des Stabes dabei zu beachten. Beträgt z. B. bei einem einfachen, gleichmäßig belasteten Balken der Beitrag der Querkräfte zur Durchbiegung in Stabmitte 2%, so macht dieser Betrag beim beiderseits eingespannten Balken von sonst gleicher Stützweite und gleichem Querschnitt 10% aus. Bei Rahmenriegeln wird der Einfluß der Querkräfte auf die Durchbiegung in vielen Fällen nicht vernachlässigbar sein. Die Längskräfte sind namentlich bei Bögen, aber auch bei schlanken Stützen (letztes Beispiel) mit zu berücksichtigen.

Kap. 65. Grundbelastungsfälle, größte Momente, größte Querkräfte, Durchbiegungen und Drehwinkel.

Bei den Formänderungen ist in den folgenden Fällen der Einfluß der Querkräfte außer acht gelassen.

Nr.	Belastungsfall	Querkräfte Q	Biegungsmomente M	Durchbiegungen y	Drehwinkel τ
1	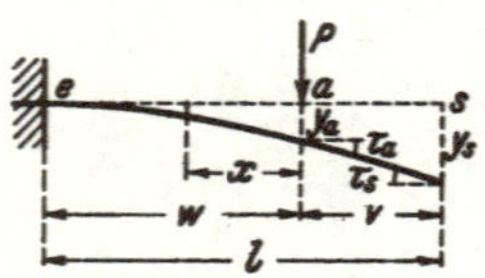	Auf der Strecke v: $Q=0$ Auf der Strecke w: $Q=-P$	Auf der Strecke v; $M=0$ Auf der Strecke w: $M=-P\cdot x$ $M_e=-P\cdot w$	$y_a=\frac{1}{3EJ}P\cdot w^3$ $y_s=\frac{1}{6EJ}Pw^2(3l-w)$	$\tau_a=\tau_s=\frac{P}{2EJ}w^2$
2	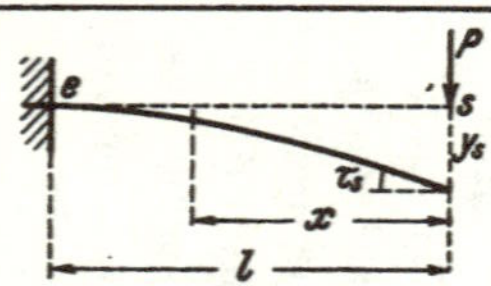	$Q=-P$	$M=-P\cdot x$ $M_e=-P\cdot l$	$y_s=\frac{1}{3EJ}Pl^3$	$\tau_s=\frac{1}{2EJ}P\cdot l^2$
3	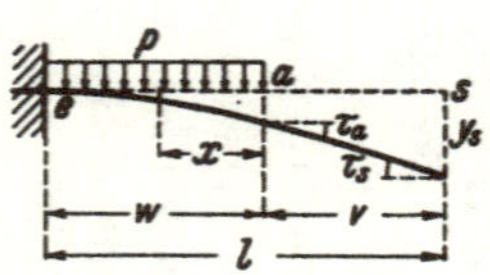	Auf der Strecke v: $Q=0$ Auf der Strecke w: $Q=-p\cdot x$ $Q_e=-pw$	Auf der Strecke v: $M=0$ Auf der Strecke w: $M=-\frac{1}{2}px^2$ $M_e=-\frac{1}{2}pw^2$	$y_a=\frac{1}{8EJ}p\cdot w^4$ $y_s=\frac{1}{6EJ}pw^3\left(l-\frac{w}{4}\right)$	$\tau_a=\tau_s=\frac{1}{6EJ}pw^3$
4	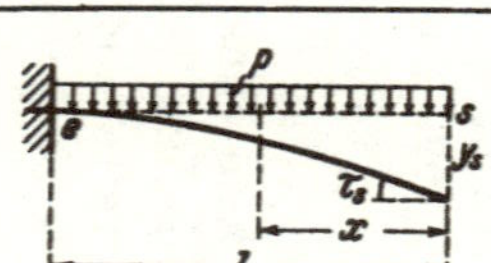	$Q=-p\cdot x$ $Q_e=-pl$	$M=-\frac{1}{2}px^2$ $M_e=-\frac{1}{2}pl^2$	$y_s=\frac{1}{8EJ}pl^4$	$\tau_s=\frac{1}{6EJ}pl^3$

Nr.	Belastungsfall	Querkräfte Q	Biegungsmomente M	Durchbiegungen y	Drehwinkel τ
5	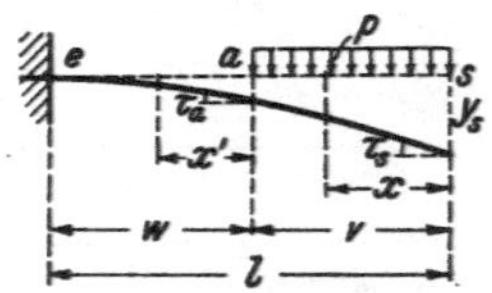	Auf der Strecke v: $Q = -p \cdot x$ Auf der Strecke w: $Q = -p \cdot v$	Auf der Strecke v: $M = -\frac{1}{2} p \cdot x^2$ Auf der Strecke w: $M = -p \cdot v\left(\frac{v}{2} + x'\right)$ $M_e = -p \cdot v\left(\frac{v}{2} + w\right)$	$y_a = \frac{1}{12EJ} p v w^2 (4w + 3v)$ $y_s = \frac{1}{24EJ} p v (8w^3 + 18w^2 v + 12 w v^2 + 3v^3)$	$\tau_a = \frac{1}{2EJ} p v w \cdot l$ $\tau_s = \frac{1}{6EJ} p v (3wl + v^2)$
6	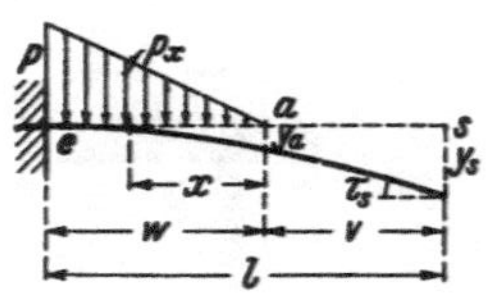	Auf der Strecke v: $Q = 0$ Auf der Strecke w: $Q = \frac{1}{2} p \frac{x^2}{w}$ $Q_e = \frac{1}{2} p \cdot w$	Auf der Strecke v: $M = 0$ Auf der Strecke w: $M = -\frac{1}{6} p \frac{x^3}{w}$ $M_e = -\frac{1}{6} p w^2$	$y_a = \frac{1}{30EJ} p w^4$ $y_s = \frac{1}{120EJ} w^3 (5l - w)$	$\tau_a = \tau_s = \frac{1}{24EJ} p w^3$
7	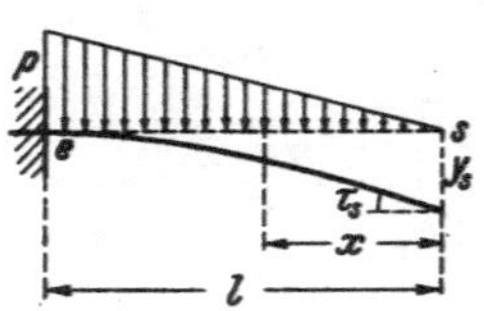	$Q = -\frac{1}{2} p \frac{x^2}{l}$ $Q_e = -\frac{1}{2} p l$	$M = -\frac{1}{6} p \frac{x^3}{l}$ $M_e = -\frac{1}{6} p l^2$	$y_s = \frac{1}{30EJ} p l^4$	$\tau_s = \frac{1}{24EJ} p l^3$

Nr.	Belastungsfall	Querkräfte Q	Biegungsmomente M	Durchbiegungen y	Drehwinkel τ
8	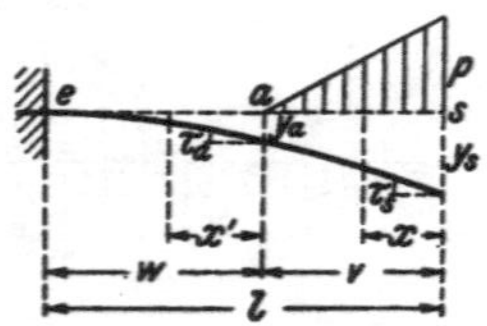 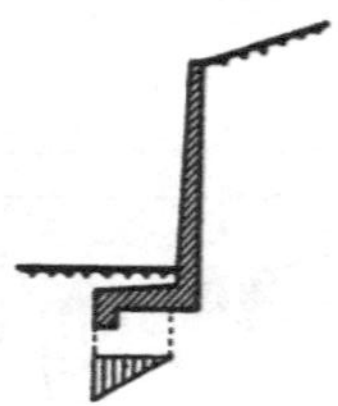	Auf der Strecke v: $Q = -p\,x\left(1-\frac{x}{2\,v}\right)$ Auf der Strecke w: $Q = = \frac{1}{2}\,p v$	Auf der Strecke v: $M_x = -\frac{1}{6}\,p\left(3-\frac{x}{v}\right)x^2$ Auf der Strecke w: $M = -\frac{1}{2}\,p\cdot v\left(\frac{2}{3}v + x'\right)$ $M_e = -\frac{1}{6}\,p v\,(3\,l - v)$	$y_a = \frac{1}{6\,EJ}\,v\,w^2\,l$ $y_s = \frac{1}{120\,EJ}\,p v\,(20\,w^3 +$ $+ 50\,v\,w^2 + 40\,v^2\,w + 11\,v^3)$	$\tau_a = \frac{1}{12\,EJ}\,p\,v\,w$ $(3\,w + 4\,v)$ $\tau_s = \frac{1}{24\,EJ}\,p v$ $(6\,w^2 + 8\,v\,w + 3\,v^2)$
9	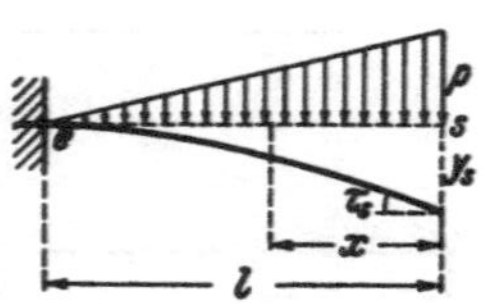	$Q = -p\cdot x\left(1-\frac{x}{2\,l}\right)$ $Q_e = -\frac{1}{2}\,p\cdot l$	$M = \frac{1}{6}\,p\left(3-\frac{x}{l}\right)x^2$ $M_e = \frac{1}{3}\,p\,l^3$	$y_s = \frac{11}{120\,EJ}\,p\,l^4$	$\tau_s = \frac{1}{8\,EJ}\,p\,l^3$
10	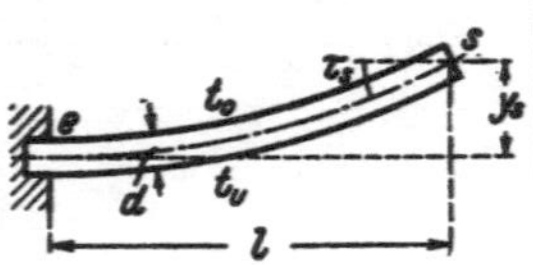	$Q = 0$	$M = 0$	$y_s = -\frac{\alpha\,(t_u - t_o)}{2\,d}\cdot l^2$	$\tau_s = -\frac{\alpha\,(t_u - t_o)}{d}\cdot l$ α = Wärmeausdehnungsziffer (für Beton = 0,00001)

Nr.	Belastungsfall	Querkräfte Q	Biegungsmomente M	Durchbiegungen y	Drehwinkel τ
11	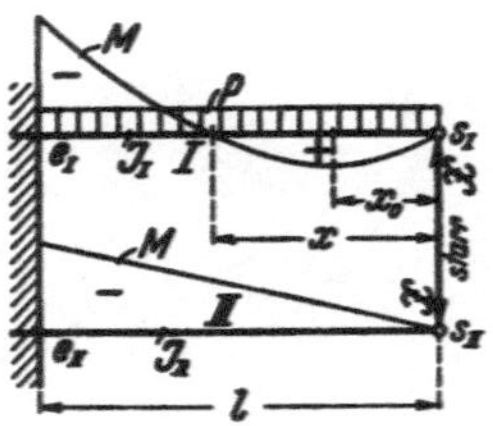	$X=\frac{3}{8}\left(\frac{1}{1+\frac{J_1}{J_2}}\right)pl$ $Q_{\mathrm{I}}=-p\cdot x+X$ $Q_{\mathrm{II}}=-X$ $Q_{e\mathrm{I}}=-\left(1-\frac{3}{8}\frac{1}{1+\frac{J_1}{J_2}}\right)pl$	$M_{\mathrm{I}}=\left(\frac{3}{8}\frac{1}{1+\frac{J_1}{J_2}}l-\frac{x}{2}\right)px$ $M_{\mathrm{I\,max}}$ für $x_0=\frac{3}{8}\left(\frac{1}{1+\frac{J_1}{J_2}}\right)l;$ $=\frac{9}{128}\left(\frac{1}{1+\frac{J_1}{J_2}}\right)^2pl^2$ $M_{e\mathrm{I}}=\frac{1}{8}\left(\frac{3}{1+\frac{J_1}{J_2}}-4\right)pl^2$ $M_{\mathrm{II}}=-X\cdot x$ $M_{e\mathrm{II}}=-\frac{3}{8}\left(\frac{1}{1+\frac{J_1}{J_2}}\right)pl^2$	Die Durchbiegungen und die Drehwinkel ergeben sich aus der Zusammensetzung der Fälle 2 u. 4.	
12	Wie bei Nr. 11, jedoch für $J_1=J_2$	$X=\frac{3}{16}pl$ $Q_{\mathrm{I}}=-\left(\frac{3}{16}l-x\right)p$ $Q_{e\mathrm{I}}=-\frac{13}{16}pl$ $Q_{\mathrm{II}}=-\frac{3}{16}pl$	$M_{\mathrm{I}}=-\left(\frac{3}{16}l-\frac{x}{2}\right)px$ $M_{\mathrm{I\,max}}$ für $x_0=\frac{3}{16}l;$ $=\frac{9}{512}pl^2$ $M_{e\mathrm{I}}=-\frac{5}{16}pl^2$ $M_{\mathrm{II}}=-\frac{3}{16}pl\cdot x$ $M_{e\mathrm{II}}=-\frac{3}{16}pl^2$		

Nr.	Belastungsfall	Querkräfte Q	Biegungsmomente M	Durchbiegungen y	Drehwinkel τ
13	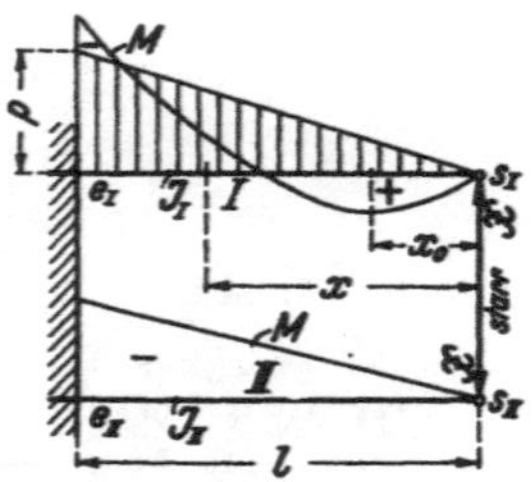	$X=\frac{1}{10}\left(\frac{1}{1+\frac{J_1}{J_2}}\right)pl$ $Q_{\mathrm{I}}=\frac{1}{2}\left(\frac{1}{5}\frac{l}{1+\frac{J_1}{J_2}}-\frac{x^2}{l}\right)p$ $Q_{e\mathrm{I}}=\frac{1}{2}\left(\frac{1}{5}\frac{l}{1+\frac{J_1}{J_2}}-1\right)pl$ $Q_{\mathrm{II}}=-X=\frac{1}{10}\left(\frac{1}{1+\frac{J_1}{J_2}}\right)pl$	$M_{\mathrm{I}}=\left(\frac{1}{10}\frac{1}{1+\frac{J_1}{J_2}}-\frac{1}{6}\frac{x^2}{l^2}\right)\cdot p\cdot x\cdot l$ $M_{e\mathrm{I}}=\left(\frac{1}{10}\frac{1}{1+\frac{J_1}{J_2}}-\frac{1}{6}\right)\cdot pl^2$ $M_{\mathrm{I\,max}}$ für $x_0=\sqrt{\frac{1}{5}\frac{1}{1+\frac{J_1}{J_2}}}\,l;$ $=-\frac{1}{15}\frac{1}{1+\frac{J_1}{J_2}}\cdot\sqrt{\frac{1}{5}\frac{1}{1+\frac{J_1}{J_2}}}\cdot pl^2$ $M_{\mathrm{II}}=-\frac{1}{10}\frac{1}{1+\frac{J_1}{J_2}}\,pl.x$ $M_{e\mathrm{II}}=-\frac{1}{10}\frac{1}{1+\frac{J_1}{J_2}}\cdot pl^2$	Die Durchbiegungen und die Drehwinkel ergeben sich aus der Zusammensetzung der Fälle 2 u. 7.	

Nr.	Belastungsfall	Querkräfte Q	Biegungsmomente M	Durchbiegungen y	Drehwinkel τ
14	Wie bei Nr. 13, jedoch für $J_1 = J_2$	$X = \frac{1}{20}pl$ $Q_I = \frac{1}{2}\left(\frac{1}{10}l - \frac{x^2}{l}\right)p$ $Q_{eI} = -\frac{9}{20}pl$ $Q_{II} - \frac{1}{20}pl$	$M_I = \left(\frac{1}{20}l - \frac{1}{6}\frac{x^2}{l}\right)p \cdot x$ $M_{eI} = -\frac{7}{60}pl^2$ $M_{I\,max}$ für $x_0 = \sqrt{\frac{1}{10}}\,l$; $= 0{,}01054\,pl^2$ $M_{II} = -\frac{1}{20}pl \cdot x$ $M_{eII} = -\frac{1}{20}pl^2$		
15	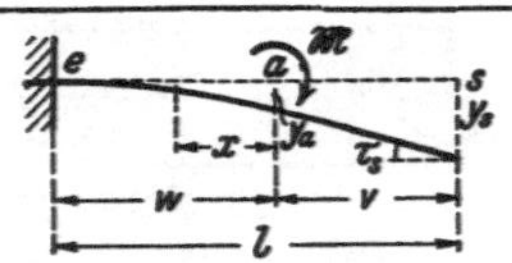	$Q = 0$	Auf der Strecke v: $M = 0$ Auf der Strecke w: $M = M$	$y_a = \frac{1}{2EJ}Mw^2$ $y_s = \frac{1}{EJ}\left(l - \frac{w}{2}\right)M \cdot w$	$\tau_a = \tau_s = \frac{1}{EJ}M \cdot w$
16	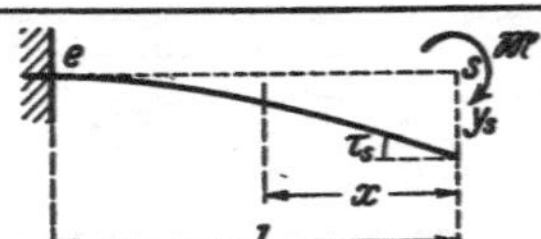	$Q = 0$	$M = M$	$y_s = \frac{1}{2EJ}M \cdot l^2$	$\tau_s = \frac{1}{EJ}M \cdot l$
17	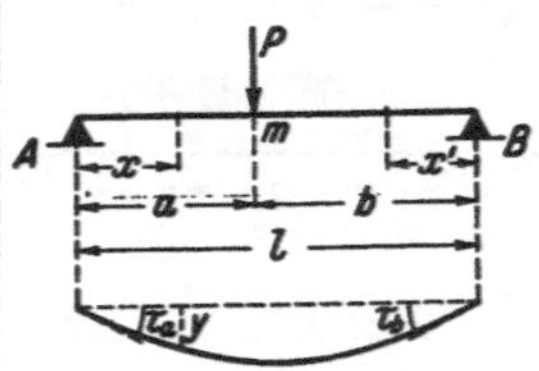	$A = P\frac{b}{l}$ $B = P\frac{a}{l}$	$M_x = P\frac{b}{l} \cdot x$ $M_{x'} = P\frac{a}{l}x'$ $M_m = M_{max} = \cdot P\frac{a \cdot b}{l}$	Für die Strecke a: $y = \frac{1}{6EJ}\frac{Pb}{l}(a^2x + 2abx - x^3)$ Für die Strecke b: $y' = \frac{1}{6EJ}\frac{Pa}{l}(b^2x' + 2abx' - x'^3)$ $y_m = \frac{1}{3EJ}P\frac{a^2b^2}{l}$	$\tau_a = \frac{P}{6EJ}\frac{b}{l}(l^2 - b^2)$ $\tau_b = -\frac{P}{6EJ}\frac{a}{l}(l^2 - a^2)$ Ist $a > b$, so tritt im Abstand $x = a\sqrt{\frac{1}{3} + \frac{2}{3}\frac{b}{a}}$ der Größtwert von y auf

Nr.	Belastungsfall	Querkräfte Q	Biegungsmomente M	Durchbiegungen y	Drehwinkel τ
18	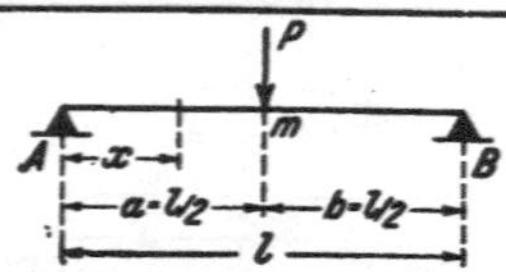	$A = B = \frac{1}{2} P$ $Q = \frac{1}{2} P$	$M_x = \frac{1}{2} P \cdot x$ $M_m = \frac{1}{4} P \cdot l$	$y_m = y_{\max} \frac{1}{48 EJ} P l^3$	$\tau_a = -\tau_b =$ $= \frac{1}{16 EJ} P l^2$
19	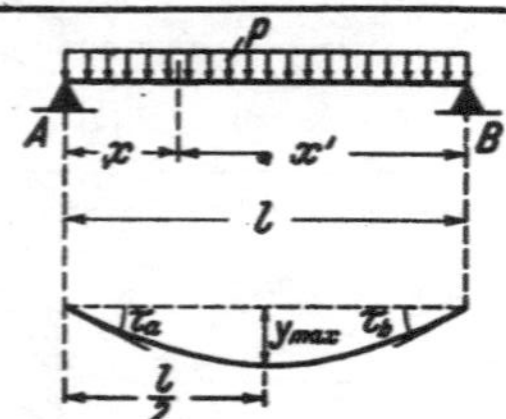	$A = B = \frac{1}{2} p l$ $Q_x = \left(\frac{1}{2} l - x\right) p$	$M_x = \frac{1}{2} p x \cdot x'$ In Feldmitte ist $M_x = M_{\max} = \frac{1}{8} p l^2$	$y = \frac{1}{24 EJ} p l^4 \left(\frac{x}{l} - 2 \frac{x^3}{l^3} + \frac{x^4}{l^4}\right)$ In Feldmitte ist $y = y_{\max} = \frac{5}{384 EJ} p l^4$	$\tau_a = -\tau_b =$ $= \frac{1}{24 EJ} p l^3$
20	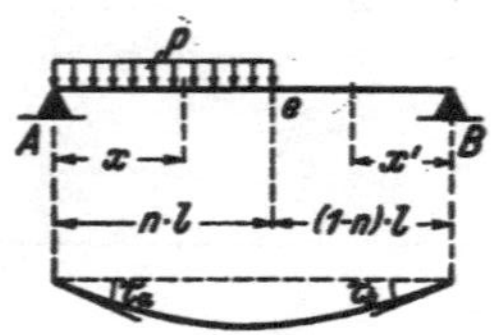	$A = \frac{1}{2} p l n (2 - n)$ $B = \frac{1}{2} p l n^2$ Auf der Strecke A—e: $Q_x = \left[\frac{1}{2} l n (2 - n) - x\right] p$ Auf der Strecke e—B: $Q_x' = -\frac{1}{2} p l n^2$	$M_x = \frac{1}{2} p x [(2 - n) \cdot l - x]$ Der Größtwert von M_x tritt auf bei $x = \frac{1}{2} n (2 - n) l$ (stets kleiner als $n \cdot l$) $M_{\max} = \frac{A^2}{2 p}$	Auf der Strecke A—e: $y = \frac{1}{24 EJ} p x [n^2 (4 - 4n + n^2) l^3 - n (4 - 2n) l x^2 + x^3]$ Auf der Strecke e—B: $y' = \frac{1}{24 EJ} p n^2 \cdot l x' [(2 - n^2) l^2 - 2 x'^2]$	$\tau_a = \frac{1}{24 EJ} p n^2 l^3 \cdot (4 - 4n + n^2)$ $\tau_b = -\frac{1}{24 EJ} p \cdot n^2 l^3 \cdot (2 - n^2)$
21	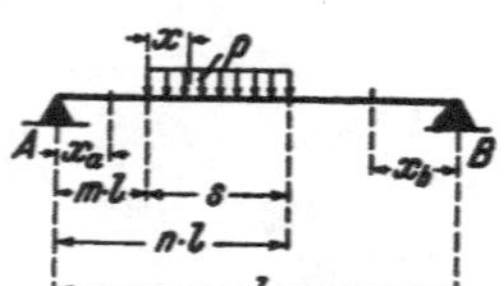	$A = \frac{1}{2} (n - m)(2 - m - n) \cdot p l$ $B = \frac{1}{2} (n - m)(n + m) p l$	Auf der Strecke ml: $M = A \cdot x_a$ Auf der Strecke s: $M = A (ml + x) - \frac{1}{2} p \cdot x^2$ $M_{\max}$ tritt auf bei $x = \frac{A}{p}$		Zur Berechnung der sechsfachen Drehwinkel kann die Tabelle 3 des Kap. 67 benützt werden

Nr.	Belastungsfall	Querkräfte Q	Biegungsmomente M	Durchbiegungen y	Drehwinkel τ
22	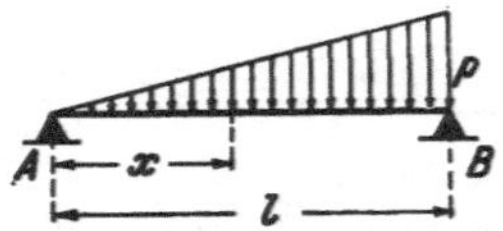	$A = \frac{1}{6} p l$ $B = \frac{1}{3} p l$ $Q_x = \frac{1}{6}\left(1 - 3\frac{x^2}{l^2}\right) p \cdot l$	$M_x = \frac{1}{6} p \cdot l \left(1 - \frac{x^2}{l^2}\right) x$ M_{max} tritt auf bei $x_0 = l\sqrt{\frac{1}{3}} = 0{,}577 \cdot l$ $M_{max} = 0{,}00641\, p l^2$	y_{max} tritt auf bei $x = 0{,}5193\, l$ $y_{max} = 0{,}00652 \frac{p l^4}{E J}$	$\tau_a = \frac{7}{360\, E J} p \cdot l^3$ $\tau_b = \frac{8}{360\, E J} p \cdot l^3$
23	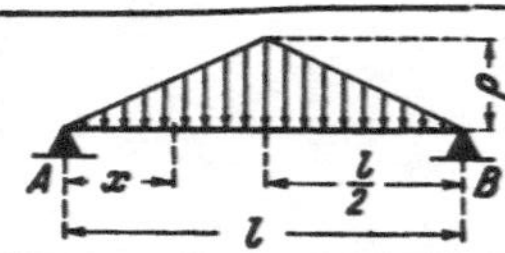	$A = B = \frac{1}{4} p l$ $Q_x = \frac{1}{4}\left(1 - 4\frac{x^2}{l^2}\right) p l$	$M_x = \frac{1}{12}\left(3 - 4\frac{x^2}{l^2}\right) \cdot p l \cdot x$ $M_{max} = \frac{1}{12} p \cdot l^2$	$y_{max} = \frac{1}{120\, E J} p l^3$	$\tau_a = -\tau_b =$ $= \frac{5}{192\, E J} p l^3$
24	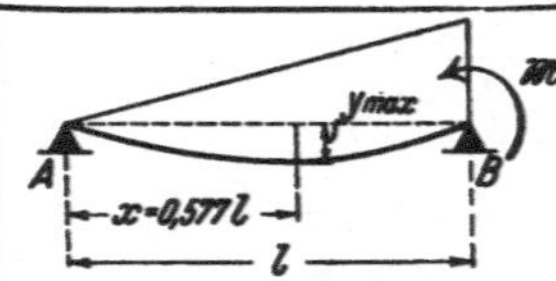	$A = \frac{\mathfrak{M}}{l}$; $B = -\frac{\mathfrak{M}}{l}$ $Q = \frac{\mathfrak{M}}{l}$	$M_x = \frac{\mathfrak{M}}{l} \cdot x$	$y = \frac{l^2}{6 E J}\left(\frac{x}{l} - \frac{x^3}{l^3}\right)\mathfrak{M}$ $y_{max} = 0{,}0642 \frac{1}{E J} \mathfrak{M} l^2$ (für $x = 0{,}577\, l$)	$\tau_a = \frac{1}{6 E J} \mathfrak{M}\, l$ $\tau_b = -\frac{1}{3 E J} \mathfrak{M}\, l$
25				$y = \frac{\alpha \Delta t}{8 d}(l^2 - 4 x^2)$ $y_{max} = \frac{\alpha \Delta t}{8 d} l^2$	$\tau_a = \frac{\alpha \Delta t\, l}{2 d} = -\tau_b$ α = Wärmeausdehnungskoeffizient; für Beton = 0,00001 $\Delta t = t_u - t_o$
26	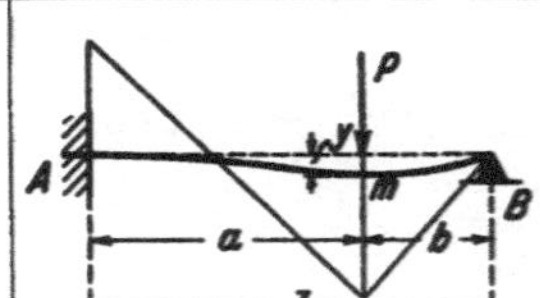	$A = \frac{2 l^3 - 3 a^2 l + a^3}{2 l^3} P$ $B = \frac{a^2 (3 l - a)}{2 l^3} P$ Für die Strecke a: $Q = A$ Für die Strecke b: $Q = -B$	$M_a = -\frac{b (l^2 - b^2)}{2 l^2} P$ $M_m = \frac{a^2 (3 l^2 - 4 a l + a^2)}{2 l^3} P$	$y_m = \frac{P}{12 E J} \cdot \frac{a^3 b^2 (3 a + 4 b)}{l^3}$	

Nr.	Belastungsfall	Querkräfte Q	Biegungsmomente M	Durchbiegungen y	Drehwinkel τ
27	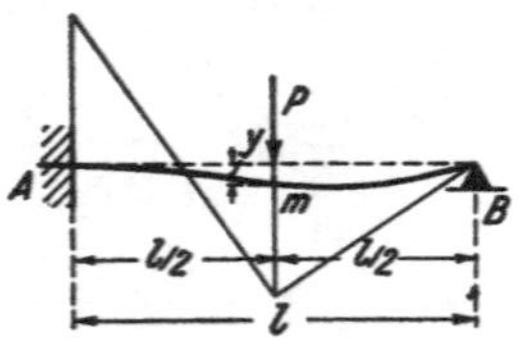	$A=\frac{11}{16}P$ $B=\frac{5}{16}P$	$M_a=-\frac{3}{16}P\cdot l$ $M_m=\frac{5}{32}P\cdot l$	$y_m=\frac{7}{768}Pl^3$	
28	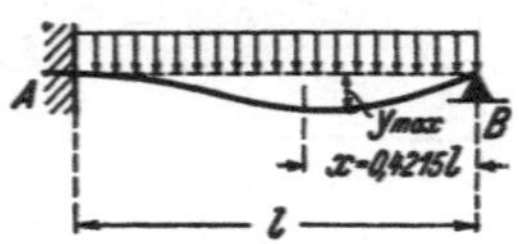	$A=\frac{5}{8}pl$ $B=\frac{3}{8}pl$ $Q_x=-\left(\frac{3}{8}l+x\right)p$	$M_x=\frac{1}{2}pl\cdot x\cdot\left(\frac{3}{4}-\frac{x}{l}\right)$ pos $M_{max}=\frac{9}{128}pl^2$ $\left(\text{bei } x=\frac{3}{8}l\right)$ neg $M_{max}=M_A$ $=-\frac{1}{8}pl^2$ $M=0$ für $x=\frac{3}{4}l$	$y_{max}=\frac{1}{185EJ}pl^4$ (für $x=0{,}4215\,l$)	
29	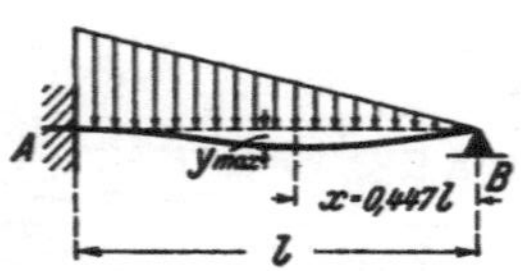	$A=\frac{4}{10}pl$ $B=\frac{1}{10}pl$	$M_x=\frac{1}{2}plx\left(5-\frac{1}{3}\frac{x^2}{l^2}\right)$ pos $M_{max}=0{,}0298\,pl^2$ (bei $x=0{,}447\,l$) neg $M_{max}=M_A$ $=-\frac{1}{15}pl^2$ $M=0$ für $x=0{,}775\,l$	$y_{max}=0{,}00238\frac{pl^4}{EJ}$ (für $x=0{,}447\,l$)	

Nr.	Belastungsfall	Querkräfte Q	Biegungsmomente M	Durchbiegungen y	Drehwinkel τ
30	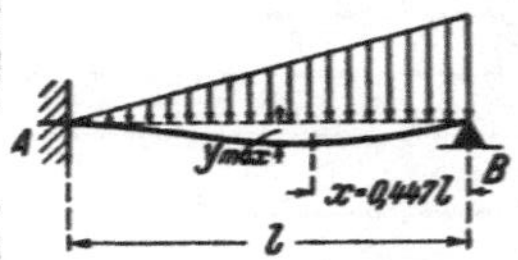	$A = \frac{9}{40} p l$ $B = \frac{11}{40} p l$ $Q_x = \frac{1}{40} p l \left(11 - 40 \frac{x}{l} + 20 \frac{x^2}{l^2}\right)$	$M_x = \frac{1}{120} p l^2 \left(33 \frac{x}{l} - 60 \frac{x^2}{l^2} + 20 \frac{x^3}{l^3}\right)$ pos $M_{max} = 0{,}0423\, p l^2$ (für $x = 0{,}329\, l$) neg $M_{max} = M_A = \frac{7}{120} p l^2$	$y_{max} = 0{,}00305 \frac{p l^4}{E J}$ (für $x = 0{,}401\, l$)	
31	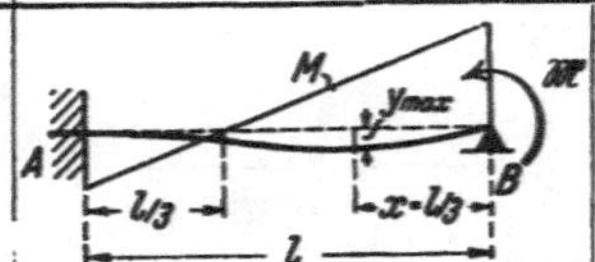	$A = \frac{3}{2} \frac{\mathfrak{M}}{l}$ $B = -\frac{3}{2} \frac{\mathfrak{M}}{l}$	$M_x = \mathfrak{M}\left(1 - \frac{3}{2} \frac{x}{l}\right)$ $M_A = -\frac{1}{2} \mathfrak{M}$	$y_{max} = \frac{1}{27 E J} \mathfrak{M} l^2$ $\left(\text{für } x = \frac{1}{3} l\right)$	
32	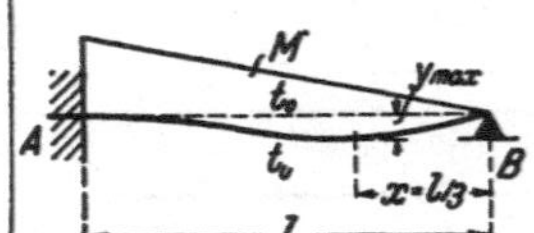	$A = \frac{3}{2} \frac{\alpha \Delta t E J}{d \cdot l}$ $B = -\frac{3}{2} \frac{\alpha \Delta t E J}{d \cdot l}$	$M_x = -\frac{3}{2} \frac{\alpha \Delta t E J}{d \cdot l} \cdot x$ $M_A = -\frac{3}{2} \frac{\alpha \Delta t E J}{d}$	$y_{max} = \frac{1}{27} \frac{\alpha \Delta t \cdot l^2}{d}$ $\left(\text{für } x = \frac{1}{3} l\right)$ $\Delta t = t_u - t_o$	
33	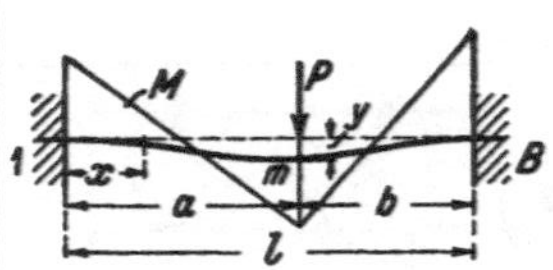	$A = \frac{P \cdot b}{l^3} (l^2 - a^2 + a \cdot b)$ $B = \frac{P \cdot a}{l^3} (l^2 - b^2 + a b)$	$M_A = -\frac{P \cdot a \cdot b^2}{l^2}$ $M_B = -\frac{P a^2 b}{l^2}$	$y_{max} = \frac{2}{3} \frac{P}{E J} \frac{a^3 b^2}{(2 a + l)^2}$ für $x = \frac{2 a l}{2 a + l}$ auf der größeren Teilstrecke a gemessen $y_m = \frac{1}{3} \frac{P}{E J} \frac{a^3 b^3}{l^2}$	

Nr.	Belastungsfall	Querkräfte Q	Biegungsmomente M	Durchbiegungen y	Drehwinkel τ
34	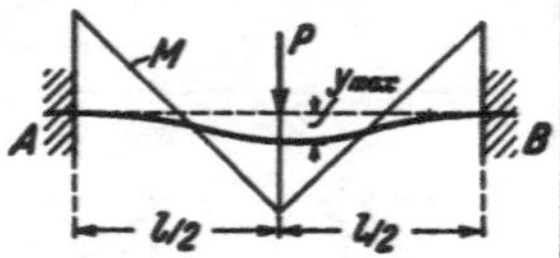	$A = B = \frac{P}{2}$	$M_A = M_B = -\frac{1}{8} Pl$ $M_m = \frac{1}{8} Pl$	$y_m = \frac{1}{192 EJ} P \cdot l^3$	
35	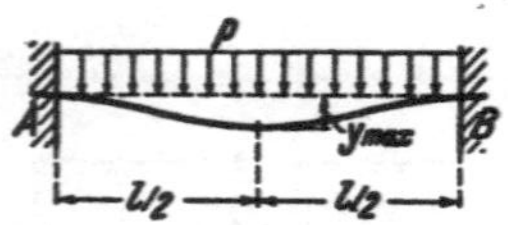	$A = B = \frac{1}{2} pl$	$M_A = M_B = -\frac{1}{12} pl^2$ $M_m = \frac{1}{24} pl^2$	$y_m = \frac{1}{384 \cdot EJ} pl^4$	
36	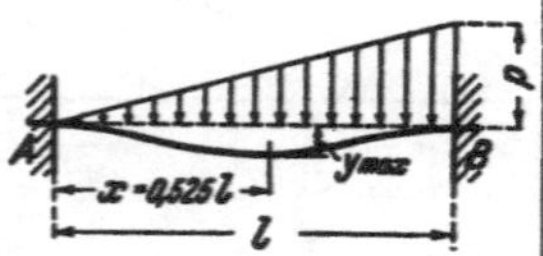	$A = \frac{3}{20} pl$ $B = \frac{7}{20} pl$ $Q_x = \frac{1}{20} pl\left(3 - 10\frac{x^2}{l^2}\right)$	$M_A = -\frac{1}{30} pl^2$ $M_B = -\frac{1}{20} pl^2$ $M_{max} = 0{,}0216\, pl^2$ (für $x = 0{,}548\, l$)	$y_{max} = 0{,}001309 \frac{pl^4}{EJ}$ (für $x = 0{,}525\, l$)	
37		$A = B = \frac{1}{4} pl$ $Q_x = \frac{1}{4} pl\left(1 - \frac{x^2}{l^2}\right)$	$M_A = -\frac{5}{96} pl^2$ $M_m = \frac{1}{32} pl^2$	$y_{max} = \frac{7}{3840} \frac{pl^4}{EJ}$	
38	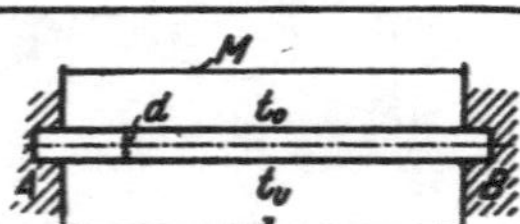	$A = B = 0$	$M = -\frac{\alpha \Delta t \cdot EJ}{d}$ (gleichbleibend auf der ganzen Stützweite)	$y = 0$ in jedem Balkenpunkt	

C. Der Durchlaufbalken.

Kapitel 66. Allgemeines über den Durchlaufbalken.

1. Allgemeines.

Der mehrfeldige Balken oder Durchlaufbalken ist eine Tragwerkform, die im Eisenbetonbau außerordentlich oft anzutreffen ist. Im Hochbau besonders sind zwar die Grundbedingungen der sehr weit ausgebauten Theorie, namentlich die freie Drehbarkeit der Auflager, fast nie erfüllt. Es wäre naturgemäß nicht angängig und auch nicht zweckmäßig, die zahlreichen Durchlaufbalken der Decken mit frei drehbaren Auflagern auszubilden. Man kann indessen sagen, daß der theoretische Durchlaufbalken (nämlich mit frei drehbaren Auflagern) dem z. B. von Unterzug zu Unterzug gespannten mehrfeldigen Balken als ideelles Tragwerk am nächsten kommt. Mehrfeldige Balken, die auf starken Stützen gelagert sind und damit fest verbunden sind, sind zweckmäßigerweise als Durchlaufrahmen aufzufassen und zu berechnen. Eine Berechnung als Durchlaufbalken soll in solchen Fällen nur gleichsam als Projektberechnung für die Massenermittelung dienen. Auch hinsichtlich des Einflusses der Trägheitsmomente trifft man oft bei der Berechnung Vereinfachungen. Meistens ist es zulässig, auch bei Plattenbalken mit Vouten, mit gleichbleibendem Trägheitsmoment zu rechnen. In guter Annäherung kann man dann sagen, daß dann die Feldmomente kleiner ausfallen werden, die Stützenmomente aber größer. Indessen beläßt man in den Feldern die errechnete Bewehrung, nur muß man sehen, daß man über den Stützen reichlich Eisen zu liegen hat, was meist zutreffen wird, weil dort die Eisen aus beiden Feldern oft übergreifen. Die üblichen im Gebrauch stehenden Tabellen sind unter den Annahmen freier Drehbarkeit der Auflager und gleichbleibenden Trägheitsmomentes errechnet worden. Wenn nun auch diese Annahmen statthaft sind und damit die Verwendung der auf diesen Grundlagen errechneten Tabellen erlauben, so darf man doch nicht vergessen, daß man von nicht immer ganz zutreffenden Annahmen ausgeht. In dieser Erkenntnis wird man es dann unterlassen, anderweitig die Genauigkeit zu übertreiben.

Ein theoretisch einwandfrei gelagerter Durchlaufbalken ist ein ebenes Tragsystem mit n-Stützpunkten und darf nur ein festes frei drehbares Lager haben. Die übrigen $n-1$-Auflager sind frei drehbar und haben außerdem nach einer Richtung (etwa in Richtung der Balkenachse) freie Beweglichkeit. Der diesen Bedingungen entsprechende Balken ist $2+(n-1)-3=n-2$fach statisch unbestimmt; mit anderen Worten: Ein solcher Durchlaufbalken ist so oft mal statisch unbestimmt, als Mittelstützen vorhanden sind. Der Balken kann auch dann als durchlaufend gerechnet werden, wenn die Balkenachse geknickt ist (Abb. 197). Die schräg zur Stabachse $A_1\,A_2$ wirkenden Lasten sind im vorliegenden Fall einmal in lotrechte

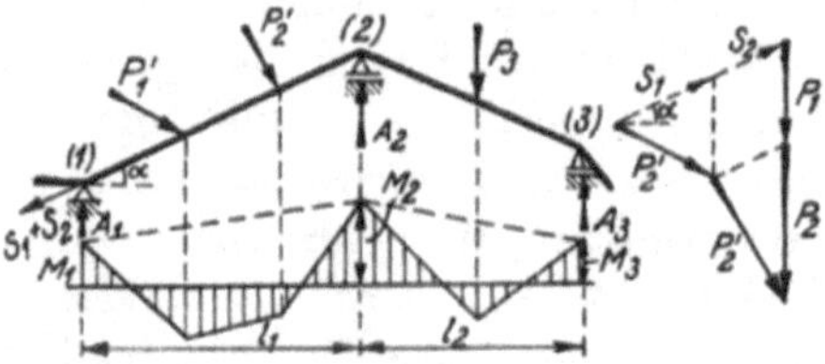

Abb. 197.

Teilkräfte und ferner in Seitenkräfte in der Richtung der Auflagergraden $A_1\,A_2$ zu zerlegen (Abb. 197 entlehnt aus Saliger, „Praktische Statik", Verlag Franz Deuticke).

Im allgemeinen versteht man jedoch unter einem Durchlaufbalken nur den geraden, mehrfeldigen Balken mit einem festen und $n-1$ in Richtung der Balkenachse frei verschieblichen Auflagern. Ein solches Tragwerk kann Beanspruchungen erleiden infolge von:

1. äußeren, zur Balkenachse beliebig gerichteten Kräften und Kräftepaaren,
2. Stützpunktverschiebungen,
3. Temperaturunterschieden $\Delta t = t_u - t_o$ zwischen den äußersten Kanten der Balkenquerschnitte.

Bei ungleich hohen Auflagerpunkten und bei beweglichen Auflagern, deren Bewegungsrichtung nicht parallel zur Balkenachse ist, erzeugen auch gleichmäßige Temperaturänderungen Beanspruchungen des Balkens und der Unterstützungen (Abb. 198).

Abb. 198.

Die Art und Weise wie man diese Einflüsse verfolgt, kann je nach Fall und je nach dem gewählten Verfahren verschieden sein. Bei durchlaufenden Fachwerkbalken beispielsweise wird man als statisch unbestimmte Größen im allgemeinen die Auflagerkräfte der beweglichen Zwischenlager wählen. Bei vollwandigen Durchlaufbalken dagegen ist es zweckmäßiger, die Stützenmomente der Mittelauflager als statisch unbestimmte Größen einzuführen. Wir werden später bei den Rahmen als statisch unbestimmte Größen auch die Drehwinkel einführen und sparen hierbei dann an der Anzahl der aufzulösenden Gleichungen (Kapitel 71). Solche Annahmen bedeuten für die Rechnung größere Übersichtlichkeit, Zeitersparnis und größere Genauigkeit. Das statisch bestimmte Hauptsystem ist in diesem Fall eine Reihe von einfachen Balken. Die Elastizitätsgleichungen, die zur Ermittelung der zunächst unbekannten Stützenmomente dienen, besagen, daß je zwei Endquerschnitte dieser einfachen Balken in Wirklichkeit zusammenfallen müssen. Man geht davon aus, daß die Biegelinie des Durchlaufbalkens stetig verläuft. Diese Bedingung ist durch Abb. 199 dargestellt. Sie ist, streng genommen, nur erfüllt, wenn der Einfluß der Querkräfte außer acht gelassen werden darf. Die genannte Stetigkeitsbedingung bildet die Grundlage sowohl der zeichnerischen als auch der rechnerischen Verfahren. Sie kann, wie erwähnt, selbst auch dann zugrunde gelegt werden, wenn in einzelnen Stützpunkten Knicke vorhanden sind, worauf sich beispielsweise das in Kapitel 71 erörterte Drehwinkelverfahren gründet. Die Gleichungen, die man schließlich zur Berechnung der Stützenmomente erhält, haben den großen Vorteil, daß in einer jeden davon als Unbekannte nur drei aufeinanderfolgende Stützenmomente vorkommen. Man nennt sie aus diesem Grunde Dreimomentengleichungen. Üblicherweise bezeichnet man sie als Clapeyronsche Gleichungen.

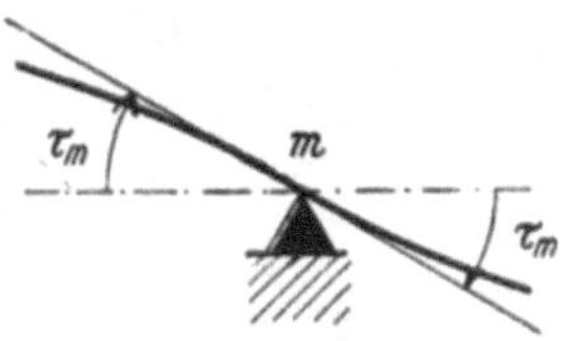

Abb. 199.

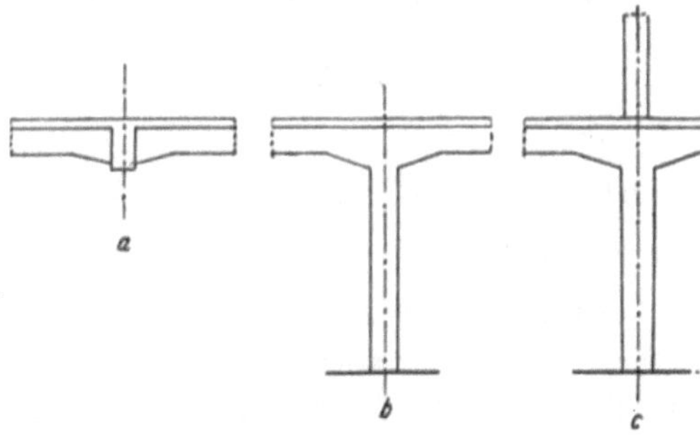

Abb. 200.

2. Aufstellung der Momentengleichungen.

Im Bauwesen werden die Auflager von Durchlaufbalken gebildet entweder durch Mauern oder durch steif angeschlossene Stützen oder z. B. für Deckenträger durch Unterzüge, die ebenfalls der Auflagerdrehung erheblichen Widerstand entgegensetzen (vgl. Abb. 200a, b und c). Im Eisenbetonbau sind es insbesondere die Deckenplatten, die bedeutende Einspannungen an den Deckenträgern erleiden.

Wir wollen in der Folge Gleichungen herleiten, die eine möglichst vielseitige Anwendung gestatten. Sie sind dann nicht nur für den gewöhnlichen Durchlaufbalken anwendbar, sondern gestatten auch den Verdrehungswiderstand der Unterzüge zu berücksichtigen, wenn die Balken zwischen

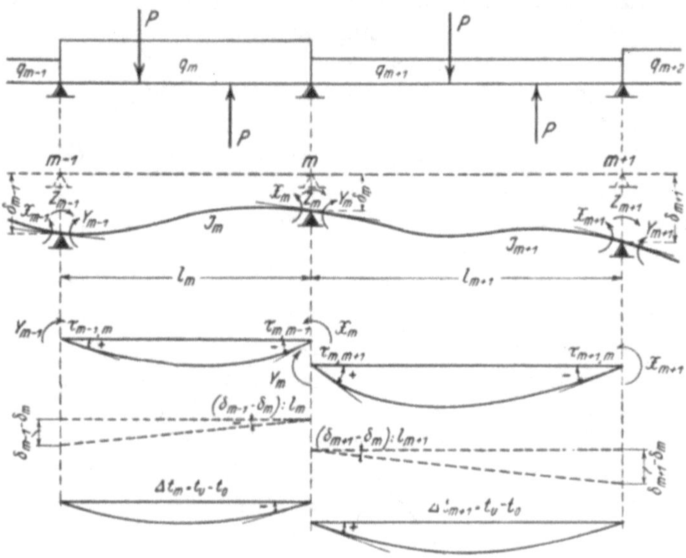

Abb. 201.

ihnen gespannt sind. Schließlich sind die Gleichungen noch für die Rahmenberechnung anwendbar.

Bezeichnungen (Abb. 201):

l_m = Stützweite des Stabes $(m-1)-m$,

l_{m+1} = Stützweite des Stabes $m-(m+1)$,

J_m = Trägheitsmoment des Stabquerschnittes $(m-1)-m$,

J_{m+1} = Trägheitsmoment des Stabquerschnittes $m-(m+1)$

$$l'_m = \frac{l_m}{J_m}, \quad l'_{m+1} = \frac{l_{m+1}}{J_{m+1}},$$

$\tau_{m-1, m}$ = Drehwinkel des Stabes l_m an der Stelle $m-1$,

$\tau_{m, m-1}$ = Drehwinkel des Stabes l_m an der Stelle m,

$\tau_{m, m+1}$ = Drehwinkel des Stabes l_{m+1} an der Stelle m,

$\tau_{m+1, m}$ = Drehwinkel des Stabes l_{m+1} an der Stelle $m + 1$,

τ_m = Drehwinkel, an dem zunächst nicht als frei drehbar angenommenen Auflagerpunkt m, der bei der Verformung des Balkens zustande kommt.

Gemäß Abb. 199 sollen die Drehwinkel, die einer Drehung der Tangente im Sinne des Uhrzeigers entsprechen, als positiv bezeichnet werden.

L_m = statisches Moment der M_0-Fläche im Balken l_m in bezug auf die linke Auflagersenkrechte $(m-1)$ dividiert durch J_m. Letzteres ist zu beachten, weil dies im allgemeinen nicht üblich ist. Jedoch bestehen im vorliegenden Falle besondere Vorteile.

R_{m+1} = statisches Moment der M_0-Fläche im Balken l_{m+1} in bezug auf die rechte Auflagersenkrechte $(m + 1)$ dividiert durch J_{m+1}.

$\delta_{m-1}, \delta_m, \delta_{m+1}$ = Verschiebungen der Auflagerpunkte $m-1$, m, $m+1$ in Richtung senkrecht zur Balkenachse, wobei die Richtung nach unten positiv bei wagrechter Balkenachse eingesetzt wird. Diese Verschiebungen können von der Zusammendrückung der Stützen herrühren oder von Bodensenkungen. Sind die Stützpunkte Unterzüge, dann rühren die Stützensenkungen von den Durchbiegungen her.

$\Delta t_m, \Delta t_{m+1}$ = Temperaturunterschiede in Grad Cels. $= t_u - t_o$.

d_m = Balkenhöhe im Feld l_m,

d_{m+1} = Balkenhöhe im Feld l_{m+1}.

E = Elastizitätsmodul.

α = Wärmedehnungsziffer.

Die übrigen Bezeichnungen gehen aus Abb. 201 hervor. Um den Widerstand, den die Auflagerkonstruktion (Unterzug oder Stütze) der Verdrehung entgegensetzt rechnungsmäßig zu erfassen, soll zunächst der Drehwinkel, den die Auflagerkonstruktion infolge eines Momentes $M = 1$ erfährt, mit τ'_m bezeichnet werden. Tritt in Wirklichkeit infolge eines Belastungsfalles eine Drehung τ_m der Tangente ein, so muß das durch die Stützung aufzunehmende Moment

$$Z_m = \frac{\tau_m}{\tau'_m} \text{ sein.}$$

Unter der Voraussetzung, daß nun jedes der n Auflager einen solchen Widerstand leistet, ist der Balken nicht mehr nur $n-2$fach statisch unbestimmt, sondern $n - 2 + n = 2\,(n-1)$fach.

Die allgemeinste Form der Elastizitätsgleichungen ist:

Gl. (1)
$$\begin{cases} \tau_{m,\,m-1} = \tau_{m,\,m+1} = \tau_m \text{ (Stetigkeitsbedingung (Abb. 199)} \\ \text{oder:} \quad \tau_{m,\,m-1} = \tau_{m,\,m+1} \\ \qquad\quad \tau_{m,\,m-1} = \tau_m. \end{cases}$$

Drückt man die Drehwinkel durch die Lasten, die Stützensenkungen, die Temperaturunterschiede, die unbekannten Momente X und Y (Abb. 201) sowie durch die Querschnittsverhältnisse (J) und die Elastizitätseigenschaften (E) aus, so kann bekanntlich geschrieben werden (vgl. Abb. 201 und die Zusammenstellung, Kapitel 65):

$$E\tau_{m,\,m-1} = -Y_{m-1}\cdot\frac{l_m}{6J_m} - X_m\frac{l_m}{3J_m} - \frac{L_m}{l_m} - \frac{\delta_{m-1}-\delta_m}{l_m}\cdot E - \frac{\alpha E\,\Delta t_m\,l_m}{2d_m}$$

$$E\tau_{m,\,m+1} = X_{m+1}\cdot\frac{l_{m+1}}{6J_{m+1}} + Y_m\frac{l_{m+1}}{3J_{m+1}} + \frac{R_{m+1}}{l_{m+1}} + \frac{\delta_{m+1}-\delta_m}{l_{m+1}}\cdot E + \frac{\alpha E\,\Delta t_{m+1}\,l_{m+1}}{2d_{m+1}}$$

$$E\tau_m = E\tau'_m\cdot Z_m.$$

Durch Einsetzen dieser Ausdrücke in Gl. (1) und durch Erweiterung mit 6 ergibt sich die allgemeine Momentengleichung. In dieser sind die Glieder mit den Unbekannten auf der linken Seite gesammelt, die übrigen auf der rechten. Für das Moment Z_m des Auflagers ist dabei auf Grund der Knotenpunktsgleichgewichtsbedingung gesetzt:

$$Z_m = X_m - Y_m$$

Gl. (2)

(a) $$Y_{m-1}\cdot l'_m + 2X_m l'_m + 2Y_m\cdot l'_{m+1} + X_{m+1}\cdot l'_{m+1} =$$
$$= -6\left(\frac{L_m}{l_m} + \frac{R_{m+1}}{l_{m+1}}\right) \text{ (Einfluß der Lasten)}$$
$$+ 6E\left(\frac{\delta_m-\delta_{m-1}}{l_m} + \frac{\delta_m-\delta_{m+1}}{l_{m+1}}\right) \text{ (Einfluß der Stützpunktsenkungen)}$$
$$- 3\alpha E\left(\frac{\Delta t_m\cdot l_m}{d_m} + \frac{\Delta t_{m+1}\cdot l_{m+1}}{d_{m+1}}\right) \text{ (Einfluß der Temperatur)}$$

(b) $$Y_{m-1}\cdot l'_m + 2X_m(l'_m + 3E\tau'_m) - 6Y_m\cdot E\cdot\tau'_m =$$
$$= -6\frac{L_m}{l_m} + 6E\frac{\delta_m-\delta_{m-1}}{l_m} - 3\alpha E\frac{\Delta t_m\cdot l_m}{d_m}.$$

Wegen der abweichenden Bedeutung von L und R vgl. die obige Zusammenstellung der Bezeichnungen.

Beim $(n-1)$ feldigen Balken, d. h. beim Balken mit n Stützpunkten lassen sich $n-2$ Gleichungen (2a) aufstellen und n Gleichungen (2b), zusammen $2(n-1)$ Gleichungen, d. h. ebensoviel Gleichungen, als Unbekannte vorhanden sind. Sind alle Auflagerpunkte frei drehbar, so fallen die Gleichungen (2b) weg. Zur Berechnung der Unbekannten genügen dann die Gleichungen (2a), die durch die Berücksichtigung der Gleichheit von X_m und Y_m, und wenn man, wie es beim einfachen Durchlaufbalken üblich ist, $Y_{m-1} = M_{m-1}$, $X_m = Y_m = M_m$, $X_{m+1} = M_{m+1}$ setzt, die übliche Form der Dreimomentengleichungen (Clapeyron) annehmen:

$$\text{Gl. (3)} \quad \left\{ \begin{aligned} & M_{m-1} \cdot l'_m + 2\, M_m (l'_m + l'_{m+1}) + M_{m+1} \cdot l'_{m+1} = N_m \\ & \quad = 6 \left(\frac{L_m}{l_m} + \frac{R_{m+1}}{l_{m+1}} \right) \\ & \quad + 6\, E \left(\frac{\delta_m - \delta_{m-1}}{l_m} + \frac{\delta_m - \delta_{m+1}}{l_{m+1}} \right) \\ & \quad - 3\, \alpha\, E \left(\frac{\Delta t_m \cdot l_m}{d_m} + \frac{\Delta t_{m+1} \cdot l_{m+1}}{d_{m+1}} \right). \end{aligned} \right.$$

Volle Unnachgiebigkeit des Auflagers m gegen Verdrehung, d. h. volle Einspannung bedeutet $\tau' = 0$.

Ist schließlich das Trägheitsmoment J für alle Felder gleichbleibend, so gehen die Gleichungen (3) über in die am meisten gebrauchten Gleichungen (4).

$$\text{Gl. (4)} \quad \left\{ \begin{aligned} & M_{m-1} \cdot l_m + 2\, M_m (l_m + l_{m+1}) + M_{m+1} \cdot l_{m+1} = N_m \\ & \quad = -6\, J \left(\frac{L_m}{l_m} + \frac{R_{m+1}}{l_{m+1}} \right) + \\ & \qquad + 6\, E\, J \left(\frac{\delta_m - \delta_{m-1}}{l_m} + \frac{\delta_m - \delta_{m+1}}{l_{m+1}} \right) \\ & \quad - 3\, \alpha\, E\, J \left(\frac{\Delta t_m \cdot l_m}{d_m} + \frac{\Delta t_{m+1} \cdot l_{m+1}}{d_{m+1}} \right). \end{aligned} \right.$$

Sind für einen bestimmten Belastungsfall die Stützenmomente mit Hilfe der Dreimomentengleichungen einmal berechnet, so ist für irgendeinen Feldquerschnitt (vgl. Abb. 202):

$$Q = Q_0 + \frac{M_m - M_{m-1}}{l_m}$$

und

$$M = M_0 + \frac{x' \cdot M_{m-1} + x\, M_m}{l_m}.$$

Darin bedeuten Q_0 und M_0 die Querkraft und das Biegungsmoment im Querschnitt x des einfachen Balkens $m-1 \ldots m$ infolge der vorhandenen Balkenbelastung. Das größte positive Moment tritt

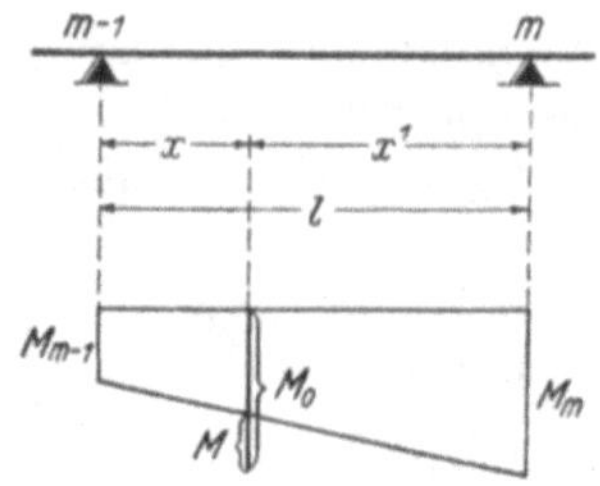

Abb. 202.

jeweils dort auf, wo die Querkraft Null wird oder einen Wechsel im Vorzeichen erfährt.

Zur praktischen Auflösung der Momentengleichungen, zur allgemeinen Erleichterung der Rechenarbeit, zur Ermittelung von Einflußlinien und schließlich zur zeichnerischen Behandlung der Durchlaufbalken hat die Literatur zahlreiche Werke, worauf hier verwiesen sei, z. B. auf:

Tabellenwerke:

G. Griot, Kontinuierliche Balken mit konstantem Trägheitsmoment. Interpolierbare Tabellen zum raschen Auftragen der Einflußlinien für Momente und Scherkräfte.

W. Kapferer, Tabellen der Maximalquerkräfte und Maximalmomente durchlaufender Träger.

Sonderwerke:

W. Ritter, Anwendungen der graphischen Statik, Bd. 3: Der kontinuierliche Balken.

E. Mörsch, Der durchlaufende Träger.

A. Straßner, Berechnung statisch unbestimmter Systeme, Bd. 1: Der einfache und durchlaufende Balken.

Als erschöpfendstes Buch: E. Kammer, Der durchlaufende Träger über ungleichen Öffnungen.

Für die Ermittelung von Einflußlinien für Durchlaufbalken mit ungleichen Öffnungen ist das Kammersche Werk besonders wertvoll.

Im Kapitel 69 sollen zur Ergänzung noch geschlossene Formeln, Tabellen und auch Tafeln gebracht werden, wie sie bei der Berechnung der die allseitig aufgelagerten Platten stützenden Balken vonnöten sind.

Kapitel 67. Hilfstafeln zur Berechnung von Durchlaufbalken.

1. Formeltafel für die Belastungswerte.

Fall	Abbildung	$J\cdot N = J\cdot\frac{6L}{l}$ bzw. $J\cdot\frac{6R}{l}$	Bemerkungen
1	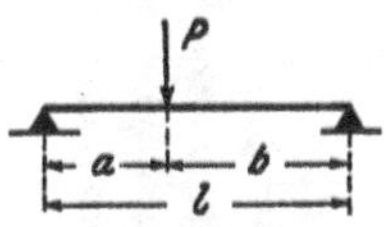	$P\cdot\frac{a(l^2-a^2)}{l} = P\cdot\frac{ab(l+a)}{l}$ $= P\cdot l^2\cdot\omega_D$ bzw. $P\cdot l^2\omega'_D$	Werte ω (vgl. Müller-Breslau Bd. II, 2. Abt.) aus der nachfolgenden 2. Tabelle zu entnehmen.
2	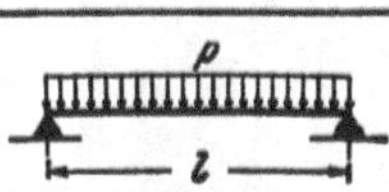	$\frac{1}{4}p\cdot l^3$	
3	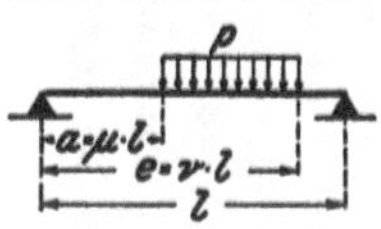	$\frac{p}{4l}(e^2-a^2)(2l^2-e^2-a^2) =$ $=\frac{p}{4}[2(\nu^2-\mu^2)-(\nu^4-\mu^4)]\,l^3$	Hierzu kann die 3. Tabelle benützt werden.
4	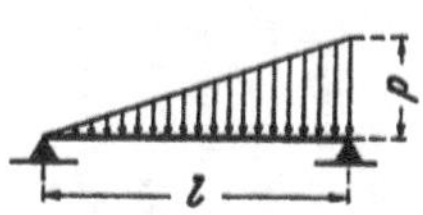	$J\cdot\frac{6L}{l}=\frac{8}{60}p\,l^3$ $J\cdot\frac{6R}{l}=\frac{7}{60}p\,l^3$	
5	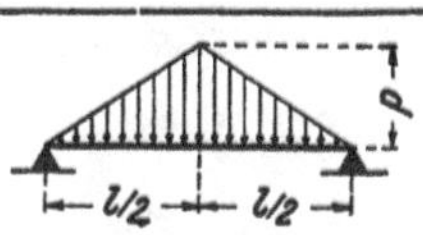	$\frac{5}{32}p\,l^3$	
6	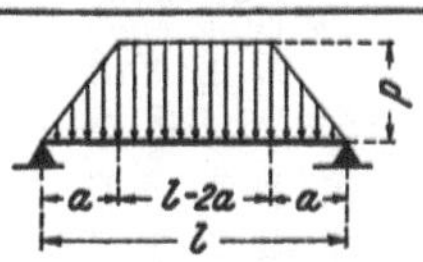	$\frac{p\,l^3}{4}\left[1-2\left(\frac{a}{l}\right)^2+\left(\frac{a}{l}\right)^3\right]$	Die tabellarische Auswertung d. Formel ist in der 1. Tabelle von Kap. 69 zu finden.

2. Tabelle der ω_D- und ω'_D-Werte zur Berechnung der Belastungsglieder aus Einzellasten (Fall 1).

$\frac{a}{l}$	ω_D	ω'_D	$\frac{a}{l}$	ω_D	ω'_D
0,05	0,04987	0,09262	0,55	0,38362	0,35887
0,10	0,09900	0,17100	0,60	0,38400	0,33600
0,15	0,14662	0,23587	0,65	0,37537	0,30712
0,20	0,19200	0,28800	0,70	0,35700	0,27300
0,25	0,23437	0,32812	0,75	0,32812	0,23437
0,30	0,27300	0,35700	0,80	0,28800	0,19200
0,35	0,30712	0,37537	0,85	0,23587	0,14662
0,40	0,33600	0,38400	0,90	0,17100	0,09900
0,45	0,35887	0,38362	0,95	0,09262	0,04987
0,50	0,37500	0,37500			

8. Tabelle der Belastungsglieder $J \cdot \frac{6\,L_n}{l^4} = \frac{N_m}{l^4} = \frac{1}{l^3} \cdot \frac{1}{4\,l}\,(e^2 - a^2)\,(2\,l^2 - e^2 - a^2)\,p.$

μ, ν																				
0,00																				
0,05	0,00125																			
0,10	0,00498	0,00373																		
0,15	0,01112	0,00988	0,00615																	
0,20	0,01960	0,01835	0,01462	0,00848																
0,25	0,03027	0,02902	0,02530	0,01915	0,01067															
0,30	0,04298	0,04173	0,03800	0,03185	0,02338	0,01270														
0,35	0,05750	0,05625	0,05252	0,04637	0,03790	0,02722	0,01452													
0,40	0,07360	0,07235	0,06862	0,06248	0,05400	0,04333	0,03062	0,01610												
0,45	0,09100	0,08975	0,08602	0,07988	0,07148	0,06072	0,04802	0,03350	0,01740											
0,50	0,10938	0,10813	0,10440	0,09825	0,08978	0,07910	0,06640	0,05188	0,03577	0,01838										
0,55	0,12837	0,12713	0,12340	0,11725	0,10877	0,09810	0,08540	0,07088	0,05477	0,03737	0,01900									
0,60	0,14760	0,14635	0,14262	0,13648	0,12800	0,11733	0,10462	0,09010	0,07400	0,05660	0,03822	0,01923								
0,65	0,16662	0,16538	0,16165	0,15550	0,14702	0,13635	0,12365	0,10913	0,09302	0,07563	0,05725	0,03825	0,01902							
0,70	0,18497	0,18373	0,18000	0,17385	0,16538	0,15470	0,14200	0,12748	0,11137	0,09398	0,07560	0,05660	0,03737	0,01835						
0,75	0,20215	0,20090	0,19717	0,19102	0,18255	0,17188	0,15917	0,14465	0,12855	0,11115	0,09277	0,07378	0,05455	0,03552	0,01717					
0,80	0,21760	0,21635	0,21263	0,20648	0,19800	0,18733	0,17462	0,16010	0,14400	0,12660	0,10823	0,08923	0,07000	0,05098	0,03262	0,01545				
0,85	0,23075	0,22950	0,22577	0,21962	0,21115	0,20048	0,18777	0,17325	0,15715	0,13975	0,12137	0,10237	0,08315	0,06412	0,04577	0,02860	0,01315			
0,90	0,24097	0,23973	0,23600	0,22985	0,22138	0,21070	0,19800	0,18348	0,16737	0,14998	0,13160	0,11260	0,09337	0,07435	0,05600	0,03883	0,02337	0,01023		
0,95	0,24762	0,24637	0,24265	0,23650	0,22802	0,21735	0,20465	0,19013	0,17402	0,15662	0,13825	0,11925	0,10002	0,08100	0,06265	0,04547	0,03002	0,01688	0,00665	
1,00	0,25000	0,24875	0,24502	0,23888	0,23040	0,21973	0,20702	0,19250	0,17640	0,15900	0,14062	0,12163	0,10240	0,08837	0,06502	0,04785	0,03240	0,01925	0,00902	0,00238

$\mu = 0{,}40$ ↓ ; $\nu = 0{,}80$ ↓

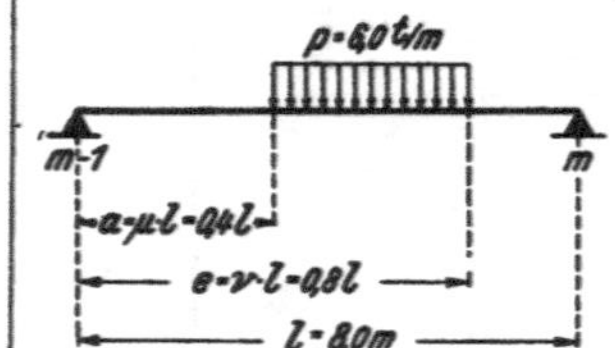

Zahlenbeispiel.

$l = 8{,}0$ m, $p = 6{,}0$ t/m

$a = 3{,}2$ m $= 0{,}4\,l$; $l - a = 0{,}6\,l$

$e = 6{,}4$ m $= 0{,}8\,l$; $l - e = 0{,}2\,l$

$J \cdot \frac{6\,L}{l} = 0{,}144 \cdot l^3 \cdot p =$

$= 0{,}144 \cdot 8{,}0^3 \cdot 6{,}0 = 442$

$J \cdot \frac{6\,R}{l} = 0{,}128 \cdot 8{,}0^3 \cdot 6{,}0 = 393$

Die nachstehende Tabelle enthält die Werte der Stützenmomente M_2, $M_3 \ldots$, der Stützendrücke C_1, $C_2 \ldots$, sowie der größten positiven Momente M' im letzten Feld; der erste Teil der Tabelle berücksichtigt den Fall gleichmäßig verteilter Last p auf die Längeneinheit, der zweite Teil enthält die Zahlen für die Dreiecklast, die bis auf den Wert $2p$ (auf der rechten Endstütze) zunimmt; p ist also die mittlere Belastung. Das größte positive Moment M' kommt immer in dem letzten Feld vor, und zwar in der Entfernung x vom Endauflager.

Für den Fall der Trapezlast hat man nur die entsprechenden Ergebnisse für Dreiecklast und gleichmäßig verteilte Last zu addieren; für die größten Momente ist das allerdings nicht streng genau, jedoch meistens genügend angenähert, jedenfalls zu ungünstig.

Tafel 4 zur Berechnung durchlaufender Träger mit gleichen Feldern bei Vollbelastung[1]**.**

Gleichmäßig verteilte Last

	Einheit	Anzahl der Felder					
		2	3	4	5	6	∞
M_2	$-pl^2$	0,1250	0,1000	0,1071	0,1053	0,1058	0,1057
M_3	$-pl^2$	—	0,1000	0,0714	0,0789	0,0769	0,0774
M_4	$-pl^2$	—	—	0,1071	0,0789	0,0865	0,0849
M_5	$-pl^2$	—	—	—	0,1053	0,0769	0,0829
M_6	$-pl^2$	—	—	—	—	0,1058	0,0835
C_1	pl	0,3750	0,4000	0,3929	0,3947	0,3942	0,3943
C_2	pl	1,2500	1,1000	1,1428	1,1317	1,1346	1,1340
C_3	pl	0,3750	1,1000	0,9286	0,9736	0,9616	0,9430
C_4	pl	—	0,4000	1,1428	0,9736	1,0192	1,0097
C_5	pl	—	—	0,3929	1,1317	0,9616	0,9974
C_6	pl	—	—	—	0,3947	1,1346	1,0007
C_7	pl	—	—	—	—	0,3942	0,9998
M'	pl^2	0,0703	0,0800	0,0772	0,0779	0,0777	0,0778
x	l	0,6250	0,6000	0,6070	0,6053	0,6058	0,6057

Dreiecklast

	Einheit	Anzahl der Felder				
		6	5	4	3	2
M_2	$-pl^2$	0,0280	0,0325	0,0446	0,0444	0,1250
M_3	$-pl^2$	0,0547	0,0699	0,0714	0,1556	—
M_4	$-pl^2$	0,0865	0,0880	0,1696	—	—
M_5	$-pl^2$	0,0992	0,1780	—	—	—
M_6	$-pl^2$	0,1836	—	—	—	—
C_1	pl	0,0276	0,0341	0,0387	0,6667	0,0417
C_2	pl	0,3346	0,3952	0,5179	0,6000	1,2500
C_3	pl	0,6615	0,8192	0,9286	1,6000	0,7083
C_4	pl	1,0192	1,1282	1,7678	0,7333	—
C_5	pl	1,2616	1,8679	0,7470	—	—
C_6	pl	1,9346	0,7554	—	—	—
C_7	pl	9,7609	—	—	—	—
M'	pl^2	0,1480	0,1465	0,1442	0,1405	0,1340
x	l	0,6067	0,6069	0,6072	0,6077	0,6073

[1]) Für ungünstigste Laststellung vgl. die Winklerschen Tabellen Tafel 8.

Tafel 4a. Hilfswerte für die Berechnung durch kreuzweise bewehrte Platten belastete Balken und Rahmen (nach Repenning).

Wir setzen in der Abbildung des Fall 6 ... $a = \alpha l$ S. 485.

$A_0 = m_1 p l$; $M_0 = m_2 p l^2$; $N = - m_3 p l^2 l'$; $\nu = m_4 p l^2$ (vgl. S. 489 u.).

α	m_1	m_2	m_3	m_4	α
0,25	0,375	0,1146	0,2227	0,8906	0,25
0,26	0,370	0,1137	0,2206	0,8824	0,26
0,27	0,365	0,1128	0,2185	0,8739	0,27
0,28	0,360	0,1119	0,2163	0,8652	0,28
0,29	0,355	0,1110	0,2141	0,8562	0,29
0,30	0,350	0,1100	0,2118	0,8470	0,30
0,31	0,345	0,1090	0,2094	0,8376	0,31
0,32	0,340	0,1079	0,2070	0,8280	0,32
0,33	0,335	0,1068	0,2045	0,8181	0,33
0,34	0,330	0,1057	0,2020	0,8081	0,34
0,35	0,325	0,1046	0,1995	0,7979	0,35
0,36	0,320	0,1034	0,1969	0.7875	0,36
0,37	0,315	0,1022	0,1942	0,7769	0,37
0,38	0,310	0,1009	0,1915	0,7661	0,38
0,39	0,305	0,0996	0,1888	0,7551	0,39
0,40	0,300	0,0983	0,1860	0.7440	0,40
0,41	0,295	0,0970	0,1832	0,7327	0,41
0,42	0,290	0,0956	0,1804	0,7213	0,42
0,43	0,285	0,0942	0,1774	0,7097	0,43
0,44	0,280	0,0927	0,1745	0,6980	0,44
0,45	0,275	0,0912	0.1715	0,6861	0,45
0,46	0,270	0,0897	0,1685	0,6741	0,46
0,47	0,265	0,0882	0,1655	0,6620	0,47
0,48	0,260	0,0866	0,1624	0,6498	0,48
0,49	0,255	0,0850	0,1593	0,6374	0,49
0,50	0,250	0,0833	0,1562	0,6250	0,50

Beispiel: Balken auf 5 Stützen in allen Feldern gleichmäßig durch Trapezlast belastet.

$$p = 2{,}0 \text{ t/m}\cdot \quad l = 5{,}0 \text{ m}. \quad a = 2{,}0 \text{ m}. \quad \alpha = \frac{2{,}0}{5{,}0} = 0{,}40.$$

$$M_B = -0{,}107 \cdot 2{,}0 \cdot 0{,}744 \cdot 5{,}0^2 = -3{,}98 \text{ tm}.$$

$$A = 0{,}300 \cdot 2{,}0 \cdot 5{,}0 - \frac{3{,}98}{5{,}0} = 3{,}0 - 0{,}78 = 2{,}20 \text{ t}.$$

Balken auf 3—5 Stützen bei gleichen Feldweiten l[1])

belastet durch gleich große, gleichmäßig verteilte Lasten (p) oder gleich große Einzellasten P in gleichen Abständen. — Es ist $M = kpl^2$ bzw. kPl, ferner $Q = kpl$ bzw kP. Die Werte k sind in den

[1]) Bei ungleichen Feldweiten empfehlen sich die Tafeln von Kammer in „Beton u. Eisen" 1924, Heft 17, und 1925, Heft 14, ferner vor allem sein Werk: Der durchlaufende Träger über ungleichen Öffnungen (Verl. Jul. Springer). (Die nachfolgenden Tafeln wurden von Herrn Zivilingenieur Mensch zur Verfügung gestellt und sind auch im Betonkalender enthalten (Wilh. Ernst & Sohn); die Berechnung der Durchbiegungen dagegen ist von dem Bearbeiter dieses Buches angefügt). Die Durchbiegungen sind in diesen Tafeln immer für die Mitte eines jeden Feldes angegeben, obwohl dies

Tabellen zusammengestellt. — Links und rechts der Mittelstützen sind die Querkräfte, gekennzeichnet durch die Indizes l und $_r$, mit ihren zugehörigen Vorzeichen eingeführt. Im übrigen bezeichnen die Vorzeichen die Richtung der Auflagerdrücke. Zur Berechnung der Durchbiegung multipliziert man einfach den Tafelwert m mit $\frac{P l^3}{E J}$; hierin ist bei gleichmäßig verteilter Last $P = pl$ und bei Einzellasten P = der Einzellast selbst.

Tafel 5. Balken auf 3 Stützen.

Belastungsfälle	Feldmomente M_1	Feldmomente M_2	Stützenmomente M_B	Querkräfte und Auflagerdrücke A	B_l / B_r	B	C	$\delta = m \frac{P l^3}{E J}$ m
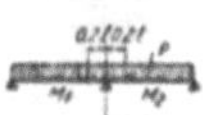	0,070	0,070	**— 0,125**	0,375	— 0,625 0,625	**1,250**	0,375	0,00520
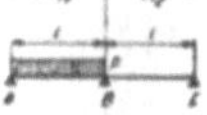	**0,096**	— 0,025	— 0,063	**0,437**	— 0,563 0,063	0,626	— 0,063	0,00906
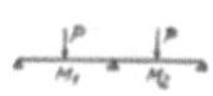	0,156	0,156	**— 0,188**	0,312	— 0,688 0,688	**1,376**	0,312	0,00915
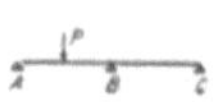	**0,203**	— 0,047	— 0,094	**0,406**	0,594 0,094	0,688	— 0,094	0,01502
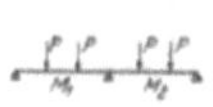	0,222	0,222	**— 0,333**	0,667	— 1,334 1,334	**2,668**	0,667	0,01470
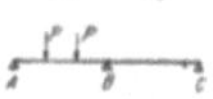	**0,278**	— 0,056	— 0,167	**0,833**	— 1,167 0,167	1,334	— 0,167	0,02505
	0,266	0,266	**— 0,469**	1,042	— 1,958 1,958	**3,916**	1,042	0,02030
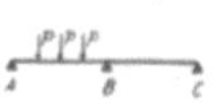	**0,383**	— 0,117	— 0,234	**1,266**	— 1,734 0,234	1,968	— 0,234	0,03498

Bei anderen Lastgruppen sind die Werte k der Stützenmomente für gleichmäßige Last mit nebenstehenden Beiwerten v zu multiplizieren und aus diesen die Feldmomente und Querkräfte zu ermitteln.

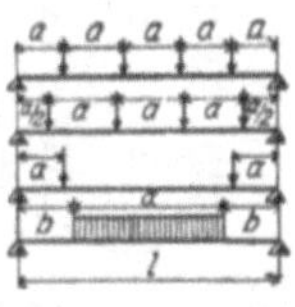

$$n \text{ gleiche Teile: } \nu = \frac{n^2 - 1}{n}, \qquad n \text{ Einzellasten: } \nu = \frac{2n^2 + 1}{2n}, \qquad \nu = 12 \frac{a}{l}\left(1 - \frac{a}{l}\right) \quad \Bigg\} M = k \cdot \nu \cdot P \cdot l$$

$$\nu = \frac{a}{2l}\left[3 - \left(\frac{a}{l}\right)^2\right] \quad \Big\} M = k \cdot \nu \cdot p \cdot l^2$$

genau genommen nicht den Größtwert der Felddurchbiegung darstellt. Für den Zweck der Tafel, nämlich einen Anhalt über die Durchbiegung des Trägers im Verhältnis zur Stützweite zu gewinnen, genügen die Angaben durchaus. Insbesondere muß man beachten, daß die rechnerisch vorausgesetzte „Schneidenlagerung" nie zutrifft und die flächige Lagerung dann ohnehin die maximal auftretenden Felddurchbiegungen abmindert.

Tafel 6. Balken auf 4 Stützen.

Hierin ist δ_1 die Durchbiegung in Feldmitte des ersten, δ_2 = des zweiten Feldes.

Belastungsfälle	Feldmomente		Stützenmomente		Auflagerdrücke und Querdrücke						Durchbiegungen $\delta_1 = m_1 \frac{P l^3}{E J}$	Durchbiegungen $\delta_2 = m_2 \frac{P l^3}{E J}$
	M_1	M_2	M_B	M_C	A	B_l / B_r	B	C_l / C_r	C	D	m_1	m_2
	0,080	0,025	— 0,100	— 0,100	0,400	— 0,600 / 0,500	1,100	— 0,500 / 0,600	1,100	0,400	0,00675	0,00052
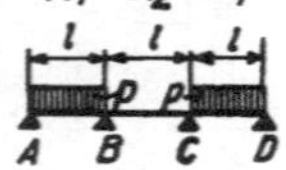	**0,101**	— 0,050	— 0,050	— 0,050	**0,450**	— 0,550 / 0,000	0,550	— 0,000 / 0,550	0,550	0,450	0,00987	—
	— 0,025	**0,075**	— 0,050	— 0,050	— 0,050	— 0,050 / 0,500	0,550	— 0,500 / 0,050	0,550	— 0,050	—	0,00675
	—	—	— **0,117**	— 0,033	0,383	0,617 / 0,583	**1,200**	— 0,417 / 0,033	0,450	— 0,033	—	—
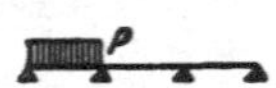	—	—	— 0,067	0,017	0,433	— 0,567 / 0,083	0,650	0,083 / — 0,017	— 0,100	0,017	0,00882	—
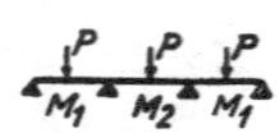	0,175	0,100	— 0,150	— 0,150	0,350	— 0,650 / 0,500	1,150	— 0,500 / 0,650	1,150	0,350	0,01152	0,00213
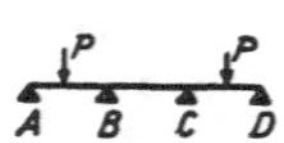	**0,213**	— 0,075	— 0,075	— 0,075	**0,425**	— 0,575 / 0,000	0,575	— 0,000 / 0,575	0,575	0,425	0,01621	—
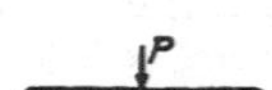	— 0,038	**0,175**	— 0,075	— 0,075	— 0,075	— 0,075 / 0,500	0,575	— 0,500 / 0,075	0,575	— 0,075	—	0,01152

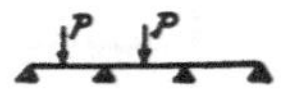	—	—	−0,175	−0,050	0,325	−0,675 0,625	1,300	−0,375 0,050	0,425	−0,050	—	—
	—	—	−0,100	0,025	−0,400	−0,600 0,125	0,725	0,125 −0,025	−0,150	0,025	0,01465	—
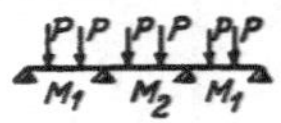	0,244	0,067	−0,267	−0,267	0,733	−1,267 1,000	2,267	−1,000 1,267	2,267	0,733	0,01880	0,00210
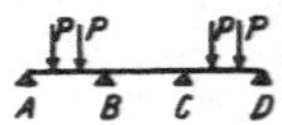	0,289	−0,133	−0,133	−0,133	0,866	−1,133 0,000	1,133	−0,000 0,133	1,133	0,800	0,02718	—
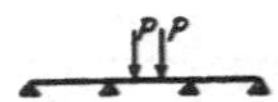	−0,044	0,200	−0,133	−0,133	0,133	−0,133 1,000	1,133	−1,000 1,133	1,133	−0,133	—	0,01890
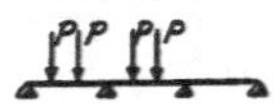	—	—	−0,311	−0,089	0,689	−1,311 1,222	2,533	−0,778 0,089	0,867	−0,089	—	—
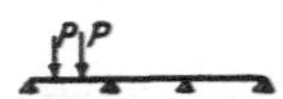	—	—	−0,178	0,044	0,822	−1,178 0,222	1,400	0,222 −0,044	−0,266	0,044	0,02436	—
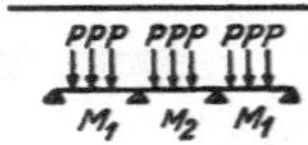	0,313	0,125	−0,375	−0,375	1,125	−1,875 1,500	3,375	−1,500 1,875	3,375	1,125	0,02615	0,00270
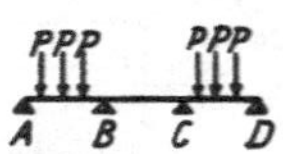	0,406	−0,188	−0,188	−0,188	1,313	−1,688 0,000	1,688	−0,000 1,688	1,688	1,313	0,03787	—
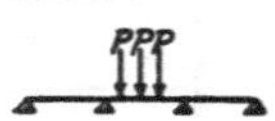	−0,094	0,313	−0,188	−0,188	−0,188	−0,188 1,500	1,688	−1,500 0,188	1,688	−0,188	—	0,02614
	—	—	−0,437	−0,125	1,063	−1,938 1,812	3,750	−1,188 0,125	1,313	−0,125	—	—
	—	—	−0,250	0,062	1,250	−1,750 0,312	2,062	0,312 −0,062	−0,374	0,062	0,03300	—

Tafel 7. Balken auf 5 Stützen.

Hierin ist δ_1 = Durchbiegung in Feldmitte des ersten Feldes, δ_2 = im zweiten, δ_3 = im dritten Felde.

Belastungsfälle	Feldmomente				Stützenmomente			Auflagerdrücke und Querkräfte								Durchbiegungen		
																$\delta_1 = m_1 \frac{P l^3}{E J}$	$\delta_2 = m_2 \frac{P l^3}{E J}$	$\delta_3 = m_3 \frac{P l^3}{E J}$
	M_1	M_2	M_3	M_4	M_B	M_C	M_D	A	B_l B_r	B	C_l C_r	C	D_l D_r	D	E	m_1	m_2	m_3
	0,077	0,036	0,036	0,077	−0,107	−0,071	−0,107	0,393	−0,607 0,536	1,143	−0,464 0,474	0,928	−0,536 0,607	1,143	0,393	0,00630	0,00190	—
	0,10[illegible]	−0,045	0,081	−0,023	−0,054	−0,036	−0,054	0,446	−0,554 0,018	0,572	0,018 0,482	0,464	−0,518 0,054	0,572	−0,054	0,00362	—	0,00738
	—	—	—	—	−0,121	−0,018	−0,058	0,380	−0,620 0,603	1,223	−0,397 −0,040	0,357	−0,040 0,558	0,598	0,442	—	—	—
	—	—	—	—	−0,036	−0,107	−0,036	−0,036	−0,036 0,429	0,465	−0,571 0,571	1,142	−0,429 0,036	0,465	−0,036	—	—	—
	—	—	—	—	−0,037	0,018	−0,004	0,433	−0,567 0,085	0,652	0,085 −0,022	−0,107	−0,022 0,004	0,026	−0,064	0,00382	—	—
	—	—	—	—	−0,049	−0,054	0,013	−0,049	−0,049 0,496	0,545	−0,504 0,067	0,571	0,067 −0,013	−0,080	0,013	—	0,03657	—
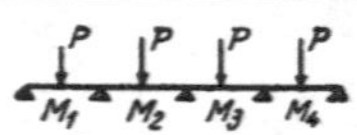	0,169	0,116	0,116	0,169	−0,161	−0,107	−0,161	0,339	−0,661 0,553	1,214	−0,446 0,446	0,892	−0,553 0,661	1,214	0,339	0,01085	0,00410	—
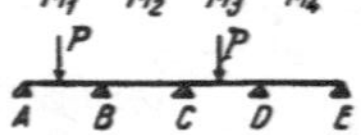	0,210	−0,067	0,183	−0,040	−0,080	−0,054	−0,080	0,420	−0,580 0,027	0,607	0,027 0,473	0,446	−0,527 0,080	0,607	−0,080	0,01390	—	0,01251
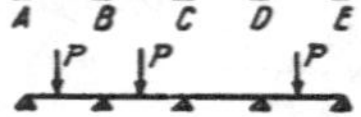	—	—	—	—	−0,181	−0,027	−0,087	0,319	−0,681 0,654	1,335	−0,346 −,0060	0,286	−0,060 0,587	0,647	0,413	—	—	—
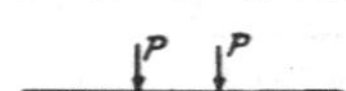	—	—	—	—	−0,054	−0,161	−0,054	−0,054	−0,054 0,393	0,447	−,0607 0,607	1,214	−0,393 0,054	0,447	−0,054	—	—	—
	—	—	—	—	−0,100	−0,027	−0,007	0,400	−0,600 0,127	0,727	0,127 −0,033	−0,160	−0,033 0,007	0,040	−0,007	0,01465	—	—

	—	—	—	—	−0,074	−0,080	−0,020	−0,074	−0,074 0,493	0,567	−0,507 0,100	0,607	0,100 −0,020	−0,121	0,020	—	0,01127	—
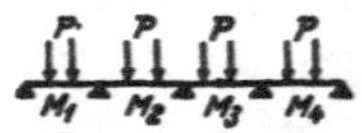	0,238	0,111	0,111	0,238	−0,286	−0,191	−0,286	0,714	−1,286 1,095	2,381	0,905 0,905	1,810	−1,095 1,286	2,381	0,714	0,01766	0,00570	—
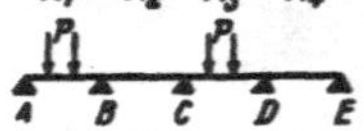	0,286	−0,111	0,222	−0,048	−0,143	−0,095	−0,143	0,857	−1,143 0,048	1,191	0,048 0,952	0,904	−1,048 0,143	1,191	−0,143	0,02655	—	0,02057
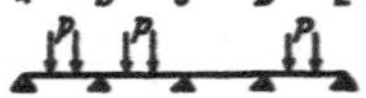	—	—	—	—	−0,321	−0,048	−0,155	0,679	−1,321 1,274	2,595	−0,726 −0,107	0,619	−0,107 1,155	1,262	0,845	—	—	—
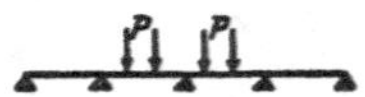	—	—	—	—	−0,095	−0,286	−0,095	−0,095	−0,095 0,810	0,905	−1,190 1,190	2,380	−0,810 0,095	0,905	−0,095	—	—	—
	—	—	—	—	−0,178	0,048	−0,012	0,821	−1,178 0,226	1,404	0,226 −0,060	−0,286	−0,060 0,012	0,072	−0,012	0,02436	—	—
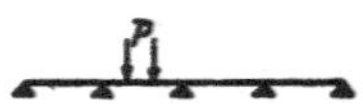	—	—	—	—	−0,131	−0,143	0,036	−0,131	−0,131 0,988	1,119	−1,012 0,178	1,190	0,178 −0,036	−0,214	0,936	—	0,01833	—
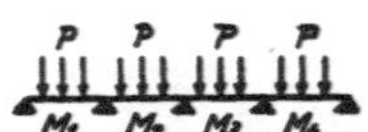	0,299	0,165	0,165	0,299	−0,402	−0,268	−0,402	1,098	−1,902 1,634	3,536	−1,366 1,366	2,732	−1,634 1,902	3,536	1,098	0,02445	0,00760	—
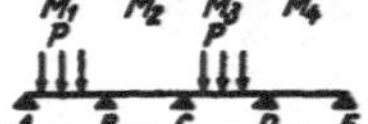	0,400	−0,167	0,333	−0,101	−0,201	−0,134	−0,201	1,299	−1,701 0,067	1,768	0,067 1,433	1,366	−1,567 0,201	1,768	−0,201	0,03705	—	0,02870
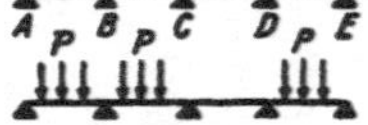	—	—	—	—	−0,452	−0,067	−0,218	1,048	−1,952 1,885	3,837	−1,115 −0,151	0,964	0,151 1,718	1,869	1,282	—	—	—
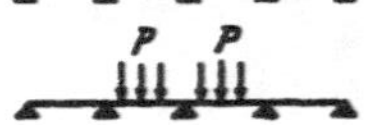	—	—	—	—	−0,134	−0,402	−0,134	−0,134	−0,134 1,232	1,366	−1,768 1,768	3,536	−1,232 0,134	1,366	−0,134	—	—	—
	—	—	—	—	−0,251	0,067	−0,017	1,249	−1,751 0,318	2,069	0,318 −0,084	−0,402	−0,084 0,017	0,101	−0,017	0,03300	—	—
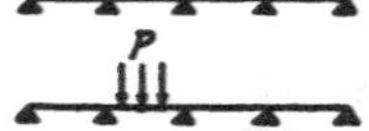	—	—	—	—	−0,184	−0,201	0,050	−0,184	−0,184 1,483	1,667	−1,517 0,251	1,768	0,251 −0,050	−0,301	0,050	—	0,02550	—

Tafel 8. Winklersche Tafeln[1]).

Zweifeldbalken.

$\frac{x}{l}$	Biegemomente			Querkräfte		
	Einfluß von g	Einfluß von p		Einfluß von g	Einfluß von p	
	α	$+\beta$	$-\beta$	γ	$+\delta$	$-\delta$
0,0	0,0000	0,00000	0,00000	+0,375	0,4375	0,0625
0,1	+0,0325	0,03875	0,00625	+0,275	0,3437	0,0687
0,2	+0,0550	0,06750	0,01250	+0,175	0,2624	0,0874
0,3	+0,0675	0,08625	0,01875	+0,075	0,1932	0,1182
0,375	+**0,0703**	0,09375	0,02344	0,000	0,1491	0,1491
0,4	+0,0700	**0,09500**	0,02500	−0,025	0,1359	0,1609
0,5	+0,0625	0,09375	0,03125	−0,125	0,0898	0,2148
0,6	+0,0450	0,08250	0,03750	−0,225	0,0544	0,2794
0,7	+0,0175	0,06125	0,04375	−0,325	0,0287	0,3537
0,75	0,0000	0,04688	0,04688	−0,375	0,0193	0,3943
0,80	−0,0200	0,03000	0,05000	−0,425	0,0119	0,4369
0,85	−0,0425	0,01523	0,05773	−0,475	0,0064	0,4814
0,9	−0,0675	0,00611	0,07361	−0,525	0,0027	0,5277
0,95	−0,0950	0,00138	0,09638	−0,575	0,0007	0,5757
1,00	−0,1250	0,00000	0,12500	−0,625	0,0000	0,6250
		Auflagerdruck A_2 =		+ 1,250	1,2500	0,0000

Dreifeldbalken.

$\frac{x}{l}$	Biegemomente			Querkräfte		
	Einfluß von g	Einfluß von p		Einfluß von g	Einfluß von p	
	α	$+\beta$	$-\beta$	γ	$+\delta$	$-\delta$
0,0	0,000	0,000	0,000	+0,4	0,4500	0,0500
0,1	+0,035	0,040	0,005	+0,3	0,3560	0,0563
0,2	+0,060	0,070	0,010	+0,2	0,2752	0,0752
0,3	+0,075	0,090	0,015	+0,1	0,2065	0,1065
0,4	+**0,080**	**0,100**	0,020	0,0	0,1496	0,1496
0,5	+0,075	0,100	0,025	−0,1	0,1042	0,2042
0,6	+0,060	0,090	0,030	−0,2	0,0694	0,2694
0,7	+0,035	0,070	0,035	−0,3	0,0443	0,3443
0,7895	+0,00414	0,04362	0,03948	.	.	.
0,8	0,000	0,04022	0,04022	−0,4	0,0280	0,4280
0,85	−00,2125	0,02773	0,04898	.	.	.
0,9	−0,04500	0,02042	0,06542	−0,5	0,0193	0,5191
0,95	−0,07125	0,01706	0,08831	.	.	.
1,0	−0,10000	0,01667	0,11667	−0,6	0,0167	0,6167
		Auflagerdruck A_2 =		+ 1,1	1,2000	0,1000
1,0	−0,10000	0,01667	0,11667	+ 0,5	0,5833	0,0833
1,05	−0,07625	0,01408	0,09033	.	.	.
1,10	−0,05500	0,00748	0,06248	+0,4	0,4870	0,0870
1,15	−0,03625	0,02053	0,05678	.	.	.
1,20	−0,020	0,030	0,050	+0,3	0,3991	0,0991
1,2764	0,000	0,050	0,050	.	.	.
1,3	+0,005	0,055	0,050	+0,2	0,3210	0,1210
1,4	+0,020	0,070	0,050	+0,1	0,2537	0,1537
1,5	+**0,025**	**0,075**	0,050	0,0	0,1979	0,1979

[1]) Aus Saliger, Praktische Statik.

Vierfeldbalken.

$$\max M = (\alpha g + \beta p) l^2; \quad \min M = (\alpha g - \beta p) l^2.$$

$\frac{x}{l}$	Biegemomente			Querkräfte		
	Einfluß von g	Einfluß von p		Einfluß von g	Einfluß von p	
	α	$+\beta$	$-\beta$	γ	$+\delta$	$-\delta$
0,0	0,0	0,0	0,0	+ 0,3929	0,4464	0,0535
0,1	+ 0,03429	0,03964	0,00536	+ 0,2929	0,3528	0,0599
0,2	+ 0,05857	6,06929	0,01071	+ 0,1929	0,2717	0,0788
0,3	+ 0,07286	0,08893	0,01607	+ 0,0929	0,2029	0,1101
0,3929	.	.	.	0,0	0,1498	0,1498
0,4	+ **0,07714**	**0,09857**	0,02143	− 0,0071	0,1461	0,1533
0,5	+ 0,07143	0,09822	0,02679	− 0,1071	0,1007	0,2079
0,6	+ 0,05572	0,08786	0,03214	− 0,2071	0,0660	0,2731
0,7	+ 0,03000	0,06750	0,03750	− 0,3071	0,0410	0,3481
0,7857	0,0	0,04209	0,04209	.	.	.
0,7887	− 0,00117	0,04108	0,04225	.	.	.
0,8	− 0,00571	0,03738	0,04309	− 0,4071	0,0247	0,4319
0,85	− 0,02732	0,02484	0,05216	.	.	.
0,9	− 0,05143	0,01629	0,06772	− 0,5071	0,0160	0,5231
0,95	− 0,07803	0,01393	0,09197	.	.	.
1,00	− 0,10714	0,01340	0,12054	− 0,6071	0,0134	0,6205
		Auflagerdruck A_2 =		+ 1,1428	1,2232	0,0804

$\frac{x}{l}$	α	$+\beta$	$-\beta$	γ	$+\delta$	$-\delta$
1,0	− 0,10714	0,01340	0,12054	+ 0,5357	0,6027	0,0670
1,05	− 0,08160	0,01163	0,09323	.	.	.
1,10	− 0,05857	0,01455	0,07212	+ 0,4357	0,5064	0,0707
1,15	− 0,03803	0,02537	0,06340	.	.	.
1,2	− 0,02000	0,03000	0,05000	+ 0,3357	0,4187	0,0830
1,2661	0,0	0,04882	0,04882	.	.	.
1,3	+ 0,00857	0,05678	0,04821	+ 0,2357	0,3410	0,1153
1,4	+ 0,02714	0,07357	0,04643	+ 0,1357	0,2742	0,1385
1,5	+ **0,03572**	**0,08036**	0,04464	+ 0,0357	0,2190	0,1833
1,5357	.	.	.	0,0	0,2028	0,2028
1,6	+ 0,03429	0,07715	0,04286	− 0,0643	0,1755	0,2398
1,7	+ 0,02286	0,06393	0,04107	− 0,1643	0,1435	0,3078
1,7896	+ 0,00416	0,04363	0,03947	.	.	.
1,8	+ 0,00143	0,04170	0,04027	− 0,2643	0,1222	0,3865
1,8053	0,0	0,04092	0,04092	.	.	.
1,85	− 0,01303	0,03451	0,04754	.	.	.
1,9	− 0,03000	0,03105	0,06105	− 0,3643	0,1106	0,4749
1,95	− 0,04947	0,03173	0,08120	.	.	.
2,00	− 0,07143	0,03571	0,10714	− 0,4643	0,1071	0,5714
		Auflagerdruck A_3 =		+ 0,9286	1,1428	0,2142

Kapitel 68. Zahlenbeispiele.

1. Für das in Kapitel 64 behandelte, in Abb. 196 dargestellte Tragwerk sollen Momente und Querkräfte mit Hilfe der Dreimomentengleichung berechnet werden. Es ist dabei mit einer Stützensenkung im Mittelauflager von 0,14 cm gerechnet worden. (Im obengenannten Beispiel ist diese Stützensenkung als wirklich eintretend nachgewiesen.)

In Gl. (4) (Kapitel. 66) ist zu setzen:

$$l_m = l_{m+1} = l = 8{,}00 \text{ m},$$
$$\delta_{m-1} = \delta_A = \delta_{m+1} = \delta_B = 0,$$
$$\delta_m = \delta_C = 0{,}14 \text{ cm},$$
$$\delta_m - \delta_{m-1} = 0{,}14 \text{ cm}, \quad \delta_m - \delta_{m+1} = 0{,}14 \text{ cm} = 0{,}0014 \text{ m}.$$

Nach der zweiten Tafel in Kapitel 67 ist außerdem

$$6J\frac{L_m}{l_m} = 0{,}375 \cdot 20{,}0 \cdot 8{,}0^2 = 480{,}0 \text{ m}^2\text{t} = 6J\frac{R_{m+1}}{l_{m+1}}.$$

Beachtet man außerdem, daß $M_A = M_B = 0$ ist, und setzt man $E = 2100000 \text{ t/m}^2$ und $J = 0{,}0675 \text{ m}^4$, so geht Gl. (4) über in

$$32{,}0\, M_C = -2 \,.\, 480{,}0 + 6 \cdot 2\,100\,000 \cdot 0{,}0675 \cdot \frac{2 \cdot 0{,}0014}{8{,}00} =$$
$$= -960 + 298 = -662 \text{ m}^2\text{t}.$$

Bei unnachgiebigem Auflager ist demnach

$$M_C = -\frac{960}{32} = -30{,}0 \text{ mt},$$

bei nachgiebigem Auflager:

$$M_C = -\frac{662}{32} = -20{,}7 \text{ mt}.$$

Die übrigen, gesuchten Momente und Querkräfte sind in der folgenden Zusammenstellung eingetragen.

	Unnachgiebiges Mittelauflager	Nachgiebiges Mittelauflager
Feldmoment in m . . .	+ 25,0 mt	+ 29,7 mt
Querkraft in A	+ 6,25 t	+ 7,42 t
Querkraft links von C .	— 13,75 t	— 12,58 t

2. Eine auf vier Stützen gelagerte, durchlaufende Deckenplatte aus Eisenbeton (Abb. 203) erleidet im Mittelfeld eine von Unterkante der Platte zur Oberkante linear abnehmende Erwärmung

$$\Delta t = t_u - t_o = +10^0 \text{ C}.$$

Gesucht ist der Verlauf der daraus entstehenden Biegungsmomente und die Auflagerkräfte. Zur Lösung dieser Aufgabe wird wieder Gl. (4) des Kapitels 66 benützt. Darin ist zu setzen:

$$M_0 = M_3 = 0, \quad M_1 = M_2, \quad L = R = 0, \quad \delta = 0,$$

$$J = \frac{1}{12} \cdot 100 \cdot 18^3 = 48\,600 \text{ cm}^4, \quad \Delta t = +10^0 \text{ C}.$$

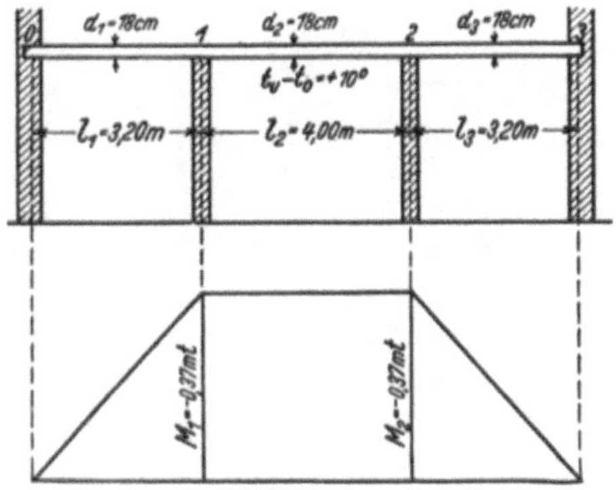

Abb. 203.

Da $M_1 = M_2$ ist, genügt es, die Dreimomentengleichung für die Felder *0—1* und *1—2* aufzustellen. Diese lautet:

$$2\,M_1 (l_1 + l_2) + M_1 \cdot l_2 = -3\,\alpha E J \frac{\Delta t \cdot l_2}{d_2}.$$

Daraus folgt das Stützenmoment

$$M_1 = -3\,\alpha E J \frac{\Delta t \cdot l_2}{d_2 (2\,l_1 + 3\,l_2)}$$

$$= -3 \cdot 0{,}00001 \cdot 2\,100\,000 \cdot 0{,}000486 \cdot \frac{10 \cdot 4{,}0}{0{,}18 \cdot 18{,}4} = -0{,}37 \text{ mt}.$$

Der angenommene Temperaturunterschied ruft demnach auf der ganzen Balkenlänge oben Zug hervor (Abb. 203). Die Auflagerkräfte findet man in bekannter Weise wie folgt:

$$A_0 = A_3 = -\frac{0{,}37}{3{,}2} = -0{,}116 \text{ t},$$

$$A_1 = A_2 = +\frac{0{,}37}{3{,}2} = +0{,}116 \text{ t}.$$

3. Der in Abb. 204 dargestellte Durchlaufbalken hat drei verschieden große Öffnungen. Das Trägheitsmoment ist in der ersten Öffnung viermal größer als in den beiden anderen. Gesucht sind die Biegungsmomente und die Querkräfte infolge der im ersten Feld

wirkenden Streckenlast $p = 12{,}0$ t/m. In guter Annäherung kann $p = 12{,}0$ t/m, das auf der Strecke $0{,}263 \cdot l$ bis $0{,}550\, l$ wirksam ist, ersetzt werden durch die auf der Strecke $0{,}250\, l$ bis $0{,}550\, l$ wirkende gleichmäßig verteilte Last $p = 12{,}0 \cdot 2{,}18 : 2{,}28 =$ rd. $11{,}5$ t/m. Die

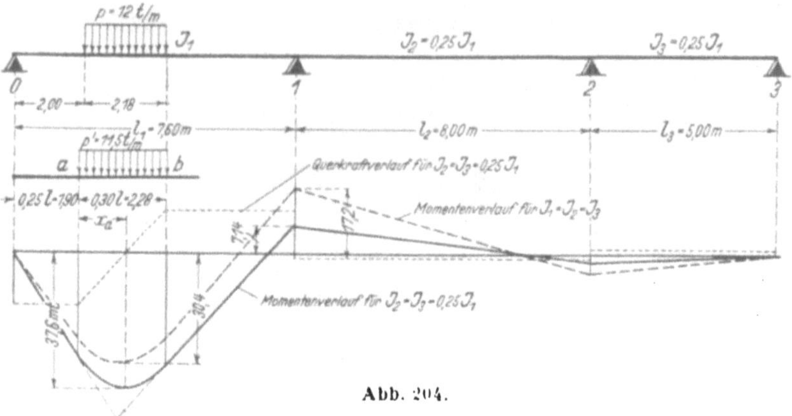

Abb. 204.

Dreimomentengleichungen für die beiden Feldpaare *0—1—2* und *1—2—3* lauten allgemein (Gleichungsform 3):

$$M_0 l_1' + 2\, M_1 (l_1' + l_2') + M_2 \cdot l_2' = -6\left(\frac{L_1}{l_1} + \frac{R_2}{l_2}\right),$$

$$M_1 l_2' + 2\, M_2 (l_2' + l_3') + M_3 \cdot l_3' = -6\left(\frac{L_2}{l_2} + \frac{R_3}{l_3}\right).$$

Im vorliegenden Fall ist $M_0 = M_3 = 0$, $L_2 = R_2 = R_3 = 0$. Multipliziert man die in diesem Sinne vereinfachten Gleichungen mit J_1, so ergibt sich:

$$2\,(7{,}60 + 4 \cdot 8{,}00)\, M_1 + 4 \cdot 8{,}00\, M_2 = -6\, J_1 \cdot L_1 = -N_1,$$
$$4 \cdot 8{,}00\, M_1 + 2\,(4 \cdot 8{,}00 + 4 \cdot 5{,}00)\, M_2 = 0.$$

Mit Hilfe der dritten Tabelle des Kapitels 67 findet man für das Belastungsglied $N_1 = 0{,}0981 \cdot 11{,}5 \cdot 7{,}6^3 = 495$.

Ohne die oben eingeführte Vereinfachung wäre nach Tafel 1 des Kapitels 67, Fall 3:

$$N_1 = -\frac{12{,}0}{4 \cdot 7{,}6}\,(4{,}18^2 - 2{,}00^2)\,(2 \cdot 7{,}60^2 - 4{,}18^2 - 2{,}00^2) = -499.$$

Die endgültige Form der Gleichungen ist schließlich:

$$79{,}2\, M_1 + 32{,}0\, M_2 = -495$$
$$32{,}0\, M_1 + 104{,}0\, M_2 = 0,$$

woraus folgt $M_1 = -7{,}14$ mt, $M_2 = +2{,}20$ mt, und weiter:

$Q_0 = 2{,}28 \cdot 11{,}5 \cdot 4{,}56 : 7{,}60 - 7{,}14 : 7{,}60 = 15{,}72 - 0{,}94 = 14{,}78$ t,
links von *1*: $Q_{1l} = -2{,}28 \cdot 11{,}5 - 14{,}78 = 11{,}43$ t,
rechts von *1* und links von *2*: $Q_{1r} = (7{,}14 + 2{,}20) : 8{,}0 = 1{,}17$ t,
rechts von *2* und links von *3*: $Q_{2r} = -2{,}20 : 5{,}0 = -0{,}44$ t.

Aus den Querkräften folgen die Auflagerdrücke:

$$A_0 = 14{,}78 \text{ t},$$
$$A_1 = 11{,}43 + 1{,}17 = 12{,}60 \text{ t},$$
$$A_2 = -1{,}17 - 0{,}44 = -1{,}61 \text{ t},$$
$$A_3 = +0{,}44 \text{ t}.$$

Für das Feld 0—1 ist weiter:

$$M_a = 14{,}78 \cdot 1{,}90 = 28{,}1 \text{ mt},$$
$$M_b = 14{,}78 \cdot 4{,}18 - 0{,}5 \cdot 11{,}5 \cdot 2{,}28^2 = 31{,}9 \text{ mt}.$$

Im Abstande $x_a = 14{,}78 : 11{,}5 = 1{,}28$ m von *a* (vgl. Abb. 204) tritt das größte Feldmoment auf; es beträgt:

$$M_{max} = 14{,}78 \cdot 3{,}18 - 0{,}5 \cdot 11{,}5 \cdot 1{,}28^2 = 37{,}6 \text{ mt}.$$

Der Verlauf der Momente und der Querkräfte ist im übrigen aus Abb. 204 ersichtlich. In der gleichen Abbildung ist zum Vergleich der Momentenverlauf für gleichbleibende Trägheitsmomente in allen drei Feldern eingetragen.

4. Ein Unterzug, der an seinen Enden fest eingespannt[1]) ist, diene als Auflager von zwei, in seinen Drittelpunkten angeschlossesenen Deckenbalken (Abb. 205). Die beiden Balken sind auf der einen Seite des Unterzuges mit $q = 3{,}0$ t/m belastet und auf der anderen mit $g = 1{,}0$ t/m. Für diesen Belastungszustand sollen die Querkräfte und die Biegungsmomente der Balken und die Verdrehungsmomente des Unterzuges ermittelt werden.

Entsprechend Abb. 205 sind die in den Punkten *1* von den Balken auf den Unterzug zu übertragenden Momente mit Z_1 bezeichnet. Ein positives Moment Z_1 ruft eine Verdrehung des Unterzugquerschnittes (Abb. 205b) im Sinne des Uhrzeigers hervor. Z_1 bleibt auf den Unterzugstrecken *1*—*e* konstant (Abb. 205c). Die Stützweiten der Balken und des Unterzuges sind in Abb. 205 eingetragen. Zwei in den Punkten *1* am Unterzug angreifende Momente $Z_1 = 1$ mt $= 100$ cmt würden die Verdrehung τ'_1 der Unterzugquerschnitte *1* hervorrufen. Die Größe dieser Verdrehung ist nach der Tafel der Spannungen und Formänderungen im prismatischen

[1]) Dazu gehört es, daß er beiderseitig in kräftige Stützen mündet.

Stabe (Kapitel 64), Zeile 2, Spalte 6:

$$\vartheta_1 = \frac{1}{G}\left(\frac{3{,}6\,(b^2+d^2)}{b^3\cdot d^3}\right)\cdot Z_1\cdot s = \frac{1}{G\,J_2}\cdot Z_1 s.$$

$$J_2 = \frac{b^3\cdot d^3}{3{,}6\,(b^2+d^2)}$$

entspricht hierin dem polaren Trägheitsmoment. Im vorliegenden Falle beträgt es:

$$J_2 = \frac{30^3\cdot 70^3}{3{,}6\,(30^2+70^2)} = \text{rd. } 444\,000 \text{ cm}^4.$$

Die zur Berechnung der Balkenmomente links und rechts des Stützpunktes *1* und des tatsächlichen Verdrehungsmomentes Z

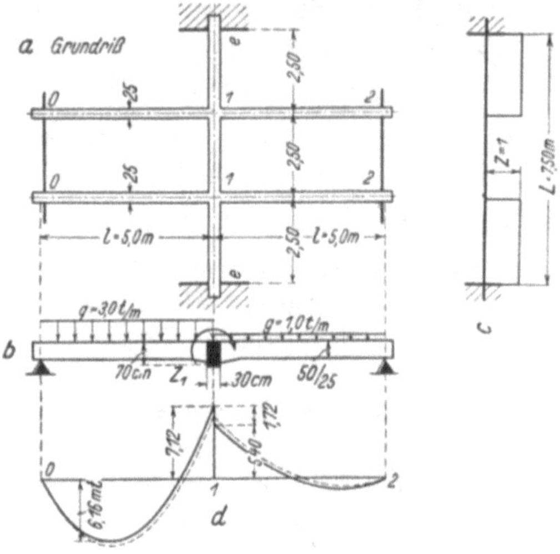

Abb. 205.

des Unterzuges dienenden Gleichungen gehen aus den allgemeinen Gleichungen (2) hervor. Dabei ist zu setzen:

$$Y_{m-1} = Y_0 = 0. \qquad X_{m+1} = X_2 = 0.$$

Multipliziert man außerdem beide Seiten der Gleichungen mit dem Trägheitsmoment des Balkenquerschnittes

$$J = \frac{1}{12}\,25\cdot 50^3 = \text{rd. } 260\,400 \text{ cm}^4,$$

so ergeben sich die einfachen Gleichungen:

$$2\,X_1\cdot l + 2\,Y_1\cdot l = -6\,J\left(\frac{L_1}{l} + \frac{R_2}{l}\right),$$

$$2\,X_1\left(l + 3\,\frac{E}{G}\cdot\frac{J}{J_2}\cdot s\right) - 6\,Y\,\frac{E}{G}\,\frac{J}{J_2}\,s = -6\,J\,\frac{L_1}{l}\,.$$

Durch Einsetzen der Werte

$$l = 5{,}0\,\text{m}, \qquad s = 7{,}5 : 3 = 2{,}5\,\text{m},$$

$$6\,J\,\frac{L_1}{l} = \frac{1}{4}\,3{,}0 \cdot 5{,}0^3 = 93{,}8\,\text{m}^2\text{t},$$

$$6\,J\,\frac{R_2}{l} = \frac{1}{4}\,1{,}0 \cdot 5{,}0^3 = 31{,}2\,\text{m}^2\text{t},$$

$$\frac{E}{G} = \frac{210\,000}{140\,000} = 1{,}5,$$

$$\frac{J}{J_2} = \frac{260\,400}{444\,000} = 0{,}587,$$

$$3\,\frac{E}{G} \cdot \frac{J}{J_2} \cdot s = 3 \cdot 1{,}5 \cdot 0{,}587 \cdot 2{,}5 = 6{,}60\,\text{m},$$

$$6\,\frac{E}{G} \cdot \frac{J}{J_2} \cdot s = 13{,}20\,\text{m},$$

gehen die Gleichungen über in:

$$10{,}00\,X_1 + 10{,}00\,Y_1 = -125{,}0$$
$$23{,}20\,X_1 - 13{,}20\,Y_1 = -\ \ 93{,}8,$$

woraus folgt:

$$X_1 = -7{,}12\,\text{mt}, \quad Y_1 = -5{,}40\,\text{mt}$$

und weiter

$$Z_1 = X_1 - Y_1 = -1{,}72\,\text{mt}.$$

Die infolge dieses Belastungszustandes auftretenden Auflagerkräfte und Feldmomente sind:

$$A_0 = 0{,}5 \cdot 3{,}0 \cdot 5{,}0 - 7{,}12 : 5{,}0 = 6{,}08\,\text{t},$$
$$A_1 = 0{,}5 \cdot 3{,}0 \cdot 5{,}0 + 0{,}5 \cdot 1{,}0 \cdot 5{,}0 + (7{,}12 + 5{,}40) : 5{,}0 = 12{,}50\,\text{t},$$
$$A_2 = 0{,}5 \cdot 1{,}0 \cdot 5{,}0 - 5{,}40 : 5{,}0 = 1{,}42\,\text{t},$$
$$M_{(0-1)\,\max} = 6{,}08^2 : (2 \cdot 3{,}0) = 6{,}16\,\text{mt},$$
$$M_{(1-2)\,\max} = 1{,}42^2 : (2 \cdot 1{,}0) = 1{,}01\,\text{mt}.$$

Abb. 205d stellt den Verlauf der Biegungsmomente dar. Zum Vergleich ist für den gleichen Belastungsfall durch die gestrichelte Linie auch der Verlauf der Biegungsmomente des auch im Stützpunkt *1* frei drehbar aufgelagerten Balkens eingetragen.

Das den Unterzug auf Verdrehung beanspruchende Moment ist nach obiger Rechnung $Z_1 = -1{,}72$ mt. Daraus entsteht eine Scherspannung (vgl. Tafel der Spannungen und Formänderungen Zeile 1, Spalte 6, Kapitel 64):

$$\tau_{\max} = \psi\,\frac{Z_1}{b^2 d}\,,$$

darin ist

$$\psi = 3 + \frac{2{,}6}{0{,}45 + \frac{70}{30}} = 3{,}94.$$

Die Scherspannung ist demnach:

$$\tau_{max} = 3{,}94 \frac{172\,000}{900 \cdot 70} = 10{,}8 \text{ kg/cm}^2.$$

Es ist hierbei nicht zu übersehen, daß dieser Wert in Wirklichkeit nicht auftritt, weil wir nur den Rechteckquerschnitt berücksichtigten. In der Tat wird sich auch die Platte kräftig beteiligen.

Nach den Bestimmungen von 1925, § 17, Ziff. 11a, braucht bei Durchlaufbalken plattenförmigen Querschnitts wegen des Verdrehungswiderstandes des Unterzuges die einseitig wirkende Verkehrslast (Abb. 205b) nur mit $^2/_3$ ihres Wertes eingesetzt zu werden. Man nimmt also an, daß das aus $^1/_3\, p$ entstehende Stützenmoment vom Unterzug aufgenommen wird. Im vorliegenden Fall ist $^1/_3\, p = {}^1/_3 \cdot 2{,}0 = 0{,}67$ t/m und das daraus entstehende Stützenmoment $M = -1/_{16} \cdot 0{,}67 \cdot 5{,}0^2 = -1{,}04$ mt. Die in dieser vereinfachten Weise vorgenommenen Herabsetzung der negativen Feldmomente ist demnach begründet. Bei hohen Nutzlasten wird es sich indessen empfehlen, die Verdrehungsspannungen im Unterzug nachzuweisen.

Kapitel 69. Durchlaufbalken mit dreieckförmigen und trapezförmigen Belastungsflächen.

Für den Verlauf der Lastübertragung von kreuzweise bewehrten rechteckigen Platten auf die sie stützenden Balken kann (mit genügender Genauigkeit) Trapezform angenommen werden. Bei quadratischen Platten tritt an Stelle der trapezförmigen Belastungsfläche eine dreieckförmige.

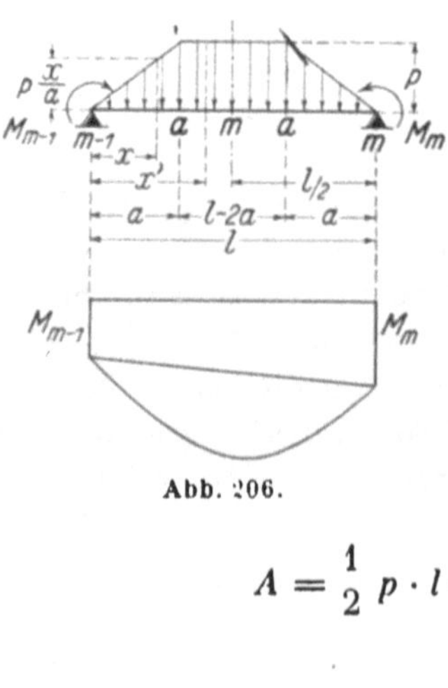

Abb. 206.

Die aus diesen Belastungsarten entstehenden Momente des einfachen Balkens und die Belastungsglieder der für Durchlaufbalken anzuwendenden Dreimomentengleichungen ergeben sich wie folgt:

Nach Abb. 206 ist

$$A = \frac{1}{2}\, p \cdot l - \frac{1}{2}\, p \cdot a = \frac{1}{2}\, p\,(l - a)$$

und weiter für die Strecken a

(1) $$M_x = A \cdot x - \frac{1}{2}\frac{p}{a}x^2\frac{x}{3} = \frac{1}{2}p(l-a)\cdot x - \frac{1}{6}\frac{p}{a}\cdot x^3 = $$
$$= \frac{1}{6}p\left[3(l-a) - \frac{x^2}{a}\right]x,$$

für die Strecke $(l - 2a)$

$$M_x' = A\cdot x' - \frac{1}{2}p x'^2 + \frac{1}{2}p\cdot a\left(x' - \frac{a}{3}\right) = \frac{1}{2}p(l-a)x' -$$
$$-\frac{1}{2}p x'^2 + \frac{1}{2}p\cdot a\left(x' - \frac{a}{3}\right) = \frac{1}{2}p\left(l x' - a x' - x'^2 - \frac{a^2}{3} + a x'\right).$$

(2) $$M_x' = \frac{1}{2}p\left(l x' - x'^2 - \frac{a^2}{3}\right).$$

Im Punkte a ist nach (1):

(3) $$M_a = \frac{1}{6}p[3(l-a) - a]\cdot a = \frac{1}{6}p(3l - 4a)\cdot a$$

und für die Balkenmitte m nach (2)

(4) $$M_m = \frac{1}{2}p\left(\frac{l^2}{2} - \frac{l^2}{4} - \frac{a^2}{3}\right) = \frac{1}{2}p\left(\frac{l^2}{4} - \frac{a^2}{3}\right).$$

Der Inhalt der Momentenfläche ist:

$$\mathfrak{F} = 2\int_0^a M_x\,dx + 2\int_a^{l/2} M_x'\cdot dx'.$$

Die Auswertung der Einzelintegrale liefert der Reihe nach:

$$\int_0^a M_x\,dx = \frac{1}{6}p\left[3(l-a)\int_0^a x\,dx - \frac{1}{a}\int_0^a x^3\,dx\right] =$$
$$= \frac{1}{6}p\left[3(l-a)\frac{a^2}{2} - \frac{1}{a}\frac{a^4}{4}\right] =$$
$$= \frac{1}{6}p\left(\frac{3}{2}la^2 - \frac{3}{2}a^3 - \frac{1}{4}a^3\right) =$$
$$= \frac{1}{24}pa^2(6l - 7a),$$

$$\int_a^{l/2} M_x'\,dx' = \frac{1}{2}p\left[l\int_a^{l/2} x'\,dx' - \int_a^{l/2} x'^2\,dx' - \frac{a^2}{3}\int_a^{l/2} dx'\right] =$$
$$= \frac{1}{2}p\left[l\left(\frac{l^2}{8} - \frac{a^2}{2}\right) - \frac{l^3}{24} + \frac{a^3}{3} - \frac{a^2}{3}\left(\frac{l}{2} - a\right)\right] =$$
$$= \frac{1}{2}p\left(\frac{l^3}{8} - \frac{a^2 l}{2} - \frac{l^3}{24} + \frac{a^3}{3} - \frac{a^2 l}{6} + \frac{a^3}{3}\right) =$$
$$= \frac{1}{2}p\left(\frac{1}{12}l^3 - \frac{2}{3}a^2 l + \frac{2}{3}a^3\right).$$

Damit ist

$$\mathfrak{F} = \left[\frac{a^2}{12}(6\,l - 7\,a) + \frac{1}{12}\,l^3 - \frac{2}{3}\,a^2 l + \frac{2}{3}\,a^3\right]p =$$

$$= \frac{1}{12}\,p\,l^3\left[1 - 2\left(\frac{a}{l}\right)^2 + \left(\frac{a}{l}\right)^3\right],$$

woraus sich infolge der Symmetrie der Belastung die Belastungsglieder der Clapeyronschen Gleichungen ergeben:

$$\frac{J\cdot L}{l} = \frac{J\cdot R}{l} = \frac{1}{2}\,\mathfrak{F} = \frac{p\,l^3}{24}\left[1 - 2\left(\frac{a}{l}\right)^2 + \left(\frac{a}{l}\right)^3\right].$$

In der folgenden Tabelle (1) sind die Momente M des einfach gelagerten Balkens und die Werte $\frac{6\cdot J\cdot L}{l} = \frac{6\cdot J\cdot R}{l}$ für verschiedene $\frac{a}{l}$ zusammengestellt (vgl. auch Tafel 4a, S. 488).

Tabelle 1.

$\frac{a}{l}$	M am Balken auf 2 Stützen	$\frac{6\cdot J\cdot L}{l} = \frac{6\cdot J\cdot R}{l}$	Belastungsart
0,00	0,1250 $p\,l^2$	0,25000 $p\,l^3$	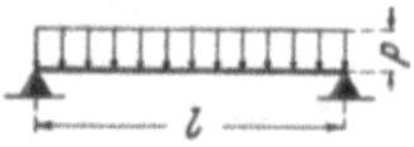
0,05	0,1246	0,24878	
0,10	0,1233	0,24525	
0,15	0,1213	0,23959	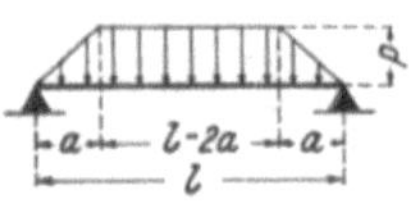
0,20	0,1183	0,23200	
0,25	0,1146	0,22266	
0,30	0,1100	0,21175	
0,35	0,1046	0,19947	
0,40	0,0983	0,18600	
0,45	0,0913	0,17153	
0,50	0,0833	0,15625	

Das Feldmoment an beliebiger Stelle x (auf der Strecke $(m-1)-a$) ergibt sich nach Errechnung der Stützenmomente zu (Abb. 206):

$$\text{(5)}\qquad M_x = \frac{1}{6}\,p\left[3\,(l - a) - \frac{x^2}{a}\right]x + M_{m-1} + \frac{M_m - M_{m-1}}{l}\cdot x.$$

Ein Maximum tritt auf an der Stelle $\frac{d\,M_x}{d\,x} = 0$.

Es ist

$$\frac{d\,M_x}{d\,x} = \frac{1}{6}\,p\left[3\,(l - a) - 3\,\frac{x^2}{a}\right] + \frac{M_m - M_{m-1}}{l}$$

Setzt man diesen Ausdruck gleich Null, so ergibt sich für x:

$$\text{(6)}\qquad x_0 = \sqrt{(l - a)\cdot a + \frac{2\,(M_m - M_{m-1})}{l\cdot p}\cdot a}.$$

Findet man nach Gl. (6) $x > a$, so bedeutet das, daß der Grenzwert des Momentes nicht auf der Strecke $(m-1)-a$ auftritt, sondern auf der Strecke $a-a$. Die Lage des gefährlichen Querschnittes ergibt sich sodann aus:

$$(7) \qquad M_x' = \frac{1}{2} p \left(l x' - x'^2 - \frac{a^2}{3} \right) + M_{m-1} + \frac{M_m - M_{m-1}}{l} \cdot x',$$

und zwar wieder aus der Gleichung $\frac{d M_x'}{d x'} = 0$.

Es ist:

$$\frac{d M_x'}{d x} = \frac{1}{2} p (l - 2 x') + \frac{M_m - M_{m-1}}{l}.$$

Dieser Ausdruck wird zu Null für

$$(8) \qquad x_0' = \frac{1}{2} l + \frac{M_m - M_{m-1}}{l p}$$

Da im allgemeinen bei trapezförmiger Belastung der Grenzwert der Momente auf der Strecke $a-a$ liegt, kommt man am schnellsten zum Ziel, wenn man zuerst x'_0 errechnet. Findet man dabei $x'_0 > a$, so ist damit erwiesen, daß der dem größten Moment entsprechende Querschnitt auf der gleichmäßig belasteten Strecke liegt. Den Grenzwert findet man dann durch Einsetzen des errechneten Wertes x'_0 in Gl. (7).

Es ist noch zu bemerken, daß bei Balken, die kreuzweise bewehrte Platten aufzunehmen haben, die auf der ganzen Balkenlänge gleichmäßig verteilte Last (Eigengewicht des Balkens) stets verhältnismäßig klein ist, so daß es genügt, für die Querschnittsbemessung die Summe der Grenzwerte aus Balkeneigengewicht und trapezförmiger Belastung zu nehmen, trotzdem genau genommen diese Grenzwerte nicht in ein und demselben Querschnitt auftreten.

Die Querkräfte aus trapezförmiger Belastung ergeben sich wie folgt:

a) Im einfachen Balken (Abb. 206):

$$(9) \qquad Q_{A-a} = A - \frac{1}{2} \frac{p}{a} x^2 = \frac{1}{2} p \left(l - a - \frac{x^2}{a} \right),$$

$$(9a) \qquad Q_{a-m} = A - \frac{1}{2} p \cdot a - p (x' - a) = \frac{1}{2} p (l - 2 x'),$$

b) in einem Durchlaufbalken (vgl. Abb. 206):

$$(10) \qquad Q_{(m-1)-a} = Q_{m-1} - \frac{1}{2} p \frac{x^2}{a},$$

$$(10a) \qquad Q_{a-m} = Q_{m-1} - \frac{1}{2} p \cdot a - p (x' - a),$$

$$= Q_{m-1} - \frac{1}{2} p (2 x' - a).$$

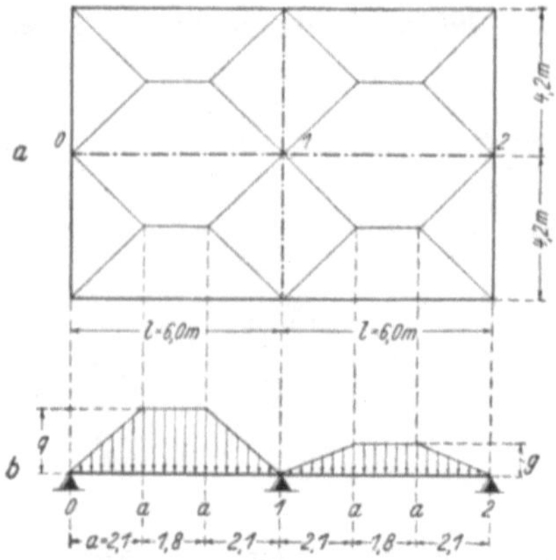

Abb. 207.

Beispiel zur Bestimmung der Momente und Querkräfte aus trapezförmiger Belastung (Abb. 207)

$$a = 2{,}1 \text{ m} = 0{,}35\, l.$$

Hierfür ist das Belastungsglied der Clapeyronschen Gleichung $= -0{,}19947\, p l^3$ (Tabelle 1).

Das Stützenmoment in 1 liefert daher die Berechnung:

$$2 \cdot 2 \cdot M_1 \cdot l = -0{,}19947\,(q + g) \cdot l^3$$

oder daraus:

$$M_1 = -(0{,}0997\, g + 0{,}0499\, p)\, l^2.$$

Weiter folgt:

$$(11) \quad \left\{ \begin{aligned} A_0 &= \frac{1}{2} g l + \frac{1}{2} p l - \frac{1}{2} g \cdot a - \frac{1}{2} p \cdot a - \frac{M_1}{l} \\ &= \frac{1}{2} g \cdot 0{,}65\, l + \frac{1}{2} p \cdot 0{,}65\, l - 0{,}0997\, g l - 0{,}0499\, p \cdot l \\ &= 0{,}2253\, g l + 0{,}2751\, p l. \end{aligned} \right.$$

Die gesamte, auf der Strecke 0—a wirkende Last ist

$$\frac{1}{2}(g + p) \cdot 0{,}35\, l$$
$$= 0{,}175\,(g + p)\, l < A_0.$$

Aus dieser letzten Ungleichheit kann man schließen, daß die Lage des maßgebenden Querschnittes ($Q = 0$) auf der Strecke a—a zu suchen ist, und zwar sowohl für die auf der ganzen Balkenlänge verteilten Last g als auch für p. Ist nun zahlenmäßig

$$\begin{aligned} g &= 1{,}60 \text{ t/m} \\ p &= 2{,}10 \ \text{,,} \\ \hline q &= 3{,}70 \text{ t/m}, \end{aligned}$$

so folgt

$$\begin{aligned} M_{1g} &= -0{,}0997 \cdot 1{,}60 \cdot 6{,}0^2 = -5{,}74 \text{ mt} \\ M_{1p} &= -0{,}0499 \cdot 2{,}10 \cdot 6{,}0^2 = -3{,}77 \ \text{,,} \\ M_{1q} &= -9{,}51 \text{ mt} \\ A_{0g} &= 0{,}2253 \cdot 1{,}60 \cdot 6{,}0 = 2{,}16 \text{ t} \\ A_{0p} &= 0{,}2701 \cdot 2{,}10 \cdot 6{,}0 = 3{,}47 \ \text{,,} \\ A_{0q} &= 5{,}63 \text{ t}. \end{aligned}$$

Gl. (8) liefert die Lage des dem Größtmoment entsprechenden Feldquerschnittes:

$$x' = \frac{1}{2}\,6{,}0 - \frac{9{,}51}{6{,}0 \cdot 3{,}70} = 2{,}57\ \text{m}.$$

Aus Gl. (7) folgt weiter

$$M_{\max} = \frac{1}{2} \cdot 3{,}70\left(6{,}0 \cdot 2{,}57 - 2{,}57^2 - \frac{2{,}1^2}{3}\right) - \frac{9{,}51}{6{,}0} \cdot 2{,}57 = 9{,}52\ \text{mt}.$$

In Abb. 208 ist der Verlauf der Momentenlinie dargestellt und zum Vergleich auch die Momentenlinien für rechteckförmige und dreieckförmige Belastung mit dem gleichen Spitzenwert q. In Abb. 209 ist für Vollbelastung beider Felder mit $q = 3{,}7$ t/m der

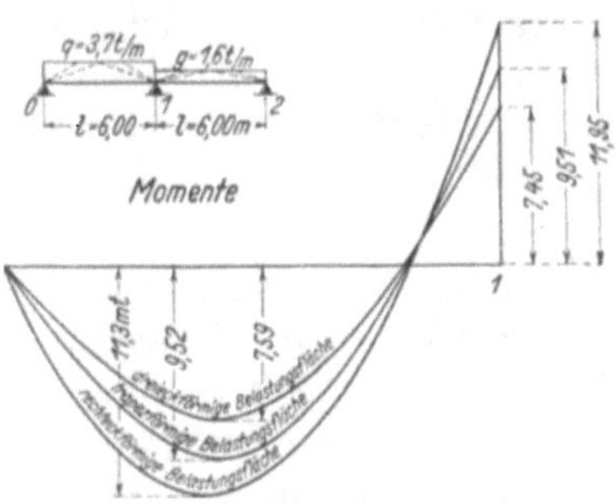

Abb. 208.

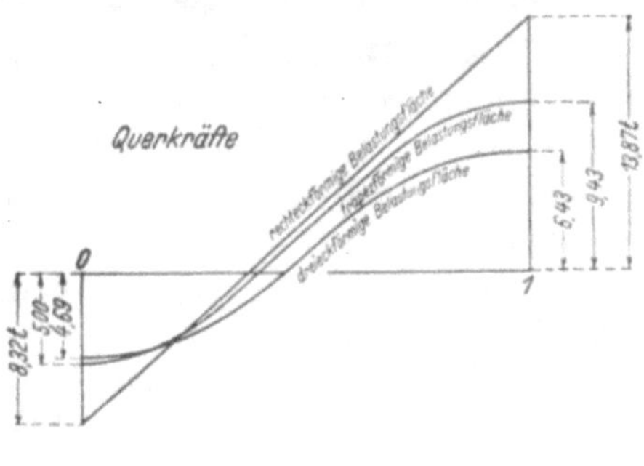

Abb. 209.

Verlauf der Querkräfte dargestellt. Für die trapezförmige Belastungsfläche ist bei Vollbelastung beider Felder (vgl. Gl. (10) und (11)):

$$A_0 = 0{,}225 \cdot 3{,}7 \cdot 6{,}0 = 5{,}00\ \text{t},$$

$$Q_1 = 5{,}00 - 3{,}7\ (6{,}0 - 2{,}1) = -\ 9{,}43\ \text{t},$$

$$Q_{0-a} = A_0 - \frac{1}{2}\,q\,\frac{x^2}{a} = 5{,}00 - 0{,}88 \cdot x^2,$$

$$Q_a = 5{,}00 - 0{,}88 \cdot 2{,}1^2 = 5{,}00 - 3{,}88 = 1{,}12\ \text{t},$$

$$Q_{a-m} = 5{,}00 - \tfrac{1}{2}\,3{,}70\,(-2{,}10 + 2\,x') = 5{,}00 + 3{,}89 - 3{,}70\,x'$$
$$= 8{,}89 - 3{,}70\,x',$$

$$Q_m = 8{,}89 - 3{,}70 \cdot 3{,}00 = -\,2{,}21\ \text{t}.$$

Infolge der Symmetrie der Belastungsfläche ist die Querkraftlinie m—1 zur Linie 0—m wechselsymmetrisch.

Wie man schon aus den Abb. 208 und 209 erkennen kann, ist es nicht ratsam, mit Belastungsgleichwerten zu arbeiten, weil dem Grenzwert des Feldmomentes ein anderer Belastungsgleichwert entspricht als dem Grenzwert des Stützenmomentes, und für die Querkräfte eine gleichmäßig auf der Balkenlänge verteilte Ersatzlast eine unrichtige Verteilung der Schubbewehrung zur Folge hätte. Nur für kleine Werte von a (etwa bis $a = 0{,}15\,l$) kann, da der dadurch entstehende Materialmehrverbrauch nur gering ist, die trapezförmige Belastungsfläche durch die rechteckförmige vom gleichem Höchstwert ersetzt werden.

Für den sehr oft vorkommenden Grenzfall der symmetrischen, dreieckförmigen Belastungsfläche sind im folgenden für verschiedene Lagerungarten und für verschiedene Belastungsfälle die Momentenlinien und die Querkraftlinien in den nachfolgenden Tafeln 1—5 dargestellt. Bei den Durchlaufbalken sind dabei nur die Fälle mit gleichen Stützweiten ausgewertet worden, weil diese Belastungsart in der Regel nur von quadratischen Platten herrühren wird.

Eine Erläuterung zur Anwendung der Tafeln erübrigt sich. Es sei nur bewerkt, daß auch etwa gewünschte Zwischenordinaten — z. B. in der Nähe der Stützpunkte — mit Hilfe des angegebenen Maßstabes mit ausreichender Genauigkeit abgegriffen werden können.

Die Bestimmung der Schubbewehrung ist bei dreieckförmiger Belastungsfläche umständlicher als bei gleichförmiger Belastung, weil die Querkraftlinie keine Gerade ist. Im folgenden ist jedoch auch für diesen Fall zur Erleichterung folgendes berechnet:

Für eine Strecke s eines Balkens von gleichbleibender Querschnittshöhe und somit gleichbleibendem innerem Hebelarm z ist die von der Schubbewehrung aufzunehmende, unter 45^0 gerichtete Zugkraft:

$$Z = \frac{1}{\sqrt{2} \cdot z} \int_0^s Q \cdot ds.$$

Die Querkraftlinie ist (vgl. Abb. 210) in bezug auf die Achsen x und y wechselsymmetrisch. Beim einfachen Balken fällt die Balkenachse mit der Achse x zusammen. Beim Durchlaufbalken bleibt die Kurve — gleiches q und gleiches l vorausgesetzt — gleich, nur verschiebt sich die Balkenachse, d. h. die Basisgerade, von der aus die Ordinaten zu messen sind, um

$$u = \frac{M_A - M_B}{l}.$$

An beliebiger Stelle x von A aus gemessen ist

$$Q_x = \frac{1}{4}\, q l - \frac{q}{l}\, x^2 - u.$$

Tafel 1.

Balken auf 2 Stützen mit Dreiecklast.

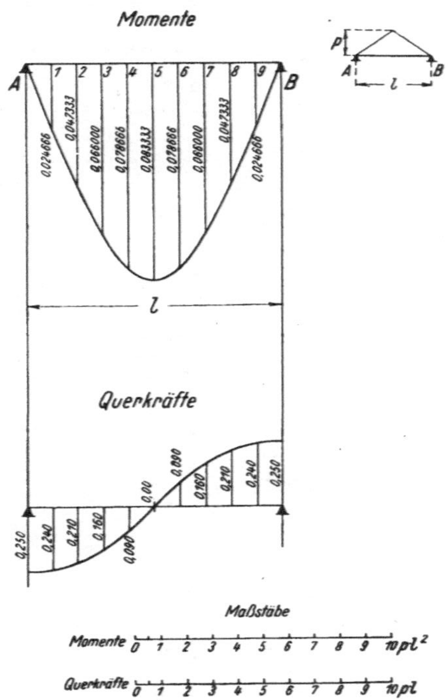

Tafel 5.

Eingespannter Balken mit Dreiecklast.

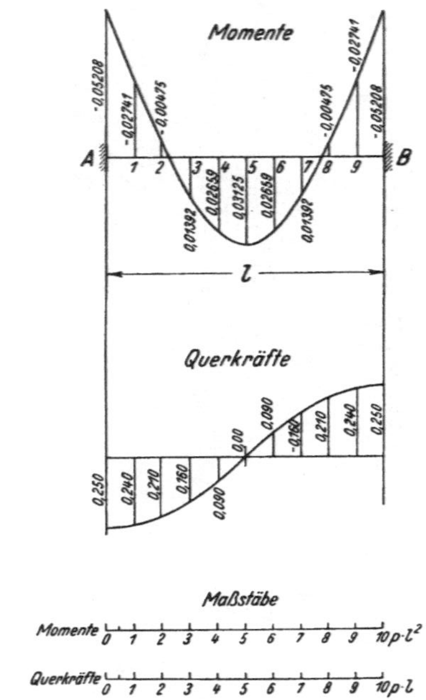

Tafel 2.

Zweifeldbalken mit Dreiecklast.

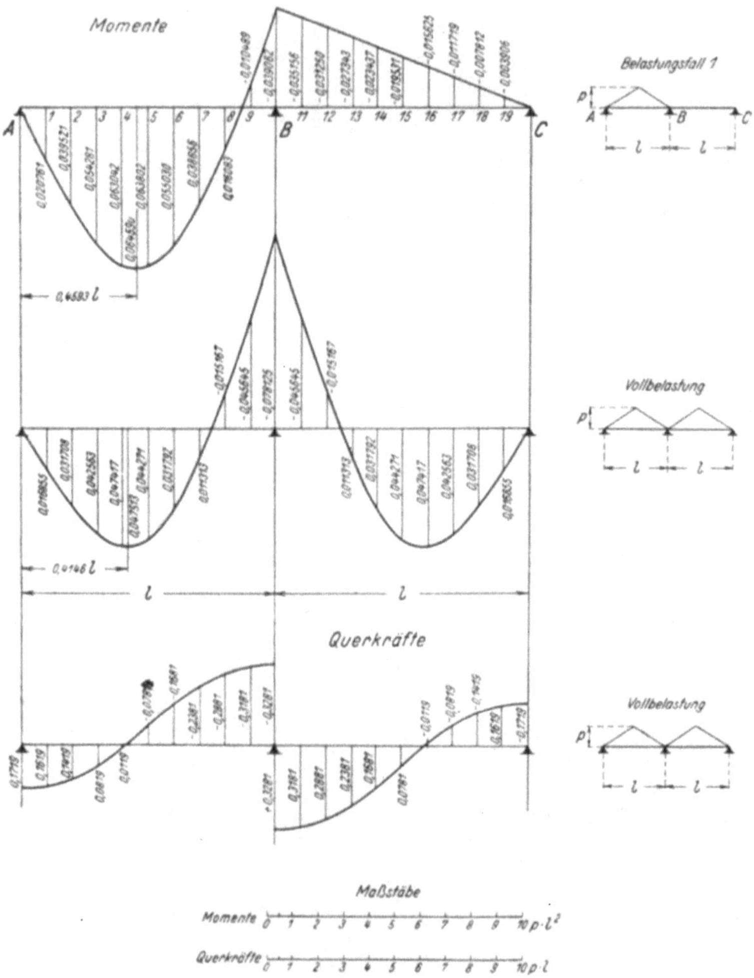

Tafel 3.

Dreifeldbalken mit Dreiecklast.

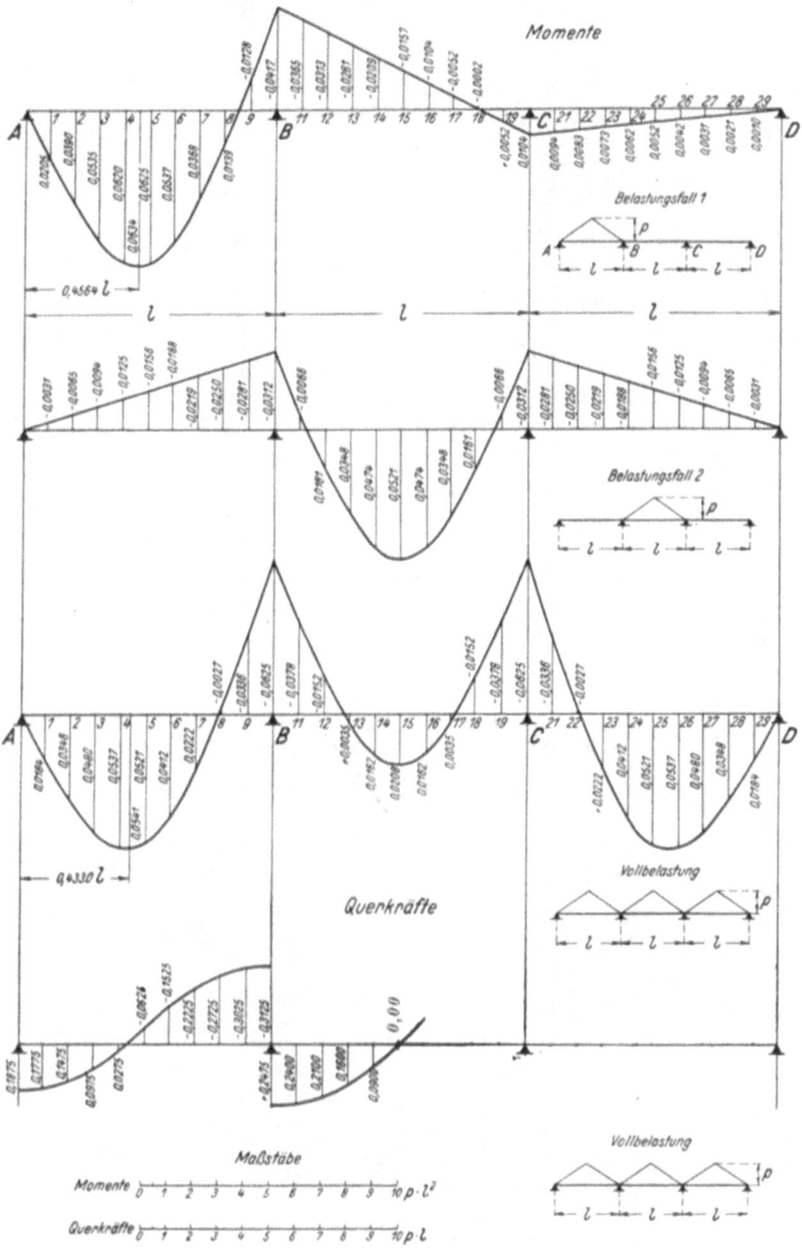

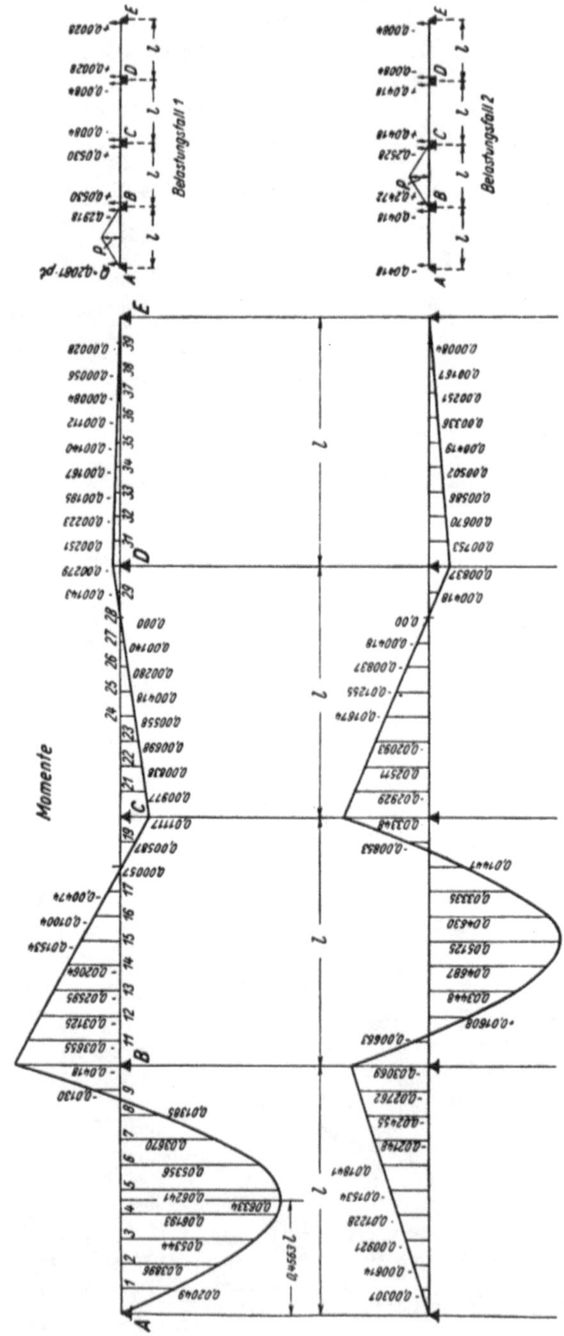

Tafel 4.

Vierfeldbalken mit Dreiecklast.

Fortsetzung von Tafel 4.

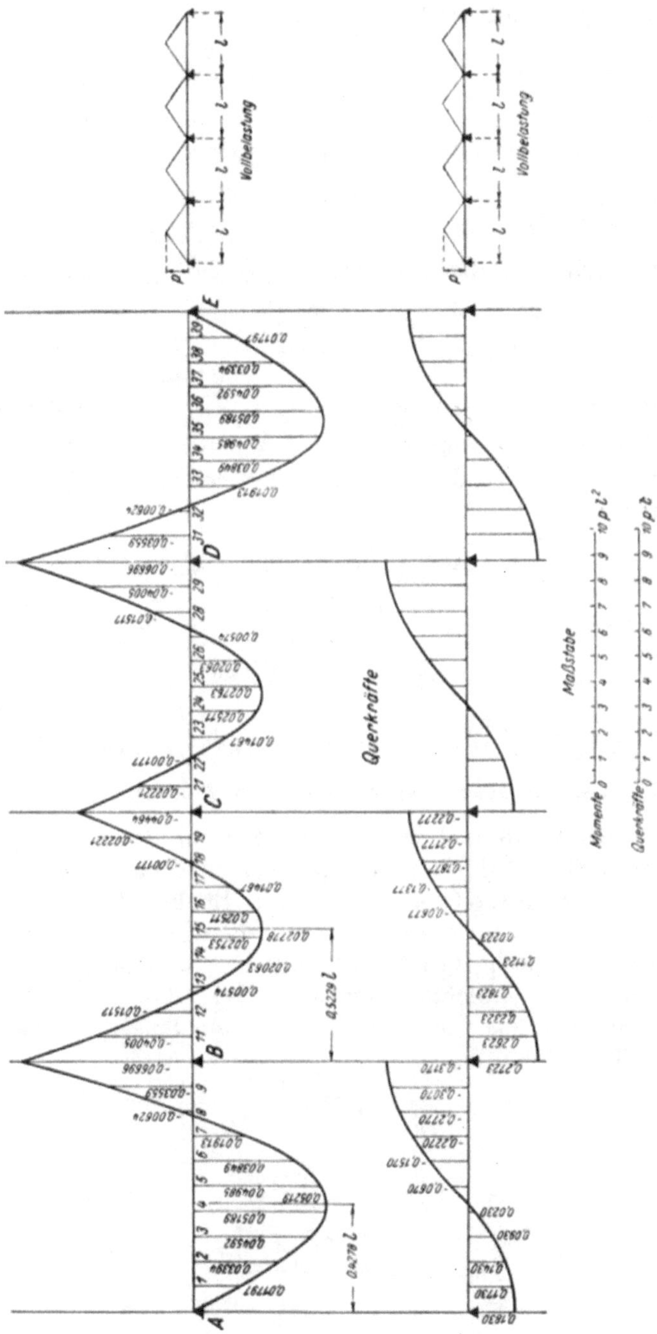

Die Querkraft wird zu Null für

$$\frac{1}{4} q l - \frac{q}{l} x^2 - u = 0,$$

d. h. für

$$x = \sqrt{\frac{1}{4} l^2 - \frac{u l}{q}}$$

und $x' = l - x$.

Die Querkraftfläche zwischen zwei Ordinaten x_1 und x_2 ist:

$$\mathfrak{F} = \int_{x_1}^{x_2} Q\,d\,x.$$

In der Tafel 6 sind nun für $u = \frac{1}{48} q l$, $\frac{2}{48} q l$ usw. die Abstände x und x' des Querkraftnullpunktes von den beiden Auflagern angegeben und die zu den einzelnen Vierteln von x und x' gehörigen Flächen

$$\frac{1}{\sqrt{2}} \mathfrak{F}_1, \quad \frac{1}{\sqrt{2}} \mathfrak{F}_2, \quad \frac{1}{\sqrt{2}} \mathfrak{F}_3, \quad \frac{1}{\sqrt{2}} \mathfrak{F}_4 \text{ usw.}$$

Die Kraft

$$Z = \frac{1}{z} \cdot \frac{1}{\sqrt{2}} \int_0^s Q\,d\,s$$

erhält man dann für irgendeine Strecke $x/4$ durch Division des betreffenden, in der Tafel angegebenen Zahlenwertes von $\frac{1}{\sqrt{2}} \mathfrak{F}$ durch z und Multiplikation mit $q \cdot l^2$. Für die Strecke einer Voute, also bei nicht gleichbleibendem z ist noch anzugeben, welches durchschnittliche z einzusetzen ist. Wie ein Blick auf Abb. 210 überzeugt, kann bei nicht allzulangen Vouten angenommen werden, daß die Querkraftsfläche gleichmäßig auf die Voutenlänge verteilt ist. Die unter dieser Annahme errechnete Zugkraft Z ist etwas zu groß. Geht man doch aus von einer auf der Voutenlänge gleichbleibenden Querkraft

$$Q' = \frac{\frac{1}{\sqrt{2}} \mathfrak{F}}{s},$$

so ist

$$Z = \frac{\frac{1}{\sqrt{2}} \mathfrak{F}}{s} \int_0^s \frac{d\,x}{z},$$

Quer

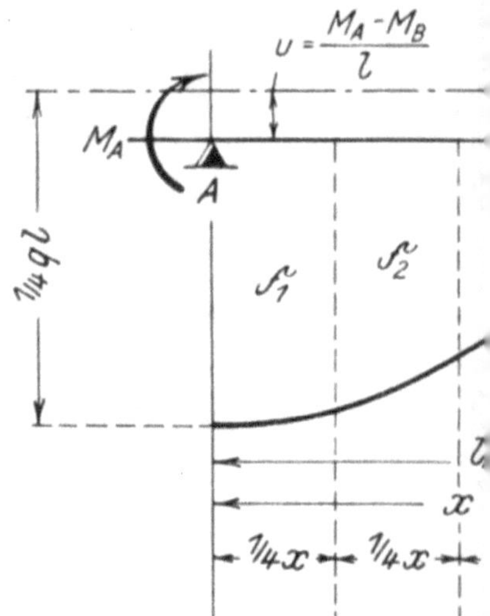

u	x	x'	Q_A	$\frac{1}{\sqrt{2}}\mathfrak{F}_1$	$\frac{1}{\sqrt{2}}\mathfrak{F}_2$
0	0,5000	0,5000	0,2500	0,02164	0,01887
0,02083	0,4786	0,5214	0,2292	0,01898	0,01656
0,04167	0,4563	0,5437	0,2083	0,01646	0,01436
0,06250	0,4329	0,5671	0,1875	0,01405	0,01226
0,08333	0,4081	0,5919	0,1667	0,01177	0,01027
0,10417	0,3818	0,6182	0,1458	0,00952	0,00831
0,12500	0,3535	0,6465	0,1250	0,00765	0,00667
$\cdot ql$	$\cdot l$	$\cdot l$	$\cdot q \cdot l$	$\cdot ql^2$	$\cdot ql^2$

klast.

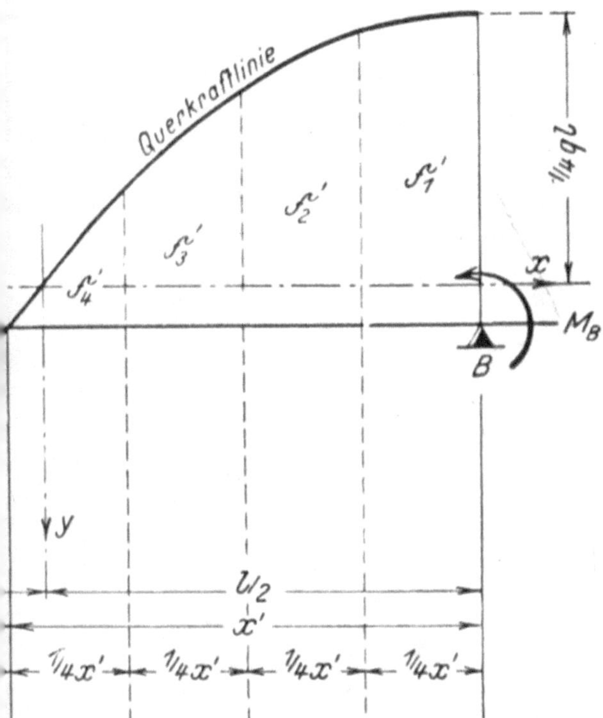

$\frac{1}{\sqrt{2}}\mathfrak{F}_4'$	$\frac{1}{\sqrt{2}}\mathfrak{F}_3'$	$\frac{1}{\sqrt{2}}\mathfrak{F}_2'$	$\frac{1}{\sqrt{2}}\mathfrak{F}_1'$	Q_B
—0,00506	—0,01335	—0,01887	—0,02164	—0,2500
—0,00578	—0,01505	—0,02130	—0,02443	—0,2708
—0,00618	—0,01679	—0,02389	—0,02744	—0,2917
—0,00661	—0,01860	—0,02663	—0,03066	—0,3125
—0,00688	—0,02051	—0,02939	—0,03412	—0,3333
—0,00732	—0,02292	—0,03337	—0,03858	—0,3542
—0,00752	—0,02395	—0,03589	—0,04186	—0,3750
$\cdot ql^2$	$\cdot ql^2$	$\cdot ql^2$	$\cdot ql^2$	$\cdot ql$

und da nach Abb. 211 $z = z_0\left(1 + \frac{c\,m}{l} \cdot x\right)$

ist, so folgt nach ausgeführter Integration

$$Z = \frac{\frac{1}{\sqrt{2}}\,\mathfrak{F}}{s}\,\frac{l}{z_0 \cdot c \cdot m} \ln(1 + c).$$

Will man mit einem durchschnittlichen z_d arbeiten, so ist zu setzen

$$\frac{l}{m}\,\frac{1}{z_d} = \frac{l}{z_0 \cdot c \cdot m} \ln(1 + c),$$

woraus folgt

$$z_d = \frac{c \cdot z_0}{\ln(1 + c)} = k \cdot z_0.$$

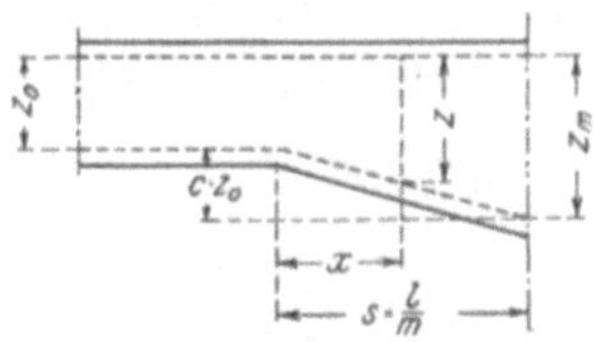

Abb. 211.

Um die Rechnung zu erleichtern sind in der Tabelle 2 für verschiedene c die Werte $k = \frac{c}{\ln(1 + c)}$ zusammengestellt.

Tabelle 2

enthaltend die Werte k zur Bestimmung des mittleren inneren Hebelarmes in Vouten (Abb. 211).

c	k	c	k
0,1	1,049	0,6	1,277
0,2	1,097	0,7	1,319
0,3	1,144	0,8	1,361
0,4	1,189	0,9	1,402
0,5	1,233	1,0	1,443

Beispiel.

Ein Durchlaufbalken über zwei Feldern von je 6,40 m Stützweite sei durch dreieckförmige Belastungsflächen beansprucht. Die in den Feldmitten auftretenden Spitzenwerte der Belastung sind:

$$\begin{aligned} g &= 3{,}9\ \text{t/m} \\ p &= 3{,}2\ \text{t/m} \\ \hline q &= 7{,}1\ \text{t/m} \end{aligned}$$

In $g = 3{,}9$ t/m sei auch das an Größe zurücktretende Eigengewicht des Balkens enthalten. Es sollen mit Hilfe der angegebenen Tafeln die Momente, die Querkräfte und die Bewehrungen errechnet werden.

a) Feldquerschnitt.

Nach Tafel 2 ist

$$\begin{aligned} M_g &= 0{,}0475 \cdot 3{,}9 \cdot 6{,}4^2 = 7{,}60\ \text{mt} \\ M_p &= 0{,}0646 \cdot 3{,}2 \cdot 6{,}4^2 = 8{,}46\ \text{mt} \\ \hline M &= 16{,}06\ \text{mt} \end{aligned}$$

Hat der Balkenquerschnitt die Abmessungen: $d_0 = 60$ cm, $h = 56$ cm, $z = 8/9 \cdot 56 = 50$ cm, $b_0 = 30$ cm, $d = 14$ cm und $b = 125$ cm, so ergibt sich nach Weese, Zahlentafeln:

$$F_e = 1,25 \cdot 21,0 = 26,3 \text{ cm}^2.$$

Hierbei sind die Beanspruchungen $\sigma_b = 32$ kg/cm², $\sigma_e = 1200$ kg je cm² zugrunde gelegt.

Als Bewehrung sollen gewählt werden: 6 Φ 24 mit $F_e = 27,1$ cm².

b) Querschnitt über der Mittelstütze.

$$M = -0,07813 \cdot 7,1 \cdot 6,4^2 = -22,7 \text{ mt}.$$

Über der Stütze hat der Balkenquerschnitt die Abmessungen: $d = 90$ cm, $h = 85$ cm, $z = 8/9 \cdot 85 = 76$ cm, $b = 30$ cm. Benützt man zur Errechnung des Eisenquerschnittes die Geyersche Tafel (vgl. Betonkalender 1928, S. 300 u. f.) und rechnet man außerdem mit $\sigma_b = 50$ kg/cm² und mit $\sigma_e = 1200$ kg/cm², so ergibt sich:

$$F_e = 0,01012 \cdot 30 \cdot 85 = 25,8 \text{ cm}^2,$$
$$F_e' = 0,5 \cdot F_e = 12,9 \text{ cm}^2.$$

Dementsprechend wird als obere Bewehrung 6 Φ 24 = 27,1 cm² gewählt und als untere 3 Φ 24 = 13,5 cm².

c) Schubbewehrung.

Für Vollbelastung, d. h. für den zur Ermittelung der Schubbewehrung maßgebenden Belastungsfall ist das Stützenmoment $M = -22,7$ mt (wie unter b).

Daraus folgt

$$u = \frac{M_A - M_B}{l} = \frac{22,7}{6,4} = 3,55\, t = 0,078\, q\, l.$$

Mit Hilfe diese Wertes u findet man aus Tafel 6 durch Zwischenschaltung:

$$x = 0,413\, l = 2,64 \text{ m}; \quad x/4 = 0,66 \text{ m},$$
$$x' = 0,587\, l = 3,76 \text{ m}; \quad x'/4 = 0,94 \text{ m und weiter}$$

$$Z_1 + Z_2 = \frac{1}{\sqrt{2}} (\mathfrak{F}_1 + \mathfrak{F}_2) \frac{q\, l^2}{z_0} =$$
$$= (0,01235 + 0,01078) \frac{7,1 \cdot 6,4^2}{0,50} = \frac{0,02313}{0,50} 291 = 13,5 \text{ t}.$$

Bügel-Φ 8 in 20 cm Abstand nehmen davon auf (vgl. Zahlentafel David-Perl, Verlag Hackebeil 1925) $1,32 \cdot 4,24 = 5,6$ t

Durch schräg geführte Eisen ist demnach noch aufzunehmen . . . . $Z_{45} = 7,9$ t

Hierfür genügen 2 Φ 24 mit $F_e = 9{,}05\ \text{cm}^2$.

$$Z_3 + Z_4 = \frac{1}{2}\,(\mathfrak{F}_3 + \mathfrak{F}_4)\cdot\frac{q\,l^2}{z_0} = (0{,}00763 + 0{,}00289)\,\frac{291}{0{,}50} = \quad 6{,}1\ \text{t},$$

Bügel Φ 8 in 20 cm Abstand nehmen davon auf:

$$1{,}32\cdot 4{,}24 \qquad = \quad 5{,}6\ \text{t},$$

$$Z_{45} = \quad 0{,}5\ \text{t}.$$

Dafür ist vorhanden (vgl. Abb. 212) 1 Φ 20 + 1 Φ 22.

$$Z_4' = 0{,}00682\,\frac{291}{0{,}50} = 4{,}0\ \text{t}.$$

Hierfür sollen Bügel Φ 8 in 20 cm Abstand eingelegt werden.

$$Z_3' = 0{,}02002\cdot\frac{291}{0{,}50} \qquad = 11{,}7\ \text{t},$$

Bügel Φ 8 in 20 cm Abstand nehmen davon auf:

$$0{,}94\cdot 4{,}24 \qquad = \quad 4{,}0\ \text{t}$$

$$Z_{45} = \quad 7{,}7\ \text{t}.$$

Hierfür sollen zugelegt werden 1 Φ 20 + 1 Φ 22 mit $F_e = 6{,}94$ cm

$$\sigma_e = \frac{7700}{6{,}94} = 1110\ \text{kg/cm}^2,$$

$$Z_2' = 0{,}02895\,\frac{291}{0{,}50} \qquad = 16{,}8\ \text{t},$$

Bügel Φ 9 in 15 cm Abstand nehmen davon auf:

$$0{,}94\cdot 7{,}24 \qquad = \quad 6{,}8\ \text{t}$$

$$Z_{45} = 10{,}0\ \text{t}.$$

Hierfür sind 2 Φ 24 mit $F_e = 9{,}05\ \text{cm}^2$ aufzubiegen.

$$\sigma_e = \frac{10\,000}{9{,}05} = 1105\ \text{kg/cm}^2.$$

Nimmt man als Voutenlänge $x'/4 = 94$ cm an, so reicht die Voute ebensoweit wie die Fläche $\mathfrak{F}_1'$ und die Rechnung ist ebenso einfach wie für die übrigen Strecken, wenn der mittlere Wert des inneren Hebelarmes nach Tabelle 2 eingeführt wird.

Entsprechend Abb. 212 und nach den Angaben von a) und b) ist

$$z_m - z_0 = 76 - 50 = 26\ \text{cm} = c\cdot z_0 = 0{,}52\,z_0,$$

d. h. $c = 0{,}52$.

Nach Tabelle 2 ist dafür (durch Zwischenschaltung) der Hebelarm $z_d = 1{,}242\cdot 50 = 61$ cm zu setzen. Daraus folgt wieder mit

Hilfe der Tafel 6

$$Z_1' = 0{,}0332 \frac{291}{0{,}62} = 15{,}6\,\text{t},$$

Bügel Φ 8 in 15 cm Abstand nehmen davon auf:

$$0{,}94 \cdot 5{,}66 = 5{,}3\,\text{t},$$

$$Z_{45} = 10{,}3\,\text{t}.$$

Hierfür sind aufzubiegen: 2 Φ 24 mit $F = 9{,}05$ cm.

$$s_e = \frac{10\,300}{9{,}05} = 1140\ \text{kg/cm}^2.$$

Stimmt die Voutenlänge nicht genau überein mit der Strecke $x'/4$, so empfiehlt sich doch, damit zu rechnen. Der dadurch begangene Fehler ist unbedeutend. Nur bei größeren Abweichungen

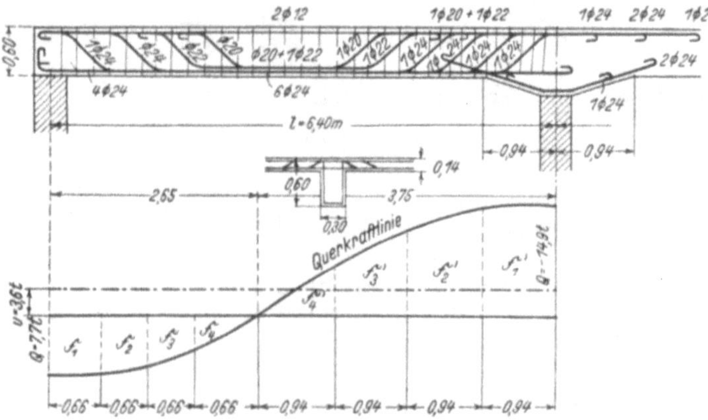

Abb. 212.

muß man dazu übergehen, für die Strecken an den Vouten eine andere Flächeneinteilung vorzunehmen.

Es ist noch nachzuweisen, daß die Schubspannung den Wert von $\tau = 14$ kg/cm² nirgends erreicht. Die größte Querkraft ist nach Tafel 2: $Q = 0{,}3281 \cdot 7{,}1 \cdot 6{,}4 = 14{,}9$ t.

Da dieser Wert von Q, wie Tafel 2 zeigt, vom Auflager B an zuerst nur langsam abnimmt, kann man ihn auch für den Querschnitt am Voutenende einsetzen; an dieser Stelle ist dann

$$\tau = < \frac{14\,900}{50 \cdot 30} = 9{,}9\,\text{kg/cm}^2.$$

In Abb. 212 ist der berechnete Balken dargestellt. Man kann erkennen, daß die Schubbewehrung, wie zu erwarten ist, mehr als bei gleichmäßig verteilter Last nach der Balkenmitte hin gedrängt ist. Die Feldeisen dürfen nicht zu nahe der Mitte abgebogen werden.

D. Der Rahmen.

Kapitel 70. Allgemeines über den Rahmen.

Unter einem Rahmen versteht man im allgemeinen ein Gebilde von zwei oder mehr biegungsfesten Stäben, deren Achsen in einer Ebene liegen, und die biegungsfest miteinander verbunden sind. Den Begriff Rahmen kann man indessen auch erweitern und bei Tragwerken anwenden, die aus biegungsfesten Stäben gebildet

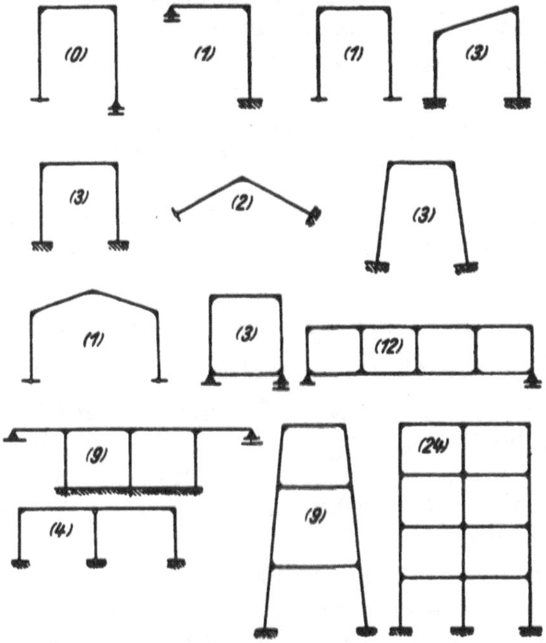

Abb. 213.

werden, deren Achsen aber nicht in einer Ebene liegen. Man spricht dann von räumlichen Rahmen. Statisch bestimmte Rahmen sind verhältnismäßig selten, oder sie werden dann nicht als Rahmen bezeichnet.

Wenn man an die üblichen Rahmenformen denkt, kann man die Einzelbestandteile Riegel und Stiele nennen. Erstere sind jene Stäbe, die die Hauptlasten aufnehmen und letzetere die Stäbe, die Riegel stützen, d. h. welche die Kräfte auf die Fundamente übertragen. Diese Einteilung der einzelnen Stäbe ist indessen nur bei jenen Rahmen anwendbar, bei denen einzelne Stäbe (Riegel) wagrecht oder nahezu wagrecht sind und die Stiele lotrecht oder angenähert lotrecht sind.

Bei der Mannigfaltigkeit der Rahmenformen kann ihre Einteilung nach verschiedenartigen Gesichtspunkten erfolgen. Wie beim Balken unterscheidet man einfache und Durchlaufrahmen. Dies ist indessen schlechterdings nur auf Rahmen mit Riegeln und Stielen anwendbar. Außer diesen einfachen und Durchlaufrahmen, die auch oft als einfeldig und mehrfeldig oder als zweistielig und als mehrstielig bezeichnet werden, kommen noch vor: Geschlossene, einfeldige und mehrfeldige Rahmen (die letzten heißen Vierendeelträger), Turmrahmen und Stockwerkrahmen. Hinsichtlich ihrer Lagerung werden noch Rahmen mit gelenkig an die Fundamente angeschlossenen Stielen und solche mit eingespannten Stielfüßen unterschieden. Bei Durchlauf-, Turm- und Stockwerkrahmen ist es für die statische Berechnung von grundlegender Bedeutung, ob die Riegel gegen wagrechte Verschiebungen gehalten sind oder nicht.

In Abb. 213 ist eine Anzahl von Rahmenarten dargestellt; die eingeklammerten Zahlen bedeuten den Grad der statischen Unbestimmtheit.

Kapitel 71. Angaben zur Berechnung von Rahmenwerken.

a) Rahmen von niedriger statischer Unbestimmtheit.

Für Rahmen, die ein-, zwei- oder dreifach statisch unbestimmt sind, und die im übrigen einfach gestaltet sind, also z. B. für einfache Rahmen bestehend aus zwei lotrechten Stielen und einem Riegel usw. kommt man am schnellsten zum Ziel durch Verwendung geschlossener Formeln[1]).

Sind im Einzelfalle bei Rahmen von besonderer Gestaltung (z. B. bei Unsymmetrie) geschlossene Formeln in den Hilfsbüchern nicht zu finden, so stehen zur Lösung der Aufgabe verschiedene Wege offen, im folgenden Zahlenbeispiel z. B. das Gesetz der virtuellen Verschiebungen.

Zahlenbeispiel:

Für den in Abb. 214 dargestellten, unsymmetrischen, in A und B eingespannten Rahmen (der mit Absicht sehr ungleichmäßig gewählt ist) sollen Momentenverlauf und Stützkräfte berechnet werden. Wählt man den Stabzug 214b als statisch bestimmtes Hauptsystem, so lauten — da der Punkt A sich in Wirklichkeit weder in

[1]) A. Kleinlogel, Rahmenformeln, W. Gehler, Der Rahmen; beides Berlin 1925, Verlag von Wilhelm Ernst & Sohn. Eisenbetonbau, Entwurf und Berechnung, Bd. II, Deutscher Betonverein. Verlag Konrad Wittwer in Stuttgart.

der Richtung von X_1 noch von X_2 verschiebt und auch keine Drehung im Sinne von X_3 erfährt — die zur Bestimmung der Unbekannten X_1, X_2, X_3, dienenden Elastizitätsgleichungen:

$$\delta_1 = 0, \quad \delta_2 = 0, \quad \delta_3 = 0.$$

Für die Verschiebungen kann bekanntlich allgemein gesetzt werden:

$$\text{Gl. (1)} \ldots \left\{ \begin{array}{l} \delta_1 = \delta_{01} + X_1 \cdot \delta_{11} + X_2 \cdot \delta_{12} + X_3 \cdot \delta_{13} = 0, \\ \delta_2 = \delta_{02} + X_1 \cdot \delta_{21} + X_2 \cdot \delta_{22} + X_3 \cdot \delta_{23} = 0, \\ \delta_3 = \delta_{03} + X_1 \cdot \delta_{31} + X_2 \cdot \delta_{32} + X_3 \cdot \delta_{33} = 0. \end{array} \right.$$

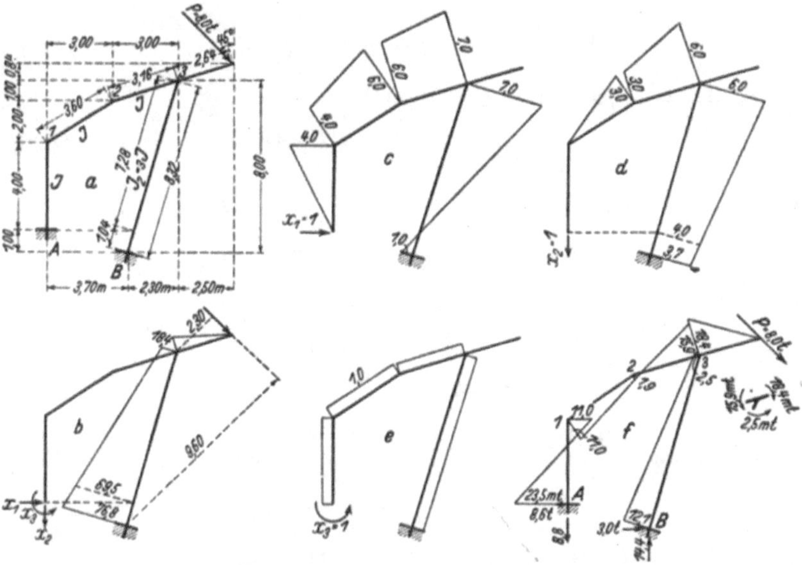

Abb. 214.

Für die hierin vorkommenden Verschiebungen δ_{01}, δ_{11} usw. des statisch bestimmten Hauptsystems kann in allgemeiner Form gesetzt werden:

$$\delta_{ik} = \int \frac{M_i \cdot M_k \, ds}{E J}.$$

Zur zahlenmäßigen Berechnung dient die in Kapitel 64 aufgenommene Zusammenstellung. Die einzelnen Momente M_i und M_k, d. h. im vorliegenden Fall die Momente M_0, M_1 (infolge $X_1 = 1$), M_2 (infolge $X_2 = 1$), M_3 (infolge $X_3 = 1$) sind in Abb. 214 b, c, d, e eingezeichnet. Um Vorzeichenfehler bei der Bildung von $M_i \cdot M_k$ zu vermeiden, sind die Momente grundsätzlich nach jener Seite des Stabes aufgetragen, auf der sie Zug hervorrufen. Sind demnach für ein bestimmtes Stabstück M_i und M_k nach der gleichen Seite aufgetragen, so ist $M_i \cdot M_k$ positiv. Ist dagegen M_i nach der einen Seite aufgetragen und M_k nach der anderen, so ist das Produkt $M_i \cdot M_k$ negativ.

Eine Erweiterung der Gl. (1) mit $J_2 = 3 \cdot J$ (vgl. Abb. 214a) bedeutet, daß man alle Verschiebungsbeträge, die von den Stäben $A - 1 - 2 - 3$ herrühren, mit $J_2/J = 3$ zu multiplizieren hat. Multipliziert man überdies die Gl. (1) mit E, so ergeben sich die $E \cdot J$-fachen Verschiebungen δ_{ik} wie folgt (Abb. 214b, c, d, e):

$$E \cdot J_2 \cdot \delta_{01} = -7{,}0\,(69{,}5 + 2 \cdot 18{,}4) \cdot \frac{7{,}28}{6} + \\ + 1{,}0\,(69{,}5 + 2 \cdot 76{,}8) \cdot \frac{1{,}04}{6} = -864,$$

$$E \cdot J_2 \cdot \delta_{02} = -[6{,}0\,(2 \cdot 18{,}4 + 76{,}8) + \\ + 3{,}7\,(2 \cdot 76{,}8 + 18{,}4)] \cdot \frac{8{,}32}{6} = -1828,$$

$$E \cdot J_2 \cdot \delta_{03} = -\frac{1}{2}\,(18{,}4 + 76{,}8) \cdot 1{,}0 \cdot 8{,}32 = -396,$$

$$E \cdot J_2 \cdot \delta_{11} = 3\left[\frac{4{,}0^2}{3} \cdot 4{,}0 + (6{,}0^2 + 6{,}0 \cdot 4{,}0 + 4{,}0^2) \cdot \frac{3{,}60}{3} + \right. \\ \left. + (7{,}0^2 + 7{,}0 \cdot 6{,}0 + 6{,}0^2)\,\frac{3{,}16}{3}\right] + \frac{7{,}0^2}{3} \cdot 7{,}28 + \\ + \frac{1{,}0^2}{3} \cdot 1{,}04 = 858,$$

$$E \cdot J_2 \cdot \delta_{22} = 3\left[\frac{3{,}0^2}{3}\,3{,}60 + (6{,}0^2 + 6{,}0 \cdot 3{,}0 + 3{,}0^2)\,\frac{3{,}16}{3}\right] + \\ + (6{,}0^2 + 6{,}0 \cdot 3{,}7 + 3{,}7^2)\,\frac{8{,}32}{3} = 430,$$

$$E \cdot J_2 \cdot \delta_{33} = 3\,(4{,}00 + 3{,}60 + 3{,}16) + 8{,}32 = 40{,}5,$$

$$E \cdot J_2 \cdot \delta_{12} = 3\left\{3{,}0\,(4{,}0 + 2 \cdot 6{,}0)\,\frac{3{,}60}{6} + [6{,}0\,(2 \cdot 7{,}0 + 6{,}0) + \right. \\ \left. + 3{,}0\,(2 \cdot 6{,}0 + 7{,}0)]\,\frac{3{,}16}{6}\right\} + 7{,}0\,(4{,}0 + 2 \cdot 6{,}0) \cdot \frac{7{,}28}{6} - \\ - 1{,}0\,(4{,}0 + 2 \cdot 3{,}7)\,\frac{1{,}04}{6} = 499,$$

$$E \cdot J_2 \cdot \delta_{13} = 3\left[\frac{1}{2} \cdot 4{,}0^2 + \frac{1}{2}(4{,}0 + 6{,}0) \cdot 3{,}60 + \frac{1}{2}(6{,}0 + 7{,}0) \cdot 3{,}16\right] 1{,}0 + \\ + \frac{1}{2}\,7{,}0 \cdot 7{,}28 \cdot 1{,}0 - \frac{1}{2} \cdot 1{,}0 \cdot 1{,}04 \cdot 1{,}0 = 165,$$

$$E \cdot J_2 \cdot \delta_{23} = 3\left[\frac{1}{2} \cdot 3{,}0 \cdot 3{,}60 + \frac{1}{2}\,(3{,}0 + 6{,}0) \cdot 3{,}16\right] \cdot 1{,}0 + \\ + \frac{1}{2} \cdot (6{,}0 + 3{,}7) \cdot 8{,}32 = 100.$$

Die Gl. (1) gehen damit über in:

$$858\,X_1 + 499\,X_2 + 165\,X_3 = 864,$$
$$499\,X_1 + 430\,X_2 + 100\,X_3 = 1828,$$
$$165\,X_1 + 100\,X_2 + 40\,X_3 = 396.$$

Daraus findet man die Unbekannten:[1])

$$X_1 = -8{,}63\,\text{t},\quad X_2 = +8{,}80\,\text{t},\quad X_3 = +23{,}50\,\text{mt}.$$

Die Biegungsmomente in den übrigen Knotenpunkten sind:

$M_1 = +8{,}63 \cdot 4{,}0 - 23{,}5 = +11{,}0$ mt (innen Zug),

$M_2 = +8{,}63 \cdot 6{,}0 - 8{,}80 \cdot 3{,}0 - 23{,}5 = +1{,}9$ (innen Zug),

M_3 (im Stab 2 — 3) $= +8{,}63 \cdot 7{,}0 - 8{,}80 \cdot 6{,}0 - 23{,}5 =$
$-15{,}9$ (außen Zug),

M_3 (im Stab 3—B) $= 18{,}40 - 15{,}9 = +2{,}5$ (innen Zug),

$M_B = +76{,}8 - 8{,}63 \cdot 1{,}0 - 8{,}80 \cdot 3{,}7 - 23{,}5 = +12{,}1$
(innen Zug).

Der Verlauf der Biegungsmomente ist in Abb. 214f dargestellt. Die Seitenkräfte der Auflagerdrucke im Stützpunkt B ergeben sich zu:

$$H_B = -8{,}63 + 8{,}00\,\frac{1}{\sqrt{2}} = \text{rd.}\ -3{,}0\,\text{t},$$

$$V_B = 8{,}00\,\frac{1}{\sqrt{2}} + 8{,}80 = 14{,}5\,\text{t}.$$

Wenn man in bekannter Weise den freien Punkt A des statisch bestimmten Hauptsystems durch einen starren Hilfsstab mit dem Schwerpunkt der elastischen Gewichte des Rahmens verbinden würde und in diesem Schwerpunkt die drei Unbekannten angreifen läßt (und zwar in der Richtung von zugeordneten Achsen), so ergeben sich zur Berechnung der Unbekannten allerdings nur je eine Gleichung mit nur einer Unbekannten, was eine Erleichterung wäre.

Das Aufsuchen des Schwerpunktes der elastischen Gewichte, die Bestimmung der zugeordneten Achsen und schließlich die Berechnung der komplizierteren Belastungszustände würden in diesem Falle indessen mehr Arbeit verursachen als die Auflösung der drei Gleichungen mit je drei Unbekannten.

b) Durchlaufrahmen mit in wagrechter Richtung gestütztem Riegel.

1. Allgemeines.

Die statische Berechnung der Rahmen zum Zwecke von Projektbearbeitungen kann natürlich nur sehr abgekürzt durchgeführt

[1]) Bezüglich der Gleichungsauflösung vgl. die verschiedenen Verfahren in Vianello, 3. Aufl., S. 38—44.

werden. Entweder rechnet man den Riegel einfach als Durchlaufbalken unter Zuschlag für die Stützenbiegung oder man bedient sich eines bewährten Tabellenwerkes, beispielsweise der Tabellen für die Einflußlinien und die Momente des durchlaufenden Rahmens von A. Straßner oder der Momententafeln des durchlaufenden Rahmens im Betonkalender 1928, S. 280 ff., von Henning auf Schönhoff. Für die endgültige statische Berechnung jedoch muß man sich, um an der richtigen Stelle an Baustoffen sparen zu können, eine genaue Rechnung durchführen. Dabei kann man sich des nachfolgenden Rechnungsverfahrens vorteilhaft bedienen (teilweise vom Verf. im Vianello 3. Aufl. gebracht).

2. Berechnung.

Die gemachte Voraussetzung, daß der Riegel des Rahmens in wagrechter Richtung gegen Verschiebungen gesichert ist, trifft im Hochbau häufig zu. Die Decken, zu deren Aufnahme die Rahmen dienen, bilden eine starre Scheibe, die meistens mit Quermauern oder Treppenhäusern in Verbindung steht und demzufolge wie ein starrer Windverband wirkt. Außerdem ist oft die Annahme der Unverschieblichkeit in wagrechter Richtung schon infolge Symmetrien des Rahmens und der Lastanordnung gewährleistet.

Im folgenden ist die Berechnung mit Hilfe des Drehwinkelverfahrens[1]) durchgeführt. Das Drehwinkelverfahren fußt auf der Überlegung, daß gemäß Abb. 215b bei einem Rahmenknotenpunkt

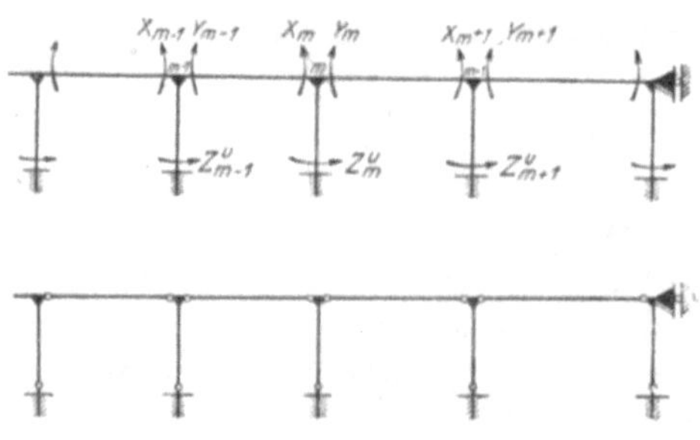

Abb. 215a.

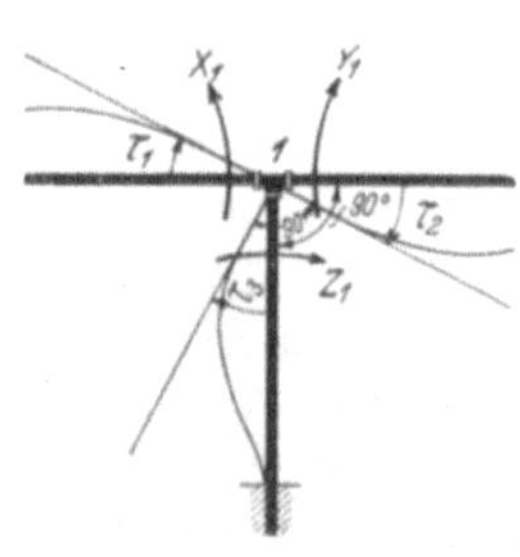

Abb. 215b.

(vermöge der Starrheit der Eckpunkte) nach einer kleinen Drehung die Winkeländerungen der zusammenstoßenden Stäbe einander gleich sind, nämlich:

$$\tau_1 = \tau_2 = \tau_3.$$

[1]) Schon von Winkler 1886 verwendet (vgl. Domke im Handb. f. Eisenbeton, Bd. XII). Von Grashof noch früher; Grashof Theorie, über Elastizität und Festigkeit Berlin, 1879.

Diese Bedingung liefert für jeden Knotenpunkt eine oder zwei voneinander unabhängige Gleichungen, je nachdem in dem betreffenden Knotenpunkt zwei Stäbe zusammenkommen oder drei. (Eine Einspannung ist gleichbedeutend mit dem Anschluß eines Stabes an einen zweiten absolut starren Stab.) Daß indessen diese Bedingungen genügen, um die statisch unbestimmten Größen zu ermitteln, geht aus folgenden Betrachtungen hervor:

1. Ein n-feldiger Rahmen mit eingespannten Stielen und mit in wagrechter Richtung festgehaltenem Riegel hat nach Abb. 215 und 215a.

$3\,(n+1)+1 = 3n+4$ Auflagergrößen und ist
$3\,n+4-3 = 3\,n+1$ fach statisch unbestimmt.

Faßt man nicht die Auflagerkräfte als statisch unbestimmte Größen auf, sondern die Einspannmomente Z_u der Stiele sowie die an den Enden eines jeden Stabes angreifenden Biegungsmomente X und Y (Abb. 215), so ist, um das statisch bestimmte Hauptsystem zu erhalten, an jedem Säulenfuß ein Gelenk einzuschalten, ferner an jedem Riegelende eines, im ganzen:

$$n+1+2\,n = 3\,n+1 \text{ Gelenke};$$

d. h. wiederum eine $3\,n+1$ fache statische Unbestimmtheit.

An Drehwinkelgleichungen stehen nun zur Verfügung:

An jedem Stielfuße eine	$n+1$
An den 2 äußersten oberen Knotenpunkten . . .	2
An den $(n-1)$ inneren (oberen) Knotenpunkten .	$2\,(n-1)$
Im ganzen:	$3\,n+1$

2. Ein n-feldiger Rahmen mit Fußgelenken und wagerechter Stützung des Riegels ist:

$= 2\,n$-fach statisch unbestimmt.

Anzahl der verfügbaren Drehwinkelgleichungen:

An den 2 äußersten Knotenpunkten	2
An den $(n-1)$ inneren Knotenpunkten	$2\,(n-1)$
Im ganzen:	$2\,n$

Die an den oberen Enden der Stiele angreifenden Momente Z_m sind nicht als statisch unbestimmte Größen aufzufassen, weil sie nach Bestimmung von X_m und Y_m ohne weiteres aus der Summengleichung:

$$Z_m = X_m - Y_m$$

hervorgehen.

Im linken Endknotenpunkt ist $X = 0$ und daher $Z_0 = Y_0$, und im rechten: $Z_m = X_m$. In der folgenden Tafel sind für die

Hauptfälle des Durchlaufrahmens die E-fachen Knotenwinkeldrehungen zusammengestellt.

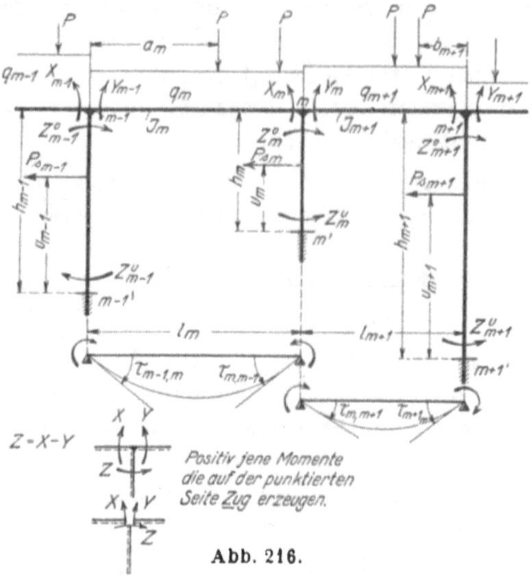

Abb. 216.

Bezeichnungen (Abb. 216): Außer den in Kapitel 66 eingeführten Bezeichnungen sollen hier noch bedeuten:

h_m und h_{m+1} = Stielhöhen in den Punkten m und $m + 1$.

J_{hm} = Trägheitsmoment des Stieles h_m.

$h_m' = \frac{h_m}{J_{hm}}$,[1] $h'_{m+1} = \frac{h_{m+1}}{J_{hm+1}}$,

V^u_m = Statisches Moment der mit der M_o-Fläche belasteten Stütze in bezug auf den unteren Drehpunkt, dividiert durch $J_{hm} \cdot V^o_m$. Desgl. in bezug auf den oberen Drehpunkt.

In der folgenden Tafel sind die Drehwinkel für die Fälle Nr. 1—6 hingeschrieben.

[1]) Bisweilen wird h'_m und entsprechend l'_m als Abkürzung der Werte $h_m \frac{J_c}{J_m}$ und $l_m \frac{J_c}{J_m}$ eingeführt, wo J_c ein willkürlich zu wählendes konstantes Trägheitsmoment ist. Dieses Verfahren ist beim Durchlaufträger und Durchlaufrahmen weniger zu empfehlen, weil das einmal gewählte J_c nur für jede Gleichungen eine wesentliche Vereinfachung bedeutet, wofür man die Wahl der Größe von J_c gerade abgewogen hat. Es ist aber natürlicher, daß man jede Gleichung mit einer ihr angepaßten konstanten Zahl erweitert. Dies bedeutet aber nichts weiter als eine Maßnahme des numerischen Rechnens bei der Auflösung von n-linearen Gleichungen, und es hat also daher keinen Zweck, schon bei der Aufstellung der Momentengleichungen den Begriff des J_c als Ballast mit herumzuschleppen.

Die *E*-fachen Drehwinkel.

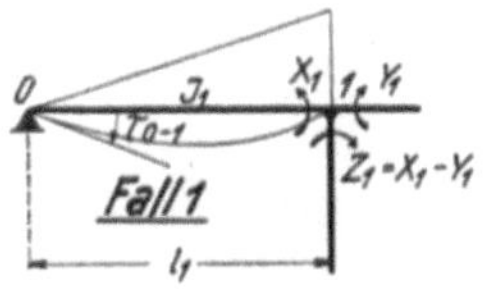

$$\tau_{0-1} = \frac{X_1 l_1}{6 J_1} + \overbrace{\frac{q_1 l_1^3}{24 J_1} + \Sigma \frac{P}{6} \cdot \frac{b}{l_1 \cdot J_1} (l_1^2 - b^2)}^{R_1 : l_1}$$

$$Z_1 = (X_1 - Y_1)$$

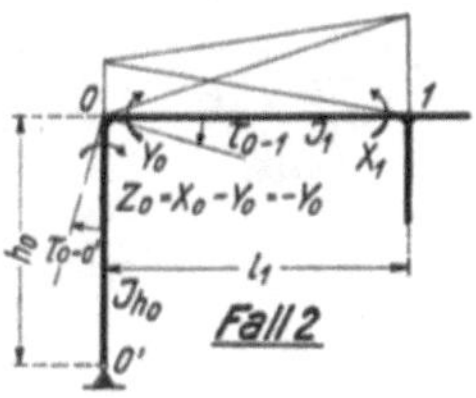

$$Z_0 = X_0 - Y_0 = o - Y_0 = - Y_0$$

$$\tau_{0-0'} = \frac{h_0}{3} \cdot \frac{Z_0}{J_{h0}} = - \frac{h_0}{3} \frac{Y_0}{J_{h0}}$$

$$\tau_{0-1} = \frac{Y_0 l_1}{3 J_1} + \frac{X_1 l_1}{6 J_1} + $$

$$+ \overbrace{\frac{q_1 l_1^3}{24 J_1} + \Sigma \frac{P}{6} \frac{b}{l_1 \cdot J_1} (l_1^2 - b^2)}^{R_1 : l_1}$$

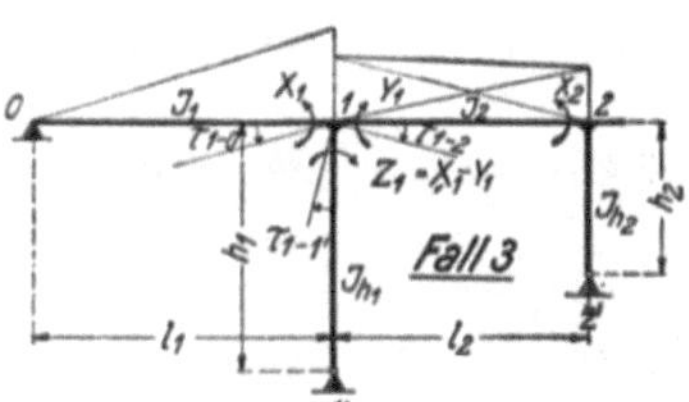

$$\tau_{1-0} = - \Big[X_1 \frac{l_1}{3 J_1} + $$

$$+ \overbrace{\frac{q_1 l_1^3}{24 J_1} + \Sigma \frac{P}{6} \frac{a}{l_1 J_1} (l_1^2 - a^2)}^{L_1 : l_1} \Big]$$

$$\tau_{1-2} = Y_1 \frac{l_2}{3 J_2} + X_2 \frac{l_2}{6 J_2} + $$

$$+ \overbrace{\frac{q_2 l_2^3}{24 J_2} + \Sigma \frac{P}{6} \frac{b}{l_2 J_2} (l_2^2 - b^2)}^{R_2 : l_2}$$

$$\tau_{1-1'} = Z_1 \frac{h_1}{3 J_{h1}} = (X_1 - Y_1) \frac{h_1}{3 J_{h1}}$$

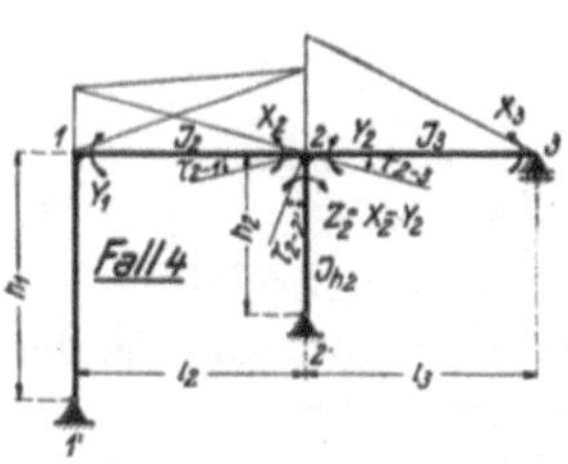

$$\tau_{2-1} = - \Big[X_2 \frac{l_2}{3 J_2} + Y_1 \frac{l_2}{6 J_2} + $$

$$+ \overbrace{\frac{q_2 l_2^3}{24 J_2} + \Sigma \frac{P}{6} \frac{a}{l_2 J_2} (l_2^2 - a^2)}^{L_2 : l_2} \Big]$$

$$\tau_{2-3} = \frac{Y_2 l_3}{3 J_3} + \frac{X_3 l_3}{6 J_3} + $$

$$+ \overbrace{\frac{q_3 l_3^3}{24 J_3} + \Sigma \frac{P}{6} \frac{b}{l_3 J_3} (l_3^2 - b^2)}^{R_3 : l_3}$$

$$\tau_{2-2'} = (X_2 - Y_2) \frac{h_2}{3 J_{h2}}$$

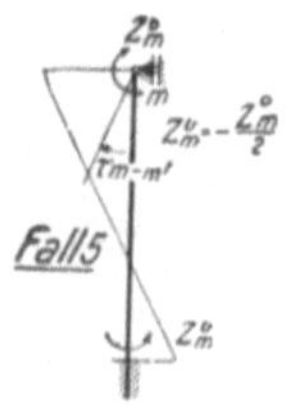

$$\tau_{m,m'} = \frac{h_m}{4}\cdot\frac{Z_m^0}{J_{hm}}$$

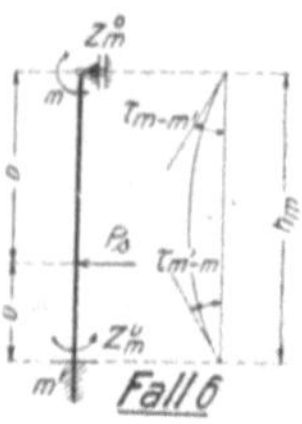

$$\tau_{m,m'} = \frac{Z^o_m h_m}{3J_{hm}} + \frac{Z^u_m h_m}{6J_{hm}} + \overbrace{\frac{1}{h_m}\,\frac{P_s}{6}\,\frac{u}{J_{hm}}\,(h_m^2 - u^2)}^{V^u_m}$$

$$\tau_{m'm} = -\left[\frac{Z^o_m}{6}\,\frac{h_m}{J_{hm}} + \frac{Z^u_m}{3}\,\frac{h_m}{J_{hm}} + \overbrace{\frac{1}{h_m}\,\frac{P_s}{6}\cdot\frac{o}{h_m J_{hm}}\,(h_m^2 - o^2)}^{V^o_m}\right]$$

Anmerkung. Sind statt gelenkige eingespannte Stützen vorhanden, so bleiben die für gelenkige Lagerung oben angegebenen Drehwinkel wie früher, jedoch ist statt h nur $\frac{3}{4}\,h$ einzusetzen, wie aus folgendem hervorgeht:

Bei Gelenkstützen ist nach den Fällen $2 \div 4$ (mit allgemeinen Indizes):

$$\tau_{mm'} = \frac{h_m}{3}\,\frac{Z^o_m}{J_{hm}};$$

nach Fall 5, der einer eingespannten Stütze entspricht, ist dagegen

$$\tau_{mm'} = \frac{h}{4}\,\frac{Z^o_m}{J_{hm}} = \frac{\frac{3}{4}h}{3}\,\frac{Z^o_m}{J_{hm}};$$

man kann hieraus erkennen, daß bei einer eingespannten Stütze $\tau_{mm'}$ gleich groß ist wie bei einer Gelenkstütze mit der Höhe $= \frac{3}{4}\,h$.

Bei voller Einspannung ist $\tau_{m',m} = 0$, d. h.

nach Fall 5: $Z^u_m = -\frac{1}{2}\,Z^o_m$

nach Fall 6: $Z^u_m = -\frac{1}{2}\,Z^o_m - \frac{P_s}{2}\,\frac{o}{h_m^2}\,(h_m^2 - o^2)$.

Aufstellung der Momentengleichungen. Die Gl. (2) des Kapitels 66 sind dort abgeleitet worden für einen durchlaufenden Stabzug, der an seinen Stützpunkten nicht frei drehbar ist. Es ist also dort vorausgesetzt worden, daß die Stützenkonstruktion des Stabzuges einen Widerstand gegen Drehung leistet. Die genannten Gleichungen sind daher für Durchlaufrahmen anwendbar. Für die in

Gl. (2a) vorkommenden Drehwinkel ist je nachdem die Stiele gelenkigen oder eingespannten Anschluß an die Fundamente haben, zu setzen (vgl. Tafel der Drehwinkel, Fälle 2 und 5):

$$E\tau'_m = \frac{h_m}{3} \cdot \frac{1}{J_{hm}} \text{ bzw. } E\tau_m' = \frac{h_m}{4} \cdot \frac{1}{J_{hm}}. \tag{3}$$

(Wie die Gleichungen für den Fall freier Drehbarkeit anzuwenden sind, ist in dem genannten Kapitel 66 gesagt.) Damit gehen die Momentengleichungen für zwei Felder $m - 1 - m - m + 1$ über in:

a) Bei Rahmen mit Gelenkstielen (etwa nach Abb. 220), weil entsprechend Abb. 216 $Z_u = 0$ ist:

$$\begin{aligned} \text{(4g)} \quad & \boldsymbol{Y_{m-1} \cdot l_m' + 2\,X_m' \cdot l_m' + 2\,Y_m \cdot l'_{m+1} +} \\ & \boldsymbol{+ X_{m+1} \cdot l'_{m+1} = N_1 + N_2 + N_3} \end{aligned}$$

$$\text{(5g)} \quad \boldsymbol{Y_{m-1} \cdot l_m' + 2\,X_m\,(l_m' + h_m') - 2\,Y_m \cdot h_m' = N_1' + N_2' + N_3'}.$$

Hierin bedeuten:

$$N_1 = -6\left(\frac{L_m}{l_m} + \frac{R_{m+1}}{l_{m+1}}\right) \text{ (Einfluß der lotrechten Lasten)}$$

$$N_2 = +6E\left(\frac{\delta_m - \delta_{m-1}}{l_m} + \frac{\delta_m - \delta_{m+1}}{l_{m+1}}\right) \text{ (Einfluß der Stützensenkungen)}$$

$$N_3 = -3\,\alpha\,E\left(\frac{\Delta t_m \cdot l_m}{d_m} + \frac{\Delta t_{m+1} \cdot l_{m+1}}{d_{m+1}}\right) \text{ (Einfluß der Temperatur)}$$

$$N_1' = -6\frac{L_m}{l_m}, \quad N_2' = 6E\frac{\delta_m - \delta_{m+1}}{l_m}, \quad N_3' = -3\,\alpha\,E\frac{\Delta t_m \cdot l_m}{d_m}$$

Nimmt man noch die Stetigkeitsbedingung $\tau_{m+1} = \tau_m$ hinzu (vgl. die letzte Gl. (1) des Kapitels 66), so ergibt sich eine dritte Beziehung.

$$\begin{aligned} \text{(6g)} \quad & \boldsymbol{-2\,X_m \cdot h_m' + 2\,Y_m\,(l'_{m+1} + h_m') +} \\ & \boldsymbol{+ X_{m+1} \cdot l'_{m+1} = N_1'' + N_2'' + N_3''}, \end{aligned}$$

worin

$$N_1'' = -6\frac{R_{m+1}}{l_{m+1}},$$

$$N_2'' = +6\frac{\delta_m - \delta_{m+1}}{l_{m+1}},$$

$$N_3'' = -3\frac{\alpha E \Delta t_{m+1} \cdot l_{m+1}}{d_{m+1}}.$$

b) Rahmen mit eingespannten Stielen nach Abb. 215:

(4e) $$Y_{m-1} \cdot l_m' + 2 X_m \cdot l_m' + 2 Y_m \cdot l'_{m+1} + \\ + X_{m+1} \cdot l'_{m+1} = N_1' + N_2 + N_3.$$

(5e) $$Y_{m-1} \cdot l_m' + 2 X_m \left(l_m' + \frac{3}{4} \cdot h_m'\right) - \\ - 2 Y_m \cdot \frac{3}{4} \cdot h_m' = N_1' + N_2' + N_3'.$$

(6e) $$- 2 X_m \cdot \frac{3}{4} h_m' + 2 Y_m \left(l'_{m+1} + \frac{3}{4} \cdot h_m'\right) + \\ + X_{m+1} \cdot l'_{m+1} = N_1'' + N_2'' + N_3''.$$

Bei einer unmittelbaren, wagrechten Belastung der Stiele im Sinne von Abb. 216 treten nach der Tafel (Fall 6) die folgenden Drehwinkel auf:

a) Beim Stiel mit Fußgelenk ($Z_u = 0$):

$$\tau_{m,m'} = \frac{Z_m^o \cdot h_m}{3 J_{hm}} + \frac{1}{h_m} V_m^u = \frac{Z_m^o \cdot h_m'}{3} + \frac{V_m^u}{h_m},$$

b) Beim Stiel mit Einspannung:

$$\tau_{m,m'} = \frac{Z_m^o \cdot h_m}{6 J_{hm}} + \frac{Z_m^u \cdot h_m}{3 \quad J_{hm}} + \frac{V_m^u}{h_m},$$

$$\tau_{m'm} = -\left[\frac{Z_m^o \cdot h_m}{6 J_{hm}} + \frac{Z_m^u \cdot h_m}{3 J_{hm}} + \frac{V_m^o}{h_m}\right] = 0.$$

Aus $\tau_{m'm} = 0$ folgt:

$$Z_m^u = -\frac{1}{2} Z_m^o - 3 \frac{J_{hm}}{h_m^2} V_m^o.$$

Z_m^u läßt sich demnach stets durch Z_m^o ausdrücken. Setzt man den Wert von Z_m^u im Ausdruck von $\tau_{m,m'}$ ein, so folgt:

$$\tau_{m,m'} = \frac{Z_m^o \cdot h_m'}{4} + \frac{1}{h_m}\left(V_m^u - \frac{1}{2} V_m^o\right).$$

Durch Hinzukommen der unmittelbaren wagrechten Belastung der Stiele ändern sich also nur die Belastungsglieder der Gl. (2) und (3), und zwar kommt hinzu:

in Gl. (5g): $$N_4 = -6 \frac{V_m^u}{h_m}$$

in Gl. (6g): $$-N_4 = +6 \frac{V_m^u}{h_m}$$

in Gl. (5e): $$N_5 = -6 \left(\frac{V_m^u}{h_m} - \frac{1}{2} \frac{V_m^o}{h_m}\right)$$

in Gl. (6e): $$-N_5 = +6 \left(\frac{V_m^u}{h_m} - \frac{1}{2} \frac{V_m^o}{h_m}\right).$$

Von den Gleichungen (4), (5) und (6) sind gründsätzlich nur 2 verschieden [die Gl. (4) ist nämlich die Summe der Gl. (5) und (6)].

Zur Bestimmung der Unbekannten X und Y empfiehlt es sich nun, für den Endknotenpunkt links die Gl. (6) aufzustellen, für den Endknotenpunkt rechts die Gl. (5) und für jeden Zwischenknotenpunkt die Gleichungen (4) und (5).

Die Gl. (4) haben die Form von Clapeyronschen Gleichungen, die sich auf 2 aufeinanderfolgende Riegelstäbe beziehen[1]). Indessen läßt sich durch eine kleine Umformung auch bei den Gl. (5) und (6) der Charakter von Kontinuitätsgleichungen zwischen einem Riegel und einem Stiel erkennen. Gl. (5g) kann z. B. geschrieben werden (da an jedem Knotenpunkt mit Rücksicht auf das Gleichgewicht der Momente $Z_m = X_m - Y_m$):

(5g) $$Y_{m-1} l_m' + 2 X_m l_m' + 2 Z_m h_m' = -6 \left(\frac{L_m}{l_m} + \frac{V_m^u}{h_m}\right):$$

also eine Gleichung Clapeyronscher Form, und man kann sich somit nach Abb. 216 den Stiel einfach hochgeklappt denken, wobei der Stiel mm' dieselbe Rolle wie ein Endfeld eines Durchlaufbalkens spielt und das der Last P_s entsprechende Belastungsglied V_m^u tritt an Stelle von R_{m+1}.

Ganz entsprechend kann Gl. (6g) umgeformt werden in:

$$X_{m+1} l'_{m+1} + 2 Y_m l'_{m+1} - 2 Z_m h_m' = -6 \left(\frac{R_{m+1}}{l_{m+1}} - \frac{V_m^u}{h_m}\right).$$

Das Minuszeichen von Z_m rührt von der bei der Ableitung getroffenen Wahl des Sinnes von plus Z_m her. Ferner erscheint das Belastungsglied von P_s mit umgekehrten Zeichen, weil — wie die Abbildung 216 zeigt — bei aufgeklapptem Riegel P_s als negative Last (von unten nach oben) erscheint.

Anwendungsbeispiele.

I. Unsymmetrischer Rahmen mit unsymmetrischer Belastung nach Abb. 217.

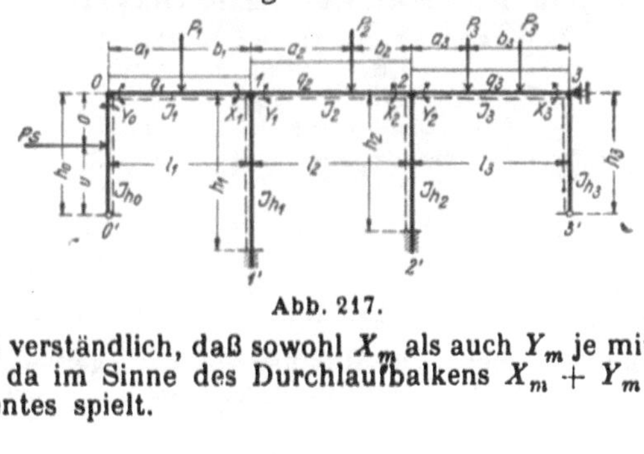

Abb. 217.

[1]) Es ist verständlich, daß sowohl X_m als auch Y_m je mit dem Beiwert 2 erscheinen, da im Sinne des Durchlaufbalkens $X_m + Y_m$ die Rolle des Stützenmomentes spielt.

Für den Punkt 0 ist die Gl. (6g) aufzustellen, für die Punkte 1 und 2 die Gleichungen (4e) und (5e) und für Punkt 3 die Gl. (4g). X_0 und Y_3 sind Null; P_s ist als negativ einzusetzen.

$$(1)\quad 2\,Y_0\,(l_1'+h_0')+X_1 l_1' = -\frac{1}{4}\,\frac{q_1 l_1^3}{J_1} - P_1\,\frac{b_1}{l_1 J_1}\,(l_1^2-b_1^2) - P_s\,\frac{u}{h_0 J_{h0}}\,(h_0^2-u^2)$$

$$(2)\quad Y_0 l_1' + 2\,X_1 l_1' + 2\,Y_1 l_2' + X_2 l_2' = -\frac{1}{4}\,\frac{q_1 l_1^3}{J_1} - P_1\,\frac{a_1}{l_1 J_1}\,(l_1^2-a_1^2) - \frac{1}{4}\,\frac{q_2 l_2^3}{l_2 J_2} - P_2\,\frac{b_2}{l_2 J_2}\,(l_2^2-b_2^2)$$

$$(3)\quad Y_0 l_1' + 2\,X_1\left(l_1'+\frac{3}{4}\,h_1'\right) - 2\,Y_1\,\frac{3}{4}\,h_1' = -\frac{1}{4}\,\frac{q_1 l_1^3}{J_1} - P_1\,\frac{a_1}{l_1 J_1}\,(l_1^2-a_1^2)$$

$$(4)\quad Y_1 l_2' + 2\,X_2 l_2' + 2\,Y_2 l_3' + X_3 l_3' = -\frac{1}{4}\,\frac{q_2 l_2^3}{J_2} - P_2\,\frac{a_2}{l_2 J_2}\,(l_2^2-a_2^2) - \frac{1}{4}\,\frac{q_3 l_3^3}{J_3} - \Sigma\,P_3\,\frac{b_3}{l_3 J_3}\,(l_3^2-b_3^2)$$

$$(5)\quad Y_1 l_2' + 2\,X_2\left(l_2'+\frac{3}{4}\,h_2'\right) - 2\,Y_2\,\frac{3}{4}\,h_2' = -\frac{1}{4}\,\frac{q_2 l_2^3}{J_2} - P_2\,\frac{a_2}{l_2 J_2}\,(l_2^2-a_2^2)$$

$$(6)\quad Y_2 l_2' + 2\,X_3\,(l_3'+h_3') = -\frac{1}{4}\,\frac{q_3 l_3^3}{J_3} - \Sigma\,P_3\,\frac{a_3}{l_3 J_3}\,(l_3^3-a_3^3).$$

Zur rechnerischen Vereinfachung der hiernach in Zahlen anzusetzenden Gleichungen ist es zweckmäßig, die drei ersten Gleichungen mit J_1 und die drei letzten mit J_2 zu erweitern, entsprechend der Fußnote zur Tafel der Drehwinkel.

II. Symmetrischer Rahmen mit unsymmetrischer Belastung nach Abb. 218.[1])

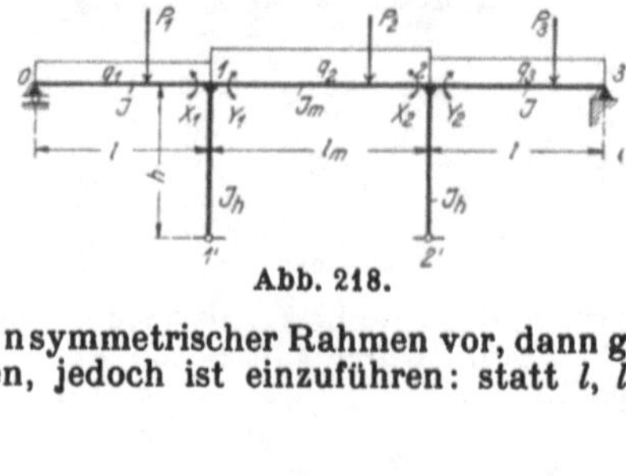

Abb. 218.

[1]) Liegt ein unsymmetrischer Rahmen vor, dann gelten gleichwohl die obigen Gleichungen, jedoch ist einzuführen: statt l, l_m und l die Werte

Für die Punkte 1 und 2 sind die Gl. (4g) und (5g) anzusetzen; $X_0 = Y_0 = X_3 = Y_3 = 0$. (Bezügl. der Maße a und b vgl. Abb. 217.)

$$(1)\quad 2X_1 l' + 2Y_1 l_m' + X_2 l_m' = -\frac{1}{4}\frac{q_1 l^3}{J} - \frac{1}{4}\frac{q_2 l_m^3}{J_m} - $$
$$- P_1 \frac{a_1}{lJ}(l^2 - a_1^2) - P_2 \frac{b_2}{l_m J_m}(l_m^2 - b_2^2)$$

$$(2)\quad 2X_1(l' + h') - 2Y_1 h' = -\frac{1}{4}\frac{q_1 l^3}{J} - P_1 \frac{a_1}{lJ}(l^2 - a_1^2)$$

$$(3)\quad Y_1 l_m' + 2X_2 l_m' + 2Y_2 l' = -\frac{1}{4}\frac{q_2 l_m^3}{J_m} - $$
$$-\frac{1}{4}\frac{q_3 l^3}{J} - P_2 \frac{a_2}{l_m J_m}(l_m^2 - a_2^2) - P_3 \frac{b_3}{lJ}(l^2 - b^2)$$

$$(4)\quad Y_1 l_m' + 2X_2(l_m' + h') - 2Y_2 h' =$$
$$= -\frac{1}{4}\frac{q_2 l_m^3}{J} - P_2 \frac{a_2}{l_m J_m}(l_m^2 - a_2^2).$$

III. Symmetrischer Rahmen mit gleichen Stützweiten und unsymmetrischer Belastung (Abb. 219.)

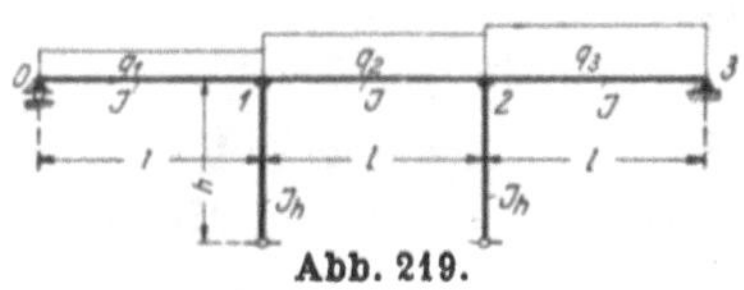

Abb. 219.

Die Gleichungen lauten wie bei II, nur mit dem Unterschied, daß an die Stelle von l_m der Wert l tritt.

IIIa. Symmetrischer Rahmen wie bei III, jedoch mit symmetrischer Belastung.

Es ist dann:
$$X_1 = Y_2$$
$$Y_1 = X_2$$

und die Gleichungen lauten:

$$(1)\quad 2X_1 l' + 3Y_1 l' = -\frac{1}{4}\frac{q_1 l^3}{J} - \frac{1}{4}\frac{q_2 l^3}{J}$$

$$(2)\quad 2X_1(l' + h') - 2Y_1 h' = -\frac{1}{4}\frac{q_1 l^3}{J}.$$

---

l_1, l_2 und l_3 mit den zugehörigen J_1, J_2 und J_3. Liegt fernerhin statt gelenkiger Stiele Einspannung daselbst vor, dann gelten ebenfalls obige Formeln, nur ist statt h' der Wert $\frac{3}{4}h'$ einzusetzen.

IV. Dreifeldiger symmetrischer Rahmen mit Endstielen (Abb. 220).

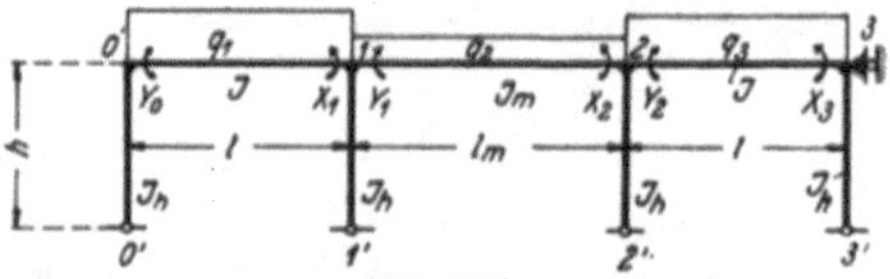

Abb. 220.

(1) $$2\,Y_0\,(l' + h') + X_1\,l' = -\frac{1}{4}\,\frac{q_1\,l^3}{J}$$

(2) $$Y_0\,l' + 2\,X_1\,l' + 2\,Y_1\,l_m' + X_2\,l_m' = -\frac{1}{4}\,\frac{q_1\,l^3}{J} - \frac{1}{4}\,\frac{q_2\,l_m^3}{J_m}$$

(3) $$Y_0\,l' + 2\,X_1\,(l' + h') - 2\,Y_1\,h' = -\frac{1}{4}\,\frac{q_1\,l^3}{J}$$

(4) $$Y_1\,l_m' + 2\,X_2\,l_m' + 2\,Y_2\,l' + X_3\,l' = -\frac{1}{4}\,\frac{q_2\,l_m^3}{J_m} - \frac{1}{4}\,\frac{q_3\,l^3}{J}$$

(5) $$Y_1\,l_m' + 2\,X_2\,(l_m' + h') - 2\,Y_2\,h' = -\frac{1}{4}\,\frac{q_2\,l_m^3}{J_m}$$

(6) $$Y_2\,l' + 2\,X_3\,(l' + h') = -\frac{1}{4}\,\frac{q_3\,l^3}{J}.$$

IVa. Hat der Rahmen nur zwei Felder mit den Stützweiten l_1 und l_2, so lauten die Gleichungen:

(1) $$2\,Y_0\,(l_1' + h_0') + X_1 \cdot l_1' = -\frac{1}{4}\,\frac{q_1\,l_1^3}{J_1}$$

(2) $$Y_0\,l_1' + 2\,X_1 \cdot l_1' + 2\,Y_1 \cdot l_2' + X_2 \cdot l_2' = -\frac{1}{4}\,\frac{q_1\,l_1^3}{J_1} - \frac{1}{4}\,\frac{q_2\,l_2^3}{J_2}.$$

(3) $$Y_0\,l_1' + 2\,X_3\,(l_1' + h_1') - 2\,Y_1 \cdot h_1' = -\frac{1}{4}\,\frac{q_1 \cdot l_1^3}{J_1}.$$

(4) $$Y_1\,l_2' + 2\,X_3\,(l_2' + h_2') = -\frac{1}{4}\,\frac{q_2 \cdot l_2^3}{J_2}.$$

V. Vierfeldiger symmetrischer Rahmen mit eingespannten Mittelstützen nach Abb. 221.

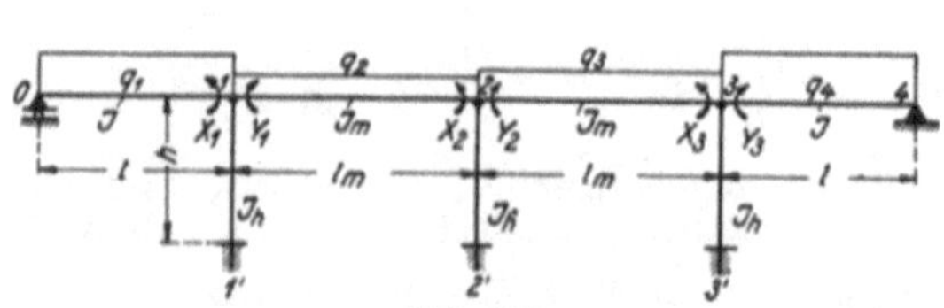

Abb. 221.

Es ist: $X_0 = Y_0 = X_4 = Y_4 = 0$.

$$(1)\qquad 2X_1 l' + 2Y_1 l_m' + X_2 l_m' = -\frac{1}{4}\frac{q_1 l^3}{J} - \frac{1}{4}\frac{q_2 l_m^3}{J_m}$$

$$(2)\qquad 2X_1\left(l' + \frac{3}{4}h'\right) - 2Y_1\frac{3}{4}h' = -\frac{1}{4}\frac{q_1 l^3}{J}$$

$$(3)\qquad Y_1 l_m' + 2X_2 l_m' + 2Y_2 l_m' + X_3 l_m' = -\frac{1}{4}\frac{q_2 l_m^3}{J_m} - \frac{1}{4}\frac{q_3 l_m^3}{J_m}$$

$$(4)\qquad Y_1 l_m' + 2X_2\left(l_m' + \frac{3}{4}h'\right) - 2Y_2\frac{3}{4}h' = -\frac{1}{4}\frac{q_2 l_m^3}{J_m}$$

$$(5)\qquad Y_2 l_m' + 2X_3 l_m' + 2Y_3 l' = -\frac{1}{4}\frac{q_3 l_m^3}{J_m} - \frac{1}{4}\frac{q_4 l^3}{J}$$

$$(6)\qquad Y_2 l_m' + 2X_3\left(l_m' + \frac{3}{4}h'\right) - 2Y_3\frac{3}{4}h' = -\frac{1}{4}\frac{q_3 l_m^3}{J_m}.$$

Zahlenbeispiel.

Gegeben das in Abb. 222 angedeutete Tragwerk. Das Trägheitsmoment des Riegels sei durchweg gleich groß, nämlich J. Ebenso

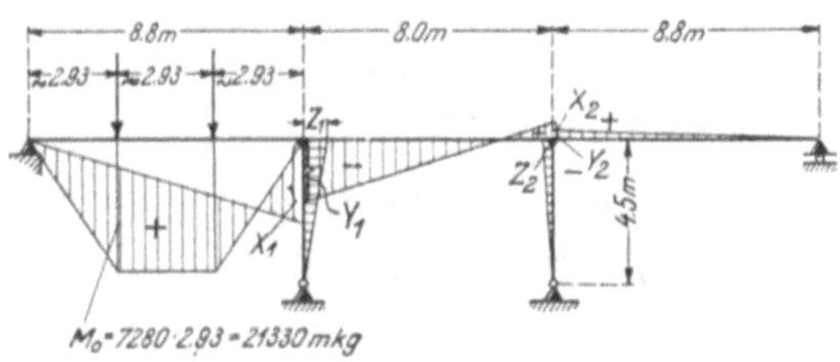

Abb. 222.

dasjenige der sämtlichen Stützen $= J_h$. Es soll im folgenden der Einfluß der Lasten in einem Endfeld untersucht werden. Nach dem 2. Sonderfall lauten die Gleichungen, wenn für die Werte l' und h' die Werte $\frac{l}{J}$, $\frac{l_m}{J}$ und $\frac{h}{J_h}$ eingeführt werden. $\frac{J}{J_h} = 4{,}54$ geschätzt.

$$(1)\qquad 2X_1\frac{l}{J} + 2Y_1\frac{l_m}{J} + X_2\frac{l_m}{J} = -\Sigma P\frac{a_1}{lJ}(l^2 - a^2) = -\frac{6L_m}{l}$$

$$(2)\qquad 2X_1\left(\frac{l}{J} + \frac{h}{J_h}\right) - 2Y_1\frac{h}{J_h} = -\frac{6L_m}{l}$$

$$(3)\qquad Y_1\frac{l_m}{J} + 2X_2\frac{l_m}{J} + 2Y_2\frac{l}{J} = 0$$

$$(4)\qquad Y_1\frac{l_m}{J} + 2X_2\left(\frac{l}{J} + \frac{h}{J_h}\right) - 2Y_2\frac{h_m}{J_h} = 0.$$

Nun die Gleichungen mit J erweitert:

$$(1') \qquad 2X_1 l + 2Y_1 l_m + X_2 l_m = -\frac{6 L_m J}{l}$$

$$(2') \qquad 2X_1\left(l + h\frac{J}{J_h}\right) - 2Y_1 h\frac{J}{J_h} = -6L\frac{J}{l}$$

$$(3') \qquad Y_1 l_m + 2X_2 l_m + 2Y_2 l = 0$$

$$(4') \qquad Y_1 l_m + 2X_2\left(l + h\frac{J}{J_h}\right) - 2Y_2 h_m\frac{J}{J_h} = 0.$$

In Zahlen, unter Berücksichtigung, daß für Lasten in Drittelpunkten $\frac{6L}{l} = \frac{2}{3}\frac{Pl^2}{J}$ und daß $P = 7{,}28^t$ ist:

$$2\cdot 8{,}80\cdot X_1 + 2\cdot 8{,}00\,Y_1 + 8{,}00\,X_2 = -\frac{2}{3}\,7{,}28\cdot 8{,}8^2$$

$$2\,(8{,}8 + 4{,}54\cdot 4{,}50)\,X_1 - 2\cdot 4{,}54\cdot 4{,}5\,Y_1 = -\frac{2}{3}\,7{,}28\cdot 8{,}8^2$$

$$8{,}0\,Y_1 + 2\cdot 8{,}0\,X_2 + 2\cdot 8{,}8\,Y_2 = 0$$

$$8{,}0\,Y_1 + 2\,(8{,}0 + 4{,}54\cdot 4{,}5)\,X_2 - 2\cdot 4{,}54\cdot 4{,}5\,Y_2 = 0$$

oder

$$17{,}60\,X_1 + 16{,}00\,Y_1 + 8{,}00\,X_2 = -376$$

$$58{,}44\,X_1 - 40{,}84\,Y_1 = -376$$

$$8{,}00\,Y_1 + 16{,}00\,X_2 + 17{,}60\,Y_2 = 0$$

$$8{,}00\,Y_1 + 56{,}84\,X_2 - 40{,}84\,Y_2 = 0,$$

hieraus ergibt sich:

$$X_1 = -13{,}48\,\mathrm{mt}, \quad Y_1 = -10{,}09\,\mathrm{mt}, \quad X_2 = +2{,}85\,\mathrm{mt},$$
$$Y_2 = +2{,}00\,\mathrm{mt}.$$

Abb. 222 zeigt den Verlauf des Momentenbildes.

Ein anderes Verfahren, wobei die Drehwinkel selbst als Unbekannte eingeführt werden.

Bei Rahmen mit mehr als 3 bis 4 Feldern ist die Anzahl der Gleichungen, die zur Bestimmung der Momente X und Y erforderlich werden, schon ziemlich groß und damit auch die erforderliche Rechenarbeit umständlich. In solchen Fällen empfiehlt es sich daher, einen andern Weg einzuschlagen. Man geht zunächst darauf aus, die Drehwinkel τ selbst bzw. ein Vielfaches davon zu bestimmen. Ist dies dann geschehen, so können die Werte X und Y aus ganz einfachen Beziehungen — in denen außer den τ nur noch die Belastungsglieder vorkommen — ermittelt werden.

Mit den früheren Bezeichnungen ist:

(1) $$\tau_{m-1} = \frac{R_m}{l_m} + \frac{1}{3} Y_{m-1} l_m' + \frac{1}{6} X_m \cdot l_m'$$

(2) $$\tau_m = -\frac{L_m}{l_m} - \frac{1}{6} Y_{m-1} l_m' - \frac{1}{3} X_m \cdot l_m'$$

$$= \frac{R_{m+1}}{l_{m+1}} + \frac{1}{3} Y_m l'_{m+1} + \frac{1}{6} X_{m+1} \cdot l'_{m+1}$$

(3) $$\tau_{m+1} = -\frac{L_{m+1}}{l_{m+1}} - \frac{1}{6} Y_m l'_{m+1} - \frac{1}{3} X_{m+1} \cdot l'_{m+1}$$

(1′) aus (1) $$\frac{1}{6} Y_{m-1} l_m' = \frac{1}{2} \tau_{m-1} - \frac{R_m}{2 l_m} - \frac{1}{12} X_m \cdot l_m'$$

(3′) aus (3) $$\frac{1}{6} X_{m+1} l'_{m+1} = -\frac{1}{2} \tau_{m+1} - \frac{L_{m+1}}{2 l_{m+1}} - \frac{1}{12} Y_m \cdot l'_{m+1}.$$

Gl. (1′) und (3′) in Gl. (2) eingesetzt, ergibt:

(4) $$\tau_m = -\frac{L_m}{l_m} - \frac{1}{2} \tau_{m-1} + \frac{R_m}{2 l_m} - \frac{1}{4} X_m l_m'$$

(5) $$\tau_m = +\frac{R_{m+1}}{l_{m+1}} - \frac{1}{2} \tau_{m+1} - \frac{L_{m+1}}{2 l_{m+1}} + \frac{1}{4} Y_m l'_{m+1}.$$

Aus (4) und (5) ergibt sich:

(6) $$X_m - Y_m = -\frac{4 L_m}{l_m l_m'} + \frac{2 R_m}{l_m l_m'} + \frac{4 R_{m+1}}{l_{m+1} l'_{m+1}} - \frac{2 L_{m+1}}{l_{m+1} l'_{m+1}} -$$
$$- 2 \tau_{m-1} \frac{1}{l_m'} - 2 \tau_{m+1} \frac{1}{l'_{m+1}} - 4 \tau_m \frac{l_m' + l'_{m+1}}{l_m' l'_{m+1}}.$$

Die Deformation des Stieles liefert, wenn am Fuße ein Gelenk ist:

$$\tau_m = \frac{1}{3} (X_m - Y_m) h_m'$$

(7) $$X_m - Y_m = 3 \tau_m \frac{1}{h_m'}.$$

Nunmehr erhalten wir aus der Gleichsetzung der rechten Seiten von (6) und (7) die allgemeine Beziehung zwischen den Drehwinkeln τ:

(8g) $$\tau_{m-1} \frac{1}{l_m'} + 2 \tau_m \left(\frac{1}{l_m'} + \frac{1}{l'_{m+1}} + \frac{3}{4} \frac{1}{h_m'} \right) + \tau_{m+1} \frac{1}{l'_{m+1}} =$$
$$= -\frac{1}{l_m' l_m} (2 L_m - R_m) + \frac{1}{l_{m+1} l'_{m+1}} (2 R_{m+1} - L_{m+1}).$$

Sind die Stiele am Fuße nicht gelenkig, sondern **eingespannt**, so lautet die allgemeine Gleichung:

$$(8e)\quad \tau_{m-1}\frac{1}{l_m'}+2\,\tau_m\left(\frac{1}{l_m'}+\frac{1}{l'_{m+1}}+\frac{1}{h_m'}\right)+\tau_{m+1}\frac{1}{l'_{m+1}}=$$

$$=-\frac{1}{l_m'\,l_m}(2\,L_m-R_m)+\frac{1}{l'_{m+1}\,l_{m+1}}(2\,R_{m+1}-L_{m+1}).$$

Die Gl. (8g) und (8e) haben die Form einer Clapeyronschen Gleichung, nur sind die l im Nenner. Als Unbekannte kommen darin die Drehwinkel vor. Sind diese Winkel berechnet, so können die Momente X und Y daraus errechnet werden wie folgt:

Es lautete:

$$(1')\qquad \frac{1}{6}\,Y_{m-1}\,l_m'=\frac{1}{2}\,\tau_{m-1}-\frac{R_m}{2\,l_m}-\frac{1}{12}\,X_m\,l_m'.$$

Nun Gl. (3′) für den Punkt m angesetzt (statt für $m+1$) und wie (1′) geordnet:

$$(3')\qquad \frac{1}{12}\,Y_{m-1}\,l_m'=-\frac{1}{2}\,\tau_m-\frac{L_m}{2\,l_m}-\frac{1}{6}\,X_m\,l_m'.$$

Nun (1′) mit 1 und (3′) mit —2 multipliziert und addiert, ergibt:

$$0=\tau_m+\frac{1}{2}\,\tau_{m-1}+\frac{1}{l_m}\left(L_m-\frac{R_m}{2}\right)+\frac{1}{4}\,X_m\,l_m'.$$

hieraus:

$$(9)\qquad X_m=-\frac{4\,\tau_m+2\,\tau_{m-1}}{l_m'}-\frac{2}{l_m'\,l_m}(2\,L_m-R_m)$$

sinngemäß:

$$(10)\qquad Y_{m-1}=\frac{4\,\tau_{m-1}+2\,\tau_m}{l'_m}-\frac{2}{l_m'\,l_m}(2\,R_m-L_m).$$

Beispiel für die Anwendung dieses Verfahrens.

Bei dem in Abb. 223 dargestellten Rahmen wären nach der bei dem vorhergehenden Beispiel angewendeten Berechnungsweise

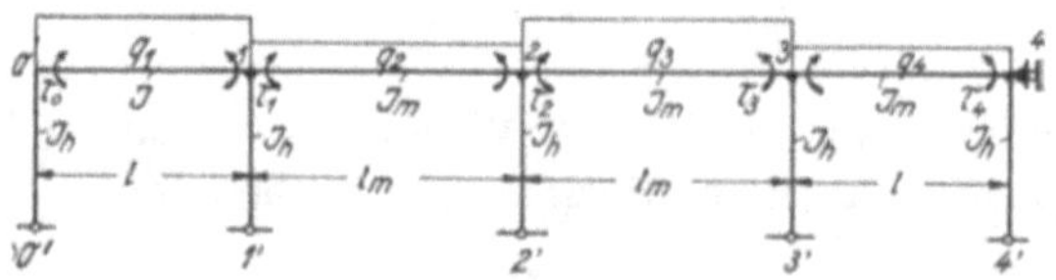

Abb. 223.

8 Gleichungen mit 8 Unbekannten aufzustellen und zu lösen. Führt man jedoch die Drehwinkel als Unbekannte ein, so vermindert sich die

Anzahl der aufzulösenden Gleichungen auf 5; diese lauten nach (8g):

$$(1)\qquad 2\tau_0\left(\frac{1}{l'}+\frac{3}{4}\frac{1}{h'}\right)+\tau_1\frac{1}{l'}=+\frac{1}{l\cdot l'}(2R_1-L_1)$$

$$(2)\qquad \tau_0\frac{1}{l'}+2\tau_1\left(\frac{1}{l'}+\frac{1}{l_m'}+\frac{3}{4}\frac{1}{h'}\right)+\tau_2\cdot\frac{1}{l_m'}=$$

$$=-\frac{1}{l\cdot l'}(2L_1-R_1)+\frac{1}{l_m l_m'}(2R_2-L_2)$$

$$(3)\qquad \tau_1\frac{1}{l_m'}+2\tau_2\left(\frac{1}{l_m'}+\frac{1}{l_m'}+\frac{3}{4}\frac{1}{h'}\right)+\tau_3\frac{1}{l_m'}=$$

$$=-\frac{1}{l_m l_m'}(2L_2-R_2)+\frac{1}{l_m l_m'}(2R_3-L_3)$$

$$(4)\qquad \tau_2\frac{1}{l_m'}+2\tau_3\left(\frac{1}{l_m'}+\frac{1}{l'}+\frac{3}{4}\frac{1}{h'}\right)+\tau_4\frac{1}{l'}=$$

$$=-\frac{1}{l_m l_m'}(2L_3-R_3)+\frac{1}{l'}(2R_4-L_4)$$

$$(5)\qquad \tau_3\frac{1}{l'}+2\tau_4\left(\frac{1}{l'}+\frac{3}{4}\frac{1}{h'}\right)=-\frac{1}{l l'}(2L_4-R_4).$$

Eine weitere Vereinfachung für jene Fälle, bei denen frei drehbare Endauflager vorliegen.

Bei Durchlaufrahmen mit frei drehbaren Endauflagern ist es nicht erforderlich, die Drehwinkel an den Endauflagern zu bestimmen, wie aus folgendem hervorgeht. Hierdurch vermindert sich dann die Anzahl der aufzulösenden Gleichungen um 2, so daß somit bei Durchlaufrahmen mit frei drehbaren Endauflagern nur ebenso viele Gleichungen der τ erforderlich sind, als es Stiele gibt.

Nachstehend sind die entsprechenden Gleichungen des vorhergehenden Abschnitts mit ihrer dortigen Nummernbezeichnung übernommen (nach Abb. 222):

$$(2)\qquad \tau_1=-\frac{L_1}{l_1}-\frac{1}{3}X_1 l_1'=\frac{R_2}{l_2}+\frac{1}{3}Y_1 l_2'+\frac{1}{6}X_2 l_2'$$

$$3)\qquad \tau_2=-\frac{L_2}{l_2}-\frac{1}{6}Y_1 l_2'-\frac{1}{3}X_2 l_2'.$$

$$\text{Aus (3)}\qquad \frac{1}{6}X_2 l_2'=-\frac{L_2}{2l_2}-\frac{1}{12}Y_1 l_2'-\frac{\tau_2}{2}.$$

Nun den Wert von (3') in Gl. (2) eingesetzt, ergibt:

$$(4)\qquad \tau_1=-\frac{L_1}{l_1}-\frac{1}{3}X_1 l_1'$$

$$(5)\qquad \tau_1 = +\frac{R_2}{l_2} - \frac{L_2}{2\,l_2} - \frac{\tau_2}{2} + \left(\frac{1}{3} - \frac{1}{12}\right) Y_1\, l_2'$$

$$= \frac{R_2}{l_2} - \frac{L_2}{2\,l_2} - \frac{\tau_2}{2} + \frac{1}{4}\, Y_1\, l_2'.$$

Aus (4) und (5) folgt weiter:

$$X_1 = -\frac{3\,L_1}{l_1\,l_1'} - \frac{3\,\tau_1}{l_1'}$$

$$Y_1 = +\frac{2\,L_2}{l_2\,l_2'} - \frac{4\,R_2}{l_2\,l_2'} + \frac{2\,\tau_2}{l_2'} + \frac{4\,\tau_1}{l_2'}$$

und hieraus:

$$(6)\qquad X_1 - Y_1 = -4\,\tau_1\,\frac{\frac{3}{4}\,l_2' + l_1'}{l_1'\,l_2'} - \frac{2\,\tau_2}{l_2'} - \frac{3\,L_1}{l_1\,l_1'} - \frac{2\,L_2}{l_2\,l_2'} + \frac{4\,R_2}{l_2\,l_2'}.$$

Die Formänderung des Stieles liefert bei gelenkigem Anschluß desselben wie früher (Gl. (7)):

$$X_1 - Y_1 = 3\,\tau_1\,\frac{1}{h_1'}.$$

Aus der Gleichsetzung der rechten Seiten von (6) und (7) erhält man die τ-Gleichung für den Punkt 1:

$$(8\mathrm{g}_1)\qquad 2\,\tau_1\left(\frac{3}{4}\,\frac{1}{l_1'} + \frac{1}{l_2'} + \frac{3}{4}\,\frac{1}{h_1'}\right) + \frac{\tau_2}{l_2'} =$$

$$= -\frac{1}{l_1\,l_1'}\,\frac{3}{2}\,L_1 + \frac{1}{l_2\,l_2'}\,(2\,R_2 - L_2).$$

Bei eingespannten Stützen ergibt sich ganz entsprechend für Punkt 1:

$$(8\mathrm{e}_1)\qquad 2\,\tau_1\left(\frac{3}{4}\,\frac{1}{l_1'} + \frac{1}{l_2'} + \frac{1}{h_1'}\right) + \frac{\tau_2}{l_2'} =$$

$$= -\frac{1}{l_1\,l_1'}\,\frac{3}{2}\,L_1 + \frac{1}{l_2\,l_2'}\,(2\,R_2 - L_2).$$

Die entsprechende Gleichung für den vorletzten Knotenpunkt $n-1$ (wobei in n freie Drehbarkeit) erhält man durch sinngemäße Anwendung der Gl. ($8\mathrm{g}_1$) und ($8\mathrm{e}_1$).

Zur Ermittlung von X_1 dient Gl. (2); sie liefert:

$$(10_1)\qquad X_1 = -\frac{3\,L_1}{l_1\,l_1'} - \frac{3\,\tau_1}{l_1'}$$

und sinngemäß:

$$(9_1)\qquad Y_{n-1} = -\frac{3\,R_n}{l_n\,l_n'} + \frac{3\,\tau_{n-1}}{l_n'}.$$

Die übrigen Momente können nach Gl. (9) und (10) ermittelt werden.

Zahlenbeispiel zum vereinfachten τ-Verfahren für frei drehbare Endauflager[1]). (Abb. 224.)

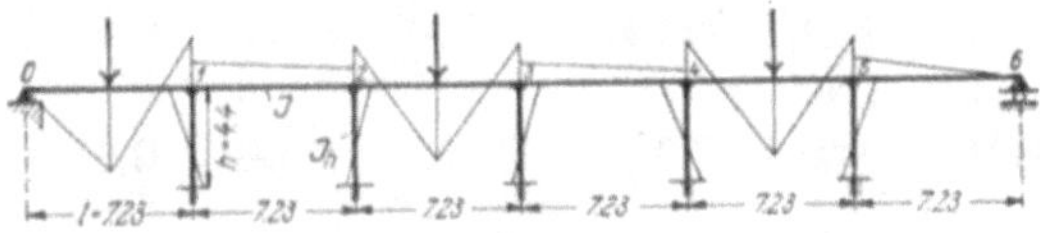

Abb. 224.

Da hierbei der Riegel durchweg in allen Feldern das gleiche J hat, so empfiehlt es sich, die Elastizitätsgleichungen mit $\frac{1}{J}$ zu erweitern, d. h. die $\frac{1}{J}$-fachen Koeffizienten zu bilden.

a) Konstanten der Elastizitätsgleichungen:

$$l_1 = l_2 \ldots = l_6 = 7{,}23 \text{ m}$$

$$h_1 \text{ bis } h_5 = 4{,}4 \text{ m}$$

$$\frac{J}{J_h} = 2; \quad \frac{J_h}{J} = 0{,}5$$

$$\frac{1}{J} \cdot \frac{1}{l_1'} = \frac{1}{l} = \frac{1}{7{,}23} = 0{,}13831$$

$$\frac{1}{J} \frac{1}{h'} = \frac{J_h}{J} \cdot \frac{1}{h} = 0{,}5 \cdot \frac{1}{4{,}4} = 0{,}11364$$

$$\frac{1}{J} \frac{1}{l' l} = \frac{1}{7{,}23^2} = 0{,}01913$$

$$\frac{1}{J}\left(\frac{3}{4} \frac{1}{l_1'} + \frac{1}{l_2'} + \frac{1}{h_1'}\right) = 0{,}35568$$

$$\frac{1}{J}\left(\frac{1}{l_5'} + \frac{3}{4} \frac{1}{l_6'} + \frac{1}{h_5'}\right) = 0{,}35568$$

$$\frac{1}{J}\left(\frac{1}{l_m'} + \frac{1}{l'_{m+1}} + \frac{1}{h_m'}\right) = 0{,}39026.$$

b) Belastungsglieder:

$$R_1 = L_1 = R_3 = L_3 = R_5 = L_5 = \frac{1}{16} P \cdot 7{,}23^3 \cdot \frac{1}{J} = 23{,}62081 \frac{P}{J}$$

$$R_2 = L_2 = R_4 = L_4 = R_6 = L_6 = 0.$$

c) Elastizitätsgleichungen [nach Gl. $(8e_1)$]:

$$0{,}71136\, \tau_1 + 0{,}13831\, \tau_2 = \qquad -0{,}67780 \frac{P}{J}$$

[1]) Dieses Tragwerk ist 15fach statisch unbestimmt. Würde man es nach dem zuerst gebrachten Drehwinkelverfahren berechnen, so wären 10 Gleichungen erforderlich; mit dem vereinfachten Drehwinkelverfahren jedoch nur fünf.

$$0{,}13831\,\tau_1 + 0{,}78052\,\tau_2 + 0{,}13831\,\tau_3 = +0{,}45187\,\frac{P}{J}$$

$$0{,}13831\,\tau_2 + 0{,}78052\,\tau_3 + 0{,}13831\,\tau_4 = -0{,}45187\,\frac{P}{J}$$

$$0{,}13831\,\tau_3 + 0{,}78052\,\tau_4 + 0{,}13831\,\tau_5 = +0{,}45187\,\frac{P}{J}$$

$$0{,}13831\,\tau_4 + 0{,}71136\,\tau_5 = -0{,}45187\,\frac{P}{J}$$

und die Werte ergeben sich zu:

$$\tau_1 = -1{,}13558\,\frac{P}{J}$$

$$\tau_2 = +0{,}93996\,\frac{P}{J}$$

$$\tau_3 = -0{,}90174\,\frac{P}{J}$$

$$\tau_4 = +0{,}88168\,\frac{P}{J}$$

$$\tau_5 = -0{,}80664\,\frac{P}{J}\,.$$

Mit diesen Drehwinkelwerten ergeben sich schließlich die Stützenmomente:

nach (10_1):

$$X_1 = \left(-3\cdot 0{,}45187 + \frac{3\cdot 1{,}13558}{7{,}23}\right)\cdot P = \ldots\ldots\ldots -0{,}884\,P$$

nach (9) und (10):

$$Y_1 = [(-4\cdot 1{,}13558 + 2\cdot 0{,}93996)\cdot 0{,}13831]\,P = \ldots\ldots -0{,}368\,P$$

$$X_2 = [(-4\cdot 0{,}93996 + 2\cdot 1{,}13558)\cdot 0{,}13831]\,P = \ldots\ldots -0{,}206\,P$$

$$Y_2 = [(4\cdot 0{,}93996 - 2\cdot 0{,}90174)\cdot 0{,}13831 - 2\cdot 0{,}45187]\,P = \ldots\ldots\ldots -0{,}633\,P$$

$$X_3 = [(4\cdot 0{,}90174 - 2\cdot 0{,}93996)\cdot 0{,}13831 - 2\cdot 0{,}45187]\,P = \ldots\ldots\ldots -0{,}665\,P$$

$$Y_3 = [(-4\cdot 0{,}90174 + 2\cdot 0{,}88168)\cdot 0{,}13831]\,P = \ldots\ldots -0{,}255\,P$$

$$X_4 = [(-4\cdot 0{,}88118 + 2\cdot 0{,}90174)\cdot 0{,}13831]\,P = \ldots\ldots -0{,}238\,P$$

$$Y_4 = [(4\cdot 0{,}88168 - 2\cdot 0{,}80664)\cdot 0{,}13831 - 2\cdot 0{,}45187]\,P = \ldots\ldots\ldots -0{,}639\,P$$

$$X_5 = [(4\cdot 0{,}80664 - 2\cdot 0{,}088168)\cdot 0{,}13831 - 2\cdot 0{,}45187]\,P = \ldots\ldots\ldots -0{,}702\,P$$

nach (9_1):

$$Y_5 = -3\cdot 0{,}80664\cdot 0{,}13831\,P = \ldots\ldots\ldots\ldots\ldots -0{,}333\,P$$

Eingangs ist gesagt worden, daß im allgemeinen es schon vorteilhaft sei, von 3—4 Öffnungen an sich des Verfahrens zu bedienen, wobei die τ als Unbekannte eingeführt werden. Sind jedoch Durchlaufrahmen mit frei drehbaren Endauflagern vorhanden, so lohnt sich dann das Verfahren auch bei 3 Öffnungen, wie aus folgendem einfacheren Beispiel hervorgeht.

Zahlenbeispiel (Abb. 225).

a) Konstanten der Elastizitätsgleichungen:

$l_1 = 7{,}7$ m, $l_2 = 5{,}7$ m, $l_3 = 6{,}8$ m, $h_1 = h_2 = 4{,}40$ m.

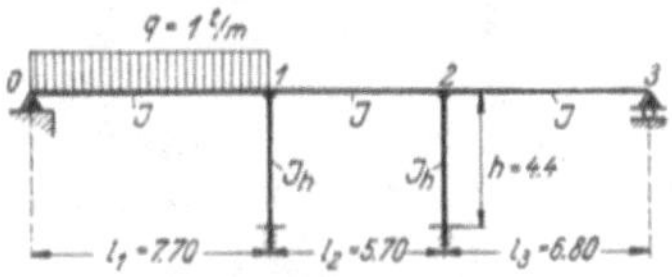

Abb. 225.

Auch hier sollen wegen des durchweg gleich großen J des Riegels die Elastizitätsgleichungen mit $\frac{1}{J}$ erweitert werden.

Es ist $\frac{J}{J_h} = 0{,}422; \quad \frac{J_h}{J} = 2{,}37$

$$\frac{1}{J}\frac{1}{l_1'} = \frac{1}{7{,}70} = 0{,}1298; \quad \frac{1}{J}\frac{1}{l_1' l_1} = 0{,}0169$$

$$\frac{1}{J}\frac{1}{l_2'} = \frac{1}{5{,}70} = 0{,}1754; \quad \frac{1}{J}\frac{1}{l_2' l_2} = 0{,}0308$$

$$\frac{1}{J}\frac{1}{l_3'} = \frac{1}{6{,}8} = 0{,}1470; \quad \frac{1}{J}\frac{1}{l_3' l_3} = 0{,}0216$$

$$\frac{1}{J}\frac{1}{h'} = \frac{J_h}{J}\frac{1}{h} = 2{,}37 \cdot \frac{1}{4{,}40} = 0{,}538$$

$$\frac{1}{J}\left(\frac{3}{4}\frac{1}{l_1'} + \frac{1}{l_2'} + \frac{1}{h_1'}\right) = 0{,}811$$

$$\frac{1}{J}\left(\frac{1}{l_2'} + \frac{3}{4}\frac{1}{l_3'} + \frac{1}{h_2'}\right) = 0{,}824.$$

b) Belastungsglieder:

$$R_1 = L_1 = \frac{1}{24} q \cdot \frac{7{,}70^4}{J} = \frac{146{,}5}{J}; \quad \frac{L_1}{l_1 l_1'} = 2{,}48; \quad \frac{3}{2} \cdot \frac{L_1}{l_1 l_1'} = 3{,}72$$

$$R_2 = L_2 = R_3 = L_2 = 0.$$

c) Elastizitätsgleichungen [nach Gl. ($8e_1$)]:

$$1{,}622\,\tau_1 + 0{,}175\,\tau_2 = -3{,}72\,\frac{1}{J}$$

$$0{,}175\,\tau_1 + 1{,}648\,\tau_2 = 0{,}00.$$

Die Wurzeln sind:

$$\tau_1 = -2{,}32\,\frac{1}{J}$$

$$\tau_2 = +0{,}24\,\frac{1}{J}.$$

Hieraus ergeben sich die Stützenmomente nach Gl. (9_1) und (10_1):

$$X_1 = \left(-3\cdot 2{,}48 + \frac{3\cdot 2{,}32}{7{,}7}\right) = -6{,}54\ \text{mt}$$

$$Y_1 = (-4\cdot 2{,}32 + 2\cdot 0{,}24)\cdot 0{,}1754 = -1{,}54\ \text{mt}$$

$$X_2 = (-4\cdot 0{,}24 + 2\cdot 2{,}32)\cdot 0{,}1754 = +0{,}65\ \text{mt}$$

$$Y_2 = (3\cdot 0{,}24\cdot 0{,}1470) = +0{,}11\ \text{mt}.$$

c) Stockwerkrahmen mit in wagrechter Richtung festgehaltenen Riegeln.

Für die Untersuchung des Einflusses lotrechter Lasten lassen sich die Stockwerkrahmen in guter Annäherung[1]) an die Wirklichkeit

	Lagerungsart	Einzuführende Stielhöhe	Stielmomente
1		$1\cdot h$	Z
2	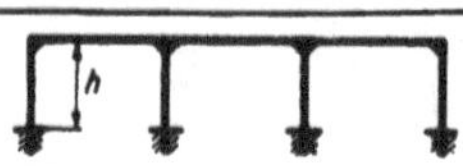	$\frac{3}{4}\cdot h$	Z
3	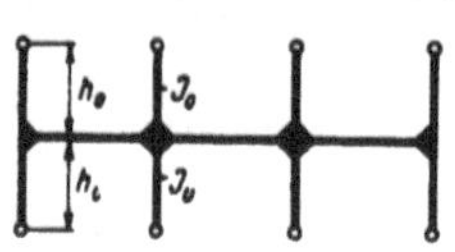	$\frac{1}{1+\mathfrak{h}}\cdot h_u$	$Z_o = \frac{1}{1+\frac{1}{\mathfrak{h}}}Z$ $Z_u = \frac{1}{1+\mathfrak{h}}Z$
4	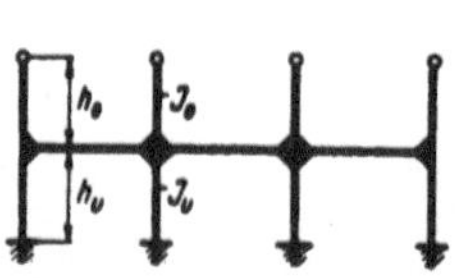	$\frac{1}{\frac{4}{3}+\mathfrak{h}}\cdot h_u$	$Z_o = \frac{1}{1+\frac{4}{3}\frac{1}{\mathfrak{h}}}Z$ $Z_u = \frac{1}{1+\frac{3}{4}\mathfrak{h}}Z$
5	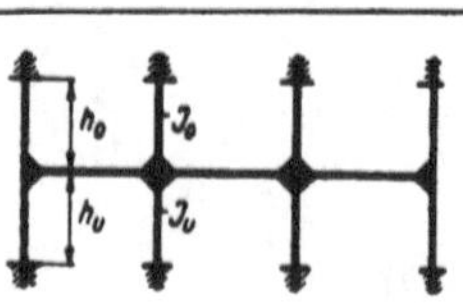	$\frac{3}{4}\,\frac{1}{1+\mathfrak{h}}\cdot h_u$	$Z_o = \frac{1}{1+\frac{1}{\mathfrak{h}}}Z$ $Z_u = \frac{1}{1+\mathfrak{h}}Z$

[1]) Die sog. „genaue Berechnung" ist meistenteils wirkungslos, weil die Querschnitte unbekannt sind und überdies die Frage der Annahme der Trägheitsmomente an und für sich viel Unsicherheit birgt.

in ihre Elemente zerlegen etwa nach Art der Abbildungen in vorstehender Tafel. (Vgl. H. Marcus, Die Theorie elastischer Gewebe und ihre Anwendung auf die Berechnung biegsamer Platten, § 34.) Für diese Rahmenelemente kann man die für die Durchlaufrahmen mit Fußgelenken entwickelten Gleichungen ohne weiteres benutzen; man braucht nur in ihnen die Stielhöhen wie in vorstehender Tafel angegeben, zu reduzieren[1]) und $J_h = J_u$ zu setzen. Als Abkürzung ist

$$\mathfrak{h} = \frac{h_u}{h_o} \frac{J_o}{J_u}$$

eingeführt.

Auch hier ist wie bei den Durchlaufrahmen vorausgesetzt, daß genügend steife Giebel bzw. Querwände vorhanden sind, aus welchem Grunde die wagrechten Verschiebungen vernachlässigt werden können[2]).

Tabelle für die Zerlegung von Z in Z_o und Z_u nach der 3. Kolonne der vorhergehenden Tafel.

$\mathfrak{h}$	Fälle 3 und 5		Fall 4	
	Z_o	Z_u	Z_o	Z_u
0,10	0,091	0,909	0,070	0,930
0,15	0,130	0,870	0,101	0,899
0,20	0,167	0,833	0,131	0,869
0,25	0,200	0,800	0,158	0,842
0,30	0,231	0,769	0,184	0,816
0,35	0,259	0,741	0,208	0,792
0,40	0,286	0,714	0,231	0,769
0,45	0,310	0,690	0,253	0,747
0,50	0,333	0,667	0,273	0,727
0,60	0,375	0,625	0,311	0,689
0,70	0,412	0,588	0,345	0,655
0,80	0,444	0,556	0,375	0,625
0,90	0,474	0,526	0,403	0,597
1,00	0,500	0,500	0,429	0,571
1,10	0,524	0,476	0,453	0,547
1,20	0,545	0,455	0,474	0,526
1,30	0,565	0,435	0,494	0,506
1,40	0,583	0,417	0,512	0,488
1,50	0,600	0,400	0,529	0,471
1,60	0,615	0,385	0,546	0,454
1,70	0,629	0,371	0,560	0,440
1,80	0,643	0,357	0,574	0,426
	$\cdot Z$	$\cdot Z$	$\cdot Z$	$\cdot Z$

[1]) Diese reduzierten Stielhöhen sind mit Hilfe der Drehwinkel errechnet worden.

[2]) Je nach konstruktiver Durchbildung ist für das oberste Stockwerk Fall 1 oder 2 zugrunde zu legen, für das zweite Stockwerk von oben Fall 3 oder 4, für das dritte Stockwerk von oben Fall 4 oder 5.

Zahlenbeispiel:

Der durch Abb. 226a dargestellte Stockwerkrahmen ist für beliebigen Kraftangriff 36fach statisch unbestimmt. Setzt man Unverschieblichkeit der Riegel in wagrechter Richtung voraus (Lagerung der Decken in den Giebelmauern), so kann, wie erwähnt, nach Marcus der Rahmen zerlegt werden in Einzelrahmen Abb. 226 b, c, d, e, die

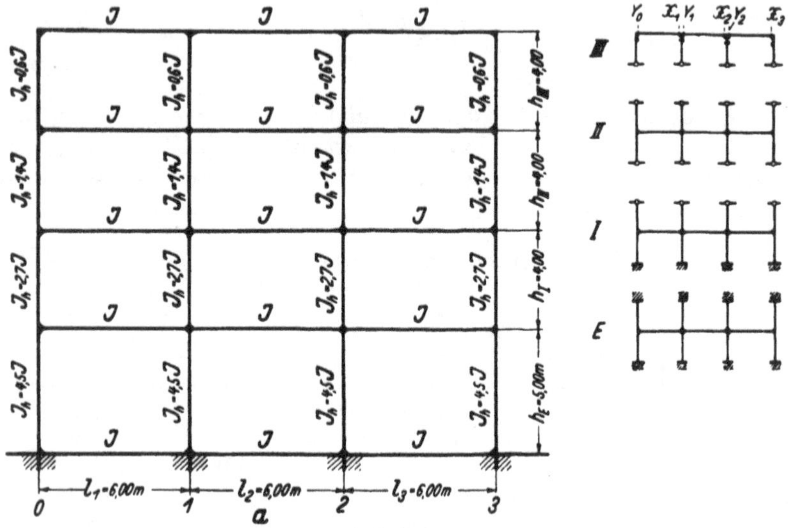

Abb. 226.

je 6fach statisch unbestimmt sind, wofür ohne weiteres die 6 Gleichungen zu Abb. 220 verwendbar sind. Für symmetrische Belastungsfälle vermindert sich die Anzahl der Unbekannten eines jeden dieser Rahmen auf drei, so daß die Gleichungen lauten:

$$2\,Y_0\,(l_1' + h_0') + X_1 \cdot l_1' = -6\,\frac{R_1}{l_1}$$

$$Y_0\,l_1' + 2\,X_1 \cdot l_1' + 2\,Y_1\,l_2' + X_2 \cdot l_2' = -6\left(\frac{L_1}{l_1} + \frac{R_2}{l_2}\right)$$

$$Y_0\,l_1' + 2\,X_1\,(l_1' + h_1') - 2\,Y_1 \cdot h_1' = -6\,\frac{L_1}{l_1}.$$

Nachfolgend sollen nun die Knotenpunktmomente der vier Rahmen *b*, *c*, *d* und *e* infolge der Last *p* errechnet werden. Um die Grenzwerte dieser Knotenpunktmomente zu erhalten, genügt es, die durch die Abb. 227a, b und c veranschaulichten Belastungszustände zu untersuchen. Die Zusammensetzung dieser Einzelfälle liefert:

$2 \cdot a + c =$ Vollbelastung mit p.
$2 \cdot a =$ Belastung der Endfelder mit p.
$a + b =$ Belastung des Feldes 0—1 mit p.
$a + b + c =$ Belastung der Felder 0—1—2 mit p.

Als Unbekannte erscheinen bei allen drei Grundbelastungsfällen wegen der Symmetrie nur Y_0, X_1 und Y_1.

Für die Zahlenrechnung ist es zweckmäßig, jede Gleichung mit J (Trägheitsmoment des Riegels) zu multiplizieren. Die Konstanten der Gleichungen ergeben sich sodann der Reihe nach wie folgt:

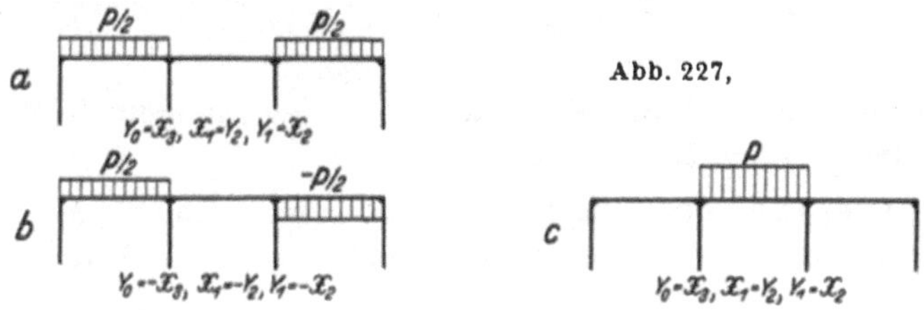

Abb. 227.

Rahmen III (Abb. 227):

$$J \cdot l_1' = J \cdot l_2' = 6{,}000 \text{ m}, \quad h = 4{,}000 \text{ m}, \quad J \cdot h_0' = J \cdot h_1' = 6{,}667 \text{ m},$$

Rahmen II:

$$J \cdot l_1' = J \cdot l_2' = 6{,}000 \text{ m}, \quad h_0 = h_u = 4{,}000 \text{ m},$$

$$\mathfrak{h} = \frac{h_u}{h_0} \cdot \frac{J_0}{J_u} = \frac{4{,}0}{4{,}0}\,\frac{0{,}6}{1{,}4} = 0{,}428,$$

$$h = \frac{1}{1+\mathfrak{h}} \cdot h_u = \frac{1}{1{,}428} \cdot 4{,}00 = 2{,}800 \text{ m},$$

$$J \cdot h_0' = J \cdot h_1' = \frac{2{,}800}{1{,}4} = 2{,}000 \text{ m},$$

Rahmen I:

$$J \cdot l_1' = J \cdot l_2' = 6{,}000 \text{ m}, \quad h_0 = h_u = 4{,}000 \text{ m},$$

$$\mathfrak{h} = \frac{4{,}0}{4{,}0} \cdot \frac{1{,}4}{2{,}7} = 0{,}518, \quad h = \frac{1}{{}^4/_3 + \mathfrak{h}} \cdot h_u = \frac{1}{1{,}851} \cdot 4{,}00 = 2{,}16 \text{ m},$$

$$J \cdot h_0' = J \cdot h_1' = \frac{2{,}16}{2{,}7} = 0{,}800 \text{ m},$$

Rahmen E:

$$J \cdot l_1' = J \cdot l_2' = 6{,}000 \text{ m}, \quad h_0 = h_u = 4{,}000 \text{ m}, \quad \mathfrak{h} = \frac{5{,}0}{4{,}0} \cdot \frac{2{,}7}{4{,}5} = 0{,}75,$$

$$h = \frac{3}{4}\,\frac{1}{1+\mathfrak{h}} \cdot h_u = \frac{3}{4}\,\frac{1}{1{,}75} \cdot 5{,}00 = 2{,}14 \text{ m},$$

$$J \cdot h_0' = J \cdot h_1' = \frac{2{,}14}{4{,}5} = 0{,}476.$$

Die Belastungsglieder sind unabhängig vom Rahmentyp; sie betragen nach Multiplikation mit J für die einzelnen Belastungsfälle (Abb. 227):

a) und b): $\frac{1}{l_1} 6 \cdot J \cdot R_1 = 1/4 \cdot p/2 \cdot 6{,}00^3 = 27{,}000$, $\frac{1}{l_2} 6 \cdot J\, R_2 = 0$,

$$\frac{1}{l_1} 6 \cdot J \cdot L_1 = \frac{1}{l_1} 6 \cdot J \cdot R_1 = 27{,}000,$$

c): $\frac{1}{l_1} 6 \cdot J \cdot L_1 = \frac{1}{l_1} 6 \cdot J \cdot R_1 = 0$

$$\frac{1}{l_2} 6 \cdot J \cdot R_2 = 1/4 \cdot p \cdot 6{,}00^3 = 54{,}000.$$

Damit sind sämtliche Konstanten der Gleichungen für die vier zu untersuchenden Rahmen ermittelt.

Im folgenden sind nun für die einzelnen Rahmen und für die drei Grundbelastungsfälle die Gleichungen und die Unbekannten angegeben.

Rahmen III, Belastungsfall a:

$$\begin{aligned} 25{,}333\, Y_0 + 6{,}000\, X_1 \qquad\qquad &= -27{,}000\, p \\ 6{,}000\, Y_0 + 12{,}000\, X_1 + 18{,}000\, Y_1 &= -27{,}000\, p \\ 6{,}000\, Y_0 + 25{,}333\, X_1 - 13{,}333\, Y_1 &= -27{,}000\, p \end{aligned}$$

Daraus: $Y_0 = -0{,}7982\, p$, $X_1 = -1{,}1298\, p$, $Y_1 = -0{,}4807\, p$.

Rahmen III, Belastungsabfall b:

$$\begin{aligned} 25{,}333\, Y_0 + 6{,}000\, X_1 \qquad\qquad &= -27{,}000\, p \\ 6{,}000\, Y_0 + 12{,}000\, X_1 + 6{,}000\, Y_1 &= -27{,}000\, p \\ 6{,}000\, Y_0 + 25{,}333\, X_1 - 13{,}333\, Y_1 &= -27{,}000\, p \end{aligned}$$

Daraus: $Y_0 = -0{,}7342\, p$, $X_1 = -1{,}4001\, p$, $Y_1 = -0{,}9656\, p$.

Rahmen III, Belastungsfall c:

$$\begin{aligned} 25{,}333\, Y_0 + 6{,}000\, X_1 \qquad\qquad &= \quad 0{,}000\, p \\ 6{,}000\, Y_0 + 12{,}000\, X_1 + 18{,}000\, Y_1 &= -54{,}000\, p \\ 6{,}000\, Y_0 + 25{,}333\, X_1 - 13{,}333\, Y_1 &= -\ 0{,}000\, p \end{aligned}$$

Daraus $Y_0 = +0{,}2984\, p$, $X_1 = -1{,}2599\, p$, $Y_1 = -2{,}2595\, p$.

Rahmen II, Belastungsfall a:

$$\begin{aligned} 16{,}000\, Y_0 + 6{,}000\, X_1 \qquad\qquad &= -27{,}000\, p \\ 6{,}000\, Y_0 + 12{,}000\, X_1 + 18{,}000\, Y_1 &= -27{,}000\, p \\ 6{,}000\, Y_0 + 16{,}000\, X_1 - 4{,}000\, Y_1 &= -27{,}000\, p \end{aligned}$$

Daraus: $Y_0 = -1{,}2015\, p$, $X_1 = -1{,}2960\, p$, $Y_1 = -0{,}2362\, p$.

Rahmen II, Belastungsfall b:

$$\begin{aligned}
16{,}000\,Y_0 + 6{,}000\,X_1 &= -27{,}000\,p\\
6{,}000\,Y_0 + 12{,}000\,X_1 + 6{,}000\,Y_1 &= -27{,}000\,p\\
6{,}000\,Y_0 + 16{,}000\,X_1 - 4{,}000\,Y_1 &= -27{,}000\,p
\end{aligned}$$

Daraus: $Y_0 = -1{,}1667\,p,\; X_1 = -1{,}3888\,p,\; Y_1 = -0{,}5552\,p.$

Rahmen II, Belastungsfall c:

$$\begin{aligned}
16{,}000\,Y_0 + 6{,}000\,X_1 &= -0{,}000\\
6{,}000\,Y_0 + 12{,}000\,X_1 + 18{,}000\,Y_1 &= -54{,}000\,p\\
6{,}000\,Y_0 + 16{,}000\,X_1 - 4{,}000\,Y_1 &= 0{,}000\,.
\end{aligned}$$

Daraus: $Y_0 = +0{,}2827\,p,\; X_1 = -0{,}7538\,p,\; Y_1 = -2{,}5911\,p.$

Rahmen I, Belastungsfall a:

$$\begin{aligned}
13{,}600\,Y_0 + 6{,}000\,X_1 &= -27{,}000\,p\\
6{,}000\,Y_0 + 12{,}000\,X_1 + 18{,}000\,Y_1 &= -27{,}000\,p\\
6{,}000\,Y_0 + 13{,}600\,X_1 - 1{,}600\,Y_1 &= -27{,}000\,p
\end{aligned}$$

Daraus: $Y_0 = -1{,}3702\,p,\; X_1 = -1{,}3942\,p,\; Y_1 = -0{,}1139\,p.$

Rahmen I, Belastungsfall b:

$$\begin{aligned}
13{,}600\,Y_0 + 6{,}000\,X_1 &= -27{,}000\,p\\
6{,}000\,Y_0 + 12{,}000\,X_1 + 6{,}000\,Y_1 &= -27{,}000\,p\\
6{,}000\,Y_0 + 13{,}600\,X_1 - 1{,}600\,Y_1 &= -27{,}000\,p
\end{aligned}$$

Daraus: $Y_0 = -1{,}3583\,p,\; X_1 = -1{,}4212\,p,\; Y_1 = -0{,}2988\,p.$

Rahmen I, Belastungsfall c:

$$\begin{aligned}
13{,}600\,Y_0 + 6{,}000\,X_1 &= 0{,}000\\
6{,}000\,Y_0 + 12{,}000\,X_1 + 18{,}000\,Y_1 &= -54{,}000\,p\\
6{,}000\,Y_0 + 13{,}600\,X_1 - 1{,}600\,Y_1 &= 0{,}000
\end{aligned}$$

Daraus: $Y_0 = +0{,}1797\,p,\; X_1 = -0{,}4073\,p,\; Y_1 = -2{,}7882\,p.$

Rahmen E, Belastungsfall a:

$$\begin{aligned}
12{,}952\,Y_0 + 6{,}000\,X_1 &= -27{,}000\,p\\
6{,}000\,Y_0 + 12{,}000\,X_1 + 18{,}000\,Y_1 &= -27{,}000\,p\\
6{,}000\,Y_0 + 12{,}952\,X_1 - 0{,}952\,Y_1 &= -27{,}000\,p
\end{aligned}$$

Daraus: $Y_0 = -1{,}4215\,p,\; X_1 = -1{,}4315\,p,\; Y_1 = -0{,}0718\,p.$

Rahmen E, Belastungsfall b:

$$\begin{aligned}
12{,}952\,Y_0 + 6{,}000\,X_1 &= -27{,}000\,p\\
6{,}000\,Y_0 + 12{,}000\,X_1 + 6{,}000\,Y_1 &= -27{,}000\,p\\
6{,}000\,Y_0 + 12{,}952\,X_1 - 0{,}952\,Y_1 &= -27{,}000\,p
\end{aligned}$$

Daraus: $Y_0 = -1{,}4161\,p,\; X_1 = -1{,}4431\,p,\; Y_1 = -0{,}1977\,p.$

Rahmen E, Belastungsfall c:

$$\begin{aligned} 12{,}952\,Y_0 + 6{,}000\,X_1 \phantom{+ 18{,}000\,Y_1} &= -0{,}000\,p \\ 6{,}000\,Y_0 + 12{,}000\,X_1 + 18{,}000\,Y_1 &= -54{,}000\,p \\ 6{,}000\,Y_0 + 12{,}952\,X_1 - 0{,}952\,Y_1 &= 0{,}000\,p \end{aligned}$$

Daraus: $Y_0 = +0{,}1241\,p,\quad X_1 = -0{,}2679\,p,\quad Y_1 = -2{,}8628\,p.$

Die Knotenpunktmomente findet man für beliebige Belastungszustände entsprechend dem oben Gesagten durch einfaches Zusammenzählen. In der nebenstehenden Tafel sind die in diesem Sinne errechneten Momente für Vollbelastung, Belastung nur eines Endfeldes und für Belastung des Mittelfeldes allein eingetragen, und zwar für alle vier betrachteten Rahmentypen.

Die Grenzwerte der Knotenpunktmomente und der Feldmomente der Riegel lassen sich, nachdem die Momente der Einzelbelastungsfälle errechnet sind (Tafel), ebenso leicht wie beim Durchlaufbalken ermitteln. Für die Knotenpunktmomente der Stiele ist einseitige Riegelbelastung (vom betrachteten Stiel ausgehend) maßgebend. Als Beispiel sollen die Stielmomente Z_0 und Z_u für den Knotenpunkt 1—I berechnet werden, und zwar in folge der ständigen Last $g = 2{,}0$ t/m und der Nutzlast $p = 4{,}0$ t/m.

Abb. 228.

$g = 2{,}0$ t/m liefert nach der Tafel der Knotenpunktmomente:

$$\begin{aligned} X_1 &= -3{,}196 \cdot 2{,}0 = -6{,}39 \text{ mt}, \\ Y_1 &= -3{,}016 \cdot 2{,}0 = -6{,}03 \text{ mt}, \\ Z_1 &= X_1 - Y_1 = -0{,}36 \text{ mt}. \end{aligned}$$

$p = 4{,}0$ t/m in den Außenfeldern ergibt:

$$\begin{aligned} X_1 &= (-2{,}815 + 0{,}027) \cdot 4{,}0 = -11{,}15 \text{ mt}, \\ Y_1 &= (-0{,}413 + 0{,}185) \cdot 4{,}0 = -0{,}91 \text{ mt}, \\ Z_1 &= X_1 - Y_1 = -10{,}24 \text{ mt}. \end{aligned}$$

$p = 4{,}0$ t/m im Mittelfeld ergibt:

$$\begin{aligned} X_1 &= -0{,}407 \cdot 4{,}0 = -1{,}63 \text{ mt}, \\ Y_1 &= -2{,}788 \cdot 4{,}0 = -11{,}15 \text{ mt}, \\ Z_1 &= X_1 - Y_1 = 9{,}52 \text{ mt}. \end{aligned}$$

Die Grenzwerte von Z_1 sind demnach:

$$Z_1 = -0{,}36 - 10{,}24 = -10{,}60 \text{ mt},$$

und $$Z_1 = -0{,}36 + 9{,}52 = +9{,}16 \text{ mt}.$$

In der Abb. 228 sind die Zugseiten der Stiele für negative und für positive Z angegeben. Für den be-

Zusammenstel

	Belastungsfall	Y_0
Rahmen III	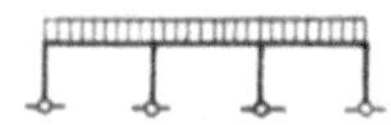	— 1,298 p
	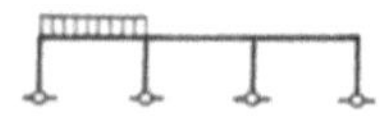	— 1,532 p
	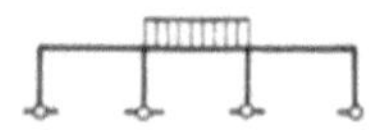	+ 0,298 p
Rahmen II	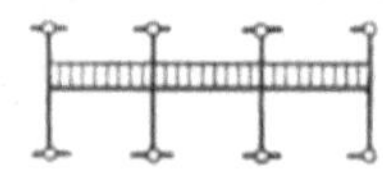	— 2,120 p
	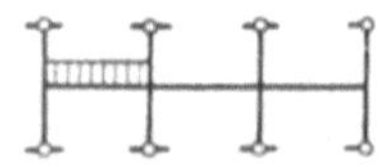	— 2,868 p
	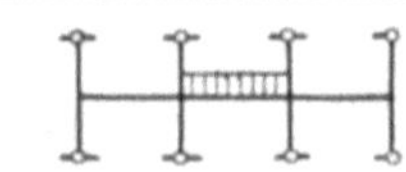	+ 0,283 p
Rahmen I	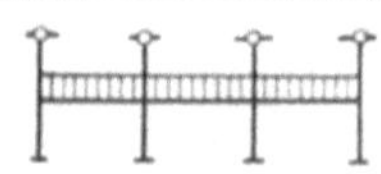	— 2,561 p
	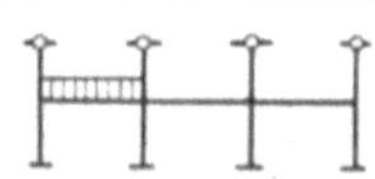	— 2,728 p
	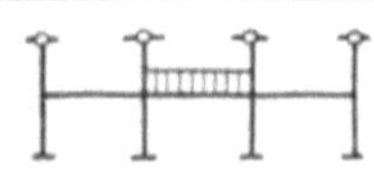	+ 0,180 p
Rahmen E	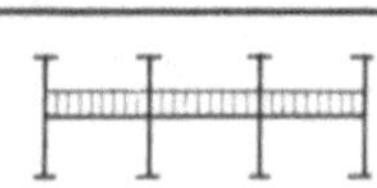	— 2,719 p
	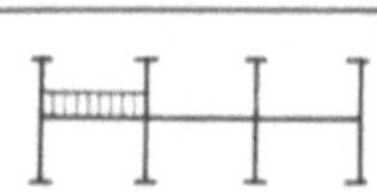	— 2,838 p
	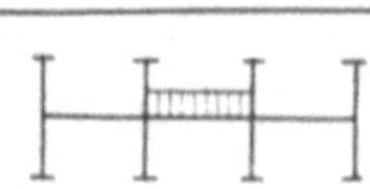	+ 0,124 p

kwerkrahmen.

npunktmomente			
Y_1	X_2	Y_2	X_3
,221 p	— 3,221 p	— 3,520 p	— 1,298 p
,446 p	+ 0,485 p	+ 0,270 p	— 0,064 p
,259 p	— 2,259 p	— 1,260 p	+ 0,298 p
,064 p	— 3,064 p	— 3,346 p	— 2,120 p
,791 p	+ 0,219 p	+ 0,093 p	— 0,035 p
,591 p	— 2,591 p	— 0,754 p	+ 0,283 p
,016 p	— 3,016 p	— 3,196 p	— 2,561 p
,413 p	+ 0,185 p	+ 0,027 p	— 0,012 p
,788 p	— 2,788 p	— 0,407 p	+ 0,180 p
,006 p	— 3,006 p	— 3,131 p	— 2,719 p
,279 p	+ 0,126 p	+ 0,012 p	— 0,005 p
,863 p	— 2,863 p	— 0,268 p	+ 0,124 p

trachteten Rahmen I ist $\mathfrak{h} = 0{,}518$. Die zweite Tabelle des Absatzes c gibt dafür durch Zwischenschaltung:

$$Z_0 = -0{,}28 \cdot 10{,}6 = -2{,}97 \text{ mt} \quad \text{bzw.} \quad +0{,}28 \cdot 9{,}16 = +2{,}57 \text{ mt},$$
$$Z_u = -0{,}72 \cdot 10{,}6 = -7{,}63 \text{ mt} \quad \text{bzw.} \quad +0{,}72 \cdot 9{,}16 = +6{,}59 \text{ mt}.$$

Es sei hier bemerkt, daß für die Rahmen III und II die Knotenpunktmomente sich mit Vorteil mit Hilfe der im Betonkalender 1928, S. 280 u. f. zu findenden, „von Dipl.-Ing. v. Henning auf Schönhoff berechneten“ Momententafeln errechnen lassen. Beim Rahmen II ist dabei für h die oben berechnete Ersatzhöhe $h = 2{,}80$ m zu setzen und für $J_1 : J_2 = 1{,}4$.

E. Kreuzweise bewehrte Platten.

Kapitel 72. Allgemeines und Grundlagen der Berechnung.

Kreuzweise bewehrte Platten kommen im Eisenbetonbau hauptsächlich vor als rechteckige oder quadratische, längs der Ränder frei aufgelagerte oder eingespannte Platten, ferner als kreisförmige oder ellipsenförmige Platten, die längs ihrer Peripherie frei gelagert oder eingespannt sind, überdies als nach einer oder nach beiden Richtungen durchlaufende Platten und schließlich als Platten, die sozusagen nur in einzelnen Punkten und dann biegungsfest aufgelagert sind, nämlich als sogenannte Pilzdecken. Außer diesen Formen kommen noch viele andere vor; z. B. rechteckige Platten, die an einzelnen Seiten eingespannt und an den anderen frei drehbar oder überhaupt nicht unterstützt sind, oder dann auch rechteckige Platten mit überstehenden Konsolplatten u. dgl. Kreuzweise bewehrte Platten werden in erster Linie bei Decken angewendet. Man führt sie aber oft auch als Behälterwände und Behältersohlen, als Treppenpodeste usw. aus.

Von der Art der Berechnung kreuzweise bewehrter Platten sollen hier nur die Grundlagen angegeben werden. Jede Theorie über biegsame Platten geht von Gleichförmigkeit des Baustoffes aus. Den Verformungsvorgang einer Platte infolge irgendeiner Belastung stellt man sich derart vor, daß sämtliche Punkte der Platte, die vor der Formänderung auf einer Normalen zur Plattenebene standen, sich auch n a c h der Formänderung noch auf einer Geraden befinden, und zwar auf einer normalen zur verformten Plattenfläche. Diese letzte Grundvoraussetzung trifft nur zu, wenn die Plattenstärke im Vergleich zu ihren Stützweiten verhältnismäßig klein ist. Daraus folgt, daß die entwickelten Beziehungen und Gleichungen nicht ohne weiteres bei starken Platten, z. B. bei Fundamentplatten, angewendet werden dürfen.

Wie es die Bezeichnung als kreuzweise bewehrte Platten schon besagt, legt man die Hauptbewehrung nur in zwei sich kreuzenden Richtungen ein, obwohl auch für jede beliebige andere Schnittrichtung Biegungsmomente auftreten, die aber meist durch diese beiden Bahnen aufgenommen werden können. Bei rechteckigen Platten verlaufen die Eiseneinlagen parallel zu den Plattenseiten. Bei Kreisplatten dagegen werden Radial- und Ringeisen eingelegt. Was die Auflagerung anbelangt, ist zu bemerken, daß bei Auflagerung längs der Kanten, z. B. bei rechteckigen Platten stets auch Zugkräfte von der Platte auf die stützende Unterlage ausgeübt werden. Zur Übertragung dieser Zugkräfte sind, namentlich bei frei drehbarer Auflagerung, besondere Vorkehrungen zu treffen. Unterläßt man dies, so kann der errechnete Spannungszustand der Platte nicht mit dem wirklichen übereinstimmen.

Bezüglich der Theorie selbst sei hier besonders verwiesen auf: A. Nadai, Die elastischen Platten, Verlag Julius Springen, Berlin, H. Henky, Der Spannungszustand in rechteckigen Platten, München 1913, H. Marcus, Die Theorie elastischer Gewebe und ihre Anwendung auf die Berechnung biegsamer Platten, Verlag Julius Springer, 1924, und Die vereinfachte Berechnung biegsamer Platten, ebenda 1925, V. Lewe, Pilzdecken und andere trägerlose Eisenbetonplatten, Berlin 1926, H. Leitz, Berechnung der frei aufliegenden Platte, Forscherarbeiten Berlin 1914.

Kapitel 73. Zur Berechnung von Platten.

a) Einfache und durchlaufende, rechteckige Platten.

Zur Berechnung kreuzweise bewehrter Eisenbetonplatten wird heute vom praktischen Ingenieur meist das Verfahren von H. Marcus (Die vereinfachte Berechnung biegsamer Platten) verwendet, zumal diese Berechnungsart in den Bestimmungen aufgenommen ist. Daselbst steht unter § 17, Z. 8a:

„Unter der Voraussetzung, daß die Ecken der Platten gegen Abheben gesichert sind, können, wenn die Platten nicht mehr als doppelt so lang sind wie breit, für den Spannungsnachweis, die von Marcus angegebenen Gleichungen benutzt werden.“ Die genannte Schrift gibt für die Grenzwerte der Momente infolge gleichmäßig verteilter Last und infolge von Einzellasten einfache Formeln, und zwar für die folgenden Plattenarten:

1. Die ringsum frei aufliegende Platte.
2. Die ringsum eingeklemmte Platte.

3. Platten an drei Seiten frei aufliegend und an einem Rande fest eingeklemmt.
4. Platten an zwei gegenüberliegenden Seiten frei aufliegend, an den beiden anderen fest eingeklemmt.
5. Platten an zwei benachbarten Seiten frei aufliegend, an den beiden anderen fest eingeklemmt.
6. Platten an drei Seiten fest eingeklemmt und an einem Rande frei aufliegend.
7. Durchlaufende Platten.

Zur weiteren Erleichterung sind nach den angegebenen Formeln Zahlentafeln[1]) aufgestellt worden, sodaß zum Schluß die Berechnung der rechteckigen, kreuzweise bewehrten Platten, die gleichmäßig belastet sind, nicht viel mehr Zeit erfordert als die Berechnung einfacher Platten.

b) Kreisförmige Platten.

Bei kreisförmigen Platten ist es zweckmäßig, die Radial- und die Tangentialmomente zu berechnen und dementsprechend eine Radial- und eine Ringbewehrung einzulegen. Für die praktische Berechnung dieser Momente ist die Tabelle 37 aus „Die Statik im Eisenbetonbau" von Prof. Dr.-Ing. Kurt Beyer (Deutscher Beton-Verein, Eisenbetonbau, Entwurf und Berechnung II. Bd.) besonders zu empfehlen. Die genannte Tabelle enthält Formeln für die Durchbiegungen, die Momente M_r und M_t und für die Querkräfte, und zwar infolge verschiedener Belastungsfälle und bei verschiedener Lagerungsart der Platte.

c) Pilzdecken.

Die Berechnung der trägerlosen Decken, der sog. Pilzdecken, ist in allgemeiner Form sehr zeitraubend. Aus diesem Grunde wohl, und da außerdem die Feldweiten meistens gleich oder nahezu gleich sind, lassen die Vorschriften vereinfachte Rechnungsweisen zu. Die Beziehungen 12—16 des §17, Ziff. 9 der Vorschriften liefern die zur Bemessung der Platte erforderlichen Biegungsmomente in einfachster Form. Da diese Formeln jedoch etwas zu hohe Werte der Momente liefern, lohnt es sich, die Pilzdeckenkonstruktionen, so wie es die Vorschriften ebenfalls zulassen, als zwei Scharen sich rechtwinklig kreuzender

[1]) O. Luetkens, Auswertung der Marcusschen Formeln zur Berechnung vierseitig gelagerter Platten, Bauingenieur 1925, S. 659. Löser, Bemessungsverfahren, Verlag Wilhelm Ernst & Sohn, Berlin 1925, Klagas, Auswertung der Marcusschen Formeln für vierseitig gelagerte Platten, Bauingenieur 1927, S. 221 und 251, Kurt Beyer, Die Statik im Eisenbetonbau (Deutscher Betonverein, Eisenbetonbau, Entwurf und Berechnung, II. Bd., Verlag von Konrad Wittwer in Stuttgart 1927).

Durchlaufrahmen, deren Riegel gegen wagrechte Verschiebungen gesichert sind, aufzufassen und dementsprechend zu berechnen. Jede von den beiden Rahmenscharen ist dabei für die volle Deckenlast zu berechnen. Die Berechnung dieser Durchlaufrahmen wird zweckmäßigerweise nach dem im § 34 des Buches: „Die Theorie elastischer Gewebe und ihre Anwendung auf die Berechnung biegsamer Platten" von H. Marcus angegebenen Verfahren durchgeführt. Darin ist die entlastende Wirkung der Stützkopfbreite mit berücksichtigt. Noch schärfer ist der Einfluß der Stützenköpfe im Aufsatz, „Die wirksame Stützfläche der trägerlosen Pilzdecken" (Beton und Eisen 1926, S. 352 u. f.), des gleichen Verfassers durchgeführt. Über die Verteilung der für einen Rahmen errechneten Bewehrung auf Gurt- und Feldstreifen geben die Vorschriften genauen Aufschluß (§ 17, Ziff. 9).

Pilzdecken gelten im allgemeinen nicht als wirtschaftlich. Dies gilt auch für Decken mit niedrigen Nutzlasten. Bei Decken aber mit hohen Nutzlasten, die eine zweckmäßige Feldteilung haben, steht die Pilzdecke auch in wirtschaftlicher Hinsicht einer Balkendecke keineswegs nach. Bei guter Baustelleneinrichtung ist sie von 1000 kg je m^2 aufwärts überlegen. Bei der Beurteilung der Zweckmäßigkeit verschiedener Deckenarten darf man indessen nicht nur die Kosten der Decken selbst miteinander vergleichen, sondern die Kosten und den Wert des ganzen Baues. Dabei sind zugunsten der Pilzdecken mit einzusetzen: Die Ersparnis an Stockwerkhöhe, die Erleichterung bei der Führung von Leitungen (z. B. bei Fernsprechämtern), die Anbringung von Transmissionswellen, die gute schattenfreie Belichtungsmöglichkeit und schließlich den ruhigen Eindruck in der Raumwirkung.

F. Bestimmung der erforderlichen Mengen an Beton, Eisen und Schalwerk bei Fabrikbauten.

Kapitel 74. Allgemeines über Projektanfertigung.

Dem entwerfenden Ingenieur sind vor der Bearbeitung eines Projektes in der Regel folgende Angaben als Grundlagen bekannt:

1. Zweck des Bauwerkes,
2. Größe und Form des Grundrisses,
3. Anzahl und Höhe der Stockwerke (bei Bunkern, Silos und Flüssigkeitsbehältern der Fassungsraum),
4. Art des Baugrundes.

Seine Aufgabe ist es nun, Tragwerke zu entwerfen, die bei geringstem Aufwand an Baustoffen und Arbeitslöhnen den gestellten

Bedingungen gerecht werden; d. h. für ihn ist stets die wirtschaftliche Lösung die richtige, sofern sie ihren Zweck gleichzeitig mit der notwendigen Bau- und Betriebssicherheit erfüllt. Die Lösung dieser Aufgabe ist deshalb oft besonders schwierig, weil Güte und geringster Herstellungspreis eines Bauwerkes sich doch meistens gewissermaßen als Gegner gegenüberstehen. Selbst wenn auch zwei für ein- und denselben Zweck entworfene Tragwerke die gleiche Güte der Baustoffe haben und bei beiden eine gleich große statische Sicherheit nachgewiesen werden kann, so hat doch oftmals das eine davon die größere Sicherheit z. B. gegen Rissebildung und die Wahrscheinlichkeit einer größeren Lebensdauer. Man denke nur an die bei Fabrikbauten so wichtige Anzahl der Verteilungseisen, die in den Vorschriften nur durch eine unterste Grenze festgelegt ist und die mancher Entwerfende — im Hinblick auf etwa auftretende Einzellasten aus Maschinenfüßen u. dgl. — reichlicher wählt, ferner an die Vorkehrungen gegen Wärmeeinflüsse, die ebenfalls nicht festliegen, und daher eine mehr oder minder zuverlässige Ausführung zeigen können (ganz abgesehen von der Güte der Zuschlagstoffe, die in zwei zur Wahl stehenden Angeboten grundverschieden sein können). Diese beiden vorhin genannten Vorzüge der größeren Sicherheit gegen Rissebildung und der größeren Lebensdauer bedeuten aber naturgemäß eine Erhöhung der Baukosten. Bei Beurteilung eines Entwurfes sind somit ebenso wie anderwärts sowohl Preis als auch Güte gegeneinander gut abzumessen.

Bei der Bearbeitung eines Projektes ist es empfehlenswert, folgendermaßen vorzugehen.

Zunächst sind die gestellten Bedingungen auf ihre Vollständigkeit und auf ihre gegenseitige Verträglichkeit hin zu überprüfen. Sodann wird man den Bau vorerst nur skizzenhaft, ohne vorhergehende, gründliche statische Berechnung entwerfen, d. h. lediglich zeichnerisch darstellen. Dieser skizzenhafte, nur wenig Zeit fordernde Entwurf hat den Vorteil, daß dadurch grundsätzliche Schwierigkeiten und fehlende Angaben zutage treten und noch rechtzeitig, vor der gründlichen Ausarbeitung beseitigt werden können. Der Entwerfende hat also, nachdem er sich ein klares Bild von seinem Bauwerk gemacht hat, schon jetzt und beizeiten die Möglichkeit, sich mit dem, das Angebot einfordernden Bauherrn bzw. dessen Vertreter in Verbindung zu setzen, um die etwa noch fehlenden Angaben einzuholen; er kann bei dieser Gelegenheit etwa auf besondere Schwierigkeiten hinweisen. Ist dies geschehen, so beginnt die eigentliche Ausarbeitung.

Der erste Punkt: „Zweck des Bauwerkes" gibt Aufschluß über die Größe der anzunehmenden Nutzlast[1]) und über die zulässigen Beanspruchungen[2]). Der zweite Punkt: „Größe und Form des Grundrisses" liefert die Grundlage für die Balkeneinteilung und die Stützenstellung bzw. für die Form und Größe der Bunker oder Silotaschen. Aus der dritten Angabe über die Anzahl der Stockwerke kann — nachdem der Bauherr die erforderliche Mindestlichthöhe festgelegt hat (die in den meisten Städten überdies durch Bauordnung festgelegt ist) — auf die Konstruktionshöhe geschlossen werden. Die vierte Grundangabe endlich entscheidet über die Wahl der Gründung (ob Flachgründung, Gründung mittels Blockfundamenten, Pfahlgründung usw.)

Die Zeit, die dem Unternehmer zur Projektbearbeitung zur Verfügung steht, ist stets außerordentlich knapp bemessen. Die vorläufige statische Berechnung kann daher meistens nur in sehr abgekürzter Form durchgeführt werden. Ebenso reicht die Zeit selten dazu aus, um die Bauteile in größerem Maßstab mit den Bewehrungen darzustellen, und um genauere Eisenauszüge anzufertigen.

Die folgenden Tabellen und Kurventafeln sind aus dem Bestreben entstanden, es dem Entwerfenden zu ermöglichen, auch ohne genaue statische Berechnung und ohne Anfertigung von Werkzeichnungen und Eisenauszügen für normale Bauausführungen den Materialbedarf rasch und genau zu ermitteln. Bei ungewöhnlichen Konstruktionen wird die Aufstellung einer genaueren statischen Berechnung, einer Werkzeichnung und eines, wenn auch überschlägigen Eisenauszuges allerdings nach wie vor erforderlich sein. Außer dem Materialbedarf können den Tafeln auch die Eigengewichte einzelner Konstruktionsteile und ganzer Decken und außerdem auch die Größtmomente und Querkräfte von Balken und Unterzügen sowie die zulässigen Lasten von mittig belasteten Stützen (ohne Knickgefahr) entnommen werden. Bei Errechnung der Zahlenwerte, die den Bedarf an Beton, Eisen und Schalung darstellen, ist von folgenden Grundsätzen ausgegangen worden:

Kapitel 75. Berechnungsgrundlagen für die in den Kapiteln 78 und 80 gebrachten Tabellen für Decken von Fabrikbauten.

a) Als Grundlage für die Ermittelung der statischen Größen, der Betonquerschnitte und der Eiseneinlagen gelten die in der letzten

[1]) Bestimmungen über die bei Hochbauten anzunehmenden Belastungen und über die zulässigen Beanspruchungen der Baustoffe vom 24. XII. 1919.

[2]) Bestimmungen des Deutschen Ausschusses für Eisenbeton vom September 1925, eingeführt durch Erl. d. Preuß. Min. f. Volkswohlfahrt vom 9. Sept. 1925.

Fußnote genannten Bestimmungen. Sowohl die darin enthaltenen Konstruktionsgrundsätze und die Leitsätze für die statische Berechnung als auch die Vorschriften über die zulässigen Beanspruchungen sind dabei genau berücksichtigt worden. Es wurde damit gerechnet, daß gewöhnlicher Handelszement und Handelseisen (St. 37) zur Verwendung kommen (nicht hochwertiger Zement und Stahl [St. 47]).

b) Als Leitzahlen gelten die Stützweiten und die reinen Nutzlasten (also ohne Fußbodenbelag und Putz). Für die beiden letzten zusammen sind

$$70 \text{ kg/m}^2$$

eingesetzt.

c) Die Platten sollen ohne Schrägen an die Balken angeschlossen werden. Die Plattenmomente sind daher mit den nach den Vorschriften zulässigen Formeln berechnet:

$$\text{Endfeld:} \quad M = \frac{1}{11}\, q l^2$$

$$\text{Mittelfeld:} \quad M = \frac{1}{15}\, q l^2.$$

d) Bei Errechnung des Betonbedarfs ist der in die Platte entfallende Teil der Rippen zur Platte gerechnet (Abb. 229).

e) Die Schalungsfläche der Platte ist über die Rippen durchgerechnet; d. h. für 1 m² Deckenplatte ist grundsätzlich 1 m² Schalung gerechnet. Zur Schalung der Balken sind Boden und Seitenfläche bis Unterkante Deckenplatte gerechnet worden (Abb. 229) und zwar über die Stützen hinweg ohne Berücksichtigung des durch die Stützenköpfe bewirkten Abzuges.

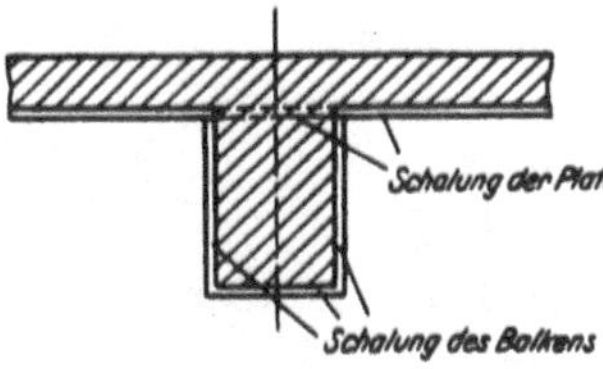

Abb. 229.

f) Bei der Trennung des Materialbedarfes bei Platten, Balken und Unterzügen, die in mehr als zwei Stützpunkten aufruhen, sind die Druckeisen der Voute zum Endfeld hinzugerechnet und die Zulageisen über dem Stützpunkt zum Mittelfeld (Abb. 230 u. 231).

g) Zugabe für Verschnitt. In dem in den Tafeln angegebenen Eisengewicht ist mit Absicht der Verlust infolge Verschnittes und von sog. „Überstärken" nicht enthalten. Die Tafelwerte enthalten lediglich das Gewicht des zeichnungsgemäß wirklich einzubauenden Eisens. (Hauptbewehrung, Schubbewehrung, Bügel und Verteilungseisen.)

Unter Verschnitt versteht man jenen Anteil der Bewehrungseisen, der nach der in den Zeichnungen oder Eisenlisten erfolgten Zerlegung der Eisenstangen, in ganz kurzen als Bewehrung somit

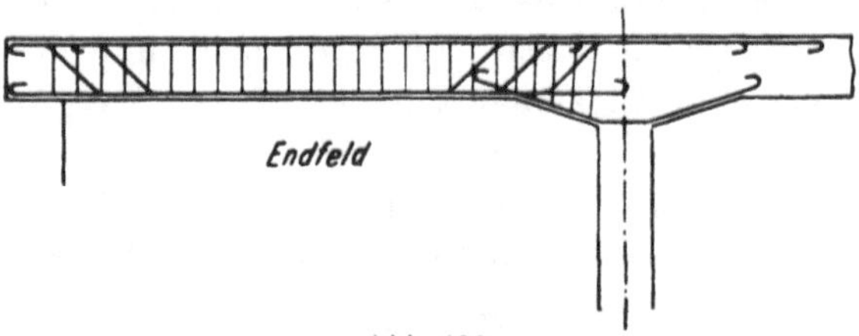

Abb. 230.

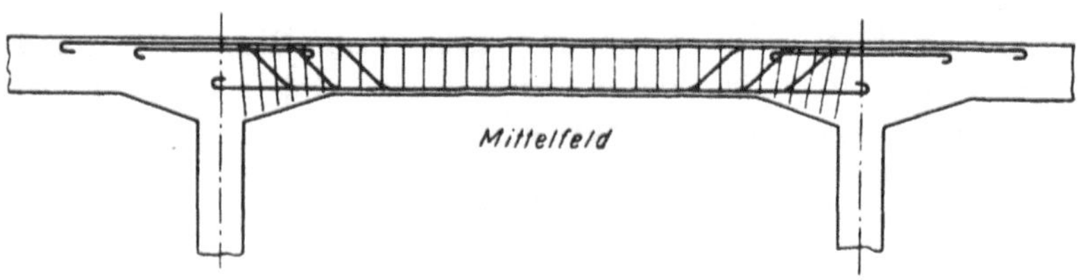

Abb. 231.

nicht mehr verwendbaren Stücken übrig bleibt. Als Verschnitt ist demnach etwa zu bezeichnen:

bei	R.E.	von	5— 7	mm	Stärke	Stücke	von	0,60	m	abwärts
bei	R.E	,,	8—12	,,	,,	,,	,,	1,00	,,	,,
bei	R.E.	,,	14—18	,,	,,	,,	,,	1,20	,,	,,
bei	R.E.	,,	20—24	,,	,,	,,	,,	1,50	,,	,,
bei	R.E.	,,	26—30	,,	,,	,,	,,	2,00	,,	,,
bei	R.E.	,,	über 30	,,	,,	,,	,,	2,50	,,	,,

Die Größe des Verschnittes hängt demnach ab von der Eisenstärke und überdies von der Länge der verwendeten Eisen. Die Walzwerke liefern das Rundeisen in Längen von 13—16 m. Überpreise vgl. Kapitel 51. Um den Verschnitt auf einen Kleinstwert herabzudrücken, empfiehlt es sich, im Lagerplatz das Rundeisen nach Stärken und Längen zu ordnen; die Längen abgestuft etwa von 50 zu 50 cm. Der Eisenbieger hat an Hand der Eisenliste zu urteilen, welche Eisenstangen am zweckmäßigsten zerteilt werden sollen.

Wird in dieser Weise verfahren, so wird es bei reichhaltigem und manigfaltigem Eisenvorrat gelingen, von den ursprünglich 10—16 m langen Stangen nur etwa die folgenden Reste übrig zu behalten:

von R.E	8 mm,	Stücke	von	i. M.	0,40 m	Länge
von R.E.	8—12	,,	,,	,,	,,	0,50 ,,	,,

von R.E. 12—20 mm, Stücke von i. M. 0,60 m Länge
von R.E. 20—30 „ „ „ „ 0,80 „ „
von R.E. über 30 „ „ „ „ 1,00 „ „

Vom gesamten Bedarf entfallen dem Gewicht nach bei Ausführung von Hochbauten etwa:

8%	auf R.E.	unter	8 mm
25%	auf R.E	von	8—12 mm
45%	auf R.E.	von	13—20 mm
15%	auf R.E.	von	22—30 mm
7%	auf R.E.	über	30 mm

Als Verluste infolge Verschnitt kann man nach der vorletzten Zusammenstellung rechnen:

für R.E.	unter	**8 mm**	**2,8%**
für R.E.	von	**8—12 mm**	**3,6%**
für R.E.	von	**13—20 mm**	**4,3%**
für R.E.	von	**22—30 mm**	**5,7%**
für R.E.	über	**30 mm**	**7,1%.**

In Verbindung mit der Zusammenstellung des Gesamtverbrauches ergibt sich als Durchschnitt **4,4%**.

Ein so geringer Verlust kann im allgemeinen nur dann in der Tat erzielt werden, wenn große Eisenmengen — etwa der gesamte Verbrauch eines Unternehmers in einem Jahre — auf seinem Lagerplatze gebogen wird. Wenn dagegen das Eisen des einzelnen Baues auf der Baustelle zurechtgeschnitten und gebogen wird, so ist die Schrotmenge viel höher; sie kann dann wohl 10% und mehr betragen.

h) Übergewicht infolge von „Überstärken".

Was den Verlust durch Überstärken anbelangt, ist zu bemerken, daß von den Walzwerken das Rundeisen nicht in genauen Stärken geliefert wird. Die „Toleranzen" in der Abweichung der Durchmessergröße von der Bestellung sind:

bei R.E. 5—25 mm . . . . ± 0,50 mm
bei R.E. 25—50 mm . . . . ± 0,75 mm

Diese Abweichungen gehen — da sie meistens von der Abnutzung der Walzen herrühren — nach oben. Bei der Aufstellung der statischen Berechnung können diese Abweichungen wegen ihrer Unregelmäßigkeit natürlich nicht berücksichtigt werden. So kommt es, daß dem Gewicht nach mehr Eisen eingebaut wird, als der statischen Berechnung und den darnach angefertigten Zeichnungen und Eisenlisten entspricht. Dieses Mehr ist für den Unternehmer als Verlust zu bezeichnen. Es empfiehlt sich, dafür 2—3% zu setzen.

i) In den Massen für Beton und Schalung sind ähnlich den Angaben unter g) und h) Streu- und andere Verluste an Kies und Zement sowie Holzverschnitt (vgl. hierzu Kapitel 50, Z. 2) nicht enthalten. Diese zu berücksichtigen ist ebenfalls eine Angelegenheit der Kostenberechnung (vgl. III. Abschnitt, Kapitel 50).

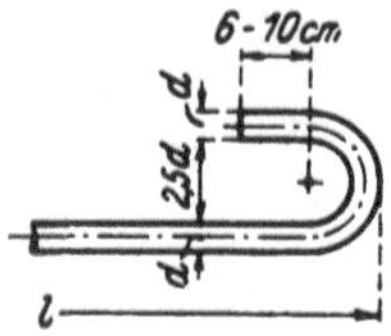

Abb. 232.

k) Bei Bestimmung der Eisenlängen ist mit der in Abb. 232 dargestellten Hakenform gerechnet worden. Das zur lichten Länge l für einen Haken zuzugebende Maß ist aus nachstehender Tabelle 1 entnommen worden.

Tabelle 1.

Erforderliche Mehrlängen für Rundhaken.

Durchmesser des Eisens Φ in mm	Für einen Haken zuzugeben Δl in cm	Durchmesser des Eisens Φ in mm	Für einen Haken zuzugeben Δl in cm
8	8,0	20	13,5
10	9,0	22	14,0
12	10,0	24	15,5
14	10,5	26	16,5
16	11,0	28	17,0
18	12,5	30	18,0

l) Schließlich wird noch auf einen Umstand hingewiesen dem bei den vorliegenden Massenermittelungen Rechnung getragen worden ist. Es ist bekanntlich oft nicht zweckmäßig, die zulässigen Beanspruchungen genau auszunutzen. Man wird sich z. B. scheuen eine Deckenplatte in einer Stärke von $d = 11{,}8$ cm auszuführen oder eine Deckenbewehrung von $5\,\Phi\,10 + 4\,\Phi\,8 = 5{,}93$ cm². Aus praktischen Gründen wird man vielmehr vorziehen, im ersten Fall die Plattendicke $d = 12$ cm zu wählen und im zweiten Fall $8\,\Phi\,10 = 6{,}28$ cm² vorzusehen. In den angegebenen Massen ist die auf diese Weise entstehende Überschreitung — so wie sie praktisch vorkommt — mitenthalten.

Die Ermittelung des Beton- und Schalungbedarfs für die einzelnen Konstruktionsteile (einfach gelagerte Decken und Balken, Durchlaufplatten und Durchlaufbalken) ist leicht, wenn es sich um Konstruktionen von normaler Stützweite (bei Platten bis 4,0 m, bei Balken bis ca. 8,0 m) und Trägerhöhe handelt, sofern einfache Belastungsfälle vorliegen und wenigstens eine kurze statische Berechnung vorliegt. Mühsamer dagegen und zeitraubender ist die Ermittelung des Eisenbedarfes. Aus diesem Grunde ist im folgenden der Ermittelung des Eisenbedarfes besondere Beachtung geschenkt worden.

Es ist allgemein üblich, bei gewöhnlichen Konstruktionsteilen, aus dem Eisenquerschnitt, der dem größten Feldmoment entspricht, auf den Eisenbedarf des ganzen Balkens (also sowohl Zug- als auch Schubbewehrung) zu schließen.

Man setzt:

Eisenbedarf (in kg/m² bzw. kg/m) $= c \cdot F_e$ (F_e = erforderl. Eisenquerschnitt in cm² an der Stelle des größten Feldmomentes),

abgekürzt geschrieben $\quad g_e = c \cdot F_e$.

Die Beizahl c schwankt je nach Art des betreffenden Bauteiles von etwa 0,8 bis 3,0 u. m. Da man von dem zur Aufnahme des größten Feldmomentes erforderlichen Eisenquerschnitt ausgeht, ist c bei einfach gelagerten Balken am kleinsten, bei beiderseitig eingespannten Balken am größten. Außer von der Lagerungsart des betreffenden Bauteiles hängt c noch ab

1. von der Größe der Stützweite,
2. vom Bewehrungsgrad, d. h. vom Verhältnis

$$k = \frac{F_e}{h}.$$

Je größer die Stützweite und je größer $k = \frac{F_e}{h}$ sind, desto kleiner ist c. Für einfach und durchlaufend gelagerte Platten können die Werte c aus den Tafeln I, II und III abgegriffen werden. Die Kurven gelten für die ausgenützten Spannungen

$$\sigma_b = 40 \text{ kg/cm}^2 \text{ und } \sigma_e = 1200 \text{ kg/cm}^2.$$

Wie die Tafeln I, II und III bei Vorhandensein von Einzellasten benützt werden können, zeigt Beispiel 2.

Bei Balken können entsprechend den durch die Abb. 233—238 dargestellten Lagerungsarten zur Bestimmung des Wertes c die folgenden Angaben benützt werden, und zwar für beliebige Beanspruchungen:

1. Einfach gelagerter Balken (Abb. 233) mit gleichmäßig verteilter Last.

Tabelle 1a, c-Werte.

$k = \frac{F_e}{h}$	c
0,2	1,08
0,5	0,98
0,7	0,94
1,0	0,90

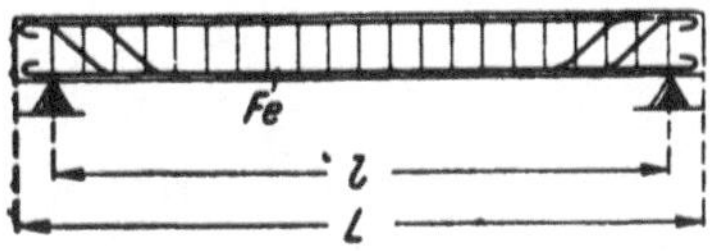

Abb. 233.

(Bei Durchlaufkonstruktionen sind angenähert gleich große Stützweiten und normale Konstruktionshöhe vorausgesetzt.)

2. Durchlaufbalken, Endfeld mit gleichmäßig verteilter Last (Abb. 233a):

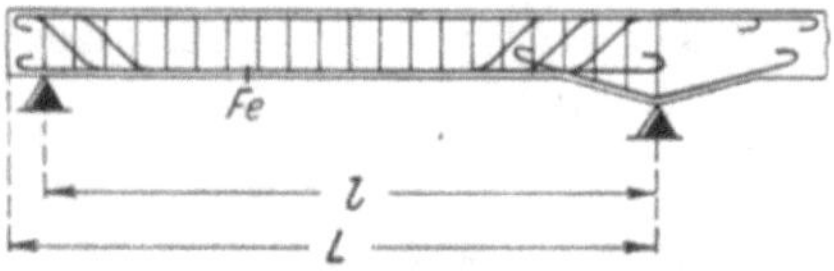

Abb. 233 a.

a) bei nur 2 Feldern. . . . $c = 1{,}3$—$1{,}4$,
b) bei mehr als 2 Feldern . $c = 1{,}2$—$1{,}3$.

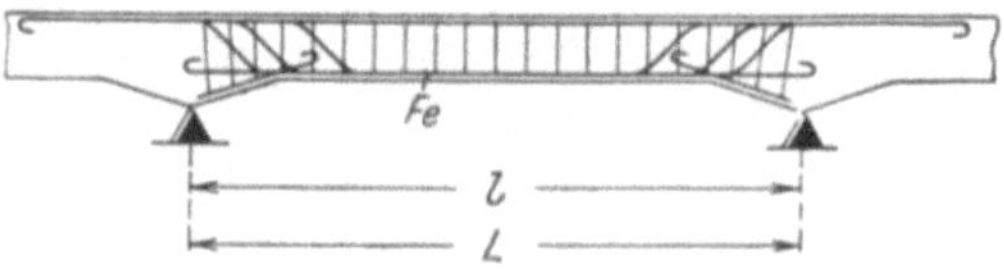

Abb. 234.

3. Durchlaufbalken, Mittelfeld mit gleichmäßig verteilter Last (Abb. 234):

$c = 1{,}35$—$1{,}45$.

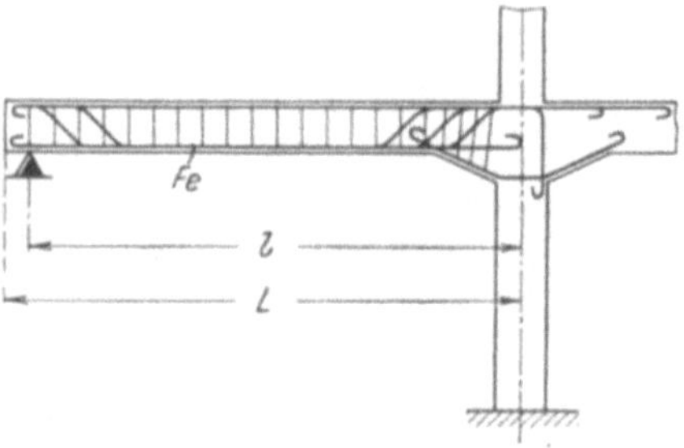

Abb. 235.

4. Durchlaufrahmen, Endfeld mit gleichmäßig verteilter Last (Abb. 235):

$c = 1{,}3$—$1{,}5$.

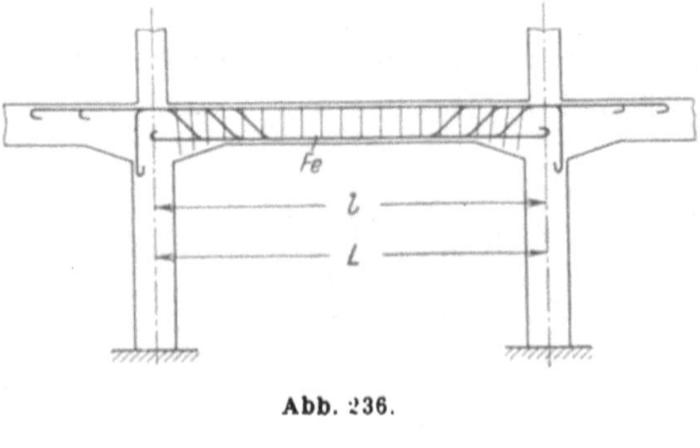

Abb. 236.

5. Durchlaufrahmen, Mittelfeld mit gleichmäßig verteilter Last (Abb. 236):

$c = 1{,}55$—$1{,}80$.

6. Einseitig eingespannter Balken mit gleichmäßig verteilter Last (Abb. 237):

$$c = 1{,}30\text{—}1{,}55.$$

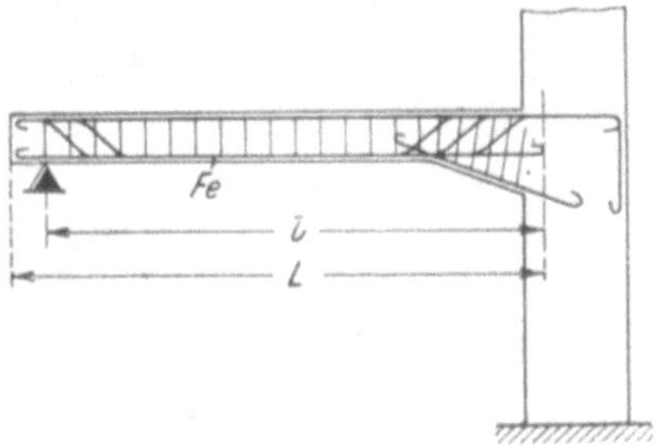

Abb. 237.

7. Beidseitig eingespannter Balken mit gleichmäßig verteilter Last (Abb. 238):

$$c = 2{,}10\text{—}2{,}55.$$

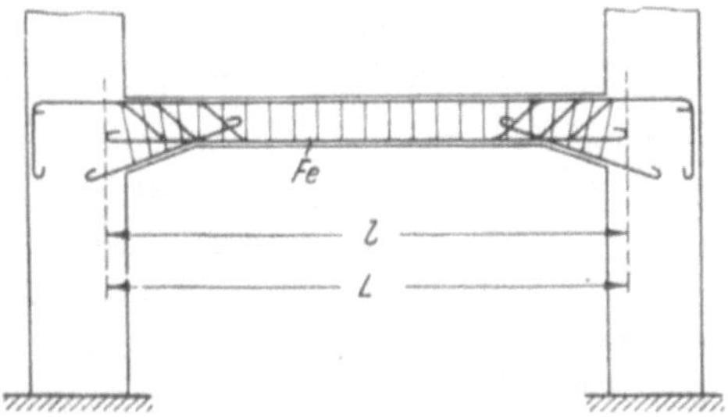

Abb. 238.

Bei Unterzügen mit zwei Einzellasten in den Drittelpunkten der Stützweite angreifend, erhöhen sich die Werte c um rd. 5%, und zwar für alle Lagerungsarten.

In den Abb. 233—238 bedeuten l die Stützweite des Balkens und L die Balkenlänge. Der Eisenbedarf für die ganze Konstruktion, also einschließlich Einspanneisen, ist

$$G_e = L \cdot g_e = L \cdot c \cdot F_e.$$

Bei den bis dahin gemachten Angaben zur Bestimmung des Eisenbedarfes für Balken ist der Wert $c = \frac{g_e}{F_e}$ namentlich bei den Durchlaufbalken und den Rahmenriegeln nur innerhalb ziemlich weiter Grenzen gegeben. Um die richtige Wahl dieses Beiwertes c zu erleichtern, kann die Benützung der Tabelle 2 in Kap. 78 empfohlen werden. Dort ist für zehn verschiedene Balken der Eisenbedarf angegeben, und zwar für die folgenden Lagerungsarten:

a) Auf zwei Stützpunkten gelagert (einfacher Balken).
b) Auf vier oder mehr Stützpunkten gelagert (Durchlaufbalken, Endfeld).
c) Auf vier oder mehr Stützpunkten gelagert (Durchlaufbalken, Mittelfeld).

d) Als Durchlaufrahmen (Endfeld) gelagert.

Bei den beiden Endauflagern ist freie Drehbarkeit angenommen worden und bei den zwei oder drei mittleren Stützpunkten eine durch die Größe

$$\frac{J_0 + J_u}{J_r} \cdot \frac{l}{h} = 4{,}2$$

charakterisierte Stützensteifigkeit (vgl. Abb. 248).

e) Als Durchlaufrahmen (Mittelfeld) gelagert. Die unter d) angegebenen Annahmen gelten auch hier.

f) In einem Punkt frei drehbar gelagert und am anderen Ende fest eingespannt.

g) An beiden Enden fest eingespannt.

Für jeden der zehn Balken ist bei der Bemessung für die verschiedenen Lagerungsarten nicht nur die Stützweite sondern auch die Balkenhöhe beibehalten worden. Dadurch tritt die Verschiedenheit im Eisenbedarf schärfer zutage, was den Vergleich erleichtert. Bei Benützung der Tabelle 2 wird man folgendermaßen vorzugehen haben: Man bestimmt für den Balken oder Unterzug das größte Feldmoment und daraus den erforderlichen Eisenquerschnitt. Aus dem Vergleich mit der Tabelle, und zwar hinsichtlich Stützweite, Belastung und Lagerungsart wird der für den Vergleich zu wählenden Fall ersichtlich und damit der Beiwert c. Es ist noch zu bemerken, daß bei den Durchlaufbalken (von denen anzunehmen ist, daß sie auf Unterzügen gelagert sind) mit einer gewissen Druckbewehrung der Vouten gerechnet worden ist und daß diese Druckbewehrung, wie bereits eingangs gesagt wurde, zum Eisenbedarf des Außenfeldes gerechnet ist.

Zum besseren Vergleich des Eisenbedarfes von einfachen Balken, Durchlaufbalken, Durchlaufrahmen, einseitig und beidseitig eingespannten Balken sind noch im folgenden für ganze Balkenzüge entsprechend den Abb. 245, 246, 247 die erforderlichen Eisenmengen zusammengestellt, wobei die Tabelle 2 zugrunde gelegt ist. Bei Aufstellung ist von — für die verschiedenen Lagerungsarten — gleichbleibender Stützweite ausgegangen worden. Auch bei den einseitig und beidseitig eingespannten Balken ist für die Momentenbestimmung nicht der Abstand zwischen freiem Auflager und Mitte Einspannstütze als Stützenweite eingesetzt, sondern die lichte Weite $+ \frac{5\,\%}{2}$ (bei einseitiger Einspannung) bzw. $+5\%$ (bei beidseitiger Einspannung). Für den eben erwähnten Vergleich erscheint es jedoch zweckmäßiger, davon auszugehen, daß ein- und derselbe Raum zu überbrücken sei:

1. mit einfachen Balken,
2. mit Durchlaufbalken,
3. mit Durchlaufrahmen,
4. mit eingespannten Balken, entsprechend den Abb. 245, 247.

Man erkennt leicht, daß dann die eingespannten Balken mit einer kleineren Stützweite zu rechnen sind (vgl. Abb. 246), und zwar die Außenfelder mit der Stützweite l' statt l, die Mittelfelder mit der Stützweite l'' statt l. Die auf den Abb. 245 und 247 gezeichneten Schaulinien zeigen übersichtlich, wie sich die erforderlichen Eisenmengen der 4 Balkenzüge von der Gesamtlänge L zueinander verhalten. Als durchschnittliches Verhältnis zwischen den mit gleichmäßig verteilter Last belasteten Balkenzügen der Abb. 245 kann gelten:

1 : 0,9 : 0,8 : 0,6.

Für die in Abb. 247 dargestellten, mit Einzellasten belasteten Balkenzüge kann im Mittel das Verhältnis gelten:

1 : 0,8 : 0,75 : 0,65.

In diesen Verhältnissen entspricht die erste Zahl den einfachen Balken, die zweite den Durchlaufbalken, die dritte den Durchlaufrahmen und die vierte den eingespannten Balken. Diese Verhältniszahlen unterliegen, wie aus den Diagrammen zu ersehen ist, gewissen Schwankungen, die von den Lastgrößen, von der Höhe der Druckbewehrung der Vouten und im 4. Lagerungsfall auch von der Stärke der Mittelstützen abhängen. Es sei überdies nochmals hervorgehoben, daß für jeden der 10 untersuchten Balken die Balkenhöhe in Feldmitte bei allen 4 Lagerungsarten beibehalten worden ist.

Kapitel 76. Anwendungsbeispiele für die Tabellen.

Zur weiteren Erläuterung des Gebrauches der Tafeln und der oben gemachten Angaben sollen nun folgende Anwendungsbeispiele dienen.

Beispiel 1. Einfach gelagerte Platte mit gleichmäßig verteilter Nutzlast:

Stützweite . . . . $l = 3{,}25$ m
Nutzlast . . . . $p = 0{,}50$ t/m²

Gewicht des Fußbodens und des Deckenputzes		$= 0{,}070$ t/m²
Eigengewicht der Platte $g_e = 0{,}165 \cdot 2{,}40$ . . .		$= 0{,}396$,,
Ständige Last	g	$= 0{,}466$ t/m²
Nutzlast	p	$= 0{,}500$,,
Gesamtlast	q	$= 0{,}966$ t/m²

Moment in Plattenmitte:

$$M = \frac{1}{8}\,0{,}966 \cdot 3{,}25^2 = 1{,}28\text{ mt}.$$

Hierzu ist bei Einhaltung der Beanspruchungen:

$\sigma_b = 40$ kg/cm² und $\sigma_e = 1200$ kg/cm² erforderlich,

gewählt: $d = 16{,}5$ cm, $h = 14{,}8$ cm, $b = 100$ cm, dann ist:

$$f_e = 0{,}226 \cdot \sqrt{\frac{M}{100}} = 8{,}08\text{ cm}^2.$$

Nach Tafel I ist — durch Zwischenschaltung ermittelt — $c = 0{,}973$ und somit der Eisenbedarf

$$g_e = 0{,}973 \cdot 8{,}08 = 7{,}86\text{ kg/m}^2,$$

also für einen 1,0 m breiten Streifen von

$$L = 3{,}41\text{ m Länge (Abb. 239)}$$
$$G_e = 7{,}86 \cdot 3{,}41 = 26{,}8\text{ kg}.$$

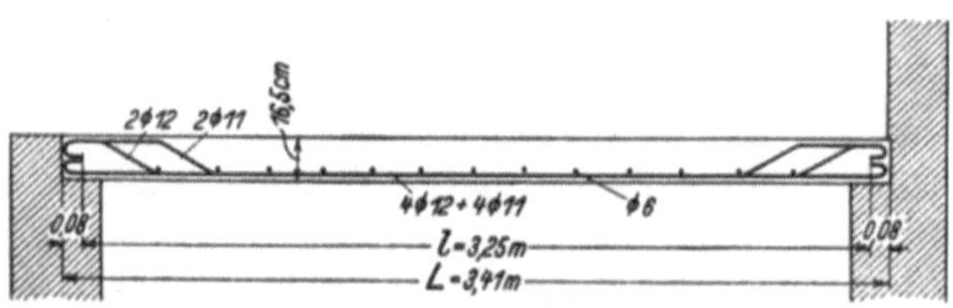

Abb. 239.

Die in Abb. 239 dargestellte Eisenbewehrung wiegt gemäß Biegeplan — was zum Vergleich angegeben sei —

$$G_e = 26{,}7\text{ kg}.$$

Beispiel 2. Einfach gelagerte Platte mit gleichmäßig verteilter Last $p = 0{,}20$ t/m² und einer, in Plattenmitte angreifenden und auf die Plattenbreite $b = 1{,}0$ m gleichmäßig verteilbaren Einzellast $P = 1{,}0$ t (vgl. Abb. 240),

Stützweite $l = 2{,}50$ m.

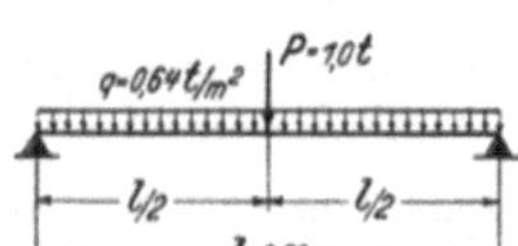

Abb. 240.

Gewicht des Fußbodens und des Deckenputzes	$= 0{,}07$ t/m²
Eigengewicht der Platte: $G_e = 0{,}155 \cdot 2{,}4$	$= 0{,}37$ t/m²
Ständige Last	$g = 0{,}44$ t/m²

Moment aus g in Plattenmitte:

$$M_g = \frac{1}{8}\,0{,}44 \cdot 2{,}50^2 = 0{,}34\text{ mt}.$$

Moment aus der gleichmäßig verteilten Nutzlast $p = 0{,}20\ \mathrm{t/m^2}$:

$$M_p = \frac{1}{8} \cdot 0{,}20 \cdot 2{,}50^2 = 0{,}16\ \mathrm{mt}.$$

Moment aus der Einzellast $P = 1{,}0\ \mathrm{t}$;

$$M_P = \frac{1}{4} \cdot 1{,}0 \cdot 2{,}50 \quad = 0{,}62\ \mathrm{mt}$$

Gesamtmoment aus p und P $\qquad = 0{,}78\ \mathrm{mt}$.

Um auch in diesem Falle die Tafeln, die nur für gleichmäßig verteilte Nutzlasten aufgestellt sind, zu benützen, ist aus dem von p und P zusammen herrührenden Moment $M = 0{,}78\ \mathrm{mt}$ die gleichmäßig auf der Plattenstützweite wirkende Ersatznutzlast p' zu ermitteln, die das gleiche Moment ergibt, d. h. den Belastungsgleichwert

$$p' = \frac{8 \cdot M}{l^2} = \frac{8 \cdot 0{,}78}{2{,}5^2} = 1{,}0\ \mathrm{t/m^2}.$$

Auf Grund dieser Nutzlast $p' = 1{,}0\ \mathrm{t/m^2}$ ist mit Hilfe der Tafel I der Wert c zu bestimmen.

Das Gesamtmoment aus g, p und P ist

$$M_{\max} = 0{,}34 + 0{,}78 = 1{,}12\ \mathrm{mt}.$$

Zur Aufnahme dieses Momentes ist bei Einhaltung der Beanspruchungen $\sigma_b = 40\ \mathrm{kg/cm^2}$ und $\sigma_e = 1200\ \mathrm{kg/cm^2}$

erforderlich: $d = 15{,}5\ \mathrm{cm}$, $h = 13{,}9\ \mathrm{cm}$, $b = 100\ \mathrm{cm}$,

$$f_e = 0{,}226 \sqrt{\frac{M}{100}} = 7{,}58\ \mathrm{cm^2}.$$

Tafel I liefert für diesen Fall ein $c = 0{,}98$, somit

$$g_e = 0{,}98 \cdot 7{,}58 = 7{,}43\ \mathrm{kg/m^2}.$$

Wählt man als Bewehrung $8\,\Phi\,11 = 7{,}60\ \mathrm{cm^2}$ und entwirft man damit die Platte (Abb. 241), so ergibt sich für einen Streifen von

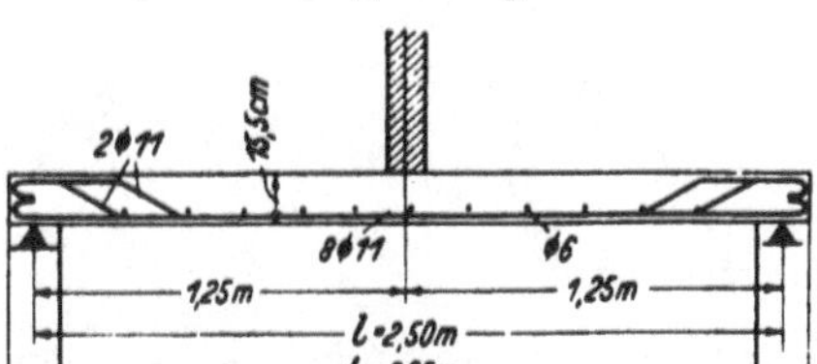

Abb. 241.

1,0 m Breite und von der Länge $L = 3{,}65$ m ein Gesamteisengewicht

$$G_e = 19{,}6\ \mathrm{kg},$$

was entspricht: $g_e = 19{,}6 : 2{,}65 = 7{,}40\ \mathrm{kg/m^2}$.

Beispiel 3. Es soll der Materialbedarf bestimmt werden für einen 1,0 m breiten Streifen einer von Deckenbalken getragenen Platte mit 2 End- und 4 Mittelfeldern, wenn die Stützweite bei End- und Mittelfeldern 2,80 m ist, keine Deckenschrägen ausgebildet werden und die Nutzlast $p = 0{,}80\ \mathrm{t/m^2}$ beträgt.

a) Platten der Endfelder.

Gewicht des Fußbodens und des Deckenputzes .		0,07 t/m²
Eigengewicht der Platte: $g_e = 0{,}14 \cdot 2{,}4$		= 0,34 ,,
Ständige Last	g	= 0,41 t/m²
Nutzlast	p	= 0,80 ,,
Gesamtlast	q	= 1,21 t/m²

$$\text{Moment: } M = \frac{1}{11} \cdot 1{,}21 \cdot 2{,}80^2 = 0{,}86\ \text{mt.}$$

Bei Einhaltung der Beanspruchungen:

$$\sigma_b = 40\ \mathrm{kg/cm^2}, \quad \sigma_e = 1200\ \mathrm{kg/cm^2}$$

ist zur Aufnahme dieses Momentes erforderlich:

$$d = 14\ \text{cm}, \quad h = 12{,}4\ \text{cm}, \quad b = 100\ \text{cm},$$

$$f_e = 0{,}22 \sqrt{\frac{M}{100}} = 6{,}46\ \mathrm{cm^2}.$$

In Tafel II findet man durch Zwischenschaltung $c = 1{,}12$ und damit

$$g_e = 1{,}12 \cdot 6{,}46 = 7{,}24\ \mathrm{kg/m^2}.$$

b) Deckenplatten der Mittelfelder.

Gewicht des Fußbodens und des Deckenputzes .		0,07 t/m²
Eigengewicht der Platte: $g_e = 0{,}12 \cdot 2{,}4$		= 0,29 ,,
Ständige Last	g	= 0,36 t/m²
Nutzlast	p	= 0,80 ,,
Gesamtlast	q	= 1,16 t/m²

$$\text{Moment: } M = \frac{1}{15} \cdot 1{,}16 \cdot 2{,}80^2 = 0{,}61\ \text{mt.}$$

Hierzu ist vorzusehen:

$$d = 12\ \text{cm}, \quad h = 10{,}4\ \text{cm}, \quad b = 100\ \text{cm},$$

$$f_e = 0{,}22 \sqrt{\frac{M}{100}} = 5{,}41\ \mathrm{cm^2}.$$

Aus Tafel III ergibt sich durch Zwischenschaltung $c = 1{,}20$ und damit

$$g_e = 1{,}20 \cdot 5{,}41 = 6{,}50\ \mathrm{kg/m^2}.$$

Für den ganzen Streifen, d. h. für

$$[2\,(2{,}80 + 0{,}07) + 4 \cdot 2{,}80] \cdot 1{,}0 = 5{,}74 + 11{,}20 = 16{,}94\ \text{m}^2,$$

ist sodann der Materialbedarf:

Beton: $5{,}74 \cdot 0{,}14 + 11{,}20 \cdot 0{,}12 = 2{,}15\ \text{m}^3$,
Eisen: $5{,}74 \cdot 7{,}24 + 11{,}20 \cdot 6{,}50 = 114{,}3$ kg,
Schalung: rd. 17,0 m².

Zur Kontrolle ist auch für dieses Beispiel die Platte entworfen worden (Abb. 242). Der genaue Eisenauszug dafür liefert ein Gesamteisengewicht

$$G_e = 115\ \text{kg}.$$

Beispiel 4. Plattenbalken mit zwei Stützpunkten.

Stützweite . . . $l = 5{,}0$ m
Gesamtlast . . $q = 4{,}2$ t/m.

Moment in Balkenmitte:

$$M = \frac{1}{8}\, 4{,}2 \cdot 5{,}0^2 = 13{,}12\ \text{mt}.$$

Die Abmessungen des Balkenquerschnittes sind:

$d_0 = 45$ cm, $h = 41$ cm, $b_0 = 25$ cm, $d = 10$ cm, $b = 140$ cm.

Es ist dann

$$M' = \frac{M}{b} = \frac{13{,}12}{1{,}40} = 9{,}36\ \text{mt}$$

und weiter nach Weese, Zahlentafeln, S. 43:

$$F_e = 1{,}40 \cdot 21{,}1 = 29{,}5\ \text{cm}^2.$$

Daraus folgt sodann der Wert

$$k = \frac{F_e}{h} = \frac{29{,}5}{41} = 0{,}72,$$

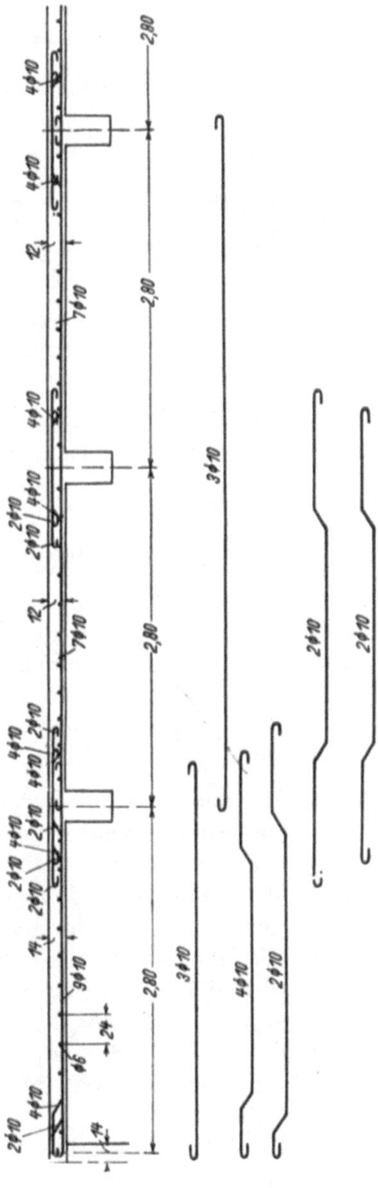

Abb. 242.

wofür nach den in der vorher aufgeführten Tabelle 1a gemachten Angaben

$$c = \text{rd. } 0{,}94 \text{ ist.}$$

Das Eisengewicht ergibt sich nun zu

$$g_e = c \cdot F_e = 0{,}94 \cdot 29{,}5 = 27{,}7 \text{ kg/m}$$

und für den ganzen Balken zu

$$G_e = 5{,}3 \cdot 27{,}7 = 147 \text{ kg.}$$

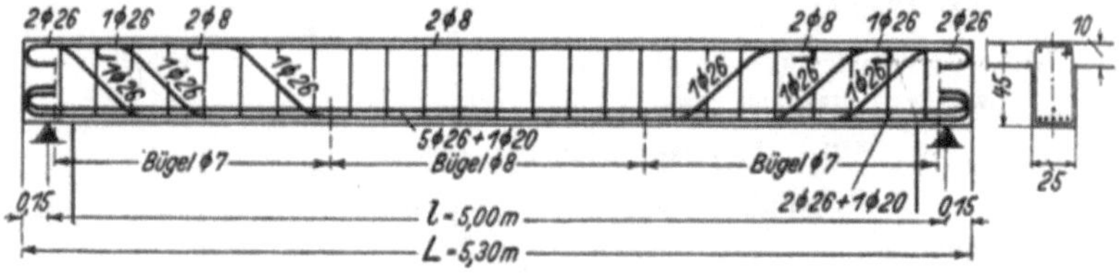

Abb. 243.

In Abb. 243 ist der Balken mit der errechneten Bewehrung dargestellt. Der genaue Eisenauszug liefert

$$G_e = 145 \text{ kg.}$$

Kapitel 77. Ermittelung des Materialbedarfes für Stützen.

Die Ermittelung des Materialbedarfes für Stützen ist besonders hinsichtlich Betonmassen und Schalung einfach. Es ist üblich, in Kostenanschlägen, die Stützen in stgd. Metern aufzuführen und entsprechend den Meterpreis anzugeben. Für die Kostenberechnung ist es daher dienlich, wenn die Massen für 1 m Stütze ermittelt werden. Bei Aufstellung dieser Massen ist folgendes zu berücksichtigen:

a) Für das Angebot sowohl als auch für die Abrechnung gilt die Stockwerkhöhe als Stützenlänge.
b) Die Längseisen werden in jedem Stockwerk, und zwar dicht über dem Fußboden gestoßen (vgl. Abb. 244). Die Stoßlängen sind im durchschnittlichen Eisengewicht enthalten.
c) Die Querbewehrung, seien es Bügel oder Ringe oder Spiralen, wird nicht auf der ganzen Stützenhöhe durchgeführt, sondern hört etwa in Höhe der Balkenunterkante auf (vgl. Abb. 248).
d) Die Balkenköpfe können vom Inhalt der ganzen Stütze abgezogen werden, weil ihre Massen zur Deckenkonstruktion gerechnet werden.
e) Bei Bestimmung des Flächenmaßes für die Schalung wird üblicherweise wegen des großen Holzverschnittes, der für die

Ausbildung des Kreuzungspunktes von Balken und Stützen entsteht, vom Abzug im Balkenkopf abgesehen.

Mittig belastete Stützen werden vom Standpunkte der Kosten aus betrachtet am zweckmäßigsten mit 0,8—1,0% bewehrt. Es kommt aber sehr oft vor, daß dieser Bewehrungssatz nicht eingehalten werden kann. Raummangel z. B. wird den Entwerfenden oft zwingen, eine stärkere Längsbewehrung oder gar eine Spiralbewehrung vor-

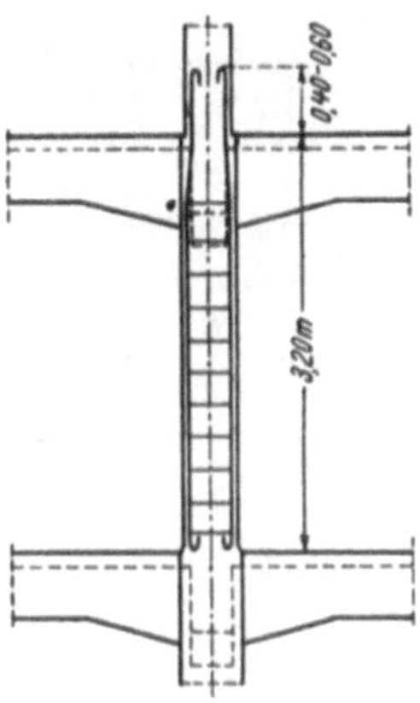

Abb. 244.

Abb. 245 bis 248 vgl. Kapitel 78.

zusehen. Architektonische Gründe können ihn auch veranlassen, den Betonquerschnitt stärker zu wählen als notwendig und dafür die Längsbewehrung herabzusetzen. Die der Vorschrift entsprechenden und auch praktisch vorkommenden Grenzen des Bewehrungssatzes sind 0,5% und 3,0%. Von diesen Grenzen ausgehend und unter Einhaltung der obenerwähnten Punkte ist die Tabelle 3 aufgestellt worden. Bei Errechnung der Eisengewichte ist mit einer mittleren Stockwerkhöhe von 3,20 m gerechnet worden.

In der Tabelle bedeutet:

F_b den reinen Betonquerschnitt,

F_e den Querschnitt der Längsbewehrung,

$F_i = F_b + 15\,F_e$,

P_{35} die mittige Last, die eine Spannung

$$\sigma_b = \frac{P}{F_b + 15\,F_e} = 35 \text{ kg/cm}^2.$$

hervorruft.

Die grundsätzliche Verteilung der Längsbewehrung und die Bügelanordnung, die der Tabelle 3 entsprechen, sind durch die Abbildungen 249a—e dargestellt. Der Tabelle 2 entspricht die Tafel IV auf der der Zusammenhang zwischen mittiger Last, Betonquerschnitt und Längsbewehrung auf Grund einer Betonbeanspruchung von $\sigma_b = 35$ kg/cm² dargestellt ist. Diese Schaulinien sind dann mit Vorteil zu benützen, wenn es sich darum handelt, für Kalkulations-

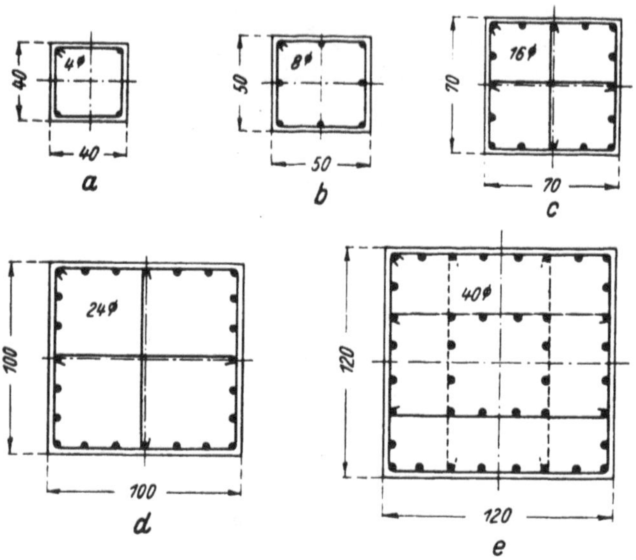

Abb. 249.

zwecke schnell den Betonquerschnitt und den Gesamteisenbedarf festzustellen. Will man wissen, wieviel Eisenquerschnitt auf die Längsbewehrung entfällt und wieviel auf die Bügel, so ist auf Tabelle 2 zurückzugreifen. Es ist selbstverständlich, daß die Tabelle 2 und die Tafel IV auch für statische Querschnittsbemessungen benützt werden können.

Für den Fall, daß man nun mit Spiralbewehrungen zu arbeiten hat, dient Tabelle 3 als Erleichterung. Sie liefert das Gewicht von Eisenspiralen verschiedenen Durchmessers D, von verschiedener Ganghöhe t und von verschiedener Stärke. Bei Errechnung des Eisengewichtes ist davon ausgegangen worden, daß Eisen von 12 m Länge verwendet werden und dementsprechend ein Zuschlag für Verankerung der Enden der einzelnen Spiralstücke von 4% gemacht worden. Werden nicht Eisen von 12,0 m Länge verwendet, sondern nur von der Länge l, so ist der Wert g_e der Tabelle 3 zu multiplizieren mit dem Wert

$$m = \left(0{,}962 + \frac{0{,}46}{l}\right).$$

Anwendungsbeispiel.

Es soll der Eisenbedarf ermittelt werden für eine Stütze, bei einer Stockwerkhöhe von 3,2 m. Die Stütze habe eine mittige Last $P = 200$ t aufzunehmen. Bei Ausbildung der Stütze ohne Umschnürung liefert die Tafel IV unmittelbar:

z. B. 1. $F_b = 5000$ cm², d. h. 71 · 71 cm,
$g_e = 50$ kg/m², d. h. rd. 0,95%,

oder 2. $F_b = 4500$ cm², d. h. 67 · 67 cm,
$g_e = 82$ kg/m, d. h. rd. 1,7 %.

Umschnürt man die Stütze, so kann der Querschnitt ein regelmäßiges Achteck von 60 cm innerem Durchmesser ($D_b = 60$ cm) sein. Die Bewehrung kann z. B. sein:

Längsarmierung: 8 Φ 20 = 25,14 cm²,
Umschürung: Φ 18 mit einer Ganghöhe von 7,0 cm.

Daraus ergibt sich:

$$F_b = 3{,}32 \cdot 30{,}0^2 = 2990 \text{ cm}^2,$$

$$F_k = 3{,}32 \cdot 27{,}5^2 = 2512 \text{ cm}^2,$$

$$F_s = \frac{3{,}14 \cdot 55 \cdot 2{,}54}{7} = 62{,}7 \text{ cm}^2$$

$$F_i = F_k + 15\,F_e + 45\,F_s = 2512 + 377 + 2820 = 5709 \text{ cm}^2,$$

$$\sigma_b = \frac{200\,000}{5709} = 35{,}0 \text{ kg/cm}^2.$$

Nach Tabelle 2 ist das Gewicht der Längsbewehrung (Querschnitt 70/70) . . . . 24,0 kg/m

und nach Tabelle 3 das Gewicht der Spiralbewehrung, wenn Eisen von 10 m Länge verwendet werden und die ganze Spirallänge 2,7 m ist

$$\left(0{,}962 + \frac{0{,}46}{10}\right)\frac{2{,}7}{3{,}2} = 0{,}87 \cdot 51{,}5 = 44{,}8 \quad ,,$$

Eisengewicht . . . . = 68,8 kg/m

Kapitel 78. Tafeln für Einzelbauteile: Platten, Balken, Unterzüge, Rahmenriegel und Stützen.

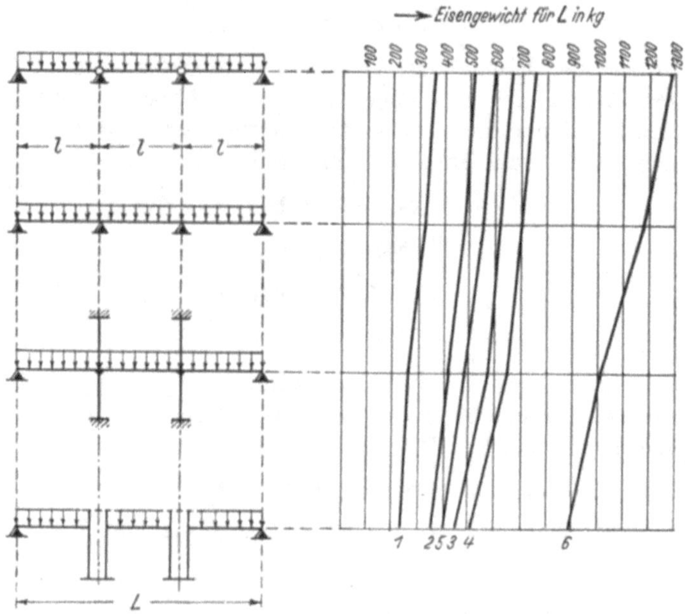

Abb. 245.

(Vgl. hierzu nachfolgende Tabelle 2 und S. 563.)

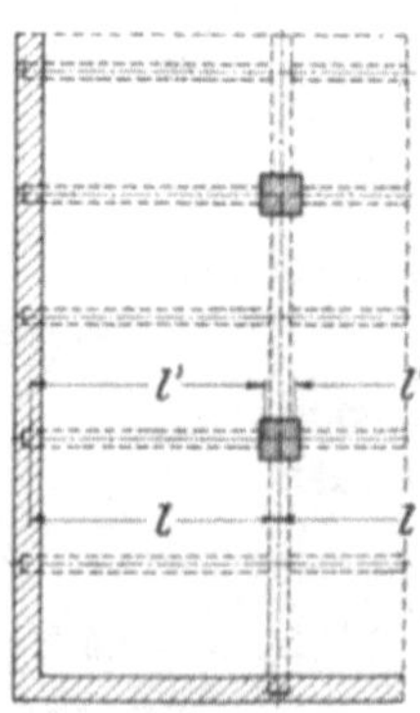

Abb. 246.

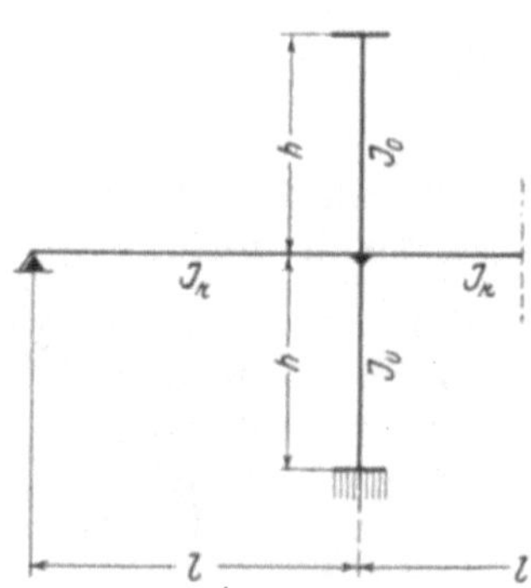

Abb. 248.

Tabelle 2 zur Bestimmung des erforder

Nr.	Stützweite l in m	d_0 in cm	gleichmäßig verteilte Last q in t/m	Einfacher Balken				Durchlaufbalken Endfeld				Durchlaufbalken Mittelfeld		
				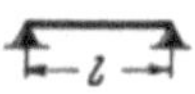				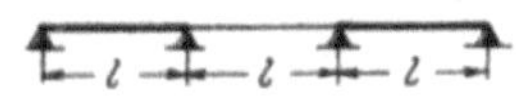						
				F_e	G_e	g_e	c	F_e	G_e	g_e	c	F_e	G_e	g_e
1	5,5	45	2,60	22,0	123	21,8	0,99	15,8	117	20,6	1,30	9,7	90	16,4
2	5,5	45	4,00	32,0	166	28,9	0,90	26,0	180	31,5	1,21	16,4	123	22,4
3	6,5	50	3,30	35,6	220	32,8	0,92	26,4	235	35,0	1,22	14,1	148	22,0
4	6,5	60	4,50	39,3	250	37,4	0,95	29,9	266	39,4	1,32	18,1	168	25,8
5	7,5	60	2,35	26,9	195	25,0	0,93	19,3	198	25,5	1,33	10,9	145	18,7
6	7,5	60	5,20	60,0	430	55,1	0,92	45,8	435	55,8	1,22	28,8	320	42,7
	l	d_0	P in t	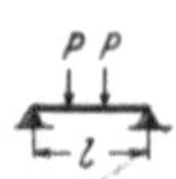				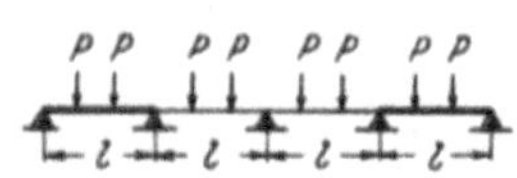				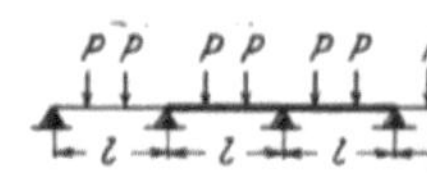		
7	6,5	70	14,8	43,7	349	51,4	1,18	33,9	345	51,5	1,52	21,6	220	32,8
8	6,5	85	30,8	74,0	585	86,0	1,16	60,8	570	82,5	1,36	40,0	370	53,6
9	7,5	80	19,1	57,2	496	62,8	1,10	43,7	438	55,4	1,27	32,8	350	44,3
10	7,5	100	41,4	100,4	825	104,5	1,04	78,6	750	95,0	1,21	56,0	600	76,0

Bemerkung: q = Gesamtlast in t/m, P = Gesamteir
F_e = Eisenquerschnitt im Feld (dem Gr
G_e = Gesamteisengewicht für ein Feld (
$c = \frac{g_e}{F_e}$.

r Balken mit verschiedener Stützung.

	Durchlaufrahmen						Einseitig eingespannte Balken				Beidseitig eingespannte Balken			
ndfeld			Mittelfeld											
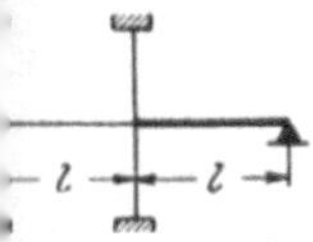			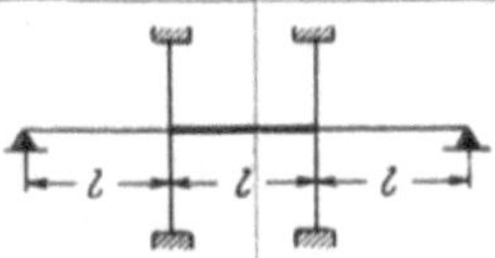				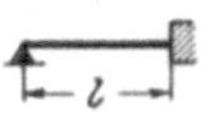				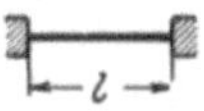			
e	g_e	c	F_e	G_e	g_e	c	F_e	G_e	g_e	c	F_e	G_e	g_e	c
6	16,9	1,31	7,5	64	11,6	1,55	12,2	97	17,0	1,39	7,3	85	15,5	2,12
4	27,0	1,30	12,3	108	20,7	1,68	19,2	141	24,7	1,29	11,3	136	24,7	2,18
0	31,1	1,47	12,0	147	21,8	1,82	20,4	187	27,9	1,37	11,6	162	24,9	2,15
6	35,2	1,48	14,2	167	25,7	1,81	22,0	206	30,7	1,40	12,9	190	29,2	2,27
0	21,8	1,41	9,3	110	14,7	1,58	14,6	175	22,7	1,55	8,9	170	22,7	2,55
3	46,5	1,28	22,1	284	37,9	1,72	33,8	367	47,6	1,41	20,0	324	43,1	2,16
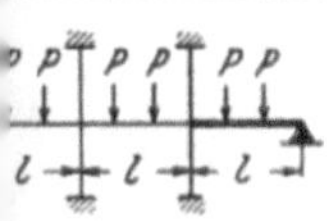			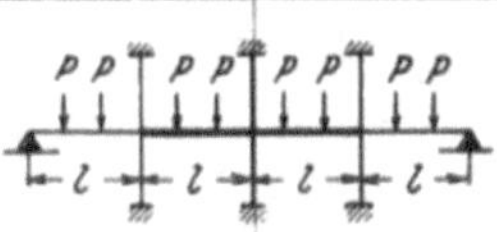				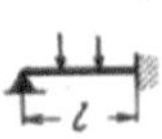							
5	48,5	1,59	17,3	223	32,3	1,87	28,5	324	47,0	1,65	14,5	269	39,0	2,69
7	79,2	1,51	30,4	358	51,9	1,71	49,6	490	71,0	1,43	25,0	422	61,2	2,45
6	52,8	1,35	22,3	293	37,1	1,66	38,2	473	59,9	1,57	19,0	359	45,4	2,39
6	89,4	1,30	39,9	561	71,0	1,78	65,2	793	100,3	1,54	32,5	673	85,2	2,62

Drittelpunkten der Felder angreifend, in t.
sprechend).
sengewicht für 1 m des Balkens.

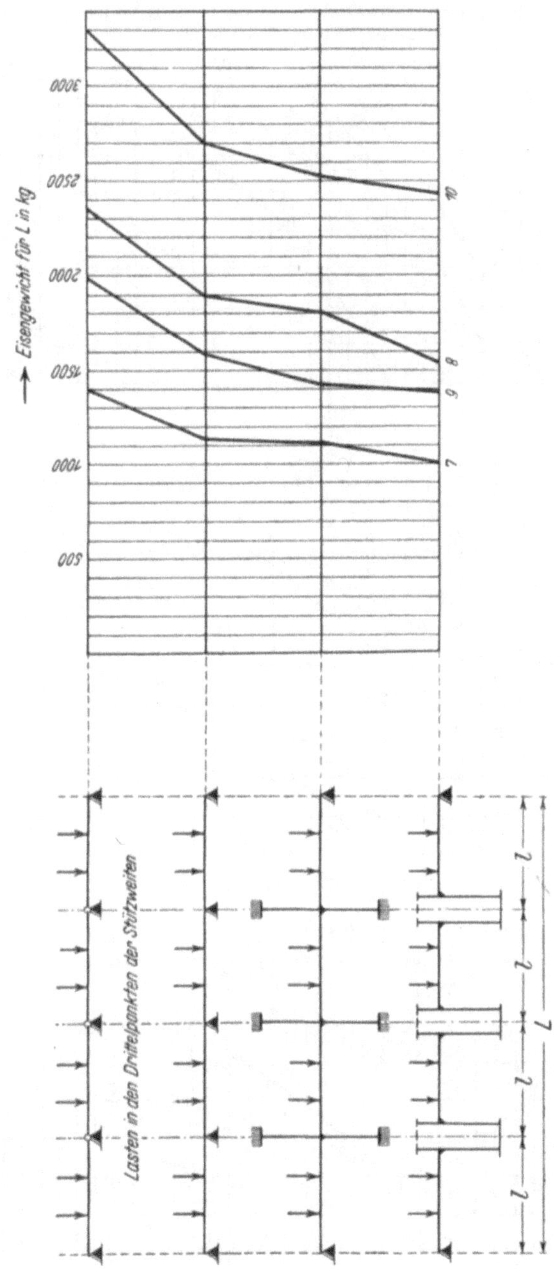

Abb. 247.

(Vgl. hierzu Tabelle 2 und S. 563.)

Tafel I.

Eisengewicht für Platten auf zwei Stützpunkten.

Gewicht $g_e = c \cdot f_e$; g_e in kg/m², f_e in cm².

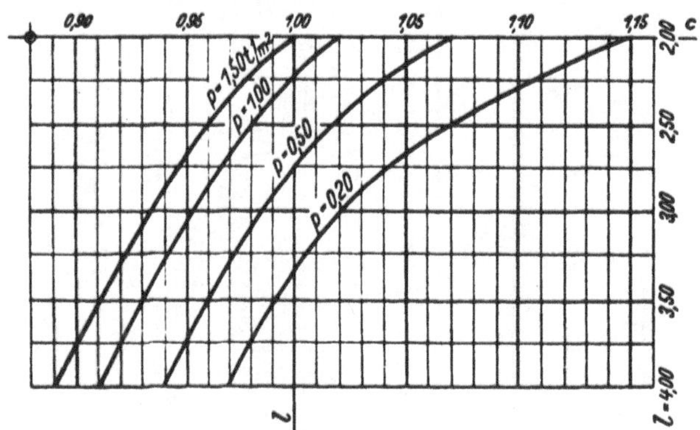

Tafel II.

Eisengewicht für Endfelder von Durchlaufplatten.

$g_e = c \cdot f_e$; g_e in kg/m², f_e in cm².

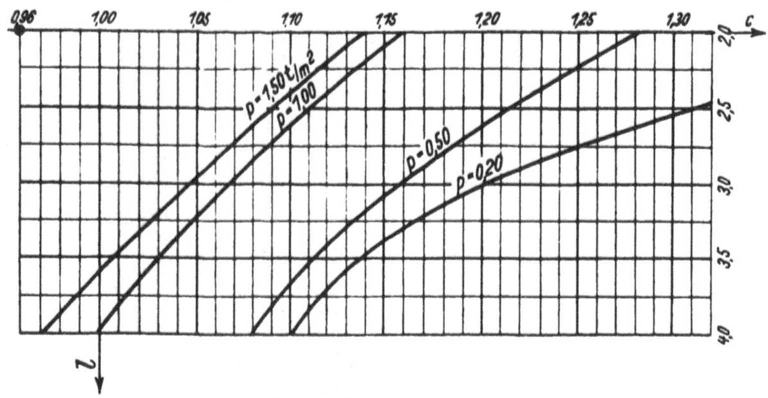

Tafel III.

Eisengewicht für Mittelfelder von Durchlaufplatten.

$g_e = c \cdot f_e$; g_e in kg/m², f_e in cm².

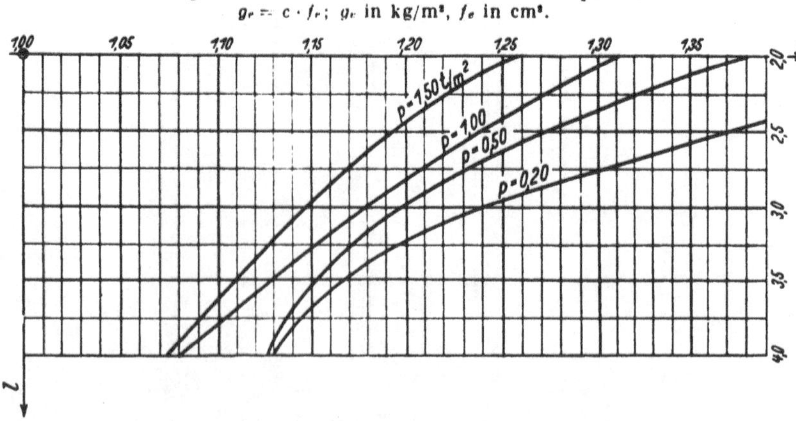

Querschnitt	rd.	0,5 %	0,6 %	0,7 %	0,8 %	0,9 %	1,0 %	1,2 %	1,4 %	1,6 %	1,8 %	2,0 %	2,2 %	2,4 %	2,6 %	2,8 %	3,0 %
25/25 cm $F_b = 625$ cm²	Bewehrung	4 ϕ 10	4 ϕ 11	4 ϕ 12	4 ϕ 13	4 ϕ 14	8 ϕ 10	4 ϕ 16	4 ϕ 17	4 ϕ 18	4 ϕ 19	4 ϕ 20	4 ϕ 21	4 ϕ 22	4 ϕ 23	4 ϕ 24	4 ϕ 25
	F_e in cm²	3,14	3,80	4,52	5,31	6,10	6,28	8,04	9,08	10,20	11,34	12,60	13,80	15,21	16,60	18,10	19,63
	$F_i = F_b + 15\,F_e$	672	682	693	705	716	719	746	761	778	795	814	832	853	874	896	919
	$P_{35} = 0{,}035\,F_i$ in t	23,5	23,9	24,2	24,7	25,0	25,2	26,1	26,6	27,2	27,8	28,5	29,1	29,8	30,6	31,3	32,1
	Bügeldurchmesser in mm	6	6	6	6	6	6	6	6	6	6	6	6	6	6	6	6
	Bügelabstand in cm	12	13	14	15,5	16,5	12	19	20	21,5	22,5	24	25	26	27	29	30
	Gewicht der Bügel für 1 m Stütze in kg/m	1,9	1,7	1,6	1,5	1,4	1,9	1,2	1,1	1,1	1,0	0,9	0,9	0,9	0,8	0,8	0,8
	Gewicht der Längsbewehrung für 1 m Stütze in kg/m	3,0	3,6	4,3	5,0	5,8	6,0	7,6	8,7	9,7	10,9	12,0	13,2	14,8	16,1	17,6	19,3
	Gesamtes Eisengewicht für 1 m Stütze in kg/m	4,9	5,3	5,9	6,5	7,2	7,9	8,8	9,8	10,8	11,9	12,9	14,1	15,7	16,9	18,4	20,1
30/30 cm $F_b = 900$ cm²	Bewehrung	4 ϕ 12	4 ϕ 13	4 ϕ 14	4 ϕ 15	4 ϕ 16	4 ϕ 17	4 ϕ 19	4 ϕ 20	4 ϕ 22	4 ϕ 23	4 ϕ 24	4 ϕ 25	4 ϕ 26	4 ϕ 27	8 ϕ 20	8 ϕ 21
	F_e in cm²	4,52	5,31	6,10	7,07	8,04	9,08	11,34	12,60	15,51	16,60	18,10	19,63	21,24	22,90	25,14	27,70
	$F_i = F_b + 15\,F_e$	968	980	991	1006	1021	1036	1070	1089	1128	1149	1171	1194	1218	1243	1276	1315
	$P_{35} = 0{,}035\,F_i$ in t	33,9	34,3	34,7	35,2	35,7	36,3	37,4	38,1	39,5	40,2	41,0	41,8	42,6	43,5	44,7	46,0
	Bügeldurchmesser in mm	6	6	6	6	6	6	6	6	6	6	6	6	6	6	6	6
	Bügelabstand in cm	14	15,5	16,5	18	19	20	22,5	24	26	27,5	29	30	30	30	30	30
	Gewicht der Bügel für 1 m Stütze in kg/m	1,9	1,7	1,6	1,5	1,4	1,4	1,2	1,1	1,0	1,0	0,9	0,9	0,9	0,9	0,9	0,9
	Gewicht der Längsbewehrung für 1 m Stütze in kg/m	4,4	5,1	5,9	6,8	7,7	8,8	11,0	12,2	14,9	16,3	17,8	19,3	20,7	22,3	24,5	27,0
	Gesamtes Eisengewicht für 1 m Stütze in kg/m	6,3	6,8	7,5	8,3	9,1	10,2	12,2	13,3	15,9	17,3	18,7	20,2	21,6	23,2	25,4	27,9
35/35 cm $F_b = 1225$ cm²	Bewehrung	4 ϕ 14	4 ϕ 16	4 ϕ 17	4 ϕ 18	4 ϕ 19	4 ϕ 20	4 ϕ 22	4 ϕ 24	4 ϕ 25	8 ϕ 19	8 ϕ 20	8 ϕ 21	8 ϕ 22	8 ϕ 23	8 ϕ 24	8 ϕ 24
	F_e in cm²	6,10	8,04	9,08	10,20	11,34	12,60	15,20	18,10	19,63	22,70	25,14	27,70	30,40	33,20	36,20	36,20
	$F_i = F_b + 15\,F_e$	1316	1345	1361	1378	1395	1414	1453	1496	1519	1565	1602	1641	1681	1723	1768	1768
	$P_{35} = 0{,}035\,F_i$ in t	46,0	47,1	47,7	48,2	48,8	49,5	50,9	52,4	53,2	54,8	56,1	57,4	58,9	60,3	61,9	61,9
	Bügeldurchmesser in mm	7	7	7	7	7	7	7	7	7	7	7	7	7	7	7	7
	Bügelabstand in cm	16,5	19	20	21	22	24	26	28	30	22	24	25	26	27	28	28
	Gewicht der Bügel für 1 m Stütze in kg/m	2,7	2,3	2,2	2,1	2,0	1,8	1,7	1,6	1,5	2,0	1,8	1,8	1,7	1,6	1,6	1,6
	Gewicht der Längsbewehrung für 1 m Stütze in kg/m	5,9	7,8	8,7	9,9	10,9	12,2	14,8	17,8	19,3	22,3	24,3	26,4	29,2	32,0	35,5	35,5
	Gesamtes Eisengewicht für 1 m Stütze in kg/m	8,6	10,1	10,9	12,0	12,9	14,0	16,5	19,4	20,8	24,3	26,1	28,2	30,9	33,6	37,1	37,1

Fortsetzung von Tabelle 3.

Querschnitt	rd.	0,5%	0,6%	0,7%	0,8%	0,9%	1,0%	1,2%	1,4%	1,6%	1,8%	2,0%	2,2%	2,4%	2,6%	2,8%	3,0%
40/40 cm $F_b = 1600$ cm²	Bewehrung	4 ϕ 16	4 ϕ 18	4 ϕ 19	4 ϕ 20	4 ϕ 22	4 ϕ 23	4 ϕ 25	8 ϕ 19	8 ϕ 21	8 ϕ 22	8 ϕ 23	8 ϕ 24	8 ϕ 25	8 ϕ 26	8 ϕ 27	8 ϕ 28
	F_e in cm²	8,04	10,20	11,30	12,60	15,20	16,60	19,60	22,70	27,70	30,40	33,20	36,20	39,30	42,50	42,80	49,30
	$F_i = F_b + 15\,F_e$	1720	1753	1770	1789	1828	1849	1894	1941	2015	2056	2098	2141	2190	2238	2287	2340
	$P_{zz} = 0{,}035\,F_i$ in t	60,2	61,4	62,0	62,6	64,0	64,8	66,3	68,0	70,6	72,0	73,4	75,0	76,6	78,4	80,0	81,9
	Bügeldurchmesser in mm	7	7	7	7	7	7	7	7	7	7	7	7	7	7	7	7
	Bügelabstand in cm	19	21	22	24	26	27	30	22	25	26	27	29	30	30	30	30
	Gewicht der Bügel für 1 m Stütze in kg/m	2,6	2,4	2,3	2,1	1,9	1,8	1,7	2,3	2,0	1,9	1,9	1,7	1,7	1,7	1,7	1,7
	Gewicht der Längsbewehrung für 1 m Stütze in kg/m	7,8	9,9	10,9	12,2	14,8	16,1	19,1	22,3	27,0	29,5	32,6	35,5	38,5	41,7	44,5	48,7
	Gesamtes Eisengewicht für 1 m Stütze in kg/m	10,4	12,3	13,2	14,3	16,7	17,9	20,8	24,6	29,0	31,4	33,5	37,2	40,2	43,4	46,2	50,4
45/45 cm $F_b = 2025$ cm²	Bewehrung	8 ϕ 13	8 ϕ 14	8 ϕ 15	8 ϕ 16	8 ϕ 17	8 ϕ 18	8 ϕ 20	8 ϕ 21	8 ϕ 23	8 ϕ 24	8 ϕ 26	8 ϕ 27	8 ϕ 28	8 ϕ 29	8 ϕ 30	8 ϕ 31
	F_e in cm²	10,60	12,32	14,14	16,10	18,20	20,40	25,14	27,70	33,20	36,20	42,50	45,80	49,30	52,80	56,55	60,40
	$F_i = F_b + 15\,F_e$ in cm²	2184	2209	2237	2266	2298	2331	2410	2440	2522	2567	2662	2712	2764	2817	2873	2931
	$P_{zz} = 0{,}035\,F_i$ in t	76,4	77,4	78,2	79,3	80,4	81,6	84,4	85,4	88,3	89,8	93,2	95,0	96,8	98,6	100,5	102,6
	Bügeldurchmesser in mm	7	7	7	7	7	7	7	7	7	7	7	7	7	7	7	7
	Bügelabstand in cm	15,5	16,5	18	19	20	21	24	25	27	28	30	30	30	30	30	30
	Gewicht der Bügel für 1 m Stütze in kg/m	3,6	3,4	3,1	2,9	2,8	2,6	2,3	2,2	2,1	2,0	1,8	1,8	1,8	1,8	1,8	1,8
	Gewicht der Längsbewehrung für 1 m Stütze in kg/m	10,4	12,1	13,9	15,8	17,8	20,0	24,7	27,0	32,6	35,5	41,7	44,6	48,7	51,5	56,0	58,9
	Gesamtes Eisengewicht für 1 m Stütze in kg/m	14,0	15,5	17,0	18,7	20,6	22,6	27,0	29,2	34,7	37,5	43,5	46,4	50,5	53,3	57,8	60,7
50/50 cm $F_b = 2500$ cm²	Bewehrung	8 ϕ 14	8 ϕ 16	8 ϕ 17	8 ϕ 18	8 ϕ 19	8 ϕ 20	8 ϕ 22	8 ϕ 24	8 ϕ 25	8 ϕ 27	8 ϕ 28	8 ϕ 30	12 ϕ 25	12 ϕ 26	12 ϕ 27	12 ϕ 28
	F_e in cm²	12,32	16,10	18,20	20,40	22,70	25,14	30,41	36,20	39,30	45,80	49,3	56,55	58,91	63,72	68,70	73,90
	$F_i = F_b + 15\,F_e$ in cm²	2684	2741	2773	2806	2840	2876	2956	3043	3090	3187	3240	3348	3384	3456	3530	3608
	$P_{zz} = 0{,}035\,F_i$ in t	93,9	95,9	97,0	98,2	99,4	100,6	103,5	106,5	108,2	111,5	113,4	117,2	118,4	121,0	123,6	126,3
	Bügeldurchmesser in mm	7	7	7	7	7	7	7	7	7	7	7	7	7	7	7	7
	Bügelabstand in cm	16,5	19	20	21	22	24	26	29	30	30	30	30	30	30	30	30
	Gewicht der Bügel für 1 m Stütze in kg/m	3,7	3,2	3,1	2,9	2,8	2,6	2,4	2,1	2,0	2,0	2,0	2,0	2,0	2,0	2,0	2,0
	Gewicht der Längsbewehrung für 1 m Stütze in kg/m	12,0	15,6	17,6	19,8	22,3	25,3	29,5	35,5	38,5	44,1	48,7	56,8	57,8	62,8	66,0	73,2
	Gesamtes Eisengewicht für 1 m Stütze in kg/m	15,7	18,8	20,7	22,7	25,1	27,9	31,9	37,6	40,5	46,1	50,7	58,8	59,8	64,8	68,0	75,2

Querschnitt	rd.	0,5 %	0,6 %	0,7 %	0,8 %	0,9 %	1,0 %	1,2 %	1,4 %	1,6 %	1,8 %	2,0 %	2,2 %	2,4 %	2,6 %	2,8 %	3,0 %
60/60 cm $F_b = 3600$ cm²	Bewehrung	8φ17	8φ19	8φ20	8φ21	8φ23	8φ24	8φ26	8φ28	8φ30	12φ26	12φ28	12φ29	12φ30	16φ27	16φ28	16φ30
	F_e in cm²	18,20	22,70	25,10	27,70	33,20	36,20	42,50	49,30	56,50	63,70	73,90	79,2	84,80	91,60	98,60	113,00
	$F_i = F_b + 15 F_e$ in cm²	3873	3940	3976	4015	4097	4142	4236	4340	4446	4554	4709	4789	4872	4974	5079	5295
	$P_{35} = 0{,}035 F_i$ in t	135,5	137,9	139,1	140,2	143,4	145,0	148,3	151,9	155,6	159,4	164,8	167,6	170,5	174,1	177,8	185,3
	Bügeldurchmesser in mm	8	8	8	8	8	8	8	8	8	8	8	8	8	8	8	8
	Bügelabstand in cm	20	22	24	25	27	29	30	30	30	30	30	30	30	30	30	30
	Gewicht der Bügel für 1 m Stütze in kg/m	4,2	3,8	3,5	3,4	3,1	2,9	2,8	2,8	2,8	2,8	2,8	2,8	2,8	2,8	2,8	2,8
	Gewicht der Längsbewehrung für 1 m Stütze in kg/m	17,4	22,1	24,1	27,3	31,8	34,6	40,7	47,1	54,2	61,0	70,6	75,3	81,1	87,0	94,2	108,2
	Gesamtes Eisengewicht für 1 m Stütze in kg/m	21,6	25,9	27,6	30,70	34,9	47,5	43,5	49,9	56,0	63,8	73,4	78,1	83,9	89,8	97,0	111,0
70/70 cm $F_b = 4900$ cm²	Bewehrung	8φ20	8φ22	8φ24	8φ25	8φ27	8φ28	8φ30	12φ27	12φ29	16φ27	16φ28	16φ29	16φ30	24φ26	24φ27	24φ28
	F_e in cm²	25,10	30,40	36,20	39,30	45,80	49,30	56,50	68,70	79,20	91,60	98,60	105,60	113,00	127,40	137,40	147,80
	$F_i = F_b + 15 F_e$ in cm²	5276	5356	5443	5489	5587	5639	5747	5030	6088	6274	6379	6484	6595	6811	6961	7117
	$P_{35} = 0{,}035 F_i$ in t	184,7	187,5	190,5	192,1	195,5	197,4	201,1	207,5	213,1	219,6	223,3	226,9	230,8	238,4	243,6	249,0
	Bügeldurchmesser in mm	8	8	8	8	8	8	8	8	8	8	8	8	8	8	8	8
	Bügelabstand in cm	24	26	29	30	32	33	36	32	34	32	33	34	36	31	32	33
	Gewicht der Bügel für 1 m Stütze in kg/m	6,0	5,6	5,0	4,8	4,5	4,4	4,0	4,5	4,2	4,5	4,4	4,2	4,0	4,7	4,5	4,4
	Gewicht der Längsbewehrung für 1 m Stütze in kg/m	24,0	29,0	34,6	37,5	43,4	47,0	54,0	65,2	75,3	87,0	94,2	100,2	107,4	121,8	130,4	141,2
	Gesamtes Eisengewicht für 1 m Stütze in kg/m	30,0	34,6	39,6	42,3	47,9	51,4	58,0	69,7	79,5	91,5	98,6	104,4	111,4	126,5	134,9	145,6
80/80 cm $F_b = 6400$ cm²	Bewehrung	12φ18	12φ20	12φ22	12φ24	12φ25	12φ26	12φ28	16φ27	16φ29	16φ30	24φ26	20φ30	24φ29	24φ30	24φ31	24φ32
	F_e in cm²	30,50	37,70	45,60	54,30	58,90	63,70	73,90	91,60	105,60	113,00	127,40	141,40	158,40	169,60	181,20	193,00
	$F_i = F_b + 15 F_e$ in cm²	6857	6965	7084	7214	7283	7355	7508	7774	7984	8095	8311	8621	8776	8944	9118	9295
	$P_{35} = 0{,}035 F_i$ in t	240,0	243,8	247,9	252,5	254,9	257,4	262,8	272,0	279,4	283,3	290,9	298,1	307,2	313,0	319,1	325,3
	Bügeldurchmesser in mm	8	8	8	8	8	8	8	8	8	8	8	8	8	8	8	8
	Bügelabstand in cm	21	24	26	28	30	31	33	32	34	36	31	36	34	36	36	36
	Gewicht der Bügel für 1 m Stütze in kg/m	8,6	7,5	6,9	6,4	6,0	5,8	5,5	5,6	5,3	5,0	5,8	5,0	5,3	5,0	5,0	5,0
	Gewicht der Längsbewehrung für 1 m Stütze in kg/m	30,0	37,0	44,6	53,2	57,8	62,4	72,4	89,2	103,1	111,1	125,1	138,8	154,6	166,6	176,5	189,4
	Gesamtes Eisengewicht für 1 m Stütze in kg/m	38,6	44,5	51,5	59,6	63,8	68,2	77,9	84,8	108,4	116,1	130,9	143,8	159,9	171,6	181,5	194,4

Fortsetzung von Tabelle 3.

Querschnitt	rd.	0,5%	0,6%	0,7%	0,8%	0,9%	1,0%	1,2%	1,4%	1,6%	1,8%	2,0%	2,2%	2,4%	2,6%	2,8%	3,0%
90/90 cm $F_b = 8100$ cm²	Bewehrung	12 φ 21	12 φ 23	12 φ 25	12 φ 28	12 φ 28	12 φ 29	16 φ 28	16 φ 30	16 φ 32	16 φ 32	16 φ 36	24 φ 31	24 φ 32	24 φ 34	24 φ 35	24 φ 36
	F_e in cm²	41,50	49,90	58,90	63,70	73,90	79,20	98,60	113,00	128,60	145,20	162,80	181,20	193,00	218,00	230,80	244,4
	$F_i = F_b + 15\,F_e$ in cm²	8722	8848	8983	9055	9209	9288	9579	9795	10029	10278	10542	10818	10995	11370	11562	11766
	$P_{zz} = 0{,}035\,F_i$ in t	305,3	309,7	314,4	317,0	322,3	325,1	335,3	342,8	351,0	359,7	369,0	378,6	384,8	397,9	404,7	411,8
	Bügeldurchmesser in mm	8	8	8	8	8	8	8	8	8	8	8	8	8	8	8	8
	Bügelabstand in cm	25	27	30	31	33	34	33	36	36	36	36	36	36	36	36	36
	Gewicht der Bügel für 1 m Stütze in kg/m	7,7	7,2	6,5	6,2	5,9	5,7	5,9	5,4	5,4	5,4	5,4	5,4	5,4	5,4	5,4	5,4
	Gewicht der Längsbewehrung für 1 m Stütze in kg/m	40,5	49,0	57,8	62,6	72,6	77,4	96,6	111,0	126,1	142,6	160,0	176,5	189,2	214,0	226,5	240,0
	Gesamtes Eisengewicht für 1 m Stütze in kg/m	48,2	56,2	64,3	68,8	78,5	83,1	102,5	116,4	131,5	148,0	165,4	181,9	194,6	219,4	231,9	245,4
100/100 cm $F_b = 10000$ cm²	Bewehrung	12 φ 23	12 φ 25	12 φ 27	12 φ 29	12 φ 31	12 φ 33	12 φ 36	16 φ 34	16 φ 36	16 φ 38	16 φ 40	24 φ 34	24 φ 36	32 φ 32		
	F_e in cm²	49,90	58,90	68,70	79,20	90,60	102,60	122,20	145,30	162,90	181,40	201,00	217,80	244,40	257,40		
	$F_i = F_b + 15\,F_e$ in cm²	10748	10883	11030	11188	11350	11539	11833	12179	12443	12721	13016	13267	13666	13861		
	$P_{zz} = 0{,}035\,F_i$ in t	376	381	386	392	398	404	414	426	435	445	456	464	478	485		
	Bügeldurchmesser in mm	8	8	8	8	8	8	8	8	8	8	8	8	8	8		
	Bügelabstand in cm	27	30	32	34	36	36	36	36	36	36	36	36	36	36		
	Gewicht der Bügel für 1 m Stütze in kg/m	7,8	7,0	6,6	6,2	5,8	5,8	5,8	5,8	5,8	5,8	5,8	5,8	5,8	5,8		
	Gewicht der Längsbewehrung für 1 m Stütze in kg/m	49,9	57,8	66,9	77,2	88,2	99,6	120,0	142,5	160,0	178,0	197,3	213,8	239,7	252,5		
	Gesamtes Eisengewicht für 1 m Stütze in kg/m	57,7	64,8	73,5	83,4	94,0	105,4	125,8	148,3	165,8	183,5	203,1	219,6	245,5	258,3		
110/110 cm $F_b = 12100$ cm²	Bewehrung	12 φ 26	12 φ 28	12 φ 30	12 φ 32	12 φ 34	12 φ 36	16 φ 34	24 φ 30	24 φ 32	24 φ 34	24 φ 36	28 φ 34	28 φ 36	30 φ 36		
	F_e in cm	63,70	73,90	84,80	96,50	109,00	122,20	145,30	169,60	193,00	217,90	244,30	254,20	285,00	305,40		
	$F_i = F_b + 15\,F_e$ in cm²	13055	13208	13372	13547	13735	13933	14279	14644	14995	15369	15765	15913	16375	16681		
	$P_{zz} = 0{,}035\,F_i$ in t	457	462	468	474	481	488	500	512	525	538	552	557	573	584		
	Bügeldurchmesser in mm	8	8	8	8	8	8	8	8	8	8	8	8	8	8		
	Bügelabstand in cm	31	33	36	36	36	36	36	36	36	36	36	36	36	36		
	Gewicht der Bügel für 1 m Stütze in kg/m	7,5	7,0	6,5	6,5	6,5	6,5	6,5	6,5	6,5	6,5	6,5	6,5	6,5	6,5		
	Gewicht der Längsbewehrung für 1 Stütze in kg/m	62,5	72,4	83,2	94,5	106,9	120,0	142,5	166,5	180,3	217,0	240,0	249,5	280,0	300,0		
	Gesamtes Eisengewicht für 1 m Stütze in kg/m	70,0	79,4	80,7	101,0	113,4	126,5	140,0	173,0	195,8	223,5	246,5	256,0	286,5	306,5		

Querschnitt	rd.	0,5%	0,6%	0,7%	0,8%	0,9%	1,0%	1,2%	1,4%	1,6%	1,8%	2,0%	2,2%	2,4%	2,6%	2,8%	3,0%
120/120 cm $F_b = 14400$ cm²	Bewehrung	12 ϕ 28	12 ϕ 30	16 ϕ 28	16 ϕ 30	16 ϕ 32	16 ϕ 34	24 ϕ 30	24 ϕ 33	24 ϕ 35	32 ϕ 32	32 ϕ 34	32 ϕ 36	40 ϕ 33	40 ϕ 35		
	F_e in cm	73,90	84,80	98,50	113,10	128,70	145,30	169,60	205,30	230,90	257,40	290,60	325,70	342,10	384,80		
	$F_i = F_b + 15\,F_e$ in cm²	15508	15672	15877	16096	16330	16580	16944	17478	17863	18262	18758	19286	19532	20172		
	$P_{35} = 0{,}035\,F_i$ in t	543	548	556	563	572	580	593	612	625	639	656	675	684	706		
	Bügeldurchmesser in mm	8	8	8	8	8	8	8	8	8	8	8	8	8	8		
	Bügelabstand in cm	33	36	36	36	36	36	36	36	36	36	36	36	36	36		
	Gewicht der Bügel für 1 m Stütze in kg/m	7,9	7,2	7,2	7,2	7,2	7,2	7,2	7,2	7,2	7,2	7,2	7,2	7,2	7,2		
	Gewicht der Längsbewehrung für 1 m Stütze in kg/m	72,5	83,2	96,7	111,0	126,3	142,5	166,5	199,5	226,6	252,5	285,0	319,6	332,5	377,6		
	Gesamtes Eisengewicht für 1 m Stütze in kg/m	80,40	90,4	103,9	118,2	133,5	149,7	173,7	206,7	233,8	259,7	292,2	326,8	339,7	384,8		

Tabelle 4 zur Bestimmung des Gewichtes von Spiralbewehrungen.

D in cm	$t =$ 3 cm			4 cm			5 cm			6 cm			7 cm			8 cm		
	l	ϕ	*ge*	*l*	ϕ	*ge*	*l*	ϕ	*ge*	*l*	ϕ	*ge*	*l*	ϕ	*ge*	*l*	ϕ	*ge*
25	26,2	8	10,8	19,7	8	8,1	15,8	8	6,5									
		10	16,8		10	12,7		10	10,1									
					12	18,2		12	14,9									
								14	19,8									
	31,5	8	12,9	23,6	8	9,7	18,9	8	7,8	15,8	8	6,5						
		10	20,2		10	15,2		10	12,1		10	10,1						
		12	29,1		12	21,8		12	17,5		12	14,6						
					14	29,6		14	23,7		14	19,8						
											16	25,9						
35	36,7	8	15,1	27,5	8	11,3	22,1	8	9,1	18,4	8	7,6	15,8	8	6,5			
		10	23,6		10	17,7		10	14,2		10	11,8		10	10,1			
		12	33,9		12	25,4		12	20,4		12	17,0		12	14,6			
					14	34,5		14	27,8		14	23,1		14	19,8			
								16	36,3		16	30,2		16	25,9			
														18	32,8			
40	42,0	8	17,3	31,5	8	12,9	25,2	8	10,4	21,0	8	8,6	18	8	7,4	15,7	8	6,4
		10	27,0		10	20,2		10	16,2		10	13,5		10	11,6		10	10,0
		12	38,8		12	29,1		12	23,3		12	19,4		12	16,6		12	14,5
					14	39,6		14	31,7		14	26,4		14	22,6		14	19,7
								16	41,4		16	34,5		16	29,5		16	25,8
											18	43,6		18	37,4		18	32,6
																	20	40,3
45	47,2	8	19,4	35,4	8	14,5	28,4	8	11,6	23,6	8	9,7	20,2	8	8,3	17,7	8	7,3
		10	30,3		10	22,7		10	18,2		10	15,2		10	13,0		10	11,4
		12	43,6		12	32,7		12	26,2		12	21,8		12	18,7		12	16,4
		14	59,3		14	44,5		14	35,7		14	29,6		14	25,4		14	22,2
					16	58,1		16	46,6		16	38,7		16	33,1		16	29,0
											18	49,0		18	42,0		18	36,8
														20	51,8		20	45,4
50	52,4	8	21,5	39,4	8	16,2	31,5	8	12,9	26,3	8	10,8	22,5	8	9,2	19,7	8	8,1
		10	33,6		10	24,7		10	20,2		10	16,9		10	14,4		10	12,6
		12	48,4		12	36,4		12	29,1		12	24,3		12	20,8		12	18,2
		14	65,8		14	49,5		14	39,6		14	33,0		14	28,3		14	24,7
					16	64,7		16	51,7		16	43,2		16	36,9		16	32,3
								18	65,5		18	54,7		18	46,8		18	40,9
											20	67,5		20	57,7		20	50,3

D	l	t	ge	l	t	ge	l	t	ge	l	t	ge	l	t	ge	l	t	ge
55	57,7	8	23,7	43,3	8	17,8	34,7	8	14,3	28,9	8	11,9	24,8	8	10,2	21,6	8	8,8
		10	37,0		10	27,8		10	22,3		10	18,6		10	15,9		10	13,9
		12	53,3		12	40,0		12	32,0		12	26,7		12	22,9		12	20,0
		14	72,5		14	54,4		14	43,6		14	36,3		14	31,1		14	27,1
					16	71,0		16	56,9		16	47,4		16	40,7		16	35,4
								18	72,1		18	60,0		18	51,5		18	44,9
											20	74,1		20	63,6		20	55,4
60	62,9	8	25,8	47,2	8	19,4	37,8	8	15,5	31,5	8	12,9	27,0	8	11,5	23,6	8	9,7
		10	40,4		10	30,3		10	24,3		10	20,2		10	17,3		10	15,2
		12	58,1		12	43,6		12	34,9		12	29,1		12	24,9		12	21,8
		14	79,0		14	59,3		14	47,5		14	39,6		14	33,9		14	29,6
		16	103,2		16	77,5		16	62,0		16	51,7		16	44,3		16	38,7
								18	78,5		18	65,5		18	56,1		18	49,0
											20	80,8		20	69,2		20	60,5
65	68,2	8	28,0	51,1	8	21,0	41,0	8	16,8	34,1	8	14,0	29,2	8	12,0	25,5	8	10,5
		10	43,8		10	32,8		10	26,3		10	21,9		10	18,7		10	16,4
		12	63,0		12	47,2		12	37,9		12	31,5		12	27,0		12	23,6
		14	85,7		14	64,2		14	51,5		14	42,8		14	36,7		14	32,0
		16	111,9		16	83,9		16	67,3		16	56,0		16	47,9		16	41,8
					18	106,2		18	85,2		18	70,9		18	56,1		18	53,0
								20	105,1		20	87,5		20	74,9		20	65,4
70	73,4	8	30,6	55,1	8	22,6	44,1	8	18,1	36,8	8	15,1	31,5	8	12,9	27,5	8	11,3
		10	47,1		10	35,4		10	28,3		10	23,6		10	20,2		10	17,7
		12	67,8		12	50,9		12	40,7		12	34,0		12	29,1		12	25,4
		14	92,2		14	69,2		14	55,4		14	46,2		14	39,6		14	34,5
		16	120,4		16	90,4		16	72,4		16	60,4		16	51,7		16	45,1
								18	91,6		18	76,5		18	65,5		18	57,1
								20	113,1		20	94,4		20	80,8		20	70,5
75	78,7	8	32,3	59,0	8	24,2	45,0	8	18,5	42	8	17,3	33,8	8	13,9	29,5	8	12,1
		10	50,5		10	37,9		10	28,9		10	27,0		10	21,7		10	18,9
		12	72,7		12	54,5		12	41,6		12	38,8		12	31,2		12	27,3
		14	98,8		14	74,1		14	56,5		14	52,8		14	42,5		14	37,0
		16	129,1		16	96,8		16	73,4		16	68,9		16	55,5		16	48,4
					18	122,6		18	93,5		18	87,3		18	70,2		18	61,3
								20	115,4		20	107,7		20	86,7		20	75,7
80	83,9	8	34,5	63,0	8	25,9	48,0	8	19,7	39,4	8	16,2	36,0	8	14,8	31,4	8	12,9
		10	53,8		10	40,4		10	30,8		10	25,3		10	23,1		10	20,1
		12	77,5		12	58,2		12	44,4		12	36,4		12	33,3		12	29,0
		14	105,4		14	79,1		14	60,3		14	49,5		14	45,2		14	39,4
		16	137,7		16	103,4		16	78,8		16	64,7		16	59,1		16	51,5
		18	174,3		18	130,9		18	99,7		18	81,9		18	74,8		18	65,2
					20	161,6		20	123,1		20	101,1		20	92,3		20	80,5

Bemerkung: D = Durchmesser der Spirale. t = Ganghöhe der Spirale.
l = theoretische Länge des Eisens für 1 m Spirale. ge = Gewicht der Spirale für 1 m einschließlich Überdeckung.

Tafel IV

zur Bestimmung des Betonquerschnittes und des Eisengewichtes von Stützen, die durch eine mittige Last belastet sind ($\sigma_b = 35$ kg/cm²).

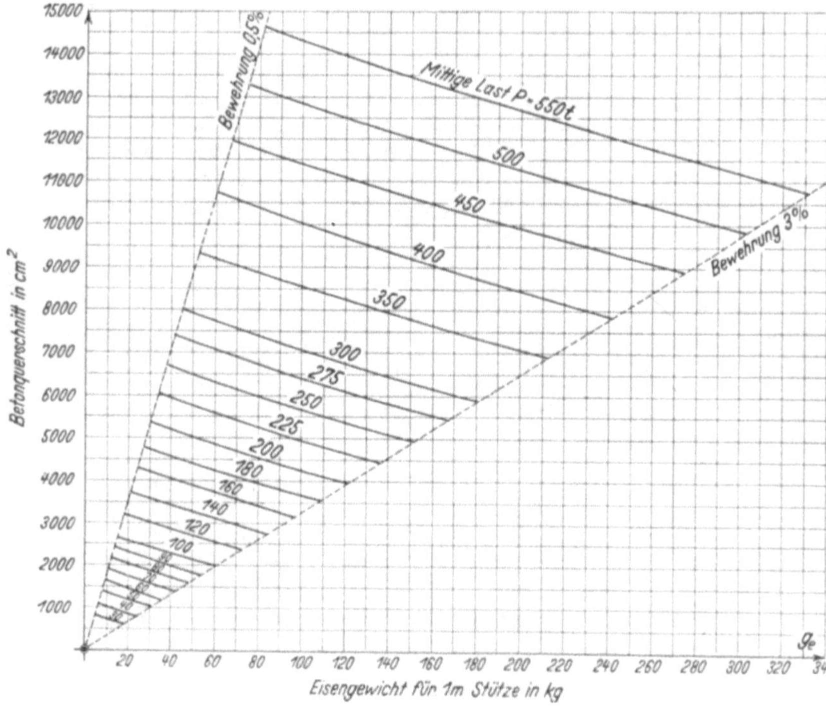

Kapitel 79. Grundangaben zu den in Kapitel 80 gebrachten Tafeln und Konstruktionsskizzen für ganze Decken von Fabrikbauten.

Während im Vorhergehenden Tabellen und Hilfstafeln behandelt sind, die den Zweck haben, die Bestimmung der Massen, namentlich der erforderlichen Eisenmengen für die Einzelbauteile — Platten, Balken, Rahmenriegel und Stützen — zu erleichtern, ist im Folgenden der Materialbedarf für die drei Deckenarten *A*, *B*, *C* (Abb. 250) durch die Tafeln V—XI dargestellt. Die Werte dieser Kurven geben den Materialbedarf für 1 m² Decke an, und zwar einerseits für die drei verschiedenen Stützweiten

$$l = 5{,}50 \text{ m}, \quad l = 6{,}50 \text{ m}, \quad l = 7{,}50 \text{ m}$$

und anderseits für veränderliche reine Nutzlast $p = 0{,}50$—$1{,}50$ t/m². (Außerdem für Fußbodenbelag und Deckenputz noch 70 kg/m².) Zur Abkürzung sind die Kurven mit den folgenden Zeichen versehen:

E Pl Eisenbedarf der Platte in kg/m²,
EB „ „ Balken in kg/m²,
EU „ „ Unterzüge in kg/m²,
B Pl Betonbedarf der Platte in m³/m²,
BB „ „ Balken in m³/m²,
BU „ „ Unterzüge in m³/m,
S Pl Schalungsbedarf der Platte in m²/m²,
SB „ „ Balken in m²/m²,
SU „ „ Unterzüge in m²/m²,
E Eisenbedarf der ganzen Decke in kg/m²,
B Betonbedarf der ganzen Decke in m³/m,
S Schalungsbedarf der ganzen Decke in m²/m².

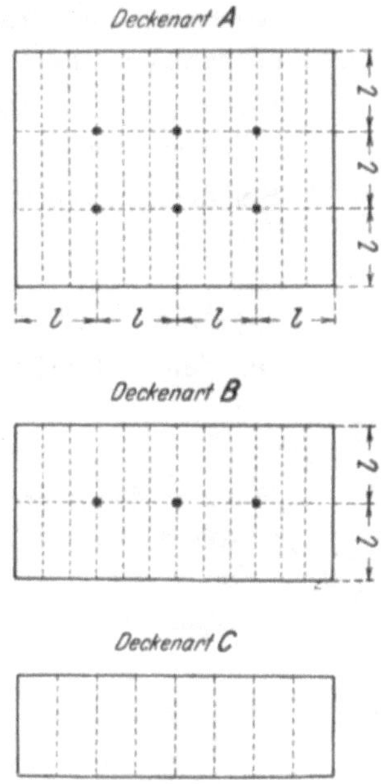

Abb. 250.

Die Tafeln V—XI enthalten außer den Schaulinien für die Massen auch solche, die die ständigen Lasten der Platte, der Balken und der gesamten Decke zeigen. Sie dürften besonders von Nutzen sein für die Prüfung oder Bestimmung der Stützenlasten und zeigen auch in übersichtlicher Weise das Verhältnis zwischen der ständigen Last und der Nutzlast, was besonders für Projektbearbeitung wertvoll ist.

Um die Möglichkeit zu haben, Massen und Gewichte auch für Decken zu ermitteln, bei denen z. B. Balken und Unterzüge verschiedene Stützweiten haben, sind in den genannten Tafeln die Massen und die ständigen Lasten für die einzelnen Tragkonstruktionen der Decke getrennt aufgeführt.

Was die statische Berechnung der Deckenarten anbelangt, ist zu bemerken, daß die Balken sowohl als auch die Unterzüge als Durchlaufbalken mit frei drehbaren Auflagern aufgefaßt und berechnet worden sind. Bei den mehrgeschossigen Gebäuden wird diese Annahme für die obersten Decken beibehalten werden können. Die Werte der Tafeln sind dann unverändert zu übernehmen. Für die unteren Decken jedoch sind die in den Stützenfluchten liegenden Balken und die Unterzüge als Riegel von Durchlaufrahmen aufzufassen und für den Fall, daß die Stützenbreite $\geqq$ 1/5 der Stockwerkhöhe ist, als eingespannte Balken. Für diese Fälle, bei denen die Annahme der freien Drehbarkeit der Auflager nicht wenigstens in angenäherter Weise zutrifft, kann für die betreffenden Balken der in den Tafeln angegebene Eisenbedarf entsprechend den oben gemachten Angaben für Durchlaufrahmen und eingespannte Balken noch vermindert werden. (Vgl. Tab. 2 und die Abb. 245 u. 247.)

Als Grundlagen, die für die Aufstellung der Tafeln V—XI maßgebend gewesen sind, sind noch folgende zu nennen:

Die Stärken der Deckenplatten sind so gewählt worden, daß die Betonspannung σ_b = rd. 40 kg/cm² erreicht wird.

Bei den Balken sind die Höhen der Querschnitte im Feld

$$d_0 = \frac{l}{11} - \frac{l}{13}$$

gewählt worden.

Bei den Unterzügen ist entsprechend

$$d_0 = \frac{l}{7} - \frac{l}{8}.$$

Weichen in besonderen Fällen die Balken- oder Unterzughöhen von diesen der Rechnung zugrunde gelegten Höhen ab, so kann das Eisengewicht des betreffenden Bauteils aus dem Tafelwert durch Multiplikation mit

$$\frac{d\ (\text{Tafel})}{d\ (\text{tatsächlich})}$$

mit genügender Genauigkeit errechnet werden.

Die Tabellen 5—10 geben für die Deckenart *A* näheren Aufschluß über die Größe der maßgebenden Momente, der Querkräfte an den Auflagern, der Querschnittabmessungen und der Bewehrungen, und zwar für die Fälle:

a) reine Nutzlast $p = 0{,}50$ t/m²
b) ,, ,, $p = 1{,}00$,,
c) ,, ,, $p = 1{,}50$,,

Auf die Deckenarten *B* und *C*, die wohl weniger oft als *A* vorkommen, sind aus Raummangel die Tabellen 5—10 nicht ausgedehnt worden.

Die Art der Konstruktion geht aus den Übersichtstafeln XII, XIII u. XIV hervor. Die darin eingetragenen Querschnitte I, II, 1, 2 usw. beziehen sich auf die Tabellen 5—10. Die Buchstaben *a*, *b*, *c* entsprechen wie oben den Nutzlasten. Die Übersichtstafeln XII, XIII u. XIV haben in erster Linie den Zweck, die Konstruktionsgrundsätze klarzustellen, die bei Bestimmung der Eisengewichte maßgebend waren. Damit ist auch demjenigen Konstrukteur die Möglichkeit gegeben, die Tafeln zu benützen, der beispielsweise den einen oder anderen Bauteil etwas anders konstruktiv durchbilden will, wie dies in den Tafeln geschehen ist, die keineswegs etwa als Normen angesehen werden wollen.

Kapitel 80. Tafeln und Konstruktionsskizzen für die gesamten Deckenkonstruktionen für Fabrikbauten von 500, 1000 und 1500 kg/m² Nutzlast.

Tabelle 5.

		Balken			Dimension
		a	*b*	*c*	
Stützweite	l	5,50	5,50	5,50	m
Ständige Last	g	1,20	1,28	1,56	t/m
Nutzlast	p	1,38	2,75	4,12	t/m
Gesamtlast	q	2,58	4,03	5,68	t/m
Querschnitt I	M	7,1	11,4	16,2	mt
	d_0/b_0	45/25	45/30	50/30	cm
	F_e	15,8	26,0	33,8	cm²
	gewählt	3 ϕ 22 + 2 ϕ 18	5 ϕ 26	3 ϕ 30 + 2 ϕ 28	
Querschnitt II	M	4,4	7,2	10,5	mt
	d_0/b_0	45/25	45/30	50/30	cm
	F_e	9,7	16,4	21,5	cm²
	gewählt	5 ϕ 16	3 ϕ 22 + 2 ϕ 18	5 ϕ 22	
Querschnitt 1	M	— 8,5	— 13,6	— 19,2	mt
	d_0/b_0	60/25	65/30	80/30	cm
	F_e	17,6	21,4	24,3	cm²
	gewählt	3 ϕ 22 + 4 ϕ 16	3 ϕ 26 + 2 ϕ 22	2 ϕ 30 + 3 ϕ 22	
Querkraft	Q_0	5,7	8,9	12,5	t
,,	Q_1 links	— 8,5	— 13,3	— 18,8	t
,,	Q_1 rechts	7,1	11,1	15,6	t
Durchschn. Eisengewicht g_e		19,6	31,0	41,2	kg/m
Durchschn. Bewehrungssatz		174	230	275	kg/m³

Tabelle 6.

		Unterzüge			Dimension
		a	*b*	*c*	
Stützweite. . . .	l	5,50	5,50	5,50	m
Eigengewicht . .	g_e	0,36	0,40	0,50	t/m
Ständige Last . .	P_g	6,6	7,1	8,6	t
Nutzlast.	P_p	7,6	15,1	22,6	t
Gesamteinzellast .	P_q	14,2	22,2	31,2	t
Querschnitt I	M	15,8	25,0	35,4	mt
	d_0/b_0	60/30	65/30	80/30	cm
	F_e	25,6	38,0	41,6	cm²
	gewählt	5 ϕ 26	3 ϕ 30 + 3 ϕ 28	6 ϕ 30	
Querschnitt II	M	12,2	20,2	28,9	mt
	d_0/b_0	60/30	65/30	80/30	cm
	F_e	19,8	30,8	38,8	cm²
	gewählt	4 ϕ 20 + 2 ϕ 22	6 ϕ 26	2 ϕ 28 + 3 ϕ 30	
Querschnitt 1	M	— 14,6	— 22,6	— 31,7	mt
	d_0/b_0	75/30	80/30	100/30	cm
	F_e	24,4	27,2	32,3	cm²
	gewählt	3 ϕ 26 + 2 ϕ 22 + 1 ϕ 20	2 ϕ 26 + 2 ϕ 28 + 1 ϕ 30	5 ϕ 30 + 1 ϕ 28	
Querschnitt 2	M	— 11,4	— 18,4	— 26,2	mt
	d_0/b_0	75/30	80/30	100/30	cm
	F_e	15,5	22,0	21,6	cm²
	gewählt	4 ϕ 20 + 1 ϕ 22	5 ϕ 26	6 ϕ 30 + 1 ϕ 28	
Querkraft	Q_0	5,6	8,4	11,6	t
,, ...	Q_1 links	— 10,6	— 16,0	— 22,3	t
,, ...	Q_1 rechts	8,9	13,5	18,8	t
,, ...	Q_2 links	— 7,3	— 10,7	— 15,2	t
Durchschn. Eisengewicht g_e		30,2	43,5	53,0	kg/m
Durchschn. Bewehrungssatz		168	223	220	kg/m³

Tabelle 7.

		Balken			Dimension
		a	*b*	*c*	
Stützweite. . . .	l	6,50	6,50	6,50	m
Ständige Last . .	g	1,04	1,05	1,25	t/m
Nutzlast.	p	1,09	2,17	3,26	t/m
Gesamtlast . . .	q	2,13	3,22	4,51	t/m
Querschnitt I	M	8,1	12,8	18,2	mt
	d_0/b_0	50/25	55/30	60/30	cm
	F_e	16,1	23,3	29,9	cm²
	gewählt	2 ϕ 22 + 2 ϕ 24	3 ϕ 24 + 2 ϕ 26	5 ϕ 28	
Querschnitt II	M	4,7	8,0	11,2	mt
	d_0/b_0	50/25	55/30	60/30	cm
	F_e	9,4	14,7	18,1	cm²
	gewählt	4 ϕ 18	5 ϕ 20	5 ϕ 22	
Querschnitt 1	M	— 9,8	— 15,2	— 21,5	mt
	d_0/b_0	70/25	80/30	85/30	cm
	F_e	14,5	23,3	25,7	cm²
	gewählt	2 ϕ 22 + 1 ϕ 20 + 2 ϕ 18	2 ϕ 26 + 3 ϕ 20 + 2 ϕ 14	3 ϕ 28 + 3 ϕ 22	
Querkraft	Q_0	5,5	8,4	11,7	t
,, ...	Q_1 links	— 8,3	— 12,6	— 17,6	t
,, ...	Q_1 rechts	6,9	10,5	14,7	t
Durchschn. Eisengewicht g_e		19,0	26,5	35,0	kg/m
Durchschn. Bewehrungssatz		150	160	200	kg/m³

Tabelle 8.

		Unterzüge			Dimension
		a	*b*	*c*	
Stützweite. . . .	l	6,5	6,50	6,50	m
Eigengewicht . .	g_e	0,43	0,50	0,72	t/m
Ständige Last . .	P_g	6,7	6,8	8,1	t
Nutzlast.	P_p	7,1	14,1	21,2	t
Gesamteinzellast .	P_q	13,8	20,9	29,3	t
Querschnitt I	M	25,0	33,7	54,2	mt
	d_0/b_0	70/30	80/35	85/40	cm
	F_e	33,9	39,5	60,8	cm²
	gewählt	5 ϕ 30	3 ϕ 30 + 3 ϕ 28	10 ϕ 28	
Querschnitt II	M	15,9	26,0	37,5	mt
	d_0/b_0	70/30	80/35	85/40	cm
	F_e	21,6	30,5	40,0	cm²
	gewählt	5 ϕ 22	5 ϕ 28	9 ϕ 24	
Querschnitt 1	M	— 28,8	— 44,4	— 62,6	mt
	d_0/b_0	100/30	120/35	120/40	cm
	F_e	35,2	36,9	52,1	cm²
	gewählt	3 ϕ 30 + 2 ϕ 28 + 2 ϕ 20	3 ϕ 30 + 2 ϕ 28 + 2 ϕ 20	7 ϕ 28 + 3 ϕ 24	
Querschnitt 2	M	— 22,8	— 36,2	— 57,7	mt
	d_0/b_0	100/30	120/35	120/40	cm
	F_e	22,8	30,2	43,2	cm²
	gewählt	7 ϕ 22	4 ϕ 28 + 2 ϕ 20	10 ϕ 24	
Querkraft	Q_0	10,9	16,2	22,7	t
,, ...	Q_1 links	— 19,5	— 28,8	— 40,6	t
,, ...	Q_1 rechts	15,2	24,6	34,6	t
,, ...	Q_2 links	— 15,1	— 20,4	— 28,7	t
Durchschn. Eisengewicht g_e		39,5	52,5	59,5	kg/m
Durchschn. Bewehrungssatz		190	190	175	kg/m³

Tabelle 9.

		Balken			Dimension
		a	*b*	*c*	
Stützweite	l	7,50	7,50	7,50	m
Ständige Last . .	g	1,09	1,31	1,44	t/m
Nutzlast	p	1,25	1,50	1,75	t/m
Gesamtlast . . .	q	2,34	3,81	5,19	t/m
Querschnitt I	M	11,9	20,0	27,8	mt
	d_0/b_0	60/25	60/30	60/30	cm
	F_e	19,3	32,4	45,8	cm²
	gewählt	2 ϕ 20 + 3 ϕ 24	4 ϕ 26 + 2 ϕ 28	4 ϕ 30 + 3 ϕ 28	
Querschnitt II	M	6,8	12,4	17,8	mt
	d_0/b_0	60/25	60/30	60/30	cm
	F_e	10,9	20,0	28,8	cm²
	gewählt	3 ϕ 18 + 2 ϕ 16	3 ϕ 22 + 2 ϕ 24	3 ϕ 28 + 2 ϕ 26	
Querschnitt 1	M	— 14,3	— 23,8	— 32,8	mt
	d_0/b_0	80/25	90/30	95/30	cm
	F_e	18,3	26,2	34,6	cm²
	gewählt	2 ϕ 24 + 3 ϕ 18 + 2 ϕ 12	3 ϕ 26 + 3 ϕ 22	3 ϕ 30 + 3 ϕ 28	
Querkraft	Q_0	7,0	11,4	15,6	t
„	Q_1 links	— 10,5	— 17,2	— 23,4	t
„	Q_1 rechts	8,8	14,3	19,5	t
Durchschn. Eisengewicht g_e		24,0	35,5	53,5	kg/m
Durchschn. Bewehrungssatz		160	200	300	kg/m³

Tabelle 10.

		Unterzüge			Dimension
		a	*b*	*c*	
Stützweite. . . .	l	7,50	7,50	7,50	m
Eigengewicht . .	g_e	0,60	0,60	0,82	t/m
Ständige Last . .	P_g	8,2	9,8	10,8	t
Nutzlast.	P_p	9,4	18,7	28,1	t
Gesamteinzellast .	P_q	17,6	28,5	38,9	t
Querschnitt I	M	37,5	60,2	83,0	mt
	d_0/b_0	80/35	90/35	100/40	cm
	F_e	43,7	61,5	78,6	cm²
	gewählt	7 ϕ 28	9 ϕ 30	11 ϕ 30	
Querschnitt II	M	24,0	40,5	54,9	mt
	d_0/b_0	80/35	90/35	100/40	cm
	F_e	32,8	41,3	56,0	cm²
	gewählt	3 ϕ 28 + 3 ϕ 26	8 ϕ 26	8 ϕ 30	
Querschnitt 1	M	— 43,8	— 69,6	— 95,8	mt
	d_0/b_0	115/35	145/35	145,4	cm
	F_e	40,7	46,7	66,4	cm²
	gewählt	6 ϕ 28 + 1 ϕ 26	4 ϕ 30 + 4 ϕ 26	10 ϕ 30	
Querschnitt 2	M	— 34,4	— 56,6	— 79,0	mt
	d_0/b_0	115/35	145/35	145/40	cm
	F_e	30,4	39,0	53,2	cm²
	gewählt	6 ϕ 28 + 1 ϕ 26	8 ϕ 26	10 ϕ 30	
Querkraft	Q_0	14,4	22,2	30,2	t
,, ...	Q_1 links	— 25,7	— 39,3	— 53,7	t
,, ...	Q_1 rechts	21,7	33,6	45,8	t
,, ...	Q_2 links	— 27,9	— 27,9	— 38,1	t
Durchschn. Eisengewicht g_e		55,0	82,6	96,5	kg/m
Durchschn. Bewehrungssatz		195	260	240	kg/m³

Tafel V.

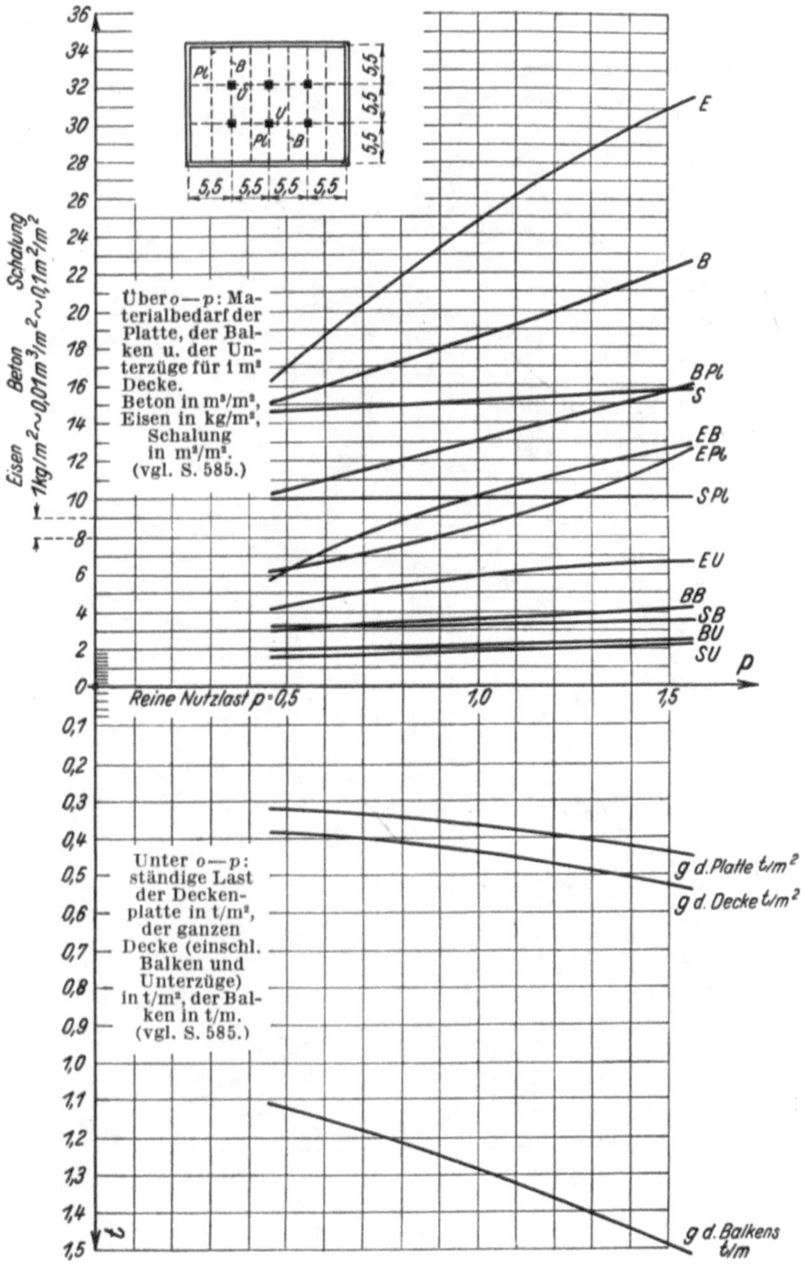
Über o—p: Materialbedarf der Platte, der Balken u. der Unterzüge für 1 m² Decke.
Beton in m³/m², Eisen in kg/m², Schalung in m²/m². (vgl. S. 585.)
Unter o—p: ständige Last der Deckenplatte in t/m², der ganzen Decke (einschl. Balken und Unterzüge) in t/m², der Balken in t/m. (vgl. S. 585.)
Eisen 1 kg/m² ~ 0,01 m³/m² ~ 0,1 m²/m²
Beton
Schalung
Reine Nutzlast p = 0,5
1,0
1,5
p
E
B
B Pl
S
EB
E Pl
S Pl
EU
BB
SB
BU
SU
g d. Platte t/m²
g d. Decke t/m²
g d. Balkens t/m
5,5
Pl
B
U

Tafel VI.

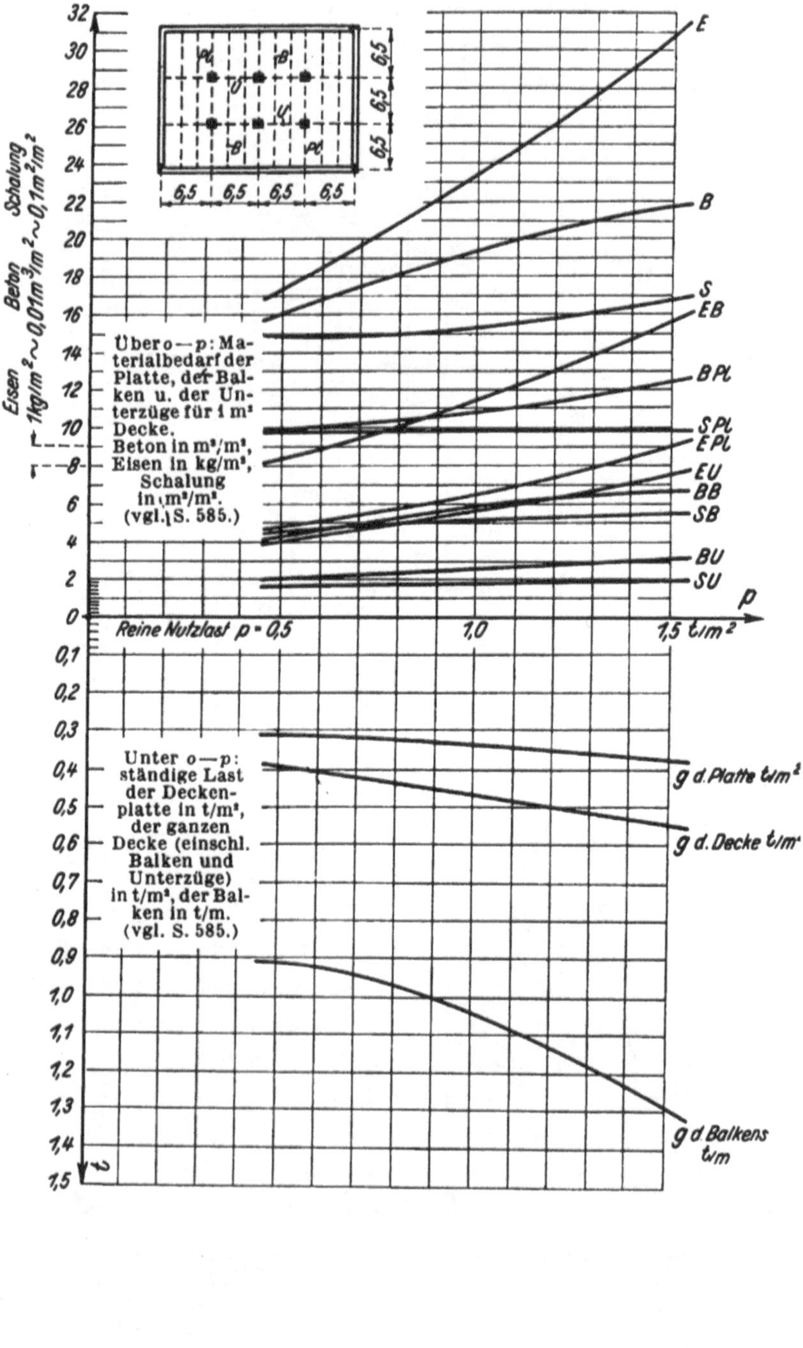
Eisen 1kg/m² ~ Beton 0,01m³/m² ~ Schalung 0,1m²/m²
Über o—p: Materialbedarf der Platte, der Balken u. der Unterzüge für 1 m² Decke. Beton in m³/m², Eisen in kg/m², Schalung in m²/m². (vgl. S. 585.)
Unter o—p: ständige Last der Deckenplatte in t/m², der ganzen Decke (einschl. Balken und Unterzüge) in t/m², der Balken in t/m. (vgl. S. 585.)
Reine Nutzlast p = 0,5
1,0
1,5 t/m²
E
B
S
EB
BPl
SPl
EPl
EU
BB
SB
BU
SU
g d. Platte t/m²
g d. Decke t/m²
g d. Balkens t/m
6,5 6,5 6,5 6,5

Tafel VII.

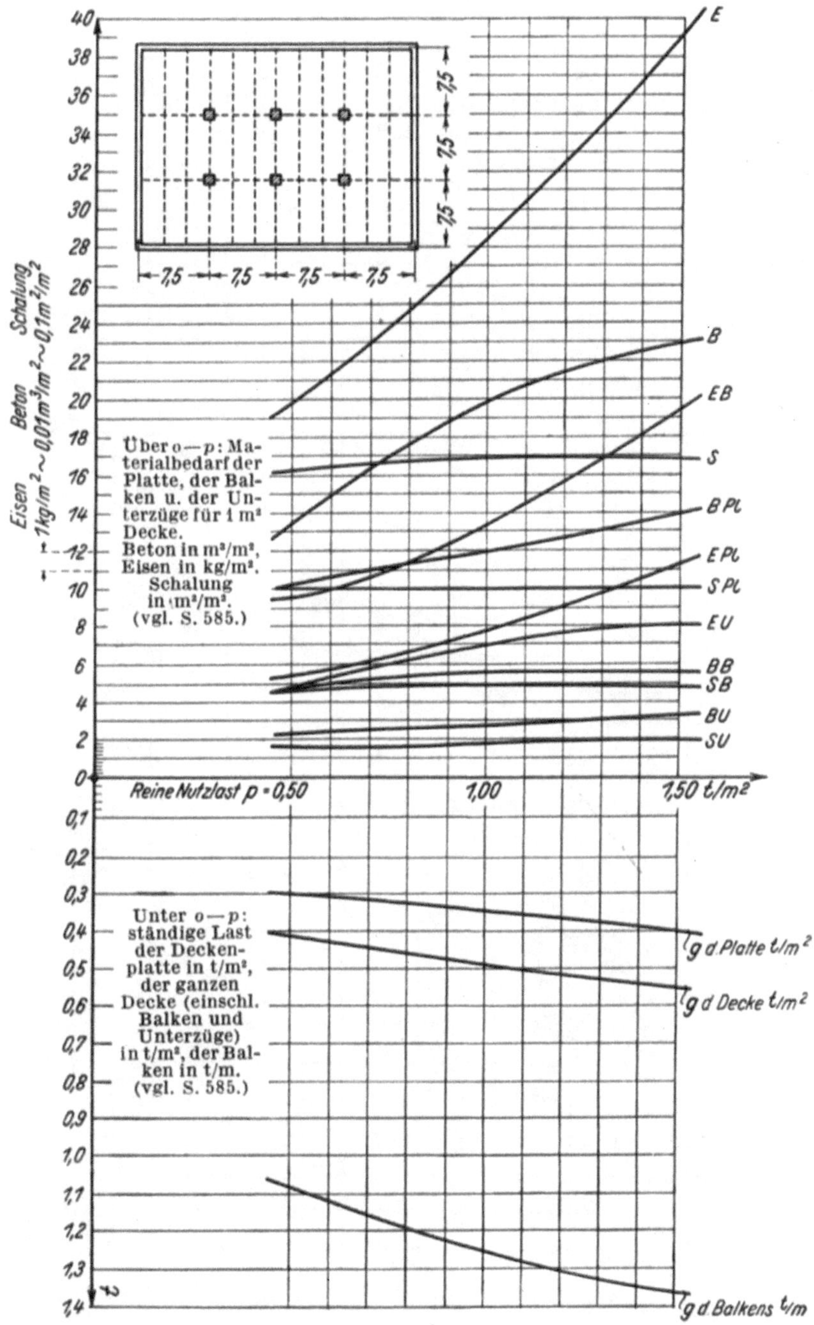

Eisen 1kg/m² ~ Beton 0,01m³/m² ~ Schalung 0,1m²/m²
7,5
E
B
EB
S
B Pl
E Pl
S Pl
EU
BB
SB
BU
SU
Über o—p: Materialbedarf der Platte, der Balken u. der Unterzüge für 1 m² Decke. Beton in m³/m², Eisen in kg/m². Schalung in m²/m². (vgl. S. 585.)
Reine Nutzlast p = 0,50
1,00
1,50 t/m²
Unter o—p: ständige Last der Deckenplatte in t/m², der ganzen Decke (einschl. Balken und Unterzüge) in t/m², der Balken in t/m. (vgl. S. 585.)
g d. Platte t/m²
g d Decke t/m²
g d. Balkens t/m

Tafel VIII.

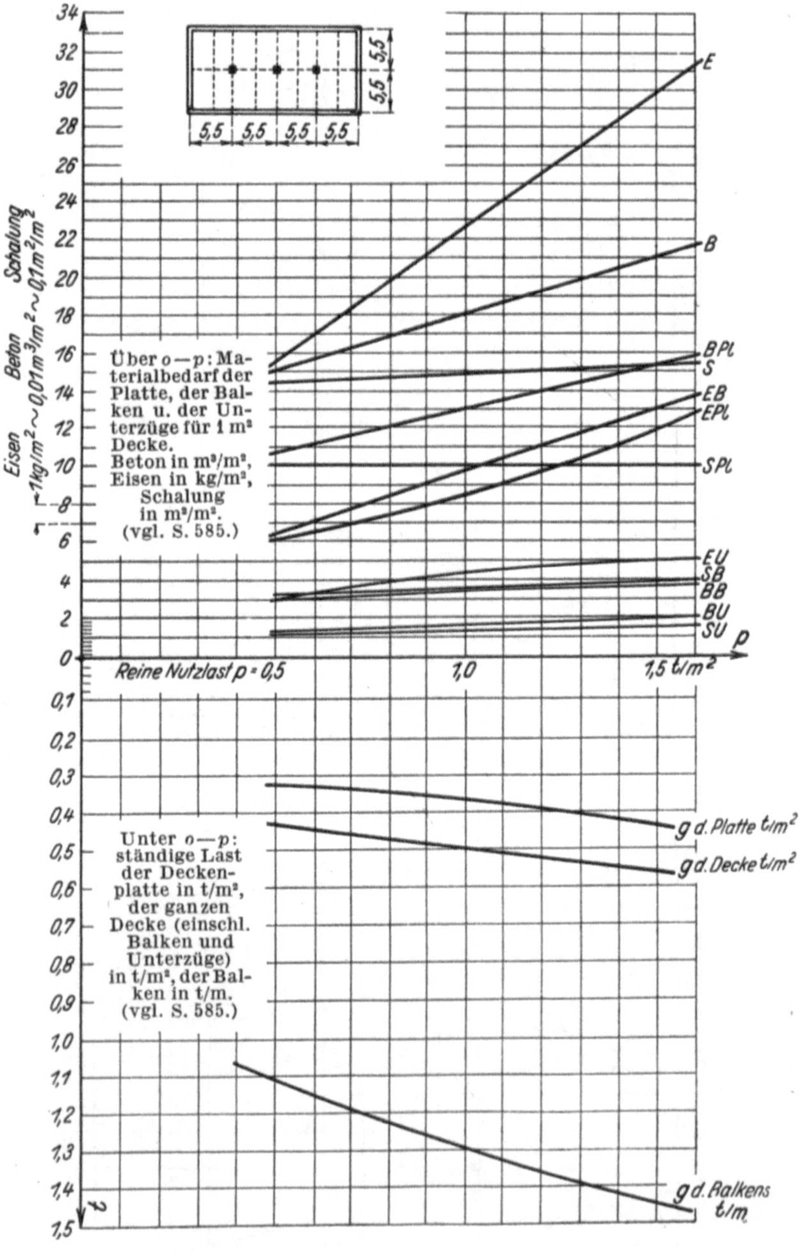
Eisen ~1kg/m² ~ Beton 0,01m³/m² ~ Schalung 0,1m²/m²
Über o—p: Materialbedarf der Platte, der Balken u. der Unterzüge für 1 m² Decke. Beton in m³/m², Eisen in kg/m², Schalung in m²/m². (vgl. S. 585.)
Unter o—p: ständige Last der Deckenplatte in t/m², der ganzen Decke (einschl. Balken und Unterzüge) in t/m², der Balken in t/m. (vgl. S. 585.)
Reine Nutzlast p = 0,5
1,0
1,5 t/m²
E
B
BPl
S
EB
EPl
SPl
EU
SB
BB
BU
SU
g d. Platte t/m²
g d. Decke t/m²
g d. Balkens t/m
5,5

Tafel IX.

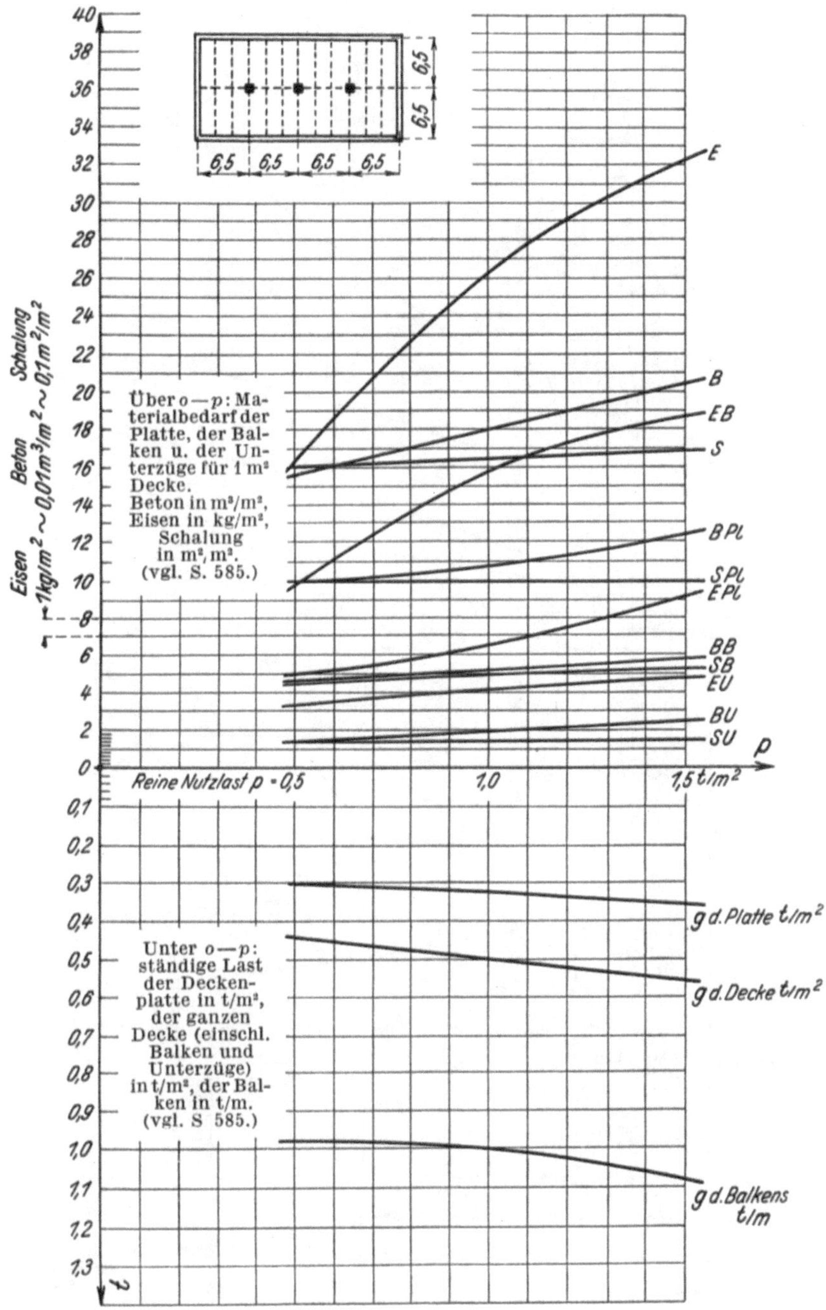
6,5
6,5
6,5 6,5 6,5 6,5
Eisen 1kg/m² ~ Beton 0,01m³/m² ~ Schalung 0,1m²/m²
Über o—p: Materialbedarf der Platte, der Balken u. der Unterzüge für 1 m² Decke. Beton in m³/m², Eisen in kg/m², Schalung in m², m². (vgl. S. 585.)
E
B
EB
S
BPl
SPl
EPl
BB
SB
EU
BU
SU
p
Reine Nutzlast p = 0,5
1,0
1,5 t/m²
g d. Platte t/m²
g d. Decke t/m²
g d. Balkens t/m
Unter o—p: ständige Last der Deckenplatte in t/m², der ganzen Decke (einschl. Balken und Unterzüge) in t/m², der Balken in t/m. (vgl. S 585.)

Tafel X.

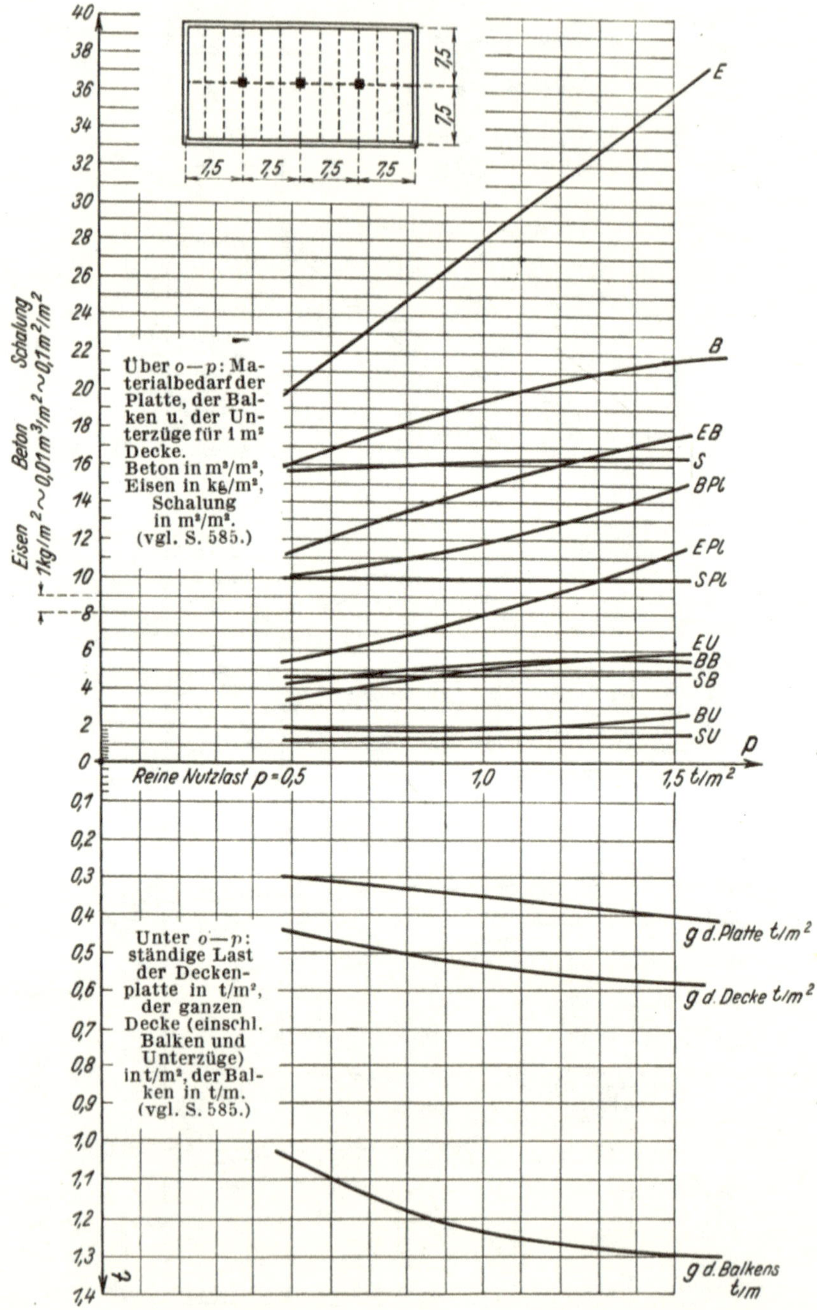

7,5
7,5
7,5
7,5
7,5
7,5
Eisen 1kg/m² ~ Beton 0,01 m³/m² ~ Schalung 0,1 m²/m²
Über o—p: Materialbedarf der Platte, der Balken u. der Unterzüge für 1 m² Decke. Beton in m³/m², Eisen in kg/m², Schalung in m²/m². (vgl. S. 585.)
E
B
EB
S
BPl
EPl
SPl
EU
BB
SB
BU
SU
p
Reine Nutzlast p = 0,5
1,0
1,5 t/m²
Unter o—p: ständige Last der Deckenplatte in t/m², der ganzen Decke (einschl. Balken und Unterzüge) in t/m², der Balken in t/m. (vgl. S. 585.)
g d. Platte t/m²
g d. Decke t/m²
g d. Balkens t/m
t

Tafel XI.

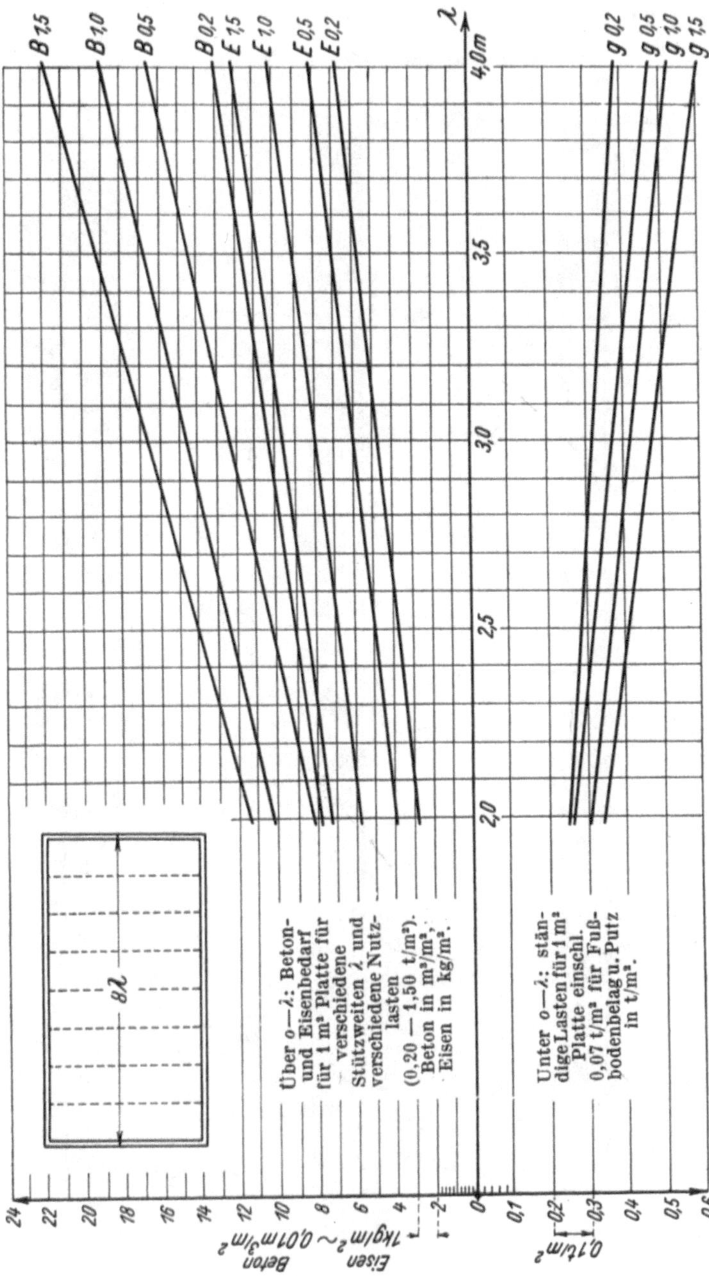
B 1,5
B 1,0
B 0,5
B 0,2
E 1,5
E 1,0
E 0,5
E 0,2
g 0,2
g 0,5
g 1,0
g 1,5
λ
2,0
2,5
3,0
3,5
4,0m
8λ
Über o—λ: Beton- und Eisenbedarf für 1 m² Platte für verschiedene Stützweiten λ und verschiedene Nutzlasten (0,20 — 1,50 t/m²). Beton in m³/m², Eisen in kg/m².
Unter o—λ: ständige Lasten für 1 m² Platte einschl. 0,07 t/m² für Fußbodenbelag u. Putz in t/m².
Beton 0,01 m³/m² ~ Eisen 1 kg/m²
0,1 t/m²

Tafel XII.

Konstruktionsbilder zu Deckenart A.

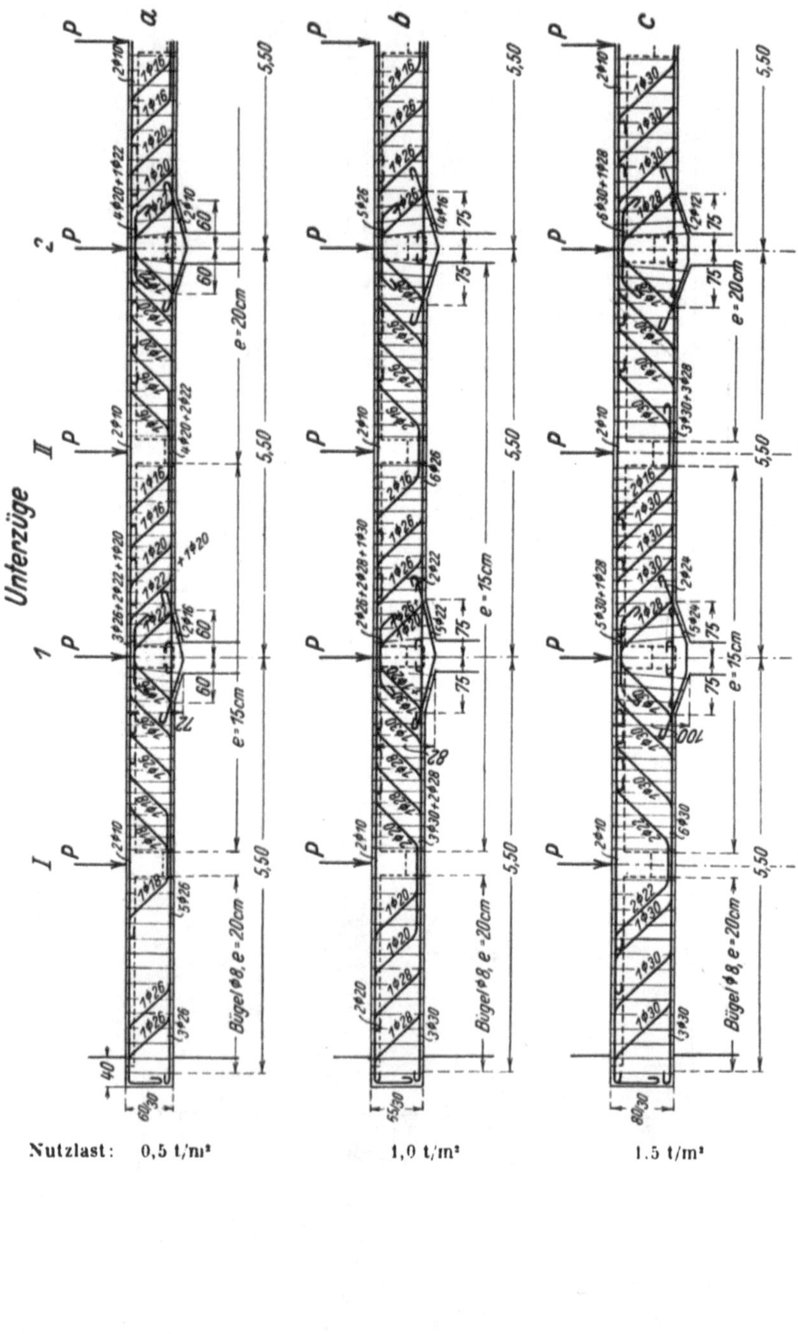

Nutzlast: 0,5 t/m² 1,0 t/m² 1,5 t/m²

Tafel XII.

Grundriß

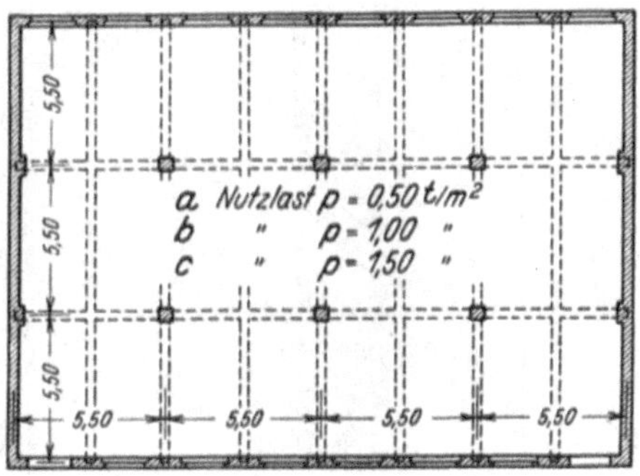

Konstruktionsbilder.

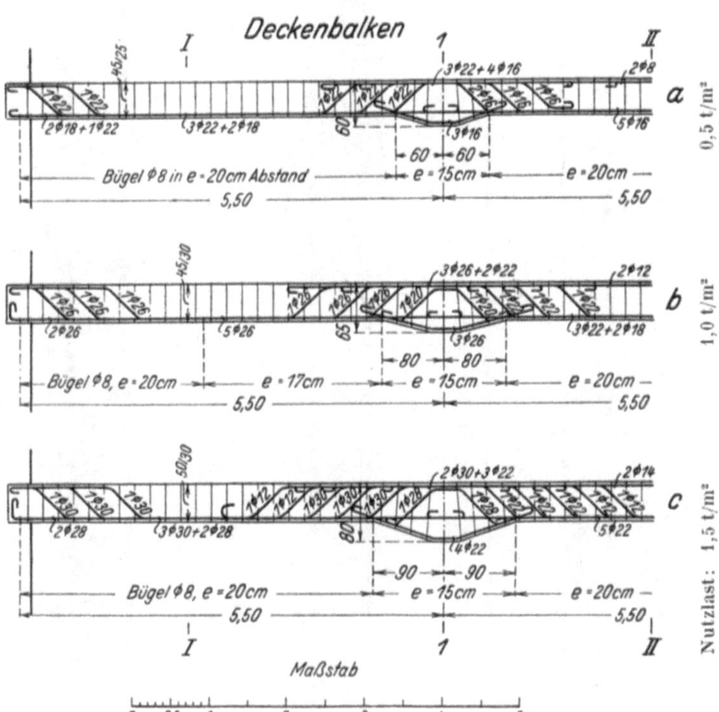

Tafel XIII.

Konstruktionsbilder.

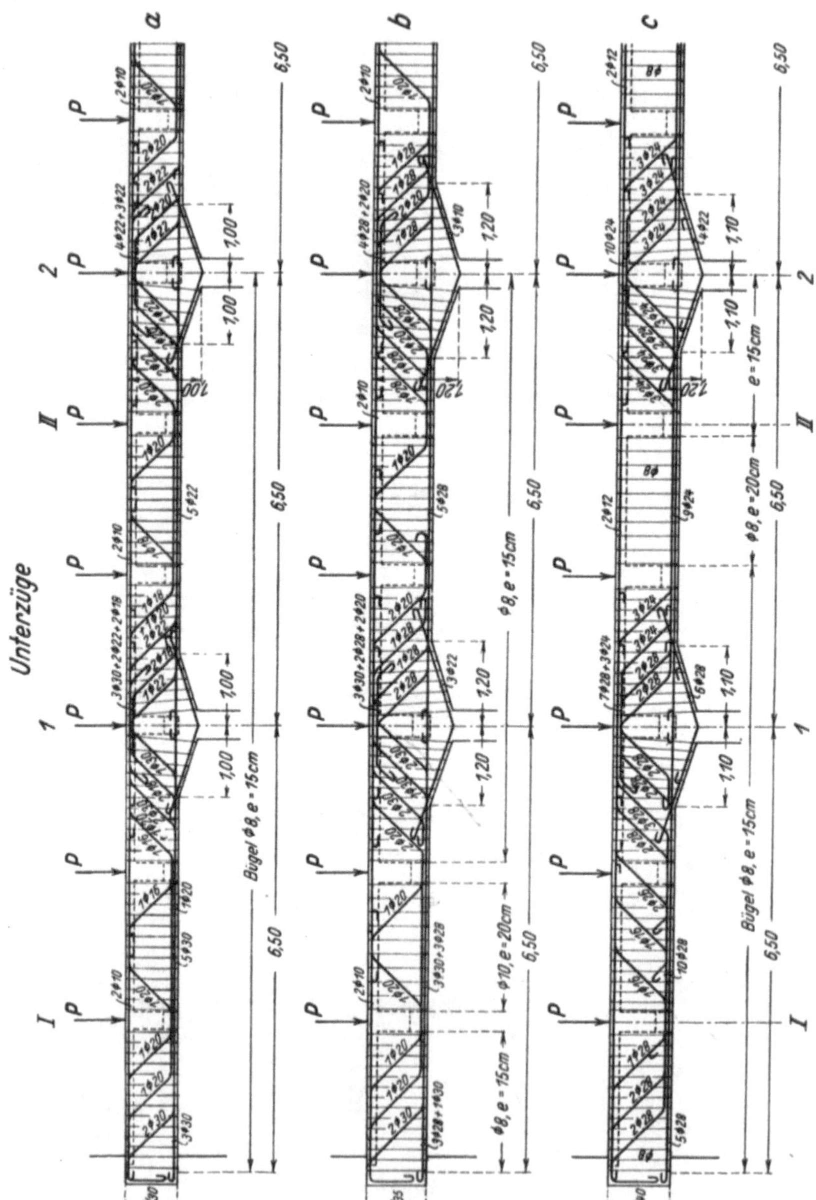

Nutzlast: 0,5 t/m² 1.0 t/m² 1,5 t/m²

Tafel XIII.

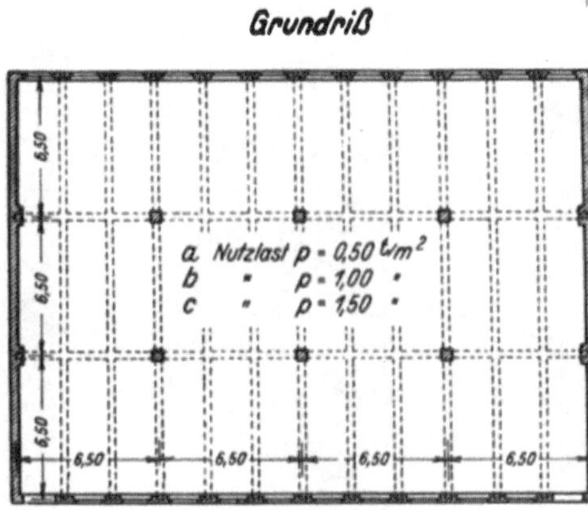

Konstruktionsbilder.

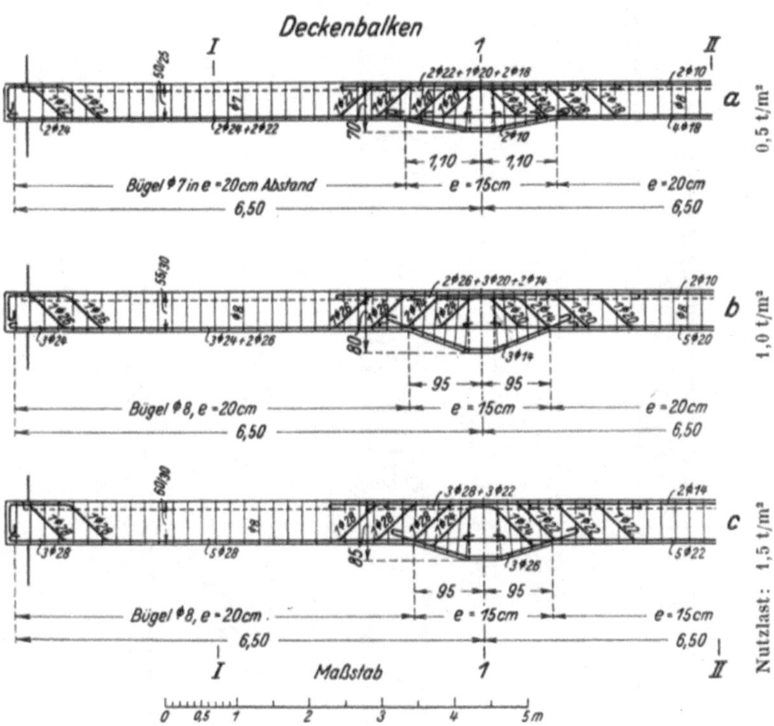

Tafel XIV.

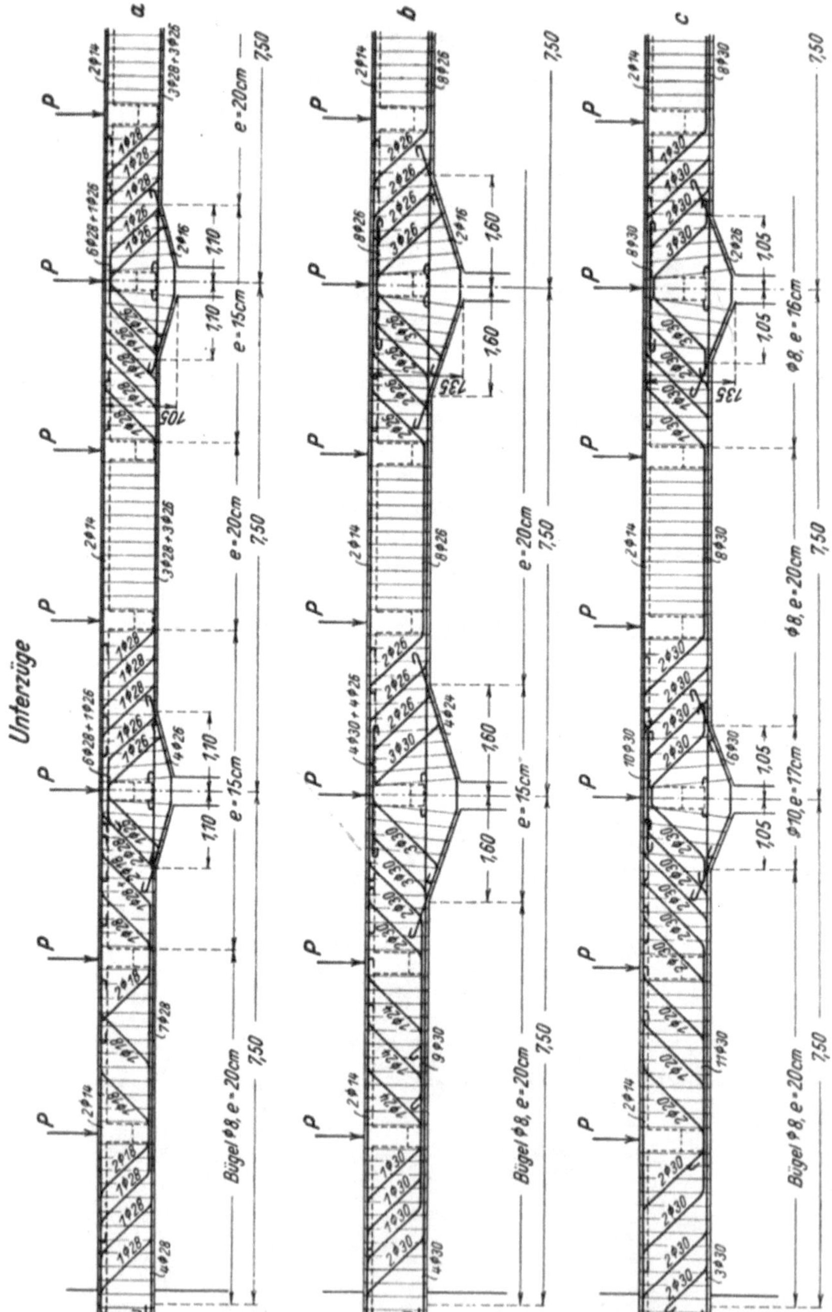

Tafel XIV.

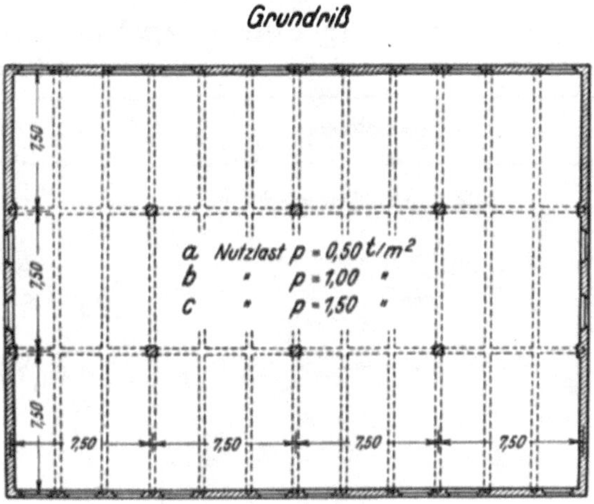

Konstruktionsbilder

für 0,5, 1,0 und 1,5 t/m² Nutzlast.

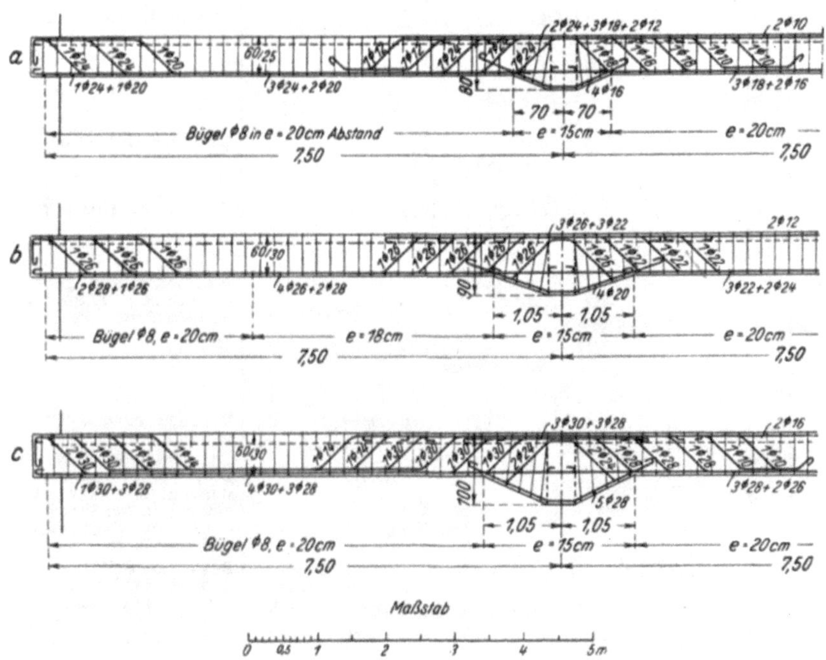

G. Bestimmungen.

Kapitel 81. Merkbilder zu den Bestimmungen des Deutschen Ausschusses für Eisenbeton vom September 1925.

§	Ziffer	Abbildung	Bemerkung
14		**Allgemeine Vorschriften.**	
	1		Endhacken der Eiseneinlagen
	2	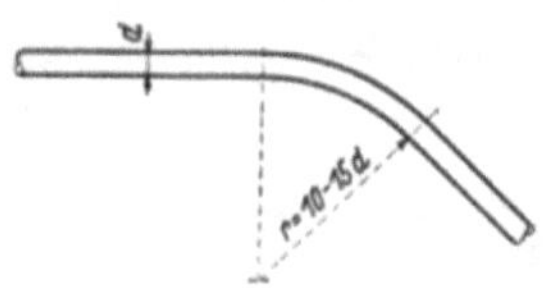	Krümmungsradius der aufgebogenen Eisen
	3	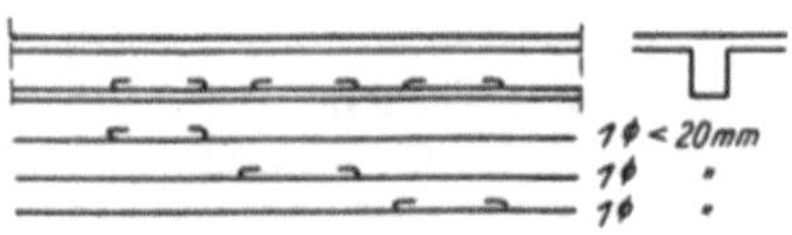	Stöße der Zugeisen
		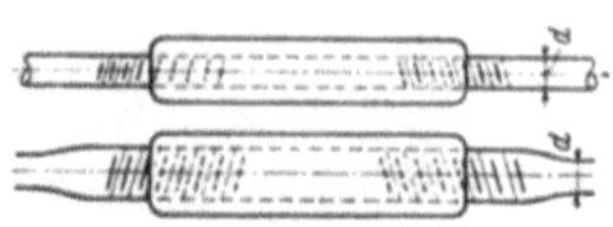	Spannschlösser
			Geschweißtes Eisen; Zulageisen
			Stoß durch Übergriff
	4	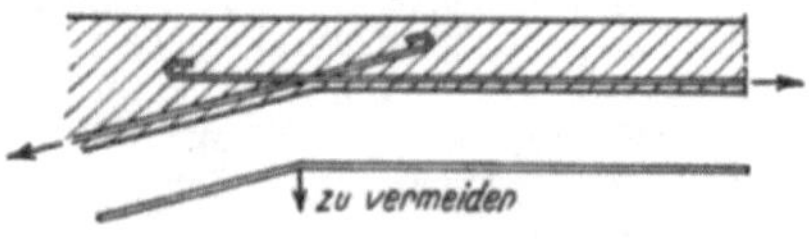	Geknickte und gebogene Eisen; Gefahr des Absprengens des Betons
	5	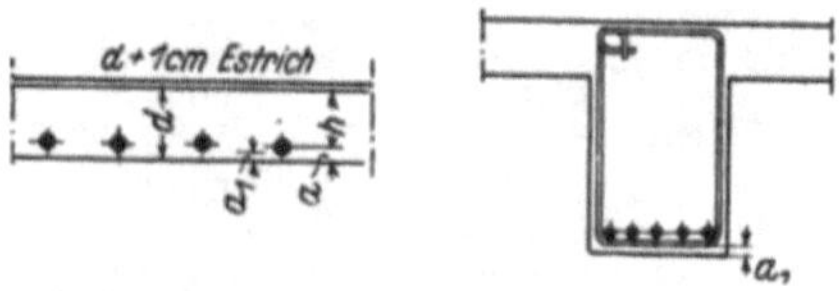	Betondeckung der Eiseneinlagen Bei großen Abmessungen, bei besonders schwierigen Verhältnissen und bei Verwendung von Formeisen mehr als 2 cm
		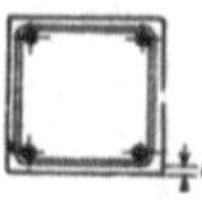 Platten $a_1 = 1{,}0$ im Innern, Balken u. Stützen 1,5; Platten $a_1 = 1{,}5$ im Freien, Balken u. Stützen 2,0	Besondere Schutzmaßnahmen bei Bauteilen, die zementschädlichen Gasen und Dämpfen ausgesetzt sind

§	Ziffer	Abbildung	Bemerkung
14	6	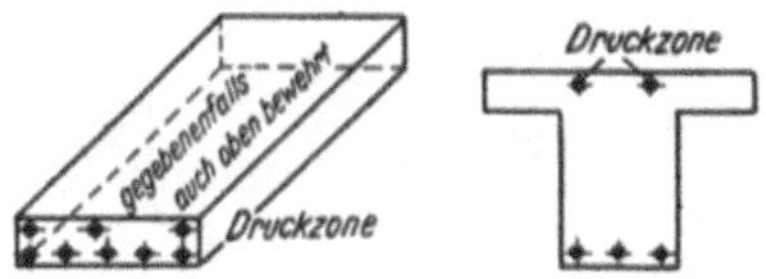	Schutz von fertig zu verlegenden Bauteilen vor Zerbrechen beim Transport durch entsprechend vorzusehende Bewehrung
		Sondervorschriften für bestimmte Bauteile.	
	7	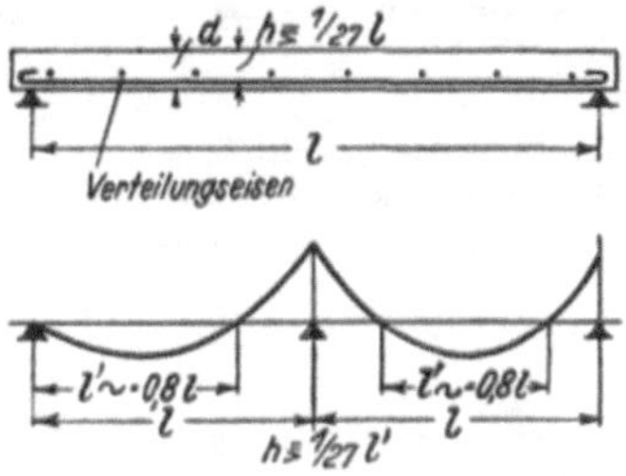	Platten: Nutzhöhe „h" vgl. § 17, Ziff. 2 Bei Durchlaufplatten ist „l" die Entfernung der Nullpunkte. Dafür besondere Tabelle am Schlusse
		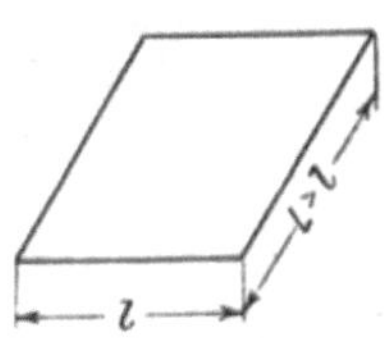 $h \geqq \frac{1}{30}\, l$ (frei aufgelagert) $h \geqq \frac{1}{30}\, l' \geqq \frac{1}{40}\, l$ (durchlaufend) l' = Entfernung der Momenten-Nullpunkte	Kreuzweise gespannte Platten (vgl. § 17, Ziff. 8)
		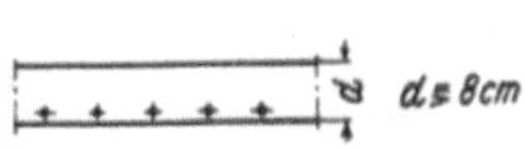 $d < 8$ cm nur bei Dächern, unbel. Decken und fertig verlegbaren Platten	Mindeststärken (vgl. § 14, Ziff. 8)
		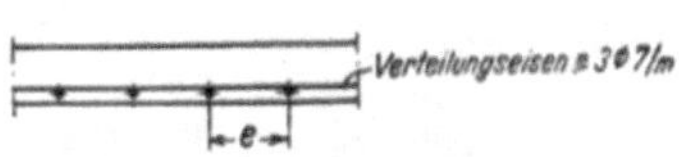 an der Stelle des größten Feldmomentes $e \leqq 15$ cm	Abstand der Trageisen
		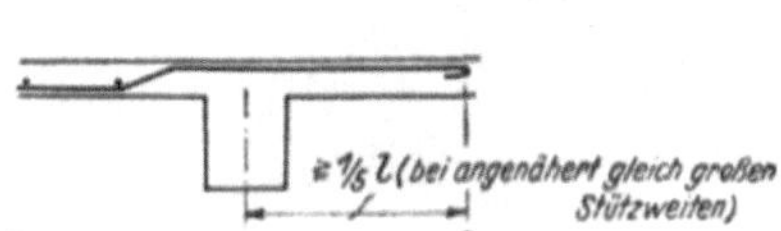	Übergriffe der Trageisen in das benachbarte Feld

§	Ziffer	Abbildung	Bemerkung
14	8	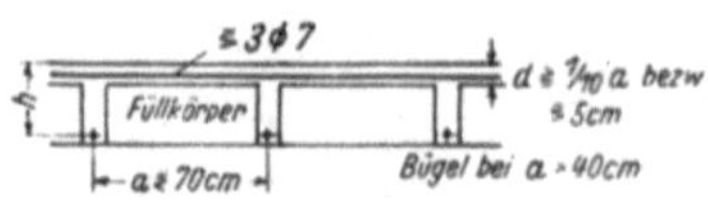 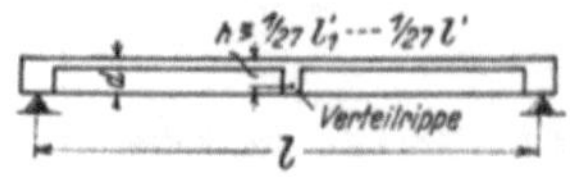 **bei $l < 4{,}00$ m keine Verteilrippe** **„ 4,00—6,00; 1 „** **„ > 6,00; 2 „** **Wenn Füllkörper aus gebrannten Hohlsteinen oder anderem festen Material verwendet werden, sind keine Verteilrippen und Bügel notwendig**	**Eisenbetonrippendecken** Mindestnutzhöhen wie bei vollen Platten $h \geq \frac{1}{27} l'$ (Vgl. § 17, Ziff. 6)
	9	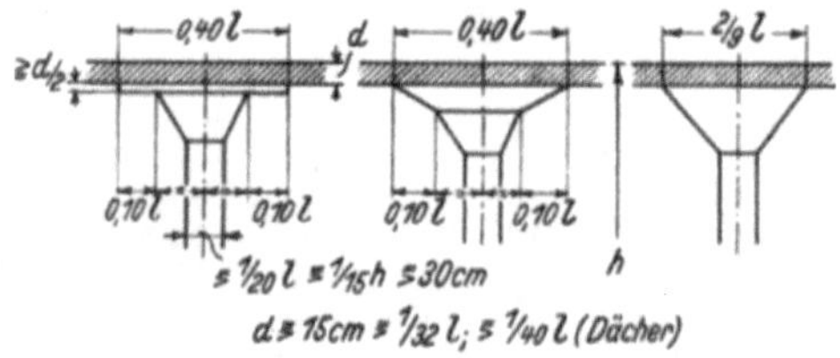 **Die Eiseneinlagen sind dem Verlauf der Biegungsmomente und Querkräfte anzupassen**	**Pilzdecken** l = Entfernung der Säulenachsen h = Stockwerkhöhe (Über die Berechnung der Säulen vgl. § 17, Ziff. 15 u. 16 und § 18, Ziff. 6—10)
	10	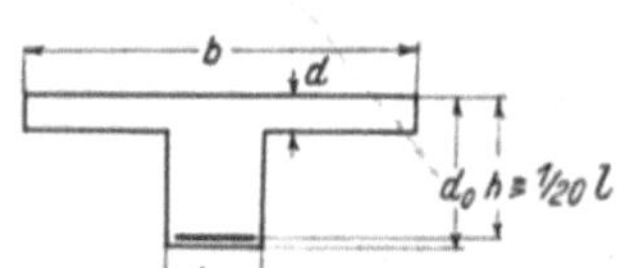 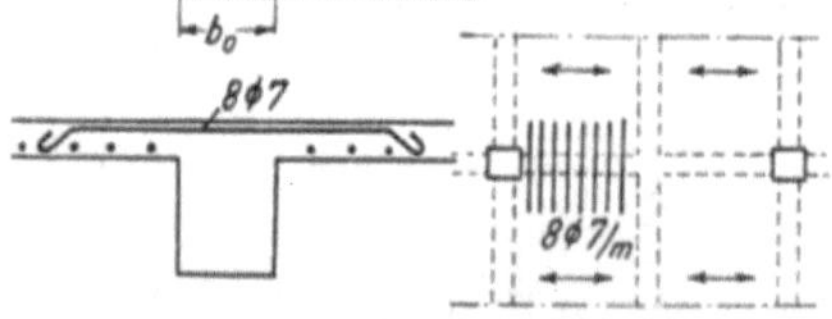 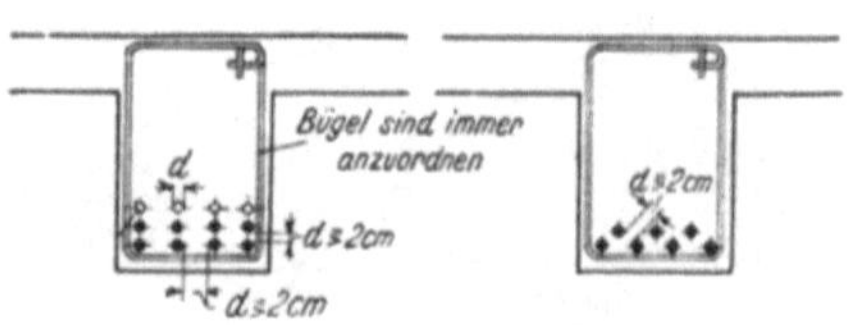	**Balken und Plattenbalken** (§ 17, Ziff. 10) Zulageeisen, wenn die Plattenbewehrung parallel zum Balken liegt (Unterzüge) Anordnung der Zugeisen im Querschnitt Einige Eisen sind stets aufzubiegen

<table>
<tr><th>§</th><th>Ziffer</th><th>Abbildung</th><th>Bemerkung</th></tr>
<tr><td>14</td><td>11</td><td>

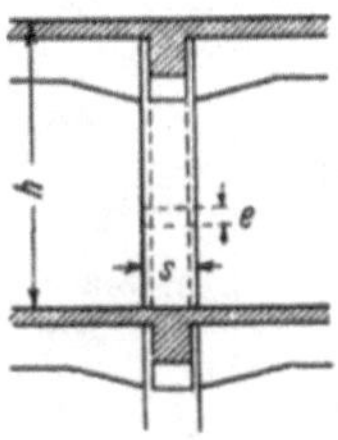

$F_{e\,max} = 3\,\%\,F_b$

$F_{e\,min}\ \frac{s}{h} = 10\ldots 0{,}8\,\%\,F_b$

$\frac{s}{h} = 5\ldots 0{,}5\,\%\,F_b$

$e \gtreqless s \lesseqgtr 12\,d$ (d = Durchmesser der Längseisen)

$s < 25$ cm und $< \frac{1}{20}\,h$ nur ausnahmsweise

</td><td>

Säulen

Zwischenwerte sind einzuschalten

</td></tr>
<tr><td></td><td></td><td>

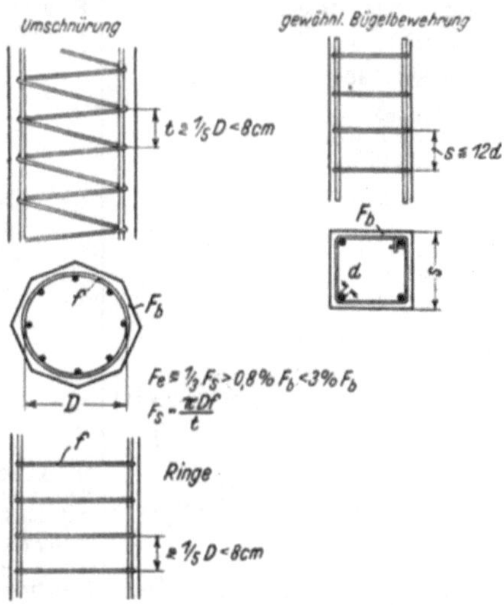

</td><td>

Stützen, bei denen $s < \frac{1}{20}\,h$ oder $s < 25$ cm, sind nur ausnahmsweise gestattet

vgl. § 18, Ziff. 7

</td></tr>
<tr><td></td><td></td><td>

Sondervorschriften für Eisenbahnbrücken

</td><td></td></tr>
<tr><td></td><td>12</td><td>

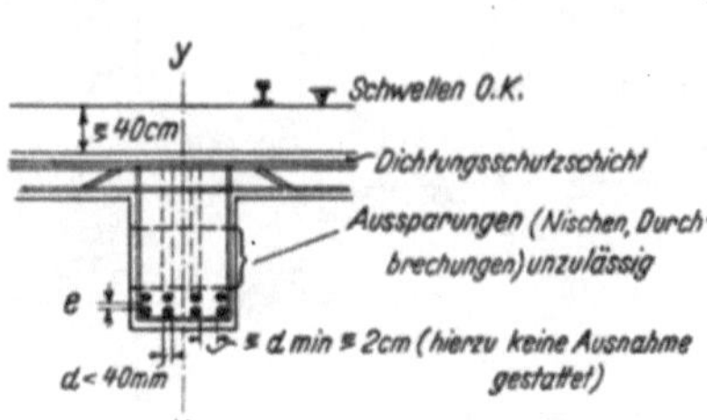

</td><td>

Nur zwei Reihen Eisen übereinander gestattet. Aufgebogene Eisen symmetrisch zur Achse y—y

</td></tr>
</table>

§	Ziffer	Abbildung	Bemerkung
15	1 und 2	**Belastungsvorschriften** (in den verschiedenen Ländern verschieden; für Preußen: Bestimmungen über die bei Hochbauten anzunehmenden Belastungen von 1919)	Belastungsannahmen
16	1	Temperatur und Schwinden. Trennfugen	Einfluß der Temperatur u. des Schwindens
	2	$\Delta t = \pm\ (15-20^0)$ Schwinden = Temperaraturabfall von 15^0 Wärmeausdehnungszahl $s_t = \frac{1}{100000} = 10^{-5}$	
	3	$d \geqq 70$ cm $\quad \Delta t = (10-15^0)$	
17	1	Bei elastischen Formänderungen $E_b = 210000$ kg/cm² „J" aus folgendem Querschnitt: 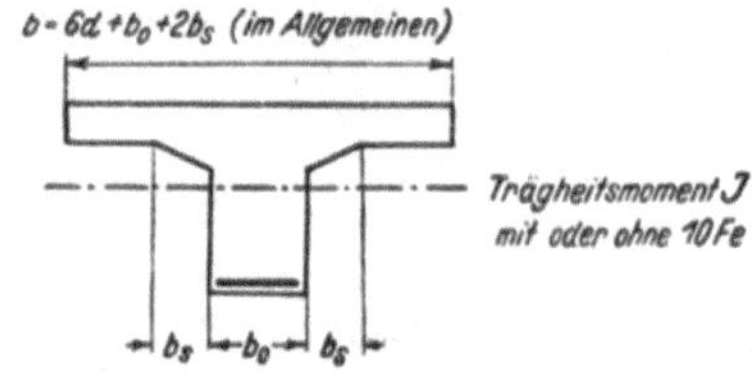 Für die Spannungsermittlung: $E_b = 140000$ ($n = 15$) $\quad p$ = Nutzlast/m g = st. Last/m $\quad q = g + p$ (Gesamtlast)	Ermittelung der äußeren Kräfte
	2	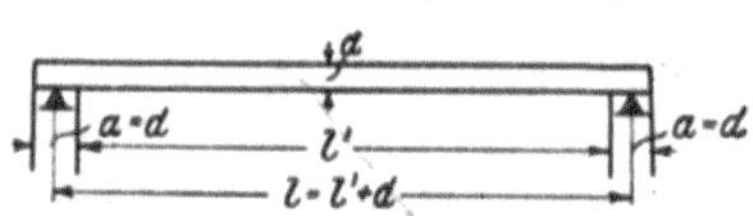 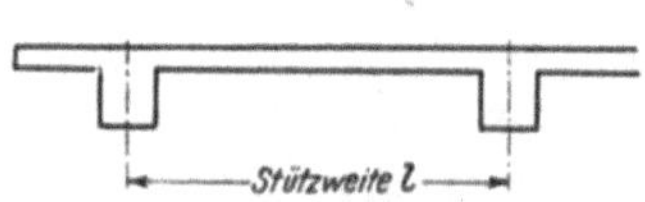 	Platten mit Hauptbewehrung nach einer Richtung Stützweite Bei $a < d$ ist die Sicherheit besonders nachzuweisen
	3	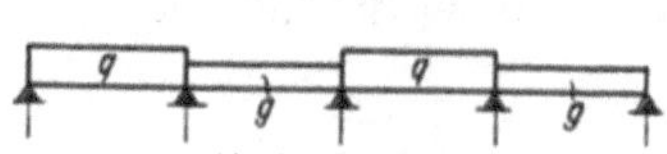 *Maximalmomente*	Momente durchl. Platten
	a	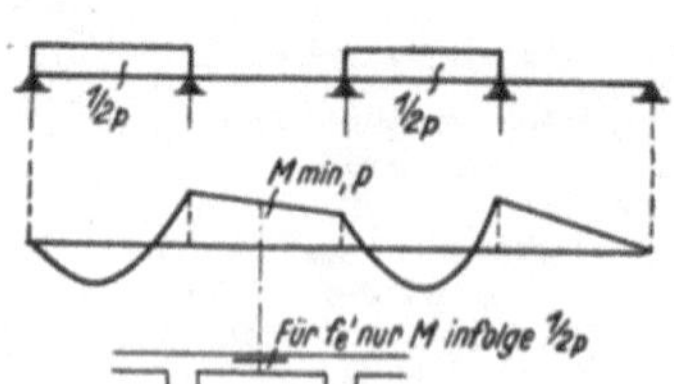 	Berücksichtigung des Verdrehungswiderstandes der Balken (neg. Feldmomente der Platte)

§	Ziffer	Abbildung	Bemerkung
17	3b	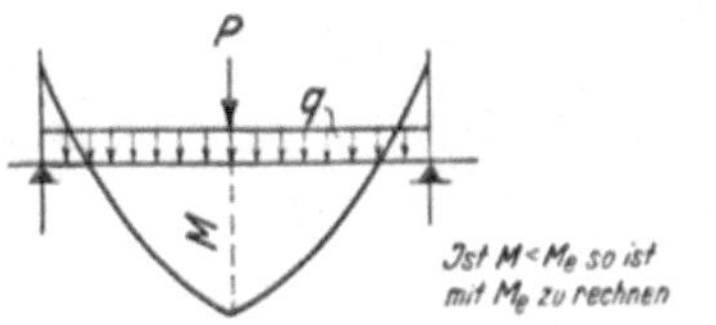 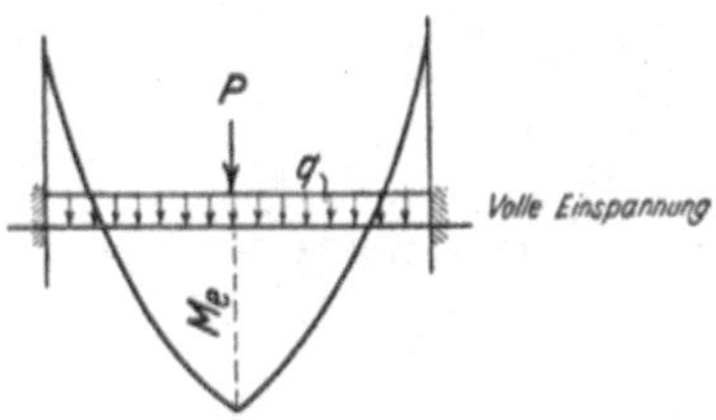	Mindestwert für pos. Momente
	c	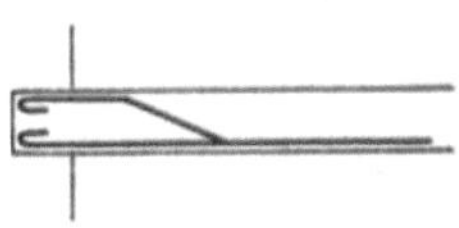 Einspannungen an den Endauflagern nachzuweisen	Berücksichtigung der Einspannung
		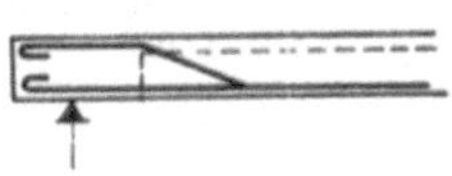 Auch bei Annahme freier Auflagerung obere Bewehrung	
	d	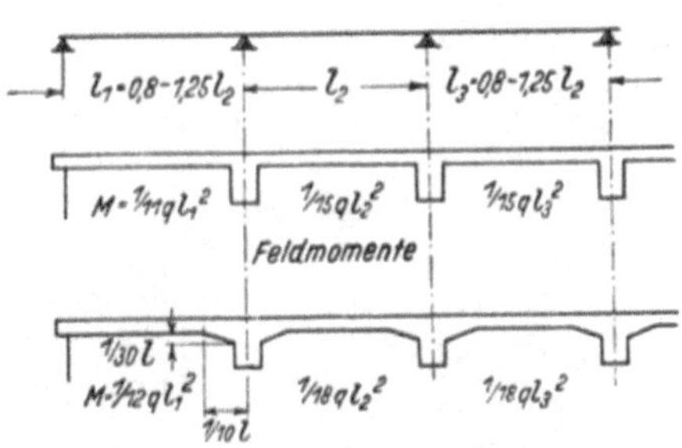	Bei angenähert gleich großen Stützweiten können die Momente mit Hilfe von einfachen Ausdrücken errechnet werden
		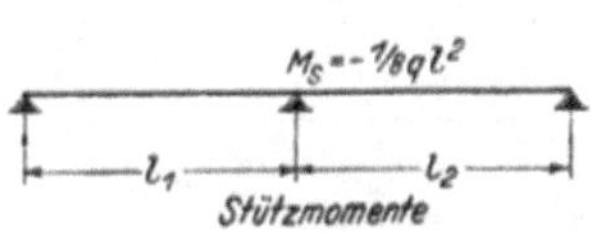	Angenäherte Bestimmung von Stützmomenten
		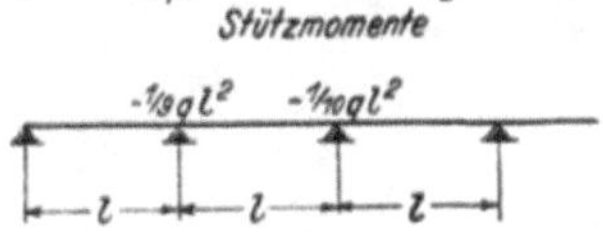	
		Negative Feldmomente $M_{min} = l^2/24\,(g - P/2)$	Negative Feldmomente

<table>
<tr><th>§</th><th>Ziffer</th><th>Abbildung</th><th>Bemerkung</th></tr>
<tr><td>17</td><td>4</td><td>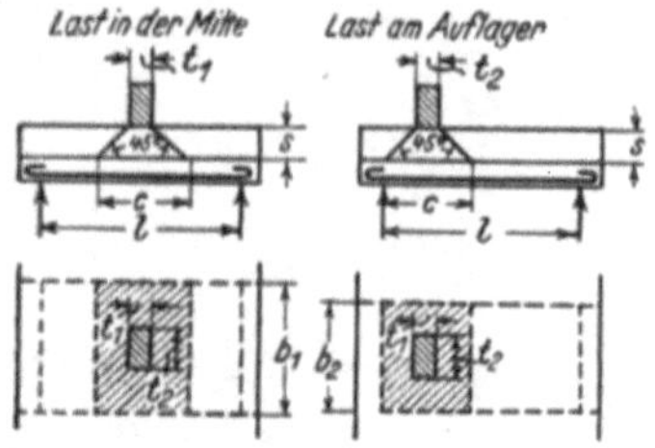

$c = t_1 + 2s$ Innerhalb $b_1 \cdot c$ und $b_2 \cdot c$ gleichmäßige Lastenverteilung
$b_1 = \frac{2}{3} l$ $b_2 = \frac{1}{3} l$
$b_1 = t_2 + 2s$ $b_2 = t_2 + 2s$
Die größeren Werte können genommen werden, für Mittelbelastung einschalten</td><td>Verteilung von Einzellasten oder Streckenlasten (Raddrücke oder Drücke von Maschinenfüßen)</td></tr>
<tr><td></td><td>5</td><td>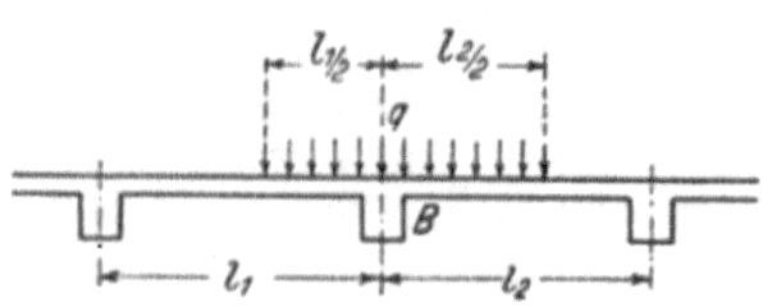

Für den Balken B ist zu rechnen
$\frac{l_1 + l_2}{2} \cdot q$</td><td>Stützendrücke durchlaufender Deckenplatten</td></tr>
<tr><td></td><td>6</td><td>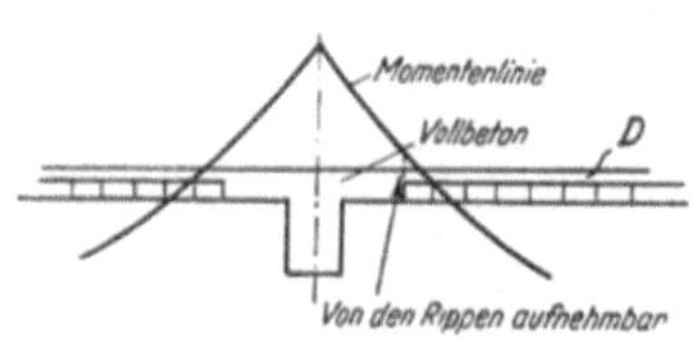
</td><td>Eisenbetonrippendecken, § 14, Ziff. 8
Die Tragfähigkeit der Platte D ist außerdem nachzuweisen</td></tr>
<tr><td></td><td>7</td><td>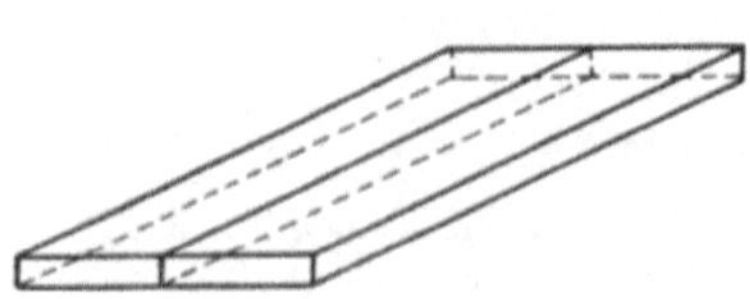
Für fertig verlegbare Platten gelten die gleichen Bestimmungen 1, 2, 3 und 5</td><td>Vgl. § 14, Ziff. 6</td></tr>
</table>

§	Ziffer	Abbildung	Bemerkung
17	8a	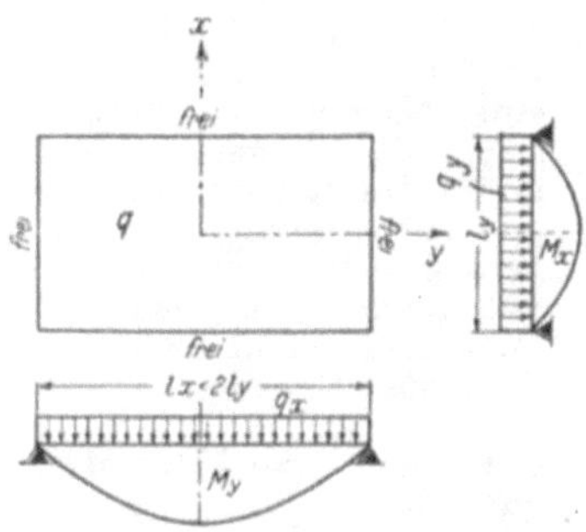 Ecken gegen Abheben gesichert	**Kreuzweise bewehrte Platten und Pilzdecken** **Rechteckige Platten:** Genaue Berechnung nach der Plattentheorie oder Berechnung nach den vereinfachten Formeln. (Vgl. Dr.-Ing. Marcus, Die vereinfachte Berechnung biegsamer Platten)
	α	Grenzfall der ringsum frei aufliegenden Platte: $q_x = q \cdot \frac{l_y^4}{l_x^4 + l_y^4}$ $q_y = q \cdot \frac{l_x^4}{l_x^4 + l_y^4}$ $M_x = q_x \cdot \frac{l_x^2}{8} \nu_a$ $M_y = q_y \cdot \frac{l_y^2}{8} \nu_a$ $\nu_a = 1 - \frac{5}{6} \cdot \frac{l_x^2 \cdot l_y^2}{l_x^4 + l_y^4}$	
	β	Grenzfall der ringsum eingespannten Platte: Feldmomente: $q_x = q \frac{l_y^4}{l_x^4 + l_y^4}$ $q_y = \frac{l_x^4}{l_x^4 + l_y^4}$ $M_x = + q_x \frac{l_x^2}{24} \nu_b$ $M_y = + q_y \frac{l_y^2}{24} \nu_b$ $\nu_b = 1 - \frac{5}{18} \frac{l_x^2 \cdot l_y^2}{l_x^4 + l_y^4}$ Einspannmomente: $M_x = - q \frac{l_x^2}{12} \frac{l_y^4}{l_x^4 + l_y^4}$ $M_y = - q \frac{l_y^4}{12} \frac{l_x^4}{l_x^4 + l_y^4}$	
	8b	ν berücksichtigt die Wirkung der Drillungsmomente. Die obigen Werte dürfen nur eingesetzt werden, wenn für die Aufnahme der Drillungsmomente durch Bewehrungseisen Sorge getragen ist, andernfalls ist $\nu = 1$ zu setzen	
	8c	Sicherung der Ecken gegen Abheben	
	9	Moment und Querkräfte von **Pilzdecken** sind nach der Regel der Plattentheorie (z. B. mittels Reihenentwicklung oder Anwendung der Gewebetheorie) zu berechnen, wobei die Drillungsmomente zu berücksichtigen sind	Pilzdecken

<table>
<tr><th>§</th><th>Ziffer</th><th>Abbildung</th><th>Bemerkung</th></tr>
<tr><td>17</td><td>9</td><td>
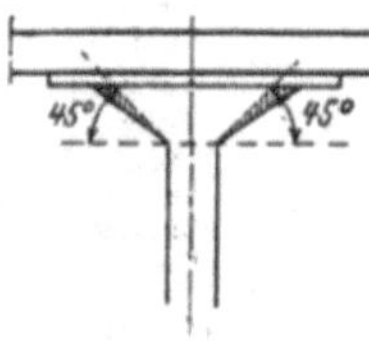

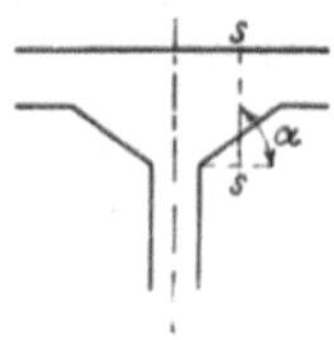

Die Teile des Säulenkopfes, die unterhalb einer Neigung von 45° gegen die Wagerechte liegen, dürfen zur Spannungsübertragung nicht herangezogen werden und gelten beim Spannungsnachweis als nicht vorhanden

Für s — s ist der Eisenquerschnitt
$F_e \cdot \cos\alpha$
einzuführen

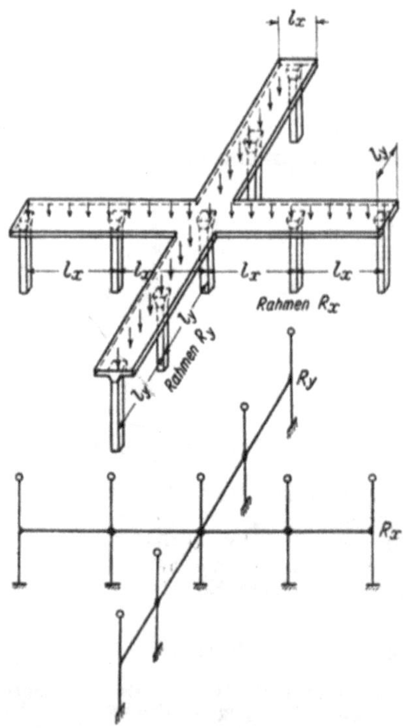

Bei Berechnung als Stockwerkrahmen nur 2 Stockwerke zu berücksichtigen
</td><td>Pilzkopf

Angenäherte Berechnung als 2 Scharen von Rahmen
R_x und R_y
Jede dieser Scharen ist für ganze in ungünstigster Stellung wirkender Deckenlast zu berechnen und zu bemessen</td></tr>
</table>

§	Ziffer	Abbildung	Bemerkung
17	9	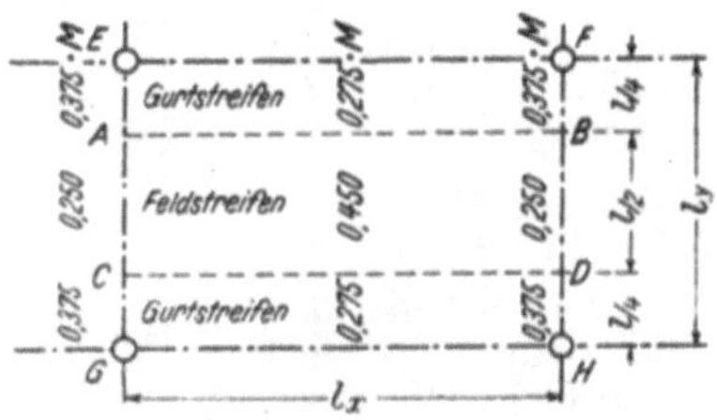	Verteilung der gesamten Rahmenmomente auf die Feld- und Gurtstreifen
		Weitere Vereinfachung 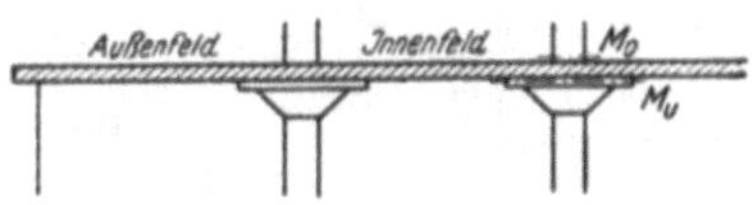 Außenfeld Innenfeld	Die nebenstehenden Formeln dürfen nur angewendet werden, wenn in beiden Richtungen (x und y) die kleinste Stützweite mindestens 0,80 von der größten beträgt und wenn die Pilzköpfe Verstärkungen nach den Abb. von § 14, Ziffer 9 haben. Ist letztere Bedingung nicht erfüllt, so sind die positiven Momente um 25% zu erhöhen
	a b	(12) $\begin{cases} M_F = l^2\left(\frac{g}{16} + \frac{p}{13}\right) \\ M_G = l^2\left(\frac{g}{13} + \frac{p}{11}\right) \end{cases}$, $\begin{cases} M_F = l^2\left(\frac{g}{32} + \frac{q}{16}\right) \\ M_G = l^2\left(\frac{g}{26} + \frac{p}{13}\right) \end{cases}$ (13)	
	c	(14) $\begin{cases} M_F = -\frac{l^2}{24}\cdot(g+p) \\ M_G = -\frac{l^2}{8}\cdot(g+p) \end{cases}$ Stützenmomente längs der ersten inneren Stützenreihe	
	d	(15) $\begin{cases} M_F = -\frac{l^2}{30}\cdot(g+p) \\ M_G = -\frac{l^2}{10}\cdot(g+p) \end{cases}$ Stützenmomente in den übrigen Stützenreihen	
	e	Die am oberen Ende der unteren und am unteren Ende der oberen Säulen aufzunehmenden Biegungsmomente sind nach den Formeln (16) $\begin{cases} M_u = \mp P\cdot\frac{l}{12}\cdot\frac{c_u}{c_o+1+c_u} \\ M_o = \pm P\cdot\frac{l}{12}\cdot\frac{c_o}{c_o+1+c_u} \end{cases}$ zu ermitteln. Hierbei ist P die gesamte Verkehrslast eines Feldes mit den Seitenlängen l_x und l_y, $c_o = \frac{l}{h_o}\cdot\frac{J_o}{J_d}$, $c_u = \frac{l}{h_u}\cdot\frac{J_u}{J_d}$, J_d = Trägheitsmoment der Decke, bezogen auf die Feldbreite, J_u = Trägheitsmoment der unteren Säule,	

§	Ziffer	Abbildung	Bemerkung
17	9	J_o = Trägheitsmoment der oberen Säule, h_o = Höhe der oberen Säule (Stockwerkhöhe), h_u = Höhe der unteren Säule "	
	f	Feldstreifen in Randfeldern $^3/_4\,M_F$ Gurtstreifen an der Wand $^1/_2\,M_G$	
		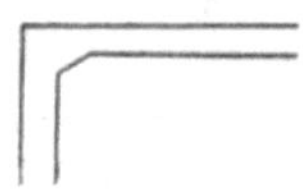 für Außensäulen ist an Stelle von P in den Formeln (16) $P + G = l_x \cdot l_y\,(p + g)$ zu setzen.	
	10 a	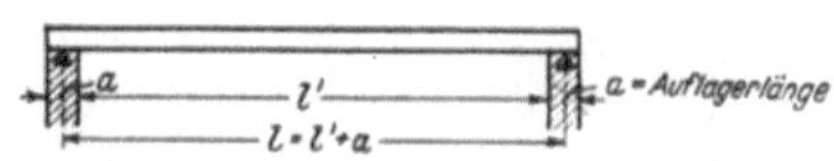	Balken und Plattenbalken Stützweite
	b	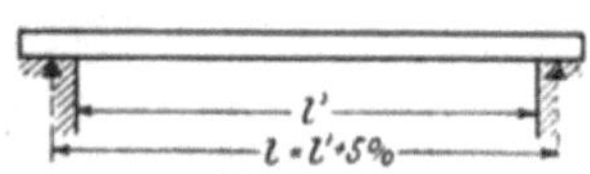 bei außergewöhnlich großen Auflagerlängen	
		bei durchlaufenden Balken	
	c	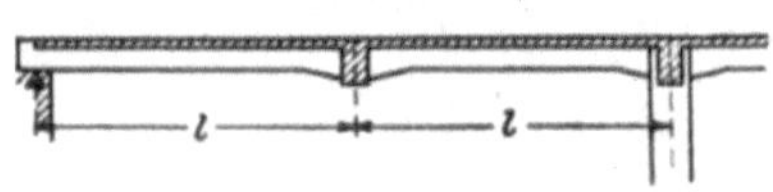	
		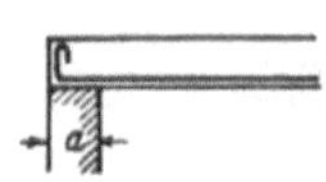 Für $a < 0{,}05\,l$, ist die Sicherheit des Auflagers nachzuweisen.	
	11 a	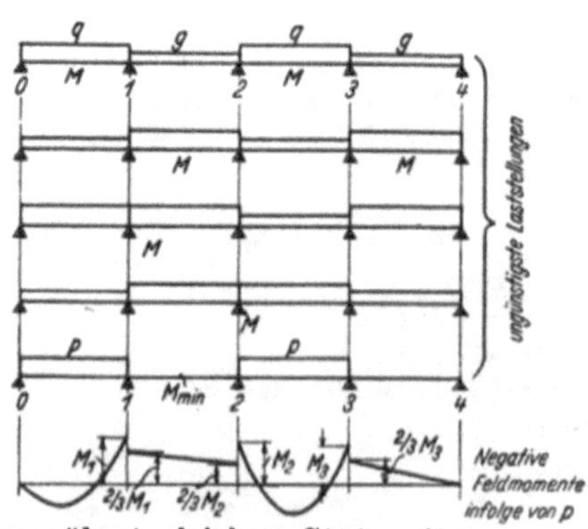 Bei angenähert gleichen Stützweiten $M_{\min} = \frac{1}{24}\,l^2\left(g - \frac{2}{3}\,p\right)$	Momente durchlaufender Balken

§	Ziffer	Abbildung	Bemerkung
17	11 b	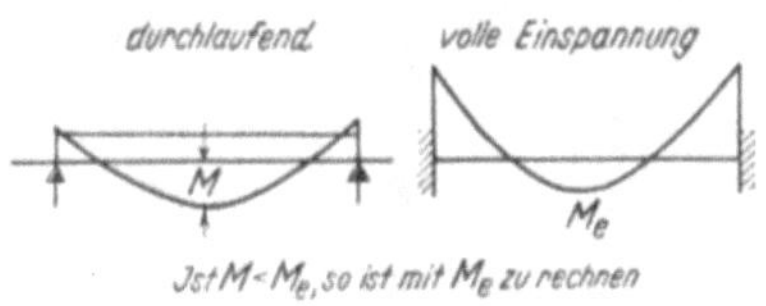	**Mindestwert für pos. Momente**
	c	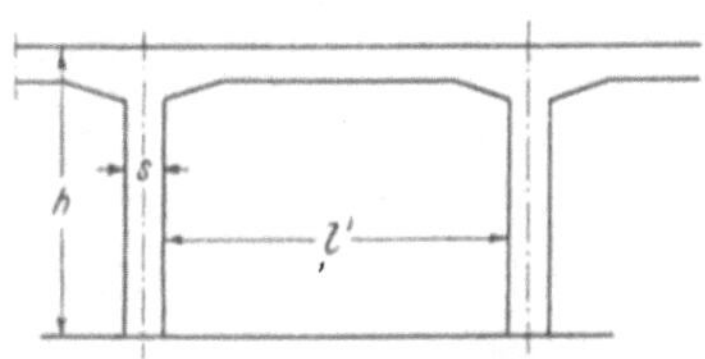 bei $s \gtrless \frac{h}{5}$ kann mit voller Einspannung gerechnet werden; Stützweite $= l' + 5\,\%$	**Berücksichtigung der Einspannung**
	12	Querkräfte (Vollbelastung) bei rollenden Lasten, Grenzwerte 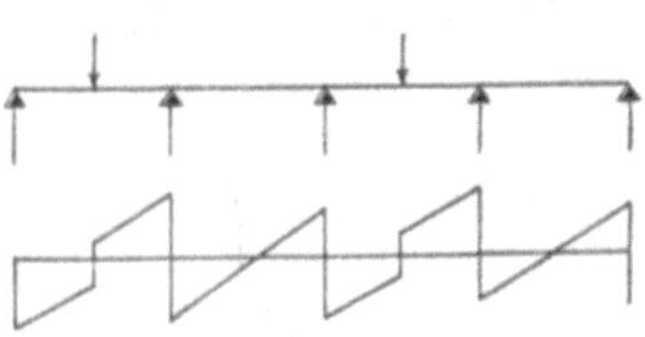 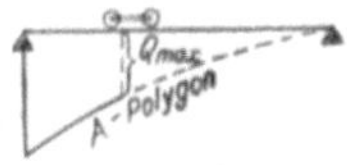 Rollende Lasten für jeden Schnitt ungünstige Stellung	**Querkräfte**
	13	Stützkräfte von Balken oder Plattenbalken 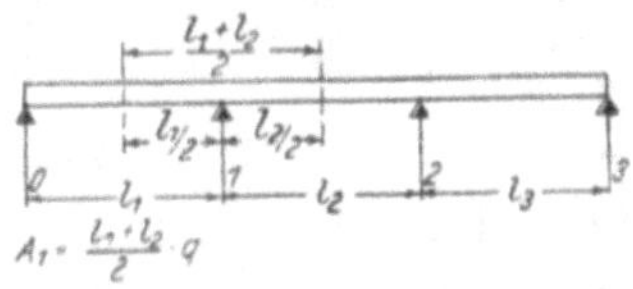 Auflagerkräfte sind ohne Berücksicktigung der Kontunität wie bei einfachen Balken zu ermitteln 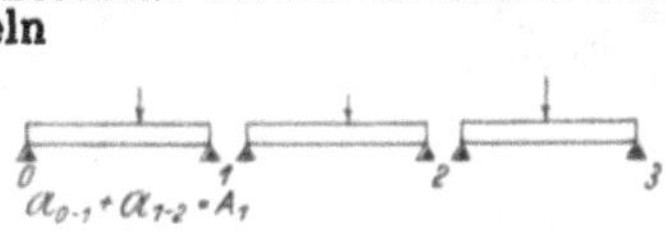	**Stützkräfte**

§	Ziffer	Abbildung	Bemerkung
17	14	Querschnitt von Plattenbalken	Querschnitt
	a	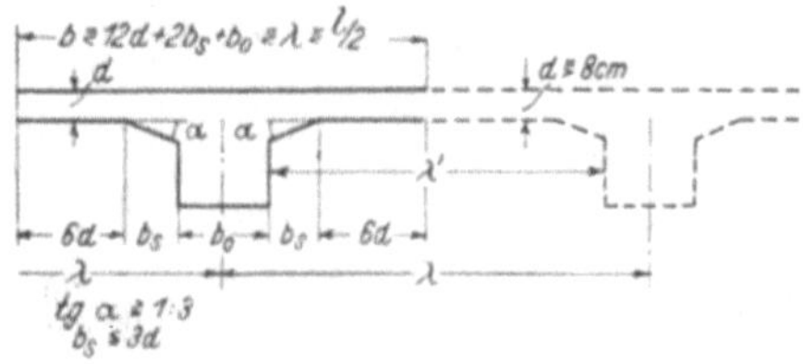	
	b	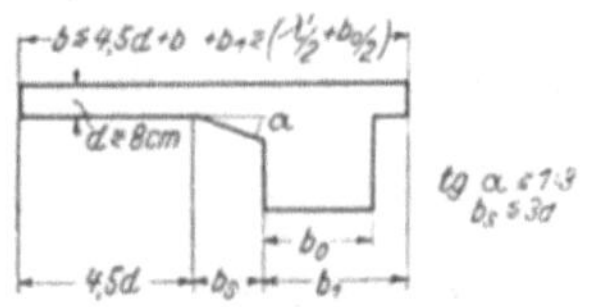	
	15	**Säulen und Rahmen**	Säulen und Rahmen
		Säulen nur ausnahmsweise auf Verlangen der Baupolizei auf Biegung zu untersuchen	
		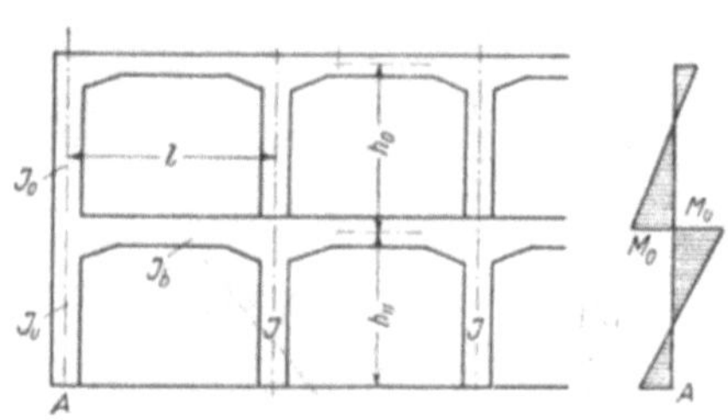	
		Für die inneren Säulen genügt Untersuchung auf mittigen Druck	
		Für die Außenstützen	
		(18) $\begin{cases} M_u = -q \cdot \frac{l^2}{12} \cdot \frac{c_u}{c_o + 1 + c_u} \\ M_o = +q \cdot \frac{l^2}{12} \cdot \frac{c_o}{c_o + 1 + c_u} \end{cases}$	
		$c_o = \frac{l}{h_o} \cdot \frac{J_o}{J_b}$	
		$c_u = \frac{l}{h_u} \cdot \frac{J_u}{J_b}$	

§	Ziffer	Abbildung	Bemerkung
17	16	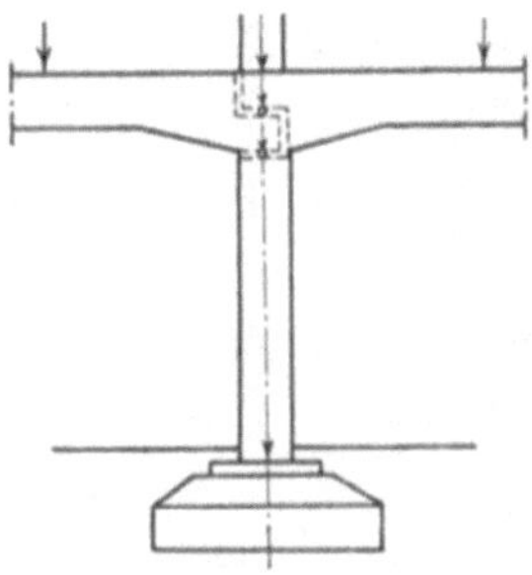 Zur Ermittlung der Stützkräfte für Stützen und Fundamente ist das punktiert angedeutete System zugrundezulegen (vgl. § 17, Ziff. 13)	Stützkräfte
	17	Lastverteilung unter Eisenbahngleisen 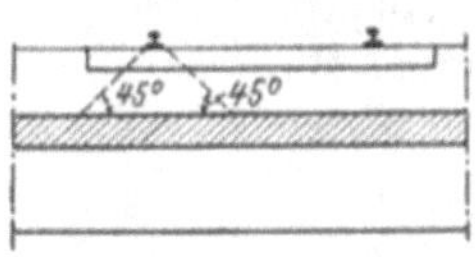 Lastverteilung für den Querbalken 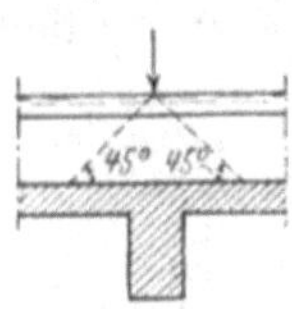	Lastverteilung bei Eisenbahnbrücken
18		Ermittlung der inneren Kräfte	
	1	Rechnungsannahmen 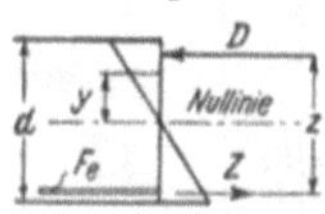 a) Dehnung mit y linear zunehmend b) Betonzugspannungen außeracht gelassen	
	2	Verhältnis der Elastizitätsmaße für die Spannungsermittlungen $n = \frac{E_a}{E_b} = 15$	
	3	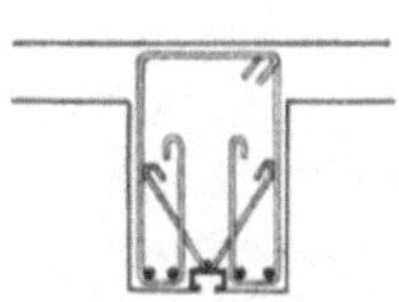 Für F_a kann eingesetzt werden: F_a der Rundeisen + $^1/_2 F_{netto}$ der Schiene	Angaben über Ankerschienen vgl. Bet.Kal. 1928, Seite 158—159
	4	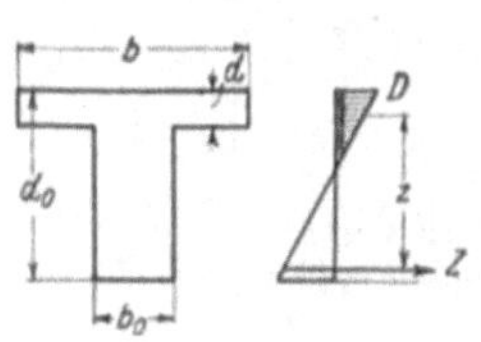 In Balken sind die Spannungen nachzuweisen $\tau_o = \frac{Q}{b_o \cdot z}$ darf an keiner Stelle des Balkens 14 kg/cm² überschreiten	Schubspannungen

§	Ziffer	Abbildung	Bemerkung
18	4	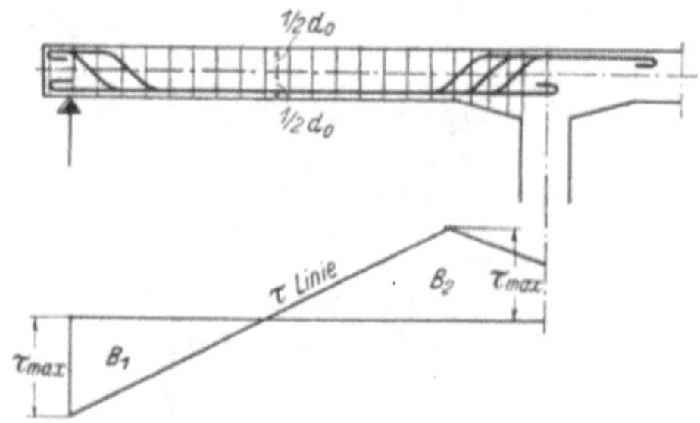 Für jedes Bereich *B* gilt: a) Ist $\tau_{max} \leqq 4{,}0\ \mathrm{kg/cm^2}$ (gew. Zement) $\leqq 5{,}5\ \mathrm{kg/cm^2}$ (hochw. Zement), so ist der rechnerische Nachweis der Schubsicherung, nämlich der Schrägeisen und Bügel, nicht erforderlich b) Ist $\tau_{max} > 4{,}0\ \mathrm{kg/cm^2}$ (gew. Zement) $> 5{,}5\ \mathrm{kg/cm^2}$ (hochw. Zement), so ist die Schubsicherung so zu bemessen, daß sie die dem ganzen Schubdiagramm entsprechende Schubkraft aufnehmen kann.	Schubbewehrung
	5	Haftspannungen τ_1 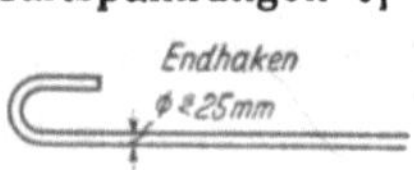 Kein Nachweis der Haftspannungen erforderlich 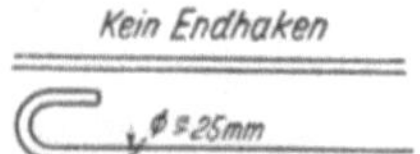 Nachweis erforderlich 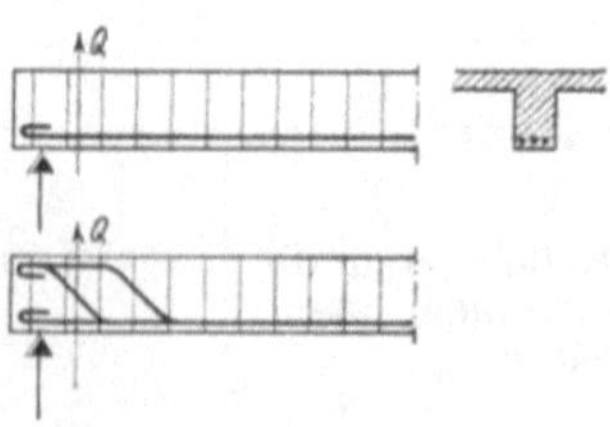 $\tau_1 = \frac{Q}{u \cdot z}$ $\tau_1 = \frac{1/2 \cdot Q}{u \cdot z}$ u = Umfang der Zugeisen an der zu untersuchenden Stelle; bei n-Stück-Eisen vom Durchmesser d, $u = n \cdot \pi \cdot d$	Haftspannungen (20)

§	Ziffer	Abbildung	Bemerkung
18	6	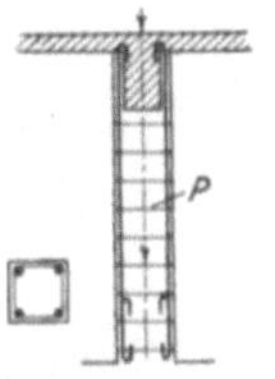 Stützen mit gewöhnlicher Bügelbewehrung, mittigen Druck ohne Knickgefahr Zulässig mittige Belastung: $P = \sigma_b (F_b + 15 F_e) =$ $= \sigma_b \cdot F_i$ (21) σ_b = zul. Druckbeanspruchung des Betons für Stützen F_b = Querschnittsfläche des Betons F_e = Querschnittsfläche der Längsbewehrung	Bewehrung der Stützen
	7	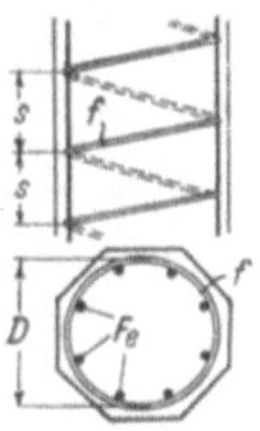 Umschnürte Säulen ohne Knickgefahr, bei mittigem Druck (überhaupt umschnürte Glieder) Zulässige Druckkraft: $P = \sigma_b (F_k + 15 F_e +$ $+ 45 F_s) = \sigma_b \cdot F_i$ (22) F_k = Kernquerschnitt, begrenzt durch die Achse der Querbewehrungseisen $= \frac{D^2}{4} \cdot \pi$ F_e = Querschnitt der Längsbewehrung $F_s = \frac{\pi \cdot D \cdot f}{s}$ Bedingung: $F_i = (F_k + 15 F_e + 45 F_s) \leq 2 F_b$ (23) F_b = ganzer Betonquerschnitt (Achteck) Quadratisch oder rechteckige Umschnürungen sind nur als gewöhnliche Bügel aufzufassen. Solche Stützen gehören unter Ziff. 6	
	8	Knickberechnung mittig belasteter Stützen; die ist durchzuführen: 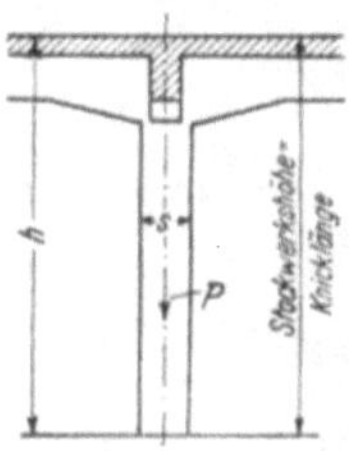 bei nicht umschnürten Stützen, wenn $\frac{h}{s_{min}} > 15$ bei umschnürten Stützen $\frac{h}{s_{min}} > 13$ $\omega P = \sigma_{b\,zul.} \cdot F_i$ (24) F_i (wie bei den Gl. 21 u. 22) ω = Knickzahl ist aus Tafel III in § 19, Ziff. 3 zu entnehmen	Knicken

§	Ziffer	Abbildung	Bemerkung
18	8	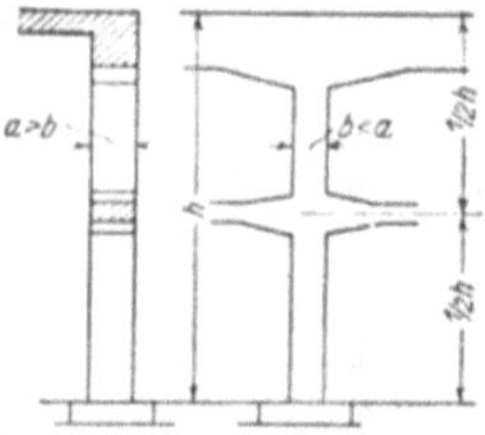 Bei Vorhandensein von wirksamen Aussteifungen ist auszugehen von $\frac{s}{h} = \frac{a}{h}$	
	9	Außermittiger Druck: 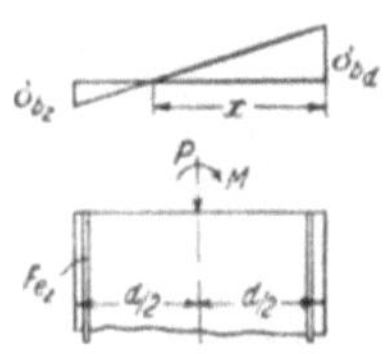 $\sigma = \frac{P}{F_i} \pm \frac{M}{W_i}$ (25) Gl. (25) ist anwendbar, wenn das daraus errechnete $\sigma_{bz} \leqq \frac{1}{5}\sigma_{bd}$ ist Für $\sigma_{bz} > \frac{1}{5}\sigma_{bd}$ müssen bei der Spannungsermittlung die Betonzugspannungen außer Ansatz bleiben F_i hat die gleiche Bedeutung wie bei den (Gl. 21 u. 22) W_i = Widerstandsmoment des Querschnittes einschl. Eisen ($F_b + 15\,F_e$) $F_{e\,zug}$ ist für die gesamte Zugkraft (ohne Berücksichtigung der Betonzugspannungen zu bemessen	Außermittiger Druck
	10	Knickberechnung außermittig belasteter Stützen Grenzen wie bei Ziff. 8 $\frac{h}{s_{\min}} > 15$ bzw. $\frac{h}{s_{\min}} > 13$ Bei Überschreitung dieser Grenzen ist an Stelle P zu setzen: $\omega \cdot P$ ω aus Tafel III, § 19, Ziff. 3 zu entnehmen	
19		Zulässige Beanspruchungen	Zul. Beanspruchungen
	1	Die zulässige Beanspruchung des Betons ist abhängig: 1. Von $W_{e\,28}$ = Würfelfestigkeit erdfeuchten Betons nach 28 Tagen 2. von $W_{b\,28}$ = Würfelfestigkeit des Betons in der gleichen Beschaffenheit wie im Bauwerk verwendet nach 28 Tagen	

§	Ziffer	Abbildung	Bemerkung
19	1	Die Würfelfestigkeiten sind festzustellen nach den „Bestimmungen für Druckversuche an Würfeln bei Ausführung von Bauwerken aus Beton und Eisenbeton“ und müssen mindestens betragen: 1. bei Verwendung von Handelszement $W_{e\,28}: 200\ \text{kg/cm}^2$ und außerdem $W_{b\,28}: 100\ \text{kg/cm}^2$ 2. bei Verwendung von hochwertigem Zement $W_{e\,28}: 275\ \text{kg/cm}^2$ und außerdem $W_{b\,28}: 130\ \text{kg/cm}^2$ 3. in besonderen Fällen, in denen die zulässige Beanspruchung des Betons auf Grund des Festigkeitsnachweises abgestuft wird, für weich oder flüssig angemachten und entsprechend der Verarbeitung im Bauwerk behandelten Beton: $W_{b\,28}: \nu \cdot \sigma_{zul.}$, wobei der Beiwert ν den Tafeln unter Ziff. 2 u. 4 zu entnehmen ist, und außerdem $W_{e\,28} = 250\ \text{kg/cm}^2$	
	2	Mittiger Druck	Druck

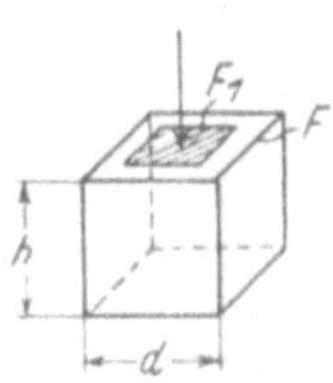

Auflager und Gelenksteine nur bei $h \geqq d$ ist für die Fläche F_1 zul.

$$\sigma_1 = \sigma \cdot \sqrt[3]{\frac{F}{F_1}} \qquad (26)$$

σ ist aus der Tafel II zu entnehmen

Tafel II

		Zulässige Beanspruchungen in kg/cm² bei Stützen ohne Knickgefahr	
		im allgemeinen	in Brücken
1	Handelszement: $W_{e\,28} \geqq 200$ kg/cm² und außerdem $W_{b\,28} \geqq 100$ kg/cm²	35 kg/cm²	30 kg/cm²
2	Hochwertiger Zement: $W_{e\,28} \geqq 275$ kg/cm² und außerdem $W_{b\,28} \geqq 130$ kg/cm²	45 kg/cm²	40 kg/cm²
3	In besonderen Fällen bei Nachweis der Würfelfestigkeit: $W_{b\,28} \geqq \nu \cdot \sigma_{zul}$ und außerdem $W_{e\,28} \geqq 250$ kg/cm²	$\sigma_{zul} = \frac{W_{b\,28}}{3}$ jedoch nicht mehr als 60 kg/cm²	$\sigma_{zul} = \frac{W_{b\,28}}{4}$ 50 kg/cm²

§	Ziffer	Abbildung	Bemerkung
19	3	**Stützen mit Knickgefahr;** diese sind für die ωfache Last nach den Beanspruchungen von Tafel II zu bemessen	Stützen mit Knickgefahr

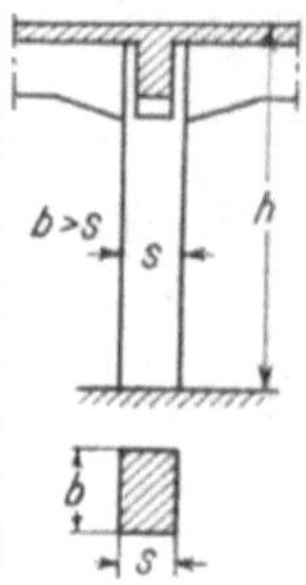

Tafel III

$\frac{h}{s}$	Knickzahl $\omega = \frac{\sigma_{d\,zul}}{\sigma_{k\,zul}}$	$\frac{\Delta\omega}{\Delta\frac{h}{s}}$
1. für quadratische und rechteckige Stützen mit einfacher Bügelbewehrung		
15	1,0	
20	1,25	0,05
25	1,75	0,10
2. für umschnürte Stützen		
13	1,0	
20	1,7	0,1
25	2,7	0,2

Zwischenwerte sind geradlinig einzuschalten

4 Reine Biegung und Biegung mit Längskraft. (vgl. Tafel IV, S. 626)

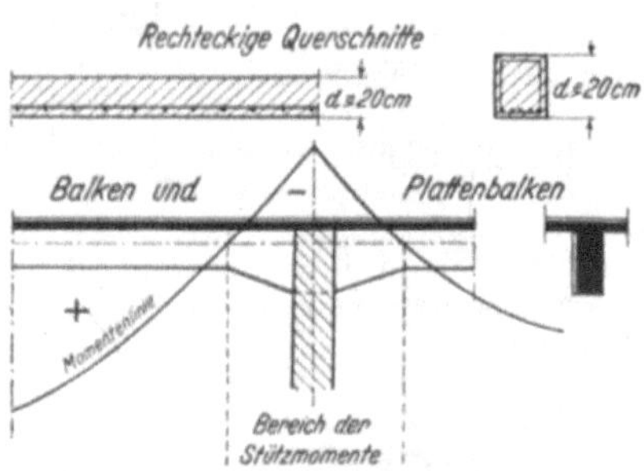

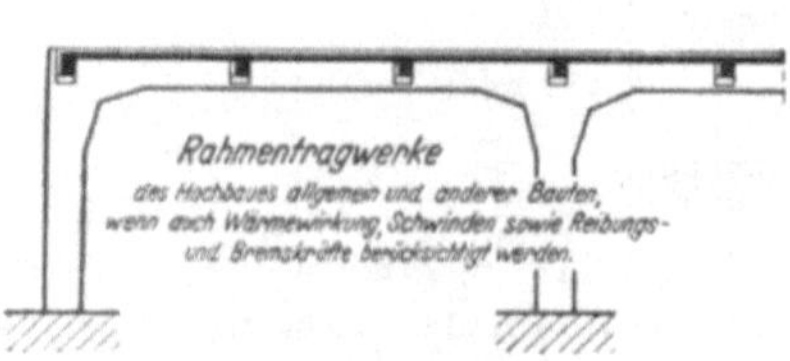

Bemerkung: a

§	Ziffer	Abbildung		Bemerkung
19	4	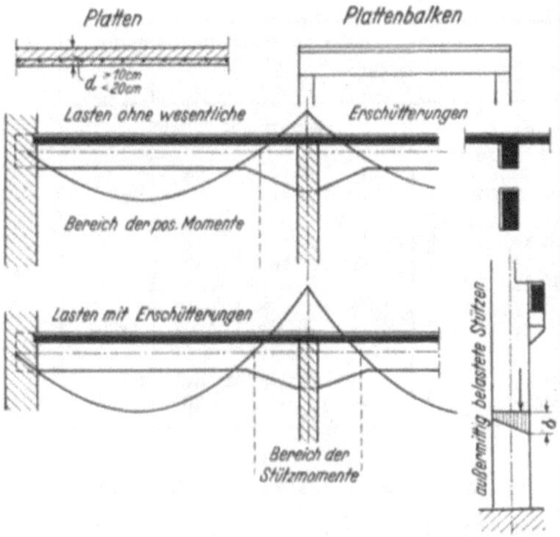 	*b*	
		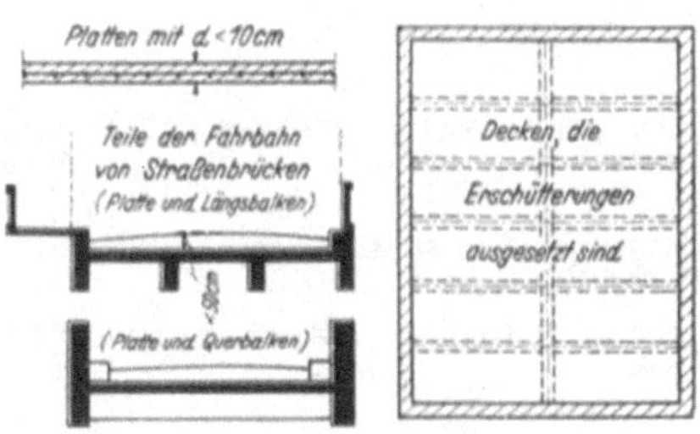 außerdem: Durchfahrten	*c*	
		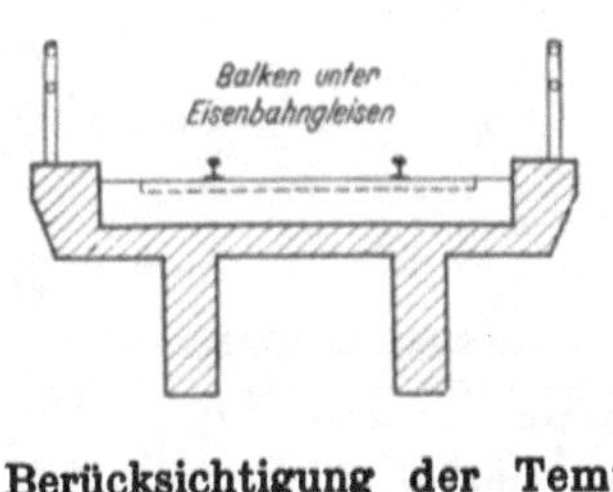 **Ohne** Berücksichtigung der Temperaturschwankungen, des Schwindens, der Brems- und Anfahrkräfte sind die Spannungen unter „*d*“ zulässig **Mit** Berücksichtigung dieser Wirkungen ist eine Erhöhung der zul. Spannungen bis 30%	*d*	Bei „*c*“ und „*d*“ ist ein Stoßzuschlag bis 50% berücksichtigt. Ist ein höherer Zuschlag geboten, so sind die stoßenden Lasten entsprechend zu erhöhen.

§	Ziffer	Abbildung	Bemerkung
19	4	Tafel IV	

Tafel IV

		Zulässige Beanspruchungen in kg/cm² a	b	c	d
		Beton auf Druck			
1	Handelszement: $W_{e28} \geqq 200$ kg/cm² und außerdem $W_{b28} \geqq 100$ kg/cm²	50	40	35	
2	Hochwertiger Zement: $W_{e28} \geqq 275$ kg/cm² und außerdem $W_{b28} \geqq 130$ kg/cm²	60	50	40	
3	In besonderen Fällen bei Nachweis der Würfelfestigkeit	$\sigma_{zul} = \frac{W_{b28}}{2}$	$\sigma_{zul} = \frac{W_{b28}}{2,5}$	$\sigma_{zul} = \frac{W_{b28}}{3,5}$	$\sigma_{zul} = \frac{W_{b28}}{5}$
	$W_{b28} \geqq \nu \cdot \sigma_{zul}$ und außerdem $W_{e28} \geqq 250$ kg/cm²	jedoch nicht mehr als 70	60	45	40
		Eisen (Stahl) auf Zug			
4	Eisen (Handelseisen)	1200	1200	1000	800
5	Stahl St 48 nur in Verbindung mit Beton nach 2 oder 3	1500	1500	1250	1000

§	Ziffer	Abbildung	Bemerkung
	5	Die Schubspannung τ_0 des Betons darf bei Handelszement 4 kg/cm², bei hochwertigem Zement 5,5 kg/cm² nicht überschreiten (vgl. § 18, Ziff. 4).	Schubspannung
	6	Die zulässige Drehspannung des Betons ist für rechteckige Querschnitte gleich der Schubspannung $\tau_0 = 4$ kg/cm².	Drehspannung
	7	Die zulässige Haftspannung τ_1 (Gleitwiderstand) beträgt 5 kg/cm² (vgl. § 18, Ziff. 5).	Haftspannung

Bestimmungen für Ausführung ebener Steindecken

Inhaltsverzeichnis

§	Ziffer	Abbildung	Bemerkung

V.

VI.

Die »Bestimmungen für Ausführung von Bauwerken aus Eisenbeton« sind auch für ebene Decken aus Steinen mit Eiseneinlagen anzuwenden, wenn in den nachfolgenden Bestimmungen nichts anderes vorgeschrieben ist

I. Allgemeines

1 **Begriffsfestsetzungen und Geltungsbereich**

a) Steineisendecken

Vollsteine — Hohlsteine

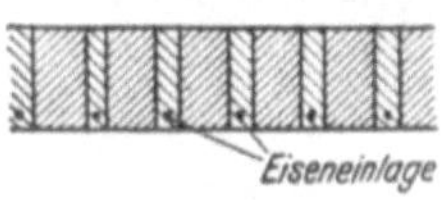

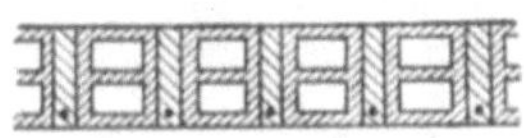

Bemerkung: ohne Druckschicht

Vollsteine — Hohlsteine

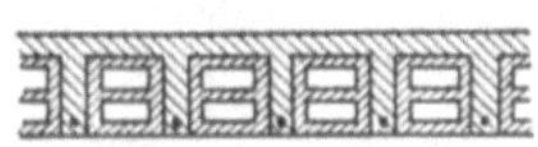

Bemerkung: mit Druckschicht

b) Eisenlose Steindecken vgl. hierzu V., § 19

c) Eisenbetonrippendecken

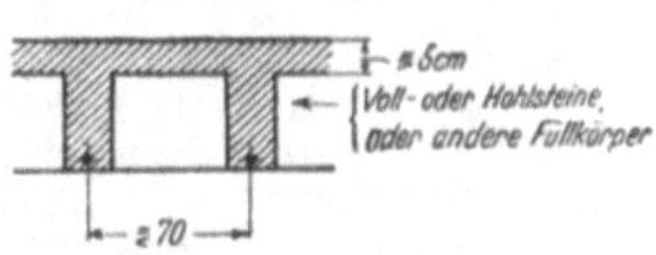

Hierfür maßgebend: die Bestimmungen für Ausführung von Bauwerken aus Eisenbeton

2 **Belastungsannahmen**

Für die Belastungsannahmen sind die in den einzelnen Ländern jeweils gültigen amtlichen Vorschriften. Für Preußen gelten dafür die Bestimmungen über die bei Hochbauten anzunehmenden Belastungen vom 24. Dezember 1919

3 **Höhe der Decken und Deckensteine**

4 **Prüfung und Behandlung der Deckensteine**

Es ist sorgfältig darüber zu wachen, daß die verwendeten Steine auch wirklich von gleicher Güte

§	Ziffer	Abbildung	Bemerkung

sind wie jene, auf welche sich die Prüfungszeugnisse amtlicher Versuchsanstalten beziehen. Die Prüfungen sind daher nötigenfalls auf Veranlassung der Baupolizeibehörde an einer ausreichenden Anzahl von Probesteinen zu wiederholen. Die Steine müssen vor der Bearbeitung gründlich durchfeuchtet und während der Abbinde- und Erhärtungszeit ausreichend angenäßt werden.

5 Anfängersteine

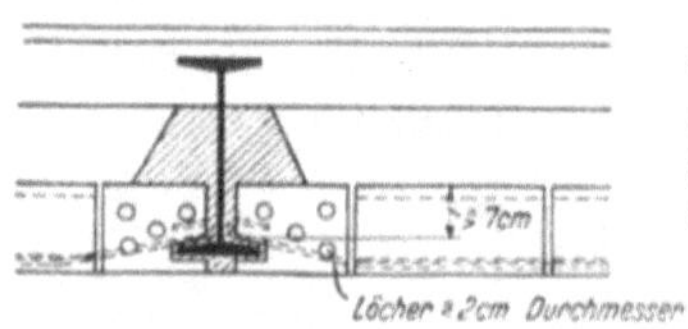

Wandstärken überall ≧ 2 cm, Eisen auf den Flansch hochzuführen

6 Druckschicht aus Beton und Steinen

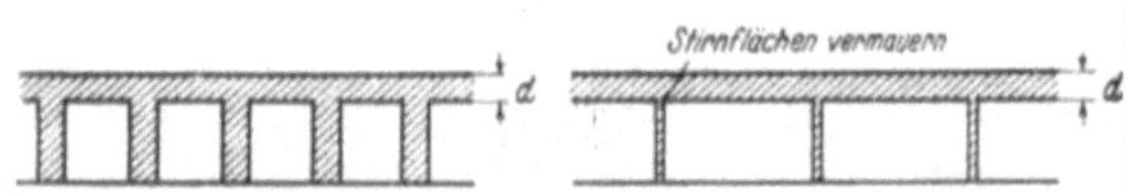

$d < 3$ cm nicht als mittragend zu betrachten
$d > 3 < 5$ cm als mittragend zu betrachten
$d \geqq 5$ cm als Eisenbetonrippendecke aufzufassen

7 Spannweite der Decke

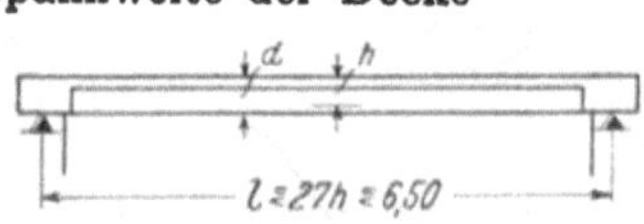

Bei Dachdecken darf ausnahmsweise

$$h < \frac{1}{27}\, l$$

sein, wenn vorschriftsmäßige Prüfungen die Tragfähigkeit solcher Decken erwiesen haben

8 Eiseneinlagen

In jeder Fuge nur 1 Eisen

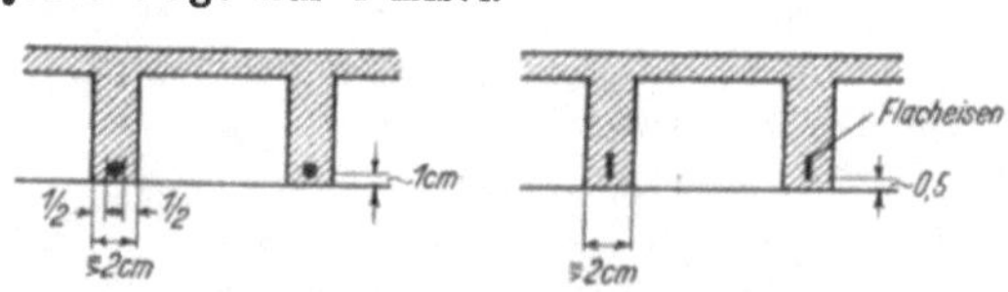

Bei 10 cm hohen Steinen mit Flacheisenbewehrung sind geringe Abweichungen zulässig — *Fußnote auf Seite 31 der Bestimmungen* (Bemerkung)

Ausnahmsweise dürfen die Eisen *a* und *b* der einzelnen Fugen verschiedene Querschnitte haben

§	Ziffer	Abbildung	Bemerkung

Bei kleinen Stützweiten und besonders kleiner Nutzlast, unter Verwendung von Kleineschen Steinen können einzelne Fugen unbewehrt sein, aber nicht mehr als zwei nebeneinander

9 Schutzschicht

1—2 cm widerstandsfähiger Belagstoff als Schutzschicht

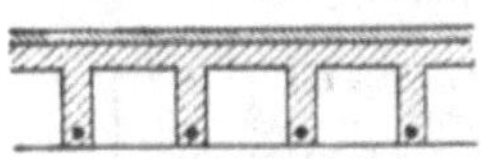

Bei allen Steineisendecken ist eine Schutzschicht über dem tragenden Teil erforderlich

II. Ermittlung der äußeren Kräfte

10 Decken zwischen Mauerwerk

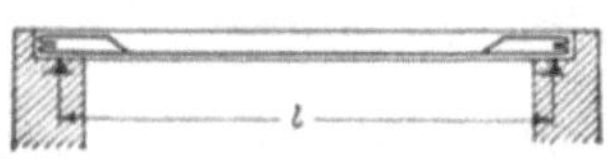

$M = {}^1/_8\, q\, l^2$

abwechselnd ein Eisen gerade,
ein Eisen aufgebogen oder zugelegt

$M = {}^1/_{10}\, q\, l^2$

abwechselnd ein Eisen gerade, ein Eisen aufgebogen oder zugelegt

Bei Verwendung von Flacheisen (Bandeisen) sind oben Eisen in erforderlicher Anzahl anzuordnen

11 Decken zwischen eisernen Trägern

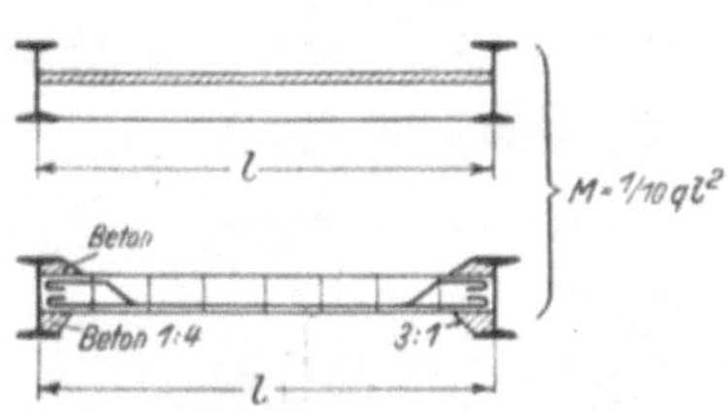

abwechselnd ein Eisen gerade
ein Eisen aufgebogen oder zugelegt

§	Ziffer	Abbildung	Bemerkung
12		Ansteigende Decken (Treppen) 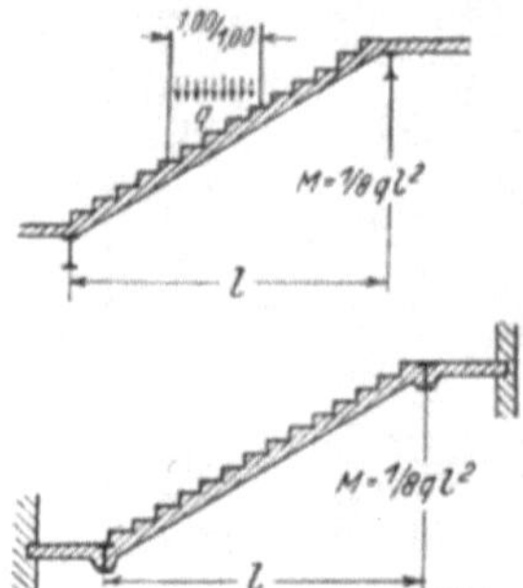 Wenn besondere Vorkehrungen für eine sichere Einspannung getroffen werden, darf ausnahmsweise mit $M = \frac{1}{10} q l^2$ gerechnet werden Für die Länge l und die Einheitslast q ist die Grundrißprojektion des Treppenlaufes einzuführen 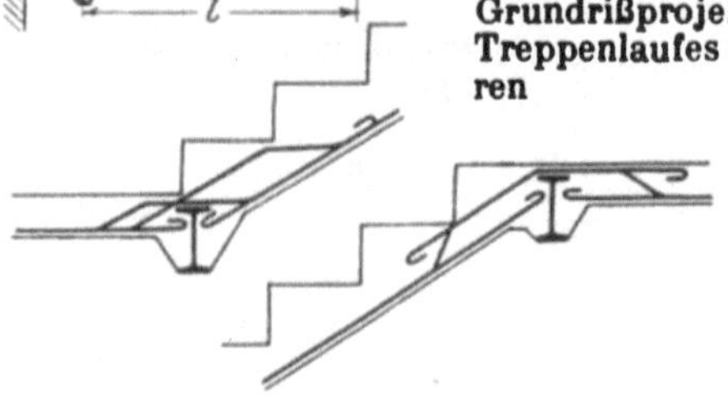	
13		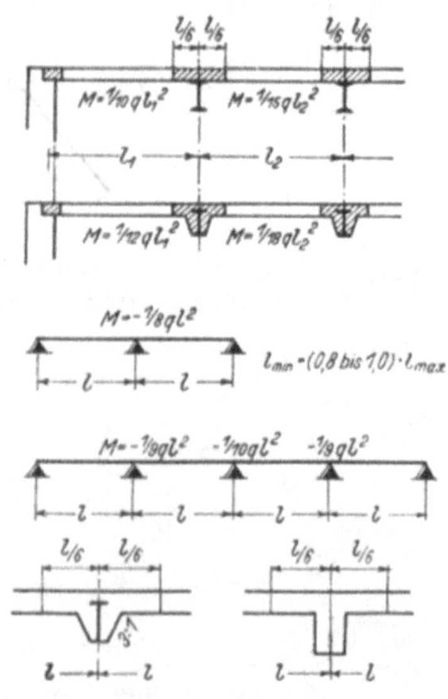	Durchlaufende Steineisendecken Druckgurt des Balkens voller Beton

§	Ziffer	Abbildung	Bemerkung
13		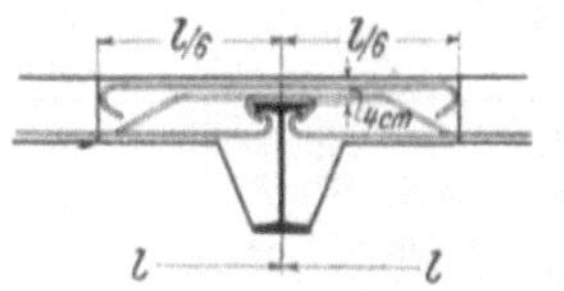 	Die aufgebogenen Eisen können um den oberen Flansch gehakt werden
		III. Ermittlung der inneren Kräfte	
14		Elastizitätsmaß $\frac{E\,(\text{Eisen})}{E\,(\text{Steine})} = 15$	E
15		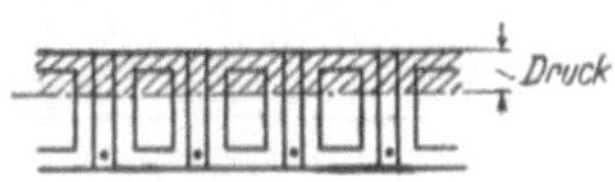 Als Druckquerschnitt gilt der volle Beton- und Steinquerschnitt ohne Abzug etwaiger Hohlräume in den Steinen. Die Steindruckfestigkeit S wird bestimmt als Mittelwert aus den Ergebnissen von etwa 10 Versuchen als die Spannung bei dem Bruch, bezogen auf den Steinquerschnitt bei Abzug etwaiger Hohlräume. Bei der Prüfung soll der Druck in der Richtung ausgeübt werden, in der die Steine beansprucht werden.	
		IV. Zulässige Spannungen	
16		Biegungsspannungen Die in der folgenden Tafel angegebenen Beanspruchungen sind unter folgenden Voraussetzungen zulässig: a) Bei der Herstellung der Steindecken ist Zementmörtel im Mischungsverhältnis 1 : 4 mit höchstens 7% Weißkalkzusatz zu verwenden. b) Die Betondruckschicht von mindestens 3 cm Stärke (vgl. § 6) muß im Mischungsverhältnis von 1 R.-T. Zement auf 4 R.-T. Kiessand hergestellt sein.	

Art des Bauwerks oder des Bauteils	Biegedruckspannung σ_s bzw. σ_b in kg/cm²		Eisenzugspannung σ_e in kg/cm²
	bei Steindecken ohne statisch wirksame Betonschicht	bei Steindecken mit Betondruckschicht von mindestens 3 cm, aber weniger als 5 cm Stärke	
a) Decken in Hochbauten mit vorwiegend ruhenden Lasten	$^1/_7$ der nachgewiesenen Steindruckfestigkeit S, höchstens 36	36	1200
b) Decken in Fabriken u. dgl., die der unmittelbaren Einwirkung von Erschütterungen ausgesetzt sind, sowie Treppen	$^1/_8$ S, höchstens 30	30	1000
c) Decken in Durchfahrten und Hofunterkellerungen sowie sonstige Decken, die sehr stark erschüttert werden (z. B. durch schwere Maschinen)	$^1/_9$ S, höchstens 27	27	900

§ 17. Schubspannungen.

Die zulässige Schubspannung τ_0 der Deckensteine wird auf 2,5 kg/cm² festgesetzt. Bei größerer Schubspannung sind Vollsteine oder Vollbeton zu wählen und die Schubspannungen im Bereiche der höheren Werte vollständig durch Eisen aufzunehmen.

Die Schubspannung wird aus der Gleichung $\tau_0 = \frac{Q}{b_0 \cdot z}$ ermittelt, worin bedeuten: Q die Querkraft, b_0 die auf 1 m Deckenbreite nach Abzug der Hohlräume noch vorhandene gesamte Stein- und Fugenbreite und z den Abstand des Eisenschwerpunktes vom Druckmittelpunkte. Die angegebenen Werte für τ_0 und b_0 gelten auch für Decken mit Betondruckschicht.

§ 18. Haftspannungen.

Die zulässige Haftspannung τ_1 beträgt bei Rundeisen 4,5 kg/cm², bei Flacheisen 3 kg/cm². Überschreiten die Haftspannungen diese Maße, so sind Rundeisen zu wählen und mit Haken zu versehen.

V.

§ 19. Eisenlose Steindecken.

Auf ebene Decken ohne Eiseneinlagen sind vorstehende Vorschriften nicht anwendbar.

Solche Decken sind, falls sie aus Steinen Kleinescher oder ähnlicher Art unter Verwendung guter Materialien (Mörtel wie bei den Steineisendecken) sachgemäß ausgeführt werden und Vorkehrungen zur Aufnahme des wagerechten Schubes getroffen sind, auf Grund bisheriger Erfahrungen und Probebelastungen mit folgenden Spannweiten zulässig:

bei Wohngebäuden:

bis = 1,30 m bei 10 cm hohen Steinen
,, = 1,40 m ,, 12 cm ,, ,,

bei Fabrikgebäuden:

bis = 1,00 m bei 10 cm hohen Steinen
,, = 1,10 m ,, 12 cm ,, ,,

wobei vorausgesetzt wird, daß die Schalung mit Stich von 3 bis 5 cm ausgeführt wird.

VI.

§ 20. Neue Bauweisen.

Anträge auf Zulassung neuer Bauweisen für ebene Steindecken mit und ohne Eiseneinlagen sind den in den einzelnen Ländern hierfür zuständigen Stellen[1]) mit den notwendigen Beschreibungen der Bauteile und Ausführung, den Zeichnungen und statischen Berechnungen sowie den Steinproben zur Begutachtung und Feststellung der Zulassungsbedingungen vorzulegen. Probebelastungen, die für erforderlich gehalten werden, sind im Benehmen mit diesen Stellen durch die staatlichen Versuchsanstalten auszuführen.

Wegen der durch die baupolizeiliche Überwachung entstehenden Kosten wird für Preußen auf den Runderlaß des Ministers der öffent-

[1]) Die hierfür zuständigen Stellen in den einzelnen Ländern sind:

in Preußen	die Staatliche Prüfungsstelle für statische Berechnungen in Berlin NW 40, Invalidenstraße 52,
in Bayern	das Mechanisch-Technische Laboratorium in München und das Materialprüfungsamt der Bayerischen Landesgewerbeanstalt in Nürnberg,
in Sachsen	der Sachverständigen-Ausschuß für einheitliche Prüfung von Baustoffen und Baukonstruktionen beim Ministerium des Innern in Dresden,
in Hessen	die Ministerialabteilung für Bauwesen in Darmstadt,
in Anhalt	die Staatliche Prüfungsstelle für statische Berechnungen bei der Regierung, Abt. des Innern, in Dessau, Landesbehördenhaus I,
in Hamburg	(Geltungsbereich der Bauordnung für die Stadt Hamburg vom 19. Juli 1918) die Abteilung für statische Prüfungen der Baupolizeibehörde, Hamburg 11, Admiralitätsstr. 56,
in Lübeck	die Baupolizeibehörde (Polizeidienstgebäude).

lichen Arbeiten vom 16. April 1904 — III. B. 2786 — (Zentralblatt d. Bauverw. 1904, S. 253) und auf den Runderlaß des Preuß. Ministers für Volkswohlfahrt vom 21. März 1923 — II. 9. Nr. 206 — (Volkswohlfahrt Nr. 9, S. 212/13) verwiesen.

Tabelle der Momentennullpunkte
(zu § 14, Ziff. 7 der Vorschrift).

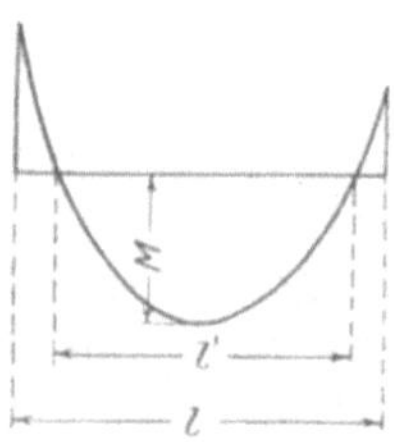

M	l'	$\frac{1}{27} \cdot l'$
$\frac{1}{8} \cdot ql^2$	1,000 l	$\frac{1}{27,00} l$
$\frac{1}{9}$ "	0,943 l	$\frac{1}{28,63} l$
$\frac{1}{10}$ "	0,894 l	$\frac{1}{30,20} l$
$\frac{1}{11}$ "	0,853 l	$\frac{1}{31,65} l$
$\frac{1}{12}$ "	0,817 l	$\frac{1}{33,05} l$
$\frac{1}{13}$ "	0,784 l	$\frac{1}{34,42} l$
$\frac{1}{14}$ "	0,756 l	$\frac{1}{35,71} l$
$\frac{1}{15}$ "	0,730 l	$\frac{1}{37,00} l$
$\frac{1}{16}$ "	0,707 l	$\frac{1}{38,19} l$
$\frac{1}{17}$ "	0,686 l	$\frac{1}{39,36} l$
$\frac{1}{18}$ "	0,667 l	$\frac{1}{40,50} l$
$\frac{1}{20}$ "	0,632 l	$\frac{1}{42,72} l$
$\frac{1}{22}$ "	0,603 l	$\frac{1}{44,78} l$
$\frac{1}{24}$ "	0,577 l	$\frac{1}{46,80} l$

Anhang

Verzeichnis derjenigen Werke, die für die Lieferung von Kies in Frage kommen.

In der Karte mit ● bezeichnet.

(Lieferer, die mehreren Gruppen angehören, sind nur einmal gezählt worden.)

1. Einzelmitglieder.

1 Baggergesellschaft Immenstaad a. B. Inh. Meichle & Mohr, Immenstaad a. Bodensee.
2 Dresdener Sand- und Kieswerke Alwin Gebler, Dresden-N. 30, Geblerstraße 16.
3 Eisenberger Klebsandwerke, G. m. b. H., Eisenberg (Pfalz).
4 Josef Hennecke & Comp., Baugesellschaft m. b. H., Werl. Krs. Soest.
5 Industriewerke Lohwald, G. m. b. H., Lohwald b. Augsburg.
6 Kalk- und Mörtelwerke A.-G., Königsberg (Pr).
7 Buschle & Buck, Kies- und Sandwerk, Mengen (Wrttb.).
8 Max Meißner, Charlottenburg, Brauhofstr. 6. (Senziger Sand- und Kieswerke, Senzig-Teltow).
9 W. Notbohm, Bedburg, Krs. Bergheim.
10 Süddeutsche Bausteinwerke Kälberer & Cie., Wiesloch bei Heidelberg.
11 Benno Springmann, Hannover, Sallstr. 103.
12 Theodor Stephan, Essen (Ruhr), Brahmsstr. 3.
13 Westfälische Sandgräberei, G. m. b. H., Bottrop (Westf.).
14 Franz Krieger, Baugeschäft, Nordhausen.
15 Kieswerk Kemnade, Rühle (Braunschweig).
16 Gebr. Minthe & Co., Mannheim, Medikusstr. 2, Ecke Collinistraße. (Baggerbetrieb und Wasserbauten G. m. b. H.)
17 W. Edm. Fabian, Kamenz (Sa.).
18 Moritz Krause A.-G., Chemnitz, Bernsdorfer Str. 50.
19 Märkische Kiesgesellschaft Berlin-Dahlem, Hohenzollerndamm 96.
20 A. Waldmann & Co., G. m. b. H., Magdeburg, Kaiser-Friedrich-Str. 7.
21 Kieswerk Donaustetten, Käßbohrer & Cie., K.-G., Ulm a. D., Schwörhausgasse 5.
22 Ad. Wocher, Schotterwerk, Kies- und Sandbaggerei, Langenargen am Bodensee.
23 S. v. d. Weiden, Aachen, Weißenburger Str. 16.
24 Carl Fick, Weidenau (Sieg).
25 Gewerkschaft Heidelberg, Siegen i. W.
26 Gewerkschaft Bremen, Weidenau (Sieg).
27 Dr.-Ing. e. h. Ed. Cramer, Mahlow, Bez. Potsdam, Yorkstr. 4.

2. Bezirksgruppe Brandenburg.

28 Vereinigte Berliner Mörtelwerke, Berlin, C. Wallstraße 25.
29 A. Tabbert, Berlin, Mühlenstr. 61—63.
30 Hendrichs & Göpfert, Trebbiner Kieswerke, Berlin-Schöneberg, Martin-Luther-Str. 42.

31 Krautwurst & Feise, Wriezen.
32 Niederfinower Kies- und Steinwerke Butt & Co., Berlin-Lichtenberg, Rittergutstr. 47/48.
Verkaufstelle Vereinigter Kiesproduzenten G. m. b. H., Berlin W 57, Frobenstr. 3.
33 M. Leue, Brandenburg a. H., Carl-Rechstein-Str. 38.
34 Klein-Bestener Kieswerke, Berlin N 24, Krausnickstr. 6.
35 Fuchs & Bewerich, Charlottenburg, Lützower Str. 5a.
36 Markowski & Wehner G. m. b. H., Berlin SO 26, Kottbuser Str. 17.
37 Märkische Sandwerke, Berlin S 14, Inselstr. 6a.
38 Herm. Kellner, Neißekiesbaggerei, Berlin W 57, Frobenstr. 2.
39 H. Enkel, Brückenallee 33.
40 Fr. Pastorino, Berlin, Schicklerstr. 2.
41 Otto Mann, Strausberg, Kaiserstr. 112.

3. Bezirksgruppe Norden.

42 Kieswerke Alt-Garge, Hamburg, Dammtorstr. 32.
Briefanschrift: Herrn Wilh. Schmieden, Gr.-Flottbeck, Klopstockstr. 1.
43 Fr. W. Müller, Barskamp bei Bleckede.
Paul Hammer i. Fa. Kieswerke Barskamp, Hammer & Müller, Hamburg, Barkhof, Haus 2 III.
44 Delmes & Co., Harburg a. E.
45 Albert Reder, Boitzenburg a. E.
46 Bauing. Georg Vogt, Schleswig 2, Friedrichstr. 30.
47 Hanseatische Kieswerke, G. m. b. H., Hamburg, Ausschlägerweg 88.
48 Habermann & Guckes-Liebold A.-G., Kiel.
49 Vereinigte Schleswig-Holsteinische Kies- und Schotterwerke, Rendsburg.
50 Dr. Nübel, Burmester & Co., Hamburg, Klostertor 3.
51 Kies- und Schotterwerke Polensky & Dr.-Ing. Rathjens, Tarp, Krs. Flensburg (Schlesw.-Holst.).
52 F. Schulze i. Fa. Gust. Thorn, G. m. b. H., Neumünster (Holstein) (Ehrenvorstandsmitglied).

4. Bezirksgruppe Süd, Ingolstadt, Sauerstr. 2.

53 Matth. Kraus, Lichtenfels a. M.
54 Gebr. Weinzierl, Ingolstadt, Sauerstr. 2.
55 Schweinshaut & Co., Donauwörth.

5. Vereinigung Ostdeutscher Kies- und Sandwerke, Elsterwerda-Biehla.

56 Kies- und Sandwerke L. Dietrich, Elsterwerda-Biehla.
57 Ed. Ratz i. Fa. Elsterwerdaer Sand- und Kieswerke vorm. Münch, Elsterwerda.
58 Oberlausitzer Kies- und Sandwerke, Elsterwerda-Biehla.
59 Gewerkschaft Heilgendorff G. m. b. H., Klingmühl-Lichterfeld (N.-L.)
60 Quarzkieswerke Wiednitz, Straßgräbchen (Sa.).

6. Verband Westdeutscher Baggereien, Köln a. Rh., Deichmannhaus.

61 F. Minthe, Bauunternehmung, Mainz, Kaiserstr. 13.
62 O. & E. A. Menzel, Langenfeld (Rhld.).
63 Josef Sommer vorm. F. Deiß, Düsseldorf-Hafen, Hammer Str. 1.
64 Franz Pesch, Rheinsand- und Kiesbaggerei, Düsseldorf-Hafen, Hammerstr. 1.
65 Gebr. Meyer, Baugeschäft, G. m. b. H., Köln a. Rh., Am Lyskirchen 14 c.

66 Paas & Heinrigs, Schlebusch-Manfort.
67 Neußer Kies- und Sandbaggerei Heinr. Junker, Neuß a. Rh.
68 Lorenz Menz Söhne, Mainz-Kastel, Zehnthogstr. 51.
69 Gerh. Hülskens & Cie., G. m. b. H. Wesel.
70 Heinrich Elskes, G. m. b. H., Duisburg-Hochfeld.
71 Baggerei Rhenania, G. m. b. H., Uerdingen-Niederrhein.
71a Vereinigung Rheinischer Kies- und Sandbaggereien, Düsseldorf-Hafen, Hammer Str. 1.
72 Rheinische Kies- und Sand-G. m. b. H., Wesseling.
73 Rheinkiesbaggerei, G. m. b. H., Hilden.
74 Carl Kraus, Köln a. Rh., Gotenring 19.
74a Neußer Kies- und Sandbaggerei H. Bunker, Neuß a. Rh.
74b Franz Pesch, G. m. b. H., Düsseldorf-Hafen, Hammer Str. 1.
74c Paas & Heinrigs, Schlebusch-Manfort.
74d O. & E. A. Menzel, Langenfeld (Rhld.).
74e Gebr. Meyer, Baugeschäft, Köln a. Rh., Am Lyskirchen 14c.
74f Rheinischer Baggereiverband, Köln a. Rh., Deichmannhaus.
75 Heinr. Büteführ & Söhne, G. m. b. H., Langenfeld (Rhld.).
76 Gebr. Stöcker & Hildebrandt, G. m. b. H., Langenfeld (Rhld.).
77 F. Wassermann, Köln-Braunsfeld, Eupenerstr. 81.
78 Gebr. Martinez, Köln a. Rh., Weißhaus 4.
79 Rhein. Kies- und Sandbaggerei Düsseldorf-Reisholz, G. m. b. H., Düsseldorfer-Reisholz.
Rheinisches Kies- und Sand-Syndikat, G. m. b. H., Duisburg, Neckarstr. 66.
79a Heinr. Elskes, G. m. b. H., Duisburg-Hochfeld.
80 Kuhn & Büldesbach, Essen (Friemerscheimer Baggerei).
81 Niermann & Co., G. m. b. H., Duisburg, Johanniterstr. 28.
82 Baggereibetrieb Eichelkamp, G. m. b. H., Duisburg-Wenheim.
83 Rheinkiesbaggerei Rumeln, G. m. b. H., Duisburg.
84 Gräve & Hebenstreit, Lobheide, Krs. Mörs.
84a Gerh. Hülskens & Co., Wesel.
85 Carl Risch G. m. b. H., Essen.
86 Albert Rottmann, Duisburg.
87 D. Suhrborg & Zimmer, Rheinsand- und Kiesbaggerei, Duisburg, Fürstenstr. 19.
88 Westdeutsche Baggerei, G. m. b. H., Duisburg.
89 F. Carl Schmidt & Co., Großenbaum bei Duisburg.
89a Baggerei Rhenania, G. m. b. H., Ürdingen a. Niederrhein.
90 Kies- und Sandbaggerei Rheinstrom, G. m. b. H., Krefeld-Linn.
91 Kieswerk Oermterberg, Sevelen, Krs. Geldern.
92 Duisburger Kiesbaggerei G. m. b. H., Duisburg, Kaiser-Wilhelm-Str. 90.
93 Industriewerke G. m. b. H., Hohenbudberg.
94 Kiesgesellschaft m. b. H., Wesel.
95 Artmann & Klingenberg, Sand- und Kieswerke, Dorsten (Westf.).
96 Rheingruben-Kies- und Sandbaggerei Wedau, Wedau, Bez. Düsseldorf.
97 Rheinische Baggerei, G. m. b. H., Duisburg.

Weser-Baggereien.

98 Kiesbaggerei „Weser“, G. m. b. H., Rinteln (Westf.).
99 Kiesgrube Bokshorn H. Franke, Veltheim, Bez. Minden.
100 Kieswerke Hameln-Afferde A. Imhoff, Hannover-Waldhausen.

Kies-Kontor, Bremen, Hamburger Str. 38.

101 Hermann Leymann, Bremen, Werderufer 1.
102 I. A. C. Meyer, Bremen, Hildesheimer Str. 14.
103 Röhrs & Co., Bremen, Hamburger Str. 36.

104 Theod. Schreiber, Penig (Sa.).
105 Schoch & Co., G. m. b. H., Chemnitz.
106 Bernh. Büttner, Chemnitz, Fritz-Reuter Str. 21.
107 Hermsdorfer Sand- und Kieswerke Alscher, Dresden-N., Großenhainer Str. 149.
108 Dresdener Sandgrube William Lohse, Dresden-N., Stromstr. 9.
109 Max Neumann, Groß-Schönau i. Sa.
110 Isidor Heinig, Penig i. Sa.
111 Ernst Heinig, Lugau i. E.
112 Emil Nöbel A.-G., Wechselburg.
113 Leipziger Westend-Baugesellschaft, Leipzig, Kömneritzer Str. 2.
114 Ed. Pieper, Altenburg S.-A., Kauerndorf.
115 P. Gottschalk, Prohlis b. Reick.
116 Emil Sommer, Niederstriegis i. Sa.
117 Dresdner Sand- und Kieswerke A. Gebler, Dresden-N. 30, Geblerstraße 17.
118 Moritz Krause A.-G., Chemnitz, Bernsdorfer Str. 50.
119 Albert Neumann, Cosvig i. Sa.
120 Max Neschke, Wechselburg.
121 Bruno Kost, Baumeister, Sebnitz i. Sa.
122 Karl Büttner, Chemnitz, Herrenstr. 30.
123 Sächsische Sand- und Kieswerke Willy Voigt, Zwickau i. Sa., Rosenstraße 7.

Verzeichnis derjenigen Werke, die für die Lieferung von Betonsplitt in Frage kommen.

In der Karte mit ▲ bezeichnet.

1 J. G. Adrian, Oberkassel (Siegkreis).
2 Barthel & Co., Honnef a. Rh., Bernhard-Klein-Str. 11.
3 Bergische Grauwacke A.-G., Honnef a. Rh., Bernhard-Klein-Str. 11.
4 Basalt A.-G., Linz a. Rh.
5 Basaltsteinbrüche Gebr. Baur G. m. b. H., Linz a. Rh.
6 Bergisch-Märkische Steinindustrie G. m. b. H., Linz a. Rh.
7 Lahn-Basalt- und Lavawerke G. m. b. H., Geilnau.
8 Wwe. August Lob, Lindlar.
9 August Oeser, Steinbrüche, G. m. b. H., Wiehl (Rhld.).
10 Rheinische Basaltindustrie G. m. b. H., Linz a. Rh.
11 Basaltwerke Rhein-Nassau G. m. b. H., Linz a. Rh.
12 Basaltwerke Mahlberg, Rheinbrohl m. b. H., Rheinbrohl.
13 Basaltwerke Hamm Westf. G. m. b. H., Dortmund, Märkische Str. 25.
14 Basaltwerke Rhein-Wied G. m. b. H., Beuel.
15 Dolorit-Basalt A.-G., Köln, Barbarossaplatz 7.
16 A.-G. Eiserfelder Steinwerke, Eiserfeld (Sieg).
17 Carl Kind jr., Kotthausen b. Gummersbach.
18 Grauwackebrüche Carl Kohlmeier G. m. b. H., Gummersbach.
19 Laupendahler Steinbrüche G. m. b. H., Mülheim (Ruhr), Mentzstraße 45.
20 H. Lürges G. m. b. H., Bonn, Postfach 26.
21 Meys & Oelpenich, Siegburg, Siegstraße.
22 Obertiefenbacher Basaltindustrie, Inh. Gottfr. Manz, Urbar b. Coblenz.
23 J. Rech A.-G., Dillenburg.
24 Steinhandel Rauen A.-G., Mülheim (Ruhr), Holzstr. 23.

25 Steinwerke G. m. b. H., Rengsdorf b. Neuwied.
26 Christ. Uhrmacher & Söhne, Oberkassel (Siegkreis).
27 Westerburger Basaltindustrie G. m. b. H., Mehlem, Fährstr. 4,
28 Westerwaldbrüche A.-G., Bonn, Colmantstr. 47.
29 Vereinigte Grauwacke- und Basalt-A.-G., Bonn, Colmantstr. 47.
30 Gewerkschaft Albert, Bonn, Bücherstr. 16.
31 Odenwälder Hartstein-Industrie A.-G., Darmstadt.
32 Porphyrwerke Weinheim-Schriesheim A.-G., Weinheim a. d. B.
33 Gebr. Leferenz, Heidelberg.
34 Süddeutsche Basaltwerke G. m. b. H., Immendingen,
35 Pfalz-Saarbrücker Hartstein-Industrie A.-G., Neustadt a. d. H.
36 Steinbruchbetrieb Rammelsbach G. m. b. H., Rammelsbach b. Kusel,
37 Kirner Hartsteinwerke Albert Pfeiffer, Kirn a. d. N.
38 Mitteldeutsche Hartstein-Industrie A.-G., Frankfurt a. M., Weserstraße.
39 Basaltwerke Joh. Nickel, Oberwiddersheim in Oberhessen.
40 Basaltwerke K. Dauster, Gießen, Alicestr. 23.
41 Casseler Basalt-Industrie A.-G., Werk Ortenberg, Ortenberg (Oberh.).
42 Hartenrider Diabas- und Zementwarenwerke A.-G., Kartenrod, Krs. Biedenkopf.
43 Hermann Wegener, Hannover, Am Schiffgraben Nr. 53.
44 Fürstenwalder Basaltwerke G. m. b. H., Kassel, Hermannstr. 10.
45 Gustav Krüger, Hagemann & Co. } Halle a. S.,
46 Basalt-Porphyr- und Quarzitwerke G. m. b. H. } Friedenstr. 13.
47 Diabas Steinbrüche A.-G., Neuwerk b. Rübeland i. Harz.
48 Braunlager Granit- und Schotterwerke G. m. b. H., Braunlage, Büro: Hannover-Linden, Beethovenstr. 7.
49 Harzer Pflastersteinbrüche, Langelsheim a. Harz.
50 Hermann Busch, Löbejün b. Halle a. Saale.
51 Gesellschaft für Porphyrindustrie G. m. b. H. Löbejün b. Halle a. S.
52 Löbejüner Porphyrwerk G. m. b. H., Löbejün b. Halle a. S.
53 Granitporphyr-Steinbruch und Schotterwerke Paul Bertram G. m. b. H., Halle a. S., Augustastr. 5.
54 Flechtinger Steinbrüche G. m. b. H., Flechtingen, Kr. Gardelegen.
55 Gewerkschaft Mühlbach III, Süplingen, Bez. Neuhaldensleben.
56 Hartsteinwerke Tambach/Dietharz G. m. b. H., Tambach, Dietharz.
57 Heinrich Hagenmeier G. m. b. H., Masbach, Öchsen (Rhön).
58 Robert Kahnes, Loitscher Grünsteinwerke, Loitsch b. Weida (Thür.).
59 Franz Siegel, Grünsteinwerke Schüptitz, Lieferung von Eisenbahnstraßen-, Betonschotter und Splitt aus bestem Diabas, Weida/Crimla i. Thür. Tel. 366.
60 Städt. Basaltwerk, Römhild (S.-M.).
61 R. Dobenecker & Co., Städt. Basaltwerk in Vacha (Rhön).
62 Granulitschotterwerk Amerika Gustav Schneider & Schober, Penig.
63 Chr. Hölligs Söhne, Saupersdorf b. Kirchberg i. Sa.
64 Grünsteinwerke Rentzschmühle, A.-G., Cossengrün (Reuß).
65 Granitwerk Hermann Weishorn, Aue i. Erzgeb.
66 Mittwaidaer Granitwerke, A.-G., Mittweida i. Sa.
67 Josef Dorfner, Diethensdorf b. Brugstädt.
68 Emil Gräfe, Kreuzeiche b. Limbach i. Sa.
69 Paul Hempels Granulitwerk, G. m. b. H., Chemnitz, Henriettenstr. 31.
70 Granitsteinwerk Eims, Müller & Solbrig, Mittweida i. Sa.
72 Schotterwerk Bruno Wutzler, Planitz b. Zwickau i. Sa.
73 Kirchberger Granit- und Schotterwerke E. A. Münch, Kirchberg i. Sa.
74 Granulit-Schotterwerk Peterschütz & Fiedler, Mittweida i. Sa.
75 Karl Beck, Granitwerke, Meißen, Steinweg 15.
76 Rober Berndt Söhne, Bautzen, Schliebenstr. 12.

77 Königsbrücker Granitwerke, G. m. b. H., Königsbrück (Sa.).
78 J. M. Lehmann, Granitwerke, Laußnitz, Bez. Dresden.
79 Ostdeutsche Hartsteinwerke, A. G., Dresden-A., Blochmannstr. 19 I.
80 Sächsische Granit A.-G., vorm. C. G. Kunath, Dresden-A., Grunaerstraße 12 II.
81 Basaltsteinbrüche und Ziegelwerke, Wiesa b. Greiffenberg (Schles.).
82 Adolf Zernik, Basaltwerke, Gleiwitz (OS.).
83 Fritz Oelsner, Basaltwerke, Breslau 18, Frobenstr. 4.
84 L. Miedzwinski, Basaltwerke, Breslau 18, Kürassierstr. 4.
85 H. Werner, Basalt- und Schotterwerke, Mauer am Bober.
86 A. Reiske, Basaltwerke, Lauban (Schles.).
87 Holzamer, Bauer & Co., Basaltwerke, Lichtenau, Bez. Liegnitz.
88 L. Brüggemann, Basaltwerke A.-G., Wiesa b. Greiffenberg (Schles.).
89 Schlesische Basaltwerke A.-G., Wiesa b. Greiffenberg (Schles.).
90 Brandenburgische Kreissteinbruch A.-G., Sitz Belzig i. d. Mark.
91 Basaltwerk Rabishau G. m. b. H., Hirschberg (Schles.).
92 W. Rudolph, Görlitz, Schließfach 257.
93 Königshainer Granitwerke C. Besser Nachf., Königshain (OL.).
94 A. Krause, Hartsteinwerk Oberwüstegiersdorf, Bez. Breslau.
95 Steinwerke C. C. V. Thaden, Inh. Blank & Krause, Königswalde; Haupt-Büro: Oberwüstegiersdorf.
96 Firma: H. Krebs, Gera, Kaiser-Wilhelm-Straße:

1 Diabas (Grünstein)	Triebes i. Thür., Neumark i. Sa. und Tharandt bei Dresden.
2 Basalt	Basaltwerk Scheibenberg (Erzgeb.).
3 Granit	Granitwerke Oberschlema (Erzgeb. und Mittweida i. Sa.
4 Syenit	Riesa, Gröba.
5 Diorit	Fischhaus bei Passau.

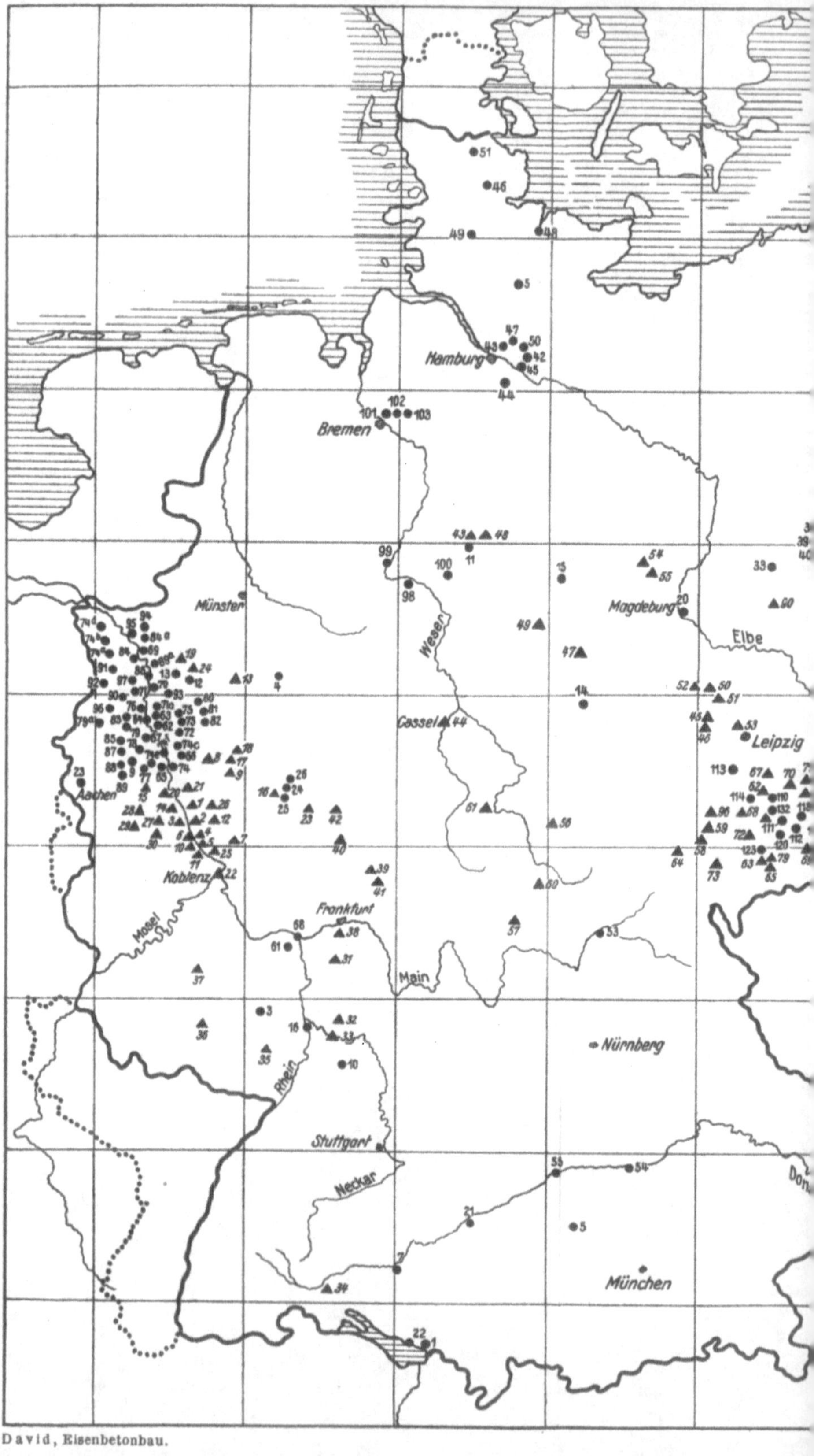
Hamburg
Bremen
Münster
Magdeburg
Elbe
Weser
Cassel
Leipzig
Aachen
Koblenz
Mosel
Frankfurt
Main
Nürnberg
Rhein
Stuttgart
Neckar
München

Kies- u. Splitt in Deutschland

Zur Beachtung

1. Es sind nur die Fundstellen der den großen Verbänden angeschlossenen Unternehmungen angeführt, da die Einzelunternehmungen nicht erfaßbar waren.
2. Kreisflächen mit lotrechten Zahlen bedeuten Kiesfundstellen.
3. Dreieckflächen mit schrägen Zahlen bedeuten Splittfundstellen.
4. Das zugehörige Anschriftenverzeichnis mit den Bezugsnummern befindet sich im Buchanhang.
5. Auf der Karte ist jeweils ungefähr der Firmensitz vermerkt; die Gewinnungsstelle kann bis zu etwa 20 km hiervon entfernt sein.

Verlag von R. Oldenbourg, München u. Berlin.

Einwohnerzahlen von Städten und Gemeinden* über 30000 Seelen.

(Volkszählung am 16. Juni 1925.)

Aachen	155 222
Allenstein	38 065
Altenburg	42 570
Altona	185 135
Aschaffenburg	34 056
Augsburg	165 522
Bamberg	50 152
Barmen	187 239
Bautzen	40 448
Bayreuth	35 306
Berlin	4 013 588
Bernburg	34 333
Beuthen (Oberschl.)	62 643
Bielefeld	86 052
Bocholt	30 182
Bochum	156 762
Bonn	89 565
Bottrop	77 197
Brandenburg a. H.	59 271
Braunschweig	146 654
Bremen	294 966
Breslau	554 801
Buer	99 306
Cassel	171 483
Chemnitz	331 641
Cottbus	50 420
Darmstadt	89 465
Dessau	71 267
Dortmund	320 256
Dresden	618 684
Duisburg	271 790
Düren	37 060
Düsseldorf	431 096
Eickel*	34 470
Eisenach	43 385
Elberfeld	167 025
Elbing	67 762
Erfurt	134 973
Essen	468 696
Eßlingen	40 562
Flensburg	63 447
Forst (Lausitz)	35 864
Frankfurt a. M.	461 849
Frankfurt a. O.	70 723
Freiberg	34 918
Freiburg	90 475
Freital	36 585
Fürth	73 693
Gelsenkirchen	207 153
Gera	81 403
Gießen	33 600
Gladbeck	60 175
Gleiwitz	81 552
Görlitz	85 636
Gotha	45 780
Göttingen	41 228
Greiz	37 490
Guben	40 602
Hagen i. Westf.	99 429
Halberstadt	48 125
Halle a. S.	193 722
Hamborn	126 043
Hamburg	1 079 092
Hamm i. Westf.	49 777
Hanau	38 498
Hannover	422 435
Harburg	72 903
Heidelberg	74 034
Heilbronn	45 520
Herford	36 106
Herne	66 510
Hildesheim	58 181
Hindenburg (Oberschlesien)	72 856
Hirschberg	28 580
Höchst a. M.	31 439
Hof	41 377
Hörde	34 575
Insterburg	39 390
Iserlohn	30 915
Jena	52 649
Kaiserslautern	59 336
Karlsruhe	145 694
Kiel	213 587
Kolberg	30 276
Köln	698 064
Königsberg i. Pr.	279 880
Konstanz	31 252
Krefeld	130 425
Landsberg a. W.	43 192
Leipzig	679 322
Liegnitz	73 140
Lübeck	120 788
Lüdenscheidt	32 686
Ludwigshafen (Rh.)	101 869
Magdeburg	292 296
Mainz	108 552
Mannheim	247 486
Meißen	41 772
Mühlhausen i. Th.	35 956
Mülheim-Ruhr	127 195
München	680 704
München-Gladbach	115 066
Münster i. W.	105 889
Neiße	32 525
Neumünster	39 844
Neuß	44 958
Nordhausen	34 973
Nürnberg	392 494
Oberhausen	105 121
Offenbach	79 362
Oldenburg	52 785
Oppeln	41 458
Osnabrück	88 911
Osterfeld	32 655
Paderborn	33 203
Pforzheim	78 859
Pirmasens	42 996
Pirna	30 626
Plauen	111 398
Potsdam	64 093
Ratibor	40 945
Recklinghausen	60 452
Recklinghausen*	54 351
Regensburg	76 948
Reichenbach i. S.	30 722
Remscheid	76 678
Reutlingen	30 501

Rheinhausen*	32572
Rheydt	45095
Rostock (Warnemünde)	77669
Rüstringen	48973
Schneidemühl	37507
Schweidnitz	30626
Schweinfurt	36336
Schwerin	48157
Siegen	30951
Solingen	52002
Stargard i. Pom.	32575
Sterkrade	50661
Stettin	253727
Stolp	41826
Stralsund	39404
Stuttgart	341461
Tilsit	51068
Trier	57341
Ulm a. d. D.	57278
Viersen	32037
Waldenburg (Schl.)	44023
Wandsbek	39641
Wanne*	40236
Wattenscheid	30489
Weimar	45957
Weißenfels	36747
Wesermünde	72048
Wiesbaden	102557
Wiesdorf	30138
Wilhelmsburg	32517
Witten	45519
Worms	47015
Würzburg	89910
Zeitz	34561
Zittau	38521
Zwickau	80664

Sachverzeichnis.

(Die Zahlen bedeuten die Seiten.)

Zur Eisenbetontheorie.

Eine neue Berechnungsweise. Von W. Ludwig Andrée. 180 S., 60 Abb., 8°. 1909. Brosch. M. 2.20.

Grundwasserabsenkungen für Gründung von Bauwerken.

Verfahren zur Absenkung des Grundwassers zwecks Trockenlegung von Baugruben in Theorie und Praxis mit einer Reihe ausgeführter Beispiele. Von Ziviling. Fritz Bergwald. 178 S., 72 Abb. 8°. 1917. Brosch. M. 3.80.

Drang und Zwang. Eine höhere Festigkeitslehre für Ingenieure.

Von August Föppl und Ludwig Föppl. I. Band: 2. Aufl. 370 S., 71 Abb. Gr.-8°. 1924. Brosch. M. 16.— geb. M. 17.50. 2. Band: 2. Aufl., 390 S., 79 Abb., Gr.-8°. 1928. Brosch. M. 16.—, geb. M. 17.50.

Das B-U-Verfahren.

Von W. Ludwig Andrée. 139 S., 348 Abb., Gr.-8°. 1919. Brosch. M. 4.—, geb. M. 5.50.

Die Statik des Eisenbaues.

Von W. Ludwig Andrée. 2. Aufl. 532 S. 710 Abb. Gr.-8°. 1922. Brosch. M. 12.50, geb. M. 14.—.

Die Statik des Kranbaues.

Mit Berücksichtigung der verwandten Gebiete Eisenhoch-, Förder- und Brückenbau. Von W. Ludwig Andrée. 3. Aufl. 380 S., 554 Abb. 1 Tafel. Gr.-8°. 1922. Brosch. M. 9.50, geb. M. 11.—.

Die Statik der Schwerlastkrane.

Werft- und Schwimmkrane und Schwimmkranpontons. Von W. Ludwig Andrée. 171 S., 305 Abb. Gr.-8°. 1919. Brosch. M. 5.—, geb. M. 6.50.

Entwerfen im Kranbau.

Von R. Krell. Mit einem Anhang: Elektrische Kranausrüstungen von Chr. Ritz. Text- und Tafelband. 214 und 32 S., 1052 Abb., 99 Tafeln, 4°. 1925. In Leinen M. 32.—.

Die Berechnung von Fachwerkkranträgern mit biegungsfestem Obergurt.

Genaue und genäherte Verfahren zur Ermittlung der Biegungsmomente und Stabkräfte von Fachwerkträgern mit zentrischen und exzentrischen Stabanschlüssen. Von Dr.-Ing. Günther Worch. 103 S., 66 Abb., Gr.-8°. 1928. Brosch. M. 6.50.

Vorlesungen über allgemeine Mechanik.

Von Prof. Dr. Alex. Brill. 364 S., 165 Abb., Gr.-8°. 1928. Brosch. M. 18.—, Leinen M. 20.—.

R. Oldenbourg, München 32 und Berlin W 10

www.ingramcontent.com/pod-product-compliance
Lightning Source LLC
LaVergne TN
LVHW092122300926
849161LV00002B/195